HTML5+CSS3+JavaScript 网页设计与制作

（微课视频版）

蔚蓝教育　编著

·北京·

内容提要

《HTML5+CSS3+JavaScript 网页设计与制作（微课视频版）》是一本视频教程，以基础知识、示例、实战案例相结合的方式详尽讲述了 HTML、CSS、JavaScript 及目前最新的前端技术。全书共 20 章。第 1~10 章为网页样式基础部分，介绍了 HTML5 入门和 CSS3 实战入门等内容，包括 HTML5 基础，CSS3 基础，使用 CSS 设计网页基本样式，如使用 CSS3 美化文本、图像、超链接、列表、表单和表格等；第 11~14 章为 CSS3 布局部分，包括 CSS3 布局基础、CSS3+HTML5 网页排版、使用 CSS3 新布局、使用 CSS3 动画等；第 15~19 章为 JavaScript 部分，包括 JavaScript 基础、操作 BOM、JavaScript 事件处理、和使用 Ajax 等内容；第 20 章为综合实战案例部分，通过两个完整案例综合训练 HTML5、CSS3 和 JavaScript 技术的使用。

《HTML5+CSS3+JavaScript 网页设计与制作（微课视频版）》配备了极为丰富的学习资源，其中，配套资源有：**400 集教学视频（可二维码扫描）、素材源程序**。拓展学习资源有：**习题及面试题库、案例库、工具库、网页模板库、网页配色库、网页素材库、网页案例欣赏库等**。

《HTML5+CSS3+JavaScript 网页设计与制作（微课视频版）》适合作为 Web 前端开发、网页设计、网页制作、网站建设的入门级或者有一定基础读者的自学用书，也适合作为高校相关专业的教学参考书或相关机构的培训教材。致力于 HTML5 移动开发、HTML5 游戏开发的读者也可参考学习。

图书在版编目（ＣＩＰ）数据

HTML5+CSS3+JavaScript 网页设计与制作 ：微课视频版/蔚蓝教育编著. -- 北京 ：中国水利水电出版社, 2018.7（2019.10 重印）

ISBN 978-7-5170-6401-5

Ⅰ. ①H… Ⅱ. ①蔚… Ⅲ. ①超文本标记语言－程序设计－教材②网页制作工具－教材③JAVA 语言－程序设计－教材 Ⅳ.①TP312.8②TP393.092

中国版本图书馆 CIP 数据核字（2018）第 077590 号

书　名	HTML5+CSS3+JavaScript 网页设计与制作（微课视频版） HTML5+CSS3+JavaScript WANGYE SHEJI YU ZHIZUO（WEIKE SHIPIN BAN）
作　者	蔚蓝教育　编著
出版发行	中国水利水电出版社 （北京市海淀区玉渊潭南路 1 号 D 座　100038） 网址：www.waterpub.com.cn E-mail：zhiboshangshu@163.com 电话：（010）62572966-2205/2266/2201（营销中心）
经　售	北京科水图书销售中心（零售） 电话：（010）88383994、63202643、68545874 全国各地新华书店和相关出版物销售网点
排　版	北京智博尚书文化传媒有限公司
印　刷	三河市龙大印装有限公司
规　格	203mm×260mm　16 开本　43.25 印张　1192 千字
版　次	2018 年 7 月第 1 版　2019 年 10 月第 3 次印刷
印　数	10001—12000 册
定　价	89.80 元

凡购买我社图书，如有缺页、倒页、脱页的，本社营销中心负责调换

版权所有 · 侵权必究

前 言

Preface

近几年来，互联网+、大数据、云计算、物联网、虚拟现实、人工智能、机器学习、移动互联网等IT 相关新名词、新概念层出不穷，相关产业发展如火如荼。互联网+、移动互联网已经深入到人们日常生活的角角落落，人们已经离不开互联网。为了让人们有更好的互联网体验效果，Web 前端开发、移动终端开发相关技术发展迅猛。

HTML、CSS、JavaScript、jQuery、Bootstrap 等技术相互配合使用，大大减轻了 Web 前端开发者的工作量，降低了开发成本。本书旨在帮助读者朋友快速掌握目前最前沿技术，使前端设计从外观上变得更炫，在技术上更简易。

本书内容

本书共 20 章。具体结构划分及内容如下。

第 1～10 章：为网页样式基础部分，介绍了 HTML5 入门和 CSS3 实战入门等内容，包括 HTML5 基础、CSS3 基础、使用 CSS3 选择器、设计网页文本、使用 CSS 美化网页文本、使用 CSS 美化图像、使用 CSS 美化超链接、使用 CSS 美化列表、使用 CSS 美化表格、使用 CSS 美化表单。

第 11～14 章：为 CSS3 布局部分、包括 CSS3 布局基础、CSS3+HTML5 网页排版、使用 CSS3 新布局、使用 CSS3 动画等内容。

第 15～19 章：为 JavaScript 部分，包括 JavaScript 基础、操作 BOM、操作 DOM、事件处理、使用 Ajax 等内容。

第 20 章：为综合实战部分，通过两个综合案例混合训练 HTML5、CSS3 和 JavaScript 技术。

本书编写特点

➘ 实用性强

本书把“实用”作为编写的首要原则，重点选取实际开发工作中用得到的知识点，并按知识点的常用程度，进行了详略调整，目的是希望读者朋友用最短的时间掌握开发的必备知识。

➘ 入门容易

本书思路清晰、语言通俗、操作步骤详尽。读者朋友只要认真阅读本书，把书中所有示例认真地练习一遍，并独立完成所有的实战案例，就可以达到专业开发人员的水平。

➘ 讲述透彻

本书把知识点融于大量的示例中，并结合实战案例进行讲解和拓展，力求让读者朋友 “知其然，知其所以然”。

➘ 系统全面

本书内容从零开始到实战应用，丰富详尽，知识系统全面，讲述了实际开发工作中用到的绝大部分知识。

➘ 操作性强

本书颠覆了传统的“看”书观念，是一本能“操作”的图书。书中示例遍布每个小节，且每个示例操作步骤清晰明了，简单模仿就能快速上手。

本书显著特色

➘ 体验好

二维码扫一扫，随时随地看视频。书中几乎每个章节都提供了二维码，读者朋友可以通过手机微信扫一扫，随时随地看相关的教学视频（若个别手机不能播放，请参考前言中的“本书学习资源列表及获取方式”下载后在计算机上可以一样观看）。

➘ 资源多

从配套到拓展，资源库一应俱全。本书不仅提供了几乎覆盖全书的配套视频和素材源文件，还提供了拓展的学习资源，如习题及面试题库、案例库、工具库、网页模板库、网页配色库、网页素材库、网页案例欣赏库等，拓展视野、贴近实战，学习资源一网打尽！

➘ 案例多

案例丰富详尽，边做边学更快捷。跟着大量的案例去学习，边学边做，从做中学，使学习更深入、更高效。

➘ 入门易

遵循学习规律，入门与实战相结合。本书编写模式采用“基础知识+中小实例+实战案例”的形式，内容由浅入深、循序渐进，从入门中学习实战应用，从实战应用中激发学习兴趣。

➘ 服务快

提供在线服务，随时随地可交流。本书提供QQ群、网站下载等多渠道贴心服务。

本书学习资源列表及获取方式

本书的学习资源十分丰富，全部资源分布如下：

➘ 配套资源

（1）本书的配套同步视频，共计412节（可用二维码扫描观看或从下述的网站下载）。

（2）本书的素材及源程序，共计665项。

➘ 拓展学习资源

（1）习题及面试题库（共计1 000题）

（2）案例库（各类案例4 396个）

（3）工具库（HTML参考手册11部、CSS参考手册10部、JavaScript参考手册26部）

（4）网页模板库（各类模板1 636个）

（5）网页素材库（17大类）

（6）网页配色库（623项）

（7）网页案例欣赏库（共计508例）

➘ 以上资源的获取及联系方式

（1）读者朋友可以加入本书微信公众号咨询关于本书的所有问题。

（2）登录网站 xue.bookln.cn，输入书名，搜索到本书后下载。

（3）加入本书学习交流专业解答 QQ 群：625853788，获取网盘下载地址和密码。

（4）读者朋友还可通过电子邮件 weilaitushu@126.com、945694286@qq.com 与我们联系。

本书约定

为了节约版面，本书中所显示的示例代码大部分都是局部的，示例的全部代码可以通过上面介绍的方法下载。

部分示例可能需要服务器的配合，可以参阅示例所在章节的相关说明。

学习本书中的示例，要用到 IE、Firefox、Chrome 等浏览器，建议安装上述类型的最新版本浏览器。

如需针对不同版本的 IE 测试示例，可以下载 IETester 工具，因为它可同时支持 IE6、IE7 和 IE8。对于非 Windows 用户，可以考虑使用 VirtualBox 或者 VMware 等虚拟机，或者使用 CrossBrowserTesting 和 MogoTest 等服务。

为了提供更多的学习资源，弥补篇幅有限的缺憾，本书提供了许多参考链接，部分本书无法详细介绍的问题都可以通过这些链接找到答案。但由于这些链接地址具有时效性，因此仅供参考，难以保证所有链接地址都永久有效。遇到这种问题可通过本书的学习 QQ 群进行咨询。

本书所列出的插图可能会与读者实际环境中的操作界面有所差别，这可能是由于操作系统平台、浏览器版本等不同而引起的，一般不影响学习，在此特别说明。

本书适用对象

本书适用于以下人群：网页设计、网页制作、网站建设入门者及爱好者，系统学习网页设计、网页制作、网站建设的开发人员，相关专业的高等院校学生、毕业生，以及相关专业培训的学员。

关于作者

蔚蓝教育是由一群热爱 Web 开发的青年骨干教师组成的一个松散组织，主要从事 Web 开发、教学培训、教材开发等业务。该群体编写的同类图书在很多网店上的销量名列前茅，让数十万的读者轻松跨进了 Web 开发的大门，为 Web 开发的普及和应用做出了积极贡献。

参与本书编写的人员有：邹仲、谢党华、刘望、彭方强、雷海兰、郭靖、马林、刘金、吴云、赵德志、张卫其、李德光、刘坤、杨艳、顾克明、班琦、蔡霞英、曾德剑、曾锦华、曾兰香、曾世宏、曾旺新、曾伟、常星、陈娣、陈凤娟、陈凤仪、陈福妹、陈国锋、陈海兰、陈华娟、陈金清、陈马路、陈石明、陈世超、陈世敏、陈文广等。

编　者

目　录

Contents

第 1 章　HTML5 基础

HTML 是 Hypertext Markup Language 的缩写，中文翻译为：超文本标记语言。使用 HTML 编写的文档称为网页，目前最新版本是 HTML5.1，访问 http://www.w3.org/TR/html53/可以了解最权威的信息。

HTML 是网页设计的基础语言，本章将介绍 HTML 基本概念以及相关知识，帮助读者初步了解 HTML5，为后面各章的学习打下基础。

【学习重点】

- 了解 HTML 相关基本知识和概念。
- 熟悉 HTML 基本语法。
- 熟练 HTML 标签。
- 正确使用 HTML 标签及其属性。

1.1　HTML 发展历史

1989 年，Tim Berners-Lee（蒂姆·伯纳斯·李）发明了 HTML 语言。1990 年 11 月，Tim Berners-Lee 编写出最早的 Web 页面，如图 1.1 所示，这个简陋的网页开启了后来丰富多采的网络生活。

扫码，看电子版

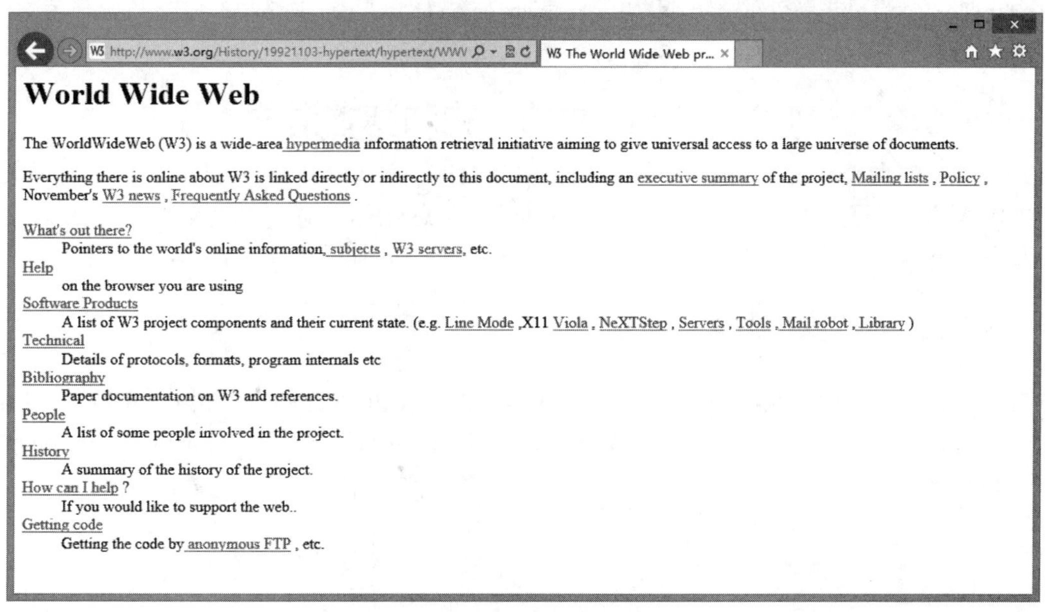

图 1.1　最早的网页

1993 年，互联网工程工作小组（IETF）发布了超文本标记语言，但这仅是一个非标准的工作草案。1995 年，W3C 组织成立，规范化了 HTML 的标准，从而奠定了 Web 标准化开发的基础。

HTML 从诞生至今，经历了近 30 年的发展，其中有很多曲折，经历的版本及发布日期如表 1.1 所示。

表 1.1 HTML 语言的发展过程

版　本	发布日期	说　明
超文本标记语言（第一版）	1993 年 6 月	作为互联网工程工作小组(IETF)工作草案发布，非标准
HTML2.0	1995 年 11 月	作为 RFC 1866 发布，在 2000 年 6 月 RFC 2854 发布之后被宣布过时
HTML3.2	1996 年 1 月 14 日	W3C 推荐标准
HTML4.0	1997 年 12 月 18 日	W3C 推荐标准
HTML4.01	1999 年 12 月 24 日	微小改进，W3C 推荐标准
ISO HTML	2000 年 5 月 15 日	基于严格的 HTML4.01 语法，是国际标准化组织和国际电工委员会的标准
XHTML1.0	2000 年 1 月 26 日	W3C 推荐标准，修订后于 2002 年 8 月 1 日重新发布
XHTML1.1	2001 年 5 月 31 日	较 1.0 有微小改进
XHTML2.0 草案	没有发布	2009 年，W3C 停止了 XHTML2.0 工作组的工作
HTML5 草案	2008 年 1 月	HTML5 规范先是以草案发布，经历了漫长的过程
HTML5	2014 年 10 月 28 日	W3C 推荐标准
HTML5.1	2017 年 10 月 3 日	W3C 发布 HTML5 第 1 个更新版本
HTML5.2	2017 年 12 月 14 日	W3C 发布 HTML5 第 2 个更新版本
HTML5.3	2018 年 3 月 15 日	W3C 发布 HTML5 第 3 个更新版本

提示：

从以上 HTML 的发展来看，HTML 没有 1.0 版本，这主要是因为当时有很多不同的版本。有些人认为 Tim Berners-Lee 的版本应该为初版，他的版本中还没有 img 元素，也就是说 HTML 刚开始时仅能够显示文本信息。

1.2　HTML 文档结构和基本语法

HTML 是构成网页文档的主要语言，它由标签和字符信息组成，标签可以标识文字、图形、动画、声音、表格、超链接等网页对象，字符信息用以传达网页内容，如标题、段落文本、图像等。

扫一扫，看视频

1.2.1　HTML4 文档基本结构

HTML 文档一般都应包含两部分：头部区域和主体区域。HTML 文档基本结构由 3 个标签负责组织：<html>、<head>和<body>。其中<html>标签标识 HTML 文档，<head>标签标识头部区域，而<body>标签标识主体区域。

【示例】　一个完整的 HTML4 文档基本结构如下：

```
<html> <!--语法开始-->
    <head>
        <!--头部信息，如<title>标签定义的网页标题-->
    </head>
    <body>
        <!--主体信息，包含网页显示的内容-->
    </body>
</html> <!--语法结束-->
```

可以看到，每个标签都是成对组成，第 1 个标签（如<html>）表示标识的开始位置，而第 2 个标签

（如</html>）表示标识的结束位置。<html>标签包含<head>和<body>标签，而<head>和<body>标签是并列排列。

如果把上面字符代码放置在文本文件中，然后另存为“test.html”，就可以在浏览器中浏览了。当然，由于这个简单的 HTML 文档还没有包含任何信息，所以在浏览器中是看不到任何显示内容的。

提示：

网页就是一个文本文件，文件扩展名一般为.html 或.htm，俗称为静态网页，可以直接在浏览器中预览；也可以是.asp、.aspx、.php 或.jsp 等，俗称为动态网页，需要服务器解析之后，浏览器才能够预览。

扫一扫，看视频

1.2.2 HTML4 基本语法

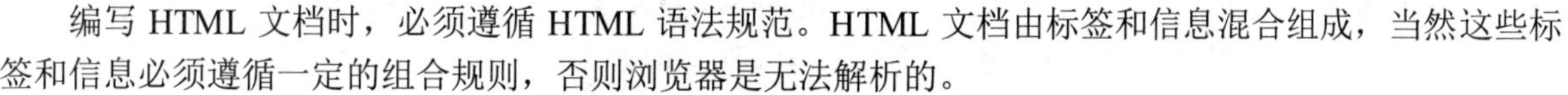

编写 HTML 文档时，必须遵循 HTML 语法规范。HTML 文档由标签和信息混合组成，当然这些标签和信息必须遵循一定的组合规则，否则浏览器是无法解析的。

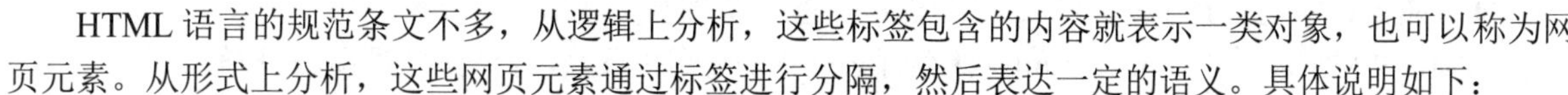

HTML 语言的规范条文不多，从逻辑上分析，这些标签包含的内容就表示一类对象，也可以称为网页元素。从形式上分析，这些网页元素通过标签进行分隔，然后表达一定的语义。具体说明如下：

- 所有标签都包含在“<”和“>”起止标识符中，构成一个标签。如 <style>、<head>、<body>、<div>等。
- 在 HTML 文档中，绝大多数元素都有起始标签和结束标签，在起始标签和结束标签之间包含的是元素主体。如<body>和</body>中间包含的就是网页内容主体。
- 起始标签包含元素的名称以及可选属性，也就是说，元素的名称和属性都必须在起始标签中。结束标签以反斜杠开始，然后附加上元素名称。例如：

```
<tag>元素主体</tag>
```

- 元素的属性包含属性名称和属性值两部分，中间通过等号进行连接，多个属性之间通过空格进行分隔。属性与元素名称之间也是通过空格进行分隔。例如：

```
<tag a1="v1" a2="v2" a3="v3" …… an="vn">元素主体</tag>
```

- 少数元素的属性也可能不包含属性值，仅包含一个属性名称。例如：

```
<tag a1 a2 a3 …… an>元素主体</tag>
```

- 一般属性值应该包含在引号内，虽然不加引号，浏览器也能够解析，但是读者应该养成良好的习惯。
- 属性是可选的，元素包含多少个属性，也是不确定的，这主要根据不同元素而定。不同的元素会包含不同的属性。HTML 也为所有元素定义了公共属性，如 title、id、class、style 等。

虽然大部分标签都成对出现，但是也有少数标签是不成对的，这些孤立的标签，被称为空标签。空标签仅包含起始标签，没有结束标签。例如：

```
<tag>
```

同样，空标签也可以包含很多属性，用来标识特殊效果或者功能，例如：

```
<tag a1="v1" a1="v1" a2="v2" …… an="vn">
```

- 标签可以相互嵌套，形成文档结构。嵌套必须匹配，不能如<div><span></div></span>这样交错嵌套。合法的嵌套应该是包含或被包含的关系，例如，<div><span></span></div>或<span><div></div></span>。
- HTML 文档所有信息必须包含在<html>标签中，所有文档元信息应包含在<head>子标签中，而 HTML 传递信息和网页显示内容应包含在<body>子标签中。

【示例】 对于 HTML4 文档来说，除了必须符合基本语法规范外，还必须保证文档结构信息的完整性。完整文档结构如下所示。

```
<!DOCTYPE html PUBLIC "-//W3C//DTD XHTML1.0 Transitional//EN" "http://www.w1.
org/TR/xhtml1/DTD/xhtml1-transitional.dtd">
```

```
<html xmlns="http://www.w1.org/1999/xhtml">
<head>
<meta http-equiv="Content-Type" content="text/html; charset=utf-8" />
<title>文档标题</title>
</head>
<body></body>
</html>
```

HTML4 文档应包括如下内容：

- 必须在首行定义文档的类型，过渡型文档可省略。
- <html>标签应该设置文档名字空间，过渡型文档可省略。
- 必须定义文档的字符编码，一般使用<meta>标签在头部定义，常用字符编码包括中文简体（gb2312）、中文繁体（big5）和通用字符编码（utf-8）。
- 应该设置文档的标题，可以使用<title>标签在头部定义。

HTML 文档扩展名为.htm 或.html，保存时必须正确使用扩展名，否则浏览器无法正确解析。如果要在 HTML 文档中增加注释性文本，则可以在"<!--"和"-->"标识符之间增加，例如：

```
<!-- 单行注释-->
```

或

```
<!--
多行注释
-->
```

扫一扫，看视频

1.2.3 XHTML 文档基本结构

XHTML 是 The Extensible HyperText Markup Language 的缩写，中文翻译为可扩展标识语言，实际上它是 HTML4 的升级版本。XHTML 和 HTML4 在语法和标签使用方面差别不大。熟悉 HTML 语言，再稍加熟悉标准结构和规范，也就熟悉了 XHTML 语言。XHTML 具有如下特点：

- 用户可以扩展元素，从而扩展功能，但在目前 1.1 版本下，用户只能够使用固定的预定义元素，这些元素基本上与 HTML4 版本元素相同，但删除了部分属性描述性的元素。
- 能够与 HTML 很好地沟通，可以兼容当前不同的网页浏览器，实现 XHTML 页面的正确浏览。

【示例】 完整的 XHTML 文档结构如下。

```
<!--[XHTML 文档基本框架]-->
<!--定义 XHTML 文档类型-->
<!DOCTYPE html PUBLIC "-//W3C//DTD XHTML1.0 Transitional//EN" "http://www.w3.
org/TR/xhtml1/DTD/xhtml1-transitional.dtd">
<!--XHTML 文档根元素，其中 xmlns 属性声明文档命名空间-->
<html xmlns="http://www.w3.org/1999/xhtml">
<!--头部信息结构元素-->
<head>
<!--设置文档字符编码-->
<meta http-equiv="Content-Type" content="text/html; charset=gb2312" />
<!--设置文档标题-->
<title>无标题文档</title>
</head>
<!--主体内容结构元素-->
<body>
</body>
```

```
</html>
```

XHTML 代码不排斥 HTML 规则，在结构上也基本相似，但如果仔细比较，就会发现有两点不同。

1．定义文档类型

在 XHTML 文档第一行新增了<!DOCTYPE>元素，该元素用来定义文档类型。DOCTYPE 是 document type（文档类型）的简写，它设置 XHTML 文档的版本。使用时应注意该元素的名称和属性必须大写。

DTD（如 xhtml1-transitional.dtd）表示文档类型定义，里面包含了文档的规则，网页浏览器会根据预定义的 DTD 来解析页面元素，并把这些元素所组织的页面显示出来。要建立符合网页标准的文档，DOCTYPE 声明是必不可少的关键组成部分，除非 XHTML 确定了一个正确的 DOCTYPE，否则页面内的元素和 CSS 不能正确生效。

2．声明命名空间

在 XHTML 文档根元素中必须使用 xmlns 属性声明文档的命名空间。xmlns 是 XHTML NameSpace 的缩写，译为命名空间（名字空间或名称空间）。命名空间是收集元素类型和属性名字的一个详细 DTD，它允许通过一个 URL 地址指向来识别命名空间。

XHTML 是 HTML 向 XML 过渡的标识语言，它需要符合 XML 规则，因此也需要定义名字空间。又因为 XHTML1.0 还不允许用户自定义元素，因此它的命名空间都相同："http://www.w3.org/1999/xhtml"。这也是为什么每个 XHTML 文档的 xmlns 值都相同的缘故。

1.2.4 XHTML 基本语法

扫一扫，看视频

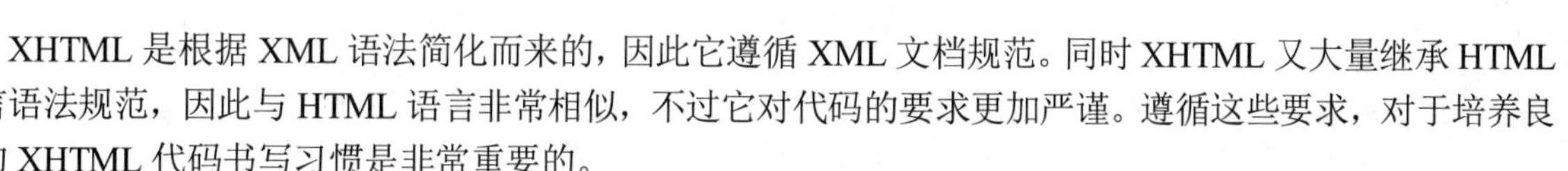

XHTML 是根据 XML 语法简化而来的，因此它遵循 XML 文档规范。同时 XHTML 又大量继承 HTML 语言语法规范，因此与 HTML 语言非常相似，不过它对代码的要求更加严谨。遵循这些要求，对于培养良好的 XHTML 代码书写习惯是非常重要的。

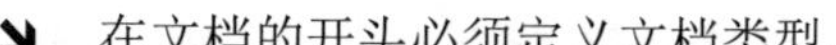

- 在文档的开头必须定义文档类型。
- 在根元素中应声明命名空间，即设置 xmlns 属性。
- 所有标签都必须是闭合的。在 HTML 中，你可能习惯书写独立的标签，如<p>、<li>，而不爱写对应的</p>和</li>来关闭它们。但在 XHTML 中这是不合法的。XHTML 要求有严谨的结构，所有标签都必须关闭。如果是单独不成对的标签，应在标签的最后加一个"/"来关闭它，如
。
- 所有元素和属性都必须小写。这与 HTML 不同，XHTML 对大小写是敏感的，<title>和<TITLE>表示不同的标签。
- 所有的属性必须用引号（""）括起来。在 HTML 中，你可以不需要给属性值加引号，但是在 XHTML 中，它们必须被加引号，如<table height="80"></table>。特殊情况下，可以在属性值里使用双引号或单引号。
- 所有标签都必须合理嵌套。这是因为 XHTML 要求有严谨的结构，所以，所有的嵌套都必须按顺序来。详细讲解请参阅最后一章内容讲解。
- 所有属性都必须被赋值，没有值的属性就用自身来赋值。例如：

错误写法：

```
<td nowrap>
```

正确写法：

```
<td nowrap="nowrap">
```

- 所有特殊符号都用编码表示，例如，小于号（<）不是元素的一部分，必须被编码为"<"；大于号（>）不是元素的一部分，必须被编码为">"。

- 不要在注释内容中使用“--”。“--”只能出现在 XHTML 注释的开头和结束，也就是说，在内容中它们不再有效。例如：

错误写法：

```
<!--注释----------注释-->
```

正确写法：

```
<!--注释          注释-->
```

- XHTML 规范废除了 name 属性，而使用 id 属性作为统一的名称。在 IE 4.0 及以下版本中应保留 name 属性，使用时可以同时使用 id 和 name 属性。

上面列举的几点是 XHTML 最基本的语法要求，习惯于 HTML 的读者，应克服代码书写中的随意，相信好的习惯会影响你的一生。

扫一扫，看视频

1.2.5 HTML5 文档基本结构

HTML5 文档省略了<html>、<head>、<body>等元素，使用 HTML5 的 DOCTYPE 声明文档类型，简化<meta>元素的 charset 属性值，省略<p>元素的结束标记，使用<元素/>的方式来结束<meta>元素，以及
元素等语法知识要点。

【示例】 一个简单的 HTML5 文档基本结构如下：

```
<!DOCTYPE html>
<meta charset="UTF-8">
<title>HTML5 基本语法</title>
<h1>HTML5 的目标</h1>
<p>HTML5 的目标是为了能够创建更简单的 Web 程序，书写出更简洁的 HTML 代码。
<br/>例如，为了使 Web 应用程序的开发变得更容易，提供了很多 API；为了使 HTML 变得更简洁，开发出了新的属性、新的元素等。总体来说，为下一代 Web 平台提供了许许多多新的功能。
```

这段代码在 IE 浏览器中的运行结果如图 1.2 所示。

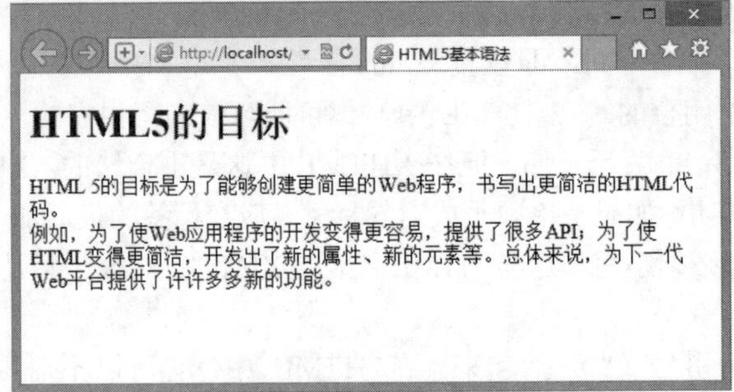

图 1.2　编写 HTML5 文档

扫一扫，看视频

1.2.6 HTML5 基本语法

与 HTML4 相比，HTML5 在语法上发生了很大的变化。为了确保兼容性，HTML5 根据 Web 标准，重新定义了一套在现有 HTML 基础上修改而来的语法，以便各浏览器在运行 HTML 的时候能够符合通用标准。下面具体介绍在 HTML5 中对语法进行了哪些改变。

1. 内容类型

HTML5 的文件扩展名和内容类型保持不变。例如，扩展名仍然为“.html”或“.htm”，内容类型（ContentType）仍然为“text/html”。

2．文档类型

DOCTYPE 命令声明文档的类型，它是 HTML 文档必不可少的组成部分，且必须位于代码的第一行。根据化繁为简的设计原则，HTML5 对文档类型和字符说明都进行了简化。

在 HTML4 中，文档类型的声明方法如下：

```
<!DOCTYPE html PUBLIC "-//W3C//DTD XHTML1.0 Transitional//EN" "http://www.w3.org/TR/xhtml1/DTD/xhtml1-transitional.dtd">
```

在 HTML5 中，刻意不使用版本声明，一份文档将会适用于所有版本的 HTML。在 HTML5 中，文档类型的声明方法如下：

```
<!DOCTYPE html>
```

当使用工具时，也可以在 DOCTYPE 声明中加入 SYSTEM 识别符，声明方法如下：

```
<!DOCTYPE HTML SYSTEM "about:legacy-compat">
```

提示：

在 HTML5 中，DOCTYPE 声明方式是不区分大小写的，引号也不区分是单引号还是双引号。

注意：

使用 HTML5 的 DOCTYPE 会触发浏览器以标准模式显示页面。众所周知，网页都有多种显示模式，如怪异模式（Quirks）、标准模式（Standards）。其中标准模式也被称为非怪异模式（no-quirks）。浏览器会根据 DOCTYPE 来识别该使用哪种模式，以及使用什么规则来验证页面。

3．字符编码

在 HTML4 中，使用 meta 元素定义文档的字符编码，如下所示。

```
<meta http-equiv="Content-Type" content="text/html;charset=UTF-8">
```

在 HTML5 中，继续沿用 meta 元素定义文档的字符编码，但是简化了 charset 属性的写法，如下所示。

```
<meta charset="UTF-8">
```

提示：

对于 HTML5 来说，上述两种方法都有效，用户可以继续使用前面一种方式，即通过 content 元素的属性来指定。但是不能同时混用两种方式。

注意：

在传统网站中，可能会存在以下标记方式。在 HTML5 中，这种字符编码方式将被认为是错误的。

```
<meta charset="UTF-8" http-equiv="Content-Type" content="text/html;charset= UTF-8">
```

从 HTML5 开始，对于文件的字符编码推荐使用 UTF-8。

4．标记省略

在 HTML5 中，元素的标记可以省略。具体来说，元素的标记分为 3 种类型：不允许写结束标记、可以省略结束标记、开始标记和结束标记全部可以省略。下面简单介绍这 3 种类型各包括哪些 HTML5 新元素。

（1）不允许写结束标记的元素有：area、base、br、col、command、embed、hr、img、input、keygen、link、meta、param、source、track、wbr。

（2）可以省略结束标记的元素有：li、dt、dd、p、rt、rp、optgroup、option、colgroup、thead、tbody、tfoot、tr、td、th。

（3）可以省略全部标记的元素有：html、head、body、colgroup、tbody。

提示：

不允许写结束标记的元素是指，不允许使用开始标记与结束标记将元素括起来的形式，只允许使用<元素/>的形式进行书写。例如：

- 错误的书写方式

```
<br></br>
```

- 正确的书写方式

```
<br/>
```

HTML5 之前的版本中
这种写法可以继续沿用。

可以省略全部标记的元素是指，该元素可以完全被省略。注意，即使标记被省略了，该元素还是以隐式的方式存在的。例如，将 body 元素省略不写时，它在文档结构中还是存在的，可以使用 document.body 进行访问。

5．布尔值

对于具有 boolean 值的属性，如 disabled 与 readonly 等，当只写属性而不指定属性值时，表示属性值为 true；如果想要将属性值设为 false，可以不使用该属性。另外，要想将属性值设定为 true 时，也可以将属性名设定为属性值，或将空字符串设定为属性值。

【示例 1】 下面是几种正确的书写方法。

```
<!--只写属性，不写属性值，代表属性为true-->
<input type="checkbox" checked>
<!--不写属性，代表属性为false-->
<input type="checkbox">
<!--属性值=属性名，代表属性为true-->
<input type="checkbox" checked="checked">
<!--属性值=空字符串，代表属性为true-->
<input type="checkbox" checked="">
```

6．属性值

属性值两边既可以用双引号，也可以用单引号。HTML5 在此基础上做了一些改进，当属性值不包括空字符串、<、>、=、单引号、双引号等字符时，属性值两边的引号可以省略。

【示例 2】 下面写法都是合法的。

```
<input type="text">
<input type='text'>
<input type=text>
```

1.3 HTML4 元素

HTML4 共包含 91 个元素，这些元素都是针对特定内容、结构或特性定义的。具体分为结构元素、内容元素和修饰元素 3 大类。

1.3.1 结构元素

结构元素用于构建网页文档的结构，多指块状元素，具体说明如下：

- div：在文档中定义一块区域，即包含框、容器。
- ol：根据一定的排序进行列表。

- ul：没有排序的列表。
- li：每条列表项。
- dl：以定义的方式进行列表。
- dt：定义列表中的词条。
- dd：对定义的词条进行解释。
- del：定义删除的文本。
- ins：定义插入的文本。
- h1~h6：标题 1 到标题 6，定义不同级别的标题。
- p：定义段落结构。
- hr：定义水平线。

1.3.2 内容元素

内容元素定义了元素在文档中表示内容的语义，一般指文本格式化元素，它们多是行内元素。具体说明如下：

- span：在文本行中定义一个区域，即行内包含框。
- a：定义超链接。
- abbr：定义缩写词。
- address：定义地址。
- dfn：定义术语，以斜体显示。
- kbd：定义键盘键。
- samp：定义样本。
- var：定义变量。
- tt：定义打印机字体。
- code：定义计算机源代码。
- pre：定义预定义格式文本，保留源代码格式。
- blockquote：定义大块内容引用。
- cite：定义引文。
- q：定义引用短语。
- strong：定义重要文本。
- em：定义文本为重要。

1.3.3 修饰元素

修饰元素定义了文本的显示效果，具体说明如下：

- b：视觉提醒，显示为粗体。
- i：语气强调，显示为斜体。
- big：定义较大文本。
- small：表示细则一类的旁注，文本缩小显示。
- sup：定义上标。
- sub：定义下标。
- bdi 和 bdo：定义文本显示方向。
- br：定义换行。

- u：非文本注解，显示下划线。

以下是已废除的修饰元素：

- center：定义文本居中。
- font：定义文字的样式、大小和颜色。
- s：定义删除线。strike 的缩写。
- strike：定义删除线。

扫一扫，看视频

1.4 HTML4 属性

HTML4 元素包含的属性众多，可以分为核心属性、语言属性、键盘属性、内容属性和延伸属性等类型。

1.4.1 核心属性

核心属性主要包括以下 3 个，这 3 个基本属性为大部分元素所拥有：

- class：定义类规则或样式规则。
- id：定义元素的唯一标识。
- style：定义元素的样式声明。

以下这些元素不拥有核心属性：html、head、title、base、meta、param、script、style，这些元素一般位于文档头部区域，用来定义网页元信息。

1.4.2 语言属性

语言属性主要用来定义元素的语言类型，包括两个属性：

- lang：定义元素的语言代码或编码。
- dir：定义文本方向，包括 ltr 和 rtl 取值，分别表示从左向右和从右向左。

以下这些元素不拥有语言属性：frameset、frame、iframe、br、hr、base、param、script。

【示例】 以下分别为网页代码定义了中文简体的语言，字符对齐方式为从左到右的方式。第 2 行代码为 body 定义了美式英语。

```
<html xmlns="http://www.w3.org/1999/xhtml" dir="ltr" xml:lang="zh-CN">
<body id="myid" lang="en-us">
```

1.4.3 键盘属性

键盘属性定义元素的键盘访问方法，包括两个属性：

- accesskey：定义访问某元素的键盘快捷键。
- tabindex：定义元素的 Tab 键索引编号。

使用 accesskey 属性可以使用快捷键（Alt+字母）访问指定 URL，但是浏览器不能很好地支持，在 IE 中仅激活超链接，需要配合 Enter 键确定。

【示例 1】 一般会在导航菜单中设置快捷键。

```
<a href="http://www.mysite.cn/" accesskey="a">按住 Alt 键，单击 A 键可以链接到老余首页</a>
```

tabindex 属性用来定义元素的 Tab 键访问顺序，可以使用 Tab 键遍历页面中的所有链接和表单元素。遍历时会按照 tabindex 的大小决定顺序，当遍历到某个链接时，按 Enter 键即可打开链接页面。

【示例 2】 在文档中插入 3 个超链接，并分别定义 tabindex 属性，这样可以通过 Tab 键快速切换超链接。

```
<a href="#" tabindex="1">Tab 1</a>
<a href="#" tabindex="3">Tab 3</a>
<a href="#" tabindex="2">Tab 2</a>
```

1.4.4 内容属性

内容属性定义元素包含内容的附加信息，这些信息对于元素来说具有重要补充作用，避免元素本身包含信息不全而被误解。内容语义包括 5 个属性：

- alt：定义元素的替换文本。
- title：定义元素的提示文本。
- longdesc：定义元素包含内容的大段描述信息。
- cite：定义元素包含内容的引用信息。
- datetime：定义元素包含内容的日期和时间。

alt 和 title 是两个常用的属性，分别定义元素的替换文本和提示文本。

【示例 1】 以下示例分别在超链接和图像中定义 title 属性。

```
<a href="URL" title="提示文本">超链接</a>
<img src="URL" alt="替换文本" title="提示文本" />
```

替换文本（Alternate Text）并不是用来做提示的（Tool Tip），相反 title 属性才负责为元素提供额外说明信息。

当图像无法显示时，必须准备替换的文本来替换无法显示的图像，这对于图像和图像热点是必须的，因此 alt 属性只能用在 img、area 和 input 元素中（包括 applet 元素）。对于 input 元素，alt 属性用来替换提交按钮的图片。

【示例 2】 以下示例在图像按钮域中定义 alt 属性。

```
<input type="image" src="URL" alt="替换文本" />
```

当浏览器被禁止显示、不支持或无法下载图像时，通过替换文本给那些不能看到图像的浏览者提供文本说明，这是一个很重要的预防和补救措施。

从语义角度考虑，替换文本应该提供图像的简明信息，并保证在上下文中有意义，而对于那些修饰性的图片可以使用空值（alt=""）。

1.4.5 其他属性

其他属性（定义元素的相关信息，当然这类属性也很多。这里仅列举两个比较实用的属性）：

- rel：定义当前页面与其他页面的关系。
- rev：定义其他页面与当前页面之间的链接关系。

rel 和 rev 属性相对应，比较如下：

- rel 表示从源文档到目标文档的关系。
- rev 表示从目标文档到源文档的关系。

【示例】 以下示例链接到同一个文件夹中前一个文档，这样当搜索引擎检索到 rel="prev"信息之后，就知道当前文档与所链接的目标文档是平等关系，且处于相同的文件夹中。

```
<a href="4-3.html" rel="prev">链接到集合中的前一个文档</a>
```

其他关系与此类似，可以根据需要确定当前文档与目标文档之间的位置关系，并进行准确定义，以方便浏览器对信息的来源进行准确判断。

1.5 HTML5 元素

HTML5 包含一百多个标签，大部分继承自 HTML 4，同时新增 30 个标签，简单介绍如下。

1.5.1 新增的元素

根据现有的规范，把 HTML5 新增元素按优先级分为 4 大类，简单说明如下。我们将会在后面各章节进行详细讲解。

1．结构性元素

主要负责 Web 上下文结构的定义。例如：

- section：表示内容分区，通俗说就是内容分段。
- article：表示一篇独立的内容，如一篇文章。
- header：表示页面中分节的标题栏。
- footer：表示页面中分节的脚注栏。
- nav：表示页面中的导航部分。

2．级块性元素

主要完成页面次区域的划分，确保内容的有效分割。例如：

- aside：用于注记、贴士、侧栏、摘要、插入的引用等作为补充主体的内容。
- figure：组织多媒体资源，通常与 ficaption 元素联合使用。
- dialog：表示对话，通常与 dt 和 dd 元素联合使用，dt 表示说话者，dd 表示说话内容。

3．行内语义性元素

主要完成 Web 页面具体内容的引用和描述，是丰富内容展示的基础。例如：

- meter：表示特定范围内的值，可用于工资、数量、百分比等。
- time：表示时间。
- progress：表示进度条，通过 max、min、step 等属性，完成对进度的表示和监控。
- video：视频元素，用于支持和实现视频文件的播放。
- audio：音频元素，用于支持和实现音频文件的播放。

4．交互性元素

主要用于功能性内容的表达，会有一定的内容和数据的关联，是各种事件的基础。例如：

- datalist：组织详细内容并展示的元素，通常与 summary 元素联合使用。默认可能不显示，通过某种手段（如单击）交互才会显示出来。
- datagrid：用来控制客户端数据的显示，可以由动态脚本及时更新。
- menu：主要用于交互菜单。
- command：用来处理命令按钮。

1.5.2 废除的元素

HTML 5 废除了 HTML4 中部分过时的元素，简单说明如下。

- 使用 CSS 替代的元素

对于 basefont、center、font、s、strike、u 这些元素，由于它们的功能都是表现文本效果，而 HTML 5 中提倡把呈现性功能放在 CSS 样式表中统一编辑，所以将这些元素废除了，并使用编辑 CSS、添加 CSS 样式表的方式进行替代。其中 font 元素允许由“所见即所得”的编辑器来插入，s 元素、strike 元素可以由 del 元素替代。

- 弃用 frame 框架

对于 frameset 元素、frame 元素与 noframes 元素，由于 frame 框架对网页可用性存在负面影响，在 HTML 5 中已不支持 frame 框架，只支持 iframe 浮动框架，或者用服务器方创建的由多个页面组成的复合页面的形式，同时将以上这三个元素废除。

- 部分浏览器的私有元素

对于 applet、bgsound、blink、marquee 等元素，由于只有部分浏览器支持这些元素，特别是 bgsound 元素以及 marquee 元素，只被 IE 所支持，所以在 HTML 5 中被废除。其中 applet 元素可由 embed 元素或 object 元素替代，bgsound 元素可由 audio 元素替代，marquee 可以由 JavaScript 编程的方式所替代。

其他被废除元素还有：

- 使用 ruby 元素替代 rb 元素
- 使用 abbr 元素替代 acronym 元素
- 使用 ul 元素替代 dir 元素
- 使用 form 元素与 input 元素相结合的方式替代 isindex 元素
- 使用 pre 元素替代 listing 元素
- 使用 code 元素替代 xmp 元素
- 使用 GUIDS 替代 nextid 元素
- 使用“text/plian”MIME 类型替代 plaintext 元素

1.6 HTML5 属性

HTML5 同时增加和废除了很多属性。下面简单介绍一些常用属性，有关这些属性的使用将在后面各章中结合示例详细说明。

1.6.1 表单属性

- 为 input（type=text）、select、textarea 与 button 元素新增加 autofocus 属性。它以指定属性的方式让元素在画面打开时自动获得焦点。
- 为 input 元素（type=text）与 textarea 元素新增加 placeholder 属性，它会对用户的输入进行提示，提示用户可以输入的内容。
- 为 input、output、select、textarea、button 与 fieldset 新增加 form 属性，声明它属于哪个表单，然后将其放置在页面上任何位置，而不是表单之内。
- 为 input 元素（type=text）与 textarea 元素新增加 required 属性。该属性表示在用户提交的时候进行检查，检查该元素内一定要有输入内容。
- 为 input 元素增加 autocomplete、min、max、multiple、pattern 和 step 属性。同时还有一个新的 list 元素与 datalist 元素配合使用。datalist 元素与 autocomplete 属性配合使用。multiple 属性允许在上传文件时一次上传多个文件。

- 为 input 元素与 button 元素增加了新属性 formaction、formenctype、formmethod、formnovalidate 与 formtarget，它们可以重载 form 元素的 action、enctype、method、novalidate 与 target 属性。
- 为 fieldset 元素增加了 disabled 属性，可以把它的子元素设为 disabled（无效）状态。
- 为 input 元素、button 元素、form 元素增加了 novalidate 属性，该属性可以取消提交时进行的有关检查，表单可以被无条件地提交。

1.6.2 链接属性

- 为 a 与 area 元素增加了 media 属性，该属性规定目标 URL 是为什么类型的媒介/设备进行优化的，只能在 href 属性存在时使用。
- 为 area 元素增加了 hreflang 属性与 rel 属性，以保持与 a 元素、link 元素的一致。
- 为 link 元素增加了新属性 sizes。该属性可以与 icon 元素结合使用（通过 rel 属性），该属性指定关联图标（icon 元素）的大小。
- 为 base 元素增加了 target 属性，主要目的是保持与 a 元素的一致性。

1.6.3 其他属性

- 为 ol 元素增加属性 reversed，它指定列表倒序显示。
- 为 meta 元素增加 charset 属性，因为这个属性已经被广泛支持了，而且为文档的字符编码的指定提供了一种比较良好的方式。
- 为 menu 元素增加了两个新的属性—type 与 label。label 属性为菜单定义一个可见的标注，type 属性让菜单可以上下文菜单、工具条与列表菜单 3 种形式出现。
- 为 style 元素增加 scoped 属性，用来规定样式的作用范围，譬如只对页面上某个树起作用。
- 为 script 元素增加 async 属性，它定义脚本是否异步执行。
- 为 html 元素增加属性 manifest，开发离线 Web 应用程序时它与 API 结合使用，定义一个 URL，在这个 URL 上描述文档的缓存信息。
- 为 iframe 元素增加 3 个属性，即 sandbox、seamless 与 srcdoc，用来提高页面安全性，防止不信任的 Web 页面执行某些操作。

扫一扫，看视频

1.7 HTML5 全局属性

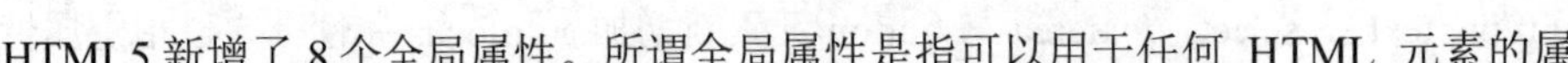

HTML5 新增了 8 个全局属性。所谓全局属性是指可以用于任何 HTML 元素的属性。

1.7.1 contentEditable 属性

contentEditable 属性的主要功能是允许用户可以在线编辑元素中的内容。contentEditable 是一个布尔值属性，可以被指定为 true 或 false。

注意，该属性还有一个隐藏的 inherit（继承）状态，属性为 true 时，元素被指定为允许编辑；属性为 false 时，元素被指定为不允许编辑；未指定 true 或 false 时，则由 inherit 状态来决定，如果元素的父元素是可编辑的，则该元素就是可编辑的。

【示例】 在以下示例中为列表元素加上 contentEditable 属性后，该元素就变成可编辑的了，读者可自行在浏览器中修改列表内容。

```
<!DOCTYPE html>
```

```
<head>
<meta charset="UTF-8">
<title>conentEditalbe 属性示例</title>
</head>
<h2>可编辑列表</h2>
<ul contentEditable="true">
    <li>列表元素 1</li>
    <li>列表元素 2</li>
    <li>列表元素 3</li>
</ul>
```

这段代码运行后的结果如图 1.3 所示。

图 1.3　可编辑列表

在编辑完元素中的内容后，如果想要保存其中内容，只能把该元素的 innerHTML 发送到服务器端进行保存，因为改变元素内容后该元素的 innerHTML 内容也会随之改变，目前还没有特别的 API 来保存编辑后元素中的内容。

提示：

所有主流浏览器都支持 contentEditable 属性。

另外，在 Javascript 脚本中，元素还具有一个 isContentEditable 属性，当元素可编辑时，该属性值为 true；当元素不可编辑时，该属性值为 false。

1.7.2　contextmenu 属性

contextmenu 属性用于定义<div>元素的上下文菜单。上下文菜单在用户右键单击元素时出现。

【示例】　以下示例使用 contextmenu 属性定义<div>元素的上下文菜单，其中 contextmenu 属性的值是要打开的<menu>元素的 id 属性值。

```
<!doctype html>
<html>
<head>
<meta charset="utf-8">
</head>
<body>
<div contextmenu="mymenu">上下文菜单
    <menu type="context" id="mymenu">
        <menuitem label="微信分享"></menuitem>
        <menuitem label="微博分享"></menuitem>
```

```
    </menu>
</div>
</body>
</html>
```

当用户右击该元素时，会弹出一个上下文菜单，从中可以选择指定的快捷菜单项目，如图 1.4 所示。

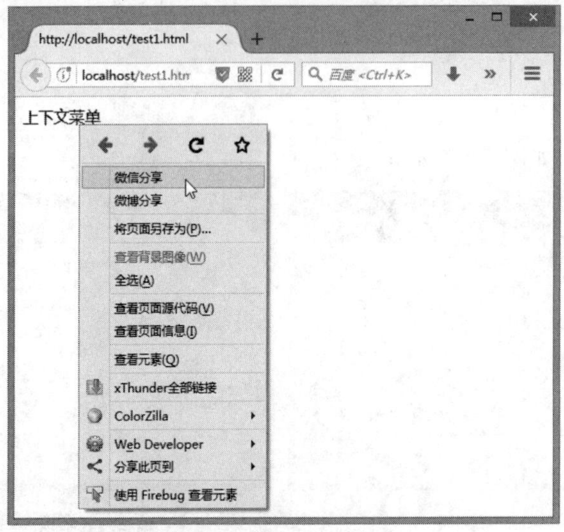

图 1.4　打开上下文菜单

提示：

目前只有 Firefox 支持 contextmenu 属性。

1.7.3　data-*属性

使用 data-*属性可以自定义用户数据。具体应用包括：

- data-*属性用于存储页面或 Web 应用的私有自定义数据。
- data-*属性赋予所有 HTML 元素嵌入自定义 data 属性的能力。

存储的自定义数据能够被页面的 JavaScript 脚本利用，以创建更好的用户体验，不进行 Ajax 调用或服务器端数据库查询。

data-*属性包括两部分：

- 属性名：不应该包含任何大写字母，并且在前缀 "data-" 之后必须有至少一个字符。
- 属性值：可以是任意字符串。

当浏览器（用户代理）解析时，会完全忽略前缀为"data-"的自定义属性。

【示例 1】　以下示例使用 data-*属性为每个列表项目定义一个自定义属性 type。这样在 Javascript 脚本中可以判断每个列表项目包含信息的类型。

```
<!doctype html>
<html>
<head>
<meta charset="utf-8">
</head>
<body>
<ul>
    <li data-animal-type="bird">猫头鹰</li>
    <li data-animal-type="fish">鲤鱼</li>
```

```
    <li data-animal-type="spider">蜘蛛</li>
</ul>
</body>
</html>
```

提示：

所有主流浏览器都支持 data-* 属性，但是 IE 与其他浏览器访问自定义数据的方式不同。

【示例 2】 下面示例使用 Javascript 脚本访问每个列表项目的 type 属性值。访问方式：通过元素的 dataset.对象获取，该对象存储了元素所有自定义属性的值。演示效果如图 1.5 所示。

```
var lis = document.getElementsByTagName("li");
for(var i=0; i<lis.length; i++){
    console.log(lis[i].dataset.animalType);
}
```

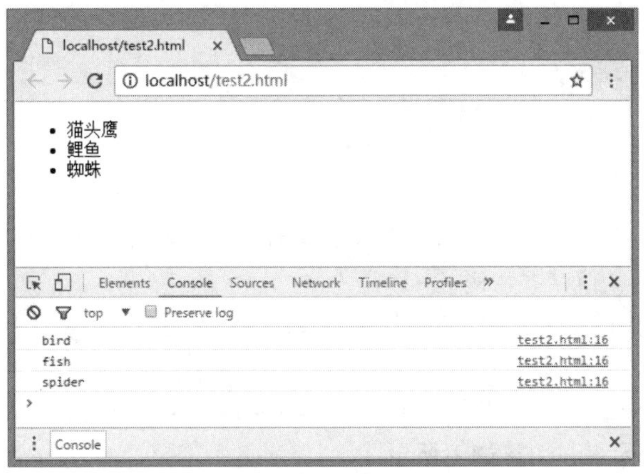

图 1.5 访问列表项目的 type 属性值

1.7.4 draggable 属性

draggable 属性可以定义元素是否可以被拖动。属性取值说明如下：

- true：定义元素可拖动。
- false：定义元素不可拖动。
- auto：定义使用浏览器的默认行为。

draggable 属性常用在拖放操作中。

提示：

IE9+、Firefox、Opera、Chrome 和 Safari 都支持 draggable 属性。

1.7.5 dropzone 属性

dropzone 属性定义在元素上拖动数据时，是否复制、移动或链接被拖动数据。属性取值说明如下：

- copy：拖动数据会产生被拖动数据的副本。
- move：拖动数据会导致被拖动数据被移动到新位置。
- link：拖动数据会产生指向原始数据的链接。

例如：

```
<div dropzone="copy"></div>
```

提示：

目前所有主流浏览器都不支持 dropzone 属性。

1.7.6 hidden 属性

在 HTML5 中，所有元素都包含一个 hidden 属性。该属性设置元素的可见状态，取值为一个布尔值，当设为 true 时，元素处于不可见状态；当设为 false 时，元素处于可见状态。

【示例】 使用 hidden 属性定义段落文本隐藏显示。

```
<p hidden>这个段落应该被隐藏。</p>
```

hidden 属性可用于防止用户查看元素，直到匹配某些条件，如选择了某个复选框。然后，在页面加载之后，可以使用 JavaScript 脚本删除该属性，删除之后该元素变为可见状态，同时元素中的内容也即时显示出来。

提示：

除了 IE，所有主流浏览器都支持 hidden 属性。

1.7.7 spellcheck 属性

spellcheck 属性定义是否对元素进行拼写和语法检查。可以对以下内容进行拼写检查：

- input 元素中的文本值（非密码）。
- <textarea>元素中的文本。
- 可编辑元素中的文本。

spellcheck 属性是一个布尔值的属性，取值包括 true 和 false，为 true 时表示对元素进行拼写和语法检查，为 false 时则不检查元素。用法如下所示：

```
<!—以下两种书写方法正确-->
<textarea spellcheck="true" >
<input type=text spellcheck=false>
<!—以下书写方法为错误-->
<textarea spellcheck >
```

注意，如果元素的 readOnly 属性或 disabled 属性设为 true，则不执行拼写检查。

【示例】 设计进行拼写检查的可编辑段落。

```
<!doctype html>
<html>
<head>
<meta charset="utf-8">
</head>
<body>
<p contentEditable="true" spellcheck="true">这是一个段落。</p>
</body>
</html>
```

提示：

IE10+、Firefox、Opera、Chrome 和 Safari 都支持 spellcheck 属性。

1.7.8 translate 属性

translate 属性定义是否应该翻译元素内容。取值说明如下：

- yes：定义应该翻译元素内容。
- no：定义不应翻译元素内容。

【示例】　如何使用 translate 属性。

```
<!doctype html>
<html>
<head>
<meta charset="utf-8">
</head>
<body>
<p translate="no">请勿翻译本段。</p>
<p>本段可被译为任意语言。</p>
</body>
</html>
```

提示：

目前，所有主流浏览器都无法正确支持 translate 属性。

1.8　在线课堂：知识拓展

本节为线上阅读和实践环节，旨在拓展读者的知识视野。包括 HTML5 API 和 HTML5 元素相关的知识，感兴趣的读者请扫码阅读。

扫码，看电子版

第 2 章　CSS3 基础

CSS 是 Cascading Style Sheet 的缩写，译为“层叠样式表”。CSS 定义如何显示 HTML 的标签样式，用于呈现网页效果。使用 CSS 可以实现网页内容与表现的分离，极大地提高了工作效率。

【学习重点】

- 了解 CSS 基本概念。
- 掌握 CSS 基本语法和用法。
- 熟悉 CSS 基本属性、属性值和单位的用法。
- 理解 CSS 基本特性。

2.1　CSS3 概述

CSS3 是 CSS 规范的最新版本，在 CSS2.1 的基础上增加了很多强大的新功能，以帮助开发人员解决一些实际面临的问题。例如，圆角、多背景、透明度、阴影等功能。

2.1.1　CSS 的发展历史

在 20 世纪 90 年代初，HTML 语言诞生。早期的 HTML 只含有少量的显示属性，用来设置网页和字体效果。随着互联网的发展，为了满足日益丰富的网页设计需求，HTML 不断添加了各种显示标签和样式属性，于是就带来一个问题：网页结构和样式混用让网页代码变得混乱不堪，代码冗余增加了带宽负担，代码维护也变得苦不堪言。

1994 年初，哈坤・利（Hakon Wium Lie）提出了 CSS 的最初建议。伯特·波斯（Bert Bos）当时正在设计一款 Argo 浏览器，于是他们决定共同开发 CSS。

1994 年底，哈坤在芝加哥的一次会议上第一次展示了 CSS 的建议，1995 年他与波斯一起再次展示这个建议。当时 W3C（World Wide Web Consortium，万维网联盟）组织刚刚成立，W3C 对 CSS 的前途很感兴趣，为此组织了一次讨论会，哈坤、波斯是这个项目的主要技术负责人。

1996 年底，CSS 语言正式完成，同年 12 月 CSS 的第一版本被正式发布（http://www.w3.org/TR/CSS1/）。

1997 年初，W3C 组织专门负责 CSS 的工作组，负责人是克里斯・里雷。于是该工作组开始讨论第一个版本中没有涉及到的问题。

1998 年 5 月，CSS2 版本正式发布（http://www.w3.org/TR/CSS2/）。

尽管 CSS3 的开发工作在 2000 年之前就开始了，但是距离最终的发布还有相当长的路要走，为了提高开发速度，也为了方便各主流浏览器根据需要渐进式支持，CSS3 按模块化进行全新设计，这些模块可以独立发布和实现，这也为日后 CSS 的扩展奠定了基础。

考虑到从 CSS2 到 CSS3 的发布间隔时间会很长，2002 年工作组启动了 CSS2.1 的开发。这是 CSS2 的修订版，它旨在纠正 CSS2 版本中的一些错误，并且更精确地描述 CSS 的浏览器实现。2004 年 CSS2.1 正式发布，到 2006 年底得到完善。

2.1.2 CSS3 新功能

CSS3 规范并不是完全另起炉灶，它继承了 CSS2.1 的大部分内容，并进行了很多的增补与修改。与 CSS1、CSS2 比较，CSS3 进行了革命性升级，而不仅限于局部功能的修订和完善，尽管浏览器对 CSS3 诸多新特性支持还不是很完善，但是它依然让用户看到了未来网页样式的发展方向和使命。CSS3 新特性非常多，这里简单列举广被浏览器支持的实用特性。

1. 完善选择器

CSS3 选择器在 CSS2.1 的基础上进行了增强，它允许设计师在标签中指定特定的 HTML 元素，而不必使用多余的类、ID 或者 JavaScripts 脚本。

如果希望设计干净、轻量级的网页标签，希望结构与表现更好地分离，高级选择器是非常有用的。它可以减少在标签中添加大量 class 和 id 属性的数量，并让设计师更方便地维护样式表。

2. 完善视觉效果

网页中最常见的效果包括圆角、阴影、渐变背景、半透明、图片边框等。而这样的视觉效果在 CSS 中都是依赖于设计师制作图片或者 JavaScript 脚本来实现的。CSS3 的一些新特性可以用来创建一些特殊的视觉效果，后面的章节将为大家展现这些新特性是如何实现这些视觉效果。

3. 完善盒模型

盒模型在 CSS 中是重中之重，CSS2 中的盒模型只能实现一些基本的功能，对于一些特殊的功能需要基于 JavaScript 来实现。而在 CSS3 中这一点得到了很大的改善，设计师可以直接通过 CSS3 来实现。例如，CSS3 中的弹性盒子，这个属性将给大家引入一种全新的布局概念，能轻而易举实现各种布局，特别是在移动端的布局，它的功能更是强大。

4. 增强背景功能

CSS3 允许背景属性设置多个属性值，如 background-image、backgroundrepeat、background-size、background-position、background-origin、background-clip 等，这样就可以在一个元素上添加多层背景图片。如果要设计复杂的网页效果（如圆角、背景重叠等）时，就不用为 HTML 文档添加多个无用的标签，优化网页文档结构。

5. 增加阴影效果

阴影主要为分两种：文本阴影（text-shadow）和盒子阴影（box-shadow）。文本阴影在 CSS 中已经存在，但没有得到广泛的运用。CSS3 延续了这个特性，并进行了新的定义，该属性提供了一种新的跨浏览器方案，使文本看起来更醒目。盒子阴影的实现在 CSS2 中就有点苦不堪言，为了实现这样的效果，需要新增标签、图片，而且效果还不一定完美。CSS3 的 box-shadow 将打破这种局面，可以轻易地为任何元素添加盒子阴影。

6. 增加多列布局与弹性盒模型布局

CSS3 引入了几个新的模块用于更方便地创建多列布局。

多列布局（Multi-column Layout）模块描述如何像报纸、杂志那样，把一个简单的区块拆分成多列。

弹性盒模型布局（Flexible Box Layout）模块能让区块在水平、垂直方向对齐，能让区块自适应屏幕大小，相对于 CSS 的浮动布局、inline-block 布局、绝对定位布局来说，它显得更加方便与灵活。缺点是：这两个模块在一些浏览器中还不被支持，但随着技术的发展，各主流浏览器会主动支持的。

7．完善 Web 字体和 Web Font 图标

浏览器对 Web 字体有诸多限制，Web Font 图标对于设计师来说更是奢侈。CSS3 重新引入@font-face，对于设计师来说无疑是件好事。@font-face 是链接服务器上字体的一种方式，这些嵌入的字体能变成浏览器的安全字体，不再担心用户没有这些字体而无法正常显示的问题，从此告别用图片代替特殊字体的设计时代。

8．增强颜色和透明度功能

CSS3 颜色模块的引入，使得用户在制作页面效果时不再局限于 RGB 和十六进制两种模式。CSS3 增加了 HSL、HSLA、RGBA 几种新的颜色模式。在网页设计中，能轻松实现某个颜色变得再亮一点或者再暗一点。其中 HSLA 和 RGBA 还增加了透明通道，能轻松地改变任何一个元素的透明度。另外，还可以使用 opacity 属性来制作元素的透明度。从此实现透明度效果不再依赖图片或者 JavaScript 脚本了。

9．新增圆角与边框功能

圆角是 CSS3 中使用最多的一个属性，原因很简单：圆角比直线更美观，而且不会与设计产生任何冲突。与 CSS 制作圆角不同之处是，CSS3 无须添加任何标签元素与图片，也不需要借用任何 JavaScript 脚本，一个属性就能搞定。对于边框，在 CSS 中仅局限于边框的线型、粗细、颜色的设置。如果需要特殊的边框效果，只能使用背景图片来模仿。

CSS3 的 border-image 属性使元素边框的样式变得丰富起来，还可以使用该属性实现类似 background 的效果，对边框进行扭曲、拉伸和平铺等。

10．增加变形操作

在 CSS2 时代，让某个元素变形是一个可望而不可及的想法，为了实现这样的效果，需要写大量的 JavaScript 代码。CSS3 引进了一个变形属性，可以在 2D 或者 3D 空间里操作网页对象的位置和形状，例如旋转、扭曲、缩放或者移位。

11．增加动画和交互效果

CSS3 过渡（transition）特性可以在网页制作中实现一些简单的动画效果，让某些效果变得更具流线性、平滑性。而 CSS3 动画（animation）特性能够实现更复杂的样式变化，以及一些交互效果，而不需要使用任何 Flash 或 JavaScript 脚本代码。

12．完善媒体特性与 Responsive 布局

CSS3 媒体特性可以实现一种响应式（Responsive）布局，使布局可以根据用户的显示终端或设备特征选择对应的样式文件，从而在不同的显示分辨率或设备下具有不同的布局效果，特别是在移动端上的实现更是一种理想的做法。

2.1.3 浏览器支持

各主流浏览器对 CSS3 的支持比较完善，下面了解一下两大平台（Mac 和 Windows）、五大浏览器（Chrome、Firefox、Safari、Opera 和 IE）对 CSS3 新特性和 CSS3 选择器的支持情况。

CSS3 属性支持情况如图 2.1 所示（http://fmbip.com/litmus/）。可以看出，完全支持 CSS3 属性的浏览器有 Chrome 和 Safari，而且不管是 Mac 平台还是 Windows 平台全支持。

CSS3 选择器支持情况如图 2.2 所示（http://fmbip.com/litmus/）。除了 IE 家族和 Firefox 3，其他几乎全部支持，如 Chrome、Safari、Firefox、Opera。

平台	MAC				WIN								
浏览器	CHROME	FIREFOX	OPERA	SAFARI	CHROME	FIREFOX		OPERA		SAFARI	IE		
版本	5	3.6	10.1	4	4	3.6	3	10	10.5	4	6	7	8
RGBA	✔	✔	✔	✔	✔	✔	✔	✔	✔	✔	✘	✘	✘
HSLA	✔	✔	✔	✔	✔	✔	✔	✔	✔	✔	✘	✘	✘
Multiple Backgrounds	✔	✔	✘	✔	✔	✔	✘	✘	✔	✔	✘	✘	✘
Border Image	✔	✔	✘	✔	✔	✔	✘	✘	✔	✔	✘	✘	✘
Border Radius	✔	✔	✘	✔	✔	✔	✔	✘	✔	✔	✘	✘	✘
Box Shadow	✔	✔	✘	✔	✔	✔	✘	✘	✔	✔	✘	✘	✘
Opacity	✔	✔	✔	✔	✔	✔	✔	✔	✔	✔	✘	✘	✘
CSS Animations	✔	✘	✘	✔	✔	✘	✘	✘	✘	✔	✘	✘	✘
CSS Columns	✔	✔	✘	✔	✔	✔	✔	✘	✘	✔	✘	✘	✘
CSS Gradients	✔	✔	✘	✔	✔	✔	✘	✘	✘	✔	✘	✘	✘
CSS Reflections	✔	✘	✘	✔	✔	✘	✘	✘	✘	✔	✘	✘	✘
CSS Transforms	✔	✔	✘	✔	✔	✔	✘	✘	✘	✔	✘	✘	✘
CSS Transforms 3D	✔	✘	✘	✔	✔	✘	✘	✘	✘	✔	✘	✘	✘
CSS Transitions	✔	✘	✘	✔	✔	✘	✘	✘	✔	✔	✘	✘	✘
CSS FontFace	✔	✔	✔	✔	✔	✔	✘	✔	✔	✔	✔	✔	✔

图 2.1　CSS3 属性支持列表

平台	MAC				WIN								
浏览器	CHROME	FIREFOX	OPERA	SAFARI	CHROME	FIREFOX		OPERA		SAFARI	IE		
版本	5	3.6	10.1	4	4	3.6	3	10	10.5	4	6	7	8
CSS3: Begins with	✔	✔	✔	✔	✔	✔	✔	✔	✔	✔	✘	✔	✔
CSS3: Ends with	✔	✔	✔	✔	✔	✔	✔	✔	✔	✔	✘	✔	✔
CSS3: Matches	✔	✔	✔	✔	✔	✔	✔	✔	✔	✔	✘	✔	✔
CSS3: Root	✔	✔	✔	✔	✔	✔	✔	✔	✔	✔	✘	✘	✘
CSS3: nth-child	✔	✔	✔	✔	✔	✔	✘	✔	✔	✔	✘	✘	✘
CSS3: nth-last-child	✔	✔	✔	✔	✔	✔	✘	✔	✔	✔	✘	✘	✘
CSS3: nth-of-type	✔	✔	✔	✔	✔	✔	✘	✔	✔	✔	✘	✘	✘
CSS3: nth-last-of-type	✔	✔	✔	✔	✔	✔	✘	✔	✔	✔	✘	✘	✘
CSS3: last-child	✔	✔	✔	✔	✔	✔	✔	✔	✔	✔	✘	✘	✘
CSS3: first-of-type	✔	✔	✔	✔	✔	✔	✘	✔	✔	✔	✘	✘	✘
CSS3: last-of-type	✔	✔	✔	✔	✔	✔	✘	✔	✔	✔	✘	✘	✘
CSS3: only-child	✔	✔	✔	✔	✔	✔	✔	✔	✔	✔	✘	✘	✘
CSS3: only-of-type	✔	✔	✔	✔	✔	✔	✘	✔	✔	✔	✘	✘	✘
CSS3: empty	✔	✔	✔	✔	✔	✔	✔	✔	✔	✔	✘	✘	✘
CSS3: target	✔	✔	✔	✔	✔	✔	✔	✔	✔	✔	✘	✘	✘
CSS3: enabled	✔	✔	✔	✔	✔	✔	✔	✔	✔	✔	✘	✘	✘
CSS3: disabled	✔	✔	✔	✔	✔	✔	✔	✔	✔	✔	✘	✘	✘
CSS3: checked	✔	✔	✘	✔	✔	✔	✔	✘	✔	✔	✘	✘	✘
CSS3: not	✔	✔	✔	✔	✔	✔	✔	✔	✔	✔	✘	✘	✘
CSS3: General Sibling	✔	✔	✔	✔	✔	✔	✔	✔	✔	✔	✘	✔	✔

图 2.2　CSS3 选择器支持列

提示：

各主流浏览器都定义了私有属性，以便让用户体验 CSS3 的新特性。例如，Webkit 类型浏览器（如 Safari、Chrome）的私有属性以-webkit-前缀开始，Gecko 类型浏览器(如 Firefox)的私有属性以-moz-前缀开始，Konqueror 类型浏览器的私有属性以-khtml-前缀开始，Opera 浏览器的私有属性以-o-前缀开始，而 Internet Explorer 浏览器的私有属性以-ms-前缀开始（目前只有 IE8+支持-ms-前缀）。

2.2 CSS 基本用法

CSS 代码可以在任何文本编辑器中打开和编辑。因此，不管读者有没有编程基础，初次接触 CSS 时会感到很简单。本节将介绍 CSS 基本语法和用法。

扫一扫，看视频

2.2.1 CSS 样式

样式是 CSS 最小的结构单元，每个样式包含两部分内容：选择器和声明（规则），如图 2.3 所示。

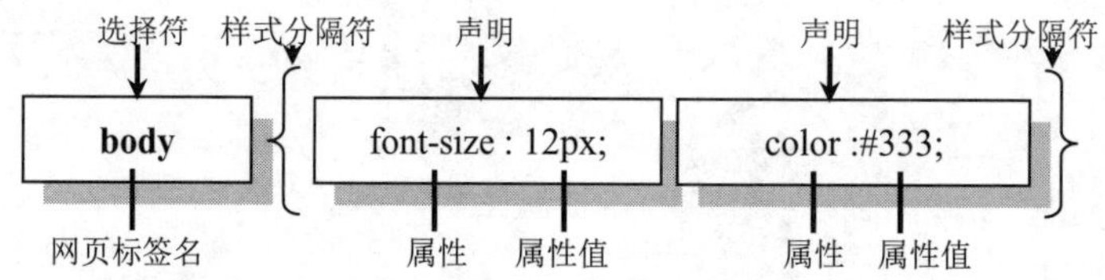

图 2.3　CSS 样式基本结构

- 选择器：匹配样式将作用于页面中哪些对象，这些对象可以是某个标签、指定 Class 或 ID 值的对象等。浏览器在解析这个样式时，根据选择器来渲染对象的显示效果。
- 声明：声明可以是一个或者多个，浏览器将根据声明来渲染选择器指定的对象。声明必须包括两部分：属性和属性值，以分号标识一个声明的结束，在一个样式中最后一个声明可以省略分号。所有声明被放置在一对大括号内，然后紧邻选择器的后面。
- 属性：属性是 CSS 预定义的样式选项。属性名是一个单词或多个单词组成，多个单词之间通过连字符相连。这样能够直观表示属性所要设置样式的效果。
- 属性值：用来设置属性要显示效果的参数。它包括值和单位，或者是预定义的关键字。

【示例 1】　定义网页字体大小为 12 像素，字体颜色为深灰色，可以设置如下样式。

```
body{font-size: 12px; color: #CCCCCC;}
```

多个样式可以并列在一起，不需要考虑如何进行分隔。

【示例 2】　定义段落文本的背景色为紫色，则可以在以上样式的基础上定义如下样式。

```
body{font-size: 12px; color: #CCCCCC;}
p{background-color: #FF00FF;}
```

由于 CSS 语言忽略空格（除了选择器内部的空格外），因此可以利用空格来格式化 CSS 源代码，则上面代码可以进行如下美化：

```
body {
    font-size: 12px;
    color: #CCCCCC;
}
p { background-color: #FF00FF; }
```

这样在阅读 CSS 源代码时就一目了然了，既方便阅读，也更容易维护。

任何语言都需要注释，HTML 使用“<!--注释语句-->”来进行注释，而 CSS 使用“/* 注释语句 */”来进行注释。

【示例 3】　对于上面的样式可以进行如下注释。

```
body {/*页面基本属性*/
    font-size: 12px;
    color: #CCCCCC;
}
/*段落文本基础属性*/
p { background-color: #FF00FF; }
```

2.2.2　CSS 应用

扫一扫，看视频

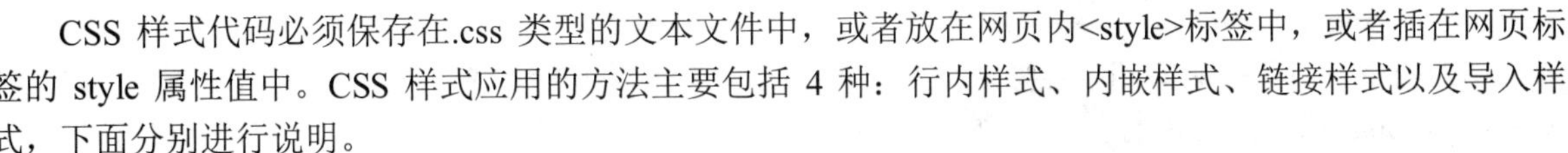

CSS 样式代码必须保存在.css 类型的文本文件中，或者放在网页内<style>标签中，或者插在网页标签的 style 属性值中。CSS 样式应用的方法主要包括 4 种：行内样式、内嵌样式、链接样式以及导入样式，下面分别进行说明。

1．行内样式

行内样式就是把 CSS 样式直接放在代码行内的标签中，一般都放入标签的 style 属性中，由于行内样式直接插入标签中，故是一种最直接的方式，同时也是修改最不方便的样式。

【示例 1】　在以下示例中，针对段落、<h2>标签、<em>标签、<strong>标签以及<div>标签，分别应用 CSS 行内样式。页面演示效果如图 2.4 所示。

```
<!doctype html>
<html>
<head>
<meta charset="utf-8">
<title></title>
</head>
<body>
<p style="background-color:#999900">行内元素，控制段落-1</p>
<h2 style="background-color:#FF6633">行内元素，h2 标题元素</h2>
<p style="background-color:#999900">行内元素，控制段落-2</p>
<strong style="font-size:30px;">行内元素，strong 比 em 效果要强</strong>
<div style="background-color:#66CC99;color:#993300;height:30px;line-height:30px; ">
行内元素，div 块级元素</div>
<em style="font-size:2em;">行内元素，em 强调</em>
</body>
</html>
```

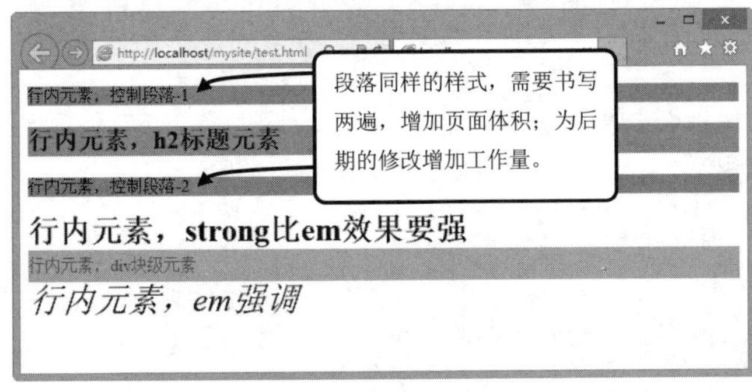

图 2.4　行内样式的应用

以上示例中，行内样式由 HTML 元素的 style 属性，即将 CSS 代码放入 style=""引号内即可，多个 CSS 属性值则通过分号间隔，例如示例中的<div style="background-color:#66CC99; color:#993300;height:30px; line-height:30px;">，这种写法与传统的 HTML 结构和样式放在一起的写法没有本质区别，如<body bgcolor="#33ffff">。

段落<p>标签设置背景色为褐色(background-color:#999900)、标题<h2>标签设置背景色为红色(background-color:#FF6633)。

<strong>标签设置字体为 30 像素(font-size:30px;)、<div>标签设置高度和行高为 30 像素，以及设置了背景色和字体颜色 ("background-color:#66CC99; color:#993300;height:30px; line-height:30px;)、<em>标签设置字体大小为相对单位(font-size:2em;)。

2 个段落<p>标签，虽内容不同，但使用一样的背景色设置，却添加 2 次 CSS 行内属性设置背景色 background-color:#999900。

<h2>标签、<p>标签、<div>标签为结构元素（HTML4 称为块级元素），设置其 CSS 属性，浏览器支持；<strong>标签、<em>标签为行内元素，设置其 CSS 属性，浏览器支持；故无论行内元素、结构元素，CSS 行内样式都有效。

总之，行内样式虽然编写简单，但通过示例也能发现其存在缺陷：

- 每一个标签要设置样式都需要添加 style 属性。
- 与过去网页制作者将 HTML 的标签和样式糅杂在一起的效果不同的是，现在采用的是通过 CSS 编写行内样式，过去采用的是 HTML 标签属性实现的样式效果，虽方式不同，但结果是一致的：后期维护成本高，即当修改页面时，需要逐个打开网站每个页面一一修改，根本看不到 CSS 的优势。
- 添加如此多的行内样式，页面体积大，门户网站若采用这种方式编写，将浪费大量带宽。

在网络上有些网页还会存在这种编写方式，虽然只有少部分是如此做的，但需要分清情况：①如果网页制作者编写的行内样式，可以快速更改当前样式，仅适用当前位置，并与以前编写的样式没有冲突问题；②在网页中如果存在一些需要后台程序动态、批量生成的内容。

2. 内嵌样式

内嵌样式通过将 CSS 写在网页源文件的头部，即在<head>与<head>之间，通过使用 HTML 的<style>标签将其包围，其特点是：该样式只能在此页应用，解决行内样式多次书写的弊端。

【示例 2】 在以下示例中，为段落设置内嵌样式的书写方法，减少代码量。

```
<!doctype html>
<html>
<head>
<meta charset="utf-8">
<title></title>
<style type="text/css">
p {
    text-align: left;                          /* 文本左对齐 */
    font-size: 18px;                           /* 字体大小 18 像素 */
    line-height: 25px;                         /* 行高 25 像素 */
    text-indent: 2em;                          /* 首行缩进 2 个文字大小空间 */
    width: 500px;                              /* 段落宽度 500 像素 */
    margin: 0 auto;                            /* 浏览器居中 */
    margin-bottom: 20px;                       /* 段落下边距 20 像素 */}
</style>
</head>
```

```
<body>
<p>“百度”这一公司名称便来自宋词“众里寻他千百度”。(百度公司会议室名为青玉案，即是这首词的词牌)。而“熊掌”图标的想法来源于“猎人巡迹熊爪”的刺激，与李博士的“分析搜索技术”非常相似，从而构成百度的搜索概念，也最终成为了百度的图标形象。在这之后，由于在搜索引擎中，大都使用动物来形象化，如 SOHU 的狐，GOOGLE 的狗，而百度也便顺理成章称作了熊。百度熊也便成了百度公司的形象物。 </p>
<p>在百度那次更换 LOGO 的计划中，百度给出的 3 个新 LOGO 设计方案。在网民的投票下，全部被否决，更多的网民将选票投给了原有的熊掌标志。</p>
<p>此次更换 LOGO 的行动共进行了 3 轮投票，直到第 2 轮投票结束，新的笑脸 LOGO 都占据了绝对优势。但到最后一轮投票时，原有的熊掌标志却戏剧性地获得了最多的网民选票，从而把 3 个新 LOGO 方案彻底否决。
</p>
</body>
</html>
```

页面演示效果如图 2.5 所示。

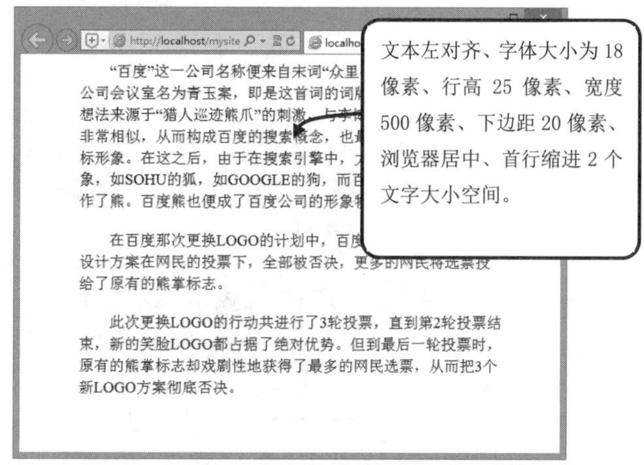

图 2.5　内嵌样式的应用

在上面示例中，段落进行如下设置：文本左对齐、字体大小为 18 像素、行高 25 像素、宽度 500 像素、下边距 20 像素、网页居中、首行缩进 2 个文字大小空间。首行缩进使用相对单位 em，此设置的作用是当字体大小改变时，如 font-size:18px；依然能够实现缩进 2 个文字大小空间。

注意，style 不仅可定义 CSS 样式，还可以定义 JavaScript 脚本，故使用 style 时需要注意。当 style 的 type 值为 text/css 时，内部编写 CSS 样式；若 style 的 type 值为 text/javascript 时，内部编写 JavaScript 脚本。

style 有一个比较特殊的属性 title，使用 title 可以为不同的样式设置一个标题，浏览者就可以根据标题选择不同的样式达到浏览器中切换的效果，但 IE 浏览器不支持，Firefox 浏览器支持此效果。

【示例 3】　在下面示例中，分别为 Firefox 浏览器设置两种字体大小样式，通过 Firefox 的“查看”菜单进行修改。页面演示效果如图 2.6 所示。

```
<!doctype html>
<html>
<head>
<meta charset="utf-8">
<title></title>
<style type="text/css" title="字体 14 号">
p {
    text-align: left;                                    /* 文本左对齐 */
    font-size: 14px;                                     /* 字体大小 14 像素 */
```

```
    line-height: 25px;                          /* 行高 25 像素 */
    text-indent: 2em;                           /* 首行缩进 2 个文字大小空间 */
    width: 500px;                               /* 段落宽度 500 像素 */
    margin: 0 auto;                             /* 浏览器下居中 */}
</style>
<style type="text/css" title="字体 18 号">
p {
    text-align: left;                           /* 文本左对齐 */
    font-size: 18px;                            /* 字体大小 18 像素 */
    line-height: 25px;                          /* 行高 25 像素 */
    text-indent: 2em;                           /* 首行缩进 2 个文字大小空间 */
    width: 500px;                               /* 段落宽度 500 像素 */
    margin: 0 auto;                             /* 浏览器下居中 */}
p { color: #6699FF;                             /* 字体颜色的改变 */ }
</style>
</head>
<body>
<p>“百度”这一公司名称便来自宋词“众里寻他千百度”。(百度公司会议室名为青玉案，即是这首词的词牌)。而“熊掌”图标的想法来源于“猎人巡迹熊爪”的刺激，与李博士的“分析搜索技术”非常相似，从而构成百度的搜索概念，也最终成为了百度的图标形象。</p>
</body>
</html>
```

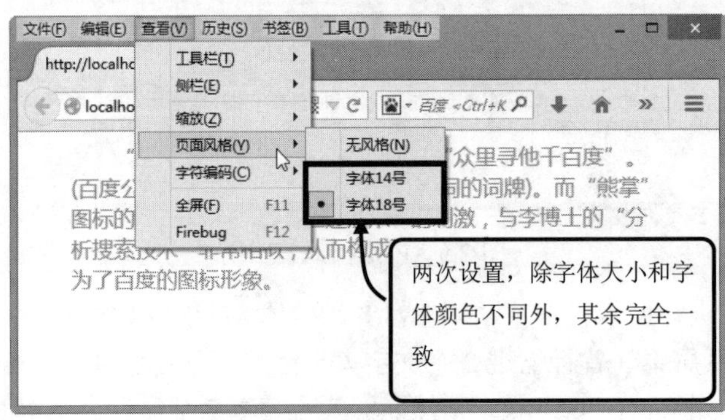

图 2.6 Firefox 浏览器内嵌样式更换样式

在以上示例中，通过<style type="text/css" title="名称">定义了两种字体大小，Firefox 浏览器“查看”菜单下的子菜单“页面风格”中子菜单有两个选项：字体 14 号、字体 18 号，默认情况下显示的是第一次书写的<style type="text/css" title="名称">，通过菜单可以改变该页面样式。

3．链接样式

链接样式通过 HTML 的<link>标签，将外部样式表文件链接到 HTML 文档中，这也是网站应用最多的方式，同时也是最实用的方式。这种方法将 HTML 文档和 CSS 文件完全分离，实现结构层和表示层的彻底分离，增强网页结构的扩展性和 CSS 样式的可维护性。

【示例 4】 在以下示例中，使用链接样式为 HTML 代码应用样式，书写、更改方便。

```
<!doctype html>
<html>
<head>
<meta charset="utf-8">
<title></title>
```

```
<link href="lianjie.css" type="text/css" rel="stylesheet" />
<link href="lianjie-2.css" type="text/css" rel="stylesheet" />
</head>
<body>
<p>我是被 lianjie-2.css 文件控制的，楼下的你呢？？</p>
<h3>楼上的,<span>lianjie.css</span>文件给我穿的花衣服。</h3>
</body>
</html>
```

页面演示效果如图 2.7 所示。

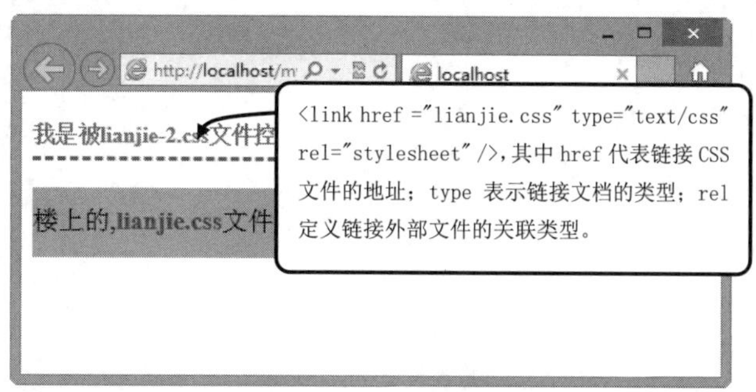

图 2.7　链接样式的应用

在以上示例中，通过 link 链接 2 个外部 css 文件，其中将公共样式放入一个 CSS 文件，当前页面样式放入另一个 CSS 文件。

➘　lianjie.css 文件代码：

```
h3{
    font-weight:normal;                    /* 取消标题默认加粗效果 */
    background-color:#66CC99;              /* 设置背景色 */
    height:50px;                           /* 设置标签的高度 */
    line-height:50px;                      /* 设置标签的行高*/}
span{
    color:#FF0000;                         /* 字体颜色 */
    font-weight:bold;                      /* 字体加粗 */}
```

➘　lianjie-2.css 文件代码：

```
p{
    color:#FF3333;                         /* 字体颜色设置 */
    font-weight:bold;                      /* 字体加粗 */
    border-bottom:3px dashed #009933;      /* 设置下边框线 */
    line-height:30px;                      /* 设置行高 */}
```

链接样式使 CSS 代码和 HTML 代码完全分离，实现结构与样式的分开，使 HTML 代码专门构建页面结构，而美化工作由 CSS 完成。

CSS 文件可以放在不同的 HTML 文件中，使网站所有页面样式统一；再者将 CSS 代码放入一个 CSS 文件中便于管理、减少代码以及维护时间；当修改 CSS 文件时，所有应用此 CSS 文件的 HTML 文件都将更新，而不必从服务器上将所有的页面取回再修改完毕后上传。

4. 导入样式

导入样式使用@import 命令，在内部样式表中导入外部样式表。导入样式有 6 种书写方式：

```
@import daoru.css;
@import 'daoru.css';
@import "daoru.css";
```

```
@import url(daoru.css);
@import url('daoru.css');
@import url("daoru.css");
```

【示例 5】 在以下示例中，导入外部样式表 lianjie.css 和 daoru.css，同时在内部样式表中再定义<body>标签的背景色。页面演示效果如图 2.8 所示。

```
<!doctype html>
<html>
<head>
<meta charset="utf-8">
<title></title>
<style type="text/css">
@import url(lianjie.css);
@import url(daoru.css);
body{background-color:#e4e929;}
</style>
</head>
<body>
<div>
    <p>我是被 lianjie-2.css 文件控制的，楼下的你呢？？</p>
    <h3>楼上的,<span>lianjie.css</span>文件给我穿的花衣服。</h3>
</div>
</body>
</html>
```

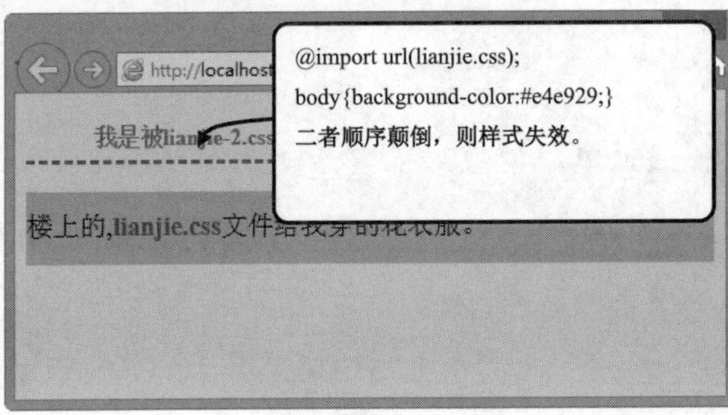

图 2.8　导入样式的应用

在上面示例中，需注意：@import url("lianjie.css");p{text-indent:3em;}，而非 p{text-indent: 3em;} @import url("lianjie.css");，否则导入效果无效。

lianjie.css 文件代码：同上一个示例的链接样式。

daoru 文件代码：

```
@import url("lianjie-2.css");
p{text-indent:3em;}
```

扫一扫，看视频

2.2.3　CSS 样式表

一个或多个 CSS 样式可以组成一个样式表。样式表包括内部样式表和外部样式表，它们没有本质区别，都是由一个或者多个样式组成。具体说明如下：

1. 内部样式表

内部样式表包含在<style>标签内，一个<style>标签就表示一个内部样式表。而通过标签的 style 属性定义的样式属性就不是样式表。如果一个网页文档中包含多个<style>标签，就表示该文档包含了多个内部样式表。

2. 外部样式表

如果CSS样式被放置在网页文档外部的文件中，则称为外部样式表，一个CSS样式表文档就表示一个外部样式表。实际上，外部样式表也就是一个文本文件，扩展名为.css。当把 CSS 样式代码复制到一个文本文件中后，另存为.css 文件，则它就是一个外部样式表。如图 2.9 所示就是禅意花园的外部样式表（http://www.csszengarden.com/）。

style.css - 记事本

文件(F) 编辑(E) 格式(O) 查看(V) 帮助(H)

```
/* css Zen Garden default style v1.02 */
/* css released under Creative Commons License - http://creativecommons.org/licenses/by-nc-sa/1.0/  */

/* This file based on 'Tranquille' by Dave Shea */
/* You may use this file as a foundation for any new work, but you may find it easier to start from scratch. */
/* Not all elements are defined in this file, so you'll most likely want to refer to the xhtml as well. */

/* Your images should be linked as if the CSS file sits in the same folder as the images. ie. no paths. */


/* basic elements */
html {
	margin: 0;
	padding: 0;
	}
body {
	font: 75% georgia, sans-serif;
	line-height: 1.88889;
	color: #555753;
	background: #fff url(blossoms.jpg) no-repeat bottom right;
	margin: 0;
	padding: 0;
	}
p {
	margin-top: 0;
	text-align: justify;
```

图 2.9　CSS 禅意花园外部样式表文件

可以在外部样式表文件顶部定义 CSS 源代码的字符编码。

【示例】　以下代码定义样式表文件的字符编码为 gb2312。

```
@charset "gb2312";
```

如果不设置 CSS 文件的字符编码，可以保留默认设置，则浏览器会根据 HTML 文件的字符编码来解析 CSS 代码。

2.2.4　导入外部样式表

扫一扫，看视频

外部样式表必须导入到网页文档中，才能够被浏览器识别和解析。外部样式表文件可以通过两种方法导入到 HTML 文档中。

1. 使用<link>标签导入

使用<link>标签导入外部样式表文件：

```
<link href="001.css" rel="stylesheet" type="text/css" />
```

其中href属性设置外部样式表文件的地址，可以是相对地址，也可以是绝对地址。rel属性定义该标签关联的是样式表标签，type 属性定义文档的类型，即为 CSS 文本文件。

一般在定义<link>标签时，应定义 3 个基本属性，其中 href 是必须设置属性。具体说明如下：

- href：定义样式表文件 URL。
- type：定义导入文件类型，同 style 元素一样。
- rel：用于定义文档关联，这里表示关联样式表。

也可以在 link 元素中添加 title 属性，设置可选样式表的标题，即当一个网页文档导入了多个样式表后，可以通过 title 属性值选择所要应用的样式表文件。

另外，title 属性与 rel 属性存在联系，按 W3C 组织的计划，未来的网页文档会使用多个<link>元素导入不同的外部文件，如样式表文件、脚本文件、主题文件，甚至可以包括个人自定义的其他补充文件。导入这么多不同类型、名称各异的文件后，可以使用 title 属性进行选择，这时 rel 属性的作用就显现出来了，它可以指定网页文件初始显示时应用的导入文件类型，目前只能关联 CSS 样式表类型。

外部样式是 CSS 应用最佳方案，一个样式表文件可以被多个网页文件引用，同时一个网页文件可以导入多个样式表，方法是重复使用 link 元素导入不同的样式表文件。

2. 使用@import 导入

在<style>标签内使用@import 关键字导入外部样式表文件：

```
<style type="text/css">
@import url("001.css");
</style>
```

在@import 关键字后面，利用 url()函数包含具体的外部样式表文件的地址。

提示：

两种导入样式表的方法比较：

- link 属于 HTML 标签，而@import 是 CSS 提供的。
- 页面被加载的时，link 会同时被加载，而@import 引用的 CSS 会等到页面被加载完再加载。
- @import 只在 IE5 以上才能识别，而 link 是 HTML 标签，无兼容问题。
- link 方式的样式的权重高于@import 的权重。

因此，一般推荐 link 导入样式表的方法，@import 可以作为补充方法使用。

扫一扫，看视频

2.2.5 CSS 注释

在 CSS 中增加注释很简单，所有被放在“/*”和“*/”分隔符之间的文本信息都被称为注释。

【示例 1】 整段代码注释。

```
/* 下面这段代码的作用是建立网页布局 start */
.header{width:960px;}
/* 下面这段代码的作用是建立网页布局 end */
整段代码注释：
/* 下面这段代码的作用是建立网页布局
 它包括头部和尾部宽度设置 start */
.header{width:960px;}
.footer{width:960px;}
/* 下面这段代码的作用是建立网页布局
它包括头部和尾部宽度设置 end */
```

【示例 2】 单行代码注释。

```
.p {
   color: #ff7000;                              /* 字体颜色设置 */
   height: 30px;                                /* 段落高度设置 */
}
```

上面给出了单行代码注释、整段代码单行注释以及整段代码多行注释，它们的共同点同时也是 CSS 代码注释的要求：注释语句以“/*”开始、“*/”结束，中间加入注释内容。

【示例 3】 在以下示例中，分别为段落和标题添加 CSS 代码注释。

```
<html>
<head>
<style type="text/css">
```

```
/* 关于段落的注释　开始*/
.STYLE1 {
    color: #009900;                              /* 字体颜色是绿色的 */
}
.STYLE2 {
    font-size: 18px;                             /* 字体大小为 18 号字体 */
    color: #FF3300;                              /* 字体颜色是红色的*/
    font-weight: bold;                           /* 字体进行了加粗 */
}
/* 关于段落的注释　结束*/
/* 标签设置注释　开始*/
.STYLE3 {
    color: #0000FF;                              /* 字体颜色为蓝色 */
    font-family: "黑体";                          /* 字体为黑体 */
    font-style: italic;                          /* 字体效果为倾斜 */
}
/* 标签设置注释　结束*/
</style>
</head><body>
<p class="STYLE1">段落设置一</p>
<p class="STYLE2">段落设置二</p>
<h2 class="STYLE3">标题设置效果</h2>
</body>
</html>
```

页面演示效果如图 2.10 所示。

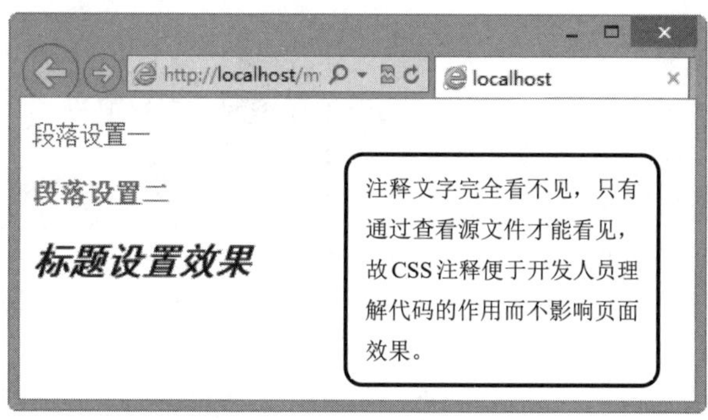

图 2.10　CSS 代码添加注释

2.3　CSS 特性

层叠和继承是CSS样式两个最基本的特性，在此将对CSS特性分别进行详细说明，并通过示例演示CSS 特性在网页设计中的应用。

2.3.1　CSS 层叠性

1．CSS 样式表的优先级

按照 CSS 的起源可以将网页定义的样式分为 4 种：HTML、作者、用户、浏览器。HTML 表示元素的默认样式；作者就是创建人，即创建网站所编辑的 CSS；用户也就是浏览网页的人所设置的样式；浏览器就是指浏览器默认的样式。

原则上讲，作者定义的样式优先于用户设置的样式，用户设置的样式优先于浏览器的默认样式，而浏览器的默认样式会优先于 HTML 的默认样式。

注意，在 CSS 中，当用户设置的样式使用了!important 命令声明之后，用户的!important 命令会优先于作者声明的!important 命令。

2．CSS 样式的优先级

对于相同 CSS 起源来说，不同位置的样式其优先级也是不同的。一般来说，行内样式会优先于内嵌样式表。而被附加了!important 关键字的声明会拥有最高的优先级。

在实际开发中，如果作者设计网页字体颜色为 14 号黑色字体，而用户在浏览器里利用 Firefox 浏览器的插件 firebug 修改页面字体为 18 号红色字体，那么浏览器该如何处理呢？

根据 CSS 层叠规则：作者设计的样式能够覆盖浏览器默认设置的样式，而用户在浏览器里设置的样式可以覆盖作者的样式。同时，CSS 根据样式的远近关系来决定层叠样式的优先级：在同等条件下，距离应用对象的距离越近就越有较大的优先权，因而行内样式大于内部样式和外部样式。

如果多个不同类型的选择器同时为一个对象设置样式时，该对象将如何显示最终样式呢？以下给出一个简单的计算方法。对于常规选择器，它们都拥有一个优先级加权值，说明如下：

- 标签选择器：优先级加权值为 1；
- 伪元素或伪对象选择器：优先级加权值为 1；
- 类选择器：优先级加权值为 10；
- 属性选择器：优先级加权值为 10；
- ID 选择器：优先级加权值为 100；
- 其他选择器：优先级加权值为 0，如通配选择器等。

然后，以上面加权值数为起点来计算每个样式中选择器的总加权值数。计算的规则是：

- 统计选择器中 ID 选择器的个数，然后乘于 100；
- 统计选择器中类选择器的个数，然后乘于 10；
- 统计选择器中的标签选择器的个数，然后乘于 1；

以此方法类推，最后把所有加权值数相加，即可得到当前选择器的总加权值，最后根据加权值来决定哪个样式的优先级大。

对于由多个选择器组合而成的复合型选择器，首先分别计算每个组成选择器的加权值，接着相加得出当前选择器的总分，最后根据选择器的分值大小，分值越高则优先级越高，那么就将应用它所设置的样式。如果分值相同，则根据位置关系来进行判断，越靠近对象的样式就拥有越高的优先级。

【示例 1】 根据上面的计算规则，我们计算下面样式的加权值：

```
h3{color:#ff7300;}                          加权值=1 分
.f14{font-size:14px;}                       加权值=10 分
#head{width:960px;}                         加权值=100 分
h3 .f14{font-weight:bold;}                  加权值=1 分+10 分=11 分
#head h2{border:1px solid #ff73;}           加权值=100 分+1 分=101 分
div p{padding:0 10px;}                      加权值=1 分+1 分=2 分
div #head{margin:0 auto;}                   加权值=1 分+100 分=101
#head h2 span{float:right;}                 加权值=100 分+1 分+1 分=102 分
#head .f14 em{float:right;}                 加权值=100 分+10 分+1 分=111 分
#head .f14 span em{float:right;}            加权值=100 分+10 分+1 分+1 分=112 分
#head div h2 .f12 span em{color:#000;}      加权值=100 分+1 分+1 分+10 分+1 分+1 分=114 分
```

如果用户要调整样式的优先级，还可以使用!important 命令，它表示最大优先级，凡是标注!important 命令的声明将拥有最终的样式控制权，需要注意的是：必须把!important 命令放置在声明语句与分号之间，否则无效。

【示例 2】 在以下示例中，通过内嵌样式为同一个元素使用不同的复合选择器为其设置样式属性，通过层叠规则进行比较，得出最终样式属性值。

```
<!doctype html>
<html>
<head>
<meta charset="utf-8">
<style type="text/css">
div{
   margin:0 auto;                         /* Firefox 浏览器下居中 */
   text-align:center;                     /* IE 浏览器下居中 */}
.Cent{
   width:400px;                           /* 设置宽度，否则居中看不见效果 */
   border:1px dashed #CC0099;             /* 类别选择器设置边框线 */
   padding:10px 15px;                     /* 设置间距 */}
#imp{border:1px dashed #3366FF;           /* ID 选择器设置边框线 */}
.Cent{font-size:14px;                     /* 类别选择器设置字体大小 */}
.Cent p{
   font-size:16px;                        /* 类别选择器和标记选择器一起设置字体大小 */
   font-weight:bold;                      /* 字体加粗 */}
.Cent .duanluo{
   font-weight:normal;                    /* 2 次类别选择器设置取消加粗效果 */
   line-height:1.5em;                     /* 段落行高 */
   text-align:left                        /* 文本左对齐 */}
.Cent .duanluo span{ color:#009966;       /* 复合选择器设置字体颜色 */}
#imp span{
   color:#669933;                         /* ID 选择器和标签选择器进行定义 */
   font-weight:bold;                      /* 字体加粗 */
   font-size:22px                         /* 字体 22 像素，要比较的地方 */}
span{ font-size:30px !important;          /* <span>标签使用优先级最高的!important 命令
*/}
span{ font-size:40px;!important           /* 错误手写!important 命令的位置 */}
</style>
</head>
<body>
<div class="Cent" id="imp">
  <p class="duanluo" id="DL"><span>CSS</span>（Cascading Style Sheet，可译为“层叠样式表”或“级联样式表”）是一组格式设置规则，用于控制 Web 页面的外观。通过使用 CSS 样式设置页面的格式，可将页面的内容与表现形式分离。页面内容存放在 HTML 文档中，而用于定义表现形式的 CSS 规则则存放在另一个文件中或 HTML 文档的某一部分，通常为文件头部分。将内容与表现形式分离，不仅可使维护站点的外观更加容易，而且还可以使 HTML 文档代码更加简练，缩短浏览器的加载时间。
  </p>
</div>
</body>
</html>
```

页面效果如图 2.11 所示。

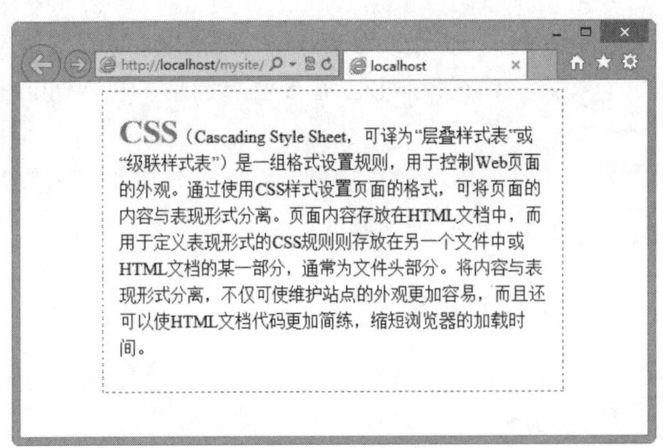

图 2.11　层叠特性测试

在上面示例中，查看浏览器效果并进行逐步分析代码，需要注意的是：以下每一步在测试时，后面的代码都需要删除，故浏览器有多次显示结果，每一步都进行浏览器显示查看结果。

（1）首先实现浏览器居中，针对 div 标签设置 Firefox 下居中属性 margin:0 auto、IE 浏览器下居中属性 text-align:center。

```
div{margin:0 auto; text-align:center;}
```

（2）Cent 层设置宽度为 400 像素，如果没有宽度设置，则浏览器上的居中也将无效，接着设置 4 个方向的内间距，最后设置 1 像素颜色为粉红色虚线边框线。

```
.Cent{width:400px; border:1px dashed #CC0099; padding:10px 15px;}
```

（3）通过 ID 值引用 Cent 层，定义 1 像素颜色为粉蓝色虚线边框线，根据前面介绍的层叠规则：类选择器 10 分、ID 选择器 100 分，最终边框线颜色为蓝色。如果将类别选择器 Cent 层和 ID 选择器#imp 定义的顺序颠倒过来，最终结果依然是蓝色，其原因在于 ID 选择器优先级别高于类选择器。

```
.Cent{width:400px; border:1px dashed #CC0099; padding:10px 15px;}
#imp{border:1px dashed #3366FF;}
```

（4）Cent{}定义字体大小为 14 像素，而.Cent p{}定义字体大小为 16 像素。根据前面介绍的层叠规则：类选择器 10 分、标签选择器 1 分，那么.Cent{}为 10 分，.Cent p{}=10+1=11 分，故最终结果为段落字体大小为 16 像素且字体加粗显示。

```
.Cent{font-size:14px;}
.Cent p{font-size:16px; font-weight:bold;}
```

（5）Cent 层中段落添加 class 名 duanluo，定义字体不再加粗显示、行高 1.5em、文本左对齐，上一步的加粗设置如果字体大小无效则查看加粗结果、行高设置使用相对单位这样避免字体大小的改变而影响原先段落文字之间的距离、在使用浏览器居中时 IE 浏览器居中需要设置 text-align:center;这里更改 Cent 层内文本对齐方式为左对齐而 Cent 层依然居中显示。

段落内的<span>设置字体颜色为#009966，而通过 ID 值设置字体颜色为#669933。根据前面介绍的层叠规则：类选择器 10 分、标签选择器 1 分、ID 选择器 100 分，故.Cent .duanluo span 得分=10+10+1=21 分，而#imp span 得分=100+1=101 分，最终字体颜色为#669933。

```
.Cent .duanluo{font-weight:normal; line-height:1.5em; text-align:left}
.Cent .duanluo span{color:#009966;}
#imp span{color:#669933; font-weight:bold; font-size:22px}
```

（6）在设置段落字体大小时，最终.Cent p 设置的字体大小为浏览器显示结果：16 像素，而通过 ID 选择器定义字体大小后，字体大小变为 22 像素。这里通过!important 命令将<span>字体大小设置为 30 像素，因!important 命令权限无限大，即分数值较高，暂定值为 1000，故#imp span 分数为 101，小于!important 命令值 1000，最终结果为 30 像素。

若span{font-size:30px !important;}和#imp span{font-size:50px !important;}进行比较，根据前面介绍的层叠规则：ID 选择器 100 分、标签选择器 1 分、!important 命令值 1000，故 span{}得分为 1000(内部属性中!important)+1(标签选择器)=1001 分，而#imp span{font-size:50px !important;}得分为 1000(内部属性中!important)+100(ID 选择器)+1(标签选择器)=1101 分。

针对!important 命令进行一次错误的写法并定义字体大小为 40 像素，通过浏览器发现：!important 命令需放置在声明语句与分号之间，否则无效。

```
.Cent p{font-size:16px;}
#imp span{color:#669933; font-weight:bold; font-size:22px}
span{font-size:30px !important;}
span{font-size:40px;!important}/*错误书写方法**/
```

拓展：

读者还应注意下面几个特殊应用：

- 在特殊性逻辑框架下，被继承的值具有特殊性 0。即不管父级样式的优先权多大，被子级元素继承时，它的特殊性为 0，也就是说，一个元素显式声明的样式都可以覆盖继承来的样式。

【示例 3】 在以下示例中，由于<span>标签自己定义了颜色样式，虽然标签选择符优先级不及继承样式的 id 选择符，但是依然根据 span{color:Gray;}样式声明进行显示。

```
span{color:Gray;}
#header{ color:Black;}

<div id="header" class="blue">
    <span>遗产继承不如白手起家</span>
</div>
```

在以上示例中，虽然 div 具有 100 的特殊性，但被 span 继承时，特殊性就为 0，而 span 选择器的特殊性虽然仅为 1，但它大于继承样式的特殊性，所以元素最后显示颜色为灰色。

- 内联样式优先。带有 style 属性的元素，其内联样式的特殊性可以为 100 或者更高，总之，它拥有比上面提到的选择器更大的优先权。

【示例 4】 在以下示例中，分别为当前<div>标签定义多个样式，最后浏览器将根据内联样式 style="color:Yellow"显示字体为黄色。

```
<!doctype html>
<html>
<head>
<meta charset="utf-8">
<title></title>
<style type="text/css">
div { color: Green; }                                    /*元素样式*/
.blue { color: Blue; }                                   /*class 样式*/
#header { color: Gray; }                                 /*id 样式*/
</style>
</head>
<body>
<div id="header" class="blue" style="color:Yellow"> 内部优先 </div>
</body>
</html>
```

在以上示例中，虽然通过 id 和 class 分别定义了 div 元素的字体属性，但由于 div 元素同时定义了内联样式，内联样式的特殊性大于 id 和 class 定义的样式，因此 div 元素最终显示为黄色。

- 在相同特殊性下，CSS 将遵循就近原则，也就是说靠近元素的样式具有最大优先权，或者说排在最后的样式具有最大优先权。

【示例 5】 请输入以下外部样式表文件：

```
/*CSS 文档，名称为 style.css*/
#header{/*外部样式*/
   color:Red;
}
```

HTML 文档结构：

```
<!doctype html>
<html>
<head>
<meta charset="utf-8">
<title></title>
<link href="style.css" rel="stylesheet" type="text/css" />
<!--导入外部样式-->
<style type="text/css">
#header { color: Gray; }/*内部样式*/
</style>
</head>
<body>
<div id="header" > 就近优先 </div>
</body>
</html>
```

上面页面被解析后，则<div>元素显示为灰色。如果此时把内部样式改为：

```
div{color:Gray;}                                    /*内部样式*/
```

则特殊性不同，最终文字显示为外部样式所定义的红色。同样的道理，如果同时导入两个外部样式表，则排在下面的样式表会比上面的样式表具有较大优先权。

- CSS 定义了一个!important 命令，该命令被赋予最大权力。也就是说不管特殊性如何，以及样式位置的远近，!important 都具有最大优先权。

扫一扫，看视频

2.3.2 CSS 继承性

所谓继承性，就是指被包含的元素将拥有外层元素的样式效果。继承性最典型的应用就是在默认样式的预设上。

【示例】 在以下示例中，将给出 HTML 结构，而不书写 CSS 样式。

```
<!doctype html>
<html>
<head>
<meta charset="utf-8">
<title></title>
<style type="text/css"></style>
</head>
<body>
<div class="head" id="AT">
    <h3><a href="#">More>></a><span>新闻动态</span></h3>
    <div class="list">
        <ul id="S2">
            <li><a href="#">微信“阅读数”是怎么算的？<span>[07-27]</span></a></li>
            <li><a href="#">重振人工智能雄心壮志的时刻已经到了<span>[07-25] </span>
</a></li>
```

```
            <li><a href="#">Google 再次“登月”Baseline 工程把基因大数据化<span>[07-26]
</span></a></li>
        </ul>
    </div>
    <!--list end-->
</div>
<!--left2-1 end-->
</body>
</html>
```

页面效果如图 2.12 所示。

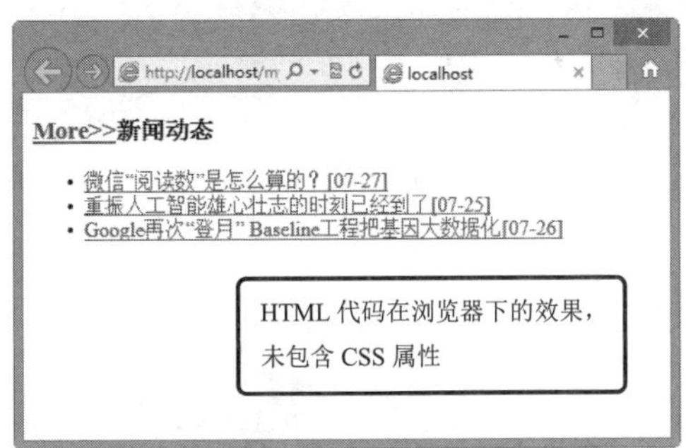

图 2.12　HTML 代码页面效果图

在以上示例中，通过继承的角度考虑标记直接的树形关系，在图 2.13 中给出“继承关系树形图”，对比“HTML 代码页面效果图”，<html>标签是根元素，它是所有 HTML 元素的源头。在每一个分支中下层是上层的子元素、上层是下层的父元素，故定义 CSS 样式时，编写样式 html,body{font-size:30px}，则页面所有元素都将继承根元素、父元素的字体大小设置，而编写的基本标记选择器、类别选择器、ID 选择器以及复合选择器都是根据 HTML 结构进行编写，尤其是复合选择器中，前后标记的位置就是实际 HTML 结构，即如图 2.13 所示的继承关系树形图。

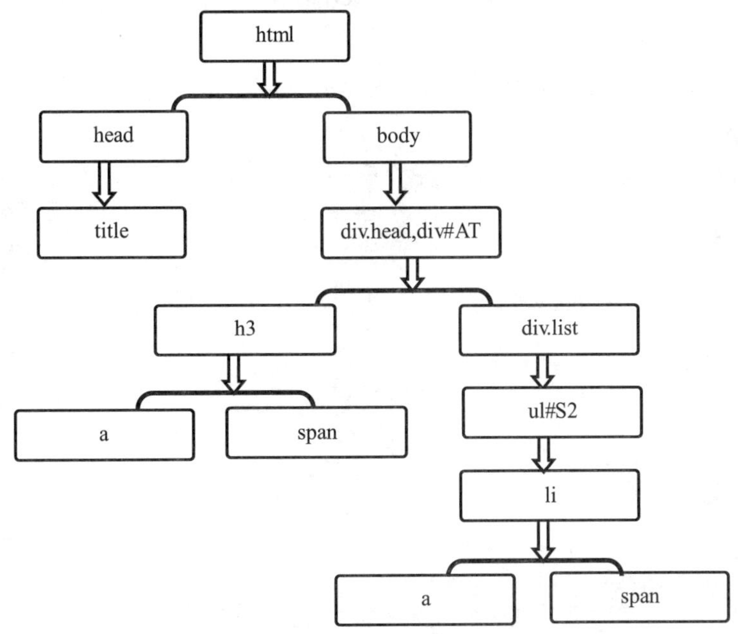

图 2.13　继承关系树形图

扫一扫，看视频

2.4 实战案例

扫码，看电子版

以上部分是基础知识和理论介绍，下面还是让我们来设计一个完整的页面，帮助读者亲身体验一下标准网页的制作过程。案例页面设计效果如图 2.14 所示。

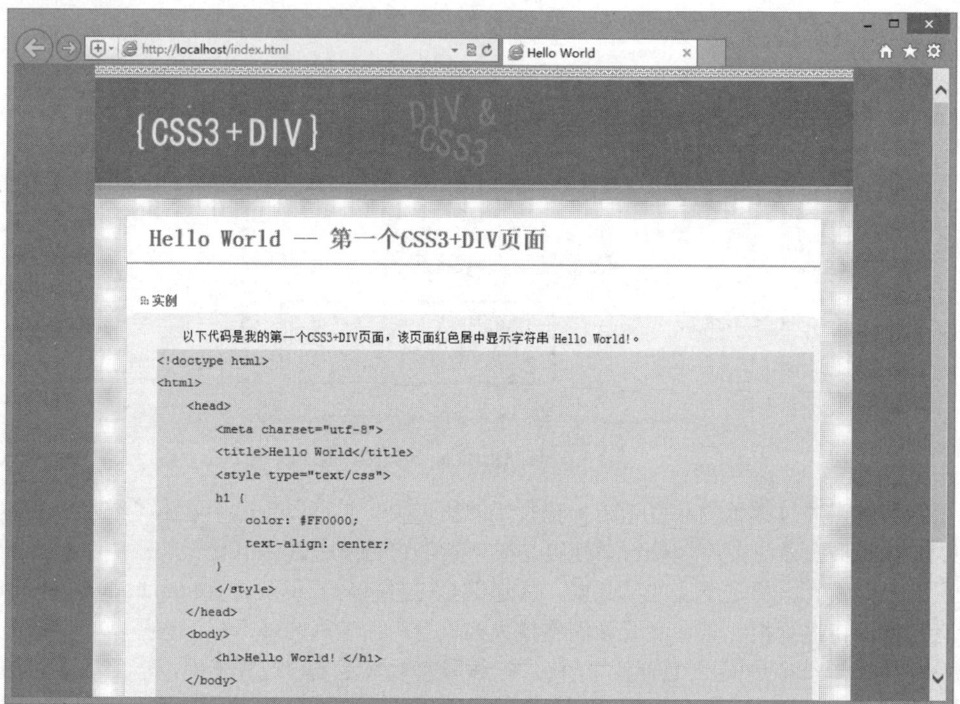

图 2.14　使用 CSS 设计的第一个页面

【操作步骤】

（1）启动 Dreamweaver，新建 HTML 文档，保存为 index.html。

提示：

本页面所需要的图片等素材可以参考资源包示例。考虑到很多初学者是第一次接触到 CSS，本案例稍显复杂，因此建议读者可根据实际情况有选择性地学习，或直接跳过本节操作练习。也可以直接查看资源包实例，初步了解案例详细代码。

（2）切换到代码视图，在<body>标签内输入以下代码，构建本页面主体结构，设计本例页面一级框架。

```
<!--[一级框架]-->
<!--顶部-->
<div id="top"></div>
<div id="top1"></div>
<!--主体-->
<div id="main"></div>
<!--底部-->
<div id="footer"></div>
<div id="copyright"></div>
```

在标准布局中，读者应该为每个 div 框架元素定义 id 属性，这些 id 属性如同人的身份证一样，方便 CSS 能够准确控制每个 div 布局块。所以，为了阅读和维护的需要，我们应该为它们起一个有意义的名字。

（3）进一步细化页面结构，设计页面内部层次框架。由于本例页面比较简单，嵌套框架不会很深，顶部和底部布局块可能就不要嵌套框架。输入完整的 HTML 结构代码：

```
<!--[完整 HTML 框架]-->
<!--顶部-->
<div id="top"></div>
<div id="top1"><img src="images/bg_top.jpg" width="776" height="121" /></div>
<!--主体-->
<div id="main">
    <div id="content">
        <div id="title">Hello World -- 第一个 CSS3+DIV 页面</div>
        <div class="sub">实例</div>
        <div class="box"><div class="tl"><div class="tr"><div class="bl"><div class="
content br">
```

（4）丰富结构内容，使用<pre>标签显示代码内容，使用<a>设计超链接文本，整个页面内容显示如下，代码内容是在网页中居中显示红色字符“Hello World!”。

```
<pre>
&lt;!doctype html&gt;
&lt;html&gt;
    &lt;head&gt;
        &lt;meta charset=&quot;utf-8&quot;&gt;
        &lt;title&gt;Hello World&lt;/title&gt;
        &lt;style type=&quot;text/css&quot;&gt;
        h1 {
            color: #FF0000;
            text-align: center;
        }
        &lt;/style&gt;
    &lt;/head&gt;
    &lt;body&gt;
        &lt;h1&gt;Hello World! &lt;/h1&gt;
    &lt;/body&gt;
&lt;/html&gt;
</pre>
         </div></div></div></div></div>
        <div id="gotop"><a title="跳到页首" href="#top">返回顶部</a></div>
    </div>
</div>
<!--底部-->
<div id="footer"></div>
<div id="copyright">
    &copy;2017 <a href="#" target="_black" >mysite.cn</a> all rights reserved
</div>
```

上面所用的 HTML 框架代码嵌套层次只有 3 层，其中为了实现圆角区域的显示效果而单独嵌套的多层 div 元素除外。

（5）按 Ctrl+S 快捷键保存文档，按 F12 键在浏览器中预览，则显示效果如图 2.15 所示，现在还没有定义 CSS 代码，所以看到的效果还不是最终效果。

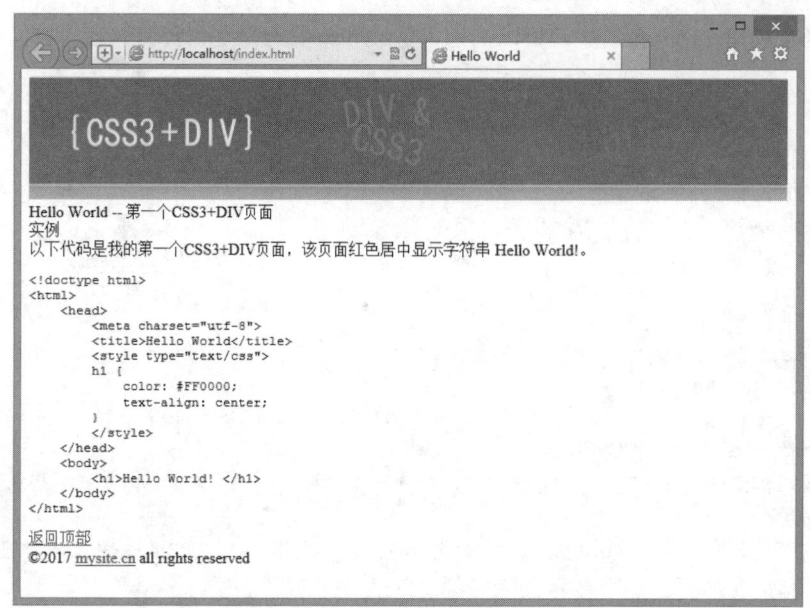

图 2.15　页面的 HTML 结构预览效果

（6）编写 CSS 代码可以在一个单独的文件中进行。新建 CSS 文档，保存为 style.css，文件扩展名为 .css。

（7）不急于编写 CSS 代码，打开 index.html 文档，然后在<head>标签内部插入一个<link>标签，输入以下代码导入上一步新建的外部样式表文件。

```
<!--[在网页中链接外部样式表文件]-->
<LINK href="images/style.css" type=text/css rel=stylesheet>
```

（8）打开 style.css 文档，在其中输入 CSS 代码如下：

```
/* 公共属性
------------------------------------ */
html { min-width: 776px; }
/* 页面属性：边距为 0，字体颜色为黑色，字体大小 14 像素，行高为字体大小的 1.6 倍，居中对齐，背景色为天蓝色，字体为宋体等 */
body { margin: 0px; padding: 0px; border: 0px; color: #000; font-size: 14px; line-height: 160%; text-align: center; background: #6D89DD; font-family: '宋体','新宋体',arial,verdana,sans-serif; }
/* 超链接属性：无边距、无边框，无下划线，然后定义正常状态下的颜色、访问过的颜色和鼠标经过时的颜色并显示下划线 */
a { margin: 0px; padding: 0px; border: 0px; text-decoration: none; }
a:link { color: #E66133; }
a:visited{ color: #E66133; }
a:hover{ color: #637DBC; text-decoration: underline; }
/* 预定义格式属性：浅灰色背景，无首行缩进，内边距大小，外边距为 0，右缩进为一个字体大小，字体颜色为蓝色 */
pre { text-indent: 0; background: #DDDDDD; padding: 0; margin: 0; color: blue; }
/* 顶部布局
------------------------------------ */
#top{ width: 776px; margin-right: auto; margin-left: auto; padding: 0px; height: 12px; background: url(images/bg_top1.gif) #fff repeat-x left top; overflow: hidden; }
```

```
#top1{ width: 776px; margin-right: auto; margin-left: auto; padding: 0px; height:
121px; }
/*  主体布局
------------------------------------ */
/* 外层定义背景图像，实现麻点显示效果 */
#main{ width: 776px; margin-right: auto; margin-left: auto; padding: 1.2em 0px;
background: url(images/bg_dot1.gif) #fff repeat left top; text-align: left; }
/* 内层定义背景颜色为白色，实现中间内容区域遮盖麻点显示 */
#content{ width: 710px; margin-right: auto; margin-left: auto; padding: 1em;
background: #fff; }
/* 大标题区域属性 */
#title { font-weight: bold; margin: 0px 0px 0.5em 0px; padding: 0.5em 0px 0.5em 1em;
font-size: 24px; color: #00A06B; text-align: left; border-bottom: solid #9EA3C1
2px; }
/* 小标题区域属性 */
.sub { color: #00A06B; font-weight: bold; font-size: 13px; text-align: left; padding:
1em 2em 0; background: url(images/0.gif) #fff no-repeat 1em 74%; }
/* 内容区域显示属性 */
.content { text-indent: 2em; font-size: 13px; margin-left: 2em; padding: 1em 6px; }
/* 页内链接区域属性 */
#gotop{ width: 100%; margin: 0px; padding: 0px; background: #fff; height: 2em;
font-size: 12px; text-align: right; }
/* 底部布局
------------------------------------ */
/* 页脚装修图 */
#footer{ clear: both; width: 776px; margin-right: auto; margin-left: auto; padding:
0px; background: url(images/bg_bottom.gif) #fff repeat left top; text-align: center;
height: 39px; color: #ddd; }
/* 版权信息 */
#copyright{ width: 776px; margin-right: auto; margin-left: auto; padding: 5px 0px
0px 0px; background: #fff; text-align: center; height: 60px; line-height: 13px;
font-size: 12px; color: #9EA0BB; }
#copyright a { color: #667EBE; }
/* 圆角特效
------------------------------------ */
.box { background: url(images/nt.gif) repeat; }
.tl { background: url(images/tl.gif) no-repeat top left; }
.tr { background: url(images/tr.gif) no-repeat top right; }
.bl { background: url(images/bl.gif) no-repeat bottom left; }
.br { background: url(images/br.gif) no-repeat bottom right; }
```

读者可能看不懂上面的 CSS 代码，不过没关系，根据上面的提示简单了解即可。其中 width 属性用来定义宽度，background: url(images/bg_bottom.gif) #fff repeat left top;规则用来定义背景图像重复铺展显示，其中 url 指定背景图像的地址，repeat 属性定义铺展显示，left top 表示背景图像的起始位置为左上角。

其他属性在上面代码中已有解释，读者可以尝试阅读一下，如果能够读懂就更好了，读不懂也没有关系，毕竟现在仅是开始。相信随着学习的深入，一定会明白上面代码的意思。

另外，本节实例没有使用 CSS3 圆角属性定义区块圆角，而是使用传统方法进行设计，主要考虑初学者的学习门槛，后面的章节我们会详细介绍。

（9）按 Ctrl+S 保存文档，然后在浏览器中再次预览页面，则可以看到最终效果。

2.5　在线课堂：知识拓展

本节为线上阅读和实践环节，旨在拓展读者的知识视野。包括 CSS3 属性和属性值相关的知识，感兴趣的读者请扫码阅读。

扫码，看电子版

第 3 章　使用 CSS3 选择器

CSS 通过选择器控制 HTML 元素，CSS 选择器对网页对象可以实现一对一、一对多或者多对一的匹配。本章将详解 CSS 选择器的基本语法和用法，帮助读者掌握快速匹配网页对象的各种技巧。

【学习重点】

- 了解 CSS 选择器分类。
- 能够正确使用 CSS 基本选择器。
- 能够灵活使用组合选择器。
- 掌握属性选择器和伪类选择器的使用。

3.1　CSS3 选择器分类

CSS3 选择器在 CSS2.1 选择器的基础上新增了 3 个属性选择器、部分伪类选择器，减少了对 HTML 类名或 ID 名的依赖，避免了对 HTML 结构的干扰，使编写代码更加简单轻松。

根据所获取页面中元素的不同，可以把 CSS3 选择器分为 5 大类：基本选择器、组合选择器、伪类选择器、伪对象选择器和属性选择器。其中，伪类选择器又分为 6 种：动态伪类选择器、目标伪类选择器、语言伪类、UI 元素状态伪类选择器、结构伪类选择器和否定伪类选择器。

3.2　基本选择器

本节将介绍基本的 CSS 选择器：标签选择器、类选择器、ID 选择器和通配选择器。

3.2.1　标签选择器

扫一扫，看视频

标签选择器直接引用 HTML 标签名称，也称为类型选择器，类型选择器规定了网页元素在页面中默认的显示样式。因此，标签选择器可以快速、方便地控制页面标签的默认显示效果。

【示例】　以下示例演示如何在文档中定义一个标签样式。通过标签选择器，统一定义网页中段落文本的样式为：段落内文本字体大小为 12 像素，字体颜色为红色。要实现上述默认段落文本效果，可以利用标签选择器定义如下样式。

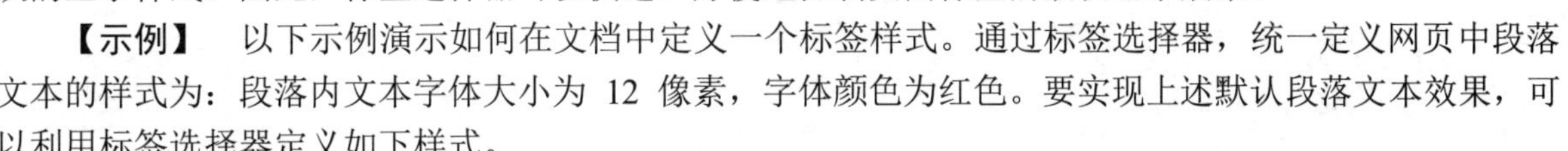

```
<style type="text/css">
p {
    font-size:12px;                                  /* 字体大小为 12 像素 */
    color:red;                                       /* 字体颜色为红色 */
}
</style>
```

在定制网页样式时，可利用标签选择器设计网页元素默认显示效果，或者统一常用元素的基本样式。标签选择器在 CSS 中是使用率最高的一类选择器，且容易管理，因为它们都是与网页元素同名的。

扫一扫，看视频

3.2.2 类选择器

类选择器能够为网页对象定义不同的样式，实现不同元素拥有相同的样式，相同元素的不同对象拥有不同的样式。类选择器以一个点（.）前缀开头，然后跟随一个自定义的类名。

应用类样式可以使用 class 属性来实现，HTML 所有元素都支持该属性，只要在标签中定义 class 属性，然后把该属性值设置为事先定义好的类选择器的名称即可。

【示例 1】 以下示例完整演示如何使用类样式设计段落文本效果。利用类选择器为页面中 3 个相邻的段落文本对象定义不同的样式，其中第 1 和 3 段文本的字体大小为 12 像素、字体红色，第 2 段文本的字体大小为 18 像素、字体为红色。

（1）启动 Dreamweaver，新建一个网页，在<body>标签内输入 3 段文本：

```
<p>问君能有几多愁，恰似一江春水向东流。</p>
<p>剪不断，理还乱，是离愁。别是一般滋味在心头。</p>
<p>独自莫凭栏，无限江山，别时容易见时难。流水落花春去也，天上人间。</p>
```

（2）在<head>标签内添加<style type="text/css">标签，定义一个内部样式表。

（3）通过标签选择器为所有段落文本的字体大小定义为 12 像素，字体颜色为红色。

```
<style type="text/css">
p {
    font-size:12px;                              /* 字体大小为 12 像素 */
    color:red;                                   /* 字体颜色为红色 */
}
</style>
```

（4）如果仅定义第 2 段文本的字体大小为 18 像素，这时就可以使用类选择器。假设定义一个 18 像素大小的字体类：

```
.font18px { font-size:18px;}
```

（5）在第 2 段段落标签中引用 font18px 类样式。

```
<p>问君能有几多愁，恰似一江春水向东流。</p>
<p class="font18px">剪不断，理还乱，是离愁。别是一般滋味在心头。</p>
<p>独自莫凭栏，无限江山，别时容易见时难。流水落花春去也，天上人间。</p>
```

（6）在浏览器中预览则显示如图 3.1 所示，此时可以看到 3 段文本的显示样式，其中第 2 段文本被单独放大显示。

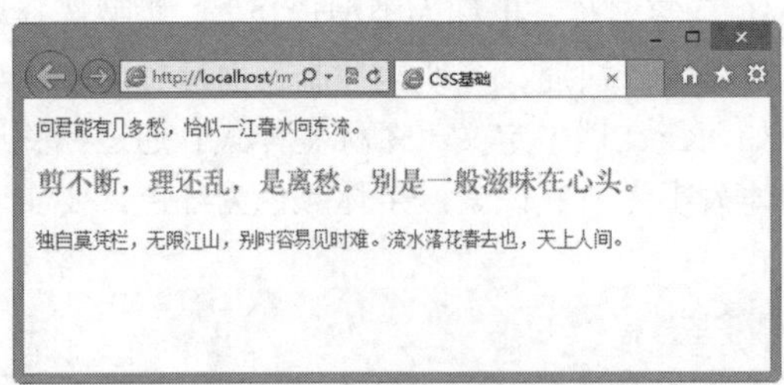

图 3.1 类选择器应用效果

【示例 2】 以下示例演示如何在对象中应用多个样式类。class 属性可以包含多个类，因此可以设计复合样式类。用户可以按如下步骤上机练习体验。

（1）复制上面示例文档，并在内部样式表中定义了 3 个类：font18px、underline 和 italic。

（2）然后在段落文本中分别引用这些类，其中第 2 段文本标签引用了 3 个类，第 3 段文本引用了 1 个类，则演示效果如图 3.2 所示。

```
<style type="text/css">
```

```
p {/* 段落默认样式 */
    font-size:12px;                          /* 字体大小为 12 像素 */
    color:red;                               /* 字体颜色为红色 */}
.font18px {/* 字体大小类  */
    font-size:18px;                          /* 字体大小为 18 像素 */}
.underline {/* 下划线类 */
    text-decoration:underline;               /* 字体修饰为下划线 */}
.italic {/* 斜体类 */
    font-style:italic;                       /* 字体样式为斜体 */}
</style>
<p class="underline">问君能有几多愁，恰似一江春水向东流。</p>
<p class="font18px italic underline">剪不断，理还乱，是离愁。别是一般滋味在心头。</p>
<p class="italic">独自莫凭栏，无限江山，别时容易见时难。流水落花春去也，天上人间。</p>
```

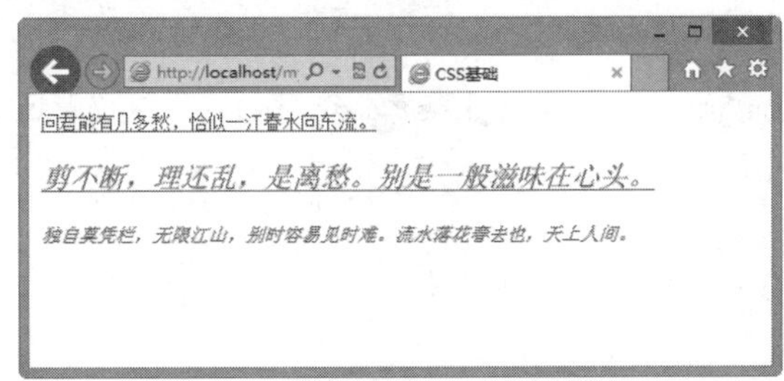

图 3.2　多类引用应用效果

如果把标签与类捆绑在一起来定义选择器，则可以限定类的使用范围，这样就可以指定该类仅适用于特定的标签范围内，这种做法也称为指定类选择器。

【示例 3】　复制以上示例文档，并在内部样式表中定义 3 个类：第 1 个样式声明所有段落文本的字体大小为 12 像素；第 2 个样式定义一个 font18px 类，声明字体大小为 18 像素；第 3 个样式声明 font18px 类在段落文本中显示为 24 像素。

```
<style type="text/css">
p {/* 段落样式  */
    font-size:12px;                          /* 字体大小为 12 像素 */}
.font18px {/* 类样式  */
    font-size:18px;                          /* 字体大小为 18 像素 */}
p.font18px {/* 指定段落的类样式  */
    font-size:24px;                          /* 字体大小为 24 像素 */}
</style>
<div class="font18px">问君能有几多愁，恰似一江春水向东流。</div>
<p class="font18px">剪不断，理还乱，是离愁。别是一般滋味在心头。</p>
<p>独自莫凭栏，无限江山，别时容易见时难。流水落花春去也，天上人间。</p>
```

然后，在浏览器中预览，则显示效果如图 3.3 所示。

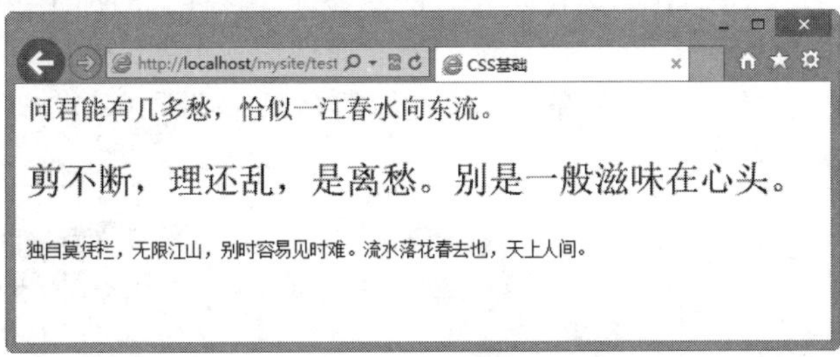

图 3.3　指定类选择器的应用效果

扫一扫，看视频

3.2.3　ID 选择器

ID 选择器以井号（#）作为前缀，然后是一个自定义的 ID 名。应用 ID 选择器可以使用 id 属性来实现，HTML 所有元素都支持该属性，只要在标签中定义 id 属性，然后把该属性值设置为事先定义好的 ID 选择器的名称即可。

【示例 1】　以下示例演示如何在文档中设置 ID 样式。

（1）启动 Dreamweaver，新建一个网页，在<body>标签内输入<div>标签，定义一个盒子：

```
<div id="box">问君能有几多愁，恰似一江春水向东流。</div>
```

（2）在<head>标签内添加<style type="text/css">标签，定义一个内部样式表，然后为该盒子定义固定宽和高，并设置背景图像，以及边框和内边距大小。

```
<style type="text/css">
#box {/* ID 样式 */
    background:url(images/2.jpg) center bottom; /* 定义背景图像并居中、底部对齐 */
    height:200px;                               /* 固定盒子的高度 */
    width:400px;                                /* 固定盒子的宽度 */
    border:solid 2px red;                       /* 边框样式 */
    padding:100px;                              /* 增加内边距 */
}
</style>
```

（3）在浏览器中预览，则显示效果如图 3.4 所示。

图 3.4　ID 选择器的应用效果

也可以为 ID 选择器指定标签范围。采用这种方法能够提高该样式的优先级。

【示例 2】　针对上面的示例，可以在 ID 选择器前面增加一个 div 标签，这样 div#box 选择器的优先级会大于#box 选择器的优先级。在同等条件下，浏览器会优先解析 div#box 选择器定义的样式。

```
<style type="text/css">
div#box {/* ID 样式 */
    background:url(images/bg1.gif) center bottom; /* 定义背景图像并居中、底部对齐 */
    height:200px;                                 /* 固定盒子的高度 */
    width:400px;                                  /* 固定盒子的宽度 */
    border:solid 2px red;                         /* 边框样式 */
    padding:20px;                                 /* 增加内边距 */}
```

```
</style>
<div id="box">问君能有几多愁，恰似一江春水向东流。</div>
```

提示：

一般通过 ID 选择器来定义 HTML 框架结构的布局效果，因为 HTML 框架元素的 ID 值都是唯一的。

3.2.4　通配选择器

如果 HTML 所有元素都需要定义相同的样式，这时不妨使用通配选择器。通配选择器是固定的，用星号（*）来表示。

【示例】　针对上面示例中清除边距样式，可以使用以下方式来定义。

```
* {
    margin: 0;
    padding: 0;
}
```

3.3　组合选择器

当把两个或多个基本选择器组合在一起，就形成了一个复杂的选择器，通过组合选择器可以精确匹配页面元素。CSS 提供多种组合多个基本选择器的方式，详细说明如下。

3.3.1　包含选择器

包含选择器通过空格标识符来表示，前面的一个选择器表示包含框对象的选择器，而后面的选择器表示被包含的选择器，如图 3.5 所示。

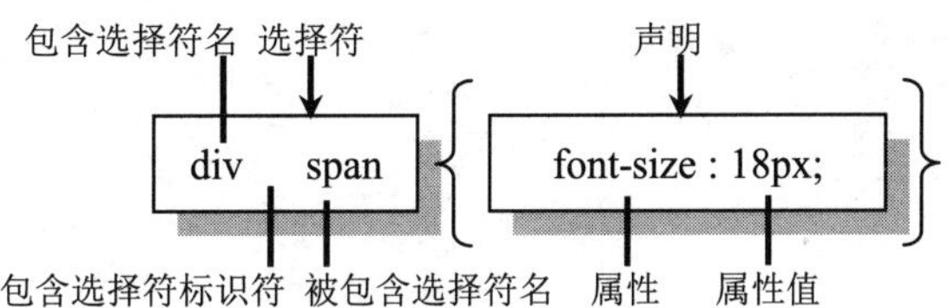

图 3.5　包含选择器

【示例 1】　以下示例演示如何使用包含选择器为不同层次下的标签定义样式。

启动 Dreamweaver，新建一个网页，在<body>标签内输入如下结构：

```
<div id="wrap">
    <div id="header">
        <p>头部区域第 1 段文本</p>
        <p>头部区域第 2 段文本</p>
        <p>头部区域第 3 段文本</p>
    </div>
    <div id="main">
        <p>主体区域第 1 段文本</p>
        <p>主体区域第 2 段文本</p>
        <p>主体区域第 3 段文本</p>
    </div>
</div>
```

在<head>标签内添加<style type="text/css">标签，定义一个内部样式表。然后定义样式，希望实现如下设计目标：

- 定义<div id="header">包含框内的段落文本字体大小为 14 像素。
- 定义<div id="main">包含框内的段落文本字体大小为 12 像素。

这时可以利用包含选择器来快速定义它们的样式，代码如下：

```
<style type="text/css">
#header p { font-size:14px;}
#main p {font-size:12px;}
</style>
```

【示例 2】 针对上面的结构，用户也可以使用子选择器来定义它们的样式，复制上面的示例页面，使用下面的代码覆盖已经定义的样式。

```
<style type="text/css">
#header > p { font-size:14px;}
#main > p {font-size:12px;}
</style>
```

【示例 3】 但是如果页面结构比较复杂，所有包含元素不仅仅是子元素，这时就只能够使用包含选择器了。例如，对于下面这样的结构就只能使用包含选择器来进行定义。

```
<div id="wrap">
    <div id="header">
        <h2>
            <p>头部区域第 1 段文本</p>
        </h2>
        <p>头部区域第 2 段文本</p>
        <p>头部区域第 3 段文本</p>
    </div>
    <div id="main">
        <div>
            <p>主体区域第 1 段文本</p>
            <p>主体区域第 2 段文本</p>
        </div>
        <p>主体区域第 3 段文本</p>
    </div>
</div>
```

包含选择器的用处是比较广泛的，在选择器嵌套中经常被使用，同时该选择器还可以被 IE 6 版本浏览器识别，因此在使用它时，不用考虑浏览器兼容性问题。

扫一扫，看视频

3.3.2 子选择器

子选择器是指定父元素所包含的子元素。子选择器使用尖角号（>）表示，如图 3.6 所示。

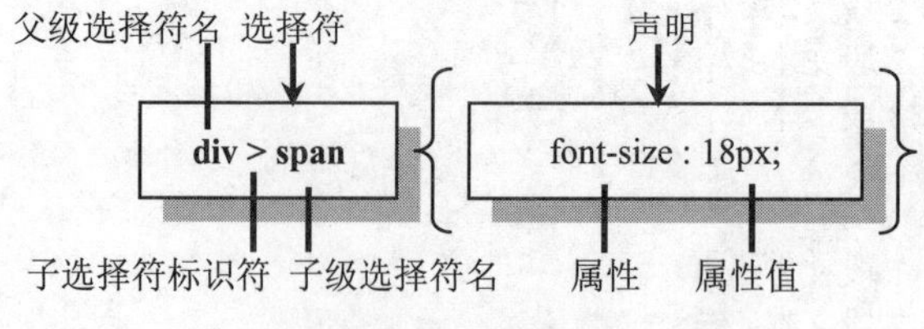

图 3.6 子选择器

【示例】 以下示例演示如何使用子选择器为不同结构中的标签定义样式。

启动 Dreamweaver，新建一个网页，在<body>标签内输入如下结构：

```
<h2>
    <span>HTML 文档树状结构</span>
</h2>
<div id="box">
    <span class="font24px">问君能有几多愁，恰似一江春水向东流。</span>
</div>
```

在<head>标签内添加<style type="text/css">标签，定义一个内部样式表。然后定义所有 span 元素的字体大小为 12 像素，然后再利用子选择器来定义所有 div 元素包含的子元素 span 的样式为 24 像素。

```
<style type="text/css">
span { /* span 元素的默认样式 */
    font-size:12px;                                /* 定义字体大小为 12 像素 */
}
div > span { /* div 元素包含的 span 子元素的默认样式 */
    font-size:24px;                                /* 定义字体大小为 24 像素 */
}
</style>
```

在浏览器中预览，则显示效果如图 3.7 所示。

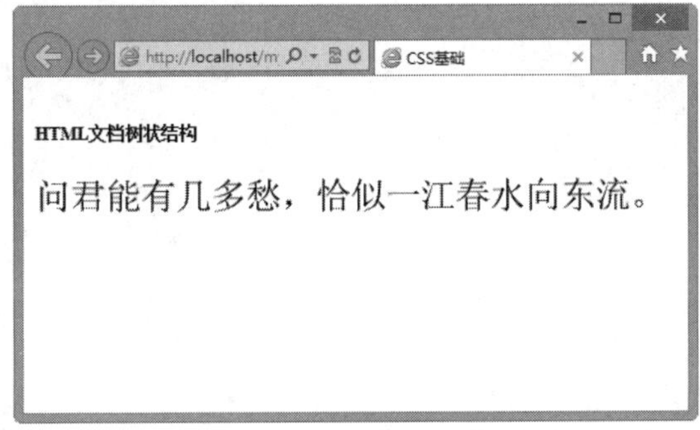

图 3.7　子选择器应用效果

从图 3.7 可以看到，包含在 div 元素内的子元素 span 字体大小为 24 像素。通过这种方式，可以准确定义 HTML 文档某个或一组子元素的样式，而不再需要为它们定义 ID 属性或者 Class 属性。

3.3.3　相邻选择器

相邻选择器，通过加号（+）分隔符进行定义。其基本结构是第一个选择器指定前面相邻元素，后面的选择器指定相邻元素，如图 3.8 所示。前后选择符的关系是兄弟关系，即在 HTML 结构中，两个标签前为兄后为弟，否则样式无法应用。

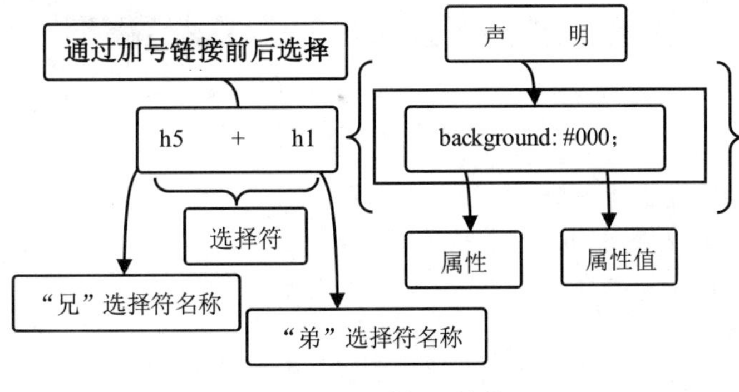

图 3.8　子选择器结构

【示例】　在以下示例中，通过 4 种情况对相邻选择符应用范围进行测试。

```
<style type="text/css">
h2, p, h3 {
   margin: 0;                                   /* 清除默认边距 */
   padding: 0;                                  /* 清除默认间距 */
   height: 30px;                                /* 初始化设置高度为 30 像素 */}
p+h3 { background-color: #0099FF;               /* 设置背景色 */ }
</style>
<div class="header">
   <h2>情况一：</h2>
   <p>子选择器控制 p 标签，能控制我吗</p>
   <h3>子选择器控制 p 标签</h3>
   <h2>情况二：</h2>
   <div>我隔开段落和 h3 直接</div>
   <p>子选择器控制 p 标签，能控制我吗</p>
   <h3>相邻选择器</h3>
   <h2>情况三：</h2>
   <h3>相邻选择器</h3>
   <p>子选择器控制 p 标签，能控制我吗</p>
   <div>
      <h2>情况四：</h2>
      <p>子选择器控制 p 标签，能控制我吗</p>
      <h3>相邻选择器</h3>
   </div>
</div>
```

在浏览器中预览，则页面效果如图 3.9 所示。

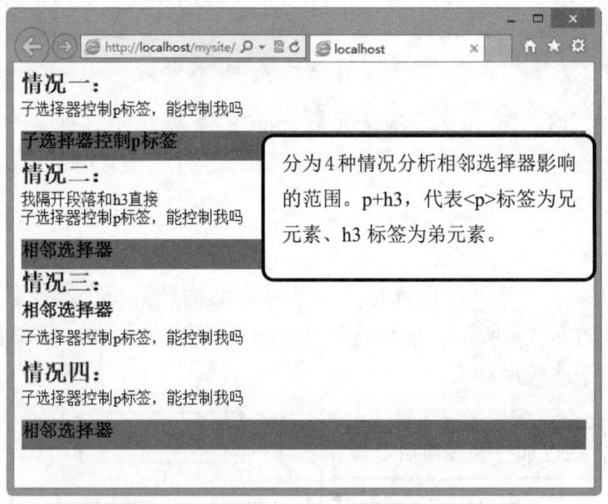

图 3.9　相邻选择器

在以上示例中，将相邻选择器分成 4 种情况进行分析：

（1）正常情况下，<p>标签和<h3>标签是兄弟元素。

（2）添加一个 div 标签将<p>标签和<h3>标签与第 1 种情况进行间隔，测试在有元素间隔时，样式是否有效。

（3）<h3>标签为兄元素、<p>标签为弟元素，测试是否受影响。

（4）为<p>标签和<h3>标签添加一个父层，查看是否受影响。

通过浏览器预览发现：第 1 种情况、第 2 种情况、第 4 种情况均有效，第 3 种情况无效。相邻选择器编写 CSS 样式：第 1 个元素为兄、第 2 个元素为弟，则 HTML 代码中兄和弟的关系不能调换，否则样式无效；再者无论有多少父层，只要它们是直接兄弟关系，则样式有效，这一点与子选择器是有区别的。

3.3.4　兄弟选择器

CSS3 增加了一种新的选择器组合形式——兄弟选择器。它通过波浪符号（~）分隔符进行定义。其基本结构是第一个选择器指定同级前置元素，后面的选择器指定其后同级所有匹配元素，如图 3.10 所示。前后选择符的关系是兄弟关系，即在 HTML 结构中两个标签前为兄后为弟，否则样式无法应用。

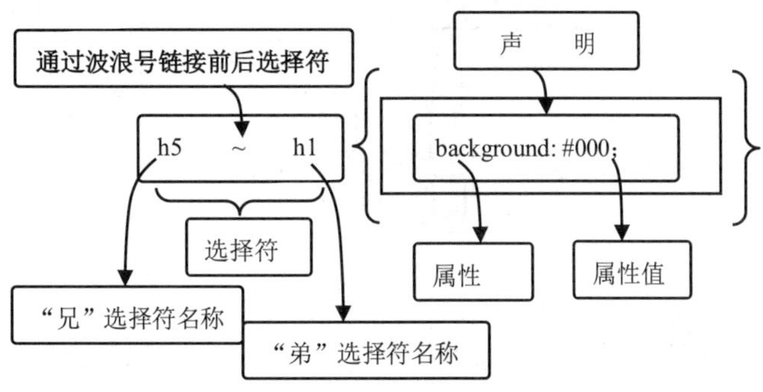

图 3.10　兄弟选择器结构

兄弟选择器能够选择前置元素后同级的所有匹配元素，而相邻选择器只能选择前置元素后相邻的一个匹配元素。

【示例】　以 3.3.3 节示例为基础，修改其中的 p+h3 { background-color: #0099FF; }样式为 p ~ h3 { background-color: #0099FF; }，具体样式代码如下：

```
<style type="text/css">
h2, p, h3 {
    margin: 0;                          /* 清除默认边距 */
    padding: 0;                         /* 清除默认间距 */
    height: 30px;                       /* 初始化设置高度为 30 像素 */}
p ~ h3 { background-color: #0099FF;     /* 设置背景色 */ }
</style>
```

在浏览器中预览，则页面效果如图 3.11 所示。可以看到在<div class="header">包含框中，所有位于<p>标签后的所有<h3>标签都被选中，设置背景色为蓝色。

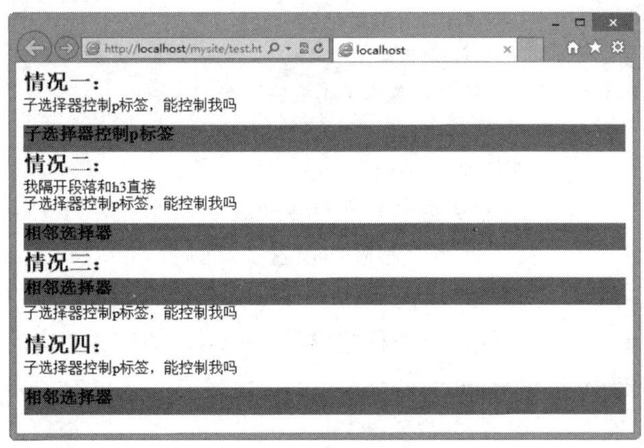

图 3.11　兄弟选择器

扫一扫，看视频

3.3.5 分组选择器

分组选择器通过逗号（,）分隔符进行定义。其基本结构是第一个选择器指定匹配元素，后面的选择器指定另一个匹配元素，最后把前后选择器匹配的元素都选取出来，如图 3.12 所示。

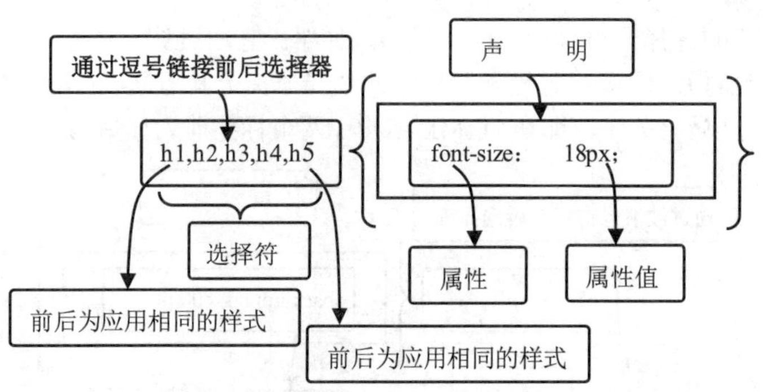

图 3.12　分组选择器

通过分组选择器可以实现集体声明，将样式表中一致的CSS样式放在一起，然后通过逗号链接这些选择器，减少代码的书写量。

【示例】　在以下示例中，将通过分组选择器集中声明上面学过的复合选择器。

```
<style type="text/css">
h1, h2, h3, h4, h5, h5, h6 {
   background-color: #99CC33;                    /* 设置背景色 */
   margin: 0;                                    /* 清除标题的默认外边距 */
   margin-bottom: 10px;                          /* 使用下边距拉开各个标题之间的距离 */}
h1+h2, h2+h3, h4+h5 { color: #0099FF;            /* 兄弟关系 设置字体的颜色 */ }
body>h6, h1>span, h4>span { font-size: 20px;     /* 子选择器 设置字体的大小 */ }
h2 span, h3 span { padding: 0 20px;              /* <span>标签的左右间距 */ }
h5 span[class], h6 span[class] { background-color: #CC0033;/* h5、h6 标题中含有 class
属性的 span 标签设置背景色 */ }
</style>
<h1>h1 元素<span>这里是 span 元素</span></h1>
<h2>h2 元素<span>这里是 span 元素</span></h2>
<h3>h3 元素<span>这里是 span 元素</span></h3>
<h4>h4 元素<span>这里是 span 元素</span></h4>
<h5>h5 元素<span class="S1">这里是 span 元素</span></h5>
<h6>h6 元素<span class="S2">这里是 span 元素</span></h6>
```

在浏览器中预览，则页面效果如图 3.13 所示。

在以上示例中，将<h1>~<h6>标签设置背景色为#99CC33、清除默认边距，通过下边距区分标题标签的空间。h1+h2,h2+h3,h4+h5 代表 3 种兄弟元素均设置字体颜色为#0099FF；body>h6,h1>span,h4>span 代表<body>标签的子元素<h6>、<h1>标签的子元素<span>、<h4>标签的子元素<span>这 3 种情况下的字体大小为 20 像素；h2 span,h3 span 代表<h2>标签内的<span>、<h3>标签内的<span>(子孙辈皆可)，左右边距为 20 像素；h5 span[class],h6 span[class]代表<h5>标签中的<span>标签含有 Class 属性、<h6>标签中的<span>标签含有 class 属性，背景色为#CC0033。

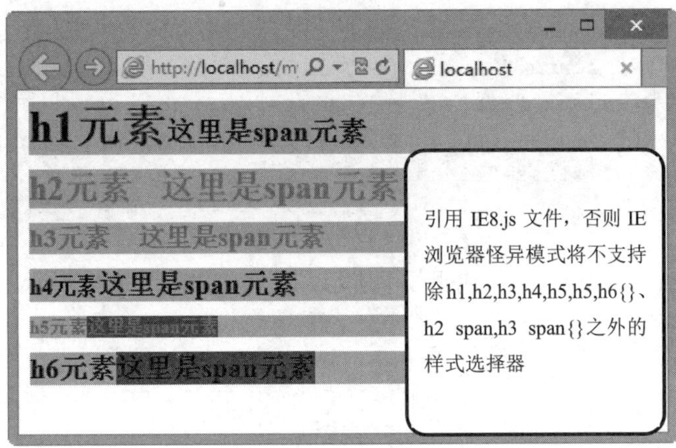

图 3.13　分组选择器

3.4　属性选择器

CSS3 在 CSS2 基础上新增加了 3 个属性选择器，如 E[attr^="value"]、E[attr$="value"]和 E[attr*="value"]。与已定义的 4 个属性选择器，共同构成了强大的 HTML 属性过滤器。具体说明如下：

- E[attr]：只使用了属性名，但没有确定任何属性值。
- E[attr="value"]：指定了属性名，并指定了该属性的属性值。
- E[attr~="value"]：指定了属性名，并且具有属性值，此属性值是一个词列表，并且以空格隔开，其中词列表中包含了一个 value 词，而且等号前面的“～”不能不写。
- E[attr^="value"]：指定了属性名，并且有属性值，属性值是以 value 开头的。
- E[attr$="value"]：指定了属性名，并且有属性值，属性值是以 value 结束的。
- E[attr*="value"]：指定了属性名，并且有属性值，属性值中包含了 value。
- E[attr|="value"]：指定了属性名，并且属性值是 value 或者以“value-”开头的值（如 zh-cn）。

提示：

在上面语法形式中，E 表示匹配元素的选择符，可以省略；中括号为属性选择器标识符，不可或缺；attr 表示 HTML 属性名，value 表示 HTML 属性值，或者 HTML 属性值包含的子字符串。

目前，主流浏览器都支持属性选择器，虽然早期 IE 浏览器（如 IE6）存在不兼容问题，但不影响属性选择器的普及和使用。

【示例】　为了更好地演示 CSS3 属性选择器的应用，下面将设计一个简单的图片灯箱导航示例。其中 HTML 结构如下：

```
<div class="pic_box">
    <img src="images/bg1.jpg" />
    <div class="nav">
        <a href="#1" class="links item first" title="w3cplus" target="_blank" id="first" >1</a>
        <a href="#2" class="links active item" title="test website" target="_blank" lang="zh">2</a>
        <a href="#3" class="links item" title="this is a link" lang="zh-cn">3</a>
        <a href="#4" class="links item" target="_balnk" lang="zh-tw">4</a>
        <a href="#5" class="links item" title="zh-cn">5</a>
```

```
        <a href="#6" class="links item" title="website link" lang="zh">6</a>
        <a href="#7" class="links item" title="open the website" lang="cn">7</a>
        <a href="#8" class="links item" title="close the website" lang="en-zh">8</a>
        <a href="#9" class="links item" title="http://www.baidu.com">9</a>
        <a href="#10" class="links item last" id="last">10</a>
    </div>
</div>
```

使用 CSS 适当美化该结构块，具体代码如下所示，预览效果如图 3.14 所示。

```
<style type="text/css">
/*灯箱外框样式*/
.pic_box { border: solid 6px #bbb; position: relative; float: left; }
.pic_box img { width: 500px; border: solid 1px #fff; }
/*导航框样式*/
.nav { background: #999; border: 1px solid #ccc; padding: 4px 12px; float: left;
opacity: 0.6; position: absolute; bottom: 6px; right: 12px; }
/*导航按钮样式*/
.nav a { float: left; display: block; height: 20px; line-height: 20px; width: 20px;
-moz-border-radius: 10px; -webkit-border-radius: 10px; border-radius: 10px; text-
align: center; background: #f36; color: green; margin-right: 5px; text-decoration:
none; }
.nav a:hover { background: green; color: #fff; }
</style>
```

图 3.14　设计的灯箱广告效果图

下面结合这个灯箱广告示例，具体分析上面列出的每个属性选择器的使用方法。

1. E[attr]

E[attr]属性选择器是 CSS3 属性选择器中最简单的一种。如果希望选择有某个属性的元素，而不论这个属性值是什么，就可以使用这个属性选择器。例如：

```
.nav a[id] {background: blue; color:yellow;font-weight:bold;}
```

以上代码表示选择了 div.nav 下所有带有 id 属性的 a 元素，并在这个元素上使用背景色为蓝色，前景色为黄色，字体加粗的样式。对照上面的 HTML 结构不难发现，只有第一个和最后一个链接使用了 id 属性，所以选中了这两个 a 元素，效果如图 3.15 所示。

上面是单一属性的使用，也可以使用多属性选择元素，如 E[attr1][attr2]，这样只要是同时具有这两个属性的元素都将被选中：

```
.nav a[href][title] {background: yellow; color:green;}
```

以上代码表示的是选择 div.nav 下的同时具有 href 和 title 两个属性的 a 元素，并且应用相对应的样式，效果如图 3.16 所示。

图 3.15　属性快速匹配

图 3.16　多属性快速匹配

2. E[attr="value"]

E[attr="value"]选择器和 E[attr]选择器，从字面上就能很清楚地理解，E[attr="value"]是指定了属性值“value”，而 E[attr]只是选择了有对应的属性，并没有明确指其对应的属性值"value"，这也是这两种选择器的最大区别之处。它缩小了选择范围，能更精确选择需要的元素，在前面实例基础上进行一下简单的修改：

```
.nav a[id="first"] {background: blue; color:yellow;font-weight:bold;}
```

与之前的代码比较，此处在 id 的属性基础上指定了相应的 value 值为“first”，这样一来选中的是 div.nav 中的 a 元素，并且这个元素有一个 id="first"属性值，则预览效果如图 3.17 所示。

E[attr="value"]属性选择器也可以多个属性并写，进一步缩小选择范围，用法如下所示，预览效果如图 3.18 所示。

```
.nav a[href="#1"][title] {background: yellow; color:green;}
```

图 3.17　属性值快速匹配

图 3.18　多属性值快速匹配

提示：

对于 E[attr="value"]这种属性值选择器有一点需要注意：属性和属性值必须完全匹配，特别是对于属性值是词列表的形式时，如：

```
<a href="" class="links item" title="open the website">7</a>
```

针对上面的代码，可以写成：

```
.nav a[class="links"]{color:red};
```

上面的属性选择器并不会匹配 a 元素，因为它们的属性和属性值没有完全匹配，需要改成如下所示的代码，才能正确匹配：

```
.nav a[class="links item"]{color:red};
```

3. E[attr~="value"]

如果想根据属性值中的词列表的某个词来进行选择元素，那么就需要使用 E[attr~="value"]属性选择器，这种属性选择器的属性值是一个或多个词列表，如果是列表时，则需要用空格隔开，只要属性值中有一个 value 相匹配就可以选中该元素，而前面所讲的 E[attr="value"]是属性值需要完全匹配才会被选中，它们两者区别就是一个有“～”号，一个没有“～”号。例如：

```
.nav a[title~="website"]{background:orange;color:green;}
```

上面代码表示的是，div.nav 下的 a 元素的 title 属性中，只要其属性值中含有"website"这个词就会被选择，回头看看 HTML 代码，不难发现所有 a 元素中“2、6、7、8”这 4 个 a 元素的 title 中都含有，所以被选中，则预览效果如图 3.19 所示。

如果在上面的代码中，把这个“～”号省去：

```
.nav a[title="website"]{background:orange;color:green;}
```

这样将不会选中任何元素，因为在所有 a 元素中无法找到完全匹配的 title='website"，换句话说就没有选中任何元素。这再次证明了 E[attr="value"]和 E[attr~="value"]之间的区别：属性选择器中有波浪线（～）时，属性值有 value 就相匹配；没有波浪线（～）时，属性值要完全是 value 才匹配。

4. E[attr^="value"]

E[attr^="value"]属性选择器，指的是选择 attr 属性值以“value”开头的所有元素，换句话说，选择的属性对应的属性值以“value”开始。例如：

```
.nav a[title^="http://"]{background:orange;color:green;}
.nav a[title^="mailto:"]{background:green;color:orange;}
```

上面的代码表示的是选择了 title 属性，并且属性值以"http://"和"mailto:"开头的所有 a 元素，简单描述，就是只要 a 元素中的 title 属性值是以"http://"或"mailto:"开头的都会被选中，如图 3.20 所示。

图 3.19 属性值局部词匹配

图 3.20 匹配属性值开头字符串的元素

5. E[attr$="value"]

E [attr$="value"]属性选择器与 E[attr^="value"]选择器相反，E[attr$="value"]表示的是选择 attr 属性值以"value"结尾的所有元素，换句话说就是选择元素 attr 属性，并且它的属性值是以 value 结尾的。这在给一些特殊的链接加背景图片时很方便，如给 pdf、png、doc 等不同文件加上不同图标，就可以使用这个属性来实现，例如：

```
.nav a[href$="png"]{background:orange;color:green;}
```

上面的代码表示的是，选择 div.nav 中有 href 属性，并以 png 值结尾的 a 元素。

6. E[attr*="value"]

E[attr*="value"]属性选择器表示的是选择 attr 属性值中包含子串"value"的所有元素。也就是说，只要所选择的属性，其属性值中有这个"value"值都将被选中，例如：

```
.nav a[title*="site"]{background:black;color:white;}
```

上面的代码表示的是：选择了 div.nav 中 a 元素，而 a 元素的 title 属性中只要有"site"就符合选择条件。

上面样式的预览效果如图 3.21 所示。

7. E[attr|="value"]

E[attr|="value"]是属性选择器中的最后一种，注意，attr 后面的是一个竖线“｜”而不是 l，小心别搞错了。E[attr|="value"]被称作特定属性选择器。这个选择器会选择 attr 属性值等于 value 或以 value-开头的所有元素，例如：

```
.nav a[lang|="zh"]{background:gray;color:yellow;}
```

上面的代码会选中 div.nav 中 lang 属性等于 zh 或以 zh-开头的所有 a 元素。对照前面的 HTML 结构，其中“2、3、4、6”被选中，因为它们都有一个 lang 属性，并且它们的属性值都以"zh"或"zh-"开始，预览效果如图 3.22 所示。

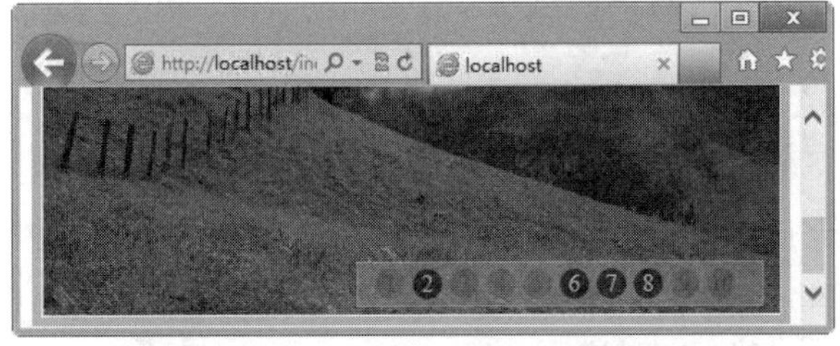

图 3.21　匹配属性值中的特定子串

图 3.22　匹配属性值开头字符串的元素

这种属性选择器用来匹配以 value-1、value-2 等的属性是很方便的，例如，页面中有很多图片，图片文件名都是以 figure-1、figure-2 等这样的方式来命名的，那么使用这种选择器选中图片就很方便了，在上面示例中演示了这种属性选择器的最常见用法。

在这 7 种属性选择器中，E[attr="value"]和 E[attr*="value"]是最实用的，其中 E[attr="value"]能帮助定位不同类型的元素，特别是表单 form 元素的操作，如 input[type="text"]、input[type="checkbox"]等，而 E[attr*="value"]能在网站中帮助匹配不同类型的文件，如网站中不同的文件类型的链接需要使用不同的图标，以帮助网站提高用户体验，可以通过这个属性给.doc、.pdf、.png、.ppt 配置不同的图标。

3.5　伪类选择器

伪选择器包括伪类和伪对象选择器，伪选择器以冒号(：)作为前缀标识符。冒号前可以添加选择符，限定伪类应用的范围，冒号后为伪类和伪对象名，冒号前后没有空格，否则将错认为类选择器，如图 3.23 所示。

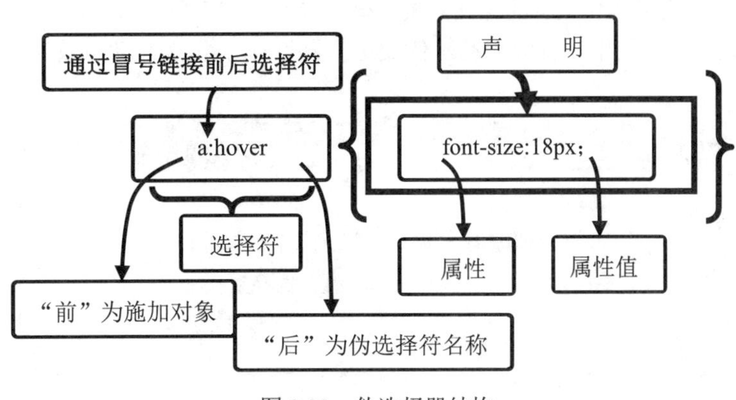

图 3.23　伪选择器结构

提示：

CSS 伪类选择器有两种用法：

- 单纯式，E:pseudo-class { property:value}

其中 E 为元素，pseudo-class 为伪类名称，property 是 CSS 的属性，value 为 CSS 的属性值。例如：

```
a:link {color:red;}
```

- 混用式，E.class:pseudo-class{property:value}

其中.class 表示类选择符。把类选择符与伪类选择符组成一个混合式的选择器，能够设计更复杂的样式，以精准匹配元素。例如：

```
a.selected:hover {color: blue;}
```

CSS3 的伪类选择器主要包括 4 种：动态伪类、结构伪类、否定伪类和状态伪类，下面分节进行详细讲解。

扫一扫，看视频

3.5.1 动态伪类

动态伪类是一类行为类样式，这些伪类并不存在于 HTML 中，只有当用户与页面进行交互时才能体现出来。动态伪类选择器包括两种形式：

- 锚点伪类，这是一种在链接中常见的样式，如:link、:visited。
- 行为伪类，也称为用户操作伪类，如:hover、:active 和:focus。

【示例 1】 以下代码分别使用锚点伪类定义 4 个不同的类样式。

```
/*链接没有被访问时前景色为灰色*/
.demo a:link {color:gray;}
/*链接被访问过后前景色为黄色*/
.demo a:visited{color:yellow;}
/*鼠标悬浮在链接上时前景色为绿色*/
.demo a:hover{color:green;}
/*鼠标击中激活链接那一下前景色为蓝色*/
.demo a:active{color:blue;}
```

对于这 4 个锚点伪类的设置，有一点需要特别注意，那就是它们的先后顺序，要让它们遵守一个顺序原则，也就是 link→visited→hover→active。如果把顺序搞错了，会带来意想不到的错误，如果是初学者，可以私下练习一下。其中:hover 和:active 又同时被列入到用户行为伪类中，它们所表达的意思是：

- :hover：用于用户把鼠标移动到元素上面时的样式效果。
- :active：用于用户单击元素时的样式效果，即按下鼠标左键时发生的样式，当松开鼠标左键该动作也就完成了。
- :focus：用于元素成为焦点时的样式效果，这个经常用在表单元素上。

【示例 2】 在以下示例中，将应用动态伪类选择器设计一组 3D 动态效果的按钮样式，效果如图 3.24 所示。

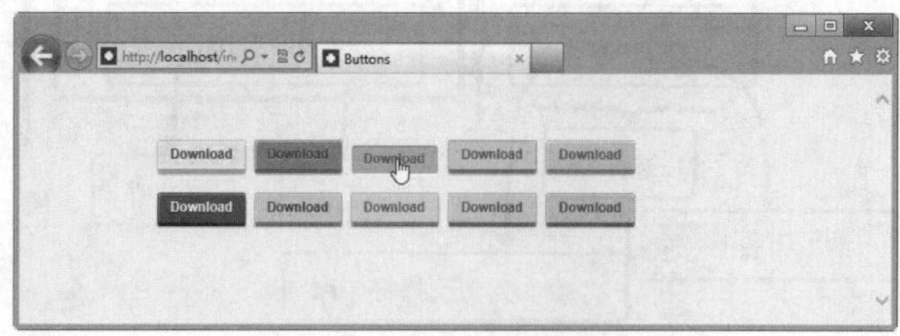

图 3.24 设计 3D 按钮样式

【操作步骤】

（1）设计一个 HTML 文档结构。创建一个新的 HTML 文档，并添加一个列表，在列表项中包含基本的锚链接。不需要任何额外的 div 或者 span 标签，但要添加 id 和 class 属性，一切效果都通过 CSS 进行控制。结构代码如下：

```
<ul id="container">
    <li><a href="#" class="button gray">Download</a></li>
    <li><a href="#" class="button pink">Download</a></li>
    <li><a href="#" class="button blue">Download</a></li>
    <li><a href="#" class="button green">Download</a></li>
    <li><a href="#" class="button turquoise">Download</a></li>
    <li><a href="#" class="button black">Download</a></li>
    <li><a href="#" class="button darkgray">Download</a></li>
    <li><a href="#" class="button yellow">Download</a></li>
    <li><a href="#" class="button purple">Download</a></li>
    <li><a href="#" class="button darkblue">Download</a></li>
</ul>
```

为了能够演示不同色彩的 CSS 样式，通过列表结构设计一组类似的按钮。给每一个按钮应用一种不同的颜色。通过对比可以发现这类样式设计的优势和便捷之处。

（2）新建内部样式表，定义基本的按钮类样式。

```
ul { list-style: none; }
a.button {
    display: block;
    float: left;
    position: relative;
    height: 25px;
    width: 80px;
    margin: 0 10px 18px 0;
    text-decoration: none;
    font: 12px "Helvetica Neue", Helvetica, Arial, sans-serif;
    font-weight: bold;
    line-height: 25px;
    text-align: center;}
```

（3）为该类样式增加行为样式，让按钮实现动态效果。这里主要使用了:hover 伪类选择器。例如，为灰色系按钮设计鼠标经过时的动态样式效果，主要包括字体颜色和背景色的变化，另外还通过边框线的变换以模拟立体效果。

```
/* GRAY */
.gray, .gray:hover {
    color: #555;
    border-bottom: 4px solid #b2b1b1;
    background: #eee;}
.gray:hover { background: #e2e2e2; }
```

（4）定义双边框样式。通过预览会发现，目前的按钮边框显得比较单薄，需要为按钮定义粗边框的底部效果，同时还需要增加一点点行间距，因此这里使用了:before 和:after 伪类样式。

```
a.button:before, a.button:after {
    content: '';
    position: absolute;
    left: -1px;
```

```
   height: 25px;
   width: 80px;
   bottom: -1px;
   -webkit-border-radius: 3px;
   -moz-border-radius: 3px;
   border-radius: 3px;}
a.button:before {
   height: 23px;
   bottom: -4px;
   border-top: 0;
   -webkit-border-radius: 0 0 3px 3px;
   -moz-border-radius: 0 0 3px 3px;
   border-radius: 0 0 3px 3px;
   -webkit-box-shadow: 0 1px 1px 0px #bfbfbf;
   -moz-box-shadow: 0 1px 1px 0px #bfbfbf;
   box-shadow: 0 1px 1px 0px #bfbfbf;}
```

（5）为了彰显按钮的金属特质，不妨借助 CSS3 的特效定义圆角效果:

```
a.button {
   -webkit-border-radius: 3px;
   -moz-border-radius: 3px;
   border-radius: 3px;}
```

（6）同时为边框定义阴影效果:

```
a.button:before, a.button:after {
   -webkit-border-radius: 3px;
   -moz-border-radius: 3px;
   border-radius: 3px;}
a.button:before {
   -webkit-border-radius: 0 0 3px 3px;
   -moz-border-radius: 0 0 3px 3px;
   border-radius: 0 0 3px 3px;
   -webkit-box-shadow: 0 1px 1px 0px #bfbfbf;
   -moz-box-shadow: 0 1px 1px 0px #bfbfbf;
   box-shadow: 0 1px 1px 0px #bfbfbf;}
```

（7）定义鼠标经过和访问过按钮伪类状态类样式，设计渐变背景色特效:

```
/* GRAY */
a.gray, a.gray:hover, a.gray:visited {
   color: #555;
   border-bottom: 4px solid #b2b1b1;
   text-shadow: 0px 1px 0px #fafafa;
   background: #eee;
   background: -webkit-gradient(linear, left top, left bottom, from(#eee), 
to(#e2e2e2));
   background: -moz-linear-gradient(top, #eee, #e2e2e2);
   box-shadow: inset 1px 1px 0 #f5f5f5;}
.gray:before, .gray:after {
   border: 1px solid #cbcbcb;
   border-bottom: 1px solid #a5a5a5;}
```

```
.gray:hover {
    background: #e2e2e2;
    background: -webkit-gradient(linear, left top, left bottom, from(#e2e2e2),
to(#eee));
    background: -moz-linear-gradient(top, #e2e2e2, #eee);}
```

（8）利用:active 伪类选择器定义对象激活下的样式效果。

```
/* ACTIVE STATE */
a.button:active {
    border: none;
    bottom: -4px;
    margin-bottom: 22px;
    -webkit-box-shadow: 0 1px 1px #fff;
    -moz-box-shadow: 0 1px 1px #fff;
    box-shadow: 1px 1px 0 #fff, inset 0 1px 1px rgba(0, 0, 0, 0.3);}
a.button:active:before,
a.button:active:after {
    border: none;
    -webkit-box-shadow: none;
    -moz-box-shadow: none;
    box-shadow: none;}
```

3.5.2　结构伪类

扫一扫，看视频

结构伪类是 CSS3 新设计的选择器，它利用文档结构树实现元素过滤，通过文档结构的相互关系来匹配特定的元素，从而减少文档内 class 属性和 ID 属性的定义，使得文档更加简洁。

结构伪类有很多种形式，这些形式的用法是固定的，但可以灵活使用，以便设计各种特殊样式效果。结构伪类简单说明如下：

- :fist-child：选择某个元素的第一个子元素。
- :last-child：选择某个元素的最后一个子元素。
- :nth-child()：选择某个元素的一个或多个特定的子元素。
- :nth-last-child()：选择某个元素的一个或多个特定的子元素，从这个元素的最后一个子元素开始计算。
- :nth-of-type()：选择指定的元素。
- :nth-last-of-type()：选择指定的元素，从元素的最后一个开始计算。
- :first-of-type：选择一个上级元素下的第一个同类子元素。
- :last-of-type：选择一个上级元素的最后一个同类子元素。
- :only-child：选择的元素是它的父元素的唯一一个子元素。
- :only-of-type：选择一个元素是它的上级元素的唯一一个相同类型的子元素。
- :empty：选择的元素里面没有任何内容。

【示例 1】 以下针对上面所列的各种结构伪类，结合案例一一介绍。为了方便上机实践，这里构建一个简单的示例，页面模拟博客大巴生活频道（http://pindao.blogbus.com/shenghuo/）页面效果，其中设计“双周热门推荐”栏目列表样式，初步设计效果如图 3.25 所示。其中每项列表都统一使用一个背景图像。

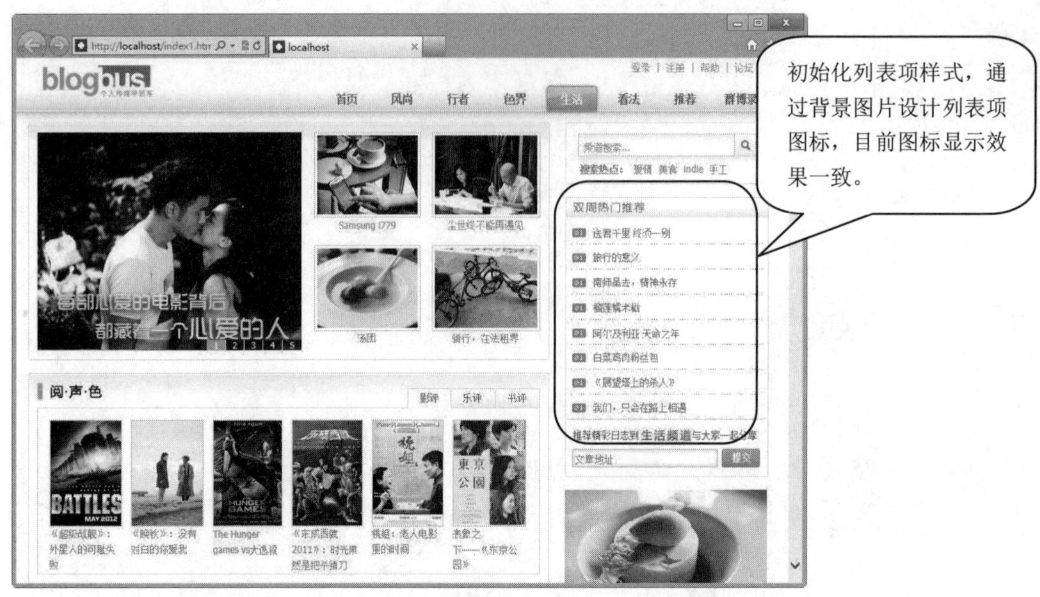

图 3.25　设计 3D 按钮样式

构建的基本列表结构如下：

```
<div id="wrap">
    <ul id="container">
        <li><a href="#">送君千里 终须一别</a></li>
        <li><a href="#">旅行的意义</a></li>
        <li><a href="#">南师虽去，精神永存</a></li>
        <li><a href="#">榴莲糯米糍</a></li>
        <li><a href="#">阿尔及利亚 天命之年</a></li>
        <li><a href="#">白菜鸡肉粉丝包</a></li>
        <li><a href="#">《展望塔上的杀人》</a></li>
        <li><a href="#">我们，只会在路上相遇</a></li>
    </ul>
</div>
```

初步设计的列表样式如下：

```
/*模拟博客大巴生活频道首页效果*/
body { background: url(images/bg1.jpg) no-repeat; height: 2617px; width: 980px; }
/*定位栏目位置*/
#wrap { position: absolute; width: 249px; height: 249px; z-index: 1; left: 712px; top: 201px; }
/*初始化列表结构样式*/
#wrap ul { list-style-type: none; margin: 0; padding: 0; font-size: 12px; color: #777; }
#wrap li { background: url(images/top10-bullet.png) no-repeat 2px 10px; padding: 1px 0px 0px 28px; line-height: 30px; }
#wrap li a { text-decoration: none; color: #777; }
#wrap li a:hover { color: #F63; }
```

下面结合这个推荐栏目示例，具体分析所列出的每个结构伪类选择器的使用方法。

1. :first-child

:first-child 伪类结构可以用来选择某个元素的第一个子元素。

【示例 2】　如果设计第一个列表项前的图标为 1，且字体加粗显示，则可以使用:first-child 来实现：

```
#wrap li:first-child {
    background-position:2px 10px;
    font-weight:bold;}
```

在没有这个选择器之前，需要在第一个 li 上加上一个不同的 class 名，如 first-child，然后再给该类应用不同的样式。

```
#wrap li.first-child {
    background-position:2px 10px;
    font-weight:bold;}
```

其实这两种方法最终效果是一样的，只是后面这种需要在 HTML 结构中增加一个额外的类名。

提示：

IE6 不支持:first-child 选择器。

2. : last-child

:last-child 选择器与:first-child 选择器的作用类似，不同的是，:last-child 选择的是元素的最后一个子元素。

【示例 3】　需要单独给列表最后一项定义一个不同的样式，就可以使用这个选择器：

```
#wrap li:last-child {background-position:2px -277px;}
```

这个效果与以前在列表中添加 last-child 的 class 是一样的：

```
#wrap li.last-child {background-position:2px -277px;}
```

它们显示的效果也都是一致的，如图 3.26 所示。

图 3.26　设计最后一个列表项样式

3. :nth-child()

:nth-child()是一个结构伪类函数，它可以选择某个元素包含的一个或多个特定的子元素。该函数有多种用法：

```
:nth-child(length);                     /*参数是具体数字*/
:nth-child(n);                          /*参数是 n,n 从 0 开始计算*/
:nth-child(n*length)                    /*n 的倍数选择，n 从 0 开始算*/
:nth-child(n+length);                   /*选择大于或等于 length 的元素*/
:nth-child(-n+length)                   /*选择小于或等于 length 的元素*/
:nth-child(n*length+1);                 /*表示隔几选一*/
```

在 nth-child()函数中，参数 length 为一个整数，n 表示一个从 0 开始的自然数。

:nth-child()可以定义值，值可以是整数，也可以是表达式，如上面所示，用来选择特定的子元素。

【示例 4】 下面 6 个样式分别匹配列表中第 2 个到第 7 个列表项，并分别定义它们的背景图像 Y 轴坐标位置，显示效果如图 3.27 所示。

```
#wrap li:nth-child(2) { background-position: 2px -31px; }
#wrap li:nth-child(3) { background-position: 2px -72px; }
#wrap li:nth-child(4) { background-position: 2px -113px; }
#wrap li:nth-child(5) { background-position: 2px -154px; }
#wrap li:nth-child(6) { background-position: 2px -195px; }
#wrap li:nth-child(7) { background-position: 2px -236px; }
```

图 3.27 设计每个列表项样式

注意：

这种函数参数用法不能引用负值，也就是说 li:nth-child(-3)是不正确的使用方法。

【示例 5】 在:nth-child(n)中，n 是一个简单的表达式，它取值是从 0 开始计算的，到什么时候结束是不确定的，需结合文档结构而定，如果在实际应用中直接这样使用的话，将会选中所有子元素。在以上示例中，如果在 li 中使用:nth-child(n)，那么将选中所有的 li 元素：

```
#wrap li:nth-child(n) {text-decoration:underline;}
```

则这个样式类似于：

```
#wrap li {text-decoration:underline;}
```

其实，nth-child()是这样计算的：

n=0：表示没有选择元素。

n=1：表示选择第一个 li。

n=2：表示选择第二个 li。

依此类推，这样下来就选中了所有的 li。

提示：

这里参数 n 只能是字母 n，不能使用其他字母代替，不然会没有任何效果的。

【示例 6】 :nth-child(2n)是:nth-child(n)的一种变体，使用它可以选择 n 的 2 倍数，当然其中 2 可以换成需要的数字，分别表示不同的倍数。

```
#wrap li:nth-child(2n) {background-color:#efefef;}
```

等于：

```
#wrap li:nth-child(even) {background-color:#efefef;}
```

预览效果如图 3.28 所示。

图 3.28　设计偶数行列表项样式

来看一下实现过程：

当 n=0，则 2n=0，表示没有选中任何元素；

当 n=1，则 2n=2，表示选择了第 2 个 li；

当 n=2，则 n＝4，表示选择了第 4 个 li；

依此类推。

如果是 2n，这样与使用 even 命名 class 定义样式，所起到的效果是一样的。

【示例 7】　:nth-child(2n−1)这个选择器是在: nth- child(2n)基础上演变而来的，既然:nth-child(2n)表示选择偶数，那么在它的基础上减去 1 就变成奇数选择。

```
#wrap li:nth-child(2n-1) {background-color:#efefef;}
```

等于：

```
#wrap li:nth-child(odd) {background-color:#efefef;}
```

来看看其实现过程：

当 n=0，则 2n−1=−1，表示没有选中任何元素；

当 n=1，则 2n−1=1，表示选择第 1 个 li；

当 n=2，则 2n−1=3，表示选择第 3 个 li；

依此类推。

其实实现这种奇数效果，还可以使用:nth-child(2n+1)和:nth-child(odd)来实现。

【示例 8】　:nth-child(n+5)这个选择器是选择从第 5 个元素开始选择，这里的数字可以自定义。

```
li:nth-child(n+5) {background-color:#efefef;}
```

其实现过程如下：

当 n=0，则 n+5=5，表示选中第 5 个 li；

当 n=1，则 n+5=6，表示选择第 6 个 li；

依此类推。

读者可以使用这种方法选择需要开始选择的元素位置，也就是说换了数字，起始位置就变了。

【示例 9】　:nth-child(−n+5)选择器刚好和:nth-child(n+5)选择器相反，这个是选择第 5 个前面的子元素。

```
li:nth-child(-n+5) {background-color:#efefef;}
```

其实现过程如下：

当 n=0，则-n+5=5，表示选择了第 5 个 li；

当 n=1，则-n+5=4，表示选择了第 4 个 li；

当 n=2，则-n+5=3 ，表示选择了第 3 个 li；

当 n=3，则-n+5=2，表示选择了第 2 个 li；

当 n=4，则-n+5=1，表示选择了第 1 个 li；

当 n=5，则-n+5=0，表示没有选择任何元素。

【示例 10】 :nth-child(5n+1)选择器是实现隔几选一的效果。如果是隔三选一，则定义的样式如下：

```
li:nth-child(3n+1) {background-color:#efefef;}
```

其实现过程如下：

当 n=0，则 3n+1=1，表示选择了第 1 个 li；

当 n=1，则 3n+1=4，表示选择了第 4 个 li；

当 n=2，则 3n+1=7，表示选择了第 7 个 li。

设计效果如图 3.29 所示。

图 3.29 设计隔三选一行列表项样式

提示：

IE6~8 和 FF3 及其以下版本浏览器不支持:nth-child()选择器。

4. :nth- last-child()

:nth-last-child()选择器与:nth-child()相似，只是这里多了一个 last，作用就与:nth-child 不一样了，:nth-last-child()是从最后一个元素开始计算，来选择特定元素。

【示例 11】

```
li:nth-last-child(4) {background-color:#efefef;}
```

上面代码表示选择倒数第 4 个列表项。

其中:nth-last-child(1)和:last-child 所起作用是一样的，都表示选择最后一个元素。

另外，:nth-last-child()与:nth-child()用法相同，可以使用表达式来选择特定元素，下面来看几个特殊的表达式所起的作用：

:nth-last-child(2n)表示从元素后面计算，选择的是偶数个数，从而反过来说就是选择元素的奇数，与前面的:nth-child(2n+1)、:nth-child(2n-1)、:nth-child(odd)所起的作用是一样的。如：

```
li:nth-last-child(2n) { background-color:#efefef;}
```

```
li:nth-last-child(even) {background-color:#efefef;}
```

等于：

```
li:nth-child(2n+1) {background-color:#efefef;}
li:nth-child(2n-1) {background-color:#efefef;}
li:nth-child(odd) {background-color:#efefef;}
```

:nth-last-child(2n-1)选择器刚好与上面的相反，从后面计算选择的是奇数，而从前面计算选择的就是偶数位了，如：

```
li:nth-last-child(2n+1) {background-color:#efefef;}
li:nth-last-child(2n-1) {background-color:#efefef;}
li:nth-last-child(odd) {background-color:#efefef;}
```

等于：

```
li:nth-child(2n) {background-color:#efefef;}
li:nth-child(even) {background-color:#efefef;}
```

总之，:nth-last-child()和 nth-child()使用方法是一样的，只不过它们的区别是：:nth-child()是从元素的第一个开始计算，而:nth-last-child()是从元素的最后一个开始计算，它们的计算方法都是一样的。同样，IE6-8 和 FF3.0 及其以下版本浏览器不支持:nth-last-child()选择器。

5. :nth-of-type()

:nth-of-type 类似:nth-child，不同的是它只计算选择器中指定的那个元素。其实，在前面实例中都是指定了具体的元素，这个选择器对包含了好多不同类型的元素很有用处。

【示例 12】 在 div#wrap 中包含有很多 p、li、img 等元素，但现在只需要选择 p 元素，并让它每隔一个 p 元素就有不同的样式，那就可以简单地写成：

```
div#wrap p:nth-of-type(even) { background-color:#efefef;}
```

其实，这种用法与:nth-child 是一样的，也可以使用:nth-child 的表达式来实现，唯一不同的是:nth-of-type 指定了元素的类型。

提示，IE6~8 和 FF3 及其以下版本浏览器不支持:nth-child()选择器。

6. :nth-last-of-type()

:nth-last-of-type 与:nth-last-child 用法相同，但它指定了子元素的类型，除此之外，语法形式和用法基本相同。

同样，IE6~8 和 FF3 及其以下版本浏览器不支持:nth-child()选择器。

7. :first-of-type 和:last-of-type

:first-of-type 和:last-of-type 这两个选择器类似于:first-child 和:last-child，不同之处就是它们指定了元素的类型。

当然，:nth-of-type、:nth-last-of-type、:first-of-type 和:last-of-type 实际价值不是很大，前面讲的:nth-child 选择器都能达到这些功能。

8. :only-child 和:only-of-type

:only-child 表示一个元素是它的父元素的唯一一个子元素。

【示例 13】 在文档中设计如下 HTML 结构。

```
<div class="post">
    <p>第 1 段文本内容</p>
    <p>第 2 段文本内容</p>
</div>
```

```
<div class="post">
    <p>第 3 段文本内容</p>
</div>
```

如果需要在 div.post 只有一个 p 元素的时候，改变这个 p 的样式，那么现在就可以使用:only-child 选择器来实现：

```
.post p {background-color:#efefef;}
.post p:only-child {background: red;}
```

此时 div.post 只有一个子元素 p 时，那么它的背景色将会显示为红色。

:only-of-type 表示一个元素包含有很多个子元素，而其中只有一个子元素是唯一的，那么使用这种选择方法就可以选中这个唯一的子元素。例如：

```
<div class="post">
    <div>子块 1</div>
    <p>文本段</p>
    <div>子块 2</div>
</div>
```

如果只想选择上面结构块中的 p 元素，就可以这样写：

```
.post p:only-of-type{background-color:red;}
```

提示：

IE6~8 浏览器不支持:only-child 选择器，IE6~8 和 FF3 及其以下版本浏览器不支持:only-of-type 选择器。

9. :empty

:empty 用来选择没有任何内容的元素，这里没有内容指的是一点内容都没有，哪怕是一个空格。

【示例 14】 下面有 3 个段落，其中一个段落什么都没有，完全是空的。

```
<div class="post">
    <p>第一段文本内容</p>
    <p>第二段文本内容</p>
</div>
<div class="post">
    <p> </p>
</div>
```

如果想设计这个 p 不显示，可以这样写：

```
.post p:empty {display: none;}
```

提示：

IE6~8 浏览器不支持:empty 选择器。

读者也可以借助 Javascript 脚本模拟类似的过滤功能，如 jQuery 等主流 Javascript 类库中都提供了类似的脚本化结构伪类选择器。

扫一扫，看视频

3.5.3 否定伪类

:not()表示否定选择器，即排除或者过滤掉特定元素。前面介绍的选择器都是匹配操作，而唯独:not()操作相反，它表示过滤操作，与 jQuery 中的:not 选择器用法相同。

【示例 1】 在表单样式设计中，如果为 form 中所有 input 元素增加边框样式，但又不希望提交按钮也添加边框，此时就可以使用:not()选择器实现。

```
input:not([type="submit"]) {border: 1px solid red;}
```

否定选择器:not()可以帮助用户定位不匹配该选择器的元素，实现匹配操作后的二次过滤。

提示：

IE6～8 浏览器不支持:not()选择器。

【示例 2】 在以下示例中，演示如何设计一个分层表格样式。对于表格结构来说，table 表示 1 级结构，thead、tbody 和 tfoot 表示 2 级结构，tr 表示 3 级结构，th 和 td 表示 4 级结构。但是，如果希望数据表格也能够呈现层次结构关系，则应该借助 CSS 来模拟这种结构。

这里主要借助否定伪类选择器和结构伪类选择器，配合 CSS 背景图像技术设计树形结构标志；借助伪类选择器设计鼠标经过时动态背景效果，利用 CSS 边框和背景色设计标题行的立体显示效果。演示效果如图 3.30 所示。

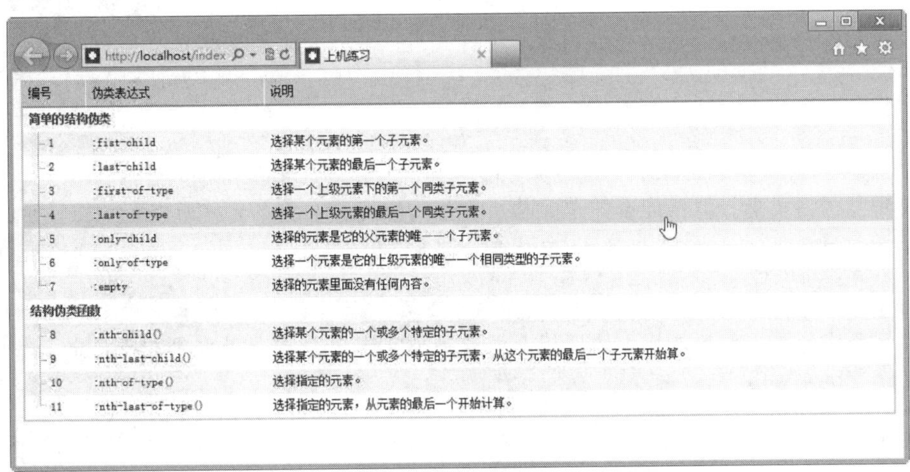

图 3.30 设计表格样式

【操作步骤】

（1）利用表格结构构建一个数据表。

```
<table>
    <thead>
        <tr>
            <th>编号</th>
            <th>伪类表达式</th>
            <th>说明</th>
        </tr>
    </thead>
    <tbody>
        <tr><td colspan="3">简单的结构伪类</td></tr>
        <tr><th>1</th><td>:first-child</td><td>选择某个元素的第一个子元素。</td></tr>
        <tr><th>2</th><td>:last-child</td><td>选择某个元素的最后一个子元素。</td></tr>
        <tr><th>3</th><td>:first-of-type</td><td>选择一个上级元素下的第一个同类子元素。
</td></tr>
        <tr><th>4</th><td>:last-of-type</td><td>选择一个上级元素的最后一个同类子元素。
</td></tr>
        <tr><th>5</th><td>:only-child</td><td>选择的元素是它的父元素的唯一一个子元素。
</td></tr>
        <tr><th>6</th><td>:only-of-type</td><td>选择一个元素是它的上级元素的唯一一个相
同类型的子元素。</td></tr>
```

```
        <tr><th class="end">7</th><td>:empty</td><td>选择的元素里面没有任何内容。</td></tr>
        <tr><td colspan="3">结构伪类函数</td></tr>
        <tr><th>8</th><td>:nth-child()</td><td>选择某个元素的一个或多个特定的子元素。</td></tr>
        <tr><th>9</th><td>:nth-last-child()</td><td>选择某个元素的一个或多个特定的子元素，从这个元素的最后一个子元素开始算。</td></tr>
        <tr><th>10</th><td>:nth-of-type()</td><td>选择指定的元素。</td></tr>
        <tr><th class="end">11</th><td>:nth-last-of-type()</td><td>选择指定的元素，从元素的最后一个开始计算。</td></tr>
    </tbody>
</table>
```

（2）使用<style>标签在当前文档中内建一个样式表，并初始化表格样式。

```
table { border-collapse: collapse; font-size: 75%; line-height: 1.4; border: solid 2px #ccc; width: 100%; }
th, td { padding: .3em .5em; cursor: pointer; }
th { font-weight: normal; text-align: left; padding-left: 15px; }
```

（3）使用结构伪类选择器匹配合并单元格所在的行，定义合并单元格所在行加粗显示。

```
td:only-of-type {
    font-weight:bold;
    color:#444;}
```

（4）使用否定伪类选择器选择主体区域非最后一个 th 元素。以背景方式在行前定义结构路径线。

```
tbody th:not(.end) {
    background: url(images/dots.gif) 15px 56% no-repeat;
    padding-left: 26px;}
```

（5）使用类选择器选择主体区域非最非后一个 th 元素。以背景方式在行前定义结构封闭路径线。

```
tbody th.end {
    background: url(images/dots3.gif) 15px 56% no-repeat;
    padding-left: 26px;}
```

（6）使用 thead 元素把表头标题独立出来，方便 CSS 控制，避免定义过多的 class 属性。th 元素有两种显示形式，一种用来定义列标题，另一种是定义行标题。下面样式是定义表格标题列样式。

```
thead th {
    background: #c6ceda;
    border-color: #fff #fff #888 #fff;
    border-style: solid;
    border-width: 1px 1px 2px 1px;
    padding-left: .5em;}
```

（7）设计隔行换色的背景效果，这里主要应用了:nth-child(2n)选择器。同时使用:hover 动态伪类定义鼠标经过时的行背景色动画变化，以提示鼠标当前经过行效果。

```
tbody tr:nth-child(2n) {background-color: #fef;}
tbody tr:hover{ background: #fbf; }
```

扫一扫，看视频

3.5.4 状态伪类

状态伪类主要针对表单进行设计的，由于表单是 UI 设计的灵魂，因此吸引了广大用户的关注。UI 是 User Interface（用户界面）的缩写，UI 元素的状态一般包括：可用、不可用、选中、未选中、获取焦点、失去焦点、锁定、待机等。

CSS3 新定义了 3 种常用的 UI 状态伪类选择器。简单说明如下。

1. :enabled

: enabled 伪类表示匹配指定范围内所有可用 UI 元素。在网页中，UI 元素一般是指包含在 form 元素内的表单元素。例如，在下面表单结构中，input:enabled 选择器将匹配文本框，但不匹配该表单中的按钮。

```
<form>
    <input type="text" />
    <input type="button" />
</form>
```

2. :disabled

:disabled 伪类表示匹配指定范围内所有不可用 UI 元素。例如，在以下表单结构中，input:disabled 选择器将匹配按钮，但不匹配该表单中的文本框。

```
<form>
    <input type="text" />
    <input type="button" disabled="disabled" />
</form>
```

3. :checked

:checked 伪类表示匹配指定范围内所有可用 UI 元素。例如，在以下表单结构中，input:checked 选择器将匹配片段中单选按钮，但不匹配该表单中的复选框。

```
<form>
    <input type="checkbox" />
    <input type="radio" checked="checked" />
</form>
```

在表单中，这些状态伪类是比较常用的，最常见的 type="text"有 enable 和 disabled 两种状态，前者为可写状态，后者为不可状态。另外 type="radio"和 type="checkbox"有 checked 和 unchecked 两种状态。

提示：

IE6~8 不支持:checked、:enabled 和:disabled 这 3 种选择器。

【示例】 在以下示例中，将设计一个简单的登录表单，为便于观察，同时使用一个不可用的表单对象进行比较。演示效果如图 3.31 所示。在实际应用中，当用户登录完毕，不妨通过脚本把文本框设置为不可用（disabled="disabled"）状态，这时可以通过:disabled 选择器让文本框显示为灰色，以告诉用户该文本框不可用了，这样就不用设计“不可用”样式类，并把该类添加到 HTML 结构中。

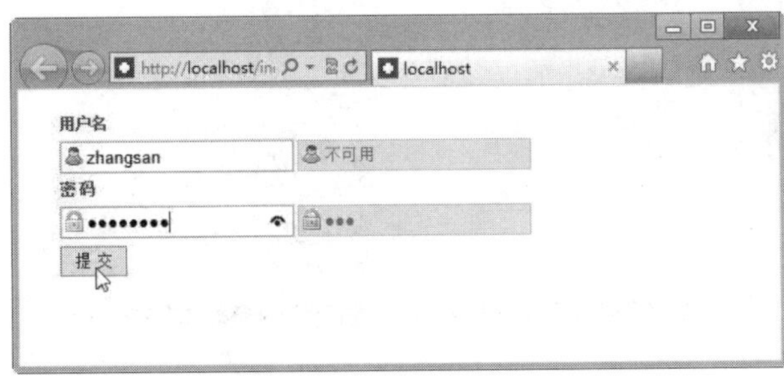

图 3.31 设计登录表单样式

【操作步骤】

（1）新建一个文档，在文档中构建一个简单的登录表单结构。

```
<form action="#">
    <label for="username">用户名</label>
```

```
    <input type="text" name="username" id="username" />
    <input type="text" name="username1" disabled="disabled" value="不可用" />
    <label for="password">密 码</label>
    <input type="password" name="password" id="password"  />
    <input type="password" name="password1" disabled="disabled" value="不可用"  />
    <input type="submit" value="提 交" />
</form>
```

在这个表单结构中，使用 HTML 的 disabled 属性分别定义两个不可用的文本框对象。

（2）内建一个内部样式表，使用属性选择器定义文本框和密码域的基本样式。

```
input[type="text"], input[type="password"] {
    border:1px solid #0f0;
    width:160px;
    height:22px;
    padding-left:20px;
    margin:6px 0;
    line-height:20px;}
```

（3）再利用属性选择器，分别为文本框和密码域定义内嵌标识图标。

```
input[type="text"] { background:url(images/name.gif) no-repeat 2px 2px; }
input[type="password"] { background:url(images/password.gif) no-repeat 2px 2px; }
```

（4）使用状态伪类选择器，定义不可用表单对象显示为灰色，以提示用户该表单对象不可用。

```
input[type="text"]:disabled {
    background:#ddd url(images/name1.gif) no-repeat 2px 2px;
    border:1px solid #bbb;}
input[type="password"]:disabled {
    background:#ddd url(images/password1.gif) no-repeat 2px 2px;
    border:1px solid #bbb;}
```

扫一扫，看视频

3.5.5 目标伪类

目标伪类选择器形式如 E:target，它表示选择匹配 E 的所有元素，且匹配元素被相关 URL 指向。该选择器是动态选择器，只有当存在 URL 指向该匹配元素时，样式效果才能够有效。

【示例】 针对以下文档，当在浏览器地址栏中输入 URL，并附加“#red”，以锚点方式链接到<div id="red">时，该元素会立即显示为红色背景，如图 3.32 所示。

```
<style type="text/css">
div:target { background:red; }
</style>
<div id="red">盒子 1</div>
<div id="blue">盒子 2</div>
```

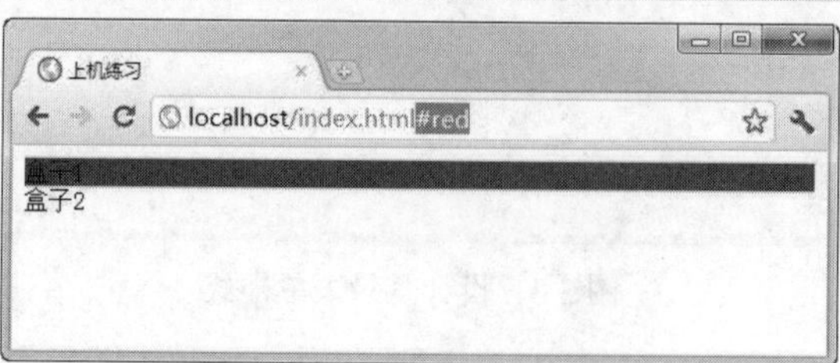

图 3.32 目标伪类样式应用效果

提示：

IE8 及其以下版本浏览器不支持 E:not(s)和 E:target 选择器。

3.6　实 战 案 例

本节通过多个案例帮助用户练习使用CSS选择器。由于本节示例可能用到后面章节的HTML和CSS知识和技术，建议读者选择性学习，当完全学习 HTML 和 CSS 之后，再回头练习效果会更佳。

扫一扫，看视频

3.6.1　设计菜单样式

这是一款适合个人网站、酷站风格的导航菜单，从外观上看这个菜单导航横条很炫酷，黑色代表严肃、沉着，灰黑色渐变背景效果，再加上鼠标浮动在菜单上所显示出来的按钮背景图，将这个菜单栏与众不同之处完美地展现了出来。示例效果如图 3.33 所示。

扫码，看电子版

图 3.33　设计个人网站菜单演示效果

【操作步骤】

（1）启动 Dreamweaver，新建网页并保存为 index.html。打开网页文档，设计如下导航菜单结构:

```
<body>
<ul class="menu">
    <li class="top"><a href="#" class="top_link"><span>首页</span></a></li>
    <li class="top"><a href="#" class="top_link"><span>我的相册</span></a></li>
    <li class="top"><a href="#" class="top_link"><span>我的日志</span></a></li>
    <li class="top"><a href="#/" class="top_link"><span>我的音乐盒</span></a></li>
    <li class="top"><a href="#" class="top_link"><span>我的介绍</span></a></li>
    <li class="top"><a href="#" class="top_link"><span>留言本</span></a></li>
</ul>
</body>
```

在这个导航菜单中，包含 2 层结构，外层的<ul>标签控制导航总体样式，内层的<li>标签控制每个菜单项的样式。

（2）为了与页面其他模块的列表结构进行区分，在该导航菜单中定义外层的<ul>标签类名为 menu，内层的<li>标签类名为 top，每个选项中包含的超链接类名为 top_link。

（3）新建 CSS 样式表文件，命名为 style.css，保存到 images 文件夹中，然后在页面头部区域导入该样式表。

```
<link rel="stylesheet" href="images/style.css" type="text/css" />
```

（4）设计菜单框架样式，控制整个导航菜单外观。这里主要通过类选择器.menu 来实现，样式细节包括：设置内外边距，固定高度 40 像素，清除列表框默认样式（如项目符号、缩进），定义背景效果，设置字体样式，设计外框为相对定位(position:relative;)。

```
.menu {padding:0 0 0 32px; margin:0; list-style:none; height:40px; background:#fff
url(button1a.gif)  repeat-x;  position:relative;  font-family:arial,  verdana,
sans-serif; margin-top:50px;}
```

其中 position:relative;声明对于整个案例效果的影响最为关键，它能够约束内部结构的布局，position

属性的深入讲解请参阅后面章节。

（5）以包含选择器的方式匹配每个列表项，然后定义每个列表项以块状显示，并向左浮动，实现横向并列显示效果。

```
.menu li.top {display:block; float:left; position:relative;}
```

注意：

这里使用包含选择器，限制匹配范围为导航菜单框内，然后使用指定范围类样式，以便提高类样式的优先级，以及确定样式应用的标签类型范围。

（6）通过多层包含选择器定义选项中超链接的样式。设置每个超链接以块状、向右浮动显示，然后定义高度，与导航栏同高，定义菜单内字体样式等。

```
.menu li a.top_link {display:block; float:left; height:40px; line-height:33px;
color:#bbb; text-decoration:none; font-size:11px; font-weight:bold; padding:0 0 0
12px; cursor:pointer;}
```

（7）继续以多层包含选择器定义超链接中包含的 span 元素样式，该样式与超链接样式基本相似。

```
.menu li a.top_link span {float:left; font-weight:bold; display:block; padding:0
24px 0 12px; height:40px;}
```

（8）以伪类选择器方式定义鼠标经过超链接的样式。该效果主要包含 2 个样式，它们分别定义 a 和 span 元素样式。在样式中主要重设背景图像和位置。

```
.menu li a.top_link:hover {color:#000; background: url(button4.gif) no-repeat;}
.menu li a.top_link:hover span {background:url(button4.gif) no-repeat right top;}
```

（9）以选择器分组的方式定义导航菜单中公共样式，如初始化 ul 默认效果，考虑到在不同位置、不同状态下的 ul 样式，这里采用了选择器分组的方式统一进行控制。

```
.menu ul,
.menu :hover ul ul,
.menu :hover ul :hover ul ul,
.menu :hover ul :hover ul :hover ul ul,
.menu :hover ul :hover ul :hover ul :hover ul ul {position:absolute; left:-9999px;
top:-9999px; width:0; height:0; margin:0; padding:0; list-style:none;}
```

其他样式以及整个案例效果请参阅本节实例源代码。

扫一扫，看视频

3.6.2 设计表单样式

这是一款个性的网站登录页面，从效果看，页面以灰色背景与浅蓝色方框进行搭配，使登录框精致、富有立体效果。示例效果如图 3.34 所示。登录框页面一般比较简单，包含的结构和信息都很单纯，但是要设计一个比较有新意的登录框，需要用户提前在 Photoshop 中进行设计，然后再转换为 HTML 标准布局效果。

扫码，看电子版

图 3.34　设计网站登录页面效果

【操作步骤】

（1）启动 Dreamweaver，新建网页并保存为 index.html。打开网页文档，设计如下表单结构：

```
<body>
<form id="login-form" action="#" method="post">
    <fieldset>
        <legend>登录</legend>
        <label for="login">Email</label>
        <input type="text" id="login" name="login"/>
        <div class="clear"></div>
        <label for="password">密码</label>
        <input type="password" id="password" name="password"/>
        <div class="clear"></div>
        <label for="remember_me" style="padding: 0;">记住状态?</label>
        <input type="checkbox" id="remember_me" style="position: relative; top: 3px;
margin: 0; " name="remember_me"/>
        <div class="clear"></div>
        <br />
        <input  type="submit"  style="margin:  -20px  0  0  287px;"  class="button"
name="commit" value="登 录"/>
    </fieldset>
</form>
<p align="center"><strong>&copy; www.xxxxxx.cn</strong></p>
</body>
```

（2）为 form 元素定义 id 属性，以便对整个表单控制，同时方便设计 ID 样式。

（3）新建 CSS 样式表文件，命名为 style.css，保存到 images 文件夹中，然后在页面头部区域导入该样式表。

```
<link rel="stylesheet" type="text/css" href="images/style.css" />
```

（4）通过通配选择器清除页面中所有标签的内外边距。

```
* { margin: 0; padding: 0; }
```

（5）在 body 元素中定义网页字体效果，如类型、大小和颜色，设计网页背景图像，并让背景图像偏上居中显示，禁止平铺，同时设置背景图像无法覆盖的区域显示浅灰色（#c4c4c4）。

```
body { font-family: Georgia, serif; background: url(login-page-bg.jpg) center -50px
no-repeat #c4c4c4; color: #3a3a3a; }
```

（6）定义清除样式类，以便控制页面中每个表单域的换行显示。

```
.clear { clear: both; }
```

（7）设计表单对象样式。其中通过属性选择器控制复选框的样式。

```
form { width: 406px; margin: 120px auto 0; }
legend { display: none; }
fieldset { border: 0; }
label { width: 115px; text-align: right; float: left; margin: 0 10px 0 0; padding:
9px 0 0 0; font-size: 16px; }
input { width: 220px; display: block; padding: 4px; margin: 0 0 10px 0; font-size:
18px; color: #3a3a3a; font-family: Georgia, serif; }
input[type=checkbox] { width: 20px; margin: 0; display: inline-block; }
```

（8）设计按钮在鼠标经过和未经过时的状态样式。

```
.button { background: url(button-bg.png) repeat-x top center; border: 1px solid #999;
padding: 5px; color: black; font-weight: bold; border-radius: 5px; font-size: 13px;
width: 70px; }
.button:hover { background: white; color: black; }
```

关于本案例的详细代码请参阅资源包实例源代码。

扫一扫，看视频

3.6.3 设计超链接样式

由于链接文档的类型不同，链接文件的扩展名也会不同，根据扩展名不同，分别为不同链接文件类型的超链接增加不同的图标显示，这样能方便浏览者知道所选择的超链接类型。使用属性选择器匹配 a 元素中 href 属性值最后几个字符，即可设计为不同类型的链接添加不同的显示图标。

【示例】 在以下示例中，将模拟百度文库的“相关文档推荐”模块样式设计效果，演示如何利用属性选择器快速并准确匹配文档类型，为不同类型文档超链接定义不同的显示图标，以便浏览者准确识别文档类型。示例演示效果如图 3.35 所示。

扫码，看电子版

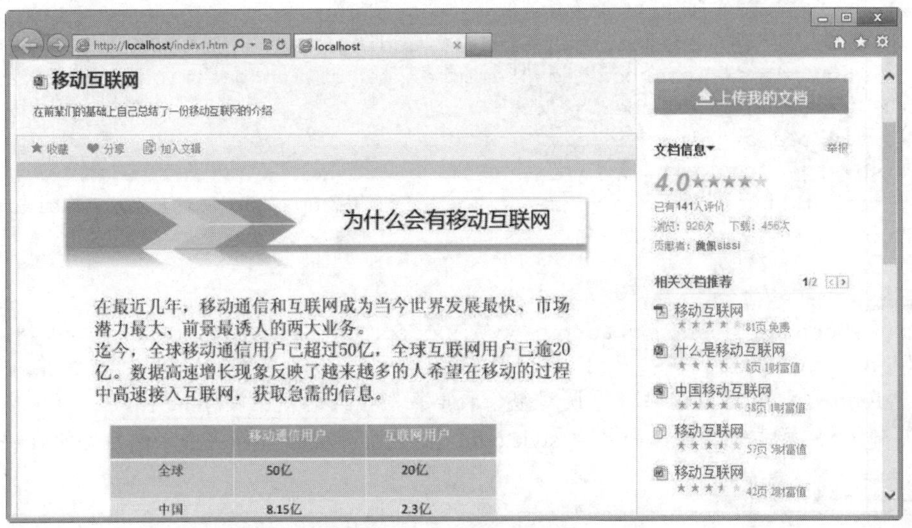

图 3.35 设计超链接文档类型的显示图标

【操作步骤】

（1）构建一个简单的模块结构。在这个模块结构中，为了能够突出重点，忽略了其他细节信息。代码如下：

```
<div id="wrap">
    <p><a href="http://www.baidu.com/name.pdf"> 移 动 互 联 网 </a><span><img src=
"images/star1.jpg" /> 81 页 免费</span> </p>
    <p><a href="http://www.baidu.com/name.ppt">什么是移动互联网</a><span><img src=
"images/star1.jpg" /> 8 页 1 财富值</span> </p>
    <p><a href="http://www.baidu.com/name.xls">中国移动互联网</a><span><img src=
"images/star1.jpg" /> 38 页 1 财富值 </span> </p>
    <p><a href="http://www.baidu.com/name.txt">移动互联网</a> <span><img src= "images/
star3.jpg" /> 57 页 5 财富值</span></p>
    <p><a href="http://www.baidu.com/name.doc">移动互联网</a><span><img src= "images/
star3.jpg" /> 42 页 2 财富值</span> </p>
</div>
```

（2）新建一个内部样式表，在样式表中对案例文档进行样式初始化，涉及百度文库页面简单模拟，快读定位布局，标签样式初始化。代码如下：

```
/*模拟百度文库的页面效果*/
body { background: url(images/bg3.jpg) no-repeat; width: 995px; height: 1401px; }
/*以绝对定位方式快速进行布局*/
```

```
#wrap { position: absolute; width: 242px; height: 232px; z-index: 1; left: 737px;
top: 395px; }
/*初始化超链接、sapn 元素和 p 元素基本样式*/
a { padding-left: 24px; text-decoration: none; }
span { color: #999; font-size: 12px; display: block; padding-left: 24px; padding-
bottom: 6px; }
p { margin: 4px; }
```

（3）利用属性选择器为不同类型文档超链接定义显示图标。

```
a[href$="pdf"] { /*匹配 PDF 文件*/
   background: url(images/pdf.jpg) no-repeat left center;}
a[href$="ppt"] { /*匹配演示文稿*/
   background: url(images/ppt.jpg) no-repeat left center;}
a[href$="txt"] { /*匹配记事本文件*/
   background: url(images/txt.jpg) no-repeat left center;}
a[href$="doc"] { /*匹配 Word 文件*/
   background: url(images/doc.jpg) no-repeat left center;}
a[href$="xls"] { /*匹配 Excel 文件*/
   background: url(images/xls.jpg) no-repeat left center;}
```

拓展：

超链接的类型和形式是多样的，如锚点链接、下载链接、图片链接、空链接、脚本链接等，都可以利用属性选择器来标识这些超链接的不同样式。代码如下：

```
a[href^="http:"] { /*匹配所有有效超链接*/
   background: url(images/window.gif) no-repeat left center;}
a[href$="xls"] { /*匹配 XML 样式表文件*/
   background: url(images/icon_xls.gif) no-repeat left center;
   padding-left: 18px;}
a[href$="rar"] { /*匹配压缩文件*/
   background: url(images/icon_rar.gif) no-repeat left center;
   padding-left: 18px;}
a[href$="gif"] { /*匹配 GIF 图像文件*/
   background: url(images/icon_img.gif) no-repeat left center;
   padding-left: 18px;}
a[href$="jpg"] { /*匹配 JPG 图像文件*/
   background: url(images/icon_img.gif) no-repeat left center;
   padding-left: 18px;}
a[href$="png"] { /*匹配 PNG 图像文件*/
   background: url(images/icon_img.gif) no-repeat left center;
   padding-left: 18px;}
```

如果不借助CSS3属性选择器，而要实现相同的设计效果，开发人员必须借助Javascript脚本来实现，这会比较麻烦，如果借助jQuery技术，实现代码则会相对简单些，形式如上面的属性选择器用法相同，代码如下：

```
<script type="text/javascript" src="images/jquery.js"></script>
<script type="text/javascript">
$(function(){
   $("a[href$=pdf]").addClass("pdf");
   $("a[href$=xls]").addClass("xls");
   $("a[href$=ppt]").addClass("ppt");
   $("a[href$=rar]").addClass("rar");
   $("a[href$=gif]").addClass("img");
```

```
    $("a[href$=jpg]").addClass("img");
    $("a[href$=png]").addClass("img");
    $("a[href$=txt]").addClass("txt");
    $("a:not([href*=http://www.])").not("[href^=#]")
        .addClass("external")
        .attr({ target: "_blank" });
});
</script>
```

扫一扫，看视频

3.6.4 设计表格样式

制作一个表格容易，但是要设计一个表格，让它爽心悦目，对于设计师来说，将是一个不小的挑战。这里不仅需要考虑表格的外观好看，而且还需要考虑用户体验，让用户方便阅读表格，方便从表格中找到自己需要的数据。

本实例将介绍如何使用 CSS3 创建一个美丽而又爽心悦目的表格，演示效果如图 3.36 所示。使用 CSS3 强大功能实现一些很酷而体验又强的表格，应该是每位读者的学习目标。通过本案例学习，读者能够掌握：

- 设计没有图片的圆角效果。
- 让表格易于更新，没有多余的样式。
- 用户体验性强，容易查找数据。

扫码，看电子版

编号	伪类表达式	说明
简单的结构伪类		
1	:first-child	选择某个元素的第一个子元素。
2	:last-child	选择某个元素的最后一个子元素。
3	:first-of-type	选择一个上级元素下的第一个同类子元素。
4	:last-of-type	选择一个上级元素的最后一个同类子元素。
5	:only-child	选择的元素是它的父元素的唯一一个子元素。
6	:only-of-type	选择一个元素是它的上级元素的唯一一个相同类型的子元素。
7	:empty	选择的元素里面没有任何内容。
结构伪类函数		
8	:nth-child()	选择某个元素的一个或多个特定的子元素。
9	:nth-last-child()	选择某个元素的一个或多个特定的子元素，从这个元素的最后一个子元素开始算。
10	:nth-of-type()	选择指定的元素。
11	:nth-last-of-type()	选择指定的元素，从元素的最后一个开始计算。

图 3.36　设计表格样式

【操作步骤】

（1）启动 Dreamweaver，新建网页文档，保存为 index1.html。

（2）在介绍如何使用 CSS3 来修饰表格之前，需要构建一个表格结构，这是一个简单的表格结构。切换到代码视图，在<body>标签中输入下面的代码。

```
<div id="wrap">
    <table  class="bordered">
        <thead>
            <tr>
                <th>编号</th>
                <th>伪类表达式</th>
```

```
            <th>说明</th>
        </tr>
    </thead>
    <tbody>
        <tr><td colspan="3">简单的结构伪类</td></tr>
        <tr><td>1</td><td>:first-child</td><td>选择某个元素的第一个子元素。
</td></tr>
        <tr><td>2</td><td>:last-child</td><td>选择某个元素的最后一个子元素。
</td></tr>
        <tr><td>3</td><td>:first-of-type</td><td>选择一个上级元素下的第一个同类子元
素。</td></tr>
        <tr><td>4</td><td>:last-of-type</td><td>选择一个上级元素的最后一个同类子元
素。</td></tr>
        <tr><td>5</td><td>:only-child</td><td>选择的元素是它的父元素的唯一一个子元
素。</td></tr>
        <tr><td>6</td><td>:only-of-type</td><td>选择一个元素是它的上级元素的唯一一
个相同类型的子元素。</td></tr>
        <tr><td>7</td><td>:empty</td><td>选择的元素里面没有任何内容。</td></tr>
        <tr><td colspan="3">结构伪类函数</td></tr>
        <tr><td>8</td><td>:nth-child()</td><td>选择某个元素的一个或多个特定的子元
素。</td></tr>
        <tr><td>9</td><td>:nth-last-child()</td><td>选择某个元素的一个或多个特定的
子元素，从这个元素的最后一个子元素开始算。</td></tr>
        <tr><td>10</td><td>:nth-of-type()</td><td>选择指定的元素。</td></tr>
        <tr><td>11</td><td>:nth-last-of-type()</td><td>选择指定的元素，从元素的最后
一个开始计算。</td></tr>
    </tbody>
  </table>
</div>
```

（3）在头部区域<head>标签中插入一个<style type="text/css">标签，在该标签中输入以下的样式代码，则可定义表格默认样式，并定制表格外框主题类样式。

```
table {
   *border-collapse: collapse; /*兼容 IE7 及其以下版本浏览器 */
   border-spacing: 0;
   width: 100%;}
.bordered {
   border: solid #ccc 1px;
   border-radius: 6px;
   box-shadow: 0 1px 1px #ccc;}
```

（4）继续输入下面的样式，统一单元格样式，定义边框、空隙效果。

```
.bordered td,  .bordered th {
   border-left: 1px solid #ccc;
   border-top: 1px solid #ccc;
   padding: 10px;
   text-align: left;}
```

（5）输入以下样式代码，设计表格标题列样式，通过渐变效果设计标题列背景效果，并适当添加阴影，营造立体效果。

```
.bordered th {
   background-color: #dce9f9;
   background-image: linear-gradient(top, #ebf3fc, #dce9f9);
```

```
    box-shadow: 0 1px 0 rgba(255,255,255,.8) inset;
    border-top: none;
    text-shadow: 0 1px 0 rgba(255,255,255,.5);}
```

（6）输入以下样式代码，设计圆角效果。在制作表格圆角效果之前，有必要先完成这一步。表格的 border-collapse 默认值为 separate，将其值设置为 0，也就是 border-spacing:0;。

```
table {
    *border-collapse: collapse;                    /*兼容 IE7 及其以下版本浏览器 */
    border-spacing: 0; }
```

为了能兼容 IE7 以及更低的浏览器，需要加上一个特殊的属性 border-collapse，并且将其值设置为 collapse。

（7）设计圆角效果，具体代码如下：

```
/*==整个表格设置了边框，并设置了圆角==*/
.bordered {border: solid #ccc 1px;border-radius: 6px;}
/*==表格头部第一个 th 需要设置一个左上角圆角==*/
.bordered th:first-child {border-radius: 6px 0 0 0;}
/*==表格头部最后一个 th 需要设置一个右上角圆角==*/
.bordered th:last-child { border-radius: 0 6px 0 0;}
/*==表格最后一行的第一个 td 需要设置一个左下角圆角==*/
.bordered tr:last-child td:first-child {border-radius: 0 0 0 6px;}
/*==表格最后一行的最后一个 td 需要设置一个右下角圆角==*/
.bordered tr:last-child td:last-child {border-radius: 0 0 6px 0;}
```

（8）由于在 table 中设置了一个边框，为了显示圆角效果，需要在表格的 4 个角的单元格上分别设置圆角效果，并且其圆角效果需要和表格的圆角值大小一样，反之，如果在 table 上没有设置边框，只需要在表格的 4 个角落的单元格设置圆角，就能实现圆角效果。

```
/*==表格头部第一个 th 需要设置一个左上角圆角==*/
.bordered th:first-child { border-radius: 6px 0 0 0;}
/*==表格头部最后一个 th 需要设置一个右上角圆角==*/
.bordered th:last-child {border-radius: 0 6px 0 0;}
/*==表格最后一行的第一个 td 需要设置一个左下角圆角==*/
.bordered tfoot td:first-child {border-radius: 0 0 0 6px;}
/*==表格最后一行的最后一个 td 需要设置一个右下角圆角==*/
.bordered tfoot td:last-child {border-radius: 0 0 6px 0;}
```

在上面的代码中，使用了许多 CSS3 的伪类选择器。

（9）除了使用了 CSS3 选择器外，本案例还采用了很多 CSS3 的相关属性，这些属性将在后面章节中进行详细介绍。例如：

使用 box-shadow 制作表格的阴影。

```
.bordered {box-shadow: 0 1px 1px #ccc;}
```

使用 transition 制作 hover 过渡效果。

```
.bordered tr {transition: all 0.1s ease-in-out;}
```

使用 gradient 制作表头渐变色。

```
.bordered th {
    background-color: #dce9f9;
    background-image: linear-gradient(top, #ebf3fc, #dce9f9);
}
```

本例使用了 CSS3 的 text-shadow 来制作文字阴影效果，rgba 改变颜色透明度等，相关知识将在后面章节中详细讲解。

3.7 在线课堂：知识拓展

本节为线上阅读和实践环节，旨在拓展读者的知识视野。主要包括 CSS3 对象选择器，以及 CSS3 选择器等相关的知识，感兴趣的读者请扫码阅读。

扫码，看电子版

第 4 章　设计网页文本

HTML5 在 HTML4 的基础上新增了很多文本标签，这些元素都有特殊的语义，具有特殊的用途。本章分类介绍 HTML 文本标签的使用，帮助初学者有效使用文本标签来设计各类信息。

【学习重点】

- 熟悉 HTML4 定义的格式化文本标签。
- 理解 HTML5 新增的文本标签。
- 正确选用标签标识网页文本信息。

4.1　使用文本标签

所有信息的描述都应基于语义来确定。例如，结构的划分、属性的定义等。设计一个好的语义结构会增强信息可读性和扩展性，同时也降低了结构的维护成本，为跨平台信息交流和阅读打下了基础。

扫一扫，看视频

4.1.1　标题文本

<h1>~ <h6>标签可定义标题。在网页中，标题信息比正文信息重要，因为不仅浏览者要看标题，搜索引擎也同样要先检索标题。按级别高低从大到小分别为：h1、h2、h3、h4、h5、h6，它们包含的信息依据重要性逐渐递减。其中 h1 表示最重要的信息，而 h6 表示最次要的信息。

【示例 1】　下面的做法是不妥的，用户应使用 CSS 样式来设计显示效果。

```
<div id="header1">一级标题</div>
<div id="header2">二级标题</div>
<div id="header3">三级标题</div>
```

【示例 2】　很多用户在选用标题元素时不规范，不讲究网页结构的层次轻重，如图 4.1 所示。

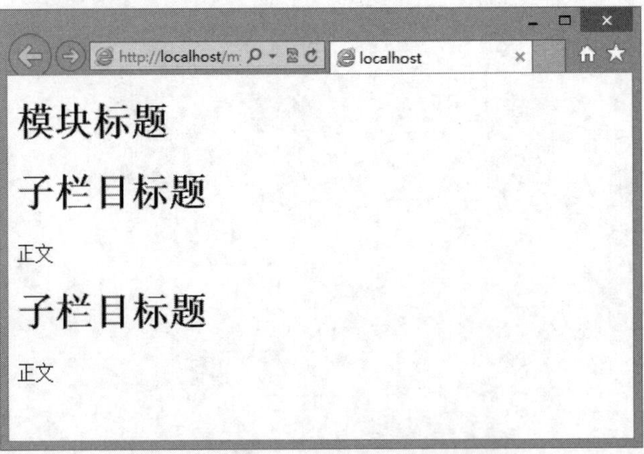

图 4.1　标题与正文的信息重要性比较

```
<div id="wrapper">
    <h1>模块标题</h1>
```

```
    <div id="box1">
        <h1>子栏目标题</h1>
        <p>正文</p>
    </div>
    <div id="box2">
        <h1>子栏目标题</h1>
        <p>正文</p>
    </div>
</div>
```

在以上结构中，h1 元素被重复乱用了 3 次，显然是不合适的。

【示例 3】　以下示例层次清晰、语义合理的结构对于阅读者和机器来说都是很友好的。除了 h1 元素外，h2、h3 和 h4 等标题元素在一篇文档中可以重复使用多次。

```
<div id="wrapper">
 <h1>网页标题</h1>
 <p>标题说明文字<p>
     <div id="box1">
          <h2>栏目标题</h2>
          <p>正文</p>
     </div>
     <div id="box2">
          <h2>栏目标题</h2>
          <div id="sub_box1">
             <h3>子栏目标题</h3>
             <p>正文</p>
          </div>
             <div id="sub_box2">
             <h3>子栏目标题</h3>
             <p>正文</p>
         </div>
     </div>
</div>
```

h1、h2 和 h3 元素比较常用，h4、h5 和 h6 元素不是很常用，除非在结构层级比较深的文档中才会考虑选用，因为一般文档的标题层次在三级左右。

对于标题元素的位置，一般应该出现在正文内容的顶部，通常为第一行的位置。

4.1.2　段落文本

扫一扫，看视频

<p>标签定义段落文本，在段落文本前后会创建一定距离的空白，浏览器会自动添加这些空间，用户可以根据需要使用 CSS 重置段落样式。

传统用户习惯使用<div>或
标签来分段文本，这样会带来歧义，妨碍了搜索引擎对信息的检索。

【示例】　以下代码使用语义化的元素构建文章的结构。其中使用 div 元素定义文章包含框，使用 h1 定义文章标题，使用 h2 定义文章的作者，使用 p 定义段落文本，使用 cite 定义转载地址。所显示的结构效果如图 4.2 所示。

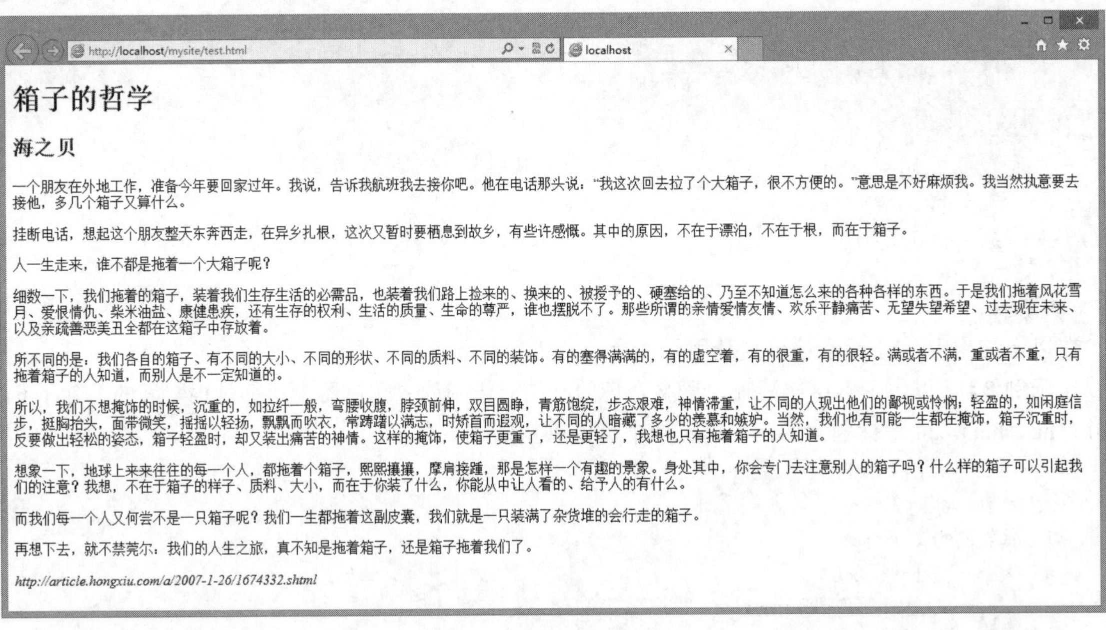

图 4.2　文档结构图效果

```
<div id="article">
    <h1 title="哲学散文">箱子的哲学</h1>
    <h2 title="作者">海之贝</h2>
    <p>一个朋友在外地工作，准备今年要回家过年。我说，告诉我航班我去接你吧。他在电话那头说："我这次回去拉了个大箱子，很不方便的。"意思是不好麻烦我。我当然执意要去接他，多几个箱子又算什么。</p>
    <p>挂断电话，想起这个朋友整天东奔西走，在异乡扎根，这次又暂时要栖息到故乡，有些许感慨。其中的原因，不在于漂泊，不在于根，而在于箱子。</p>
    <p>人一生走来，谁不都是拖着一个大箱子呢？</p>
    <p>细数一下，我们拖着的箱子，装着我们生存或生活的必需品，也装着我们路上捡来的、换来的、被授予的、硬塞给的，乃至不知道怎么来的各种各样的东西。于是我们拖着风花雪月、爱恨情仇、柴米油盐、健康疾患，还有生存的权利、生活的质量、生命的尊严，谁也摆脱不了。那些所谓的亲情、爱情、友情，欢乐、平静、痛苦，无望、失望、希望，过去、现在、未来，以及亲疏、善恶、美丑全都在这箱子中存放着。</p>
   ......
    <cite title="转载地址">http://article.hongxiu.com/a/2007-1-26/1674332.shtml
</cite>
</div>
```

扫一扫，看视频

4.1.3　引用文本

<q>标签定义短的引用，浏览器经常在引用的内容周围添加引号；<blockquote>标签定义块引用，其包含的所有文本都会从常规文本中分离出来，左、右两侧会缩进显示，有时会显示为斜体。

从语义角度分析，<q>标签与<blockquote>标签是一样的。不同之处在于它们的显示和应用。<q>标签用于简短的行内引用。如果需要从周围内容分离出来比较长的部分，应使用<blockquote>标签。

提示：

一段文本不可以直接放在 blockquote 元素中，应包含在一个块元素中，如 p 元素。

<q>标签包含一个 cite 属性，该属性定义引用的出处或来源。<blockquote>标签也包含一个 cite 属性，定义引用的来源 URL。

<cite>标签定义参考文献的引用，如书籍或杂志的标题，引用的文本将以斜体显示。常与<a>标签配合使用，定义一个超链接指向参考文的联机版本。

<cite>标签还有一个隐藏的功能：从文档中自动摘录参考书目。浏览器能够根据它自动整理引用表格，并把它们作为脚注，或者独立的文档来显示。

【示例】　以下结构综合展示了 cite、q 和 blockquote 元素以及 cite 引文属性的用法，演示效果如图 4.3 所示。

```
<div id="article">
    <h1>智慧到底是什么呢？</h1>
    <h2>《卖拐》智慧摘录</h2>
    <blockquote cite="http://www.szbf.net/Article_Show.asp?ArticleID=1249">
        <p>有人把它说成是知识，以为知识越多，就越有智慧。我们今天无时无处不在受到信息的包围和信息的轰炸，似乎所有的信息都是真理，仿佛离开了这些信息，就不能生存下去了。但是你掌握的信息越多，只能说明你知识的丰富，并不等于你掌握了智慧。有的人，知识丰富，智慧不足，难有大用；有的人，知识不多，但却无所不能，成为奇才。</p>
    </blockquote>
    <p>下面让我们看看<cite>大忽悠</cite>赵本山的这段台词，从中可以体会到语言的智慧。</p>
    <div id="dialog">
        <p>赵本山：<q>对头，就是你的腿有病，一条腿短！</q></p>
        <p>范　伟：<q>没那个事儿！我要一条腿长，一条腿短的话，那卖裤子人就告诉我了！</q> </p>
        <p>赵本山：<q> 卖裤子的告诉你你还买裤子么，谁像我心眼这么好哇？这老余，我给你调调。信不信，你的腿随着我的手往高抬，能抬多高抬多高，往下使劲落，好不好？信不信？腿指定有病，右腿短！来，起来！</q> </p>
        <p class="action">（范伟配合做动作）</p>
        <p>赵本山：<q>停！麻没？</q> </p>
        <p>范　伟：<q>麻了 </q> </p>
        <p>高秀敏：<q>哎，他咋麻了呢？</q> </p>
        <p>赵本山：<q>你踩，你也麻！</q> </p>
    </div>
</div>
```

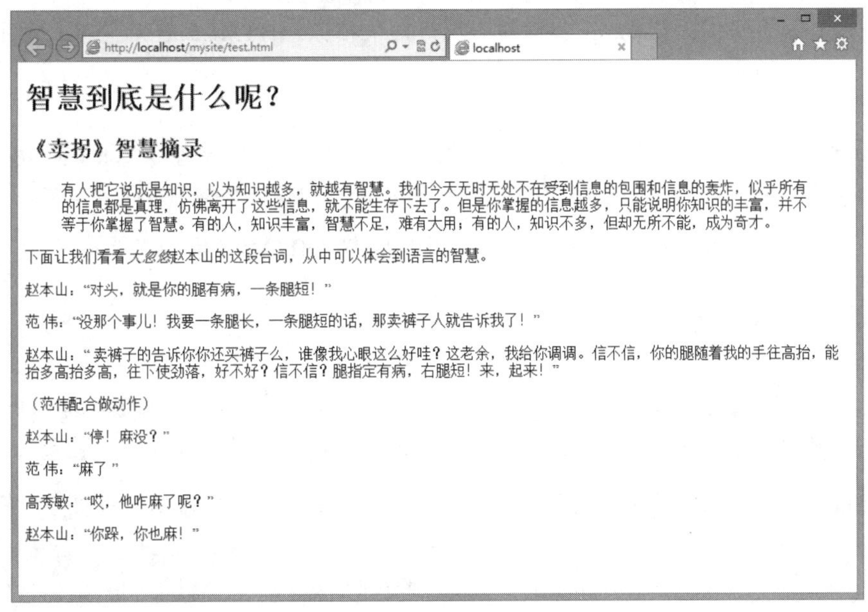

图 4.3　引用信息的语义结构效果

扫一扫，看视频

4.1.4 强调文本

<em>标签用于强调文本，其包含的文字默认显示为斜体；<strong>标签也用于强调文本，但它强调的程度更强一些，其包含文字通常以粗体进行显示。

注意：

> 粗体和斜体效果不代表强调的语义，用户可以根据需要使用 CSS 重置标签样式。在正文中，<em>和<strong>标签使用的次数不应太频繁，且<strong>应比<em>用得更少些。

提示：

> <em>标签除强调之外，当引入新的术语，或者在引用特定类型的术语、概念时，作为固定样式的时候，也可以考虑使用<em>标签，以便把这些名称和其他斜体字区别开来。

【示例】 对于下面这段信息，分别使用了<strong>和<em>标签来强调部分词语，所显示的效果如图 4.4 所示。其中 em 强调的信息以斜体显示，而 strong 强调的信息以粗体显示。

```
<p>没有<em>最好</em>只有<strong>更好</strong>!</p>
```

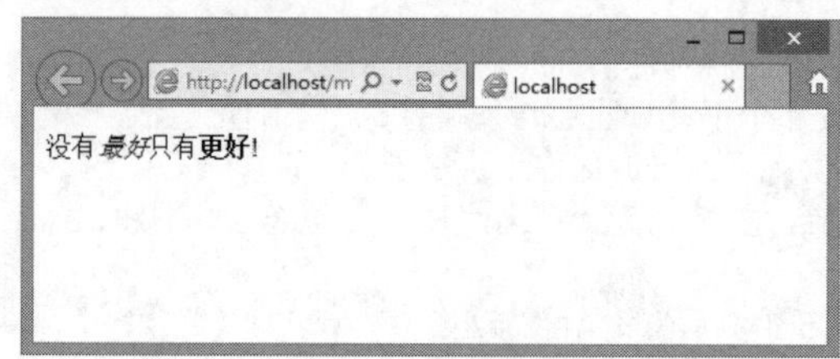

图 4.4 强调信息的语义结构效果

扫一扫，看视频

4.1.5 格式文本

文本格式有多种多样，如粗体、斜体、大号、小号、下划线、预定义、高亮、反白等效果。为了排版需要，HTML5 继续支持 HTML4 中部分格式化标签，具体说明如下：

（1）<b>：显示为粗体。与<strong>标签的默认效果相似。HTML5 重定义为：表示出于实用目的提醒注意的文本。

提示：

> 根据 HTML5 规范，在没有合适标签的情况下，才选用<b>标签。应该使用<h1>～<h6>表示标题，使用<em>标签表示强调的文本，使用<strong>标签表示重要文本，使用<mark>标签表示标注、突出显示的文本。

（2）<i>：显示为斜体，与<em>标签的默认效果相似。HTML5 重定义为：具有不同的语态或语气。

（3）<big>：定义较大字体。

提示：

> <big>标签包含的文字字体比周围的文字要大一号，如果文字已经是最大号字体，则<big>标签将不起任何作用。用户可以嵌套使用<big>标签逐步放大文本，每一个 <big> 标签都可以使字体大一号，直至上限 7 号文本。

（4）<small>：表示细则一类的旁注，如免责声明、注意事项、法律限制、版权信息等。

提示：

> 与<big>标签类似，<small>标签也可以嵌套，从而连续地把文字缩小，每个<small>标签都把文本的字体变小一号，直到达到下限的 1 号字。

（5）<sup>：定义上标文本。以当前文本流中字符高度的一半显示，但是与当前文本流中文字的字体和字号都是一样的。

提示：

当添加脚注，以及表示方程式中的指数值时，<sup>很有用。如果和<a>标签结合起来使用，就可以创建超链接脚注。

（6）<sub>：定义下标文本。

提示：

无论是<sub>标签，还是对应的<sup>标签，在数学等式、科学符号和化学公式中都非常有用。

【示例】 对于下面这个数学解题演示的段落文本，使用格式化语义结构能够很好地解决数学公式中各种特殊格式的要求。对于机器来说，也能够很好地理解它们的用途，效果如图 4.5 所示。

```
<div id="maths">
    <h1>解一元二次方程</h1>
    <p>一元二次方程求解有四种方法：</p>
    <ul>
        <li>直接开平方法 </li>
        <li>配方法 </li>
        <li>公式法 </li>
        <li>分解因式法</li>
    </ul>
    <p>例如，针对下面这个一元二次方程：</p>
    <p><i>x</i><sup>2</sup>-<b>5</b><i>x</i>+<b>4</b>=0</p>
    <p>我们使用<big><b>分解因式法</b></big>来演示解题思路如下：</p>
    <p><small>由：</small>(<i>x</i>-1)(<i>x</i>-4)=0</p>
    <p><small>得：</small><br />
        <i>x</i><sub>1</sub>=1<br />
        <i>x</i><sub>2</sub>=4</p>
</div>
```

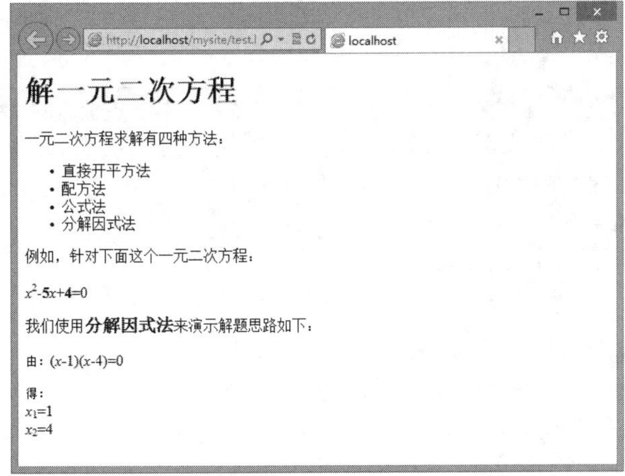

图 4.5 格式化文本的语义结构效果

在上面代码中，使用 i 元素定义变量 x 以斜体显示；使用 sup 元素定义二元一次方程中二次方；使用 b 元素加粗显示常量值；使用 big 元素和 b 元素加大加粗显示“分解因式法”这个短语；使用 small 元素缩写操作谓词“由”和“得”的字体大小；使用 sub 元素定义方程的两个解的下标。

扫一扫，看视频

4.1.6 输出文本

HTML 元素提供了如下输出信息的标签。

- <code>：表示代码字体，即显示源代码。
- <pre>：表示预定义格式的源代码，即保留源代码显示中的空格大小。
- <tt>：表示打印字符。
- <kbd>：表示键盘字符。
- <dfn>：表示术语。
- <var>：表示变量。
- <samp>：表示代码。

【示例】 下面这个示例演示了每种输出信息的演示效果，如图 4.6 所示。虽然它们的显示效果不同，但是对于机器来说其语义是比较清晰的。

```
<div id="output">
    <p>表示预定义格式的源代码：</p>
    <pre>
var count = 0;
while (count < 10) {
    document.write(count + "&lt;br&gt;");
    count++;
}
</pre>
    <p>表示代码字体：<code>Specifies a code sample</code></p>
    <p>表示打印机字体：<tt>Renders text in a fixed-width font</tt></p>
    <p>表示键盘字体：<kbd>Renders text in a fixed-width font</kbd></p>
    <p>表示定义的术语：<dfn>Indicates the defining instance of a term</dfn></p>
    <p>表示变量字体：<var>Defines a programming variable. Typically renders in an italic font style</var></p>
    <p>表示代码范例：<samp>Specifies a code sample</samp></p>
</div>
```

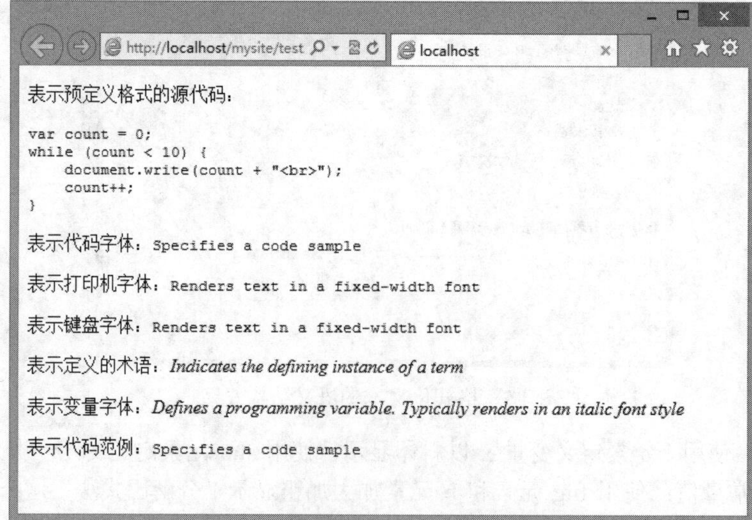

图 4.6 输出信息的语义结构效果

扫一扫，看视频

4.1.7　缩写文本

<abbr>标签可以定义简称或缩写，通过对缩写进行标记，能够为浏览器、拼写检查和搜索引擎提供有用的信息。例如，dfn 是 Defines a Definition Term 的简称，kbd 是 Keyboard Text 的简称，samp 是 Sample 的简称，var 是 Variable 的简称。

【示例 1】　下面示例演示了 abbr 元素在文档中的应用。

```
<p><abbr title="Abbreviation">abbr</abbr>元素最初是在 HTML3.0 中引入的，表示它所包含的文本是一个更长的单词或短语的缩写形式。浏览器可能会根据这个信息改变对这些文本的显示方式，或者用其他文本代替。</p>
```

【示例 2】　IE6 及其以下版本的浏览器不支持 abbr 元素，如果要实现在 IE 低版本浏览器中正确显示，不妨在 abbr 元素外包含一个 span 元素。

```
<p><span title="Abbreviation"><abbr title="Abbreviation">abbr</abbr></span>元素最初是在 HTML3.0 中引入的，表示它所包含的文本是一个更长的单词或短语的缩写形式。浏览器可能会根据这个信息改变对这些文本的显示方式，或者用其他文本代替。</p>
```

扫一扫，看视频

4.1.8　插入和删除文本

<ins>标签定义插入到文档中的文本，<del>标签定义文档中已被删除的文本。一般可以配合使用这两个标签，来描述文档中的更新和修正。

<ins>和<del>标签都支持下面两个专用属性，简单说明如下：

- cite：指向另外一个文档的 URL，该文档可解释文本被删除的原因。
- datetime：定义文本被删除的日期和时间，格式为 YYYYMMDD。

【示例】　以下示例的显示效果如图 4.7 所示。

```
<p> <cite>因为懂得，所以慈悲</cite>。<ins cite="http://news.sanwen8.cn/a/2014-07-13/9518.html" datetime="2014-8-1">这是张爱玲对胡兰成说的话</ins>。</p>
<p> <cite>笑全世界便与你同笑，哭你便独自哭</cite>。<del datetime="2014-8-8">出自冰心的《遥寄印度哲人泰戈尔》</del>，<ins cite="http://news.sanwen8.cn/a/2014-07-13/9518.html" datetime="2014-8-1">出自张爱玲的小说《花凋》</ins> </p>
```

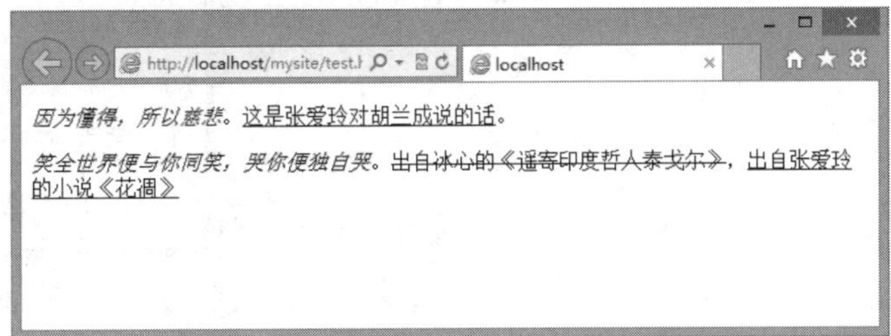

图 4.7　插入和删除信息的语义结构效果

4.2　HTML5 新增文本标签

下面介绍 HTML5 为标识特殊语义的文本而新增加的标签及其使用。

扫一扫，看视频

4.2.1　标记文本

<mark>标签定义带有记号的文本，表示页面中需要突出显示或高亮显示的信息，对于当前用户具有

参考作用的一段文字。通常在引用原文的时候使用 mark 元素，目的是引起当前用户的注意。mark 元素是对原文内容进行补充，它应该用在一段原文作者不认为是重要的，但是现在为了与原文作者不相关的其他目的而需要突出显示或高亮显示的文字上面。所以该元素通常能够对当前用户具有很好的帮助作用。

最能体现 mark 元素作用的应用：在网页中检索某个关键词时，呈现的检索结果，现在许多搜索引擎都用其他方法实现了 mark 元素的功能。

【示例 1】 以下示例使用 mark 元素高亮显示对“HTML5”关键字的搜索结果，效果如图 4.8 所示。

```
<article>
    <h2><mark>HTML5</mark>中国:中国最大的<mark>HTML5</mark>中文门户 - Powered byDiscuz!官网</h2>
    <p><mark>HTML5</mark>中国,是中国最大的<mark>HTML5</mark>中文门户。为广大<mark>html5</mark>开发者提供<mark>html5</mark>教程、<mark>html5</mark>开发工具、<mark>html5</mark>网站示例、<mark>html5</mark>视频、js 教程等多种<mark>html5</mark>在线学习资源。</p>
    <p>www.html5cn.org/  - 百度快照 - 86%好评</p>
</article>
```

mark 元素还可以为了某种特殊目的而把原文作者没有重点强调的内容标示出来。

【示例 2】 以下示例使用 mark 元素将唐诗中韵脚特意高亮显示出来，效果如图 4.9 所示。

```
<article>
    <h2>静夜思 </h2>
    <h3>李白</h3>
    <p>床前明月<mark>光</mark>，疑是地上<mark>霜</mark>。</p>
    <p>举头望明月，低头思故<mark>乡</mark>。</p>
</article>
```

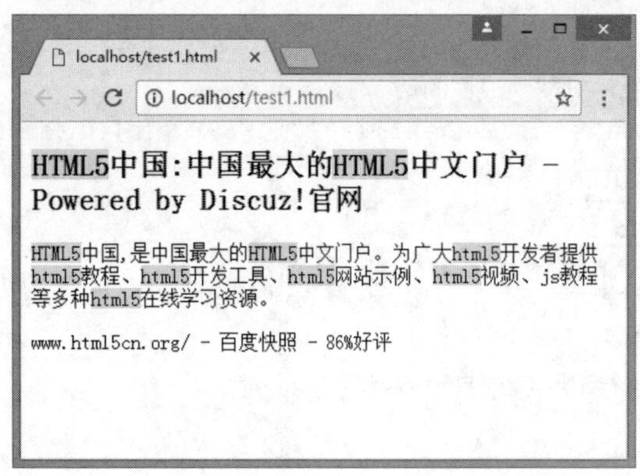

图 4.8 使用 mark 元素高亮显示关键字

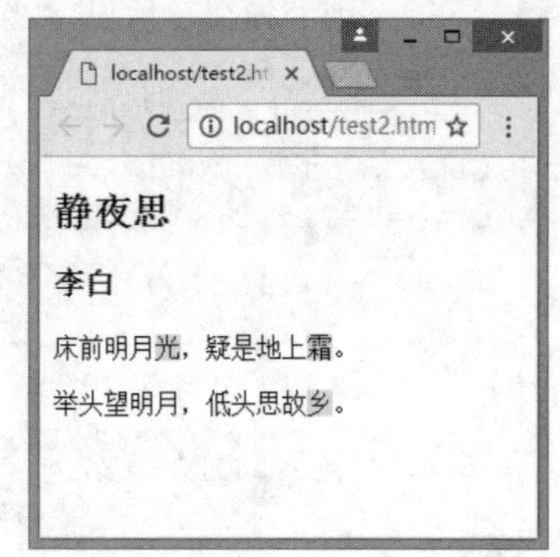

图 4.9 使用 mark 元素高亮显示韵脚

注意：

在 HTML4 中，用户习惯使用 em 或 strong 元素来突出显示文字，但是 mark 元素的作用与这两个元素的作用是有区别的，不能混用。

mark 元素的标示目的与原文作者无关，或者说它不是被原文作者用来标示文字的，而是后来被引用时添加上去的，它的目的是吸引当前用户的注意力，供用户参考，希望能够对用户有帮助。而 strong 是原文作者用来强调一段文字的重要性的，如错误信息等，em 元素是作者为了突出文章重点文字而使用的。

提示：

所有最新版本的浏览器都支持该元素。IE8 以及更早的版本不支持 mark 元素。

4.2.2　进度信息

<progress>标签可以标识任务的进度（进程）。这个进度可以是不确定的，表示进度正在进行，但不清楚还有多少进度没有完成，也可以用 0 到某个最大数字（如 100）之间的数字来表示进度完成情况。

progress 元素包含两个新增属性，表示当前任务完成情况，简单说明如下：

- max：定义任务一共需要多少工作量。工作量的单位是随意的，不用指定。
- value：定义已经完成多任务。

在设置属性的时候，value 和 max 属性只能指定为有效的浮点数，value 属性的值必须大于 0、小于或等于 max 属性值，max 属性的值必须大于 0。

Firefox 8+、Opera11+、IE 10+、Chrome 6+、Safari 5.2+版本的浏览器都以不同的表现形式对 progress 元素提供了支持。

【示例】　下面示例简单演示了如何使用 progress 元素，演示效果如图 4.10 所示。

```
<section>
    <p>百分比进度：<progress id="progress" max="100"><span>0</span>%</progress></p>
    <input type="button" onclick="click1()"  value="显示进度"/>
</section>
<script>
function click1(){
    var progress = document.getElementById('progress');
    progress.getElementsByTagName('span')[0].textContent ="0";
    for(var i=0;i<=100;i++)
        updateProgress(i);
}
function updateProgress(newValue){
    var progress = document.getElementById('progress');
    progress.value = newValue;
    progress.getElementsByTagName('span')[0].textContent = newValue;
}
</script>
```

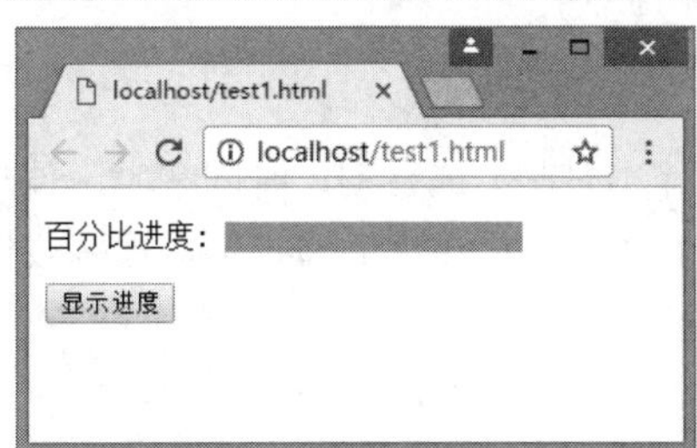

图 4.10　使用 progress 元素

注意：

progress 元素不适合用来表示度量衡，例如，磁盘空间使用情况或查询结果。如需表示度量衡，应使用 meter 元素。

4.2.3　刻度信息

<meter>标签定义已知范围或分数值内的标量、进度。例如，磁盘用量、查询结果的相关性等。

注意：

meter 元素不应用于指示进度（在进度条中）。如果标记进度条，应使用 progress 元素。

meter 元素包含 7 个属性，简单说明如下：

- value：在元素中特别标示出来的实际值。该属性值默认为 0，可以为该属性指定一个浮点小数值。
- min：设置规定范围时，允许使用的最小值，默认为 0，设定的值不能小于 0。
- max：设置规定范围时，允许使用的最大值。如果设定时，该属性值小于 min 属性的值，那么把 min 属性的值视为最大值。max 属性的默认值为 1。
- low：设置范围的下限值，必须小于或等于 high 属性的值。同样，如果 low 属性值小于 min 属性的值，那么把 min 属性的值视为 low 属性的值。
- high：设置范围的上限值。如果该属性值小于 low 属性的值，那么把 low 属性的值视为 high 属性的值，同样，如果该属性值大于 max 属性的值，那么把 max 属性的值视为 high 属性的值。
- optimum：设置最佳值，该属性值必须在 min 属性值与 max 属性值之间，可以大于 high 属性值。
- form：设置 meter 元素所属的一个或多个表单。

【示例】　下面示例简单演示了如何使用 meter 元素，效果如图 4.11 所示。

```
<meter value="3" min="0" max="10">十分之三</meter>
<meter value="0.6">60%</meter>
```

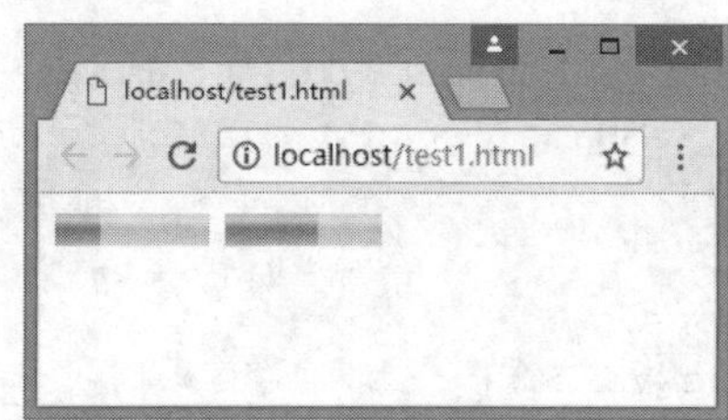

图 4.11　使用 meter 元素

提示：

目前，Safari 5.2+、Chrome 6+、Opera 11+、Firefox 16+版本的浏览器支持 meter 元素。

扫一扫，看视频

4.2.4　时间信息

<time>标签定义公历的时间（24 小时制）或日期，时间和时区偏移是可选的。该元素能够以机器可读的方式对日期和时间进行编码。例如，用户代理能够把生日提醒或排定的事件添加到用户日程表中，搜索引擎也能够生成更智能的搜索结果。

【示例 1】　time 元素代表 24 小时中的某个时刻或某个日期，表示时刻时允许带时差。它可以定义很多格式的日期和时间，代码如下：

```
<time datetime="2018-11-13">2018 年 11 月 13 日</time>
<time datetime="2018-11-13">11 月 13 日</time>
<time datetime="2018-11-13">我的生日</time>
<time datetime="2018-11-13T20:00">我生日的晚上 8 点</time>
<time datetime="2018-11-13T20:00Z">我生日的晚上 8 点</time>
<time datetime="2018-11-13T20:00+09:00">我生日的晚上 8 点的美国时间</time>
```

编码时引擎读到的部分在 datetime 属性里，而元素的开始标记与结束标记中间的部分是显示在网页上的。datetime 属性中日期与时间之间要用“T”文字分隔，“T”表示时间。

注意：

倒数第 2 行，时间加上 Z 文字表示给机器编码时使用 UTC 标准时间，倒数第 1 行则加上了时差，表示向机器编码另一地区时间，如果是编码本地时间，则不需要添加时差。

<time>标签包含 2 个属性，简单说明如下：

- datetime：定义日期和时间，否则由元素的内容给定日期和时间。
- pubdate：定义<time>标签中的日期和时间是文档或<article>标签的发布日期。

pubdate 属性是一个可选的布尔值属性，它可以用在 article 元素中的 time 元素上，意思是 time 元素代表了文章（artilce 元素的内容）或整个网页的发布日期。注意，在 HTML5.1 规范中不再建议使用。

【示例 2】　以下示例使用 pubdate 属性为文档添加引擎检索的发布日期。

```
<article>
    <header>
        <h1>科技公司都变成了数据公司：但你真的了解什么是“数据工程师”吗？</h1>
        <p>发布日期<time datetime="2016-12-30" pubdate>2016-12-30 09:19</time></p>
    </header>
    <p>在和国内外顶尖公司交流的过程中，我发现他们多数都很骄傲有一支极其专业的数据团队。这些公司花了大量的时间和精力把数据工程这件事情做到了极致，有不小规模的工程师团队，开源了大量数据技术。Linkedin 有 kafka、samza，Facebook 有 hive、presto，Airbnb 有 airflow、superset，我所熟悉的 Yelp 也有 mrjob…… 这些公司在数据领域的精益求精，为后来的大步前进奠定了基石。
</p>
    <footer>
        <p>https://www.huxiu.com/article/176524.html</p>
    </footer>
</article>
```

由于 time 元素不仅仅表示发布时间，而且还可以表示其他用途的时间，如通知、约会等。

扫一扫，看视频

4.2.5　联系文本

<address>标签定义文档或文章的作者、拥有者的联系信息。其包含文本通常显示为斜体，大部分浏览器会在 address 元素前后添加折行。

- 如果<address>标签位于<body>标签内，它表示文档联系信息。
- 如果<address>标签位于<article>标签内，它表示文章的联系信息。

提示：

<address>标签不应描述通讯地址，除非它是联系信息的一部分。一般<address>被包含在<footer>标签中。

【示例 1】　address 元素的用途不仅仅是用来描述电子邮箱或真实地址，还可以描述与文档相关的联系人的所有联系信息。下面代码展示了博客侧栏中的一些技术参考网站网址链接。

```
<address>
    <a href="http://www.w3.org/">W3C</a>
    <a href="http://www.whatwg.org/">WHATWG</a>
    <a href="http://www.mhtml5.com/">HTML5 研究小组</a>
</address>
```

【示例 2】　也可以把 footer 元素、time 元素与 address 元素结合起来使用，以实现设计一个比较复杂的版块结构。

```
<footer>
    <section>
        <address>
        <a title="作者：MDN" href="https://developer.mozilla.org/zh-CN/docs/Web/
```

```
Guide/HTML/HTML5">HTML5 - Web 开发者指南</a>
        </address>
        <p> 发布于:
            <time datetime="2017-6-1">2017 年 6 月 1 日</time>
        </p>
    </section>
</footer>
```

在这个示例中，把博客文章的作者、博客的主页链接作为作者信息放在了 address 元素中，把文章发表日期放在了 time 元素中，把这个 address 元素与 time 元素中的总体内容作为脚注信息放在了 footer 元素中。

扫一扫，看视频

4.2.6 文本显示方向

如果在 HTML 页面中混合了从左到右书写的字符（如大多数语言所用的拉丁字符）和从右到左书写的字符（如阿拉伯语或希伯来语字符），就可能要用到 bdi 和 bdo 元素。

要使用 bdo，必须包含 dir 属性，取值包括 ltr（由左至右）或 rtl（由右至左），指定希望呈现的显示方向。

bdo 适用于段落里的短语或句子，不能用它包围多个段落。bdi 元素是 HTML5 中新加的元素，用于内容的方向未知的情况，不必包含 dir 属性，因为默认已设为自动判断。

【示例】 下面示例设置用户名根据语言不同自动调整显示顺序。

```
<ul>
    <li><bdi>jcranmer</bdi></li>
    <li><bdi>hober</bdi></li>
    <li><bdi> نايا </bdi></li>
</ul>
```

目前，只有 Firefox 和 Chrome 浏览器支持 bdi 元素。

扫一扫，看视频

4.2.7 换行断点

<wbr>标签定义在文本中的何处适合添加换行符。如果单词太长，或者担心浏览器会在错误的位置换行，那么可以使用 <wbr>标签来添加单词换行点，避免浏览器随意换行。

目前，除了 IE 浏览器外，其他主流浏览器都支持<wbr>标签。

【示例】 下面示例为 URL 字符串添加换行符标签，这样当窗口宽度变化时，浏览器会自动根据断点确定换行位置，效果如图 4.12 所示。

```
<p>本站旧地址为: https:<wbr>//<wbr>www.old_site.com/,新地址为: https:<wbr>//<wbr>www.
new_ site.com/。</p>
```

IE 中换行断点无效

Chrome 中换行断点有效

图 4.12 定义换行断点

4.2.8　文本注释

扫一扫，看视频

<ruby>标签可以定义 ruby 注释，即中文注音或字符。<ruby>需要与<rt>标签或<rp>标签一同使用，其中<rt>标签和<rp>标签必须位于<ruby>标签。

- <rt>标签定义字符（中文注音或字符）的解释或发音。
- <rp>标签定义当浏览器不支持 ruby 元素的显示内容。

目前，IE 9+、irefox、Opera、Chrome 和 Safari 都支持这 3 个标签。

【示例】　以下示例演示如何使用<ruby>和<rt>标签为唐诗诗句注音，效果如图 4.13 所示。

```
<style type="text/css">
ruby { font-size: 40px; }
</style>
<ruby>
少 <rt>shào</rt> 小 <rt>xiǎo</rt> 离 <rt>lí</rt> 家 <rt>jiā</rt> 老 <rt>lǎo</rt> 大
<rt>dà</rt>回<rt>huí</rt>
</ruby>,
<ruby>
乡 <rt>xiāng</rt> 音 <rt>yīn</rt> 无 <rt>wú</rt> 改 <rt>gǎi</rt> 鬓 <rt>bìn</rt> 毛
<rt>máo</rt>衰<rt>cuī</rt>
</ruby>。
```

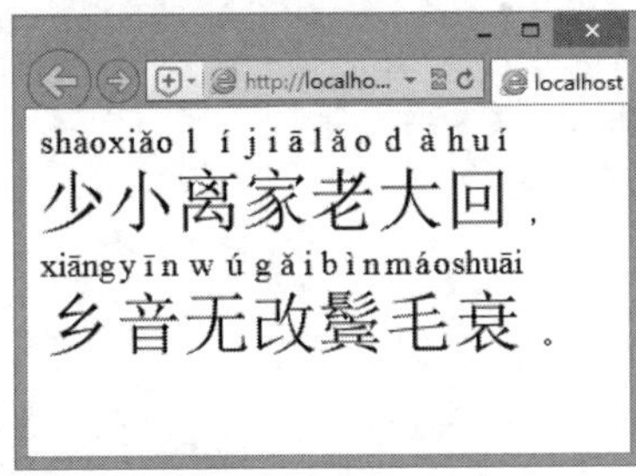

图 4.13　给唐诗注音

4.3　实战案例

本节将通过 2 个案例帮助用户学习建立 HTML 文档，使用各种常用标签显示不同类型的网页内容，根据不同的标签，为它们定义常用属性，以实现对标签的功能、显示方面的控制。

4.3.1　设计自我介绍页

扫一扫，看视频

本案例将尝试以手写代码的形式在网页中显示如下内容，示例效果如图 4.14 所示。

- 在网页标题栏中显示“自我介绍”文本信息。
- 以 1 级标题的形式显示“自我介绍“文本信息。
- 以定义列表的形式介绍个人基本情况，包括姓名、性别、住址、兴趣或爱好。
- 在信息列表下面以图像的形式插入个人的头像，如果图像太大，使用 width 属性适当缩小图像大小。
- 以段落文本的形式显示个人简历，文本内容可酌情输入。

扫码，看电子版

图 4.14　设计简单的自我介绍页面效果

示例完整代码如下：

```
<html>
    <head>
        <title>自我介绍</title>
        <meta charset="gb2312">
    </head>
    <body>
        <h1>自我介绍</h1>
    <dl>
        <dt>姓名</dt>
          <dd>张涛</dd>
        <dt>性别</dt>
          <dd>女</dd>
        <dt>住址</dt>
          <dd>北京亚运村</dd>
        <dt>爱好</dt>
          <dd>网页设计、听歌曲、上微博</dd>
        </dl>
    <img src="images/head.jpg" width="50%">
    <p>大家好，我的网名是艾莉莎，现在我将简单介绍一下我自己，我是 21 岁,出生在中国东北。爱一个人好难，爱两个人正常，爱三个人好玩，爱四个人好平凡，爱五个人罢蛮，爱六个人了不得拦，爱七个人是天才。但是我就只爱我的凡客&rarr; 艾莉莎，冒犯。</p>
    </body>
</html>
```

扫一扫，看视频

4.3.2　解决网页乱码

网页为什么会出现乱码？网页乱码是因为网页没有明确设置字符编码，出现乱码后的网页效果如图 4.15 所示。

图 4.15　出现乱码的网页效果

有时候用户在网页中没有明确指明网页的字符编码，但是网页能够正确显示，这是因为网页字符的编码与浏览器解析网页时默认采用的编码一致，所以不会出现乱码。如果浏览器的默认编码与网页的字符编码不一致时，而网页又没有明确定义字符编码，则浏览器依然使用默认的字符编码来解析，这时候就会出现乱码现象。

解决方法：

在 Dreamweaver 中打开该文档，选择【修改】|【页面属性】菜单命令，在打开的【页面属性】对话框中，设置“编码”为“简体中文(GB2312)”，然后单击“确定”按钮即可。

此时在 HTML 文档 head 标签中会添加如下一行代码：

```
<meta http-equiv="Content-Type" content="text/html; charset=gb2312">
```

读者也可以直接在 HTML 文档中手工输入代码定义网页的字符编码。

最后，重新在浏览器中预览，就不会出现上述乱码现象了。

4.4　在线课堂：实践练习

本节为线上实践环节，旨在训练读者使用 HTML5 语义标签灵活定义网页文本的能力。感兴趣的读者请扫码练习。

扫码，看电子版

第 5 章　使用 CSS 美化网页文本

第 4 章介绍了如何使用 HTML5 标签标识各种类型的文本，本章将介绍如何使用 CSS 对网页文本进行美化，例如，定义字体类型、大小、粗细、倾斜等，以及设置文本颜色、行高、下划线等。最后，再通过多个案例进一步介绍如何对网页内容进行排版，让页面版式更好看。

【学习重点】

- 定义字体类型、大小、颜色等字体样式。
- 设计文本样式，如对齐、行高、间距等。
- 能够灵活设计美观、实用的网页正文版式。

5.1 字 体 样 式

网页字体样式包括字体类型、大小、颜色基本效果，另外还包括一些特殊的样式，如字体粗细、下划线、斜体、大小写样式等。

扫一扫，看视频

5.1.1 定义字体类型

CSS 使用 font-family 属性来定义字体类型，另外使用 font 属性也可以定义字体类型。font-family 是字体类型专用属性，用法如下：

```
font-family : name
font-family :ncursive | fantasy | monospace | serif | sans-serif
```

name 表示字体名称，可指定多种字体，多个字体将按优先顺序排列，以逗号隔开。如果字体名称包含空格，则应使用引号括起。第2种声明方式使用所列出的字体序列名称，如果使用 fantasy 序列，将提供默认字体序列。

font 是一个复合属性，所谓复合属性，该属性能够设置多种字体属性，用法如下：

```
font : font-style || font-variant || font-weight || font-size || line-height ||
font-family
font : caption | icon | menu | message-box | small-caption | status-bar
```

属性值之间以空格分隔。font 属性至少应设置字体大小和字体类型，且必须放在后面，否则无效。前面可以自由定义字体样式、字体粗细、大小写和行高，详细讲解将在后面小节中分别介绍。

【示例 1】　新建一个网页，保存为 test.html，在<body>标签内输入一行段落文本：

```
<p>定义字体类型</p>
```

在<head>标签内添加<style type="text/css">标签，定义一个内部样式表，然后输入下面样式，用来定义网页字体的类型。

```
body {/* 页面基本属性 */
    font-family:Arial, Helvetica, sans-serif;       /* 字体类型 */
}
p {/* 段落样式 */
    font:24px "隶书";                                  /* 24 像素大小的隶书字体 */
}
```

提示：

中文网页字体多定义宋体类型，对于标题或特殊提示信息，如果需要特殊字体，则建议采用图像形式来间接实现，或者使用 CSS3 的@font-face 命令自定义字体类型。

【示例 2】　当使用 font-family 和 font 属性时，可以列表的形式设置多种字体类型。

在上面示例基础上，为段落文本设置了 3 种字体类型，其中第 1 个字体类型为具体的字体类型，而后面两个字体类型为通用字体类型。

```
p { font-family:"Times New Roman", Times, serif}
```

注意，字体列表以逗号进行分隔，浏览器会根据这个字体列表来检索用户系统中的字库，按照从左到右的顺序选用。如果系统没有找到列表中对应字体，则选用浏览器默认字体进行显示。

拓展：

CSS 提供了 5 类通用字体。所谓通用字体就是一种备用机制，即指定的所有字体都不可用时，能够在用户系统中找到一个类似字体进行替代显示。这五类通用字体说明如下。

- serif：衬线字体，衬线字体通常是变宽的，字体较明显地显示粗与细的笔划，在字体头部和尾部会显示附带一些装饰细线。
- sans-serif：无衬线字体，没有突变、交叉笔划或其他修饰线，无衬线字体通常是变宽的，字体粗细笔划的变化不明显。
- cursive：草体，表现为斜字型、联笔或其他草体的特征。看起来像是用手写笔或刷子书写，而不是印刷出来的。
- fantasy：奇异字体，主要是装饰性的，但保持了字符的呈现效果，换句话说就是艺术字，用画写字，或者说字体像画。
- monospace：等宽字体，唯一标准就是所有的字型宽度都是一样的。

常用网页字体分为衬线字体、无衬线字体和等宽字体 3 种，比较效果如图 5.1 所示。在 Dreamweaver 中设置字体时，会自动提示，用户可以快速进行选择，如图 5.2 所示。通用字体对于中文字体无效。

图 5.1　3 种通用字体比较效果

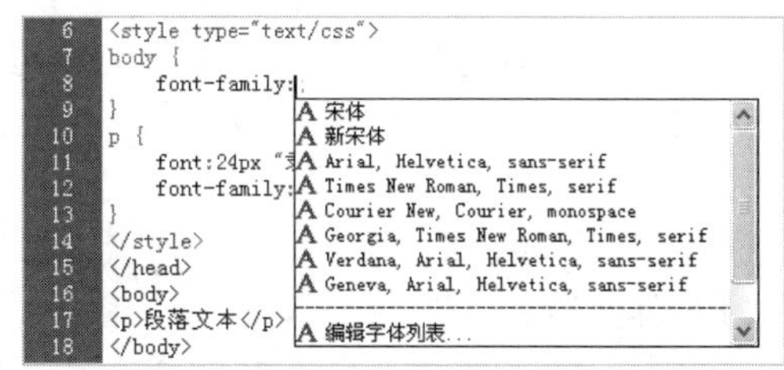

图 5.2　Dreamweaver 的字体类型提示

5.1.2　定义字体大小

扫一扫，看视频

CSS 使用 font-size 属性来定义字体大小，该属性用法如下：

```
font-size : xx-small | x-small | small | medium | large | x-large | xx-large | larger
| smaller | length
```

其中 xx-small（最小）、x-small（较小）、small（小）、medium（正常）、large（大）、x-large（较大）、xx-large（最大）表示绝对字体尺寸，这些特殊值将根据对象字体进行调整。

larger（增大）和 smaller（减少）这对特殊值能够根据父对象中字体尺寸进行相对增大或者缩小处理，

使用成比例的 em 单位进行计算。

length 可以是百分数，或者浮点数字和单位标识符组成的长度值，但不可为负值。其百分比取值是基于父对象中字体的尺寸来计算，与 em 单位计算相同。

【示例 1】 以下示例演示如何为网页文档定义字体大小。新建一个网页，保存为 test.html，在<head>标签内添加<style type="text/css">标签，定义一个内部样式表，然后输入以下样式，分别设置网页字体默认大小，正文字体大小，以及栏目中字体大小：

```
body {font-size:12px;}                          /* 以像素为单位设置字体大小 */
p {font-size:0.75em;}                           /* 以父辈字体大小为参考设置大小 */
div {font:9pt Arial, Helvetica, sans-serif;}    /* 以点为单位设置字体大小*/
```

拓展：

在网页设计中，常用字体单位是像素（px）和百分比（%或 em）。实际上，CSS 提供了很多单位，它们都可以被归为两大类：绝对单位和相对单位。

绝对单位所定义的字体大小是固定的，大小显示效果不会受外界因素影响。例如，in（inch，英寸）、cm（centimeter，厘米）、mm（millimeter，毫米）、pt（point，印刷的点数）、pc（pica，1pc=12pt）。此外，xx-small、x-small、small、medium、large、x-large、xx-large 这些关键字也是绝对单位。

相对单位所定义的字体大小一般是不固定的，会根据外界环境而不断发生变化。例如：

- px（pixel，像素），根据屏幕像素点的尺寸变化而变化。因此，不同分辨率的屏幕所显示的像素字体大小也是不同的，屏幕分辨率越大，相同像素字体就显得越小。
- em，相对于父辈字体的大小来定义字体大小。例如，如果父元素字体大小为 12 像素，而子元素的字体大小为 2em，则实际大小应该为 24 像素。
- ex，相对于父辈字体的 x 高度来定义字体大小，因此 ex 单位大小既取决于字体的大小，也取决于字体类型。在固定大小的情况下，实际的 x 高度将随字体类型不同而不同。
- %，以百分比的形式定义字体大小，它与 em 效果相同，相对于父辈字体的大小来定义字体大小。
- larger 和 smaller 这两个关键字将以父元素的字体大小为参考进行换算。

【示例 2】 正确规划网页字体大小。网页设计师常用字体大小单位包括了像素和百分比，下面就围绕这两个单位进行讨论和练习。

- 对于网页宽度固定或者栏目宽度固定的布局，使用像素是正确的。
- 对于页面宽度不固定或者栏目宽度也不固定的页面，此时使用百分比或 em 是一个正确选择。

从用户易用性角度考虑，定义字体大小应该以 em（或%）为单位进行设置。主要考虑因素是：一方面有利于客户端浏览器调整字体大小；另一方面，通过设置字体大小的单位为 em 或百分比，这样使字体能够适应版面宽度的变化。

【操作步骤】

（1）新建一个网页，保存为 test1.html，在<body>标签内输入如下结构：

```
<div id="content">框架
    <div id="sub">子框架
        <p>段落文本</p>
    </div>
</div>
```

（2）在<head>标签内添加<style type="text/css">标签，定义一个内部样式表。然后定义样式，设计页面正文字体大小为 12 像素，使用 em 来设置，则代码如下：

```
body {/* 网页字体大小 */
    font-size:0.75em;                           /* 约等于 12 像素 */
}
```

计算方法：

浏览器默认字体大小为16像素，用16像素乘以0.75即可得到12像素。同样的道理，预设14像素，则应该是 0.875em；预设 10 像素，则应该是 0.625em。

（3）在复杂结构中如果反复选择 em 或百分比作为字体大小，可能就会出现字体大小显示混乱的状况。如果修改上面示例中的样式，分别定义 body、div 和 p 元素的字体大小为 0.75em。

```
body, div, p {font-size:0.75em;}
```

由于 em 单位是以上级字体大小为参考进行显示，所以如果在浏览器中预览就会发现正文文字看不清楚，如图 5.3 所示。

图 5.3　以 em 为单位所带来的隐患

提示：

根据上述计算方法，body 字体大小应该为 12 像素，而<div id="content">内字体大小只有 9 像素，<div id="sub">内字体只有 7 像素，而段落文本的字体大小只有 5 像素了。所以，在使用 em 为单位设置字体大小时，不要嵌套使用 em 单位定义字体大小。

5.1.3　定义字体颜色

扫一扫，看视频

CSS 使用 color 属性来定义字体颜色，该属性用法如下：

```
color : color
```

参数 color 表示颜色值。

【示例】　以下示例演示了在文档中定义字体颜色。

新建一个网页，保存为 test.html，在<head>标签内添加<style type="text/css">标签，定义一个内部样式表，然后输入以下样式，分别定义页面、段落文本、<div>标签、<span>标签包含字体颜色。

```
body { color:gray;}                          /* 使用颜色名 */
p { color:#666666;}                          /* 使用十六进制 */
div { color:rgb(120,120,120);}               /* 使用 RGB */
span { color:rgb(50%,50%,50%);}              /* 使用 RGB */
```

提示：

CSS3 支持另外 3 种颜色表示法：

- RGBA 颜色表示法，RGBA 颜色表示法就是在 RGB 颜色的基础上增加了 Alpha 通道，这样就可以定义半透明的颜色。例如，color:rgba(255,0,0,5)；声明就可以定义半透明的红色。
- HSL 颜色表示法，HSL 颜色表示法就是使用色相（H）、饱和度（S）和亮度（L）表示颜色的一种方法。例如，color:hsl(0, 100%,100%)；就表示红色。
- HSLA 颜色表示法，HSLA 颜色表示法就是在 HSL 颜色的基础上增加了 Alpha 通道。例如，color:hsla(0, 100%,100%,5)；就表示半透明的红色。

扫一扫，看视频

5.1.4　定义字体粗细

CSS 使用 font-weight 属性来定义字体粗细，该属性用法如下：

```
font-weight : normal | bold | bolder | lighter | 100 | 200 | 300 | 400 | 500 | 600
| 700 | 800 | 900
```

font-weight 属性取值比较特殊，其中 normal 关键字表示默认值，即正常的字体，相当于取值为400。Bold 关键字表示粗体，相当于取值为 700，或者使用<b >标签定义的字体效果。

bolder（较粗）和 lighter（较细）相对于 normal 字体粗细而言。

另外也可以设置值为 100、200、300、400、500、600、700、800、900，它们分别表示字体的粗细，是对字体粗细的一种量化方式，值越大就表示越粗，相反就表示越细。

【示例】 以下示例演示了如何定义网页对象的字体粗细样式。新建一个网页，保存为 test.html，在<head>标签内添加<style type="text/css">标签，定义一个内部样式表，然后输入以下样式，分别定义段落文本、一级标题、<div>标签包含字体的粗细效果，同时定义一个粗体样式类。

```
p { font-weight: normal }                              /* 等于 400 */
h1 { font-weight: 700 }                                /* 等于 bold */
div{ font-weight: bolder }                             /* 可能为 500 */
.bold {/* 粗体样式类 */
   font-weight:bold;                                   /* 加粗显示 */
}
```

注意，设置字体粗细也可以称为定义字体的重量。对于中文网页设计来说，一般仅用到 bold（加粗）、normal（普通）两个属性值即可。

扫一扫，看视频

5.1.5 定义斜体字体

CSS 使用 font-style 属性来定义字体倾斜效果，该属性用法如下：

```
font-style : normal | italic | oblique
```

其中 normal 表示默认值，即正常的字体，italic 表示斜体，oblique 表示倾斜的字体。italic 和 oblique 两个取值只能在英文等西方文字中有效。

【示例】 以下示例演示了如何为网页定义斜体样式类。新建一个网页，保存为 test.html，在<head>标签内添加<style type="text/css">标签，定义一个内部样式表，然后输入以下样式，定义一个斜体样式类。

```
.italic {/* 斜体样式类 */
   font-style:italic;                                  /* 斜体 */
}
```

然后在<body>标签中输入一行段落文本，并把斜体样式类应用到该段落文本中：

```
<p>古今之成大事业、大学问者，必经过三种之境界。<span class="italic">“昨夜西风凋碧树，独上高楼，望尽天涯路”</span>，此第一境也。<span class="italic">“衣带渐宽终不悔，为伊消得人憔悴”</span>，此第二境也。<span class="italic">“众里寻他千百度，蓦然回首，那人却在，灯火阑珊处”</span>，此第三境也。此等语皆非大词人不能道。 </p>
```

扫一扫，看视频

5.1.6 定义下划线

CSS 使用 text-decoration 属性来定义字体下划线效果，该属性用法如下：

```
text-decoration : none || underline || blink || overline || line-through
```

其中 normal 表示默认值，即无装饰字体，blink 表示闪烁效果，underline 表示下划线效果，line-through 表示贯穿线效果，overline 表示上划线效果。

【操作步骤】

（1）新建一个网页，保存为 test.html，在<head>标签内添加<style type="text/css">标签，定义一个内部样式表，然后输入下面样式，定义 3 个装饰字体样式类。

```
.underline {text-decoration:underline;}                /*下划线样式类 */
.overline {text-decoration:overline;}                  /*上划线样式类 */
.line-through {text-decoration:line-through;}          /* 删除线样式类 */
```

（2）在<body>标签中输入 3 行段落文本，并分别应用上面的装饰类样式。

```
<p class="underline">昨夜西风凋碧树，独上高楼，望尽天涯路</p>
<p class="overline">衣带渐宽终不悔，为伊消得人憔悴</p>
<p class="line-through">众里寻他千百度，蓦然回首，那人却在，灯火阑珊处</p>
```

（3）再定义一个样式，在该样式中，同时声明多个装饰值，定义的样式如下：

```
.line { text-decoration:line-through overline underline; }
```

（4）在正文中输入一行段落文本，并把这个 line 样式类应该到该行文本中。

```
<p class="line">古今之成大事业、大学问者，必经过三种之境界。</p>
```

（5）在浏览器中预览，则可以看到最后一行文本显示多种修饰线效果，如图 5.4 所示效果。

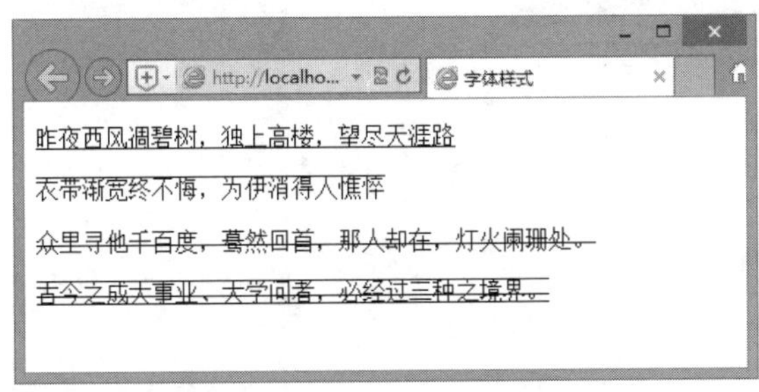

图 5.4　多种下划线的应用效果

5.1.7　定义字体大小写

扫一扫，看视频

CSS 使用 font-variant 属性来定义字体大小效果，该属性用法如下：

```
font-variant : normal | small-caps
```

其中 normal 表示默认值，即正常的字体，small-caps 表示小型的大写字母字体。

【示例 1】　以下示例演示了如何定义大写字体样式。新建一个网页，保存为 test.html，在<head>标签内添加<style type="text/css">标签，定义一个内部样式表，然后输入以下样式，定义一个类样式。

```
.small-caps {/* 小型大写字母样式类 */
    font-variant:small-caps;
}
```

然后在<body>标签中输入一行段落文本，并应用上面定义的类样式。

```
<p class="small-caps">font-variant </p>
```

注意，font-variant 仅支持英文为代表的西文字体，中文字体没有大小写效果区分。如果设置了小型大写字体，但是该字体没有找到原始小型大写字体，则浏览器会模拟一个。例如，可通过使用一个常规字体，并将其小写字母替换为缩小过的大写字母。

拓展：

CSS 还定义了一个 text-transform 属性，该属性也能够定义字体大小写效果。不过该属性主要定义单词大小写样式，用法格式如下：

```
text-transform : none | capitalize | uppercase | lowercase
```

其中 none 表示默认值，无转换发生；capitalize 表示将每个单词的第一个字母转换成大写，其余无转换发生；uppercase 表示把所有字母都转换成大写；lowercase 表示把所有字母都转换成小写。

【示例 2】　以下示例借助 text-transform 属性定义首字母大写、全部大写和全部小写 3 个样式类。新建一个网页，保存为 test1.html，在<head>标签内添加<style type="text/css">标签，定义一个内部样式表，然后输入下面样式，定义 3 个类样式。

```
.capitalize {text-transform:capitalize;}                /*首字母大写样式类 */
.uppercase {text-transform:uppercase;}                  /*大写样式类 */
.lowercase {text-transform:lowercase;}                  /* 小写样式类 */
```

然后在<body>标签中输入 3 行段落文本，并分别应用上面定义的类样式。

```
<p class="capitalize">text-transform:capitalize;</p>
<p class="uppercase">text-transform:uppercase;</p>
<p class="lowercase">text-transform:lowercase;</p>
```

分别在 IE 和 Firefox 浏览器中预览，则会发现：IE 认为只要是单词就把首字母转换为大写，如图 5.5 所示；而 Firefox 认为只有单词通过空格间隔之后，才能够成为独立意义上的单词，所以几个单词连在一起时就算作一个词，如图 5.6 所示。

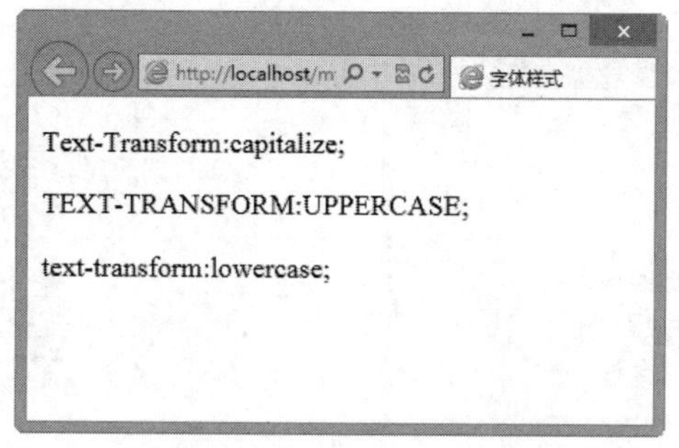

图 5.5　IE 中解析的大写效果

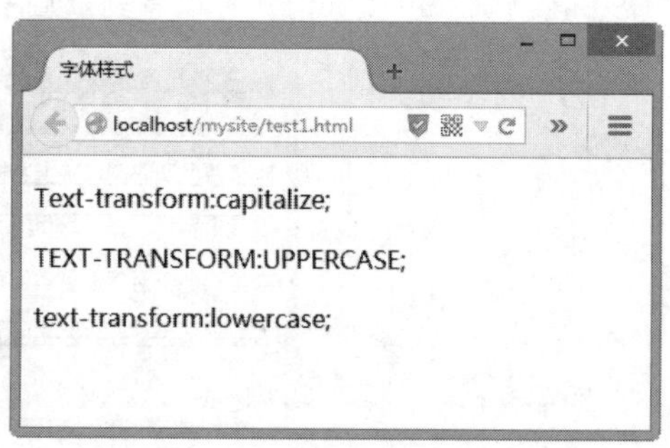

图 5.6　Firefox 中解析的大写效果

5.2　文本样式

字体样式主要涉及字符本身的显示效果，而文本样式主要涉及多个字符的排版效果。CSS 在命名属性时，使用 font 前缀和 text 前缀来区分字体和文本属性。

扫一扫，看视频

5.2.1　定义文本对齐

CSS 使用 text-align 属性来定义文本的水平对齐方式，该属性的用法如下。

```
text-align : left | right | center | justify
```

该属性取值包括 4 个：其中 left 表示默认值，左对齐；right 表示右对齐；center 表示居中对齐；justify 表示两端对齐。CSS3 新增了 4 个属性：start | end | match-parent | justify-all，由于浏览器支持不是很好，读者可以先暂时了解。

【示例 1】 在示例定义文档中段落文本居中显示。新建一个网页，保存为 test.html，在<head>标签内添加<style type="text/css">标签，定义一个内部样式表，然后输入下面样式，定义居中对齐类样式。

```
.center { text-align:center;} /* 居中对齐样式类 */
```

然后在<body>标签中输入两行段落文本，并分别使用传统的 align 属性和标准设计中的 CSS 的 text-align 属性定义文本居中。

```
<p align="center">昨夜西风凋碧树，独上高楼，望尽天涯路</p>    <!-- 传统居中对齐方式 -->
<p class="center">衣带渐宽终不悔，为伊消得人憔悴</p>    <!-- 标准居中对齐方式 -->
<p class="center">众里寻他千百度，蓦然回首，那人却在，灯火阑珊处</p>  <!-- 标准居中对齐方式 -->
```

在浏览器中预览，可以看到使用传统方式和标准方式设计文本居中的效果是相同的。

【示例 2】　当 text-align 属性取值为 justify 时，可以结合 text-justify 属性实现更多对齐样式，在下面示例中定义第 1 段文本两端对齐，第 2 段文本保持默认对齐方式，演示效果如图 5.7 所示。

```
<style type="text/css">
#parag1 {/*强制所有文本行都两端对齐，包括最后一行，不够一行，会自动添加空格来实现两端对齐。该规则仅适合 IE 浏览器*/
    text-align:justify;
    text-justify:distribute-all-lines;
}
</style>
<p id="parag1">text-align:justify;</p>
<p>text-justify:distribute-all-lines;</p>
```

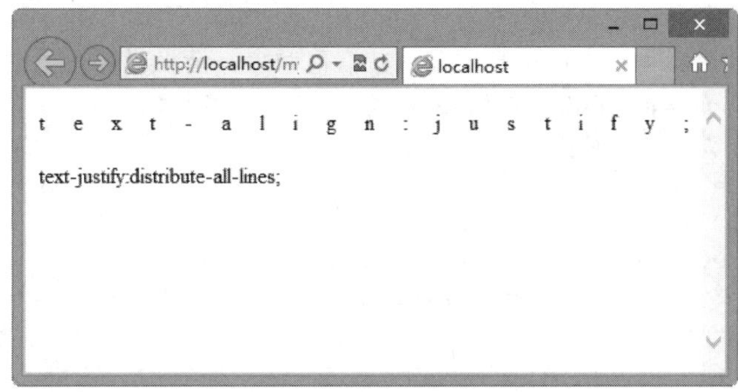

图 5.7　两端对齐显示

5.2.2　定义垂直对齐

扫一扫，看视频

CSS 使用 vertical-align 属性来定义文本垂直对齐问题，该属性的用法如下：

```
vertical-align : auto | baseline | sub | super | top | text-top | middle | bottom | text-bottom | length
```

取值简单说明如下：

- auto 将根据 layout-flow 属性的值对齐对象内容；
- baseline 表示默认值，表示将支持 valign 特性的对象内容与基线对齐；
- sub 表示垂直对齐文本的下标；
- super 表示垂直对齐文本的上标；
- top 表示将支持 valign 特性的对象的内容对象顶端对齐；
- text-top 表示将支持 valign 特性的对象的文本与对象顶端对齐；
- middle 表示将支持 valign 特性的对象的内容与对象中部对齐；
- bottom 表示将支持 valign 特性的对象的内容与对象底端对齐；
- text-bottom 表示将支持 valign 特性的对象的文本与对象顶端对齐；
- length 表示由浮点数字和单位标识符组成的长度值或者百分数，可为负数，定义由基线算起的偏移量，基线对于数值来说为 0，对于百分数来说就是 0%。

【示例 1】　下面演示如何设置字体垂直对齐。新建一个网页，保存为 test1.html，在<head>标签内添加<style type="text/css">标签，定义一个内部样式表，然后输入下面样式，定义上标类样式。

```
.super {vertical-align:super;}
```

然后在<body>标签中输入一行段落文本，并应用该上标类样式。

```
<p>vertical-align 表示垂直<span class=" super ">对齐</span>属性</p>
```

在浏览器中预览，则显示效果如图 5.8 所示。

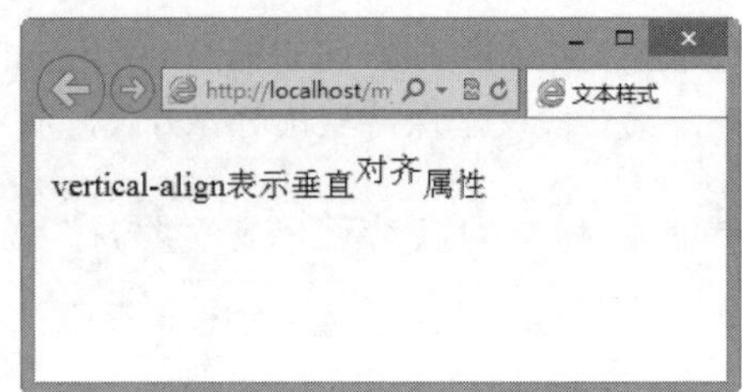

图 5.8　文本上标样式效果

【示例 2】　以下示例演示了不同垂直对齐方式的效果比较。vertical-align 属性提供的值很多，但是 IE 浏览器与其他浏览器对于解析它们的效果却存在很大的分歧。

一般情况下，不建议广泛使用这些属性值，实践中主要用到 vertical-align 属性的垂直居中样式，偶尔也会用到上标和下标效果。为了方便用户比较这些取值效果，请上机练习下面这个示例。

新建一个网页，保存为 test2.html，在<body>标签内输入如下结构：

```
<p>valign:
<span class="baseline"><img src="images/box.gif" title="baseline" /></span>
<span class="sub"><img src="images/box.gif" title="sub" /></span>
<span class="super"><img src="images/box.gif" title="super" /></span>
<span class="top"><img src="images/box.gif" title="top" /></span>
<span class="text-top"><img src="images/box.gif" title="text-top" /></span>
<span class="middle"><img src="images/box.gif" title="middle" /></span>
<span class="bottom"><img src="images/box.gif" title="bottom" /></span>
<span class="text-bottom"><img src="images/box.gif" title="text-bottom" /></span>
</p>
```

在<head>标签内添加<style type="text/css">标签，定义一个内部样式表。然后定义如下类样式，

```
body {font-size:48px;}
.baseline {vertical-align:baseline;}
.sub {vertical-align:sub;}
.super {vertical-align:super;}
.top {vertical-align:top;}
.text-top {vertical-align:text-top;}
.middle {vertical-align:middle;}
.bottom {vertical-align:bottom;}
```

在浏览器中预览测试，则显示效果如图 5.9 所示。用户可以通过这个效果图直观比较这些取值的效果。

扫码，看电子版

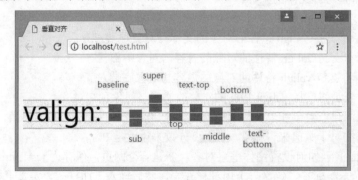

图 5.9　垂直对齐取值效果比较

扫一扫，看视频

5.2.3　定义字距和词距

CSS 使用 letter-spacing 属性定义字距，使用 word-spacing 属性定义词距。这两个属性的取值都是长

度值，由浮点数字和单位标识符组成，默认值为 normal，它表示默认间隔。

定义词距时，以空格为基准进行调节，如果多个单词被连在一起，则被 word-spacing:视为一个单词；如果汉字被空格分隔，则分隔的多个汉字就被视为不同的单词，word-spacing:属性此时有效。

【示例】　以下示例演示如何定义字距和词距样式。新建一个网页，保存为 test.html，在<head>标签内添加<style type="text/css">标签，定义一个内部样式表，然后输入下面样式，定义两个类样式。

```
.lspacing {letter-spacing:1em;}                          /* 字距样式类 */
.wspacing {word-spacing:1em;}                            /* 词距样式类 */
```

然后在<body>标签中输入两行段落文本，并应用上面两个类样式。

```
<p class="lspacing">letter spacing word spacing（字间距）</p>
<p class="wspacing">letter spacing word spacing（词间距）</p>
```

在浏览器中预览，则显示效果如图 5.10 所示。从图中可以直观地看到，所谓字距就是定义字母之间的间距，而词距就是定义西文单词之间的距离。

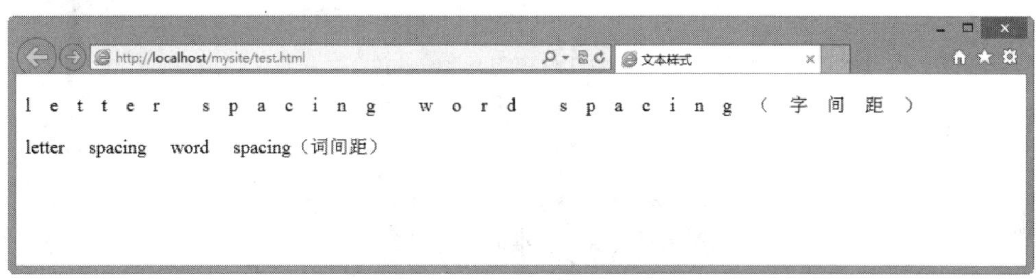

图 5.10　字距和词距演示效果比较

注意，字距和词距一般很少使用，使用时应慎重考虑用户的阅读体验和感受。对于中文用户来说，letter-spacing 属性有效，而 word-spacing 属性无效。

5.2.4　定义行高

扫一扫，看视频

行高也称为行距，是段落文本行与文本行之间的距离。CSS 使用 line-height 属性定义行高，该属性的用法如下。

```
line-height : normal | length
```

其中 normal 表示默认值，一般为 1.2em，length 表示百分比数字，或者由浮点数字和单位标识符组成的长度值，允许为负值。

【示例 1】　以下示例演示了如何定义段落文本行高样式。新建一个网页，保存为 test.html，在<head>标签内添加<style type="text/css">标签，定义一个内部样式表，然后输入下面样式，定义两个行高类样式。

```
.p1 {/* 行高样式类 1 */
    line-height:1em;                                     /* 行高为一个字大小 */}
.p2 {/* 行高样式类 2 */
    line-height:2em;                                     /*行高为两个字大小 */}
```

然后在<body>标签中输入两行段落文本，并应用上面两个类样式。

```
<h1>人生三境界</h1>
<h2>出自王国维《人间词话》</h2>
<p class="p1">古今之成大事业、大学问者，必经过三种之境界："昨夜西风凋碧树。独上高楼，望断天涯路。"此第一境也。"衣带渐宽终不悔，为伊消得人憔悴。"此第二境也。"众里寻他千百度，蓦然回首，那人却在灯火阑珊处。"此第三境也。此等语皆非大词人不能道。然遽以此意解释诸词，恐为晏欧诸公所不许也。
</p>
<p class="p2">笔者认为，凡人都可以从容地做到第二境界，但要想逾越它却不是那么简单。成功人士果
```

```
敢坚忍，不屈不挠，造就了他们不同于凡人的成功。他们逾越的不仅仅是人生的境界，更是他们自我的极限。
成功后回望来路的人，才会明白另解这三重境界的话：看山是山，看水是水；看山不是山，看水不是水；看山
还是山，看水还是水。</p>
```

在浏览器中预览，则显示效果如图 5.11 所示。

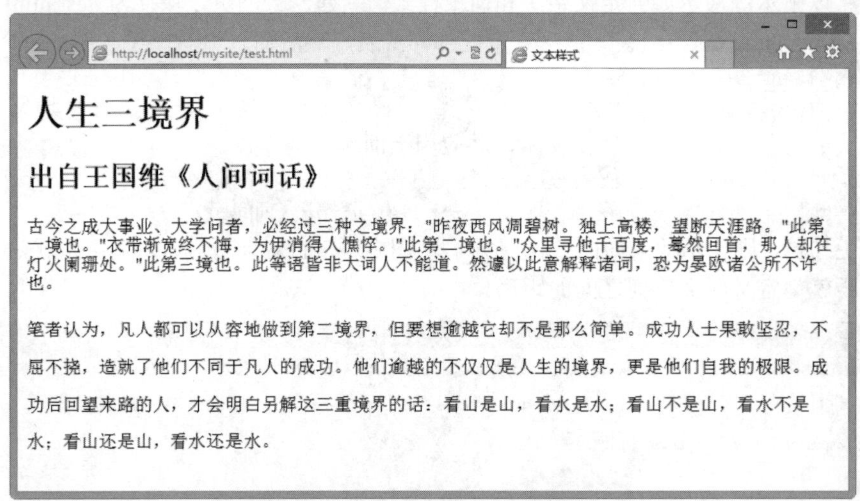

图 5.11　段落文本的行高演示效果

【示例 2】　以下示例演示了不同取值下，行高样式的比较效果。行高取值单位一般使用 em 或百分比，很少使用像素，也不建议使用。

当 line-height 属性取值小于一个字大小时，就会发生上下行文本重叠现象。在上面示例基础上，修改定义的类样式。

```
.p1 { line-height:0.5em;}
.p2 { line-height:0em;}
```

在浏览器中预览，则显示效果如图 5.12 所示，说明当取值小于字体大小时，多行文本会发生重叠现象。

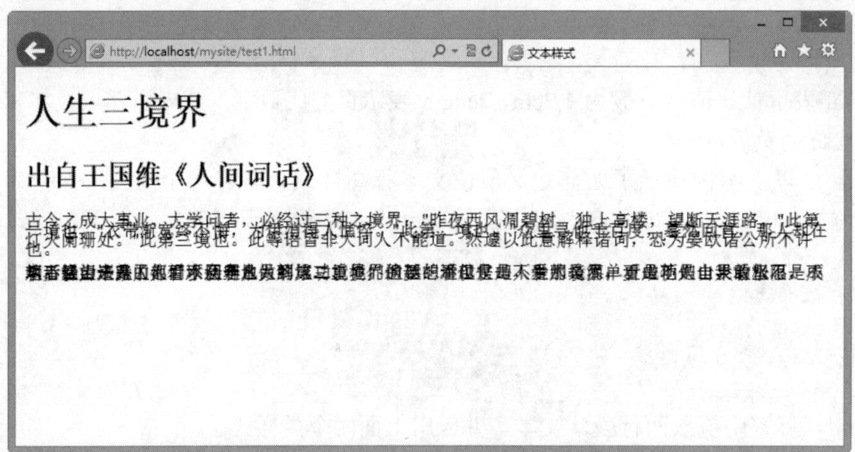

图 5.12　段落文本重叠演示效果

一般行高的最佳设置范围为 1.2em~1.8em，当然对于特别大的字体或者特别小的字体，可以特殊处理。因此，用户可以遵循字体越大，行高越小的原则来定义段落的具体行高。

例如，如果段落字体大小为 12px，则行高设置为 1.8em 比较合适；如果段落字体大小为 14px，则行高设置为 1.5em~1.6em 比较合适；如果段落字体大小为 16px ~18px，则行高设置为 1.2em 比较合适。一

般浏览器默认行高为 1.2em 左右。例如，IE 默认为 19px，如果除以默认字体大小（16px），则约为 1.18em；而 Firefox 默认为 1.12em。

【示例 3】 以下示例演示了如何设置更灵活的行高样式。

用户也可以给 line-height 属性设置一个数值，但是不设置单位。例如：

```
body { line-height:1.6;}
```

这时浏览器会把它作为 1.6em 或者 160%，也就是说页面行高实际为 19px。利用这种特殊的现象，用户可以解决多层嵌套结构中行高继承出现的问题。

新建一个网页，保存为 test2.html，在<head>标签内添加<style type="text/css">标签，定义一个内部样式表，然后输入以下样式，设置网页和段落文本的默认样式。

```
body {
    font-size:12px;
    line-height:1.6em;}
p { font-size:30px;}
```

然后在<body>标签中输入如下标题和段落文本。

```
<h1>《人间词话》节选</h1>
<h2>王国维</h2>
<p>古今之成大事业、大学问者，必经过三种之境界："昨夜西风凋碧树。独上高楼，望断天涯路。"此第一境也。"衣带渐宽终不悔，为伊消得人憔悴。"此第二境也。"众里寻他千百度，蓦然回首，那人却在灯火阑珊处。"此第三境也。此等语皆非大词人不能道。然遽以此意解释诸词，恐为晏欧诸公所不许也。</p>
```

上面示例定义 body 元素的行高为 1.6em。由于 line-height 具有继承性，因此网页中的段落文本的行高也继承 body 元素的行高。浏览器在继承该值时，并不是继承“1.6em”这个值，而是把它转换为精确值之后（即 19px）再继承，换句话说 p 元素的行高为 19px，但是 p 元素的字体大小为 30px，继承的行高小于字体大小，就会发生文本行重叠现象。如果在浏览器中预览，则演示效果如图 5.13 所示。

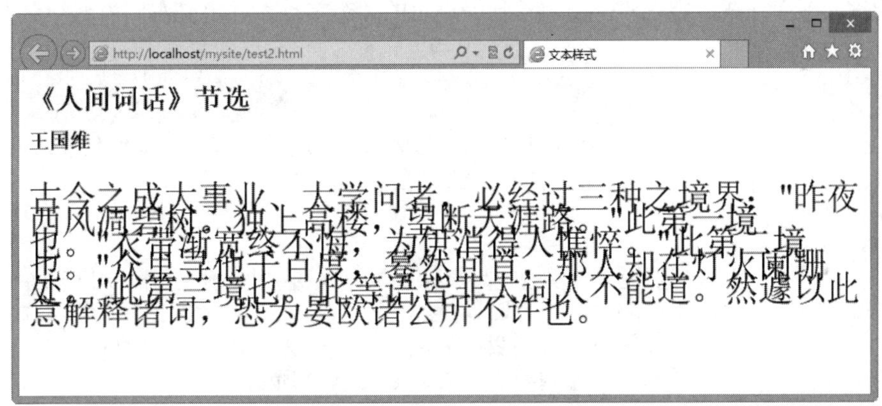

图 5.13 错误的行高继承效果

解决方法：

在定义 body 元素的行高时，不为其设置单位，即直接定义为 line-height:1.6，这样页面中其他元素所继承的值为 1.6，而不是 19px。则内部继承元素就会使用为继承的值 1.6 附加默认单位 em，最后页面中所有继承元素的行高都为 1.6em。

```
body {
    font-size:12px;
    line-height:1.6;
}
p { font-size:30px;}
```

扫一扫，看视频

5.2.5 定义缩进

CSS 使用 text-indent 属性定义首行缩进，该属性的用法如下。

```
text-indent : length
```

length 表示百分比数字，或者由浮点数字和单位标识符组成的长度值，允许为负值。建议在设置缩进单位时，以 em 为设置单位，它表示一个字距，这样能比较精确地确定首行缩进效果。

【示例 1】 以下示例演示了如何为段落文本定义首行缩进效果。新建一个网页，保存为 test.html，在<head>标签内添加<style type="text/css">标签，定义一个内部样式表，然后输入以下样式，定义段落文本首行缩进 2 个字符。

```
p { text-indent:2em;}                              /* 首行缩进 2 个字距 */
```

然后在<body>标签中输入如下标题和段落文本。

```
<h1>人生三境界</h1>
<h2>出自王国维《人间词话》</h2>
<p>古今之成大事业、大学问者，必经过三种之境界："昨夜西风凋碧树。独上高楼，望断天涯路。"此第一境也。"衣带渐宽终不悔，为伊消得人憔悴。"此第二境也。"众里寻他千百度，蓦然回首，那人却在灯火阑珊处。"此第三境也。此等语皆非大词人不能道。然遽以此意解释诸词，恐为晏欧诸公所不许也。</p>
<p>笔者认为，凡人都可以从容地做到第二境界，但要想逾越它却不是那么简单。成功人士果敢坚忍，不屈不挠，造就了他们不同于凡人的成功。他们逾越的不仅仅是人生的境界，更是他们自我的极限。成功后回望来路的人，才会明白另解这三重境界的话：看山是山，看水是水；看山不是山，看水不是水；看山还是山，看水还是水。</p>
```

在浏览器中预览，则可以看到文本缩进效果。

【示例 2】 使用 text-indent:属性可以设计悬垂缩进效果。

新建一个网页，保存为 test1.html，在<head>标签内添加<style type="text/css">标签，定义一个内部样式表，然后输入下面样式，定义段落文本首行缩进负的 2 个字符，并定义左侧内部补白为 2 个字符。

```
p {/* 悬垂缩进 2 个字距 */
    text-indent:-2em;                              /* 首行缩进 */
    padding-left:2em;                              /* 左侧补白 */}
```

text-indent 属性可以取负值，定义左侧补白，防止取负值缩进导致首行文本伸到段落的边界外边。

然后在<body>标签中输入如下标题和段落文本。

```
<h1>《人间词话》节选</h1>
<h2>王国维</h2>
<p>古今之成大事业、大学问者，必经过三种之境界："昨夜西风凋碧树。独上高楼，望断天涯路。"此第一境也。"衣带渐宽终不悔，为伊消得人憔悴。"此第二境也。"众里寻他千百度，蓦然回首，那人却在灯火阑珊处。"此第三境也。此等语皆非大词人不能道。然遽以此意解释诸词，恐为晏欧诸公所不许也。</p>
```

在浏览器中预览，则可以看到文本悬垂缩进效果，如图 5.14 所示。

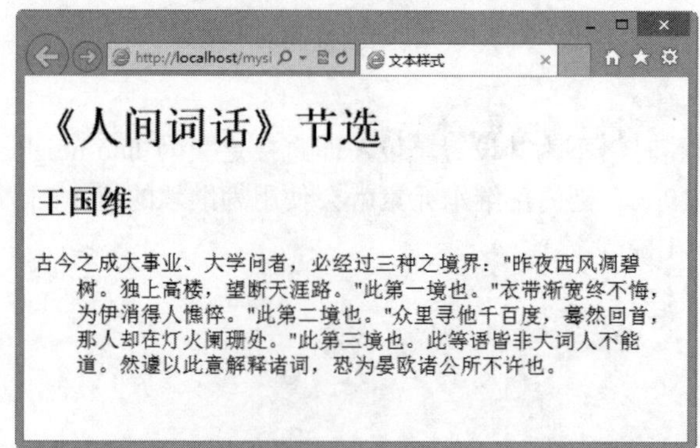

图 5.14 悬垂缩进效果

5.3　CSS3 新增文本样式

CSS3 文本模块把与文本相关的属性单独进行规范（http://www.w3.org/TR/css3-text/），在最终版本的文本模块中，除了新增文本属性外，还对 CSS2.1 版本中已定义的属性取值进行修补，增加了更多的属性值，以适应复杂环境中文本的呈现。下面介绍 CSS3 文本模块中比较常用的几个属性。

5.3.1　定义文本阴影

扫一扫，看视频

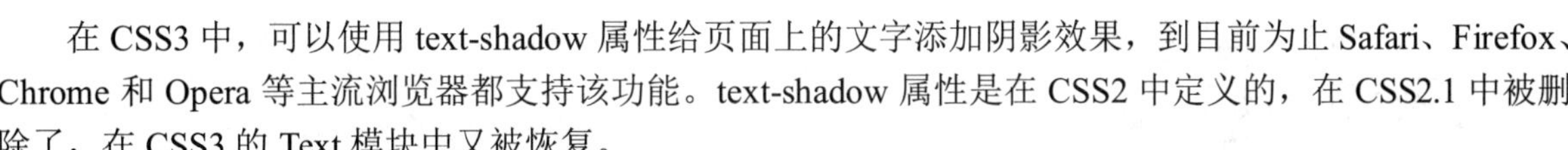

在 CSS3 中，可以使用 text-shadow 属性给页面上的文字添加阴影效果，到目前为止 Safari、Firefox、Chrome 和 Opera 等主流浏览器都支持该功能。text-shadow 属性是在 CSS2 中定义的，在 CSS2.1 中被删除了，在 CSS3 的 Text 模块中又被恢复。

text-shadow 属性的基本语法如下所示。

```
text-shadow: none | <shadow> [ , <shadow> ]*
<shadow> = <length>{2,3} && <color>?
```

text-shadow 属性的初始值为无，适用于所有元素。取值简单说明：

- none：　无阴影。
- <length>①：第 1 个长度值用来设置对象的阴影水平偏移值。可以为负值。
- <length>②：第 2 个长度值用来设置对象的阴影垂直偏移值。可以为负值。
- <length>③：如果提供了第 3 个长度值则用来设置对象的阴影模糊值。不允许负值。
- <color>：　设置对象的阴影的颜色。

【示例】　下面为段落文本定义一个简单的阴影效果，演示效果如图 5.15 所示。

```
<style type="text/css">
p {
   text-align: center;
   font: bold 60px helvetica, arial, sans-serif;
   color: #999;
   text-shadow: 0.1em 0.1em #333;}
</style>
<p>文本阴影：text-shadow</p>
```

图 5.15　定义文本阴影

text-shadow: 0.1em 0.1em #333;声明了右下角文本阴影效果，如果把投影设置到右上角，则可以这样声明，效果如图 5.16 所示。

```
p {text-shadow: -0.1em -0.1em #333;}
```

同理，如果设置阴影在文本的左下角，则可以设置如下样式，演示效果如图 5.17 所示。

```
p {text-shadow: -0.1em 0.1em #333;}
```

图 5.16　定义左上角阴影

图 5.17　定义左下角阴影

也可以增加模糊效果的阴影，效果如图 5.18 所示。

```
p{ text-shadow: 0.1em 0.1em 0.3em #333; }
```

或者定义如下模糊阴影效果，效果如图 5.19 所示。

```
text-shadow: 0.1em 0.1em 0.2em black;
```

图 5.18　定义模糊阴影 1

图 5.19　定义模糊阴影 2

text-shadow 属性的第 1 个值表示水平位移；第 2 个值表示垂直位移，正值偏右或偏下，负值偏左或偏上；第 3 个值表示模糊半径，该值可选；第 4 个值表示阴影的颜色，该值可选。

在阴影偏移之后，可以指定一个模糊半径。模糊半径是个长度值，指出模糊效果的范围。如何计算模糊效果的具体算法并没有指定。在阴影效果的长度值之前或之后还可以选择指定一个颜色值。颜色值会被用作阴影效果的基础。如果没有指定颜色，那么将使用 color 属性值来替代。

扫一扫，看视频

5.3.2　设计阴影特效

灵活使用 text-shadow 属性可以解决网页设计中很多实际问题，下面结合几个示例进行介绍。

1. 通过阴影增加前景色与背景色的对比度

【示例 1】　以下示例通过阴影把文本颜色与背景色区分开来，让字体看起来更清晰，代码如下，演示效果如图 5.20 所示（test.html）。

```
<style type="text/css">
p {
   text-align: center;
   font: bold 60px helvetica, arial, sans-serif;
   color: #fff;
   text-shadow: black 0.1em 0.1em 0.2em;
}
```

```
</style>
<p>文本阴影：text-shadow</p>
```

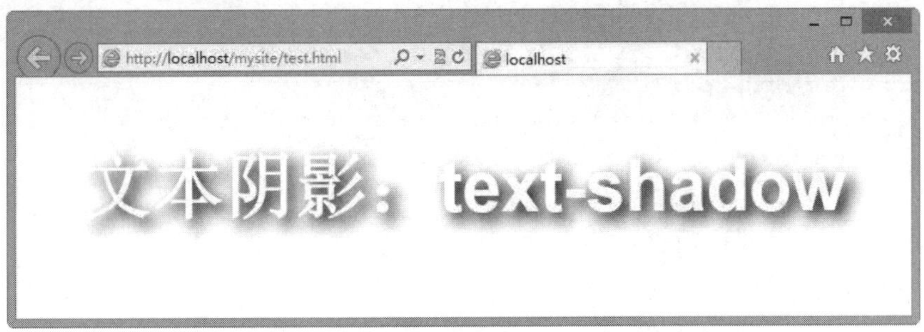

图 5.20　使用阴影增加前景色和背景色对比度

2. 定义多色阴影

text-shadow 属性可以接受一个以逗号分割的阴影效果列表，并应用到该元素的文本上。阴影效果按照给定的顺序应用，因此有可能出现互相覆盖，但是它们永远不会覆盖文本本身。阴影效果不会改变框的尺寸，但可能延伸到它的边界之外。阴影效果的堆叠层次和元素本身的层次是一样的。

【示例 2】　以下示例演示了如何为红色文本定义了 3 个不同颜色的阴影，演示效果如图 5.21 所示（test1.html）。

```
<style type="text/css">
p {
    text-align: center;
    font:bold 60px helvetica, arial, sans-serif;
    color: red;
    text-shadow: 0.2em 0.5em 0.1em #600,
        -0.3em 0.1em 0.1em #060,
        0.4em -0.3em 0.1em #006;
}
</style>
<p>文本阴影：text-shadow</p>
```

图 5.21　定义多色阴影

提示：

当使用 text-shadow 属性定义多色阴影时，每个阴影效果必须指定阴影偏移，而模糊半径、阴影颜色是可选参数。

以下代码演示了可以把阴影设置到文本线框的外面，代码如下，演示效果如图 5.22 所示（test2.html）。

```
<style type="text/css">
```

```
p {
    text-align: center;
    font:bold 60px helvetica, arial, sans-serif;
    color: red;
    border:solid 1px red;
    text-shadow: 0.5em 0.5em 0.1em #600,
        -1em 1em 0.1em #060,
        0.8em -0.8em 0.1em #006;
}
</style>
<p>文本阴影：text-shadow</p>
```

图 5.22　定义多色阴影

3. 定义火焰文字

借助阴影效果列表机制，可以使用阴影叠加出的燃烧的文字特效，代码如下，演示效果如图 5.23 所示（test3.html）。

```
<style type="text/css">
body {background:#000;}
p {
    text-align: center;
    font:bold 60px helvetica, arial, sans-serif;
    color: red;
    text-shadow: 0 0 4px white,
        0 -5px 4px #ff3,
        2px -10px 6px #fd3,
        -2px -15px 11px #f80,
        2px -25px 18px #f20;
}
</style>
<p>文本阴影：text-shadow</p>
```

图 5.23　定义燃烧的文字影

读者还可以添加更多的阴影列表项，从而可以叠加各种复杂的特效。

4. 定义立体文字

text-shadow 属性可以使用在:first-letter 和:first-line 伪元素上。同时还可以利用该属性设计立体文本。使用阴影叠加出的立体文本特效代码如下，演示效果如图 5.24 所示（test4.html）。

```
<style type="text/css">
body { background: #000; }
p {
   text-align: center;
   padding: 24px;
   margin: 0;
   font-family: helvetica, arial, sans-serif;
   font-size: 80px;
   font-weight: bold;
   color: #D1D1D1;
   background: #CCC;
   text-shadow: -1px -1px white,
      1px 1px #333;
}
</style>
<p>文本阴影：text-shadow</p>
```

图 5.24　定义凸起的文字效果

通过左上和右下各添加一个 1 像素错位的补色阴影，营造一种淡淡的立体效果。反向思维，利用上面示例的设计思路，也可以设计一种凹体效果，设计方法就是把上面示例中左上和右下阴影颜色颠倒即可，主要代码如下，演示效果如图 5.25 所示（test5.html）。

```
body { background: #000; }
p {
   text-align: center;
   padding: 24px;
   margin: 0;
   font-family: helvetica, arial, sans-serif;
   font-size: 80px;
   font-weight: bold;
   color: #D1D1D1;
   background: #CCC;
   text-shadow: 1px 1px white,
      -1px -1px #333;
}
```

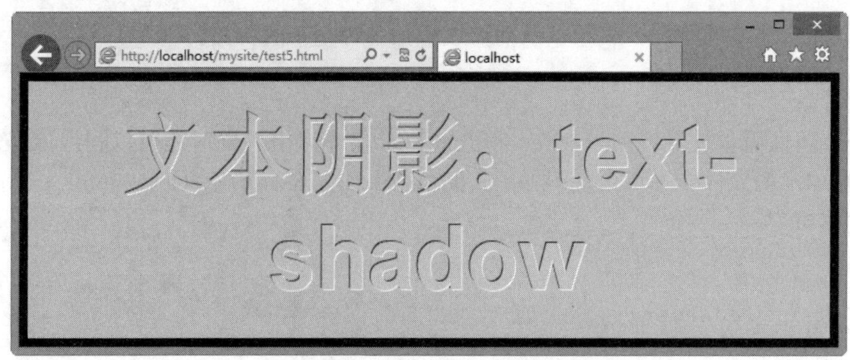

图 5.25　定义凹下的文字效果

5. 定义描边文字

使用 text-shadow 属性还可以为文本描边，设计方法是分别为文本 4 个边添加 1 像素的实体阴影，代码如下所示，演示效果如图 5.26 所示（test6.html）。

```
<style type="text/css">
body { background: #000; }
p {
    text-align: center;
    padding:24px;
    margin:0;
    font-family: helvetica, arial, sans-serif;
    font-size: 80px;
    font-weight: bold;
    color: #D1D1D1;
    background:#CCC;
    text-shadow: -1px 0 black,
        0 1px black,
        1px 0 black,
        0 -1px black;
}
</style>
<p>文本阴影：text-shadow</p>
```

图 5.26　定义描边文字效果

6. 定义外发光文字

设计阴影不发生位移，同时定义阴影模糊显示，这样就可以模拟出文字外发光效果，代码如下，演示效果如图 5.27 所示（test7.html）。

```
<style type="text/css">
body { background: #000; }
p {
    text-align: center;
    padding:24px;
    margin:0;
    font-family: helvetica, arial, sans-serif;
    font-size: 80px;
    font-weight: bold;
    color: #D1D1D1;
    background:#CCC;
    text-shadow: 0 0 0.2em #F87,
        0 0 0.2em #F87;
}
</style>
<p>文本阴影：text-shadow</p>
```

图 5.27　定义外发光文字效果

5.3.3　定义溢出文本

CSS3 新增了 text-overflow 属性，该属性可以设置超长文本省略显示。text-overflow 属性的基本语法如下所示。

```
text-overflow:clip|ellipsis|ellipsis-word;
```

text-overflow 属性初始值为无，适用于块状元素或行内元素。该属性取值简单说明：

- clip 属性值表示不显示省略标记（...），而是简单的裁切。
- ellipsis 属性值表示当对象内文本溢出时显示省略标记（...），省略标记插入的位置是最后一个字符。
- ellipsis-word 表示当对象内文本溢出时显示省略标记（...），省略标记插入的位置是最后一个词（word）。

要实现溢出时产生省略号的效果，应该再定义两个样式：强制文本在一行内显示（white-space:nowrap）和溢出内容为隐藏（overflow:hidden），只有这样才能实现溢出文本显示省略号的效果。

【示例】　以下示例设计固定区域的新闻列表。在下面代码中使用 text-overflow 属性来实现在固定的版块中，设计新闻列表有序显示，对于超出指定宽度的新闻项，则通过省略并附加省略号，来避免新闻换行或者撑开版块，演示效果如图 5.28 所示。

```
<style type="text/css">
dl {/*定义新闻栏目外框，设置固定宽度*/
    width:240px;
    border:solid 1px #ccc;}
dt {/*设计新闻栏目标题行样式*/
    padding:8px 8px;
    background:#7FECAD url(images/green.gif) repeat-x;
    font-size:13px;
    text-align:left;
    font-weight:bold;
    color:#71790C;
    margin-bottom:12px;
    border-bottom:solid 1px #efefef;}
dd {/*设新闻列表项样式*/
    font-size:0.78em;
    height:1.5em;
    width:220px;
    /*为添加新闻项目符号腾出空间*/
    padding:2px 2px 2px 18px;
    /*以背景方式添加项目符号*/
    background:url(images/icon.gif) no-repeat left 25%;
    margin:2px 0;
    /*为应用 text-overflow 作准备，禁止换行*/
    white-space: nowrap;
    /*为应用 text-overflow 作准备，禁止文本溢出显示*/
    overflow: hidden;
    -o-text-overflow: ellipsis;                      /* 兼容 Opera */
    text-overflow: ellipsis;                         /* 兼容 IE, Safari (WebKit) */
    -moz-binding: url('ellipsis.xml#ellipsis');      /* 兼容 Firefox */}
</style>
<dl>
    <dt>互联网科技看点</dt>
    <dd>Intel 内部经验：做酷炫拽的智能硬件，你需要考虑到这几点</dd>
    <dd>听小平老师讲了很多大道理，股权还是分不好？</dd>
    <dd>控股了，真就控制了公司了？——雷士照明斗殴抢公章的思考</dd>
    <dd>融到 A 轮的 90 后创业者应该是什么样的面相？（《伏牛传》之八）</dd>
    <dd>“万能”的 BAT，依然做不好 O2O</dd>
</dl>
```

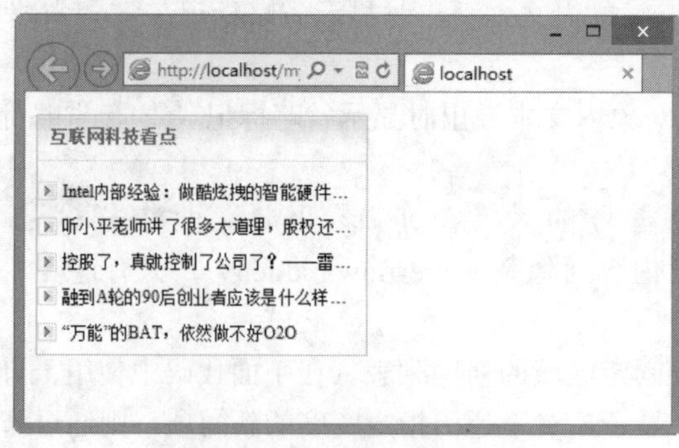

图 5.28　设计固定宽度的新闻栏目

5.3.4　文本换行

CSS3 使用 word-break 属性定义文本自动换行。这个属性原来是 IE 的私有属性，在 CSS3 中被正式采用，现在也得到了 Chrome 和 Safari 浏览器的支持。实际上，IE 自定义了多个换行处理属性：line-break、word-break、word-wrap，另外 CSS1 定义了 white-space。这几个属性简单比较如下：

- line-break 专门负责控制日文换行。
- word-wrap 属性可以控制换行。当属性取值 break-word 时，将强制换行，中文文本没有任何问题，英文语句也没问题。但是对于长串的英文就不起作用，word-wrap:breakword 控制是否断词，而不是断字符。
- word-break 属性主要针对亚洲语言和非亚洲语言进行控制换行。当属性取值 break-all 时，可以允许非亚洲语言文本行的任意字内断开。而属性值为 keep-all 时，表示对于中文、韩文、日文是不允许字断开。
- white-space 属性具有格式化文本作用，当属性取值为 nowrap 时，表示强制在同一行内显示所有文本。而属性值为 pre 时，表示显示预定义文本格式。

word-wrap 属性的基本语法如下所示。

```
word-wrap:normal|break-word;
```

word-wrap 属性初始值为 normal，适用于所有元素。该属性取值简单说明如下：

- normal 属性值表示控制连续文本换行。
- break-word 属性值表示内容将在边界内换行。如果需要，词内换行（word-break）也会发生。

在 IE 浏览器下，使用 word-wrap:break-word；声明可以确保所有文本正常显示。在 Firefox 浏览器下，中文不会出任何问题。英文语句也不会出问题。但是，长串英文会出问题。为了解决长串英文，一般使用 word-wrap:break-word；和 word-break:break-all；声明结合使用。但是，这种方法会导致，普通的英文语句中的单词被断开显示（IE 下也是）。现在的问题主要存在于长串英文和英文单词被断开的问题。

为了解决这个问题，可使用 word-wrap:break-word;overflow:hidden;，而不是 wordwrap:break-word; word-break:break-all;。word-wrap:break-word;overflow:auto；在 IE 下没有任何问题，但是在 Firefox 下，长串英文单词就会被遮住部分内容。

word-wrap 属性没有被广泛地支持，特别是 Firefox 和 Opera 浏览器对其支持比较消极，这是因为在早期的 W3C 文本模型中（http://www.w3.org/TR/2003/CR-css3-text-20030514/）放弃了对其支持，而是定义了 wrap-option 属性代替 word-wrap 属性。但是在最新的文本模式中（http://www.w3.org/TR/css3-text/）继续支持该属性，并重定义了属性值。

【示例】　在表格设计中，标题行常被撑开，影响了浏览体验。解决这个问题方法有很多种，可以固定表格的宽度，或者通过以下方法来进行设计。一方面为 th 元素添加 nowrap 属性，同时借助 CSS 换行技术进行处理，演示效果如图 5.29 所示。

```
<style type="text/css">
h1 { font-size:16px; }
table {
    width:100%;
    font-size:12px;
    empty-cells:show;
    border-collapse:collapse;
```

```
    border-collapse: collapse;
    margin:0 auto;
    border:1px solid #cad9ea;
    color:#666;
    /*定义表格在浏览器端逐步解析逐步呈现*/
    table-layout:fixed;
    /*禁止词断开显示*/
    word-break:keep-all;
    /*允许内容顶开指定的容器边界，如果声明 word-wrap:breakword;，则在 IE 浏览器中会出现换行显
示，破坏了整个标题行的样式*/
    word-wrap:normal;
    /*强迫在一行内显示*/
    white-space:nowrap;}
th {
    background-image: url(images/th_bg1.gif);
    background-repeat:repeat-x;
    height:30px;
    overflow:hidden;}
td { height:20px; }
td, th {
    border:1px solid #cad9ea;
    padding:0 1em 0;}
tr:nth-child(even) { background-color:#f5fafe;}
</style>
<table>
    <tr>
        <th nowrap="nowrap">排名</th>
        <th nowrap="nowrap">校名</th>
        <th nowrap="nowrap">总得分</th>
        <th nowrap="nowrap">人才培养总得分</th>
        <th nowrap="nowrap">研究生培养得分</th>
        <th nowrap="nowrap">本科生培养得分</th>
        <th nowrap="nowrap">科学研究总得分</th>
        <th nowrap="nowrap">自然科学研究得分</th>
        <th nowrap="nowrap">社会科学研究得分</th>
        <th nowrap="nowrap">所属省份</th>
        <th nowrap="nowrap">分省排名</th>
        <th nowrap="nowrap">学校类型</th>
    </tr>
    <tr>
        <td>1</td>
        <td>清华大学 </td>
        <td>296.77</td>
        <td>128.92</td>
        <td>93.83</td>
        <td>35.09</td>
        <td>167.85</td>
        <td>148.47</td>
        <td>19.38</td>
```

```
        <td width="16">京 </td>
        <td width="12">1 </td>
        <td>理工 </td>
    </tr>
    ……
</table>
</body>
</html>
```


排名	校名	总得分	人才培养总	研究生培养	本科生培养	科学研究总	自然科学研	社会科学研	所属省份	分省排名	学校类型
1	清华大学	296.77	128.92	93.83	35.09	167.85	148.47	19.38	京	1	理工
2	北京大学	222.02	102.11	66.08	36.03	119.91	86.78	33.13	京	2	综合
3	浙江大学	205.65	94.67	60.32	34.35	110.97	92.32	18.66	浙	1	综合
4	上海交大	150.98	67.08	47.13	19.95	83.89	77.49	6.41	沪	1	综合
5	南京大学	136.49	62.84	40.21	22.63	73.65	53.87	19.78	苏	1	综合
6	复旦大学	136.36	63.57	40.26	23.31	72.78	51.47	21.31	沪	2	综合
7	华中科大	110.08	54.76	30.26	24.50	55.32	47.45	7.87	鄂	1	理工
8	武汉大学	103.82	50.21	29.37	20.84	53.61	36.17	17.44	鄂	2	综合
9	吉林大学	96.44	48.61	25.74	22.87	47.83	38.13	9.70	吉	1	综合
10	西安交大	92.82	47.22	24.54	22.68	45.60	35.47	10.13	陕	1	综合

图 5.29　禁止表格标题文本换行显示

通过手工添加这样一行样式，确保在不同浏览器中都能够很好地单行显示。如果 th 元素定义宽度，该属性将不再起作用。

5.3.5　添加动态内容

扫一扫，看视频

content 属性属于内容生成和替换模块（http://www.w3.org/TR/css3-content/），该属性能够为指定元素添加内容。实际上内容生成和替换行为已经超越了 CSS 样式表的核心功能，这部分功能替代了原需 Javascript 脚本来实现的角色任务。不过 content 属性比较实用，它能够满足样式设计中临时添加非结构性的样式服务标签，或者添加补充说明性内容等。

content 属性的基本语法如下所示。

```
content: normal | string | attr() | uri() | counter() | none;
```

content 属性初始值为 normal，适用于所有可用元素。取值简单说明如下。

- normal：默认值。
- string：插入文本内容。
- attr()：插入元素的属性值。
- uri()：插入一个外部资源，如图像、音频、视频或浏览器支持的其他任何资源。
- counter()：计数器，用于插入排序标识。
- none：无任何内容。

【示例 1】　下面使用 content 属性为页面对象添加外部图像，演示效果如图 5.30 所示。

```
<style type="text/css">
div {
    padding: 50px;
    border: solid 1px red;
```

```
    content: url(images/1.jpg);                        /*在 div 元素内添加图片*/}
</style>
<div></div>
```

图 5.30　使用 content 属性在当前元素内插入图像演示效果

【示例 2】　下面示例使用 content 属性，配合 CSS 计数器设计多层嵌套有序列表序号设计，效果如图 5.31 所示。

```
<style type="text/css">
ol { list-style:none;}                                   /*清除默认的序号*/
li:before {color:#f00; font-family:Times New Roman;}  /*设计层级目录序号的字体样式*/
li{counter-increment:a 1;}                               /*设计递增函数 a，递增起始值为 1 */
li:before{content:counter(a)". ";}                       /*把递增值添加到列表项前面*/
li li{counter-increment:b 1;}                            /*设计递增函数 b，递增起始值为 1 */
li li:before{content:counter(a)"."counter(b)". ";} /*把递增值添加到二级列表项前面*/
li li li{counter-increment:c 1;}                         /*设计递增函数 c，递增起始值为 1 */
li li li:before{content:counter(a)"."counter(b)"."counter(c)". ";}
                                                         /*把递增值添加到三级列表项前面*/
</style>
<ol>
    <li>一级列表项目 1
        <ol>
            <li>二级列表项目 1</li>
            <li>二级列表项目 2
                <ol>
                    <li>三级列表项目 1</li>
                    <li>三级列表项目 2</li>
                </ol>
            </li>
        </ol>
    </li>
```

```
    <li>一级列表项目 2</li>
</ol>
```

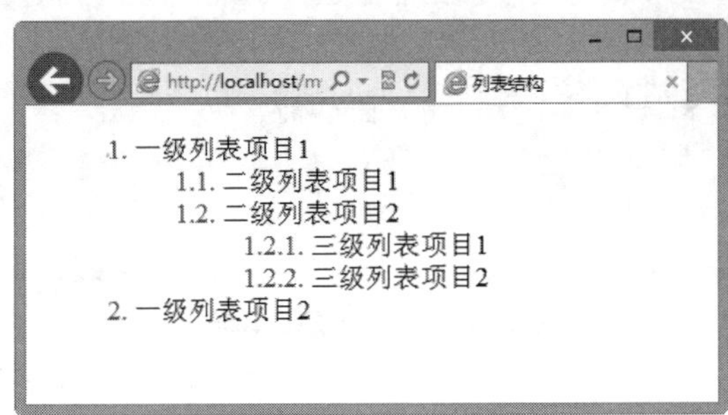

图 5.31　使用 CSS 技巧设计多级层级目录序号

5.3.6　恢复默认样式

扫一扫，看视频

CSS3 中新增了一个 initial 属性值，使用这个 initial 属性值可以直接取消对某个元素的样式指定。

【示例】　在下面示例中，页面中有 3 个 P 元素，然后在内部样式表中定义这些 P 元素的样式。

```
<style type="text/css">
p{color:blue; font-family:宋体;}
</style>
<p id="text01">有时，爱也是种伤害。残忍的人，选择伤害别人，善良的人，选择伤害自己。</p>
<p id="text02">有些事，我们明知道是错的，也要去坚持，因为不甘心；有些人，我们明知道是爱的，也要去放弃，因为没结局；有时候，我们明知道没路了，却还在前行，因为习惯了。</p>
<p id="text03">以为蒙上了眼睛，就可以看不见这个世界；以为捂住了耳朵，就可以听不到所有的烦恼；以为脚步停了下来，心就可以不再远行；以为我需要的爱情，只是一个拥抱。 </p>
```

在浏览器中预览，则显示效果如图 5.32 所示。

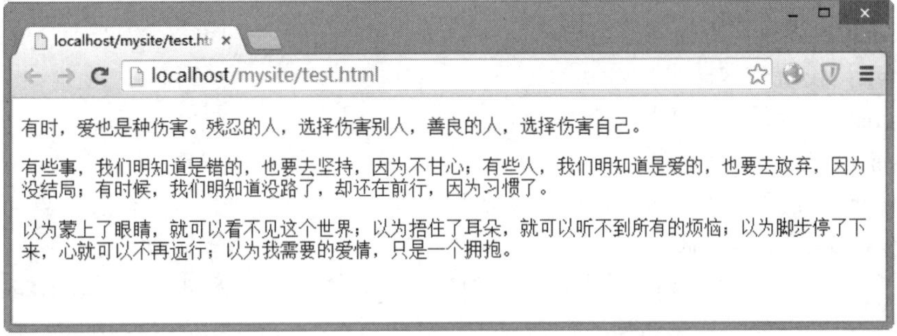

图 5.32　定义段落文本样式

3 个 p 元素的文字颜色都是蓝色，字体都是宋体。这时如果禁止<p id="text02">使用已定义的段落样式，只需在样式代码中为这个元素单独添加一个样式，然后把文字颜色的值设为 initial 值就可以了，具体代码如下所示。

```
p#text02 {
    color: initial;
    color: -moz-initial;
}
```

把上面这段代码替换到示例样式代码中，然后运行该示例，运行结果如图 5.33 所示（test1.html）。

initial 属性值的作用是让各种属性使用默认值，在浏览器中文字颜色的默认值是黑色，所以我们看到第 2 段文本的字体颜色显示为黑色。

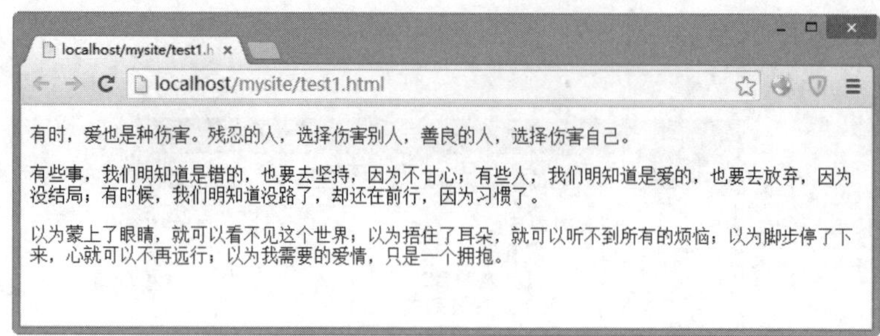

图 5.33　恢复段落文本样式

扫一扫，看视频

5.3.7　自定义字体类型

CSS3 允许用户自定义字体类型，通过@font-face 能够加载服务器端的字体文件，让客户端浏览器显示客户端所没有安装的字体。@font-face 规则在 CSS3 规范中属于字体模块（http://www.w3org/TR/css3-fonts/#font-face）。

@font-face 规则的语法格式如下：

```
@font-face { <font-description> }
```

@font-face 规则的选择符是固定的，用来引用服务器端的字体文件。

<font-description>是一个属性名值对，格式类似如下样式：

```
descriptor: value;
descriptor: value;
descriptor: value;
descriptor: value;
[...]
descriptor: value;
```

属性及其取值说明如下。

- font-family：设置文本的字体名称。
- font-style：设置文本样式。
- font-variant：设置文本是否大小写。
- font-weight：设置文本的粗细。
- font-stretch：设置文本是否横向的拉伸变形。
- font-size：设置文本字体大小。
- src：设置自定义字体的相对路径或者绝对路径。注意，该属性只能在@font-face 规则里使用。

事实上，IE 5 已经开始支持该属性，但是只支持微软自有的.eot（Embedded Open Type）字体格式，而其他浏览器直到现在都不支持这一字体格式。不过，从 Safari 3.1 开始，用户可以设置.ttf（TrueType）和.otf（OpenType）两种字体作为自定义字体了。考虑到浏览器的兼容性，在使用时建议同时定义.eot 和.ttf，以便能够兼容所有主流浏览器。

【示例】　下面是一个简单的示例，帮助读者学会使用@font-face 规则。示例代码如下，演示效果如图 5.34 所示。

```
<style type="text/css">
/* 引入外部字体文件 */
@font-face {
    /* 选择默认的字体类型 */
    font-family: "lexograph";
    /* 兼容 IE */
    src: url(http://randsco.com//fonts/lexograph.eot);
```

```
    /* 兼容非 IE */
    src: local("Lexographer"), url(http://randsco.com/fonts/lexograph.ttf) format
("truetype");
}
h1 {
    /* 设置引入字体文件中的 lexograph 字体类型 */
    font-family: lexograph, verdana, sans-serif;
    font-size:4em;}
</style>
<h1>http://www.baidu.com/</h1>
```

图 5.34　设置为 lexograph 字体类型的文字

5.4　实 战 案 例

下面结合示例讲解网页文本的版式设计，同时介绍各种网页设计技巧。

5.4.1　配置网页字体大小

扫一扫，看视频

利用 em 和%作为网页字体大小的单位，可以设计出一套科学的网页字体大小方案。

【示例 1】　假设计划这样设计自己的网页字体大小配置方案：

- 网站标题字体大小为 16 像素。
- 栏目标题字体大小为 14 像素。
- 导航菜单字体大小为 13 像素。
- 正文字体大小为 12 像素。
- 版权、注释信息字体大小为 11 像素。

【操作步骤】

（1）新建文档，在<body>标签内输入下面代码，定义网页的 HTML 框架。

```
<div id="wrap">
    <div id="header">
        <h1>网站标题（<span style="font-size:16px;">网站标题-16px</span>）</h1>
    </div>
    <ul id="nav">
        <li>菜单（<span style="font-size:13px;">菜单-13px</span>）</li>
    </ul>
    <div id="main">
     <h2>栏目标题（<span style="font-size:14px;">栏目标题-14px</span>）</h2>
        <p>网页正文（<span style="font-size:12px;">网页正文-12px</span>）</p>
```

```
    </div>
    <div id="footer">
        <p>版权信息（<span style="font-size:11px;">版权信息-11px</span>）</p>
    </div>
</div>
```

（2）新建内部样式表，定义网页字体大小，12px/16px) × 1em = 0.75em，也就是说初始化网页字体大小为 0.75em（相当于 12 像素），代码如下：

```
body {
    font-size:0.75em;
}
```

（3）以 body 元素的字体大小为参考，来定义其他栏目或版块的字体大小。

- 网站标题的字体大小：**(16px/12px)×1em = 1.333em**。也就是说网站标题的字体大小是 body 字体大小的 16/12 倍，即等于 1.33em。

为什么不是**(16px/12px)×0.75em = 1em**？因为 body 的字体大小被定义为 0.75em。

根据 CSS 继承规则，子元素的字体大小都是以父元素的字体大小为 1em 作为参考来计算的，也就是说如果网站标题定义为 1em，而 body 字体大小为 0.75em，则网站标题也应该为 0.75em，即等于 12px，而就不是 16px 了。

- 栏目标题的字体大小：**(14px/12px)×1em = 1.167em**。也就是说栏目标题的字体大小是 body 字体大小的 14/12 倍，即等于 1.167em。
- 导航菜单的字体大小：**(13px/12px)×1em = 1.08em**。也就是说栏目标题的字体大小是 body 字体大小的 13/12 倍，即等于 0.812em。
- 正文的字体大小：**(12px/12px)×1em = 1em**。也就是说正文的字体大小是 body 字体大小的 1 倍，即等于 1em。
- 版权、注释信息的字体大小：**(11px/12px)×1em = 0.917em**，也就是说版权、注释信息的字体大小是 body 字体大小的 11/12 倍，即等于 0.917em。

（4）所以针对上面的 HTML 结构，定义的 CSS 样式如下。其中正文字体直接继承 body 元素的字体大小，因此就不需要重复定义，演示效果如图 5.35 所示。

```
<style type="text/css">
body { font-size:0.75em; }
#header h1 { font-size:1.333em; }
#main h2 { font-size:1.167.em; }
#nav li{ font-size:1.08em; }
#footer p { font-size:0.917em; }
</style>
```

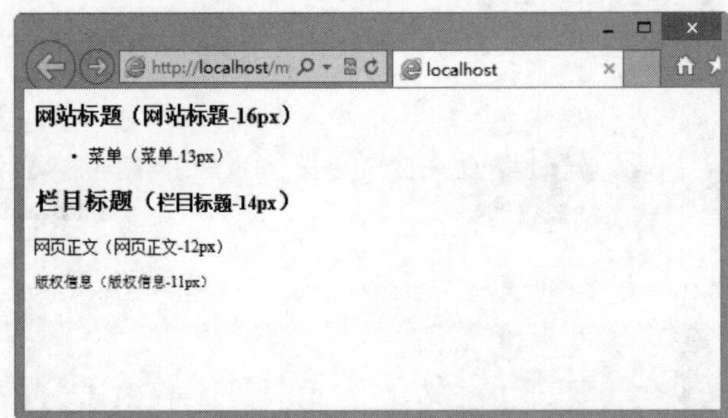

图 5.35　在 IE 新版本中预览网页字体大小搭配效果

对于上面的字体大小配置方案，适合嵌套层次比较浅的字体大小继承中，且要注意相互的干扰性。例如，如果创建一个样式 ol {font-size:60%;}，那么当在列表嵌套中就会出现严重问题，内部的<ol>标签所包含的字体会实际显示为 36%（60%*60%）。所以，在使用 em 为单位定义字体大小时，要考虑网页结构的层次问题，原则上不要嵌套使用 em 为单位定义字体大小超过 2 层，否则会为网页字体大小的统筹设计带来很多麻烦。

拓展：

当页面宽度采用%和 em 作为单位时，它们的作用和表现效果是不同的，这与字体大小中%和 em 单位表现截然不同。当宽度设置为%（百分比）时，它的宽度将以父元素的宽度作为基础进行计算，这与字体大小中的%和 em 单位计算方式类似，但是如果宽度设置为 em，则它将以内部包含字体的大小作为基础进行计算。

【示例 2】　在以下示例中，不管字体缩放多大，字体总是在一行内显示，如图 5.36 所示（test2.html）。

```
<!doctype html>
<html>
<head>
<meta charset="utf-8">
<title></title>
<style type="text/css">
#left {
    font-size: 0.875em;                              /* 字体大小为 14 像素 */
    width: 12em;                                     /* 定义元素的宽度为 12 个字体长度 */
    border: solid 1px red;                           /* 定义一个边框，以方便观察显示效果 */
    height: 1em;                                     /* 定义高度为 1 个字体大小 */
}
</style>
</head>
<body>
<div id="left">字体大小与网页布局关联</div>
</body>
</html>
```

如果使用 width:32%;来定义元素的宽度，则它只能根据浏览器的窗口宽度来决定自己的宽度，如果在窗口大小不变的情况下，放大字体，就有可能超出包含框的宽度，如图 5.37 所示（test3.html）。

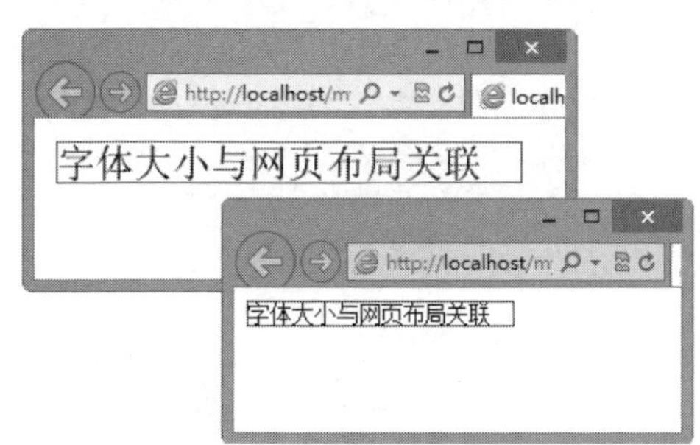

图 5.36　以 em 为单位定义宽度

图 5.37　以百分比定义宽度

通过上面演示，可以明白如何把字体大小与网页布局关联起来，以期使设计的页面更具人性化。

当然并不是所有栏目都采用弹性布局就是上策。可以根据需要，觉得某个栏目的文本列表最好保持在一行内显示，则建议使用弹性布局，采用 em 作为单位定义栏目的宽度。

5.4.2　网页配色

扫一扫，看视频

本节示例设计一个以儿童为主题的网站模板，重点讲解如何对网页进行配色。

（1）新建文档，在<body>标签中输入以下代码，建立一个固定宽度的 2 行 2 列的结构页面。

```
<div id="wrap">
    <h3 id="header">网页标题</h3>
    <ul id="nav">
        <li>链接 1</li>
        <li>链接 2</li>
        <li>链接 3</li>
        <li>……</li>
    </ul>
    <div id="main">
        <div>正文内容……</div>
    </div>
</div>
```

（2）使用 CSS 支撑起这个框架，效果如图 5.38 所示。

```
<style type="text/css">
body {
    text-align:center;                          /* 网页居中 */
}
#wrap {
    width:400px;                                /* 固定包含框的宽度 */
    margin:0 auto;                              /* 网页居中 */
    text-align:left;                            /* 文本左对齐 */
}
#header {
    height:40px;                                /* 固定高度 */
    line-height:40px;                           /* 定义行高 */
    margin:0 0 2px 0;                           /* 头部区域的外边距 */
    text-align:center;                          /* 文本居中对齐 */
}
ul#nav {
    list-style:none;                            /* 清除项目符号 */
    margin:2px 0 0 0;                           /* 导航栏外边距 */
    padding:10px 0 0 10px;                      /* 导航栏内边距 */
    float:left;                                 /* 向左浮动 */
    width:84px;                                 /* 固定宽度 */
    height:190px;                               /* 固定高度 */
}
#wrap #main {
    float:right;                                /* 向右浮动 */
    height:200px;                               /* 固定高度 */
    width:300px;                                /* 固定宽度 */
    margin:2px 0 0 2px;                         /* 增加外边距 */
}
ul#nav li {
    line-height:1.5em;                          /* 导航行高 */
}
#main div {
    padding:12px 2em;                           /* 主体区域内边距 */
}
</style>
```

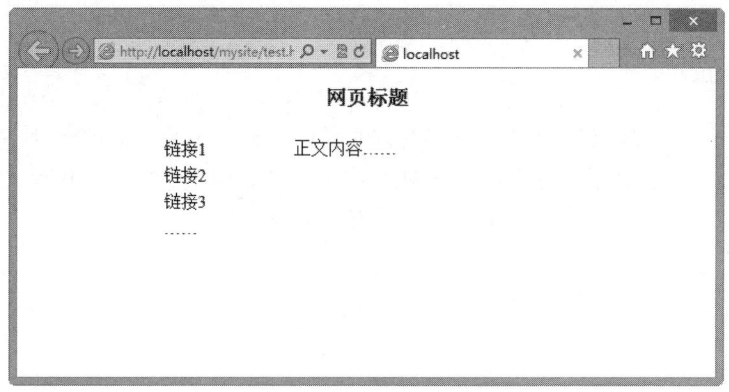

图 5.38　网页配色前效果

（3）分别为网页背景色，以及头部区域、导航侧栏和主体区域的前景色和背景色进行搭配。网页背景色采用天蓝色（淡色调）进行设置。头部区域可以采用草绿色背景进行搭配，配上红色字体，可以强化头部区域的内容。左侧栏目采用鹅黄色背景，这样可以使整个栏目更加亮丽。右侧主体区域采用粉红色背景，这样更适宜用户进行阅读。整个页面的配色效果如图 5.39 所示。

```
<style type="text/css">
body {
    color:#FF0000;                          /* 网页字体基本色，一般多为黑色或深灰色 */
    background:#99FFFF;                     /* 网页背景色 */
}
#header {
    color:#FF0000;                          /* 标题栏字体色 */
    background:#66CC66;                     /* 标题栏背景色 */
}
ul#nav {
    color:#000;                             /* 导航侧栏字体色 */
    background:#CCFF33;                     /* 导航侧栏背景色 */
}
#wrap #main {
    color:#000;                             /* 主体区域字体色 */
    background:#FF99CC;                     /* 主体区域背景色 */
}
</style>
```

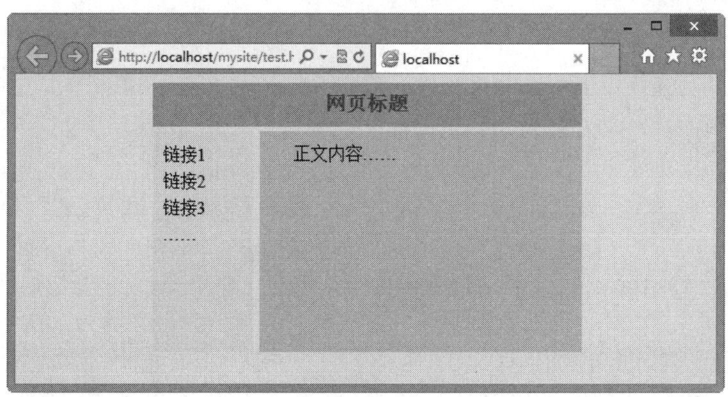

图 5.39　网页配色后的效果

扫一扫，看视频

5.4.3 网页居中显示

CSS 的 text-align 属性仅能够作用于文本等行内对象，但无法对块元素进行对齐操作。

【示例 1】 以下示例代码在标准浏览器中是无法居中显示的，如图 5.40 所示。不过如果在 div 元素内包含文本倒是居中显示，这是因为 text-align 属性拥有继承特性。

```
<style type="text/css">
body {text-align:center;}
div {
   border:solid 1px red;
   width:60%;}
</style>
<div><img src="images/1.png" /></div>
```

图 5.40 网页默认对齐方式

【示例 2】 在现代标准浏览器中，可以通过定义 margin 属性实现，即定义其左右边距都为自动，则标准浏览器都会自动把块状元素置于居中的位置。

```
<style type="text/css">
body { text-align: center; }
div {
   margin-left: auto;
   margin-right: auto;
   border: solid 1px red;
   width: 60%;
}
</style>
<div><img src="images/1.png" /></div>
```

提示：

当网页嵌套层次比较深时，所设置的样式相互影响，由于对齐属性具有继承性，如果在 body 元素中声明居中对齐（text-align:center;），则网页内所有文本都会居中对齐。为了避免类似问题，必须在内部声明向左对齐进行纠正。

【示例 3】　对于下面这个框架结构：

```
<div id="wrap">
  <h2>标题文本</h2>
    <div id="main"></div>
    <div id="footer"></div>
</div>
```

如果希望网页居中显示，则可以定义如下样式来兼容不同类型浏览器。

```
body {
    text-align:center;                              /* 定义网页在 IE 下对齐 */
}
#wrap {
    margin:0 auto;                                  /* 定义网页在标准浏览器中对齐 */
}
```

虽然上面方法实现了网页在不同类型浏览器中的对齐效果，但是文本也跟着居中对齐了，为了防止此问题的发生，可以在#wrap 选择器中补加一条规则：

```
#wrap {
    margin:0 auto;
    text-align:left;
}
```

这样所有问题都解决了。如果希望网页内某个元素内文本居中对齐，则只需要单独定义一个样式即可。例如，再补加一个样式声明标题文本居中对齐：

```
#wrap h2 {
    text-align:center;
}
```

5.4.4　垂直对齐

扫一扫，看视频

【示例 1】　各主流浏览器对 vertical-align 支持并不统一。输入下面代码，会发现在 IE 或 Firefox 等不同类型浏览器中所显示的效果都没有对齐底部，如图 5.41 所示（test.html）。

```
<style type="text/css">
div {
    vertical-align: bottom;
    width: 12em;
    height: 6em;
    border: solid 1px red;}
</style>
<div>文本垂直对齐</div>
```

原来 vertical-align 仅能够作用于单元格或图像显示。因此要在上面样式内增加 display:table-cell；声明，则在标准浏览器中能够正确显示，如图 5.42 所示（test1.html）。

```
<style type="text/css">
div {
    vertical-align: bottom;
    display: table-cell;
    width: 12em;
    height: 6em;
    border: solid 1px red;
}
<div>文本垂直对齐</div>
```

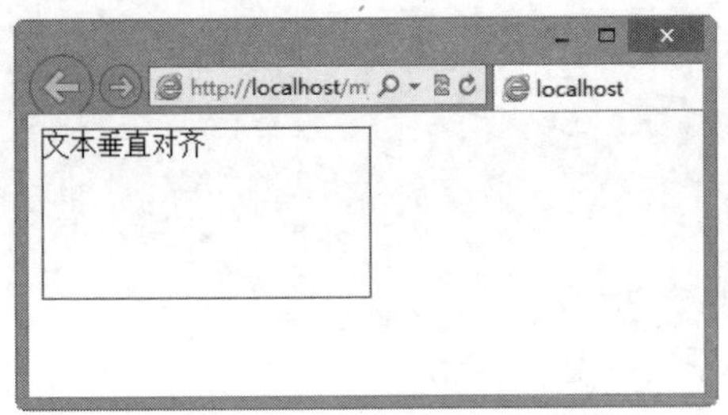

图 5.41　无效的垂直对齐底部

图 5.42　垂直对齐底部显示

如果在表格单元格标签内定义 vertical-align 属性，则不同类型浏览器都能够很好地支持。

【示例 2】　对于下面的垂直对齐样式，IE 和 Firefox 等浏览器解析效果是相同的（test2.html）。

```
<style type="text/css">
.cell {
   vertical-align: bottom;
   height: 60px;
}
</style>
<table width="200" border="1">
   <tr>
      <td class="cell">文本垂直对齐</td>
   </tr>
</table>
```

但是在其他元素内，IE 怪异模式就不能够很好地支持 vertical-align 属性了，即使声明了 display:table- cell；也是如此。为此只能另辟蹊径，下面介绍一下单行文本垂直居中对齐设计技巧。

【示例 3】　单行文本垂直居中对齐是经常需要解决的问题，可以使用下面方法巧妙解决：

```
<style type="text/css">
div {
   line-height: 6em;
   width: 12em;
   height: 6em;
   border: solid 1px red;}
</style>
<div>文本垂直居中对齐</div>
```

通过定义单行文本的高度和行高相同，这样就能够间接实现文本垂直居中显示问题，如图 5.43 所示（test3.html）。当然对于多行文本来说，这种方法无效。

图 5.43　单行文本垂直居中显示

扫一扫，看视频

5.4.5　文字隐藏和截取

在页面制作的过程中，经常需要考虑如何控制页面中某个区域的文字内容的量，使其不会因为内容过长而撑开容器，甚至导致页面的错位。

【示例 1】 在一个宽度为 300px、高度为 54px 的段落 p 标签中有一大段文字，导致文字无法正常显示在段落 p 标签内，如图 5.44 所示。

```
<style type="text/css">
p {
    width: 300px;
    height: 54px;
    background-color: #EEEEEE;
}
</style>
<p>迎涛神，此说出自东汉<span>《曹娥碑》</span>。曹娥是东汉上虞人，父亲溺于江中，数日不见尸体，
当时孝女曹娥年仅十四岁，昼夜沿江号哭。过了十七天，在五月五日也投江，五日后抱出父尸。</p>
```

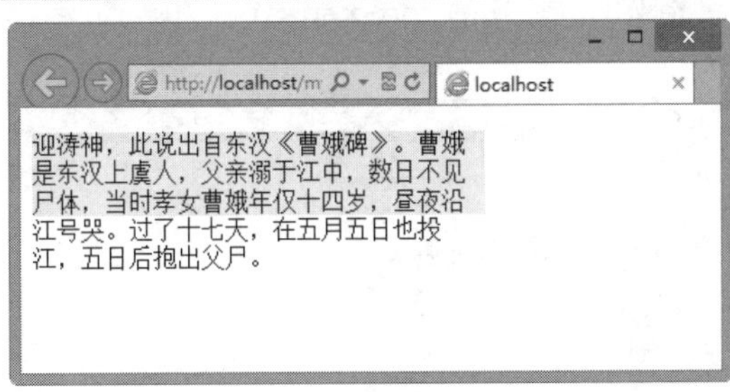

图 5.44 超出文档容器的效果示意图

但根据 CSS 样式所定义的，只需要段落 p 标签的高度是 54px，多余的应该是不要的。既然是不需要的东西，那就“扔掉”，眼不见为净。给段落 p 标签的样式加上 overflow 属性，让多余的部分“消失”。

```
p {
    width:300px;
    height:54px;
    overflow:hidden; /* 隐藏超出段落 p 标签容器的内容 */
    background-color:#EEEEEE;
}
```

添加 overflow:hidden;让超过段落 p 标签容器的部分在页面中“消失”，如图 5.45 所示。

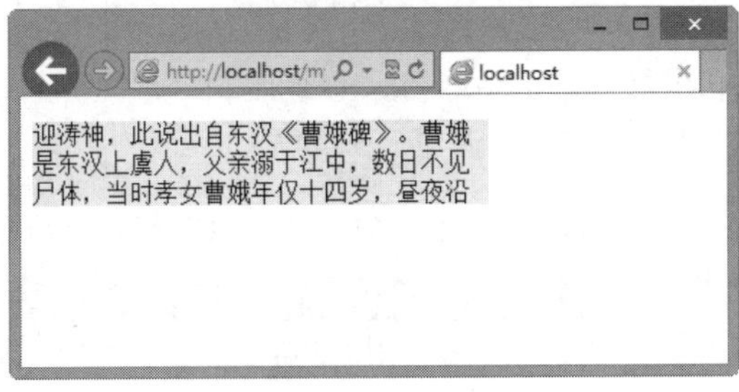

图 5.45 添加 overflow:hidden;后段落 p 标签的表现形式效果图

文字隐藏的功能并不仅仅表现在能解决页面错位的问题，还可以实现以图代替文字显示在页面中。所谓以图代替文字其实就是隐藏文字，然后以背景图的方式显示文字。这种方式很常用，因为在设计页面的时候经常会有比较漂亮的被处理过的文字，如图 5.46 所示。

图 5.46 页面中经过处理的文字

经过处理的文字效果肯定是用图片在页面中表现，但又不希望HTML结构中是使用图片img标签插入，而是使用了 h1 标题标签，表明该图片是一个标题，而且是全文中权重值最高的标题。那么 HTML 结构就会如此编码：

```
<h1>乐淘正品鞋城</h1>
```

在前面已经讨论过，如果要将文字隐藏必须是将容器的宽高固定，并且设置隐藏；现在要添加一张图片做背景，当然是少不了背景属性。则设置 CSS 样式代码如下，预览效果如图 5.47 所示。

```
h1 {
    width:250px;
    height:80px;
    overflow:hidden;
    background:url(images/logo.jpg) no-repeat 0 0;
}
```

图 5.47　并未“消失”的文字

既然已经设置 overflow:hidden;为什么文字还是在呢？其实忘了一件很重要的事情，那就是只有当容器中的内容超过容器的宽高后才会隐藏。

在分析首行缩进时，曾学习了如何利用 text-indent 属性隐藏文字。现在就是 text-indent 发挥其作用的时候了，修改 CSS 样式代码，利用 text-indent 属性将文字往旁边“推”，远远地“抛”出容器之外。

```
h1 {
    width:250px;
    height:80px;
    overflow:hidden;
    text-indent:-9999px; /* 利用 text-indent 属性将文字“推”到容器之外 */
    background:url(images/logo.jpg) no-repeat 0 0;
}
```

在浏览器中预览效果如图 5.48 所示，文字“消失”了，以图代替文字的方法有效了。

图 5.48　文字“消失”了 1

假设一下，文字既然可以左右移动很大的数值导致其超出容器的宽度而后隐藏，那么如果将行高的值设置很大并超出容器的高度，不是也可以隐藏文字了吗？

```
h1 {
    width:250px;
    height:80px;
    overflow:hidden;
    line-height:9999px; /* 将行高的值设置大点，超出容器之外，使其不可见 */
    background:url(images/logo.jpg) no-repeat 0 0;
}
```

如图 5.49 所示，文字因为行高的关系被“推”到了容器之外，并隐藏了。

图 5.49　文字“消失”了 2

CSS 样式对于隐藏文字的处理方式不仅仅是只有将元素“推”出容器之外隐藏的方法，还有 CSS 样式中本身所具备隐藏特性的属性。

- visibility:hidden;设置元素不可见，但占据页面中其原本所应该占有的空间位置。
- display:none;设置元素不可见，也不占据页面中任何空间位置。

这两种方式的唯一区别就是是否还会在原有的位置上保留其不可见后的元素空间，相同之处就是标签元素内的内容不可见。

使用这两种方式都需要在 h1 标题标签内多添加一个标签，这里添加一个 span 标签，如：

```
<h1><span>乐淘正品鞋城</span></h1>
```

那么样式中首先需要设置 h1 标签的宽高以及背景图片的属性，其次再对 h1 标题标签内的 span 标签中的元素设置不可见。

```
h1 {
    width:250px;
    height:80px;
    background:url(images/logo.jpg) no-repeat 0 0;
}
h1 span {
    visibility:hidden; /* 设置 span 标签内的文字不可见，但在页面中占据其原本所占据的空间 */
}
```

最终虽然文字“消失”了，但是在其原有的位置上还是保留着消失之前的空间位置。了解了如何使用 visibility:hidden;方法隐藏文字之后，再看一下使用 display:none;隐藏文字后的效果。

```
h1 {
    width:250px;
    height:80px;
    background:url(images/logo.jpg) no-repeat 0 0;
}
h1 span {
```

```
    display:none; /* 设置 span 标签内的文字不可见，并且不会在页面中占据其原本所占据的空间 */
}
```

修改 CSS 样式中对 h1 标题标签所包含的 span 标签的样式定义方式，把原有的 visibility:hidden;隐藏文字方法改成 display:none;的方法来隐藏文字。利用 Firebug 也没有发现隐藏后的文字还保留着其原有的物理空间。

隐藏截取文字的方式虽然有多种，但并不是所有的时候都是可行的，还应根据实际的情况去选用。只有掌握了如何使用这些方法，才能设计出适合当前页面的效果。

扫一扫，看视频

5.4.6 设计中文报刊版式

中文版式与西文版式存在很多不同。例如，中文段落文本缩进，而西文悬垂列表；中文段落一般没有段距，而西文习惯设置一行的段距等。中文报刊文章习惯以块的适度变化来营造灵活的设计版式，标题习惯居中显示，正文之前喜欢设计一个题引，题引为左右缩进的段落文本显示效果，正文以首字下沉效果显示。

本案例将展示一个简单的中文版式，分别设计一级标题、二级标题、三级标题和段落文本的样式，从而使信息的轻重分明，更有利于用户阅读，演示效果如图 5.50 所示。

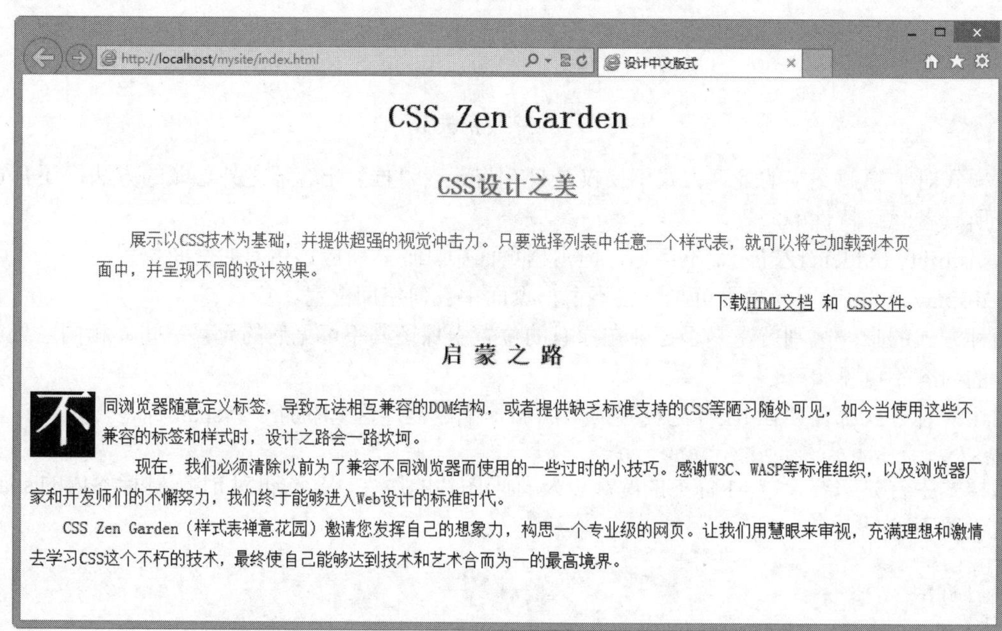

图 5.50　报刊式中文格式效果

【操作步骤】

（1）设计网页结构。本示例的 HTML 文档结构依然采用禅意花园的结构，截取第一部分的结构和内容，并把英文全部意译为中文。

```
<div id="intro">
    <div id="pageHeader">
        <h1><span>CSS Zen Garden</span></h1>
        <h2><span><acronym title="cascading style sheets">CSS</acronym> 设计之美
</span></h2>
    </div>
    <div id="quickSummary">
        <p class="p1"><span>展示以<acronym
```

```
title="cascading style sheets">CSS</acronym>技术为基础，并提供超强的视觉冲击力。只要选择列表中任意一个样式表，就可以将它加载到本页面中，并呈现不同的设计效果。</span></p>
        <p class="p2"><span>下载<a title="这个页面的 HTML 源代码不能够被改动。"
href="http://www.csszengarden.com/zengarden-sample.html">HTML 文档</a> 和 <a
title="这个页面的 CSS 样式表文件，你可以更改它。"
href="http://www.csszengarden.com/zengarden-sample.css">CSS 文件</a>。</span></p>
    </div>
    <div id="preamble">
        <h3><span>启蒙之路</span></h3>
        <p class="p1"><span>不同浏览器随意定义标签，导致无法相互兼容的<acronym
title="document object model">DOM</acronym>结构，或者提供缺乏标准支持的<acronym
title="cascading style sheets">CSS</acronym>等陋习随处可见，如今当使用这些不兼容的标签和样式时，设计之路会很坎坷。</span></p>
        <p class="p2"><span>现在，我们必须清除以前为了兼容不同浏览器而使用的一些过时的小技巧。感谢<acronym
title="world wide web consortium">W3C</acronym>、<acronym
title="web standards project">WASP</acronym>等标准组织，以及浏览器厂家和开发师们的不懈努力，我们终于能够进入 Web 设计的标准时代。</span></p>
        <p class="p3"><span>CSS Zen
            Garden（样式表禅意花园）邀请你发挥自己的想象力，构思一个专业级的网页。让我们用慧眼来审视，充满理想和激情去学习 CSS 这个不朽的技术，最终使自己能够达到技术和艺术合而为一的最高境界。</span></p>
    </div>
</div>
```

（2）定义网页基本属性。定义背景色为白色，字体为黑色。也许你认为浏览器默认网页就是这个样式，但是考虑到部分浏览器会以灰色背景显示，显式声明这些基本属性会更加安全。字体大小为 14px，字体为宋体。

```
body {/* 页面基本属性 */
    background:#fff;                                    /* 背景色 */
    color:#000;                                         /* 前景色 */
    font-size:0.875em;                                  /* 网页字体大小 */
    font-family:"新宋体", Arial, Helvetica, sans-serif;  /* 网页字体默认类型 */}
```

（3）定义标题居中显示，适当调整标题底边距，统一为一个字距。间距设计的一般规律：字距小于行距，行距小于段距，段距小于块距。检查的方法可以尝试将网站的背景图案和线条全部去掉，看是否还能保持想要的区块感。

```
h1, h2, h3 {/* 标题样式 */
    text-align:center;                                  /* 居中对齐 */
    margin-bottom:1em;                                  /* 定义底边界 */}
```

（4）为二级标题定义一个下划线，并调暗字体颜色，目的是使一级标题、二级标题和三级标题在同一个中轴线显示时产生一个变化，避免单调。由于三级标题字数少（4 个汉字），可以通过适当调节字距来设计一种平衡感，避免因为字数太少而使标题看起来很单调。

```
h2 {/* 个性化二级标题样式 */
    color:#999;                                         /* 字体颜色 */
    text-decoration:underline;                          /* 下划线 */}
h3 {/* 个性化三级标题样式 */
    letter-spacing:0.4em;                               /* 字距 */
    font-size:1.4em;                                    /* 字体大小 */}
```

（5）定义段落文本的样式。统一清除段落间距为 0，定义行高为 1.8 倍字体大小。

```
p {/* 统一段落文本样式 */
```

```
    margin:0;                                            /* 清除段距 */
    line-height:1.8em;                                   /* 定义行高 */}
```

（6）定义第 1 文本块中的第 1 段文本字体为深灰色，定义第 1 文本块中的第 2 段文本右对齐，定义第 1 文本块中的第 1 段和第 2 段文本首行缩进两个字距，同时定义第 2 文本块的第 1 段、第 2 段和第 3 段文本首行缩进两个字距。

```
#quickSummary .p1 {/* 第 1 文本块的第 1 段样式 */
    color:#444;                                          /* 字体颜色 */}
#quickSummary .p2 {/* 第 1 文本块的第 2 段样式 */
    text-align:right;                                    /* 右对齐 */}
#quickSummary .p1, .p2, .p3 {/* 除了首字下沉段以外的段样式 */
    text-indent:2em;                                     /* 首行缩进 */}
```

（7）为第 1 个文本块定义左右缩进样式，设计引题的效果。

```
#quickSummary {/* 第 1 文本块样式 */
    margin-left:4em;                                     /* 左缩进 */
    margin-right:4em;                                    /* 右缩进 */}
```

（8）定义首字下沉效果。CSS 提供了一个首字下沉的属性：first-letter，这是一个伪对象。什么是伪、伪类和伪对象，我们将在超链接设计章节中进行详细讲解。但是 first-letter 属性所设计的首字下沉效果存在很多问题，所以还需要进一步设计。例如，设置段落首字浮动显示，同时定义字体大小很大，以实现下沉效果。为了使首字下沉效果更明显，这里设计首字加粗、反白显示。

```
.first:first-letter {/* 首字下沉样式类 */
    font-size:50px;                                      /* 字体大小 */
    float:left;                                          /* 向左浮动显示 */
    margin-right:6px;                                    /* 增加右侧边距 */
    padding:2px;                                         /* 增加首字四周的补白 */
    font-weight:bold;                                    /* 加粗字体 */
    line-height:1em; /* 定义行距为一个字体大小，避免行高影响段落版式 */
    background:#000;                                     /* 背景色 */
    color:#fff;                                          /* 前景色 */}
```

注意，由于 IE 早期版本浏览器存在 Bug，无法通过:first-letter 选择器来定义首字下沉效果，所以这里重新定义了一个首字下沉的样式类（first），然后手动把这个样式类加入到 HTML 文档结构对应的段落中。

```
<p class="p1 first"><span>不同浏览器随意定义标签，导致无法相互兼容的<acronym
title="document object model">DOM</acronym>结构，或者提供缺乏标准支持的<acronym
title="cascading style sheets">CSS</acronym>等陋习随处可见，如今当使用这些不兼容的标签
和样式时，设计之路会很坎坷。</span></p>
```

提示：

在阅读信息时，段落文本的呈现效果多以块状存在。如果说单个字是点，一行文本为线，那么段落文本就成面了，而面以方形呈现的效率最高，网站的视觉设计大部分其实都是在拼方块。在页面版式设计中，建议坚持如下设计原则。

- 方块感越强，越能给用户方向感。
- 方块越少，越容易阅读。
- 方块之间以空白的形式进行分隔，从而组合为一个更大的方块。

其他样式以及整个案例效果请参阅本节实例源代码。

扫一扫，看视频

5.4.7 设计特效首页

本示例将模拟一个黑客网站的首页，借助 text-shadow 属性设计阴影效果，通过颜色的搭配，营造一

种静谧而又神秘的画面，使用两幅 PNG 图像对页面效果进行装饰和点缀，最后演示效果如图 5.51 所示。

图 5.51　设计黑客网站首页

扫码，看电子版

示例主要代码如下：

```
<style type="text/css">
body {
   padding: 0px;
   margin: 0px;
   background: black;
   color: #666;}
#text-shadow-box {/*设计包含框样式*/
   /*定义内部的定位元素以这个框为参照物*/
   position: relative;
   width: 598px;
   height: 406px;
   background: #666;
   /*禁止内容超过设定的区域*/
   overflow: hidden;
   border: #333 1px solid;}
#text-shadow-box div.wall {/*设计背景墙样式*/
   position: absolute;
   width: 100%;
   top: 175px;
   left: 0px}
#text {/*设计导航文本样式*/
   text-align: center;
   line-height: 0.5em;
   margin: 0px;
   font-family: helvetica, arial, sans-serif;
   height: 1px;
   color: #999;
   font-size: 80px;
   font-weight: bold;
```

```
    text-shadow: 5px -5px 16px #000;}
div.wall div {/*设计前面挡风板样式*/
    position: absolute;
    width: 100%;
    height: 300px;
    top: 42px;
    left: 0px;
    background: #999;}
/*设计覆盖在上面的探照灯效果图*/
#spotlight {
    position: absolute;
    width: 100%;
    height: 100%;
    top: 0px;
    left: 0px;
    background: url(images/spotlight.png) center -300px;
    font-size: 12px;}
#spotlight a {
    color: #ccc;
    text-decoration: none;
    position: absolute;
    left: 45%;
    top: 58%;
    float: left;
    text-shadow: 1px 1px #999, -1px -1px #333;}
#cat {
    position: absolute;
    top: 130px;
    left: 260px;
    z-index: 1000;
    opacity: 0.5;}
#cat img { width: 80px; }
</style>
<div id="text-shadow-box">
    <div class="wall">
        <p id="text">黑客帝国</p>
        <div></div>
    </div>
    <div id="spotlight"><a href="index.htm">Hacker Home</a></div>
    <div id="cat"><img src="images/cat.png" /></div>
</div>
```

定义页面背景色为黑色，前景色为灰色，设计主色调，并清除页边距。设计右上偏移的阴影，适当进行模糊处理，产生色晕效果，阴影色为深色，营造静谧的主观效果。设计一个层，让其覆盖在页面上，使其满窗口显示，通过前期设计好的一个探照灯背景来营造神秘效果。通过<div id="spotlight">外罩，可以为页面覆盖一层桌纸，添加特殊的艺术效果。

扫一扫，看视频

5.4.8 使用 RGBA

RGBA 色彩模式是 RGB 色彩模式的扩展，它在红、绿、蓝三原色通道基础上增加了不透明度参数。其语法格式如下。

```
rgba(r,g,b,<opacity>)
```

其中 r、g、b 分别表示红色、绿色、蓝色 3 种原色所占的比重。r、g、b 的值可以说是正整数或者百分数。正整数值的取值范围为 0~255，百分数值的取值范围为 0.0%~100.0%。超出范围的数值将被截至其最接近的取值极限。注意，并非所有浏览器都支持使用百分数值。第 4 个参数<opacity>表示不透明度，取值在 0 到 1 之间。

【示例】 设计带阴影边框的表单。在设计阴影或者其他效果的边框时，一般借助背景图片来实现，这是因为 CSS 无法实现这种效果。使用 CSS3 新增加的 box-shadow 属性，然后使用 RGBA 颜色模式为表单元素设置半透明度的阴影，从而实现一种润边形式阴影效果，代码如下，预览效果如图 5.52 所示。rgba(0,0,0,0.1)表示不透明度为 0.1 的黑色，这里不宜直接设置为浅灰色，因为对于非白色背景来说，灰色发虚，而半透明效果可以避免这样情况。

```
<style type="text/css">
/*统一输入域样式*/
input, textarea {
    padding: 4px;
    border: solid 1px #E5E5E5;
    outline: 0;
    font: normal 13px/100% Verdana, Tahoma, sans-serif;
    width: 200px;
    background: #FFFFFF;
    /*设置边框阴影效果*/
    box-shadow: rgba(0, 0, 0, 0.1) 0px 0px 8px;
    /*兼容 Mozilla 类型浏览器，如 FF*/
    -moz-box-shadow: rgba(0, 0, 0, 0.1) 0px 0px 8px;
    /*兼容 Webkit 引擎，如 Chorme 和 Safari 等*/
    -webkit-box-shadow: rgba(0, 0, 0, 0.1) 0px 0px 8px;
}
input:hover, textarea:hover, input:focus, textarea:focus { border-color: #C9C9C9; }
/*定义标签样式*/
label {
    margin-left: 10px;
    color: #999999;
    display:block; /*以块状显示，实现分行显示*/
}
.submit input {
    width:auto;
    padding: 9px 15px;
    background: #617798;
    border: 0;
    font-size: 14px;
    color: #FFFFFF;
}
</style>
<form>
    <p class="name">
        <label for="name">姓名</label>
        <input type="text" name="name" id="name" />
    </p>
    <p class="email">
```

```
        <label for="email">邮箱</label>
        <input type="text" name="email" id="email" />
    </p>
    <p class="submit">
        <input type="submit" value="提交" />
    </p>
</form>
```

扫码，看电子版

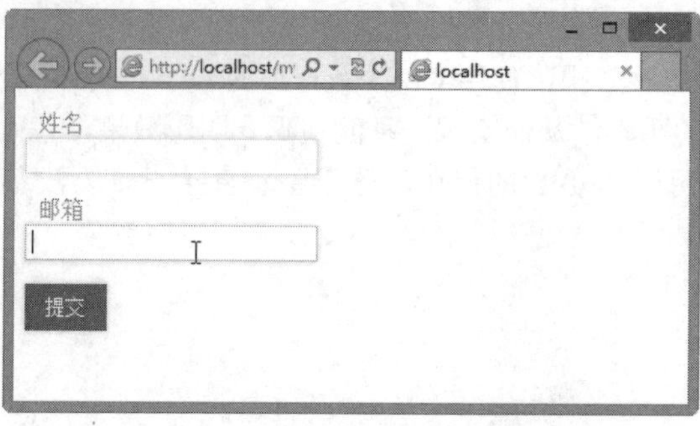

图 5.52　设计带有阴影边框的表单效果

到目前为止，Safari 浏览器、Firefox 浏览器、Chrome 浏览器及 Opera 浏览器都支持 RGBA 颜色。在 IE8 及其早期版本中不支持 RGBA 颜色的浏览器中，将忽视对 RGBA 颜色值的指定。

扫一扫，看视频

5.4.9　使用 HSL

CSS3 新增加了 HSL 颜色表现方式（http://www.w3.org/TR/css3-color/）。HSL 色彩模式是工业界的一种颜色标准，它通过对色调（H）、饱和度（S）、亮度（L）3 个颜色通道的变化以及它们相互之间的叠加来获得各种颜色。这个标准几乎包括了人类视力所能感知的所有颜色，在屏幕上可以重现 16777216 种颜色，是目前运用最广的颜色系统之一。

在 CSS3 中，HSL 色彩模式的表示语法如下：

```
hsl(<length>,<percentage>,<percentage>)
```

hsl()函数的 3 个参数说明如下。

- <length>表示色调（Hue）。Hue 衍生于色盘，取值可以为任意数值，其中 0（或 360、-360）表示红色，60 表示黄色，120 表示绿色，180 表示青色，240 表示蓝色，300 表示洋红，当然可取设置其他数值来确定不同的颜色。
- <percentage>（第 1 个）表示饱和度(Saturation)，也就是说该色彩被使用了多少，或者说颜色的深浅程度、鲜艳程度。取值为 0%到 100%之间的值。其中 0%表示灰度，即没有使用该颜色；100%饱和度最高，即颜色最艳。
- <percentage>（第 2 个）表示亮度(Lightness)。取值为 0%到 100%之间的值。其中 0%最暗，显示为黑色，50%表示均值，100%最亮，显示为白色。

【示例】　设计颜色表。先选择一个色值，然后利用调整颜色的饱和度和亮度比重，分别设计不同的配色方案表。在网页设计中，利用这种方法就可以根据网页需要选择恰当的配色方案。使用 HSL 颜色表现方式，可以很轻松地设计网页配色方案表，模拟演示效果如图 5.53 所示。

```
<styletype="text/css">
table{
    border:solid1pxred;
    background:#eee;
    padding:6px;
```

```
}
th{
    color:red;
    font-size:12px;
    font-weight:normal;
}
td{
    width:80px;
    height:30px;
}
/*第 1 行*/
tr:nth-child(4) td:nth-of-type(1){background:hsl(0,100%,100%);}/*第 1 列*/
tr:nth-child(4) td:nth-of-type(2){background:hsl(0,75%,100%);}/*第 2 列*/
tr:nth-child(4) td:nth-of-type(3){background:hsl(0,50%,100%);}/*第 3 列*/
tr:nth-child(4) td:nth-of-type(4){background:hsl(0,25%,100%);}/*第 4 列*/
tr:nth-child(4) td:nth-of-type(5){background:hsl(0,0%,100%);}/*第 5 列*/
/*第 2 行*/
tr:nth-child(5) td:nth-of-type(1){background:hsl(0,100%,88%);}/*第 1 列*/
tr:nth-child(5) td:nth-of-type(2){background:hsl(0,75%,88%);}/*第 2 列*/
tr:nth-child(5) td:nth-of-type(3){background:hsl(0,50%,88%);}/*第 3 列*/
tr:nth-child(5) td:nth-of-type(4){background:hsl(0,25%,88%);}/*第 4 列*/
tr:nth-child(5) td:nth-of-type(5){background:hsl(0,0%,88%);}/*第 5 列*/
/*第 3 行*/
tr:nth-child(6) td:nth-of-type(1){background:hsl(0,100%,75%);}/*第 1 列*/
tr:nth-child(6) td:nth-of-type(2){background:hsl(0,75%,75%);}/*第 2 列*/
tr:nth-child(6) td:nth-of-type(3){background:hsl(0,50%,75%);}/*第 3 列*/
tr:nth-child(6) td:nth-of-type(4){background:hsl(0,25%,75%);}/*第 4 列*/
tr:nth-child(6) td:nth-of-type(5){background:hsl(0,0%,75%);}/*第 5 列*/
/*第 4 行*/
tr:nth-child(7) td:nth-of-type(1){background:hsl(0,100%,63%);}/*第 1 列*/
tr:nth-child(7) td:nth-of-type(2){background:hsl(0,75%,63%);}/*第 2 列*/
tr:nth-child(7) td:nth-of-type(3){background:hsl(0,50%,63%);}/*第 3 列*/
tr:nth-child(7) td:nth-of-type(4){background:hsl(0,25%,63%);}/*第 4 列*/
tr:nth-child(7) td:nth-of-type(5){background:hsl(0,0%,63%);}/*第 5 列*/
/*第 5 行*/
tr:nth-child(8) td:nth-of-type(1){background:hsl(0,100%,50%);}/*第 1 列*/
tr:nth-child(8) td:nth-of-type(2){background:hsl(0,75%,50%);}/*第 2 列*/
tr:nth-child(8) td:nth-of-type(3){background:hsl(0,50%,50%);}/*第 3 列*/
tr:nth-child(8) td:nth-of-type(4){background:hsl(0,25%,50%);}/*第 4 列*/
tr:nth-child(8) td:nth-of-type(5){background:hsl(0,0%,50%);}/*第 5 列*/
/*第 6 行*/
tr:nth-child(9) td:nth-of-type(1){background:hsl(0,100%,38%);}/*第 1 列*/
tr:nth-child(9) td:nth-of-type(2){background:hsl(0,75%,38%);}/*第 2 列*/
tr:nth-child(9) td:nth-of-type(3){background:hsl(0,50%,38%);}/*第 3 列*/
tr:nth-child(9) td:nth-of-type(4){background:hsl(0,25%,38%);}/*第 4 列*/
tr:nth-child(9) td:nth-of-type(5){background:hsl(0,0%,38%);}/*第 5 列*/
/*第 7 行*/
tr:nth-child(10) td:nth-of-type(1){background:hsl(0,100%,25%);}/*第 1 列*/
tr:nth-child(10) td:nth-of-type(2){background:hsl(0,75%,25%);}/*第 2 列*/
tr:nth-child(10) td:nth-of-type(3){background:hsl(0,50%,25%);}/*第 3 列*/
tr:nth-child(10) td:nth-of-type(4){background:hsl(0,25%,25%);}/*第 4 列*/
tr:nth-child(10) td:nth-of-type(5){background:hsl(0,0%,25%);}/*第 5 列*/
```

```
/*第 8 行*/
tr:nth-child(11) td:nth-of-type(1){background:hsl(0,100%,13%);}/*第 1 列*/
tr:nth-child(11) td:nth-of-type(2){background:hsl(0,75%,13%);}/*第 2 列*/
tr:nth-child(11) td:nth-of-type(3){background:hsl(0,50%,13%);}/*第 3 列*/
tr:nth-child(11) td:nth-of-type(4){background:hsl(0,25%,13%);}/*第 4 列*/
tr:nth-child(11) td:nth-of-type(5){background:hsl(0,0%,13%);}/*第 5 列*/
/*第 9 行*/
tr:nth-child(12) td:nth-of-type(1){background:hsl(0,100%,0%);}/*第 1 列*/
tr:nth-child(12) td:nth-of-type(2){background:hsl(0,75%,0%);}/*第 2 列*/
tr:nth-child(12) td:nth-of-type(3){background:hsl(0,50%,0%);}/*第 3 列*/
tr:nth-child(12) td:nth-of-type(4){background:hsl(0,25%,0%);}/*第 4 列*/
tr:nth-child(12) td:nth-of-type(5){background:hsl(0,0%,0%);}/*第 5 列*/
</style>
<table class="hslexample">
    <tbody>
        <tr>
            <th> </th>
            <th colspan="5">色相：H=0 Red </th>
        </tr>
        <tr>
            <th> </th>
            <th colspan="5">饱和度 (&rarr;)</th>
        </tr>
        <tr>
            <th>亮度 (&darr;)</th>
            <th>100% </th>
            <th>75% </th>
            <th>50% </th>
            <th>25% </th>
            <th>0% </th>
        </tr>
        ......
    </tbody>
</table>
```

扫码，看电子版

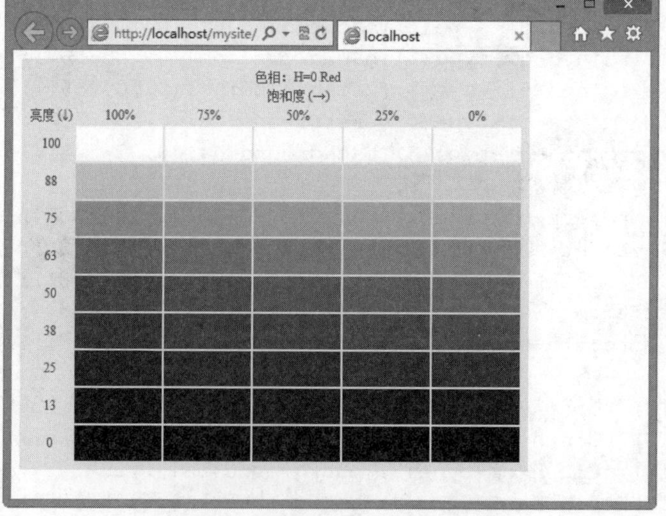

图 5.53　使用 HSL 颜色值设计颜色表

在上面代码中，tr:nth-child(4) td:nth-of-type(1) 中的 tr:nth-child(4) 子选择器表示选择行，而 td:nth-of-type(1)表示选择单元格（列）。其他行选择器结构依此类推。在 background:hsl(0,0%,0%);声明中，hsl()函数的第 1 个参数值 0 表示色相值，第 2 个参数值 0%表示饱和度，第 3 个参数值 0%表示亮度。

5.5　在线课堂：强化训练

本节为线上实践环节，旨在帮助读者练习使用 CSS3 设计各种网页文本效果，以及各种网页特效版式和文本，强化训练初学者对于网页设计的基本功，感兴趣的读者请扫码练习。

扫码，看电子版

第 6 章　使用 CSS 美化图像

网页中的图像存在两种形式:

- 使用<img>标签直接插入的图像。
- 使用 CSS 背景的形式显示的图像。

直接插入的图像多用来传递一种多媒体信息，把图像作为文档的内在对象（内联图像）。而背景图像多用来装饰网页，设计网页效果。本章将分别介绍如何使用不同的方法控制插入图像和背景图像的样式，帮助用户设计大方、美观的页面效果。

【学习重点】

- 插入图像。
- 设计图像基本显示效果。
- 设计背景图像。
- 能够灵活使用图像美化网页效果。

扫一扫，看视频

6.1　在网页中插入图像

图像格式众多，但网页图像常用格式只有 3 种：GIF、JPEG 和 PNG。其中 GIF 和 JPEG 图像格式在网上使用最广，能够支持所有浏览器。下面简单比较这 3 种图像格式的特点。

1. GIF 图像

GIF 图像格式最早于 1987 年开发的，经过多年改进，其特性如下:

（1）具有跨平台能力，不用担心兼容性问题。

（2)具有一种减少颜色显示数目而极度压缩文件的能力。它压缩的原理是不降低图像的品质，而是减少显示色，最多可以显示的颜色是 256 色，所以它是一种无损压缩。

（3）支持背景透明的功能，便于图像更好地融合到其他背景色中。

（4）可以存储多张图像，并能动态显示这些图像，GIF 动画目前在网上广泛运用。

2. JPEG 图像

JPEG 格式使用全彩模式来表现图像，具体如下特性:

（1）与 GIF 格式不同，JPEG 格式的压缩是一种有损压缩，即在压缩处理过程中，图像的某些细节将被忽略，因此，图像将有可能会变得模糊一些，但一般浏览者是看不出来的。

（2）与 GIF 格式相同，它也具有跨平台的能力。

（3）支持 1 670 万种颜色，可以很好地再现摄影图像，尤其是色彩丰富的大自然。

（4）不支持 GIF 格式的背景透明和交错显示功能。

3. PNG 图像

PNG 图像格式于 1995 年开发，是一种网络专用图像，它具有 GIF 格式图像和 JPEG 格式图像的双重优点。一方面它是一种新的无损压缩文件格式，压缩技术比 GIF 好；另一方面它支持的颜色数量达到了 1670 万种，同时还包括对索引色、灰度、真彩色图像以及 Alpha 通道透明的支持。PNG 是 Adobe

Fireworks 固有的文件格式。

在网页设计中，如果图像颜色少于 256 色时，建议使用 GIF 格式，如 Logo 等；而颜色较丰富时，应使用 JPEG 格式，如在网页中显示的自然画面的图像。

在 HTML5 中，使用<img>标签可以把图像插入到网页中，具体用法如下：

```
<img src="URL"  alt="替代文本" />
```

img 元素向网页中嵌入一幅图像，从技术上分析，<img>标签并不会在网页中插入图像，而是从网页上链接图像，<img>标签创建的是被引用图像的占位空间。

提示：

<img>标签有两个必需的属性：src 属性和 alt 属性。具体说明如下：

- alt：设置图像的替代文本。
- src：定义显示图像的 URL。

【示例】　在下面示例中，在页面中插入一幅照片，在浏览器中预览效果如图 6.1 所示。

```
<img src="images/1.jpg" width="300"  alt="玻璃栈道"/>
```

图 6.1　在网页中插入图像

6.2　设置图像样式

HTML5 为<img>标签定义了多个可选属性，简单说明如下。其中不再推荐使用 HTML4 中部分属性，如 align（水平对齐方式）、border（边框粗细）、hspace（左右空白）、vspace（上下空白），对于这些属性，HTML5 建议使用 CSS 属性代替使用。

- height：定义图像的高度。取值单位可以是像素或者百分比。
- width：定义图像的宽度。取值单位可以是像素或者百分比。
- ismap：将图像定义为服务器端图像映射。
- usemap：将图像定义为客户器端图像映射。
- longdesc：指向包含长的图像描述文档的 URL。

6.2.1　定义图像大小

扫一扫，看视频

<img>标签包含 width 和 height 属性，使用它们可以控制图像的大小。不过 CSS 提供了更符合标准的 width 和 height 属性，使用这两个属性可以实现结构和表现相分离。

【示例 1】　下面是一个简单的使用 CSS 控制图像大小的案例。

启动 Dreamweaver，新建网页，保存为 test1.html，在<body>标签内输入以下代码。

```
<img class="w200" src="images/1.jpg" />
```

```
<img class="w200" src="images/2.jpg" />
<img class="w200" src="images/3.jpg" />
<img src="images/4.jpg" />
```

在<head>标签内添加<style type="text/css">标签，定义一个内部样式表，然后输入下面样式，以类样式的方式控制网页中图片的显示大小。

```
.w200 { /* 定义控制图像宽度的类样式 */
    width:200px;
}
```

显示效果如图 6.2 所示，可以看到使用 CSS 更方便控制图片大小，提升了网页设计的灵活性。

当图像大小取值为百分比时，浏览器将根据图像包含框的宽和高进行计算。

【示例 2】 在下面这个示例中，统一定义图像缩小 50%大小，然后分别放在网页中和一个固定大小的盒子中，则显示效果截然不同，比较效果如图 6.3 所示。

```
<style type="text/css">
div { /* 定义固定大小的包含框 */
    height:200px;                                   /* 固定高度 */
    width:50%;                                      /* 设计弹性宽度 */
    border:solid 1px red;                           /* 定义一个边框 */}
img { /* 定义图像大小 */
    width:50%;                                      /* 百分比宽度 */
    height:50%;                                     /* 百分比高度 */}
</style>
<div> <img src="images/5.jpg" /> </div>
<img src="images/5.jpg" />
```

图 6.2 固定缩放图像

图 6.3 百分比缩放图像

提示：

当为图像仅定义宽度或高度，则浏览器能够自动调整纵横比，使宽和高能够协调缩放，避免图像变形。但是一旦同时为图像定义宽和高，则浏览器能够根据显式定义的宽和高来解析图像。

扫一扫，看视频

6.2.2 定义图像边框

图像在默认状态是不会显示边框，但在为图像定义超链接时会自动显示 2~3 像素宽的蓝色粗边框。

使用 border 属性可以清除这个边框，代码如下所示：

```
<a href="#"><img src="images/login.gif" alt="登录" border="0" /></a>
```

不推荐上述用法，建议使用 CSS 的 border 属性定义。CSS 的 border 属性不仅可以为图像定义边框，且提供了丰富的边框样式，支持定义边框的粗细、颜色和样式。

【示例 1】 针对上面的清除图像边框效果，使用 CSS 定义，则代码如下。

```
img { /* 清除图像边框 */
    border:none;
}
```

使用 CSS 为<img>标签定义无边框显示，这样就不再需要为每个图像定义 0 边框的属性。下面分别讲解图像边框的样式、颜色和粗细的详细用法。

1. 边框样式

CSS 为了元素边框定义了众多样式，边框样式可以使用 border-style 属性来定义。边框样式包括两种：虚线框和实线框。

虚线框包括 dotted（点线）和 dashed（虚线）。这两种样式效果略有不同，同时在不同浏览器中的解析效果也略有差异。

【示例 2】 在以下示例中，分别定义两个不同的点线和虚线类样式，然后分别应用到两幅图像上，则效果如图 6.4 所示，通过比较可以看到点线和虚线的细微差异。

```
<style type="text/css">
img {width:250px; margin:12px;}                              /* 固定图像显示大小 */
.dotted { /* 点线框样式类 */
    border-style:dotted;}
.dashed { /* 虚线框样式类 */
    border-style:dashed;
}
</style>
<img class="dotted" src="images/3.png" alt="点线边框" />
<img class="dashed" src="images/3.png" alt="虚线边框" />
```

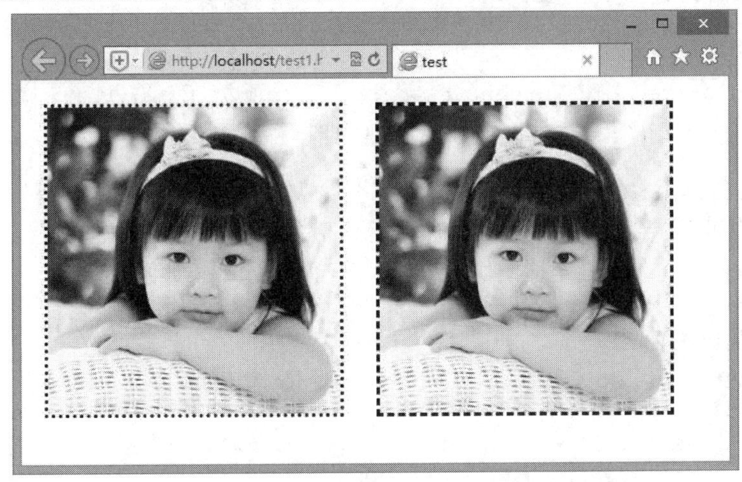

图 6.4　IE10 浏览器中的点线和虚线比较效果

实线框包括实线（solid）、双线（double）、立体凹槽（groove）、立体凸槽（ridge）、立体凹边（inset）、立体凸边（outset）。其中实线（solid）是应用最广的一种边框样式。

提示：

双线框由两条单线和中间的空隙组成，三者宽度之和等于边框的宽度。但是双线框的值分配也会存在一些矛盾，无法做到平均分配。如果边框宽度为 3px，则两条单线与其间空隙分别为 1px；如果边框宽度为 4px，则外侧单线为 2px，内侧和中间空隙分别为 1px；如果边框宽度为 5px，则两条单线宽度为 2px，中间空隙为 1px。其他取值依此类推。

拓展：

如果单独定义某边边框样式，可以使用如下属性：border-top-style（顶部边框样式）、border-right-style（右侧边框样式）、border-bottom-style（底部边框样式）、border-left-style（左侧边框样式）。

2．边框颜色和宽度

使用 CSS 的 border-color 属性可以定义边框的颜色，颜色取值可以是任何有效的颜色表示法。使用 border-width 可以定义边框的粗细，取值可以是任何长度单位，但不能使用百分比单位。

当元素的边框样式为 none 时，所定义的边框颜色和边框宽度都会同时无效。在默认状态下，元素的边框样式为 none，而元素的边框宽度默认为 2~3px。

CSS 为方便控制对象的边框样式，提供了众多属性。这些属性从不同方位和不同类型定义元素的边框。例如，使用 border-style 属性快速定义各边样式，使用 border-color 属性快速定义各边颜色，使用 border-width 属性快速定义各边宽度。属性取值的顺序：顶部、右侧、底部、左侧。

提示：

- 定义单边边框的颜色，可以使用：border-top-color（顶部边框颜色）、border-right-color（右侧边框颜色）、border-bottom-color（底部边框颜色）、border-left-color（左侧边框颜色）。
- 定义单边边框的宽度，可以使用：border-top-width（顶部边框宽度）、border-right-width（右侧边框宽度）、border-bottom-width（底部边框宽度）、border-left-width（左侧边框宽度）。

【示例 3】 在以下示例中快速定义图像各边的边框，显示效果如图 6.5 所示。

```
<style type="text/css">
img {/* 图像的边框样式 */
    width:100px;                           /* 宽度 */
    border:solid red 150px;                /* 统一定义各边样式：实线框、红色、120 像素
                                              宽度 */
    border-color:red blue green yellow;    /* 顶边红色、右边蓝色、底边绿色、左边黄色 */
}
</style>
<img src="images/1.png" />
```

【示例 4】 也可以配合使用不同复合属性自定义各边样式，例如，下面示例分别用 border-style、border-color 和 border-width 属性自定义图像各边边框样式，演示效果如图 6.6 所示。

```
<style type="text/css">
img {/* 图像的边框样式 */
    width:260px;                           /* 宽度 */
    border-style:solid dashed dotted double; /* 顶边实线、右边虚线、底边点线、左边双线 */
    border-width:10px 20px 30px 40px;      /* 顶边 10px、右边 20px、底边 30px、左边 40px
*/
    border-color:red blue green yellow;    /* 顶边红色、右边蓝色、底边绿色、左边黄色 */
}
</style>
<img src="images/5.jpg" />
```

图 6.5　定义各边边框的样式效果

图 6.6　自定义各边边框的样式效果

如果各边样式相同，使用 border 会更方便设计。例如，在下面示例中，定义各边样式为红色实线框，宽度为 20 像素。则代码如下：

```
div {
    width:400px;                                    /* 宽度 */
    height:200px;                                   /* 高度 */
    border:solid 20px red;                          /* 边框样式 */
}
```

在上面代码中，border 属性中的 3 个值分别表示边框样式、边框颜色和边框宽度，它们没有先后顺序，可以任意调整顺序。

6.2.3　定义图像不透明度

扫一扫，看视频

在 CSS3 中，使用 opacity 可以设计图像的不透明度。该属性的基本用法如下：

```
opacity:0~1;
```

取值范围在 0~1 之间，数值越低透明度也就越高，0 为完全透明，而 1 表示完全不透明。

提示：

Firefox、Safari、Opera、Chrome 和 IE8+都支持 opacity 属性。IE7 及其以下版本浏览器使用 CSS 滤镜定义透明度，基本用法如下：

```
filter:alpha(opacity=0~100);
```

取值范围在 0~100 之间，数值越低透明度也就越高，0 为完全透明，而 100 表示完全不透明。

【示例】　在下面这个示例中，先定义一个透明样式类，然后把它应用到一个图像中，并与原图进行比较，演示效果如图 6.7 所示。

```
<style type="text/css">
img { width:300px;}
.opacity {/* 透明度样式类 */
    opacity: 0.3;                                   /* 标准用法 */
    filter:alpha(opacity=30);                       /* 兼容 IE 早期版本浏览器 */
    -moz-opacity:0.3;                               /* 兼容 Firefox 浏览器 */
}
```

```
</style>
<img src="images/1.png" title="图像不透明度" />
<img class="opacity" src="images/1.png" title="图像透明度为 0.3" />
```

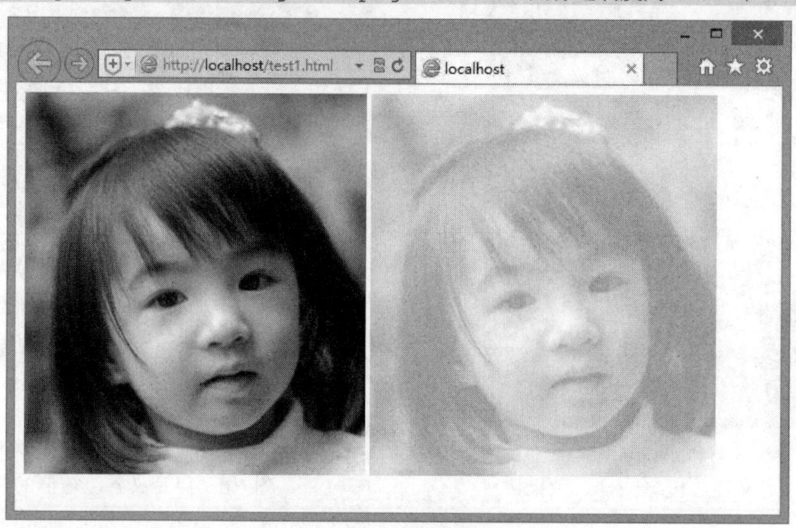

图 6.7　图像透明度演示效果

扫一扫，看视频

6.2.4　定义圆角图像

CSS3 新增了 border-radius 属性，使用它可以设计圆角样式。该属性的基本用法如下：

```
border-radius:none|<length>{1,4}[/<length>{1,4}]?;
```

border-radius 属性初始值为 none，适用于所有元素，除了 border-collapse 属性值为 collapse 的 table 元素。取值简单说明如下：

- none：默认值，表示元素没有圆角。
- <length>：由浮点数字和单位标识符组成的长度值，不可为负值。

为了方便定义元素的 4 个顶角圆角，border-radius 属性派生了 4 个子属性。

- border-top-right-radius：定义右上角的圆角。
- border-bottom-right-radius：定义右下角的圆角。
- border-bottom-left-radius：定义左下角的圆角。
- border-top-left-radius：定义左上角的圆角。

提示：

border-radius 属性可包含两个参数值：第 1 个值表示圆角的水平半径，第 2 个值表示圆角的垂直半径，两个参数值通过斜线分隔。如果仅包含一个参数值，则第 2 个值与第 1 个值相同，它表示这个角就是一个 1/4 圆角。如果参数值中包含 0，则这个角就是矩形，不会显示为圆角。

【示例】　在下面这个示例中，分别设计两个圆角类样式，第 1 个类 r1 为固定 12 像素的圆角，第 2 个类 r2 为弹性取值 50%的椭圆圆角，然后分别应用到不同的图像上，则演示效果如图 6.8 所示。

```
<style type="text/css">
img { width:300px;border:solid 1px #eee;}
.r1 {
   -moz-border-radius:12px;                    /*兼容 Gecko 引擎*/
   -webkit-border-radius:12px;                 /*兼容 Webkit 引擎*/
   border-radius:12px;                         /*标准用法*/}
```

```
.r2 {
    -moz-border-radius:50%;                         /*兼容 Gecko 引擎*/
    -webkit-border-radius:50%;                      /*兼容 Webkit 引擎*/
    border-radius:50%;                              /*标准用法*/}
</style>
<img class="r1" src="images/1.png" title="圆角图像" />
<img class="r2" src="images/1.png" title="椭圆图像" />
<img class="r2" src="images/2.png" title="圆形图像" />
```

图 6.8 圆角图像演示效果

在上面示例中，虽然第 2 幅图像和第 3 幅图像都应用了相同的类样式，但是由于图像长宽比不同，所得效果也不同。只有当图像宽度和高度相同时，则应用类 r2 之后，才可以设计圆形图像效果。

6.2.5 定义阴影图像

扫一扫，看视频

CSS3 新增了 box-shadow 属性，该属性可以定义阴影效果。该属性的基本用法如下所示。

```
box-shadow:none | <shadow> [ , <shadow> ]*;
```

box-shadow 属性的初始值是 none，该属性适用于所有元素。取值简单说明如下：

- none：默认值，表示元素没有阴影。
- <shadow>：该属性值可以使用公式表示为 inset && [<length>{2,4} && <color>?]，其中 inset 表示设置阴影的类型为内阴影，默认为外阴影，<length>是由浮点数字和单位标识符组成的长度值，可取正负值，用来定义阴影水平偏移、垂直偏移，以及阴影大小（即阴影模糊度）、阴影扩展。<color>表示阴影颜色。

提示：

如果不设置阴影类型时，默认为投影效果，当设置为 inset 时，则阴影效果为内阴影。X 轴偏移和 Y 轴偏移定义阴影的偏移距离。阴影大小、阴影扩展和阴影颜色是可选值，默认为黑色实影。box-shadow 属性值必须设置阴影的偏移值，否则没有效果。如果需要定义阴影，不需要偏移，此时可以定义阴影偏移为 0，这样才可以看到阴影效果。

【示例 1】 在下面这个示例中，设计一个阴影类样式，定义圆角、阴影显示，设置圆角大小为 8 像素，阴影显示在右下角，模糊半径为 14 像素，然后分别应用第 2 幅图像上，则演示效果如图 6.9

所示。

```
<style type="text/css">
img { width:300px; margin:6px;}
.r1 {
   -moz-border-radius:8px;
   -webkit-border-radius:8px;
   border-radius:8px;
   -moz-box-shadow:8px 8px 14px #06C;                    /*兼容 Gecko 引擎*/
   -webkit-box-shadow:8px 8px 14px #06C;                 /*兼容 Webkit 引擎*/
   box-shadow:8px 8px 14px #06C;                         /*标准用法*/
}
</style>
<img src="images/1.png" title="无阴影图像" />
<img class="r1" src="images/1.png" title="阴影图像" />
```

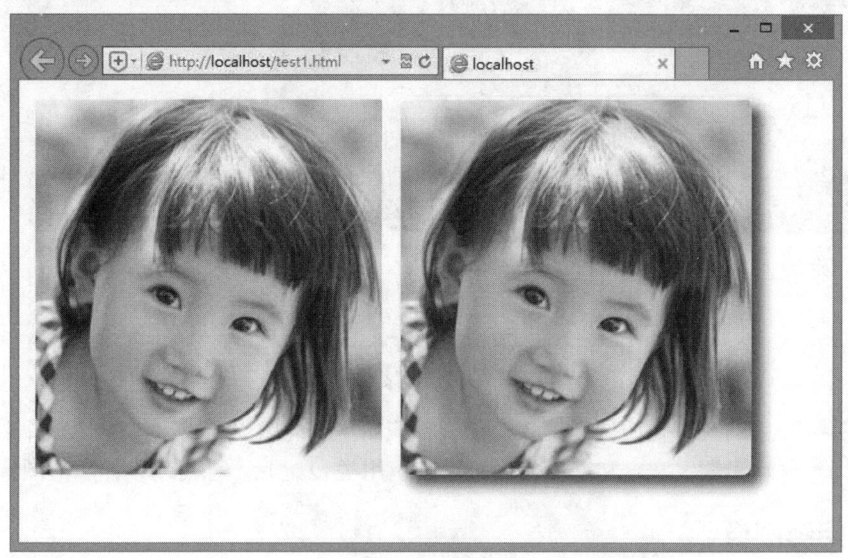

图 6.9　阴影图像演示效果

【示例 2】　box-shadow 属性用法比较灵活，可以设计叠加阴影特效。例如，在上面示例中，修改类样式 r1 的代码如下：

```
img { width:300px; margin:6px;}
.r1 {
   border-radius:12px;
   box-shadow:-10px 0 12px red,
     10px 0 12px blue,
     0 -10px 12px yellow,
     0 10px 12px green;
}
```

通过多组参数值还可以定义渐变阴影，则演示效果如图 6.10 所示。

提示：

当给同一个元素设计多个阴影时，需要注意它们的顺序，最先写的阴影将显示在最顶层。如在上面这段代码中，先定义一个 10px 的红色阴影，再定义一个 10px 大小、10px 扩展的阴影。显示结果就是红色阴影层覆盖在黄色阴影层之上，此时如果顶层的阴影太大，就会遮盖底部的阴影。

图 6.10　设计图像多层阴影效果

6.2.6　图文混排

扫一扫，看视频

在网页中经常会看到图文混排的版式，不管是单图还是多图，也不管是简单的文字介绍还是大段正文，图文版式的处理方式都很简单。在本节示例中所展示的图文混排效果，主要是文字围绕在图片的旁边进行显示。

【操作步骤】

（1）启动 Dreamweaver，新建网页，保存为 test.html，在<body>标签内输入以下代码。

```
<div class="pic_news">
    <h2>儿童节的来历</h2>
    <p><img src="images/1.jpg" alt="" /><p>
    <p>六一儿童节，也叫“六一国际儿童节”，每年 6 月 1 日举行，是全世界少年儿童的节日。</p>
    <p>1942 年 6 月，德国法西斯枪杀了捷克利迪策村 16 岁以上的男性公民 140 余人和全部婴儿，并把妇女和 90 名儿童押往集中营。村里的房舍、建筑物均被烧毁，好端端的一个村庄就这样被德国法西斯给毁了。</p>
    <p>为了悼念利迪策村和全世界所有在法西斯侵略战争中死难的儿童，1949 年 11 月，国际民主妇女联合会在莫斯科举行理事会议，中国和各国代表愤怒地揭露了帝国主义分子和各国反动派残杀、毒害儿童的罪行。为了保障世界各国儿童的生存权、保健权和受教育权，为了改善儿童的生活，会议决定以每年的 6 月 1 日为国际儿童节。</p>
</div>
```

（2）在<head>标签内添加<style type="text/css">标签，定义一个内部样式表，然后输入下面样式，设置图片的属性，将其控制到内容区域的左上角。

```
<style type="text/css">
.pic_news { width: 600px;        /* 控制内容区域的宽度，根据实际情况考虑，也可以不需要 */ }
.pic_news h2 {
    font-family: "隶书";
    font-size: 24px;
    text-align: center;}
.pic_news img {
```

```
    float: left;                                  /* 使图片旁边的文字产生浮动效果 */
    margin-right: 5px;
    height: 250px;}
.pic_news p { display: inline;                    /* 取消段落 p 标签的块属性 */ }
</style>
```

简单几行CSS样式代码就能实现图文混排的页面效果，其显示效果如图6.11所示，其中重点内容就是将图片设置浮动，float:left就是将图片向左浮动。

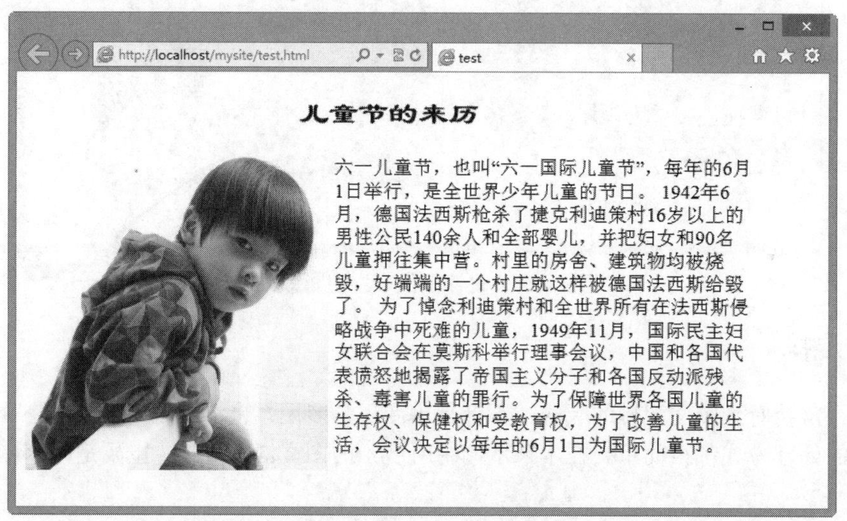

图 6.11　图文混排的页面效果

提示：

在CSS样式中，将图片的CSS样式属性设置了浮动，并且添加外补白（margin），使图片与文字之间产生间隔。对于这样的图文混排效果，很多用户说为什么不用定位直接将图片定位在内容区域的左上角呢?

绝对定位（position:absolute）是可以很简单地实现图片定位在某个区域的某个位置，但在图文混排的效果中，却不可以这样做，因为需要考虑以下几点原因：

- 图文混排的效果一般出现在介绍性的内容页面或者新闻内容页面，而这些页面一般情况下不是由页面制作过程中实现，而是在后期网站发布后通过网站的新闻发布系统中发布内容，这样的内容发布模式对于图片的大小，段落的出现，文字排版都是属于不可控的范围，不能因为要实现图文混排而增加后期内容发布的工作时间。
- 使用绝对定位的方式后，图片将脱离文档流，成为页面中具有层叠效果的一个元素，将会覆盖文字。

当页面发生重叠时，或许有用户会想到：使用内补白（padding）或者文字缩进（text-indent）的方式将被图片覆盖的文字“挪”出来。这个想法可以，但往往在一张网页甚至一个站点成型之后，对于通过网站的新闻发布系统发布内容时，图片的宽高值或者文字的内容都是灵活改变的页面元素，不能因为要实现图文混排而破坏了其原本应该具有的灵活性。

6.3　设置背景图像

CSS3 增强了 background 属性的功能，允许在同一个元素内叠加多个背景图像，同时允许定义背景图像的显示大小、显示区域等。

6.3.1　定义背景图像

在 CSS 中可以使用 background-image 属性来定义背景图像。具体用法如下：

```
background-image: none | <url>
```

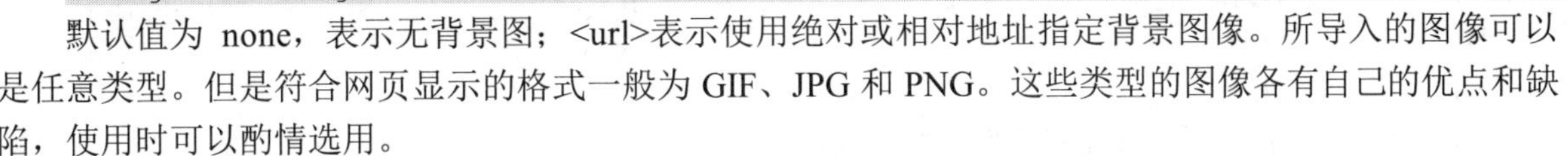

默认值为 none，表示无背景图；<url>表示使用绝对或相对地址指定背景图像。所导入的图像可以是任意类型。但是符合网页显示的格式一般为 GIF、JPG 和 PNG。这些类型的图像各有自己的优点和缺陷，使用时可以酌情选用。

提示：

GIF 格式图像可以设计动画、透明背景，图像小巧等优点，而 JPG 格式图像具有更丰富的颜色数，图像品质相对要好，PNG 类型综合了 GIF 和 JPG 两种图像的优点，不足就是占用空间相对要大。

【示例 1】　如果背景包含透明区域的 GIF 或 PNG 格式图像，则被设置为背景图像时，这些透明区域依然被保留。在下面这个示例中，先为网页定义背景图像，然后再为段落文本定义透明的 GIF 背景图像，则显示效果如图 6.12 所示。

```
<style type="text/css">
body { background-image:url(images/bg2.jpg);}
p {
    background-image:url(images/bg1.gif);
    height:120px;
    width:384px;
}
</style>
<p>背景图像</p>
```

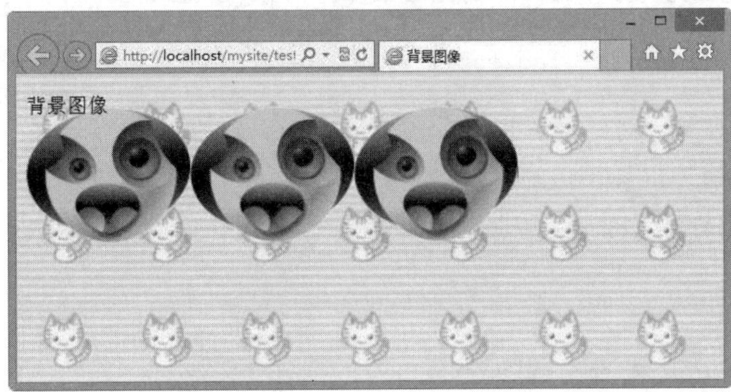

图 6.12　透明背景图像的显示效果

提示：

CSS3 支持 background-image 设置渐变背景，具体用法如下：

```
background-image: <linear-gradient>|<radial-gradient>|<repeating-linear -gradient>
| <repeating-radial-gradient>
```

取值说明如下：

- <linear-gradient>：使用线性渐变创建背景图像。
- <radial-gradient>：使用径向(放射性)渐变创建背景图像。
- <repeating-linear-gradient>：使用重复的线性渐变创建背景图像。
- <repeating-radial-gradient>：使用重复的径向(放射性)渐变创建背景图像。

上面渐变函数用法比较复杂，简单说明如下：

- 线性渐变

```
linear-gradient([[[to top|to bottom] || [to left| to right] ]||<angle>,]?<color-stop>[, <color-stop>]+);
```

- 径向渐变

```
radial-gradient([[<shape>||<size>][at<position>]?,|at<position>,]?<color- stop>[,<color-stop>]+)
```

函数取值说明如下：

- < position>：定义渐变起始点，取值包含数值、百分比，也可以使用关键字，其中 left、center 和 right 关键字定义 x 轴坐标，top、center 和 bottom 关键字定义 y 轴坐标。当指定一个值时，则另一个值默认为 center。
- <angle>：定义直线渐变的角度。单位包括 deg（度，一圈等于 360deg）、grad（梯度、90 度等于 100grad）、rad（弧度，一圈等于 2*PI rad）。
- <stop>：定义步长，包含两个参数，其中第 1 个参数值设置颜色值，可以为任何合法的颜色值，第 2 个参数设置颜色的位置，取值为百分比（0~100%）或者数值，也可以省略步长位置。
- <shape>：定义径向渐变的形状，包括 circle（圆）和 ellipse（椭圆），默认值为 ellipse。
- <size>：定义圆半径，或者椭圆的轴长度。

【示例 2】 以下示例定义<div class="blue">显示为蓝色渐变效果，同时借助圆角、阴影设计精致的小方盒子效果，如图 6.13 所示。

```
<style type="text/css">
body {background:#ededed; margin: 30px auto;}
.blue {
    color: #d9eef7; height:100px; width:400px; margin:auto; line-height: 100px;
text-align:center;  border: solid 1px #0076a3; background: #0095cd;
    /* 设置渐变背景效果：线性渐变，从上到下，从浅蓝到深蓝 */
    background: -webkit-gradient(linear, left top, left bottom, from(#00adee),
to(#0078a5));
    background: -moz-linear-gradient(top, #00adee, #0078a5);
    background: linear-gradient(to bottom, #00adee, #0078a5);
    /* 设置文本阴影 */
     text-shadow: 0 1px 1px rgba(0, 0, 0, .3);
    /* 设置圆角 */
    border-radius: .5em;
    /* 设置盒子阴影 */
    box-shadow: 0 1px 2px rgba(0, 0, 0, .2);}
</style>
<div class="blue">设计渐变图像</div>
```

扫码，看电子版

图 6.13　设计渐变背景效果

6.3.2 定义显示方式

CSS 使用 background-repeat 属性控制背景图像的显示方式。具体用法如下：

```
background-repeat: repeat-x | repeat-y | [repeat | space | round | no- repeat]{1,2}
```

取值说明如下：

- repeat-x：背景图像在横向上平铺。
- repeat-y：背景图像在纵向上平铺。
- repeat：背景图像在横向和纵向平铺。
- no-repeat：背景图像不平铺。
- round：背景图像自动缩放直到适应且填充满整个容器，仅 CSS3 支持。
- space：背景图像以相同的间距平铺且填充满整个容器或某个方向，仅 CSS3 支持。

在传统网页设计中，经常通过背景图像来设计圆角效果，最常用的方法是两图定圆角，它包括水平平铺和垂直平铺两种圆角样式。

【示例】 在下面的示例中，设计一个垂直平铺的圆角栏目。与水平平铺对应，如果某个栏目或版块宽度固定，而高度难以确定时，可以通过背景图像垂直平铺来设计版块整体效果。很多时候，网页设计师喜欢使用这种方式设计栏目之间个性分隔效果。

本例设计的公司公告栏目宽度是固定的，但是其高度可能会根据需要随时进行调整，为了适应这种需要，不妨利用垂直平铺来设计这个效果。

（1）把“公司公告”栏目分隔为上、中、下 3 块，设计上和下为固定宽度，而中间块为可以随时调整高度。设计的结构如下：

```
<div id="call">
    <div id="call_tit">公司公告</div >
    <div id="call_mid"></div >
    <div id="call_btm"></div >
</div>
```

（2）所实现的样式表如下，最后经过调整中间块元素的高度以形成不同的高度的公告牌，演示效果如图 6.14 所示。

```
<style type="text/css">
#call {
    width:218px;                                    /* 固定宽度 */
    font-size:14px;                                 /* 字体大小 */
}
#call_tit {
    background:url(images/call_top.gif);            /* 头部背景图像 */
    background-repeat:no-repeat;                    /* 不平铺显示 */
    height:43px;                                    /* 固定高度，与背景图像高度一致 */
    color:#fff;                                     /* 白色标题 */
    font-weight:bold;                               /* 粗体 */
    text-align:center;                              /* 居中显示 */
    line-height:43px;                               /* 标题垂直居中 */
}
#call_mid {
    background-image:url(images/call_mid.gif);      /* 背景图像 */
    background-repeat:repeat-y;                     /* 垂直平铺 */
    height:160px;                                   /* 可自由设置的高度 */
}
```

```
#call_btm {
    background-image:url(images/call_btm.gif);      /* 底部背景图像 */
    background-repeat:no-repeat;                    /* 不平铺显示 */
    height:11px;                                    /* 固定高度，与背景图像高度一致 */
}
```

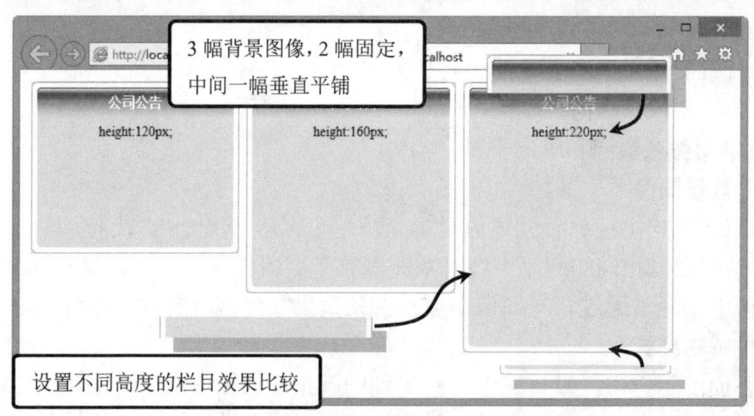

图 6.14　背景图像垂直平铺示例模拟效果

扫一扫，看视频

6.3.3　定义显示位置

在默认情况下，背景图像显示在元素的左上角，并根据不同方式执行不同显示效果。为了更好地控制背景图像的显示位置，CSS 定义了 background-position 属性来精确定位背景图像。

background-position 属性取值包括两个值，它们分别用来定位背景图像的 x 轴、y 轴坐标，取值单位没有限制。具体用法如下所示：

```
background-position: [ left | center | right | top | bottom | <percentage> | <length> ] | [ left | center | right | <percentage> | <length> ] [ top | center | bottom | <percentage> | <length> ] | [ center | [ left | right ] [ <percentage> | <length> ]? ] && [ center | [ top | bottom ] [ <percentage> | <length> ]? ]
```

默认值为 0% 0%，等效于 left top。

【示例】　下面示例利用 4 个背景图像拼接起来的一个栏目版块。这些背景图像分别被定位到栏目的 4 个边上，形成一个圆角的矩形，并富有立体感，效果如图 6.15 所示。

实例所用到的 HTML 结构代码如下：

```
<div id="explanation">
    <h3><span>这是什么？</span></h3>
    <p class="p1"><span><span class="first">对</span>于网页设计师来说应该好好研究<acronym title="cascading style sheets">CSS</acronym>。Zen Garden 致力于推广和使用 CSS 技术，努力激发和鼓励您的灵感和参与。读者可以从浏览高手的设计作品入门。只要选择列表中的任一个样式表，就可以将它加载到这个页面中。<acronym title="hypertext markup language">HTML</acronym>文档结构始终不变，但是读者可以自由地修改和定义<acronym title="cascading style sheets">CSS</acronym>样式表。</span></p>
    <p class="p2"><span><acronym title="cascading style sheets">CSS</ acronym>具有强大的功能，可以自由控制 HTML 结构。当然读者需要拥有驾驭 CSS 技术的能力和创意的灵感，同时亲自动手，用具体的实例展示 CSS 的魅力，展示个人的才华。截至目前为止，很多 Web 设计师和程序员已经介绍过许多关于 CSS 应用技巧和兼容技术的各种技巧和案例。而平面设计师还没有足够重视 CSS 的潜力。读者是不是需要从现在开始呢？</span></p>
</div>
```

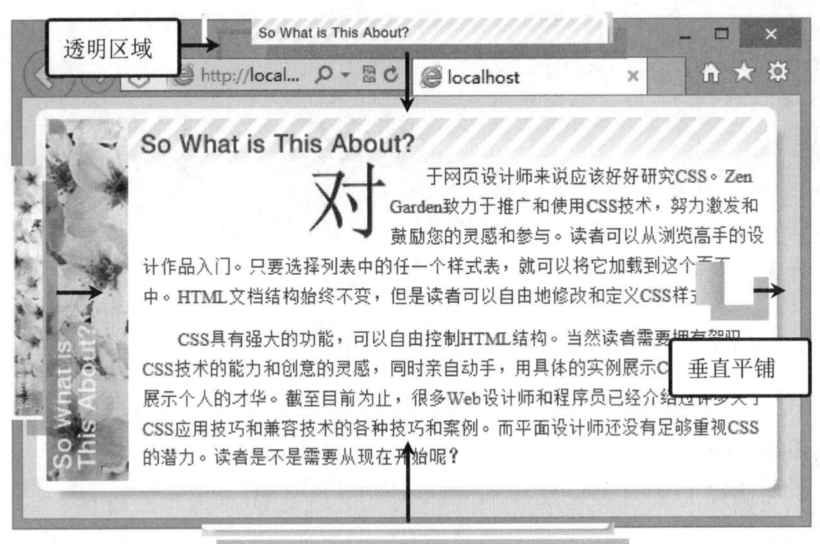

图 6.15　背景图像定位综合应用

根据这个 HTML 结构所设计的 CSS 样式表如下，请注意背景图像的定位方法：

```
<STYLE type="text/css">
body { /* 定义网页背景色、居中显示、字体颜色 */
    background:#DFDFDF; text-align:center; color:#454545;
}
p, h3 { margin:0; padding:0; }                /* 清除段落和标题的默认边距 */
#explanation {
    background-color:#ffffff;                 /* 白色背景，填充所有区域 */
    background-image:url(images/img_explanation.jpg);       /* 指定背景图像 */
    background-position:left bottom;          /* 定位背景图像位于左下角 */
    background-repeat:repeat-y;               /* 在垂直方向上平铺背景图像 */
    width:546px;                              /* 固定栏目宽度 */
    margin:0 auto;                            /* 栏目居中显示 */
    font-size:13px; line-height:1.6em; text-indent:2em;     /* 定义栏目内字体属性 */
}
#explanation h3 {
    background:url(images/title_explanation.gif) no-repeat;
                                              /* 顶部背景图像，不平铺 */
    height:39px;                              /* 固定标题栏高度 */
}
#explanation h3 span { display:none; }        /* 隐藏标题栏内信息 */
#explanation p {                              /* 定义右侧背景图像，垂直平铺 */
  background:url(images/right_bg.gif) right repeat-y;}
#explanation .p2 span {                       /* 底部背景图像，不平铺 */
    padding-bottom:20px;                      /* 增加第 2 段底部内边距，显示背景图像 */
    background:url(images/right_bottom.gif) bottom no-repeat;
}
#explanation p span {                 /* 定义段落文本左侧的内边距，以便显示左侧背景图像 */
    padding:0 15px 10px 77px;
    display:block;                    /* 定义块状显示，内边距才有效 */
    text-align:left;                  /* 文本左对齐 */
}
```

```
#explanation p .first {                                   /* 定义首字下沉特效 */
    font-size:60px; color:#820015; line-height:1em;       /* 字体显示属性 */
    float:left;                                           /* 向左浮动 */
    padding:0;                                 /* 清除上面样式为段落定义的内边距 */
}
</STYLE>
```

在上面的样式表中，通过分别为不同元素定义背景图像，然后通过定位技术把背景图像定位到对应的四个边上，并根据需要运用平铺技术实现圆角区域效果，最后所设计的效果如图 6.53 所示。

注意：

百分比是最灵活的定位方式，同时也是最难把握的定位单位。

在默认状态下，定位的位置为（0% 0%），定位点是背景图像的左上顶点，定位距离是该点到包含框左上角顶点的距离，即两点重合。

如果定位背景图像为（100% 100%），定位点是背景图像的右下顶点，定位距离是该点到包含框左上角顶点的距离，这个距离等于包含框的宽度和高度。换句说，当百分比值发生变化时，定位点也在以背景图像左上顶点为参考点不断变化，同时定位距离也根据百分比与包含框的宽和高进行计算得到一个动态值。

百分比也可以取负值，负值的定位点是包含框的左上顶点，而定位距离则以图像自身的宽和高来决定。

CSS 还提供了 5 个关键字：left、right、center、top 和 bottom。这些关键字实际上就是百分比特殊值的一种固定用法。详细列表说明如下：

```
/* 普通用法 */
top left、left top                          = 0% 0%
right top、top right                        = 100% 0%
bottom left、left bottom                    = 0% 100%
bottom right、right bottom                  = 100% 100%
/* 居中用法 */
center、center center                       = 50% 50%
/* 特殊用法 */
top、top center、center top                 = 50% 0%
left、left center、center left              = 0% 50%
right、right center、center right           =100% 50%
bottom、bottom center、center bottom        = 50% 100%
```

扫一扫，看视频

6.3.4 定义固定背景

一般情况下，背景图像能够跟随网页内容整体上下滚动。如果所定义的背景图像比较特殊，如水印或者窗口背景，自然不希望这些背景图像在滚动网页时轻易消失。CSS 为了解决这个问题提供了一个独特的属性：background-attachment。它能够固定背景图像始终显示在浏览器窗口中的某个位置。具体用法如下。

```
background-attachment: fixed | local | scroll
```

默认值为 scroll，具体取值说明如下：

- fixed：背景图像相对于浏览器窗体固定。
- scroll：背景图像相对于元素固定，也就是说当元素内容滚动时背景图像不会跟着滚动，因为背景图像总是要跟着元素本身。
- local：背景图像相对于元素内容固定，也就是说当元素内容滚动时背景图像也会跟着滚动，此时不管元素本身是否滚动，当元素显示滚动条时才会看到效果。该属性值仅 CSS3 支持。

【示例 1】　在下面的示例中，为<body>标签设置背景图片，且不平铺、固定，这时通过拖动浏览器滚动条，可以看到网页内容在滚动，而背景图片静止显示。

```
<style type="text/css">
body {
    background-image: url(images/bg.jpg);   /* 设置背景图片 */
    background-repeat: no-repeat;           /* 背景图片不平铺 */
    background-position: left center;       /* 背景图片的位置 */
    background-attachment: fixed;           /* 背景图片固定，不随滚动条滚动而滚动 */
    height: 1200px;                         /* 高度，出现浏览器的滚动条 */
}
#box {float:right; width:400px;}
</style>
<div id="box">
    <h1> 雨巷</h1>
    <h2>戴望舒</h2>
    <pre>
撑着油纸伞，独自
彷徨在悠长、悠长
又寂寥的雨巷，
我希望逢着
一个丁香一样的
结着愁怨的姑娘。
……
    </pre>
</div>
```

页面演示效果如图 6.16 所示。

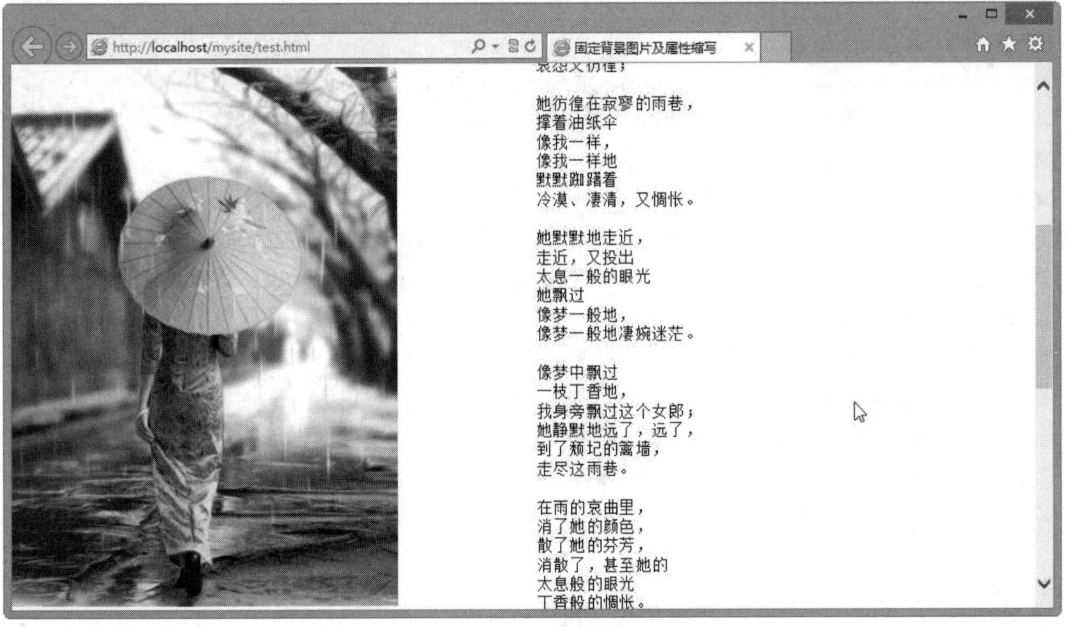

图 6.16　背景图片固定

注意：

在定义背景图像时，经常需要定义多个属性。这是一件很繁琐的操作，为此 CSS 提供了一个 background 属性。使用这个复合属性，可以在一个属性中定义所有相关的值。

例如，如果把上面示例中的 4 个与背景图像相关的声明合并为一个声明，则代码如下：

```
body {/* 固定网页背景 */
    background:url(images/bg2.jpg) no-repeat fixed left center;
    height:1000px;
}
```

上面各个属性值不分先后顺序。另外，该复合属性还可以同时指定颜色值，这样当背景图像没有完全覆盖所有区域，或者背景图像失效时，则会自动显示指定颜色。例如，定义如下背景图像和背景颜色。

```
body {/* 同时定义背景图像和背景颜色 */
    background: #CCCC99 url(images/png-1.png);
}
```

如果把背景图像和背景颜色分开声明，则无法同时在网页中显示。例如，在下面代码中，后面的声明值将覆盖前面的声明值，所以就无法同时显示背景图像和背景颜色。

```
body {/* 定义网页背景色和背景图像 */
    background:#CCCC99;
    background:url(images/png-1.png) no-repeat;
}
```

扫一扫，看视频

6.3.5 定义坐标

CSS3 为 background 新增了 3 个派生的子属性 background-origin、background-clip 和 background-size。其中 background-origin 属性定义 background-position 属性的参考位置。在默认情况下，background-position 属性总是根据元素左上角为坐标原点进行定位背景图像。使用 background-origin 属性可以改变这种定位方式。该属性的基本语法如下所示。

```
background-origin:border-box | padding-box | content-box;
```

background-origin 初始值是 padding-box，适用于所有元素。取值简单说明：

- border-box：从边框区域开始显示背景。
- padding-box：从补白区域开始显示背景。
- content-box：仅在内容区域显示背景。

在最新版本的 CSS 背景模块规范中（http://www.w3.org/TR/css3-background/#background-origin），W3C 规定该属性取值为 padding-box、border-box 和 content-box，最初取值则为 padding、border 和 content。目前，Webkit 引擎还支持-webkit-backgroundorigin 私有属性，Mozilla Gecko 引擎支持-moz-background-origin 私有属性，Presto 引擎和 IE 浏览器支持标准属性。

【示例】 background-origin 属性改善了背景图像定位的方式，更灵活地决定背景图像应该显示的位置。下面示例利用 background-origin 属性重设背景图像的定位坐标，以便更好控制背景图像的显示，演示效果如图 6.17 所示。

实现本案例的代码如下所示。

```
<style type="text/css">
div {
    height:600px; width:416px;
    border:solid 1px red;
    padding:120px 4em 0;
    /*为了避免背景图像重复平铺到边框区域，应禁止它平铺*/
    background:url(images/p3.jpg) no-repeat;
    /*设计背景图像的定位坐标点为元素边框的左上角*/
```

```
    background-origin:border-box;
    background-size:cover;
    overflow:hidden;
}
div h1 {
    font-size:18px; font-family:"幼圆";
    text-align:center;
}
div p {
    text-indent:2em; line-height:2em; font-family:"楷体";
    margin-bottom:2em;
}
</style>
<div>
    <h1>春</h1>
    <p>盼望着，盼望着，东风来了，春天的脚步近了。一切都像刚睡醒的样子，欣欣然张开了眼。山朗润起来了，水长起来了，太阳的脸红起来了。小草偷偷地从土里钻出来，嫩嫩的，绿绿的。园子里，田野里，瞧去，一大片一大片满是的。坐着，躺着，打两个滚，踢几脚球，赛几趟跑，捉几回迷藏。风轻悄悄的，草绵软软的。</p>
    <p>桃树、杏树、梨树，你不让我，我不让你，都开满了花赶趟儿。红的像火，粉的像霞，白的像雪。花里带着甜味，闭了眼，树上仿佛已经满是桃儿、杏儿、梨儿！花下成千成百的蜜蜂嗡嗡地闹着，大小的蝴蝶飞来飞去。野花遍地是：杂样儿，有名字的，没名字的，散在草丛里，像眼睛，像星星，还眨呀眨的。</p>
</div>
```

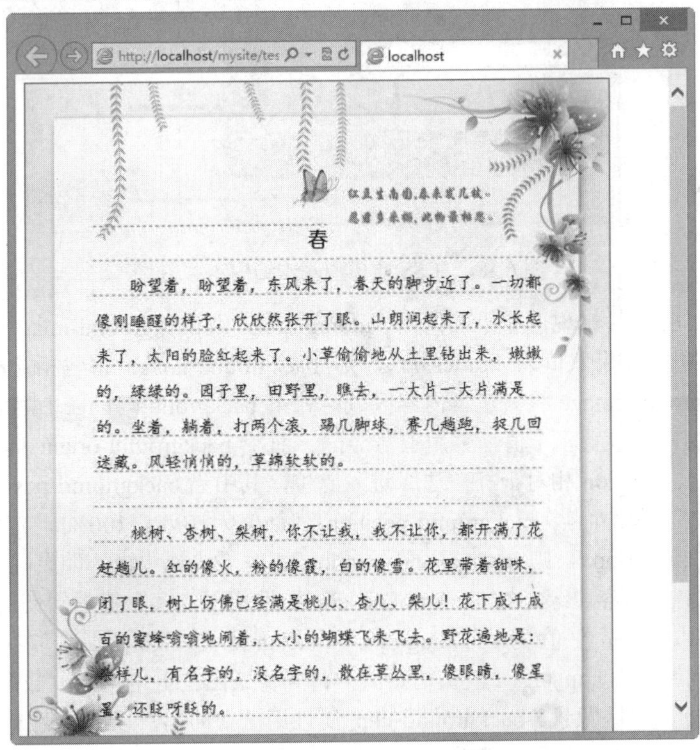

图 6.17　设计书信效果

6.3.6　定义裁剪区域

扫一扫，看视频

background-clip 属性定义背景图像的裁剪区域。background-clip 属性与 background-origin 属性有着几

分关联度。其中 background-clip 属性用来判断背景是否包含边框区域，而 background-origin 属性用来决定 background-position 属性定位的参考位置，它们的属性取值也很相似。该属性的基本语法如下所示。

```
background-clip:border-box | padding-box | content-box | text;
```

background-clip 属性的初始值是 border-box，适用于所有元素。取值简单说明：

- border-box：从边框区域向外裁剪背景。
- padding-box：从补白区域向外裁剪背景。
- content-box：从内容区域向外裁剪背景。
- text：从前景内容（如文字）区域向外裁剪背景。

目前，Webkit 引擎还支持-webkit- backgroundclip 私有属性，Mozilla Gecko 引擎支持-moz-background- clip 私有属性，Presto 引擎和 IE9+浏览器支持该属性部分取值， Firefox 不支持该 text 值。

background-clip 属性和 background-origin 属性实现的效果基本相同，但是它们的实现原理是不同的。在具体设计中，设计师可以配合 background-clip 属性和 background- origin 属性，以实现相同的效果，这样能够兼容各种主流浏览器。

根据 CSS 盒模型原理，对于任何一个元素来说，它都会包含四区域、四边沿，即边界区域、边框区域、补白区域和内容区域，以及边界边缘、边框边缘、补白边缘、内容边缘，如图 6.18 所示。

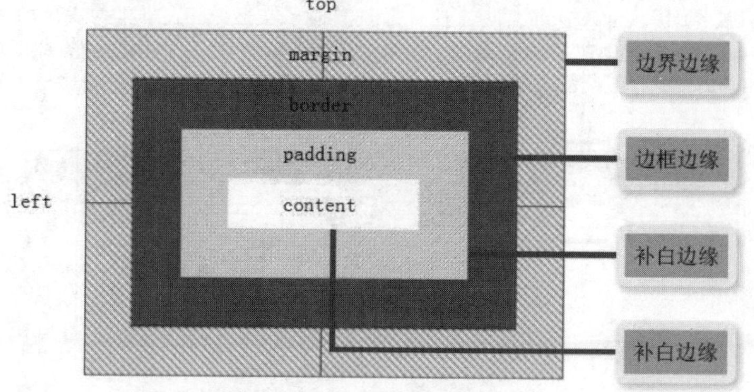

图 6.18　CSS 盒模型基本结构示意图

对于 background-clip 属性来说，如果取值为 padding-box，则 background-image 将忽略补白边缘，此时边框区域显示为透明；如果取值为 border-box，则 background-image 将包括边框区域；如果取值为 content-box，则 background-image 将只包含内容区域；如果 background-image 属性定义了多重背景，则 background-clip 属性值可以设置多个值，并用逗号分隔。对于 background-origin 属性来说，如果取值为 padding，则 background-position 相对于补白边缘进入定位，其中当 background-position 属性值为"0 0"，定位点为补白边缘的左上角，而当 background-position 属性值为"100% 100%"，定位点为补白边缘的为右下角。如果取值为 border-box，则 background-position 相对于边框边缘。如果取值为 content-box，则 backgroundposition 相对于内容边缘。与 background-clip 属性相同，多个值之间使用逗号分隔。

如果 background-clip 属性值为 padding-box，background-origin 属性取值为 border-box，且 background- position 属性值为"top left"（默认初始值），则背景图左上角将会被截取掉部分。

【示例 1】 设计内容区背景。background-clip 属性用法很简单，以下示例演示如何设计背景图像仅在内容区域内显示，演示效果如图 6.19 所示。

```
<style type="text/css">
div {
   height:50px;
   width:200px;
```

```
    border:solid 50px gray;
    padding:50px;
    background:url(images/bg2.jpg) no-repeat;
    background-size:cover;
    background-clip:content-box;
}
</style>
<div></div>
```

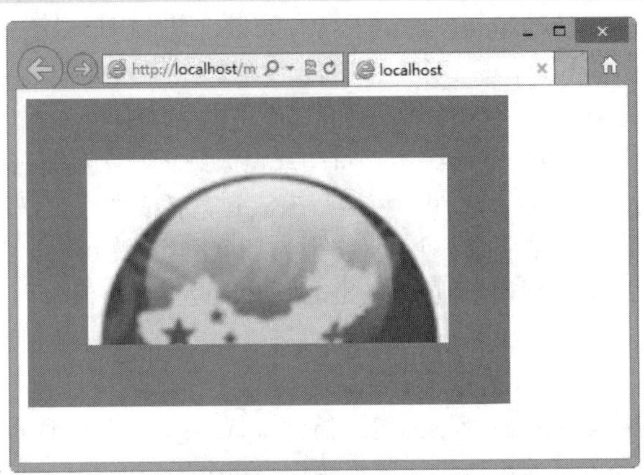

图 6.19　以内容边缘裁切背景图像效果

【示例 2】　设计按钮效果。在以下示例中同时定义 background-clip 和 background-origin 属性值为 content，可以设计比较特殊的按钮样式，演示效果如图 6.20 所示。

```
<style type="text/css">
button {
    height:40px; width:150px;
    padding:1px;
    cursor:pointer;
    color:#fff;
    border:3px double #95071b;
    border-right-color:#650513;
    border-bottom-color:#650513;
    /*为了避免背景图像重复平铺到边框区域，应禁止它平铺 */
    background:url(images/img6.jpg) no-repeat;
    /*设计背景图像的定位坐标点为元素内容区域的左上角*/
    background-origin:content-box;
    /*设计背景图像的以内容区域的边缘进行裁切背景图像*/
    background-clip:content-box;
}
</style>
<button>导航按钮 >></button>
```

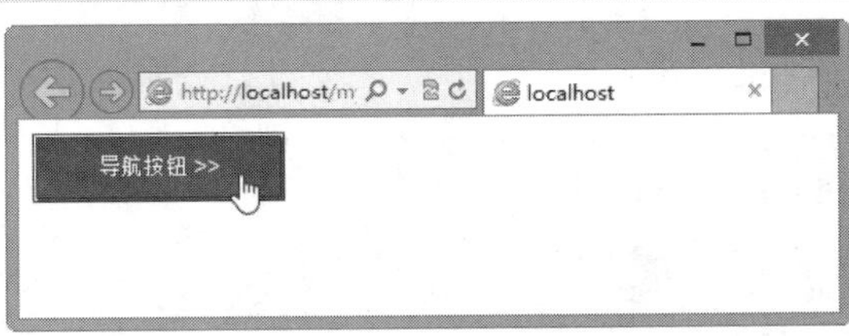

图 6.20　设计按钮效果

扫一扫，看视频

6.3.7　定义大小

在 CSS2 及其以前版本中，背景图像的大小是不可以控制的，如果要想使背景图像填充元素背景区域，则需要事先设计更大的背景图像，要么就只能让背景图像以平铺的方式来填充元素。CSS3 新增的 background-size 可以控制背景图像的显示大小。background-size 属性的基本语法如下所示。

```
background-size:[ <length> | <percentage> | auto ]{1,2} | cover | contain;
```

background-size 属性的初始值为 auto，适用于所有元素。取值简单说明如下。

- <length>：由浮点数字和单位标识符组成的长度值。不可为负值。
- <percentage>：取值为 0%到 100%之间的值。不可为负值。
- cover：保持背景图像本身的宽高比例，将图片缩放到正好完全覆盖所定义背景的区域。
- contain：保持图像本身的宽高比例，将图片缩放到宽度或高度正好适应所定义背景的区域。

background-size 属性可以设置 1 个或 2 个值，1 个为必填，1 个为可选。其中第 1 个值用于指定背景图像的 width，第 2 个值用于指定背景图像的 height，如果只设置 1 个值，则第 2 个值默认为 auto。

注意，Webkit 引擎支持-webkit-backgroundsize 私有属性，Mozilla Gecko 引擎支持-moz-background-size 私有属性，Presto 引擎和 IE 9+浏览器支持该属性。

【示例】　设计自适应模块大小的背景图像。借助 image-size 属性自由定制背景图像大小的功能，让背景图像自适应盒子的大小，从而可以设计与模块大小完全适应的背景图像，本示例效果如图 6.21 所示，只要背景图像长宽比与元素长宽比相同，就不用担心背景图像与模块区域脱节。

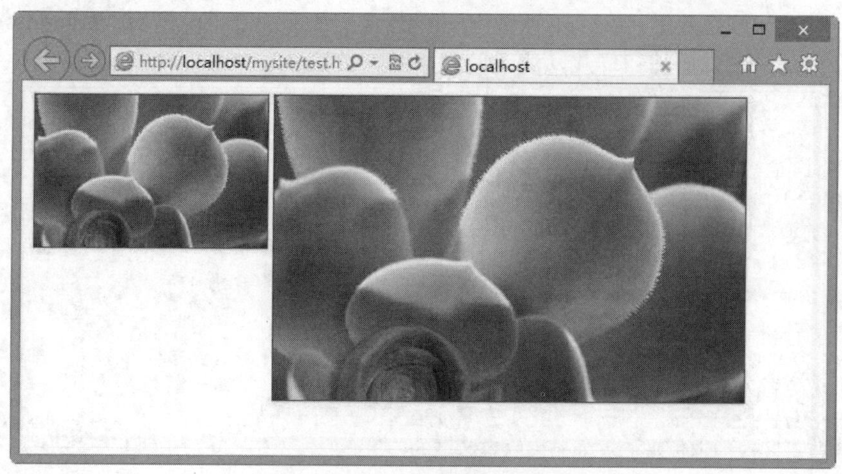

图 6.21　设计背景图像自适应显示

示例完整代码如下：

```
<style type="text/css">
div {
    margin:2px;
    float:left;
    border:solid 1px red;
    background:url(images/img2.jpg) no-repeat center;
    /*设计背景图像完全覆盖元素区域*/
    background-size:cover;
}
/*设计元素大小*/
.h1 { height:120px; width:192px; }
```

```
.h2 { height:240px; width:384px; }
</style>
<div class="h1"></div>
<div class="h2"></div>
```

扫一扫，看视频

6.3.8　定义多背景图

在 CSS3 中可以在一个元素里显示多个背景图像，还可以将多个背景图像进行重叠显示，从而使得背景图像中所用素材的调整变得更加容易。

【示例】　本示例将用到 8 个背景图像，使用它们分别模拟圆角边框的 4 个顶角和 4 条边。最后通过 CSS 把它们分别固定到元素的边框和顶角上，设计效果如图 6.22 所示。

```
<style type="text/css">
body { text-align: center; }
.roundbox {
   padding: 2em;
   width: 90%px;
   margin: 0px auto;
   background-image:
      url(images/roundbox1/tl.gif),
      url(images/roundbox1/tr.gif),
      url(images/roundbox1/bl.gif),
      url(images/roundbox1/br.gif),
      url(images/roundbox1/right.gif),
      url(images/roundbox1/left.gif),
      url(images/roundbox1/top.gif),
      url(images/roundbox1/bottom.gif);
   background-repeat:
      no-repeat,
      no-repeat,
      no-repeat,
      no-repeat,
      repeat-y,
      repeat-y,
      repeat-x,
      repeat-x;
   background-position:
      left 0px,
      right 0px,
      left bottom,
      right bottom,
      right 0px,
      0px 0px,
      left 0px,
      left bottom;
   background-color: #66CC33;
   text-align: left;
}
</style>
<div class="roundbox">
   <h3><span>这是什么？</span></h3>
```

```
    <p class="p1"><span><span class="first">对</span>于网页设计师来说应该好好研究<acr
onym
title="cascading style sheets">CSS</acronym>。Zen Garden 致力于推广和使用 CSS 技术，努
力激发和鼓励您的灵感和参与。你可以从浏览高手的设计作品入门。只要选择列表中的任一个样式表，就可以
将它加载到这个页面中。<acronym title="hypertext markup language">HTML</acronym>文档结
构始终不变，但是你可以自由的修改和定义<acronym title="cascading style sheets"> CSS
</acronym>样式表。</span></p>
</div>
```

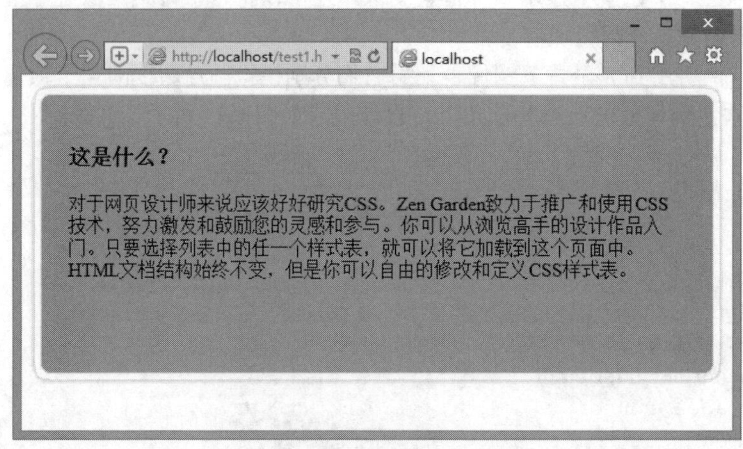

图 6.22　定义多背景图像

在 div 元素的样式代码中，上面示例用到了几个关于背景的属性：background-image、background-repeat 和 background-position 属性。这些属性都是 CSS1 中就有的属性，但是在 CSS3 中，通过利用逗号作为分隔符来同时指定多个属性的方法，可以指定多个背景图像，并且实现了在一个元素中显示多个背景图像的功能。

注意，在使用 background-image 属性来指定图像文件的时候，是按在浏览器中显示时图像叠放的顺序从上往下指定的，第一个图像文件是放在最上面的，最后指定的文件是放在最下面的。另外，通过多个 background-repeat 属性与 background-position 属性的指定，可以单独指定背景图像中某个图像文件的平铺方式与放置位置。

通过指定多个 background-image、background-repeat 和 background-position 属性，实现了在一个元素的背景中显示多个图像文件的功能。具体来说，允许多重指定并配合着多个图像文件一起利用的属性有如下几个：

- background-image
- background-repeat
- background-position
- background-clip
- background-origin
- background-size

6.4　定义渐变背景

基于 CSS3 的渐变与图片渐变相比，最大的优点是便于修改，同时支持无级缩放，过渡更加自然。

下面分别进行讲解。

扫一扫，看视频

6.4.1　定义线性渐变

创建一个线性渐变，至少需要两个颜色，也可以选择设置一个起点或一个方向。简明语法格式如下：

```
linear-gradient( angle, color-stop1, color-stop2, ……)
```

参数简单说明如下：

- angle：用来指定渐变的方向，可以使用角度或者关键字来设置。关键字包括 4 个，说明如下。
  - to left：设置渐变为从右到左，相当于 270deg。
  - to right：设置渐变从左到右，相当于 90deg
  - to top：设置渐变从下到上，相当于 0deg
  - to bottom：设置渐变从上到下，相当于 180deg。该值为默认值。

提示，如果创建对角线渐变，可以使用 to top left（从右下到左上）类似组合来实现。

- color-stop：用于指定渐变的色点。包括一个颜色值和一个起点位置，颜色值和起点位置以空格分隔。起点位置可以为一个具体的长度值（不可为负值）；也可以是一个百分比值，如果是百分比值则参考应用渐变对象的尺寸，最终会被转换为具体的长度值。

【示例 1】　下面示例为<div id="demo">对象应用了一个简单的线性渐变背景，方向从上到下，颜色由白色到浅灰显示，效果如图 6.23 所示。

```
<style type="text/css">
#demo {
    width:300px;
    height:200px;
    background: linear-gradient(#fff, #333);
}
</style>
<div id="demo"></div>
```

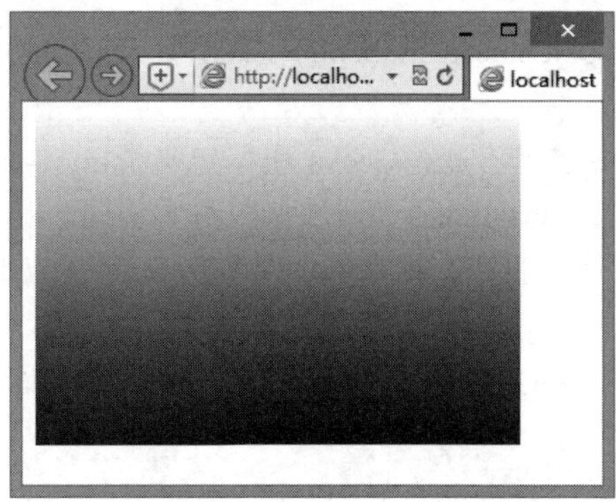

图 6.23　应用简单的线性渐变效果

提示：

针对示例 1，用户可以继续尝试做下面练习，实现不同的设置，得到相同的设计效果。

- 设置一个方向：从上到下，覆盖默认值。

```
linear-gradient(to bottom, #fff, #333);
```

- 设置反向渐变：从下到上，同时调整起止颜色位置。

```
linear-gradient(to top, #333, #fff);
```

- 使用角度值设置方向。

```
linear-gradient(180deg, #fff, #333);
```

- 明确起止颜色的具体位置，覆盖默认值。

```
linear-gradient(to bottom, #fff 0%, #333 100%);
```

拓展：

最新主流浏览器都支持线性渐变的标准用法，但是考虑到安全性，用户应酌情兼容旧版本浏览器的私有属性。

Webkit 是第一个支持渐变的浏览器引擎（Safari 4+），它使用-webkit-gradient()私有函数支持线性渐变样式，简明用法如下：

```
-webkit-gradient(linear, point, point, stop)
```

参数简单说明如下：

- linear：定义渐变类型为线性渐变。
- point：定义渐变起始点和结束点坐标。该参数支持数值、百分比和关键字，如(0 0)或者(left top)等。关键字包括 top、bottom、left 和 right。
- stop：定义渐变色和步长。包括三个值，即开始的颜色，使用 from(colorvalue)函数定义；结束的颜色，使用 to(colorvalue)函数定义；颜色步长，使用 color-stop(value, color value)定义。color-stop()函数包含两个参数值，第一个参数值为一个数值或者百分比值，取值范围在 0 到 1.0 之间（或者 0%到 100%之间），第二个参数值表示任意颜色值。

【示例 2】 下面示例针对示例 1，兼容早期 Webkit 引擎的线性渐变实现方法。

```
#demo {
   width:300px; height:200px;
   background: -webkit-gradient(linear, left top, left bottom, from(#fff), to(#333));
   background: linear-gradient(#fff, #333);
}
```

上面示例定义线性渐变背景色，从顶部到底部，从白色向浅灰色渐变显示，在谷歌的 Chrome 浏览器中所见效果与上图相同。

另外，Webkit 引擎也支持-webkit-linear-gradient()私有函数来设计线性渐变。该函数用法与标准函数 linear-gradient()语法格式基本相同。

Firefox 浏览器从 3.6 版本开始支持渐变，Gecko 引擎定义了-moz-linear-gradient()私有函数来设计线性渐变。该函数用法与标准函数 linear-gradient()语法格式基本相同。唯一区别就是，当使用关键字设置渐变方向时，不带 to 关键字前缀，关键字语义取反。例如，从上到下应用渐变，标准关键字为 to bottom，Firefox 私有属性可以为 top。

【示例 3】 下面示例针对示例 1，兼容早期 Gecko 引擎的线性渐变实现方法。

```
#demo {
   width:300px; height:200px;
   background: -webkit-gradient(linear, left top, left bottom, from(#fff), to(#333));
   background: -moz-linear-gradient(top, #fff, #333);
   background: linear-gradient(#fff, #333);
}
```

扫一扫，看视频

6.4.2 案例：设计线性渐变

本节以案例形式介绍线性渐变中渐变方向和色点的设置，演示设计线性渐变的一般方法。

【示例 1】　下面示例演示了从左边开始的线性渐变。起点是红色，慢慢过渡到蓝色，效果如图 6.24 所示。

```
<style type="text/css">
#demo {
    width:300px; height:200px;
    background: -webkit-linear-gradient(left, red , blue); /* Safari 5.1 - 6.0 */
    background: -o-linear-gradient(left, red, blue);    /* Opera 11.1 - 12.0 */
    background: -moz-linear-gradient(left, red, blue); /* Firefox 3.6 - 15 */
    background: linear-gradient(to right, red , blue); /* 标准语法 */
}
</style>
<div id="demo"></div>
```

注意，第一个参数值渐变方向的设置不同。

【示例 2】　通过指定水平和垂直的起始位置来设计对角渐变。下面示例演示了从左上角开始，到右下角的线性渐变，起点是红色，慢慢过渡到蓝色，效果如图 6.25 所示。

```
#demo {
    width:300px; height:200px;
    background: -webkit-linear-gradient(left top,red,blue);/*Safari 5.1 - 6.0 */
    background: -o-linear-gradient(left top, red, blue);    /*Opera 11.1 - 12.0 */
    background: -moz-linear-gradient(left top, red, blue); /* Firefox 3.6 - 15 */
    background: linear-gradient(to bottom right, red , blue);/* 标准语法 */
}
```

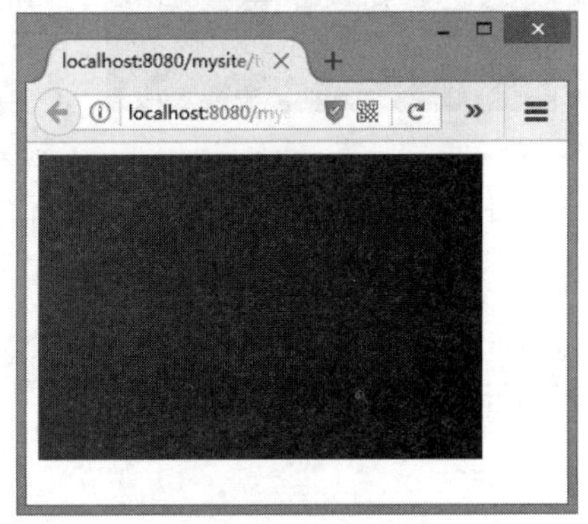

图 6.24　设计从左到右的线性渐变效果

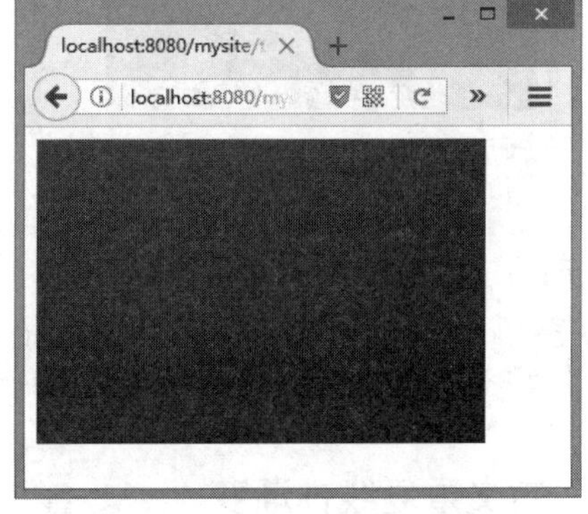

图 6.25　设计对角线性渐变效果

【示例 3】　通过指定具体的角度值，可以设计更多渐变方向。下面示例演示了从上到下的线性渐变，起点是红色，慢慢过渡到蓝色，效果如图 6.26 所示。

```
#demo {
    width:300px; height:200px;
    background: -webkit-linear-gradient(-90deg, red, blue);/* Safari 5.1 - 6.0 */
    background: -o-linear-gradient(-90deg, red, blue); /* Opera 11.1 - 12.0 */
    background: -moz-linear-gradient(-90deg, red, blue); /* Firefox 3.6 - 15 */
    background: linear-gradient(180deg, red, blue);     /* 标准语法 */
}
```

【补充】

渐变角度是指垂直线和渐变线之间的角度，逆时针方向计算。例如，0deg将创建一个从下到上的渐变，90deg 将创建一个从左到右的渐变。注意，渐变起点以负 Y 轴为参考。

但是，很多浏览器（如 Chrome、Safari、Firefox 等）使用旧的标准：渐变角度是指水平线和渐变线之间的角度，逆时针方向计算。例如，0deg 将创建一个从左到右的渐变，90deg 将创建一个从下到上的渐变。注意，渐变起点以负 X 轴为参考。

兼容公式：

```
90 - x = y
```

其中，x 为标准角度，y 为非标准角度。

【示例 4】 设置多个色点。下面示例定义从上到下的线性渐变，起点是红色，慢慢过渡到绿色，再慢慢过渡到蓝色，效果如图 6.27 所示。

```
#demo {
    width:300px; height:200px;
    background: -webkit-linear-gradient(red, green, blue); /* Safari 5.1 - 6.0 */
    background: -o-linear-gradient(red, green, blue);  /* Opera 11.1 - 12.0 */
    background: -moz-linear-gradient(red, green, blue);/* Firefox 3.6 - 15 */
    background: linear-gradient(red, green, blue); /* 标准语法 */
}
```

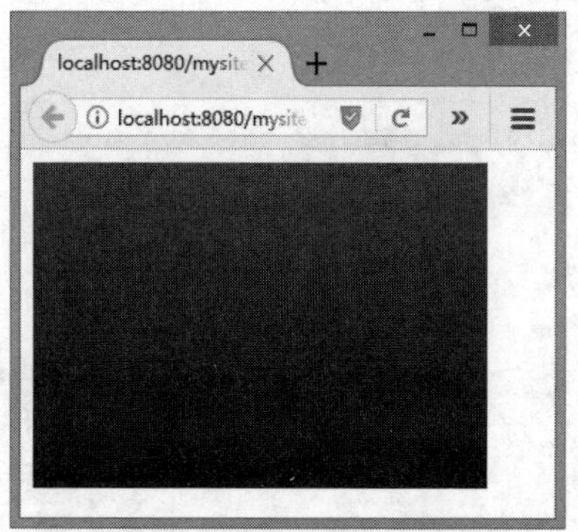

图 6.26 设计从上到下的渐变效果

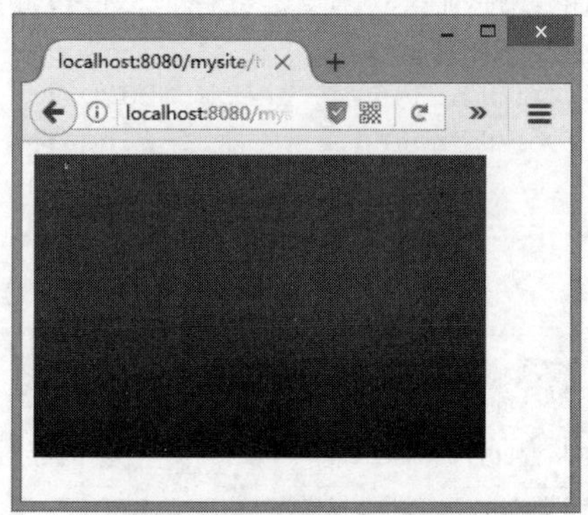

图 6.27 设计多色线性渐变效果

提示：

为了添加透明度，可以使用 rgba() 或 hsla()函数来定义色点。rgba()或 hsla()函数中最后一个参数可以是从 0 到 1 的值，它定义了颜色的透明度：0 表示完全透明，1 表示完全不透明。

扫一扫，看视频

6.4.3 定义重复线性渐变

使用 repeating-linear-gradient()函数可以定义重复线性渐变，用法与 linear-gradient()函数相同，用户可以参考第一节说明。

提示，使用重复线性渐变的关键是要定义好色点，让最后一个颜色和第一个颜色能够很好的连接起来，处理不当将导致颜色的急剧变化。

【示例 1】 下面示例设计重复显示的垂直线性渐变，颜色从红色到蓝色，间距为 20%，效果如图 6.28 所示。

```
<style type="text/css">
#demo {
    height:200px;
    background: repeating-linear-gradient(#f00, #00f 20%, #f00 40%);
}
</style>
<div id="demo"></div>
```

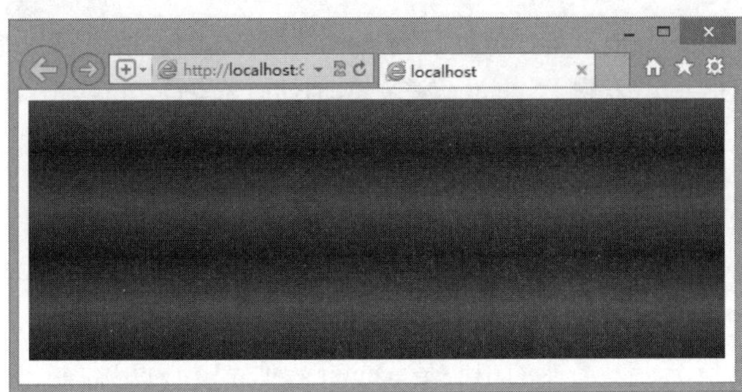

图 6.28　设计重复显示的垂直渐变效果

提示：

使用 linear-gradient()可以设计 repeating-linear-gradient()的效果，例如，通过重复设计每一个色点，或者利用上一节设计条纹方法来实现。

【示例 2】　下面示例设计重复线性渐变对角显示，效果如图 6.29 所示。

```
#demo {
    height:200px;
    background: repeating-linear-gradient(135deg, #cd6600, #0067cd 20px, #cd6600
40px);
}
```

图 6.29　设计重复显示的对角渐变效果

6.4.4　定义径向渐变

扫一扫，看视频

创建一个径向渐变，也至少需要定义两个颜色，同时可以指定渐变的中心点位置、形状类型（圆形或椭圆形）和半径大小。简明语法格式如下：

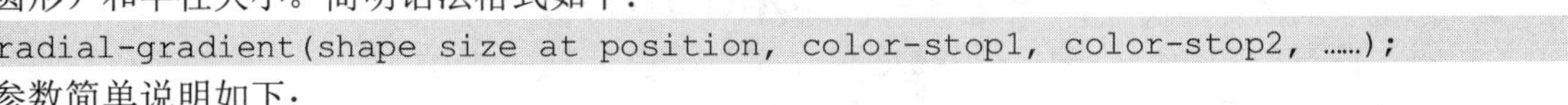

```
radial-gradient(shape size at position, color-stop1, color-stop2, ……);
```

参数简单说明如下：

- shape：用来指定渐变的类型，包括 circle（圆形）和 ellipse（椭圆）两种。
- size：如果类型为 circle，指定一个值设置圆的半径；如果类型为 ellipse，指定两个值分别设置椭圆的 x 轴和 y 轴半径。取值包括长度值、百分比、关键字。关键字说明如下。
  - closest-side：指定径向渐变的半径长度为从中心点到最近的边。
  - closest-corner：指定径向渐变的半径长度为从中心点到最近的角。
  - farthest-side：指定径向渐变的半径长度为从中心点到最远的边。
  - farthest-corner：指定径向渐变的半径长度为从中心点到最远的角。
- position：用来指定中心点的位置。如果提供 2 个参数，第一个表示 x 轴坐标，第二个表示 y 轴坐标；如果只提供一个值，第二值默认为 50%，即 center。取值可以是长度值、百分比或者关键字，关键字包括 left（左侧）、center（中心）、right（右侧）、top（顶部）、center（中心）、bottom（底部）。

注意，position 值位于 shape 和 size 值后面。

- color-stop：用于指定渐变的色点。包括一个颜色值和一个起点位置，颜色值和起点位置以空格分隔。起点位置可以为一个具体的长度值（不可为负值）；也可以是一个百分比值，如果是百分比值则参考应用渐变对象的尺寸，最终会被转换为具体的长度值。

【示例 1】 在默认情况下，渐变的中心是 center（对象中心点），渐变的形状是 ellipse（椭圆形），渐变的大小是 farthest-corner（表示到最远的角落）。下面示例仅为 radial-gradient()函数设置 3 个颜色值，则它将按默认值绘制径向渐变效果，如图 6.30 所示。

```
<style type="text/css">
#demo {
    height:200px;
    background: -webkit-radial-gradient(red, green, blue); /* Safari 5.1 - 6.0 */
    background: -o-radial-gradient(red, green, blue);      /* Opera 11.6 - 12.0 */
    background: -moz-radial-gradient(red, green, blue);    /* Firefox 3.6 - 15 */
    background: radial-gradient(red, green, blue);         /* 标准语法 */
}
</style>
<div id="demo"></div>
```

图 6.30　设计简单的径向渐变效果

提示：

针对示例 1，用户可以继续尝试做下面练习，实现不同的设置，得到相同的设计效果。

- 设置径向渐变形状类型，默认值为 ellipse。

```
background: radial-gradient(ellipse, red, green, blue);
```

- 设置径向渐变中心点坐标，默认为对象中心点。

```
background: radial-gradient(ellipse at center 50%, red, green, blue);
```

- 设置径向渐变大小，这里定义填充整个对象。

```
background: radial-gradient(farthest-corner, red, green, blue);
```

拓展：

最新主流浏览器都支持线性渐变的标准用法，但是考虑到安全性，用户应酌情兼容旧版本浏览器的私有属性。

Webkit 引擎使用-webkit-gradient()私有函数支持径向渐变样式，简明用法如下：

```
-webkit-gradient(radial, point, radius, stop)
```

参数简单说明如下：

- radial：定义渐变类型为径向渐变。
- point：定义渐变中心点坐标。该参数支持数值、百分比和关键字，如(0 0)或者(left top)等。关键字包括 top、bottom、center、left 和 right。
- radius：设置径向渐变的长度，该参数为一个数值。
- stop：定义渐变色和步长。包括三个值，即开始的颜色，使用 from(colorvalue)函数定义；结束的颜色，使用 to(colorvalue)函数定义；颜色步长，使用 color-stop(value, color value)定义。color-stop()函数包含两个参数值，第一个参数值为一个数值或者百分比值，取值范围在 0 到 1.0 之间（或者 0%到 100%之间），第二个参数值表示任意颜色值。

【示例 2】　下面示例设计一个红色圆球，并逐步径向渐变为绿色背景，兼容早期 Webkit 引擎的线性渐变实现方法。代码如下所示，演示效果如图 6.31 所示。

```
<style type="text/css">
#demo {
    height:200px;
    /* Webkit 引擎私有用法 */
    background: -webkit-gradient(radial, center center, 0, center center, 100, from(red), to(green));
    background: radial-gradient(circle 100px, red, green);     /* 标准的用法 */
}
</style>
<div id="demo"></div>
```

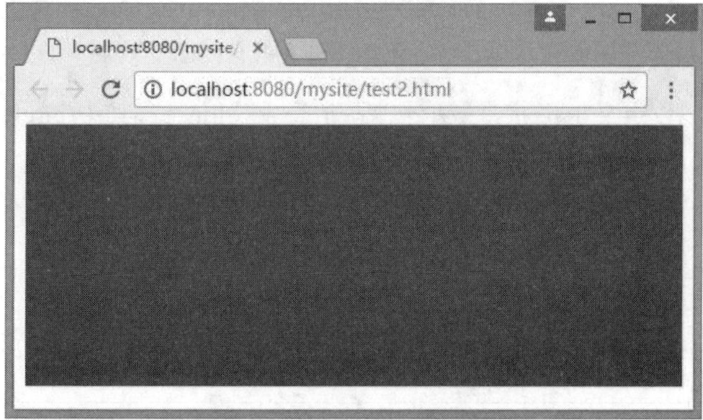

图 6.31　设计径向圆球效果

另外，Webkit 引擎也支持-webkit-radial-gradient()私有函数来设计径向渐变。该函数用法与标准函数 radial-gradient()语法格式类似。简明语法格式如下：

```
-webkit-radial-gradient(position, shape size, color-stop1, color-stop2, ……);
```

Gecko 引擎定义了-moz-radial-gradient()私有函数来设计径向渐变。该函数用法与标准函数 radial-gradient()语法格式也类似。简明语法格式如下：

```
-moz-radial-gradient(position, shape size, color-stop1, color-stop2, ……);
```

提示，上面两个私有函数的 size 参数值仅可设置关键字：closest-side、closest-corner、farthest-side、farthest-corner、contain 或 cover。

6.4.5　案例：设计径向渐变

本节以案例形式介绍径向渐变的灵活设置，熟练掌握设计径向渐变的一般方法。

【示例 1】 下面示例演示了色点不均匀分布的径向渐变，效果如图 6.32 所示。

```
<style type="text/css">
#demo {
   height:200px;
   background: -webkit-radial-gradient(red 5%, green 15%, blue 60%); /* Safari 5.1
- 6.0 */
   background: -o-radial-gradient(red 5%, green 15%, blue 60%); /* Opera 11.6 - 12.0
*/
   background: -moz-radial-gradient(red 5%, green 15%, blue 60%); /* Firefox 3.6
- 15 */
   background: radial-gradient(red 5%, green 15%, blue 60%); /* 标准语法 */
}
</style>
<div id="demo"></div>
```

图 6.32 设计色点不均匀分布的径向渐变效果

【示例 2】 shape 参数定义了形状，取值包括 circle 和 ellipse，其中 circle 表示圆形，ellipse 表示椭圆形，默认值是 ellipse。下面示例设计圆形径向渐变，效果如图 6.33 所示。

```
#demo {
   height:200px;
   background: -webkit-radial-gradient(circle, red, yellow, green); /* Safari 5.1
- 6.0 */
   background: -o-radial-gradient(circle, red, yellow, green); /* Opera 11.6 - 12.0
*/
   background: -moz-radial-gradient(circle, red, yellow, green); /* Firefox 3.6 -
15 */
   background: radial-gradient(circle, red, yellow, green); /* 标准语法 */
}
```

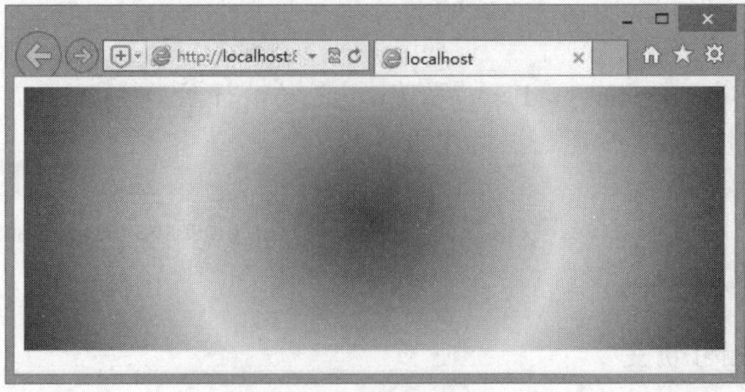

图 6.33 设计圆形径向渐变效果

【示例 3】 下面设计径向渐变的半径长度为从圆心到离圆心最近的边，效果如图 6.34 所示。

```
#demo {
    height:200px;
    /* Safari 5.1 - 6.0 */
    background: -webkit-radial-gradient(60% 55%, closest-side,blue,green,yellow,
black);
    /* Opera 11.6 - 12.0 */
    background: -o-radial-gradient(60% 55%, closest-side,blue,green,yellow,black);
    /* Firefox 3.6 - 15 */
    background:  -moz-radial-gradient(60%  55%,  closest-side,blue,green,yellow,
black);
    /* 标准语法 */
    background: radial-gradient(closest-side at 60% 55%, blue,green,yellow,black);
}
```

注意，radial-gradient()标准函数与各私有函数在设置参数时顺序区别。

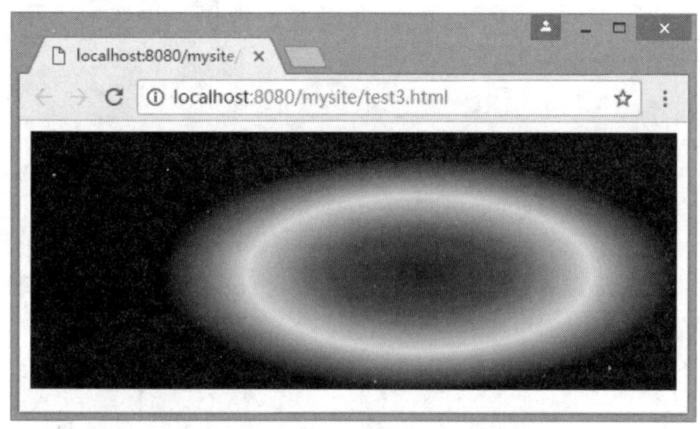

图 6.34 设计最小限度的径向渐变效果

【示例 4】 下面示例模拟太阳初升的效果，如图 6.35 所示。设计径向渐变中心点位于左下角，半径为最大化显示，定义 3 个色点，第一个色点设计太阳效果，第二个色点设计太阳余晖，第三个色点设计太空，第一个色点和第色点距离为 60 像素。

```
#demo {
    height:200px;
    /* Safari 5.1 - 6.0 */
    background: -webkit-radial-gradient(left bottom, farthest-side, #f00, #f99 60px,
#005);
    /* Opera 11.6 - 12.0 */
    background: -o-radial-gradient(left bottom, farthest-side, #f00, #f99 60px,
#005);
    /* Firefox 3.6 - 15 */
    background: -moz-radial-gradient(left bottom, farthest-side, #f00, #f99 60px,
#005);
    /* 标准语法 */
    background: radial-gradient(farthest-side at left bottom, #f00, #f99 60px,
#005);
}
```

图 6.35　模拟太阳初升效果

扫一扫，看视频

6.4.6　定义重复径向渐变

使用 repeating-radial-gradient()函数可以定义重复线性渐变，用法与 radial-gradient()函数相同，用户可以参考上面说明。

【示例 1】　下面示例设计三色重复显示的径向渐变，效果如图 6.36 所示。

```
<style type="text/css">
#demo {
    height:200px;
    /* Safari 5.1 - 6.0 */
    background: -webkit-repeating-radial-gradient(red, yellow 10%, green 15%);
    /* Opera 11.6 - 12.0 */
    background: -o-repeating-radial-gradient(red, yellow 10%, green 15%);
    /* Firefox 3.6 - 15 */
    background: -moz-repeating-radial-gradient(red, yellow 10%, green 15%);
    /* 标准语法 */
    background: repeating-radial-gradient(red, yellow 10%, green 15%);
}
</style>
<div id="demo"></div>
```

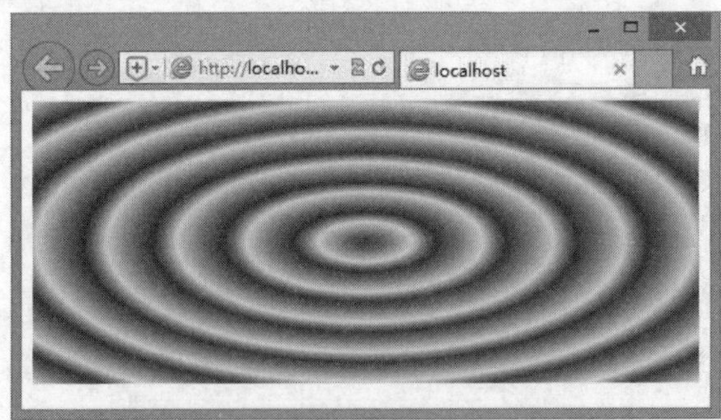

图 6.36　设计重复显示的径向渐变效果

【示例 2】　使用径向渐变同样可以创建条纹背景，方法与线性渐变类似。下面示例设计圆形径向渐变条纹背景，效果如图 6.37 所示。

```
#demo {
    height:200px;
    /* Safari 5.1 - 6.0 */
    background: -webkit-repeating-radial-gradient(center bottom,  circle, #00a340,
#00a340 20px, #d8ffe7 20px, #d8ffe7 40px);
```

```
    /* Opera 11.6 - 12.0 */
    background: -o-repeating-radial-gradient(center bottom, circle, #00a340,
#00a340 20px, #d8ffe7 20px, #d8ffe7 40px);
    /* Firefox 3.6 - 15 */
    background: -moz-repeating-radial-gradient(center bottom, circle, #00a340,
#00a340 20px, #d8ffe7 20px, #d8ffe7 40px);
    /* 标准语法 */
    background: repeating-radial-gradient(circle at center bottom, #00a340, #00a340
20px, #d8ffe7 20px, #d8ffe7 40px);
}
```

图 6.37　设计径向渐变条纹背景效果

6.5　实 战 案 例

图像在网页设计中的作用很重要，恰当使用背景图像能够设计非常漂亮、精致的页面效果。下面将结合多个案例介绍图像在网页制作中的技巧。

6.5.1　设计图文新闻内容页

扫一扫，看视频

本节示例将设计一个图文新闻页面，通过添加图片，重新设计，优化新闻内容页的页面版式，使其结构更符合标准，以适应大型新闻站的自动化编排需要，同时让页面设计更具专业性，更适合新闻阅读习惯。

【操作步骤】

（1）启动 Dreamweaver，新建网页，保存为 index.html，在<body>标签内输入以下代码，设计新闻内容页面结构，初步效果如图 6.38 所示。

```
<div class="news-box">
    <!-- 新闻标题 S -->
    <h1>北京将公务员酒后驾车列入年度考核</h1>
    <!-- 新闻标题 E -->
    <!-- 新闻相关信息 S -->
    <div class="info"> <span class="date">2014-05-23 19:05:37</span> <span class=
"from">来源:<a href="#">新华网</a></span> <a href="#" class="comments_num">跟贴 23
条</a> <a href="#">手机看新闻</a> </div>
    <!-- 新闻相关信息 E -->
    <!-- 新闻摘要 S -->
    <div class="summary">
        <h2>新闻摘要：</h2>
```

```
        <p>核心提示：北京日前规定，公务员酒后驾车等交通安全违法行为将列入年度考核。纪委给予交通违法人相应处分、诫勉谈话或通报批评。</p>
    </div>
    <!-- 新闻摘要 E -->
    <!-- 新闻内容 S -->
    <div class="content">
        <h2>新闻内容：</h2>
        <img src="images/new_pic.jpg" alt="新闻图片" class="news_pic">
        <p><strong>新华网 5 月 23 日电</strong> 北京市纪委、组织部、公安局、监察局日前联合作出规定：机关、事业单位工作人员严重道路交通安全违法行为，向当事人所在单位抄告，并列入干部年度考核的依据之一。</p>
        <p>北京市纪委认定的严重道路交通安全违法行为主要有：无驾驶证驾驶机动车辆，发生道路交通事故后逃逸、故意破坏现场或者冒名顶替，饮酒后或醉酒驾驶机动车辆，因抗拒或阻碍道路交通管理而受到行政处罚，因交通安全违法行为受到行政拘留处罚。</p>
        <p>省略部分内容，信息来源于网络！<span class="editor">(本文来源：<a href="#">新华网</a> 作者：张和平)</span></p>
    </div>
    <!-- 新闻内容 E -->
    <!-- 新闻评论 S -->
    <div class="comments"><a href="#">【已有<em>23</em>位网友发表了看法，单击查看。】</a></div>
    <!-- 新闻评论 E -->
</div>
```

图 6.38　未添加图片效果的新闻内容页

为了能实现图文并茂的新闻内容页面，我们需要在页面内容中插入图片，而需要修饰的背景图片只需要通过 CSS 的 background 属性调用即可。因此需要修改 HTML 页面结构，通过<img>标签插入需要在页面中出现的图片。

（2）在<head>标签内添加<style type="text/css">标签，定义一个内部样式表，然后准备定义样式。

（3）如果本例继续使用上一节中提到的样式设计方法，会发现该页面中新闻图片独占一行，而且并不是居中显示，对于视觉效果来说并不是很理想，如图 6.39 所示。

图 6.39　初步 CSS 混排效果

（4）图文新闻内容页面的页面效果大概的外观已经呈现出来了，但为了能使页面效果更佳，希望在新闻标题后面添加一个代表新闻内容为图文新闻的图标并且将内容区域中的图片居中显示。

```
………
.news-box h1 {
    float:left;              /* 不设置宽度的情况下使用浮动，使其自适应宽度 */
    height:20px;
    padding:5px 20px 5px 0; /* 添加右边的内补白，增加空白的空间显示背景图片 */
    line-height:26px;
    overflow:hidden;         /* 行高比高度的属性值要大，设置 overflow:hidden;使超过的部分
                                隐藏 */
    font-size:20px;
    background:url(images/ico.gif) no-repeat right 10px;
                             /* 添加背景图，并将其控制在标题的右边中间的位置 */
} /* 设置新闻标题的样式高度为 30px，宽度为默认值 auto，并添加行高以及设置文字大小 */
.news-box .info {
    clear:both;              /* 清除标题的浮动，避免新闻信息的内容错位 */
    height:20px;
    margin-bottom:15px;
    font-size:12px;}         /* 设置新闻相关信息的样式,添加外补白,使其与内容信息产生间距 */
………
.news-box .content {
    text-align:center;       /* 新闻内容区域居中显示 */}
.news-box .content p {
    margin-bottom:10px;
    line-height:22px;
    text-indent:2em;
    text-align:left;         /* 调整新闻内容区域文字居左显示 */
} /* 新闻内容区域的每个段落加大行间距（行高），并首行缩进，段落与段落之间存在一点间距 */
………
```

（5）修改 CSS 样式表中的部分代码，最终在浏览器中会看到如图 6.40 所示的页面效果。

图 6.40　增加图片效果后的图文新闻内容页

（6）在图 6.36 中，可以看到新闻图片的宽高比较小，而继续使用居中的方式显示图文新闻内容页，将会使图片的周围显得很空阔。这时可以考虑使用图文环绕的版式设计图文新闻内容页，如图 6.41 所示。

扫码，看电子版

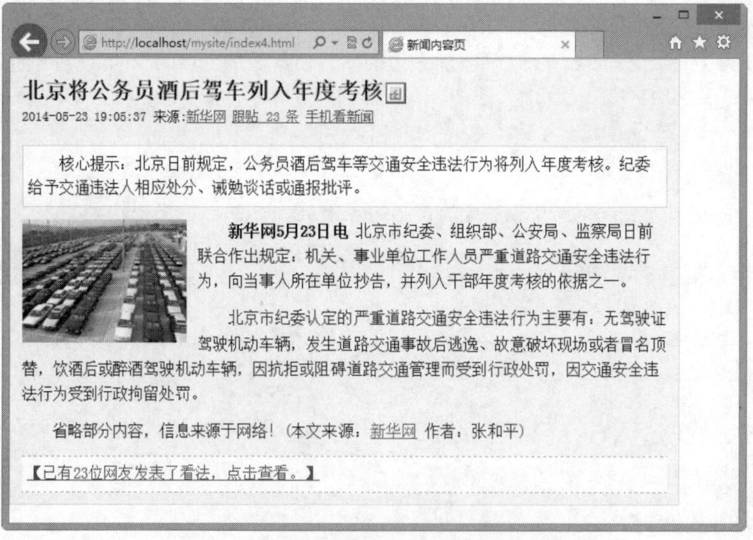

图 6.41　文字围绕着图片的图文新闻内容页

（7）在上面效果图中，将图片由原来的大图变更为一张小图，因此在 HTML 页面结构中修改<img>标签中的文件名。

```
<img src="images/new_pic_s.jpg" alt="新闻图片" />
```

（8）基于原有的图文新闻内容页的 CSS 样式，需要将.news-box .content 部分的 CSS 样式全部去掉，已经不需要再设置新闻内容区域的居中显示，并设置图片浮动（float）属性，使图片周围的文字能围绕着图片。

```
.........
.news-box .content {
    text-align:center; /* 新闻内容区域居中显示 */}
.news-box .content img.news_pic {
    float:left;
    margin-right:10px;} /* 设置文字围绕着图片的图文混排效果 */
.news-box .content p {
    margin-bottom:10px;
    line-height:22px;
    text-indent:2em;
    text-align:left; /* 调整新闻内容区域文字居左显示 */
} /* 新闻内容区域的每个段落加大行间距（行高），并首行缩进，段落与段落之间存在一点间距 */
.........
```

简单几句CSS样式代码即可设计漂亮的页面布局效果。不过图文混排的页面效果只能设置图片居左或者居右显示，无法实现当图片在文字内容中间时文字围绕图片左右显示显示的页面效果。

6.5.2　设计精致按钮

扫一扫，看视频

设计精致的按钮一般会借助 Photoshop，这种方法较灵活，也很安全，但是适应能力比较差，重用性和扩展性不是很高。如果发挥 CSS3 新增的渐变、阴影、圆角等功能，就可以直接使用 CSS 快速设计各种精巧、实用的按钮。纯 CSS 按钮可以根据字体大小自动伸缩，也可以通过修改 padding 和 font-size 属性值来调整按钮大小，同时还可以应用到任何 HTML 元素，如 div、span、p、a、button、input 等。简而言之，本例设计的纯 CSS 按钮具有如下特点：

- 不需要图片和 Javascript。
- 能够兼容 IE、Firefox 3.6+、Chrome 和 Safari 等主流浏览器。不兼容 Opera 浏览器。
- 支持 3 种按钮状态，如正常、悬停和激活。
- 可以应用到任何 HTML 元素，如 a、input、button、span、div、p、h3 等。
- 安全兼容不支持 CSS3 浏览器，如果不兼容 CSS3，则显示没有渐变和阴影的普通按钮。

本案例设计的按钮效果如图 6.42 所示。按钮在正常状态下有边框的渐变和阴影，在鼠标经过时按钮会显示比较暗的渐变效果，当按下鼠标时会翻转渐变，并显示一个像素的下沉效果，按钮字体颜色加深。

扫码，看电子版

图 6.42　设计精致的按钮

本例主要代码如下：

```
<style type="text/css">
body {
    background:#ededed;
    margin: 30px auto;
    color: #999;
```

```
}
.button { /* 定义渐变按钮样式类 */
    display: inline-block;
    /*zoom 和 *display 属性都为了兼容 IE7，使其具有 display:inlineblock 特性*/
    zoom: 1;
    *display: inline;
    vertical-align: baseline;
    margin: 0 2px;
    outline: none;
    cursor: pointer;
    text-align: center;
    text-decoration: none;
    font: 14px/100% Arial, Helvetica, sans-serif;
    padding: .5em 2em .55em;
    /*设计按钮圆角、盒子阴影和文本阴影特效*/
    text-shadow: 0 1px 1px rgba(0, 0, 0, .3);
    -webkit-border-radius: .5em;
    -moz-border-radius: .5em;
    border-radius: .5em;
    -webkit-box-shadow: 0 1px 2px rgba(0, 0, 0, .2);
    -moz-box-shadow: 0 1px 2px rgba(0, 0, 0, .2);
    box-shadow: 0 1px 2px rgba(0, 0, 0, .2);
}
.button:hover { text-decoration: none; }
.button:active {
    position: relative;
    top: 1px;
}
.bigrounded { /* 定义大圆角样式类 */
    -webkit-border-radius: 2em;
    -moz-border-radius: 2em;
    border-radius: 2em;
}
.medium { /* 定义大按钮样式类 */
    font-size: 12px;
    padding: .4em 1.5em .42em;
}
.small { /* 定义小按钮样式类 */
    font-size: 11px;
    padding: .2em 1em .275em;
}
/* 设计颜色样式类：黑色风格的按钮 */
/* 通过设计不同颜色样式类，可以设计不同风格的按钮效果 */
.black { /* 黑色样式类 */
    color: #d7d7d7;
    border: solid 1px #333;
    background: #333;
    background: -webkit-gradient(linear, left top, left bottom, from(#666), to
(#000));
    background: -moz-linear-gradient(top, #666, #000);
    filter:  progid:DXImageTransform.Microsoft.gradient(startColorstr='#666666',
endColorstr='#000000');
```

```
}
.black:hover { /* 黑色鼠标经过样式类 */
    background: #000;
    background: -webkit-gradient(linear, left top, left bottom, from(#444), to
(#000));
    background: -moz-linear-gradient(top, #444, #000);
    filter: progid:DXImageTransform.Microsoft.gradient(startColorstr='#444444',
endColorstr='#000000');
}
.black:active { /* 黑色鼠标激活样式类 */
    color: #666;
    background: -webkit-gradient(linear, left top, left bottom, from(#000),
to(#444));
    background: -moz-linear-gradient(top, #000, #444);
    filter: progid:DXImageTransform.Microsoft.gradient(startColorstr='#000000',
endColorstr='#666666'); }
</style>
<div>
    <a href="#" class="button black">圆角按钮</a>
    <a href="#" class="button black bigrounded">大号椭圆按钮</a>
    <a href="#" class="button black medium">中号按钮</a>
    <a href="#" class="button black small">小号按钮</a> <br />
</div>
```

6.5.3　设计花边框

扫一扫，看视频

本例使用 CSS3 多背景设计花边框，使用 background-origin 定义仅在内容区域显示背景，使用 background-clip 属性定义背景从边框区域向外裁剪，如图 6.43 所示。

扫码，看电子版

图 6.43　设计花边框效果

本例完整代码如下：

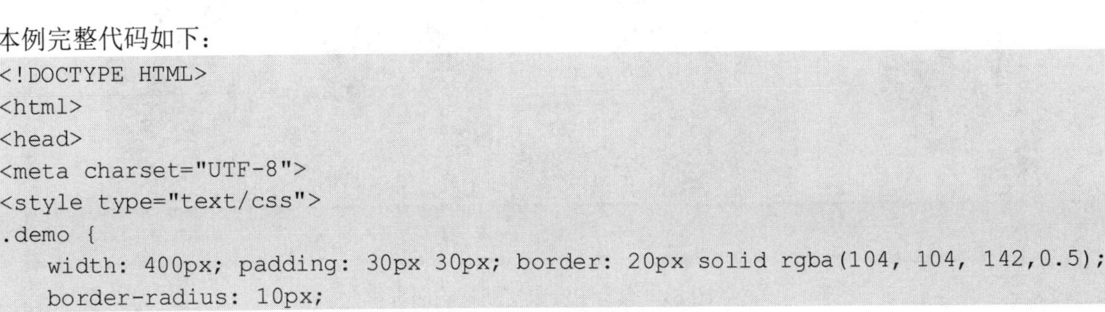

```
<!DOCTYPE HTML>
<html>
<head>
<meta charset="UTF-8">
<style type="text/css">
.demo {
    width: 400px; padding: 30px 30px; border: 20px solid rgba(104, 104, 142,0.5);
    border-radius: 10px;
```

```
    color: #f36; font-size: 80px; font-family:"隶书";line-height: 1.5; text-align:
center;}
.multipleBg {
    background: url("images/bg-tl.png") no-repeat left top, url("images/bg-tr.png")
no-repeat right top, url("images/bg-bl.png") no-repeat left bottom, url("images/
bg-br.png") no-repeat right bottom, url("images/bg-repeat.png") repeat left top;
    /*改变背景图片的 position 起始点，4 朵花都是 border 边缘处起，而平铺背景是在 padding 内边
缘起*/
    -webkit-background-origin: border-box, border-box, border-box, border-box, padd
ing-box;
    -moz-background-origin: border-box, border-box, border-box, border-box, padd
ing-box;
    -o-background-origin: border-box, border-box, border-box, border-box, padd
ing-box;
    background-origin: border-box, border-box, border-box, border-box, padding-box;
    /*控制背景图片的显示区域，所有背景图片超边 border 外边缘都将被剪切掉*/
    -moz-background-clip: border-box;
    -webkit-background-clip: border-box;
    -o-background-clip: border-box;
    background-clip: border-box;}
</style>
</head>
<body>
<div class="demo multipleBg">恭喜发财</div>
</body>
</html>
```

扫一扫，看视频

6.5.4 设计阴影白边效果

针对 CSS 在定义图像阴影时的局限性，成熟的设计师更喜欢使用背景图像来代替各种技巧，其优势就是安全、逼真和方便。建议先在图像编辑器中设计好阴影背景图像，然后使用 background 属性把阴影图像固定到图像的某个边上即可。

也许为每个图像设置阴影比较繁琐，可以为 img 元素定义一个默认的阴影样式，这样当在网页中插入一个图像时，它会自动显示为阴影效果，如图 6.44 所示。当然与普通插入的图像效果比较之后，如图 6.45 所示，会发现这种定义有阴影效果的图像会更真实而富有立体感，特别实用于网上照片发布页面。

扫码，看电子版

图 6.44　为图像定义默认的阴影样式

图 6.45　图像未定义阴影样式效果

其实定义这样的默认样式比较简单，首先需要在图像编辑器中设计一个 4 像素高、1 像素宽的渐变阴影，如图 6.46 所示。

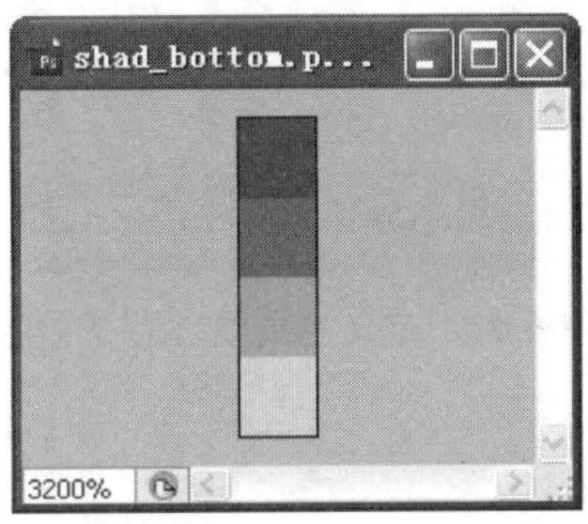

图 6.46　设计一个渐变阴影图像

然后在网页中定义如下样式即可。注意，在定义底边内边距，考虑到底边阴影背景图像可能要占用 4 个像素的高度，因此要多设置 4 像素。左右两侧的阴影颜色可以根据网页背景色时适当调整深浅。

```
<!doctype html>
<html>
<head>
<meta charset="utf-8">
<title></title>
<STYLE type="text/css">
body { background: #F0EADA; }
img {
    background: white;                                        /* 白色背景 */
    padding: 5px 5px 9px 5px;                                 /* 增加内边距 */
    background: white url(images/shad_bottom.gif) repeat-x bottom left;
                                                              /* 底边阴影 */
    border-left: 2px solid #dcd7c8;                           /* 左侧浅阴影 */
    border-right: 2px solid #dcd7c8;                          /* 右侧浅阴影 */
}
</STYLE>
</head>
<body>
```

```
<img src="images/1.jpg" width="200">
<img src="images/2.jpg" width="300">
<img src="images/3.jpg" width="400">
</body>
</html>
```

扫一扫，看视频

6.5.5 设计网页纹理背景

本例使用 CSS3 线性渐变属性制作纹理图案，主要利用多重背景进行设计，然后使用线性渐变绘制每一条线，通过叠加和平铺，完成重复性纹理背景效果，如图 6.47 所示。

扫码，看电子版

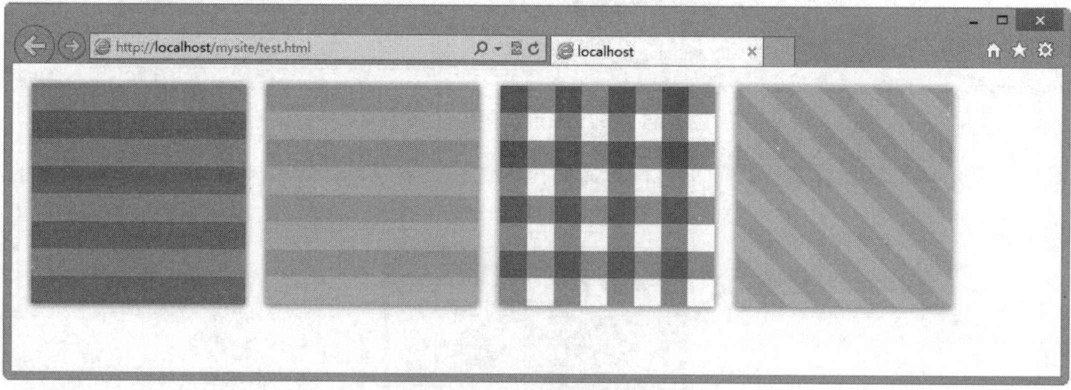

图 6.47　定义网页纹理背景效果

本例完整代码如下：

```
<!DOCTYPE HTML>
<html lang="en-US">
<head>
<meta charset="UTF-8">
<style type="text/css" media="screen">
.patterns {
    width: 200px; height: 200px; float: left; margin: 10px;
    box-shadow: 0 1px 8px #666;}
.pt1 {
    background-size: 50px 50px;
    background-color: #0ae;
    background-image: -webkit-linear-gradient(rgba(255, 255, 255, .2) 50%, transparent 50%, transparent);
    background-image: linear-gradient(rgba(255, 255, 255, .2) 50%, transparent 50%, transparent);}
.pt2 {
    background-size: 50px 50px;
    background-color: #f90;
    background-image: -webkit-linear-gradient(0deg, rgba(255, 255, 255, .2) 50%, transparent 50%, transparent);
    background-image: linear-gradient(0deg, rgba(255, 255, 255, .2) 50%, transparent 50%, transparent);}
.pt3 {
    background-size: 50px 50px;
```

```
    background-color: white;
    background-image: -webkit-linear-gradient(to top, transparent 50%, rgba(200, 0, 0, .5) 50%, rgba(200, 0, 0, .5)),  -webkit-linear-gradient(to left, transparent 50%, rgba(200, 0, 0, .5) 50%, rgba(200, 0, 0, .5));
    background-image: linear-gradient(to top, transparent 50%, rgba(200, 0, 0, .5) 50%, rgba(200, 0, 0, .5)),  linear-gradient(to left, transparent 50%, rgba(200, 0, 0, .5) 50%, rgba(200, 0, 0, .5))}
.pt4 {
    background-size: 50px 50px;
    background-color: #ac0;
    background-image: -webkit-linear-gradient(45deg, rgba(255, 255, 255, .2) 25%, transparent 25%, transparent 50%, rgba(255, 255, 255, .2) 50%, rgba(255, 255, 255, .2) 75%, transparent 75%, transparent);
    background-image: linear-gradient(45deg, rgba(255, 255, 255, .2) 25%, transparent 25%, transparent 50%, rgba(255, 255, 255, .2) 50%, rgba(255, 255, 255, .2) 75%, transparent 75%, transparent);}
</style>
</head>
<body>
<div class="patterns pt1"></div>
<div class="patterns pt2"></div>
<div class="patterns pt3"></div>
<div class="patterns pt4"></div>
</body>
</html>
```

掌握纹理背景的基本设计技巧，用户还可以设计更多图案，如图 6.48 所示。

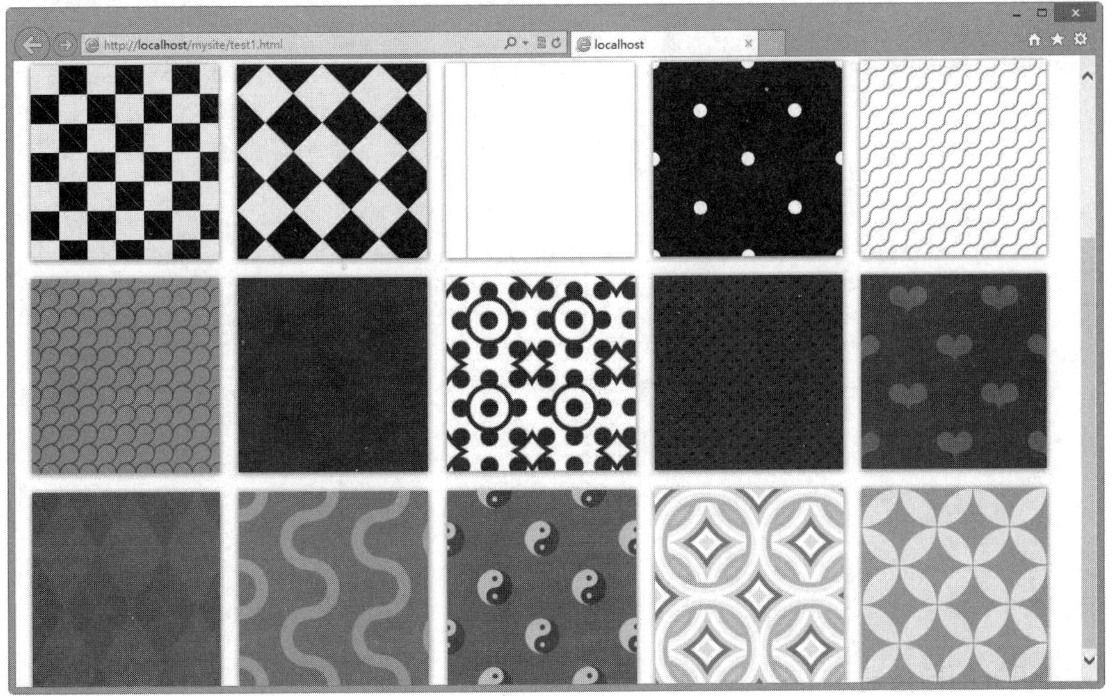

图 6.48　设计丰富的纹理背景效果

扫一扫，看视频

6.5.6 设计发光的球体

扫码，看电子版

本例使用 CSS3 径向渐变制作圆形球体，主要利用多重背景进行设计，然后使用径向渐变叠加设计球体和发光的光晕效果，如图 6.49 所示。

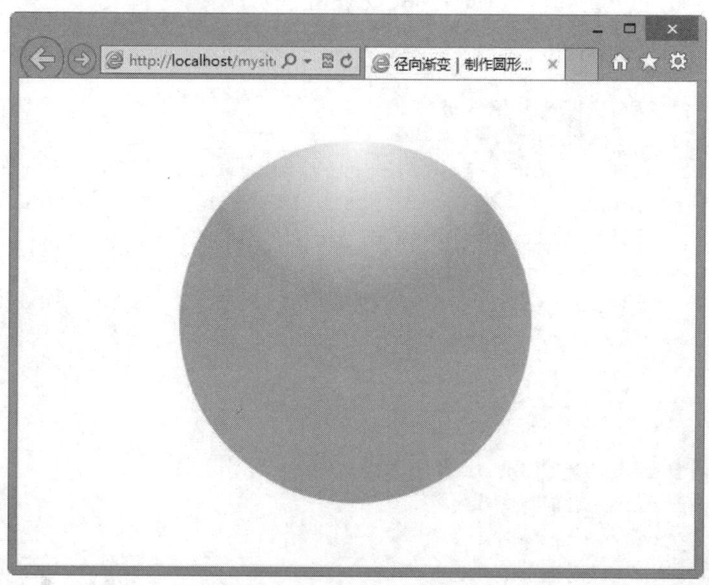

图 6.49 设计发光的球体

本例完整代码如下：

```
<!DOCTYPE HTML>
<html lang="en-US">
<head>
<meta charset="UTF-8">
<title></title>
<style type="text/css" media="screen">
* {margin: 0; padding: 0;}
div {
    width: 300px; height: 300px; margin: 50px auto;
    border-radius: 100%;
    background-image: -webkit-radial-gradient(8em circle at top, hsla(220,89%,100%,
1), hsla(30,60%,60%,.9));
    background-image: radial-gradient(8em circle at top, hsla(220,89%,100%,1),
hsla(30,60%,60%,.9));}
</style>
</head>
<body>
<div></div>
</body>
</html>
```

扫一扫，看视频

6.5.7 设计图标按钮

本例通过 CSS3 径向渐变制作圆形图标按钮，用到的知识点主要包括：使用 radial-gradient 属性定义网页背景，以及按钮被激活状态的径向渐变效果；使用 background-image 属性定义多重背景效果，其中一个为浅灰色亮面，另一个是深陷的暗点；使用 background-position 属性把这两个绘制的背景图像叠加在一起；使用 background-size 属性定义多重背景显示大小为 16px×16px，然后按默认状态平铺显示，即可设计如图 6.50 所示的效果。

图 6.50　定义网页麻点背景效果

使用@font-face 命令导入外部字体 font/icomoon.eot，定义字体图形效果。

使用 radial-gradient 属性为按钮标签定义径向渐变，设计立体按钮效果，使用 border-radius: 50%;声明定义按钮圆形显示，使用 box-shadow 属性为按钮添加投影效果。

使用 text-shadow 属性按钮文本定义阴影效果，当鼠标经过按钮时，使用 text-shadow 属性设计文本发亮显示。

当按钮被激活时，使用 box-shadow 属性定义按钮内阴影，增亮按钮效果，使用 radial-gradient 设计环形径向渐变效果，为按钮添加晕边效果。

完整页面代码如下，示例效果如图 6.51 所示。

扫码，看电子版

图 6.51　设计径向渐变图标按钮效果

```
<!DOCTYPE HTML>
<html>
<head>
<meta charset="utf-8">
<style type="text/css">
body {
    background-color: #282828;
    background-image: -webkit-radial-gradient(black 15%, transparent 16%), -webkit-radial-gradient(black 15%, transparent 16%), -webkit-radial-gradient(rgba(255, 255, 255, 0.1) 15%, transparent 20%), -webkit-radial-gradient(rgba(255, 255, 255, 0.1) 15%, transparent 20%);
    background-image: radial-gradient(black 15%, transparent 16%), radial- gradient (black 15%, transparent 16%), radial-gradient(rgba(255, 255, 255, 0.1) 15%, trans
```

```
parent 20%), radial-gradient(rgba(255, 255, 255, 0.1) 15%, transparent 20%);
    background-position: 0 0px, 8px 8px, 0 1px, 8px 9px;
    background-size: 16px 16px;
}
@font-face {
    font-family: 'icomoon';
    src: url('font/icomoon.eot');
    src:  url('font/icomoon.eot?#iefix')  format('embedded-opentype'),  url('font/
icomoon.svg#icomoon') format('svg'), url('font/icomoon.woff') format('woff'), url
('font/icomoon.ttf') format('truetype');
    font-weight: normal;
    font-style: normal;}
.controls_button {width: 500px; margin: 40px auto;}
.button {
    width: 70px; height: 70px; margin-right: 90px;
    font-size: 0; border: none;
    border-radius: 50%;
    box-shadow: 0 1px 5px rgba(255,255,255,.5) inset, 0 -2px 5px rgba(0,0,0,.3) inset,
0 3px 8px rgba(0,0,0,.8);
    background: -webkit-radial-gradient( circle at top center, #f28fb8, #e982ad,
#ec568c);
    background: radial-gradient(circle at top center, #f28fb8, #e982ad, #ec568c);}
.button:nth-child(3) { margin-right: 0; }
.button:after {
    font-family: 'icomoon';
    speak: none;
    font-weight: normal;
    -webkit-font-smoothing: antialiased;
    font-size: 36px;
    content: "\21";
    color: #dd5183;
    text-shadow: 0 3px 10px #f1a2c1, 0 -3px 10px #f1a2c1;}
.button:nth-child(2):after { content: "\22"; }
.button:nth-child(3):after { content: "\23"; }
.button:hover:after { color: #fff; text-shadow: 0 1px 20px #fccdda, 1px 0 14px
#fccdda;}
.button:active {
    box-shadow: 0 2px 7px rgba(0,0,0,.5) inset, 0 -3px 10px rgba(0,0,0,.1) inset,
0 1px 3px rgba(255,255,255,.5);
    background: -webkit-radial-gradient(circle at top center, #f28fb8, #e982ad,
#ec568c);
    background: radial-gradient(circle at top center, #f28fb8, #e982ad, #ec568c);}
</style>
</head>
<body>
<div class="controls_button">
    <button type="button" class="button">Chrome</button>
    <button type="button" class="button">Firefox</button>
    <button type="button" class="button">IE</button>
```

```
</div>
</body>
</html>
```

6.6　在线课堂：强化训练

本节为线上实践环节，旨在帮助读者练习使用 CSS3 设计各种网页图像效果，以及各种网页背景图像特效，强化训练初学者对于网页设计的基本功，感兴趣的读者请扫码练习。

扫码，看电子版

第 7 章　使用 CSS 美化超链接

在网页中，超链接是最常用的对象，当鼠标单击包含超链接的文字、图片或其他网页对象时，浏览器会根据其指示载入一个新的页面，或者跳转到指定网页位置，或者执行特定任务。网页通过超链接连接在一起，构成网状的互联网世界。

【学习重点】

- 认识超链接。
- 熟悉伪类。
- 定义超链接样式。
- 能够灵活设计符合页面风格的链接样式。

7.1　定义超链接

在 HTML5 中建立超链接需要有两个要素：设置为超链接的网页元素和超链接指向的目标地址。下面就来具体介绍。

7.1.1　URL 格式

URL（Uniform Resource Locator，统一资源定位器）主要用于指定网上资源的位置和方式。一个 URL 一般由下列 3 部分组成：

- 第 1 部分：协议（或服务方式）。
- 第 2 部分：存有该资源的主机 IP 地址（有时也包括端口号）。
- 第 3 部分：主机资源的具体地址，如目录和文件名等。

例如，protocol://machinename[:port]/directory/filename，其中 protocol 是访问该资源所采用的协议，即访问该资源的方法，简单说明如下：

- http://：超文本传输协议，表示该资源是 HTML 文件。
- ftp://：文件传输协议，表示用 FTP 传输方式访问该资源。
- mailto:：表示该资源是电子邮件（不需要两条斜杠）。
- file://：表示本地文件。

machinename 表示存放该资源的主机 IP 地址，通常以字符形式出现，如 www.china.com：port。其中 port 是服务器在该主机所使用的端口号，一般情况下不需要指定，只有当服务器所使用的不是默认的端口号时才指定。directory 和 filename 是该资源的路径和文件名。

7.1.2　超链接分类

根据 URL 不同，网页中的超链接一般可以分为 3 种类型：

- 内部链接
- 锚点链接
- 外部链接

内部链接所链接的目标一般位于同一个网站中，对于内部链接来说，可以使用相对路径和绝对路径。所谓相对路径就是 URL 中没有指定超链接的协议和互联网位置，仅指定相对位置关系。例如，如果 a.html 和 b.html 位于同一目录下，则直接指定文件（b.html）即可，因为它们的相对位置关系是平等的。如果 b.html 位于本目录的下一级目录（sub）中，则可以使用“sub / b.html”相对路径。如果 b.html 位于上一级目录（father）中，则可以使用“../ b.html”相对路径，其中“..”符号表示父级目录。还可以使用“/”来定义站点根目录，如“/ b.html”就表示链接到站点根目录下的 b.html 文件。

外部链接所链接的目标一般为外部网站目标，当然也可以是网站内部目标。外部链接一般要指定链接所使用的协议和网站地址，例如，http://www.mysite.cn/web2_nav/index.html，其中 http 是传输协议，www.mysite.cn 表示网站地址，后面跟随字符是站点相对地址。

锚点链接是一种特殊的链接方式，实际上它是在内部链接或外部链接基础上增加锚标记后缀（#标记名），例如，http://www.mysite.cn/web2_nav/index.html#anchor，就表示跳转到 index.htm 页面中标记为 anchor 的锚点位置。

另外，根据使用对象的不同，网页中的链接又可以分为：文本超链接、图像超链接、E-mail 链接、多媒体文件链接、空链接等。

7.1.3 使用<a>标签

扫一扫，看视频

在 HTML5 中，<a>标签用于定义超链接，设计从一个页面链接到另一个页面。<a>最重要的属性是 href 属性，它指示链接的目标。用法如下：

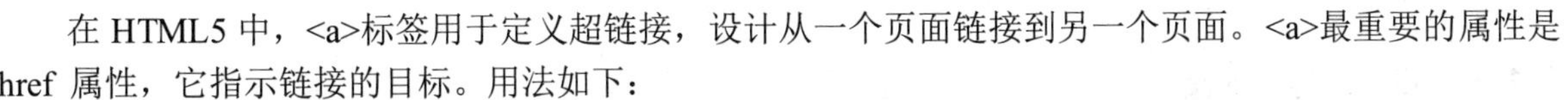

```
<a href="#">链接文本</a>
```

【示例 1】 以下代码定义一个超链接文本，单击该文本将跳转到百度首页。

```
<a href="https://www.baidu.com/">百度一下</a>
```

<a>标签包含众多属性，其中被 HTML5 支持的属性如表 7.1 所示。

表 7.1 <a>标签属性

属　性	取　值	说　明
href	URL	规定链接指向的页面的 URL
hreflang	language_code	规定被链接文档的语言
media	media_query	规定被链接文档是为何种媒介/设备优化的
rel	text	规定当前文档与被链接文档之间的关系
target	_blank、_parent、_self、_top、framename	规定在何处打开链接文档
type	MIME type	规定被链接文档的的 MIME 类型

提示：

如果不使用 href 属性，则不可以使用如下属性：download、hreflang、media、rel、target 以及 type 属性。

在默认状态下，被链接页面会显示在当前浏览器窗口中，可以使用 target 属性改变页面显示的窗口。

【示例 2】 以下代码定义一个超链接文本，设计当单击该文本时将在新的标签页中显示百度首页。

```
<a href="https://www.baidu.com/" target="_blank">百度一下</a>
```

提示：

在 HTML4 中，<a>标签可以定义超链接，或者定义锚点。但是在 HTML5 中，<a>标签只能定义超链接，如果未设置 href 属性，则只是超链接的占位符，而不再是一个锚点。

用来定义超链接的对象，可以是一段文本，或者是一个图片，甚至是页面任何对象。当浏览者单击已经链接的文字或图片后，被链接的目标将显示在浏览器上，并且根据目标的类型来打开或运行。

【示例 3】 下面示例为图像绑定一个超链接，这样当用户单击图像时，会跳转到指定的网址，效果如图 7.1 所示。

```
<a href="https://www.baidu.com/" target="_blank">
    <img src="images/logo.png" width="300" />
</a>
```

图 7.1 为图像定义超链接效果

扫一扫，看视频

7.1.4 定义锚点链接

锚点链接是指定向同一页面或者其他页面中的特定位置的链接。例如，在一个很长的页面，在页面的底部设置一个锚点，单击后可以跳转到页面顶部，这样避免了上下滚动的麻烦。另外，在页面内容的标题上设置锚点，然后在页面顶部设置锚点的链接，这样就可以通过链接快速地浏览具体内容。

创建锚点链接的方法：

（1）创建用于链接的锚点。任何被定义了 ID 值的元素都可以作为锚点标记，就可以定义指向该位置点的锚点链接了。注意，给页面标签的 ID 锚点命名时不要含有空格，同时不要置于绝对定位元素内。

（2）在当前页面或者其他页面不同位置定义超链接，为<a>标签设置 href 属性，属性值为“#+锚点名称”，如输入“#p4”。如果链接到不同的页面，如 test.html，则输入“test.html#p4”，可以使用绝对路径，也可以使用相对路径。注意，锚点名称是区分大小写的。

【示例】 以下示例定义一个锚点链接，链接到同一个页面的不同位置，效果如图 7.2 所示，当单击网页顶部的文本链接后，会跳转到页面底部的图片 4 所在位置。

```
<p><a href="#p4">查看图片 4</a> </p>
<h2>图片 1</h2>
<p><img src="images/1.jpg" /></p>
<h2>图片 2</h2>
<p><img src="images/2.jpg" /></p>
<h2>图片 3</h2>
<p><img src="images/3.jpg" /></p>
<h2 id="p4">图片 4</h2>
<p><img src="images/4.jpg" /></p>
<h2>图片 5</h2>
<p><img src="images/5.jpg" /></p>
<h2>图片 6</h2>
<p><img src="images/6.jpg" /></p>
```

跳转前

跳转后

图 7.2　定义锚点链接

7.1.5　定义不同目标的链接

超链接指向的目标对象可以是不同的网页，也可以是相同网页内的不同位置，还可以是一个图片、一个电子邮件地址、一个文件、FTP 服务器，甚至是一个应用程序，也可以是一段 JavaScript 脚本。

【示例 1】 <a>标签的 href 属性指向链接的目标可以是各种类型的文件。如果是浏览器能够识别的类型，会直接在浏览器中显示；如果是浏览器不能识别的类型，会弹出"文件下载"对话框，允许用户下载到本地，演示效果如图 7.3 所示。

```
<p><a href="images/1.jpg">链接到图片</a> </p>
<p><a href="demo.html">链接到网页</a> </p>
<p><a href="demo.docx">链接到 Word 文档</a> </p>
```

图 7.3　下载 Word 文档

定义超链接地址为邮箱地址即为 E-Mail 链接。通过 E-Mail 链接可以为用户提供方便的反馈与交流机会。当浏览者单击邮件链接时，会自动打开客户端浏览器默认的电子邮件处理程序（如 Outlook Express），收件人邮件地址被电子邮件链接中指定的地址自动更新，浏览者不用手工输入。

创建 E-Mail 链接方法：

为<a>标签设置 href 属性，属性值为"mailto:+电子邮件地址+?+subject=+邮件主题"，其中 subject 表示邮件主题，为可选项目，例如，mailto:namee@mysite.cn?subject=意见和建议。

【示例 2】　以下示例使用<a>标签创建电子邮件链接。

```
<a href="mailto:namee@mysite.cn">namee@mysite.cn</a>
```

注意：

如果为 href 属性设置“#”，则表示一个空链接，单击空链接，页面不会发生变化。

```
<a href="#">空链接</a>
```

如果为 href 属性设置 JavaScript 脚本，则表示一个脚本链接，单击脚本链接，将会执行脚本。

```
<a href="javascript:alert(&quot;谢谢关注，投票已结束。&quot;);">我要投票</a>
```

扫一扫，看视频

7.1.6　定义下载链接

当被链接的文件不被浏览器解析时，如二进制文件、压缩文件等，便被浏览器直接下载到本地计算机中，这种链接形式就是下载链接。对于能够被浏览器解析的目标对象，用户可以使用 HTML5 新增属性 download 强制浏览器执行下载操作。

【示例】　以下示例比较了超链接使用 download 和不使用 download 的区别。

```
<p><a href="images/1.jpg" download >下载图片</a></p>
<p><a href="images/1.jpg" >浏览图片</a></p>
```

提示：

目前，只有 Firefox 和 Chrome 浏览器支持 download 属性。

扫一扫，看视频

7.1.7　定义热点区域

热点区域就是为图像的局部区域定义超链接，当单击该热点区域时，会触发超链接，并跳转到其他网页或网页的某个位置。

热点区域是一种特殊的超链接形式，常用来在图像中设置导航。用户可以在一幅图上定义多个热点区域，以实现单击不同的热区链接到不同页面。

定义热点区域，需要<map>和<area>标签配合使用。具体说明如下：

- <map>：定义热点区域。包含必须的 id 属性，定义热点区域的 ID，或者定义可选的 name 属性，也可以作为一个句柄，与热点图像进行绑定。

<img>中的 usemap 属性可引用<map>中的 id 或 name 属性（根据浏览器），所以应同时向<map>添加 id 和 name 属性，且设置相同的值。

- <area>：定义图像映射中的区域，area 元素必须嵌套在<map>标签中。该标签包含一个必须设置的属性 alt，定义热点区域的替换文本。该标签还包含多个可选属性，说明如表 7.2 所示。

表 7.2　<area>标签属性

属　性	取　值	说　明
coords	坐标值	定义可单击区域（对鼠标敏感的区域）的坐标
href	URL	定义此区域的目标 URL
nohref	nohref	从图像映射排除某个区域
shape	default、rect（矩形）、circ（圆形）、poly（多边形）	定义区域的形状
target	_blank、_parent、_self、_top	规定在何处打开 href 属性指定的

【示例】　以下示例具体演示了如何为一幅图片定义多个热点区域，演示效果如图 7.4 所示。

```
<img src="images/china.jpg" width="618" height="499" border="0" usemap="#Map">
<map name="Map">
   <area shape="circle" coords="221,261,40" href="show.php?name=青海">
   <area shape="poly" coords="411,251,394,267,375,280,395,295,407,299,431,307,
436,303,429,284,431,271,426,255" href="show.php?name=河南">
   <area shape="poly" coords="385,336,371,346,370,375,376,385,394,395,403,403,
410,397,419,393,426,385,425,359,418,343,399,337" href="show.php?name=湖南">
</map>
```

图 7.4　定义热点区域

提示：

定义热点区域，建议用户借助 Dreamweaver 可视化设计视图快速实现，因为设置坐标是一件费力不讨好的繁琐工作，可视化操作如图 7.5 所示。

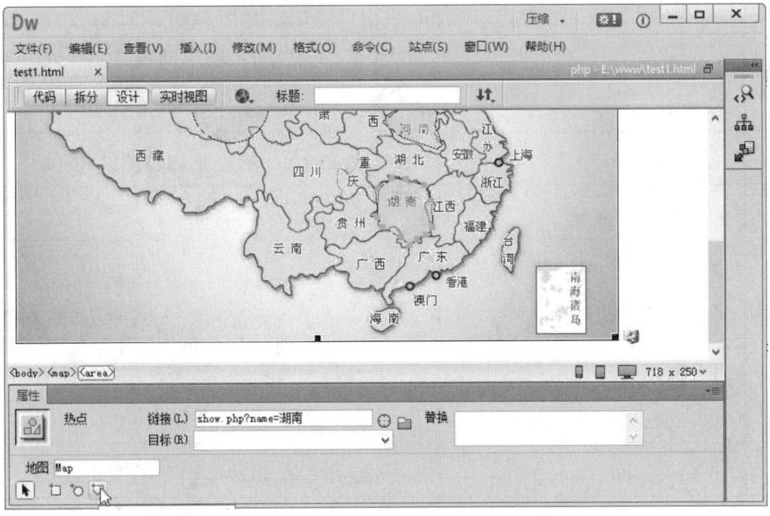

图 7.5　借助 Dreamweaver 快速定义热点区域

扫一扫，看视频

7.1.8 定义框架链接

HTML5 已经不支持 frameset 框架，但是它仍然支持 iframe 浮动框架的使用。浮动框架可以自由控制窗口大小，可以配合网页布局在任何位置插入窗口，实际上就是在窗口中再创建一个窗口。

使用 iframe 创建浮动框架的用法如下：

```
<iframe src="URL">
```

src 表示浮动框架中显示网页的路径，可以是绝对路径，也可以是相对路径。

【示例】 以下示例是在浮动框架中链接到百度首页，显示效果如图 7.6 所示。

```
<iframe src="http://www.baidu.com"></iframe>
```

图 7.6 使用浮动框架

从上图可以看到，浮动框架在页面中又创建了一个窗口。在默认情况下，浮动框架的宽度和高度为 220×120。如果需要调整浮动框架的尺寸，应该使用 CSS 样式。

<iframe>标签包含多个属性，其中被 HTML5 支持或新增的属性如表 7.3 所示。

表 7.3 <iframe>标签属性

属 性	取 值	说 明
frameborder	1、0	规定是否显示框架周围的边框
height	pixels、%	规定 iframe 的高度
longdesc	URL	规定一个页面，该页面包含了有关 iframe 的较长描述
marginheight	pixels	定义 iframe 的顶部和底部的边距
marginwidth	pixels	定义 iframe 的左侧和右侧的边距
name	frame_name	规定 iframe 的名称
sandbox	"" allow-forms allow-same-origin allow-scripts allow-top-navigation	启用一系列对<iframe>中内容的额外限制
scrolling	yes、no、auto	规定是否在 iframe 中显示滚动条
seamless	seamless	规定<iframe>看上去像是包含文档的一部分

续表

属　性	取　值	说　明
src	URL	规定在 iframe 中显示的文档的 URL
srcdoc	HTML_code	规定在<iframe>中显示的页面的 HTML 内容
width	pixels、%	定义 iframe 的宽度

7.2 设置超链接样式

在网页中，超链接字体颜色默认显示为蓝色，链接文本包含一条下划线，当鼠标指针移到超链接上时，鼠标指针就会变成手形。如果超链接被访问，那么链接文本颜色就会发生改变，显示为紫色，这是经典的超链接默认样式。

在网页设计时，用户一般都会根据网站或页面设计风格重新定义超链接的样式。本节将介绍超链接样式的定义方法，以提高用户的操作体验。

7.2.1 伪类

伪类就是根据一定的特征对元素进行分类，而不根据元素的名称、属性或内容。原则上特征是不能够根据 HTML 文档结构进行匹配。例如，鼠标划过就是一个动态特征，任意一个元素都可能被鼠标划过，当然鼠标也不可能永远停留在同一个元素上面。这种特征对于某个元素来说是随时可能消失的。

在 CSS 中，伪类是以冒号为前缀的特定名词，它们表示一类选择器，与超链接相关的伪类说明如表 7.4 所示。

表 7.4　与超链接相关的基本伪类

伪　类	说　明
:link	设置超链接 a 在未被访问前的样式
:visited	设置超链接 a 在其链接地址已被访问过时的样式
:hover	设置元素在鼠标悬停时的样式
:active	设置元素在被用户激活（在鼠标单击与释放之间发生的事件）时的样式
:focus	设置元素在成为输入焦点（该元素的 onfocus 事件发生）时的样式

7.2.2 定义超链接样式

扫一扫，看视频

【示例 1】　在下面示例中定义页面所有超链接默认为红色下划线效果，当鼠标经过时显示为绿色下划线效果，而当单击超链接时则显示为黄色下划线效果，超链接被访问过之后显示为蓝色下划线效果，演示效果如图 7.7 所示。

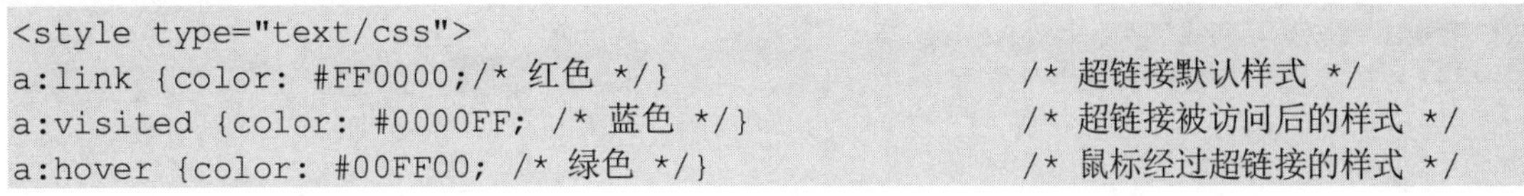

```
<style type="text/css">
a:link {color: #FF0000;/* 红色 */}                /* 超链接默认样式 */
a:visited {color: #0000FF; /* 蓝色 */}            /* 超链接被访问后的样式 */
a:hover {color: #00FF00; /* 绿色 */}              /* 鼠标经过超链接的样式 */
```

```
a:active {color: #FFFF00; /* 黄色 */}                    /* 超链接被激活时的样式 */
</style>
<ul class="p1">
    <li><a href="#" class="a1">首页</a></li>
    <li><a href="#" class="a2">新闻</a></li>
    <li><a href="#" class="a3">微博</a></li>
</ul>
<ul class="p2">
    <li><a href="#" class="a1">关于</a></li>
    <li><a href="#" class="a2">版权</a></li>
    <li><a href="#" class="a3">友情链接</a></li>
</ul>
```

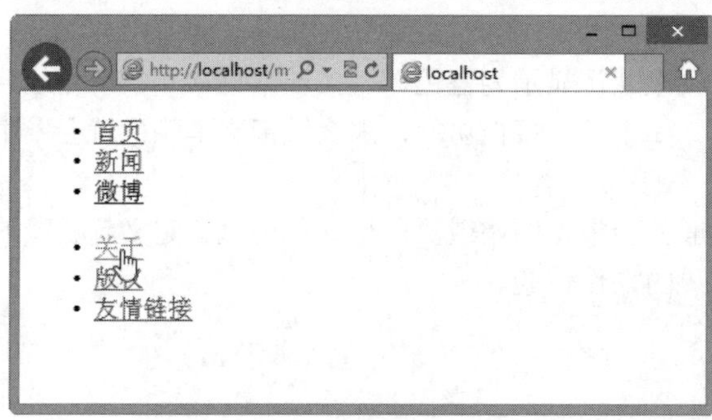

图 7.7　定义超链接样式

在网页设计中，并非整个页面中所有超链接完全一致，用户可以为特定范围的超链接定义样式，甚至分别为不同超链接定义样式。

【示例 2】　针对上面示例的文档结构，如果要定义第一个列表内超链接样式，则可以使用包含选择器来定义。

```
<style type="text/css">
a:link {color: #FF0000;/* 红色 */}                       /* 超链接默认样式 */
a:visited {color: #0000FF; /* 蓝色 */}                   /* 超链接被访问后的样式 */
a:hover {color: #00FF00; /* 绿色 */}                     /* 鼠标经过超链接的样式 */
a:active {color: #FFFF00; /* 黄色 */}                    /* 超链接被激活时的样式 */
.p1 a:link {color: #FF0000;}
.p1 a:visited {color: #0000FF;}
.p1 a:hover {color: #00FF00;}
.p1 a:active {color: #FFFF00;}
</style>
```

【示例 3】　如果定义 a1 类的超链接样式，则可以使用如下方式实现，其中前缀是一个类选择器。

```
<style type="text/css">
.a1:link {color: #FF0000;}
.a1:visited {color: #0000FF; }
.a1:hover {color: #00FF00;}
.a1:active {color: #FFFF00;}
</style>
```

【示例 4】　也可以使用指定类型选择器来定义。

```
<style type="text/css">
a.a1:link {color: #FF0000;}
a.a1:visited {color: #0000FF; }
a.a1:hover {color: #00FF00;}
```

```
a.a1:active {color: #FFFF00;}
</style>
```

在定义超链接样式时，超链接的 4 种状态样式的排列顺序是有要求的，一般不能随意调换。正确顺序应该是：link、visited、hover 和 active。

【示例 5】　在下面样式中，当鼠标经过超链接时，会先执行第一行声明，但是紧接着第 3 行的声明会覆盖掉第 1 行和第 2 行声明的样式，所以就无法看到鼠标经过和被激活时的效果。

```
<style type="text/css">
a.a1:hover {color: #00FF00;}
a.a1:active {color: #FFFF00;}
a.a1:link {color: #FF0000;}
a.a1:visited {color: #0000FF; }
</style>
```

超链接的 4 种状态并非都要定义，可以根据需要定义其中的 2 个或 3 个。

【示例 6】　要把未访问的和已经访问的链接定义成相同的样式，则可以定义 link、hover 和 active3 种状态。

```
<style type="text/css">
a.a1:link {color: #FF0000;}
a.a1:hover {color: #00FF00;}
a.a1:active {color: #FFFF00;}
</style>
```

【示例 7】　如果仅希望超链接显示两种状态样式，可以使用 a 和 hover 来定义。其中 a 标签选择器定义 a 元素的默认显示样式，然后定义鼠标经过时的样式。

```
<style type="text/css">
a {color: #FF0000;}
a:hover {color: #00FF00;}
</style>
```

【示例 8】　如果页面中还包括锚记，将会影响锚记的样式。如果定义如下的样式，则仅影响超链接未访问时的样式和鼠标经过时的样式。

```
<style type="text/css">
a:link {color: #FF0000;}
a:hover {color: #00FF00;}
</style>
```

7.3　实 战 案 例

超链接对象可以显示为多种样式，如动画、按钮、图像、特效等，本节将通过多个案例介绍常用链接样式的设计技巧。

7.3.1　定义下划线样式

扫一扫，看视频

定义超链接的样式首先要考虑颜色问题，对于任何页面来说，超链接的颜色应该与页面整体风格相一致。很多用户都不喜欢下划线样式，可以完全清除超链接的下划线：

```
a {/* 完全清除超链接的下划线效果 */
    text-decoration:none;
}
```

从用户体验的角度考虑，在取消下划线之后，应保证访客可以很轻松地找到所有超链接，如加粗显示、变色、缩放、背景点缀等。

当完全清除所有超链接的下划线之后，可以设计在鼠标经过时增加下划线，因为下划线具有很好的提示作用：

```
a:hover {/* 鼠标经过时显示下划线效果 */
    text-decoration:underline;
}
```

下划线样式不仅仅是一条实线，可以根据需要自定义设计。主要设计思路如下：

- 借助<a>标签的底边框线来实现。
- 利用背景图像来实现，背景图像可以设计出更多精巧的下划线样式。

【示例 1】 下面示例设计当鼠标经过链接时显示虚下划线、加粗、加重色彩的效果，如图 7.8 所示。

```
<style type="text/css">
a {/* 超链接的默认样式 */
    text-decoration:none;                    /* 清除超链接下划线 */
    color:#999;                              /* 浅灰色文字效果 */}
a:hover {/*鼠标经过时样式 */
    border-bottom:dashed 1px red;            /* 鼠标经过时显示虚下划线效果 */
    color:#000;                              /* 加重颜色显示 */
    font-weight:bold;                        /* 加粗字体显示 */
    zoom:1;                                  /* 解决 IE 浏览器无法显示问题 */}
</style>
<div id="quickSummary">
    <p class="p1"><span>展示以<acronym title="cascading style sheets">CSS</acronym>
技术为基础，并提供超强的视觉冲击力。只要选择列表中任意一个样式表，就可以将它加载到本页面中，并呈
现不同的设计效果。</span></p>
    <p class="p2"><span>下载<a title="这个页面的 HTML 源代码不能够被改动。"
href="http://www.csszengarden.com/zengarden-sample.html">HTML 文档</a> 和 <a
title="这个页面的 CSS 样式表文件，你可以更改它。"
href="http://www.csszengarden.com/zengarden-sample.css">CSS 文件</a>。</span></p>
</div>
```

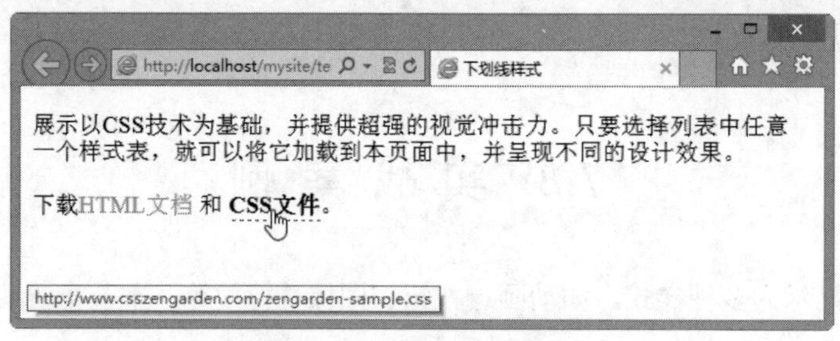

图 7.8 定义下划线样式

【示例 2】 在以下示例中，定义超链接始终显示为下划线效果，并通过颜色变化来提示鼠标经过时的状态变化，效果如图 7.9 所示。

```
<style type="text/css">
a {/* 超链接的默认样式 */
    text-decoration:none;                    /* 清除超链接下划线 */
    border-bottom:dashed 1px red;            /* 红色虚下划线效果 */
    color:#666;                              /* 灰色字体效果 */
    zoom:1;                                  /* 解决 IE 浏览器无法显示问题 */}
```

```
a:hover {/* 鼠标经过时样式 */
    color:#000;                                    /* 加重颜色显示 */
    border-bottom:dashed 1px #000;                 /* 改变虚下划线的颜色 */}
</style>
<div id="quickSummary">
    <p class="p1"><span>展示以<acronym title="cascading style sheets">CSS</acronym>
技术为基础，并提供超强的视觉冲击力。只要选择列表中任意一个样式表，就可以将它加载到本页面中，并呈
现不同的设计效果。</span></p>
    <p class="p2"><span>下载<a title="这个页面的 HTML 源代码不能够被改动。"
href="http://www.csszengarden.com/zengarden-sample.html">HTML 文档</a> 和 <a
title="这个页面的 CSS 样式表文件，你可以更改它。"
href="http://www.csszengarden.com/zengarden-sample.css">CSS 文件</a>。</span></p>
</div>
```

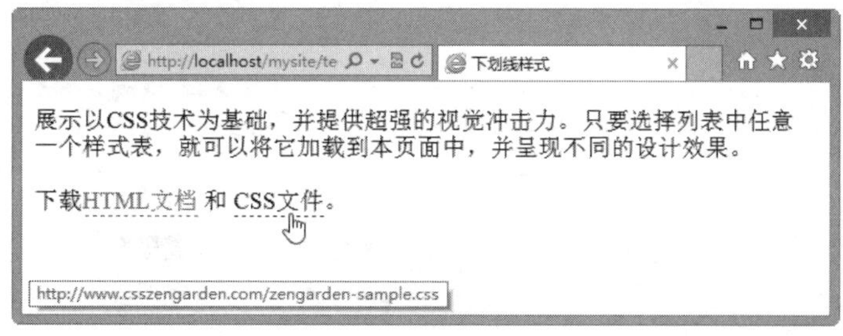

图 7.9　定义下划线样式

拓展：

由于浏览器在解析虚线时的效果并不一致，且显示效果不是很精致，如果使用背景图来定义下划线的虚线样式，则效果会更好。

例如，使用 Photoshop 设计一个虚线段图。如图 7.10 所示（images/dashed.psd）是一个放大 32 倍的虚线段设计图效果，在设计时应该确保高度为 1 像素，宽度可以为 4 像素、6 像素或 8 像素。这个主要根据虚线的疏密进行设置，然后选择一种颜色以跳格方式进行填充，最后保存为 GIF 格式图像即可。当然最佳视觉空隙是间隔 2 个像素空格。

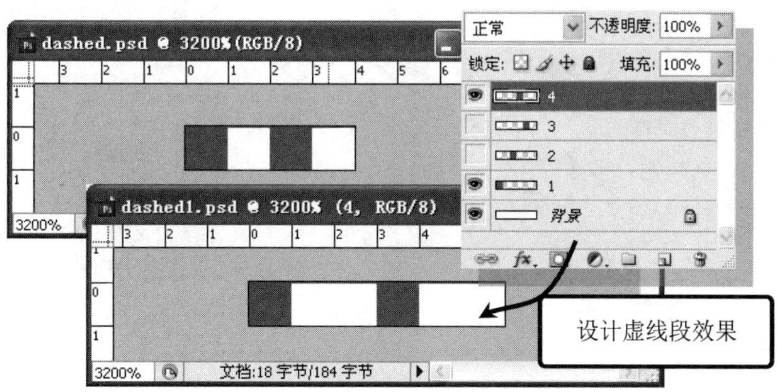

图 7.10　使用 Photoshop 设计虚线段

修改上面示例中的下划线样式，使用背景图代替 border-bottom:dashed 1px red;声明，主要样式代码如下，预览效果如图 7.11 所示。

```
<style type="text/css">
a {/* 超链接的默认样式 */
    text-decoration:none;                          /* 清除超链接下划线 */
```

```
    color:#666;                              /* 灰色字体效果 */}
a:hover {/* 鼠标经过时样式 */
    color:#000;                              /* 加重颜色显示 */
    background:url(images/dashed1.gif) left bottom repeat-x;
                                             /* 定义背景图像,定位到超链接元素的底部,
                                                并沿 x 轴水平平铺 */}
</style>
```

扫码，看电子版

图 7.11　背景图像设计的下划线样式

提示：

有关下划线的效果还有很多，只要巧妙结合超链接的底部边框、下划线和背景图像，就可以设计出很多个性化样式。例如，定义下划线的色彩、下划线距离、下划线长度、对齐方式和定制双下划线等。

扫一扫，看视频

7.3.2　定义立体样式

立体样式的设计方法：借助边框变化（主要是颜色的深浅变化）来模拟一种凸凹变化的立体效果。

【示例 1】　在这个示例中定义超链接在默认状态下显示灰色右边框线、灰色底边框线效果。而当鼠标移过时，则清除右侧和底部边框线，并定义左侧和顶部边框效果，这样利用错觉就设计出了一个简陋的凸凹立体效果，演示效果如图 7.12 所示。

```
<style type="text/css">
a {/* 超链接的默认样式 */
    text-decoration:none;                    /* 清除超链接下划线 */
    border-right:solid 1px #666;             /* 清除超链接下划线 */
    border-bottom:solid 1px #666;            /* 灰色右边框线 */
    zoom:1;                                  /* 解决 IE 浏览器无法显示问题*/}
a:hover {/* 鼠标经过时样式 */
    border-left:solid 1px #666;              /* 灰色左边框线 */
    border-top:solid 1px #666;               /* 灰色顶边框线 */
    border-right:none;                       /* 清除右边框线 */
    border-bottom:none;                      /* 清除底边框线 */}
</style>
<div id="quickSummary">
    <p class="p1"><span>展示以<acronym title="cascading style sheets">CSS</acronym>
技术为基础，并提供超强的视觉冲击力。只要选择列表中任意一个样式表，就可以将它加载到本页面中，并呈现不同的设计效果。</span></p>
    <p class="p2"><span>下载<a title="这个页面的 HTML 源代码不能够被改动。"
href="http://www.csszengarden.com/zengarden-sample.html">HTML 文档</a> 和 <a
title="这个页面的 CSS 样式表文件，你可以更改它。"
href="http://www.csszengarden.com/zengarden-sample.css">CSS 文件</a>。</span></p>
</div>
```

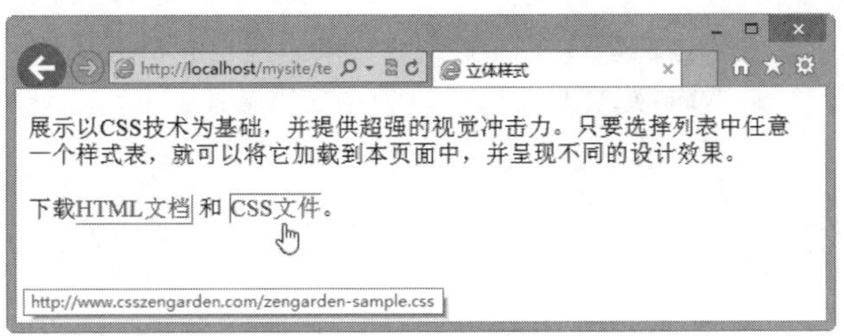

图 7.12　定义简单的立体样式

上面示例的立体效果不是很明显，但是如果结合前景色和背景色的变化，以及页面背景色的衬托，就可以设计更具立体效果的超链接效果。

【示例 2】　在以下示例中，结合网页背景色、超链接的背景色和前景色，设计了一个更富有立体效果的超链接样式，演示效果如图 7.13 所示。

```
<style type="text/css">
body { background:#fcc; /* 浅色背景 */}/* 网页背景颜色 */
a {/* 超链接的默认样式 */
    text-decoration:none;                           /* 清除超链接下划线 */
    border:solid 1px;                               /* 定义 1 像素实线边框 */
    padding: 0.4em 0.8em;                           /* 增加超链接补白 */
    color: #444;                                    /* 定义灰色字体 */
    background: #f99;                               /* 超链接背景色 */
    border-color: #fff #aaab9c #aaab9c #fff;        /* 分配边框颜色 */
    zoom:1;                                         /* 解决 IE 浏览器无法显示问题*/}
a:hover {/* 鼠标经过时样式 */
    color: #800000;                                 /* 超链接字体颜色 */
    background: transparent;                        /* 清除超链接背景色 */
    border-color: #aaab9c #fff #fff #aaab9c;        /* 分配边框颜色 */}
</style>
<div id="quickSummary">
    <p class="p1"><span>展示以<acronym title="cascading style sheets">CSS</acronym>
技术为基础，并提供超强的视觉冲击力。只要选择列表中任意一个样式表，就可以将它加载到本页面中，并呈
现不同的设计效果。</span></p>
    <p class="p2"><span>下载<a title="这个页面的 HTML 源代码不能够被改动。"
href="http://www.csszengarden.com/zengarden-sample.html">HTML 文档</a> 和 <a
title="这个页面的 CSS 样式表文件，你可以更改它。"
href="http://www.csszengarden.com/zengarden-sample.css">CSS 文件</a>。</span></p>
</div>
```

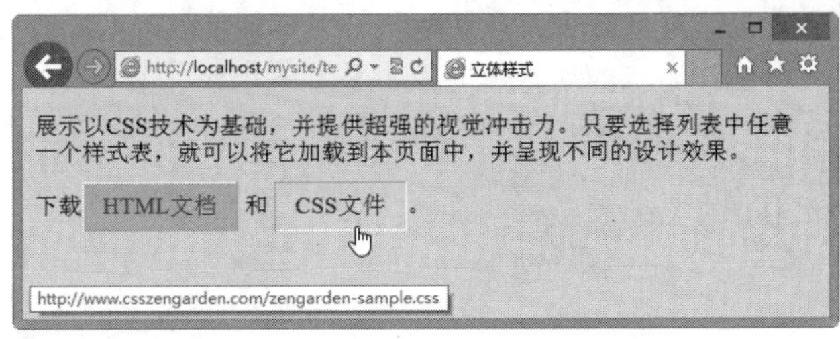

图 7.13　定义逼真的立体样式

扫码，看电子版

下面总结一下设计立体效果的一般方法：

（1）利用边框线的颜色变化来制造视觉错觉。可以把右边框和底部边框结合，把顶部边框和左边框结合，利用明暗色彩的搭配来设计立体变化效果。

（2）利用超链接背景色的变化来营造凸凹变化的效果。超链接的背景色可以设置相对深色效果，以营造凸起效果，当鼠标移过时，再定义浅色背景来营造凹下效果。

（3）利用环境色、字体颜色（前景色）来烘托这种立体变化过程。

扫一扫，看视频

7.3.3 定义动态样式

动态样式的设计方法：借助大小和位置来产生一种动态感。由于<a>标签是行内元素，无法定义超链接的宽和高，需要设计 a 元素浮动显示、块状显示或绝对定位显示。如果仅希望字体大小发生变化，则保持默认的行内显示即可。

【示例 1】 以下示例利用字体大小变化来设计动态效果，演示效果如图 7.14 所示。

```
<style type="text/css">
a {text-decoration:none;/* 清除下划线效果 */}            /* 超链接的默认样式 */
a:hover {font-size:1.6em; /* 放大字体 1.6 倍显示 */}   /* 鼠标经过时样式 */
</style>
<div id="quickSummary">
    <p class="p1"><span>展示以<acronym title="cascading style sheets">CSS</acronym>
技术为基础，并提供超强的视觉冲击力。只要选择列表中任意一个样式表，就可以将它加载到本页面中，并呈现不同的设计效果。</span></p>
    <p class="p2"><span>下载<a title="这个页面的 HTML 源代码不能够被改动。"
href="http://www.csszengarden.com/zengarden-sample.html">HTML 文档</a> 和 <a
title="这个页面的 CSS 样式表文件，你可以更改它。"
href="http://www.csszengarden.com/zengarden-sample.css">CSS 文件</a>。</span></p>
</div>
```

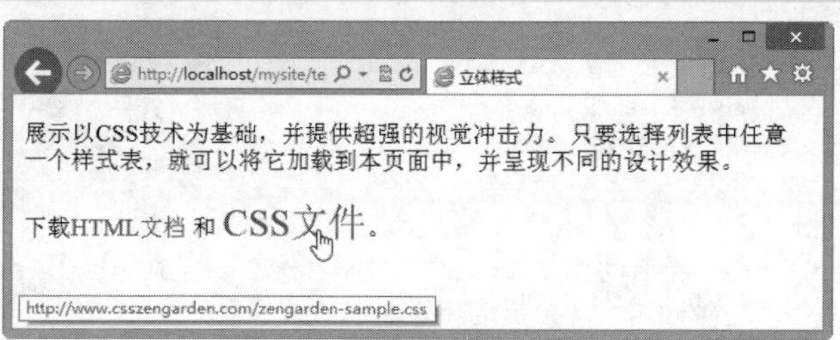

图 7.14 定义字体动态样式

提示：

上面示例通过字体大小变化来设计动态效果，但是这样会破坏页面布局，让页面产生抖动变化，不建议使用。

【示例 2】 动态样式更多地用在页面导航中，借助导航按钮的变化来设计动态效果。例如，在下面示例中，就是简单模拟一个动态导航效果，当鼠标移过下垂菜单时，则按钮自动向下伸展，并加粗、增亮字体效果，从而营造一种链接下沉的动态效果，如图 7.15 所示。

```
<style type="text/css">
body,h1{margin:0; padding:0;}                          /* 清除页边距和标题上下间距 */
#header {/* 模拟标题行样式 */
    height:80px;                                       /* 固定高度 */
    background:#0000FF;                                /* 背景色 */
    color:#fff;                                        /* 字体颜色 */
    line-height:80px;                                  /* 行高，定义垂直居中特效 */
    padding-left:1em;                                  /* 左补白，避免标题贴边显示 */}
a {/* 鼠标经过时样式 */
    text-decoration:none;                              /* 清除下划线效果 */
    float:right;                                       /* 向右浮动 */
```

```
    margin-right:4px;                                 /* 右边界，避免超链接贴边 */
    background:#0FFFF0;                               /* 定义背景色 */
    color:#00CC66;                                    /* 定义前景色 */
    width:100px;                                      /* 宽度 */
    height:40px;                                      /* 高度 */
    line-height:40px;                                 /* 行高，定义垂直居中特效 */
    text-align:center;                                /* 水平居中显示 */}
a:hover {/* 超链接的默认样式 */
    height:60px;                                      /* 增加高度 */
    line-height:60px;/* 增加行高，大于高度，这样能够靠底显示 */
    color:#0000FF;                                    /* 字体颜色 */
    font-weight:bold;                                 /* 粗体显示 */}
</style>
<div id="container">
    <div id="header">
        <h1>LOGO</h1>
    </div>
    <div id="nav"> <a href="#">RSS</a> </div>
</div>
```

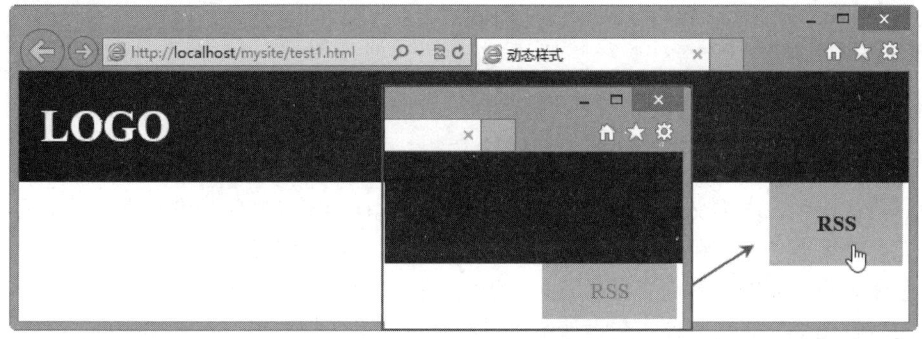

图 7.15　定义运动动态效果

上面示例简单演示了超链接的动态效果。在实战中，用户可以借助这种方法设计更多动态样式。注意，动态样式应该结合具体的页面风格来进行设计，否则就容易脱离实际，无应用价值。

7.3.4　定义图像交换样式

扫一扫，看视频

图像交换样式的设计技巧：利用相同大小但不同效果的背景图像进行轮换，模拟复杂的鼠标动态效果。因此，图像样式的关键是背景图像的设计，以及几种不同效果的背景图像是否能够过渡自然、切换吻合。下面通过一个案例进行演示说明。

【操作步骤】

（1）使用 Photoshop 设计两幅大小相同，但是效果略显不同的图像，如图 7.16 所示。图像的大小为 200px × 32px，第一张图像设计风格为渐变灰色，并带有玻璃效果，第二张图像设计风格为深黑色渐变。

bg1.gif　　　　bg2.gif

图 7.16　设计背景图像

（2）在 Dreamweaver 中使用两张背景图设计超链接的样式。页面主要代码如下：

```
<!doctype html>
<style type="text/css">
a {/* 超链接的默认样式 */
    text-decoration:none;                                /* 清除默认的下划线 */
    display:inline-block;                                /* 行内块状显示 */
    padding:2px 1em;                                     /* 为文本添加补白效果 */
    height:28px;                                         /* 固定高度 */
    line-height:32px;                                    /* 行高等于高度，设计垂直居中 */
    text-align:center;                                   /* 文本水平居中 */
    background:url(images/b1.gif) no-repeat center; /* 定义背景图像1，禁止平铺，居中 */
    color:#ccc;                                          /* 浅灰色字体 */}
a:hover {/* 鼠标经过时样式 */
    background:url(images/b2.gif) no-repeat center; /* 定义背景图像2，禁止平铺，居中 */
    color:#fff;                                          /* 白色字体 */}
</style>
<div id="quickSummary">
    <p class="p1"><span>展示以<acronym title="cascading style sheets">CSS</acronym>
技术为基础，并提供超强的视觉冲击力。只要选择列表中任意一个样式表，就可以将它加载到本页面中，并呈
现不同的设计效果。</span></p>
    <p class="p2"><span>下载<a title="这个页面的 HTML 源代码不能够被改动。"
href="http://www.csszengarden.com/zengarden-sample.html">HTML 文档</a> 和 <a
title="这个页面的 CSS 样式表文件，你可以更改它。"
href="http://www.csszengarden.com/zengarden-sample.css">CSS 文件</a>。</span></p>
</div>
```

在上面样式代码中，先定义超链接以行内块状显示，这样便于控制它的宽和高，然后根据背景图像大小定义 a 元素的大小，并分别为默认状态和鼠标经过状态下定义背景图像。

对于背景图来说，超链接的宽度可以不必等于背景图的宽度，只要小于背景图的宽度即可。但是高度必须保持与背景图像的高度一致。在设计中可以结合背景图像的效果定义字体颜色.

（3）在浏览器中预览，所得的超链接效果如图 7.17 所示。

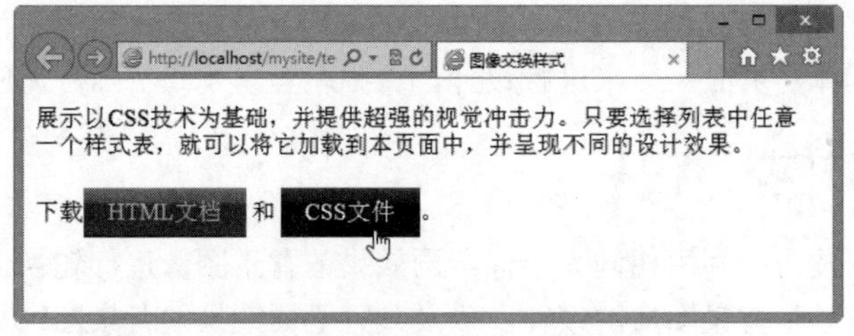

图 7.17　背景图交换链接效果

拓展：

为了减少两幅背景图的 HTTP 请求次数，避免占用不必要的带宽。可以把图像交换的两幅图像合并为一幅图像，然后利用 CSS 定位技术控制背景图显示区域。例如，对于上面的背景图像，可以合并为一个图像 b3.gif，如图 7.18 所示。

b3.gif

图 7.18　合并背景图

然后，在超链接中直接引用该合成图像，合成背景图高度增加为 64px，在默认状态和鼠标移过时仅部分背景可见，设计的 CSS 代码如下所示。

```
<style type="text/css">
a {/* 超链接的默认样式 */
    text-decoration:none;                          /* 清除默认的下划线 */
    display:inline-block;                          /* 行内块状显示 */
    padding:2px 1em;                               /* 为文本添加补白效果 */
    height:28px;                                   /* 固定高度 */
    line-height:32px;                              /* 行高等于高度，设计垂直居中 */
    text-align:center;                             /* 文本水平居中 */
    background:url(images/b3.gif) no-repeat center top;
                                                   /* 定义背景图像 1，禁止平铺，居中 */
    color:#ccc;                                    /* 浅灰色字体 */}
a:hover {/* 鼠标经过时样式 */
    background-position:center bottom;             /* 定位背景图像，显示下半部分 */
    color:#fff;                                    /* 白色字体 */}
</style>
```

本例与上例设计思路基本相同，主要是在引用外部图像时所有背景图像组合在一张图中，然后利用 CSS 精确定位，显示一半图像。以实现在不同状态下显示为不同的背景图像。

使用背景图像设计超链接样式比较实用，且所设计的效果可以模拟各种效果，只要背景图设计新颖、漂亮即可。

7.3.5　定义鼠标样式

扫一扫，看视频

在默认状态下鼠标经过超链接时显示为手形。使用 CSS 的 cursor 属性可以改变这种默认效果，cursor 属性定义鼠标在指定对象上的样式，取值说明如表 7.5 所示。

表 7.5　cursor 属性取值说明

值	说　明
auto	基于上下文决定应该显示什么光标
crosshair	十字线光标（+）
default	基于平台的默认光标。通常渲染为一个箭头
pointer	指针光标，表示一个超链接
move	十字箭头光标，用于标示对象可被移动
e-resize、ne-resize、nw-resize、n-resize、se-resize、sw-resize、s-resize、w-resize	表示正在移动某个边，如 se-resize 光标用来表示框的移动开始于东南角
text	表示可以选择文本。通常渲染为 I 形光标
wait	表示程序正忙，需要用户等待，通常渲染为手表或沙漏
help	光标下的对象包含有帮助内容，通常渲染为一个问号或一个气球
<uri>URL	自定义光标类型的图标路径

如果自定义光标样式。使用绝对或相对 URL 指定光标文件（后缀为.cur 或者.ani）。

【示例】 以下示例定义鼠标指针样式为十字靶心，演示效果如图 7.19 所示。

```
<style type="text/css">
a {/* 超链接的默认样式 */
    text-decoration:none;display:inline-block;padding:2px1em;height:28px;line-height:32px; text-align:center; background:url(images/b1.gif) no-repeat center; color:#ccc; }
a:hover {/* 鼠标经过时样式 */
    background:url(images/b2.gif) no-repeat center; color:#fff;
    cursor:url('images/Cursor_3.cur'),url('images/Cursor_3.gif');/*定义鼠标样式 */
}
</style>
<div id="quickSummary">
    <p class="p1"><span>展示以<acronym title="cascading style sheets">CSS</acronym>技术为基础，并提供超强的视觉冲击力。只要选择列表中任意一个样式表，就可以将它加载到本页面中，并呈现不同的设计效果。</span></p>
    <p class="p2"><span>下载<a title="这个页面的 HTML 源代码不能够被改动。" href="http://www.csszengarden.com/zengarden-sample.html">HTML 文档</a> 和 <a title="这个页面的 CSS 样式表文件，你可以更改它。" href="http://www.csszengarden.com/zengarden-sample.css">CSS 文件</a>。</span></p>
</div>
```

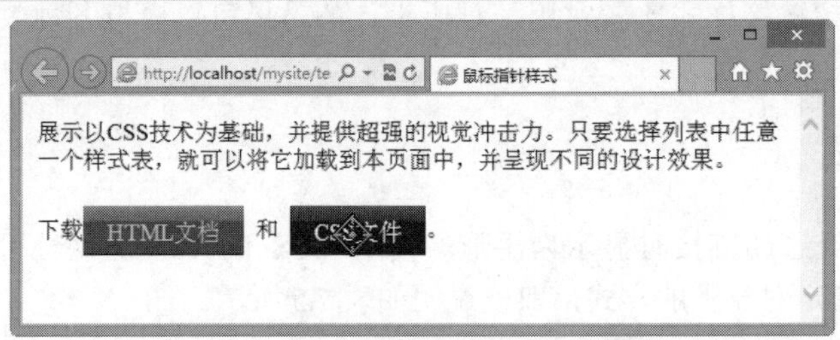

图 7.19 自定义光标样式效果

提示：

使用自定义图像作为光标类型，IE 和 Opera 只支持*.cur 等特定的图片格式；而 Firefox、Chrome 和 Safari 既支持特定图片类型也支持常见的*.jpg, *.gif, *.jpg 等图片格式。

cursor 属性值可以是一个序列，当用户端无法处理第一个图标时，它会尝试处理第 2 个、第 3 个等，如果用户端无法处理任何定义的光标，它必须使用列表最后的通用光标。例如，样式就定义了 3 个自定义动画光标文件，最后定义了一个通用光标类型。

```
a:hover { cursor:url('images/1.ani'), url('images/1. cur'), url('images/1.gif'), pointer;}
```

7.3.6 设计图形化按钮样式

图像比较容易定制，在网页中会经常看见使用图像设计的超链接按钮。为超链接设计图像样式可以有多种方法，其中最常用的方法是借助 CSS 的 background-image 属性来定义超链接的背景图。

【示例 1】 以下示例在一个模拟的页面环境中，通过背景图替换超链接文本，来设计与页面风格相统一的超链接效果，演示效果如图 7.20 所示。

```
<style type="text/css">
/* 使用背景图设计模拟的页面环境 */
```

```
body {background: url(images/bg1.jpg) no-repeat; padding: 0; margin: 0; width:1005px;
height:617px;}
#box { position: absolute; width: 94px; height: 28px; z-index: 1; left: 647px; top:
200px;}
a.reg { /* 超链接样式 */
   background: transparent url('images/btn2.gif') no-repeat top left;
                                                    /* 背景图像 */
   display: block;                                  /* 块状显示，方便定义宽度和高度 */
   width:74px;                                      /* 宽度，与背景图像同宽 */
   height: 25px;                                    /* 高度，与背景图像同高 */
   text-indent:-999px;                              /* 隐藏超链接中的文本 */
}
</style>
<div id="box">
      <a class="reg"  href="#">注册</a>
</div>
```

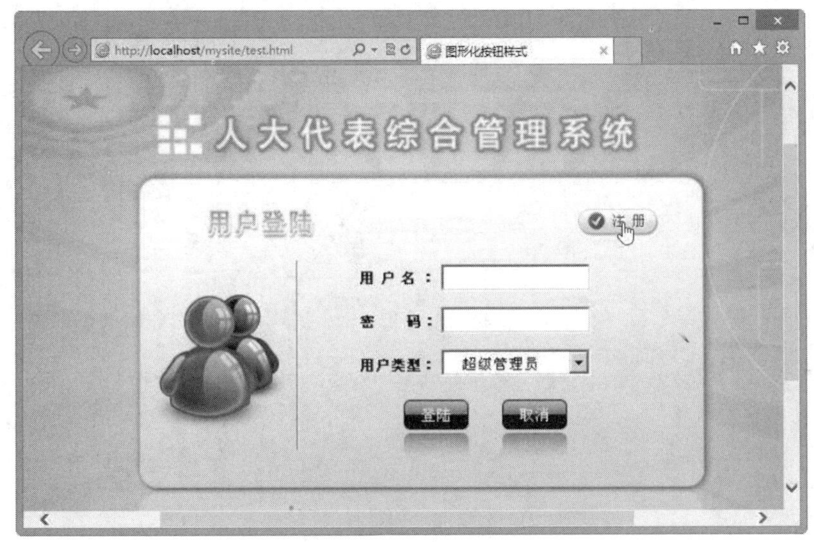

图 7.20　使用图形化按钮设计超链接样式

提示：

在使用背景图来设计超链接时应注意几个问题：

- 如果完全使用背景图来设计一个超链接样式，应防止背景图的重复平铺，可以使用 background-repeat 属性禁止平铺。
- 定义<a>标签以块状或者行内块状显示，以方便为超链接定义高和宽。在定义超链接的显示大小时，其宽和高最好与背景图像保持一致。也可以使用 padding 属性撑开<a>标签，以代替 width 和 height 属性声明。
- 应使用 text-indent 属性隐藏超链接中的文本。
- 如果超链接的区域比背景图大，应使用 background-position 属性定位背景图像在超链接中显示位置。

【示例 2】　使用图像也能够设计出富有动态的超链接按钮。例如，在以下示例中为超链接不同状态定义不同背景图像：当在正常状态下，超链接左侧显示一个箭头式的背景图像；当鼠标移过超链接时，背景图像被替换为另一个动态 GIF 图像，使整个超链接动态效果立即显示出来，演示效果如图 7.21 所示。

```
<style type="text/css">
/* 使用背景图设计模拟的页面环境 */
```

```
body {background: url(images/bg.jpg) no-repeat; padding: 0; margin: 0; width:952px; height:508px;}
#box { position: absolute; width: 94px; height: 28px; z-index: 1; left: 609px; top: 300px;}
a.reg {/* 定义超链接正常样式：定位左侧背景图像 */
    background: url("images/arrow2.gif") no-repeat left center;
    padding-left:14px;}
a.reg:hover {/* 定义鼠标经过时超链接样式：定位左侧背景图像 */
    background: url("images/arrow1.gif") no-repeat left center;
    padding-left:14px;}
</style>
<div id="box">
        <a class="reg"  href="#">注册</a>
</div>
```

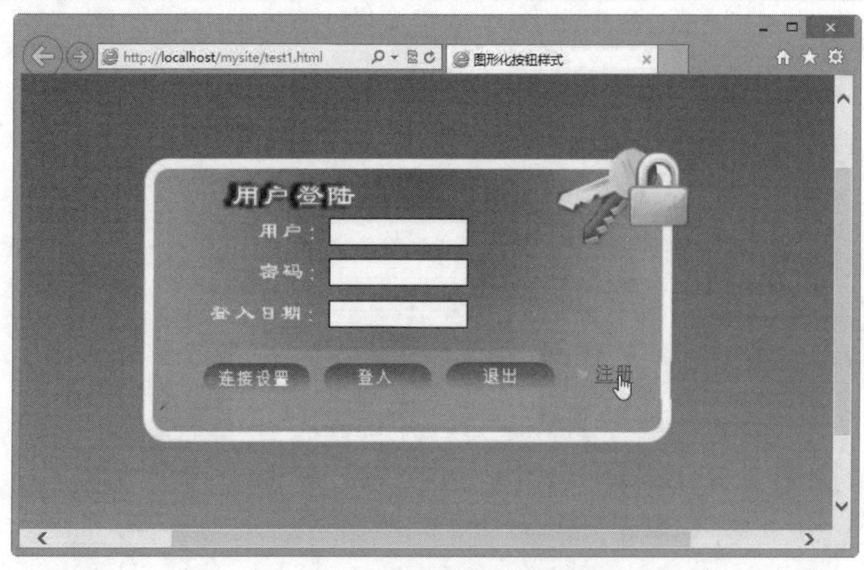

图 7.21　动态背景图像超链接样式

在上面的样式表中，通过 padding-left 属性定义超链接左侧空隙，这样就可以使定义的背景图显示出来，避免被链接文本所遮盖。实战中，经常需要使用 padding 属性来为超链接增加空余的空间，以便背景图像能够很好地显示出来。

在设计时巧妙地结合超链接的几种不同显示状态，为不同状态设计不同的背景图像，用户会看到很多有趣的效果，而且可以设计出更富有提示性的超链接效果。

例如，在超链接左侧定义一个箭头式的背景图像，当鼠标移过时再定义箭头图像显示在超链接的右侧，这样就会给人一种错觉，即当鼠标移过时，超链接如同离弦的箭头。或者设计当超链接被单击之后，在超链接的左侧或者右侧显示一个对勾标记，以提示该超链接已经被访问过。

扫一扫，看视频

7.3.7　设计滑动门样式

在 CSS 中，一个经常被讨论的设计技巧就是背景图的可层叠性，并允许在彼此之上进行滑动，以创造一些特殊的效果，这就是滑动门特效。

【示例】　很多用户喜欢把一个绘制好的图像分成两截，让其中的一截固定在超链接按钮的一端，另一截固定在另一端，如果背景图足够大的话，会发现不管超链接包含的字数有多少，字体有多大，它都能够很好适应伸缩的按钮，使设计效果总是显示为一致，演示效果如图 7.22 所示。

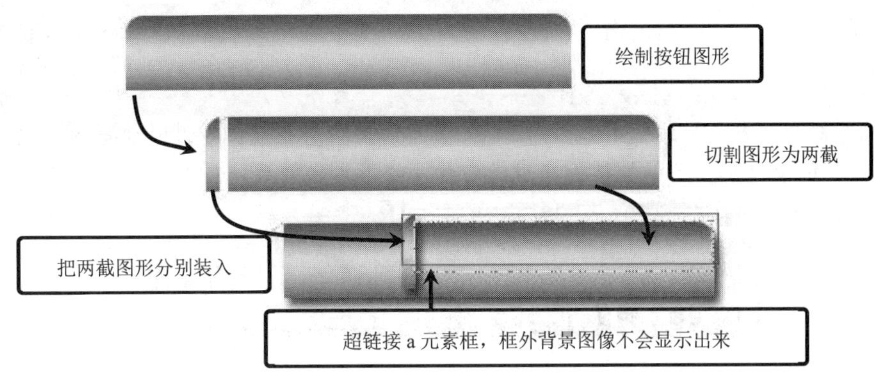

图 7.22　滑动门设计原理示意图

这个示意图直观展示了可扩展的图形按钮的设计原理。为了帮助读者更直观地理解和体会，下面结合一个示例进行具体讲解。

【操作步骤】

（1）使用 Photoshop 设计好按钮图形的效果图，然后分切为两截，其中一截应尽可能的窄，只包括一条椭圆边，另一截可以尽可能大，这样设计的图按钮就可以容纳更多的字符，如图 7.23 所示。

图 7.23　绘制并裁切滑动门背景图

（2）启动 Dreamweaver，新建网页，保存为 test.html，在<body>标签内输入以下代码。构建一个可以定义重叠背景图的超链接结构，具体结构如下，在每个超链接<a>标签中包含了一个<span>辅助标签。

```
<a  href="#"><span>按钮</span></a>
<a  href="#"><span>超链接</span></a>
<a  href="#"><span>图像按钮</span></a>
<a  href="#"><span>扩展性按钮</span></a>
<a  href="#"><span>能够定义很多字数的文本链接</span></a>
```

（3）在<head>标签内添加<style type="text/css">标签，定义一个内部样式表，然后输入以下样式。使用 CSS 把短的背景图（left1.gif）固定在<a>标签的左侧。

```
<style type="text/css">
a {/* 定义超链接样式*/
    background: url('images/left1.gif') no-repeat top left;
                                /* 把短截背景图像固定在左侧*/
    display: block;             /* 以块状显示，这样能够定义大小 */
    float:left;                 /* 浮动显示，这样 a 元素能够自动收缩宽度，以正好包容文本 */
    padding-left: 8px;          /* 增加左侧内边距，该宽度正好与上面定义的背景图像同宽 */
    font: bold 13px Arial;      /* 超链接文本字体属性 */
    line-height: 22px;          /* 定义行高 */
    height: 30px;               /* 定义按钮高度 */
    color: white;               /* 字体颜色 */
    margin-left:6px;            /* 左侧外边框 */
    text-decoration:none;       /* 清除默认的下划线样式 */}
</style>
```

（4）把长的背景图（right1.gif）固定在<span>标签的右侧。

```
a span {
    background: url('images/right1.gif') no-repeat top right;   /* 定义长截背景图像 */
    display: block;                                             /* 块状显示 */
    padding: 4px 10px 4px 2px;                                  /* 增加内边距 */}
```

（5）在浏览器中预览，显示效果如图 7.24 所示。如果希望在鼠标经过时让背景图像的色彩稍稍有点变化，增加按钮的动态感，不妨给鼠标经过时增加一个下划线效果。

```
a:hover { text-decoration: underline;}
```

扫码，看电子版

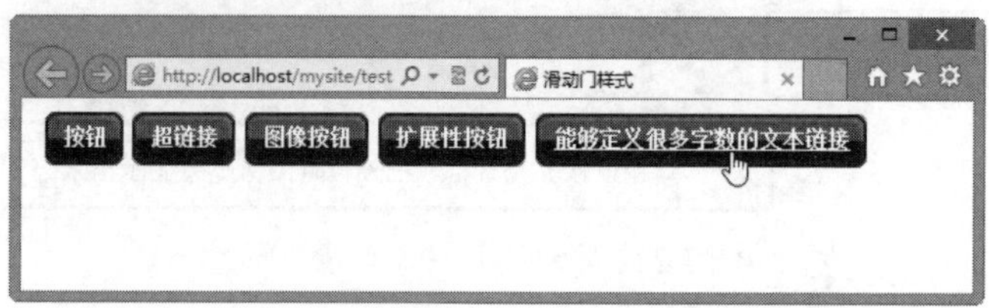

图 7.24　设计滑动门链接效果

7.4　在线课堂：强化训练

本节为线上实践环节，旨在帮助读者练习使用 CSS3 设计各种网页超链接样式，强化训练初学者对于网页设计的基本功，感兴趣的读者请扫码练习。

扫码，看电子版

第 8 章　使用 CSS 美化列表

列表信息在生活中随处可见，在网页中也比较常用，如导航条、菜单栏、新闻列表、引导页、列表页、页面框架等。HTML5 定义了一套列表标签，通过列表结构实现对网页信息的合理排版。

【学习重点】

- 正确使用各种列表标签。
- 使用 CSS 设计列表样式。
- 根据网页具体内容编排列表版式。

8.1　列表的基本结构

扫一扫，看视频

在 HTML 中，列表结构可以分为两种基本类型：有序列表和无序列表。无序列表使用项目符号来标识列表，而有序列表则使用编号来标识列表的项目顺序。使用标签说明如下：

- <ul>...</ul>：标识无序列表。
- <ol>...</ol>：标识有序列表。
- <li>...</li>：标识列表项目。

【示例 1】　以下示例使用无序列表显示了一元二次方程求解的 4 种方法。

```
<h1>解一元二次方程</h1>
<p>一元二次方程求解有 4 种方法：</p>
<ul>
    <li>直接开平方法 </li>
    <li>配方法 </li>
    <li>公式法 </li>
    <li>分解因式法</li>
</ul>
```

【示例 2】　列表结构在网页中比较常见，其应用范畴比较广泛，可以是新闻列表、产品列表，也可以是导航、菜单、图表等。以下示例显示了 3 种列表应用样式。

```
<h1>列表应用</h1>
<h2>百度互联网新闻分类列表</h2>
<ol>
    <li>网友热论网络文学：渐入主流还是刹那流星？</li>
    <li>电信封杀路由器？消费者质疑：强迫交易</li>
    <li>大学生创业俱乐部为大学生自主创业助力</li>
</ol>
<h2>焊机产品型号列表</h2>
<ul>
    <li>直流氩弧焊机系列 </li>
    <li>空气等离子切割机系列</li>
    <li>氩焊/手弧/切割三用机系列</li>
</ul>
```

```
<h2>站点导航菜单列表</h2>
<ul>
    <li>微博</li>
    <li>社区</li>
    <li>新闻</li>
</ul>
```

另外，还可以使用描述列表。描述列表是一种特殊的结构，它包括词条和解释两块内容。包含的标签说明如下：

- <dl>...</dl>：标识描述列表。
- <dt>...</dt>：标识词条。
- <dd>...</dd>：标识解释。

【示例 3】 以下示例使用描述列表显示了两个成语的解释。

```
<h1>成语词条列表</h1>
<dl>
    <dt>知无不言，言无不尽</dt>
    <dd>知道的就说，要说就毫无保留。</dd>
    <dt>智者千虑，必有一失</dt>
    <dd>不管多聪明的人，在很多次的考虑中，也一定会出现个别错误。</dd>
</dl>
```

8.2 创建列表

下面详细介绍在 HTML5 中如何创建各种列表类型。

扫一扫，看视频

8.2.1 无序列表

无序列表是一种不分排序的列表结构，使用<ul>标签定义，其中包含多个<li>列表项目标签构成。以下罗列几种在 HTML 中无序列表的错误嵌套方法。

（1）<ul>标签跟<li>标签之间插入了其他标签。

```
<ul>
    <li>列表项目 1</li>
    <li>列表项目 2</li>
    <div>错误的无序列表嵌套结构</div>
</ul>
```

（2）多层<ul>标签嵌套时的错误。

```
<ul>
    <li>列表项目 1</li>
    <ul>
        <li>错误的无序列表嵌套结构</li>
    </ul>
</ul>
```

（3）<li>标签未关闭。

```
<ul>
    <li>列表项目 1
    <ul>
```

```
        <li>错误的无序列表嵌套结构</li>
    </ul>
    <li>列表项目 2</li>
</ul>
```

要纠正这些写法错误，可进行以下针对性修改。

（1）将<div>标签放到<ul>标签的外面，或者删除。

（2）多层<ul>无序列表标签嵌套时，应该将<ul>标签放在<li>标签内。

```
<ul>
    <li><ul>
            <li>嵌套列表项目</li>
    </ul></li>
</ul>
```

（3）关闭<li>标签。

浏览器对无序列表的默认解析也是有规律的。无序列表可以分为一级无序列表和多级无序列表，一级无序列表在浏览器中解析后，会在列表<li>标签前面添加一个小黑点的修饰符，而多级无序列表则会根据级数而改变列表前面的修饰符。

【示例】 以下页面设计了 3 层嵌套的多级列表结构，在无修饰情况下浏览器默认解析时显示效果如图 8.1 所示。

```
<ul>
    <li>一级列表项目 1
        <ul>
            <li>二级列表项目 1</li>
            <li>二级列表项目 2
                <ul>
                    <li>三级列表项目 1</li>
                    <li>三级列表项目 2</li>
                </ul>
            </li>
        </ul>
    </li>
    <li>一级列表项目 2</li>
</ul>
```

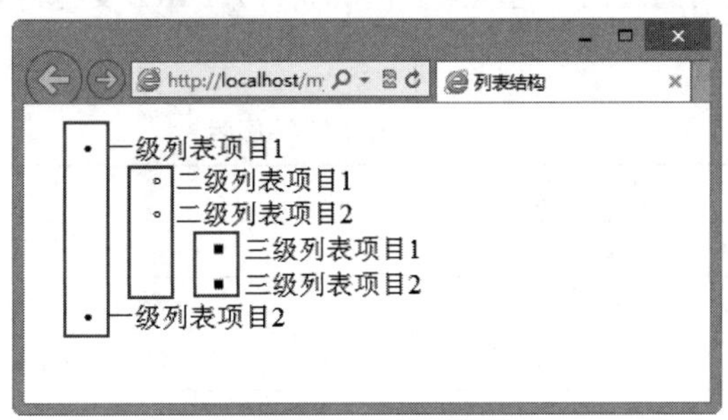

图 8.1　多级无序列表的默认解析效果

通过观察图 8.1，可以发现无序列表在嵌套结构中随着其所包含的列表级数的增加而逐渐缩进，并且随着列表级数的增加而改变修饰符。合理使用 HTML 标签能让页面的结构更加清晰，相对地更符合语义。

扫一扫，看视频

8.2.2 有序列表

有序列表是一种讲究排序的列表结构，使用<ol>标签定义，其中包含多个<li>列表项目。一般网页设计中，列表结构可以互用有序或无序列表标签。但是，在强调项目排序的栏目中，选用有序列表会更科学，如新闻列表（根据新闻时间排序）、排行榜（强调项目的名次）等。

【示例 1】 有序列表也可分为一级有序列表和多级有序列表，浏览器默认解析时都是将有序列表以阿拉伯数字表示，并增加缩进，如图 8.2 所示。

```
<ol>
    <li>一级列表项目 1
        <ol>
            <li>二级列表项目 1</li>
            <li>二级列表项目 2
                <ol>
                    <li>三级列表项目 1</li>
                    <li>三级列表项目 2</li>
                </ol>
            </li>
        </ol>
    </li>
    <li>一级列表项目 2</li>
</ol>
```

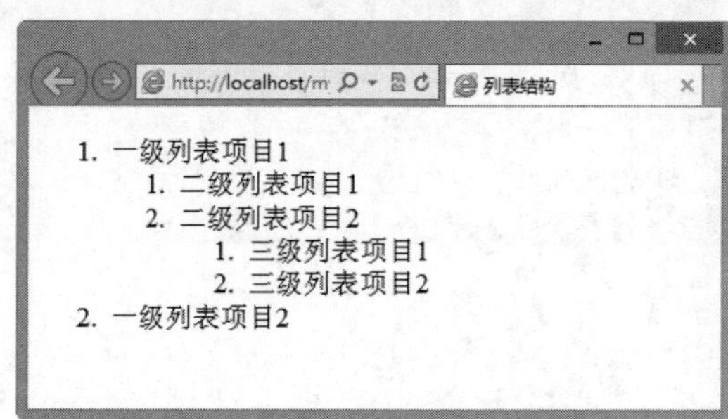

图 8.2 多级有序列表默认解析效果

<ol>标签包含 3 个比较实用的属性，这些属性同时获得 HTML5 支持，且其中 reversed 为新增属性。具体说明如表 8.1 所示。

表 8.1 <ol>标签属性

属　性	取　值	说　明
reversed	reversed	定义列表顺序为降序，如 9、8、7...
start	number	定义有序列表的起始值
type	1、A、a、I、i	定义在列表中使用的标记类型

【示例 2】 以下示例设计有序列表降序显示，序列的起始值为 5，类型为大写罗马数字，效果如图 8.3 所示。

```
<ol type="I" start="5" reversed >
    <li>黄鹤楼 <span>崔颢</span> </li>
    <li>送元二使安西 <span>王维</span> </li>
    <li>凉州词（黄河远上） <span>王之涣</span> </li>
```

```
    <li> 登鹳雀楼 <span>王之涣</span> </li>
    <li> 登岳阳楼 <span>杜甫</span> </li>
</ol>
```

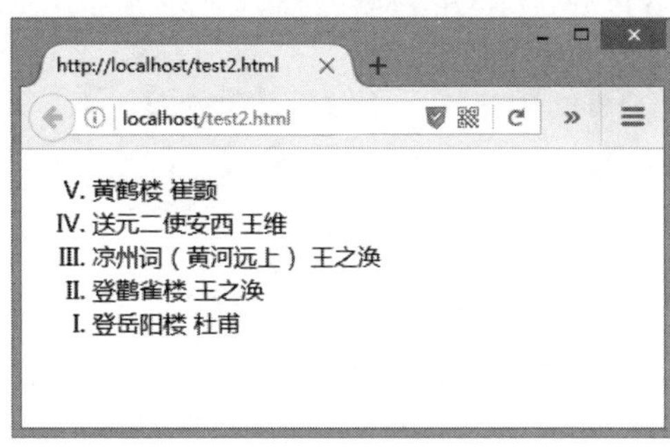

图 8.3　在 Firefox 中预览降序列表

8.2.3　描述列表

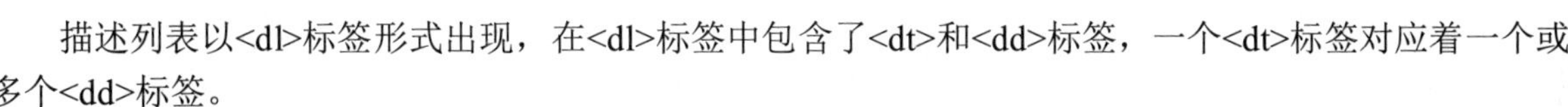

描述列表以<dl>标签形式出现，在<dl>标签中包含了<dt>和<dd>标签，一个<dt>标签对应着一个或多个<dd>标签。

描述列表与无序列表和有序列表存在着结构上的差异性，相同点就是 HTML 结构必须是如下形式：

```
<dl>
    <dt>描述列表标题</dt>
    <dd>描述列表内容</dd>
</dl>
```

或者：

```
<dl>
    <dt>描述列表标题 1</dt>
    <dd>描述列表内容 1.1</dd>
    <dd>描述列表内容 1.2</dd>
</dl>
```

也可以是多个组合形式：

```
<dl>
    <dt>描述列表标题 1</dt>
    <dd>描述列表内容 1</dd>
    <dt>描述列表标题 2</dt>
    <dd>描述列表内容 2</dd>
</dl>
```

【示例 1】　以下示例定义了一个中药词条列表。

```
<h2>中药词条列表</h2>
<dl>
    <dt>丹皮</dt>
    <dd>为毛茛科多年生落叶小灌木植物牡丹的根皮。产于安徽、山东等地。秋季采收，晒干。生用或炒用。
</dd>
</dl>
```

在上面结构中，“丹皮”是词条，而“为毛茛科多年生落叶小灌木植物牡丹的根皮。产于安徽、山东等地。秋季采收，晒干。生用或炒用。”是对词条进行的描述（或解释）。

【示例2】 同一个 dl 元素中可以包含多个词条。例如，在下面这个描述列表中包含了 2 个词条，介绍花圃中花的种类，列表结构代码如下。

```
<div class="flowers">
    <h1>花圃中的花</h1>
    <dl>
        <dt>玫瑰花</dt>
        <dd>玫瑰花，一名赤蔷薇，为蔷薇科落叶灌木。茎多刺。花有紫、白两种，形似蔷薇和月季。一般用作蜜饯、糕点等食品的配料。花瓣、根均作药用，入药多用紫玫瑰。</dd>
        <dt>杜鹃花</dt>
        <dd>中国十大名花之一。在所有观赏花木之中，称得上花、叶兼美，地栽、盆栽皆宜，用途最为广泛的。白居易赞曰："闲折两枝持在手，细看不似人间有，花中此物是西施，芙蓉芍药皆嫫母"。在世界杜鹃花的自然分布中，种类之多、数量之巨，没有一个能与中国匹敌，中国，乃世界杜鹃花资源的宝库！今江西、安徽、贵州以杜鹃为省花，定为市花的城市多达七八个，足见人们对杜鹃花的厚爱。杜鹃花盛开之时，恰值杜鹃鸟啼之时，古人留下许多诗句和优美、动人的传说，并有以花为节的习俗。杜鹃花多为灌木或小乔木，因生态环境不同，有各自的生活习性和形状。最小的植株只有几厘米高，呈垫状，贴地面生。最大的高达数丈，巍然挺立，蔚为壮观。</dd>
    </dl>
</div>
```

当列表结构的内容集中时，可以适当添加一个标题，描述列表内部主要通过定义标题以及定义内容项帮助浏览者明白该列表中所存在的关系以及相关介绍。

当介绍花圃中花的品种时，先说明主题，其次再分别介绍花的种类以及针对不同种类的花进行详细地介绍，演示效果如图 8.4 所示。

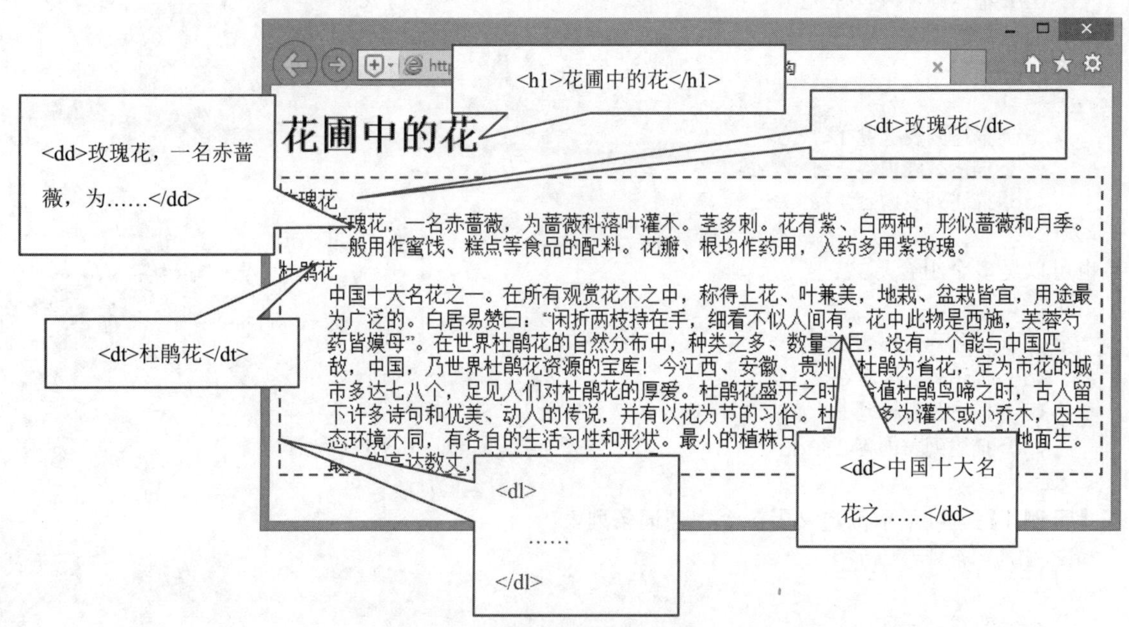

图 8.4 描述列表结构分析图

dl、dt 和 dd 元素不仅仅是为了解释词条，在语义结构中，不再把描述列表看作是一种词条解释结构。至于 dt 元素包含的内容是否为一个真正意义上的词条，还是 dd 元素包含的是一个真正意义上的解释，对于搜索引擎来说都不重要了。

一般来说，搜索引擎仅认为 dt 元素包含的是抽象、概括或简练的内容，对应的 dd 元素包含的是与 dt 内容相关联的具体、详细或生动说明。

【示例 3】 类似下面的列表结构是设计师们习惯性用法：

```
<h2>不恰当的列表结构</h2>
<div id="softList">
    <ul>
        <li>小时代 2.6.3.10</li>
        <li>软件大小：2431 KB</li>
        <li>软件语言：简体中文</li>
        <li>软件类别：国产软件/免费软件/文件共享</li>
    </ul>
    <ul>
        <li>快车 2.1 正式版</li>
        <li>软件大小：6560 KB</li>
        <li>软件语言：简体中文</li>
        <li>软件类别：国产软件/免费软件/下载工具</li>
    </ul>
</div>
```

【示例 4】 从结构本身来看，它似乎没有问题，在表现效果上也许会更容易控制。不过从语义角度来考虑，对于这类的信息使用定义结构会更恰当一些。

```
<h2>恰当的列表结构</h2>
<div id="softList">
    <dl>
        <dt>软件名称</dt>
        <dd>小时代 2.6.3.10</dd>
        <dt>软件大小</dt>
        <dd>2431 KB</dd>
        <dt>软件语言</dt>
        <dd>简体中文</dd>
        <dt>软件类别</dt>
        <dd>国产软件/免费软件/文件共享</dd>
    </dl>
    <dl>
        <dt>软件名称</dt>
        <dd>快车 2.1 正式版</dd>
        <dt>软件大小</dt>
        <dd>6560 KB</dd>
        <dt>软件语言</dt>
        <dd>简体中文</dd>
        <dt>软件类别</dt>
        <dd>国产软件/免费软件/下载工具</dd>
    </dl>
</div>
```

对于“<li>软件大小：6560 KB</li>”这个项目，它实际上包含了两部分信息：第 1 部分是信息的名称（即“软件大小”），第 2 部分是信息的具体内容（即“6560 KB”）。对于描述列表来说，当自动检索到“<dt>软件大小</dt>”时，立即知道它是一个标题，而检索到“<dd>2431 KB</dd>”时就知道它是上面标题对应的具体信息。

扫一扫，看视频

8.2.4　菜单列表

在HTML5中重新定义了被HTML4弃用的<menu>标签。使用<menu>标签可以定义命令的列表或菜单，如上下文菜单、工具栏，以及列出表单控件和命令。<menu>标签中可以包含<command>和<menuitem>标签，用于定义命令和项目。

【示例1】　下面示例配合使用<menu>和<command>标签，定义一个命令，当单击该命令时，将弹出提示对话框，如图8.5所示。

```
<menu>
    <command onclick="alert('Hello World')">命令</command>
</menu>
```

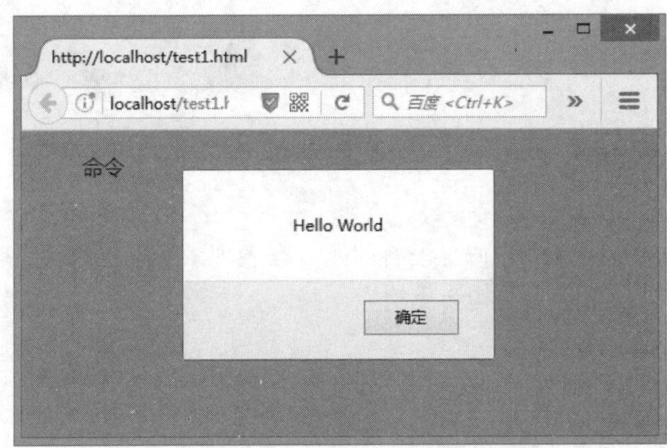

图8.5　定义菜单命令

<command>标签可以定义命令按钮，如单选按钮、复选框或按钮。只有当command元素位于menu元素内时，该元素才是可见的。否则不会显示这个元素，但是可以用它定义键盘快捷键。

目前，只有IE 9（更早或更晚的版本都不支持）和最新版本的Firefox支持<command>标签。

<command>标签包含很多属性，专门用来定制命令的显示样式和行为，说明如表8.2所示。

表8.2　<command>标签属性

属　性	取　值	说　明
checked	checked	定义是否被选中。仅用于radio或checkbox类型
disabled	disabled	定义command是否可用
icon	url	定义作为command来显示的图像的url
label	text	为 command 定义可见的 label
radiogroup	groupname	定义 command 所属的组名。仅在类型为radio时使用
type	checkbox、command、radio	定义该 command 的类型。默认值为"command"

【示例2】　下面示例使用<command>标签各种属性定义一组单选按钮命令组，演示效果如图8.6所示。目前还没有浏览器完全支持这些属性。

```
<menu>
    <command icon="images/1.png" onclick="alert('男士')" type="radio" radiogroup=
"group1" label="男士">男士</command>
    <command icon="images/2.png" onclick="alert('女士')" type="radio" radiogroup=
"group1" label="女士">女士</command>
```

```
    <command icon="images/3.png" onclick="alert('未知')" type="radio" radiogroup=
"group1" label="未知">未知</command>
</menu>
```

图 8.6　定义单选按钮命令组

<menu>标签也包含两个专用属性，简单说明如下：

（1）label：定义菜单的可见标签。

（2）type：　定义要显示哪种菜单类型，取值说明如下。

- list：默认值，定义列表菜单。一个用户可执行或激活的命令列表（li 元素）。
- context：定义上下文菜单。该菜单必须在用户能够与命令进行交互之前被激活。
- toolbar：定义工具栏菜单。活动式命令，允许用户立即与命令进行交互。

【示例 3】　下面示例使用 type 属性定义了两组工具条按钮，演示效果如图 8.7 所示。

```
<menu type="toolbar">
    <li>
        <menu label="File" type="toolbar">
            <button type="button" onclick="file_new()">新建...</button>
            <button type="button" onclick="file_open()">打开...</button>
            <button type="button" onclick="file_save()">保存</button>
        </menu>
    </li>
    <li>
        <menu label="Edit" type="toolbar">
            <button type="button" onclick="edit_cut()">剪切</button>
            <button type="button" onclick="edit_copy()">复制</button>
            <button type="button" onclick="edit_paste()">粘贴</button>
        </menu>
    </li>
</menu>
```

图 8.7　定义工具条命令组

扫一扫，看视频

8.2.5 弹出菜单

<menuitem>标签定义用户可以从弹出菜单调用的命令/菜单项目。

目前，仅有 Firefox 8.0+版本浏览器支持<menuitem>标签。

【示例 1】 menu 和 menuitem 元素一起使用，将把新的菜单合并到本地的上下文菜单中。例如，给 body 添加一个“Hello World”的菜单。

```
<style type="text/css">
html, body{ height:100%;}
</style>
<body contextmenu="new-context-menu">
<menu id="new-context-menu" type="context">
   <menuitem>Hello World</menuitem>
</menu>
</body>
```

在上面示例代码中，包含的基本属性有 id、type 和 contextmenu，指定了菜单类型是 context，同时也指定了新的菜单项应该被显示的区域。在本示例中，当右击鼠标时，新的菜单项将出现在文档的任何地方，效果如图 8.8 所示。

图 8.8 为 body 添加上下文菜单

【示例 2】 也可以通过在特定的元素上给 contextmenu 属性赋值，来限制新菜单项的作用区域。以下示例将为<h1>标签绑定一个上下文菜单。

```
<h1 contextmenu="new-context-menu">使用&lt;menuitem&gt;标签设计弹出菜单</h1>
<menu id="new-context-menu" type="context">
   <menuitem>Hello World</menuitem>
</menu>
```

当在 FireFox 中查看时，会发现新添加的菜单项被添加到右键快捷菜单最顶部。

【示例 3】 为快捷菜单添加子菜单和图标。子菜单由一组相似或相反的菜单项组成。以下示例演示如何使用 menu 添加 4 个子菜单，演示效果如图 8.9 所示。

```
<img src="images/1.png" width="500"  contextmenu="demo-image" />
<menu id="demo-image" type="context">
   <menu label="旋转图像">
      <menuitem>旋转 90 度</menuitem>
      <menuitem>旋转 180 度</menuitem>
      <menuitem>水平翻转</menuitem>
      <menuitem>垂直翻转</menuitem>
   </menu>
</menu>
```

图 8.9　为图片添加子菜单项目

<menuitem>标签包含很多属性，具体说明如表 8.3 所示。

表 8.3　<menuitem>标签属性

属　性	值	描　述
checked	checked	定义在页面加载后选中命令/菜单项目。仅适用于 type="radio" 或 type="checkbox"
default	default	把命令/菜单项设置为默认命令
disabled	disabled	定义命令/菜单项应该被禁用
icon	URL	定义命令/菜单项的图标
open	open	定义 details 是否可见
label	text	必需。定义命令/菜单项的名称，以向用户显示
radiogroup	groupname	定义命令组的名称，命令组会在命令/菜单项本身被切换时进行切换。仅适用于 type="radio"
type	checkbox、command、radio	定义命令/菜单项的类型

【示例 4】　以下示例使用 icon 属性在菜单旁边添加图标，演示效果如图 8.10 所示。

```
<img src="images/1.png" width="500"  contextmenu="demo-image" />
<menu id="demo-image" type="context">
   <menu label="旋转图像">
      <menuitem icon="images/icon1.png">旋转 90 度</menuitem>
      <menuitem icon="images/icon2.png">旋转 180 度</menuitem>
      <menuitem icon="images/icon3.png">水平翻转</menuitem>
      <menuitem icon="images/icon4.png">垂直翻转</menuitem>
   </menu>
</menu>
```

图 8.10　为菜单项目添加图标

注意，icon 属性只能在 menuitem 元素中使用。

扫一扫，看视频

8.2.6　案例：设计图片旋转功能

上节示例构建了弹出菜单的结构，本节将介绍如何使用 JavaScript 实现菜单的功能。

【示例】　针对 8.2.5 节示例的 HTML 代码，为它添加一个当单击时旋转图像的功能。本例将使用 CSS3 的 transform 和 transition 功能，实现在浏览器中旋转图片功能。

```
<script>
function imageRotation(name) {
   document.getElementById('image').className = name;
}
</script>
<style>
.rotate-90 {
   -webkit-transform: rotate(90deg);
   transform: rotate(90deg)
}
.rotate-180 {
   -webkit-transform: rotate(180deg);
   transform: rotate(180deg)
}
.flip-horizontal {
   -webkit-transform: scaleX(-1);
   -moz-transform: scaleX(-1);
   -o-transform: scaleX(-1);
   transform: scaleX(-1)
}
.flip-vertical {
   -webkit-transform: scaleY(-1);
   -moz-transform: scaleY(-1);
   -o-transform: scaleY(-1);
```

```
    transform: scaleY(-1)
}
</style>
<img src="images/1.png" width="500"  contextmenu="demo-image" id="image" />
<menu id="demo-image" type="context">
    <menu label="旋转图像">
        <menuitem icon="images/icon1.png" onclick="imageRotation('rotate-90')" >
旋转 90 度</menuitem>
        <menuitem icon="images/icon2.png" onclick="imageRotation('rotate-180')">
旋转 180 度</menuitem>
        <menuitem icon="images/icon3.png" onclick="imageRotation('flip-horizontal')">
水平翻转</menuitem>
        <menuitem icon="images/icon4.png" onclick="imageRotation('flip-vertical')">
垂直翻转</menuitem>
    </menu>
</menu>
```

在上面示例中，定义了 4 个类样式，分别设计将图像旋转指定度数。例如，旋转 90 度的类样式如此：

```
.rotate-90 { transform: rotate(90deg);}
```

为了使用这个样式，需要写一个函数将它应用到图像。

```
function imageRotation(name) {
    document.getElementById('image').className = name;
}
```

把这个函数和每一个 menuitem 的 onclick 事件处理函数捆绑在一起，并且传递一个参数：'rotate-90'。

```
<menuitem icon="images/icon1.png" onclick="imageRotation('rotate-90')" >旋转 90 度
</menuitem>
```

完成这个之后，再创建将图片旋转 180 度和翻转图片的样式，将每一个函数添加到独立的 menuitem 中，必须要传递参数。最后，在 Firefox 浏览器中预览，则显示效果如图 8.11 所示。

旋转 90 度

垂直翻转

图 8.11 为图片添加快捷旋转功能

扫一扫，看视频

8.2.7 案例：设计分享功能

本节示例设计一个更实用的分享功能，设计效果如图 8.12 所示。右击页面中的文本，在弹出的快捷菜单中，选择“下载文件”命令，可以下载本词相关作者画像；选择“查看源文件”命令，可以在新窗口中直接浏览作者画像；选择“我要分享|反馈”命令，可以询问是否向指定网址反馈信息；选择“我要分享|Email”命令，可以在地址栏中发送信息，也可以向指定邮箱发送信息。

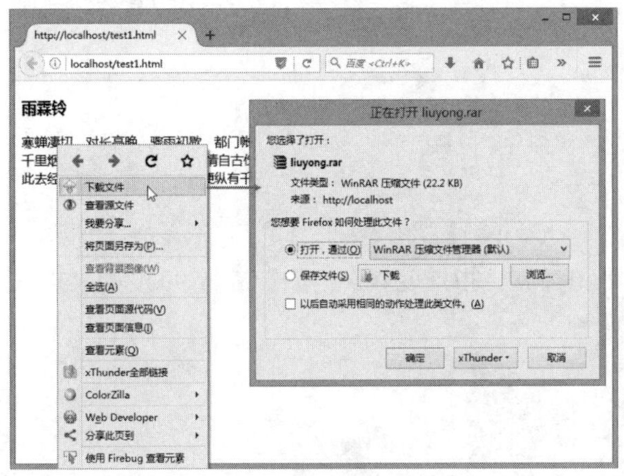

下载文件

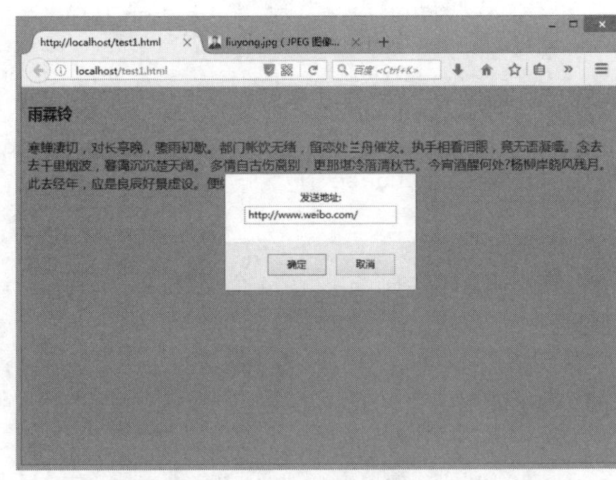

分享信息

图 8.12 定义快捷菜单

本例主要代码如下。

```
<script>
var post = {
    "source" : "images/liuyong.rar",
    "demo"   : "images/liuyong.jpg",
    "feed"   : "http://www.weibo.com/"
};
function downloadSource() {
    window.open(post.source, '_self');
}
function viewDemo() {
    window.open(post.demo, '_blank');
}
function getFeed() {
    window.prompt('发送地址:', post.feed);
}
function sendEmail() {
    var url  = document.URL;
    var body = '分享地址: ' + url +'';
    window.location.href = 'mailto:?subject='+ document.title +'&body='+ body +'';
}
</script>
<section id="on-a-blog" contextmenu="download">
    <header class="section-header">
```

```
        <h3>雨霖铃</h3>
    </header>
    <p>寒蝉凄切，对长亭晚，骤雨初歇。都门帐饮无绪，留恋处兰舟催发。执手相看泪眼，竟无语凝噎。念去去千里烟波，暮霭沉沉楚天阔。多情自古伤离别，更那堪冷落清秋节。今宵酒醒何处?杨柳岸晓风残月。此去经年，应是良辰好景虚设。便纵有千种风情，更与何人说？</p>
</section>
<menu id="download" type="context">
    <menuitem onclick="downloadSource()" icon="images/icon1.png">下载文件</menuitem>
    <menuitem onclick="viewDemo()" icon="images/icon2.png">查看源文件</menuitem>
    <menu label="我要分享...">
        <menuitem onclick="getFeed()" icon="images/icon3.png">反馈</menuitem>
        <menuitem onclick="sendEmail()" icon="images/icon4.png">Email</menuitem>
    </menu>
</menu>
```

8.2.8　案例：添加任务列表

扫一扫，看视频

本节示例设计一个动态添加列表项目的功能，设计效果如图 8.13 所示。右击项目列表文本，在弹出的快捷菜单中，选择“添加新任务”命令，可以快速为当前列表添加新的列表项目。

图 8.13　添加新的列表项目

本例主要代码如下：

```
<script>
function addNewTask() {
        var list = document.createElement('li');
        list.className = 'task-item';
        list.innerHTML = '<input type="checkbox" name="" value="done">新任务';
        var taskList = document.getElementById('task');
        taskList.appendChild(list);
}
</script>
<section id="on-web-app" contextmenu="add_task">
    <header>
        <h3>任务列表</h3>
    </header>
    <ul id="task">
```

```
        <li class="task-item"><input type="checkbox" name="" value="done">任务一
</li>
        <li class="task-item"><input type="checkbox" name="" value="done">任务二
</li>
        <li class="task-item"><input type="checkbox" name="" value="done">任务三
</li>
    </ul>
</section>
<menu id="add_task" type="context">
    <menuitem onclick="addNewTask()" icon="images/add.png">添加新任务</menuitem>
</menu>
```

8.3 设计 CSS 样式

列表在默认状态下效果：左侧附加项目符号，列表项目缩进显示。CSS 为列表结构定义了几个专门属性，说明如表 8.4 所示。

表 8.4 CSS 专用列表属性

属　性	说　明
list-style	复合属性。设置列表项目相关内容
list-style-image	设置列表项目的符号图像
list-style-position	设置列表项目符号的显示位置，根据文本在内或在外排列，取值包括 outside | inside
list-style-type	设置列表项目符号的类型

扫一扫，看视频

8.3.1 设计项目符号类型

CSS 使用 list-style-type 属性定义列表项目符号的类型，该属性取值说明如表 8.5 所示。

表 8.5 list-style-type 属性值

属 性 值	说　明	属 性 值	说　明
disc	实心圆，默认值	upper-roman	大写罗马数字
circle	空心圆	lower-alpha	小写英文字母
square	实心方块	upper-alpha	大写英文字母
decimal	阿拉伯数字	none	不使用项目符号
lower-roman	小写罗马数字	armenian	传统的亚美尼亚数字
cjk-ideographic	浅白的表意数字	georgian	传统的乔治数字
lower-greek	基本的希腊小写字母	hebrew	传统的希伯莱数字
hiragana	日文平假名字符	hiragana-iroha	日文平假名序号
katakana	日文片假名字符	katakana-iroha	日文片假名序号
lower-latin	小写拉丁字母	upper-latin	大写拉丁字母

CSS 使用 list-style-position 属性定义项目符号的显示位置。该属性取值包括 outside 和 inside，其中 outside 表示把项目符号显示在列表项的文本行以外，列表符号默认显示为 outside，inside 表示把项目符号显示在列表项文本行以内。

【示例】 下面这个简单的示例定义了项目符号显示为空心圆，并位于列表行内部显示，效果如图 8.14 所示。

```
<style type="text/css">
body {margin: 0;/* 清除边界 */padding: 0;/* 清除补白 */}        /* 清除页边距 */
ul {/* 列表基本样式 */
   list-style-type: circle;                                    /* 空心圆符号*/
   list-style-position: inside;                                /* 显示在里面 */}
</style>
<ul>
   <li><a href="#">新闻</a></li>
   <li><a href="#">社区</a></li>
   <li><a href="#">微博</a></li>
   <li><a href="#">微信</a></li>
</ul>
```

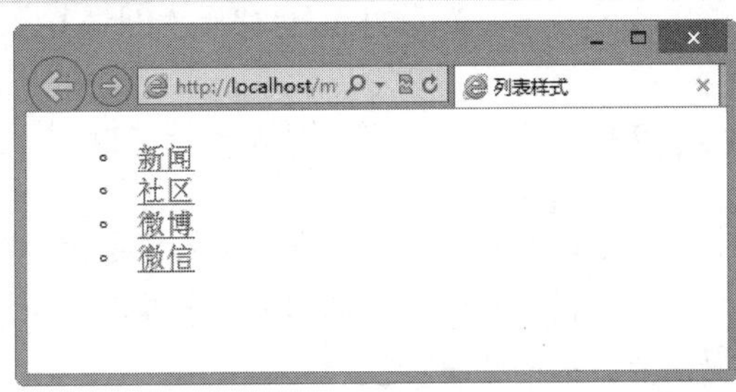

图 8.14　定义列表项目符号

项目符号显示在里面和外面会影响项目符号与列表文本之间的距离，同时影响列表项的缩进效果。不同浏览器在解析时会存在差异。

8.3.2　自定义项目符号

扫一扫，看视频

从设计的角度分析，CSS 提供的列表项目符号是不能够满足需求的。不过，使用 list-style-image 属性可以自定义项目符号。该属性允许指定一个外部图标文件，以此满足个性化设计需求。用法如下。

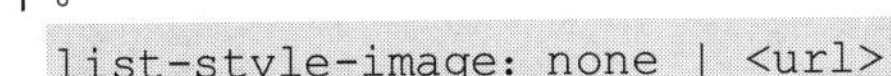

```
list-style-image: none | <url>
```

默认值为 none。

【示例】 以 8.3.1 节示例为基础，增加自定义项目符号，效果如图 8.15 所示。

```
<style type="text/css">
body {margin: 0; /* 清除边界 */padding: 0;          /* 清除补白 */}/* 清除页边距 */
ul {/* 列表基本样式 */
   list-style-type:circle;                          /* 空心圆符号*/
   list-style-position:inside;                      /* 显示在里面 */
   list-style-image:url(images/bullet_disk.gif);    /* 自定义列表项目符号 */}
</style>
<ul>
```

```
    <li><a href="#">新闻</a></li>
    <li><a href="#">社区</a></li>
    <li><a href="#">微博</a></li>
    <li><a href="#">微信</a></li>
</ul>
```

图 8.15　自定义列表项目符号

提示：

当同时定义项目符号类型和自定义项目符号时，自定义项目符号将覆盖默认的符号类型。但是如果 list-style-type 属性值为 none 或指定外部的图标文件不存在时，则 list-style-type 属性值有效。

扫一扫，看视频

8.3.3　使用背景图设计项目符号

CSS 的 list-style-type 和 list-style-image 属性定义的项目符号还是比较简陋，如果利用背景图来模拟列表结构的项目符号，则会极大改善项目符号的灵活性和艺术水准。

使用背景图像定义项目符号需要掌握两个设计技巧：

（1）先隐藏列表结构的默认项目符号。方法是设置 list-style-type:none。

（2）为列表项定义背景图像，指定要显示的项目符号，利用背景图精确定位技术控制其显示位置。同时增加列表项左侧空白，避免背景图被列表文本遮盖。

【示例 1】　在下面这个示例中，先清除列表的默认项目符号，然后为项目列表定义背景图，并定位到左侧垂直居中的位置，为了避免列表文本覆盖背景图像，定义左侧补白为一个字符宽度，这样就可以把列表信息向右方向缩进显示，显示效果如图 8.16 所示。

```
<style type="text/css">
ul {list-style-type:none; padding:0; margin:0;}          /* 清除列默认样式 */
li {/* 定义列表项目的样式 */
    background-image:url(images/bullet_sarrow.gif);      /* 定义背景图像 */
    background-position:left center;                     /* 精确定位背景图像的位置 */
    background-repeat:no-repeat;                         /* 禁止背景图像平铺显示 */
    padding-left:1em;                                    /* 为背景图像挤出空白区域 */}
</style>
<ul>
    <li><a href="#">新闻</a></li>
    <li><a href="#">社区</a></li>
    <li><a href="#">微博</a></li>
    <li><a href="#">微信</a></li>
</ul>
```

图 8.16　使用背景图模拟项目符号

【示例 2】　以下示例结合超链接交互，设计出更富动态效果的项目符号，效果如图 8.17 所示。

```
<style type="text/css">
ul {
    padding: 0;
    margin: 0;
    list-style: none;
    border-bottom: 1px dashed #aaa;
    width:20em;                                              /* 固定项目列表的宽度 */
}
li {padding: 0.5em; border-top: 1px dashed #aaa;}
li a {/* 超链接样式 */
    display:block;                                           /* 块状显示 */
    padding-left:1.5em;                                      /* 为背景图像显示挤出位置 */
    background:url(images/arrow3.gif) left center no-repeat; /* 固定背景图像在左侧 */
    text-decoration: none;                                   /* 清除超链接的下划线 */
}
li a:link {/* 定义未访问超链接背景图像 */
    background:url(images/arrow3.gif) right center no-repeat; /* 固定背景图像在左侧 */
}
li a:visited {/* 定义已访问超链接背景图像 */
    background:url(images/arrow8.gif) right center no-repeat; /* 替换左侧背景图像 */
}
li a:hover {/* 定义鼠标经过超链接背景图像 */
    background:url(images/arrow4.gif) left center no-repeat;  /* 固定背景图像到右侧 */
}
</style>
```

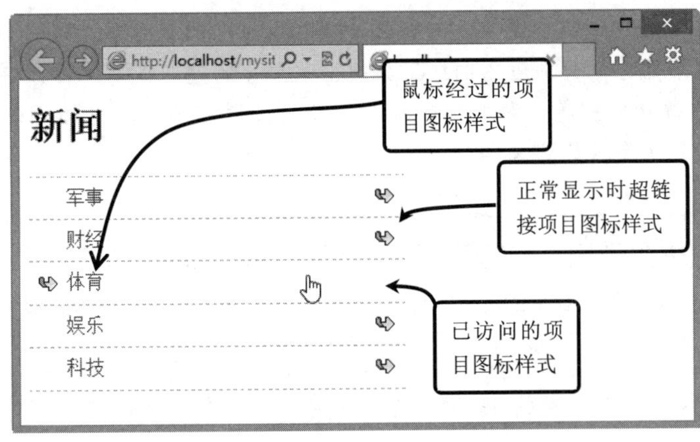

图 8.17　动态图形项目列表符号

8.4 实战案例

个性、多彩的列表样式多集中体现在导航菜单上，用户在浏览页面时，往往会看到形态各异、千变万化的导航效果。这些效果会结合具体的页面设计风格、版式特点、配色方案进行灵活设计，下面通过几个案例演示列表样式在栏目设计中的具体应用。

扫一扫，看视频

8.4.1 使用背景图装饰菜单

扫码，看电子版

以下示例利用背景图像设计导航条，通过背景图像的衬托使导航列表显得醒目、有立体感，具有 Vista 系统的超酷效果，如图 8.18 所示。

图 8.18　使用背景图像设计导航条

【操作步骤】

（1）启动 Photoshop，设计背景图像。可以在 Photoshop 中使用渐变工具绘制椭圆条状形，然后利用选取工具分别选取上下部分，分别应用曲线工具把上半部分调亮，把下半部分调暗即可，也可以利用图层样式，并借助叠加等功能完善这种立体效果。图像设计得越形象，自然所设计的导航条也就越逼真。本示例设计 3 个背景图像，如图 8.19 所示。

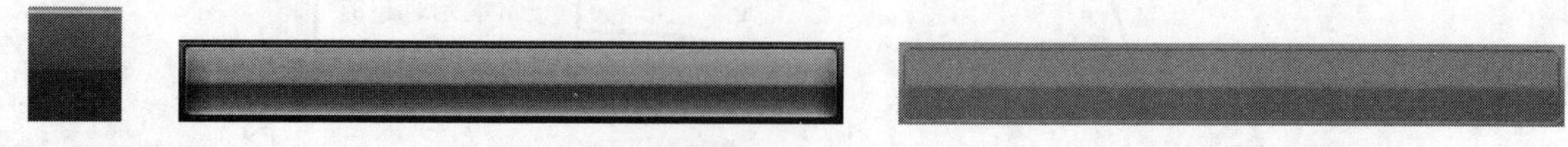

正常显示背景图像　　鼠标经过显示的背景图像　　当前按钮显示背景图像

图 8.19　设计导航条所用的背景图像

（2）新建文档，构建该导航条的 HTML 结构框架，为了方便控制背景图像，在列表项<li>标签中包含了一个辅助元素 b。

```
<ul class="menu">
    <li><a href="#"><b>查看样式表 CSS</b></a></li>
    <li><a href="#"><b>CSS 参考资料</b></a></li>
    <li><a href="#"><b>常见问题</b></a></li>
    <li class="current"><a href="#nogo"><b>投稿</b></a></li>
    <li><a href="#"><b>翻译文件</b></a></li>
</ul>
```

（3）在头部区域<head>标签内添加<style>标签，新建内部样式表使用 CSS 来控制导航条显示。（为方便操作，读者可以直接打开 temp.html 文档，另存为 test.html，然后再进行练习。为 ul 列表元素进行定位，并设置基本的属性。）

```
.menu {
    position:absolute;                          /* 绝对定位*/
    top:164px;                                  /* 定位，距离顶部距离 */
    left:20px;                                  /* 定位，距离左侧距离 */
    width:748px;                                /* 固定宽度 */
    padding:0 0 0 1em;                          /* 在导航条左侧增加 1 个字大小的间距 */
    margin:0;                                   /* 清除默认缩进样式 */
    list-style:none;                            /* 清除项目符号 */
    height:35px;                                /* 固定导航条高度 */
    background:url(images/bg3.gif);             /* 定义导航条的背景图像 */
}
```

（4）定义列表项浮动显示，设计水平显示。

```
.menu li {float:left;}
```

（5）定义菜单项的显示样式，设置超链接以块状显示，并固定大小，设置菜单文本显示属性。

```
.menu li a {
    display:block;                              /* 块状显示 */
    float:left;                                 /* 向左浮动 */
    height:35px;                                /* 与导航条同高 */
    line-height:33px;                            /* 垂直对齐文本 */
    color:#FFFF00;                              /* 设置粉红色字体颜色 */
    text-decoration:none;                       /* 清除默认样式下划线 */
    font-family:arial, verdana, sans-serif;     /* 字体属性 */
    text-align:center;                          /* 水平对齐文本 */
    padding:0 0 0 14px;                         /* 增加左侧空隙 */
    cursor:pointer;                             /* 定义手形鼠标指针 */
    font-size:11px;                             /* 字体大小 */
}
```

（6）设置 a 元素所包含的辅助元素也为块状浮动显示，这样为后面进行控制提供保障。

```
.menu li a b {
    float:left;                                 /* 向左浮动 */
    display:block;                              /* 块状显示 */
    padding:0 28px 0 14px;                      /* 增加左右两侧的内边距 */
}
```

（7）定义当前菜单的显示样式，所谓当前菜单就是被激活的菜单，也就是当前页面为当前菜单指向的链接。定义当前菜单样式是为了更好地区分菜单状态。

```
.menu li.current a {
```

```
    color:#fff;                                  /* 白色字体 */
    background:url(images/left3.gif);            /* 定义当前菜单的背景图像 */
}
.menu li.current a b { /* 定义当前菜单的背景图像 */
    background:url(images/left3.gif) no-repeat right top;
}
```

上面分别在 a 和 b 元素中同时定义相同的背景图像，利用背景图像重叠来伪造圆角按钮效果。如果仅定义 a 元素的背景图像，这时会看见当前按钮右侧显示为直角效果，而不是与左侧对应的圆角，如图 8.20 所示。

图 8.20　仅定义一个背景图像的效果

通过为两个重合的元素定义相同的背景图像，一个从左侧开始向右侧延伸，另一个从右侧向左侧平铺。由于是背景图像，中间多余的区域会被自动隐藏，这样就给人一种错误，所显示的按钮是圆角效果，演示示意图如图 8.21 所示。

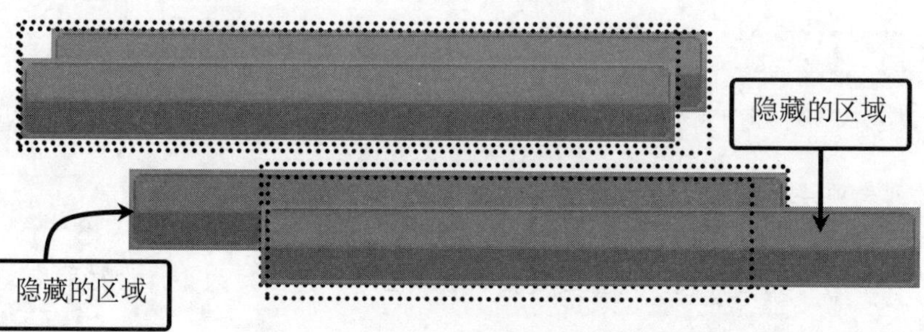

图 8.21　圆角背景图像的设计示意图

（8）再定义鼠标移过时的样式。设计思路与上面的方法相同，就不再重复说明。

```
.menu li.current a:hover {
    color:#fff;                                  /* 白色字体 */
    background: url(images/left 3.gif);          /* 定义鼠标移过的背景图像 */
    cursor:default;                              /* 定义手形鼠标样式 */
}
.menu li.current a:hover b {                     /* 定义鼠标移过的背景图像 */
    background:url(images/left 3.gif) no-repeat right top;
}
```

扫一扫，看视频

8.4.2　设计垂直导航条

本示例制作一个简单的垂直导航条，其设计风格淡雅、轻松，如图 8.22 所示。这是禅意花园中的一个作品，由于它设计精巧，使用技巧不是很复杂，值得读者学习和研究。

【操作步骤】

（1）打开资源包中本节模板 temp.html 文档，另存为 test.html，在该文档中使用<ul>标签设计了一个导航条，结构与上节讲解的导航条项目列表结构基本相同，代码如下。

```
<div id="linkList">
    <div id="lresources">
```

```
        <h3 class="resources"><span>参考资源</span></h3>
        <ul>
            <li><a href="#">查看这个设计的样式表 CSS</a>
            <li><a href="#">CSS 参考资料</a>
            <li><a href="#">常见问题</a>
            <li><a href="#">投稿</a>
            <li><a href="#">翻译文件</a> </li>
        </ul>
    </div>
</div>
```

图 8.22　垂直导航条

在项目列表 ul 元素外面包含了 2 层外套，<div id="linkList">表示整个网页的左侧栏目，<div id="lresources">表示本示例要介绍的模块。

好的设计习惯总会在每个模块前面增加一个栏目标题结构，虽然可能不会显示出来，但是可以使用 CSS 隐藏标题信息的显示。

（2）新建内部样式表，然后开始编写样式。为了能够更精确地控制栏目的显示位置，首先定义<div id="linkList">包含框为绝对定位显示，这样能够精确控制其在页面中的位置和显示大小:

```
#linkList { /* 左侧通栏绝对定位 */
    position:absolute;              /* 绝对定位 */
    top:179px;                      /* 距离定位包含框的顶部距离，这里指页面的顶部 */
    left:20px;                      /* 距离定位包含框左侧距离，这里指网页左侧 */
    width:207px;                    /* 固定栏目的总宽度 */
}
```

（3）定义超链接的正常样式以及鼠标经过时的样式:

```
a {
```

```
    color:#D9189F;                      /* 粉红色 */
    background-color:#ffffff;           /* 白色背景 */
    text-decoration:underline;          /* 下划线 */
}
a:hover { color:#FC7AD5;                /* 淡粉色 */}
```

在网页设计中，每个细节都需要认真打磨，优秀的设计师仅仅施点颜色，就会让页面生辉。本例定义超链接的文本颜色由粉红色变成淡粉色，这样鼠标经过时，超链接文本仅仅淡淡一亮，即恰当又文雅，在这个环境中比用浓墨重彩要更动人。

（4）为每个列表项定义虚线。提到定义虚线，用户会想到 CSS 中 border 属性，但是本例避用 border 属性，而是使用了一个背景图像。

```
#linkList li {
    list-style:none;                    /* 清除项目列表符号 */
    padding:6px 0 10px 0;               /* 增加列表项上下空隙，使设计的菜单项看起来更大方 */
    background:url(images/images/line.gif) bottom repeat-x;
                                        /* 定义虚线背景，水平平铺 */
}
```

使用背景图像绘制虚线的好处，就是它看起来显得更眉清目秀，比 border 属性定义的虚线要好看十倍，更为要命的是不同浏览器对于 border 的虚线属性的解析效果并不完全相同，特别是 IE 浏览器，显示得不匀称，比较难看。

提示：

在用 Photoshop 绘制虚线时，一定要精确到像素，如图 8.23 所示，一个虚线点就是一个像素，点与点间隔两个像素，点显示为浅灰色。这些设计不能够有一点含糊，否则所设计的虚线就会很难看，反而不如 border 属性包含的虚线了。使用背景图像来设计虚线，还可以有创意发挥的余地，使虚线按照设计师的意图来显示。例如，定义点与点之间的间隔距离，点的大小、宽圆，甚至可以设计各种花样虚点。

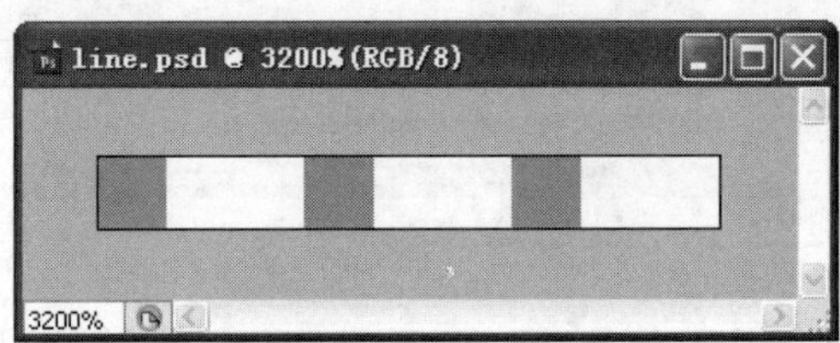

图 8.23　垂直导航条

（5）为列表项定义一个项目符号，这里采用了使用背景图像的方法来设计，因为它更容易控制。

```
#linkList li a {
    padding-left:7px;                   /* 在列表项左侧挤出 7 个像素空间 */
    background:url(images/images/link.gif) left center no-repeat;
                                        /* 定义项目符号 */
    text-decoration:none;               /* 清除下划线 */
}
```

（6）定义当鼠标移过时为超链接增加下划线效果。

```
#linkList li a:hover {text-decoration:underline;}
```

（7）最后为该导航模块定义圆角显示效果。

```
#lresources {  /* 中间背景区域 */
    background:url(images/images/left_bg.gif) repeat-y;     /* 背景图像垂直平铺 */
}
```

```
#lresources h3 { /* 顶部圆角 */
    background:url(images/images/title_resources.gif) no-repeat;
                                                    /* 定义单块背景 */
}
#lresources ul { /* 底部圆角 */
    margin:0;
    padding:0 25px 20px 17px;  /* 增加底部空隙 */
    background:url(images/images/left_bottom.gif) bottom no-repeat;
                                                    /* 定义单块背景 */
}
```

8.4.3　设计水平导航条

扫一扫，看视频

扫码，看电子版

本示例使用 CSS 设计水平导航条效果，样式代码充分利用了 CSS 的多种设计技巧，当鼠标移过时，菜单底部会显示一个悬挂的下三角，导航条的色彩与整个页面的色彩协调一致，显得醒目而又恰到好处，效果如图 8.24 所示。

图 8.24　水平导航条

【操作步骤】

（1）打开资源包中本节模板 temp.html 文档，另存为 test.html。本例是在 8.4.2 节示例的基础上构建一个导航条结构，该导航条的项目列表结构被放置在头部模块区域的底部，从下面的结构可以看到，为了能够更好地控制每个菜单项，列表中包含了多个辅助元素，它们的作用是用来设计一些修饰性导航效果。请注意，这些辅助元素都包含在 a 元素内部，否则是无法在超链接的动态状态中进行控制的。

```
<div id="pageHeader">
    <h1><span>CSS Zen Garden</span></h1>
    <h2><span><acronym title="cascading style sheets">CSS</acronym>设计之美</span>
```

```
</h2>
    <ul class="menu">
        <li> <a href="# "> <b><span>查看样式表 CSS</span></b><em></em> </a> </li>
        <li> <a href="# "> <b><span>CSS 参考资料</span></b><em></em> </a> </li>
        <li> <a href="# "> <b><span>常见问题</span></b><em></em> </a> </li>
        <li> <a href="# "> <b><span>投稿</span></b><em></em> </a> </li>
        <li> <a href="# "> <b><span>翻译文件</span></b><em></em> </a> </li>
    </ul>
</div>
```

（2）新建内部样式表，然后开始编写样式。把整个项目列表（ul 元素）设置为绝对定位显示，这样能够更好地控制，毕竟这里所演示的示例都是以别人的页面为平台，目的是想尽力模拟真实的环境来研究导航条的设计。使用绝对定位不会破坏原来页面的结构，操作起来会省心许多。

```
.menu {
    position:absolute;                  /* 绝对定位 */
    top:120px;                          /* 坐标定位，距离定位包含框顶部的距离 */
    left:40px;                          /* 坐标定位，距离定位包含框左侧的距离 */
    padding:0;                          /* 清除默认的缩进样式 */
    margin:0;                           /* 清除默认的缩进样式 */
    list-style-type:none;               /* 清除项目符号 */
    white-space:nowrap;                 /* 禁止文本换行 */
}
```

在上面的样式中，white-space:nowrap;声明表示强制文本在一行内显示，禁止换行显示，这在导航条中很有用，如果菜单文本比较长，在 IE 中很容易出现换行显示的问题，如图 8.25 所示。

图 8.25　换行显示的导航条

这样会严重破坏整个页面的结构，为了安全起见，建议对于导航条文本字数在无法预知的情况下增加该属性，这种做法会比较妥当。

（3）以浮动方法设计列表项并列浮动显示，为了防止列表项宽度太窄，使用 min-width 属性限制其最窄显示宽度。

```
.menu li {
    float:left;                         /* 浮动显示 */
    min-width:100px;                    /* 最窄显示宽度 */
}
```

（4）定义超链接元素 a 以块状显示，并清除默认的下划线，使其填充满列表项内空间。

```
.menu a {
    position:relative;                  /* 定义定位包含框，为后面的绝对定位做坐标参考 */
    display:block;                      /* 块状显示 */
    text-decoration:none;               /* 清除下划线 */
    min-width:100px;                    /* 最窄显示宽度 */
```

```
}
* html .menu a {
    width:100px;                          /* 兼容不支持 min-width 属性的浏览器 */
}
```

（5）为超链接元素内包含的 span 元素定义菜单正常显示样式。为什么不直接在 a 元素上定义这些显示样式呢？这主要是因为 a 元素此时仅作为一个定位包含框，不再适合定义具体的显示样式。如果直接在 a 元素上定义每个列表项的显示样式，就无法设计出导航条底部的下划线效果，如图 8.26 所示。

```
.menu a span {
    display:block;                  /* 块状显示 */
    color:#F911B2;                  /* 字体颜色 */
    background:#FFF4FC;             /* 背景颜色 */
    border:solid #fff;              /* 增加边框 */
    border-width:0 2px 2px 2px;     /* 定义边框宽度 */
    text-align:center;              /* 居中显示 */
    padding:4px 16px;               /* 增加内边距 */
    cursor:pointer;                 /* 定义鼠标指针以手形显示 */
    min-width:66px;                 /* 最窄显示宽度 */
}
* html .menu a span {/* 兼容 IE7 及以下版本 */
    width:100px;                    /* 限制最低宽度 */
    cursor:hand;                    /* 定义鼠标指针以手形显示 */
    w\idth:66px;                    /* 兼容 IE 版本 */
}
```

图 8.26　直接在 a 元素上定义每个列表项的样式

（6）利用 a 元素内包含的 b 元素定义导航条底部的下划线，并隐藏 a 元素包含的 em 元素。

```
.menu a b {
    display:block;                  /* 块状显示 */
    border-bottom:2px solid #F911B2; /* 绘制导航条的下划线 */}
.menu a em { display:none;          /* 隐藏 em 元素 */}
```

（7）利用 em 元素绘制鼠标经过超链接时出现向下箭头，同时改变列表项背景色为洋红色，设置菜单项字体颜色为白色。

```
.menu a:hover {
    background:#fff;                /* 经过超链接背景色变为白色 */}
.menu a:hover span {
    color:#fff;                     /* 经过超链接 span 字体颜色变为白色 */
    background:#F911B2;             /* 经过超链接 span 背景色变为洋红色 */
}
.menu a:hover em {/* 绘制鼠标经过时动态显示为向下三角形效果 */
```

```
    display:block;                    /* 块状显示 */
    overflow:hidden;                  /* 隐藏超出制定宽度和高度的区域 */
    border-style:solid;               /* 实边边框 */
    border-color:#F911B2 #fff;        /* 边框颜色 */
    border-width:6px 6px 0 6px;       /* 边框宽度 */
    height:3px;                       /* em 元素的高度，截取下部分，显示上半部分的三角形 */
    position:absolute;                /* 绝对定位，好准确定位到菜单项底部中间 */
    left:50%;                         /* 水平居中 */
    margin-left:-6px;                 /* 通过取左边界负值以实现三角形真正居中 */
}
```

📖 拓展：

CSS 不仅仅可以设计矩形样式，也可以设计三角形效果。以下示例演示了如何快速定义三角图形。

```
<style type="text/css">
em {
    display: block;
    overflow: hidden;
    border-style: solid;
    border-color: #F911B2 #33FF00;
    border-width: 100px;
    width: 3px;
    height: 3px;}
</style>
<em></em>
```

在浏览器中预览，显示效果如图 8.27 所示。原来当为元素定义边框时，如果每条边显示不同颜色，则每条边之间通过 45 度角斜切平分，这样就形成了三角形。

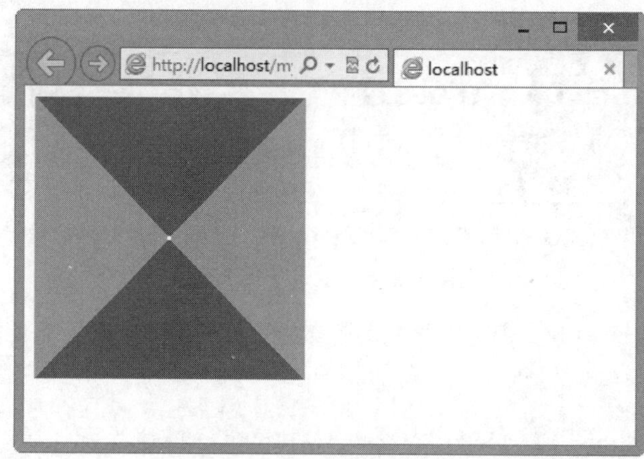

图 8.27　用 CSS 绘制三角形

扫一扫，看视频

8.4.4　设计多级菜单

多级菜单在网页中经常会看到，一般使用 JavaScript+CSS 设计多级菜单。不过也可以使用纯 CSS 技术来设计多级菜单。它主要利用超链接的 4 种鼠标状态来决定下拉菜单的显示或隐藏。然后把下拉菜单包含在 a 元素中，这样就可以通过鼠标操作来决定是否显示或隐藏子菜单。

本节示例演示如何利用 CSS 技术，并适当借助 JavaScript 来触发多级菜单的显示和隐藏，演示效果如图 8.28 所示。

扫码，看电子版

图 8.28　多级菜单演示效果

【操作步骤】

（1）打开资源包中本节模板 temp.html 文档，另存为 test.html。本例是在 8.4.3 节示例的基础上构建一个多级菜单结构。

```
<ul  id="nav">
    <li class="menu2" ><a href="#">查看样式表 CSS</a>
        <ul class="list">
            <li><a href="#">子菜单 1</a></li>
            <li><a href="#">子菜单 2</a></li>
            <li><a href="#">子菜单 3</a></li>
        </ul>
    </li>
    <li class="menu2" ><a href="#">CSS 参考资料</a>
        <ul class="list">
            <li><a href="#">子菜单 1</a></li>
            <li><a href="#">子菜单 2</a></li>
        </ul>
    </li>
    <li class="menu2" ><a href="#">常见问题</a>
        <ul class="list">
            <li><a href="#">子菜单 1</a></li>
        </ul>
    </li>
    <li class="menu2" ><a href="#">投稿</a> </li>
    <li class="menu2" ><a href="#">翻译文件</a> </li>
</ul>
```

这是一个嵌套的二级项目列表，外层项目列表负责组织主菜单，内层项目列表负责管理子菜单，当然也可以在此基础上进一步扩展。该项目列表结构插入在示例模板的头部区域底部。

（2）新建内部样式表，然后开始编写样式。为该导航条结构定义样式表。样式表设计的第一步是定位导航条。

```
#nav {
```

```
    position:absolute;                           /* 绝对定位 */
    z-index:1;                                   /* 定义层叠顺序，避免页面中部的的层（左侧导
                                                    航条）覆盖本菜单 */
    left: 0px;                                   /* 左侧距离 */
    top: 124px;                                  /* 顶部距离 */
    width:700px;                                 /* 宽度 */
    height:30px;                                 /* 高度 */
    padding:0px 4px;                             /* 增加左右内边距 */
}
html>/**/body #nav {                             /* 兼容非 IE 浏览器 */
    left: 40px;                                  /* 左侧距离 */
    top: 112px;                                  /* 顶部距离 */
}
```

这里使用了一个兼容技术，选择符 html>/**/body #nav 能够限制该样式仅在非 IE 浏览器中被解析。由于 IE 浏览器与非 IE 浏览器在解析复杂定位时（包含多个定位包含框的时候），会存在判断标准的不同，导致解析结果存在很大差异。

（3）清除项目列表和超链接的默认样式。

```
#nav ul { margin:0px; padding:0px; }             /* 清除缩进 */
#nav li a { text-decoration:none; }              /* 清除下划线 */
```

（4）让列表项浮动并列显示，并定义主菜单的显示样式。

```
#nav li {
    list-style:none;                             /* 清除项目符号 */
    text-align:center;                           /* 居中对齐 */
    font-weight:bold;                            /* 加粗显示 */
    float:left;                                  /* 向左浮动，设计并列显示 */
}
```

（5）定义下拉子菜单的显示样式。

```
#nav .list {
    line-height:20px;                            /* 行高 */
    text-align:left;                             /* 左对齐 */
    padding:2px;                                 /* 内边距 */
    font-weight:normal;                          /* 正常字体，不加粗显示 */}
#nav .list a {
    color:#FF3AC1;                               /* 下拉子菜单中超链接字体颜色 */
    text-decoration:none;                        /* 清除下划线 */
    float:left;                                  /* 浮动超链接显示，这样可以定义宽和高 */
    width:100px;                                 /* 超链接的宽度 */
    padding:3px 5px 0px 5px;                     /* 内边距 */
}
```

（6）然后定义鼠标经过子菜单时显示的样式。

```
#nav .list a:hover {
    color:white;                                 /* 字体颜色 */
    padding:3px 3px 0px 20px;                    /* 内边距 */
    width:88px;                                  /* 宽度 */
    background-color:#FF3AC1;                    /* 背景色 */
}
```

（7）最后，定义两个类样式，设计当鼠标经过和离开主菜单时所要应用的样式。

```
#nav .menu1 {
    width:120px;                                 /* 主菜单的宽度 */
    height:auto;                                 /* 主菜单的高度，自动 */
```

```
    margin:6px 4px 0px 0px;                /* 增加外边距 */
    border:1px solid #FF3AC1;              /* 设置一个边框 */
    background-color:#F1FBEC;              /* 定义背景色 */
    color:#FF3AC1;                         /* 字体颜色 */
    padding:6px 0px 0px 0px;               /* 定义内边距 */
    cursor:hand;                           /* 定义鼠标样式，手形 */
    overflow-y:hidden;                     /* 隐藏 y 轴超出的区域 */
    filter:Alpha(opacity=70);              /* 在 IE 下设置透明度 */
    -moz-opacity:0.7;                      /* 在非 IE 下设置透明度 */
}
#nav .menu2 {
    width:120px;
    height:18px;
    margin:6px 4px 0px 0px;
    background-color:#F5F5F5;
    color:#999999;
    border:1px solid #EEE8DD;
    padding:6px 0px 0px 0px;
    overflow-y:hidden;
    cursor:hand;
}
```

（8）定义完毕两个类样式之后，就可以在主菜单标签的属性事件中引用这两个类样式。

```
<li class="menu2" onMouseOver="this.className='menu1'" onMouseOut="this.className
='menu2'">
```

8.4.5　设计滑动门菜单

扫一扫，看视频

扫码，看电子版

本示例设计滑动门菜单，滑动门一般至少需要两个标签配合使用，然后通过推拉另一个标签的宽度来适应不同的菜单宽度，该标签的背景图像犹如一道门一样，随着标签的宽和高不断变化。使用背景图像设计导航条时，背景图像能够适应菜单的宽度（文本字数的多少）不断调整自身的宽度，演示效果如图 8.29 所示。

图 8.29　滑动门导航条

【操作步骤】

（1）设计滑动门所需要的特大背景图像。实际上滑动门的设计原理与背景图像重叠应用是相同的。当菜单列表项伸展之后，活动的一幅背景图像跟随着自动伸展；当菜单列表项收缩之后，活动的一幅背景图像跟随着自动收缩，但另一幅的背景图像始终是固定的，如图 8.30 所示。

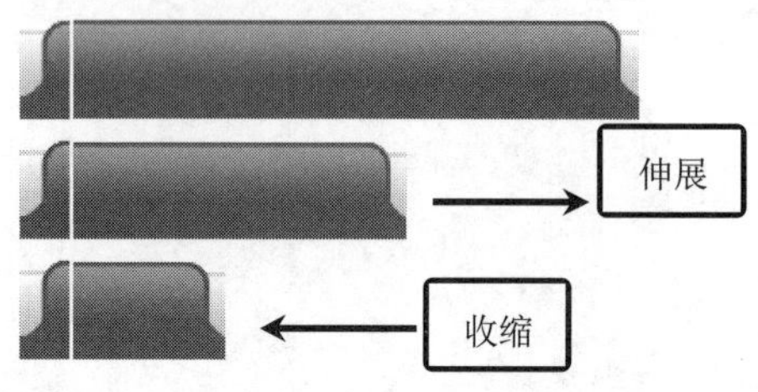

图 8.30　滑动门导航条

（2）打开资源包中本节模板 temp.html 文档，另存为 test.html。基于上面的设计思路，滑动门需要最少两个标签来配合，所以本示例的结构如下。

```
<ul class="menu">
    <li class="current"> <a href="#"> <b>查看样式表 CSS</b> </a> </li>
    <li> <a href="#"> <b>CSS 参考资料</b> </a> </li>
    <li> <a href="#"> <b>常见问题</b> </a> </li>
    <li> <a href="#"> <b>投稿</b> </a> </li>
    <li> <a href="#"> <b>翻译文件</b> </a> </li>
</ul>
```

（3）新建内部样式表，然后开始编写样式。仿照前面的示例把菜单列表固定在网页头部区域，并设置大小和其他相关属性。

```
.menu {
    position:absolute;                          /* 绝对定位 */
    top:120px;                                  /* 纵轴坐标 */
    left:20px;                                  /* 横轴坐标 */
    height: 46px;                               /* 高度 */
    width:722px;                                /* 宽度 */
    padding: 0 0 0 38px;                        /* 增加左侧内边距，避免滑动门靠近
                                                   最左侧显示 */
    margin: 0 auto;                             /* 居中 */
    background: url(images/bg2.gif) repeat-x;   /* 导航条背景图像 */
    list-style: none;                           /* 清除项目符号 */
}
.menu li {float:left;                           /* 靠左浮动，实现菜单项并列显示 */}
```

（4）设计滑动门所需要的门框。这里设计 a 元素以块状显示，并固定其大小，宽度可以自适应，不用设置，否则就不是滑动门了。然后把 a 元素包含的 b 元素也定义为块状显示，并拥有相同的大小。为了防止 b 元素伸到 a 元素的最左侧，还应该为 a 元素左侧设置一个内边距，挤出一点空隙用来显示左侧背景图像，即固定大小的背景图像，所挤出的宽度应该与左侧背景图像的宽度一致。

```
.menu li a {
    float: left;                                /* 靠左浮动*/
    display: block;                             /* 块状显示，将拥有宽和高等属性 */
    color:#FF04B7;                              /* 字体颜色 */
```

```
    text-decoration: none;                          /* 清除下划线 */
    font-family: sans-serif;                        /* 字体 */
    font-size: 12px;                                /* 字体大小 */
    padding:0 0 0 16px;                             /* 在左侧挤出一点空隙备用 */
    height: 46px;                                   /* 高度 */
    line-height: 46px;                              /* 垂直居中 */
    text-align: center;                             /* 水平居中 */
    cursor: pointer;                                /* 手形鼠标样式 */
}
.menu li a b {
    float: left;                                    /* 浮动显示 */
    display: block;                                 /* 块状显示，将拥有宽和高等属性 */
    padding: 0 24px 0 8px;                          /* 平衡左右内侧空隙 */
}
```

（5）最后，分别在鼠标经过时设置 a 和 b 元素的背景图像，同时定义当前菜单的背景图像。要注意背景图像的对齐方向不同，一个是向左对齐，另一个是向右对齐。

```
.menu li.current a, .menu li a:hover {
    color: #fff;                                    /* 白色字体 */
    background: url(images/left2.gif) no-repeat;    /* 背景图像 */
    background-position: left;                      /* 左对齐 */
}
.menu li.current a b, .menu li a:hover b {
    color: #fff;                                    /* 白色字体 */
    background: url(images/right2.gif) no-repeat right top;   /* 右对齐的背景图像 */
}
```

8.4.6　设计排行榜

扫一扫，看视频

音乐排行榜，主要体现的是当前某个时间段中某些歌曲的排名情况。如图 8.31 所示为本节示例的效果图，该例展示音乐排行榜在网页中的基本设计样式。

扫码，看电子版

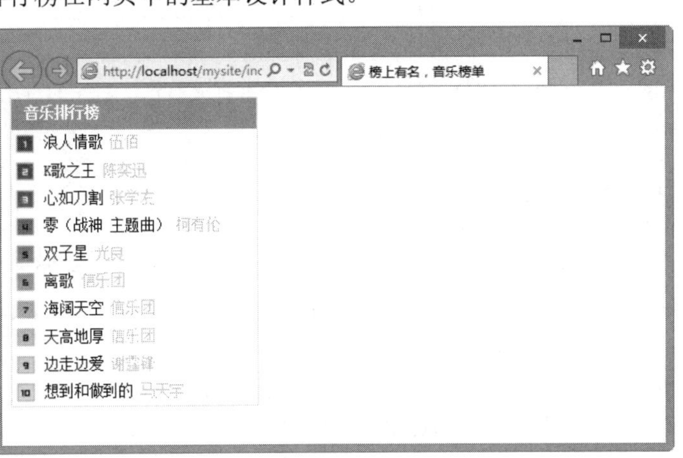

图 8.31　音乐排行榜栏目

【操作步骤】

（1）新建网页，保存为 index.html，在<body>标签内编写如下结构，构建 HTML 文档。

```
<div class="music_sort">
<h1>音乐排行榜</h1>
<div class="content">
    <ol>
        <li><strong>浪人情歌</strong> <span>伍佰</span></li>
        <li><strong>K 歌之王</strong> <span>陈奕迅</span></li>
        <li><strong>心如刀割</strong> <span>张学友</span></li>
        <li><strong>零（战神 主题曲）</strong> <span>柯有伦</span></li>
        <li><strong>双子星</strong> <span>光良</span></li>
        <li><strong>离歌</strong> <span>信乐团</span></li>
        <li><strong>海阔天空</strong> <span>信乐团</span></li>
        <li><strong>天高地厚</strong> <span>信乐团</span></li>
        <li><strong>边走边爱</strong> <span>谢霆锋</span></li>
        <li><strong>想到和做到的</strong> <span>马天宇</span></li>
    </ol>
</div>
</div>
```

（2）理清设计思路。首先，将默认的显示效果与通过 CSS 样式修饰过的显示效果进行对比，如图 8.32 所示，可以发现两者不同之处。

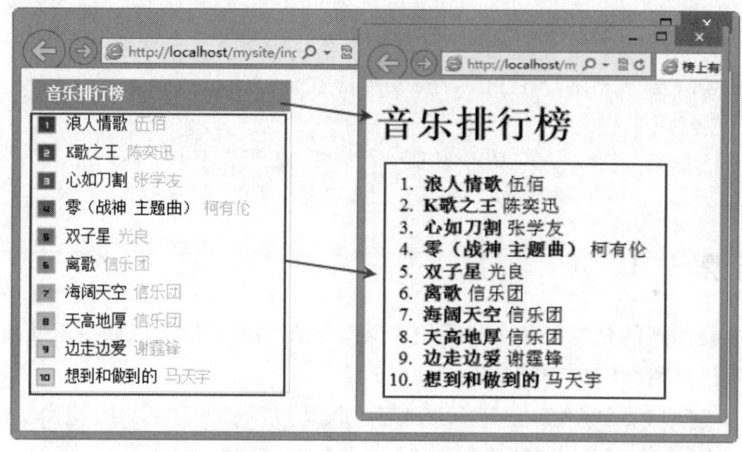

图 8.32　CSS 样式修饰后（左）与无 CSS 样式修饰（右）的对比

- 文字的大小。
- 榜单排名序号的样式。
- 背景色和边框色的修饰。

通过对比可见，数字序号已经不再是普通的常见文字了，而是经过特殊处理的文字效果，换言之就是这个数字必须使用图片才可以达到预期效果。这个数字图片在列表中处理方式也就是本例中需要讲解的部分，在讲解之前先思考下面两个问题：

- 十个数字，也就是十张图片，可不可以将这十张图片合并成一张图片？
- 将十张图片合并成一张图片，但 HTML 结构中又没有针对每个列表<li>标签添加 Class 类名，怎么将图片指定到相对应的排名中？

（3）在<head>标签内添加<style type="text/css">标签，定义一个内部样式表，准备编写样式。

（4）针对第（2）步分析的两个主要问题，编写如下 CSS 样式：

```
.music_sort {
```

```
    width:200px;
    border:1px solid #E8E8E8;}
.music_sort * {/* 清除.music_sort 容器中所有元素的默认内补白和外补白，并设置文字相关属性 */
    margin:0;
    padding:0;
    font:normal 12px/22px "宋体", Verdana,Lucida, Arial, Helvetica, sans-serif;}
.music_sort h1 {
    height:24px;
    text-indent:10px;                  /* 标题文字缩进，增加空间感 */
    font-weight:bold;
    color:#FFFFFF;
    background-color:#999999;}
.music_sort ol {
    height:220px;                      /* 固定榜单列表的整体高度 */
    padding-left:26px;                 /* 利用内补白增加 ol 容器的空间显示背景图片 */
    list-style:none;                   /* 去除默认的列表修饰符 */
    background:url(images/number.gif) no-repeat 0 0;}
.music_sort li {
    width:100%;
    height:22px;
    list-style:none;                   /* 去除默认的列表修饰符 */}
.music_sort li span {color:#CCCCCC;    /* 将列表中的歌手名字设置为灰色 */}
```

这段 CSS 样式就是为了实现最终效果而写的，代码设计思路：

将有序列表<ol>标签的高度属性值设定一个固定值，这个固定值为列表<li>标签的十倍；将列表所有的默认样式修饰符取消；利用有序列表<ol>标签中增加左补白的空间显示合并后的数字背景图。

简单的方法代替了给不同的列表<li>标签添加不同背景图片的麻烦步骤。但这种处理方式的缺陷就是必须调整好背景图片中十个数字图片之间的间距，而且如果增加了每个列表<li>标签的高度，那么就需要重新修改背景图片中十个数字图片之间的间距。

（5）保存页面之后，在浏览器中预览，则演示效果如图 8.31 所示（index.html）。

提示：

在复杂的情况下将有可能出现如下情况（不完全包含这么几种，甚至有可能会更多）：

- 排行榜中第一名的歌曲携带有专辑图片，列表<li>标签的高度会相对比较高（解决方法可以针对第一个列表<li>标签添加一个 Class 类名）；
- 排行榜中歌曲名字很长，导致隐藏了歌手的名字无法正常显示。
- 排行榜中有更多的内容显示，如下载、试听等。当显示的数据内容过多时，已经将其理解为表格形式的二维数据表，应采用 Table 方式进行布局，而不宜再用列表结构，如表 8.6 所示。

表 8.6　以表格形式布局的多数据内容的排行榜

排　名	歌 曲 名	专　辑	歌　手	其 他 操 作
第一名	歌曲名称	专辑名称	歌手名字	下载 试听 分享 评论
第二名	歌曲名称	专辑名称	歌手名字	下载 试听 分享 评论
第三名	歌曲名称	专辑名称	歌手名字	下载 试听 分享 评论

扫一扫，看视频

8.4.7 设计图文列表栏目

图文列表的结构就是将列表内容以图片的形式在页面中显示，简单理解就是图片列表信息附带简短的文字说明。在图中展示的内容主要包含列表标题、图片和图片相关说明的文字。下面结合示例进行说明。

【操作步骤】

（1）新建网页，保存为 index.html，在<body>标签内编写如下结构，构建 HTML 文档。

```
<div class="pic_list">
    <h3>爱秀</h3>
    <div class="content">
        <ul>
            <li><a href="#"><img src="images/1.jpg" alt="美女个性搞怪自拍">美女个性搞怪自拍</a></li>
            <li><a href="#"><img src="images/2.jpg" alt="绝对阳光的清纯小妹">绝对阳光的清纯小妹</a></li>
            <li><a href="#"><img src="images/3.jpg" alt="漂亮美女的可爱外拍">漂亮美女的可爱外拍</a></li>
            <li><a href="#"><img src="images/4.jpg" alt="可爱美女的艺术照">可爱美女的艺术照</a></li>
            <li><a href="#"><img src="images/5.jpg" alt="漂亮美女娇美自拍">漂亮美女娇美自拍</a></li>
            <li><a href="#"><img src="images/8.jpg" alt="清纯迷人的黄毛丫头">清纯迷人的黄毛丫头</a></li>
        </ul>
    </div>
</div>
```

（2）梳理结构。对于列表的内容不再细解，细心的用户应该发现：这个列表的 HTML 结构如图 8.33 所示，结构层次清晰而富有条理。

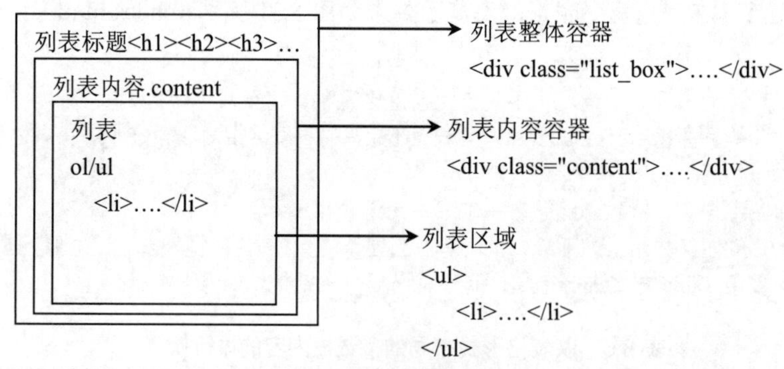

图 8.33　列表结构的分析示意图

该结构不仅在 HTML 代码中能很好体现页面结构层次，而且更方便后期使用 CSS 样式对其进行设计。

（3）梳理设计思路。图文列表的排列方式最讲究的是宽度属性的计算。横向排列的列表，当整体的列表（有序列表或者无序列表）横向空间不足以将所有列表横向显示时，浏览器会将列表换行显示。

这样的情况只有在宽度计算正确，才足够将所有列表横向排列显示并且不会产生空间的浪费，如图 8.34 所示。

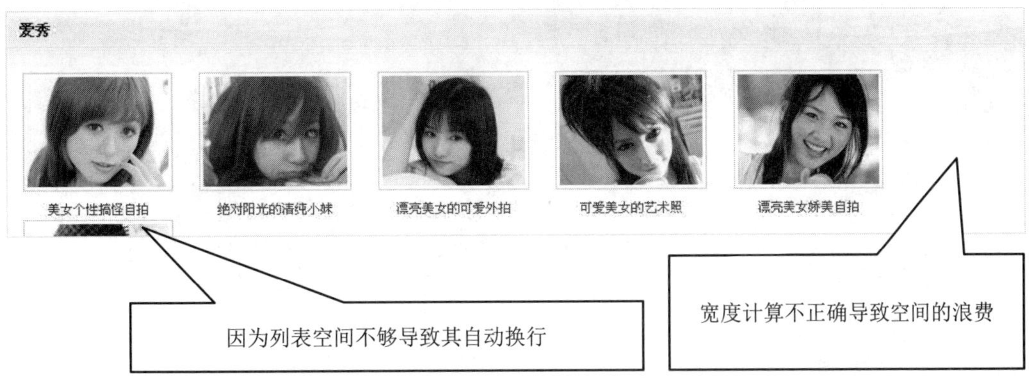

图 8.34　列表宽度计算不正确导致的结果

这种情况是必须要避免的，因此准确计算列表内容区域所需要的空间是有必要的。

（4）设计栏目宽度。在本例中，每张图片的宽度为 134px，左右内补白分别为 3px，左右边框分别为 1px 宽度的线条，且图片列表与图片列表之间的间距为 15px（即右外补白为 15px），根据盒模型的计算方式，最终列表<li>标签的盒模型宽度值为 1px+3px+134px+3px+1px+15px=157px，因此图文列表区域总宽度值为 157px × 6=942px。

（5）在<head>标签内添加<style type="text/css">标签，定义一个内部样式表，准备编写样式。

（6）编写图文列表区域的相关 CSS 样式代码：

```
.pic_list .content {
    width:942px;
    height:150px;
    overflow:hidden;              /* 设置图文列表内容区域的宽度和高度，超过部分隐藏 */
    padding:22px 0 0 15px;        /* 利用内补白增加图文列表内容区域与其他元素之间的间距 */
}
.pic_list .content li {
    float:left;
    width:142px;
    margin-right:15px;            /* 列表<li>标签设置浮动后，所有列表将根据盒模型的计算方式
                                     计算列表宽度，并且并排显示 */
    display:inline;               /* 设置浮动后并且增加了左右外补白，IE6 会产生双倍间距的
                                     bug，利用该属性解决 */}
```

.pic_list .content 作为图文列表内容区域，增加相应的内补白使其与整体之间有空间感，这个是视觉效果中必然会处理的一个问题。

.pic_list .content li 因为具有浮动属性，并且有左右外补白中其中一个外补白属性，在 IE6 浏览器中会产生双倍间距的 bug 问题。而神奇的是添加 display:inline 可以解决该问题，并且不会对其他浏览器产生任何影响。

（7）主要的内容设置成功之后就可以对图文列表的整体效果做 CSS 样式的修饰，例如图文列表的背景和边框以及图文列表标题的高度、文字样式和背景等。

```
.pic_list {
    width:960px;                  /* 设置图文列表整体的宽度 */
```

```
    border:1px solid #D9E5F5;                    /* 添加图文列表的边框 */
    background:url(images/wrap.jpg) repeat-x 0 0;  /* 添加图文列表整体的背景图片 */
}
.pic_list * {/* 重置图文列表内部所有基本样式 */
    margin:0;
    padding:0;
    list-style:none;
    font:normal 12px/1.5em "宋体", Verdana,Lucida, Arial, Helvetica, sans-serif;
}
.pic_list h3 { /* 设置图文列表的标题的高度，行高，文字样式和背景图片 */
    height:34px;
    line-height:34px;
    font-size:14px;
    text-indent:12px;
    font-weight:bold;
    color:#223A6D;
    background:url(images/h3bg.jpg) no-repeat 0 0;
}
```

（8）调整图文列表信息细节，例如图片的边框、背景和文字的颜色等，并添加当鼠标经过图片列表信息时图片以及文字的样式变化。

```
.pic_list .content li a {
    display:block;                  /* 将内联元素 a 元素转换为块元素使其具备宽高属性 */
    width:142px;                    /* 设置转换为块元素后的 a 元素的宽度 */
    text-align:center;              /* 文本居中显示 */
    text-decoration:none;           /* 取消文本下划线 */
    color:#333333;                  /* 文本的颜色 */
}
.pic_list .content li a img {
    display:block;                  /* 当图片设置为块元素时，可以解决 IE6 中图片底部几个空
                                       白像素的 bug */
    width:134px;
    height:101px;
    padding:3px;                    /* 设置图片的宽高属性以及内补白属性 */
    margin-bottom:8px;              /* 将图片的底部外补白设置 8px，使其与文字之间产生一定
                                       间距 */
    border:1px solid #CCCCCC;
    background-color:#FFFFFF;       /* 背景颜色将通过内补白的空间显示 */
}
.pic_list .content li a:hover {
    text-decoration:underline;
    color:#CC0000;                  /* 当鼠标经过图文列表时，文字有下划线并且改变颜色 */
}
.pic_list .content li a:hover img {
    background-color:#22407E;       /* 当鼠标经过图文列表时，图片的背景颜色改变 */
}
```

（9）保存页面之后，在浏览器中预览，则演示效果如图 8.35 所示。

图 8.35　图文信息列表页面效果

提示：

列表作为常用的 HTML 标签之一，需要用户在不断实践中总结经验，本章所分享的实战技巧和经验只是沧海一粟，无法面面俱到。唯有理解每个例子中所讲解的步骤以及设计方法、分析每个方法的可用性以及是否有其他更好的方法实现，这样才能够更快成长。

8.5　在线课堂：强化训练

本节为线上实践环节，旨在帮助读者练习使用 CSS3 设计各种网页菜单样式，强化训练初学者对于网页设计的基本功，感兴趣的读者请扫码练习。

第 9 章　使用 CSS 美化表格

在网页设计中，表格是很重要的对象，它有两个基本功能：网页布局和数据显示。在传统网页设计中，表格主要功能就是页面布局，因此也成为网页编辑的工具。在标准化网页设计中，表格主要功能是显示数据，也可适当辅助结构设计。本章详细介绍表格在网页设计中的应用，包括设计符合标准化的表格结构，正确设置表格属性，灵活应用 CSS 表格样式。

【学习重点】

- 正确使用表格标签。
- 设置表格和单元格属性。
- 设计表格的 CSS 样式。

9.1　表格的基本结构

表格由行、列、单元格 3 部分组成，单元格是行与列交叉的部分，它组成表格的最小单位，数据的输入和修改都是在单元格中进行的。单元格可以拆分，也可以合并。以 Excel 表格为例，用户可以很清晰地了解表格的各个组成部分，如图 9.1 所示。

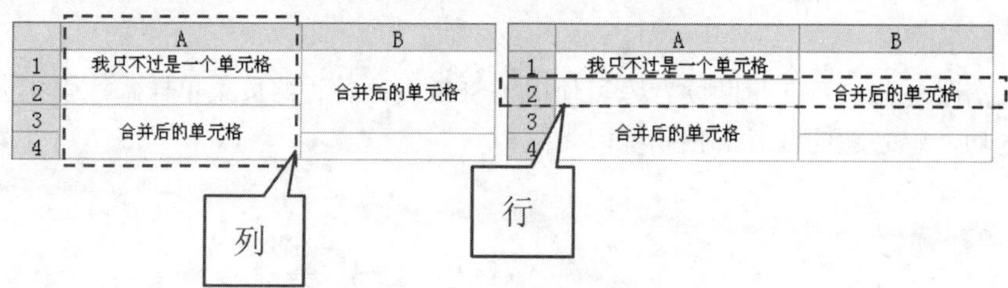

图 9.1　表格结构分析

在 HTML 中，表格由<table>标签来定义，每个表格均有若干行，行由<tr>标签定义，每行被分割为若干单元格，单元格由<td>标签定义。字母 td 表示表格数据（table data），即数据单元格的内容，数据单元格可以包含文本、图片、列表、段落、表单、水平线、表格等。

9.1.1　早期表格的结构

在传统网页代码中，<table>、<tr>和<td>标签随处可见，表格成为网页制作的基本工具，无论是用表格显示数据，还是用表格搭建结构，用户总能看到大量密密麻麻的表格标签，相互杂乱的嵌套，使页面后期维护变得异常艰难。

【示例】　下面示例截取早期页面中的局部表格代码。

```
<table width="100%" border="0" cellspacing="0" cellpadding="0">
   <tr>
      <td width="0%"> </td>
      <td width="16%" align="center" valign="middle"></td>
      <td colspan="2" align="center" valign="middle"></td>
   </tr>
   <tr>
```

```
        <td colspan="4" align="center" valign="middle"></td>
    </tr>
</table>
```

从上面示例可以了解到，在表格页面中代码繁杂，存在诸多重复的属性。虽然有制作方便的优点，但泛滥的表格嵌套，最终会导致页面加载过程的缓慢。

9.1.2 标准化的表格结构

设计符合标准的表格结构，用户应该注意每个标签的语义性和使用规则，简单说明如下。

- <table>：定义表格。在 <table>标签内部，可以放置表格的标题、表格行、表格列、表格单元以及其他表格对象。
- <caption>：定义表格标题。<caption>标签必须紧随 <table>标签之后。只能为每个表格定义一个标题。通常这个标题会被居中显示在表格之上。
- <th>：定义表头单元格。<th>标签内部的文本通常会呈现为粗体、居中显示。
- <tr>：在表格中定义一行。
- <td>：在表格中定义一个单元格。
- <thead>：定义表头结构。
- <tbody>：定义表格主体结构。
- <tfoot>：定义表格的页脚结构。
- <col>：在表格中定义针对一个或多个列的属性值。只能在<table>或 <colgroup>标签中使用。
- <colgroup>：定义表格列的分组。通过该标签，可以对列组进行格式化。只能在<table>标签中使用。

【示例】 以下示例使用上述表格标签对象，设计一个符合标准的表格结构，代码如下：

```
<table>
    <caption>符合标准的表格结构</caption>
    <tr>
        <th>标题 1</th>
        <th>标题 2</th>
    </tr>
    <tr>
        <td>数据 1</td>
        <td>数据 2</td>
    </tr>
</table>
```

与传统表格化网页设计不同，在符合标准的表格结构中，很少见到各种表格属性，代码简洁，数据明了，表格功能单一。

9.2 创 建 表 格

在网页中表格有多种形式，如简单的表格、带标题的表格、结构化的表格、列分组的表格等，本节将介绍这些不同形式的表格的设计方法。

9.2.1 简单的表格

扫一扫，看视频

使用 table 元素可以定义 HTML 表格。简单的 HTML 表格由一个 table 元素，以及一个或多个 tr 和 td 元素组成，其中 tr 元素定义表格行，td 元素定义表格的单元格。

【示例】　以下示例设计一个简单的 HTML 表格，包含两行两列，演示效果如图 9.2 所示。

```
<table>
    <tr>
        <td>月落乌啼霜满天，</td>
        <td>江枫渔火对愁眠。</td>
    </tr>
    <tr>
        <td>姑苏城外寒山寺，</td>
        <td>夜半钟声到客船。</td>
    </tr>
</table>
```

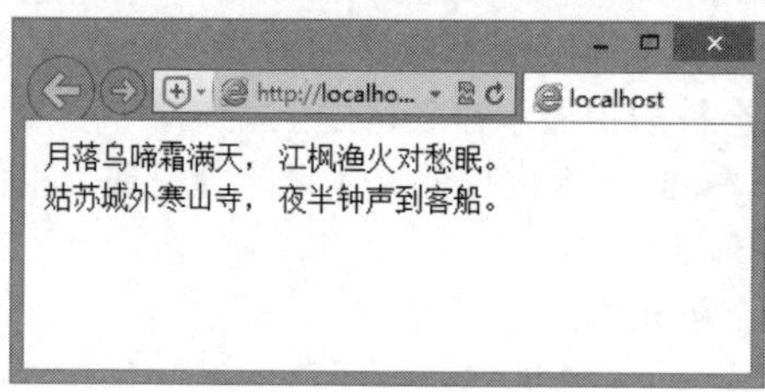

图 9.2　设计简单的表格

扫一扫，看视频

9.2.2　包含表头的表格

在数据表格中，每列可以包含一个标题，这在数据库中被称为字段，在 HTML 中被称为表头单元格。使用 th 元素定义表头单元格。

提示：

HTML 表格中有两种类型的单元格：

- 表头单元格：包含表头信息，由 th 元素创建。
- 标准单元格：包含数据，由 td 元素创建。

在默认状态下，th 元素内部的文本呈现为居中、粗体显示形式，而 td 元素内通常是左对齐的普通文本。

【示例 1】　以下示例设计一个含有表头信息的 HTML 表格，包含两行两列，演示效果如图 9.3 所示。

```
<table>
    <tr>
        <th>用户名</th>
        <th>电子邮箱</th>
    </tr>
    <tr>
        <td>张三</td>
        <td>zhangsan@163.com</td>
    </tr>
</table>
```

图 9.3　设计带有表头的表格

表头单元格一般位于表格的第一行，当然用户可以根据需要把表头单元格放在表格中任意位置，例如，第一行或最后一行，第一列或最后一列等。也可以定义多重表头。

【示例 2】 以下示例设计了一个简单的课程表，表格中包含行标题和列标题，即表格被定义了 2 类表头单元格，演示效果如图 9.4 所示。

```
<table>
    <tr>
        <th> </th>
        <th>星期一</th>
        <th>星期二</th>
        <th>星期三</th>
        <th>星期四</th>
        <th>星期五</th>
    </tr>
    <tr>
        <th>第 1 节</th>
        <td>语文</td>
        <td>物理</td>
        <td>数学</td>
        <td>语文</td>
        <td>美术</td>
    </tr>
    <tr>
        <th>第 2 节</th>
        <td>数学</td>
        <td>语文</td>
        <td>体育</td>
        <td>英语</td>
        <td>音乐</td>
    </tr>
    <tr>
        <th>第 3 节</th>
        <td>语文</td>
        <td>体育</td>
        <td>数学</td>
        <td>英语</td>
        <td>地理</td>
    </tr>
    <tr>
        <th>第 4 节</th>
        <td>地理</td>
        <td>化学</td>
        <td>语文</td>
        <td>语文</td>
        <td>美术</td>
    </tr>
</table>
```

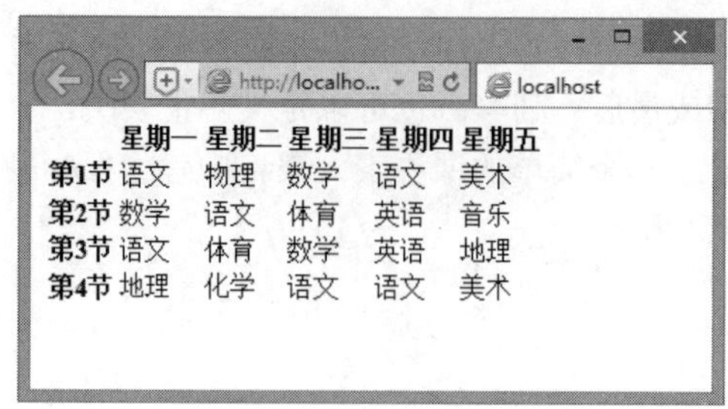

图 9.4　设计双表头的表格

扫一扫，看视频

9.2.3　包含标题的表格

有时为了方便浏览，用户需要为表格添加一个标题。使用 caption 元素可以定义表格标题。

注意：

caption 元素必须紧随 table 元素之后，只能对每个表格定义一个标题。

【示例】　以 9.2.2 节示例为基础，下面示例在表格中添加一个标题，演示效果如图 9.5 所示。

```
<table>
    <caption>通讯录</caption>
    <tr>
        <th>用户名</th>
        <th>电子邮箱</th>
    </tr>
    <tr>
        <td>张三</td>
        <td>zhangsan@163.com</td>
    </tr>
</table>
```

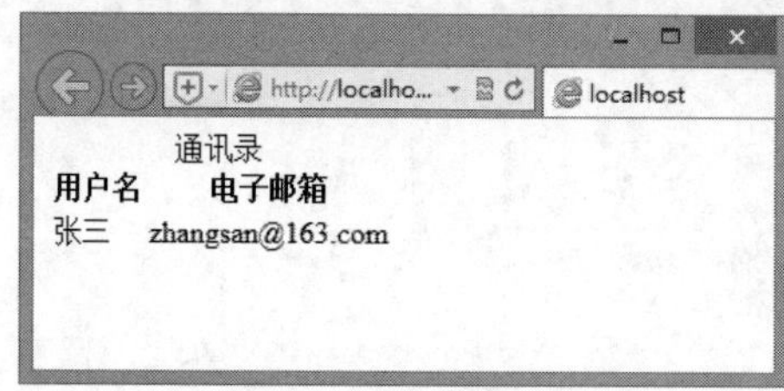

图 9.5　设计带有标题的表格

从上图可以看到，在默认状态下这个标题位于表格上面居中显示。

注意，在 HTML4 中，可以使用 align 属性设置标题的对齐方式，取值包括 left、right、top、bottom。在 HTML5 中已不赞成使用，建议使用 CSS 样式取而代之。

扫一扫，看视频

9.2.4　结构化的表格

thead、tfoot 和 tbody 元素可以对表格中的行进行分组。当创建表格时，如果希望拥有一个标题行，一些带有数据的行，以及位于底部的一个总计行，这样可以设计独立于表格标题和页脚的表格正文滚动。当长的表格被打印时，表格的表头和页脚可被打印在包含表格数据的每张页面上。

使用 thead 元素可以定义表格的表头，该标签用于组合 HTML 表格的表头内容，一般与 tbody 和

tfoot 元素结合起来使用。其中 tbody 元素用于对 HTML 表格中的主体内容进行分组，而 tfoot 元素用于对 HTML 表格中的表注（页脚）内容进行分组。

【示例】 以下示例使用上述各种表格标签对象，设计一个符合标准的表格结构，代码如下所示。

```
<style type="text/css">
table { width: 100%; }
caption { font-size: 24px; margin: 12px; color: blue; }
th, td { border: solid 1px blue; padding: 8px; }
tfoot td { text-align: right; color: red; }
</style>
<table>
    <caption>结构化表格标签</caption>
    <thead>
        <tr>
            <th>标签</th>
            <th>说明</th>
        </tr>
    </thead>
    <tfoot>
        <tr>
            <td colspan="2">* 在表格中，上述标签属于可选标签。</td>
        </tr>
    </tfoot>
    <tbody>
        <tr>
            <td>&lt;thead&gt;</td>
            <td>定义表头结构。</td>
        </tr>
        <tr>
            <td>&lt;tbody&gt;</td>
            <td>定义表格主体结构。</td>
        </tr>
        <tr>
            <td>&lt;tfoot&gt;</td>
            <td>定义表格的页脚结构。</td>
        </tr>
    </tbody>
</table>
```

在上面示例代码中，可以看到<tfoot>是放在<thead>和<tbody>之间，而最终在浏览器中会发现<tfoot>中的内容显示在表格底部。在<tfoot>标签中有一个 colspan 属性，该属性主要功能是横向合并单元格，将表格底部的两个单元格合并为一个单元格，示例效果如图 9.6 所示。

注意：

当使用 thead、tfoot 和 tbody 元素时，必须使用全部的元素，排列次序是：thead、tfoot、tbody，这样浏览器就可以在收到所有数据前呈现页脚，且这些元素必须在 table 元素内部使用。

在默认情况下，这些元素不会影响到表格的布局。不过，用户可以使用 CSS 使这些元素改变表格的外观。在<thead>标签内部必须包含<tr>标签。

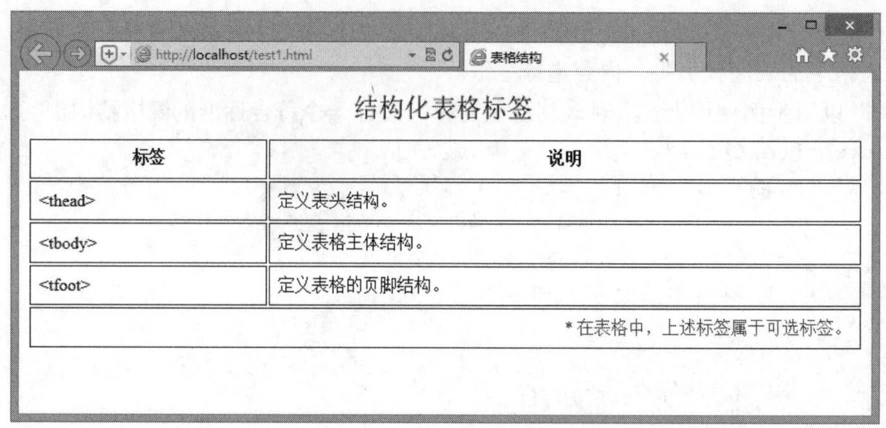

结构化表格标签

标签	说明
<thead>	定义表头结构。
<tbody>	定义表格主体结构。
<tfoot>	定义表格的页脚结构。
* 在表格中，上述标签属于可选标签。	

图 9.6　表格结构效果图

扫一扫，看视频

9.2.5　列分组的表格

col 和 colgroup 元素可以对表格中的列进行分组。使用<col>标签可以为表格中一个或多个列定义属性值。如果需要对全部列应用样式，<col>标签很有用，这样就不用对各个单元格和各行重复应用样式了。

【示例 1】　以下示例使用 col 元素为表格中的 3 列设置了不同的对齐方式，效果如图 9.7 所示。

```
<table width="100%" border="1">
    <col align="left" />
    <col align="center" />
    <col align="right" />
    <tr>
        <td>慈母手中线，</td>
        <td>游子身上衣。</td>
        <td>临行密密缝，</td>
    </tr>
    <tr>
        <td>意恐迟迟归。</td>
        <td>谁言寸草心，</td>
        <td>报得三春晖。</td>
    </tr>
</table>
```

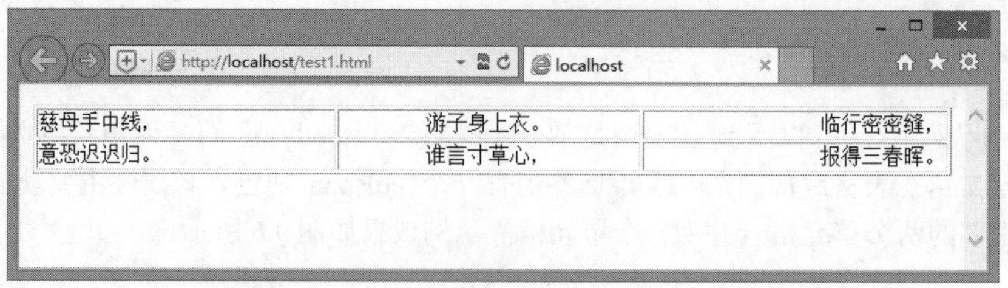

慈母手中线，	游子身上衣。	临行密密缝，
意恐迟迟归。	谁言寸草心，	报得三春晖。

图 9.7　表格列分组样式

在上面示例中，使用 3 个 col 元素为表格中 3 列分别定义不同的对齐方式。这里使用 HTML 标签属性 align 设置对齐方式，取值包括 right（右对齐）、left（左对齐）、center（居中对齐）、justify（两端对齐）和 char（对准指定字符）。由于浏览器支持不统一，不建议使用 align 属性。

提示：

只能在 table 或 colgroup 元素中使用 col 元素。col 元素是仅包含属性的空元素，不能够包含任何信息。如要创建列，就必须在 tr 元素内嵌入 td 元素。

使用<colgroup>标签也可以对表格中的列进行组合，以便对其进行格式化。如果需要对全部列应用样式，<colgroup>标签很有用，这样就不需要对各个单元和各行重复应用样式了。

【示例 2】　以下示例使用 colgroup 元素为表格中每列定义不同的宽度，效果如图 9.8 所示。

```
<style type="text/css">
.col1 { width:25%; color:red; font-size:16px; }
.col2 { width:50%; color:blue; }
</style>
<table width="100%" border="1">
    <colgroup span="2" class="col1"></colgroup>
    <colgroup class="col2"></colgroup>
    <tr>
        <td>慈母手中线，</td>
        <td>游子身上衣。</td>
        <td>临行密密缝，</td>
    </tr>
    <tr>
        <td>意恐迟迟归。</td>
        <td>谁言寸草心，</td>
        <td>报得三春晖。</td>
    </tr>
</table>
```

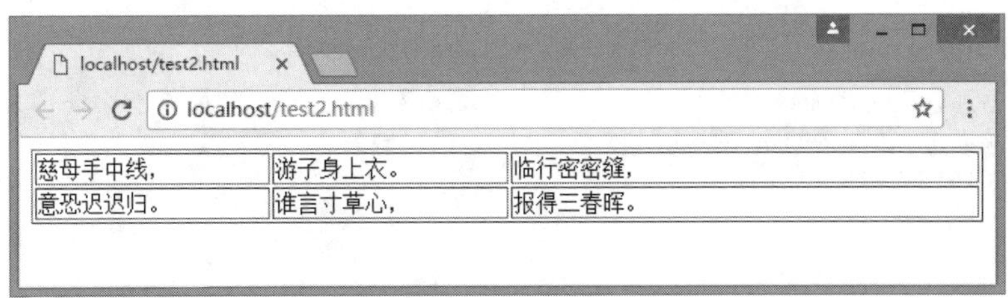

图 9.8　定义表格列分组样式

<colgroup>标签只能在 table 元素中使用。

为列分组定义样式时，建议为<colgroup>或<col>标签添加 class 属性，然后使用 CSS 类样式定义列的对齐方式、宽度和背景色等样式。

【示例 3】　从上面两个示例可以看到，<colgroup>和<col>标签具有相同的功能，同时也可以把<col>标签嵌入到<colgroup>标签中使用。

```
<table width="100%" border="1">
    <colgroup>
        <col span="2" class="col1" />
        <col class="col2" />
    </colgroup>
    <tr>
        <td>慈母手中线，</td>
        <td>游子身上衣。</td>
        <td>临行密密缝，</td>
    </tr>
```

```
    <tr>
        <td>意恐迟迟归。</td>
        <td>谁言寸草心，</td>
        <td>报得三春晖。</td>
    </tr>
</table>
```

如果没有对应的 col 元素，列会从 colgroup 元素那里继承所有的属性值。

提示：

span 是<colgroup>和<col>标签专用属性，规定列组应该横跨的列数，取值为正整数。例如，在一个包含 6 列的表格中，第 1 组有 4 列，第 2 组有 2 列，这样的表格在列上进行分组如下：

```
<colgroup span="4"></colgroup>
<colgroup span="2"></colgroup>
```

浏览器将表格的单元格合成列时，会将每行前 4 个单元格合成第 1 个列组，将接下来的两个单元格合成第 2 个列组。这样，<colgroup>标签的其他属性就可以用于该列组包含的列中了。

如果没有设置 span 属性，则每个<colgroup>或<col>标签代表一列，按顺序排列。

注意：

现代浏览器都支持<colgroup>和<col>标签，但是 Firefox、Chrome 和 Safari 浏览器仅支持 col 和 colgroup 元素的 span 和 width 属性。也就是说，用户只能够通过列分组为表格的列定义统一的宽度，另外也可以定义背景色，但是其他 CSS 样式不支持。虽然 IE 支持，但是不建议用户去应用。通过示例 2，用户也能够看到 CSS 类样式中的 color:red;和 font-size:16px;都没有发挥作用。

【示例 4】 以下示例定义了几个类样式，然后分别应用到<col>列标签中，则显示效果如图 9.9 所示。

```
<style type="text/css">
table { /* 表格默认样式 */
    border:solid 1px #99CCFF;
    border-collapse:collapse;}
.bg_th { /* 标题行类样式 */
    background:#0000FF;
    color:#fff;}
.bg_even1 { /* 列 1 类样式 */
    background:#CCCCFF;}
.bg_even2 { /* 列 2 类样式 */
    background:#FFFFCC;}
</style>
<table>
    <caption>IE 浏览器发展大事记</caption>
    <colgroup>
        <col class="bg_even1" id="verson" />
        <col class="bg_even2" id="postTime" />
        <col class="bg_even1" id="OS" />
    </colgroup>
    <tr class="bg_th">
        <th>版本</th>
        <th>发布时间</th>
        <th>绑定系统</th>
    </tr>
    <tr>
```

```
        <td>Internet Explorer 1</td>
        <td>1995 年 8 月</td>
        <td>Windows 95 Plus! Pack</td>
    </tr>
    ……
</table>
```

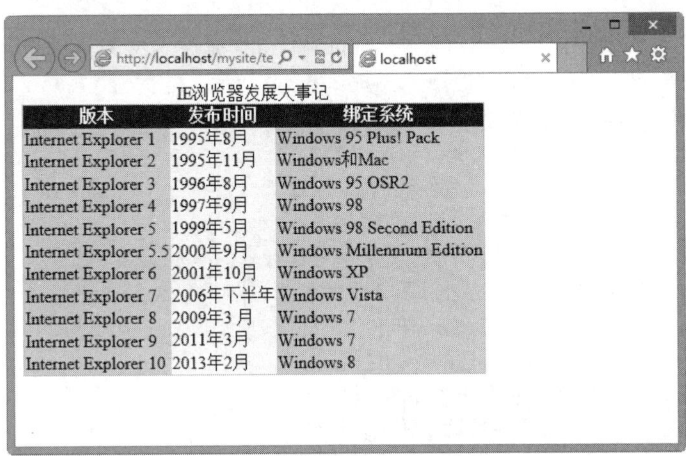

图 9.9　设计隔列变色的样式效果

9.3　设置表格属性

表格标签包含大量属性，其中大部分属性都可以使用 CSS 属性代替使用，也有几个专用属性无法使用 CSS 实现。HTML5 支持的<table>标签属性说明如表 9.1 所示。

表 9.1　HTML5 支持的<table>标签属性

属　　性	说　　明
border	定义表格边框，值为整数，单位为像素。当值为 0 时，表示隐藏表格边框线。功能类似 CSS 中的 border 属性，但是没有 CSS 提供的边框属性强大
Cellpadding	定义数据表单元格的补白。功能类似 CSS 中的 padding 属性，但是功能比较弱
cellspacing	定义数据表单元格的边界。功能类似 CSS 中的 margin 属性，但是功能比较弱
width	定义数据表的宽度。功能类似 CSS 中的 width 属性
frame	设置数据表的外边框线显示，实际上它是对 border 属性的功能扩展。 取值包括 void（不显示任一边框线）、above（顶端边框线）、below（底部边框线）、hsides（顶部和底部边框线）、lhs（左边框线）、rhs（右边框线）、vsides（左和右边的框线）、box（所有四周的边框线）、border（所有四周的边框线）
rules	设置数据表的内边线显示，实际上它是对 border 属性的功能扩展。 取值包括 none（禁止显示内边线）、groups（仅显示分组内边线）、rows（显示每行的水平线）、cols（显示每列的垂直线）、all（显示所有行和列的内边线）
summary	定义表格的摘要，没有 CSS 对应属性

扫一扫，看视频

9.3.1 设计单线表格

rules 和 frame 是两个特殊的表格样式属性，用于定义表格的各个内、外边框线是否显示。由于使用 CSS 的 border 属性可以实现相同的效果，所以不建议用户选用。这两个属性的取值可以参考表 9.1 说明。

【示例】 在以下示例中，借助表格标签的 frame 和 rules 属性定义表格以单行线的形式进行显示。

```
<table border="1" frame="hsides"  rules="rows" width="100%">
    <caption>frame 属性取值说明</caption>
    <tr><th>值</th><th>说明</th></tr>
    <tr><td>void</td><td>不显示外侧边框。</td></tr>
    <tr><td>above</td><td>显示上部的外侧边框。</td></tr>
    <tr><td>below</td><td>显示下部的外侧边框。</td> </tr>
    <tr><td>hsides</td><td>显示上部和下部的外侧边框。</td></tr>
    <tr><td>vsides</td><td>显示左边和右边的外侧边框。</td></tr>
    <tr><td>lhs</td><td>显示左边的外侧边框。</td></tr>
    <tr><td>rhs</td><td>显示右边的外侧边框。</td></tr>
    <tr><td>box</td> <td>在所有四个边上显示外侧边框。</td></tr>
    <tr><td>border</td><td>在所有四个边上显示外侧边框。</td></tr>
</table>
```

上面示例通过 frame 属性定义表格仅显示上下框线，使用 rules 属性定义表格仅显示水平内边线，从而设计出单行线数据表格效果。在使用 frame 和 rules 属性时，同时定义 border 属性，指定数据表显示边框线。在浏览器中预览，则显示效果如图 9.10 所示。

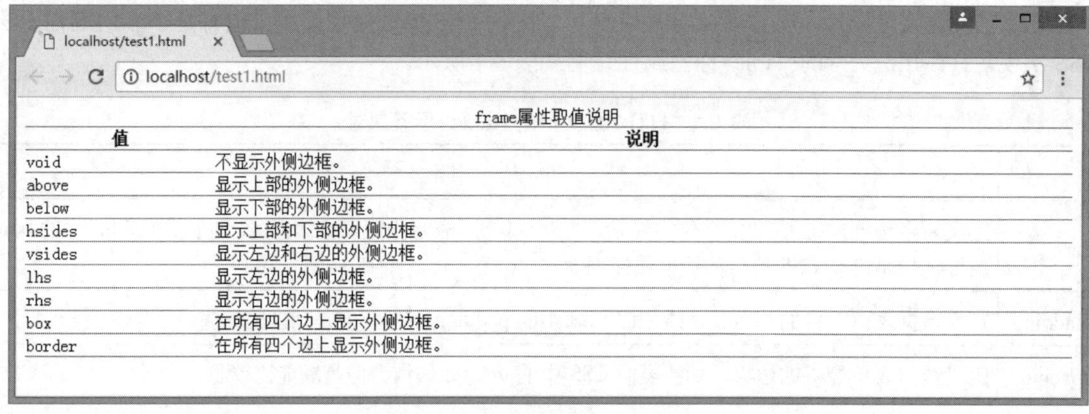

图 9.10 定义单线表格样式

扫一扫，看视频

9.3.2 设计井字表格

cellpadding 属性用于定义单元格边沿与其内容之间的空白，cellspacing 属性定义单元格之间的空间。这两个属性的取值单位为像素或者百分比。

【示例】 以下示例设计井字形状的表格。

```
<table border="1" frame="void" cellpadding="6" cellspacing="16">
    <caption>rules 属性取值说明</caption>
    <tr><th>值</th><th>说明</th></tr>
```

```
    <tr><td>none</td><td>没有线条。</td></tr>
    <tr><td>groups</td><td>位于行组和列组之间的线条。</td></tr>
    <tr><td>rows</td><td>位于行之间的线条。</td></tr>
    <tr><td>cols</td><td>位于列之间的线条。</td></tr>
    <tr><td>all</td><td>位于行和列之间的线条。</td></tr>
</table>
```

上面示例通过 frame 属性隐藏表格外框，然后使用 cellpadding 属性定义单元格内容的边距为 6 像素，单元格之间的间距为 16 像素，则在浏览器中预览效果如图 9.11 所示。

图 9.11　定义井字表格样式

提示：

cellpadding 属性定义的效果，可以使用 CSS 的 padding 样式属性代替，建议不要直接使用 cellpadding 属性。

9.3.3　设计细线表格

使用<table>标签的 border 属性可以定义表格的边框粗细，取值单位为像素，当值为 0 时表示隐藏边框线。

【示例】　如果直接为<table>标签设置 border="1"，则表格呈现的边框线效果如图 9.12 所示。以下示例配合使用 border 和 rules 属性，可以设计细线表格。

```
<table border="1" rules="all" width="100%">
    <caption>rules 属性取值说明</caption>
    <tr><th>值</th><th>说明</th></tr>
    <tr><td>none</td><td>没有线条。</td></tr>
    <tr><td>groups</td><td>位于行组和列组之间的线条。</td></tr>
    <tr><td>rows</td><td>位于行之间的线条。</td></tr>
    <tr><td>cols</td><td>位于列之间的线条。</td></tr>
    <tr><td>all</td><td>位于行和列之间的线条。</td></tr>
</table>
```

上面示例定义<table>标签的 border 属性值为 1，同时设置 rules 属性值为"all"，则显示效果如图 9.13 所示。

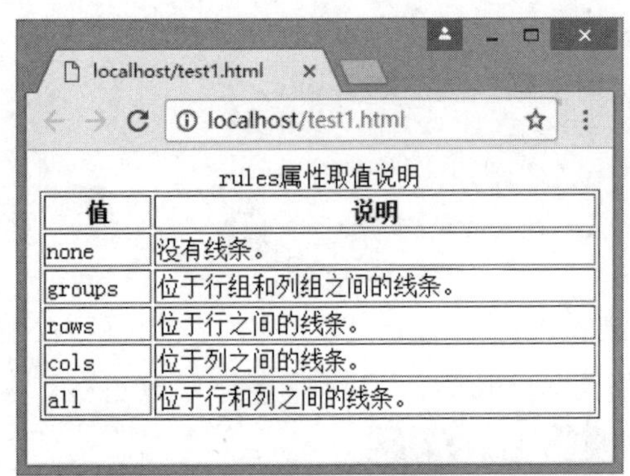

图 9.12　表格默认边框样式

图 9.13　设计细线边框效果

扫一扫，看视频

9.3.4　设置表格说明

使用<table>标签的 summary 属性可以设置表格内容的摘要，该属性的值不会显示，但是屏幕阅读器可以利用该属性，也方便机器进行表格内容检索。

【示例】　以下示例使用 summary 属性为表格添加一个简单的内容说明，以方便搜索引擎检索。

```
<table border="1"  rules="all" width="100%" summary="rules 属性取值说明">
    <tr><th>值</th><th>说明</th></tr>
    <tr><td>none</td><td>没有线条。</td></tr>
    <tr><td>groups</td><td>位于行组和列组之间的线条。</td></tr>
    <tr><td>rows</td><td>位于行之间的线条。</td></tr>
    <tr><td>cols</td><td>位于列之间的线条。</td></tr>
    <tr><td>all</td><td>位于行和列之间的线条。</td></tr>
</table>
```

9.4　设置单元格属性

单元格标签（<td>和<th>）也包含大量属性，其中大部分属性都可以使用 CSS 属性代替使用，也有几个专用属性无法使用 CSS 实现。HTML5 支持的<td>和<th>标签属性说明如表 9.2 所示。

表 9.2　HTML5 支持的<td>和<th>标签属性

属　性	说　明
abbr	定义单元格中内容的缩写版本
align	定义单元格内容的水平对齐方式。取值包括：right（右对齐）、left（左对齐）、center（居中对齐）、justify（两端对齐）和 char（对准指定字符）。功能类似 CSS 中的 text-align 属性，建议使用 CSS 完成设计
axis	对单元进行分类。取值为一个类名
char	定义根据哪个字符来进行内容的对齐
charoff	定义对齐字符的偏移量

续表

属　性	说　明
colspan	定义单元格可横跨的列数
headers	定义与单元格相关的表头
rowspan	定义单元格可横跨的行数
scope	定义将表头数据与单元格数据相关联的方法。取值包括：col（列的表头）、colgroup（列组的表头）、row（行的表头）、rowgroup（行组的表头）
valign	定义单元格内容的垂直排列方式。取值包括：top（顶部对齐）、middle（居中对齐）、bottom（底部对齐）、baseline（基线对齐）。功能类似 CSS 中的 vertical-align 属性，建议使用 CSS 完成设计

9.4.1　单元格跨列或跨行显示

扫一扫，看视频

colspan 和 rowspan 是两个重要的单元格属性，分别用来定义单元格可跨列或跨行显示。取值为正整数，如果取值为 0 时，则表示浏览器横跨到列组的最后一列，或者行组的最后一行。

【示例】　下面示例使用 colspan=5 属性，定义单元格跨列显示，效果如图 9.14 所示。

```
<table border=1>
    <tr>
        <th align=center colspan=5>课程表</th>
    </tr>
    <tr>
        <th>星期一</th><th>星期二</th> <th>星期三</th><th>星期四</th><th>星期五</th>
    </tr>
    <tr>
        <td align=center colspan=5>上午</td>
    </tr>
    <tr>
        <td>语文</td><td>物理</td> <td>数学</td> <td>语文</td><td>美术</td>
    </tr>
    <tr>
        <td>数学</td><td>语文</td><td>体育</td> <td>英语</td><td>音乐</td>
    </tr>
    <tr>
        <td>语文</td> <td>体育</td><td>数学</td><td>英语</td><td>地理</td>
    </tr>
    <tr>
        <td>地理</td><td>化学</td><td>语文</td> <td>语文</td><td>美术</td>
    </tr>
    <tr>
        <td align=center colspan=5>下午</td>
    </tr>
    <tr>
        <td>作文</td><td>语文</td><td>数学</td><td>体育</td><td>化学</td>
    </tr>
```

```
    <tr>
        <td>生物</td><td>语文</td><td>物理</td><td>自修</td><td>自修</td>
    </tr>
</table>
```

课程表				
星期一	星期二	星期三	星期四	星期五
上午				
语文	物理	数学	语文	美术
数学	语文	体育	英语	音乐
语文	体育	数学	英语	地理
地理	化学	语文	语文	美术
下午				
作文	语文	数学	体育	化学
生物	语文	物理	自修	自修

图 9.14　定义单元格跨列显示

扫一扫，看视频

9.4.2　定义表头单元格

使用 scope 属性，可以将单元格与表头单元格联系起来。其中属性值 row，表示将当前行的所有单元格和表头单元格绑定起来；属性值 col，表示将当前列的所有单元格和表头单元格绑定起来；属性值 rowgroup，表示将单元格所在的行组（由<thead>、<tbody> 或 <tfoot> 标签定义）和表头单元格绑定起来；属性值 colgroup，表示将单元格所在的列组（由<col>或<colgroup>标签定义）和表头单元格绑定起来。

【示例】　以下示例将两个 th 元素标识为列的表头，将两个 td 元素标识为行的表头。

```
<table border="1">
    <tr>
        <th></th>
        <th scope="col">月份</th>
        <th scope="col">金额</th>
    </tr>
    <tr>
        <td scope="row">1</td>
        <td>9</td>
        <td>$100.00</td>
    </tr>
    <tr>
        <td scope="row">2</td>
        <td>4/td>
        <td>$10.00</td>
    </tr>
</table>
```

提示：

由于不会在普通浏览器中产生任何视觉效果，很难判断浏览器是否支持 scope 属性。

扫一扫，看视频

9.4.3　为单元格指定表头

使用 headers 属性可以为单元格指定表头，该属性的值是一个表头名称的字符串，这些名称是用 id

属性定义的不同表头单元格的名称。

headers 属性对非可视化的浏览器，也就是那些在显示出相关数据单元格内容之前就显示表头单元格内容的浏览器非常有用。

【示例】　以下示例分别为表格中不同的数据单元格绑定表头，演示效果如图 9.15 所示。

```
<table border="1" width="100%">
    <tr>
        <th id="name">姓名</th>
        <th id="Email">电子邮件</th>
        <th id="Phone">电话</th>
        <th id="Address">地址</th>
    </tr>
    <tr>
        <td headers="name">张三</td>
        <td headers="Email">zhangsan@163.com</td>
        <td headers="Phone">13522228888</td>
        <td headers="Address">北京长安街 38 号</td>
    </tr>
</table>
```

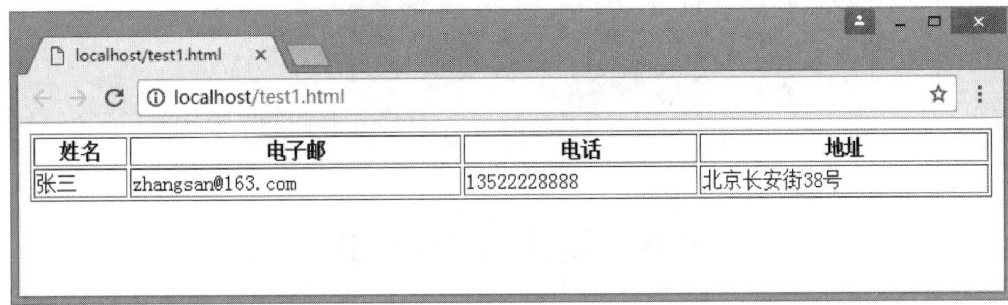

姓名	电子邮	电话	地址
张三	zhangsan@163.com	13522228888	北京长安街38号

图 9.15　为数据单元格定义表头

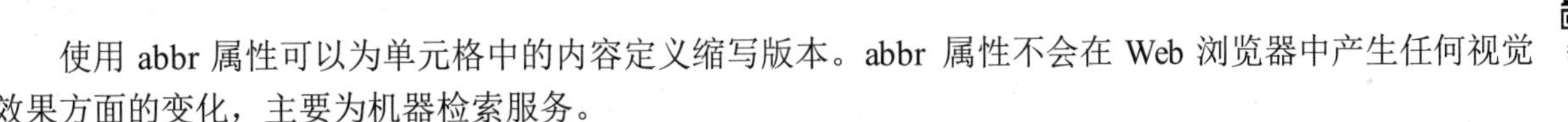

9.4.4　定义单元格信息缩写

扫一扫，看视频

使用 abbr 属性可以为单元格中的内容定义缩写版本。abbr 属性不会在 Web 浏览器中产生任何视觉效果方面的变化，主要为机器检索服务。

【示例】　以下示例演示了如何在 HTML 中使用 abbr 属性。

```
<table border="1">
    <tr>
        <th>名称</th>
        <th>说明</th>
    </tr>
    <tr>
        <td abbr="HTML">HyperText Markup Language</td>
        <td>超级文本标记语言</td>
    </tr>
    <tr>
        <td abbr="CSS">Cascading Style Sheets</td>
        <td>层叠样式表</td>
    </tr>
</table>
```

扫一扫，看视频

9.4.5 对单元格进行分类

使用 axis 属性可以对单元格进行分类，用于对相关的信息列进行组合。在一个大型数据表格中，表格里通常塞满了数据，通过分类属性 axis，浏览器可以快速检索特定信息。

axis 属性的值是引号包括的一列类型的名称，这些名称可以用来形成一个查询。例如，如果在一个食物购物的单元格中使用 axis=meals，浏览器能够找到那些单元格，获取它的值，并且计算出总数。

目前，还没有浏览器支持该属性。

【示例】 以下示例使用 axis 属性为表格中每列数据进行分类。

```
<table border="1" width="100%">
    <tr>
        <th axis="name">姓名</th>
        <th axis="Email">电子邮</th>
        <th axis="Phone">电话</th>
        <th axis="Address">地址</th>
    </tr>
    <tr>
        <td axis="name">张三</td>
        <td axis="Email">zhangsan@163.com</td>
        <td axis="Phone">13522228888</td>
        <td axis="Address">北京长安街 38 号</td>
    </tr>
</table>
```

9.5 设计 CSS 样式

CSS 为表格定义了 5 个专用属性，详细说明如表 9.3 所示。

表 9.3 CSS 表格属性列表

属 性	取 值	说 明
border-collapse	separate（边分开）| collapse（边合并）	定义表格的行和单元格的边是合并在一起还是按照标准的 HTML 样式分开
border-spacing	length	定义当表格边框独立（如当 border-collapse 属性等于 separate 时），行和单元格的边在横向和纵向上的间距，该值不可以取负值
caption-side	top | bottom	定义表格的 caption 对象位于表格的顶部或底部。应与 caption 元素一起使用
empty-cells	show | hide	定义当单元格无内容时，是否显示该单元格的边框
table-layout	auto | fixed	定义表格的布局算法，可以通过该属性改善表格呈递性能，如果设置 fixed 属性值，会使 IE 以一次一行的方式呈递表格内容从而提供给信息用户更快的速度；如果设置 auto 属性值，则表格在每一单元格内所有内容读取计算之后才会显示出来

除了上表介绍的 5 个表格专用属性外，CSS 其他属性对于表格一样适用。

提示：

在学习本节之前，建议先阅读 CSS 部分内容，初步掌握 CSS 基本用法。

9.5.1　设计细线表格

扫一扫，看视频

使用 CSS 的 border 属性代替 HTML 的 border 属性定义表格边框，以提升设计效率，优化代码结构。

【示例】　以下示例演示如何使用 CSS 设计细线边框样式的表格。

（1）在<head>标签内添加<style type="text/css">标签，定义一个内部样式表。

（2）在内部样式表中输入以下样式代码，定义单元格边框显示为 1 像素的灰色实线。

```
th, td {font-size:12px; border:solid 1px gray;}
```

（3）在<body>标签内构建一个简单的表格结构。

```
<table>
    <tr>
        <th>属性</th>
        <th>版本</th>
        <th>继承性</th>
        <th>描述</th>
    </tr>
    <tr>
        <td>table-layout</td>
        <td>CSS2</td>
        <td>无</td>
        <td>设置或检索表格的布局算法</td>
    </tr>
    <tr>
        <td>border-collapse</td>
        <td>CSS2</td>
        <td>有</td>
        <td>设置或检索表格的行和单元格的边是合并在一起还是按照标准的 HTML 样式分开</td>
    </tr>
    <tr>
        <td>border-spacing</td>
        <td>CSS2</td>
        <td>有</td>
        <td>设置或检索当表格边框独立时，行和单元格的边框在横向和纵向上的间距</td>
    </tr>
    <tr>
        <td>caption-side</td>
        <td>CSS2</td>
        <td>有</td>
        <td>设置或检索表格的 caption 对象是在表格的那一边</td>
    </tr>
    <tr>
        <td>empty-cells</td>
        <td>CSS2</td>
        <td>有</td>
        <td>设置或检索当表格的单元格无内容时，是否显示该单元格的边框</td>
    </tr>
</table>
```

（4）在浏览器中预览，则显示效果如图 9.16 所示。

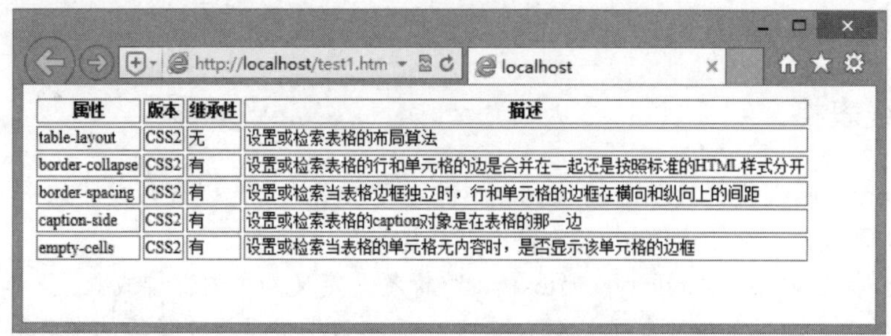

属性	版本	继承性	描述
table-layout	CSS2	无	设置或检索表格的布局算法
border-collapse	CSS2	有	设置或检索表格的行和单元格的边是合并在一起还是按照标准的HTML样式分开
border-spacing	CSS2	有	设置或检索当表格边框独立时，行和单元格的边框在横向和纵向上的间距
caption-side	CSS2	有	设置或检索表格的caption对象是在表格的那一边
empty-cells	CSS2	有	设置或检索当表格的单元格无内容时，是否显示该单元格的边框

图 9.16　使用 CSS 定义单元格边框样式

通过效果图可以看到，使用 CSS 定义的单行线不是连贯的线条。这是因为表格中每个单元格都是一个独立的空间，为它们定义边框线时，相互之间不是紧密连接在一起的。

（5）在内部样式表中，为 table 元素添加如下 CSS 样式，对相邻单元格边框进行合并。

```
table { border-collapse:collapse;}                              /* 合并单元格边框 */
```

（6）在浏览器中重新预览页面效果，则显示如图 9.17 所示。

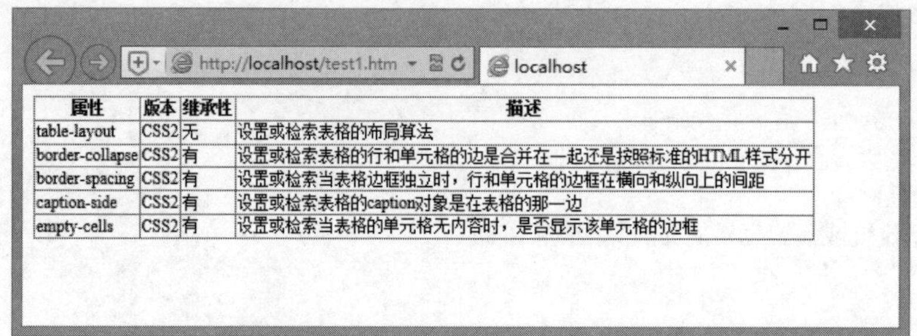

属性	版本	继承性	描述
table-layout	CSS2	无	设置或检索表格的布局算法
border-collapse	CSS2	有	设置或检索表格的行和单元格的边是合并在一起还是按照标准的HTML样式分开
border-spacing	CSS2	有	设置或检索当表格边框独立时，行和单元格的边框在横向和纵向上的间距
caption-side	CSS2	有	设置或检索表格的caption对象是在表格的那一边
empty-cells	CSS2	有	设置或检索当表格的单元格无内容时，是否显示该单元格的边框

图 9.17　使用 CSS 合并单元格边框

扫一扫，看视频

9.5.2　定义单元格间距和空隙

为了兼容<table>标签的 cellspacing 属性，CSS 定义了 border-spacing 属性，该属性能够分离单元格间距。取值包含 1 个或 2 个值。当定义一个值时，则定义单元格行间距和列间距都为该值。例如：

```
table { border-spacing:20px;}                              /* 分隔单元格边框 */
```

如果分别定义行间距和列间距，就需要定义两个值，例如：

```
table { border-spacing:10px 30px;}                         /* 分隔单元格边框 */
```

其中第 1 个值表示单元格之间的行间距，第 2 个值表示单元格之间的列间距，该属性值不可以为负数。使用 cellspacing 属性定义单元格之间的距离之后，该空间由表格背景填充。

使用该属性应注意几个小问题：

（1）早期 IE 浏览器不支持该属性，要定义相同效果的样式，这就需要结合传统<table>标签的 cellspacing 属性来设置。

（2）使用 cellspacing 属性时，应确保单元格之间相互独立性，不能使用 border-collapse:collapse;样式定义合并表格内单元格的边框。

（3）cellspacing 属性不能够使用 CSS 的 margin 属性来代替。对于 td 元素来说，不支持 margin 属性。

（4）可以为单元格定义补白，此时使用 CSS 的 padding 属性与单元格的 cellpadding 标签属性实现效果是相同的。

【示例 1】　以 9.5.1 节示例中表格结构为基础，重新设计内部样式表，为表格内单元格定义上下 6

像素和左右 12 像素的间距，同时设计单元格内部空隙为 12 像素，演示效果如图 9.18 所示。

```
table { border-spacing: 6px 12px; }
th, td {
   font-size: 12px;
   border: solid 1px gray;
   padding: 12px;
}
```

属性	版本	继承性	描述
table-layout	CSS2	无	设置或检索表格的布局算法
border-collapse	CSS2	有	设置或检索表格的行和单元格的边是合并在一起还是按照标准的HTML样式分开
border-spacing	CSS2	有	设置或检索当表格边框独立时，行和单元格的边框在横向和纵向上的间距
caption-side	CSS2	有	设置或检索表格的caption对象是在表格的那一边
empty-cells	CSS2	有	设置或检索当表格的单元格无内容时，是否显示该单元格的边框

图 9.18　增加单元格空隙

也可以为<table>标签定义补白，此时可以增加表格外框与单元格之间的距离。

【示例 2】　继续以上面示例为基础，为<table>标签重设如下样式，设计表格外框为 2 像素红色实线，定义表格外框与内部单元格间距为 2 像素，则显示效果如图 9.19 所示。

```
table {
   border-spacing: 6px 12px;
   border: solid 2px red;
   padding: 2px;
}
```

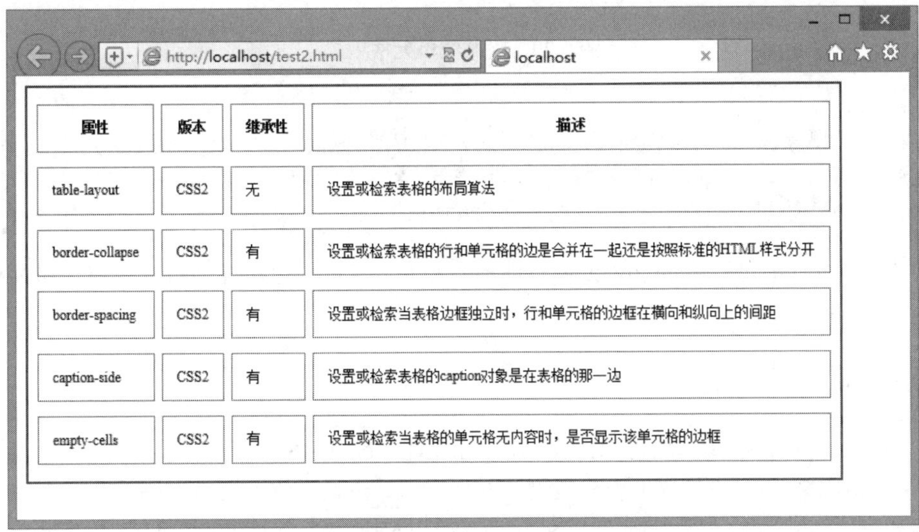

属性	版本	继承性	描述
table-layout	CSS2	无	设置或检索表格的布局算法
border-collapse	CSS2	有	设置或检索表格的行和单元格的边是合并在一起还是按照标准的HTML样式分开
border-spacing	CSS2	有	设置或检索当表格边框独立时，行和单元格的边框在横向和纵向上的间距
caption-side	CSS2	有	设置或检索表格的caption对象是在表格的那一边
empty-cells	CSS2	有	设置或检索当表格的单元格无内容时，是否显示该单元格的边框

图 9.19　为表格和单元格同时定义补白效果

扫一扫，看视频

9.5.3 隐藏空单元格

如果表格单元格的边框处于分离状态（border-collapse: separate;），可以使用 CSS 的 empty-cells 属性设置空单元格是否显示。当其值为 show 时，表示显示空单元格；当值为 hide 时，表示隐藏空单元格。

【示例】 在以下示例中，隐藏第 2 行第 2 列的空单元格边框显示，效果如图 9.20 所示。

```
<style type="text/css">
table {/* 表格样式 */
    width: 400px;                              /* 固定表格宽度 */
    border: dashed 1px red;                    /* 定义虚线表格边框 */
    empty-cells: hide;                         /* 隐藏空单元格 */
}
th, td {/* 单元格样式 */
    border: solid 1px #000;                    /* 定义实线单元格边框 */
    padding: 4px;                              /* 定义单元格内的补白区域 */
}
</style>
<table>
    <tr><td>西</td><td>东</td> </tr>
    <tr><td>北</td><td></td></tr>
</table>
```

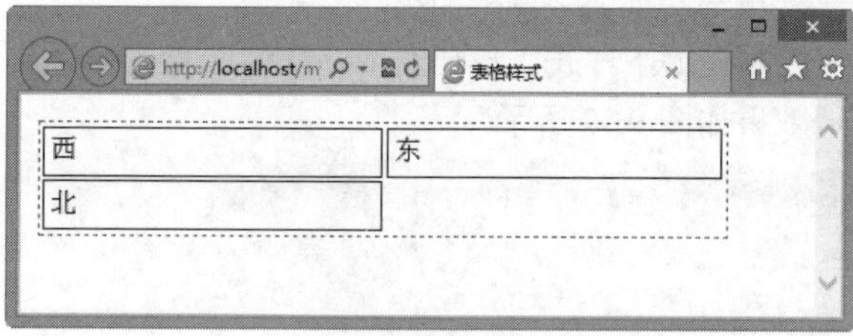

隐藏空白单元格

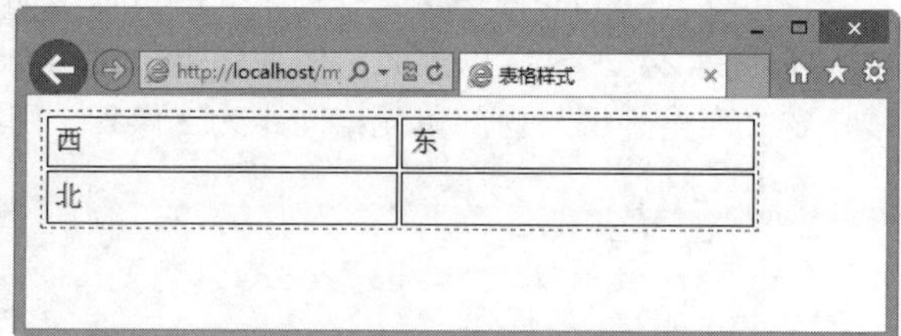

默认显示的空白单元格

图 9.20 隐藏空单元格效果

提示：

所谓空单元格，就是没有可视内容的单元格。如果单元格的 visibility 属性值为 hidden，即便单元格包含内容，也认为是无可视内容。而“ ”和其他空白字符为可视内容。ASCII 字符中的回车符（“\0D”）、换行符（“\0A”）、Tab 键（“\09”）和空格键（“\20”）表示无可视内容。

如果表格行中所有单元格的 empty-cells 属性都为 hide，且都不包含任何可视内容，那么整行就等于设置了 display: none。

扫一扫，看视频

9.5.4 定义标题样式

使用 CSS 的 caption-side 属性可以定义标题的显示位置，该属性取值包括 top（位于表格上面）、bottom（位于表格底部）、left（位于表格左侧，非标准）、right（位于表格右侧，非标准）。

如果要水平对齐标题文本，则可以使用 text-align 属性。对于左右两侧的标题，可以使用

vertical-align 属性进行垂直对齐，取值包括 top、middle 和 bottom，其他取值无效，默认为 top。

【示例】 在以下示例中，定义标题靠左显示，并设置标题垂直居中显示。但不同浏览器在解析时分歧比较大，如在 IE 浏览器中显示如图 9.21 所示，但是在 Firefox 中显示如图 9.22 所示。

```
<style type="text/css">
table {border: dashed 1px red; }                        /* 定义表格虚线外框样式 */
th, td {/* 定义单元格样式 */
    border: solid 1px #000;                             /* 实线内框 */
    padding: 20px 80px;                                 /* 单元格内补白大小 */
}
caption {/* 定义标题行样式 */
    caption-side: left;                                 /* 左侧显示 */
    width: 10px;                                        /* 定义宽度 */
    margin: auto 20px;                                  /* 定义左右边界 */
    vertical-align: middle;                             /* 垂直居中显示 */
    font-size: 14px;                                    /* 定义字体大小 */
    font-weight: bold;                                  /* 加粗显示 */
    color: #666;                                        /* 灰色字体 */
}
</style>
<table>
    <caption>表格标题</caption>
    <tr><td>北</td><td>西</td> </tr>
    <tr><td>东</td><td>南</td> </tr>
</table>
```

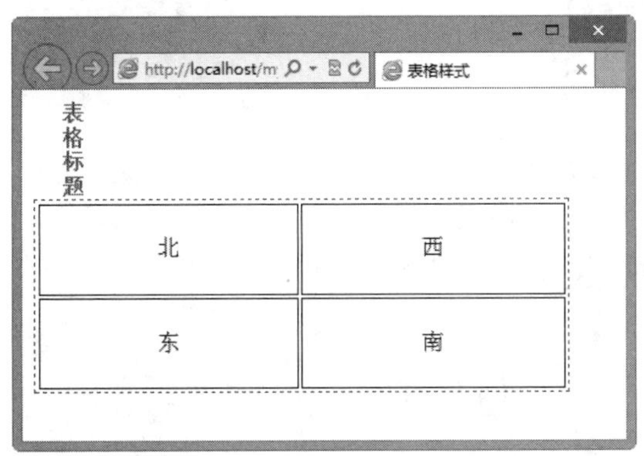

图 9.21　IE 解析表格标题效果

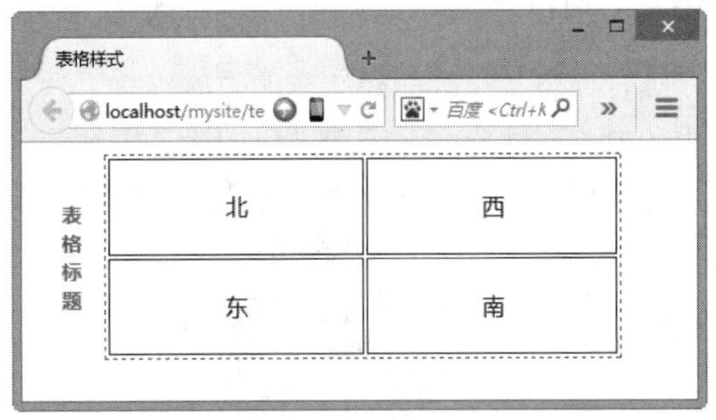

图 9.22　Firefox 解析表格标题效果

拓展：

当同时为<table>、<tr>和<td>等标签定义背景色、边框、字体属性等样式时，容易发生样式重叠问题。根据表格布局模型，各种表格对象背景样式层叠的顺序如图 9.23 所示（参考 test2.html）。

从上图可以看到：td 元素的样式具有最大优先权，以此类推，如果单元格为透明，则行（tr 元素）具有最大优先权。表格定义的背景优先权最弱，如果表格中其他元素都为透明时，则才可以看到表格的背景。

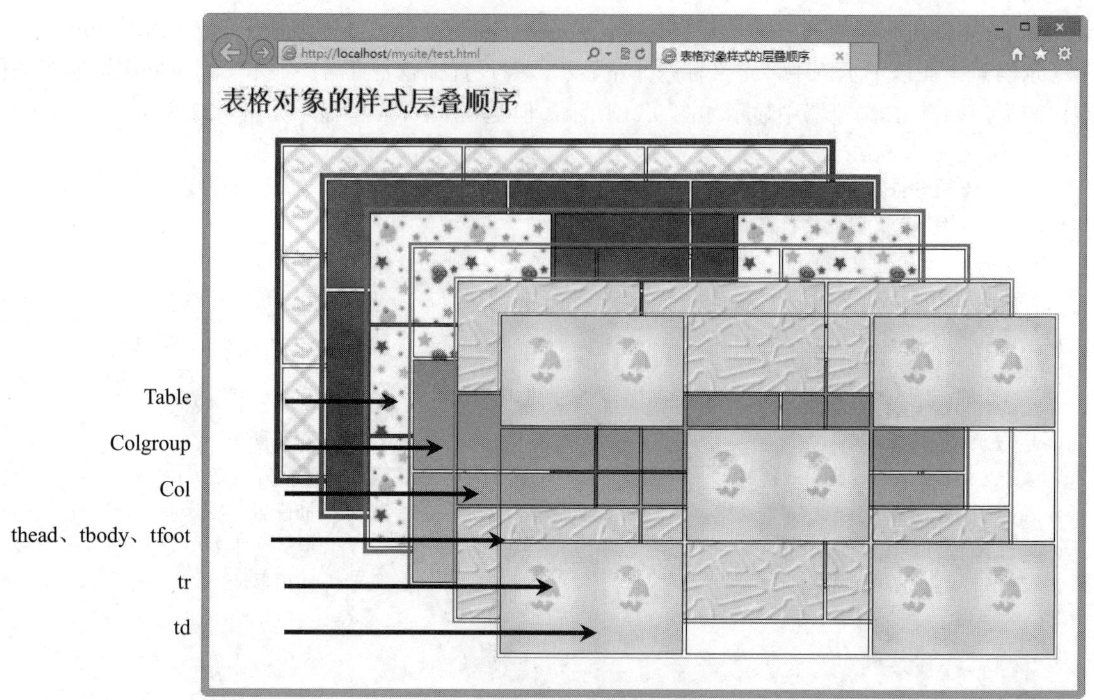

图 9.23　表格对象样式的层叠顺序

9.6　实战案例

本节将结合几个案例详细讲解表格样式的一般设计技巧。

扫一扫，看视频

9.6.1　隔行换色

隔行换色是一款比较经典的表格样式，这种样式主要是从用户体验角度来设计的，以提升用户浏览数据的速度和准确度。隔行换色的设计方法：定义一个类，然后把该类应用到所有奇数行或偶数行。

【示例 1】　下面示例先定义一个隔行背景色的类样式，并为列标题定义一个类样式。

```
table { /* 表格默认样式 */
    border:solid 1px #99CCFF;                    /* 表格外框线 */
    border-collapse:collapse;                    /* 合并单元格边框线 */
}
.bg_th {/* 标题行样式类 */
    background:#0000FF;                          /* 背景色 */
    color:#fff;                                  /* 字体颜色 */
}
.bg_even { background:#99CCFF; }                 /* 隔行样式类 */
```

然后，把标题行样式类和隔行样式类应用到数据表中，局部代码如下，其中标题行被应用了 bg_th 类，而数据区域的偶数行被应用了 bg_even 类，显示效果如图 9.24 所示。

```
<table>
    <thead>
        <tr class="bg_th">
            <th>版本</th>
```

```
            <th>发布时间</th>
            <th>绑定系统</th>
        </tr>
    </thead>
    <tbody>
        <tr>
            <th>Internet Explorer 1</th>
            <td>1995 年 8 月</td>
            <td>Windows 95 Plus! Pack</td>
        </tr>
        <tr class="bg_even">
            <th>Internet Explorer 2</th>
            <td>1995 年 11 月</td>
            <td>Windows 和 Mac</td>
        </tr>
        ……
</table>
```

扫码，看电子版

图 9.24　设计隔行变色的样式效果

【示例 2】　当数据行比较多时，上例通过原始方法添加类样式的方式设计隔行换色会比较麻烦，此时可以考虑使用 CSS3 选择器智能匹配表格中偶数行和奇数行，并设计不同的样式。本例设计表格奇数行为浅蓝背景色，偶数行为浅灰色，显示效果如图 9.25 所示。

```
table { /* 表格默认样式 */
    border: solid 1px #99CCFF;                    /* 表格外框线 */
    border-collapse: collapse;                    /* 合并单元格边框线 */
}
th {/* 标题行样式 */
    background: #0000FF;                          /* 背景色 */
    color: #fff;                                  /* 字体颜色 */
}
tr:nth-of-type(odd) { background: #99CCFF; }     /*奇数行*/
tr:nth-of-type(even) { background: #eee; }       /*偶数行*/
```

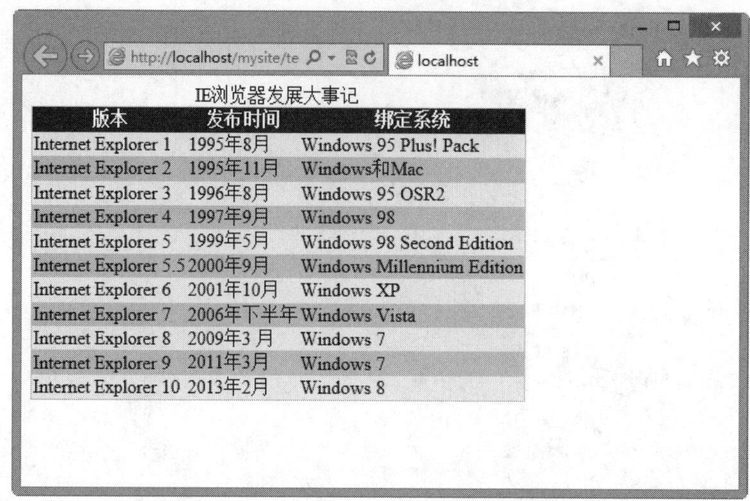

图 9.25　设计隔行变色的样式效果

扫一扫，看视频

9.6.2　设计动态交互特效

长时间盯着一堆数据表格，容易让人疲劳，如果设计鼠标经过时数据行显示不同样式，可以分散视觉注意力和紧张度。

【示例 1】　利用 CSS 提供的伪类选择符:hover 可以实现这样的设计效果，样式代码如下，但是这种方法不被 IE 6 及其以下版本支持，如果要兼容早期 IE 浏览器，则要采用 JavaScript 脚本来实现。

```
tr:hover {/* 鼠标经过时的样式 */
    background:#0000FF;                              /* 背景色 */
    cursor:pointer;                                  /* 鼠标样式 */
}
```

【示例 2】　使用 JavaScript 脚本可以设计鼠标经过数据行的动态效果，所设计的样式会更为灵活。

（1）首先在<script>标签定义一个 JavaScript 函数。

```
<script>
//bg_even("表格 ID 属性名","奇数行背景色","偶数行背景色","鼠标经过背景色","单击后背景色");
function bg_even(o,a,b,c,d){
    //获取对数据行的控制
    var t=document.getElementById(o).getElementsByTagName("tr");
    for(var i=0;i<t.length;i++){ //遍历数据表中每一行
        //判断数据行的奇偶位置，分别设置不同的背景色
        t[i].style.backgroundColor=(t[i].sectionRowIndex%2==0)?a:b;
        //定义鼠标单击事件函数，设计背景色的单击开关效果
        t[i].onclick=function(){
            if(this.x!="1"){//如果没有单击，则设置单击背景色
                this.x="1";
                this.style.backgroundColor=d;
            }else{//如果已经单击，则恢复原来的背景色
                this.x="0";
                this.style.backgroundColor=(this.sectionRowIndex%2==0)?a:b;
            }
        }
        //定义鼠标经过事件函数，设计鼠标经过行的背景色效果
        t[i].onmouseover=function(){
```

```
            if(this.x!="1")this.style.backgroundColor=c;
        }
        //定义鼠标离开事件函数，设计鼠标离开行的背景色效果
        t[i].onmouseout=function(){
            f(this.x!="1")this.style.backgroundColor=(this.sectionRowIndex%2==
0) ?a:b;
        }
    }
}
</script>
```

（2）然后为表格标签<table>定义一个 ID 值。

```
<table id="grid"></table>
```

（3）最后在网页末尾引用 JavaScript 函数，最后效果如图 9.26 所示。

```
<script>
bg_even("grid","#fff","#F5F5F5","#FFFFCC","#FFFF84");
</script>
```

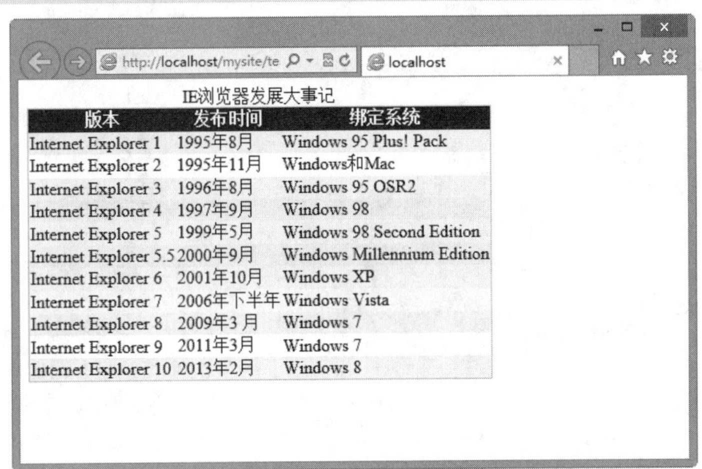

IE浏览器发展大事记

版本	发布时间	绑定系统
Internet Explorer 1	1995年8月	Windows 95 Plus! Pack
Internet Explorer 2	1995年11月	Windows和Mac
Internet Explorer 3	1996年8月	Windows 95 OSR2
Internet Explorer 4	1997年9月	Windows 98
Internet Explorer 5	1999年5月	Windows 98 Second Edition
Internet Explorer 5.5	2000年9月	Windows Millennium Edition
Internet Explorer 6	2001年10月	Windows XP
Internet Explorer 7	2006年下半年	Windows Vista
Internet Explorer 8	2009年3 月	Windows 7
Internet Explorer 9	2011年3月	Windows 7
Internet Explorer 10	2013年2月	Windows 8

扫码，看电子版

图 9.26　使用 JavaScript 脚本设计鼠标经过行的动态样式效果

9.6.3　设计清淡视觉效果表格

扫一扫，看视频

本例设计一款表格样式：整体色调以清淡为主，边框线以淡蓝色为主色调，并配以 12 像素的灰色字体，营造一种轻松的视觉效果。然后，使用隔行换色样式分行显示数据，这也是目前数据表格的主流样式，它符合视线的换行显示，避免错行阅读数据。使用渐变背景图像来设计表格列标题，使表格看起来更大方，富有立体感。表格结构设计可以参考资源包源码，这里就不再列举。

【操作步骤】

（1）定义表格样式。表格样式包括 3 部分：表格边框和背景样式、表格内容显示样式和表格布局样式。布局样式包括：定义表格固定宽度解析，这样能够优化解析速度，显示空单元格，合并单元格的边框线，并设置表格居中显示。表格边框为 1像素宽的浅蓝色实线框，字体大小固定为 12 像素的灰色字体。

```
table {/* 表格基本样式 */
    table-layout:fixed;                        /* 固定表格布局，优化解析速度*/
    empty-cells:show;                          /* 显示空单元格 */
    margin:0 auto;                             /* 居中显示 */
    border-collapse: collapse;                 /* 合并单元格边框 */
```

```
    border:1px solid #cad9ea;                    /* 边框样式 */
    color:#666;                                  /* 灰色字体 */
    font-size:12px;                              /* 字体大小 */
}
```

提示：

table-layout 是 CSS 定义的一个标准属性，用来设置表格布局的算法。取值包括 auto 和 fixed。当取值为 auto 时，则布局将基于单元格内包含的内容来进行布局，表格在每一单元格内所有内容读取计算之后才会显示出来。当取值 fixed 时，表示固定布局算法，在这种算法中，表格和列的宽度取决于 col 对象的宽度总和，如果没有指定，则根据于第一行每个单元格的宽度。如果表格没有指定宽度，则表格被呈递的默认宽度为 100%。设置 auto 布局算法，这需要两次进行布局计算，影响客户端的解析速度，而 fixed 布局算法仅需要一次计算，所以速度非常快。

（2）定义列标题样式。列标题样式主要涉及到背景图像的设计，具体代码如下：

```
th {/* 列标题样式 */
    background-image: url(images/th_bg1.gif);   /* 指定渐变背景图像 */
    background-repeat:repeat-x;                  /* 定义水平平铺 */
    height:30px;                                 /* 固定高度 */
}
```

列标题样式的设计难点是背景图像的制作，具体制作方法这里就不再详细讲解，读者可以参考本示例效果在 Photoshop 中进行设计。

（3）定义单元格的显示样式。这里主要定义单元格的高度、边框线和补白。定义单元格左右两侧的补白目的是避免单元格与数据拥挤在一起。

```
td {height:20px; /* 固定高度 */}                 /* 单元格的高度 */
td, th {/* 单元格的边框线和补白 */
    border:1px solid #cad9ea;                    /* 单元格边框线，应与表格边框线一致 */
    padding:0 1em 0;                             /* 单元格左右两侧的补白，一个字距 */
}
```

（4）定义隔行变色样式类。由于 CSS2.1 还不能够直接定义隔行变色的属性（CSS3 中已经支持），所以我们可以定义一个隔行变色的样式类，然后把它应用到数据表中的奇数行或偶数行。

```
tr.a1 { background-color:#f5fafe; }     /* 隔行变色样式类，定义比边框色稍浅的背景色 */
```

（5）保存页面，在浏览器中预览，显示效果如图 9.27 所示。

扫码，看电子版

排名	校名	总得分	人才培养总得分	研究生培养得分	本科生培养得分	科学研究总得分	自然科学研究得分	社会科学研究得分	所属省份	分省排名	学校类型
1	清华大学	296.77	128.92	93.83	35.09	167.85	148.47	19.38	京	1	理工
2	北京大学	222.02	102.11	66.08	36.03	119.91	86.78	33.13	京	2	综合
3	浙江大学	205.65	94.67	60.32	34.35	110.97	92.32	18.66	浙	1	综合
4	上海交大	150.98	67.08	47.13	19.95	83.89	77.49	6.41	沪	1	综合
5	南京大学	136.49	62.84	40.21	22.63	73.65	53.87	19.78	苏	1	综合
6	复旦大学	136.36	63.57	40.26	23.31	72.78	51.47	21.31	沪	2	综合
7	华中科大	110.08	54.76	30.26	24.50	55.32	47.45	7.87	鄂	1	理工
8	武汉大学	103.82	50.21	29.37	20.84	53.61	36.17	17.44	鄂	2	综合
9	吉林大学	96.44	48.61	25.74	22.87	47.83	38.13	9.70	吉	1	综合
10	西安交大	92.82	47.22	24.54	22.68	45.60	35.47	10.13	陕	1	综合

图 9.27　设计的单线表格效果

扫一扫，看视频

9.6.4　设计结构化表格

本节示例使用立体标题样式隐含数据表区域，并借助标题分列效果来划分不同列，借助鼠标经过行时变换行背景颜色来提示当前行，最后通过树形结构来设计层次清晰的分类数据表格效果。整个表格样式设计包含4个技巧：

（1）适当修改数据表格的结构，使其更利于树形结构的设计。

（2）借助背景图像应用技巧来设计树形结构标志。

（3）借助伪类选择器来设计鼠标经过行时变换背景颜色（IE 6不支持该属性）。

（4）通过边框和背景色来设计列标题的立体显示效果。

【操作步骤】

（1）修改数据表的结构。在修改数据表结构时，不要破坏数据表的基本结构，主要强化数据表格的层次。

例如，使用 thead、tbody 元素定义数据表格的数据分组，把标题分为一组（标题区域），而把主要数据分为一组(数据区域)。根据数据分类的需要，增加两个合并的数据行，该行仅包含了一个单元格，为了避免破坏结构，需要使用合并操作（colspan="12"），来表示该单元格是合并单元格。为了更好控制数据表的样式，本示例定义了很多样式类，因此我们还需要把这些样式类引用到这些 tr、th 和 td 元素中。经过修改之后的数据表格结构如下。

```
<table>
    <thead>
        <tr>
            <th>排名</th>......
        </tr>
    </thead>
    <tbody>
        <tr>
            <td class="arrow" colspan="12">一类</td>
        </tr>
        <tr>
            <th class="start">1</th>......
        </tr>
        <tr>
            <th class="end">2</th>......
        </tr>
        <tr>
            <td class="arrow" colspan="12">二类</td>
        </tr>
        <tr>
            <th class="start">3</th>......
        </tr>
        <tr>
            <th class="start">4</th>......
        </tr>
        <tr>
            <th class="start">5</th>......
        </tr>
        <tr>
            <th class="start">6</th>......
        </tr>
        <tr>
            <th class="start">7</th>......
        </tr>
```

```
        <tr>
            <th class="start">8</th>......
        </tr>
        <tr>
            <th class="start">9</th>......
        </tr>
        <tr>
            <th class="end">10</th>......
        </tr>
    </tbody>
</table>
```

（2）重置基本表格对象的默认样式。例如，在 body 元素中定义页面字体类型，通过 table 元素定义数据表格的基本属性，以及其包含文本的基本显示样式。同时统一标题单元格和普通单元格的基本样式。

```
body {font-family:"宋体" arial, helvetica, sans-serif; /* 页面字体类型 */}
table {/* 表格基本样式 */
    border-collapse: collapse;                          /* 合并单元格边框 */
    font-size: 75%;                                     /* 字体大小，约为 12 像素 */
    line-height: 1.1;                                   /* 行高，使数据显得更紧凑 */
}
th {/* 列标题基本样式 */
    font-weight: normal;                                /* 普通字体，不加粗显示 */
    text-align: left;                                   /* 标题左对齐 */
    padding-left: 15px;                                 /* 定义左侧补白 */
}
th, td {padding: .3em .5em; /* 增加补白效果，避免数据拥挤在一起 */} /* 单元格基本样式 */
```

（3）定义列标题的立体效果。列标题的立体效果主要借助边框样式来实现，设计顶部、左侧和右侧边框样式为像素宽的白色实线，而底部边框则设计为 2 像素宽的浅灰色实线，这样就可以营造出一种淡淡的立体凸起效果。

```
thead th {/* 列标题样式，立体效果 */
    background: #c6ceda;                                /* 背景色 */
    border-color: #fff #fff #888 #fff;                  /* 配置立体边框效果 */
    border-style: solid;                                /* 实线边框样式 */
    border-width: 1px 1px 2px 1px;                      /* 定义边框大小 */
    padding-left: .5em;                                 /* 增加左侧的补白 */
}
```

（4）定义树形结构效果。树形结构主要利用虚线背景图像（ 和 ）来模拟，借助背景图像的灵活定位特性，可以精确设计出树形结构样式。然后把这个样式分别设计为两个样式类，这样就可以分别把它们应用到每行的第一个单元格中。

```
tbody th.start {/* 树形结构非末行图标样式 */
    background: url(images/dots.gif) 18px 54% no-repeat; /*定义树形结构非末行图标 */
    padding-left: 26px;                                   /* 增加左侧的补白 */
}
tbody th.end {/* 树形结构末行图标样式 */
    background: url(images/dots2.gif) 18px 54% no-repeat; /*定义树形结构的末行图标 */
    padding-left: 26px;                                   /* 增加左侧的补白 */
}
```

（5）为分类标题行定义一个样式类。通过为该行增加一个提示图标，以及行背景色，来区分不同分类行之间的视觉分类效果。最后把这个分类标题行样式类应用到分类行中即可。

```
.arrow {/* 数据分类标题行的样式 */
    background:#eee url(images/arrow.gif) no-repeat 12px 50%;  /*定义提示图标 */
    padding-left: 28px;                                        /* 增加左侧的补白 */
    font-weight:bold;                                          /* 字体加粗显示 */
    color:#444;                                                /* 字体颜色 */
}
```

（6）定义伪样式类，设计当鼠标经过每行时变换背景色颜色，以此显示当前行效果。

```
tr:hover, td.start:hover, td.end:hover {/* 鼠标经过行、单元格上时的样式 */
    background: #FF9;                   /* 变换背景色 */
}
```

（7）保存页面，在浏览器中预览，显示效果如图 9.28 所示。

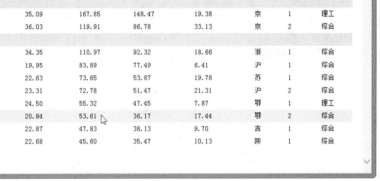

排名	校名	总得分	人才培养总得分	研究生培养得分	本科生培养得分	科学研究总得分	自然科学研究得分	社会科学研究得分	所属省份	分省排名	学校类型
一类											
1	清华大学	296.77	128.92	93.83	35.09	167.85	148.47	19.38	京	1	理工
2	北京大学	222.02	102.11	66.08	36.03	119.91	86.78	33.13	京	2	综合
二类											
3	浙江大学	205.65	94.67	60.32	34.35	110.97	92.32	18.66	浙	1	综合
4	上海交大	150.98	67.08	47.13	19.95	83.89	77.49	6.41	沪	1	综合
5	南京大学	136.49	62.84	40.21	22.63	73.65	53.87	19.78	苏	1	综合
6	复旦大学	136.36	63.57	40.26	23.31	72.78	51.47	21.31	沪	2	综合
7	华中科大	110.08	54.76	30.26	24.50	55.32	47.45	7.87	鄂	1	理工
8	武汉大学	103.82	50.21	29.37	20.84	53.61	36.17	17.44	鄂	2	综合
9	吉林大学	96.44	48.61	25.74	22.87	47.83	38.13	9.70	吉	1	综合
10	西安交大	92.82	47.22	24.54	22.68	45.60	35.47	10.13	陕	1	综合

扫码，看电子版

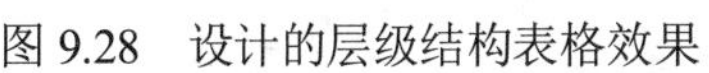

图 9.28　设计的层级结构表格效果

9.6.5　设计日历表

扫一扫，看视频

表格主要功能除了用于显示二维关系的数据外，在网页中还常用于各种组件设计，如调色板、日期选择器等。日历表是每个人都会关注的，在网页中或桌面应用中都会看到。本节示例日历表是一个相对比较简单的日历表，其中有当天日期状态、当天日期文字说明以及双休日以红色文字浅灰色背景显示，并且将周日到周一的标题加粗显示。

【操作步骤】

（1）启动 Dreamweaver，新建网页，保存为 index.html，在<body>标签内输入以下代码。

```
<table>
    <caption>2017 年 7 月 1 日</caption>
    <thead>
        <tr>
            <th>日</th>
            <th>一</th>
            <th>二</th>
            <th>三</th>
            <th>四</th>
```

```
            <th>五</th>
            <th>六</th>
        </tr>
    </thead>
    <tbody>
      <tr><td>29</td><td>30</td><td>1</td><td>2</td><td>3</td><td>4</td><td>5
</td></tr>
       <tr><td>6</td><td>7</td><td>8</td><td>9</td><td>10</td><td>11</td><td>12
</td> </tr>
     <tr><td>13</td><td>14</td><td>15</td><td>16</td><td>17</td><td>18</td><td>
19</td></tr>
     <tr><td>20</td><td>21</td><td>22</td><td>23</td><td>24</td><td>25</td><td>
26</td></tr>
       <tr><td>27</td><td>28</td><td>29</td><td>30</td><td>31</td><td>1</td><td>
2</td></tr>
       <tr><td>3</td><td>4</td><td>5</td><td>6</td><td>7</td><td>8</td><td>9</
td></tr>
    </tbody>
</table>
```

日历表以表格结构形式表示，不仅在结构上表达了日历是一种数据型的结构，而且能更显著地在页面无 CSS 样式情况下表现日历表应该所具有的结构，如图 9.29 所示。

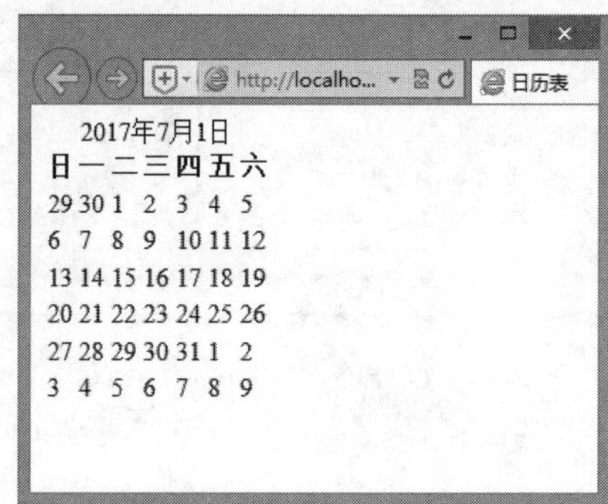

图 9.29　无 CSS 样式的日历表

（2）在<head>标签内添加<style type="text/css">标签，定义一个内部样式表，然后输入以下样式，设计表格框样式。

```
table {/* 定义表格文字样式 */
    border-collapse:collapse; /* 合并单元格之间的边 */
    border:1px solid #DCDCDC;
    font:normal 12px/1.5em Arial, Verdana, Lucida, Helvetica, sans-serif;
}
```

合并表格单元格之间的边框，设计表格内对象的继承样式。例如，单元格之间的边框合并，文字样式。考虑日历表中显示的内容以数字居多，因此文字主要采用了英文字体。

（3）设计表格标题样式。设置表头的高度属性以及文字颜色。

```
caption { /* 定义表头的样式，文字居中等 */
    text-align:center;
    line-height:46px;
    font-size:20px;
```

```
    color: blue;
}
```

（4）设计单元格基本样式。

```
td, th {/* 将单元格内容和单元格标题的共同点归为一组样式定义 */
    width: 40px;
    height: 40px;
    text-align: center;
    border: 1px solid #DCDCDC;
}
th {/* 针对单元格标题定义样式，使其与单元格内容产生区别 */
    color: #000000;
    background-color: #EEEEEE;
}
```

单元格内容 td 标签和单元格标题 th 标签所需要的样式只有背景颜色和文字颜色的不同，因此可以将这两个元素归为一个组定义样式，然后再单独针对单元格标题定义背景颜色和文字颜色。这样的处理方式不仅减少了 CSS 样式的代码，也能使 CSS 样式代码更加直观，对于后期维护也会带来不少的帮助。

（5）单元格<td>标签中所显示的时间是当前系统所显示的时间，添加一个名为 current 的 class 类名，并将其 CSS 样式定义得与其他单元格内容不同，突出显示当前日期。而且.current 类还有一个作用是为程序开发人员提供一个接口，方便他们在程序开发的过程中调用这个类名，便于判断系统当前日期后为页面实现效果。

```
td.current {/* 定义当前日期的单元格内容样式 */
    font-weight:bold;
    color:#FFFFFF;
    background-color: blue;
}
```

（6）设计.current 类之后，把该类绑定到表格当日单元格中，如<td class="current">1</td>。

（7）日历表中为了能更好地体现某个月份的上一个月份的月尾几天和下一个月份的月头几天在当前月份中的位置，可以在页面中添加该内容，并通过 CSS 样式将其视觉效果弱化。

```
td.last_month, td.next_month {color:#DFDFDF;} /* 定义上个月以及下个月在当前月中的文字颜色 */
```

（8）设计.last_month 和.next_month 类之后，把这两个类绑定到表格非当月单元格中，代码如下。

```
<tr>
    <td class="last_month">29</td>
    <td class="last_month">30</td>
    <td class="current">1</td>
    <td>2</td>
    <td>3</td>
    <td>4</td>
    <td>5</td>
</tr>
……
<tr>
    <td class="next_month">3</td>
    <td class="next_month">4</td>
    <td class="next_month">5</td>
    <td class="next_month">6</td>
    <td class="next_month">7</td>
    <td class="next_month">8</td>
```

```
    <td class="next_month">9</td>
</tr>
```

（9）设计表格列组样式。在表格框<table>内部前面添加如下代码：

```
<table>
    <caption> 2017年7月1日</caption>
    <colgroup span="7">
    <col span="1" class="day_off">
    <col span="5">
    <col span="1" class="day_off">
    </colgroup>
    <thead>
……
```

（10）使用<colgroup>标签将表格的前后两列（即双休日）的日期定义一种样式，相对于其他单元格内容中的日期形成落差。

```
tr>td, tr>td+td+td+td+td+td+td {
        color:#B3222B;
        background-color:#F8F8F8;
} /* 定义第一列以及最后一列的单元格内容（即双休日）的样式 */
tr>td+td {
        color:#333333;
        background-color:#FFFFFF;
} /* 定义中间 5 列单元格内容的样式 */
col.day_off {
        color:#B3222B;
        background-color:#F8F8F8;
} /* 针对 IE 浏览器定义双休日的单元格样式 */
```

其中 tr>td 这个子选择符是将所有的单元格内容 td 标签设置文字颜色和背景颜色；tr>td+td+td+td+td+td+td 是子选择符与相邻选择符的结合，定义最后一列单元格内容 td 标签的文字颜色和背景颜色；再次定义 tr>td+td 是除了第 1 列以外的所有单元格内容 td 标签定义样式，但因为 CSS 优先级的关系，无法覆盖最后一列单元格 td 标签的样式。最终形成的是前后两列的与中间 5 列的样式不同。

col.day_off 是针对 IE 浏览器而定义样式，主要是第一列与最后一列的文字颜色和背景颜色。该选择符的定义方式需要 XHTML 结构的支持，读者可以查看 XHTML 结构中<col>标签选择控制列的方式。

（11）设计完毕，保存页面，在浏览器中预览，则显示效果如图 9.30 所示。

扫码，看电子版

2017年7月1日

日	一	二	三	四	五	六
29	30	1	2	3	4	5
6	7	8	9	10	11	12
13	14	15	16	17	18	19
20	21	22	23	24	25	26
27	28	29	30	31	1	2
3	4	5	6	7	8	9

图 9.30　日历表页面设计效果

9.7　在线课堂：实践练习

本节为线上实践环节，旨在帮助读者练习使用 CSS3 设计各种网页表格样式，培养初学者网页美学设计的能力，感兴趣的读者请扫码练习。

扫码，看电子版

第 10 章　使用 CSS 美化表单

在网页中，表单的作用非常重要，主要负责采集浏览者的输入信息，例如常见的注册表、登录表、调查表和留言表等。表单是网页交互的基本工具，一般网站都借助表单实现用户与服务器之间的信息交流。HTML5 新增了很多表单控件，完善了部分表单控件的功能，新特性提供了更好的用户体验和输入控制。

【学习重点】

- 正确使用各种表单控件。
- 熟悉 HTML5 新增的表单控件。
- 掌握表单属性的设置。
- 设计易用性表单页面。

扫一扫，看视频

10.1　表单的基本结构

与表格一样，表单也包含多个标签，它由很多控件构成，如文本框、文本区域、单选按钮、复选框、下拉菜单和按钮等。下面介绍如何设计一个完整表单结构。

一个完整的表单结构应该由下面 3 部分组成。

- 表单框架（<form>标签）：<form>标签是一个包含框，里面包含所有表单对象。表单框包含处理表单数据的各种属性，如提交字符编码、与服务器交互的页面、HTTP 提交方式等。
- 表单域（<input>、<select>等标签）：用于采集用户的输入或选择的数据，如文本框、文本区域、密码框、隐藏域、单选框、复选框、下拉选择框及文件上传框等。
- 表单按钮（<input>、<button>标签）：用于将数据发送给服务器，还可以用来控制其他脚本行为，如提交、复位，以及不包含任何行为的一般按钮。

所有表单元素都包含两个基本属性。

- name：定义表单对象的名称，提交表单时，通过 name 属性名可以访问表单对象的值。
- id：定义表单对象的 ID 编码，以便 JavaScript 和 CSS 访问该对象。一般可以为表单对象的 name 和 id 属性设置相同值。

提示：

表单中的按钮有多种形式。

- type="submit"，定义提交按钮。该按钮负责提交表单数据到服务器。
- type="reset"，定义重设按钮。该按钮能够清空用户输入的数据，并恢复到默认状态。
- type="image"，定义图像按钮。使用 src 属性定义图像按钮的 URL，使用 alt 属性定义图像替换文本等。该按钮的功能与提交按钮功能相同。
- type="button"，定义普通按钮。该按钮没有动作，需用户通过脚本定义实现功能。
- <button>，该标签也能够定义按钮，通过 type 属性可以定义类型，如 button、reset、submit，默认为提交按钮。

【示例】　新建网页，保存为 test.html，在<body>内使用<form>标签包含两个<input>标签和一个提交按钮，并借助<p>标签把按钮和文本框分行显示。

```
<form action="#" method="get" id="form1" name="form1">
```

```
    <p>用户名：
        <input name="" type="text" />
    </p>
    <p>密码：
        <input name="" type="text" />
    </p>
    <p>
        <input type="submit" value="提交"/>
    </p>
</form>
```

在 IE 浏览器中预览，则演示效果如图 10.1 所示。

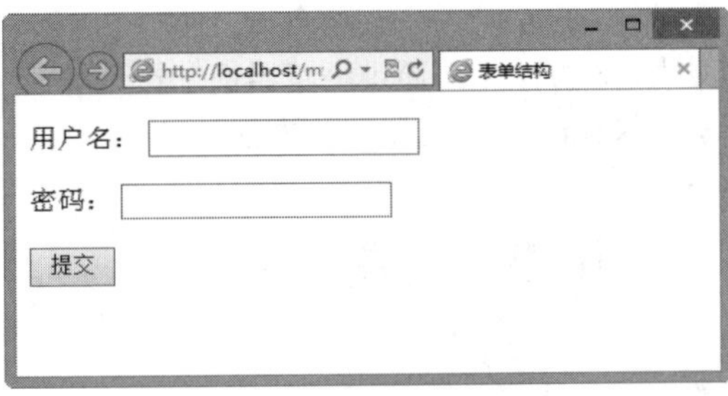

图 10.1　表单的基本效果

拓展：

<form>标签包含很多属性，其中 HTML5 支持的属性说明如表 10.1 所示。

表 10.1　HTML5 中<form>标签属性列表

属　性	取　值	说　明
accept-charset	charset_list	设置服务器可处理的表单数据字符集
action	URL	设置当提交表单时向何处发送表单数据
autocomplete	On/Off	设置是否启用表单的自动完成功能
enctype	application/x-www-form-urlencoded multipart/form-data text/plain	设置在发送表单数据之前如何对其进行编码
method	get/post	设置用于发送 form-data 的 HTTP 方法
name	form_name	设置表单的名称
novalidate	novalidate	如果使用该属性，则提交表单时不进行验证
target	_blank、_self、_parent、_top、framename	设置在何处打开 action URL

下面重点介绍 3 个基本属性：action、enctype 和 method。

（1）action：设置数据提交至服务器的目标页面，HTML 本身并没有提供处理表单数据的原生机制，它的作用是提交，具体处理由脚本或程序实现。该目标页面可以是相对地址或是绝对地址。当设置 action="#"时，表示提交给当前页面。

（2）enctype：定义发送表单数据 HTTP 字符编码格式。主要包括以下 3 种方式：

- application/x-www-form-urlencoded：<form>标签的默认值，将表单中数据编码为名称/值对的形

式发送至服务器，标准的编码格式。

- multipart/form-data：将表单中数据编码为一条消息，表单中每个表单元素表示消息中的一个部分，然后传送至服务器。表单中含有上传组件时，必须设置为该值。表单上传文件一般为非文本内容，例如压缩文件（如*.rar）、图片格式(如*.jpg)或 mp3 等。
- text/plain：将表单中的数据以纯文本方式进行编码。发送邮件须设置该编码类型，否则会出现接收编码时混乱的情形。

（3）method：发送表单数据的 HTTP 请求方式，主要包括两种方式：get 和 post，在数据传输过程中分别对应 HTTP 协议中的 get 和 post 方法。

- get 方法传输的数据量少，执行效率高。当提交数据时，在浏览器地址栏中可以看到提交的查询字符串。
- post 方法传输的数据量大，该方法无法通过浏览器地址栏查看提交的数据，适合传输重要信息。在进行数据删除、添加等操作时可以设置 post 方法。

10.2 创建表单控件

本节介绍表单中各种控件的定义和基本用法。

扫一扫，看视频

10.2.1 输入型控件

<input>标签可以定义多种形式的输入框，包括单行文本框、密码输入框、隐藏输入、文件上传组件、单选按钮、提交按钮、重置按钮以及图像按钮等。<input>标签基本应用方式如下。

```
<input type=" " />
```

<input>标签的 type 属性定义输入框的类型，如果没设置 type 属性，默认显示为单行文本框。

【示例 1】 新建一个网页，保存为 test1.html，在<body>内使用<form>标签包含 3 个<input>标签，分别使用 3 种方式定义文本框。

```
<form action="a.php" method="get" id="form1" name="form1">
    <p>第一种方式 <input /></p>
    <p>第二种方式 <input type="" /></p>
    <p>第三种方式 <input type="text" /></p>
    <p><input type="submit" value="提交"/></p>
</form>
```

在 IE 浏览器中预览，则演示效果如图 10.2 所示。虽然结果是一致的，但是为保持良好的代码书写习惯，应遵循 HTML 标准，按照第 3 种方式设计文本框。

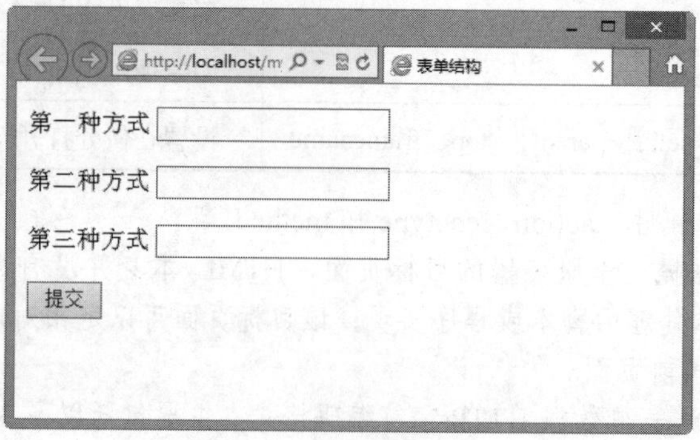

图 10.2 单行文本框预览

拓展：

<input>标签包含大量属性，同时 HTML5 新增了很多属性，详细说明如表 10.2 所示。关于 HTML5 新增属性将在下面章节详细说明。

表 10.2　HTML5 中<input>标签属性列表

属　性	取　值	说　明
accept	mime_type	设置通过文件上传来提交的文件的类型
alt	text	定义图像输入的替代文本
autocomplete	on/off	HTML5 新增。设置是否使用输入字段的自动完成功能
autofocus	autofocus	HTML5 新增。设置输入字段在页面加载时是否获得焦点，不适用于 type="hidden"
checked	checked	设置此 input 元素首次加载时应当被选中
disabled	disabled	当 input 元素加载时禁用此元素
form	formname	HTML5 新增。设置输入字段所属的一个或多个表单
formaction	URL	HTML5 新增。覆盖表单的 action 属性，适用于 type="submit" 和 type="image"
formenctype	application/x-www-form-urlencoded multipart/form-data text/plain	HTML5 新增。覆盖表单的 enctype 属性，适用于 type="submit" 和 type="image"
formmethod	get post	HTML5 新增。覆盖表单的 method 属性，适用于 type="submit" 和 type="image"
formnovalidate	formnovalidate	HTML5 新增。覆盖表单的 novalidate 属性。如果使用该属性，则提交表单时不进行验证
formtarget	_blank、_self、_parent、_top、framename	HTML5 新增。覆盖表单的 target 属性，适用于 type="submit" 和 type="image"
height	像素、%	HTML5 新增。定义 input 字段的高度，适用于 type="image"
list	datalist-id	HTML5 新增。引用包含输入字段的预定义选项的 datalist
max	number、date	HTML5 新增。设置输入字段的最大值，与 min 属性配合使用，创建合法值的范围
maxlength	number	设置输入字段中的字符的最大长度
min	number、date	HTML5 新增。设置输入字段的最小值，与 max 属性配合使用，创建合法值的范围
multiple	multiple	HTML5 新增。如果使用该属性，则允许一个以上的值
name	field_name	定义 input 元素的名称

续表

属　性	取　值	说　明
pattern	regexp_pattern	HTML5 新增。设置输入字段的值的模式或格式。例如 pattern="[0-9]" 表示输入值必须是 0 到 9 之间的数字
placeholder	text	HTML5 新增。设置帮助用户填写输入字段的提示
readonly	readonly	设置输入字段为只读
required	required	HTML5 新增。指示输入字段的值是必需的
size	number_of_char	定义输入字段的宽度
src	URL	定义以提交按钮形式显示的图像的 URL
step	number	HTML5 新增。设置输入字的的合法数字间隔
type	button、checkbox、file、hidden、image、password、radio、reset、submit、text	设置 input 元素的类型
value	value	设置 input 元素的值
width	像素、%	HTML5 新增。定义 input 字段的宽度，适用于 type="image"

下面结合示例代码简单介绍一些常用属性：

- maxlength 属性：表示输入字符的最大长度，其值是一个数字（数字为整数且大于等于 0），用来表示允许输入的最多字符数。例如，在下面的代码中设置最多输入 3 个字符，当输入第 4 个字符时，光标无法继续移动，即无法输入。

```
<form>
    <p><input type="text" maxlength="3" /></p>
</form>
```

- value 属性：表示输入框的默认值，当载入表单时，<input>标签显示 value 属性值，即提示用户输入框的输入格式。例如，在下面的代码中设置默认值"请输入您的姓名且不可为数字"。

```
<p>姓名：<input type="text" value="请输入您的姓名且不可为数字" maxlength="100"/></p>
```

- size 属性：表示输入框的宽度，CSS 中的 width 属性可以代替该属性。

```
<form>
    <p>姓名:<input type="text" value="请输入您的姓名且不可为数字" maxlength="100"/></p>
    <p>姓名:
        <input type="text" value="请输入您的姓名且不可为数字" size="50" maxlength
="100"/>
    </p>
</form>
```

在上面代码中，在第 1 个文本框中提供的默认值没有完全显示完整，在第 2 个文本框中通过本身的 size 属性（设置文本框的宽度），内容完全显示出来了。此处不建议使用 size 属性控制输入框的宽度，可通过 CSS 属性的宽度 width 进行相应设置。

- readonly 和 disabled 属性：布尔值，其中 readonly 定义表单对象为只读状态，disabled 定义表单对象为不可用状态。例如，在 XHTML 中可以这样设置。

```
<p>姓名:<input type="text" value="请输入您的姓名" maxlength="100" readonly="readonly"
```

```
/></p>
<p>姓名：<input type="text" value="请输入您的姓名" maxlength="100" disabled= "disab
led" /></p>
```

在 HTML4 或 HTML5 中可以简写为：

```
<p>姓名：<input type="text" value="请输入您的姓名" maxlength="100" readonly  /></p>
<p>姓名：<input type="text" value="请输入您的姓名" maxlength="100"  disabled  /></p>
```

【示例 2】　将<input>标签的 type 属性设置为 password，文本域将变为密码输入框，此时输入的字符以星号或圆点显示，密码输入框主要作用是在输入密码时防止别人偷看。

新建一个网页，保存为 test2.html，在<body>标签内输入如下代码。

```
<form>
   <p> <input type="password" value="请输入密码" ></p>
</form>
```

在上面示例中，虽然设置了默认值，但在浏览器里显示的依然是星号或圆点。

【示例 3】　隐藏域(type="hidden")就是在网页中不显示的信息，当提交表单时，它包含的信息也被提供给服务器。注意，隐藏域只包含一个 value 属性，使用该属性可以传递固定值到服务器。

新建一个网页，保存为 test3.html，在<body>标签内输入如下代码。

```
<form>
  <p> <input type=" hidden" value="123456" ></p>
</form>
```

【示例 4】　文件上传（type="file"）可以将文件以二进制数据的形式上传到服务器。如 QQ 的‘本地中转站’可以单次上传 1GB 大小的文件存储在腾讯服务器上，163 邮箱发送邮件时上传附件。

新建一个网页，保存为 test4.html，在<body>标签内输入如下代码。

```
<form action="a.php" method="get" id="form1" name="form1">
   <p>上传照片：
      <input name="" type="file" />
   </p>
   <p><input type="submit" value="提交"/></p>
</form>
```

在浏览器中演示效果如图 10.3 所示。

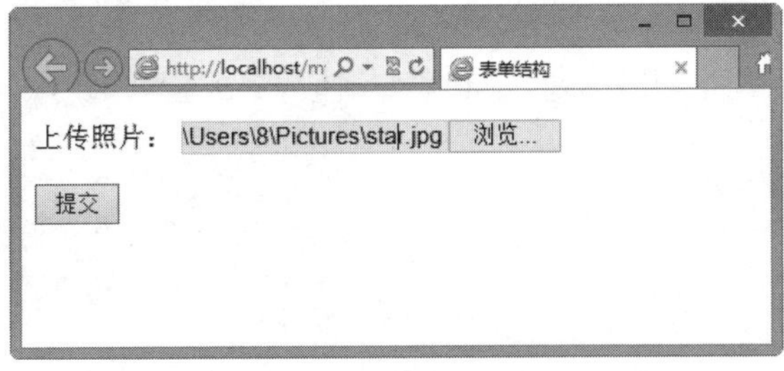

图 10.3　文件上传组件

提示：

当表单中包含文件域时，form 元素的 method 属性必须设置为“post”，enctype 属性必须设置为“multipart/form-data”。

文件上传组件包括文本框和浏览按钮，默认文件上传按钮样式单调，一般设计方法：通过 CSS 透明化隐藏按钮，再用定位技术将新设计的按钮放在默认按钮的下面，然后使用 Javascript 获取文件上传输入框中的路径，将地址保存并放到需要的位置即可。

【示例 5】　单行文本框允许输入的字符有限，使用文本区域（<textarea>）可以允许用户输入大容量信息。主要应用在用户留言或者聊天窗口等表单中。

在下面的示例中，为客户提供留言输入框，定义了输入的字符宽度和显示的行数，并分别使用了readonly、disabled 属性，比较它们的不同。

新建一个网页，保存为 test5.html，在<body>标签内输入如下代码。

```
<form>
    <table width="600" align="center">
        <tr>
            <td>客户留言方式一：</td>
            <td>客户留言方式二：</td>
        </tr>
        <tr>
            <td><textarea name="" cols="40" rows="6" readonly="readonly" >输入内容
</textarea></td>
            <td><textarea name="" cols="40" rows="6" disabled="disabled" >输入内容
</textarea></td>
        </tr>
    </table>
</form>
```

在浏览器中预览，则演示效果如图 10.4 所示。

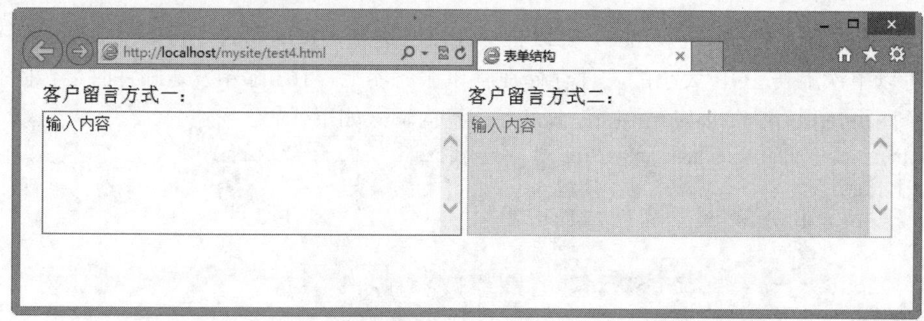

图 10.4　为文本区域分别设置 readonly 和 disabled 属性

拓展：

<textarea>标签也包含很多属性，大部分与<input>标签相同，下面重点介绍 3 个专有属性，简单说明如下。

(1) cols：设置文本区域内可见字符宽度。

(2) rows：设置文本区域内可见行数。

一般通过 CSS 的 width 和 height 属性控制文本框的宽度和高度。当输入的内容超过可视区域后，文本区域将出现滚动条，通过 CSS 控制是否显示滚动条。

(3) wrap：定义输入内容大于文本区域宽度时显示的方式：

- soft：默认值，当在表单中提交时，textarea 中的文本不换行。
- hard：当在表单中提交时，textarea 中的文本换行（包含换行符）。当使用 hard 时，必须设置 cols 属性。

扫一扫，看视频

10.2.2　选择型控件

单选按钮（<input type="radio">）实际是一个圆形的选择框。当选中单选按钮时，圆形按钮的中心会出现一个点，相当于圆点。多个单选按钮可以合并为一个单选按钮组，单选按钮组中的 name 值必须相同，如 name="RadioGroup1"，即单选按钮组同一时刻也只能选择一个。

【示例 1】　新建一个网页，保存为 test1.html，在<body>内使用<form>标签包含 3 个单选按钮。

```
<form>
```

```
    <p>姓名：<input type="text" value="" /></p>
    <p>性别：
        <label>
            <input type="radio" name="RadioGroup1" value="男" />
            男</label>
        <label>
            <input type="radio" name="RadioGroup1" value="女" />
            女</label>
        <label>
            <input type="radio" name="RadioGroup1" value="保密"  checked="checked"/>
            保密</label>
    </p>
    <p><input type="submit" value="提交"/> </p>
</form>
```

在 IE 浏览器中预览，则演示效果如图 10.5 所示。设置单选按钮默认值，在填写表单时，可以减少用户操作次数。如果不设置单选按钮的初始值，会让用户误以为不需要选择，影响表单的使用体验。

单选按钮组是单项选项，一般包括有默认值。复选框（<input type="checkbox">）组可以允许多项选择。每个复选框都是一个独立的元素，且必须有一个唯一的名称（name）。它的外观是一个矩形框，当选中某项时，矩形框里会出现一小对号。与单选按钮(radio)一样使用 checked 属性表示选中状态，与 readonly 属性类似 checked 属性也是一个布尔型属性。

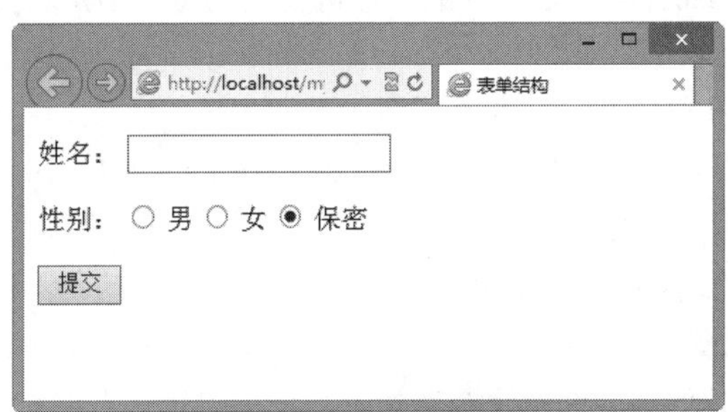

图 10.5　单选按钮组效果

【实例 2】　在以下示例中，设计一个多项选择题：选择个人喜欢的运动，包含 4 个选项："足球" "篮球" "排球"及"羽毛球"，设置“篮球”和“羽毛球”为默认值。

```
<form>
    <p>姓名：<input type="text" value="" /></p>
    <p> 喜欢的运动：
        <label>
            <input name="足球" type="checkbox" value="足球" />
            足球</label>
        <label>
            <input name="篮球" type="checkbox" value="篮球" checked="checked"/>
            篮球</label>
        <label>
            <input name="排球" type="checkbox" value="排球"  />
            排球</label>
        <label>
            <input name="羽毛球" type="checkbox" value="羽毛球" checked="checked"/>
            羽毛球</label>
    </p>
```

```
    <p><input type="submit" value="提交"/></p>
</form>
```

页面演示效果如图 10.6 所示。

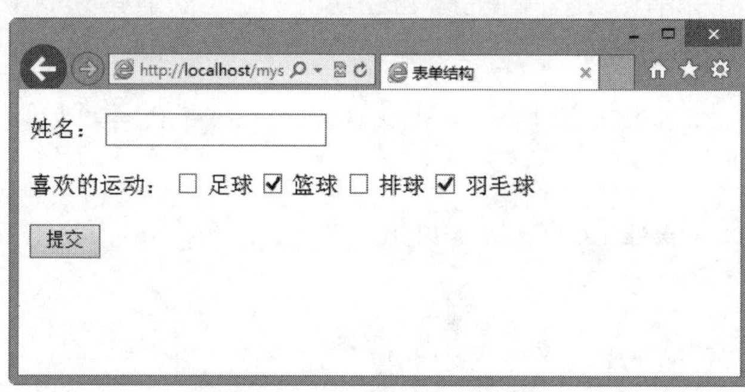

图 10.6　复选框组效果

<select>标签与<option>标签配合使用可以设计下拉菜单或者列表框，<select>标签定义选择框，<option>标签定义选项项目。<select>标签包含任意数量的<option>标签或<optgroup>标签。<optgroup>标签是对<option>标签的分组，即多个 <option>标签放到一个<optgroup>标签内。

但是<optgroup>标签中的内容不能被选择，它的值也不会提交给服务器。<optgroup>标签用于在一个层叠式选择菜单为选项分类，label 属性是必须的，在可视化浏览器中，它的值将会是一个不可选的伪标题，为下拉列表分组。

<select>标签同时定义菜单和列表。二者的区别如下：

- 菜单是节省空间的方式，正常状态下只能看到一个选项，单击下拉按钮打开菜单后才能看到全部的选项，即默认设置是菜单形式。
- 列表显示一定数量的选项。如果超出了这个数量，出现滚动条，浏览者可以通过拖动滚动条来查看并选择各个选项。

【示例 3】 下面示例通过下拉菜单设计城市列表，让用户选择，通过<optgroup>标签将城市进行分组，方便对城市进行分类，使用 selected 属性设置下拉菜单的默认值为"青岛"。如果没有定义该属性，则将显示为第一个选项，即"潍坊"。页面演示效果如图 10.7 所示。

```
<form>
    <p>姓名：<input type="text" value="" /></p>
    <p> 所在城市：
        <select name="选择城市">
            <optgroup label="山东省">
            <option value="潍坊">潍坊</option>
            <option value="青岛" selected="selected">青岛</option>
            </optgroup>
            <optgroup label="山西省">
            <option value="太原">太原</option>
            <option value="榆次">榆次</option>
            </optgroup>
        </select>
    </p>
    <p><input type="submit" value="提交"/></p>
</form>
```

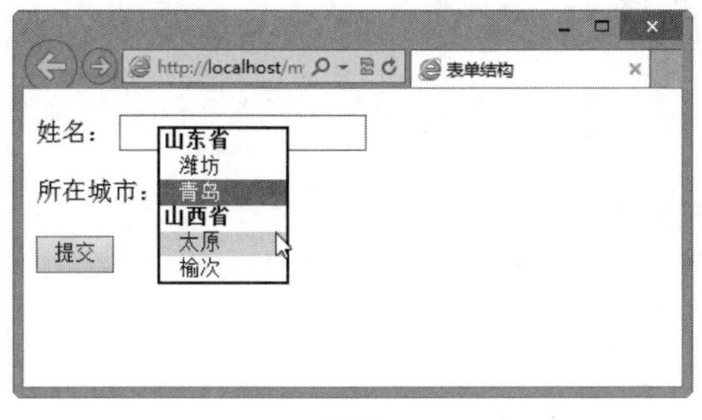

选择

显示

图 10.7 下拉菜单效果

拓展：

<select>标签包含两个专有属性，简单说明如下。

- size：定义下拉菜单中显示的项目数目，<optgroup>标签的项目计算在其中。它的作用与输入域是不同的，在输入域中代表的是默认值。在<select>中设置 size="3"，则下拉菜单将不止显示一个"潍坊"值，而是显示"山东省" "潍坊"及"青岛"3 个值。
- multiple：定义下拉菜单可以多选。例如，设置 multiple="multiple"，则按住 Shift 键，在下拉菜单中单击可以同时选择多个项目值，如可以同时选中"潍坊"和"青岛"两个值。

10.2.3 辅助控件

扫一扫，看视频

使用<fieldset>和<legend>标签可以对表单控件进行分组，简单说明如下：

- <fieldset>：为表单对象进行分组，一个表单可以包含多个<fieldset>标签。默认状态下，表单区域分组的外面会显示一个包围框。
- <legend>：定义每组的标题，默认显示在<fieldset>包含框的左上角。

在表单应用中，大型或复杂的表单结构建议分组，例如，在"注册"表单中，将注册信息分组成基本信息（必填项目）、详细信息（选填项目）等。

在不同浏览器下，<fieldset>标签的包围框默认呈现效果是不一致的，如 IE 显示为圆角框，而火狐显示为正四方框，可通过 CSS 中 border 属性设置 0，重新定义边框，或使用背景图设置。

<label>标签定义表单对象的提示信息，不允许嵌套使用。<label>标签包含 for 专有属性，可将提示信息与表单对象绑定在一起。当用户单击提示信息时，将会激活对应的表单对象。如果不使用 for 属性，通过<label>标签包含表单对象，也可以实现相同的设计目的。

HTML5 为表单中的每一种元素都提供了 3 个属性：accesskey、tabindex 和 disabled。考虑用户习惯，应该为每个表单控件定义一个快捷访问键（accesskey）、Tab 访问键（tabindex），如果对于不希望用户输入的表单域，则可以定义 disabled 属性。

【示例 1】 在下面示例中分别定义两个文本框的快捷访问键和 Tab 访问键。第 2 个文本框定义了 disabled 属性，该属性只有一个值“disabled”，当定义该属性之后，就表示禁止了该文本框的使用，所定义的快捷访问键和 Tab 访问键都将失效。

```
<label for="username">用户名<input type="text" id="username" name= "username" accesskey="a" tabindex="1" /></label>
<label for="psw">论坛密码<input type="password" id="psw" name="psw" accesskey="b" tabindex="2" disabled="disabled" /></label>
```

这时候使用 Alt+accesskey 属性值（IE 下），或 Alt+shift+accesskey 属性值（Firefox 下）可以快速访

问页面中对应的表单域。使用 Tab 键也可以快速访问对应的表单域，不过将根据 tabindex 属性值来决定输入的顺序。

提示：

tabindex 属性定义按下 Tab 键时被表单元素或链接选中的顺序。

- 当 tabindex=0 时相当于默认设置。
- 当 tabindex=-1 时，表示禁用该标签的 Tab 按键。
- tabindex 属性值越小，则优先级越高，即最早获得焦点。
- 多个元素的 tabindex 属性值相同，依照元素出现的先后顺序获得焦点。
- 设置 disabled 属性的元素，tabindex 属性值无效。

【示例 2】 新建网页，保存为 test.html，在<body>内使用<form>标签设计一个表单结构。然后使用<label>标签把标签信息与表单对象绑在一起，并为用户设置快捷键加快访问表单对象。

```
<form>
    <table>
        <tr>
            <td><label for="user" accesskey="1">姓名:</label></td>
            <td><input type="text" name="text" value="张三" size="20" tabindex="1"
id="user"></td>
        </tr>
        <tr>
            <td><label for="password" >密码:</label></td>
            <td><input  type="text"  name="password"  id="password"  value="******"
size="20" tabindex="3"></td>
        </tr>
        <tr>
            <td><label for="password1" >确认:</label></td>
            <td><input type="text" name="password1" id="password1" value="******"
size="20" tabindex="2"></td>
        </tr>
        <tr>
            <td colspan="2"><button tabindex="-1">提交</button></td>
        </tr>
    </table>
</form>
```

然后，在<head>标签内添加<style type="text/css">标签，定义一个内部样式表，然后输入以下样式，定义表格样式。

```
table {
    text-align: left;                              /* 设置左对齐 */
    font-size: 14px;                               /* 设置文字大小 */
    margin: 0 auto;                                /* 设置水平居中 */
}
td { padding: 6px; }
```

在 IE 浏览器中预览，则演示效果如图 10.8 所示。

“姓名”和“密码”使用了 for 属性获取提示文本与文本框的关联。为“姓名”“密码”“确认”“提交”表单对象定义 Tab 按键顺序。当按下 Tab 键时，值为“张三”文本框获得焦点，依次为“确认”和“密码”，而“提交”按钮取消 Tab 按键获得焦点功能。

图 10.8　优化表单的访问体验

10.3　HTML5 新增输入类型

HTML5 吸纳了 Web Forms 2.0 标准，新增加了多个输入型表单控件，通过使用这些新增的输入类型，可以实现更好的输入控制和验证。

10.3.1　email 类型

扫一扫，看视频

email 类型的 input 元素是一种专门用于输入 Email 地址的文本框，在提交表单的时候，会自动验证 Email 输入框的值。如果不是一个有效的电子邮件地址，则该输入框不允许提交该表单。email 类型的 input 元素用法如下：

```
<input type="email" name="user_email"/>
```

【示例】　下面是 email 类型的一个应用示例。

```
<form action="demo_form.php" method="get">
请输入您的 Email 地址：<input type="email" name="user_email" /><br />
<input type="submit" />
</form>
```

以上代码在 Chrome 浏览器中的运行结果如图 10.9 所示。如果输入了错误的 Email 地址格式，单击“提交”按钮时会出现如图 10.10 所示的“请在电子邮件地址中包括"@"。"3"中缺少"@"”的提示。

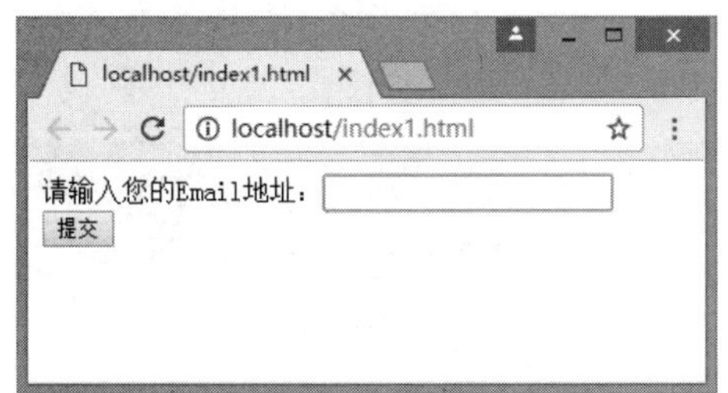

图 10.9　email 类型的 input 元素示例

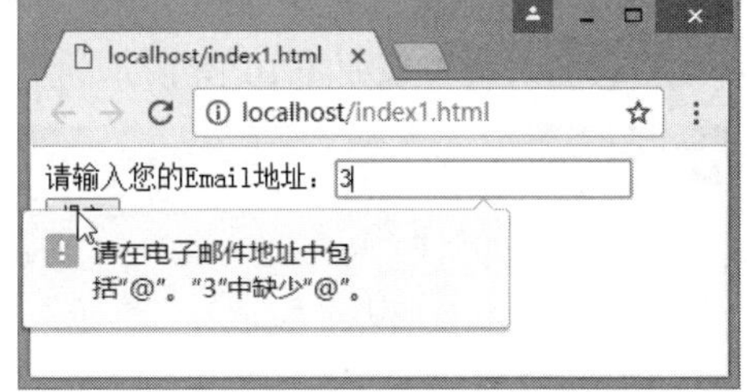

图 10.10　检测到不是有效的 Email 地址

其中 demo_form.php 表示提交给服务器端的处理文件。对于不支持 type="email"的浏览器来说，将会以 type="text"来处理，所以并不妨碍旧版浏览器浏览采用 HTML5 中 type="email"输入框的网页。

扫一扫，看视频

10.3.2　url 类型

url 类型的 input 元素提供用于输入 url 地址这类特殊文本的文本框。当提交表单时，如果所输入的内容是 url 地址格式的文本，则会提交数据到服务器，如果不是 url 地址格式的文本，则不允许提交。url 类型的 input 元素用法如下：

```
<input type="url" name="user_url" />
```

【示例】 下面是 url 类型的一个应用示例。

```
<form action="demo_form.php" method="get">
请输入网址：<input type="url" name="user_url" /><br/>
<input type="submit" />
</form>
```

以上代码在 Chrome 浏览器中的运行结果如图 10.11 所示。如果输入了错误的 url 地址格式，单击“提交”按钮时会出现如图 10.12 所示的“请输入网址”的提示，本例中前面漏掉了协议类型，如 http://。

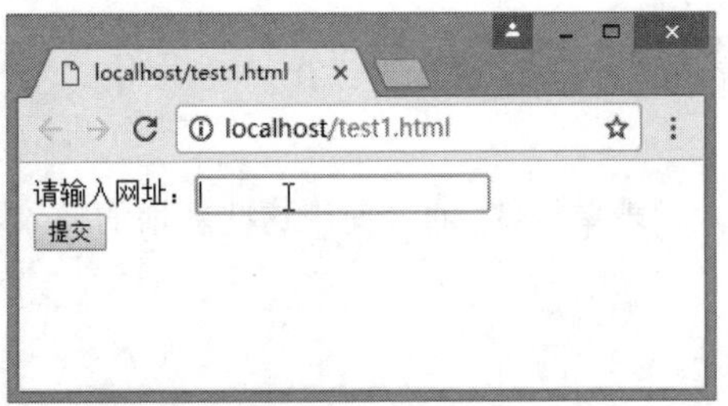

图 10.11 url 类型的 input 元素示例

图 10.12 检测到不是有效的 url 地址

扫一扫，看视频

10.3.3 number 类型

number 类型的 input 元素提供用于输入数值的文本框。用户还可以设定对所接受的数字的限制，包括设置允许的最大值和最小值、合法的数字间隔或默认值等。如果所输入的数字不在限定范围之内，则会出现错误提示。

【示例】 下面是 number 类型的一个应用示例。

```
<form action="demo_form.php" method="get">
请输入数值：<input type="number" name="number1" min="1" max="20" step="4">
<input type="submit" />
</form>
```

以上代码在 Chrome 浏览器中的运行结果如图 10.13 所示。如果输入了不在限定范围之内的数字，单击“提交”按钮时会出现如图 10.14 所示的提示。

图 10.13 number 类型的 input 元素示例

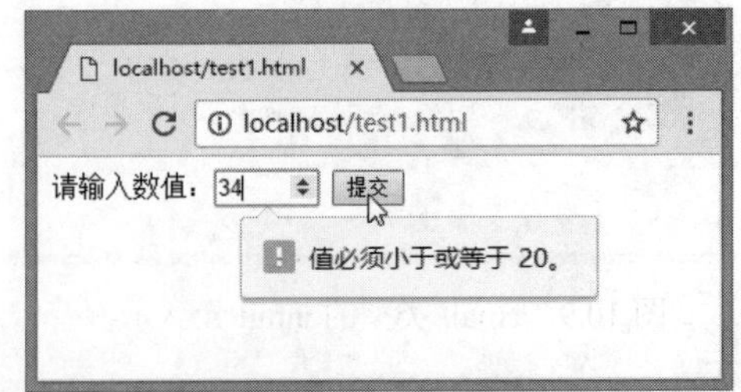

图 10.14 检测到输入了不在限定范围之内的数字

如图 10.14 所示为输入了大于设置的最大值时所出现的提示。同样的，如果违反了其他限定，也会出现相关提示。例如，如果输入数值 15，则单击“提交”按钮时会出现“值无效”的提示，如图 10.15 所示。这是因为限定了合法的数字间隔为 4，在输入时只能输入 4 的倍数，如 4、8、16 等。又如，如果输入数值-12，则会提示“值必须大于或等于 1”，如图 10.16 所示。

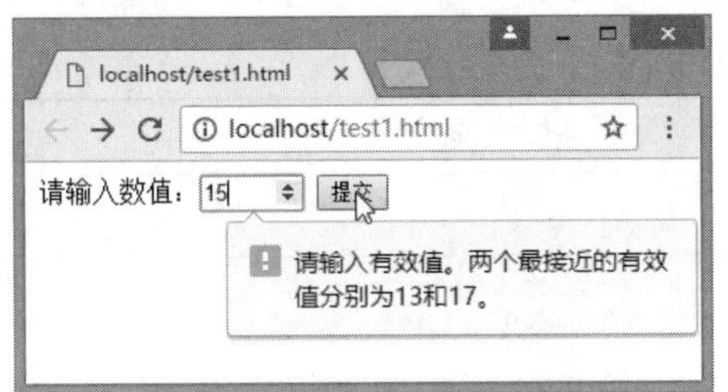

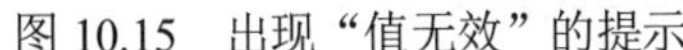
图 10.15　出现“值无效”的提示

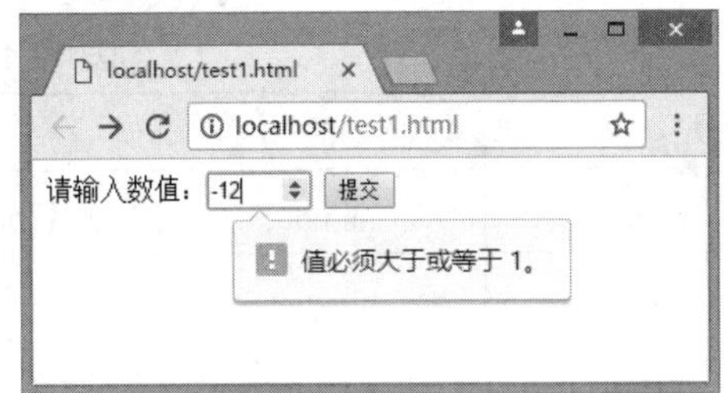

图 10.16　提示“值必须大于或等于 1”

number 类型使用下面的属性来设置对数字类型的限定，如表 10.3 所示。

表 10.3　number 类型的属性

属　　性	值	描　　述
max	number	设置允许的最大值
min	number	设置允许的最小值
step	number	设置合法的数字间隔（如果 step="4"，则合法的数是 -4,0,4,8 等）
value	number	设置默认值

10.3.4　range 类型

扫一扫，看视频

range 类型的 input 元素提供用于输入包含一定范围内数字值的文本框，在网页中显示为滑动条。用户还可以设定对所接受的数字的限制，包括设置允许的最大值和最小值、合法的数字间隔或默认值等。如果所输入的数字不在限定范围之内，则会出现错误提示。

【示例】　下面是 range 类型的一个应用示例。

```
<form action="demo_form.php" method="get">
请输入数值：<input type="range" name="range1" min="1" max="30" />
<input type="submit" />
</form>
```

以上代码在 Chrome 浏览器中的运行结果如图 10.17 所示。range 类型的 input 元素在不同浏览器中的外观也不同，例如在 Opera 浏览器中的外观如图 10.18 所示，会在滑块下方显示出额外的数字间隔短线。

图 10.17　range 类型的 input 元素示例

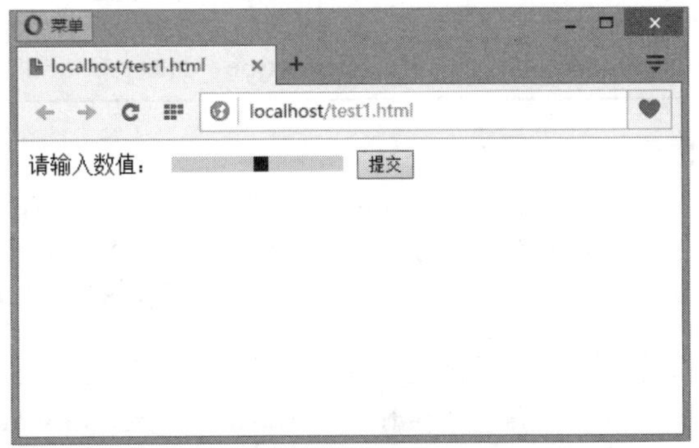

图 10.18　range 类型的 input 元素在 Opera 浏览器中的外观

range 类型使用下面的属性来设置对数字类型的限定，如表 10.4 所示。

表 10.4　range 类型的属性

属　性	值	描　述
max	number	设置允许的最大值
min	number	设置允许的最小值
step	number	设置合法的数字间隔（如果 step="4"，则合法的数是 -4,0,4,8 等）
value	number	设置默认值

从上表可以看出，range 类型的属性与 number 类型的属性是完全相同的，这两种类型的不同在于外观表现上，支持 range 类型的浏览器都会将其显示为滑块的形式，而不支持 range 类型的浏览器则会将其显示为普通的纯文本框，即以 type="text"来处理。所以不管怎样，用户都可以放心地使用 range 类型的 input 元素。

扫一扫，看视频

10.3.5　日期选择器类型

日期选择器（Date Pickers）是网页中经常要用到的一种控件，在 HTML5 之前版本中，并没有提供任何形式的日期选择器控件，多采用一些 JavaScript 框架来实现日期选择器控件的功能，例如 jQuery UI、YUI 等，在具体使用时会比较麻烦。

HTML5 提供了多个可用于选取日期和时间的输入类型，即 6 种日期选择器控件，分别用于选择以下日期格式：日期、月、星期、时间、日期+时间、日期+时间+时区，如表 10.5 所示。

表 10.5　日期选择器类型

输 入 类 型	HTML 代码	功能与说明
date	<input type="date">	选取日、月、年
month	<input type="month">	选取月、年
week	<input type="week">	选取周和年
time	<input type="time">	选取时间（小时和分钟）
datetime	<input type="datetime">	选取时间、日、月、年（UTC 时间）
datetime-local	<input type="datetime-local">	选取时间、日、月、年（本地时间）

提示：

UTC 是 Universal Time Coordinated 的英文缩写，即“协调世界时”，是由国际无线电咨询委员会规定和推荐，并由国际时间局（BIH）负责保持的以秒为基础的时间标度。简单地说，UTC 时间就是 0 时区的时间，而本地时间即地方时。例如，如果北京时间为早上 8 点，则 UTC 时间为 0 点，即 UTC 时间比北京时间晚 8 小时。

【示例 1】　下面是 date 类型的一个应用示例。

```
<form action="demo_form.php" method="get">
请输入日期： <input type="date" name=" date1" />
<input type="submit" />
```

```
</form>
```

以上代码在 Chrome 浏览器中的运行结果如图 10.19 所示，在 Opera 浏览器中的运行结果如图 10.20 所示。Chrome 浏览器中显示为右侧带有微调按钮的数字输入框，可见该浏览器并不支持日期选择器控件。而 Opera 浏览器中单击右侧小箭头时会显示出日期控件，用户可以使用控件来选择具体日期。

图 10.19　在 Chrome 浏览器中的运行结果

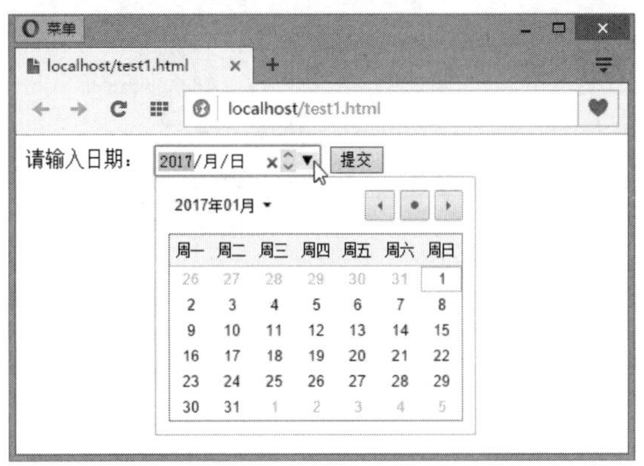

图 10.20　在 Opera 浏览器中的运行结果

【示例 2】　下面是 month 类型的一个应用示例。

```
<form action="demo_form.php" method="get">
请输入月份： <input type="month" name=" month1" />
<input type="submit" />
</form>
```

以上代码在 Chrome 浏览器中的运行结果如图 10.21 所示，在 Opera 浏览器中的运行结果如图 10.22 所示。Chrome 浏览器中显示为右侧带有微调按钮的数字输入框，输入或微调时会只显示到月份，而不会显示日期。Opera 浏览器中单击右侧小箭头时会显示出日期控件，用户可以使用控件来选择具体月份，但不能选择具体日期。可以看到，整个月份中的日期都会以深灰色显示，单击该区域可以选择整个月份。

图 10.21　在 Chrome 浏览器中的运行结果

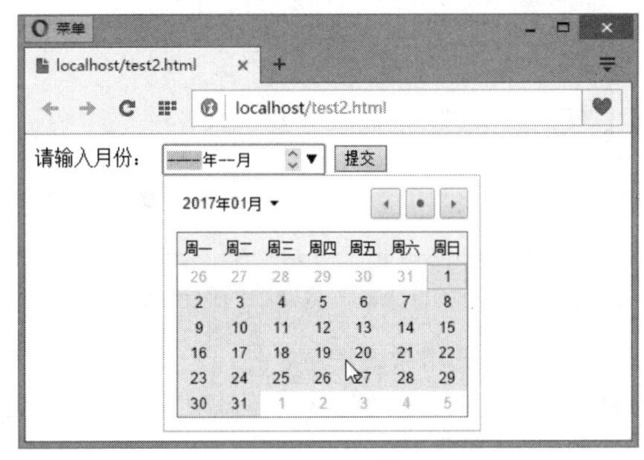

图 10.22　在 Opera 浏览器中的运行结果

【示例 3】　下面是 week 类型的一个应用示例。

```
<form action="demo_form.php" method="get">
请选择年份和周数： <input type="week" name="week1" />
<input type="submit" />
</form>
```

以上代码在 Chrome 浏览器中的运行结果如图 10.23 所示，在 Opera 浏览器中的运行结果如图 10.24

所示。Chrome 浏览器中显示为右侧带有微调按钮的数字输入框，输入或微调时会显示年份和周数，而不会显示日期。Opera 浏览器中单击右侧小箭头时会显示出日期控件，用户可以使用控件来选择具体的年份和周数，但不能选择具体日期。可以看到，整个月份中的日期都会以深灰色显示按周数显示，单击该区域可以选择某一周。

图 10.23　在 Chrome 浏览器中的运行结果

图 10.24　在 Opera 浏览器中的运行结果

【示例 4】　下面是 time 类型的一个应用示例。

```
<form action="demo_form.php" method="get">
请选择或输入时间： <input type="time" name="time1" />
<input type="submit" />
</form>
```

以上代码在 Chrome 浏览器中的运行结果如图 10.25 所示，在 Opera 浏览器中的运行结果如图 10.26 所示。

图 10.25　在 Chrome 浏览器中的运行结果

图 10.26　在 Opera 浏览器中的运行结果

除了可以使用微调按钮之外，还可以直接输入时间值。如果输入了错误的时间格式并单击“提交”按针，则在 Chrome 浏览器中会自动更正为最接近的合法值，而在 IE 10 浏览器中则以普通的文本框显示，如图 10.27 所示。

图 10.27　IE10 不支持该类型输入框

time 类型支持使用一些属性来限定时间的大小范围或合法的时间间隔，如表 10.6 所示。

表 10.6　time 类型的属性

属　　性	值	描　　述
max	time	设置允许的最大值
min	time	设置允许的最小值
step	number	设置合法的时间间隔
value	time	设置默认值

【示例 5】　可以使用下列代码来限定时间。

```
<form action="demo_form.php" method="get">
请选择或输入时间：<input type="time" name="time1" step="5" value="09:00">
<input type="submit" />
</form>
```

以上代码在 Chrome 浏览器中的运行结果如图 10.28 所示，可以看到，在输入框中出现设置的默认值“09:00”，并且当单击微调按钮时，会以 5 秒钟为单位递增或递减。当然，用户还可以使用 min 和 max 属性指定时间的范围。

图 10.28　使用属性值限定时间类型

10.3.6　search 类型

search 类型的 input 元素提供用于输入搜索关键词的文本框。在外观上看起来，search 类型的 input 元素与普通的 text 类型只是稍有区别，但实现起来却并不是那么容易。

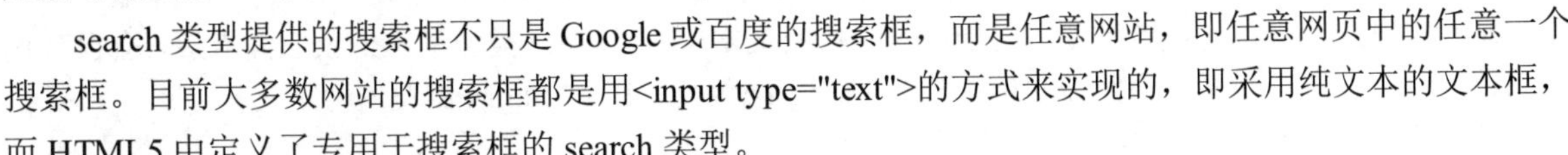

search 类型提供的搜索框不只是 Google 或百度的搜索框，而是任意网站，即任意网页中的任意一个搜索框。目前大多数网站的搜索框都是用<input type="text">的方式来实现的，即采用纯文本的文本框，而 HTML5 中定义了专用于搜索框的 search 类型。

【示例】　下面是 search 类型的一个应用示例。

```
<form action="demo_form.php" method="get">
请输入搜索关键词：<input type="search" name="search1" />
<input type="submit" value="Go"/>
</form>
```

以上代码在 Chrome 浏览器中的运行结果如图 10.29 所示。如果在搜索框中输入要搜索的关键词，在搜索框右侧就会出现一个“×”按钮。单击该按钮可以清除已经输入的内容。在 Windows 系统中，新版的 IE、Chrome、Opera 浏览器支持“×”按钮这一功能，Firefox 浏览器则不支持，如图 10.30 所示。

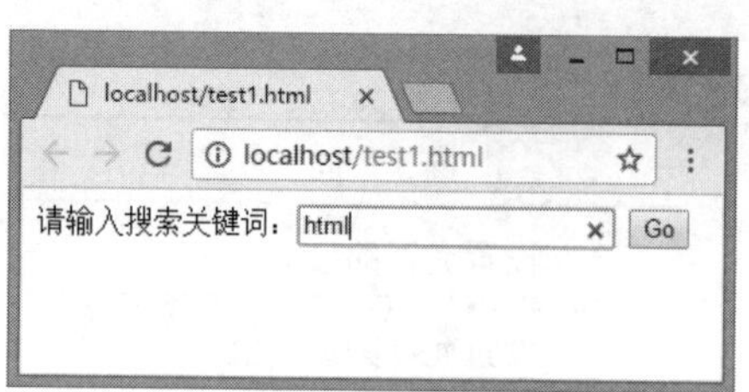

图 10.29　search 类型的应用

图 10.30　Firefox 没有“×”按钮

扫一扫，看视频

10.3.7　tel 类型

tel 类型的 input 元素提供专门用于输入电话号码的文本框。它并不限定只输入数字，因为很多的电话号码还包括其他字符（如“+”“-”“（”“）”等），例如 86-0536-8888888。

【示例】　下面是 tel 类型的一个应用示例。

```
<form action="demo_form.php" method="get">
请输入电话号码：<input type="tel" name="tel1" />
<input type="submit" value="提交"/>
</form>
```

以上代码在 Chrome 浏览器中的运行结果如图 10.31 所示。从某种程度上来说，所有的浏览器都支持 tel 类型的 input 元素，因为它们都会将其作为一个普通的文本框来显示。HTML5 规则并不需要浏览器执行任何特定的电话号码语法或以任何特别的方式来显示电话号码。

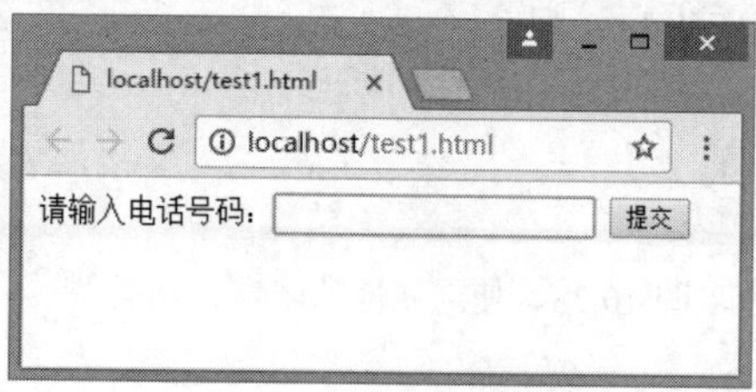

图 10.31　tel 类型的应用

扫一扫，看视频

10.3.8　color 类型

color 类型的 input 元素提供专门用于输入颜色的文本框。当 color 类型文本框获取焦点后，会自动调用系统的颜色窗口，包括苹果系统也能弹出相应的系统色盘。IE 和 Safari 浏览器暂不支持。

【示例】　下面是 color 类型的一个应用示例。

```
<form action="demo_form.php" method="get">
请选择一种颜色：<input type="color" name="color1" />
<input type="submit" value="提交"/>
</form>
```

以上代码在 Opera 浏览器中的运行结果如图 10.32 所示，单击颜色文本框，会打开 Windows 的“颜色”对话框，如图 10.33 所示，选择一种颜色之后，单击“确定”按钮返回网页，这时可以看到颜色文本框显示对应颜色效果，如图 10.34 所示。

图 10.32　color 类型的应用

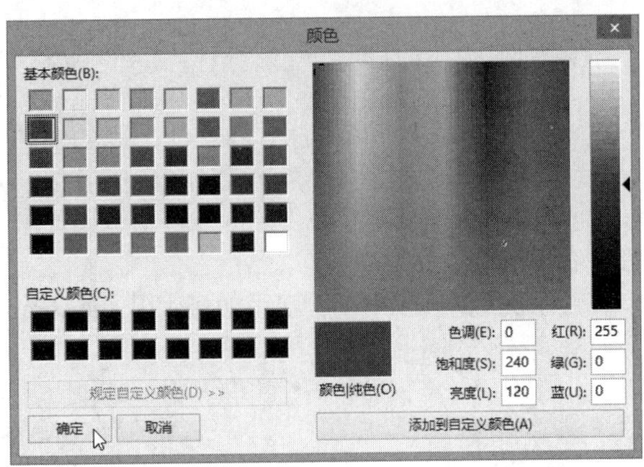

图 10.33　Windows 系统中的“颜色”对话框

图 10.34　设置颜色后效果

10.4　HTML5 新增输入属性

HTML5 为 input 元素新增了多个属性，用于限制输入行为或格式，下面介绍这些新的 input 属性。

10.4.1　autocomplete 属性

扫一扫，看视频

HTML5 新增的 autocomplete 属性可以帮助用户在 input 类型的输入框中实现自动完成内容输入，这些 input 类型包括：text、search、url、telephone、email、password、datepickers、range 以及 color。不过，在某些浏览器中，可能需要首先启用浏览器本身的自动完成功能，才能使 autocomplete 属性起作用。

autocomplete 属性同样适用于<form>标签，默认状态下表单的 autocomplete 属性是处于打开状态的，其中的输入类型继承所在表单的 autocomplete 状态。用户也可以单独将表单中某一输入类型的 autocomplete 状态设置为打开状态，这样可以更好地实现自动完成。

autocomplete 属性有 2 个值：on、off。例如可以这样来指定 autocomplete 的属性值。

```
<input type="email" name="email" autocomplete="off" />
```

【示例 1】　在下面示例中将表单的 autocomplete 属性值设置为“on”，而单独将其中某一输入类型的 autocomplete 属性值设置为“off”。

```
<form action="/formexample.asp" method="get" autocomplete="on">
```

```
姓名：<input type="text" name="name1" /><br />
职业：<input type="text" name="career1" /><br />
电子邮件地址：<input type="email" name="email1" autocomplete="off" /><br />
<input type="submit" value="提交信息" />
</form>
```

autocomplete 属性设置为"on"时，可以使用 HTML5 中新增的 datalist 标签和 list 属性提供一个数据列表供用户进行选择。

【示例 2】 以下示例演示如何应用 autocomplete 属性、datalist 标签及 list 属性实现自动完成。

```
<h2>输入你最喜欢的城市名称</h2>
<form autocompelete="on">
    <input type="text" id="city" list="cityList">
    <datalist id="cityList" style="display:none;">
        <option value="BeiJing">BeiJing</option>
        <option value="QingDao">QingDao</option>
        <option value="QingZhou">QingZhou</option>
        <option value="QingHai">QingHai</option>
    </datalist>
</form>
```

在本例中，当用户将焦点定位到文本框中，会自动出现一个城市列表供用户选择，如图 10.35 所示。而当用户单击页面的其他位置时，这个列表就会消失。

此外，当用户输入时，该列表会随用户的输入进行更新，例如，当输入字母 q 时，会自动更新列表，只列出以 q 开头的城市名称，如图 10.36 所示。随着用户不断地输入新的字母，下面的列表还会随之变化。

图 10.35 自动完成数据列表

图 10.36 数据列表随用户输入而更新

扫一扫，看视频

10.4.2 autofocus 属性

HTML5 新增了 autofocus 属性，它可以实现在页面加载时，某表单控件自动获得焦点。这些控件可以是文本框、复选框、单选按钮、普通按钮等所有<input>标签的类型。autofocus 属性的使用示例如下所示。

```
<input type="text" name="fname" autofocus="autofocus" />
```

注意，在同一页面中只能指定一个 autofocus 属性值，所以必须谨慎使用。当页面中的表单控件比较多时，建议挑选最需要聚焦的那个控件来使用这一属性值，例如一个搜索页面中的搜索文本框，或者一个同意某许可协议的"同意"按钮。

【示例 1】 以下示例说明如何合理地应用 autofocus 属性。

```
<form>
    <p>请仔细阅读许可协议：</p>
    <p>
        <label for="textarea1"></label>
        <textarea name="textarea1" id="textarea1" cols="45" rows="5">许可协议具体内
容......</textarea>
    </p>
    <p>
        <input type="submit" value="同意" autofocus>
        <input type="submit" value="拒绝">
    </p>
</form>
```

以上代码在 Chrome 浏览器中的运行结果如图 10.37 所示。页面载入后，“同意”按钮自动获得焦点，因为通常希望用户直接单击该按钮。而如果将“拒绝”按钮的 autofocus 属性值设置为“on”，则页面载入后焦点就会在“拒绝”按钮上，如图 10.38 所示，但从页面功用的角度来说却并不合适。正如以上所说，autofocus 属性应该谨慎使用，所以在指定 autofocus 时，应考虑页面最主要的目的是什么。

图 10.37 “同意”按钮自动获得焦点

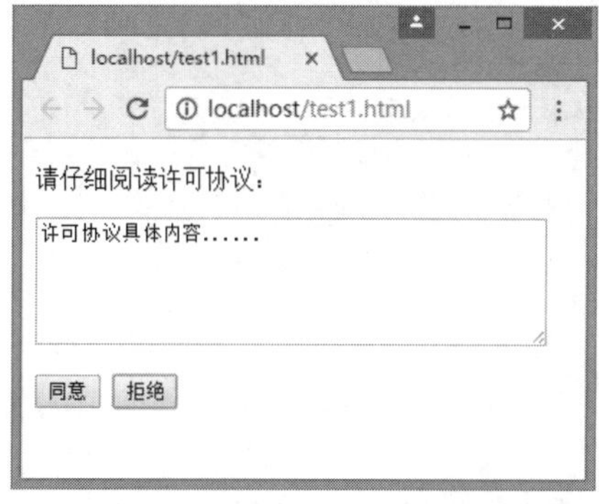

图 10.38 “拒绝”按钮自动获得焦点

【示例 2】 如果浏览器不支持 autofocus 属性，则会将其忽略。因此要使得所有浏览器都能实现自动获得焦点功能，则可以在 Javascript 中加一小段脚本，以检测浏览器是否支持 autofocus 属性。

```
<form>
    <p>请仔细阅读许可协议：</p>
    <p>
        <label for="textarea1"></label>
        <textarea name="textarea1" id="textarea1" cols="45" rows="5">许可协议具体内
容......</textarea>
    </p>
    <p>
        <input id="ok" type="submit" value="同意" autofocus>
        <input type="submit" value="拒绝" >
    </p>
</form>
<script>
if (!("autofocus" in document.createElement("input"))) {
    document.getElementById("ok").focus();
}
</script>
```

扫一扫，看视频

10.4.3 form 属性

HTML5 新增了一个 form 属性，可以把表单内的从属元素写在页面中的任一位置，然后只需要为这个元素指定一下 form 属性并为其指定属性值为该表单的 id。如此一来，便规定了该表单元素属于指定的表单。此外，form 属性也允许规定一个表单元素从属于多个表单。form 属性适用于所有的 input 输入类型，在使用时，必须引用所属表单的 id。

【示例】 下面是一个 form 属性应用的示例。

```
<!doctype html>
<html>
<head>
<meta charset="utf-8">
</head>
<body>
<form action="" method="get" id="form1">
请输入姓名：<input type="text" name="name1" autofocus/>
<input type="submit"  value="提交"/>
</form>
<p>下面的输入框在 form 元素之外，但因为指定的 form 属性，并且值为表单的 id，所以该输入框仍然是表单的一部分。</p>
请输入住址：<input type="text" name="address1" form="form1" />
</body>
</html>
```

以上代码在 Chrome 浏览器中的运行结果如图 10.39 所示。如果填写姓名和住址并单击“提交”按钮，则 name1 和 address1 分别会被赋值为所填写的值。例如，如果在姓名处填写“zhangsan”，住址处填写“北京”，则单击“提交”按钮后，服务器端会接收到“name1=zhangsan”和“address1=北京”。用户也可以在提交后观察浏览器的地址栏，可以看到有“name1=zhangsan&address1=北京”字样，如图 10.40 所示。

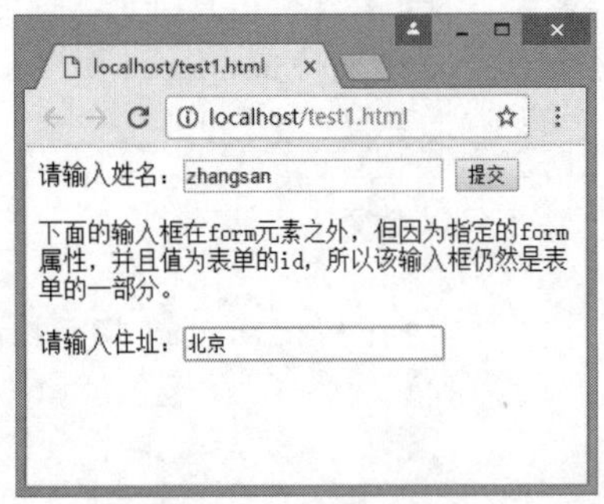

图 10.39 form 属性的应用

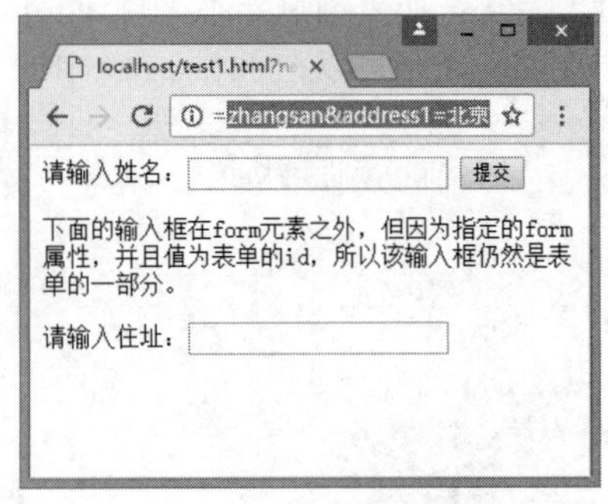

图 10.40 地址中要提交的数据

提示：

如果一个 form 属性要引用两个或两个以上的表单，则需要使用空隔将表单的 id 分隔开。例如：

```
<input type="text" name="address1" form="form1 form2 form3" />
```

扫一扫，看视频

10.4.4 表单重写属性

HTML5 新增了多个表单重写属性，用于重写 form 元素的某些属性设定，这些表单属性包括：

- formaction：用于重写表单的 action 属性。

- formenctype：用于重写表单的 enctype 属性。
- formmethod：用于重写表单的 method 属性。
- formnovalidate：用于重写表单的 novalidate 属性。
- formtarget：用于重写表单的 target 属性。

注意，表单重写属性并不适用于所有的 input 输入类型，仅适用于 submit 和 image 输入类型。

【示例】　在 HTML5 之前，只能使用表单的 action 属性将表单内的所有元素统一提交到另一个页面。而使用 formaction 属性，则可以通过重写表单的 action 属性，实现将表单提交到不同的页面中去，代码如下所示。

```
<form action="1.asp" id="testform">
请输入电子邮件地址： <input type="email" name="userid" /><br />
    <input type="submit" value="提交到页面 1" formaction="1.asp" />
    <input type="submit" value="提交到页面 2" formaction="2.asp" />
    <input type="submit" value="提交到页面 3" formaction="3.asp" />
</form>
```

10.4.5　height 和 width 属性

扫一扫，看视频

height 和 width 属性用于设置 image 类型的 input 标签的图像高度和宽度，这两个属性只适用于 image 类型的<input>标签。

【示例】　下面是 height 与 width 属性应用的示例代码。

```
<form action="testform.asp" method="get">
请输入用户名：<input type="text" name="user_name" /><br />
<input type="image" src="images/submit.png" width="72" height="26" />
</form>
```

以上代码在 Chrome 浏览器中的运行结果如图 10.41 所示。该示例中，源图像的大小为宽 288×104 像素，使用以上代码将其大小限制为 72×26 像素。

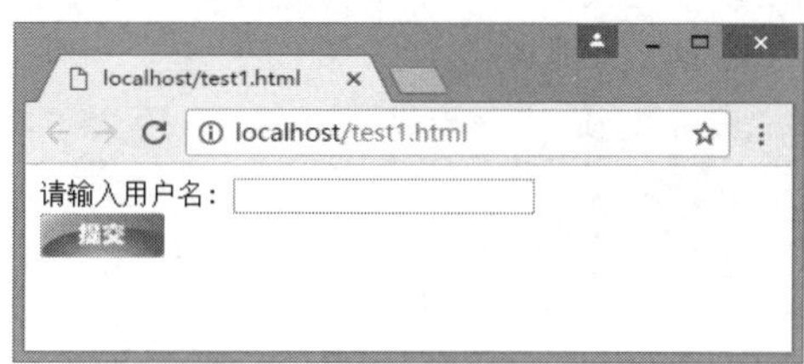

图 10.41　form 属性的应用

10.4.6　list 属性

扫一扫，看视频

HTML5 新增了一个 datalist 元素，可以实现数据列表的下拉效果，其外观类似 autocomplete，用户可从列表中选择，也可自行输入。而 list 属性用于指定输入框绑定哪一个 datalist 元素，其值是某个 datalist 的 id。

【示例】　下面是 list 属性应用的示例代码。

```
<form action="testform.asp" method="get">
    请输入网址：
    <input type="url" list="url_list" name="weblink" />
    <datalist id="url_list">
        <option label="新浪" value="http://www.sina.com.cn" />
```

```
        <option label="搜狐" value="http://www.sohu.com" />
        <option label="网易" value="http://www.163.com" />
    </datalist>
    <input type="submit" value="提交" />
</form>
```

以上代码在 Chrome 浏览器中的运行结果如图 10.42 所示。在本例中，单击输入框之后，就会弹出已定义的网址列表。目前支持这一属性的浏览器只有 Opera。

图 10.42 list 属性应用

提示：

list 属性适用于以下 input 输入类型：text、search、url、telephone、email、date pickers、number、range 和 color。

扫一扫，看视频

10.4.7 min、max 和 step 属性

HTML5 新增 min、max 和 step 属性，用于为包含数字或日期的 input 输入类型设置限值，也就是给这些类型的输入框加一个数值的约束，适用于 date、pickers、number 和 range 标签。具体用途如下。

- max 属性：设置输入框所允许的最大值。
- min 属性：设置输入框所允许的最小值。
- step 属性：为输入框设置合法的数字间隔，或称为步长。例如，step="4"，则合法的数值是-4、0、4、8 等。

【示例】 在下面的示例中，显示一个数字输入框，并设置该输入框接受介于 0 到 12 之间的值，且数字间隔为 4（即合法的值为 0、4、8、12）。

```
<form action="testform.asp" method="get">
    请输入数值：
    <input type="number" name="number1" min="0" max="12" step="4" />
    <input type="submit" value="提交" />
</form>
```

以上代码在 Chrome 浏览器中的运行结果如图 10.43 所示。在本例中，如果单击数字输入框右侧的微调按钮，则可以看到数字以 4 为步进值递增。而如果输入不合法的数值，例如数字 5，则单击“提交”按钮时会显示错误的提示信息，如图 10.44 所示。

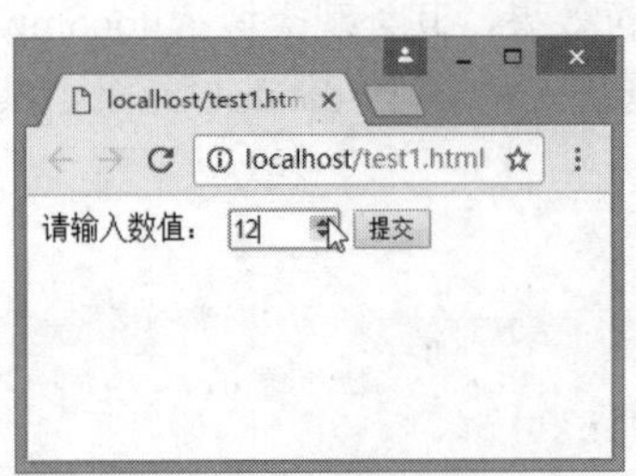

图 10.43 list 属性应用

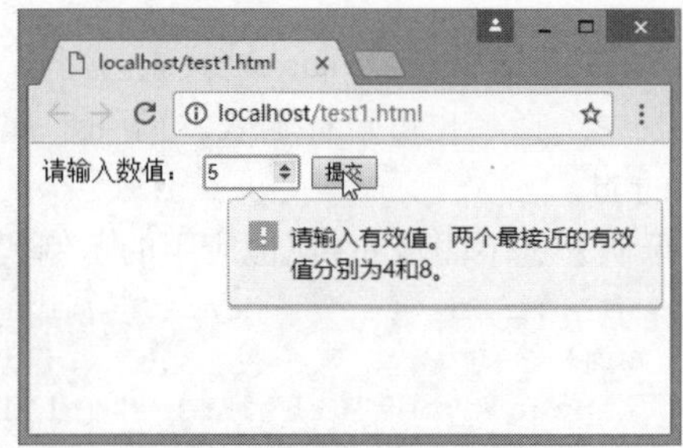

图 10.44 显示错误提示

10.4.8　multiple 属性

扫一扫，看视频

在 HTML5 之前，input 输入类型中的 file 类型只支持选择单个文件来上传，而新增的 multiple 属性支持一次性选择多个文件，并且该属性同样支持新增的 email 类型。这一特性无疑为开发者提供了极大的方便，因为有了 HTML5 便不必再单独开发选择并提交多个文件的控件。

【示例】　下面是 multiple 属性的一个应用示例。

```
<form action="testform.asp" method="get">
    请选择要上传的多个文件：
    <input type="file" name="img" multiple />
    <input type="submit" value="提交" />
</form>
```

以上代码在 Chrome 浏览器中的运行结果如图 10.45 所示。如果单击“添加文件”按钮，则会允许在打开的对话框中选择多个文件。选择文件并单击“打开”按钮后会关闭对话框，同时在页面中会显示选中文件的个数，如图 10.46 所示。

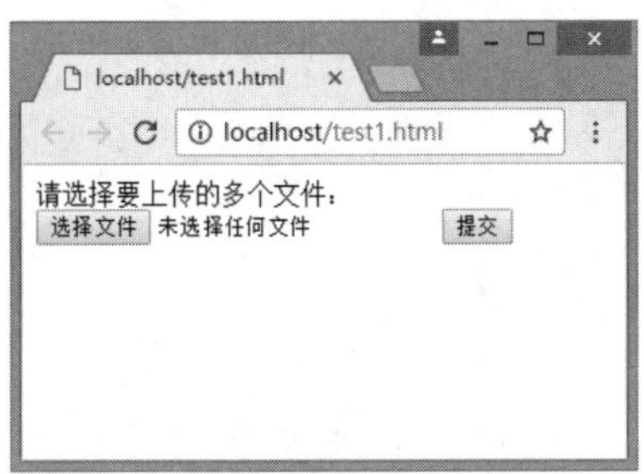

图 10.45　multiple 属性的应用

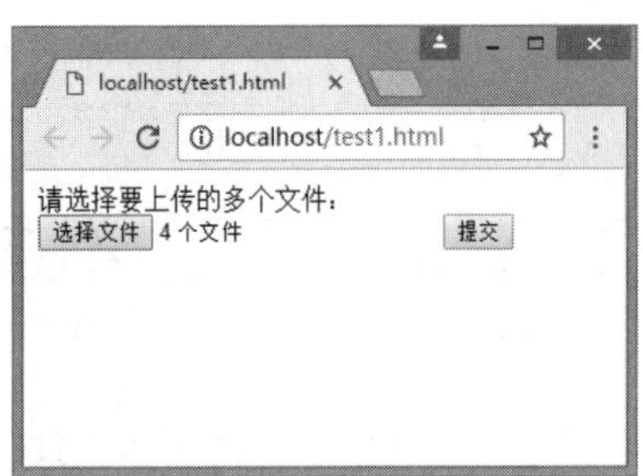

图 10.46　显示被选中文件的个数

10.4.9　pattern 属性

扫一扫，看视频

pattern 属性用于验证 input 类型输入框中用户输入的内容是否与自定义的正则表达式相匹配，该属性适用于以下类型的<input>标签：text、search、url、telephone、email、password。

pattern 属性允许用户自定义一个正则表达式，而用户的输入必须符合正则表达式所指定的规则。pattern 属性中的正则表达式语法与 JavaScript 中的正则表达式语法相匹配。

【示例】　下面是 pattern 属性的一个应用示例。该示例的文本框规定必须输入 6 位数的邮政编码。

```
<form action="/testform.asp" method="get">
    请输入邮政编码：
    <input type="text" name="zip_code" pattern="[0-9]{6}"
title="请输入 6 位数的邮政编码" />
    <input type="submit" value="提交" />
</form>
```

以上代码在 Chrome 浏览器中的运行结果如图 10.47 所示。如果输入的数字不是 6 位，则会出现错误提示，如图 10.48 所示。如果输入的并非规定的数字，而是字母，也会出现这样的错误提示。这是因为，在 pattern="[0-9]{6}"中规定了必须输入 0～9 这样的阿拉伯数字，并且必须为 6 位数，有关正则表达式的知识可以参考相关图书或资料。

图 10.47 pattern 属性的应用

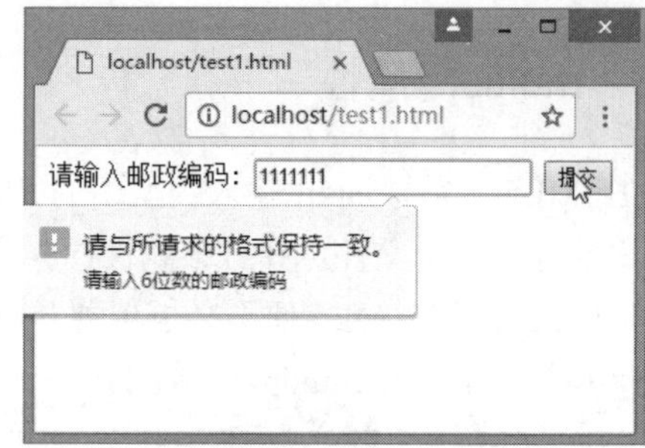

图 10.48 出现错误提示

扫一扫，看视频

10.4.10 placeholder 属性

placeholder 属性用于为 input 类型的输入框提供一种提示（hint），这些提示可以描述输入框期待用户输入何种内容，在输入框为空时显式出现，而当输入框获得焦点时则会消失。placeholder 属性适用于以下类型的<input>标签：text、search、url、telephone、email、password。

【示例】 下面是 placeholder 属性的一个应用示例。请注意比较本例与上例提示方法的不同。

```
<form action="/testform.asp" method="get">
    请输入邮政编码:
    <input type="text" name="zip_code" pattern="[0-9]{6}"
placeholder="请输入 6 位数的邮政编码" />
    <input type="submit" value="提交" />
</form>
```

以上代码在 Chrome 浏览器中的运行结果如图 10.49 所示。当输入框获得焦点并输入字符时，提示文字消失，如图 10.50 所示。

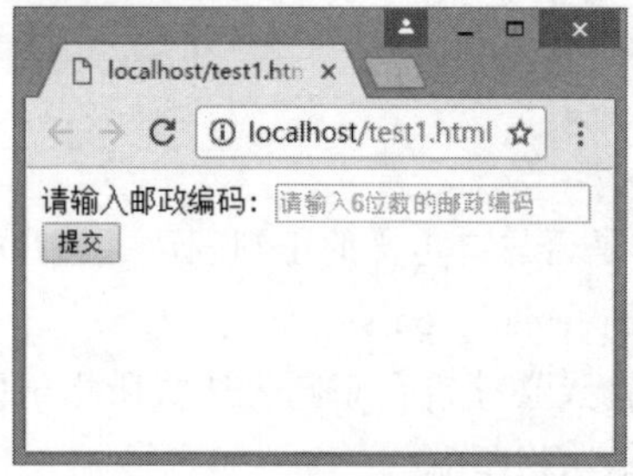

图 10.49 placeholder 属性的应用

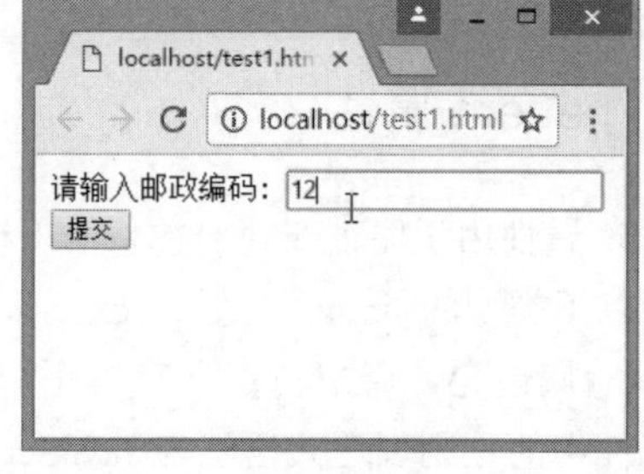

图 10.50 提示消失

扫一扫，看视频

10.4.11 required 属性

新增的 required 属性用于定义输入框填写的内容不能为空，否则不允许用户提交表单。该属性适用于以下 input 输入类型：text、search、url、telephone、email、password、date pickers、number、checkbox、radio、file。

【示例】 下面是 required 属性的一个应用示例。该示例的 文本框规定必须输入内容，否则表单不能被提交。

```
<form action="/testform.asp" method="get">
    请输入姓名:
    <input type="text" name="usr_name" required="required" />
    <input type="submit" value="提交" />
```

```
</form>
```

以上代码在 Chrome 浏览器中的运行结果如图 10.51 所示。当输入框内容为空并单击“提交”按钮时，会出现“请填写此字段”的提示，只有在输入了内容之后才允许提交表单。

图 10.51　提示“请填写此字段”

10.5　HTML5 新增控件

HTML5 新增了多个表单控件，下面简单介绍一下。

10.5.1　datalist 元素

扫一扫，看视频

datalist 元素用于为输入框提供一个可选的列表，用户可以直接选择列表中的某一预设的项，从而免去输入的麻烦。该列表由 datalist 中的 option 元素创建。如果用户不希望从列表中选择某项，也可以自行输入其他内容。

在实际应用中，如果要把 datalist 提供的列表绑定到某输入框，则需要使用输入框的 list 属性来引用 datalist 元素的 id，其应用示例在 list 属性时已经提供，兹不赘述。

注意，每一个 option 元素都必须设置 value 属性。

10.5.2　keygen 元素

扫一扫，看视频

keygen 元素是密钥对生成器，能够使得用户验证更为可靠。用户提交表单时会生成两个键，一个私钥，一个公钥。其中私钥会被存储在客户端，而公钥则会被发送到服务器。公钥可以用于之后验证用户的客户端证书。如果各种新的浏览器对 keygen 元素的支持度再增强一些，则有望使其成为一种有用的安全标准。

【示例】　下面是 keygen 属性的一个应用示例。

```
<form action="/testform.asp" method="get">
    请输入用户名：
    <input type="text" name="usr_name" />
    <br>
    请选择加密强度：
    <keygen name="security" />
    <br>
    <input type="submit" value="提交" />
</form>
```

以上代码在 Chrome 浏览器中的运行结果如图 10.52 所示。在“请选择加密强度”右侧的 keygen 元素中可以选择一种密钥强度，有 2048（高强度）和 1024（中等强度）两种，在 Firefox 浏览器也提供两种选项，如图 10.53 所示。

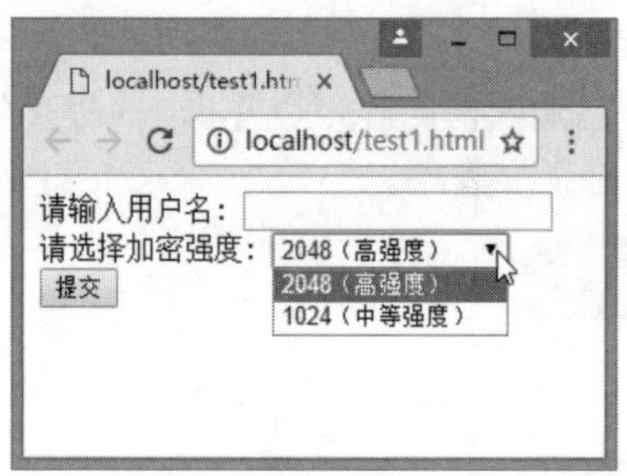

图 10.52　Chrome 浏览器提供的密钥等级

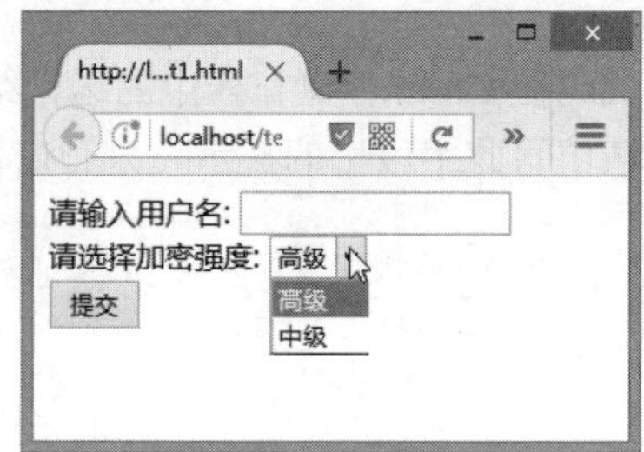

图 10.53　Firefox 浏览器提供的密钥等级

扫一扫，看视频

10.5.3　output 元素

output 元素用于在浏览器中显示计算结果或脚本输出，包含完整的开始和结束标签，其语法如下。

```
<output name="">Text</output>
```

【示例】　以下示例是 output 元素的一个应用示例。该示例计算用户输入的两个数字的乘积。

```
<!doctype html>
<html>
<head>
<meta charset="utf-8">
<script type="text/javascript">
 function multi(){
    a=parseInt(prompt("请输入第 1 个数字。",0));
    b=parseInt(prompt("请输入第 2 个数字。",0));
    document.forms["form"]["result"].value=a*b;
 }
</script>
</head>
<body onload="multi()">
<form action="testform.asp" method="get" name="form">
    两数的乘积为：
    <output name="result"></output>
</form>
</body>
</html>
```

以上代码在 Chrome 浏览器中的运行结果如图 10.54 和图 10.55 所示。当页面载入时，会首先提示“请输入第 1 个数字”，输入并单击“确定”按扭后再根据提示输入第 2 个数字。再次单击“确定”按钮后，显示计算结果，如图 10.56 所示。

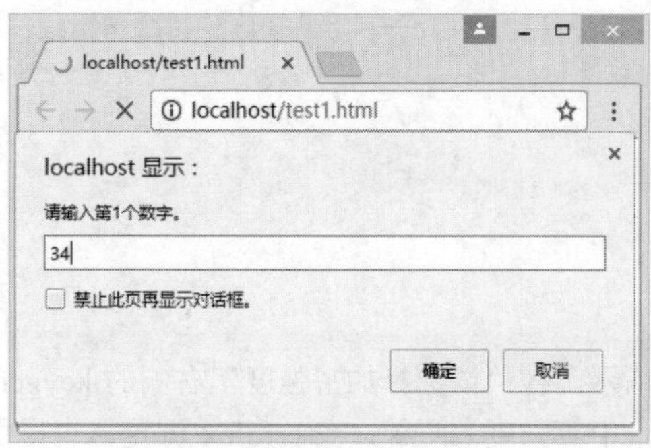

图 10.54　提示输入第 1 个数字

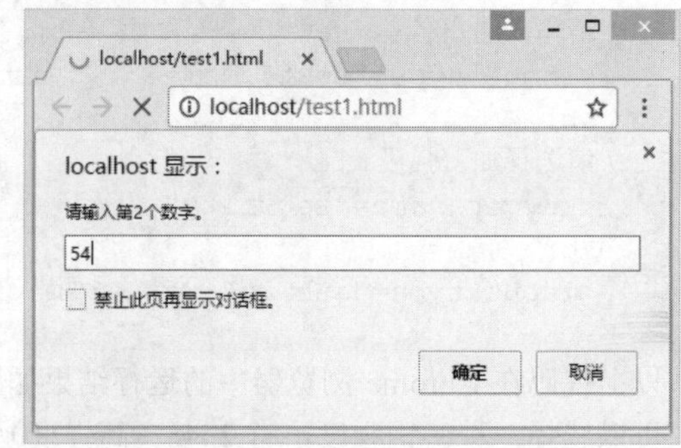

图 10.55　提示输入第 2 个数字

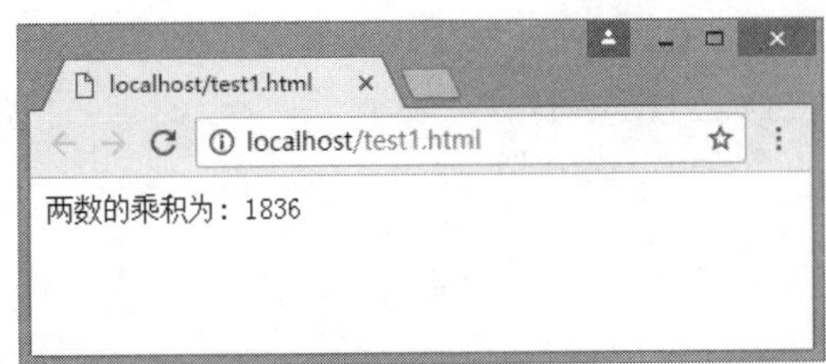

图 10.56　显示计算结果

10.6　HTML5 表单属性

HTML5 中新增了两个 form 属性，分别是 autocomplete 和 novalidate，本节通过实例介绍这两个 form 属性的用法。

10.6.1　autocomplete 属性

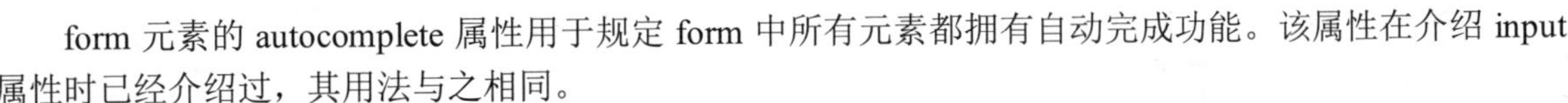

form 元素的 autocomplete 属性用于规定 form 中所有元素都拥有自动完成功能。该属性在介绍 input 属性时已经介绍过，其用法与之相同。

但是当 autocomplete 属性用于整个 form 时，所有从属于该 form 的元素便都具备自动完成功能。如果要使个别元素关闭自动完成功能，则单独为该元素指定“autocomplete="off"”即可，具体用法参见前面有关 autocomplete 属性的介绍。

10.6.2　novalidate 属性

扫一扫，看视频

form 元素的 novalidate 属性用于在提交表单时取消整个表单的验证，即关闭对表单内所有元素的有效性检查。如果要只取消表单中较少部分内容的验证而不妨碍提交大部分内容，则可以将 formnovalidate 属性单独用于 form 中的元素。

【示例】　下面是 novalidate 属性的一个应用示例。该示例中取消了整个表单的验证。

```
<form action="testform.asp" method="get" novalidate>
   请输入电子邮件地址:
   <input type="email" name="user_email" />
   <input type="submit" value="提交" />
</form>
```

10.6.3　显式验证

扫一扫，看视频

除了为 input 元素新增属性，以便对输入内容进行自动验证外，HTML5 为 form、input、select 和 textarea 元素都定义了一个 checkValidity()方法。调用该方法，可以显式地对表单内所有元素内容或单个元素内容进行有效性验证。checkValidity()方法将返回布尔值，以提示是否通过验证。

【示例】　以下示例使用 checkValidity()方法，主动验证用户输入的 Email 地址是否有效。

```
<script>
function check(){
   var email = document.getElementById("email");
   if(email.value==""){
      alert("请输入 Email 地址");
      return false;
```

```
    }
    else if(!email.checkValidity()){
        alert("请输入正确的 Email 地址");
        return false;
    }
    else
        alert("您输入的 Email 地址有效");
}
</script>
<form id=testform onsubmit="return check();" novalidate>
    <label for=email>Email</label>
    <input name=email id=email type=email /><br/>
    <input type=submit>
</form>
```

提示：

在 HTML5 中，form 和 input 元素都有一个 validity 属性，该属性返回一个 ValidityState 对象。该对象具有很多属性，其中最简单、最重要的属性为 valid 属性，它表示表单内所有元素内容是否有效或单个 input 元素内容是否有效。

10.7 实 战 案 例

使用 CSS 可以对表单对象进行定制，但是部分样式不容易使用 CSS 定制，需要 Javascript 辅助实现。本节将通过多个示例演示如何使用 CSS 设计易用的表单页面。

扫一扫，看视频

10.7.1 设计反馈表

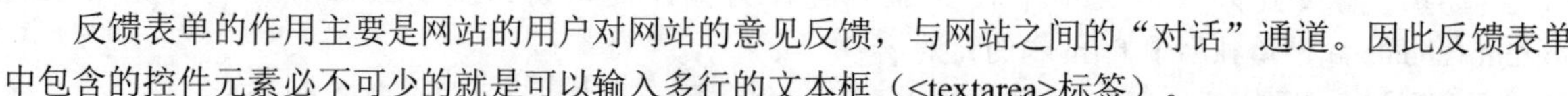

反馈表单的作用主要是网站的用户对网站的意见反馈，与网站之间的“对话”通道。因此反馈表单中包含的控件元素必不可少的就是可以输入多行的文本框（<textarea>标签）。

本例中主要使用了表单域<fieldset>标签、表单域标题<legend>标签、文件上传控件 input（type="file"）和文本域<textarea>标签。表单域<fieldset>标签主要是将表单分成多个小区域显示在网页中；表单域标题<legend>标签则是针对每个不同的表单域设置标题；文件上传控件 input（type="file"）结合后台开发程序或者 JavaScript 实现文件上传功能；文本域<textarea>标签是可以输入多行文本的元素控件，相对于输入框<input>标签的区别就是多行与单行。

【操作步骤】

（1）新建文档，设计反馈表单结构，代码如下所示，在浏览器中的显示效果如图 10.57 所示。

```
<div class="feedback">
    <h3>反馈表单</h3>
    <div class="content">
        <form method="post" action="">
            <fieldset class="base_info">
                <legend>用户信息</legend>
                <div class="frm_cont userName"><label for="userName">用户名：
</label><input type="text" value="" id="userName" /></div>
                <div class="frm_cont email"><label for="email">电子邮件：
</label><input type="text" value="@" id="email" /></div>
                <div class="frm_cont url"><label for="url">网址：</label><input
```

```
type="text" value="http://" id="url" /></div>
            </fieldset>
            <fieldset class="feedback_content">
                <legend>反馈内容</legend>
                <div class="frm_cont up_file">
                    <label for="up_file">相关图片：</label><input type="file"
id="up_file" />
                    <p class="tips">本系统只支持上传.jpg、.gif、.png 图片。</p>
                </div>
                <div class="frm_cont msg">
                    <label for="msg">内容：</label><textarea rows="4" cols="40"
id="msg"></textarea>
                    <p class="tips">请输入留言内容！</p>
                </div>
            </fieldset>
            <div class="btns"><button type="submit">提交</button><button
type="reset">重置</button></div>
        </form>
    </div>
</div>
```

在编写 CSS 样式之前，可以比较不同浏览器默认解析表单控件元素的效果，如比较 Firefox 浏览器与 IE 浏览器中都存在着部分不同：

- 表单域<fieldset>标签在 Firefox 浏览器中显示的是直角，而 IE 显示的是圆角；
- 表单域标题<legend>标签在 Firefox 浏览器与 IE 浏览器中显示的文字颜色有所不同；
- 文件上传控件 input（type="file"）在 Firefox 浏览器中，输入框是灰色的，并且单击输入框时会弹出文件浏览窗口，而 IE 浏览器中输入框是白色的，单击输入框并无反应；
- 文本域<textarea>标签在 Firefox 浏览器中无滚动条，而 IE 浏览器中则会显示灰色不可用的滚动条，并且 Firefox 浏览器中的文字比 IE 浏览器中的文字要大一点，导致文本域的高度也不相同。

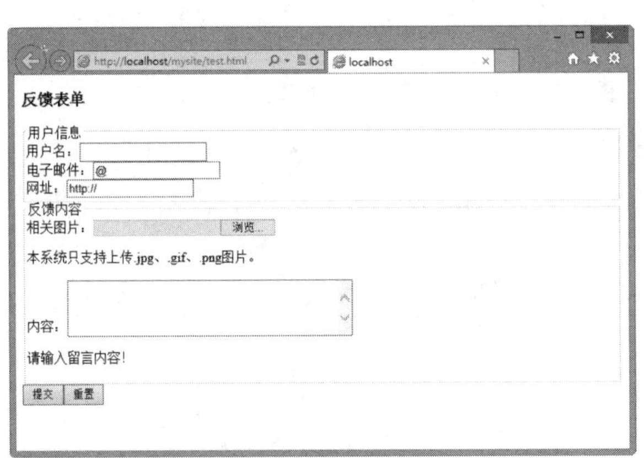

IE 解析效果

Firefox 解析效果

图 10.57　默认解析表单效果

以上说明的只是在同一个系统主题，不同浏览器中默认的解析效果，最终还是需要通过 CSS 样式将其美化。但并非所有表单控件元素都可以调整成所需要的样式，尤其是文件上传控件 input（type="file"）

在 Firefox 浏览器与 IE 浏览器之间都不可能有太多的 CSS 样式可以“干涉”到的效果，尤其是 Firefox 浏览器中对其样式控制得十分严格。

（2）使用 CSS 样式定义 HTML 标签的表现时，基本原则都是从外到内，从泛到细，更重要的是要善于利用 CSS 选择器。

```
.feedback { /* 定义表单整体的宽度以及边框样式等 */
        width:398px;
        padding:1px;
        border:1px solid #E8E8E8;
        background-color:#FFFFFF;
}
.feedback * { /* 定义表单内部的所有元素内补白、外补白以及文字的相关样式 */
        margin:0;
        padding:0;
        font:normal 12px/1.5em "宋体", Verdana,Lucida, Arial, Helvetica, sans-serif;
}
```

（3）整体样式的定义主要包含反馈表单的整体宽度以及内部所有子元素的整体定义。整体宽度、边框等样式的定义是根据视觉效果而设定；定义内部所有子元素的样式是为了提高后期对子元素样式定义的便利性。

```
.feedback h3 { /* 定义表单标题的高度、文字样式以及背景颜色等 */
        height:24px;
        line-height:24px;
        font-weight:bold;
        font-size:13px;
        text-indent:12px;
        color:#FFFFFF;
        background-color:#999999;
}
```

（4）定义反馈表单标题的高度，并设置标题文本缩进以及文字大小等样式，增强标题与内容之间的反差以及整齐感。

```
.feedback .content {/* 表单内容区域增加 10px 的左右内补白，使其与表单外框产生间距 */
        padding:0 10px;
}
```

（5）为了不让反馈表单内部信息与边框太紧密，将表单内容区域增加 10px 的左右内补白，使其与表单整体有一定的间距。

```
.feedback fieldset {/* 定义表单域边框样式以及与上下几个元素之间的间距 */
        padding-left:12px;              /*增加 12px 的左内补白使表单域标题缩进 */
        margin-top:10px;
        border:0 none;                  /* 去除默认的表单域边框 */
        border-top:1px solid #999999;   /* 定义表单域上边框的样式 */
}
.feedback legend {
        padding:0 5px;                  /* 设置表单域的标题在表单域上边框中的间距 */
        color:#333333;                  /* 考虑浏览器解析差异，所以统一定义相同的颜色值 */
}
```

表单域在浏览器默认解析的情况下是有边框线的，不需要边框线就需要将其隐藏，需要部分边框线就要将不需要的部分隐藏。只需要一条上边框线，因此首先将所有边框消除（border:0 none;），然后再次定义上边框的样式。

（6）在定义整体样式时，将所有内补白（padding）定义为 0，导致表单域标题<legend>标签中的文字紧挨表单域边框。需要将其缩进就要将左内补白值增加，例如，padding-left:12px;即可将表单域标题缩进，使表单域标题占据在表单域上边框线之间，两者对比如图 10.58 所示。

```
.feedback .frm_cont {
        margin-top:8px; /* 表单内容区域中不同表单之间的上下间距 */
}
```

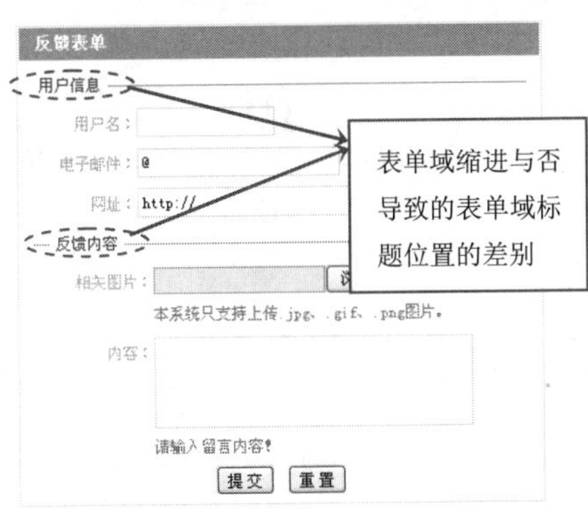

图 10.58　表单域缩进后对表单域标题的影响对比

（7）将每个表单的内容增加上外补白，增加每个表单元素之间的空间感。

```
.feedback label { /* 定义 label 宽度以及右对齐等文字属性，并设置浮动，使其与输入框并列 */
        float:left;
        width:80px;
        height:22px;
        line-height:24px;
        text-align:right;
        color:#ABABAB;
        cursor:pointer;
}
```

（8）<label>标签使用浮动后可以将旁边的元素（即文本输入框）“吸”到它的旁边，并设置了宽度和高度属性，再将文字右对齐。这样的排列效果在视觉效果上可以达到整齐的感觉，不会让浏览者感觉这个表单是杂乱无章的。

```
.feedback .base_info input { /* 定义表单内容区域中所有输入框的宽度和高度等样式 */
        width:100px;
        height:17px;
        padding:3px 2px 0;
        border:1px solid #DEDEDE;
}
.feedback .email input { /* 针对 email 地址输入框，改变其宽度属性值 */
        width:150px;
}
.feedback .url input { /* 针对网址输入框，改变其宽度属性值 */
        width:240px;
}
/* 避免修改文件上传浏览框因输入框的高度和宽度修改导致浏览器之间的差别，使用 auto 恢复默认值*/
.feedback .up_file input {
        width:auto;
        height:auto;
}
```

.feedback .base_info input 选择器将反馈表单中类名为 base_info 的容器内所有的<input>标签设置了宽度、高度和边框样式，再针对不同功能的输入框设置宽度，不仅能加大显示输入数据的空间，还可以形成表单之间有序的错落感。

（9）文件上传控件 input（type="file"）也是<input>标签，但不在类名为 base_info 的容器之内，所以最终显示的还是默认的浏览器解析效果。

```
.feedback .tips { /* 将提示文本利用内补白缩进，并设置红色，突出显示 */
        padding:5px 0 0 80px;
        color:#FF3260;
}
.feedback textarea {/* 定义文本域的宽高以及内部文字的行高等样式 */
        width:240px;
        height:66px;
        padding-left:2px;
        line-height:22px;
        border:1px solid #DEDEDE;
}
.feedback .btns { /* 按钮区域增加上下内补白，加大间距，并定义其内部的元素居中显示 */
        padding:5px 0;
        text-align:center;
}
.feedback .btns button { /* 定义按钮的样式以及按钮中文字的间距等样式 */
        height:22px;
        margin:0 5px;
        letter-spacing:3px; /* 调整文字间距 */
        padding-left:3px; /* 添加左内补白使按钮左右间距相等 */
        cursor:pointer;
}
```

（10）再将文本域、提示信息和按钮等元素定义相关样式即可。文本域中使用 padding-left:2px;是需要将文字与其边框产生间距；按钮中定义 letter-spacing:3px;可以让按钮中的文字之间有 3px 的间距，以文字的右边为基准。

（11）经过以上 CSS 修饰后的 HTML 结构，最终将会在浏览器中显示如图 10.59 所示的页面效果。

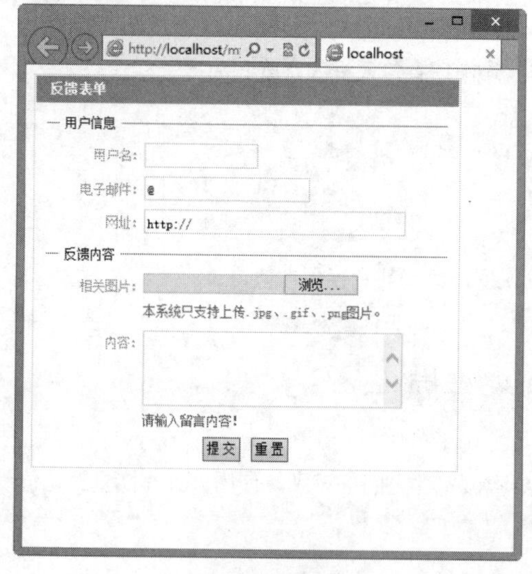

IE 解析效果

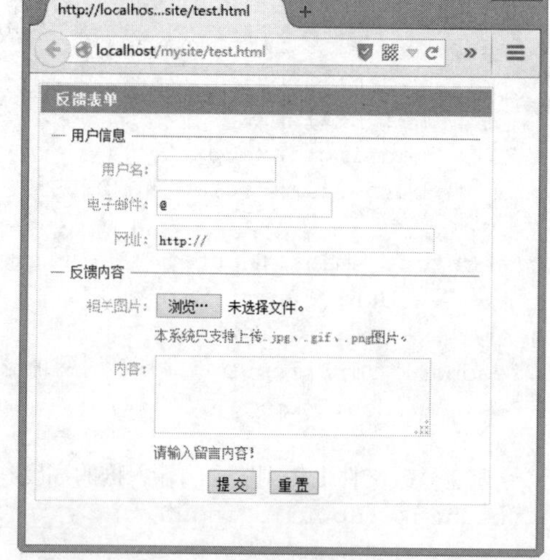

Firefox 解析效果

图 10.59　最终的反馈表单效果

Firefox 浏览器中所显示的效果与 IE 浏览器中所显示的效果最大的区别在于文件上传控件 input（type="file"）的元素。在 CSS 样式中并无定义其宽度和高度，甚至是背景颜色等样式，但在整体样式中曾定义过文字大小。是的，文字大小会影响控件的宽度以及高度属性。

修改文件上传控件 input（type="file"）元素的 CSS 样式代码：

```
/* 文件上传控件测试用的css样式*/
.up_file input {
        width:100px;                          /* 宽度可以修改为默认值 width:auto; */
        height:50px;                          /* 高度可以修改为默认值 height:auto; */
        font-size:20px;
        color:#FF0000;
        border:1px solid #0000FF;
        background-color:#999999;
}
```

表单元素在页面中不可或缺，但又无法满足页面设计中所需要的表现效果，网络中流传很多关于修改表单样式的方法，这些方法当然是可以修改表单样式，或者是模拟表单样式效果，但都不是很完美的。

10.7.2　设计用户登录页

扫一扫，看视频

一般网站都会提供用户管理接口，可以说用户登录是用户进入网站的第一步操作，登录表单框及其样式将直接影响到用户的访问体验。

本案例设计的登录框以灰色为主色调，灰色是万能色，能够与任何色调风格的网站相融合，整个登录框醒目，结构简单，方便用户使用，表单框设计风格趋于淡定自然，演示效果如图 10.60 所示。

【操作步骤】

（1）在 Photoshop 中设计渐变背景图，高度为 21 像素，宽度为 2 像素，渐变色调以淡灰色为主，如图 10.61 所示。

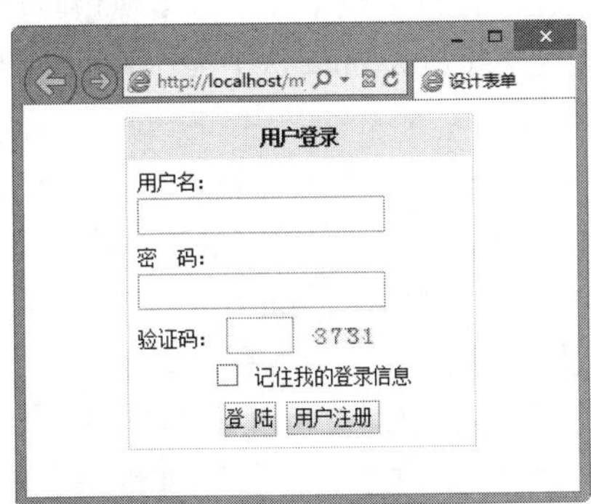

图 10.60　设计用户登录表单样式

bg_btn.gif

图 10.61　设计背景图

（2）构建网页结构。新建一个网页，保存为 index.html，在<body>标签内输入如下结构代码。

```
<div class="user_login">
    <h3>用户登录</h3>
    <div class="content">
        <form method="post" action="">
            <div class="frm_cont userName">
                <label for="userName">用户名: </label>
                <input type="text" id="userName" />
```

```
            </div>
            <div class="frm_cont userPsw">
                <label for="userPsw">密  码：</label>
                <input type="password" id="userPsw" />
            </div>
            <div class="frm_cont validate">
                <label for="validate">验证码：</label>
                <input type="text" id="validate" />
                <img src="images/getcode.jpg" alt="验证码：3731" /></div>
            <div class="frm_cont keepLogin">
                <input type="checkbox" id="keepLogin" />
                <label for="keepLogin">记住我的登录信息</label>
            </div>
            <div class="btns">
                <button type="submit" class="btn_login">登 陆</button>
                <a href="#" class="reg">用户注册</a></div>
        </form>
    </div>
</div>
```

用户登录框主要由用户名输入框、密码输入框、验证码输入框和登录按钮等相关内容组成，每个网站根据网站的实际需求而决定登录框中所应该包含的元素。

表单框包含在<div class="user_login">包含框中，添加类名为 user_login 的<div>标签将所有登录框元素包含在一个容器之内，便于后期的整体样式控制。其中包含一个标题<h3>和一个子包含框<div class="content">，即内容框，

表单元素在正常情况下都应该存在于<form>标签中，通过<form>标签中的 action 属性和 method 属性检测最后表单内的数据需要发送到服务器端哪个页面，以及以什么方式发送的。

利用 div 标签将输入框以及文字包含在一起，形成一个整体。在整个表单中多次出现相同类似的元素，可以考虑使用一个类名调整多次出现的样式。例如，这里使用了 frm_cont 这个类作为整体调整。再添加一个 userName 类针对性调整细节部分。

使用<label>标签中的 for 属性激活与 for 属性的属性值相对应的表单元素标签。例如，<label for="userName">标签被单击时，将激活 id="userName"的 input 元素，使光标出现在对应的输入框中。

（3）在<head>标签内添加设计登录框最外层包含框（<div class="user_login">）的宽度为 210px，再增加内补白 1px 使其<style type="text/css">标签，定义一个内部样式表。

（4）内部元素与边框之间产生一点间距，显示背景颜色或者背景图，增强视觉效果。

将登录框内的所有元素内补白、边界以及文字的样式统一。在网站整体制作的初期这一步是必不可少的，通过设置整体的样式，可以减少后期再逐个设置样式的麻烦。如果需要调整也可以很快地将所有样式修改，当然针对特定标签可以通过类样式进行有针对性的设置。

```
.user_login { /* 设置登录框样式，增加 1px 的内补白，提升整体表现效果 */
    width:210px;
    padding:1px;
    border:1px solid #DBDBD0;
    background-color:#FFFFFF;
}
.user_login * { /* 设置登录框中全局样式，调整内补白、边界、文字等基本样式 */
    margin:0;
```

```
    padding:0;
    font:normal 12px/1.5em "宋体", Verdana,Lucida, Arial, Helvetica, sans-serif;
}
```

提示：

在编写 CSS 样式代码时，需要从大的包含框开始写样式，然后逐步调整局部细节部分。这样的处理方式能更好地把握细节与整体效果。

（5）设置标题的高度以及行高，并且居中显示。在此不设置标题的宽度，使其宽度的属性值为默认的 auto，主要是考虑让其随着外面容器的宽度而改变。重要的一点是我们可以省去计算宽度的时间，还可以让标题与容器的边框之间 1px 之差能完美体现。

```
.user_login h3 { /* 设置登录框中标题的样式 */
    height:24px;
    line-height:24px;
    font-weight:bold;
    text-align:center;
    background-color:#EEEEE8;
}
```

（6）为了增强容器与内容之间的距离，增加内补白，使内容不会与边框显得拥挤。

```
.user_login .content { padding:5px;}         /* 设置登录框内容部分的内补白，使其与
                                                边框产生一定的间距 */
```

（7）增加每个表单之间的间距，使表单上下之间有错落感。

```
.user_login .frm_cont { margin-bottom:5px;}   /* 将表单元素的容器向底下产生 5px
                                                 的间距 */
```

（8）当用户单击<label>标签包含的文字时，能够激活对应的文本框，为了加强用户体验效果，当用户将鼠标经过文字时，将鼠标转变为手型，提示用户该区域单击后会有效果。

```
.user_login .frm_cont label { cursor:pointer;}   /* 设置鼠标经过所有的 label 标签
                                                    的，鼠标为手型 */
```

（9）在表单结构中包含 4 个表单域对象，其中 3 个是输入域类型，另外 1 个是多选框类型。对于<input>标签是可以修改边框以及背景等样式的，而多选框类型的<input>标签在个别浏览器中是不能修改的。因此，本例有针对性修改“用户名”、“密码”和“验证码”输入框的样式，添加边框线。

输入域类型的<input>标签虽然可以通过 CSS 样式修改其边框以及背景样式，但 FF 浏览器还存在一些问题，无法利用 CSS 的 line-height 行高属性设置单行文字垂直居中。因此考虑利用内补白（padding）的方式将输入域的内容由顶部“挤压”，形成垂直居中的效果。

```
.user_login .userName input, .user_login .userPsw input, .user_login .validate input
{
    width:146px;
    height:17px;
    padding:3px 2px 0;
    border:1px solid #A9A98D;
} /* 将所有输入框设置宽度以及边框样式 */
```

（10）验证码输入框的宽度相对其他几个输入框相对比较小，为了使其与验证码图片之间有一定的间隔，需要再单独使用 CSS 样式进行调整。

```
.user_login .validate input {
    width:36px;
    text-align:center;
```

```
    margin-right:5px;
} /* 设置验证码输入框的宽度以及与验证图之间的间距 */
```

（11）缩进“记住我的登录信息”的内容，使多选框与其他输入框对齐，利用该容器的宽度属性值为默认值 auto 的前提下，增加左右内补白不会导致最终的宽度变大特性，使用 padding-left 将其缩进。

浏览器默认解析多选框与文字并列出现时，不会将文字与多选框的底部对齐。为了调整这个显示效果的不足，可以使用 CSS 样式中 vertical-align 垂直对齐属性将多选框向下移动来达到最终效果。FF 浏览器的调整导致了 IE 浏览器的不足，因此需要利用针对 IE 浏览器的兼容方法，将 CSS 的 vertical-align 垂直对齐属性设置为 0，最终在 IE 浏览器与 FF 浏览器之间能达到一个相对的平衡关系。

```
.user_login .keepLogin { padding-left:48px;}   /* 将记住密码区域左缩进 48px，与输入框
                                                  对齐 */
.user_login .keepLogin input { /* 调整多选框与文字之间的间距，以及底边与文字对齐 */
    margin-right:5px;
    vertical-align:-1px;
    *vertical-align:0;                          /* 针对 IE 浏览器的 HACK */
}
```

（12）将按钮文字设置为相对于类名为 btns 的父级容器居中显示，应注意两点：

- 锚点<a>标签是内联元素，不具备宽高属性。但也不能转化为块元素，如果转化为块元素后，父级的 text-align:center 居中将会失效，而且需要将按钮和文字设置浮动后才能与按钮并列显示。
- 在 IE 浏览器中，按钮与文字之间的垂直对齐关系如同多选框与文字之间的对齐，需要利用 vertical-align 将其调整。

根据这两点需要考虑的问题，可以针对锚点<a>标签设置 padding 属性增加背景图显示的空间，可以利用兼容方式调整 IE 浏览器中对于按钮与文字之间的对齐关系。

```
.user_login .btns { text-align:center;}         /* 按钮区域的容器居中显示 */
.user_login .btns a {/* 设置文字基本样式以及增加相应的内补白显示背景图 */
    padding:3px 4px 2px;
    text-decoration:none;
    color:#000000;
}
.user_login .btns button {/* 设置按钮高度以及针对 IE 浏览器调整按钮与文字的对齐方式 */
    height:21px;
    *vertical-align:-3px;                       /* 针对 IE 浏览器的兼容方式/
    cursor:pointer;
}
.user_login .btns button, .user_login .btns a { /* 将按钮区域的文字和按钮设置边框线以
及背景图 */
    border:1px solid #A9A98D;
    background:url(images/bg_btn.gif) repeat-x 0 0;
}
```

扫一扫，看视频

10.7.3 设计用户注册页

一般网站都存在两种用户：注册用户和游客。网站对游客和注册用户赋予的权限是不同的，其中游客只可浏览帖子，注册用户不仅可以浏览帖子，还可以在网站中发表新的话题或者帖子。游客可以通过注册成为注册用户，而注册用户可以登录网站，进行信息发布。用户注册是用户登录的前提，当用户登录系统之后，用户才能拥有与网站交互的能力。用户注册页面演示效果如图 10.62 所示。

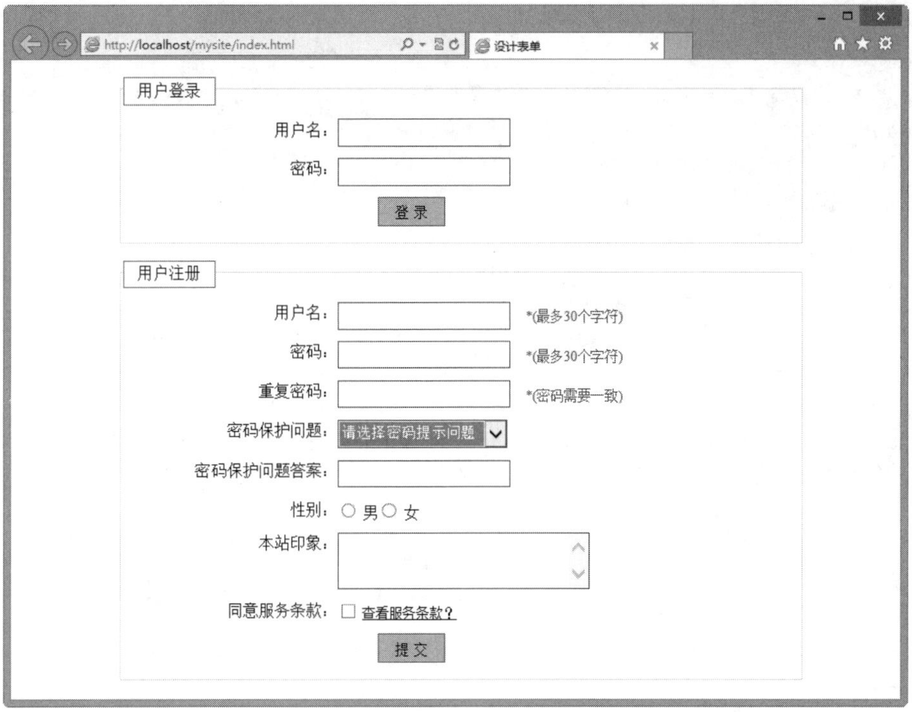

图 10.62　设计用户注册表单

从布局角度分析，整个表单分为两大板块：登录板块和注册板块。<form>标签作为整个表单的父元素，<fieldset>标签对表单的登录和注册进行区块划分。<legend>标签作为表单的区块名称，表单中每项信息使用<p>标签对其项目区分。每项信息通过<label>标签和相应表单元素组合即可。

【操作步骤】

（1）新建一个网页，保存为 index.html，在<body>标签内输入如下结构代码，构建表单结构。

```
<form action="" method="post" name="" id="Form">
    <fieldset>
        <legend>用户登录</legend>
        <p><label for="xingming">用户名：</label><input type="text" name="xingming" id="xingming" value="" /></p>
        <p><label for="mima">密码：</label><input type="password" name="mima" id="mima"/></p>
        <p class="enter"><input name="tijiao" type="submit" class="buttom" value="登 录" /></p>
    </fieldset>
    <fieldset>
        <legend>用户注册</legend>
        <p><label for="xingming2">用户名：</label><input type="text" name="xingming2" id="xingming2" /><span>*(最多 30 个字符)</span> </p>
        <p><label for="mima2">密码：</label><input type="password" name="mima2" id="mima2" /><span>*(最多 30 个字符)</span> </p>
        <p><label for="chongfumima2">重复密码：</label><input type="password" name="chongfumima2" id="chongfumima2"/><span>*(密码需要一致)</span> </p>
        <p><label for="secproblem">密码保护问题：</label><select class="sel" id=
```

```
"secproblem" name="secproblem"><option value="0">请选择密码提示问题</option>…
</select></p>
        <p><label for="daan">密码保护问题答案：</label><input type="text" name="daan"
id="daan"/></p>
        <p class="XB2">
            <label for="xingbie2">性别：</label><label class="Wid2"><input
type="radio" name="RadioGroup1" value="0" id="RadioGroup1_0" />男</label>
            <label class="Wid2"><input type="radio" name="RadioGroup1" value="1"
id="RadioGroup1_1" />女</label></p>
        <p><label for="yinxiang2">本站印象：</label><textarea id="yinxiang2">
</textarea></p>
        <p class="fuwu"><label for="AgreeToTerms">同意服务条款：</label><input
type="checkbox" name="AgreeToTerms" id="AgreeToTerms" value="1" /><a href="#"
title="您是否同意服务条款">查看服务条款？</a> </p>
        <p class="enter"><input name="tijiao" type="submit" class="buttom" value="
提 交" /></p>
    </fieldset>
</form>
```

（2）在<head>标签内添加<style type="text/css">标签，定义一个内部样式表，然后逐步输入 CSS 代码，设计表单样式。

（3）通过 CSS 对页面表单元素进行页面划分。设置表单<form>标签宽度为 600 像素，居中对齐，整个表单内部文字大小为 14 像素。表单<fieldset>标签设置上下 15 像素，居中对齐。设置文字对齐方式为左对齐。

```
form{width:600px; font-size:14px;margin:0px auto;}
fieldset{
    margin:15px auto; text-align:left;width:600px;
    -moz-border-radius:5px;-webkit-border-radius:5px;
}
```

（4）针对“用户登录”和“用户注册”上下区域的标题，设计<legend>标签样式。设置内边距和边框属性，并观察占用的空间，对文字进行加粗，以示区分标题文字和页面默认文字。与<legend>标签同为兄弟的<p>标签对其进行页面初始化设置，外间距和内间距为 0 像素，此时选项与选项之间的文字距离过于紧密，增加上下间距为 10 像素。在后面的操作中需对<label>标签设置浮动，使之拥有宽度，为避免 bug 的产生，<legend>标签设置清除浮动操作 clear:both。

```
legend{padding:3px 12px; border:1px solid #1E7ACE; font-weight:bold;}
```

（5）完成页面初步布局之后，就可以来设计表单细节样式。细节操作分为两步:

- 针对页面表单应用最多的<input>标签和<label>标签进行设置。
- 对特殊输入域元素和<label>标签进行单独设置。<input>标签宽度为 150 像素，高度为 20 像素，行高也是 20 像素，设置边框属性。

对<label>标签进行初始化，宽度为 140 像素，保证最长的文字也能够在一行中显示，设置为左浮动，确保该标签拥有块布局属性，文字右对齐确保文字内容右侧与表单<input>标签左侧在一起。最后使<label>标签行高与<input>标签行高一致。

```
input{margin-right:10px; width:150px; height:20px; line-height:20px; border:1px
solid #094e87;}
label{width:140px; float:left; text-align:right;line-height:20px;}
```

（6）设置特殊输入域元素样式。设置“用户登录”最后一个登录输入框标签，通过其外面的 p 元素的 class 属性，做成按钮的效果。重新设置宽度、高度、边框属性及背景色，让其拥有按钮的外观。高度和行高一致，实现单行文字的垂直居中。设置该元素的居中对齐，通过相对定位在其当前位置向左移动 40 像素。至此“用户登录”按钮已经设置完毕。

```
input{margin-right:10px; width:150px; height:20px; line-height:20px; border:1px
solid #094e87;}
p.enter{text-align:center;}
p.enter input{border:1px solid #369; background:#6CF;width:60px; line-height:25px;
height:25px;
position:relative; left:-40px;}
```

（7）设置<label>标签样式。“用户注册”中“性别”选项使用了 3 个<label>标签，第一个<label>标签前面的 CSS 属性设置达到网站需要的效果，后面的 2 个<label>标签需要重新设置。

首先，对“男”和“女”的<label>标签的宽度设置，它继承了前面的 140 像素的宽度，此处为 auto，其宽度根据内容多少进行自适应。

然后，重置<input>标签的相关属性，宽度同样设置为 auto 进行自适应，将边框属性设置为 none，删掉 input 元素的边框属性，将右间距设置为 0，通过浏览器查看效果，发现"男"或"女"与之后的单选按钮位置高低不一，此时使相对定位元素向上移动。使用相对定位元素对性别的<input>标签下移 3 像素。

“用户注册”分区中“同意服务条款“选项，设置超链接字体大小为 12 像素，字体颜色为黑色。对其复选框进行初始化，宽度、边框及右间距的设置与"性别"选项一样，而高度和行高需要重新更改设置为 12 像素，以期达到文字大小和复选框视觉一致。

```
/**性别 设置 start***/
p.XB2 input{ width:auto; border:none;margin-right:0px; position:relative; top:
3px;}
p.XB2 label.Wid2{width:auto; position:relative; top:-6px;+top:-3px;}
/**性别 设置 end***/
p.fuwu  input{width:auto; height:12px; line-height:12px; border:none; margin-
right:0px;}
a{color:#000; font-size:12px;}
```

（8）设计<select>和<textarea>标签样式。对这两个元素的宽度、高度边框进行设置，使页面此项内容与文字对齐。<select>标签的字体颜色重新设置：为增加现代浏览器的体验性，使用 css 伪类 hover 设置鼠标滑过时背景颜色，代表其当前所在选项。对性别和服务条款中的 css 伪类 hover 属性背景图设置为 none，取消前面<input>标签伪类 hover 属性的继承。最后将必填写项目用红色字体表示出来，且小于正常文字大小如 12 像素。<span>标签字体设置为红色 12 号字，用于提示用户填写当前选项需要注意的问题，增加用户体验。

```
select{height:25px;width:151px; color:#36F;border:none; border:1px solid #094e87;}
textarea{height:45px;width:220px;border:1px solid #094e87;}
input:hover{background-color:#F30;}
p.fuwu input:hover{background:none;}
p.XB2 input:hover{background:none;}
span{color:#F00;font-size:12px;}
```

通过 CSS 的宽度和高度属性可以去掉输入域本身的样式，使用 CSS 属性选择器可以去掉输入域类型（type 值）的不同样式，IE6 及更早版本不支持。

提示：

网上有针对 IE6 不支持 CSS 属性选择器编写的脚本（http://ie7-js.googlecode.com/svn/test/index.html，百度搜索关键字：ie7.js），通过该脚本就可以不必加入 class 类名了。通过前面的 CSS 属性无法定义个性化的单选按钮或复选框的样式，但通过<label>标签 for 属性与<input>标签 ID 值实现相关联的特点，可采用背景图代替默认单选按钮或复选框的样式。

扫一扫，看视频

10.7.4　设计搜索页

大部分网站都会提供站内搜索，如何设计好用的搜索框是很多用户需要思考的问题。在各大站点,甚至是一些小型网站都包含大量个性各异的搜索框，但功能局限在其相关网站中的内容搜索。

搜索框一般包含“关键词输入框”“搜索类别”“搜索提示”和“搜索按钮”，当然简单的搜索框只有“关键词输入框”和“搜索按钮”这两部分。本案例将介绍如何设计附带有提示的搜索框样式。演示效果如图 10.63 所示。

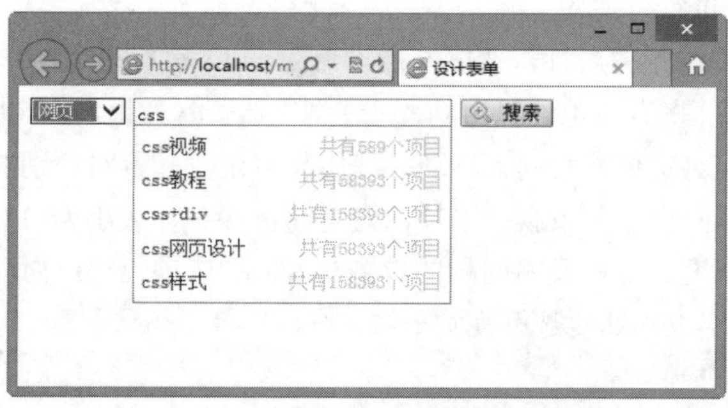

图 10.63　设计搜索框

【操作步骤】

（1）新建一个网页，保存为 index.html，在<body>标签内输入如下结构代码，构建表单结构。

```
<div class="search_box">
    <h3>搜索框</h3>
    <div class="content">
        <form method="post" action="">
            <select>
                <option value="1">网页</option>
                <option value="2">图片</option>
                <option value="3">新闻</option>
                <option value="4">MP3</option>
            </select>
            <input type="text" value="css" /> <button type="submit">搜索</button>
            <div class="search_tips">
                <h4>搜索提示</h4>
                <ul>
                    <li><a href="#">css 视频</a><span>共有 589 个项目</span></li>
                    <li><a href="#">css 教程</a><span>共有 58393 个项目</span></li>
                    <li><a href="#">css+div</a><span>共有 158393 个项目</span></li>
                    <li><a href="#">css 网页设计</a><span>共有 58393 个项目</span></li>
                    <li><a href="#">css 样式</a><span>共有 158393 个项目</span></li>
                </ul>
            </div>
```

```
        </form>
    </div>
</div>
```

整个表单结构分为两个部分，将“下拉选择”、“文本框”和“按钮”归为一类，主要功能是用于搜索信息；“搜索提示”为当在“文本框”中输入文字时，将会出现相对应的搜索提示信息，该功能主要是由后台程序开发人员实现，前台设计师只需要将其以页面元素表现即可。

（2）在<head>标签内添加<style type="text/css">标签，定义一个内部样式表，然后逐步输入 CSS 代码，设计表单样式。

（3）通过分析最终效果可以看到，页面中并没有显示“站内搜索”和“搜索提示”这两个标题，且“搜索按钮”是以图片代替的，“搜索提示”是出现在“搜索输入框”的底部，并且宽度与输入框相等。为此，开始在内部样式表中输入下面样式，对表单结构进行初始化设计。

```
.search_box { /* 设置输入框的整体宽度，并设置为相对定位，成为其子级元素的定位参考 */
    position:relative;
    width:360px;
}
.search_box * { /* 设置输入框内所有的内补白、边界为 0，列表修饰为无，并且设置字体样式等 */
    margin:0;
    padding:0;
    list-style:none;
    font:normal 12px/1.5em "宋体", Verdana,Lucida, Arial, Helvetica, sans-serif;
}
.search_box h3, .search_tips h4 {display:none; } /* 隐藏标题文字 */
```

（4）设置搜索框整体的宽度属性值以及其所有子元素的内补白、边界等相关属性。为了方便将搜索提示信息框通过定位的方式显示在搜索输入框的底部，因此在.search_box 中定义 position 属性，让其成为子级元素定位的参照物。文档结构中的标题在页面中不需要显示，因此可以将其隐藏。虽然现在只是将标题文字隐藏了，后期网站开发过程如果需要显示时，可以直接通过CSS样式修改，而不需要再次去调整文档结构。

```
.search_box select {/* 将下拉框设置浮动，并设置其宽度值 */
    float:left;
    width:60px;
}
.search_box input {/* 设置搜索输入框样式，浮动并将其与左右两边的元素添加间距（边界）*/
    float:left;
    width:196px;
    height:14px;
    padding:1px 2px;
    margin:0 5px;
    border:1px solid #619FCF;
}
.search_box button {/* 设置按钮浮动，以缩进方式隐藏按钮上的文字并去除其边框添加背景图 */
    float:left;
    width:59px;
    height:18px;
    text-indent:-9999px;
    border:0 none;
    background:url(images/btn_search.gif) no-repeat 0 0;
    cursor:pointer;
}
```

（5）“搜索类别”下拉框、“搜索关键字”输入框和“搜索按钮”这 3 个元素按照常理来理解原本就是可以并列显示的，但为了将这 3 个元素之间的默认空间缩短，因此使用 float:left;使它们之间的距离缩短。再利用输入框 input 增加可控的边界 margin:0 5px;调整三者之间的间距。

三者之间整体样式调整完毕后，再对其细节部分进行详细的调整修饰。美化输入框并且利用文字缩进属性隐藏按钮上的文字，使用图片代替。

（6）下拉框 select 标签只是设置了宽度属性值，并未设置其高度属性值，其中的原因就是 IE 浏览器和 FF 浏览器对其高度属性值的解析完全不一样，因此采用默认的方式而不是再次利用 CSS 样式定义其相关属性。

（7）按钮 button 标签在默认情况下不会在鼠标悬停时显示手型，因此需要特殊定义。

```
.search_tips { /* 将搜索提示框设置的宽度与输入框相等，并绝对定位在输入框底部 */
    position:absolute;
    top:17px;
    left:65px;
    width:190px;
    padding:5px 5px 0;
    border:1px solid #619FCF;
}
```

（8）“搜索提示框”使用绝对定位的方式显示在输入框的底部，其宽度属性值等于输入框的宽度属性值，可以使视觉效果更完美。不设置提示框的高度属性值是希望搜索框能随着内容的增加而自适应高度。

```
.search_tips li {/* 设置搜索提示框内的列表宽度和高度值，利用浮动避免 IE 浏览器中列表上下间距增多的 BUG*/
    float:left;
    width:100%;
    height:22px;
    line-height:22px;
}
```

（9）在 IE 浏览器中，li 标签上下间距会出现 Bug，为了避免该问题，将所有 li 标签添加 float 属性。宽度设置为 100%，避免当列表 li 标签具有浮动属性时，宽度自适应的问题。

```
.search_tips li a { /* 搜索提示中相关文字居左显示，并设置相关样式 */
    float:left;
    text-decoration:none;
    color:#333333;
}
.search_tips li a:hover { /* 搜索提示中相关文字在鼠标悬停时显示红色文字 */
    color:#FF0000;
}
.search_tips li span { /* 以灰色弱化搜索提示相关数据，并居右显示 */
    float:right;
    color:#CCCCCC;
}
```

（10）将列表项<li>标签中的锚点<a>标签和<span>标签分别左右浮动，使它们靠两边显示在“搜索提示框”内，并相应添加文字样式做细节调整。

10.8　在线课堂：实践练习

本节为线上实践环节，旨在帮助读者练习使用 CSS3 设计各种网页表单样式，培养初学者网页设计的能力，感兴趣的读者请扫码练习。

扫码，看电子版

第 11 章　CSS3 布局基础

在标准化网页设计中，网页主要通过 HTML 搭建结构，然后使用 CSS 呈现页面效果。CSS 盒模型是网页布局的基础，它规定了网页元素的显示方式，以及如何控制元素间的位置关系。CSS3 增强了网页布局功能，提出了弹性盒模型概念。本章将围绕CSS盒模型相关概念、结构、尺寸等基础知识进行讲解，通过大量案例实战为学习和使用 CSS进行网页设计奠定扎实的基础。

【学习重点】

- 了解 CSS2 盒模型。
- 设计边框样式。
- 设计边界样式。
- 设计补白样式。
- 了解 CSS3 盒模型。

11.1　CSS 盒模型基础

1996 年 W3C 推出 CSS，并规定了页面中所有元素基本显示形态为方形的盒子（Box），并由此形成了一套严谨的盒子模型（Box Model）。根据这个盒模型规则，网页中所有元素对象都被放在一个盒子里，设计师可以通过 CSS 来控制这个盒子的显示属性，这就是经典的 CSS 盒模型。

扫一扫，看视频

11.1.1　盒模型结构

在网页设计中，常会听到这些名词概念：内容（content）、填充（补白、内边距、padding）、边框（border）、边界（外边距、margin）。日常生活中所见的盒子也就是能装东西的一种箱子，也具有这些属性，所以把这些名词抽象为盒子模型概念。它具有如下特性：

- 每个盒子都有：边界、边框、填充、内容 4 个属性。
- 每个属性都包括 4 个部分：上、右、下、左。属性的 4 部分可同时设置，也可分别设置。

内容(content)就是盒子里装的东西，而填充(padding))就是怕盒子里装的东西损坏而添加的泡沫或者其他抗震辅料，边框(border)就是盒子本身了，边界(margin)则说明盒子摆放的时候不能全部堆在一起，要留一定空隙保持通风，同时也为了方便取出。

在网页中，内容常指文字、图片等信息或元素，也可以是小盒子（嵌套结构），与现实生活中盒子不同的是，现实生活中的东西一般不能大于盒子，否则盒子会被撑坏的，而 CSS 盒子具有弹性，里面的东西大过盒子本身最多把它撑大，但它不会损坏的。网页元素与盒子之间的关系如图 11.1 所示。

网页中任何元素都可以视为一个盒子，所有盒模型就是页面元素的基本模型结构。从外到向里，盒模型包括边界、边框、补白和内容 4 大区域。如果用一个简单示意图来描述盒子属性与空间关系，则如图 11.2 所示。

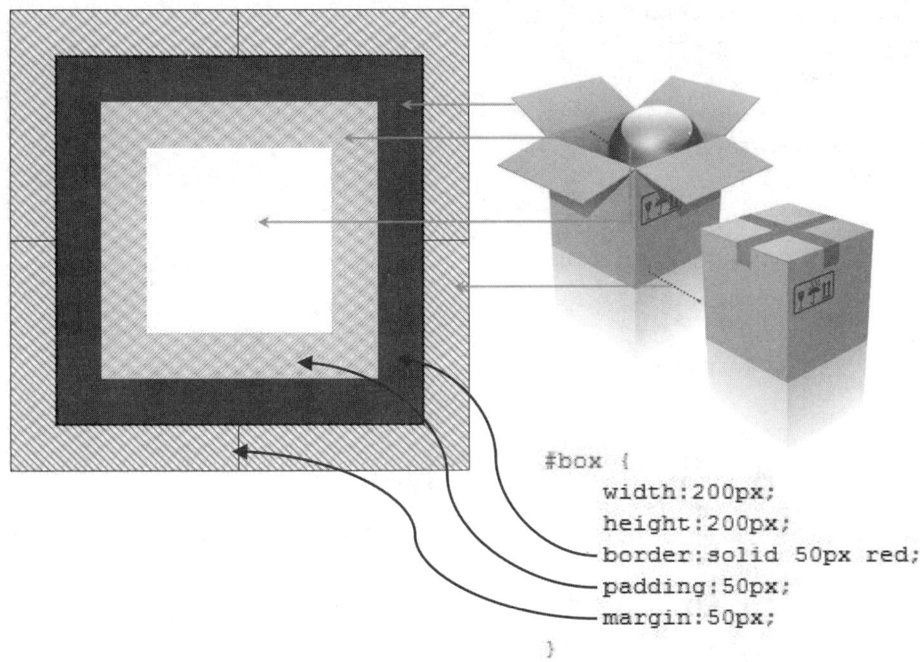

图 11.1　CSS 元素与盒子结构关系示意图

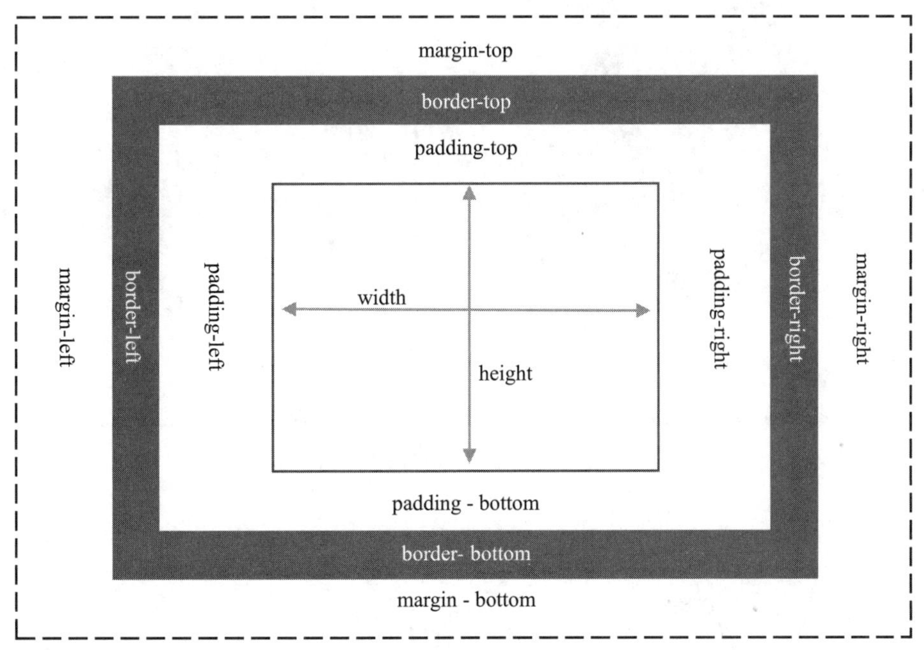

图 11.2　盒模型中各个属性的空间位置关系

11.1.2　定义大小

扫一扫，看视频

CSS 盒子模型使用 width（宽）和 height（高）定义内容区域的大小。

【示例 1】　下面示例定义两个并列显示的 div 元素，设置每个 div 的 width 为 50%，显示效果如图 11.3 所示。

```
<style type="text/css">
div {/*定义 div 元素公共属性 */
    float: left;                                    /*向左浮动，实现并列显示*/
    background-image: url(images/1.jpg);            /* 定义背景图像 */
    background-color: #CC99CC;                      /* 定义背景色 */
    font-size: 32px;                                /* 定义 div 内显示的字体大小 */
    color: #FF0000;                                 /* 定义 div 内显示的字体颜色 */
    text-align: center;                             /* 定义 div 内显示的字体居中显示 */
    height: 540px;                                  /* 定义高度*/}
#box1 {/*定义第 1 个 div 元素属性*/
    width: 50%;                                     /* 占据窗口一半的宽度 */ }
#box2 {/*定义第 2 个 div 元素属性*/
    width: 50%;                                     /* 占据窗口一半的宽度 */ }
</style>
<div id="box1">左边元素</div>
<div id="box2">右边元素</div>
```

图 11.3　定义元素的大小

提示：

内容区域包括宽度（width）、高度（height）和背景（background），实际上背景能够延伸到补白区域，有些浏览器中背景图像甚至延伸到边框内。所以对于一个 CSS 盒模型来说，它的实际宽度或高度就等于内容区域的宽（width）和高（height）加上 2 倍的边界、边框和补白之和。

```
W = width (content) + 2 * (border + padding + margin)
H = height (content) + 2 * (border + padding + margin)
```

在浏览器怪异解析模式下，CSS 的 width 属性表示内容区域、补白和边框宽度之和，而 height 属性表示内容区域、补白和边框高度之和，所以盒模型的实际大小就为：

```
W = width + 2 * margin
H = height + 2 * margin
```

用户也可以通过下面 4 个属性灵活控制 CSS 盒模型的大小，这些属性在网页弹性布局中非常有用。

- min-width：设置对象的最小宽度。
- max-width：设置对象的最大宽度。
- min-height：设置对象的最小高度。
- max-height：设置对象的最大高度。

11.1.3 定义边框

扫一扫，看视频

边框样式由 CSS 的 border 属性负责定义，border 包括 3 个子属性：border-style（边框样式）、border-color（边框颜色）和 border-width（边框宽度）。

1. 定义宽度

定义边框的宽度有多种方法。简单说明如下：

（1）直接在属性后面指定宽度值。

```
border-bottom-width:12px;/*定义元素的底边框宽度为 12px*/
border-top-width:0.2em; /*定义顶部边框宽度为元素内字体大小的 0.2 倍*/
```

（2）使用关键字，如 thin、medium 和 thick。thick 比 medium 宽，而 medium 比 thin 宽。不同浏览器对此解析的宽度值也不同，有的解析为 5px、3px、2px，有的解析为 3px、2px、1px。

（3）单独为元素的某条边设置宽度，可以使用 border-top-width（顶边框宽度）、border-right-width（右边框宽度）、border- bottom-width（底边框宽度）和 border-left-width（左边框宽度）。

（4）使用 border-width 属性快速定义边框宽度，例如：

```
border-width:2px;/*定义 4 边都为 2px*/
border-width:2px 4px;/*定义上下边为 2px，左右边为 4px*/
border-width:2px 4px 6px;/*定义上边为 2px，左右边为 4px，底边为 6px*/
border-width:2px 4px 6px 8px; /*定义上边为 2px，右边为 4px，底边为 6px，左边为 8px*/
```

提示：

当定义边框宽度时，必须要定义边框的显示样式。由于边框默认样式为 none，即不显示，所以仅设置边框的宽度，由于样式不存在，边框宽度也自动被清除为 0。

2. 定义颜色

定义边框颜色可以使用颜色名、颜色函数或十六进制值等。

【示例 1】 以下示例分别为元素的各个边框定义不同的颜色，演示效果如图 11.4 所示。

```
<style type="text/css">
#box {/*定义边框的颜色 */
    height: 164px;                              /* 定义盒的高度 */
    width: 240px;                               /* 定义盒的宽度 */
    padding: 2px;                               /* 定义内补白 */
    font-size: 16px;                            /* 定义字体大小 */
    color: #FF0000;                             /* 定义字体显示颜色 */
    border-style: solid;                        /* 定义边框为实线显示 */
    border-width: 50px;                         /* 定义边框的宽度 */
    border-top-color: #aaa;                     /* 定义顶边框颜色为十六进制值*/
    border-right-color: gray;                   /*定义右边框颜色为名称值*/
    border-bottom-color: rgb(120,50,20);        /*定义底边框颜色为 RGB 值*/
    border-left-color:auto;                     /*定义左边框颜色将继承字体颜色*/
}
</style>
<div id="box"><img src="images/1.jpg" width="240" height="164" alt=""/></div>
```

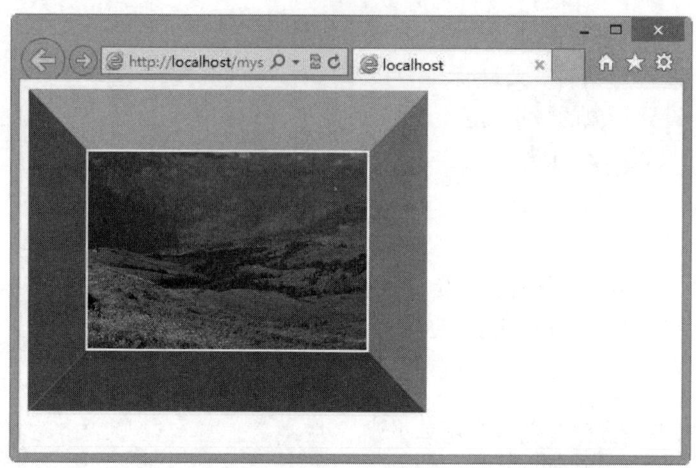

图 11.4　定义边框颜色

3. 定义样式

边框样式是边框显示的基础，CSS 提供了以下几种边框样式。

- none：默认值，无边框，不受任何指定的 border-width 值影响。
- hidden：隐藏边框，IE 不支持。
- dotted：定义边框为点线。
- dashed：定义边框为虚线。
- solid：定义边框为实线。
- double：定义边框为双线边框，两条线及其间隔宽度之和等于指定的 border-width 值。
- groove：根据 border-color 值定义 3D 凹槽。
- ridge：根据 border-color 值定义 3D 凸槽。
- inset：根据 border-color 值定义 3D 凹边。
- outset：根据 border-color 值定义 3D 凸边。

【示例 2】　以下示例使用 border 设计列表框样式，定义每个项目显示下划线，预览效果如图 11.5 所示。

```
<style type="text/css">
#box {/*<定义信纸的外框>*/
    width: 500px;
    height: 400px;
    padding: 8px 24px;
    margin: 6px;
    border-style: outset;                /* 定义信纸边框为 3D 凸边效果 */
    border-width: 4px;                   /* 定义信纸边框宽度 */
    border-color: #aaa;                  /* 定义信纸边框颜色 */
    font-size: 14px;
    color: #D02090;
    list-style-position: inside;         /* 定义列表符号在内部显示 */
}
#box h2 {/*<定义标题格式>*/
    padding-bottom: 12px;
    border-bottom-style: double;         /* 定义标题底边框为双线显示 */
    border-bottom-width: 6px;            /* 定义标题底边框宽度 */
```

```
    border-bottom-color: #999;           /* 定义标题底边框颜色 */
    text-align: center;
    color: #000000;
}
#box li {
    padding: 6px 0;                      /* 增加列表项之间的间距 */
    border-bottom-style: dotted;         /* 定义列表项底边框为点线显示 */
    border-bottom-width: 1px;            /* 定义列表项底边框宽度 */
    border-bottom-color: #66CC66;        /* 定义列表项底边框颜色 */
}
</style>
<ol id="box">
    <h2>边框样式应用</h2>
    <li>none：默认值，无边框，不受任何指定的 border-width 值影响。</li>
    <li>hidden：隐藏边框，IE 不支持。</li>
    <li>dotted：定义点线。</li>
    <li>dashed：定义虚线。</li>
    <li>solid：定义实线。</li>
    <li>double：定义双线边框，两条线及其间隔宽等于指定的 border-width 值。</li>
    <li>groove：根据 border-color 值定义 D 凹槽。</li>
    <li>ridge：根据 border-color 值定义 D 凸槽。</li>
    <li>inset：根据 border-color 值定义 D 凹边。</li>
    <li>outset：根据 border-color 值定义 D 凸边。</li>
</ol>
```

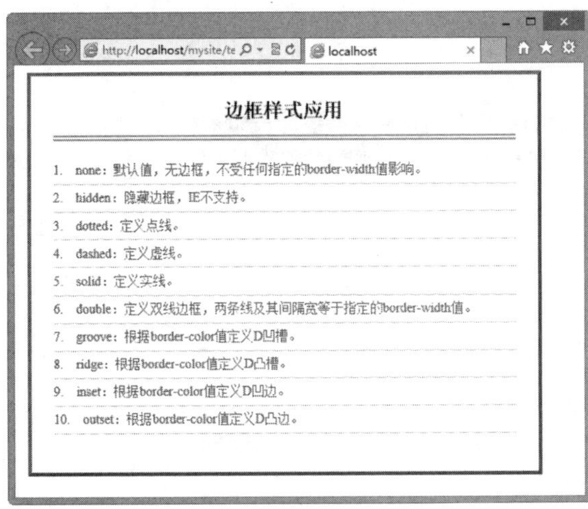

IE 预览效果

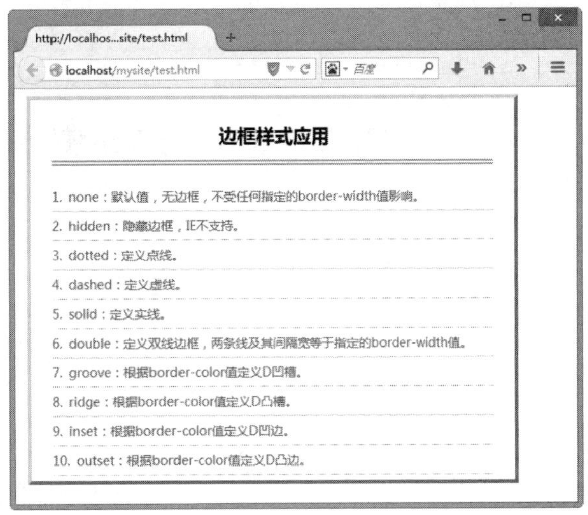

Firefox 预览效果

图 11.5　边框样式比较

在 IE 和 Firefox 浏览器中分别进行预览，则效果存在细微区别，说明不同浏览器在解析相同的样式代码时显示效果也不完全相同。

提示：

在默认状态下，边框的宽度为 medium（中型），这是一个相对宽度，一般为 2~3 像素。边框默认样式为 none，即隐藏边框显示。边框默认颜色为前景色，即元素中包含文本的颜色，如果没有文字，则将继承上级元素所包含的文本颜色。

扫一扫，看视频

11.1.4 定义边界

元素的边距由 CSS 的 margin 属性控制，margin 定义了元素与其他相邻元素的距离。由 margin 属性又派生出 4 个子属性：margin-top（顶部边界）、margin-right（右侧边界）、margin-bottom（底部边界）和 margin-left（左侧边界），这些属性分别控制元素在不同方位上与其他元素的间距。

【示例】 在以下示例中，设置 4 个盒子的外边界变化，通过不同方向上外边界的设置，从而设计一个梯状效果，如图 11.6 所示。通过本例演示，用户能够体验到边界可以自由设置，且各边边界不会相互影响。

```
<style type="text/css">
div { /* <div>标签的默认样式 */
    height: 20px;                                               /* 统一高度 */
    border: solid 1px red;                                      /* 统一边框样式 */
}
#box4 {/* 第 4 个盒子样式 */
    margin-top: 2px;                                            /* 顶部边界大小 */
    margin-right: 1em;                                          /* 右侧边界大小 */
    margin-left: 1em;                                           /* 左侧边界大小 */
}
#box3 {margin-top: 4px; margin-right: 4em; margin-left: 4em;}   /* 第 3 个盒子样式 */
#box2 {margin-top: 8px; margin-right: 8em; margin-left: 8em;}   /* 第 2 个盒子样式 */
#box1 {margin-top: 16px; margin-right: 12em; margin-left: 12em;} /* 第 1 个盒子样式 */
</style>
<div id="box1"></div>
<div id="box2"></div>
<div id="box3"></div>
<div id="box4"></div>
```

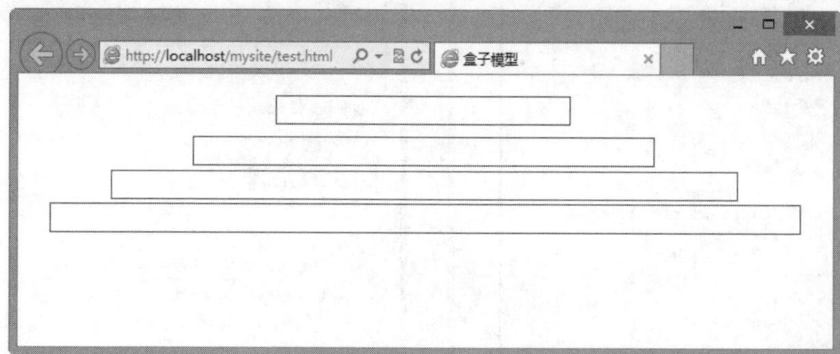

图 11.6　盒模型不同方向上边界的设置效果

提示：

为了提高代码编写效率，CSS 提供了边界定义的简写方式。具体说明如下：

- 如果 4 个边界相同，则直接使用 margin 属性定义，为 margin 设置一个值即可。
- 如果 4 个边界不相同，则可以在 margin 属性中定义 4 个值，4 个值用空格进行分隔，代表边的顺序是顶部、右侧、底部和左侧，即从顶部开始按顺时针方向进行设置。代码如下。

```
margin:top right bottom left;
```

这样就能够加速代码输入速度，例如，针对上面示例中的样式可以这样简写：

```
#box4 { margin:1px 1em auto 1em; }
#box3 { margin:4px 4em auto 4em; }
```

```
#box2 { margin:8px 8em auto 8em; }
#box1 { margin:12px 12em auto 12em; }
```

如果某个边没有定义大小，则可以使用 auto（自动）关键字进行代替，但是必须设置一个值，否则会产生歧义。

- 如果上下边界不同，左右边界相同，则可以使用 3 个值进行代替，因此可以这样简写：

```
margint:top right bottom;
```

例如，针对上面示例代码，可以继续简写：

```
#box4 { margin:1px 1em auto; }
#box3 { margin:4px 4em auto; }
#box2 { margin:8px 8em auto; }
#box1 { margin:12px 12em auto; }
```

因为左右边界相同，所以就不用再考虑，合并在一起即可。

- 如果上下边界相同，左右边界相同，则直接使用两个值进行代替：第 1 个值表示上下边界，第 2 个值表示左右边界。例如，下面样式定义了段落文本的上下边界为 12 像素，而左右边界为 24 像素。

```
p{ margin:12px 24px;}
```

注意：

margin 可以取负值，这样就能够强迫元素偏移原来位置，实现相对定位功能，利用这个 margin 功能，可以设计复杂的页面布局效果。

11.1.5 定义补白

扫一扫，看视频

补白是用来调整元素包含的内容与元素边框的距离，由 CSS 的 padding 属性负责定义。从功能上讲，补白不会影响元素的大小，但是由于在布局中补白同样占据空间，所以在布局时应考虑补白对于布局的影响。如果在没有明确定义元素的宽度和高度情况下，使用补白来调整元素内容的显示位置要比边界更加安全、可靠。

pading 与 margin 属性一样，不仅快速简写，还可以利用 padding-top、padding-right、padding-bottom 和 padding-left 属性来分别定义四边的补白大小。例如：

```
padding:2px;/*定义元素四周补白为 2px*/
padding:2px 4px;/*定义上下补白为 2px，左右补白为 4px*/
padding:2px 4px 6px;/*定义上补白为 2px，左右补白为 4px，下补白为 6px*/
padding:2px 4px 6px 8px; /*定义上补白为 2px，右补白为 4px，下补白为 6px，左补白为 8px*/
padding-top:2px;/*定义元素上补白为 2px*/
padding-right:2em;/*定义右补白为元素字体的 2 倍*/
padding-bottom:2%;/*定义下补白为父元素宽度的 2%*/
padding-left:auto; /*定义左补白为自动*/
```

与边界不同，补白取值不可以为负。补白和边界一样都是透明的，当设置元素的背景色或边框后，才能感觉到补白的存在。

【示例 1】 以下示例设计导航列表项目并列显示，然后通过补白调整列表项目的显示大小，效果如图 11.7 所示。

```
<style type="text/css">
ul {/*清除列表样式*/
    margin: 0;                          /*清除 IE 列表缩进*/
    padding: 0;                         /*清除非 IE 列表缩进*/
    list-style-type: none;              /*清除列表样式*/
}
```

```
#nav {width: 100%;height: 32px;}            /*定义列表框宽和高*/
#nav li {/*定义列表项样式*/
    float: left;                            /*浮动列表项*/
    width: 9%;                              /*定义百分比宽度*/
    padding: 0 5%;                          /*定义百分比补白*/
    margin: 0 2px;                          /*定义列表项间隔*/
    background: #def;                       /*定义列表项背景色*/
    font-size: 16px;
    line-height: 32px;                      /*垂直居中*/
    text-align: center;                     /*平行居中*/
}
</style>
<ul id="nav">
    <li>美 丽 说</li>
    <li>聚美优品</li>
    <li>唯 品 会</li>
    <li>蘑 菇 街</li>
    <li>1 号 店</li>
</ul>
```

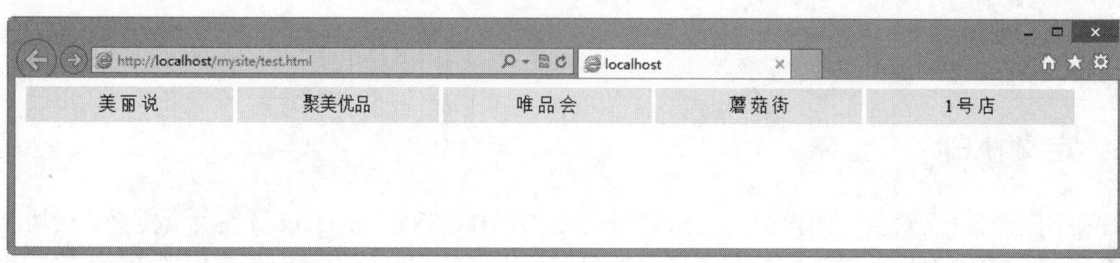

图 11.7　IE 下预览效果

在布局中，混用边界和补白来间隔不同模块区域，或者分割相邻元素。但下面这个问题应引起重视：

【示例 2】　当发生边界重叠或宽度溢出时，建议选用补白作为调整元素间距的首选属性。例如：

```
<style type="text/css">
#box1 { margin-bottom: 6px; }
#box2 { padding-top: 3px; }
</style>
<div id="box1">上边元素</div>
<div id="box2">下边元素</div>
```

这是一个简单的示例，假设上下两个模块的间距为 6px，现在要调整 box1 与 box2 的间距为 9px，此时有 4 种方法可供选择：

- 增加 box1 的 margin-bottom 的属性为 9px，但可能会影响到同行其他模块的布局。
- 增加 box1 的 padding-bottom 的属性为 3px，但会使上边元素过于上移而呈现突兀。
- 增加 box2 的 margin-top 的属性为 3px，但由于上下元素边界的重叠而无法实现。如果要增加 box2 的 margin-top 的属性为 9px，会存在更大的布局危险。
- 增加 box2 的 padding-top 的属性为 3px，这样就可以实现 box1 与 box2 之间的间距为 9px，但又不会响应同行其他元素的布局，整个页面又不会出现过大起伏错落。

注意：

补白与边界、边框一样都是可选的，并不是每个元素都必须全部设置，如果不设置这些属性，CSS 默认其值为 0。但是很多元素已经被浏览器预定了特定样式，如 body、p、h1～6、ul 等，这些预定义样式主要包括补白和边界的属性设置。当然，也可以重置 margin 和 padding 为 0，清除其中的预定义样式。为了快速开发，可以在页面设计之初，用通配选择符清除所有元素的补白和边界样式。

```
* {/*[清除所有元素的预定义样式]*/
    margin:0;                                   /*清除边界值*/
    padding:0;                                  /*清除补白值*/
}
```

11.2　CSS3 完善盒模型

CSS3 改善了传统盒模型结构，增强盒子构成要素的功能，扩展了盒模型显示的方式。具体描述如下。

- 改善结构：除了传统的内容区、边框区、补白区和边界区外，为盒子新增轮廓区。
- 增强功能：内容区增强 CSS 自动添加内容功能，增强内容溢出、换行处理；允许多重定义背景图、控制背景图显示方式等；增加背景图边框、多重边框、圆角边框等功能；完善 margin:auto; 布局特性。
- 扩展显示：完善传统的块显示特性，增加弹性、伸缩盒显示功能，丰富网页布局手段，此部分知识可参考后面章节内容。

11.2.1　定义显示方式

扫一扫，看视频

为了兼顾浏览器的怪异模式，CSS3 对盒模型进行了改善，定义了 box-sizing 属性，该属性能够事先定义盒模型的尺寸解析方式。box-sizing 属性的基本语法如下所示。

```
box-sizing:content-box | border-box | inherit;
```

box-sizing 属性初始值为 content-box，适用于所有能够定义宽和高的元素。取值简单说明：

- content-box:该属性值将维持 CSS2.1 盒模型的标准模式，即元素 width/height=border+padding+content。
- border-box:该属性值将重新定义 CSS2.1 盒模型模式，即元素 width/height=content。此时浏览器对盒模型的解释与 IE6 的解析相同。

另外，Webkit 引擎支持-webkit-box-sizing 私有属性，Mozilla Gecko 引擎支持-moz-box-sizing 私有属性，Presto 引擎和 IE 浏览器直接支持该属性。

11.2.2　定义元素尺寸大小

扫一扫，看视频

为了增强用户体验，CSS3 新增 resize 属性，它允许用户通过拖动的方式改变元素的尺寸。resize 属性的基本语法如下所示。

```
resize:none | both | horizontal | vertical | inherit;
```

resize 属性初始值为 none，适用于所有 overflow 属性不为 visible 的元素。取值简单说明如下。

- none：浏览器不提供尺寸调整机制，用户不能操纵机制调节元素的尺寸。
- both：浏览器提供双向尺寸调整机制，允许用户调节元素的宽度和高度。
- horizontal：浏览器提供单向水平尺寸调整机制，允许用户调节元素的宽度。
- vertical：浏览器提供单向垂直尺寸的调整机制，允许用户调节元素的高度。
- inherit：默认继承。

除了 IE 浏览器外，目前其他主流浏览器都允许元素的缩放，但尚未完全支持，部分仅允许双向调整。CSS3 允许将该属性应用到任意元素，这将使网页缩放功能拥有跨浏览器的支持。

【示例】 在下面这个示例中将演示如何使用 resize 属性设计可以自由调整大小的图片，演示效果如图 11.8 所示。

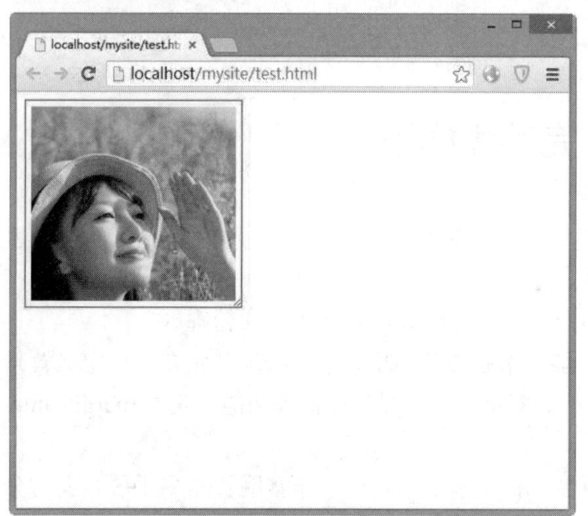

默认大小

鼠标拖动放大

图 11.8 调节元素尺寸

```
<style type="text/css">
#resize {
    /*以背景方式显示图像，这样可以更轻松地控制缩放操作*/
   background:url(iamges/1.jpg) no-repeat center;
    /*设计背景图像仅在内容区域显示，留出补白区域*/
   background-clip:content;
    /*设计元素最小和最大显示尺寸，用户也只能够在该范围内自由调整*/
   width:200px;
   height:120px;
   max-width:800px;
   max-height:600px;
   padding:6px;
   border: 1px solid red;
    /*必须同时定义 overflow 和 resize，否则 resize 属性声明无效，元素默认溢出显示为 visible*/
   resize: both;
   overflow: auto;
}
</style>
<div id="resize"></div>
```

扫一扫，看视频

11.2.3 溢出处理

overflow 是 CSS2.1 规范中的特性，而 overflow-x 和 overflow-y 属性则是 CSS3 基础盒模型中新加入的特性。overflow 属性定义当一个块级元素的内容溢出了元素的框（它作为内容的包含块）时，是否剪切显示。overflow-x 属性定义了对左右边(水平方向)的剪切，而 overflow-y 属性定义了对上下边(垂直方向)的剪切。overflow-x 和 overflow-y 属性的基本语法如下所示。

```
overflow-x:visible | hidden | scroll | auto | no-display | no-content;
overflow-y:visible | hidden | scroll | auto | no-display | no-content;
```

overflow-x 和 overflow-y 属性的初始值为 visible，适用于非替换的块元素，或者非替换的行内块元素。取值简单说明如下。

- visible：不剪切内容，也不添加滚动条。该属性值为默认值，元素将被剪切为包含对象的窗口大小，且 clip 属性设置将失效。
- auto：在需要时剪切内容并添加滚动条。该属性为 body 和 textarea 元素的默认值。
- hidden：不显示超出元素尺寸的内容。
- scroll：当内容超出元素尺寸，则 overflow-x 显示为横向滚动条，而 overflow-y 显示为纵向滚动条。
- no-display：当内容超出元素尺寸，则不显示元素，此时类似添加了 display:none 声明。该属性值是最新添加的，仅作为交流。
- no-content：当内容超出元素尺寸，则不显示内容，此时类似添加了 visibility:hidden 声明。该属性值是最新添加的，仅作为交流。

目前，所有浏览器都能够正确解析该属性。但是部分浏览器在解析时，会存在一些细微差异。

【示例】 以下示例演示了当为 overflow-x 和 overflow-y 设置不同值后的效果，如图 11.9 所示。

```
<style type="text/css">
#cont1 div, #cont3 div, #cont5 div {width:300px; height:200px;}
#cont2 div, #cont4 div, #cont6 div {width:100px; height:50px;}
.cont {
   float:left;
   margin:4px;
   overflow-y:visible;
   padding:10px;
   width:200px;
   height:100px;
}
.cont, .cont div { border : solid 2px red; }
</style>
<div id="cont1" class="cont" style="overflow-x:scroll; ">
   <div>style="overflow-x:scroll; "</div>
</div>
<div id="cont2" class="cont" style="overflow-x:scroll; ">
   <div>style="overflow-x:scroll; "</div>
</div>
<div id="cont3" class="cont" style="overflow-x:auto; ">
   <div>style="overflow-x:auto; "</div>
</div>
<div id="cont4" class="cont" style="overflow-x:auto; ">
   <div>style="overflow-x:auto; "</div>
</div>
<div id="cont5" class="cont" style="overflow-x:hidden; ">
   <div>style="overflow-x:hidden; "</div>
</div>
<div id="cont6" class="cont" style="overflow-x:hidden; ">
   <div>style="overflow-x:hidden; "</div>
</div>
```

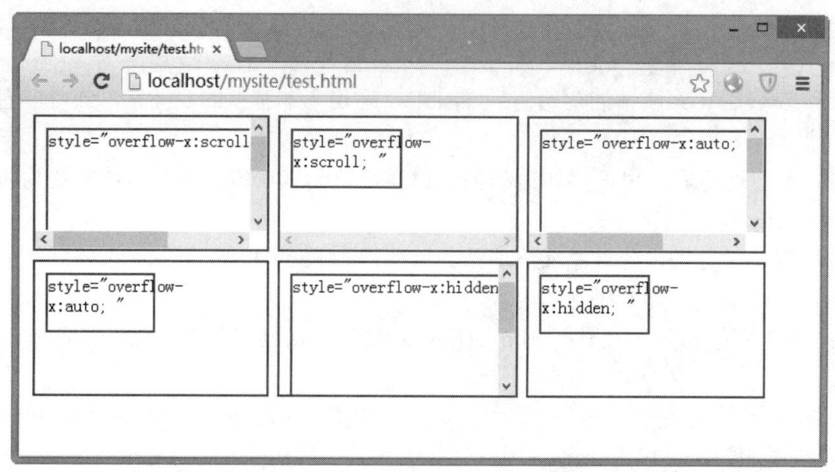

图 11.9　设置 overflow 演示效果

对于 overflow-x 和 overflow-y 的组合渲染，所有浏览器均依照规范处理。但是当 overflow-x:hidden 且 overflow-y:visible 时，IE9 及其以下版本浏览器将 overflow-y 渲染为 hidden， 其他浏览器则渲染为 auto。也就是说，在 IE 浏览器中所有容器的 overflow-y 计算值都为 visible，而其他浏览器中其值却为 auto。

要避免不同浏览器在解析上的差异，在使用时应该同时设置 overflow-x 和 overflow-y 的属性值，不要出现其中一个值为 hidden，而另一个值为 visible 的情况。另外，还要避免编写依赖指定值为 visible 的 overflow-x 和 overflow-y 属性的计算值的代码。

扫一扫，看视频

11.2.4　定义轮廓

outline 属性可以定义块元素的轮廓线，该属性在 CSS2.1 规范中已被明确定义，但是并未得到各主流浏览器的广泛支持，CSS3 增强了该特性。

在元素周围绘制一条轮廓线，可以起到突出元素的作用。例如，可以在原本没有边框的 radio 单选框外围加上一条轮廓线，使其在页面上显得更加突出，也可以在一组 radio 单选框中只对某个单选框加上轮廓线，使其区别于别的单选框。

outline 属性的基本语法如下所示。

```
outline:[outline-color] || [outline-style] || [outline-width] || [outlineoffset]|
inherit
```

outline 属性初始值根据具体的元素而定，它适用于所有元素。取值简单说明如下。

- <outline-color>：定义轮廓边框颜色。
- <outline-style>：定义轮廓边框轮廓。
- <outline-width>：定义轮廓边框宽度。
- <outline-offset>：定义轮廓边框偏移位置的数值。
- inherit：默认继承。

注意，outline 属性创建的轮廓线是画在一个框“上面”，也就是说，轮廓线总是在顶上，不会影响该框或任何其他框的尺寸。因此，显示或不显示轮廓线不会影响文档流，也不会破坏网页布局。

轮廓线可能是非矩形的。例如，如果元素被分割在好几行，那么轮廓线就至少是能要包含该元素所有框的外廓。和边框不同的是，外廓在线框的起讫端都不是开放的，它总是完全闭合的。

【示例】　当一个元素获得焦点时在周围画一个粗实线外廓，而在它活动时也画一个不同色的粗实线外廓，从而提高用户交互效果，效果如图 11.10 所示。

```
<style type="text/css">
body {/*统一页面字体和大小*/
    font-family:"Lucida Grande", "Lucida Sans Unicode", Verdana, Arial, Helvetica,
sans-serif;
    font-size:12px;
}
/*清除常用元素的边界、补白、边框默认样式*/
p, h1, form, button { border:0; margin:0; padding:0;}
/*定义一个强制换行显示类*/
.spacer { clear:both; height:1px;}
/*定义表单外框样式*/
.myform {margin:0 auto; width:400px; padding:14px;}
/*定制当前表单样式*/
#stylized { border:solid 2px #b7ddf2; background:#ebf4fb;}
/*设计表单内 div 和 p 通用样式效果*/
#stylized h1 {font-size:14px; font-weight:bold;margin-bottom:8px;}
#stylized p {
    font-size:11px; color:#666666;
    margin-bottom:20px; padding-bottom:10px;
    border-bottom:solid 1px #b7ddf2;
}
#stylized label {/*定义表单标签样式*/
    display:block; width:140px;
    font-weight:bold; text-align:right;
    float:left;
}
/*定义小字体样式类*/
#stylized .small {
    color:#666666; font-size:11px; font-weight:normal; text-align:right;
    display:block; width:140px;
}
/*统一输入文本框样式*/
#stylized input {
    float:left;
    font-size:12px;
    padding:4px 2px; margin:2px 0 20px 10px;
    border:solid 1px #aacfe4; width:200px;
}
/*定义图形化按钮样式*/
#stylized button {
    clear:both;
    margin-left:150px;
    width:125px; height:31px;
    background:#666666 url(images/button.png) no-repeat;
    text-align:center;    line-height:31px;    color:#FFFFFF;    font-size:11px;
font-weight:bold;
}
/*设计表单内文本框和按钮在被激活和获取焦点状态下时，轮廓线的宽、样式和颜色*/
input:focus, button:focus { outline: thick solid #b7ddf2 }
input:active, button:active  { outline: thick solid #aaa }
</style>
```

```
<div id="stylized" class="myform">
    <form id="form1" name="form1" method="post" action="">
        <h1>登录</h1>
        <p>请准确填写个人信息...</p>
        <label>Name <span class="small">姓名</span> </label>
        <input type="text" name="textfield" id="textfield" />
        <label>Email <span class="small">电子邮箱</span> </label>
        <input type="text" name="textfield" id="textfield" />
        <label>Password <span class="small">密码</span> </label>
        <input type="text" name="textfield" id="textfield" />
        <button  type="submit">登 录</button>
        <div class="spacer"></div>
    </form>
</div>
```

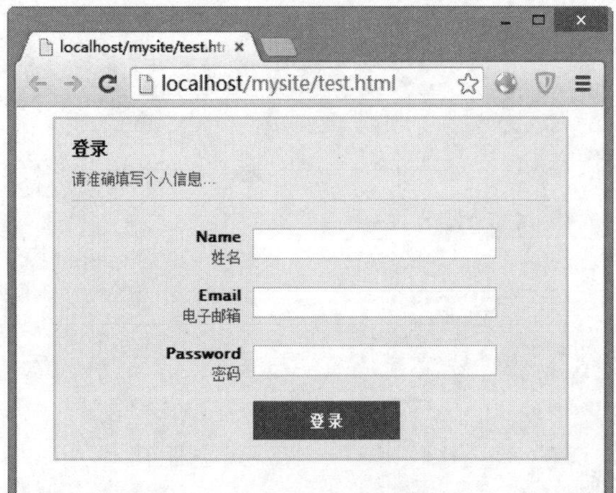

默认状态

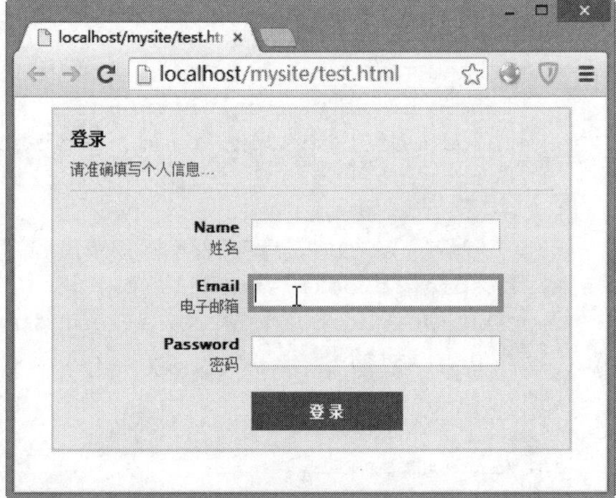

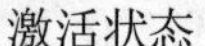

激活状态

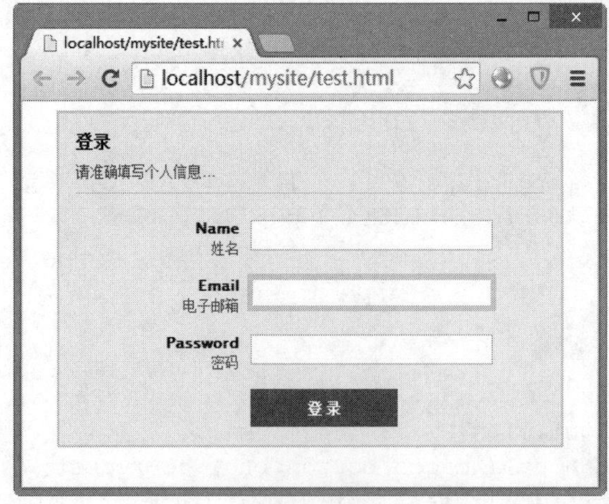

获取焦点状态

图 11.10　设计文本框的轮廓线

扫一扫，看视频

11.2.5　定义轮廓样式

CSS3 为轮廓定义了很多属性，借助这些属性可以设置多样的轮廓线样式。

1. 设置宽度

outline-width 属性可以单独设置轮廓线的宽度。该属性的基本语法如下所示。

```
outline-width:thin | medium | thick | <length> | inherit;
```

outline-width 属性初始值为 medium，适用于所有元素。取值简单说明如下。

- thin：定义细轮廓。
- medium：定义中等的轮廓。
- thick：定义粗的轮廓。
- <length> ：定义轮廓粗细的值。
- inherit：默认继承。

注意，outline-width 属性设置元素整个轮廓的宽度，只有当轮廓样式不是 none 时，该属性才会起作用。如果样式为 none，宽度实际上会重置为 0。不允许设置负长度值。

2. 设置样式

outline-style 属性可以设置轮廓线的样式。该属性的基本语法如下所示。

```
outline-style:auto | <border-style> | inherit;
```

outline-style 属性初始值为 none，适用于所有元素。取值简单说明如下。

- auto：根据浏览器自动设置。
- <border-style>：沿用边框样式。包括 none、dotted、dashed、solid、double、groove、ridge、inset、outset。详细说明请参阅 CSS2.1 中有关 border-style 属性值。
- inherit：默认继承。

该属性的浏览器兼容性与 outline-width 属性相同。

3. 设置颜色

outline-color 属性可以单独设置轮廓线的颜色。该属性的基本语法如下所示。

```
outline-color:<color> | invert | inherit;
```

outline-color 属性初始值为 invert，适用于所有元素。取值简单说明如下。

- <color>：可以是颜色名，如 red；函数值，如 rgb(255,0,0)；或者十六进制值，如#ff0000。
- inherit：执行颜色反转（逆向的颜色）。这样可以确保轮廓线在不同的背景颜色中都是可见的。
- inherit：默认继承。

注意，轮廓的样式不能是 none，否则轮廓不会出现。该属性的浏览器兼容性与 outline-width 属性相同。

4. 设置偏移

outline-offset 属性可以单独设置轮廓线的偏移位置。该属性的基本语法如下所示。

```
outline-offset:<length> | inherit;
```

outline-offset 属性初始值为 0，适用于所有元素。取值简单说明如下。

- <length>：定义轮廓距离容器的值。
- inherit：默认继承。

该属性的浏览器兼容性与 outline-width 属性相同。

【示例 1】 在 11.2.4 节示例基础上，通过 outline-offset 属性放大轮廓线，使其看起来更大方，演示效果如图 11.11 所示。

```
<style type="text/css">
/*统一页面字体和大小*/
body {
```

```
    font-family:"Lucida Grande", "Lucida Sans Unicode", Verdana, Arial, Helvetica,
sans-serif;
    font-size:12px;
}
/*清除常用元素的边界、补白、边框默认样式*/
p, h1, form, button { border:0; margin:0;padding:0;}
/*定义一个强制换行显示类*/
.spacer {clear:both; height:1px;}
/*定义表单外框样式*/
.myform { margin:0 auto; width:400px; padding:14px;}
/*定制当前表单样式*/
#stylized {border:solid 2px #b7ddf2; background:#ebf4fb;}
/*设计表单内 div 和 p 通用样式效果*/
#stylized h1 {font-size:14px; font-weight:bold; margin-bottom:8px;}
#stylized p {
    font-size:11px; color:#666666;
    margin-bottom:20px; padding-bottom:10px;
    border-bottom:solid 1px #b7ddf2;
}
#stylized label {/*定义表单标签样式*/
    display:block; float:left;
    font-weight:bold; text-align:right;
    width:140px;
}
/*定义小字体样式类*/
#stylized .small {
    color:#666666; font-size:11px; font-weight:normal; text-align:right;
    display:block; width:140px;
}
/*统一输入文本框样式*/
#stylized input {
    float:left; width:200px;
    font-size:12px;
    padding:4px 2px; margin:2px 0 20px 10px;
    border:solid 1px #aacfe4;
}
/*定义图形化按钮样式*/
#stylized button {
    clear:both;
    margin-left:150px;
    width:125px; height:31px;
    background:#666666 url(images/button.png) no-repeat;
    text-align:center;    line-height:31px;    color:#FFFFFF;    font-size:11px;
font-weight:bold;
}
/*设计表单内文本框和按钮在被激活和获取焦点状态下时，轮廓线的宽、样式和颜色*/
input:focus, button:focus { outline: thick solid #b7ddf2 }
input:active, button:active  { outline: thick solid #aaa }
/*通过 outlineoffset 属性放大轮廓线*/
input:active, button:active { outline-offset: 4px; }
input:focus, button:focus { outline-offset: 4px; }
</style>
```

```
<div id="stylized" class="myform">
    <form id="form1" name="form1" method="post" action="">
        <h1>登录</h1>
        <p>请准确填写个人信息...</p>
        <label>Name <span class="small">姓名</span> </label>
        <input type="text" name="textfield" id="textfield" />
        <label>Email <span class="small">电子邮箱</span> </label>
        <input type="text" name="textfield" id="textfield" />
        <label>Password <span class="small">密码</span> </label>
        <input type="text" name="textfield" id="textfield" />
        <button  type="submit">登 录</button>
        <div class="spacer"></div>
    </form>
</div>
```

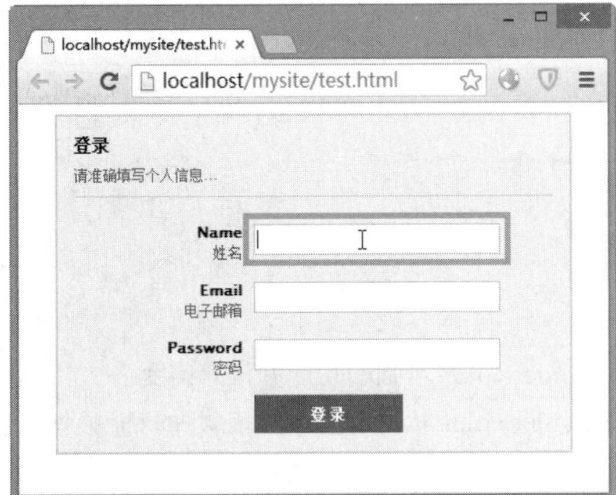

激活状态

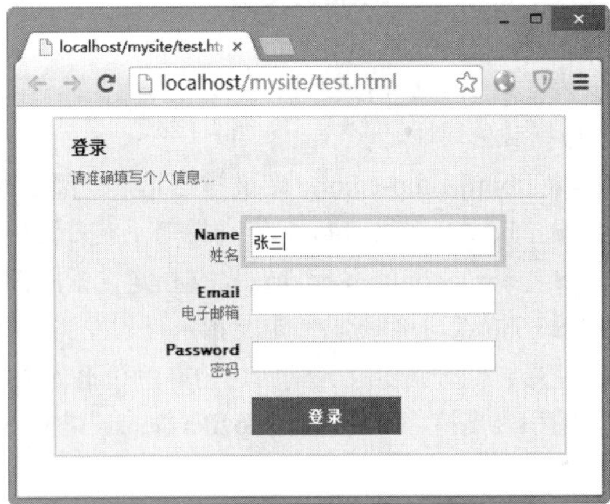

获取焦点状态

图 11.11　放大激活和焦点提示框

提示：

轮廓线可以与边框线混用，在特定情况下，可以使用轮廓线设计边框样式，它具有两个优点：

- 轮廓不占空间，即不会增加额外的 width 或者 height。
- 轮廓有可能是非矩形的。

【示例 2】　下面示例为段落文本中部分文字定义轮廓线，演示效果如图 11.12 所示。

```
<style type="text/css">
.outline { outline: red solid 2px;}
</style>
<meta charset="utf-8">
<p><b>注释：</b>只有在规定了 !DOCTYPE 时，<span class="outline">Internet Explorer 8 （以
及更高版本） </span>才支持 outline 属性。</p>
```

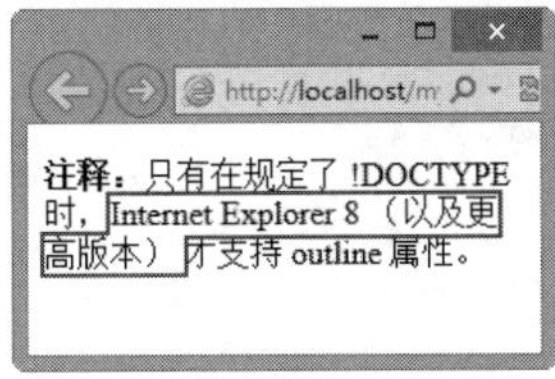

图 11.12　轮廓边框效果

扫一扫，看视频

11.2.6 定义多色边框

border-color 属性可以设置边框的颜色。不过，CSS3 增强了这个属性的功能，使用它可以为边框设置更多的颜色，从而方便设计师设计渐变等炫丽的边框效果。border-color 属性的基本语法如下所示。

```
border-color:<color>;
```

border-color 属性适用于所有元素，初始值无。<color>可以为任意合法的颜色值或颜色值列表，支持不透明参数设置。

与 CSS2 中的 border-color 属性可以混合使用，当为该属性设置一个颜色值时，则表示为边框设置纯色，如果设置 n 个颜色值，且边框宽度为 n 像素，那么就可以在该边框上使用 n 种颜色，每种颜色显示 1 像素的宽度。如果边框宽度是 10 个像素，但是只声明了 5 种颜色，那么最后一个颜色将被添加到剩下的宽度。

为了避免与 border-color 属性原功能（即定义边框颜色）发生冲突，CSS3 在这个属性基础上派生了 4 个边框颜色属性。

- border-top-color：定义指定元素顶部边框的色彩。
- border-right-color：定义指定元素右侧边框的色彩。
- border-bottom-color：定义指定元素底部边框的色彩。
- border-left-color：定义指定元素左侧边框的色彩。

使用它们分别定义元素四边的多色边框。CSS3 对于 border-color 增强的功能并没有得到各大主流浏览器的积极支持，目前仅有 Mozilla Gecko 引擎支持-moz-border-color 私有属性。且该属性只能够使用间接方法实现。

【示例 1】 以下示例演示了如何使用 border-color 属性定义渐变效果的边框，其效果如图 11.13 所示。

```
<style type="text/css">
div {
    border: 50px solid #dedede;
    height: 100px;
    width: 600px;
    /*兼容 Mozilla Gecko 引擎*/
    -moz-border-bottom-colors:#100 #200 #300 #400 #500 #600 #700 #800 #900 #a00;
    -moz-border-top-colors:#100 #200 #300 #400 #500 #600 #700 #800 #900 #a00;
    -moz-border-left-colors: #100 #200 #300 #400 #500 #600 #700 #800 #900 #a00;
    -moz-border-right-colors:#100 #200 #300 #400 #500 #600 #700 #800 #900 #a00;
    /*标准用法*/
    border-bottom-colors:#100 #200 #300 #400 #500 #600 #700 #800 #900 #a00;
    border-top-colors:#100 #200 #300 #400 #500 #600 #700 #800 #900 #a00;
    border-left-colors: #100 #200 #300 #400 #500 #600 #700 #800 #900 #a00;
    border-right-colors:#100 #200 #300 #400 #500 #600 #700 #800 #900 #a00;
}
</style>
<div></div>
```

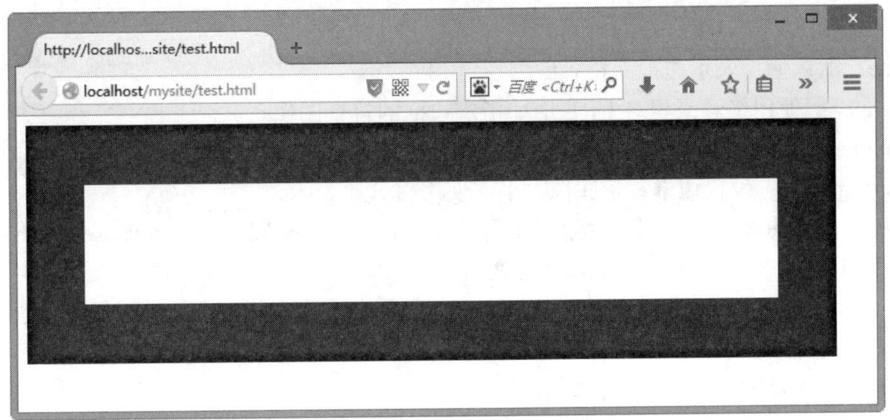

图 11.13　定义渐变边框效果

【示例 2】　以下示例借助 border-color 属性模拟立体效果的边框，使用深色和浅色交错设计，营造凸凹的立体效果，如图 11.14 所示。

```
<style type="text/css">
div {
   border: 2px solid #dedede;
   height: 60px;
   width: 200px;
   background:url(images/1.jpg);
   -moz-border-right-colors:#333 #aaa;
   -moz-border-bottom-colors:#333 #aaa;
   -moz-border-top-colors:#aaa #666;
   -moz-border-left-colors:#aaa #666;
}
</style>
<div></div>
```

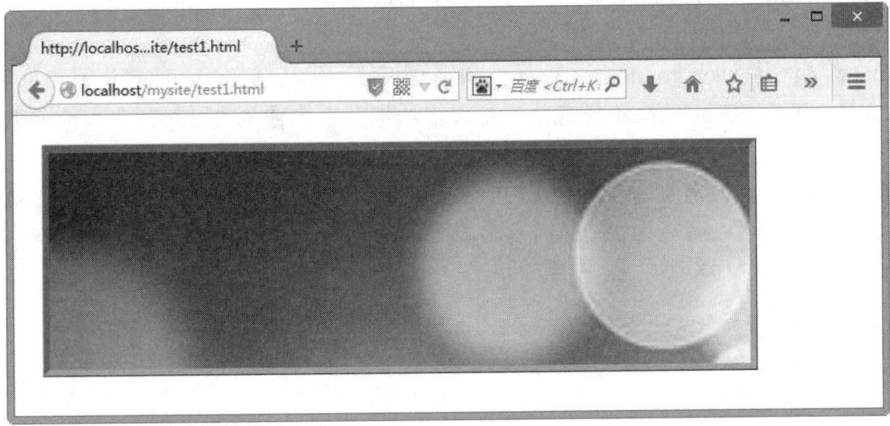

图 11.14　放大后的边框效果

11.2.7　定义边框背景

扫一扫，看视频

CSS3 增加 border-image 属性，来模拟 background-image 属性功能，且功能更加强大，该属性的基本语法如下所示。

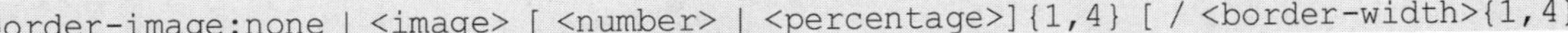

```
border-image:none | <image> [ <number> | <percentage>]{1,4} [ / <border-width>{1,4}
```

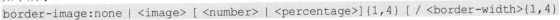

取值说明如下：

- none：默认值，表示边框无背景图。
- <image>：使用绝对或相对 URL 地址指定边框的背景图像。
- <number>：设置边框宽度或者边框背景图像大小，使用固定像素值表示。
- <percentage>：设置边框背景图像大小，使用百分比表示。

注意，border-image 属性适用于所有元素，除了 border-collapse 属性值为 collapse 的 table 元素。为了方便灵活使用，CSS3 允许 border-image 属性复合定义边框背景样式，同时还派生了众多子属性。一方面，CSS3 将 border-image 分成了 8 部分，使用 8 个子属性分别定义特定方位上边框的背景图像。

- border-top-image：定义顶部边框背景图像。
- border-right-image：定义右侧边框背景图像。
- border-bottom-image：定义底部边框背景图像。
- border-left-image：定义左侧边框背景图像。
- border-top-left-image：定义左上角边框背景图像。
- border-top-right-image：定义右上角边框背景图像。
- border-bottom-left-image：定义左下角边框背景图像。
- border-bottom-right-image：定义右下角边框背景图像。

另外，根据边框背景图像的处理功能，border-image 属性还派生了下面几个属性。

- border-image-source：定义边框的背景图像源，即图像 URL。
- border-image-slice：定义如何裁切背景图像，与背景图像的定位功能不同。
- border-image-repeat：定义边框背景图像的重复性。
- border-image-width：定义边框背景图像的显示大小（即边框显示大小）。虽然 W3C 定义了该属性，但是浏览器还是习惯使用 border-width 实现相同的功能。
- border-image-outset：定义边框背景图像的偏移位置。

Webkit 引擎支持-webkit-border-image 私有属性，Mozilla Gecko 引擎支持-moz-border-image 私有属，Presto 引擎支持-o-border-image 私有属性。IE 浏览器暂时不支持 border-image 属性，也没有定义私有属性。

border-image 属性与 background-image 属性的用法相似，包括图像源、剪裁位置和重复性。例如，border-image:url(01.jpg) 50 no-repeat;样式就表示设置边框背景图像为 01.jpg，剪裁位置为 50px，禁止重复。

【示例 1】 为元素边框定义背景图像为 images/border1.png，然后设置 border-imageslice 属性值为(27 27 27 27)，该属性值可以简写为 27。整个示例的代码如下，页面浏览效果如图 11.15 所示。

```
<style type="text/css">
div {
    height:160px;
    border-width:27px;
    /*设置边框背景图像*/
    -webkit-border-image: url(images/border1.png) 27;   /*兼容 webkit 引擎*/
    -moz-border-image: url(images/border1.png) 27;      /*兼容 gecko 引擎*/
    -o-border-image: url(images/border1.png) 27;        /*兼容 presto 引擎*/
    border-image: url(images/border1.png) 27;           /*兼容标准用法*/
}
</style>
<div></div>
```

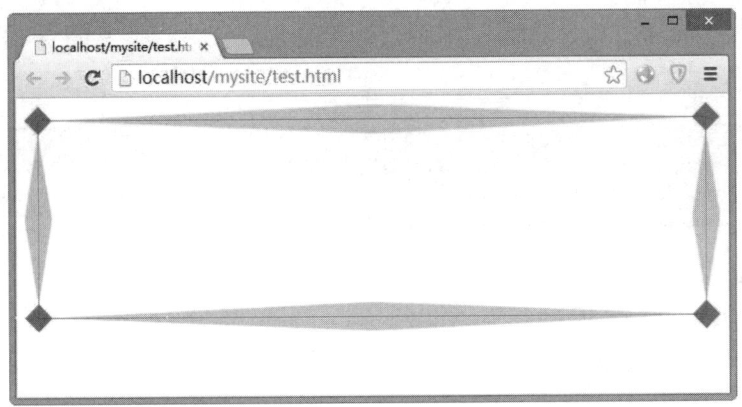

图 11.15　定义边框背景样式

【示例 2】 border-image 是一个非常实用的属性，它拓展了设计师的设计灵感，抛弃了传统借助背景图像实现边角设计的笨拙做法，提高了网页传输速度，降低了前期劳动量。以下示例演示如何设计局部或者全部圆角版块，演示效果如图 11.16 所示。

```
<style type="text/css">
div {
    height:120px;
    border-width:10px;
    -moz-border-image: url(images/r2.png)  20;
    -webkit-border-image: url(images/r2.png) 20;
    -o-border-image:  url(images/r2.png) 20;
    border-image: url(images/r2.png) 20;
}
</style>
<div></div>
```

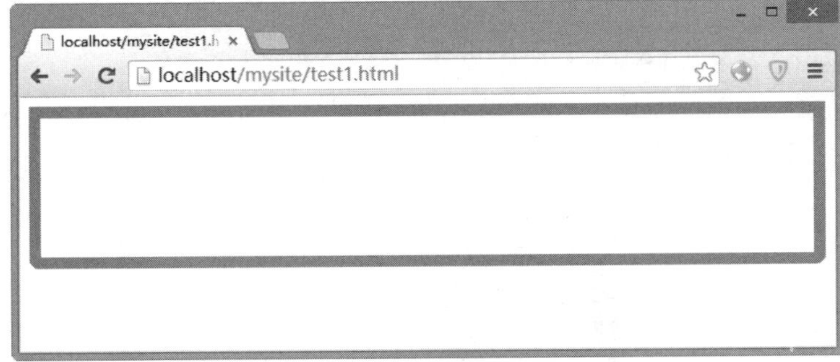

图 11.16　定义边框圆角样式

【示例 3】 设计圆环边框版块。设计背景图像为 42px*42px，圆环角为 20px，显示效果如图 11.17 所示。

```
<style type="text/css">
div {
    height:120px;
    border-width:10px;
    -moz-border-image: url(images/r3.png)  20;
    -webkit-border-image: url(images/r3.png) 20;
    -o-border-image:  url(images/r3.png) 20;
    border-image: url(images/r3.png) 20;
```

```
}
</style>
<div></div>
```

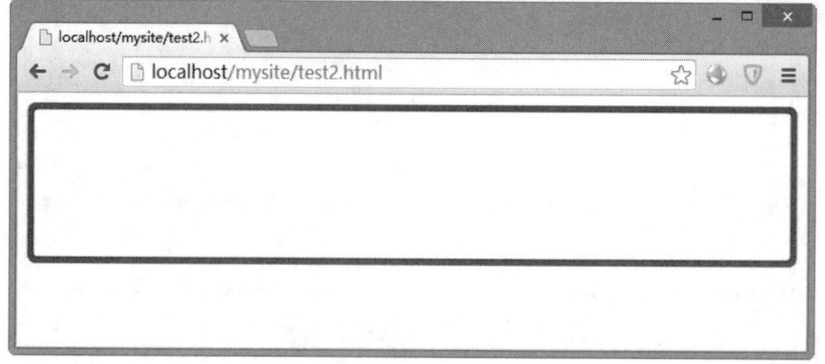

图 11.17　定义边框圆角样式

【示例 4】 设计边框阴影效果。设计背景图像为 42px×42px，圆环角为 20px，显示效果如图 11.18 所示。

```
<style type="text/css">
img {
    height:400px;
    border-width:2px 5px 6px 2px;
    -moz-border-image: url(images/r4.png)  2 5 6 2;
    -webkit-border-image: url(images/r4.png)  2 5 6 2;
    -o-border-image:  url(images/r4.png)  2 5 6 2;
    border-image: url(images/r4.png)  2 5 6 2;
}
</style>
<img src="images/2.jpg" />
```

图 11.18　定义边框阴影效果

【示例 5】 设计选项卡。设计背景图像为 12px×27px，圆环角为 12px，显示效果如图 11.19 所示。

```
<style type="text/css">
ul{
    margin:0;
    padding:0;
    list-style-type:none;
}
li {
    width:100px;
    height:20px;
    float:left;
    padding:4px 0;
    text-align:center;
    border-width:5px 5px 0px;
    -moz-border-image: url(images/r6.png) 5 5 0;
    -webkit-border-image: url(images/r6.png) 5 5 0;
    -o-border-image:  url(images/r6.png) 5 5 0;
    border-image: url(images/r6.png) 5 5 0;
}
</style>
<ul>
    <li>首页</li>
    <li>微博</li>
    <li>团购</li>
</ul>
```

图 11.19　定义边框圆角样式

注意，如果 border-image-slice 属性值包含 3 个参数，则第 1 个参数表示顶部裁切值，第 2 个参数表示左右两侧裁切值，第 3 个参数表示底部裁切值。例如，border-image-slice:55 0; 就等同于 border-image-slice:5 5 0 5;，它表示把边框背景图像分为 6 块，底部没有裁切，然后分别填充到左上角、顶边、右上角、左边、中间内容区域和右边。border-image 属性的应用比较灵活，可以设计不同样式的背景图，然后设置不同的 border- image-slice 属性值，从而设计各种特殊边框样式。

11.3　实战案例

CSS 布局比较复杂，涉及很多知识，为了帮助用户快速入门，本节将通过多个案例介绍网页布局的基本思路、方法和技巧。

11.3.1　设计行内元素边框

扫一扫，看视频

根据盒模型基本规则，任何元素都可以定义边框。但行内元素的边框显示效果有点特殊。下面结合示例进行简单说明。

（1）行内元素的上下边框高度不会影响行高，而且不受段落和行高的约束。

【示例 1】 以下示例在一段文本中包含一个 span 元素，利用它为部分文本定义特殊样式，设计顶部边框为 80 像素宽的红色实线，底部边框为 80 像素的绿色实线，如图 11.20 所示。

```
<style type="text/css">
p {/* 定义段落属性 */
    margin: 50px;                              /* 定义段落的边界为 50px */
    border: dashed 1px #999;                   /* 定义段落的边框 */
    font-size: 14px;                           /* 定义段落字体大小 */
    line-height: 24px;                         /* 定义段落行高为 24px */
}
span {/* 定义段落内内联文本属性 */
    border-top: solid red 80px;                /* 定义行内元素的上边框样式 */
    border-bottom: solid green 80px;           /* 定义行内元素的下边框样式 */
    color: blue;
}
</style>
<p> 寒蝉凄切，对长亭晚，骤雨初歇。都门帐饮无绪，留恋处兰舟催发。执手相看泪眼，竟无语凝噎。念去去千里烟波，暮霭沉沉楚天阔。 <span>多情自古伤离别，更那堪冷落清秋节。</span>今宵酒醒何处?杨柳岸晓风残月。此去经年，应是良辰好景虚设。便纵有千种风情，更与何人说? </p>
```

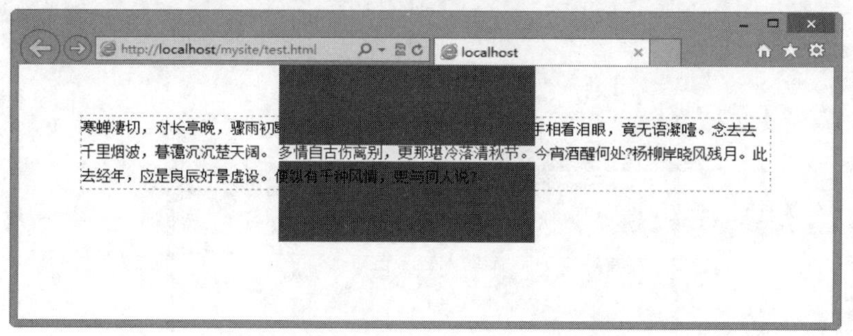

图 11.20　定义行内元素上下边框效果

在 IE 中浏览，可以看到上边框压住了上一行文字，并超出了段落边框，下边框压住了下一行文字，也超出了段落边框。

（2）行内元素的左右边框宽度会挤占左右相邻文本的位置，而不是压住左右两侧文本。左右边框会跟随文本流自由移动，移动时会紧跟行内元素前后，且不会出现断行现象，也就是说单个边框不会被分开显示在 2 行内。

【示例 2】 以下示例在一段文本中包含一个 span 元素，利用它为部分文本定义特殊样式，设计左侧边框为 60 像素的红色实线，右侧边框为 20 像素的蓝色实线，上下边框为 1 像素的红色实线。在 IE 中浏览，左右边框分别占据一定的位置，效果如图 11.21 所示。

```
<style type="text/css">
p {/* 定义段落属性 */
    margin:20px;
    border:dashed 1px #999;
    font-size:14px;
    line-height:24px;
}
span {/* 定义段落内内联文本属性 */
    border-left:solid red 60px;             /*定义行内元素的左边框样式*/
    border-right:solid blue 20px;           /*定义行内元素的右边框样式*/
    border-top:solid red 1px;               /*定义行内元素的上边框样式*/
    border-bottom:solid red 1px;            /*定义行内元素的下边框样式*/
```

```
    color:#aaa;                                         /* 定义字体颜色 */
}
</style>
<p> 寒蝉凄切，对长亭晚，骤雨初歇。都门帐饮无绪，留恋处兰舟催发。执手相看泪眼，竟无语凝噎。念去去千里烟波，暮霭沉沉楚天阔。 <span>多情自古伤离别，更那堪冷落清秋节。</span>今宵酒醒何处?杨柳岸晓风残月。此去经年，应是良辰好景虚设。便纵有千种风情，更与何人说？ </p>
```

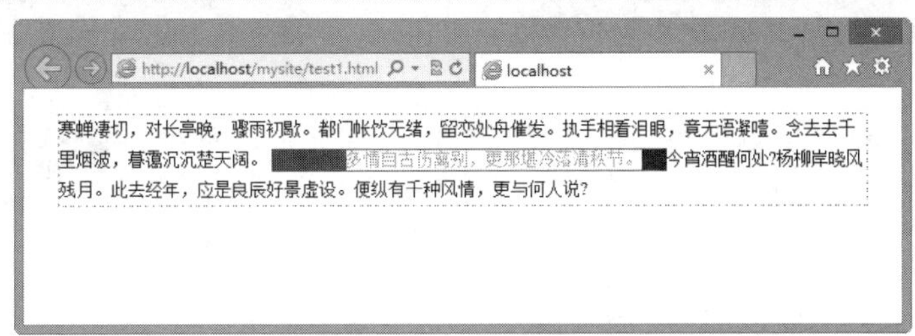

图 11.21　定义行内元素左右边框效果

扫一扫，看视频

11.3.2　边界的应用

1. 网页居中

aotu 是一个自动计算的值，这个值一般为 0，也可以为其他值，这主要由具体浏览器来确定。

【示例 1】 auto 有一个重要作用就是实现元素居中显示，以下示例演示了如何设计页面居中显示，效果如图 11.22 所示。

```
<style type="text/css">
body { text-align:center; }                             /*在 IE 浏览器下实现居中显示*/
div#page {
    margin:5px auto;                                    /*在非 IE 浏览器下实现居中显示*/
    width:910px;
    height:363px;
    background-image:url(images/1.png);
    border:solid red 1px;
}
</style>
<div id="page">模拟页面</div>
```

图 11.22　居中显示效果

要实现 CSS 平行居中，首先应在父元素中定义 text-align:center;，这个规则在 IE 早期版本浏览器中可以实现父元素内的所有内容，包括文本、行内元素和块状元素居中显示。但在其他浏览器中只能实现文本、行内元素居中显示。而要在标准浏览器中实现块状元素居中显示，解决方法就是为显示元素定义 margin-right:auto;margin-left:auto;属性。

如果想用这种方法使整个页面居中，建议不要把所有模块都套在一个 div 元素里，可以根据上面示例 CSS 布局代码定义，然后为每个模块的包含框元素 div 定义 margin-right:auto;margin-left:auto;就可以实现该元素居中显示。

在实际使用中，可能希望页面布局居中显示，但内部文本以左对齐，这时就需要为子元素定义 text-align:left;属性，使其内部文本向左对齐。否则文本也会居中显示，显然这不是所希望的结果。

2. 设计弹性页面

边界可以设置为百分比，百分比的取值是根据父元素宽度来计算的。使用百分比的好处能够使页面自适应窗口大小，并能够及时调整边界宽度。从这点考虑，选用百分比具有更大灵活性和更多使用技巧。但是，如果父元素的宽度发生变化，则边界宽度也会随之变化，整个版面可能会混乱，因此在综合布局时要慎重选择。不过在结构单纯、内容单一的布局中，适当使用会使页面更具人性化和多变效果。

【示例 2】 以下示例通过 margin 取值百分比定义弹性布局页面，效果如图 11.23 所示。

```
<style type="text/css">
#box {/*定义文本框属性*/
    margin:2%;                              /*边界为 body 宽度的 2%*/
    padding:2%;                             /*补白为 body 宽度的 2%*/
    background:#CCCC33;
}
#box #content {/* 定义文本框内文本段的属性 */
    margin:4%;                              /* 边界为文本框宽度的 4% */
    line-height:1.8em;                      /* 定义行高为字体高度的 18 倍 */
    font-size:12px;                         /* 定义字体大小 */
    color:#003333;                          /* 定义字体颜色 */
}
#box .center {/* 居中加粗文本 */
    margin:4%;                              /* 边界为文本框宽度的 4% */
    text-align:center;                      /* 文本居中显示 */
    font-weight:bold;                       /* 定义标题为粗体 */
}
</style>
<div id="box">
    <p class="center">将进酒</p>
    <p class="center">李白</p>
    <p id="content"> 君不见，黄河之水天上来，奔流到海不复回。<br />
        君不见，高堂明镜悲白发，朝如青丝暮成雪。<br />
        人生得意须尽欢，莫使金樽空对月！<br />
        天生我材必有用，千金散尽还复来。<br />
        烹羊宰牛且为乐，会须一饮三百杯！<br />
        岑夫子，丹丘生，将进酒，君莫停！<br />
        与君歌一曲，请君为我侧耳听！<br />
        钟鼓馔玉不足贵，但愿长醉不愿醒！<br />
        古来圣贤皆寂寞，惟有饮者留其名！<br />
        陈王昔时宴平乐，斗酒十千恣欢谑。<br />
        主人何为言少钱？径须沽取对君酌。<br />
```

```
        五花马，千金裘，呼儿将出换美酒，与尔同销万古愁！ </p>
</div>
```

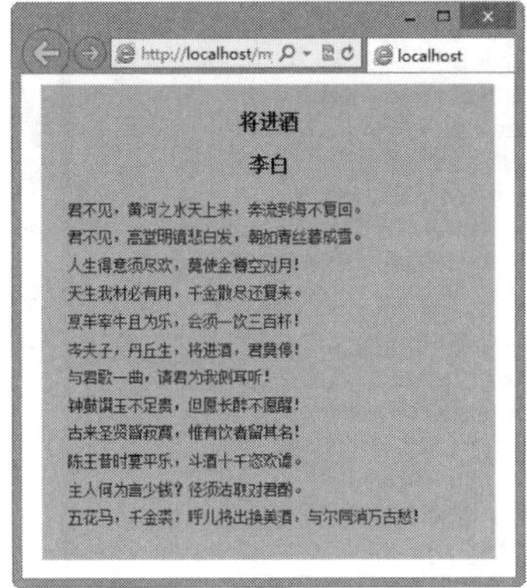

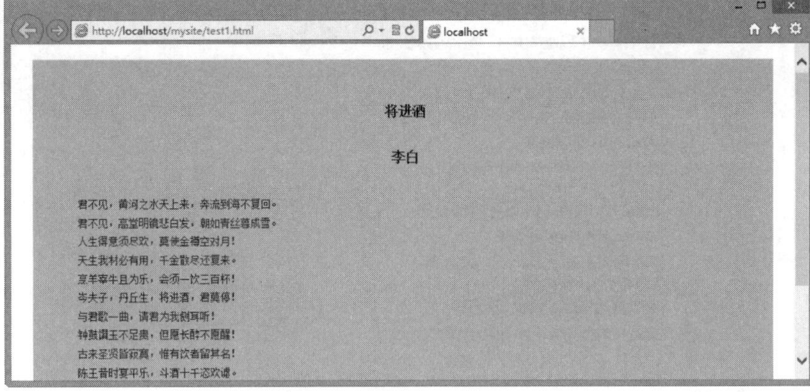

图 11.23　弹性布局效果

在上面示例中，把所有边界都设置为百分比，这样当窗口发生变化时，显示内容也比较得体地成比例变化，不至于当窗口很小时，段落文本所占区域比例很大，当窗口很大时，段落文本所占区域比例又显小气。边界的随机应变使页面更显机灵。

3. 调整栏目显示顺序

边界可以取负值，负值边界会给设计带来更多创意，在网页布局中经常应用该技巧。

【示例 3】　以下示例模拟一个页面栏目，该栏目包括左右两个分栏，显示效果如图 11.24 所示。

```
<style type="text/css">
#wrap {/* 设置栏目包含框样式 */
    width: 997px;                               /* 固定栏目总宽度 */
    margin: 12px auto;                          /* 定义栏目居中显示 */
}
#box1, #box2 {/* 设置左右模块共同属性 */
    float: left;                                /* 向左浮动 */
    height: 376px;                              /* 固定高度 */
    background-position: center center;         /* 背景居中 */
    background-repeat: no-repeat;               /* 背景禁止平铺 */
}
#box1 {/* 定义左侧模块 */
    width: 408px;                               /* 固定宽度 */
    background-image: url(images/22.png);       /* 定义模拟子栏目效果图 */
}
#box2 {/* 定义右侧模块*/
    width: 589px;                               /* 固定宽度 */
    background-image: url(images/23.png);       /* 定义模拟子栏目效果图*/
}
</style>
<div id="wrap">
    <div id="top"><img src="images/21.png" /></div>
    <div id="box1"></div>
    <div id="box2"></div>
</div>
```

图 11.24　默认布局效果

这是一个很普通的两栏布局示意图，如果想把把左右两栏位置换一下，似乎很简单，只需要把 HTML 结构调整一下即可。

```
<div id="wrap">
    <div id="top"><img src="images/21.png" /></div>
    <div id="box2"></div>
    <div id="box1"></div>
</div>>
```

但是，当页面很复杂时，各种标签相互嵌套，代码成百上千行，这个看似简单的位置调换，可能需要牵一发动全身，麻烦不说，甚至破坏布局。

其实，只需要在 CSS 样式表中添加如下 2 个样式即可，则演示效果如图 11.25 所示。

```
#box1 {margin-left:589px;            /*左栏左边界取正值，值为右栏总宽度的和*/}
#box2 {margin-left:-997px;           /*右栏左边界取负值，值为左右栏总宽度的和*/}
```

图 11.25　百分比取负值布局效果

在浮动布局时，当窗口缩小到一定宽度，如小于或等于左右模块宽度总和时，右边模块就会错行，通过边界取负值能够很好地解决这个问题，且各种浏览器都能够支持。

【示例 4】　可以使用边界取负值来对段落文本的行距进行一些补偿和修整，下面示例通过 margin 取负值来调整列表项目之间的行距，比较效果如图 11.26 所示。

```
<style type="text/css">
ul {
    margin: 20px;
    font-size: 16px;
}
li { margin-top: -2px;                                    /*压缩列表项之间的空隙*/ }
</style>
<ul>
    <li>人生得意须尽欢，</li>
    <li>莫使金樽空对月！</li>
    <li>天生我材必有用，</li>
    <li>千金散尽还复来。</li>
</ul>
```

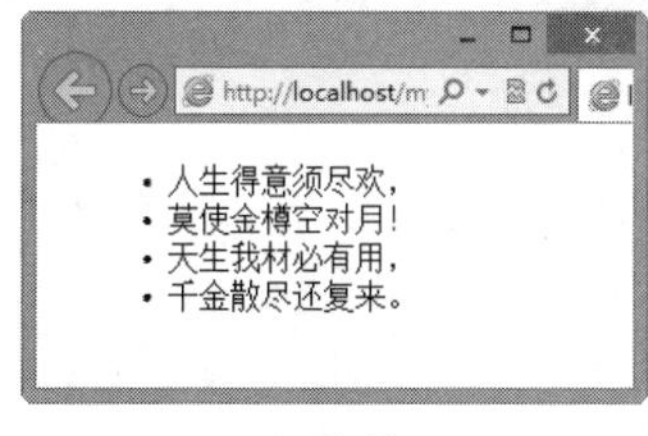

压缩前　　　　压缩后

图 11.26　压缩前后比较效果

负边界对文本编排有影响，会间接缩短行距，影响段落的显示效果。另外，还可以通过边界与补白的取负配合实现栏目背景色自动向下延伸，利用边界取负实现动态导航效果，通过边界取负隐藏不需要的内容等。

11.3.3　边界重叠现象

扫一扫，看视频

在网页排版中，通过 margin 调整栏目之间、对象之间的间距，但是元素之间的 margin 值会发生重叠，影响布局效果，使用时应该小心。简单概括如下：

- 边界重叠只发生在块状元素，且只是垂直相邻边界才会发生重叠。
- 边界重叠时，两个边界中最小的那边将被覆盖。
- 重叠只应用于边界，而补白和边框不会出现重叠。

边界重叠问题由于受各种结构关系的干扰，并非总是按预想的那样显示效果，下面结合示例进行介绍。

1. 上边元素不浮动，下边元素浮动

【示例 1】　当上边元素不浮动，下边元素浮动时，上下元素的 margin 不会发生重叠。

```
<style type="text/css">
/* [边界重叠 1：上边元素不浮动，下边元素浮动] */
body {/* 清除页边距 */
    margin: 0;                                            /*适用 IE*/
    padding: 0;                                           /*适用非 IE*/
}
div {/*设置上下元素共同属性*/
    width: 100px;
    height: 100px;
```

```
    clear: both;                                        /* 清除并列浮动显示 */
    margin: 20px;
    padding: 20px;
}
#box1 {/* 定义上边元素不浮动 */ border: solid 20px red;}
#box2 {/* 定义下边元素浮动 */ float: left; border: solid 20px blue;}
</style>
<div id="box1">上边元素</div>
<div id="box2">下边元素</div>
```

2. 上边元素浮动，下边元素不浮动

【示例 2】 与本节示例 1 相比，这是一个相反的布局，但渲染的效果却截然不同，如图 11.27 所示。

```
<style type="text/css">
body {/*清除页边距*/
    margin:0;                                           /*适用 IE*/
    padding:0;                                          /*适用非 IE*/
}
div {/* 定义上下元素共同属性 */
    width:100px;
    height:100px;
    clear:both;
    margin:20px;
    padding:20px;
}
#box1 {/* 定义上边元素浮动 */
    float:left;
    border:solid 20px red;
}
#box2 {/* 定义下边元素不浮动 */border:solid 20px blue;}
</style>
<div id="box1">上边元素</div>
<div id="box2">下边元素</div>
</html>
```

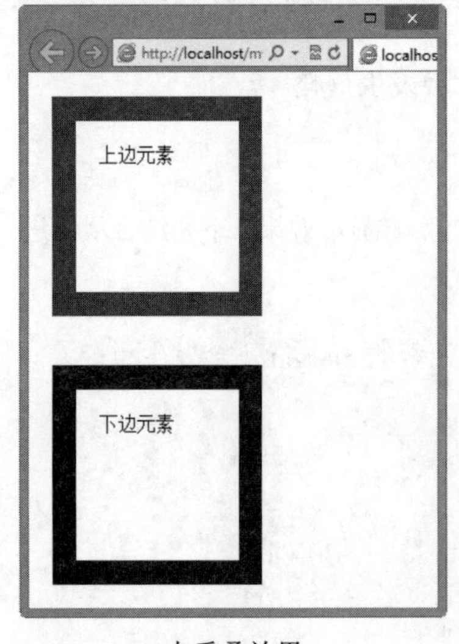

未重叠效果

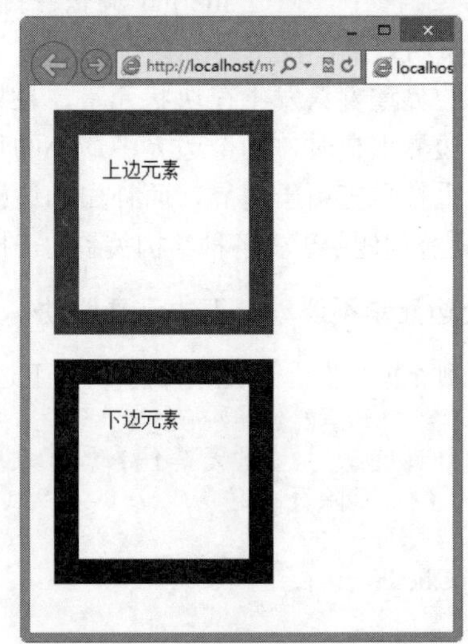

重叠效果

图 11.27　margin 重叠比较效果

在 IE 中浏览，上下元素边界发生重叠现象。这与上边元素不浮动，下边元素浮动所讨论的结论是不同的，在其他浏览器中也具有相同的显示效果。

3. 一个元素包含另一个元素

一个元素包含另一个元素从结构上讲属于嵌入或包含关系，它们不属于同一级别的相邻关系，外边的元素可以称为父元素，里面的元素可以称为子元素。

【示例 3】 以下示例设计当定义了父元素的边框或补白后，会看到子元素自动停靠在父元素内容框的左上角，如图 11.28 所示。如果内容框内前面包含其他对象，则自动向下分布。子元素的边界、边框和补白都被包含在内容框里。不管父、子元素是否独立浮动显示，这种效果在不同浏览器中显示是相同的。

```
<style type="text/css">
body {margin: 0; /*适用 IE*/padding: 0;                    /*适用非 IE*/}/*清除页边距*/
div {/*定义父子元素共同属性*/
    margin: 20px;
    padding: 20px;
    float: left;
}
#box1 {/*定义父元素的属性*/
    width: 500px;
    height: 300px;
    float: left;
    background-image: url(images/1.jpg);
    border: solid 20px red;
}
#box2 {/*定义子元素的属性*/
    width: 150px;
    height: 150px;
    float: left;
    background-image: url(images/2.jpg);
    border: solid 20px blue;
}
</style>
<div id="box1">
    <div id="box2">子元素</div>
</div>
```

图 11.28　IE 中的演示效果

【示例 4】 如果取消父元素的边框和补白，并取消浮动显示，这时会发现子元素的边界越过父元素的边界，实现了叠加，其中较大边界会覆盖掉较小边界，如图 11.29 所示。

```
<style type="text/css">
body {margin:0; /*适用 IE*/ padding:0;                    /*适用非 IE*/}/*清除页边距*/
#box1{ /*不定义父元素的边框、补白，仅设置边界*/
    margin:20px;                                          /*父元素的边界为 20px*/
    background-image:url(images/1.jpg);
}
#box2 { /*定义子元素的属性*/
    margin:60px;                                          /*子元素的边界为 60px*/
    border:solid 20px red;
    padding:20px;
    width:150px;
    height:150px;
    background-image:url(images/2.jpg);
}
</style>
<div id="box1">
    <div id="box2">子元素</div>
</div>
```

图 11.29　包含元素之间的 margin 重叠现象

扫一扫，看视频

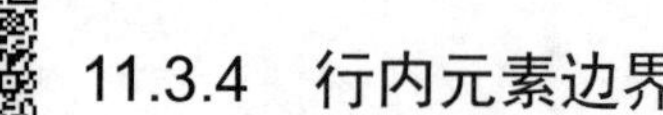

11.3.4　行内元素边界

与边框一样，行内元素的边界不会改变行高，行高只能由 line-height、font-size 和 vertical-align 属性来改变。与边框一样，行内元素的边界会挤占左右相邻文本的位置，因此使用边界可以调整相邻元素的距离，实现空格。另外，左右边界不会产生断行，边界被浏览器看作一个整体嵌入行内元素的两端。

【示例】 以下示例演示了当行内元素定义 margin 之后，它会对左右两侧的间距产生影响，如图 11.30 所示。

```
<style type="text/css">
p {/*影响行高的属性*/
    line-height: 28px;
    font-size: 16px;
```

```
    vertical-align: middle;
}
span {/*行内元素的边界*/
    margin: 100px;
    border: solid 1px blue;
    color: red;
}
</style>
<p> 五月草长莺飞，窗外的春天盛大而暧昧。这样的春日，适合捧一本丰沛的大书在阳光下闲览。<span>季羡林的《清塘荷韵》</span>，正是手边一种：清淡的素色封面，一株水墨荷花迎风而立，书内夹有同样的书签，季羡林的题款颇有古荷风姿。 </p>
```

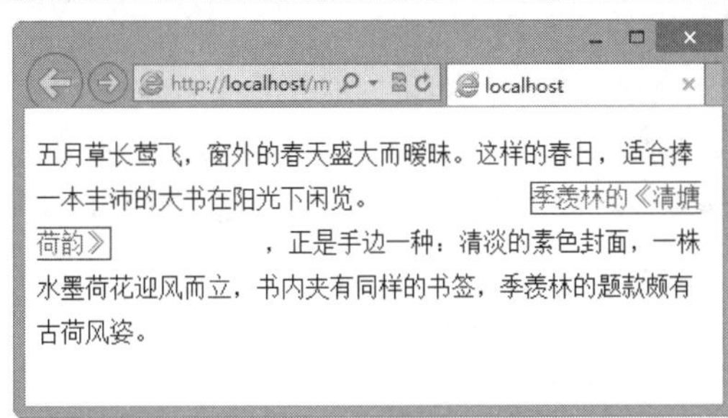

图 11.30　IE 下预览效果

11.3.5　设计网页居中显示

扫一扫，看视频

文本居中可以使用 text-align:center;声明来实现，但是对于网页设计来说，实现居中显示就需要一点技巧。设计方法：通过 text-align 和 margin 属性配合使用实现居中。

【操作步骤】

（1）启动 Dreamweaver，新建网页，保存为 index.html，在<body>标签内输入以下代码，设计网页包含框。

```
<div id="wrap">网页外套</div>
```

（2）在<head>标签内添加<style type="text/css">标签，定义一个内部样式表，然后输入下面样式。

```
body { text-align:center; }              /* 网页居中显示（IE 浏览器有效） */
#wrap {/* 网页外套的样式 */
    margin-left:auto;                    /* 左侧边界自动显示 */
    margin-right:auto;                   /* 右侧边界自动显示 */
    text-align:left;                     /* 网页正文文本居左显示 */
    border:solid 1px red;                /* 定义边框，方便观察，可以不定义 */
    width:800px;                         /* 固定宽度，只有这样才可以实现居中显示效果 */
}
```

（3）保存页面，在浏览器中预览，可以看到网页包含框居中显示，如图 11.31 所示。

图 11.31　设计网页居中显示的基本方法

提示：

设计网页居中布局时，应注意两个问题：

（1）不同浏览器对于布局居中的支持不同。例如，对于 IE 浏览器来说，如果要设计网页居中显示，则可以为包含框定义 text-align:center;声明，而非 IE 浏览器不支持该功能。如果能够实现兼容，只有使用 margin 属性，同时设置左右两侧边界为自动（auto）即可。

（2）要实现网页居中显示，就应该为网页定义宽度，且宽度不能够为 100%，否则就看不到居中显示的效果。

拓展 1：

上述网页居中设计技巧适合普通网页。但是，如果设计网页浮动显示，则居中样式就失去效果。例如，在上面示例基础上，如果再为<div id="wrap">包含框添加如下浮动样式：

```
#wrap {float:left; }                                      /* 包含框浮动显示 */
```

则网页显示效果如图 11.32 所示。

图 11.32　网页居中失效

解决方法：

在网页包含框内再裹一层包含框，设计外套流动显示，内套浮动显示。具体代码如下所示，预览效果如图 11.33 所示。

```
<style type="text/css">
body { text-align: center; }              /* 网页居中显示（IE 浏览器有效） */
#wrap {/* 网页外套的样式 */
   margin-left: auto;                     /* 左侧边界自动显示 */
   margin-right: auto;                    /* 右侧边界自动显示 */
   text-align: left;                      /* 网页正文文本居左显示 */
   border: solid 1px red;                 /* 定义边框，方便观察，可以不定义 */
   width: 80%;                            /* 弹性宽度，只有这样才可以实现居中显示效果 */
}
#subwrap {/* 网页内套的样式 */
   width: 100%;                           /* 显式定义 100%宽度，以便与外套同宽 */
   float: left;                           /* 浮动显示 */
}
</style>
<div id="wrap">
   <div id="subwrap">网页内套</div>
</div>
```

图 11.33　让浮动页面居中显示

拓展 2：

浮动页面能够居中显示，那么绝对定位页面如何实现居中显示?

绝对定位布局相对复杂，要实现居中显示，也可以借助内外两个包含框来实现，设计外框为相对定位，内框为绝对定位显示。这样内框将根据外框进行定位，由于外框为相对定位，将遵循流动布局的特征进行布局。完整页面设计代码如下所示，显示效果如图 11.34 所示。

```
<style type="text/css">
body { text-align:center; }                    /* 网页居中显示（IE 浏览器有效）*/
#wrap {/* 网页外套的样式 */
   margin-left:auto;                           /* 左侧边界自动显示 */
   margin-right:auto;                          /* 右侧边界自动显示 */
   text-align:left;                            /* 网页正文文本居左显示 */
   border:solid 1px red;                       /* 定义边框，方便观察，可以不定义 */
   width:80%;                                  /* 弹性宽度，只有这样才可以实现居中显示效果 */
   position:relative;                          /* 定义网页外框相对定位，设计包含块 */
}
#subwrap {/* 网页内套样式 */
   width:100%;                                 /* 与外套同宽 */
   position:absolute;                          /* 绝对定位 */
}
</style>
<div id="wrap">
   <div id="subwrap">网页内套</div>
</div>
```

图 11.34　设计绝对定位网页居中显示

11.3.6　设计多栏高度自适应页面

扫一扫，看视频

在设计多栏页面中，由于每个栏目高度不一致，栏目内容都是动态显示，无法预设。这样就不可避免地出现栏目高度参差不齐的现象。如何让各个栏目的高度都保持一致?

为了解决这个问题，下面介绍两种方法：

（1）伪列布局法。所谓伪列布局法，就是设计一个背景图像，利用背景图像来模拟栏目的背景。例如，使用 Photoshop 设计一个长条形的背景图，长度与页面宽度保持一致，高度任意，如图 11.35 所示。

图 11.35　设计伪列布局背景图像

然后，为<div id="main">包含框定义背景图，让其沿 y 轴平铺：

```
#main {
    position:relative;
    width:100%;
    background:url(images/bg.gif) center repeat-y                // 伪列背景图像}
```

为了避免栏目背景色的干扰，不妨在 CSS 样式表中删除背景色声明，这样所得的效果如图 11.36 所示，其中任何一个栏目高度发生变化，它都会撑开包含框，由于包含框背景图像是一个模拟的栏目背景图像，所以就给人一种栏目等高的错觉。

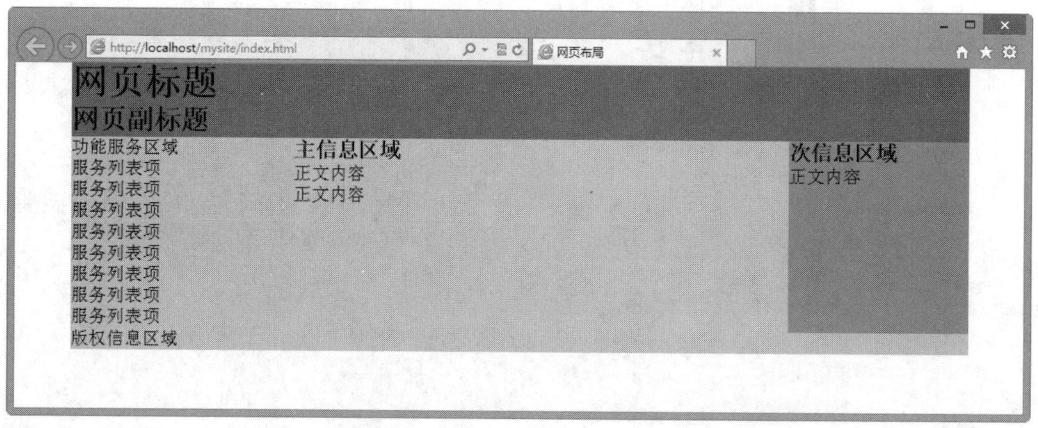

图 11.36　伪列布局效果

提示：

在使用这种方法时，一定要确保页面宽度是固定的，不能够设计为弹性页面（百分比宽度），或者宽度值为 auto。

（2）补白和边界重叠法。这种设计方法的思路是设计三列栏目的底部补白为无穷大，这样在有限的窗口内都能够显示栏目的背景色，因此也就不用担心栏目高度无法自适应。然后为了避免补白过大产生的空白区域，再设计底部边界为负无穷大，从而覆盖掉多出来的补白区域，最后再在中间行包含框中定义 overflow:hidden;声明剪切掉多出的区域即可。核心代码如下：

```
#main { overflow:hidden; }                          /* 剪切多出的区域 */
#content {
   padding-bottom:9999px;                           /* 定义底部补白无穷大 */
   margin-bottom:-9999px;                           /* 定义底部边界负无穷大 */
   background:#FFCC00;                              /* 定义背景色 */}
#subplot {
   padding-bottom:9999px;                           /* 定义底部补白无穷大 */
   margin-bottom:-9999px;                           /* 定义底部边界负无穷大 */
   background:#00CCCC;                              /* 定义背景色 */}
#serve {
   padding-bottom:9999px;                           /* 定义底部补白无穷大 */
   margin-bottom:-9999px;                           /* 定义底部边界负无穷大 */
   background:#99CCFF;                              /* 定义背景色 */}
```

把这些样式代码放置到上面示例中，并删除伪列布局中定义的背景图像，此时可以得到如图 11.37 所示效果。

但是这种方法只能够根据中间栏目的高度来进行裁切，也就是说 overflow:hidden;声明对于流动或浮动元素有效，对于脱离文档流的绝对定位元素来说无法进行裁切，从而导致如果绝对定位的栏目高度高出中间流动布局栏目的高度时，就会被裁切掉。

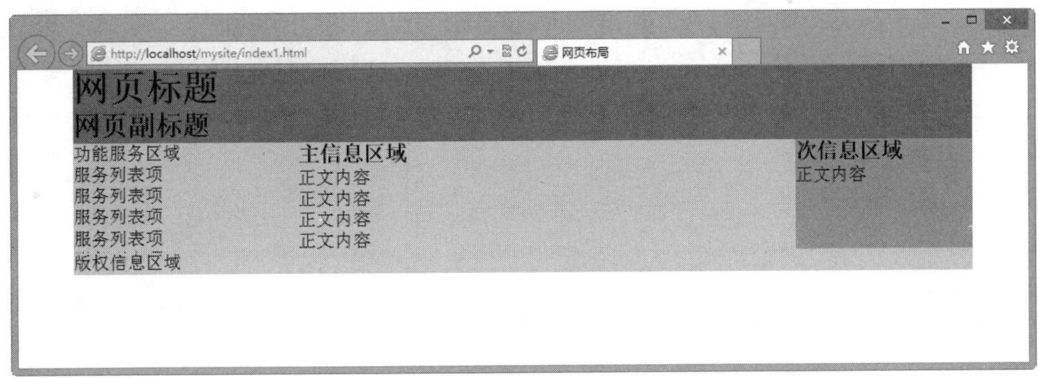

图 11.37　使用补白和边界重叠法设计自适应高度的布局

为了避免此类问题发生，不能使用定位法布局页面，应采用简单的浮动法进行设计，改动的核心样式如下，这样就可以实现上述的 3 列自适应高度的版式效果，如图 11.38 所示。

```
#content {/* 主要信息列样式 */
    float:left;                              /* 向左浮动 */
    width:55%;                               /* 宽度 */
    background:#FFCC00;                      /* 背景色 */}
#subplot {/* 次要信息列样式 */
    width:20%;                               /* 宽度 */
    float:left;                              /* 向左浮动 */
    background:#00CCCC;                      /* 背景色 */}
#serve {/* 服务功能区域样式 */
    width:25%;                               /* 宽度 */
    float:right;                             /* 向右浮动 */
    background:#99CCFF;                      /* 背景色 */}
#content, #subplot, #serve {/* 三列公共样式 */
    padding-bottom: 9999px;                  /* 底部补白无穷大 */
    margin-bottom: -9999px;                  /* 底部边界负无穷大 */}
```

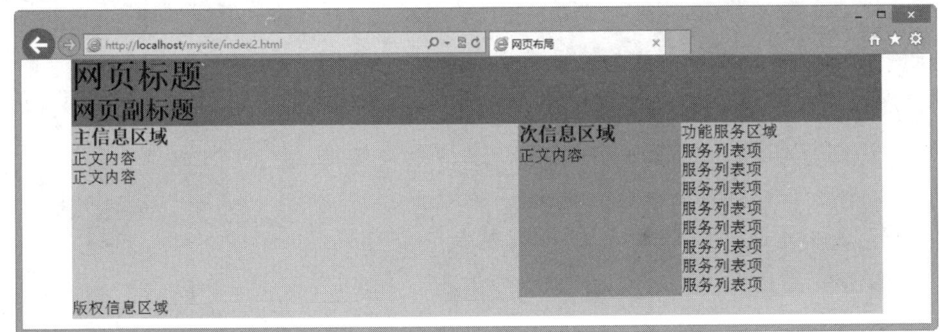

图 11.38　使用浮动法布局页面

11.3.7　设计负边界页面

浮动布局受 HTML 原始结构的影响很大。例如，在 11.3.6 节示例中，如果要把次要信息列放置到页面左侧显示是非常困难的。传统方法是为主要信息列和次要信息列嵌套一个包含框，然后通过浮动实现次要信息列向左浮动，而主要信息列向右浮动的布局效果。实现这种想法需要修改结构，修改后的结构代码如下所示：

```
<div id="main">
    <div id="submain">
        <div id="content">
            <h3>主信息区域</h3>
        </div>
        <div id="subplot">
            <h3>次信息区域</h3>
        </div>
    </div>
    <div id="serve">
        <dl>
            <dt>功能服务区域</dt>
            <dd>服务列表项</dd>
        </dl>
    </div>
</div>
```

然后，再重新设计 3 列的浮动布局，最后所得效果如图 11.39 所示。

```
#submain {/* 新增的内容包含框样式 */
    float:left;                                    /* 向左浮动 */
    width:75%                                      /* 内容包含框的宽度 */}
#content {/* 主要信息列样式 */
    float:right;                                   /* 向右浮动 */
    width:55%;                                     /* 主要信息列宽度 */}
#subplot {/* 次要信息列样式 */
    width:45%;                                     /* 次要信息列宽度 */
    float:left;                                    /* 向左浮动 */}
#serve {/* 服务功能列样式 */
    width:25%;                                     /* 服务功能列宽度 */
    float:right;                                   /* 向右浮动 */}
```

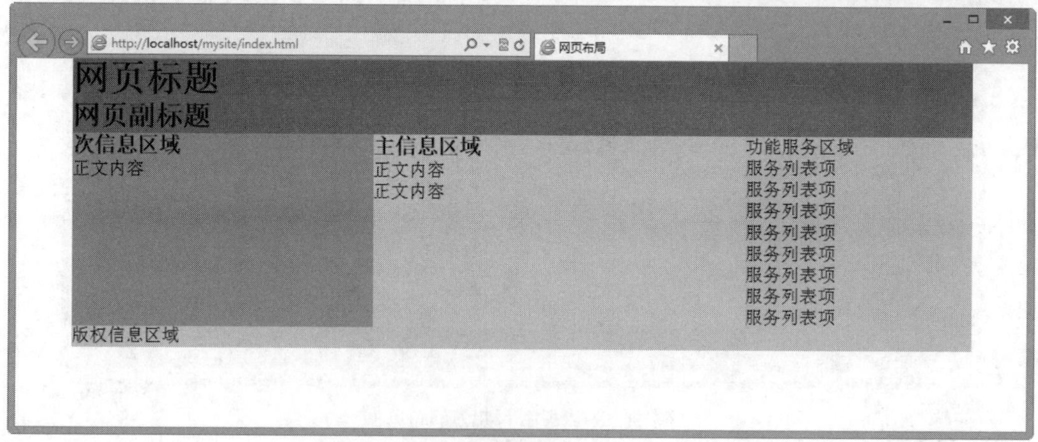

图 11.39　通过改变结构来调整浮动列的显示位置

下面使用负边界（margin 取负值）的方法来实现。具体设计方法如下：

【操作步骤】

（1）为主要信息列定义 20%宽度的边界空白，这个空白是专门为次要信息列备用的。

（2）让次要信息列左边界取负值，强制其向左移动 75%的距离，这个距离整好是刚定义的主要信息列的宽度和左边界之和。实现的核心代码如下。

```
#content {/* 主要信息列样式 */
    float:left;                          /* 向左浮动 */
    width:55%;                           /* 宽度 */
    margin-left:20%;                     /* 定义左边界，为左列留白 */
    background:#FFCC00;                  /* 背景色 */}
#subplot {/* 次要信息列样式 */
    width:20%;                           /* 宽度 */
    margin-left:-75%;                    /* 强制向左移动到主信息列的左侧 */
    float:left;                          /* 向左浮动 */
    background:#00CCCC;                  /* 背景色 */}
```

（3）在浏览器中预览，则所得效果如图 11.40 所示。

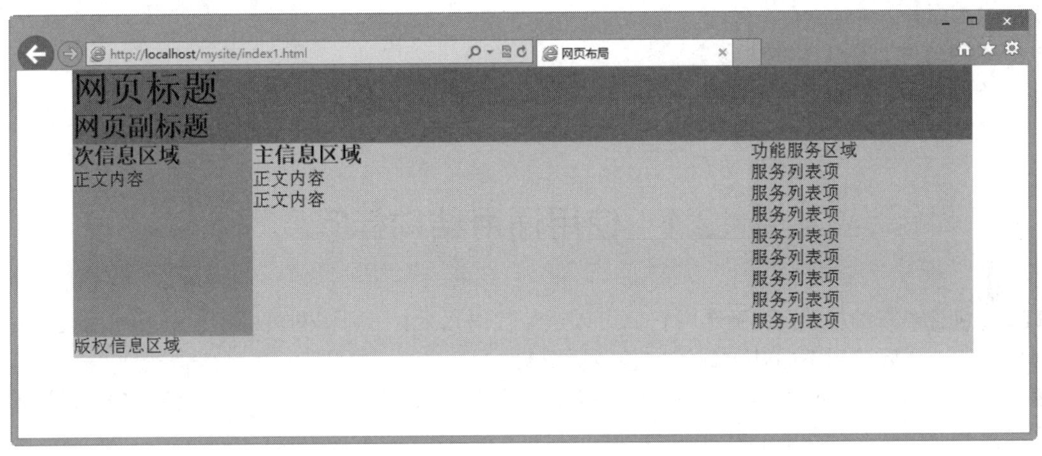

图 11.40　通过改变结构来调整浮动列的显示位置

负边界是网页布局中比较实用的一种技巧，它能够自由移动一个栏目到某个位置，从而改变了浮动布局和流动布局存在的受限于结构的弊端，间接具备了定位布局的一些特性，当然它没有定位布局那么精确。

11.4　在线课堂：实践练习

本节为线上实践环节，旨在帮助读者练习使用 CSS3 设计各种网页版式，培养初学者网页设计的能力，感兴趣的读者请扫码练习。

扫码，看电子版

第 12 章　CSS3+HTML5 网页排版

网页内容都是由各种标签标识的，正确使用各种标签，以及标签之间的嵌套关系，会直接影响页面的用户体验及相关性，而且还在一定程度上会影响网站的整体结构及页面被收录的数量。

HTML5 全面升级了文档结构的标识元素，确保文档结构更加清晰明确，容易阅读。本章将详细介绍这些新增的结构元素，同时介绍如何使用 CSS 控制这些标签，设计完整的页面版式。

【学习重点】

- 正确使用 HTML 结构标签。
- 正确使用 HTML5 语义元素。
- 能够设计符合标准的网页结构。

12.1　使用通用结构标签

HTML 包含丰富的标签，正确选用它们可以避免代码冗余。在制作网页中不仅需要使用<div>标签来构建网页结构，还要使用下面几类标签完善网页结构。

- <h1>、<h2>、<h3>、<h4>、<h5>、<h6>：定义文档标题，1 表示一级标题，6 表示六级标题，常用标题包括一级、二级和三级。
- <p>：定义段落文本。
- <ul>、<ol>、<li>等：定义信息列表、导航列表、榜单结构等。
- <table>、<tr>、<td>等：定义表格结构。
- <form>、<input>、<textarea>等：定义表单结构。
- <span>：定义行内包含框。

扫一扫，看视频

12.1.1　使用 div

文档结构基本构成元素是 div，div 表示区块（division）的意思，它提供了将文档分割为有意义的区域的方法。通过将主要内容区域包围在 div 中并分配 id 或 class，就可以在文档中添加有意义的结构。

【示例 1】　为了减少使用不必要的标签，应该避免不必要的嵌套。例如，如果设计导航列表，就没有必要将<ul>再包裹一层<div>标签。

```
<div id="nav">
   <ul>
      <li><a href="#">首页</a></li>
      <li><a href="#">关于</a></li>
      <li><a hzef="#">联系</a></li>
   </ul>
</div>
```

可以完全删除 div，直接在 ul 上设置 id。

```
<ul id="nav">
   <li><a href="#">首页</a></li>
   <li><a href="#">关于</a></li>
```

```
    <li><a hzef="#">联系</a></li>
</ul>
```

过度使用 div 是结构不合理的一种表现，也容易造成结构复杂化。

与 div 不同，span 元素可以用来对行内元素定义样式，相当于一个样式容器。

【示例 2】 在下面代码中为段落文本中部分信息进行分隔显示，以便应用不同的类样式。

```
<h1>新闻标题</h1>
<p>新闻内容</p>
<p>......</p>
<p>发布于<span class="date">2016 年 12 月</span>，由<span class="author">张三</span>
编辑</p>
```

对行内元素进行分组的情况比较少，所以使用 span 的频率没有 div 多。一般应用类样式时才会用到。

12.1.2 使用 id 和 class

扫一扫，看视频

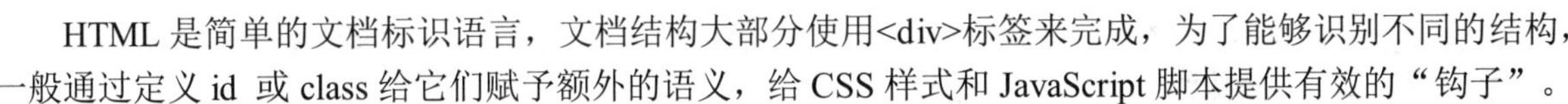

HTML 是简单的文档标识语言，文档结构大部分使用<div>标签来完成，为了能够识别不同的结构，一般通过定义 id 或 class 给它们赋予额外的语义，给 CSS 样式和 JavaScript 脚本提供有效的“钩子”。

【示例 1】 构建一个简单的列表结构，并给它分配一个 id，自定义导航模块。

```
<ul id="nav">
    <li><a href="#">首页</a></li>
    <li><a href="#">关于</a></li>
    <li><a hzef="#">联系</a></li>
</ul>
```

使用 id 标识页面上的元素时，id 名必须是唯一的。id 可以用来标识持久的结构性元素，例如主导航或内容区域；id 还可以用来标识一次性元素，如某个链接或表单元素。

在整个网站上，id 名应该应用于语义相似的元素以避免混淆。例如，如果联系人表单和联系人详细信息在不同的页面上，那么可以给它们分配同样的 id 名 contact，但是如果在外部样式表中给它们定义样式，就会遇到问题，因此使用不同的 id 名（如 contact_form 和 contact_details）就会简单得多。

与 id 不同，同一个 class 可以应用于页面上任意数量的元素，因此 class 非常适合标识样式相同的对象。例如，设计一个新闻页面，其中包含每条新闻的日期。此时不必给每个日期分配不同的 id，而是可以给所有日期分配类名 date。

提示：

id 和 class 的命名最好保持语义性，并与表现脱离。例如，可以给导航元素分配 id 名为 right_nav，因为希望它出现在右边。但是，如果以后将它的位置改到左边，那么 CSS 和 HTML 就会发生歧义。所以，将这个元素命名为 sub_nav 或 nav_main 更合适。这种名称解释就不再涉及如何表现它。

对于 class 名称，也是如此。例如，如果定义所有错误消息以红色显示，不要使用类名 red，而应该选择更有意义的名称，如 error 或 feedback。

注意：

class 和 id 名称需要区分大小写，虽然 CSS 不区分大小写，但是在标签中是否区分大小写取决于 HTML 文档类型。如果使用 XHTML 严谨型文档，那么 class 和 id 名是区分大小写的。最好的方式是保持一致的命名约定，如果在 HTML 中使用驼峰命名法，那么在 CSS 中也采用这种形式。

【示例 2】 在实际设计中，应避免滥用 class。例如，很多初学者把所有的元素上添加类，以便更方便地控制它们。这种现象被称为“多类症”，在某种程度上，这和使用基于表格的布局一样糟糕，因为它在文档中添加了无意义的代码。

```
<h1 class="newsHead">标题新闻</h1>
<p class="newsText">新闻内容</p>
<p>......</p>
<p class="newsText"><a href="news.php" class="newsLink">更多</a></p>
```

【示例 3】 在上面示例中，每个元素都使用一个与新闻相关的类名进行标识。这使新闻标题和正文可以采用与页面其他部分不同的样式。但是，不需要用这么多类来区分每个元素。可以将新闻条目放在一个包含框中，并加上类名 news，从而标识整个新闻条目。然后，可以使用包含框选择器识别新闻标题或文本。

```
<div class="news">
    <h1>标题新闻</h1>
    <p>新闻内容</p>
    <p>......</p>
    <p><a href="news.php">更多</a></p>
</div>
```

以这种方式删除不必要的类有助于简化代码，使页面更简洁。过渡依赖类名是不必要的，我们只需要在不适合使用 id 的情况下对元素应用类，而且尽可能少使用类。实际上，创建大多数文档常常只需要添加几个类。如果初学者发现自己添加了许多类，那么这很可能意味着自己创建的 HTML 文档结构有问题。

扫一扫，看视频

12.1.3 认识显示类型

在常规网页设计中，CSS 把标签分为两种基本显示类型：block（块状）和 Inline（行内）。结构元素都是以块状显示，其宽度一般为100%，占据一行，即使宽度不为100%，结构元素也始终占据一行。常用结构元素如表 12.1 所示。

表 12.1 符合标准的 HTML4 常用结构元素

块状元素	说明
address	表示特定信息，如地址、签名、作者、文档信息。一般显示为斜体效果
blockquote	表示文本中的一段引用语。一般为缩进显示
div	表示通用定位包含框，没有明确的语义
dl	表示定义列表
fieldset	表示字段集，显示为一个方框，用来包含的文本和其他元素
form	说明所包含的控件是某个表单的组成部分
h1-h6	表示标题，其中 h1 表示一级标题，字号最大，h6 表示最小级别标题，字号最小
hr	画一条横线
noframes	包含对于那些不支持 FrameSet 元素的浏览器使用的 HTML
noscript	指定在不支持脚本的浏览器中显示的 HTML
ol	编制有序列表
p	表示一个段落

续表

块 状 元 素	说　　明
pre	以固定宽度字体显示文本，保留代码中的空格和回车
table	表示所含内容组织成含有行和列的表格形式
ul	表示不排序的项目列表
li	表示列表中的一个项目
legend	在 FieldSet 元素绘制的方框内插入一个标题

行内元素没有固定的大小，定义它的 width 和 height 属性无效。行内元素可以在行内自由流动，但可以定义边界、补白、边框和背景，它显示的高度和宽度只能够根据所包含内容的高度和宽度来确定。常用行内元素如表 12.2 所示。

表 12.2　符合标准的 HTML4 常用行内元素

行 内 元 素	说　　明
a	表示超链接
span	表示同类样式或行为的容器
abbr	标注内部文本为缩写，用 title 属性标示缩写的全称，在非 IE 浏览器中会以下点划线显示，IE 不支持
acronym	表示取首字母的缩写词，一般显示为粗体，部分浏览器支持
b	指定文本以粗体显示
bdo	用于控制包含文本的阅读顺序，如<bdo dir="rtl">this fragment is in english</bdo>，浏览器会从右到左显示文本
big	指定所含文本要以比当前字体稍大的字体显示
br	插入一个换行符
button	指定一个容器，可以包含文本，显示为一个按钮
cite	表示引文，以斜体显示
code	表示代码范例，以等宽字体显示
dfn	表示术语，以斜体显示
em	表示强调文本，以斜体显示
i	指定文本以斜体显示
img	插入图像或视频片断
input	创建各种表单输入控件
kbd	以定宽字体显示文本

续表

行内元素	说　明
label	为页面上的其他元素指定标签
map	包含客户端图像映射的坐标数据
object	插入对象
q	分离文本中的引语
samp	表示代码范例
script	指定由脚本引擎解释的页面中的脚本
select	表示一个列表框或者一个下拉框
small	指定内含文本要以比当前字体稍小的字体显示
span	指定内嵌文本容器
strike	带删除线显示文本
strong	以粗体显示文本
sub	说明内含文本要以下标的形式显示，比当前字体稍小
sup	说明内含文本要以上标的形式显示，比当前字体稍小
textarea	多行文本输入控件
tt	以固定宽度字体显示文本
var	定义程序变量，通常以斜体显示

拓展：

在 CSS 中，可以使用 display 属性来改变元素的显示类型。display 常用属性值包括下面几个，详细说明请参考 CSS3 参考手册。

- block：块状显示，在元素后面添加换行符，也就是说其他元素不能在其后面并列显示。
- none：隐藏显示，这与 visibility:hidden;声明不同，display:none;声明不会为被隐藏的元素保留位置。
- inline：行内显示，在元素后面删除换行符，多个元素可以在一行内并列显示。
- inline-block：行内显示，但是元素的内容以块状显示，行内其他行内元素还会显示在同一行内。

CSS3 新增了 box 显示类型，关于该技术话题请参阅第 13 章。但是，常用显示类型都可以划归为 block 和 inline 两种基本形态，其他类型都是这两种类型的特殊显示或者组合。

none 属性值表示隐藏并取消盒模型，这样元素所包含的内容就不会被浏览器解析和显示，同样这个盒子所包含的任何元素都会被浏览器忽略，不管它们是否被声明为其他属性。

list-item 属性值表示列表项目，其实质上也是块状显示，不过是一种特殊的块状类型，它增加了缩进和项目符号。

另外，还有一些比较有用的显示类型，如 table、table-cell、inline-block、inline-table 等，它们在特殊布局中具有重要的实用价值。

12.1.4 正确嵌套标签

HTML 允许元素相互包含，从而形成复杂的嵌套关系，当然这种嵌套是有规律的，不能随意嵌套。

【示例 1】 以下示例是一个 HTML 结构嵌套。

```
<span>
    <div>
        <h2></h2>
        <p></p>
    </div>
</span>
```

严格说这种结构是不规范的，因为 span 元素内部不能够包含结构元素。但是浏览器并没有提示错误或禁止解析，养成习惯后就觉得无所谓。

【示例 2】 在网页中经常看到下面这种结构：

```
<ul>
    <h2>标题</h2>
    <li>列表</li>
    <li>列表</li>
</ul>
```

这种用法也是不规范的。ul、ol、dl 元素不能够直接包含标题元素，但是可以写成这样：

```
<ul>
    <li><h2>标题</h2></li>
    <li>列表</li>
    <li>列表</li>
</ul>
```

【示例 3】 结构嵌套的随意性还有很多。例如，把图像作为 body 元素的子元素直接插入到页面中，这样是不妥的，一是结构嵌套有误，二是图像控制不方便。

```
<body>
    <img src="" />
</body>
```

又如，把一个结构元素包含在 p、H1、H2、H3、H4、H5 或 H6 元素中，这样也不妥当。

```
<p>段落文本<div>其他对象</div>
</p>
```

下面介绍 HTML 结构嵌套中常用规则。

【规则 1】

body 元素能够直接包含的元素有 ins、del、script 和 block 类型元素。

- block 表示结构类型的元素，换句话说，body 元素能够直接包含任何结构元素。
- script 是头部隐藏显示的脚本元素。也就是说除了头部网页信息区域外，网页中（body 元素内）能够包含脚本（script 元素），但是不能够包含任何样式（style 元素）。
- ins 和 del 是两个行内元素，其中 ins 元素表示插入到文档中的文本，而 del 元素表示文本已经从文档中删除。也就是说，除了这两个特殊的行内元素外，其他任何行内元素都不能够直接包含在 body 中。

【规则 2】

ins 和 del 元素能够直接包含结构元素和行内元素等不同类型的元素，但是行内元素禁止包含结构元素。

【规则 3】

p、h1、h2、h3、h4、h5 和 h6 元素可以直接包含行内元素和纯文本内容，但不能直接包含结构元素。但是 p、h1、h2、h3、h4、h5 和 h6 元素可以间接包含结构元素，例如，object、map 和 button 行内元素中还可以包含结构元素。

```
<button><div style="width:400px;">长按钮</div></button>
```

【规则 4】

ul 和 ol 元素只能够直接包含 li 元素，但是可以在 li 元素中包含其他元素，例如，下面的结构是允许的：

```
<ul>
    <li><h2>标题</h2></li>
    <li><p>段落</p></li>
</ul>
```

但是下面结构嵌套是不允许的：

```
<ul>
    <h2>标题</h2>
    <p>段落</p>
</ul>
```

【规则 5】

dl 元素只能够包含 dt 和 dd 元素，不能包含其他元素。同时 dt 元素内只能包含行内元素，不能包含结构元素，而 dd 元素能够包含任何元素。例如，下面的结构是允许的：

```
<dl>
    <dt><span><strong>标题 1</strong></span></dt>
    <dd>
        <div></div>
    </dd>
    <dt><span><strong>标题 2</strong></span></dt>
    <dd>
        <div></div>
    </dd>
</dl>
```

但是下面的结构是不允许的。一是 dl 元素不能够直接包含 h2 元素，二是 dt 元素中不能够包含 center 结构元素。

```
<dl>
    <h2>标题 1</h2>
    <dd>
        <div></div>
    </dd>
    <dt><center>标题 2</center></dt>
    <dd>
        <div></div>
    </dd>
</dl>
```

【规则 6】

form 元素不能直接包含 input 元素。因为 input 元素是行内元素，而 form 元素仅能够包含结构元素。例如，下面的结构是不允许的：

```
<form>
```

```
    <input type="text" />
    <input type="checkbox" />
</form>
```

正确的写法是：

```
<form>
    <div><input type="text" />
    <input type="checkbox" /></div>
</form>
```

【规则 7】

table 元素能够直接包含 caption、colgroup、col、thead、tbody 和 tfoot，但是不能够包含 tr 以及其他元素。如果在 table 元素中直接包含 tr，则浏览器会自动在 table 和 tr 之间嵌入 tbody 元素。不过，还是建议读者养成使用 thead、tbody 和 tfoot 元素的习惯。

caption 元素只能够包含行内元素，这与 dt 元素使用规则类似。tr 元素中只能够包含 th 和 td 元素。而 th 和 td 元素能够包含任何元素。例如，以下代码是一个正确、完整的表格嵌套结构。

```
<table>
        <colgroup>
        <col />
    </colgroup>
        <col />
    <caption>表格标题</caption>
        <thead>
        <tr>
           <td><strong>表头行</strong></td>
        </tr>
    </thead>
        <tbody>
        <tr>
           <td><p>主体行</p></td>
        </tr>
    </tbody>
        <tfoot>
        <tr>
           <td><div>表尾行</div></td>
        </tr>
    </tfoot>
</table>
```

12.2 设计 HTML5 结构

为了使文档的结构更加清晰明确，HTML5 新增与页眉、页脚、内容块等文档结构相关联的结构元素。内容块是指将 HTML 页面按逻辑进行分割后的区域单位。例如，对于正文内页来说，导航菜单、文章正文、文章的评论等每一个部分都可称为内容块。

12.2.1 定义文章块

扫一扫，看视频

article 元素用来表示文档、页面中独立的、完整的、可以独自被外部引用的内容。它可以是一篇博客或报刊中的文章、一篇论坛帖子、一段用户评论或独立的插件等。

另外，一个 article 元素通常有它自己的标题，一般放在一个 header 元素里面，有时还有自己的脚注。当 article 元素嵌套使用的时候，内部的 article 元素内容必须和外部 article 元素内容相关。article 元素支持 HTML5 全局属性。

【示例 1】 以下代码演示了如何使用 article 元素设计网络新闻展示。

```
<article>
    <header>
        <h1>Twitter 直播平台 Periscope 推出 360 度全景直播</h1>
        <time pubdate="pubdate">2016 年 12 月 29 日 18:12</time>
    </header>
    <p>新浪科技讯 北京时间 12 月 29 日晚间消息，Twitter 今日在其直播平台 Periscope 上推出了 360
度视频直播服务。Twitter CEO 杰克-多西（Jack Dorsey）称，只要将全景 VR 相机 Insta360 固定在智
能手机上，就可以展示身边的全景世界了。目前，该功能只支持 Insta360 相机。
</p>
    <footer>
        <p>http://www.sina.com.cn</p>
    </footer>
</article>
```

这个示例是一篇科技新闻，在 header 元素中嵌入了文章的标题部分，在这部分中，文章的标题被嵌入在 h1 元素中，文章的发表日期嵌入在 time 元素中。在标题下面的 p 元素中，嵌入了一大段正文，在结尾处的 footer 元素中，嵌入了文章的著作权人作为脚注。整个示例的内容相对比较独立、完整，因此，对这部分内容使用了 article 元素。

article 元素是可以嵌套使用的，内层的内容在原则上需要与外层的内容相关联。例如，一篇科技新闻中，针对该新闻的相关评论就可以使用嵌套 article 元素的方式，用来呈现评论的 article 元素被包含在表示整体内容的 article 元素里面。

【示例 2】 下面示例是在上面代码基础上演示如何实现 article 元素嵌套使用。

```
<article>
    <header>
        <h1>Twitter 直播平台 Periscope 推出 360 度全景直播</h1>
        <time pubdate="pubdate">2016 年 12 月 29 日 18:12</time>
    </header>
    <p>新浪科技讯 北京时间 12 月 29 日晚间消息，Twitter 今日在其直播平台 Periscope 上推出了 360
度视频直播服务。Twitter CEO 杰克-多西（Jack Dorsey）称，只要将全景 VR 相机 Insta360 固定在智
能手机上，就可以展示身边的全景世界了。目前，该功能只支持 Insta360 相机。
</p>
    <footer>
        <p>http://www.sina.com.cn</p>
    </footer>
    <section>
        <h2>评论</h2>
        <article>
            <header>
                <h3>天舞之城</h3>
                <p>
                    <time pubdate datetime="2016-12-29 19:40-08:00"> 1 小时前 </time>
                </p>
```

```
            </header>
            <p>ok</p>
        </article>
        <article>
            <header>
                <h3>西子与子夕</h3>
                <p>
                    <time pubdate datetime="2016-12-29 19:50-08:00"> 1 小时前 </time>
                </p>
            </header>
            <p>well</p>
        </article>
    </section>
</article>
```

这个示例中的内容比上面示例中的内容更加完整，它添加了评论内容。整个内容比较独立、完整，因此对其使用 article 元素。具体来说，示例内容又分为几部分，文章标题放在了 header 元素中，文章正文放在了 header 元素后面的 p 元素中，然后 section 元素把正文与评论部分进行了区分，在 section 元素中嵌入了评论的内容，评论中每一个人的评论相对来说又是比较独立、完整的，因此对它们都使用一个 article 元素，在评论的 article 元素中，又可以分为标题与评论内容部分，分别放在 header 元素与 p 元素中。

【示例 3】 article 元素也可以用来表示插件，它的作用是使插件看起来好像内嵌在页面中一样。以下代码使用 article 元素表示插件使用。

```
<article>
    <h1>使用插件</h1>
    <object>
        <param name="allowFullScreen" value="true">
        <embed src="#" width="600" height="395"></embed>
    </object>
</article>
```

12.2.2 定义内容块

扫一扫，看视频

section 元素用于对网站或应用程序中页面上的内容进行分区。一个 section 元素通常由内容及其标题组成。div 元素也可以用来对页面进行分区，但 section 元素并非一个普通的容器元素，当一个容器需要被直接定义样式或通过脚本定义行为时，推荐使用 div，而非 section 元素。

提示：

div 元素关注结构的独立性，而 section 元素关注内容的独立性，section 元素包含的内容可以单独存储到数据库中或输出到 Word 文档中。

【示例 1】 以下示例使用 section 元素把新歌排行版的内容进行单独分隔，如果在 HTML5 之前，我们习惯使用 div 元素来分隔该块内容。

```
<section>
    <h1>经典儿歌 TOP10</h1>
    <ol>
        <li>
            <h3>铃儿响叮当</h3>
```

```
            <span>小蓓蕾组合  《015、儿歌曲库..》</span></li>
        <li>
            <h3>拔萝卜</h3>
            <span>小蓓蕾组合  《004、儿歌曲库..》</span></li>
        <li>
            <h3>数鸭子</h3>
            <span>少儿歌曲  《童年的歌谣 CD1》</span></li>
        <li>
            <h3>你在他乡还好吗</h3>
            <span>光头李进  《留在蓉城的微笑》</span></li>
        <li>
            <h3>小兔子乖乖</h3>
            <span>小蓓蕾组合  《015、儿歌曲库..》</span></li>
        <li>
            <h3>爸爸妈妈听我说</h3>
            <span>小葡萄  《彭野新儿歌精选》</span></li>
        <li>
            <h3>让我们荡起双桨</h3>
            <span>小蓓蕾组合  《014、儿歌曲库..》</span></li>
        <li>
            <h3>儿歌：铃儿响叮当</h3>
            <span>民族乐团  《胎教音乐（2）CD》</span></li>
        <li>
            <h3>采蘑菇的小姑娘</h3>
            <span>小蓓蕾组合  《004、儿歌曲库..》</span></li>
        <li>
            <h3>蓝精灵</h3>
            <span>儿歌  民族乐团 </span></li>
    </ol>
</section>
```

article 元素与 section 元素都是 HTML5 新增的元素，它们的功能与 div 类似，都是用来区分不同区域，它们的使用方法也相似，因此很多初学者会将其混用。HTML5 之所以新增这两种元素，就是为了更好的描述文档的内容，所以它们之间肯定是有区别的。

article 元素代表文档、页面或者应用程序中独立完整的可以被外部引用的内容。例如：博客中的一篇文章，论坛中的一个帖子或者一段浏览者的评论等。因为 article 元素是一段独立的内容，所以 article 元素通常包含头部（header 元素）、底部（footer 元素）。

section 元素用于对网站或者应用程序中页面上的内容进行分块。一个 section 元素通常由内容以及标题组成。

section 元素需要包含一个<hn>标题元素，一般不用包含头部（header 元素）或者底部（footer 元素）。通常用 section 元素为那些有标题的内容进行分段。

section 元素的作用，是对页面上的内容分块处理，如对文章分段等，相邻的 section 元素的内容，应当是相关的，而不是像 article 那样独立。

【示例 2】 在以下示例中，读者能够观察到 article 元素与 section 元素的区别。事实上 article 元素可以看作是特殊的 section 元素。article 元素更强调独立性、完整性，section 更强调相关性。

```
<article>
```

```
    <header>
        <h1>潜行者 m 的个人介绍</h1>
    </header>
    <p>潜行者 m 是一个中国男人，是一个帅哥。。。。</p>
    <section>
        <h2>评论</h2>
        <article>
            <h3>评论者：潜行者 n</h3>
            <p>确实，m 同学真的很帅</p>
        </article>
        <article>
            <h3>评论者：潜行者 a</h3>
            <p>M 今天吃药了没？</p>
        </article>
    </section>
</article>
```

既然 article、section 是用来划分区域的，又是 HTML5 的新元素，那么是否可以用 article、section 取代 div 来布局网页呢？

答案是否定的，div 的用处就是用来布局网页，划分大的区域，HTML4 只有 div、span 来划分区域，所以我们习惯把 div 当成了一个容器。而 HTML5 改变了这种用法，它让 div 的工作更纯正。div 就是用来布局大块，在不同的内容块中，我们按照需求添加 article、section 等内容块，并且显示其中的内容，这样才是合理使用这些元素。

因此，在使用 section 元素时应该注意几个问题：

- 不要将 section 元素当作设置样式的页面容器，对于此类操作应该使用 div 元素。
- 如果 article 元素、aside 元素或 nav 元素更符合使用条件，不要使用 section 元素。
- 不要为没有标题的内容区块使用 section 元素。

通常不推荐为那些没有标题的内容使用 section 元素，可以使用 HTML5 轮廓工具（http://gsnedders.html5.org/outliner/）来检查页面中是否有没标题的 section，如果使用该工具进行检查后，发现某个 section 的说明中有“untitiled section”（没有标题的 section）文字，这个 section 就有可能使用不当，但是 nav 元素和 aside 元素没有标题是合理的。

【示例 3】 section 元素的作用是对页面上的内容进行分块，类似对文章进行分段，与具有完整、独立的内容模块 article 元素不同。下面来看 article 元素与 section 元素混合使用的示例。

```
<article>
    <h1>W3C</h1>
    <p>万维网联盟（World Wide Web Consortium，W3C），又称 W3C 理事会。1994 年 10 月在麻省理工学院计算机科学实验室成立。建立者是万维网的发明者蒂姆&middot;伯纳斯-李。</p>
    <section>
        <h2>CSS</h2>
        <p>全称 Cascading Style Sheet，级联样式表，通常又称为"风格样式表（Style Sheet）"，它是用来进行网页风格设计的。</p>
    </section>
    <section>
        <h2>HTML</h2>
        <p>全称 Hypertext Markup Language，超文本标记语言，用于描述网页文档的一种标记语言。</p>
    </section>
```

```
</article>
```

在上面代码中，首先可以看到整个版块是一段独立的、完整的内容，因此使用 article 元素。该内容是一篇关于 W3C 的简介，该文章分为 3 段，每一段都有一个独立的标题，因此使用了两个 section 元素。

注意：

对文章分段的工作是使用 section 元素完成的。为什么没有对第一段使用 section 元素，其实是可以使用的，但是由于其结构比较清晰，分析器可以识别第一段内容在一个 section 元素里，所以也可以将第一个 section 元素省略，但是如果第一个 section 元素里还要包含子 section 元素或子 article 元素，那么就必须写明第一个 section 元素。

【示例 4】 下面是一个包含 article 元素的 section 元素示例。

```
<section>
    <h1>W3C</h1>
    <article>
        <h2>CSS</h2>
        <p>全称 Cascading Style Sheet，级联样式表，通常又称为"风格样式表（Style Sheet）"，
它是用来进行网页风格设计的。</p>
    </article>
        <h2>HTML</h2>
        <p>全称 Hypertext Markup Language，超文本标记语言，用于描述网页文档的一种标记语言。
</p>
</section>
```

这个示例比第一个示例复杂了一些。首先，它是一篇文章中的一段，因此没有使用 article 元素。但是，在这一段中有几块独立的内容，所以嵌入了独立的 article 元素。

在 HTML5 中，article 元素可以看成是一种特殊种类的 section 元素，它比 section 元素更强调独立性。即 section 元素强调分段或分块，而 article 强调独立性。具体来说，如果一块内容相对来说比较独立、完整的时候，应该使用 article 元素，但是如果想将一块内容分成几段的时候，应该使用 section 元素。另外，在 HTML5 中，div 元素变成了一种容器，当使用 CSS 样式的时候，可以对这个容器进行一个总体的 CSS 样式的套用。

在 HTML5 中，可以将所有页面的从属部分，如导航条、菜单、版权说明等，包含在一个统一的页面中，以便统一使用 CSS 样式来进行装饰。

扫一扫，看视频

12.2.3 定义导航块

nav 元素是一个可以用作页面导航的链接组，其中的导航元素链接到其他页面或当前页面的其他部分。并不是所有的链接组都要被放进 nav 元素，只需要将主要的、基本的链接组放进 nav 元素即可。

例如，在页脚中通常会有一组链接，包括服务条款、首页、版权声明等，这时使用 footer 元素是最恰当。一个页面中可以拥有多个 nav 元素，作为页面整体或不同部分的导航。

具体来说，nav 元素可以用于以下场合：

- 传统导航条。常规网站都设置有不同层级的导航条，其作用是将当前画面跳转到网站的其他主要页面上去。
- 侧边栏导航。现在主流博客网站及商品网站上都有侧边栏导航，其作用是将页面从当前文章或当前商品跳转到其他文章或其他商品页面上去。
- 页内导航。页内导航的作用是在本页面几个主要的组成部分之间进行跳转。

➘ 翻页操作。翻页操作是指在多个页面的前后页或博客网站的前后篇文章之间滚动。

【示例 1】 在 HTML5 中，只要是导航性质的链接，我们就可以很方便地将其放入 nav 元素中。该元素可以在一个文档中多次出现，作为页面或部分区域的导航。

```
<nav draggable="true">
    <a href="index.html">首页</a>
    <a href="book.html">图书</a>
    <a href="bbs.html">论坛</a>
</nav>
```

上述代码创建了一个可以拖动的导航区域，nav 元素中包含了 3 个用于导航的超级链接，即“首页”、“图书”和“论坛”。该导航可用于全局导航，也可放在某个段落，作为区域导航。

【示例 2】 在以下示例中，页面由若干部分组成，每个部分都带有链接，但只将最主要的链接放入了 nav 元素中。

```
<h1>技术资料</h1>
<nav>
    <ul>
        <li><a href="/">主页</a></li>
        <li><a href="/blog">博客</a></li>
    </ul>
</nav>
<article>
    <header>
        <h1>HTML5+CSS3</h1>
        <nav>
            <ul>
                <li><a href="#HTML5">HTML5</a></li>
                <li><a href="#CSS3">CSS3</a></li>
            </ul>
        </nav>
    </header>
    <section id="HTML5">
        <h1>HTML5</h1>
        <p>HTML5 特性说明</p>
    </section>
    <section id="CSS3">
        <h1>CSS3</h1>
        <p>CSS3 特性说明。</p>
    </section>
    <footer>
        <p> <a href="?edit">编辑</a> | <a href="?delete">删除</a> | <a href="?add">
添加</a> </p>
    </footer>
</article>
<footer>
    <p><small>版权信息</small></p>
</footer>
```

在这个例子中，第 1 个 nav 元素用于页面导航，将页面跳转到其他页面上去，如跳转到网站主页或博客页面；第 2 个 nav 元素放置在 article 元素中，表示在文章内进行导航。除此之外，nav 元素也可以用于其他重要的、基本的导航链接组中。

提示：

在 HTML5 中不要用 menu 元素代替 nav 元素。很多用户喜欢用 menu 元素进行导航，menu 元素主要用在一系列交互命令的菜单上，如使用在 Web 应用程序中。

扫一扫，看视频

12.2.4 定义侧边栏

aside 元素用来表示当前页面或文章的附属信息部分，它可以包含与当前页面或主要内容相关的引用、侧边栏、广告、导航条，以及其他类似的有别于主要内容的部分。aside 元素主要有以下两种使用方法。

（1）作为主要内容的附属信息部分，包含在 article 元素中，其中的内容可以是与当前文章有关的参考资料、名词解释等。

【示例 1】 以下代码使用 aside 元素解释在 HTML5 历史中的两个名词。这是一篇文章，网页的标题放在了 header 元素中，在 header 元素的后面将所有关于文章的部分放在了一个 article 元素中，将文章的正文部分放在了一个 p 元素中，但是该文章还有一个名词解释的附属部分，用来解释该文章中的一些名词，因此，在 p 元素的下部又放置了一个 aside 元素，用来存放名词解释部分的内容。

```
<header>
    <h1>HTML5</h1>
</header>
<article>
    <h1>HTML5 历史</h1>
    <p>HTML5 草案的前身名为 Web Applications 1.0，于 2004 年被 WHATWG 提出，于 2007 年被 W3C
接纳，并成立了新的 HTML 工作团队。HTML5 的第一份正式草案已于 2008 年 1 月 22 日公布。2014 年 10
月 28 日，W3C 的 HTML 工作组正式发布了 HTML5 的官方推荐标准。</p>
    <aside>
        <h1>名词解释</h1>
        <dl>
            <dt>WHATWG</dt>
            <dd>Web Hypertext Application Technology Working Group,HTML 工作开发组的
简称，目前与 W3C 组织同时研发 HTML5。</dd>
        </dl>
        <dl>
            <dt>W3C</dt>
            <dd>World Wide Web Consortium，万维网联盟，万维网联盟是国际著名的标准化组织。
1994 年成立后，至今已发布近百项相关万维网的标准，对万维网发展做出了杰出的贡献。</dd>
        </dl>
    </aside>
</article>
```

因为这个 aside 元素被放置在一个 article 元素内部，因此引擎将这个 aside 元素的内容理解成是和 article 元素的内容相关联的。

（2）作为页面或站点全局的附属信息部分，在 article 元素之外使用。最典型的形式是侧边栏，其中的内容可以是友情链接，博客中其他文章列表、广告单元等。

【示例 2】 以下代码使用 aside 元素为个人网页添加一个友情链接版块。

```
<aside>
    <nav>
        <h2>友情链接</h2>
        <ul>
```

```
        <li> <a href="#">网站 1</a></li>
        <li> <a href="#">网站 2</a></li>
        <li> <a href="#">网站 3</a></li>
      </ul>
   </nav>
</aside>
```

友情链接在博客网站中比较典型，一般放在左右两侧的边栏中，因此可以使用 aside 元素来实现，但是该侧边栏又是具有导航作用的，因此嵌套了一个 nav 元素，该侧边栏的标题是“友情链接”，放在了 h2 元素中，在标题之后使用了一个 ul 列表，用来存放具体的导航链接。

12.2.5　定义主要区域

扫一扫，看视频

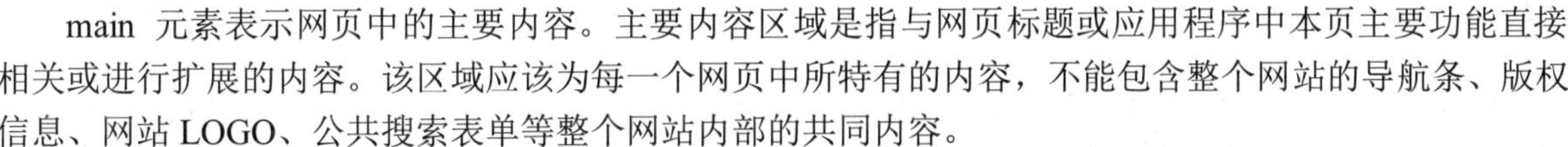

main 元素表示网页中的主要内容。主要内容区域是指与网页标题或应用程序中本页主要功能直接相关或进行扩展的内容。该区域应该为每一个网页中所特有的内容，不能包含整个网站的导航条、版权信息、网站 LOGO、公共搜索表单等整个网站内部的共同内容。

每个网页内部只能放置一个 main 元素。不能将 main 元素放置在任何 article、aside、footer、header 或 nav 元素内部。

注意：

由于 main 元素不对页面内容进行分区或分块，所以不会对下文所要描述的网页大纲产生任何影响。

【示例】 以下示例使用 main 元素包裹页面主要区域，这样更有利于网页内容的语义分区，同时搜索引擎也能够主动抓取主要信息，避免被辅助性文字干扰。

```
<header>
   <nav>
      <ul>
         <li><a href="#">首页</a></li>
         <li><a href="#">新闻</a></li>
         <li><a>其他</a></li>
      </ul>
   </nav>
</header>
<main>
   <h1>科技新闻</h1>
   <nav>
      <ul>
         <li><a href="#web">互联网</a></li>
         <li><a href="#zmt">自媒体</a></li>
         <li><a href="#cycx">创业创新</a></li>
      </ul>
   </nav>
   <H2 id="web">互联网</H2>
   <h3>互联网 2016：从流量为王到生产率贡献制胜</h3>
   <p>白银时代，也许就是经历 2015 年诸神退位后，中国互联网相当长一段时间的现实。最初那些完全建立在互联网上的红利接近消耗殆尽，就像 BAT 在搜索、电商和社交这三大传统领域正经历的，而新的机会主要存在于互联网在各行各业的渗透，这意味着你必须同那些行业已经存在的生产者展开生产率的竞争，这将变得不再性感，挤泡沫将贯穿始终。 </p>
   <h2 id="zmt">自媒体</h2>
   <ul>
      <li>高通魅族达成和解：套路的高通和魅族的套路</li>
```

```
        <li>同道大叔、李叫兽先后套现上岸，2017 年内容创业暗流涌动？</li>
        <li>凭什么要我脱离舒适区</li>
    </ul>
    <h2 id="cycx">创业创新</h2>
    <ul>
        <li>创业者防坑手册：面对强大的投资人，你该如何正当防卫？</li>
        <li>我们想要的不是微信小程序，是重新来过</li>
        <li>全球首家 MUJI Hotel 落户深圳</li>
    </ul>
</main>
<footer>Copyright © 虎嗅网 京 ICP 备 12013432 号-1</footer>
```

扫一扫，看视频

12.2.6 定义标题栏

header 元素是一种具有引导和导航作用的结构元素，通常用来放置整个页面或页面内的一个内容区块的标题，但也可以包含其他内容，如数据表格、搜索表单或相关的 LOGO 图片，因此整个页面的标题应该放在页面的开头。

【示例 1】 在一个网页内可以多次使用 header 元素，以下示例显示为每个内容区块加一个 header 元素。

```
<header>
    <h1>网页标题</h1>
</header>
<article>
    <header>
        <h1>文章标题</h1>
    </header>
    <p>文章正文</p>
</article>
```

在 HTML5 中， header 元素通常包含 h1～h6 元素，也可以包含 hgroup、table、form、nav 等元素，只要应该显示在头部区域的语义标签，都可以包含在 header 元素中。

【示例 2】 以下页面是个人博客首页的头部区域代码示例，整个头部内容都放在 header 元素中。

```
<header>
    <hgroup>
        <h1>我的博客</h1>
        <a href="#">[URL]</a> <a href="#">[订阅]</a> <a href="#">[手机订阅]</a>
</hgroup>
    <nav>
        <ul>
            <li>首页</li>
            <li><a href="#">目录</a></li>
            <li><a href="#">社区</a></li>
            <li><a href="#">微博我</a></li>
        </ul>
    </nav>
</header>
```

扫一扫，看视频

12.2.7 定义脚注栏

footer 元素可以作为内容块的注脚，如在父级内容块中添加注释，或者在网页中添加版权信息等。

脚注信息有很多种形式，如作者、相关阅读链接及版权信息等。

【示例 1】　在 HTML5 之前，要描述注脚信息，我们一般使用<div id="footer">标签定义包含框。自从 HTML5 新增了 footer 元素，这种方式将不再使用，而是使用更加语义化的 footer 元素来替代。在以下代码中使用 footer 元素为页面添加版权信息栏目。

```
<article>
    <header>
        <hgroup>
            <h1>主标题</h1>
            <h2>副标题</h2>
            <h3>标题说明</h3>
        </hgroup>
        <p>
            <time datetime="2017-03-20">发布时间：2017 年 10 月 29 日</time>
        </p>
    </header>
    <p>新闻正文</p>
</article>
<footer>
    <ul>
        <li>关于</li>
        <li>导航</li>
        <li>联系</li>
    </ul>
</footer>
```

【示例 2】　与 header 元素一样，页面中也可以重复使用 footer 元素。同时，可以为 article 元素或 section 元素添加 footer 元素。以下代码分别在 article、section 和 body 元素中添加了 footer 元素。

```
<header>
    <h1>网页标题</h1>
</header>
<article> 文章内容
    <h2>文章标题</h2>
    <p>正文</p>
    <footer>注释</footer>
</article>
<section>
    <h2>段落标题</h2>
    <p>正文</p>
    <footer>段落标记</footer>
</section>
<footer>网页版权信息</footer>
```

12.3　浮动显示

CSS 规定元素默认为流动显示，不过浮动显示不同于流动显示，它能够让对象脱离左右相邻元素，在包含框内向左或右侧浮动显示，但是浮动元素不能脱离文档流，依然受文档流的影响。

扫一扫，看视频

12.3.1 定义浮动显示

在默认情况下任何元素都不具有浮动特性，可以使用 CSS 的 float 属性定义元素向左或向右浮动，基本用法如下：

```
float: none | left | right
```

其中 left 表示元素向左浮动，right 表示元素向右浮动，none 表示消除浮动，默认值为 none。

浮动布局模型具有下面几个特征：

（1）浮动元素以结构显示，可以定义 width 和 height 属性。

【示例 1】 以下示例为两个 span 元素定义高和宽属性，然后让其中一个 span 元素浮动显示，来比较它们的显示效果，如图 12.1 所示。

```
<style type="text/css">
span {/*定义行内元素 span 的显示属性*/
    width:400px;                                /*定义宽为 400 像素*/
    height:200px;                               /*定义高为 200px*/
    border:solid red 1px;
}
#inline img {width:100px; }                     /*定义行内元素内的图片宽为 100 像素*/
#float {float:right;}                           /*为第 2 个行内元素 span 定义浮动显示*/
</style>
<span id="inline">行内元素流动显示
    <img src="images/1.jpg" alt="流动的图片" />
</span>
<span id="float">行内元素浮动显示</span>
```

行内元素浮动显示 1

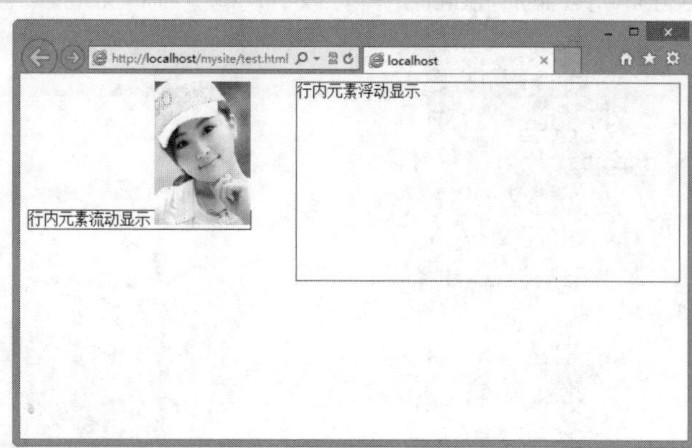

行内元素浮动显示 2

图 12.1 浮动显示与流动显示比较

通过上图可以看到，当第 2 个 span 元素被定义为浮动之后，该元素自动以块状显示，因此为 span 元素定义的高和宽属性值有效。而第 1 个元素由于是行内元素且没有浮动显示，所以定义的宽和高无效，所看到的红色边框仅包裹在行内元素的外边。

浮动元素应该明确定义大小。如果浮动元素没有定义宽度和高度，它会自动收缩到仅能包住内容为止。例如，如果浮动元素内部包含一张图片，则浮动元素将与图片一样宽，如果是包含的文本，则浮动元素将与最长文本行一样宽。而当结构元素没有定义宽度时，则会自动显示为 100%。

（2）浮动元素与流动元素可以混合使用，不会重叠，都遵循先上后下显示规则，都受到文档流影响。但浮动元素能够改变相邻元素的显示位置，可以向左或向右并列显示。

与普通元素一样，浮动元素始终位于包含元素内，不会脱离包含框，这与定位元素不同。

【示例 2】　下面示例以上面示例为基础，然后添加一个包含框，可以看到第 2 个 span 元素靠近包含元素 div 的右边框浮动，而不再是 body 元素的右边框，如图 12.2 所示。

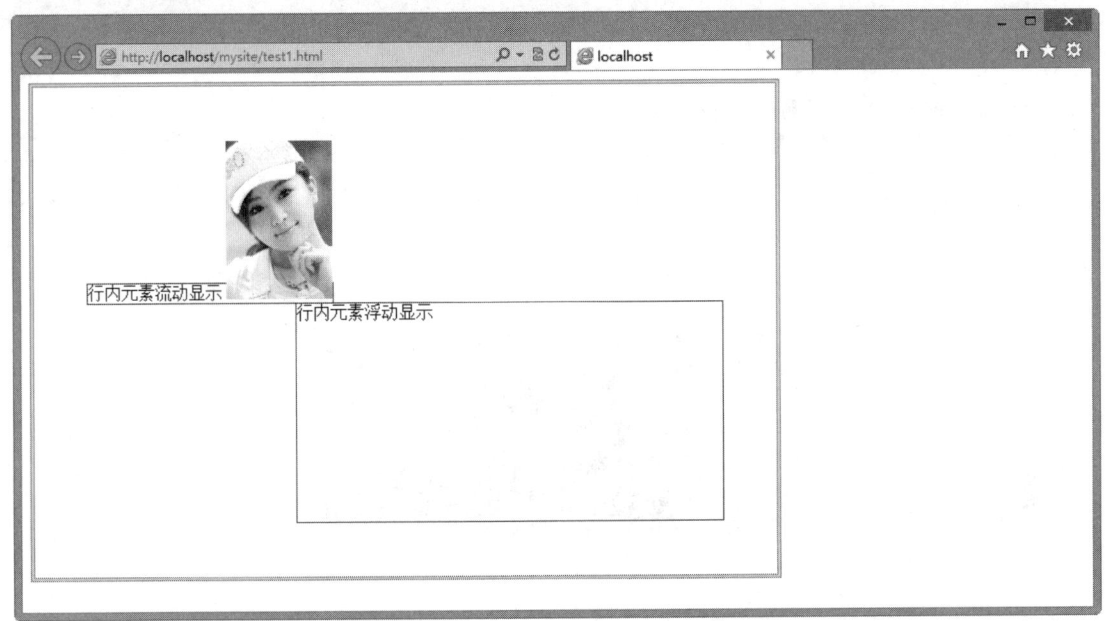

图 12.2　浮动元素始终位于包含元素内

```
<div id="contain">
    <span id="inline">行内元素流动显示
        <img src="images/1.jpg" alt="流动的图片" />
    </span>
    <span id="float">行内元素浮动显示</span>
</div>
```

（3）浮动元素仅能改变水平显示方式，不能改变垂直显示方式，依然受文档流影响。流动元素总会以流动的形式环绕浮动元素左右显示。

浮动元素不会强迫前面的流动元素环绕其周围流动，而总是在与上面相邻流动元素的下一行浮动显示。浮动元素不会覆盖其他元素，也不会挤占其他元素的位置。

（4）浮动元素可以并列显示，如果包含框宽度不够，则会错行显示。

【示例 3】　以下示例模拟设计了 3 个并列显示的栏目，通过 float 定义左、中、右 3 栏并列显示，效果如图 12.3 所示。

```
<style type="text/css">
body {padding: 0; margin: 0; text-align: center;}
#main {/*定义网页包含框样式*/
    width: 400px;
    margin: auto;
    padding: 4px;
    line-height: 160px;
    color: #fff;
    font-size: 20px;
    border: solid 2px red;
```

```
}
#main div {float: left;height: 160px;}              /*定义 3 个并列栏目向左浮动显示*/
#left {width: 100px;background: red;}               /*定义左侧栏目样式*/
#middle {width: 200px;background: blue;}            /*定义中间栏目样式*/
#right {width: 100px; background: green;}           /*定义右侧栏目样式*/
.clear { clear: both; }
</style>
<div id="main">
    <div id="left">左侧栏目</div>
    <div id="middle">中间栏目</div>
    <div id="right">右侧栏目</div>
    <br class="clear" />
</div>
```

图 12.3　并列浮动显示

浮动布局可以设计多栏并列显示效果，但也容易错行，如果浏览器窗口发生变化，或者浮动包含框不固定，则会出现错行浮动显示问题，破坏并列布局效果。

扫一扫，看视频

12.3.2　清除浮动

使用 CSS 的 clear 属性可以清除浮动，定义与浮动相邻的元素在必要的情况下换行显示，这样可以控制浮动元素挤在一行内显示。clear 属性取值包括 4 个。

- left：清除左边的浮动元素，如果左边存在浮动元素，则当前元素会换行显示。
- right：清除右边的浮动元素，如果右边存在浮动元素，则当前元素会换行显示。
- both：清除左右两边浮动元素，不管哪边存在浮动对象，则当前元素都会换行显示。
- none：默认值，允许两边都可以存在浮动元素，当前元素不会主动换行显示。

【示例】　下面设计一个 3 行 3 列页面结构中，设置中间 3 栏平行浮动显示，如图 12.4 所示。

```
<style type="text/css">
div {
    border: solid 1px red;                      /* 增加边框，以方便观察 */
    height: 50px;                               /* 固定高度，以方便比较 */}
#left, #middle, #right {
    float: left;                                /* 定义中间 3 栏向左浮动 */
    width: 33%;                                 /* 定义中间 3 栏等宽 */
}
</style>
```

```
<div id="header">头部信息</div>
<div id="left">左栏信息</div>
<div id="middle">中栏信息</div>
<div id="right">右栏信息</div>
<div id="footer">脚部信息</div>
```

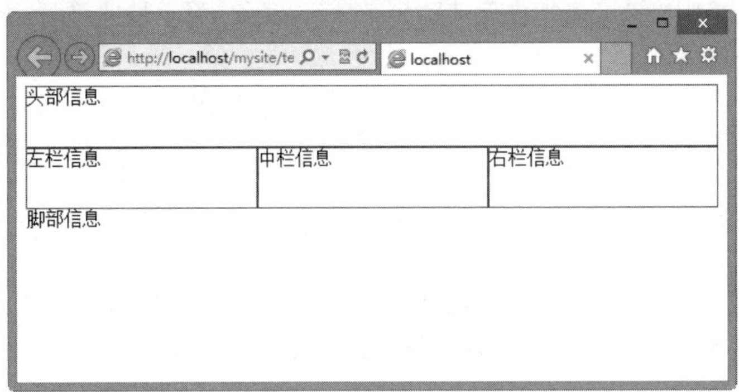

图 12.4　IE 6 中浮动布局效果

如果设置左栏高度大于中栏和右栏高度，则发现脚部信息栏上移并环绕在左栏右侧，如图 12.5 所示。

```
#left {height:100px; }                        /* 定义左栏高出中栏和右栏 */
```

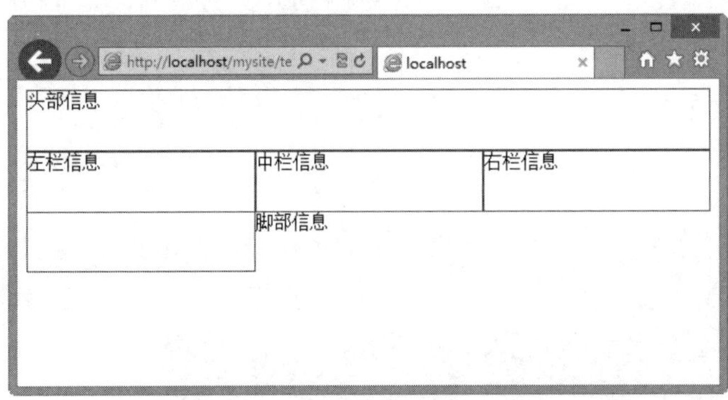

图 12.5　调整部分栏目高度后发生的错位现象

这时 clear 属性就可以派上用场了，为<div id="footer">元素定义一个清除样式：

```
#footer { clear:left;                        /* 为脚部栏目元素定义清除属性 */}
```

在浏览器中预览，则又恢复到预设的 3 行 3 列布局效果，如图 12.6 所示。

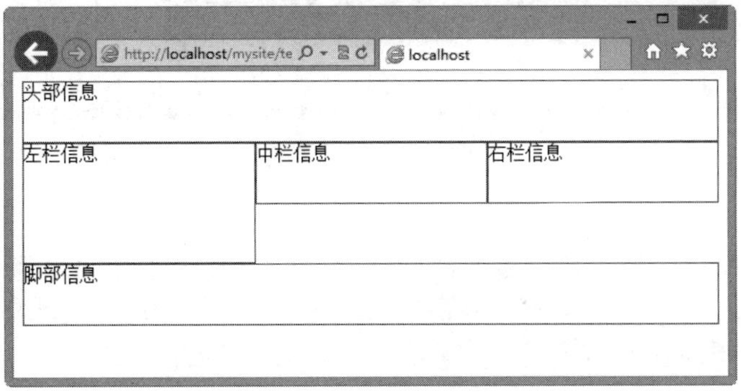

图 12.6　清除浮动元素错行显示

提示：

clear 属性是专门针对 float 属性而设计的，因此仅能够对左右两侧浮动元素有效，对于非浮动元素是无效的。

清除不是清除浮动元素，而是清除自身，通俗地说就是不允许当前元素与浮动元素并列显示。如果左右两侧存在浮动元素，则当前元素把自己清除到下一行显示。而不是把前面的浮动元素清除到下一行显示，或者清除到上一行显示。

扫一扫，看视频

12.3.3 浮动嵌套

浮动元素可以相互嵌套，嵌套规律与流动元素嵌套相同。浮动的包含元素总会自动调整自身高度和宽度以实现对浮动子元素的包含。

【示例 1】 新建文档，构建两个简单的嵌套块，然后强制它们浮动显示，并定义子元素的高度和宽度，使其显示为一定大小的区域，这时会发现父元素会自动调整自身大小来包含子元素，如图 12.7 所示。

```
<style type="text/css">
.wrap { border: solid 2px red; float: left; margin:4px;}
.sub { width: 200px; height: 200px; float: left; background: blue; }
</style>
<div class="wrap">
    <div class="sub"></div>
</div>
<span class="wrap">
    <span class="sub"></span>
</span>
```

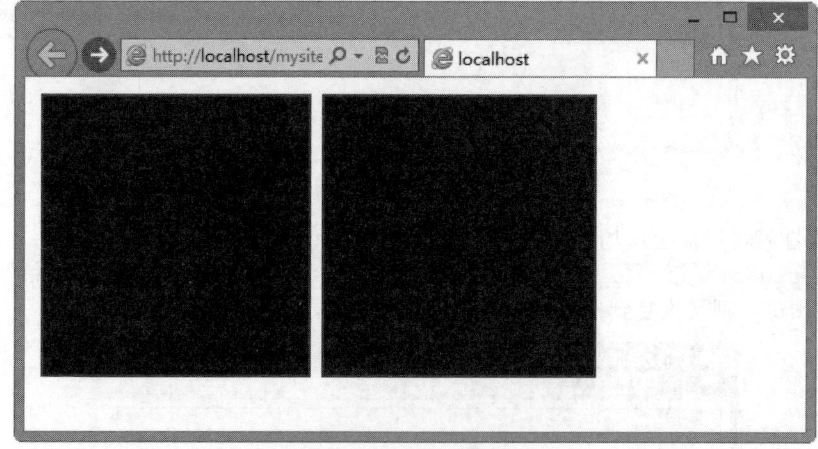

图 12.7 浮动嵌套

提示：

如果包含元素定义了高度和宽度，则它就不会随子元素的大小而自动调整自身显示区域来适应子元素的显示，如图 12.8 所示。注意，在 IE6 及更低版本浏览器中包含框仍然能够自动调整自身大小来适应子元素的显示大小，不过在 IE7 版本中微软纠正了这个不符合标准的显示方法。

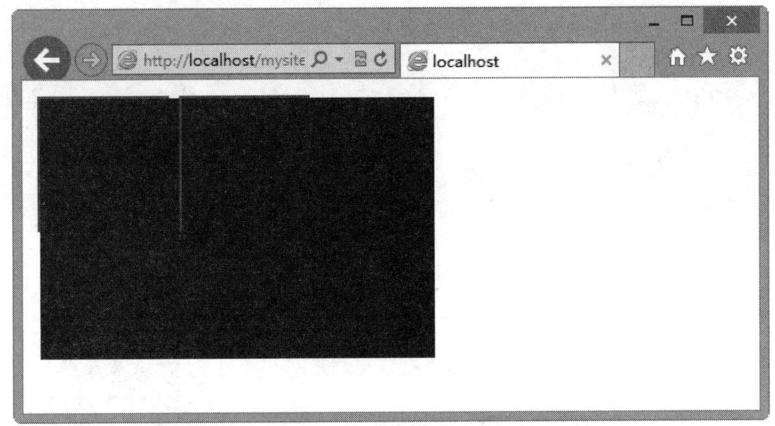

图 12.8 浮动嵌套存在问题

【示例 2】 如果把浮动元素嵌入流动元素内，则父元素不能自适应内容高度，如图 12.9 所示。

```
<style type="text/css">
#contain { background: #FF99FF; }                              /*包含元素*/
span {float: left; width: 200px; height: 100px; }               /*定义共同属性*/
/*内嵌浮动对象样式 */
#span1 { border: solid blue 10px; }
#span2 { border: solid red 10px; }
</style>
<div id="contain">
    <span id="span1">span 元素浮动</span>
    <span id="span2">span 元素浮动</span>
</div>
```

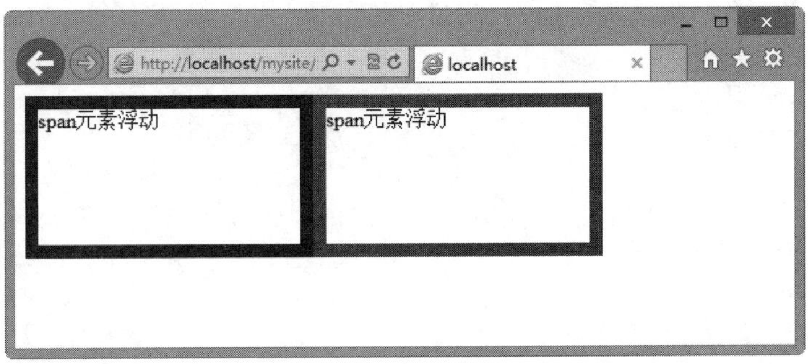

图 12.9 嵌套浮动元素

在图 12.9 中可以看到包含元素 div 并没有显示。原因就是包含元素没有适应子元素的高度，而是根据自身定义的属性以独立的形式显示。所以，在应用混合嵌套时，要预测到浮动与流动混合布局时会出现的各种怪现象，并积极做好兼容处理。

解决方法：可以在包含元素内的最后一行添加一个清除元素，强制撑开包含元素，使其包含浮动元素，显示结果如图 12.10 所示。

```
<style type="text/css">
#contain { background: #FF99FF; }                              /*包含元素*/
span {float: left; width: 200px; height: 100px; }               /*定义共同属*/
/*内嵌浮动对象样式 */
```

```
#span1 { border: solid blue 10px; }
#span2 { border: solid red 10px; }
.clear {clear:both; }                                    /*定义清除类*/
</style>
<div id="contain">
    <span id="span1">span 元素浮动</span>
    <span id="span2">span 元素浮动</span>
   <div class="clear"></div><!--增加一个清除元素-->
</div>
```

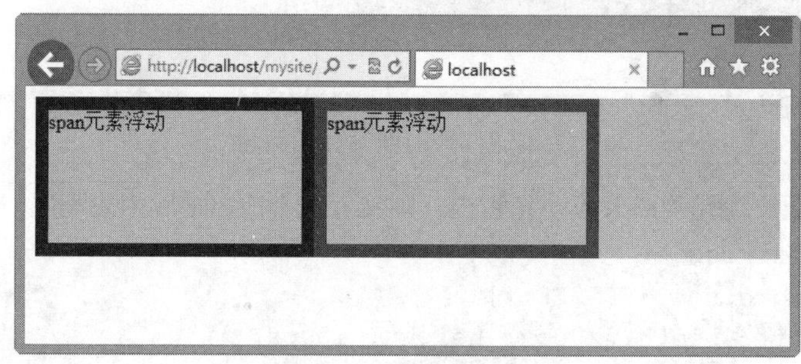

图 12.10　正确显示效果

扫一扫，看视频

12.3.4　混合浮动布局

浮动布局模型相比流动布局模型要复杂很多，当混合浮动和流动布局时就容易遇到很多问题，下面结合示例介绍常见问题和解决办法。

1. 调整左右栏间距

【示例 1】　制作一个左右两栏的页面，左栏浮动布局，右栏流动布局，显示如图 12.11 所示。

```
<style type="text/css">
#contain {/*页面布局包含元素*/
    width:774px;                              /*定义页面宽*/
    border:double 4px #aaa;                   /*定义页面边框*/
    padding:12px;                             /*为页面包含元素增加补白*/
    overflow:visible;                         /*定义包含元素自动伸缩显示所有包含内容*/
}
#contain img {/*定义左侧图片浮动显示*/
    width:200px;
    height:100px;
    float:left;
    clear:left;                               /*定义图片单列显示*/
    margin:0 12px 6px 0;                      /*定义图片的边界*/
    padding:6px;
    border:solid 1px #999;
}
#contain h2 {   text-align:center;}           /*定义右侧标题居中*/
#contain p {/*定义段落属性*/
    margin:0;                                 /*此时该属性左侧值最让人困惑，为什么？*/
    padding:0;                                /*此时该属性左侧值最让人困惑，为什么？*/
```

```
    line-height:1.8em;
    font-size:13px;
    text-indent:2em;
}
.clear {clear:both;}                    /*定义清除类，处理非 IE 浏览器不能自适应包容问题*/
</style>
<div id="contain">
    <img src="bg10.jpg" />
    <img src="bg7.jpg" />
    <img src="bg2.jpg" />
    <img src="bg3.jpg" />
    <h2>《荷塘月色》（节选）</h2>
    <p>曲曲折折的荷塘上面，弥望的是田田的叶子。叶子出水很高，像亭亭的舞女的裙。…</p>
    <div class="clear"></div>
</div>
```

图 12.11　默认显示效果

上面示例在图文混排基础上利用浮动模型设计一个更漂亮的图片通栏布局。使用 float 属性定义所有图片向左浮动，定义 clear 属性清除相邻图片并列浮动，将一组图片垂直排列。通过定义左栏浮动、右栏流动，这样就可以保证页面中的文本围绕图片在右侧显示。

如果加大右侧文本与左侧图片之间的间距，一般用户会定义 p 元素的 margin-left 或 padding-left 属性值，但会发现为 p 元素定义左边界或左补白之后，左右栏间距没有变。

解决方法：不要定义流动元素的边界或补白，而是定义浮动元素的边界或补白，实现调控间距的目的。因为浮动元素的边界和补白不会被流动元素覆盖。例如，定义浮动图像的右侧边界为 50 像素，则效果如图 12.12 所示。

```
margin:0 50px 6px 0;
```

图 12.12　显示效果

2. 调整上下栏间距

上下栏之间的浮动与流动混合布局也比较复杂，如上下栏间距不易调整、布局偶尔错乱等。

【示例 2】　在上面示例基础上，给图文页面增加一个导航条，显示结果如图 12.13 所示。

```
<style type="text/css">
body {/*定义窗口属性*/
    margin:0;                                /*清除 IE 默认边界属性值*/
    padding:0;                               /*清除非 IE 默认补白属性值*/}
#nav {/*定义导航列表框属性*/
    margin:0;                                /*清除 IE 默认缩进属性值*/
    padding:0;                               /*清除非 IE 默认缩进属性值*/
    list-style-type:none;                    /*清除浏览器默认列表样式*/
}
#nav li {/*定义菜单列表项显示效果*/
    float:left;                              /*向左浮动*/
    width:100px; height:32px;
    line-height:32px;                        /*垂直居中*/
    text-align:center;                       /*水平居中*/
    background:#7B9F23;                      /*背景色*/
    margin:1px;                              /*菜单间距*/
    font-size:14px;
}
#nav a {text-decoration:none;}               /*定义导航链接属性*/
#contain {/*图文包含元素*/
    width:774px;                             /*定义图文框宽*/
    border:double 4px #aaa;                  /*定义图文框边框*/
    padding:12px;                            /*为图文框增加补白*/
    overflow:visible;                        /*定义图文框自动伸缩显示所有包含内容*/
```

```
}
#contain img {/*定义左侧图片浮动显示*/
    width:200px; height:100px;
    float:left; clear:left;                /*定义图片单列显示*/
    margin:0 12px 6px 0;                   /*定义图片的边界*/
    padding:6px; border:solid 1px #999;
}
#contain h2 {text-align:center;}           /*定义右侧标题居中*/
#contain p {/*定义段落属性*/
    margin:0; padding:0;
    line-height:1.8em; font-size:13px;
    text-indent:2em;
}
.clear {clear:both;}                       /*定义清除类，处理非 IE 浏览器不能自适应包容问题*/
</style>
<ul id="nav"><!—导航菜单模块-->
    <li><a href="">首页</a></li>
    <li><a href="">导航菜单</a></li>
    <li><a href="">导航菜单</a></li>
    <li><a href="">导航菜单</a></li>
    <li><a href="">导航菜单</a></li>
    <li><a href="">导航菜单</a></li>
    <li><a href="">导航菜单</a></li>
</ul>
<div id="contain"><!—图文框模块-->
    ......
</div>
```

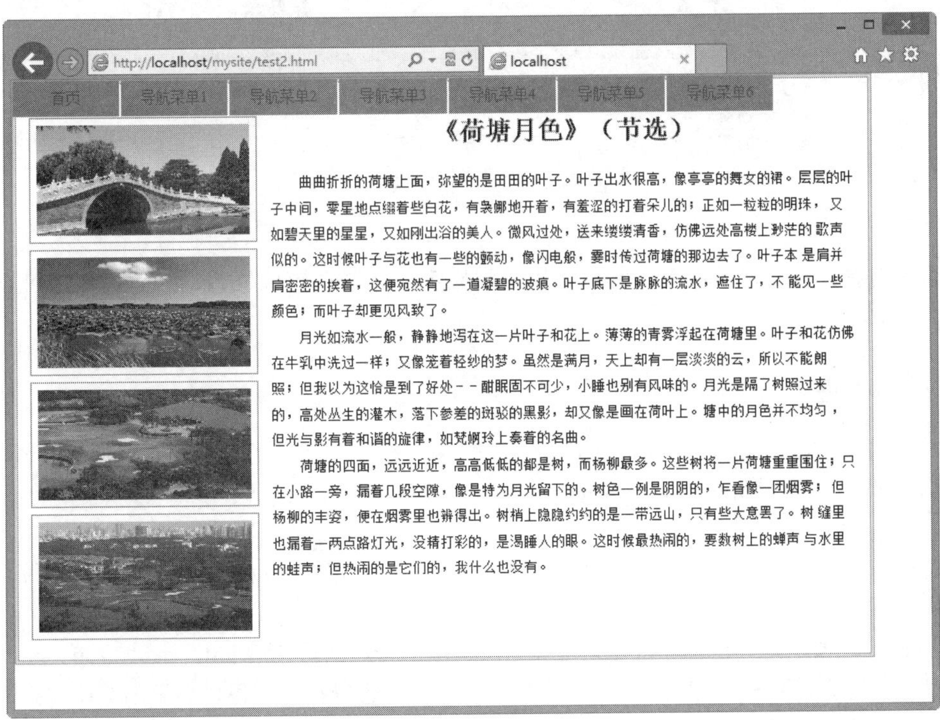

图 12.13 调整空隙

通过图 12.13 可以发现导航条跑到下面栏目内部。解决方法：可以在列表项最后添加一个清除元素：

```
<div class="clear"></div>
```

强迫上面的ul元素自适应高度，以实现包含其内部的浮动列表项。这样就不会出现浮动元素与流动包含元素相互脱节现象，使浮动元素老老实实地呆在上面栏目包含框中，显示效果如图 12.14 所示。

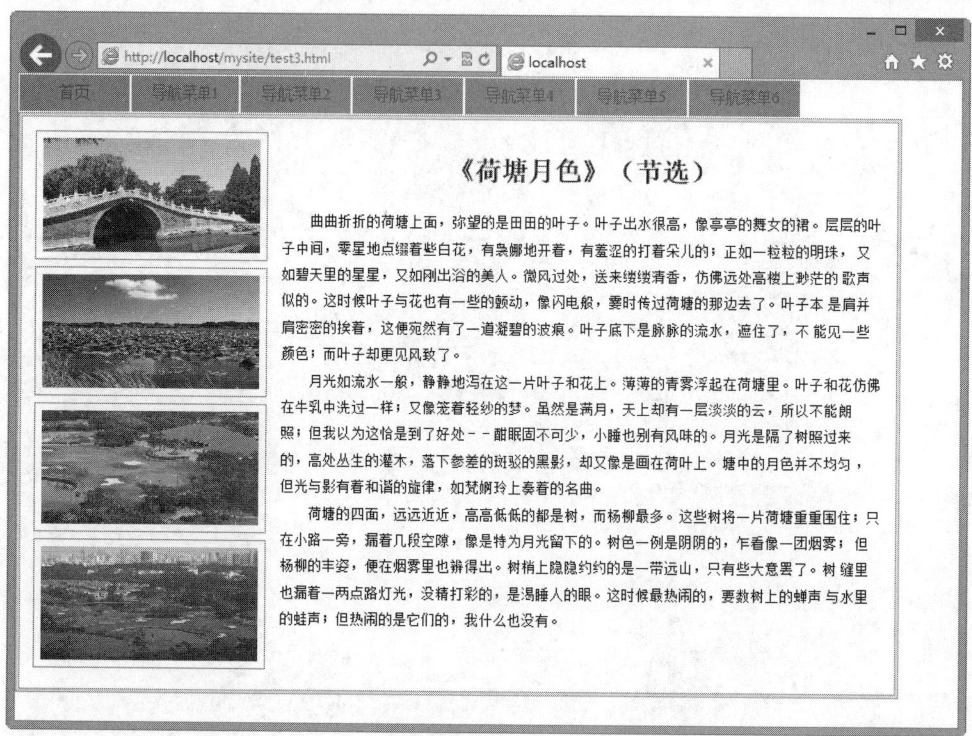

图 12.14　正确显示效果

12.4 定位显示

定位布局的设计思路比较简单，它允许用户精确定义元素在定位框内的显示位置，可以是绝对位置，也可以是相对位置。

扫一扫，看视频

12.4.1 定义定位显示

在 CSS 中可以通过 position 属性定义元素定位显示，其语法如下：

```
position: static | relative | absolute | fixed
```

取值说明如下：

- static：表示不定位，元素遵循 HTML 默认的流动模型，如果未显式声明元素的定位类型，则默认为该值。
- absolute：表示绝对定位，将元素从文档流中拖出来，然后使用 left、right、top、bottom 属性相对于其最接近的一个具有定位属性的父定位包含框进行绝对定位。如果不存在这样的定位包含框，则相对于浏览器窗口，而其层叠顺序则通过 z-index 属性来定义。

- fixed：表示固定定位，与 absolute 定位类型类似，但它的定位包含框是视图本身，由于视图本身是固定的，它不会随浏览器窗口的滚动条滚动而变化，除非在屏幕中移动浏览器窗口的屏幕位置，或改变浏览器窗口的显示大小，因此固定定位的元素会始终位于浏览器窗口内视图的某个位置，不会受文档流动影响，这与 background-attachment:fixed;属性功能相同。
- relative：表示相对定位，它通过 left、right、top、bottom 属性确定元素在正常文档流中偏移位置。相对定位完成的过程是首先按 static 方式生成一个元素，然后移动这个元素，移动方向和幅度由 left、right、top、bottom 属性确定，元素的形状和偏移前的位置保留不动。

与浮动元素一样，绝对定位元素以块状显示，它会为所有子元素建立了一个定位包含框，所有被包含元素都以定位包含框作为参照物进行定位，或在其内部浮动和流动。

【示例 1】 在以下示例中，定义了 3 个不同模型的包含元素，然后观察不同模型的包含元素与它们的子元素的位置关系，如图 12.15 所示。

```
<style type="text/css">
#contain1, #contain2, #contain3 {/*定义 3 个一级 div 元素对象的共同属性*/
    width: 380px;height: 120px; border: solid 1px #666;}
#contain2 {/*定义第 2 个一级 div 元素对象为绝对定位，并设置其距离窗口左边和上边的距离*/
    position: absolute; left: 120px; top: 60px; background: #F08080;
}
#contain3 {/*定义第 3 个一级 div 元素对象为浮动布局*/
    float: left; background: #D2B48C;
}
#contain2 div {/*定义绝对定位对象内所有子元素对象的共同属性*/
    color: #993399; border: solid 1px #FF0000;
}
#sub_div1 {/*定义绝对定位定位包含框内第 1 个对象为绝对定位*/
    width: 80px; height: 80px; position: absolute;
    right: 10px;                    /*定义该绝对元素右边距离父级定位包含框的右边距离*/
    bottom: 10px;                   /*定义该绝对元素底边距离父级定位包含框的底边距离*/
    background: #FEF68F;
}
#sub_div2 {/*定义绝对定位定位包含框内第 2 个元素为浮动布局*/
    width: 80px; height: 80px; float: left; background: #DDA0DD;
}
#sub_div3 {/*定义绝对定位定位包含框内第 3 个元素的背景色、宽和高*/
    width: 100px; height: 90px; background: #CCFF66;
}
</style>
<div id="contain1">元素 1 流动</div>
<div id="contain2">元素 2—绝对定位
    <div id="sub_div1">子元素 1—绝对定位</div>
    <div id="sub_div2">子元素 2—浮动</div>
    <div id="sub_div3">子元素 3—流动</div>
</div>
<div id="contain3">元素 3—浮动</div>
```

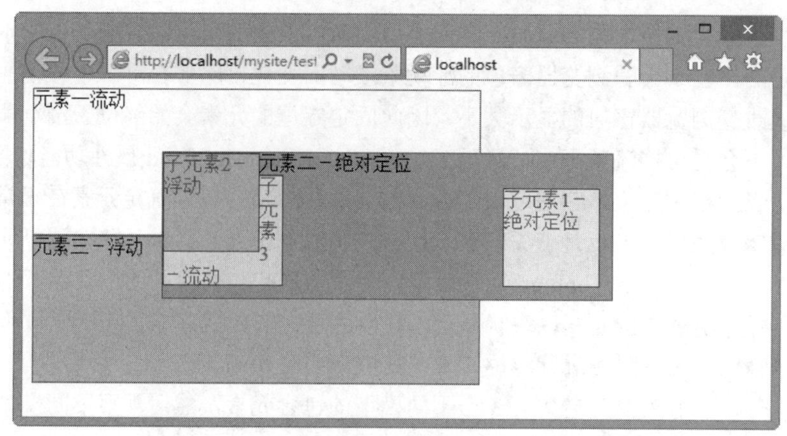

图 12.15 定位显示

从图 12.15 可以看到“元素 2”被定义为绝对定位，它以浏览器窗口为定位包含框，显示位置根据元素左边到窗口左边的距离和元素上边到窗口上边的距离来确定。而“子元素 1”却根据具有定位属性的“元素 2”为定位包含框，显示位置根据“子元素 1”右边到“元素 2”右边的距离和元素底边到“元素 2”底边的距离来确定。在“元素 2”中包含了 3 个子元素，它们以不同的性质显示，但它们都以“元素 2”作为参照平台，包括其中的浮动元素和绝对定位元素。

如果把行内元素作为定位包含框，情况就很复杂，因为行内元素有可能在几行内显示，产生好几个线性盒，这时定位包含框就被定义为这几行区域，而其内部被包含的绝对定位子元素将根据行内元素的第 1 行第 1 个字符左上角来确定 left 和 top 属性的偏移值，根据第一行最后一个字符的右下角来确定 right 和 bottom 属性的偏移值。

【示例 2】 在下面示例中，在文本段中设置两个相互嵌套的 span 元素，然后把外层的 span 元素定义为定位包含框，而把内层的 span 元素定义为绝对定位，并进行偏移定位，显示效果如图 12.16 所示。

```
<style type="text/css">
p {/*定义文本段属性*/
    width: 400px; height: 200px;
    border: dashed 1px green;
}
#relative {/*定义定位包含框，并用蓝色线框标示*/
    position: relative;
    border: solid 1px blue;
}
#absolute {/*定义绝对定位子元素，并向右下角偏移 200px*/
    position: absolute;
    left: 200px; top: 200px;
    border: solid 2px red;
}
</style>
<p> 在用 CSS 控制排版过程中，<span id="relative">定位一直被人认为是一个难点，这主要是表现为很多网友在没有深入理解清楚定位的原理时，排出来的杂乱网页常让他们不知所措，而另一边一些高手则常常借助定位的强大功能做出些很酷的效果来，<span  id="absolute">比如 CSS 相册等等</span>，因此自己杂乱的网页与高手完美的设计形成鲜明对比，</span>这在一定程度上打击了初学定位的网友，也在他们心目中形成这样的一种思想：当我熟练地玩转 CSS 定位时，我就已是高手了。 </p>
```

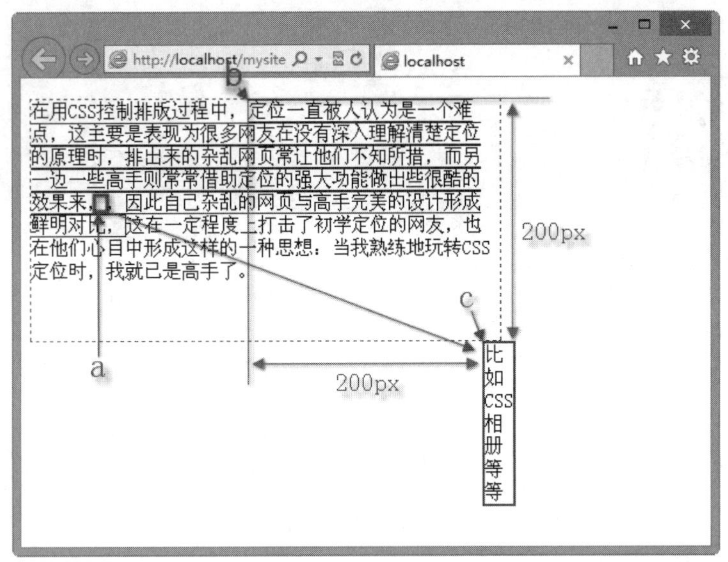

图 12.16 子元素定位 1

在图 12.16 中，a 所指示的位置为子元素定位前的位置，b 所指示的顶角为子元素偏移的参考点，c 所指示的顶角为偏移后的定位点。可以看到，在定位包含框多行显示时，内部定位元素将根据 b 点（第 1 行第 1 个字的左上角）进行偏移定位，而不是根据文本段左上角作为参考点进行定位。

如果定义 right 和 bottom 属性进行偏移，其中 CSS 代码如下，内部定位元素将根据 b 点（第 1 行最后 1 个字的右下角）进行偏移定位，而不是根据文本段右下角作为参考点进行定位。

```
#absolute {/*定义绝对定位子元素，并向左上角偏移 100px*/
position:absolute;
right:100px;
bottom:100px;
border:solid 2px red;
}
```

12.4.2 定位框

CSS 定位包含框（简称为定位框）是标准布局中一个重要概念，它是绝对定位的基础。注意，区分定位包含框与父元素、包含框或包含元素等概念。

定位包含框就是为绝对定位元素提供坐标偏移和显示范围的参照物，即确定绝对定位的偏移起点和百分比长度的参考。在默认状态下，body 元素就是一个根定位包含框，所有绝对定位的元素就是根据窗口来确定自己所处的位置和百分比大小显示的。但是如果定义了包含元素为定位包含框以后，对于被包含的绝对定位元素来说，就会根据最接近的具有定位功能的上级包含元素来决定自己的显示位置。

【示例】 为了能直观理解定位包含框，以下示例先构建一个 HTML 代码模块。

```
<div id="a">
<div id="c"></div>
</div>
<div id="b">
    <div id="d"></div>
</div>
```

在上面代码中，构建了两个定位包含框，它们分别包含了一个元素。下面用 CSS 定义这两个包含元素的大小为 200px×200px，并浮动在窗口的中间区域。

```
#a,#b {/* 定义包含元素的共同属性 */
width:200px;
height:200px;
float:left;
margin-top:50px;                              /* 拉开与窗口顶部的距离 */
border:solid 1px red;                         /* 定义红色边框线，便于识别 */
}
```

同时单独定义 b 包含元素为相对定位，确定它是一个定位包含框。

```
#b {/* 定义包含元素 b 为相对定位，确定它为定位包含框 */
position:relative;
margin-left:50px;                             /* 拉开与 b 包含元素的距离 */
}
```

然后，定义两个被包含元素为绝对定位，大小为 50%*50%，并都偏移 50%。

```
#c,#d {/* 定义被包含元素绝对定位，并进行偏移 */
width:50%;
height:50%;
position:absolute;
left:50%;                                     /* 与定位包含框左侧边框距离为 50% */
top:50%;                                      /* 与定位包含框顶部边框距离为 50% */
}
```

最后分别为两个被包含元素定义不同背景颜色，以便于区别，其显示如图 12.17 所示。

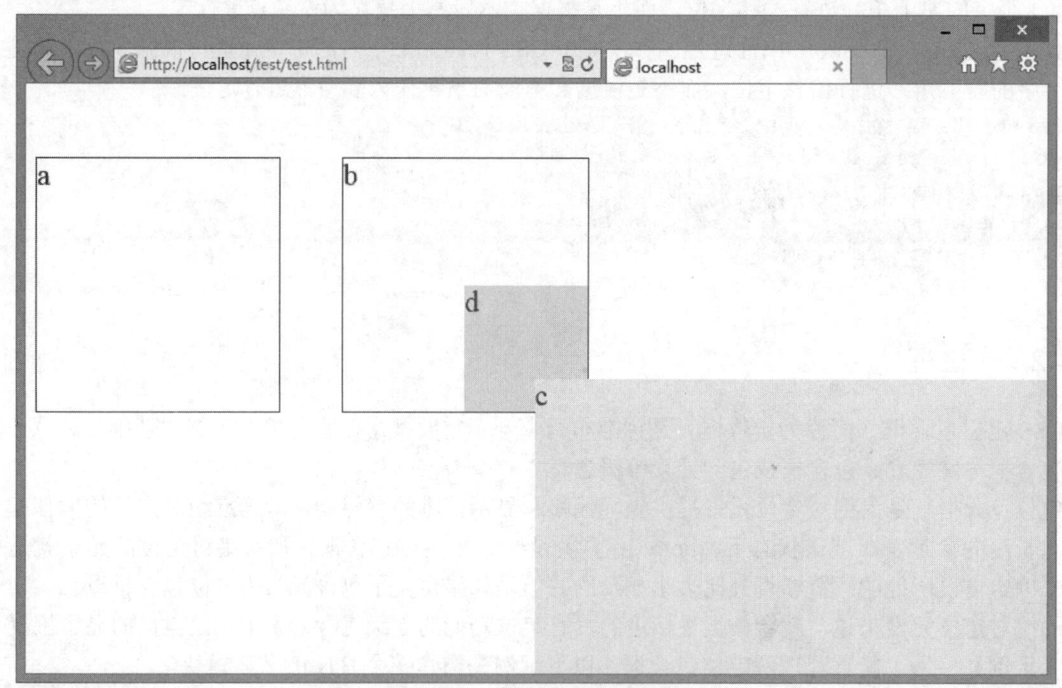

图 12.17　定义定位包含框

在上图所示的演示效果中，被 a 包含元素包含的 c 子元素，它根据窗口 body 元素的左上点为坐标原点进行绝对定位偏移，百分比大小取值也根据窗口的大小来确定，即为窗口宽度和高度的一半。

而 b 包含元素被定义为相对定位，它就成为了一个定位包含框，因此，被它包含的 d 元素就会根据 b 元素的左上角为坐标原点进行绝对定位偏移，它的百分比大小取值也会根据 b 元素的大小来确定，而不是根据窗口为参照物。

但是，在 IE 早期版本浏览器中对于被包含的绝对定位元素的百分比大小解析依然存在问题，如图 12.18 所示。

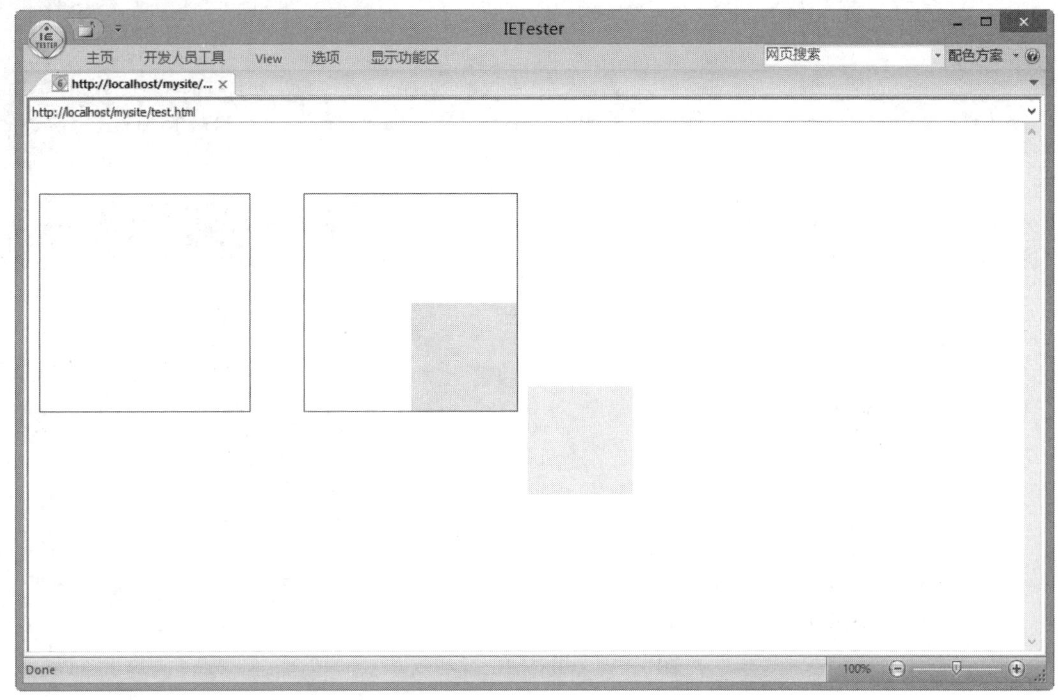

图 12.18　IE 中的定位包含框显示效果

图 12.18 是上面示例在 IE6 浏览器中的预览效果，可以看到，对于坐标偏移解析方面，IE 与其他现代标准浏览器的解析效果是一致的，即 a 包含元素内的 c 元素根据最近定位包含框（窗口左上角）进行偏移，百分比偏移大小（50%）也是根据定位包含框大小（窗口大小）来确定的。

但是，在计算被包含元素自身大小时，IE6 与标准存在很大的差异，IE6 浏览器认为被包含元素 c 的百分比高和宽应该根据 HTML 代码中包含它的元素的大小来确定，而不是它的最近定位包含框，因此 c 元素显示大小（100px×100px）就为 a 元素显示大小（200px×200px）的一半，如图 12.18 所示。

一般情况下可以用 position 属性来定义任意定位包含框，position 属性有效取值包括 absolute、fixed、relative。

有了定位包含框，就可以灵活设置绝对定位的坐标原点和它的参考值。绝对定位打破了元素的固有排列顺序，满足诸如内容优先的排版需要，也给复杂的浮动布局带来方便。

12.4.3　相对定位

扫一扫，看视频

与绝对定位不同的是，相对定位元素的偏移量是根据它在正常文档流里的原始位置计算的，而绝对定位元素的偏移量是根据定位包含框的位置计算的。一个绝对定位元素的位置取决于它的偏移量:top、right、bottom 和 left 属性值，相对定位元素的偏移量与绝对定位一样。

【示例】　在以下示例中，定义 strong 元素对象为相对定位，然后通过相对定位调整标题在文档顶部的显示，显示效果如图 12.19 所示。

```
<style type="text/css">
p { margin: 60px; font-size: 14px;}
p span { position: relative; }
p strong {/*[相对定位]*/
```

```
    position: relative;
    left: 40px; top: -40px;
    font-size: 18px;
}
</style>
<p> <span><strong>虞美人</strong>南唐\宋 李煜</span> <br>春花秋月何时了，<br>往事知多少。<br>小楼昨夜又东风，<br>故国不堪回首月明中。<br>雕阑玉砌应犹在，<br>只是朱颜改。<br>问君能有几多愁，<br>恰似一江春水向东流。 </p>
```

定位前

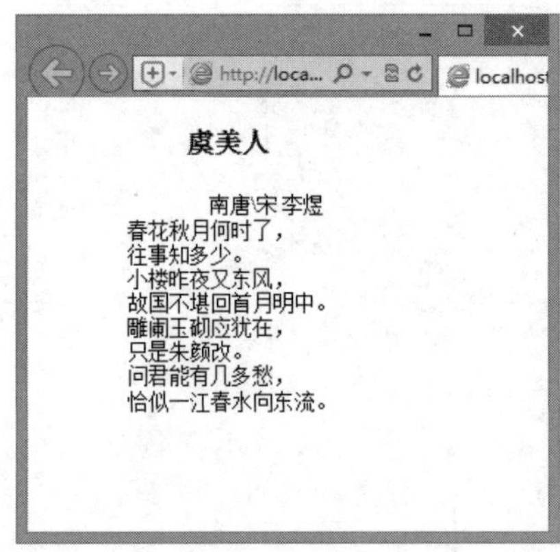

定位后

图 12.19　相对定位显示效果

从图 12.19 可以看到，相对定位后，元素对象的原空间保留不变。相对定位偏离的边距遵循绝对定位中偏离规则，不过相对定位的定位包含框是元素对象的原位置。

提示：

相对定位元素遵循的是流动布局模型，存在于正常的文档流中，但是它的位置可以根据原位置进行偏移。由于相对定位元素占有自己的空间，即原始位置保留不变，因此它不会挤占其他元素的位置，但可以覆盖在其他元素之上进行显示。

与相对定位元素不同，绝对定位元素完全被拖离正常文档流中原来的空间，且原来空间将被不再被保留，被相邻元素挤占。把绝对定位元素设置在可视区域之外会导致浏览器窗口的滚动条出现。而设置相对定位元素在可视区域之外，滚动条是不会出现的。

扫一扫，看视频

12.4.4　定位层叠顺序

定位元素之间可以重叠显示，这与图像合成有点类似。在流动布局和浮动布局中是无法实现这种重叠效果的，因此利用定位重叠技术可以创建动态网页效果。

在 CSS 中可以通过 z-index 属性来确定定位元素的层叠等级。需要声明的是 z-index 属性只有在元素的 position 属性取值为 relative、absolute 或 fixed 时才可以使用。其中 fixed 属性值目前还没有得到 IE 的支持。

【示例 1】　下面示例定义两个定位元素，然后通过 z-index 属性调整层叠显示顺序，如图 12.20 所示。

```
<style type="text/css">
#sub_1,#sub_2 {/*定义子元素绝对定位，并设置宽和高*/
    position: absolute;
    width:200px; height:200px;
```

```
}
#sub_1 {/*定义第 1 个子元素的属性*/
    z-index:10;                                        /*设置层叠等级为 10*/
    left:50px; top:50px;
    background:red;
}
#sub_2 {/*定义第 2 个子元素的属性*/
    z-index:1;                                         /*设置层叠等级为 1*/
    left:20px; top:20px;
    background:blue;
}
</style>
<div id="contain">
  <div id="sub_1">元素 1</div>
  <div id="sub_2">元素 2</div>
</div>
```

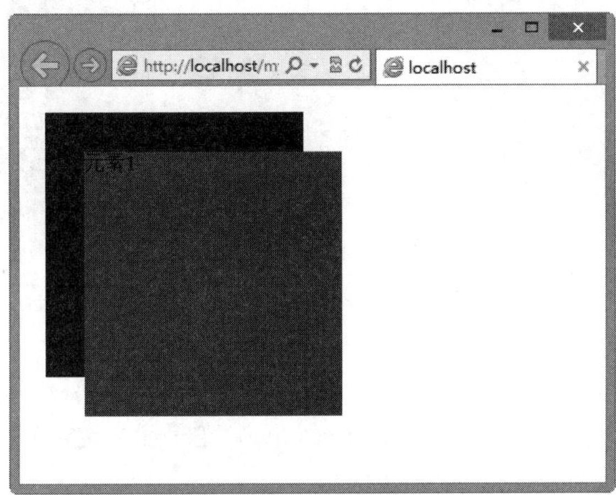

图 12.20　层叠定位显示

z-index 属性值越大，层叠级别就越高，如果属性值相同，则根据结构顺序层叠。对于未指定此属性的绝对定位元素，此属性的 number 值为正数的元素会在其之上，而 number 值为负数的元素在其之下。此属性仅仅作用于 position 属性值为 relative、absolute 或 fixed 的元素。

【示例 2】　如果 z-index 属性值为负值，则将隐藏在文档流的下面。在以下示例中，定义<div>标签相对定位，并设置 z-index 属性值为-1，则显示效果如图 12.21 所示。

```
<!doctype html>
<html>
<head>
<meta charset="utf-8">
<style type="text/css">
#box1 {
   height: 400px;                              /* 固定高度 */
   position: relative;                         /* 相对定位 */
   background: red url(images/1.jpg);          /* 定义背景色和背景图 */
   z-index: -1;                                /* 层叠顺序*/
   top: -120px;                                /* 偏移位置，实现与文本 */
}
</style>
```

```
</head>
<body>
<p>我永远相信只要永不放弃，我们还是有机会的。最后，我们还是坚信一点，这世界上只要有梦想，只要不断努力，只要不断学习，不管你长得如何，不管是这样，还是那样，男人的长相往往和他的的才华成反比。今天很残酷，明天更残酷，后天很美好，但绝对大部分是死在明天晚上，所以每个人不要放弃今天。</p>
<div id="box1"></div>
</body>
</html>
```

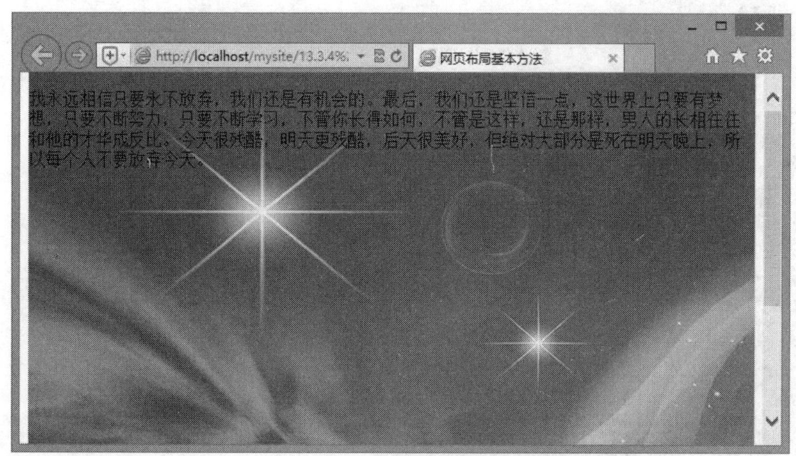

图 12.21　定义定位元素显示在文档流下面

扫一扫，看视频

12.4.5 混合定位布局

混合定位是利用相对定位的流动模型优势和绝对定位的层布局优势，实现网页定位的灵活性和精确性优势互补。例如，如果给父元素定义为 position:relative，给子元素定义为 position:absolute，那么子元素的位置将随着父元素，而不是整个页面进行变化。

【示例】 以下示例利用混合定位布局方法，设计了一个 3 行 2 列的页面效果，如图 12.22 所示。

```
<style type="text/css">
body {/*定义窗体属性*/
    margin: 0;                  /*清除 IE 默认边距*/
    padding: 0;                 /*清除非 IE 默认边距*/
    text-align: center;         /*设置在 IE 浏览器中居中对齐*/
}
#contain {/*定义父元素为相对定位，实现定位包含框*/
    width: 100%;                /*定义宽度*/
    height: 310px;              /*必须定义父元素的高度，该高度应大于绝对布局的最大高度，否则父元素背景色就无法显示，且后面的布局区域也会无法正确显示*/
    position: relative;         /*定义为相对定位*/
    background: #E0EEEE;
    margin: 0 auto;             /*非 IE 浏览器中居中显示*/
}
#header, #footer {/*定义头部和脚部区域属性，以默认的流动模型布局*/
    width: 100%;
    height: 50px;
    background: #C0FE3E;
```

```
    margin: 0 auto;                          /*非 IE 浏览器中居中显示*/
}
#sub_contain1 {  /*定义左侧子元素为绝对定位*/
    width: 30%;                              /*根据定位包含框定义左侧栏目的宽度*/
    position: absolute;                      /*定义子栏目为绝对定位*/
    top: 0;                                  /*在定位包含框顶边对齐*/
    left: 0;                                 /*在定位包含框左边对齐*/
    height: 300px;                           /*定义高度*/
    background: #E066FE;
}
#sub_contain2 { /*定义右侧子元素为绝对定位*/
    width: 70%;                              /*根据定位包含框定义右侧栏目的宽度*/
    position: absolute;                      /*定义子栏目为绝对定位*/
    top: 0;                                  /*在定位包含框顶边对齐*/
    right: 0;                                /*在定位包含框右边对齐*/
    height: 200px;                           /*定义高度*/
    background: #CDCD00;
}
</style>
<div id="header">标题栏</div>
<div id="contain">
    <div id="sub_contain1">左栏</div>
    <div id="sub_contain2">右栏</div>
</div>
<div id="footer">页脚</div>
```

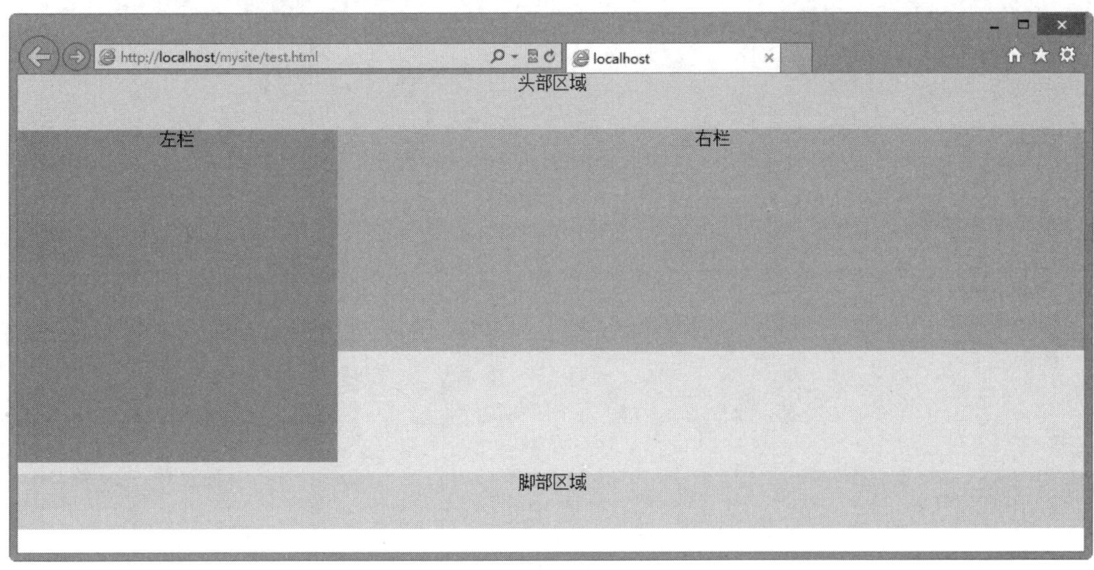

图 12.22　混合定位演示效果

在上面示例中，设计左右栏绝对定位显示，两栏包含框为相对定位显示，这样左右栏就以包含框为定位参考。由于定位包含框的高度不会随子元素的高度而变化，因此要实现合理布局，必须给父元素定义一个明确的高度才能显示包含框背景，后面的布局元素也才能跟随绝对定位元素之后正常显示。

12.5　在线课堂：实践练习

本节为线上实践环节，旨在帮助读者练习网页版式的一般设计方法，培养初学者网页布局的基本能力，感兴趣的读者请扫码练习。

扫码，看电子版

第 13 章　使用 CSS3 新布局

CSS3 新增了一些布局功能，使用它们可以更灵活地设计网页版式。本章将重点介绍多列布局和弹性盒布局，多列布局适合排版很长的文字内容，让其多列显示；弹性盒布局适合设计自动伸缩的多列容器，如网页、栏目或模块，以适应移动页面设计的要求。

【学习重点】

- 设计多列布局。
- 设计弹性盒布局样式。
- 使用 CSS3 布局技术设计适用移动需求的网页。

13.1　多 列 布 局

CSS3 使用 columns 属性定义多列布局，它又包括多个子属性。目前，各主流浏览器都支持多列布局。下面结合具体的示例详细说明。

提示：

Webkit 引擎还支持-webkit-columns 私有属性，Mozilla Gecko 引擎还支持-moz-columns 私有属性。

13.1.1　设置列宽

扫一扫，看视频

CSS3 使用 column-width 属性可以定义单列显示的宽度，用法如下。

```
column-width: length | auto;
```

取值简单说明如下。

- length：长度值，不可为负值。
- auto：根据浏览器自动计算来设置。

column-width 可以与其他多列布局属性配合使用，设计指定固定列数、列宽的布局效果，也可以单独使用，限制单列宽度，当超出宽度时，则会自动多列显示。

【示例】 本例设计网页文档的 body 元素的列宽度为 300 像素，如果网页内容能够在单列内显示，则会以单列显示；如果窗口足够宽，且内容很多，则会在多列中进行显示，演示效果如图 13.1 所示，根据窗口宽度自动调整为两栏显示，列宽度显示为 300 像素。

```
<style type="text/css" media="all">
/*定义网页列宽为 300 像素，则网页中每个栏目的最大宽度为 300 像素*/
body {    column-width:300px;}
</style>
```

提示：

本例以及后面几节示例继续以“CSS 禅意花园”的结构和内容为基础进行演示说明。

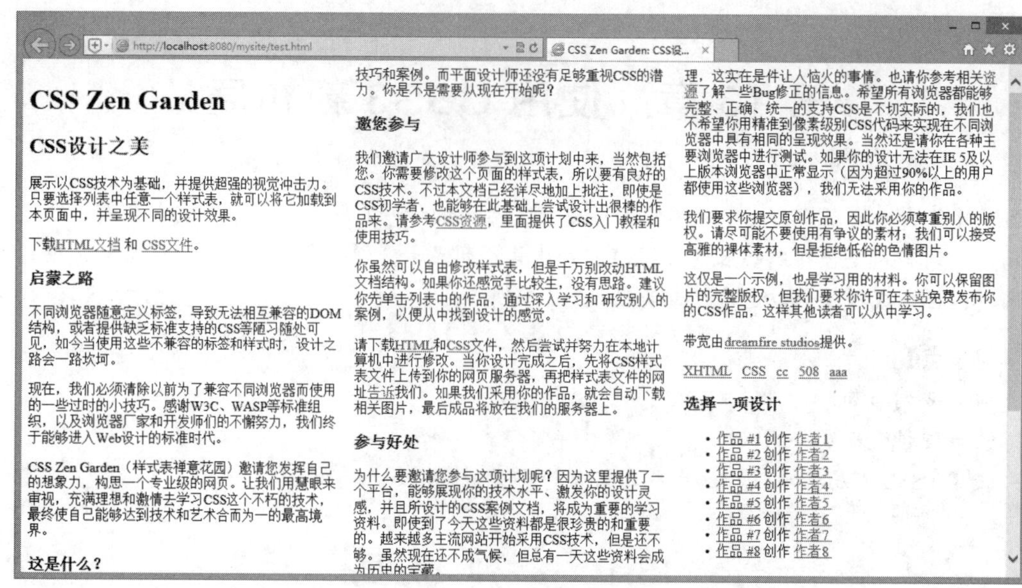

图 13.1　浏览器根据窗口宽度变化调整栏目的数量

扫一扫，看视频

13.1.2　设置列数

CSS3 使用 column-count 属性定义列数，用法如下。

```
column-count:integer | auto;
```

取值简单说明如下。

- integer：定义栏目的列数，取值为大于 0 的整数。如果 column-width 和 column-count 属性没有明确值，则该值为最大列数。
- auto：根据浏览器计算值自动设置。

【示例】　以下示例定义网页内容显示为 3 列，则不管浏览器窗口怎么调整，页面内容总是遵循 3 列布局，演示效果如图 13.2 所示。

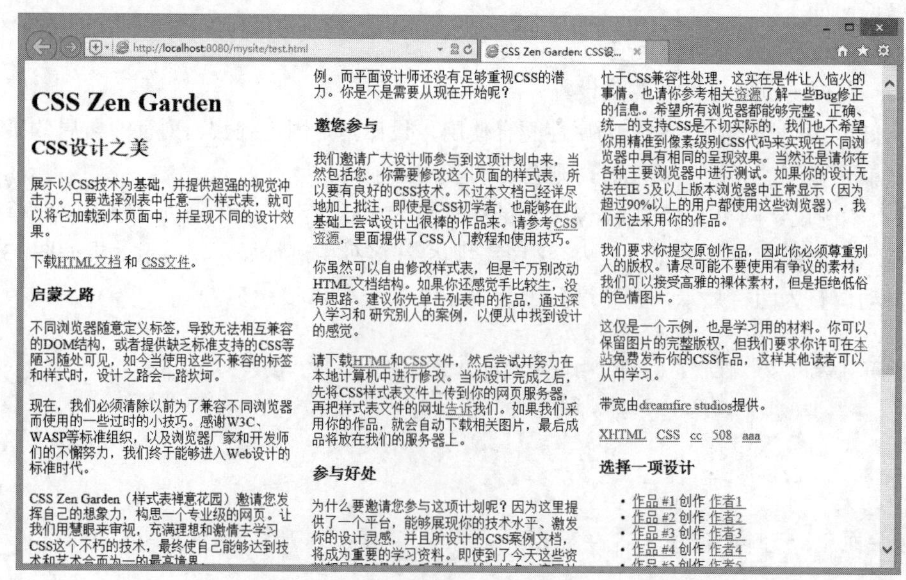

图 13.2　根据窗口宽度自动调整列宽，但是整个页面总是显示 3 列内容

```
<style type="text/css" media="all">
/*定义网页列数为 3，这样整个页面总是显示为 3 列*/
body {    column-count:3;}
</style>
```

13.1.3　设置列间距

扫一扫，看视频

CSS3 使用 column-gap 属性定义两栏之间的间距，用法如下。

```
column-gap:normal | length;
```

取值简单说明如下。

- normal：根据浏览器默认设置进行解析，一般为 1em。
- length：长度值，不可为负值。

【示例】　在上面示例基础上，通过 column-gap 和 line-height 属性配合使用，设置列间距为 3em，行高为 1.8em，使页面内文字内容看起来更明晰、轻松许多，演示效果如图 13.3 所示。

```
<style type="text/css" media="screen">
body {
    column-count: 3;                    /*定义页面内容显示为 3 列*/
    column-gap: 3em;                    /*定义列间距为 3em，默认为 1em*/
    line-height: 1.8em;                 /* 定义页面文本行高 */
}
</style>
```

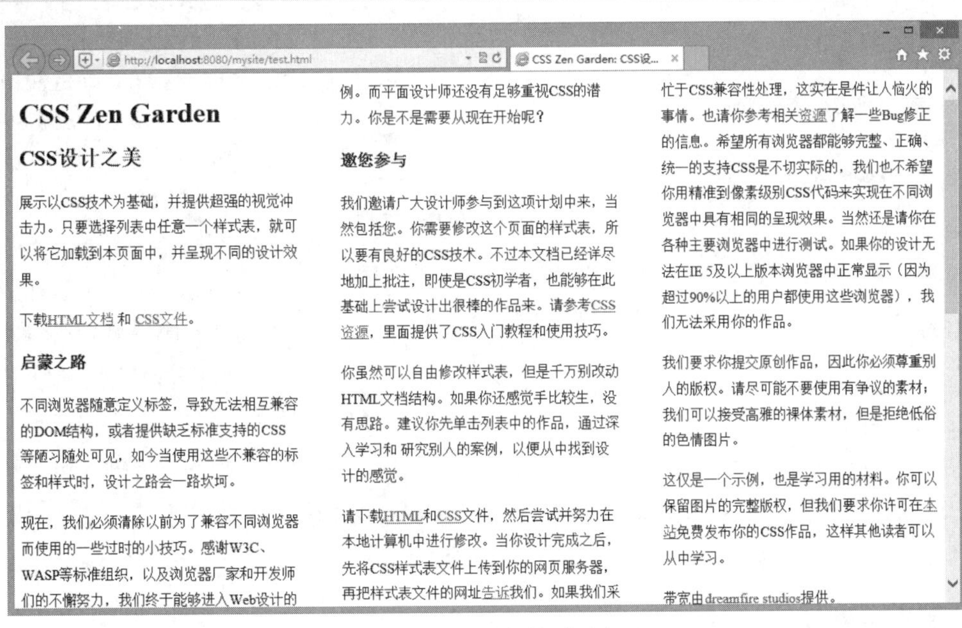

图 13.3　设计疏朗的页面布局

13.1.4　设置列边框样式

扫一扫，看视频

CSS3 使用 column-rule 属性定义每列之间边框的宽度、样式和颜色，用法如下。

```
column-rule:length | style | color | transparent;
```

取值简单说明如下。

- length：长度值，不可为负值。功能与 column-rule-width 属性相同。
- style：定义列边框样式。功能与 column-rule-style 属性相同。

- color：定义列边框的颜色。功能与 column-rule-color 属性相同。
- transparent：设置边框透明显示。

CSS3 在 column-rule 属性基础上派生了 3 个列边框属性。

- column-rule-color：定义列边框颜色。
- column-rule-width：定义列边框宽度。
- column-rule-style：定义列边框样式。

【示例】 在上面示例基础上，为每列之间的边框定义一个虚线分割线，线宽为 2 像素，灰色显示，演示效果如图 13.4 所示。

```
<style type="text/css" media="screen">
body {
    column-count: 3;                        /*定义页面内容显示为 3 列*/
    column-gap: 3em;                        /*定义列间距为 3em，默认为 1em*/
    line-height: 2.5em;
    column-rule: dashed 2px gray;           /*定义列边框为 2 像素宽的灰色虚线*/
}
</style>
```

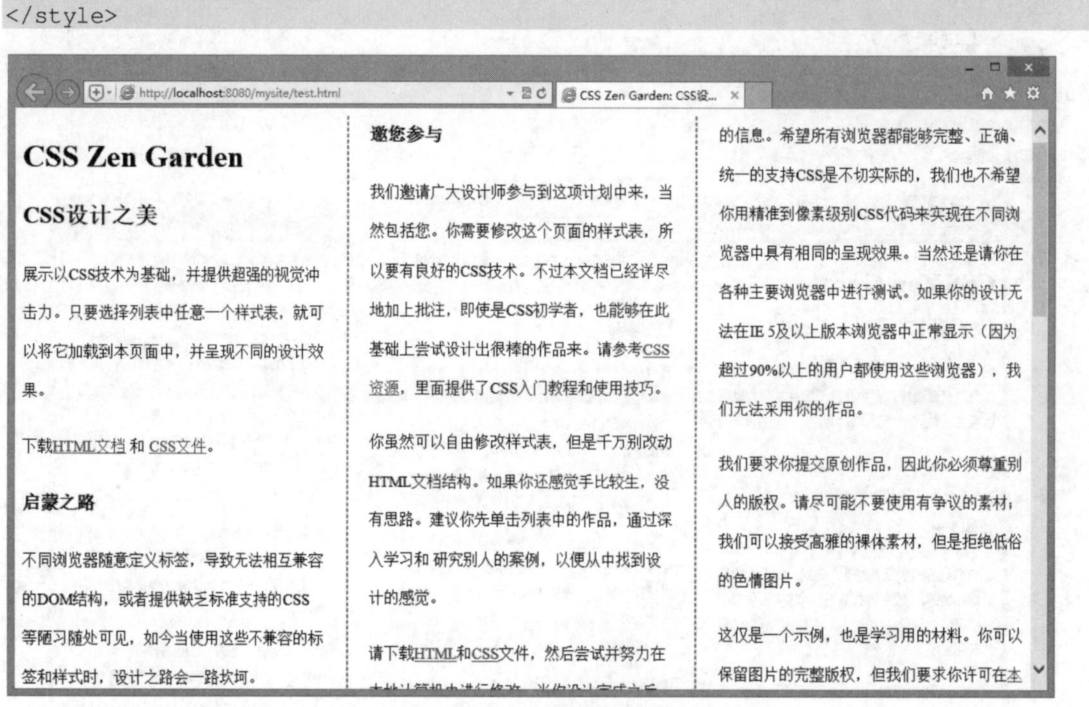

图 13.4 设计列边框效果

扫一扫，看视频

13.1.5 设置跨列显示

CSS3 使用 column-span 属性定义跨列显示，也可以设置单列显示，用法如下。

```
column-span:none | all;
```

取值简单说明如下。

- none：只在本栏中显示。
- all：将横跨所有列。

【示例】 在上面示例基础上，使用 column-span 属性定义一级和二级标题跨列显示，演示效果如图 13.5 所示。

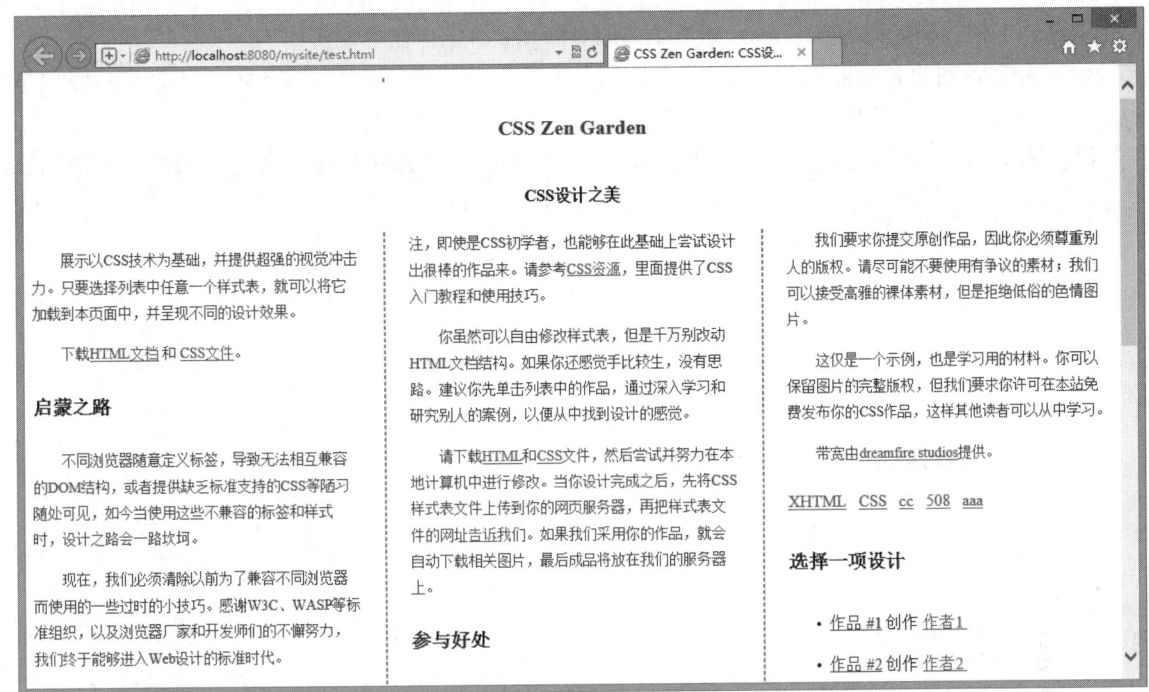

图 13.5　设计标题跨列显示效果

```
<style type="text/css" media="screen">
body {
    column-count: 3;                          /*定义页面内容显示为 3 列*/
    column-gap: 3em;                          /*定义列间距为 3em，默认为 1em*/
    line-height: 2.5em;
    column-rule: dashed 2px gray;             /*定义列边框为 2 像素宽的灰色虚线*/
}
/*设置一级标题跨越所有列显示*/
h1 {
    color: #333333;
    font-size: 20px;
    text-align: center;
    padding: 12px;
    column-span: all;}
/*设置二级标题跨越所有列显示*/
h2 {
    font-size: 16px;
    text-align: center;
    column-span: all;}
p {color: #333333; font-size: 14px; line-height: 180%; text-indent: 2em;}
</style>
```

13.1.6　设置列高度

扫一扫，看视频

CSS3 使用 column-fill 属性定义栏目的高度是否统一，用法如下。

```
column-fill:auto | balance;
```

column-fill 属性初始值为 balance，适用于多列布局元素。取值简单说明如下。

- auto：各列的高度随其内容的变化而自动变化。
- balance 各列的高度将会根据内容最多的那一列的高度进行统一。

【示例】 在上面示例基础上，使用 column-fill 属性定义每列高度一致，演示效果如图 13.6 所示。

```
<style type="text/css" media="screen">
body {
    column-count: 3;                              /*定义页面内容显示为 3 列*/
    column-gap: 3em;                              /*定义列间距为 3em，默认为 1em*/
    line-height: 2.5em;
    column-rule: dashed 2px gray;                 /*定义列边框为 2 像素宽的灰色虚线*/
    column-fill: auto;                            /*设置各列高度自动调整*/
}
/*设置一级标题跨越所有列显示*/
h1 {
    color: #333333;
    font-size: 20px;
    text-align: center;
    padding: 12px;
    column-span: all;}
/*设置二级标题跨越所有列显示*/
h2 {
    font-size: 16px;
    text-align: center;
    column-span: all;}
p {color: #333333; font-size: 14px; line-height: 180%; text-indent: 2em;}
</style>
```

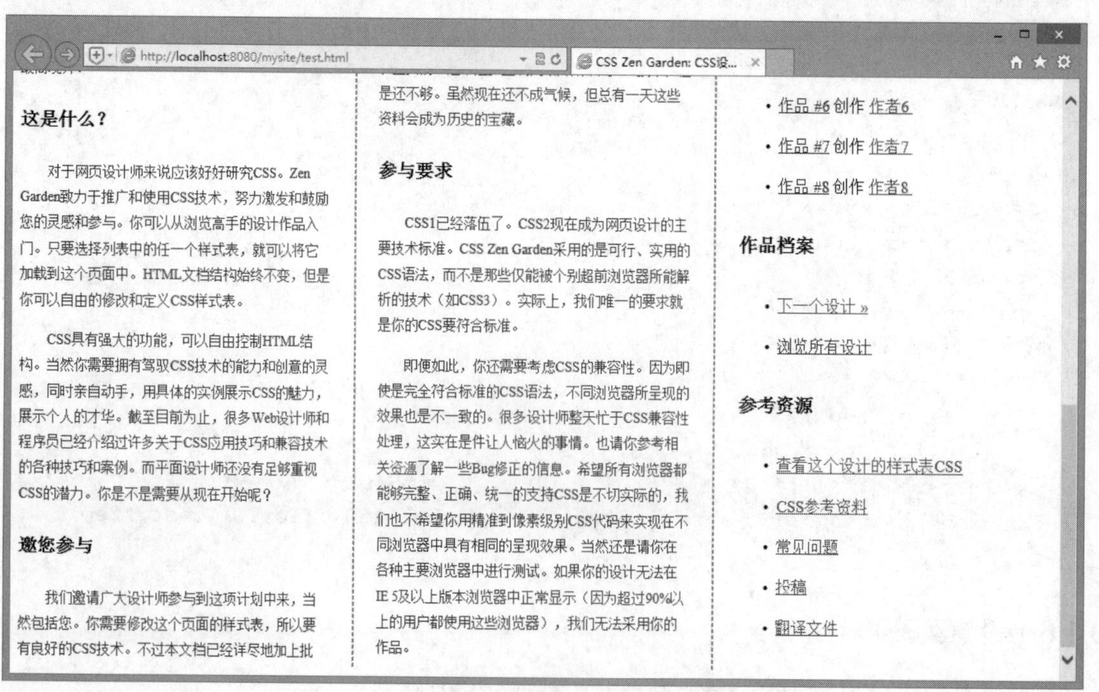

图 13.6 设计每列显示高度一致

13.2　弹性盒布局

CSS3 引入了新的盒模型——Box 模型，该模型定义一个盒子在其他盒子中的分布方式以及如何处理可用的空间。使用 Box 模型可以轻松地创建自适应浏览器窗口的流动布局或自适应字体大小的弹性布局。传统的盒模型基于 HTML 文档流在垂直方向上排列盒子。使用弹性盒模型可以定义盒子的排列顺序，也可以反转之。

启动弹性盒模型，只需为包含有子对象的容器对象设置 display 属性即可，用法如下。

```
display: box | inline-box | flexbox | inline-flexbox | flex | inline-flex
```

取值说明如下。

- box：将对象作为弹性伸缩盒显示。伸缩盒为最老版本。
- inline-box：将对象作为内联块级弹性伸缩盒显示。伸缩盒为最老版本。
- flexbox：将对象作为弹性伸缩盒显示。伸缩盒为过渡版本。
- inline-flexbox：将对象作为内联块级弹性伸缩盒显示。伸缩盒为过渡版本。
- flex：将对象作为弹性伸缩盒显示。伸缩盒为最新版本。
- inline-flex：将对象作为内联块级弹性伸缩盒显示。伸缩盒为最新版本。

注意：

CSS3 弹性盒布局大致经历了 3 个阶段。

- 2009 年版本（老版本）display:box;
- 2011 年版本（过渡版本）display:flexbox;
- 2012 年版本（最新稳定版本）display:flex;

各主流设备支持情况说明如下，其中新版本浏览器都能够延续支持老版本浏览器支持的功能。

IE 10+	支持最新版
Chrome 21+	支持 2011 版
Chrome 20-	支持 2009 版
Safari 3.1+	支持 2009 版
Firefox 22+	支持最新版
Firefox 2-21	支持 2009 版
Opera 12.1+	支持 2011 版
Android 2.1+	支持 2009 版
iOS 3.2+	支持 2009 版

如果把新语法、旧语法和中间过渡语法混合在一起使用，就可以让浏览器得到完美的展示。下面重点以最新稳定版本为例进行说明，老版本和过渡版本语法请读者参考 CSS3 参考手册。

13.2.1　定义 Flexbox

扫一扫，看视频

Flexbox（伸缩盒）是 CSS3 升级后的新布局模式，为了现代网络中更为复杂的网页需求而设计。Flexbox 布局的目的是允许容器有能力让其子项目能够改变其宽度、高度、顺序等，以最佳方式填充可用空间，适应所有类型的显示设备和屏幕大小。Flex 容器会使子项目（伸缩项目）扩展来填满可用空间，或缩小它们以防止溢出容器。因此，Flexbox 布局最适合应用程序的组件和小规模的布局。

Flexbox 由伸缩容器和伸缩项目组成。通过设置元素的 display 属性为 flex 或 inline-flex 可以得到一个伸缩容器。设置为 flex 的容器被渲染为一个块级元素，而设置为 inline-flex 的容器则渲染为一个行内元素。具体语法如下。

```
display: flex | inline-flex;
```

上面语法定义伸缩容器，属性值决定容器是行内显示，还是块显示，它的所有子元素将变成 flex 文档流，被称为伸缩项目。

此时，CSS 的 columns 属性在伸缩容器上没有效果，同时 float、clear 和 vertical-align 属性在伸缩项目上也没有效果。

【示例】 以下示例设计一个伸缩容器，其中包含 4 个伸缩项目，演示效果如图 13.7 所示。

```
<style type="text/css">
.flex-container {
    display: -webkit-flex;
    display: flex;
    width: 500px;
    height: 300px;
    border: solid 1px red;}
.flex-item {
    background-color: blue;
    width: 200px;
    height: 200px;
    margin: 10px;}
</style>
<div class="flex-container">
    <div class="flex-item">伸缩项目 1</div>
    <div class="flex-item">伸缩项目 2</div>
    <div class="flex-item">伸缩项目 3</div>
    <div class="flex-item">伸缩项目 4</div>
</div>
```

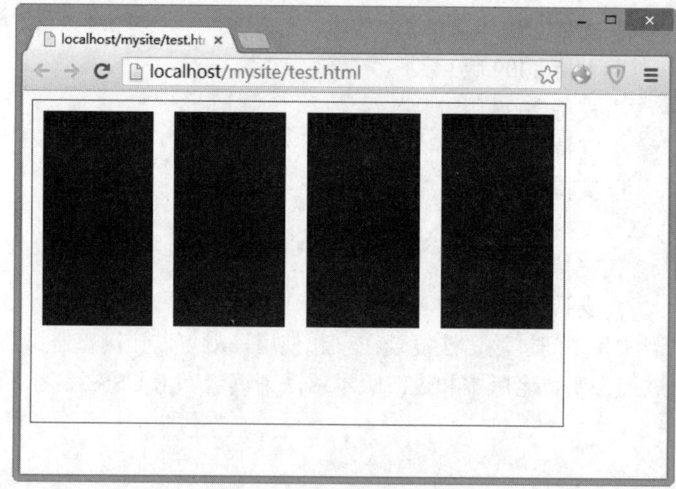

图 13.7　定义伸缩盒布局

拓展：

伸缩容器中的每一个子元素都是一个伸缩项目，伸缩项目可以是任意数量的，伸缩容器外和伸缩项目内的一切元素都不受影响。伸缩项目沿着伸缩容器内的一个伸缩行定位，通常每个伸缩容器只有一个伸缩行。在上面示例中，可以看到 4 个项目沿着一个水平伸缩行从左至右显示。在默认情况下，伸缩行和文本方向一致：从左至右，从上到下。

常规布局是基于块和文本流方向，而 Flex 布局是基于 flex-flow。如图 13.8 所示是 W3C 规范对 Flex 布局的解释。

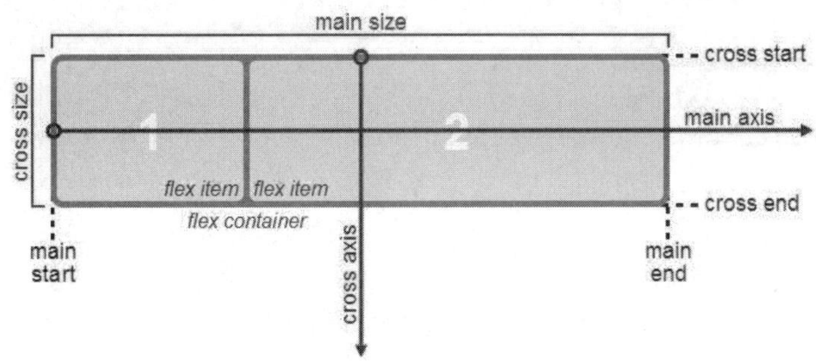

图 13.8　Flex 布局模式

基本上，伸缩项目是沿着主轴（main axis），从主轴起点（main-start）到主轴终点（main-end）或者沿着侧轴（cross axis），从侧轴起点（cross-start）到侧轴终点（cross-end）排列。

- 主轴（main axis）：伸缩容器的主轴，伸缩项目主要沿着这条轴进行排列布局。注意，它不一定是水平的，这主要取决于 justify-content 属性设置。
- 主轴起点（main-start）和主轴终点（main-end）：伸缩项目放置在伸缩容器内从主轴起点（main-start）向主轴终点（main-end）方向。
- 主轴尺寸（main size）：伸缩项目在主轴方向的宽度或高度就是主轴的尺寸。伸缩项目主要的大小属性要么是宽度属性，要么是高度属性，由哪一个对着主轴方向决定。
- 侧轴（cross axis）：垂直于主轴称为侧轴。它的方向主要取决于主轴方向。
- 侧轴起点（cross-start）和侧轴终点（cross-end）：伸缩行的配置从容器的侧轴起点边开始，往侧轴终点边结束。
- 侧轴尺寸（cross size）：伸缩项目的在侧轴方向的宽度或高度就是项目的侧轴长度，伸缩项目的侧轴长度属性是 width 或 height 属性，由哪一个对着侧轴方向决定。

13.2.2　定义伸缩方向

使用 flex-direction 属性可以定义伸缩方向，它适用于伸缩容器，也就是伸缩项目的父元素。flex-direction 属性主要用来创建主轴，从而定义伸缩项目在伸缩容器内的放置方向。具体语法如下：

```
flex-direction: row | row-reverse | column | column-reverse
```

取值说明如下。

- row：默认值，在 ltr（left-to-right）排版方式下从左向右排列；在 rtl（right-to-left）排版方式下从右向左排列。
- row-reverse：与 row 排列方向相反，在 ltr 排版方式下从右向左排列；在 rtl 排版方式下从左向右排列。
- column：类似于 row，不过是从上到下排列。
- column-reverse：类似于 row-reverse，不过是从下到上排列。

主轴起点与主轴终点方向分别等同于当前书写模式的开始与结束方向。其中 ltr 所指文本书写方式是 left-to-right，也就是从左向右书写；而 rtl 所指的刚好与 ltr 方式相反，其书写方式是 right-to-left，也就是从右向左书写。

【示例】　以下示例设计一个伸缩容器，其中包含 4 个伸缩项目，然后定义伸缩项目从上往下排列，演示效果如图 13.9 所示。

```
<style type="text/css">
.flex-container {
    display: -webkit-flex;
    display: flex;
    -webkit-flex-direction: column;
    flex-direction: column;
    width: 500px;height: 300px;border: solid 1px red;}
.flex-item {
    background-color: blue; width: 200px; height: 200px; margin: 10px;}
</style>
<div class="flex-container">
    <div class="flex-item">伸缩项目 1</div>
    <div class="flex-item">伸缩项目 2</div>
    <div class="flex-item">伸缩项目 3</div>
    <div class="flex-item">伸缩项目 4</div>
</div>
```

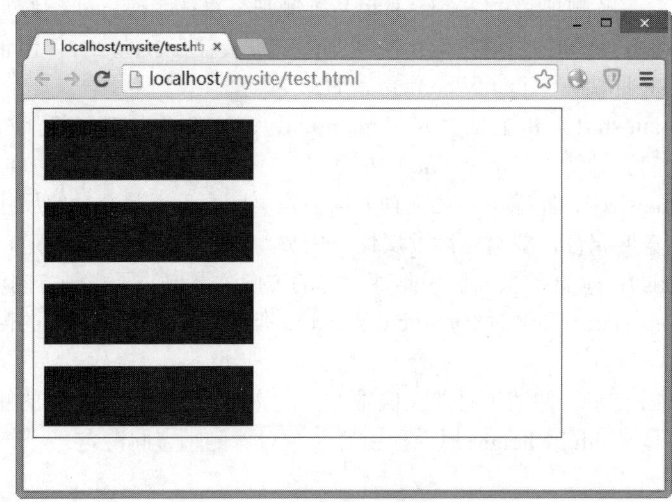

图 13.9　定义伸缩项目从上往下布局

扫一扫，看视频

13.2.3　定义行数

flex-wrap 主要用来定义伸缩容器里是单行还是多行显示，侧轴的方向决定了新行堆放的方向。该属性适用于伸缩容器，也就是伸缩项目的父元素。具体语法格式如下。

```
flex-wrap: nowrap | wrap | wrap-reverse
```

取值说明如下。

- nowrap：默认值，伸缩容器单行显示。在 ltr 排版下，伸缩项目从左到右排列；在 rtl 排版上，伸缩项目从右向左排列。
- wrap：伸缩容器多行显示。在 ltr 排版下，伸缩项目从左到右排列；在 rtl 排版上，伸缩项目从右向左排列。
- wrap-reverse：伸缩容器多行显示。与 wrap 相反，在 ltr 排版下，伸缩项目从右向左排列；在 rtl 排版下，伸缩项目从左到右排列。

【示例】　以下示例设计一个伸缩容器，其中包含 4 个伸缩项目，然后定义伸缩项目多行排列，演示效果如图 13.10 所示。

```
<style type="text/css">
```

```
.flex-container {
    display: -webkit-flex;
    display: flex;
    -webkit-flex-wrap: wrap;
    flex-wrap: wrap;
    width: 500px; height: 300px;border: solid 1px red;}
.flex-item {
    background-color: blue; width: 200px; height: 200px; margin: 10px;}
</style>
<div class="flex-container">
    <div class="flex-item">伸缩项目 1</div>
    <div class="flex-item">伸缩项目 2</div>
    <div class="flex-item">伸缩项目 3</div>
    <div class="flex-item">伸缩项目 4</div>
</div>
```

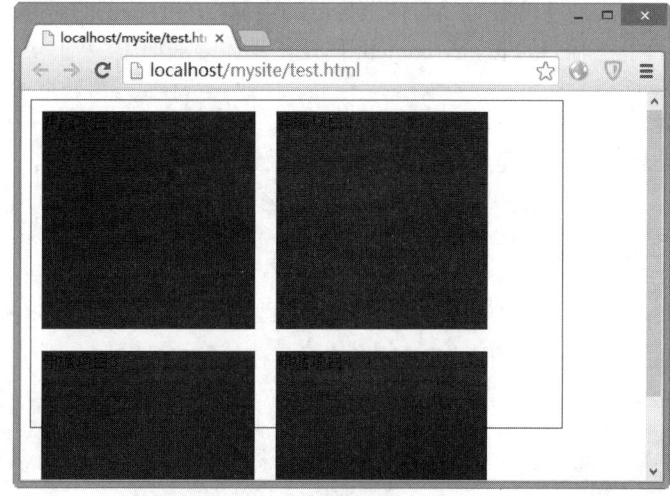

图 13.10　定义伸缩项目多行布局

提示：

flex-flow 属性是 flex-direction 和 flex-wrap 属性的复合属性，适用于伸缩容器。该属性可以同时定义伸缩容器的主轴和侧轴。其默认值为 row nowrap。具体语法如下。

```
flex-flow: <'flex-direction'> || <'flex-wrap'>
```

13.2.4　定义对齐方式

扫一扫，看视频

1. 主轴对齐

justify-content 用来定义伸缩项目沿着主轴线的对齐方式，该属性适用于伸缩容器。当一行上的所有伸缩项目都不能伸缩或可伸缩但是已经达到其最大长度时，这一属性才会对多余的空间进行分配。当项目溢出某一行时，这一属性也会在项目的对齐上施加一些控制。具体语法如下。

```
justify-content: flex-start | flex-end | center | space-between | space-around
```

取值说明如下，示意如图 13.11 所示。

- flex-start：默认值，伸缩项目向一行的起始位置靠齐。
- flex-end：伸缩项目向一行的结束位置靠齐。
- center：伸缩项目向一行的中间位置靠齐。

- space-between：伸缩项目会平均地分布在行里。第一个伸缩项目在一行中的开始位置，最后一个伸缩项目在一行中终点位置。
- space-around：伸缩项目会平均地分布在行里，两端保留一半的空间。

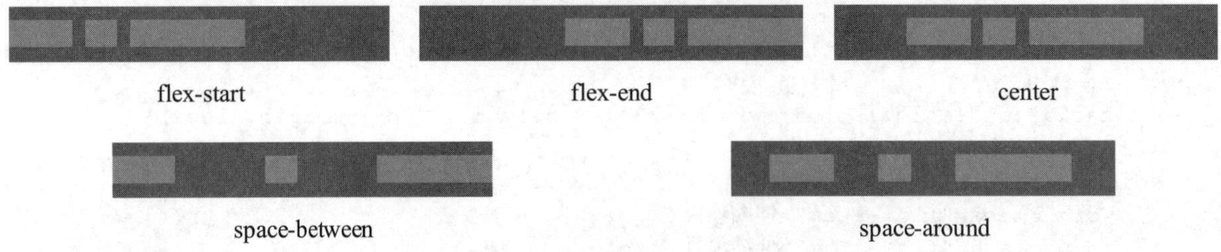

图 13.11　主轴对齐示意图

2. 侧轴对齐

align-items 主要用来定义伸缩项目可以在伸缩容器的当前行的侧轴上的对齐方式，该属性适用于伸缩容器。类似侧轴（垂直于主轴）的 justify-content 属性。具体语法如下。

```
align-items: flex-start | flex-end | center | baseline | stretch
```

取值说明如下，示意如图 13.12 所示。

- flex-start：伸缩项目在侧轴起点边的外边距紧靠住该行在侧轴起始的边。
- flex-end：伸缩项目在侧轴终点边的外边距靠住该行在侧轴终点的边。
- center：伸缩项目的外边距盒在该行的侧轴上居中放置。
- baseline：伸缩项目根据他们的基线对齐。
- stretch：默认值，伸缩项目拉伸填充整个伸缩容器。此值会使项目的外边距盒的尺寸在遵照 min/max-width/height 属性的限制下尽可能接近所在行的尺寸。

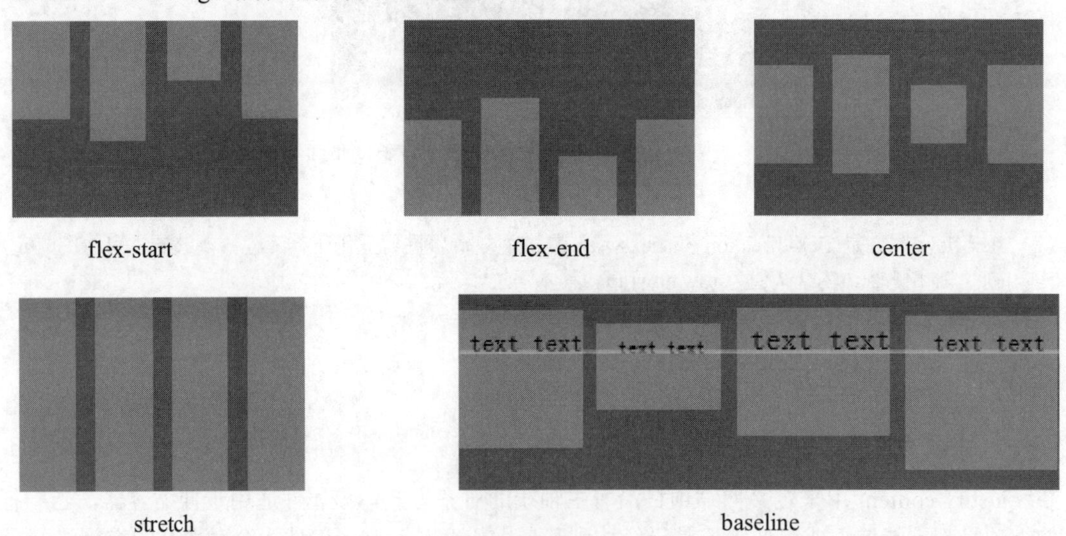

图 13.12　侧轴对齐示意图

3. 伸缩行对齐

align-content 主要用来调准伸缩行在伸缩容器里的对齐方式，该属性适用于伸缩容器。类似于伸缩项目在主轴上使用 justify-content 属性一样，但本属性在只有一行的伸缩容器上没有效果。具体语法如下。

```
align-content: flex-start | flex-end | center | space-between | space-around |
stretch
```

取值说明如下，示意如图 13.13 所示。

- flex-start：各行向伸缩容器的起点位置堆叠。
- flex-end：各行向伸缩容器的结束位置堆叠。
- center：各行向伸缩容器的中间位置堆叠。
- space-between：各行在伸缩容器中平均分布。
- space-around：各行在伸缩容器中平均分布，在两边各有一半的空间。
- stretch：默认值，各行将会伸展以占用剩余的空间。

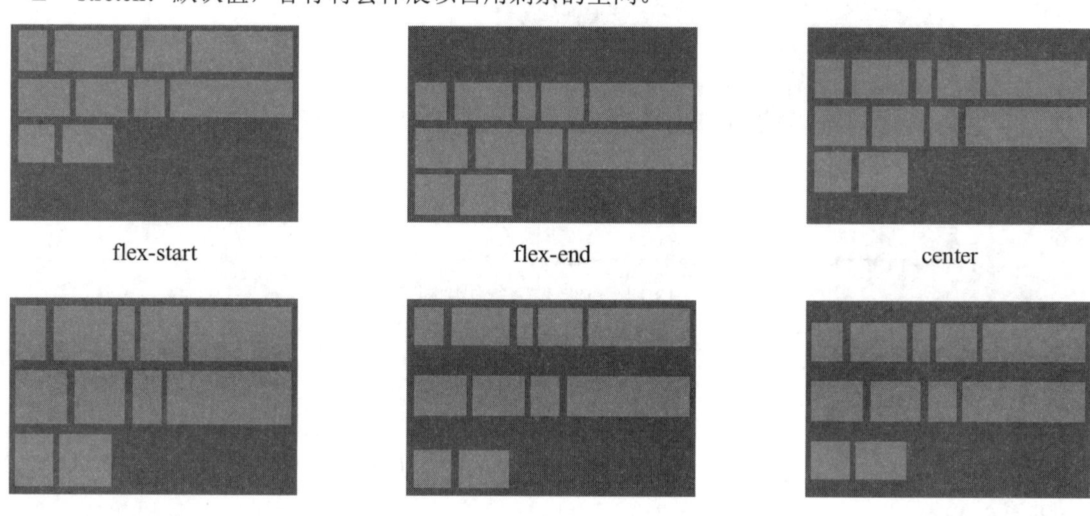

图 13.13　伸缩航对齐示意图

【示例】　以下示例定义伸缩行在伸缩容器中居中显示，演示效果如图 13.14 所示。

```
<style type="text/css">
.flex-container {
   display: -webkit-flex;
   display: flex;
   -webkit-flex-wrap: wrap;
   flex-wrap: wrap;
   -webkit-align-content: center;
   align-content: center;
   width: 500px; height: 300px;border: solid 1px red;}
.flex-item {
   background-color: blue; width: 200px; height: 200px; margin: 10px;}
</style>
<div class="flex-container">
   <div class="flex-item">伸缩项目 1</div>
   <div class="flex-item">伸缩项目 2</div>
   <div class="flex-item">伸缩项目 3</div>
   <div class="flex-item">伸缩项目 4</div>
</div>
```

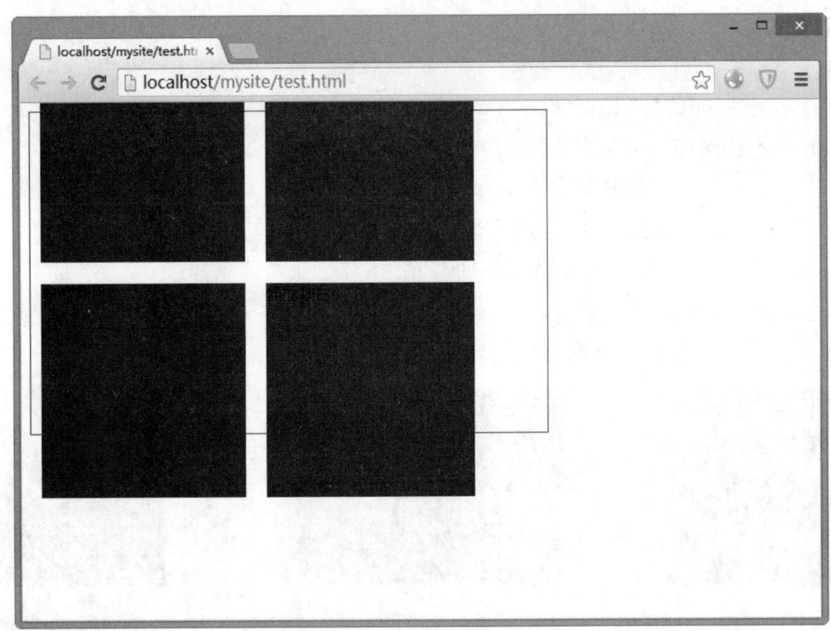

图 13.14　定义伸缩行居中对齐

扫一扫，看视频

13.2.5　定义伸缩项目

一个伸缩项目就是一个伸缩容器的子元素，伸缩容器中的文本也被视为一个伸缩项目。伸缩项目中内容与普通文本流一样。例如，当一个伸缩项目被设置为浮动，用户依然可以在这个伸缩项目中放置一个浮动元素。

伸缩项目都有一个主轴长度（main size）和一个侧轴长度（cross size）。主轴长度是伸缩项目在主轴上的尺寸，侧轴长度是伸缩项目在侧轴上的尺寸。一个伸缩项目的宽或高取决于伸缩容器的轴，可能就是它的主轴长度或侧轴长度。

下面的属性可以调整伸缩项目的行为。

1. 显示位置

默认情况下，伸缩项目是按照文档流出现的先后顺序排列。然而，order 属性可以控制伸缩项目在它们的伸缩容器出现的顺序，该属性适用于伸缩项目。具体语法如下。

```
order: <integer>
```

2. 扩展空间

flex-grow 可以根据需要用来定义伸缩项目的扩展能力，该属性适用于伸缩项目。它接收一个不带单位的值作为一个比例，主要决定伸缩容器剩余空间按比例应扩展多少空间。具体语法如下。

```
flex-grow: <number>
```

默认值为 0，负值同样生效。

如果所有伸缩项目的 flex-grow 设置 1，那么每个伸缩项目将设置为一个大小相等的剩余空间。如果给其中一个伸缩项目设置 flex-grow 值为 2，那么这个伸缩项目所占的剩余空间是其他伸缩项目所占剩余空间的两倍。

3. 收缩空间

flex-shrink 可以根据需要用来定义伸缩项目收缩的能力，该属性适用于伸缩项目。与 flex-grow 功能相反，具体语法如下。

```
flex-shrink: <number>
```

默认值为 1，负值同样生效。

4. 伸缩比率

flex-basis 用来设置伸缩基准值，剩余的空间按比率进行伸缩，该属性适用于伸缩项目。具体语法如下。

```
flex-basis: <length> | auto
```

默认值为 auto，负值不合法。

拓展：

flex 是 flex-grow、flex-shrink 和 flex-basis 3 个属性的复合属性，该属性适用于伸缩项目。其中第 2 个和第 3 个参数（flex-shrink、flex-basis）是可选参数。默认值为“0 1 auto”。具体语法如下。

```
flex: none | [ <'flex-grow'> <'flex-shrink'>? || <'flex-basis'> ]
```

5. 对齐方式

align-self 用来在单独的伸缩项目上覆写默认的对齐方式。具体语法如下。

```
align-self: auto | flex-start | flex-end | center | baseline | stretch
```

属性值与 align-items 的属性值相同。

【示例 1】　以下示例以上面示例为基础，定义伸缩项目在当前位置向右错移一个位置，其中第 1 个项目位于第 2 项目的位置，第 2 个项目位于第 3 个项目的位置上，最后一个项目移到第 1 个项目的位置上，演示效果如图 13.15 所示。

```
<style type="text/css">
.flex-container {
   display: -webkit-flex;
   display: flex;
   width: 500px; height: 300px;border: solid 1px red;}
.flex-item {
   background-color: blue; width: 200px; height: 200px; margin: 10px;}
.flex-item:nth-child(0){
   -webkit-order: 4;
   order: 4; }
.flex-item:nth-child(1){
   -webkit-order: 1;
   order: 1; }
.flex-item:nth-child(2){
   -webkit-order: 2;
   order: 2; }
.flex-item:nth-child(3){
   -webkit-order: 3;
   order: 3; }
</style>
<div class="flex-container">
   <div class="flex-item">伸缩项目 1</div>
   <div class="flex-item">伸缩项目 2</div>
   <div class="flex-item">伸缩项目 3</div>
   <div class="flex-item">伸缩项目 4</div>
</div>
```

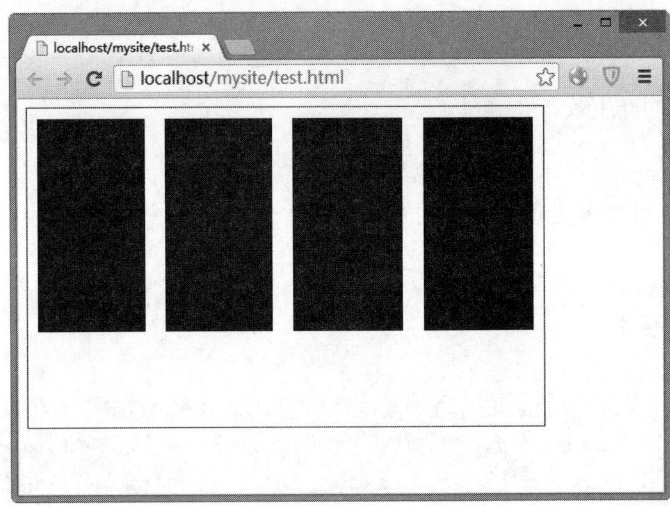

图 13.15　定义伸缩项目错位显示

拓展：

margin: auto;在伸缩盒中具有强大的功能，一个"auto"的 margin 会合并剩余的空间。它可以用来把伸缩项目挤到其他位置。

【示例 2】　以下示例利用 margin-right: auto;，定义包含的项目居中显示，效果如图 13.16 所示。

```
<style type="text/css">
.flex-container {
    display: -webkit-flex;
    display: flex;
    width: 500px; height: 300px; border: solid 1px red;}
.flex-item {
    background-color: blue; width: 200px; height: 200px;
    margin: auto;}
</style>
<div class="flex-container">
    <div class="flex-item">伸缩项目</div>
</div>
```

图 13.16　定义伸缩项目居中显示

13.3　实 战 案 例

本节将通过多个案例演示 CSS3 布局的多样性和灵活性，通过实战提升用户使用新技术的能力。

扫一扫，看视频

13.3.1　比较 3 种布局方式

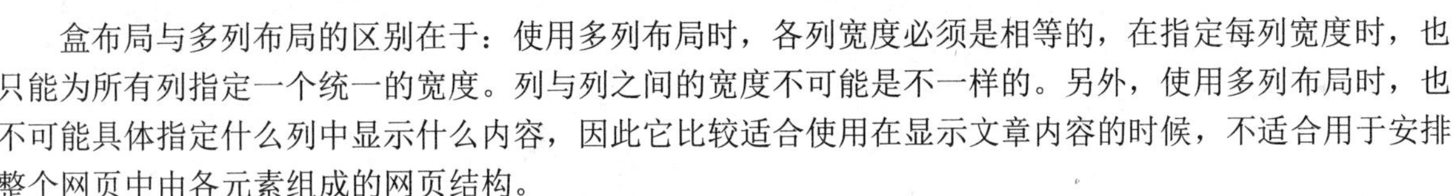

盒布局与多列布局的区别在于：使用多列布局时，各列宽度必须是相等的，在指定每列宽度时，也只能为所有列指定一个统一的宽度。列与列之间的宽度不可能是不一样的。另外，使用多列布局时，也不可能具体指定什么列中显示什么内容，因此它比较适合使用在显示文章内容的时候，不适合用于安排整个网页中由各元素组成的网页结构。

下面以示例的形式比较传统的 float 布局、多列布局和盒布局的用法和效果差异。

【示例 1】　以下示例使用 float 属性进行布局，该示例中有 3 个 div 元素，简单展示了网页中的左侧边栏、中间内容和右侧边栏，预览效果如图 13.17 所示。

```
<style type="text/css">
#left-sidebar {
   float: left;
   width: 160px;
   padding: 20px;
   background-color: orange;
}
#contents {
   float: left;
   width: 500px;
   padding: 20px;
   background-color: yellow;
}
#right-sidebar {
   float: left;
   width: 160px;
   padding: 20px;
   background-color: limegreen;
}
#left-sidebar, #contents, #right-sidebar {
   box-sizing: border-box;
   -moz-box-sizing: border-box;
   -webkit-box-sizing: border-box;
}
</style>
<div id="container">
   <div id="left-sidebar">
      <h2>站内导航</h2>
      <ul>
         <li><a href="">新闻</a></li>
         <li><a href="">博客</a></li>
         <li><a href="">微博</a></li>
         <li><a href="">社区</a></li>
         <li><a href="">关于</a></li>
```

```
        </ul>
    </div>
    <div id="contents">
        <h2>《春夜喜雨》</h2>
        <h1>杜甫</h1>
        <p>好雨知时节，当春乃发生。</p>
        <p>随风潜入夜，润物细无声。</p>
        <p>野径云俱黑，江船火独明。</p>
        <p>晓看红湿处，花重锦官城。</p>
    </div>
    <div id="right-sidebar">
        <h2>友情链接</h2>
        <ul>
            <li><a href="">百度</a></li>
            <li><a href="">谷歌</a></li>
            <li><a href="">360</a></li>
        </ul>
    </div>
</div>
```

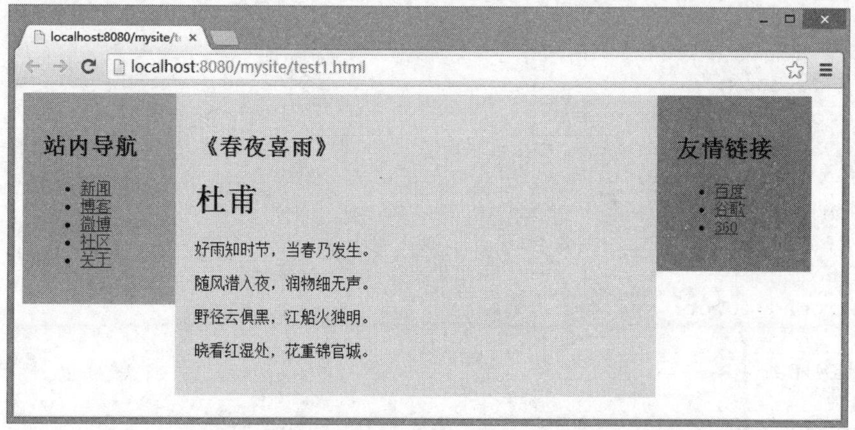

图 13.17　使用 float 属性进行布局

通过图 13.17 可以看出，使用 float 属性或 position 属性时，左右两栏或多栏中 div 元素的底部并没有对齐。如果使用盒布局，那么这个问题将很容易得到解决。

【示例 2】 以上面示例为基础，为最外层的<div id="container">标签定义 box 属性，并去除了代表左侧边栏<div id="left-sidebar">、中间内容<div id="contents">、右侧边栏<div id="right-sidebar">中 div 元素样式中的 float 属性，修改内部样式表代码如下，在浏览器中预览，则效果如图 13.18 所示。

```
/*定义包含框为盒子布局*/
#container {
    display: box;
    display: -moz-box;
    display: -webkit-box;
}
#left-sidebar {
    width: 160px;
    padding: 20px;
    background-color: orange;
}
```

```
#contents {
    width: 500px;
    padding: 20px;
    background-color: yellow;
}
#right-sidebar {
    width: 160px;
    padding: 20px;
    background-color: limegreen;
}
/*绑定 3 列栏目为一个盒子整体布局效果*/
#left-sidebar, #contents, #right-sidebar {
    box-sizing: border-box;
    -moz-box-sizing: border-box;
    -webkit-box-sizing: border-box;
}
```

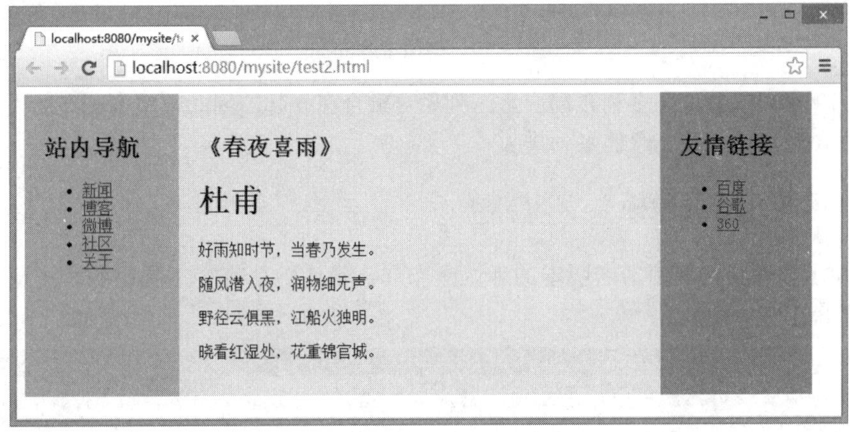

图 13.18　使用 box 属性进行布局

【示例 3】　为了方便与多列布局进行比较，在本示例中将上面示例修改为多列布局格式。将代码清单最外层的<div id="container">标签样式改为通过 column-count 属性来控制，以便应用多栏布局，并去除代表左侧边栏<div id="left-sidebar">、中间内容<div id="contents">和右侧边栏<div id="right-sidebar">的 div 元素的 float 属性与 width 属性，修改代码如下，修改后重新运行该示例，则运行结果将如图 13.19 所示。

```
#container {
    column-count: 3;
    -moz-column-count: 3;
    -webkit-column-count: 3;
}
#left-sidebar {
    padding: 20px;
    background-color: orange;
}
#contents {
    padding: 20px;
    background-color: yellow;
}
#right-sidebar {
```

```
    padding: 20px;
    background-color: limegreen;
}
```

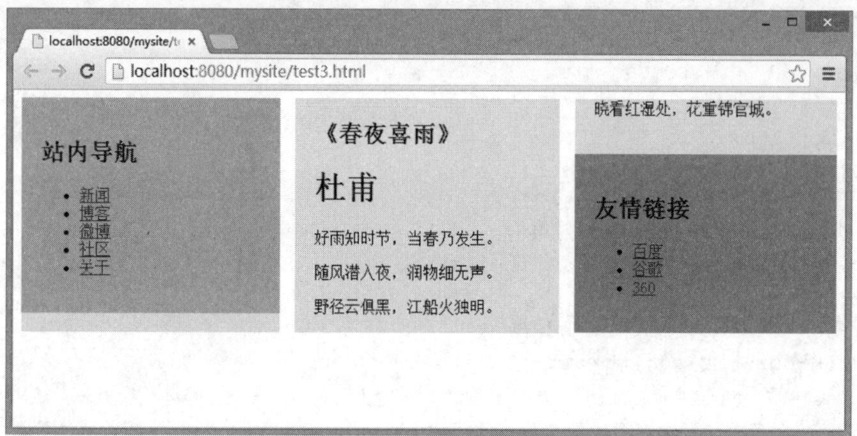

图 13.19　使用多列布局

通过图 13.19 可以看到，在多列布局中，三列栏目融合在一起，因此使用多列布局不适合应用到网页结构控制方面，它仅适合于文章的多列排版。

扫一扫，看视频

13.3.2　设计可伸缩网页模板

以下示例演示如何灵活使用新老版本的弹性盒布局，设计一个兼容不同设备和浏览器的可伸缩页面，演示效果如图 13.20 所示。

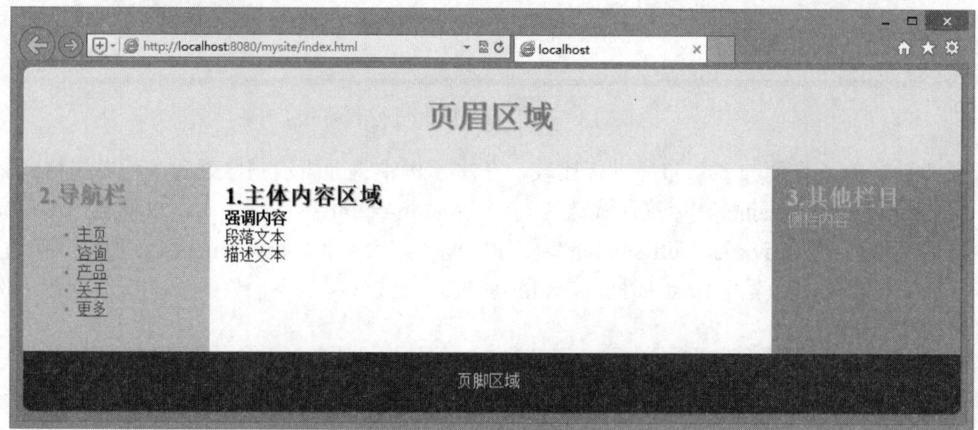

图 13.20　定义混合伸缩盒布局

【操作步骤】

（1）新建 HTML5 文档，保存为 index.html。

（2）在<body>标签内输入以下代码，设计文档模板结构。

```
<div id="container">
    <div id="header">
        <h1>页眉区域</h1>
    </div>
    <div id="main-wrap">
```

```
        <section id="main-content">
            <h1>1.主体内容区域</h1>
            <p><strong>强调内容</strong></p>
            <p>段落文本</p>
            <p>描述文本</p>
        </section>
        <nav id="main-nav">
            <h2>2.导航栏</h2>
            <ul>
                <li><a href="#">主页</a></li>
                <li><a href="#">咨询</a></li>
                <li><a href="#">产品</a></li>
                <li><a href="#">关于</a></li>
                <li><a href="#">更多</a></li>
            </ul>
        </nav>
        <aside id="main-sidebar">
            <h2>3.其他栏目</h2>
            <p>侧栏内容</p>
        </aside>
    </div>
    <div id="footer">
        <p>页脚区域</p>
    </div>
</div>
```

上面结构 3 层嵌套，网页包含框为<div id="container">，内部包含标题栏（<div id="header">）、主体框（<div id="main-wrap">）和页脚栏（<div id="footer">）3 部分。主体框内包含 3 列，分别是主栏（<section id="main-content">）、导航栏（<nav id="main-nav">）和侧栏（<aside id="main-sidebar">）。整体构成了一个标准的 Web 应用模板结构。

（3）在<head>标签内添加<style type="text/css">标签，定义一个内部样式表。

（4）在内部样式表中输入下面 CSS 代码，先设计页面基本属性，以及各个标签基本样式。

```
body {
    padding: 6px; margin:0;
    background: #79a693;
}
h1, h2 {
    margin: 0;
    text-shadow: 1px 1px 1px #A4A4A4;
}
p { margin: 0;}
```

（5）设计各栏目修饰性样式，这些样式不是本节示例的核心，主要目的是为了美化页面效果。

```
#container { /*网页包含框样式：圆角、阴影、禁止溢出*/
    border-radius:8px;
    overflow:hidden;
    box-shadow:1px 1px 1px #666;
}
#header {/*可选的标题样式：美化模板，不作为实际应用样式*/
    background: #EEE;
    color: #79B30B;
    height:100px;
```

```
    text-align:center;
}
#header  h1{
    line-height:100px;
}
#footer {/*可选的页脚样式：美化模板，不作为实际应用样式*/
    background: #444;
    color: #ddd;
    height:60px;
    line-height:60px;
    text-align:center;
}
/*中间 3 列基本样式，美化模板，不作为实际应用样式*/
#main-content, #main-sidebar, #main-nav {
    padding: 1em;
}
#main-content {
    background: white;
}
#main-nav {
    background: #B9CAFF;
    color: #FF8539;
}
#main-sidebar {
    background: #FF8539;
    color: #B9CAFF;
}
```

（6）为页面中所有元素启动弹性布局特性。

```
* {
    -webkit-box-sizing: border-box;
    -moz-box-sizing: border-box;
    box-sizing: border-box;
}
```

（7）设计中间 3 列弹性盒布局。

```
.page-wrap {
    display: -webkit-box;            /* 2009 版 - iOS 6-, Safari 3.1-6 */
    display: -moz-box;               /* 2009 版 - Firefox 19- (存在缺陷) */
    display: -ms-flexbox;            /* 2011 版 - IE 10 */
    display: -webkit-flex;           /* 最新版 - Chrome */
    display: flex;                   /* 最新版 - Opera 12.1, Firefox 20+ */
}
.main-content {
    -webkit-box-ordinal-group: 2;    /* 2009 版 - iOS 6-, Safari 3.1-6 */
    -moz-box-ordinal-group: 2;       /* 2009 版 - Firefox 19- */
    -ms-flex-order: 2;               /* 2011 版 - IE 10 */
    -webkit-order: 2;                /* 最新版 - Chrome */
    order: 2;                        /* 最新版 - Opera 12.1, Firefox 20+ */
    width: 60%;                      /* 不会自动伸缩,其他列将占据空间 */
    -moz-box-flex: 1;                /* 如果没有该声明，主内容（60%）会伸展到和最宽的段落，
就像是段落设置了 white-space:nowrap */
}
```

```
.main-nav {
    -webkit-box-ordinal-group: 1;     /* 2009 版 - iOS 6-, Safari 3.1-6 */
    -moz-box-ordinal-group: 1;        /* 2009 版 - Firefox 19- */
    -ms-flex-order: 1;                /* 2011 版 - IE 10 */
    -webkit-order: 1;                 /* 最新版 - Chrome */
    order: 1;                         /* 最新版 - Opera 12.1, Firefox 20+ */
    -webkit-box-flex: 1;              /* 2009 版 - iOS 6-, Safari 3.1-6 */
    -moz-box-flex: 1;                 /* 2009 版 - Firefox 19- */
    width: 20%;                       /* 2009 版语法，否则将崩溃 */
    -webkit-flex: 1;                  /* Chrome */
    -ms-flex: 1;                      /* IE 10 */
    flex: 1;                          /* 最新版 - Opera 12.1, Firefox 20+ */
}
.main-sidebar {
    -webkit-box-ordinal-group: 3;     /* 2009 版 - iOS 6-, Safari 3.1-6 */
    -moz-box-ordinal-group: 3;        /* 2009 版 - Firefox 19- */
    -ms-flex-order: 3;                /* 2011 版 - IE 10 */
    -webkit-order: 3;                 /* 最新版 - Chrome */
    order: 3;                         /* 最新版- Opera 12.1, Firefox 20+ */
    -webkit-box-flex: 1;              /* 2009 版 - iOS 6-, Safari 3.1-6 */
    -moz-box-flex: 1;                 /* Firefox 19- */
    width: 20%;                       /* 2009 版，否则将崩溃. */
    -ms-flex: 1;                      /* 2011 版 - IE 10 */
    -webkit-flex: 1;                  /* 最新版 - Chrome */
    flex: 1;                          /* 最新版 - Opera 12.1, Firefox 20+ */
}
```

page-wrap 容器包含 3 个子模块，现在将容器定义为伸缩容器，此时每个子模块自动变成了伸缩项目。本示例设计各列在一个伸缩容器中显示上下文，只有这样这些元素才能直接成为伸缩项目，它们之前是什么没有关系，只要现在是伸缩项目即可。

上面把 Flexbox 旧的语法、中间过渡语法和最新的语法混在一起使用，它们的顺序很重要。display 属性本身并不添加任何浏览器前缀，用户需要确保老语法不要覆盖新语法，让浏览器同时支持。

```
.page-wrap {
    display: -webkit-box;             /* 2009 版 - iOS 6-, Safari 3.1-6 */
    display: -moz-box;                /* 2009 版 - Firefox 19- (存在缺陷) */
    display: -ms-flexbox;             /* 2011 版 - IE 10 */
    display: -webkit-flex;            /* 最新版 - Chrome */
    display: flex;                    /* 最新版 - Opera 12.1, Firefox 20+ */
}
```

容器包含 3 列，设计一个 20%、60%、20%网格布局。首先设置主内容区域宽度为 60%；其次设置侧边栏来填补剩余的空间。同样把新旧语法混在一起使用：

```
.main-content {
    -webkit-box-ordinal-group: 2;     /* 2009 版 - iOS 6-, Safari 3.1-6 */
    -moz-box-ordinal-group: 2;        /* 2009 版 - Firefox 19- */
    -ms-flex-order: 2;                /* 2011 版 - IE 10 */
    -webkit-order: 2;                 /* 最新版 - Chrome */
    order: 2;                         /* 最新版 - Opera 12.1, Firefox 20+ */
    width: 60%;                       /* 不会自动伸缩,其他列将占据空间 */
    -moz-box-flex: 1;                 /* 如果没有该声明, Firefox 19-将溢出 h, 覆盖宽度 */
    background: white;
}
```

在新语法中，没有必要给边栏设置宽度，因为它们同样会使用 20%比例填充剩余的 40%空间。但是，如果不显式设置宽度，在老的语法下会直接崩溃。

完成初步布局之后，需要重新排列的顺序。这里设计主内容排列在中间，但在源码之中，它是排列在第一的位置。使用 Flexbox 可以非常容易实现，但是用户需要把 Flexbox 几种不同的语法混在一起使用。

本示例将 Flexbox 多版本混合在一起使用，可以得到以下浏览器的支持：

- Chrome
- Firefox
- Safari
- Opera 12.1+
- IE 10+
- iOS any
- Android

扫一扫，看视频

13.3.3 设计多列网页

本节利用本章 13.1 节文档结构，进一步美化多列布局，使用 CSS3 多列布局特性设计网页内容显示为多列效果，预览效果如图 13.21 所示。

图 13.21　设计多列网页显示效果

【操作步骤】

（1）新建 HTML5 文档，保存为 index.html。

（2）在<body>标签内输入“CSS 禅意花园”网站结构代码，读者可以参考资源包示例，或者复制前面示例中所用“CSS 禅意花园”结构。

（3）在内部样式表中输入下面 CSS 代码，设计布局样式。

```
/*网页基本属性，并定义多列流动显示*/
body {
    /*设计多重网页背景，并设置其显示大小*/
    background:url(images/page1.gif) no-repeat right 20px,
    url(images/bg.jpg) no-repeat right bottom,
    url(images/page3.jpg) no-repeat left top;
    background-size:auto, 74% 79.5%, auto;
    color:#000;
    font-size:12px;
    font-family:"新宋体", Arial, Helvetica, sans-serif;
    column-count:3;                          /*定义页面内容显示为 3 列*/
    column-gap:3em;                          /*定义列间距为 3em，默认为 1em*/
    line-height:2em;
    column-rule:double 3px gray;             /*定义列边框为 3 像素，宽的灰色虚线*/
}
/*设计跨列显示类*/
.allcols {
    column-span:all;}
h1, h2, h3 {text-align:center; margin-bottom:1em;}
h2 { color:#666; text-decoration:underline;}
h3 {letter-spacing:0.4em;font-size:1.4em;}
p {margin:0;line-height:1.8em;}
#quickSummary .p2 { text-align:right; }
#quickSummary .p1 { color:#444; }
.p1, .p2, .p3 { text-indent:2em; }
#quickSummary { margin:4em; }
a { color:#222; }
a:hover {color:#000; text-decoration:underline;}
/*设计报刊杂志的首字下沉显示类*/
.first:first-letter {
    font-size:50px;
    float:left;
    margin-right:6px;
    padding:2px;
    font-weight:bold;
    line-height:1em;
    background:#000;
    color:#fff;
    text-indent:0;}
#preamble img {
    height:260px;
    column-span:all;                         /*设计插图跨列显示，但实际浏览无效果*/
}
/*设计栏目框半透明显示，从而设计网页背景半透明显示效果*/
#container {background:rgba(255, 255, 255, 0.8);padding:0 1em;}
```

提示：

由于 CSS3 的多列布局特性并未得到各大主流浏览器的支持，同时支持浏览器的解析效果也存在差异，所以在不同浏览器中预览时，会看到的效果存在一定的差异。

扫一扫，看视频

13.3.4 设计 HTML5 应用网页模板

本例使用 HTML5 标签设计一个规范的 Web 应用页面结构，然后借助 Flexbox 定义伸缩盒布局，让页面呈现 3 行 3 列布局样式，同时能够根据窗口自适应调整各自空间，以满屏显示，效果如图 13.22 所示。

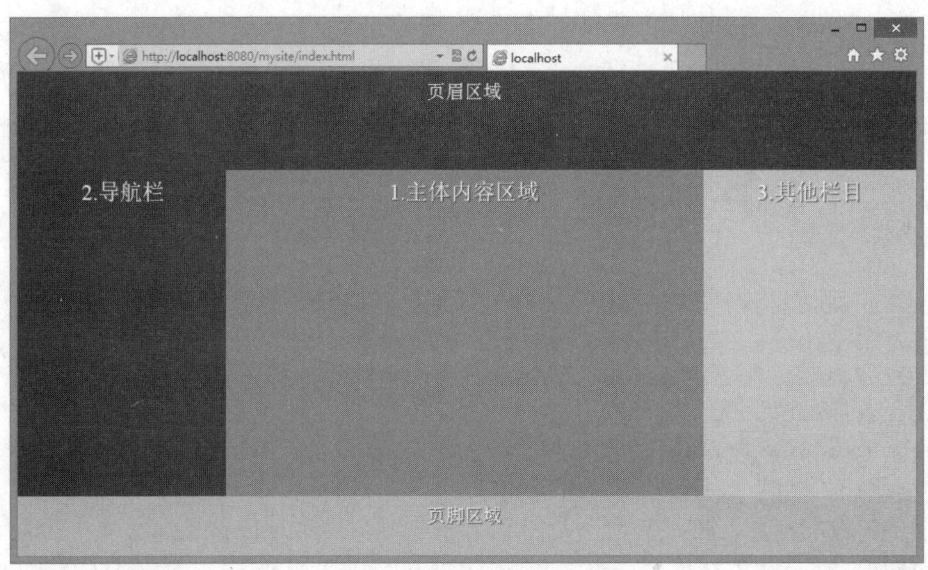

图 13.22 HTML5 应用文档

【操作步骤】

（1）新建 HTML5 文档，保存为 index.html。

（2）在<body>标签内输入下面代码，设计 Web 应用的模块结构。

```
<header>页眉区域</header>
<section>
    <article>1.主体内容区域</article>
    <nav>2.导航栏</nav>
    <aside>3.其他栏目</aside>
</section>
<footer>页脚区域</footer>
```

上面结构使用 HTML5 标签进行定义，都拥有不同的语义，这样就不用为它们定义 id，也方便 CSS 选择。上面几个结构标签说明如下。

- <header>：定义 section 或 page 的页眉。
- <section>：用于对网站或应用程序中页面上的内容进行分区。一个 section 通常由内容及其标题组成。div 元素也可以用来对页面进行分区，但 section 并非一个普通的容器，当一个容器需要被直接定义样式或通过脚本定义行为时，推荐使用 div，而非 section。
- <article>：定义文章。
- <nav>：定义导航条。
- <aside>：定义页面内容之外的内容，如侧边栏、服务栏等。

- <footer>：定义 section 或 page 的页脚。

（3）在<head>标签内添加<style type="text/css">标签，定义一个内部样式表。

（4）在内部样式表中输入下面 CSS 代码，设计布局样式。

```
/*基本样式*/
* {/*重置所有标签默认样式，清除缩进，启动标准模式解析 */
    margin: 0;
    padding: 0;
    -moz-box-sizing: border-box;
    -webkit-box-sizing: border-box;
    box-sizing: border-box;
}
html, body {/*强制页面撑开，满屏显示*/
    height: 100%;
    color: #fff;
}
body {/*强制页面撑开，满屏显示*/
    min-width: 100%;
}
header, section, article, nav, aside, footer {/*HTML5 标签默认没有显示类型，统一其基本
样式*/
    display: block;
    text-align: center;
    text-shadow: 1px 1px 1px #444;
    font-size:1.2em;
}
header {/*页眉框样式：限高、限宽*/
    background-color: hsla(200,10%,20%,.9);
    min-height: 100px;
    padding: 10px 20px;
    min-width: 100%;
}
section {/*主体区域框样式：满宽显示*/
    min-width: 100%;
}
nav {/*导航框样式：固定宽度*/
    background-color: hsla(300,60%,20%,.9);
    padding: 1%;
    width: 220px;
}
article {/*文档栏样式*/
    background-color: hsla(120,50%,50%,.9);
    padding: 1%;
}
aside {/*侧边栏样式：弹性宽度*/
    background-color: hsla(20,80%,80%,.9);
    padding: 1%;
    width: 220px;
}
footer {/*页脚样式：限高、限宽*/
    background-color: hsla(250,50%,80%,.9);
    min-height: 60px;
```

```
    padding: 1%;
    min-width: 100%;
}
/*flexbox 样式*/
body {
    /*设置 body 为伸缩容器*/
    display: -webkit-box;                           /*老版本：iOS 6-, Safari 3.1-6*/
    display: -moz-box;                              /*老版本：Firefox 19- */
    display: -ms-flexbox;                           /*混合版本：IE10*/
    display: -webkit-flex;                          /*新版本：Chrome*/
    display: flex;                                  /*标准规范：Opera 12.1, Firefox 20+*/
    /*伸缩项目换行*/
    -moz-box-orient: vertical;
    -webkit-box-orient: vertical;
    -moz-box-direction: normal;
    -moz-box-direction: normal;
    -moz-box-lines: multiple;
    -webkit-box-lines: multiple;
    -webkit-flex-flow: column wrap;
    -ms-flex-flow: column wrap;
    flex-flow: column wrap;
}
/*实现 stick footer 效果*/
section {
    display: -moz-box;
    display: -webkit-box;
    display: -ms-flexbox;
    display: -webkit-flex;
    display: flex;
    -webkit-box-flex: 1;
    -moz-box-flex: 1;
    -ms-flex: 1;
    -webkit-flex: 1;
    flex: 1;
    -moz-box-orient: horizontal;
    -webkit-box-orient: horizontal;
    -moz-box-direction: normal;
    -webkit-box-direction: normal;
    -moz-box-lines: multiple;
    -webkit-box-lines: multiple;
    -ms-flex-flow: row wrap;
    -webkit-flex-flow: row wrap;
    flex-flow: row wrap;
    -moz-box-align: stretch;
    -webkit-box-align: stretch;
    -ms-flex-align: stretch;
    -webkit-align-items: stretch;
    align-items: stretch;
}
/*文章区域伸缩样式*/
article {
```

```
    -moz-box-flex: 1;
    -webkit-box-flex: 1;
    -ms-flex: 1;
    -webkit-flex: 1;
    flex: 1;
    -moz-box-ordinal-group: 2;
    -webkit-box-ordinal-group: 2;
    -ms-flex-order: 2;
    -webkit-order: 2;
    order: 2;
}
/*侧边栏伸缩样式*/
aside {
    -moz-box-ordinal-group: 3;
    -webkit-box-ordinal-group: 3;
    -ms-flex-order: 3;
    -webkit-order: 3;
    order: 3;
}
```

13.4　在线课堂：知识拓展

本节为线上阅读和实践环节，旨在拓展读者的知识视野。包括 CSS3 弹性布局版本变化和浏览器支持细节等，感兴趣的读者请扫码阅读。

扫码，看电子版

第 14 章　使用 CSS3 动画

CSS3 动画分为 Transition 和 Animations 两种，它们都是通过持续改变 CSS 属性值产生动态样式效果。Transitions 功能支持属性从一个值平滑过渡到另一值，由此产生渐变的动态效果；Animations 功能支持通过关键帧产生序列渐变动画，每个关键帧中可以包含多个动态属性，从而可以在页面上生成多帧复杂的动画效果。另外，CSS3 新增变换属性 transform，transform 功能支持改变对象的位移、缩放、旋转、倾斜等变换操作。本章详细介绍 CSS3 的 Transform、Transitions 和 Animations 动画功能及其应用。

【学习重点】

- 设计 2D 变换。
- 设计 3D 变换。
- 设计过渡动画。
- 设计帧动画。
- 能够使用 CSS3 动画功能设计页面特效样式。

14.1　设计 2D 变换

CSS2D Transform 表示 2D 变换，目前获得了各主流浏览器的支持，但是 CSS3D Transform 支持程度不是很完善，仅能够在部分浏览器中获得支持。transform 属性语法格式如下。

```
transform:none | <transform-function> [ <transform-function> ]*;
```

- transform 属性的初始值是 none，适用于块元素和行内元素。
- <transform-function>设置变换函数。可以是一个或多个变换函数列表。transform-function 函数包括 matrix()、translate()、scale()、scaleX()、scaleY()、rotate()、skewX()、skewY()、skew()等。关于这些常用变换函数的功能简单说明如下。
  - matrix()：定义矩阵变换，即基于 X 和 Y 坐标重新定位元素的位置。
  - translate()：移动元素对象，即基于 X 和 Y 坐标重新定位元素。
  - scale()：缩放元素对象，可以使任意元素对象尺寸发生变化，取值包括正数和负数，以及小数。
  - rotate()：旋转元素对象，取值为一个度数值。
  - skew()：倾斜元素对象，取值为一个度数值。

提示：

对于早期版本浏览器，Webkit 引擎支持-webkit-transform 私有属性，Mozilla Gecko 引擎支持-moz-transform 私有属性，Presto 引擎支持-o-transform 私有属性，IE9 支持-ms-transform 私有属性，目前大部分最新浏览器都支持 transform 标准属性。

扫一扫，看视频

14.1.1　定义旋转

rotate()函数能够旋转指定的元素对象，它主要在二维空间内进行操作，接收一个角度参数值，用来指定旋转的幅度。语法格式如下：

```
rotate(<angle>)
```

【示例】　以下示例设置 div 元素在鼠标经过时如何逆时针旋转 90 度，演示效果如图 14.1 所示。

```
<style type="text/css">
div {
    margin: 100px auto;
    width: 200px;
    height: 50px;
    background: #93FB40;
    border-radius: 12px;
}
div:hover {     /*定义动画的状态 */
    transform: rotate(-90deg);
}
</style>
<div></div>
```

默认状态

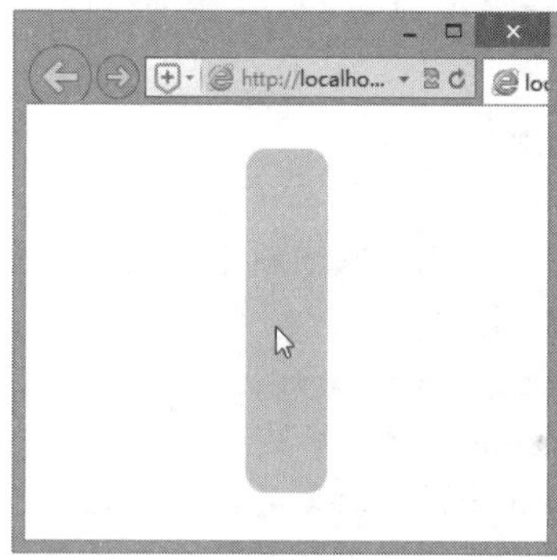

鼠标经过时被旋转

图 14.1　定义旋转动画效果

14.1.2　定义缩放

扫一扫，看视频

scale()函数能够缩放元素大小，该函数包含两个参数值，分别用来定义宽和高缩放比例。语法格式如下。

```
scale(<number>[, <number>])
```

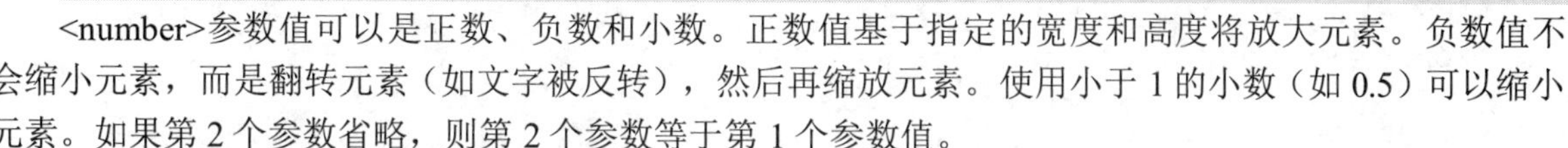

<number>参数值可以是正数、负数和小数。正数值基于指定的宽度和高度将放大元素。负数值不会缩小元素，而是翻转元素（如文字被反转），然后再缩放元素。使用小于 1 的小数（如 0.5）可以缩小元素。如果第 2 个参数省略，则第 2 个参数等于第 1 个参数值。

【示例】　以下示例设置 div 元素在鼠标经过时放大 1.5 倍显示，演示效果如图 14.2 所示。

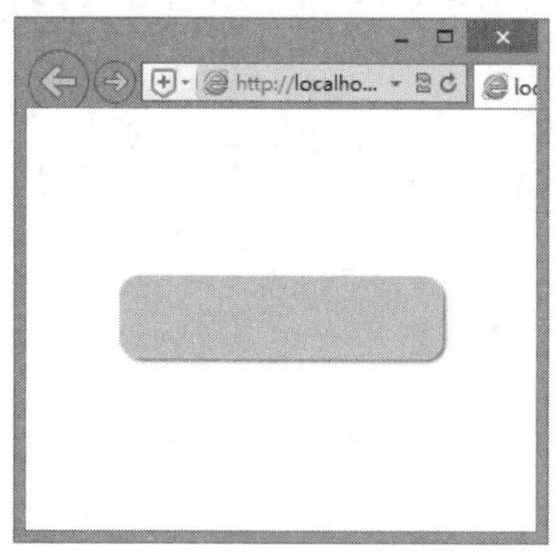

默认状态

鼠标经过时被放大

图 14.2　定义缩放动画效果

```
<style type="text/css">
div {
    margin: 100px auto;
    width: 200px;
    height: 50px;
    background: #93FB40;
    border-radius: 12px;
    box-shadow:2px 2px 2px #999;
}
div:hover {     /*定义动画的状态 */
    transform: scale(1.5);          /*设置 a 元素在鼠标经过时放大 1.5 倍尺寸进行显示*/
}
</style>
<div></div>
```

扫一扫，看视频

14.1.3 定义移动

translate()函数能够重新定位元素的坐标，该函数包含两个参数值，分别用来定义 x 轴和 y 轴坐标。语法格式如下。

```
translate(<translation-value>[, <translation-value>])
```

<translation-value>参数表示坐标值，第 1 个参数表示相对于原位置的 x 轴偏移距离，第 2 个参数表示相对于原位置的 y 轴偏移距离，如果省略了第 2 个参数，则第 2 个参数值默认值为 0。

【示例】 缩放对象是相当有意义的功能，使用它可以渐进增强:hover 可用性。以下示例给导航菜单添加定位功能，让导航菜单更富动感，演示效果如图 14.3 所示。

```
<style type="text/css">
.test ul { list-style: none; }
.test li { float: left; width: 100px; background: #CCC; margin-left: 3px; line-height: 30px; }
.test a { display: block; text-align: center; height: 30px; }
.test a:link { color: #666; background: url(images/icon1.jpg) #CCC no-repeat 5px 12px; text-decoration: none; }
.test a:visited { color: #666; text-decoration: underline; }
.test a:hover {
    color:#FFF;
    font-weight:bold;
    text-decoration:none;
    background:url(images/icon2.jpg) #F00 no-repeat 5px 12px;
    /*设置 a 元素在鼠标经过时向右下角位置偏移 4 个像素 */
    transform: translate(4px, 4px);
}
</style>
<div class="test">
    <ul>
        <li><a href="1">首页</a></li>
        <li><a href="2">新闻</a></li>
        <li><a href="3">论坛</a></li>
        <li><a href="4">博客</a></li>
```

```
        <li><a href="5">团购</a></li>
        <li><a href="6">微博</a></li>
    </ul>
</div>
```

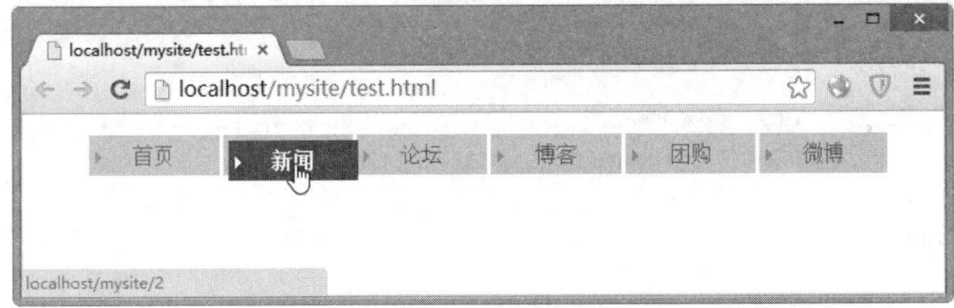

图 14.3　移动动画效果

提示：

当为 translate()函数传递一个参数值时，则表示水平偏移，如果垂直偏移，则应设置第 1 个参数值为 0，第 2 个参数值为垂直偏移值。如果设置负数，则表示反向偏移，但是参考距离不同。

14.1.4　定义倾斜

skew()函数能够让元素倾斜显示，该函数包含两个参数值，分别用来定义 x 轴和 y 轴坐标倾斜的角度。语法格式如下。

```
skew(<angle> [, <angle>])
```

<angle>参数表示角度值，第 1 个参数表示相对于 x 轴进行倾斜，第 2 个参数表示相对于 y 轴进行倾斜，如果省略了第 2 个参数，则第 2 个参数值默认值为 0。

skew()也是一个很有用的变换函数，它可以将一个对象围绕着 x 和 y 轴按照一定的角度倾斜。这与 rotate()函数的旋转不同，rotate()函数只是旋转，而不会改变元素的形状。skew()函数会改变元素的形状。

【示例】　以上节示例结构为基础，本示例给导航菜单添加倾斜变换功能，让导航菜单更富情趣，演示效果如图 14.4 所示。

```
<style type="text/css">
.test ul { list-style: none; }
.test li { float: left; width: 100px; background: #CCC; margin-left: 3px; line-height:
30px; }
.test a { display: block; text-align: center; height: 30px; }
.test a:link { color: #666; background: url(images/icon1.jpg) #CCC no-repeat 5px
12px; text-decoration: none; }
.test a:visited { color: #666; text-decoration: underline; }
.test a:hover {
    color:#FFF;
    font-weight:bold;
    text-decoration:none;
    background:url(images/icon2.jpg) #F00 no-repeat 5px 12px;
    /*设置 a 元素在鼠标经过时向左下角位置倾斜*/
    transform: skew(30deg, -10deg);
}
</style>
```

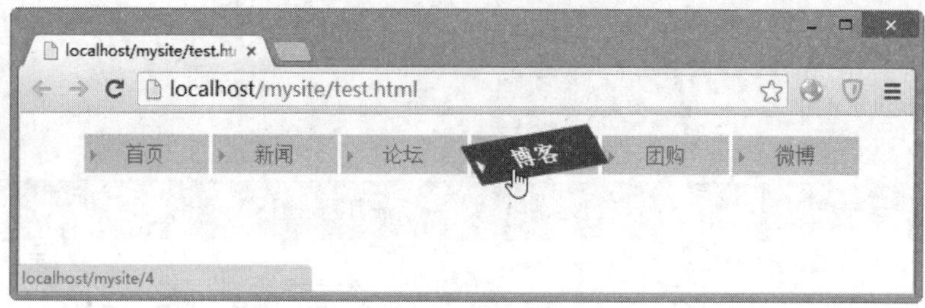

图 14.4　倾斜动画效果

扫一扫，看视频

14.1.5　定义矩阵

matrix()是矩阵函数，调用该函数可以非常灵活的实现各种变换效果，如倾斜(skew)、缩放(scale)、旋转(rotate)以及位移(translate)。matrix()函数的语法格式如下。

```
matrix(<number>, <number>, <number>, <number>, <number>, <number>)
```

其中，第 1 参数控制 x 轴缩放，第 2 个参数控制 x 轴倾斜，第 3 个参数控制 y 轴倾斜，第 4 个参数控制 y 轴缩放，第 5 个参数控制 x 轴移动，第 6 个参数控制 y 轴移动。使用前面 4 个参数的配合，可以实现旋转效果。

【示例】 以 14.1.3 节示例为基础，下面示例利用 matrix()函数的矩阵变换设计特殊变换效果，给导航菜单添加动态变换效果，演示效果如图 14.5 所示。

```
<style type="text/css">
.test ul { list-style: none; }
.test li { float: left; width: 100px; background: #CCC; margin-left: 3px; line-height: 30px; }
.test a { display: block; text-align: center; height: 30px; }
.test a:link { color: #666; background: url(images/icon1.jpg) #CCC no-repeat 5px 12px; text-decoration: none; }
.test a:visited { color: #666; text-decoration: underline; }
.test a:hover {
    color:#FFF;
    font-weight:bold;
    text-decoration:none;
    background:url(images/icon2.jpg) #F00 no-repeat 5px 12px;
    /*设置 a 元素在鼠标经过时矩阵变换*/
    transform: matrix(1, 0.4, 0, 1, 0, 0);
}
</style>
```

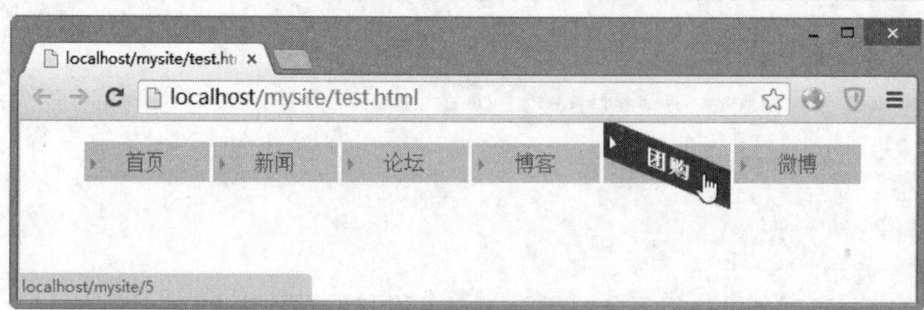

图 14.5　变换动画效果

提示：

transform 是一个复合属性，CSS3 支持缩写形式。例如：

```
transform: translate(80, 80);
transform: rotate(45deg);
transform: scale(1.5, 1.5);
```

对于上面样式，可以缩写为如下形式。

```
transform: translate(80, 80) rotate(45deg) scale(1.5, 1.5);
```

扫一扫，看视频

14.1.6　定义变换原点

CSS 变换的原点默认为对象的中心点，如果要改变这个中心点，可以使用 transform-origin 属性进行定义。例如，rotate 变换的默认原点是对象的中心点，使用 transform-origin 属性可以将原点设置在对象左上角，或者左下角，这样 rotate 变换的结果就不相同了。transform-origin 属性的基本语法如下所示。

```
transform-origin:[ [ <percentage> | <length> | left | center | right ] [ <percentage>|
<length>|top|center| bottom ]? ] | [ [ left | center | right ] || [ top | center |bottom]]
```

transform-origin 属性的初始值为 50% 50%，它适用于块状元素和内联元素。transform-origin 接收两个参数，它们可以是百分比、em、px 等具体的值，也可以是 left、center、right，或者 top、middle、bottom 等描述性关键字。

【示例】　通过改变变换对象的原点，可以实现不同的变换效果。在下面示例中让长方形盒子以左上角为中心点逆时针旋转 90 度，则演示效果如图 14.6 所示。

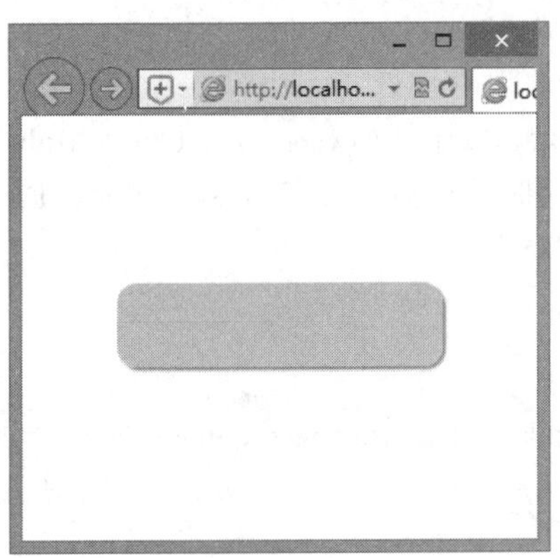

默认状态

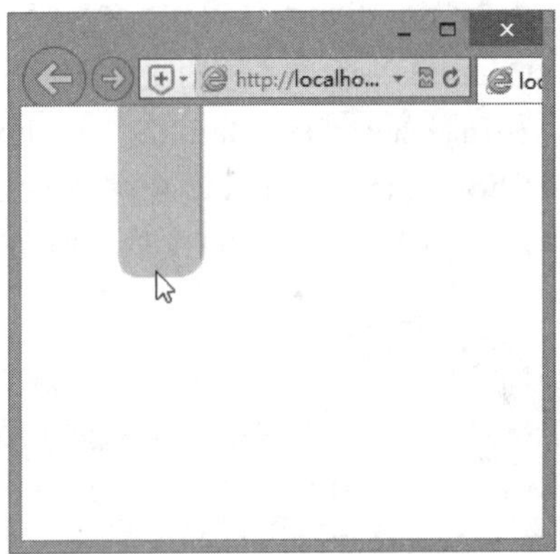

鼠标经过时被旋转

图 14.6　定义旋转动画中心点为左上角

```
<style type="text/css">
div {
    margin: 100px auto;
    width: 200px;
    height: 50px;
    background: #93FB40;
    border-radius: 12px;
    box-shadow: 2px 2px 2px #999;
}
div:hover {
    /*定义动画逆时针旋转 90 度 */
    transform: rotate(-90deg);
    /*以左上角为原点*/
    transform-origin: 0 0;
}
```

```
</style>
<div></div>
```

14.2 设计 3D 变换

CSS3 的 3D 变换主要包括的函数如下。

- 3D 位移：包括 translateZ()和 translate3d()函数。
- 3D 旋转：包括 rotateX()、rotateY()、rotateZ()和 rotate3d()函数。
- 3D 缩放：包括 scaleZ()和 scale3d()函数。
- 3D 矩阵：包含 matrix3d()函数。

考虑到浏览器兼容性，主流浏览器对 3D 变换支持不是很好，在实际应用时应添加私有属性，简单说明如下。

- 在 IE10+中，3D 变换部分属性未得到很好的支持。
- Firefox10.0 至 Firefox15.0 版本的浏览器，在使用 3D 变换时需要添加私有属性-moz-，但从 Firefox16.0+版本开始无需添加浏览器私有属性。
- Chrome12.0+版本中使用 3D 变换时需要添加私有属性-webkit-。
- Safari4.0+版本中使用 3D 变换时需要添加私有属性-webkit-。
- Opera15.0+版本才开始支持 3D 变换，使用时需要添加私有属性-webkit-。
- 移动设备中 iOS Safari3.2+、Android Browser3.0+、Blackberry Browser7.0+、Opera Mobile14.0+、Chrome for Android25.0+都支持 3D 变换，但在使用时需要添加私有属性-webkit-；Firefox for Android19.0+支持 3D 变换，但无需添加浏览器私有属性。

扫一扫，看视频

14.2.1 定义位移

在 CSS3 中，3D 位移主要包括两种函数 translateZ()和 translate3d()。translate3d()函数使一个元素在三维空间移动。这种变换的特点是，使用三维向量的坐标定义元素在每个方向移动多少。基本语法如下。

```
translate3d(tx,ty,tz)
```

属性取值说明如下。

- tx：代表横向坐标位移向量的长度。
- ty：代表纵向坐标位移向量的长度。
- tz：代表 Z 轴位移向量的长度。此值不能是一个百分比值，如果取值为百分比值，将会认为无效值。

【示例 1】 以下示例通过比较原图和 3D 位移图，比较移动前后效果，演示效果如图 14.7 所示。

```
<style type="text/css">
.stage { /*设置舞台，定义观察者距离*/
    width: 600px; height: 200px;
    border: solid 1px red;
    perspective: 1200px;
}
.container { /*创建三维空间*/
    transform-style: preserve-3d;
}
img {width: 120px;}
img:nth-child(2) {/*在 3D 空间向前左下方位移 */
```

```
    transform: translate3d(30px, 30px, 200px);
}
</style>
<div class="stage">
    <div  class="container"><img  src="images/1.png"  /><img  src="images/1.png"
/></div>
</div>
```

图 14.7 定义 3D 位移效果

从上图效果可以看出，当 Z 轴值越大时，元素离浏览者更近，从视觉上元素就变得更大；反之其值越小时，元素也离观看者更远，从视觉上元素就变得更小。

注意，舞台大小会对 3D 变换对象产生影响。

拓展：

translateZ()函数的功能是让元素在 3D 空间沿 Z 轴进行位移，其基本语法如下。

```
translate(t)
```

参数值 t 指的是 Z 轴的向量位移长度。

使用 translateZ()函数可以让元素在 Z 轴进行位移，当其值为负值时，元素在 Z 轴越移越远，导致元素变得较小。反之，当其值为正值时，元素在 Z 轴越移越近，导致元素变得较大。

【示例 2】 在上例的基础上，将 translate3d()函数换成 translateZ()函数，则效果如图 14.8 所示。其中修改的样式如下。

```
img:nth-child(2) {
    transform: translateZ(200px);
}
```

图 14.8 向浏览者面前位移效果

translateZ()函数仅让元素在 Z 轴进行位移，当其值越大时，元素离浏览者越近，视觉上元素放大，反之元素缩小。translateZ()函数在实际使用中等效于 translate3d(0,0,tz)。

扫一扫，看视频

14.2.2 定义缩放

CSS3 3D 缩放主要有 scaleZ()和 scale3d()两种函数，当 scale3d()中 X 轴和 Y 轴同时为 1，即 scale3d(1,1,sz)，其效果等同于 scaleZ(sz)。通过使用 3D 缩放函数，可以让元素在 Z 轴上按比例缩放。默认值为 1，当值大于 1 时，元素放大，反之小于 1 大于 0.01 时，元素缩小。其基本语法如下。

```
scale3d(sx,sy,sz)
```

取值说明如下。

- sx：横向缩放比例。
- sy：纵向缩放比例。
- sz：Z 轴缩放比例。

```
scaleZ(s)
```

参数值 s 指定元素每个点在 Z 轴的比例。

scaleZ(-1)定义了一个原点在 Z 轴的对称点（按照元素的变换原点）。

scaleZ()和 scale3d()函数单独使用时没有任何效果，需要配合其他的变换函数一起使用才会有效果。

【示例】 以下示例通过比较原图和 3D 缩放图，比较变换前后效果，为了能看到 scaleZ()函数的效果，添加了一个 rotateX(45deg)功能，演示效果如图 14.9 所示。

```
<style type="text/css">
.stage { /*设置舞台，定义观察者距离*/
    width: 600px; height: 200px;
    border: solid 1px red;
    perspective: 1200px;
}
.container { /*创建三维空间*/
    transform-style: preserve-3d;
}
img { width: 120px;}
img:nth-child(2) {/*3D 放大并在 x 轴上旋转 45 度*/
    transform: scaleZ(5) rotateX(45deg);
}
</style>
<div class="stage">
    <div class="container"><img src="images/1.png" /><img src="images/1.png"
/></div>
</div>
```

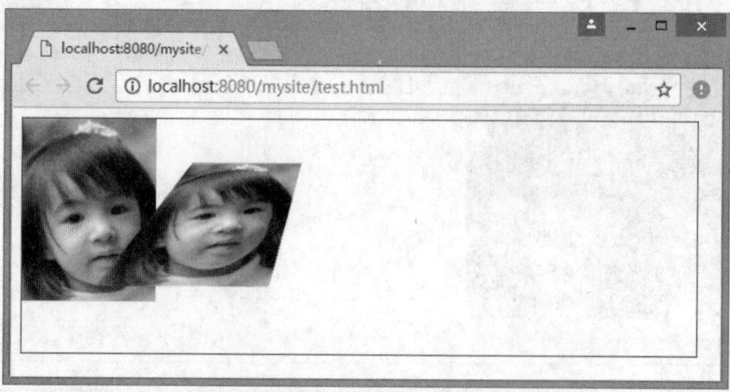

图 14.9 定义 3D 缩放效果

扫一扫，看视频

14.2.3 定义旋转

在 3D 变换中，可以让元素在任何轴旋转。为此，CSS3 新增 3 个旋转函数：rotateX()、rotateY()和 rotateZ()。简单说明如下。

- rotateX()函数指定一个元素围绕 X 轴旋转，旋转的量被定义为指定的角度；如果值为正值，元素围绕 X 轴顺时针旋转；反之，如果值为负值，元素围绕 X 轴逆时针旋转。其基本语法如下：

```
rotateX(a)
```

其中 a 指的是一个旋转角度值，其值可以是正值也可以是负值。

- rotateY()函数指定一个元素围绕 Y 轴旋转，旋转的量被定义为指定的角度；如果值为正值，元素围绕 Y 轴顺时针旋转；反之，如果值为负值，元素围绕 Y 轴逆时针旋转。其基本语法如下：

```
rotateY(a)
```

其中 a 指的是一个旋转角度值，其值可以是正值也可以是负值。

- rotateZ()函数和其他两个函数功能一样的，区别在于 rotateZ()函数指定一个元素围绕 Z 轴旋转。其基本语法如下：

```
rotateZ(a)
```

rotateZ()函数指定元素围绕 Z 轴旋转，如果仅从视觉角度上看，rotateZ()函数让元素顺时针或逆时针旋转，并且效果和 rotate()效果等同，但不是在 2D 平面的旋转。

拓展：

在三维空间里，除了 rotateX()、rotateY()和 rotateZ()函数可以让一个元素在三维空间中旋转之外，还有一个 rotate3d()函数。在 3D 空间，旋转由一个[x,y,z]向量并经过元素原点定义。其基本语法如下。

```
rotate3d(x,y,z,a)
```

rotate3d()中取值说明如下。

- x：是一个 0 到 1 之间的数值，主要用来描述元素围绕 X 轴旋转的矢量值。
- y：是一个 0 到 1 之间的数值，主要用来描述元素围绕 Y 轴旋转的矢量值。
- z：是一个 0 到 1 之间的数值，主要用来描述元素围绕 Z 轴旋转的矢量值。
- a：是一个角度值，主要用来指定元素在 3D 空间旋转的角度，如果其值为正值，元素顺时针旋转，反之元素逆时针旋转。

rotate3d()函数可以与前面介绍的 3 个旋转函数等效，比较说明如下。

- rotateX(a)函数功能等同于 rotate3d(1,0,0,a)。
- rotateY(a)函数功能等同于 rotate3d(0,1,0,a)。
- rotateZ(a)函数功能等同于 rotate3d(0,0,1,a)。

【示例 1】 下面以上面示例为基础，修改.s1 img:nth-child(2)选择器的样式，设计第 2 张图片沿 X 轴旋转 45 度，演示效果如图 14.10 所示（test1.html）。

```
img:nth-child(2){
    transform:rotateX(45deg);
}
```

【示例 2】 如果修改.s1 img:nth-child(2)选择器的样式，设计第 2 张图片沿 Y 轴旋转 45 度，演示效果如图 14.11 所示（test2.html）。

```
img:nth-child(2){
    transform:rotateY(45deg);
}
```

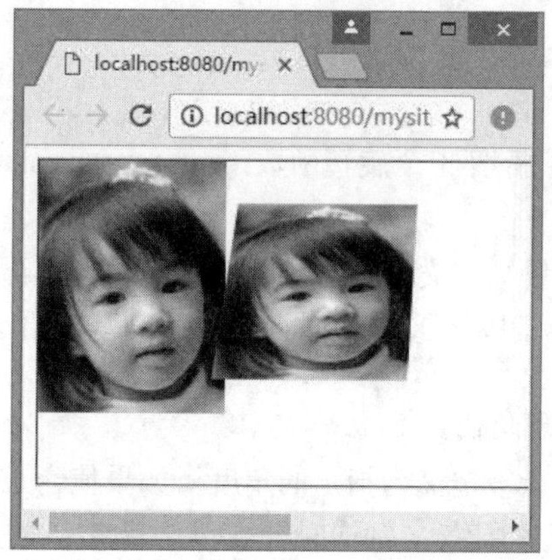

图 14.10　定义沿 X 轴旋转

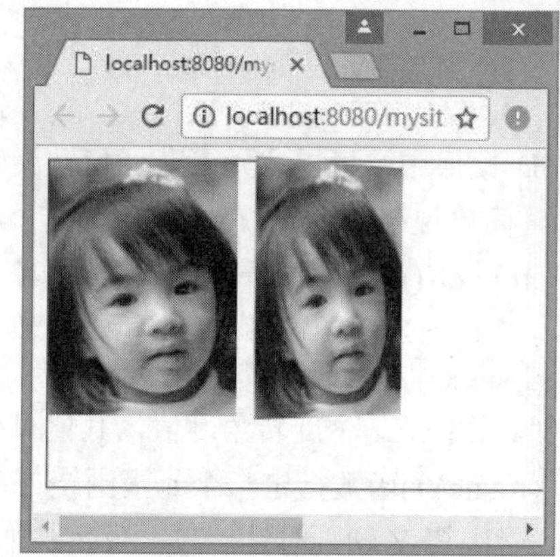

图 14.11　定义沿 Y 轴旋转

【示例 3】　如果修改.s1 img:nth-child(2)选择器的样式，设计第 2 张图片沿 Z 轴旋转 45 度，演示效果如图 14.12 所示（test3.html）。

```
img:nth-child(2){
   transform:rotateZ(45deg);
}
```

【示例 4】　如果修改.s1 img:nth-child(2)选择器的样式，设计第 2 张图片沿 X、Y 和 Z 轴同时旋转，演示效果如图 14.13 所示（test4.html）。

```
img:nth-child(2){
   transform:rotate3d(.6,1,.6,45deg);
}
```

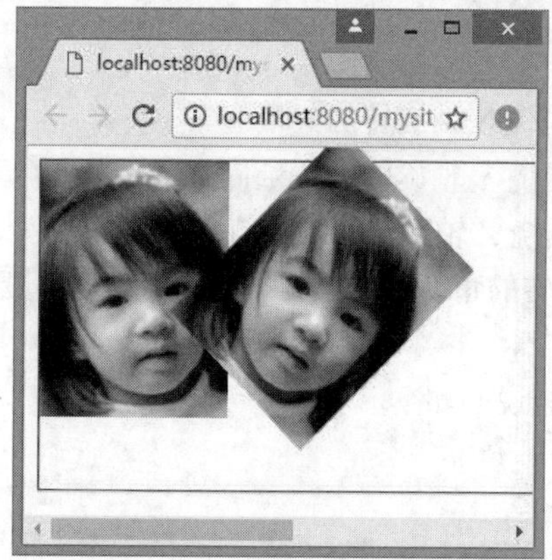

图 14.12　定义沿 Z 轴旋转

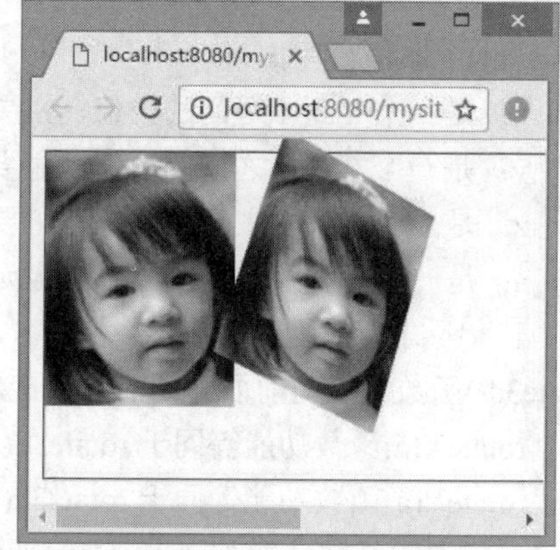

图 14.13　定义 3D 旋转

14.3　设计过渡动画

CSS3 使用 transition 属性定义过渡动画，目前获得所有浏览器的支持，包括支持带有前缀（私有属性）或不带前缀的过渡（标准属性）。最新版本浏览器（IE 10+、Firefox 16+和 Opera 12.5+）均支持不带前缀的过渡，而旧版浏览器则支持前缀的过渡，如 Webkit 引擎支持-webkit-transition 私有属性，Mozilla Gecko 引擎支持-moz-transition 私有属性，Presto 引擎支持-o-transition 私有属性，IE6~IE9 浏览器不支持 transition 属性，IE10 支持 transition 属性。

14.3.1　设置过渡属性

扫一扫，看视频

transition-property 属性用来定义过渡动画的 CSS 属性名称，基本语法如下所示。

```
transition-property:none | all | [ <IDENT> ] [ ',' <IDENT> ]*;
```

取值简单说明如下。

- none：表示没有元素。
- all：默认值，表示针对所有元素，包括:before 和:after 伪元素。
- IDENT：指定 CSS 属性列表。几乎所有色彩、大小或位置等相关的 CSS 属性，包括许多新添加的 CSS3 属性，都可以应用过渡，如 CSS3 变换中的放大、缩小、旋转、斜切、渐变等。

【示例】　在以下示例中，指定动画的属性为背景颜色。这样当鼠标经过盒子时，会自动从红色背景过渡到蓝色背景，演示效果如图 14.14 所示。

```
<style type="text/css">
div {
    margin: 10px auto; height: 80px;
    background: red;
    border-radius: 12px;
    box-shadow: 2px 2px 2px #999;
}
div:hover {
    background-color: blue;
    /*指定动画过渡的 CSS 属性*/
    transition-property: background-color;
}
</style>
<div></div>
```

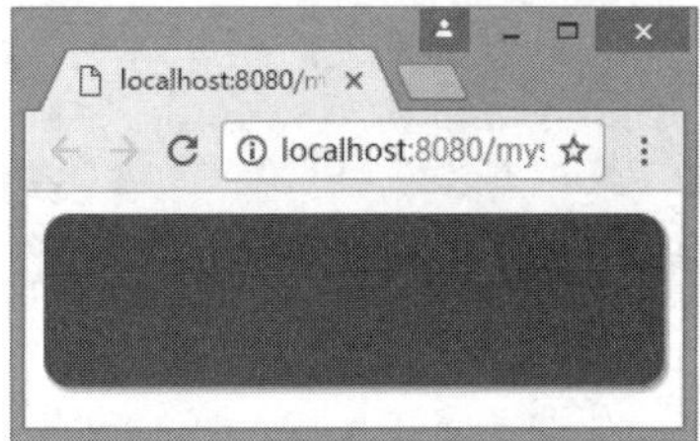

默认状态

鼠标经过时变换背景色

图 14.14　定义简单的背景色切换动画

14.3.2　设置过渡时间

扫一扫，看视频

transition-duration 属性用来定义转换动画的时间长度，基本语法如下所示。

```
transition-duration:<time> [, <time>]*;
```

初始值为 0，适用于所有元素，以及:before 和:after 伪元素。在默认情况下，动画过渡时间为 0 秒，所以当指定元素动画时，会看不到过渡的过程，直接看到结果。

【示例】　以 14.3.1 节示例为例，设置动画过渡时间为 2 秒，当鼠标移过对象时，会看到背景色从红色逐渐过渡到蓝色，演示效果如图 14.15 所示。

```
div:hover {
    background-color: blue;
    /*指定动画过渡的 CSS 属性*/
```

```
    transition-property: background-color;
    /*指定动画过渡的时间*/
    transition-duration:2s;
}
```

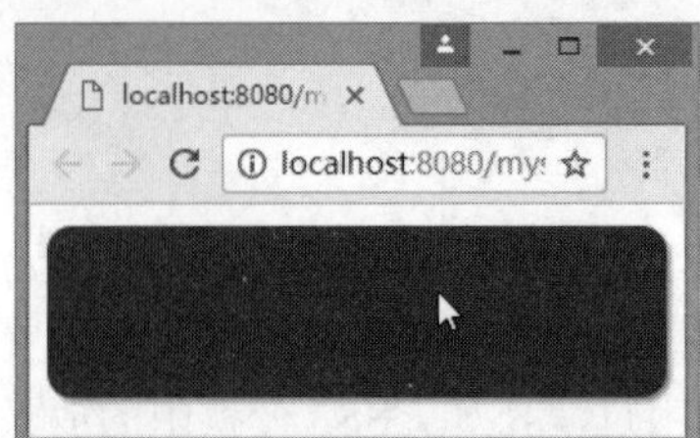

图 14.15　设置动画过渡时间

扫一扫，看视频

14.3.3　设置延迟时间

transition-delay 属性用来定义开启过渡动画的延迟时间，基本语法如下所示。

```
transition-delay:<time> [, <time>]*;
```

初始值为 0，适用于所有元素，以及:before 和:after 伪元素。设置时间可以为正整数、负整数和零，非零的时候必须设置单位是 s（秒）或者 ms（毫秒），为负数的时候，过渡的动作会从该时间点开始显示，之前的动作被截断。为正数的时候，过渡的动作会延迟触发。

【示例】　继续以 14.3.1 节示例为基础进行介绍，设置过渡动画推迟 2 秒钟后执行，则当鼠标移过对象时，会看不到任何变化，过了 2 秒钟之后，才发现背景色从红色逐渐过渡到蓝色。

```
div:hover {
    background-color: blue;
    /*指定动画过渡的 CSS 属性*/
    transition-property: background-color;
    /*指定动画过渡的时间*/
    transition-duration: 2s;
    /*指定动画延迟触发 */
    transition-delay: 2s;
}
```

扫一扫，看视频

14.3.4　设置过渡动画类型

transition-timing-function 属性用来定义过渡动画的类型，基本语法如下所示。

```
transition-timing-function:ease | linear | ease-in | ease-out | ease-in-out |
cubicbezier(<number>, <number>, <number>, <number>) [, ease | linear | ease-in |
ease-out | ease-in-out | cubic-bezier(<number>, <number>,<number>, <number>)]*
```

属性初始值为 ease，取值简单说明如下。

- ease：平滑过渡，等同于 cubic-bezier(0.25, 0.1, 0.25, 1.0)函数，即立方贝塞尔。
- linear：线性过渡，等同于 cubic-bezier(0.0, 0.0, 1.0, 1.0)函数。
- ease-in：由慢到快，等同于 cubic-bezier(0.42, 0, 1.0, 1.0)函数。
- ease-out：由快到慢，等同于 cubic-bezier(0, 0, 0.58, 1.0)函数。
- ease-in-out：由慢到快再到慢，等同于 cubic-bezier(0.42, 0, 0.58, 1.0)函数。
- cubic-bezier：特殊的立方贝塞尔曲线效果。

【示例】　继续以 14.3.1 节示例为基础进行介绍，设置过渡类型为线性效果，代码如下所示。

```
div:hover {
    background-color: blue;
```

```
    /*指定动画过渡的 CSS 属性*/
    transition-property: background-color;
    /*指定动画过渡的时间*/
    transition-duration: 10s;
    /*指定动画过渡为线性效果 */
    transition-timing-function: linear;
}
```

14.3.5 设置触发方式

扫一扫，看视频

CSS3 动画一般通过鼠标事件或状态定义动画，如 CSS 伪类（如表 14.1 所示）和 Javascript 事件。

表 14.1 CSS 动态伪类

动 态 伪 类	作 用 元 素	说 明
:link	只有链接	未访问的链接
:visited	只有链接	访问过的链接
:hover	所有元素	鼠标经过元素
:active	所有元素	鼠标点击元素
:focus	所有可被选中的元素	元素被选中

Javascript 事件包括 click、focus、mousemove、mouseover、mouseout 等。

1. :hover

最常用的过渡触发方式是使用:hover 伪类。

【示例 1】 以下示例设计当鼠标经过 div 元素上时，该元素的背景颜色会在经过一秒钟的初始延迟后，于两秒钟内动态地从绿色变为蓝色。

```
<style type="text/css">
div {
    margin: 10px auto;
    height: 80px;
    border-radius: 12px;
    box-shadow: 2px 2px 2px #999;
    background-color: red;
    transition: background-color 2s ease-in 1s;
}
div:hover {    background-color: blue}
</style>
<div></div>
```

2. :active

:active 伪类表示用户单击某个元素并按住鼠标按钮时显示的状态。

【示例 2】 以下示例设计当用户单击 div 元素时，该元素被激活，这时会触发动画，高度属性从 200px 过渡到 400px。如果按住该元素，保持住活动状态，则 div 元素始终显示 400px 高度，松开鼠标之后，又会恢复原来的高度，如图 14.16 所示。

```
<style type="text/css">
div {
   margin: 10px auto;
   border-radius: 12px;
   box-shadow: 2px 2px 2px #999;
   background-color: #8AF435;
   height: 200px;
   transition: width 2s ease-in;
}
div:active {    height: 400px;}
</style>
<div></div>
```

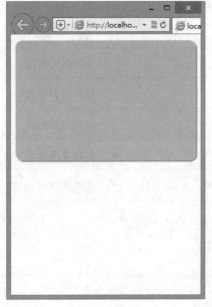

默认状态

单击

图 14.16　定义激活触发动画

3. : focus

:focus 伪类通常会在表单对象接收键盘响应时出现。

【示例 3】　以下示例设计当页面中的输入框获取焦点时，输入框的背景色逐步高亮显示，如图 14.17 所示。

```
<style type="text/css">
label {
   display: block;
   margin: 6px 2px;
}
input[type="text"], input[type="password"] {
   padding: 4px;
   border: solid 1px #ddd;
   transition: background-color 1s ease-in;
}
input:focus {    background-color: #9FFC54;}
</style>
```

```
<form id=fm-form action="" method=post>
    <fieldset>
        <legend>用户登录</legend>
        <label for="name">姓名
            <input type="text" id="name" name="name" >
        </label>
        <label for="pass">密码
            <input type="password" id="pass" name="pass" >
        </label>
    </fieldset>
</form>
```

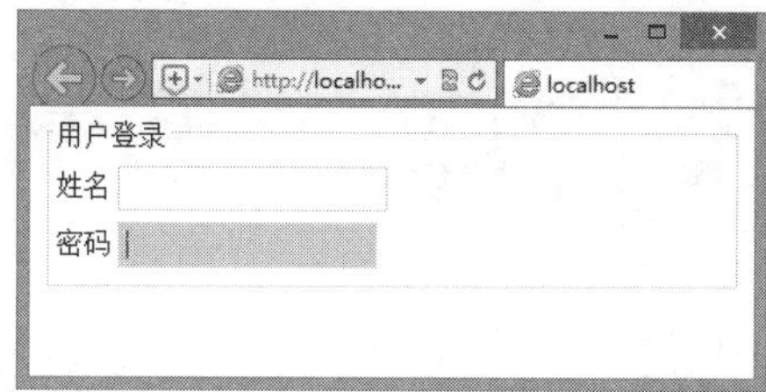

图 14.17　定义获取焦点触发动画

提示：

把:hover 伪类与:focus 配合使用，能够丰富鼠标用户和键盘用户的体验。

4. :checked

:checked 伪类在发生这种状况时触发过渡。

【示例 4】　以下示例设计当复选框被选中时缓慢缩进 2 个字符，演示效果如图 14.18 所示。

```
<!doctype html>
<style type="text/css">
label.name {
    display: block;
    margin: 6px 2px;
}
input[type="text"], input[type="password"] {
    padding: 4px;
    border: solid 1px #ddd;
}
input[type="checkbox"] {
    transition: margin 1s ease;
}
input[type="checkbox"]:checked {
    margin-left: 2em;
}
</style>
<form id=fm-form action="" method=post>
    <fieldset>
        <legend>用户登录</legend>
        <label class="name" for="name">姓名
            <input type="text" id="name" name="name" >
        </label>
        <p>技术专长<br>
```

```
            <label>
                <input type="checkbox" name="web" value="html" id="web_0">
                HTML</label><br>
            <label>
                <input type="checkbox" name="web" value="css" id="web_1">
                CSS</label><br>
            <label>
                <input type="checkbox" name="web" value="javascript" id="web_2">
                JavaScript</label><br>
        </p>
    </fieldset>
</form>
```

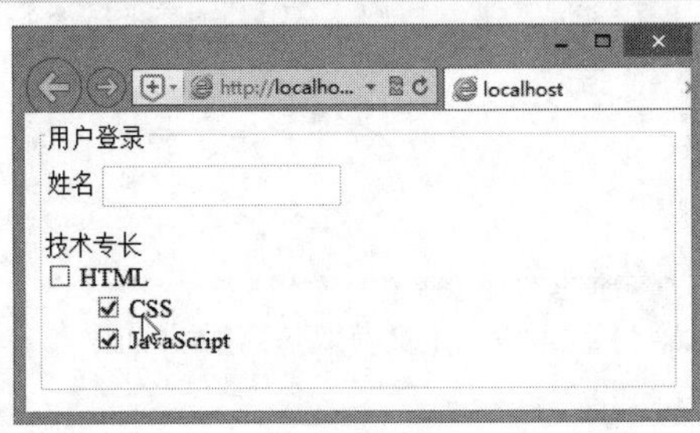

图 14.18　定义被选中时触发动画

5. 媒体查询

触发元素状态变化的另一种方法是使用 CSS3 媒体查询。

【示例 5】　以下示例设计 div 元素的宽度和高度为 49%×200px，如果用户将窗口大小调整到 420px 或以下，则该元素将过渡为：100%×100px。也就是说，当窗口宽度变化经过 420px 的阈值时，将会触发过渡动画，如图 14.19 所示。

```
<style type="text/css">
div {
    float: left;
    width: 49%;
    height: 200px;
    margin: 2px;
    background: #93FB40;
    border-radius: 12px;
    box-shadow: 2px 2px 2px #999;
    transition: width 1s ease, height 1s ease;
}

@media only screen and (max-width : 420px) {
    div {
        width: 100%;
        height: 100px;
    }
}
</style>
<div></div>
<div></div>
```

当窗口小于等于 420px 宽度

当窗口大于 420px 宽度

图 14.19 设备类型触发动画

如果网页加载时用户的窗口大小是 420px 或以下，浏览器会在该部分应用这些样式，但是由于不会出现状态变化，因此不会发生过渡。

6. JavaScript 事件

【示例 6】 以下示例可以使用纯粹的 CSS 伪类触发过渡，为了方便用户理解，这里通过 JavaScript 触发过渡（jQuery 脚本）。

```
<script type="text/javascript" src="images/jquery-1.10.2.js"></script>
<script type="text/javascript">
$(function() {
    $("#button").click(function() {
        $(".box").toggleClass("change");
    });
});
</script>
<style type="text/css">
.box {
    margin:4px;
    background: #93FB40;
    border-radius: 12px;
    box-shadow: 2px 2px 2px #999;
    width: 50%;
    height: 100px;
    transition: width 2s ease, height 2s ease;
}
.change {
    width: 100%;
    height: 120px;
}
</style>
<input type="button" id="button" value="触发过渡动画" />
<div class="box"></div>
```

在文档中包含一个 box 类的盒子和一个按钮，当单击按钮时，jQuery 脚本都会将盒子的类切换为 change，从而触发了过渡动画，演示效果如图 14.20 所示。

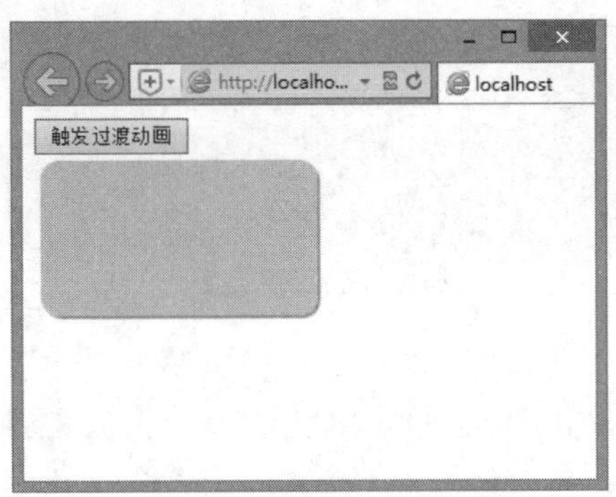

默认状态

JavaScript 事件激活状态

图 14.20　使用 JavaScript 脚本触发动画

上面示例演示了样式发生变化会导致过渡动画，也可以通过其他方法触发这些更改，包括通过 JavaScript 脚本动态更改。从执行效率来看，事件通常应当通过 JavaScript 触发，简单动画或过渡则应使用 CSS 触发。当然，这只是一般性的指导原则，不一定是最佳选择，具体应视条件而定。

14.4　设计帧动画

CSS3 使用 animation 属性定义帧动画。目前最新版本的主流浏览器都支持 CSS 帧动画，如 IE 10+、Firefox 和 Opera 均支持不带前缀的动画，而旧版浏览器则支持前缀的动画，如 Webkit 引擎支持 -webkit-animation 属性，Mozilla Gecko 引擎支持-moz-animation 私有属性，Presto 引擎支持-o-animation 私有属性，IE6~IE9 浏览器不支持 animation 属性。

提示：

Animations 功能与 Transition 功能相同，都是通过改变元素的属性值来实现动画效果的。它们的区别在于：使用 Transitions 功能时只能通过指定属性的开始值与结束值，然后在这两个属性值之间进行平滑过渡的方式来实现动画效果，因此不能实现比较复杂的动画效果；而 Animations 则通过定义多个关键帧以及定义每个关键帧中元素的属性值来实现更为复杂的动画效果。

扫一扫，看视频

14.4.1　设置关键帧

CSS3 使用@keyframes 定义关键帧。具体用法如下。

```
@keyframes animationname {
    keyframes-selector {
        css-styles;
    }
}
```

其中参数说明如下。

- animationname：定义动画的名称。
- keyframes-selector：定义帧的时间未知，也就是动画时长的百分比，合法的值包括 0~100%、from（等价于 0%）、to（等价于 100%）。
- css-styles：表示一个或多个合法的 CSS 样式属性。

在动画过程中，用户能够多次改变这套 CSS 样式。以百分比来定义样式改变发生的时间，或者通过关键词 from 和 to。为了获得最佳浏览器支持，设计关键帧动画时，应该始终定义 0%和 100%位置帧。

最后，为每帧定义动态样式，同时将动画与选择器绑定。

【示例】　以下示例演示如何让一个小方盒沿着方形框内壁匀速运动，效果如图 14.21 所示。

```
<style>
#wrap {/* 定义运动轨迹包含框*/
    position:relative;                /* 定义定位包含框，避免小盒子跑到外面运动*/
    border:solid 1px red;
    width:250px;
    height:250px;
}
#box {/* 定义运动小盒的样式*/
    position:absolute;
    left:0;
    top:0;
    width: 50px;
    height: 50px;
    background: #93FB40;
    border-radius: 8px;
    box-shadow: 2px 2px 2px #999;
    /*定义帧动画：动画名称为 ball，动画时长 5 秒，动画类型为匀速渐变，动画无限播放*/
    animation: ball 5s linear infinite;
}
/*定义关键帧：共包括 5 帧，分别总时长 0%、25%、50%、75%、100%的位置*/
/*每帧中设置动画属性为 left 和 top，让它们的值匀速渐变，产生运动动画*/
@keyframes ball {
    0% {left:0;top:0;}
    25% {left:200px;top:0;}
    50% {left:200px;top:200px;}
    75% {left:0;top:200px;}
    100% {left:0;top:0;}
}
</style>
<div id="wrap">
    <div id="box"></div>
</div>
```

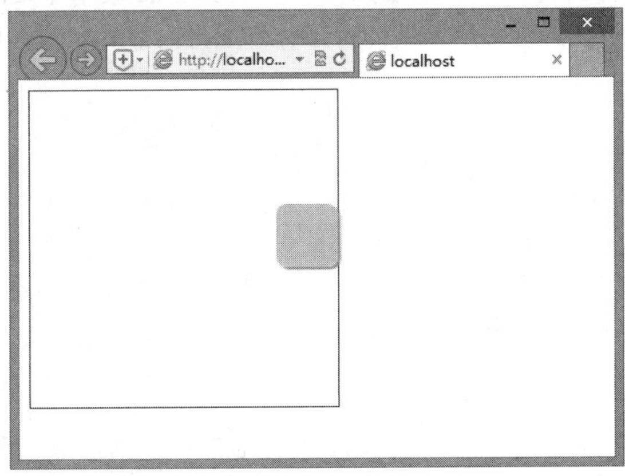

图 14.21　设计小盒子运动动画

扫一扫，看视频

14.4.2 设置动画属性

1. 定义动画名称

使用 animation-name 属性可以定义 CSS 动画的名称，语法如下所示。

```
animation-name:none | IDENT [, none | IDENT ]*;
```

初始值为 none，定义一个适用的动画列表。每个名字是用来选择动画关键帧，提供动画的属性值。如名称是 none，那么就不会有动画。

2. 定义动画时间

使用 animation-duration 属性可以定义 CSS 动画播放时间，语法如下所示。

```
animation-duration:<time> [, <time>]*;
```

在默认情况下该属性值为 0，这意味着动画周期是直接的，即不会有动画。当值为负值时，则被视为 0。

3. 定义动画类型

使用 animation-timing-function 属性可以定义 CSS 动画类型，语法如下所示。

```
animation-timing-function:ease | linear | ease-in | ease-out | ease-in-out |
cubicbezier(<number>, <number>, number>, <number>) [, ease | linear |ease-in |
ease-out | ease-in-out | cubic-bezier(<number>, <number>,<number>, <number>)]*
```

初始值为 ease，取值说明可参考上面介绍的过渡动画类型。

4. 定义延迟时间

使用 animation-delay 属性可以定义 CSS 动画延迟播放的时间，语法如下所示。

```
animation-delay:<time> [, <time>]*;
```

该属性允许一个动画开始执行一段时间后才被应用。当动画延迟时间为 0，即默认动画延迟时间，则意味着动画将尽快执行，否则该值指定将延迟执行的时间。

5. 定义播放次数

使用 animation-iteration-count 属性定义 CSS 动画的播放次数，语法如下所示。

```
animation-iteration-count:infinite | <number> [, infinite | <number>]*;
```

默认值为 1，这意味着动画将播放从开始到结束一次。infinite 表示无限次，即 CSS 动画永远重复。如果取值为非整数，将导致动画结束一个周期的一部分。如果取值为负值，则将导致在交替周期内反向播放动画。

6. 定义播放方向

使用 animation-direction 属性定义 CSS 动画的播放方向，基本语法如下所示。

```
animation-direction:normal | alternate [, normal | alternate]*;
```

默认值为 normal。当为默认值时，动画的每次循环都向前播放。另一个值是 alternate，设置该值则表示第偶数次向前播放，第奇数次向反方向播放。

7. 定义播放状态

使用 animation-play-state 属性定义动画正在运行，还是暂停，语法如下所示。

```
animation-play-state: paused|running;
```

初始值为 running。其中 paused 定义动画已暂停，running 定义动画正在播放。

提示：

可以在 JavaScript 中使用该属性，这样就能在播放过程中暂停动画。在 Javascript 脚本中的用法如下：

```
object.style.animationPlayState="paused"
```

8. 定义播放外状态

使用 animation-fill-mode 属性定义动画外状态，语法如下所示。

```
animation-fill-mode: none | forwards | backwards | both [ , none | forwards | backwards
| both ]*
```

初始值为 none，如果提供多个属性值，以逗号进行分隔。取值说明如下。

- none：不设置对象动画之外的状态。
- forwards：设置对象状态为动画结束时的状态。
- backwards：设置对象状态为动画开始时的状态。
- both：设置对象状态为动画结束或开始的状态。

【示例】　以下示例设计一个小球，并定义它水平向左运动，动画结束之后，再返回起始点位置，效果如图 14.22 所示。

```
<style>
/*启动运动的小球，并定义动画结束后返回*/
.ball{
    width: 50px; height: 50px;
    background: #93FB40;
    border-radius: 100%;
    box-shadow:2px 2px 2px #999;
    animation:ball 1s ease backwards;
}
/*定义小球水平运动关键帧*/
@keyframes ball{
    0%{transform:translate(0,0);}
    100%{transform:translate(400px);}
}
</style>
<div class="ball"></div>
```

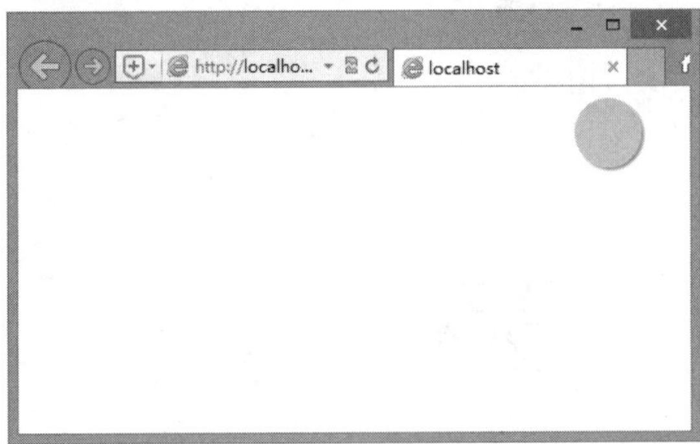

图 14.22　设计运动小球最后返回起始点位置

14.5　实 战 案 例

本节将通过多个案例帮助读者上机练习和提升 CSS3 动画设计技法。

扫一扫，看视频

14.5.1 设计挂图

本例使用 CSS3 阴影、透明效果以及变换技巧，让图片随意贴在墙上，当鼠标移动到图片上时，会自动放大并垂直摆放，演示效果如图 14.23 所示。

图 14.23　设计挂图效果

示例主要代码如下：

```
<style type="text/css">
ul.polaroids li { display: inline;}
ul.polaroids a {
    display: inline; float: left;
    margin: 0 0 50px 60px; padding: 12px;
    text-align: center;
    text-decoration: none; color: #333;
     /*为图片外框设计阴影效果 */
    box-shadow: 0 3px 6px rgba(0, 0, 0, .25);
     /*设置过渡动画：过渡属性为transform，时长为0.15秒，线性渐变 */
    transition: -webkit-transform .15s linear;
    /*顺时针旋转2度 */
    transform: rotate(-2deg);
}
ul.polaroids img { /*统一图片基本样式 */
    display: block;
    height: 100px;
    border: none;
    margin-bottom: 12px;
}
/*利用图片的title属性，添加图片显示标题 */
ul.polaroids a:after { content: attr(title);}
/*为偶数图片倾斜显示*/
ul.polaroids li:nth-child(even) a {
     /*逆时针旋转10度 */
    transform: rotate(10deg);
}
ul.polaroids li a:hover {
     /*放大对象1.25倍 */
    transform: scale(1.25);
```

```
    box-shadow: 0 3px 6px rgba(0, 0, 0, .5);
}
</style>
<ul class="polaroids">
    <li> <a href="1" title="笑笑"> <img src="images/1.png" alt="笑笑"> </a> </li>
    <li> <a href="2" title="佳佳"> <img src="images/2.png" alt="佳佳"> </a> </li>
    <li> <a href="3" title="圆圆"> <img src="images/3.png" alt="圆圆"> </a> </li>
    <li> <a href="4" title="倩倩"> <img src="images/4.png" alt="倩倩"> </a> </li>
</ul>
```

14.5.2　设计高亮显示

扫一扫，看视频

本示例设计列表项目在鼠标经过时高亮显示，如图 14.24 所示。主要通过 transitions 属性指定当鼠标指针移动到 li 元素上时在 1 秒钟内完成前景色和背景色的平滑过渡。

```
<style type="text/css">
li {
    line-height: 2em;
    color: #666;
    transition: background-color 1s linear, color 1s linear;
}
li:hover {
    background-color: #ffff00;
    color: #000;
}
</style>
<ol>
    <li>白日依山尽，黄河入海流。欲穷千里目，更上一层楼。</li>
    <li>黄河远上白云间，一片孤城万仞山。羌笛何须怨杨柳，春风不度玉门关。</li>
    <li>海内存知己，天涯若比邻。无为在岐路，儿女共沾巾。</li>
</ol>
```

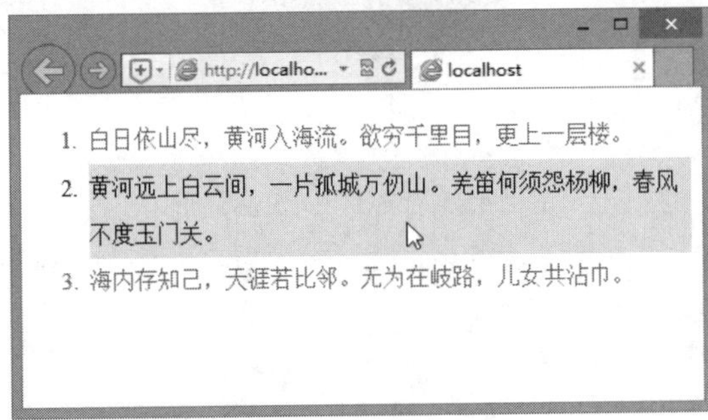

图 14.24　设计高亮动画效果

14.5.3　设计 3D 几何体

扫一扫，看视频

【示例 1】　以下示例使用 2D 多重变换制作一个正方体，演示效果如图 14.25 所示。

```
<style type="text/css">
body{padding:20px 0 0 100px;}
.side {
    height: 100px; width: 100px;
    position: absolute;
```

```
    font-size: 20px; font-weight: bold; line-height: 100px; text-align: center;
color: #fff;
    text-shadow: 0 -1px 0 rgba(0,0,0,0.2);
    text-transform: uppercase;
}
.top {/*顶面*/
    background: red;
    transform: rotate(-45deg) skew(15deg, 15deg);
}
.left {/*左侧面*/
    background: blue;
    transform: rotate(15deg) skew(15deg, 15deg) translate(-50%, 100%);
}
.right {/*右侧面*/
    background: green;
    transform: rotate(-15deg) skew(-15deg, -15deg) translate(50%, 100%);
}
</style>
<div class="side top">Top</div>
<div class="side left">Left</div>
<div class="side right">Right</div>
```

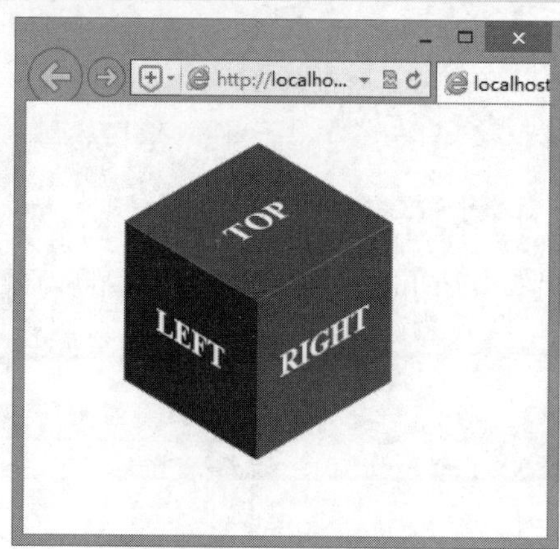

图 14.25　设计 2D 变换盒子

【示例 2】　以下示例使用 3D 多重变换制作一个正方体，演示效果如图 14.26 所示。

```
<style type="text/css">
.stage {/*定义画布样式 */
    width: 300px; height: 300px; margin: 100px auto; position: relative;
    perspective: 300px;
}
/*定义盒子包含框样式 */
.container { transform-style: preserve-3d;}
/*定义盒子六面基本样式 */
.side {
    background: rgba(255,0,0,0.3);
    border: 1px solid red;
    font-size: 60px; font-weight: bold; color: #fff; text-align: center;
    height: 196px; line-height: 196px; width: 196px;
    position: absolute;
```

```
    text-shadow: 0 -1px 0 rgba(0,0,0,0.2);
    text-transform: uppercase;
}
.front {/*使用 3D 变换制作前面 */
    transform: translateZ(100px);
}
.back {/*使用 3D 变换制作后面 */
    transform: rotateX(180deg) translateZ(100px);
}
.left {/*使用 3D 变换制作左面 */
    transform: rotateY(-90deg) translateZ(100px);
}
.right {/*使用 3D 变换制作右面 */
    transform: rotateY(90deg) translateZ(100px);
}
.top {/*使用 3D 变换制作顶面 */
    transform: rotateX(90deg) translateZ(100px);
}
.bottom {/*使用 3D 变换制作底面 */
    transform: rotateX(-90deg) translateZ(100px);
}
</style>
<div class="stage">
    <div class="container">
        <div class="side front">前面</div>
        <div class="side back">背面</div>
        <div class="side left">左面</div>
        <div class="side right">右面</div>
        <div class="side top">顶面</div>
        <div class="side bottom">底面</div>
    </div>
</div>
```

图 14.26　设计 3D 盒子

扫一扫，看视频

14.5.4　设计旋转的盒子

继续以14.5.3节示例为基础，使用animation属性设计盒子旋转显示。

【示例1】　本例使用2D制作一个正方体，然后设计它在鼠标经过时沿Y轴旋转，演示效果如图14.27所示。

图14.27　设计旋转的3D盒子

（1）复制上节示例index1.html。在HTML结构中为盒子添加两层包含框。

```
<div class="stage s1">
    <div class="container">
        <div class="side top">Top</div>
        <div class="side left">Left</div>
        <div class="side right">Right</div>
    </div>
</div>
```

（2）在内部样式表中定义关键帧。

```
/*定义关键帧动画 */
@keyframes spin{/*标准模式 */
    0%{transform:rotateY(0deg)}
    100%{transform:rotateY(360deg)}
}
```

（3）设计3D变换的透视距离以及变换类型，即启动3D变换。

```
/*定义盒子所在画布框的样式 */
.stage {
    perspective: 1200px;
}
/*定义盒子包含框样式 */
.container {
    transform-style: preserve-3d;
}
```

（4）定义动画触发方式。

```
/*定义鼠标经过盒子时，触发线性变形动画，动画时间5秒，持续播放 */
.container:hover{
    animation:spin 5s linear infinite;
}
```

本例完整代码请参考资源包示例。

【示例 2】　本例使用 3D 制作一个正方体，然后设计它在鼠标经过时沿 Y 轴旋转，演示效果如图 14.28 所示。

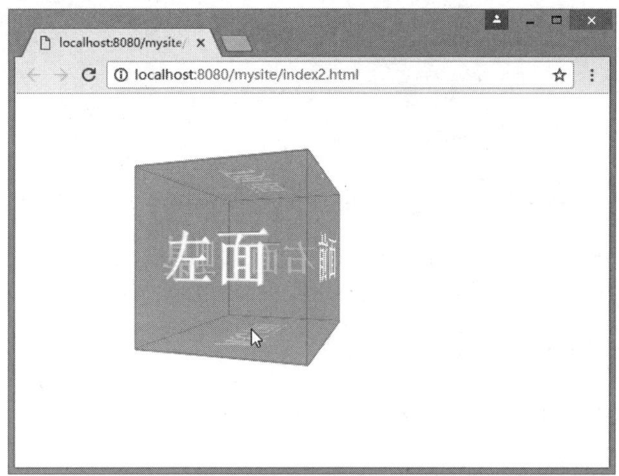

图 14.28　设计旋转的 3D 盒子

（1）在内部样式表中定义关键帧。

```
/*定义关键帧动画 */
@keyframes spin {
    0% {transform:rotateY(0deg)}
    100% {transform:rotateY(360deg)}
}
```

（2）设计 3D 变换的透视距离以及变换类型，即启动 3D 变换。

```
/*定义画布样式 */
.stage { perspective: 300px; }
/*定义盒子包含框样式 */
.container { transform-style: preserve-3d; }
```

（3）定义动画触发方式。

```
/*定义鼠标经过时触发盒子旋转动画 */
.container:hover {
    animation: spin 5s linear infinite;
}
```

本例完整代码请参考资源包示例。

14.5.5　设计翻转广告

扫一扫，看视频

本例设计当鼠标移动到产品图片上时，产品信息翻转滑出，效果如图 14.29 所示。在默认状态下只显示产品图片，而产品信息隐藏不可见。当用户鼠标移动到产品图像上时，产品图像慢慢往上旋转使产品信息展示出来，而产品图像慢慢隐藏起来，看起来就像是一个旋转的盒子。

示例主要代码如下。

```
<style type="text/css">
/*定义包含框样式 */
.wrapper {
    display: inline-block; width: 345px; height: 186px; margin: 1em auto; cursor:
pointer; position: relative;
    /*定义 3D 元素距视图的距离 */
```

```
    perspective: 4000px;
}
/*定义旋转元素样式：3D 动画，动画时间 0.6 秒 */
.item {
    height: 186px;
    transform-style: preserve-3d;
    transition: transform .6s;
}
*定义鼠标经过时触发动画，并定义旋转形式 */
.item:hover {
    transform: translateZ(-50px) rotateX(95deg);
}
.item:hover img {box-shadow: none; border-radius: 15px;}
.item:hover .information { box-shadow: 0px 3px 8px rgba(0,0,0,0.3); border-radius: 15px;}
/*定义广告图的动画形式和样式 */
.item>img {
    display: block; position: absolute; top: 0; border-radius: 3px;box-shadow: 0px 3px 8px rgba(0,0,0,0.3);
    transform: translateZ(50px);
    transition: all .6s;
    /*隐藏不可见面 */
    -webkit-backface-visibility:hidden;
    backface-visibility:hidden;
}
/*定义广告文字的动画形式和样式 */
.item .information {
    position: absolute; top: 0; height: 186px; width: 345px; border-radius: 15px;
    transform: rotateX(-90deg) translateZ(50px);
    transition: all .6s;
}
</style>
<div class="wrapper">
    <div class="item">
        <img src="images/1.png" />
        <span class="information"><img src="images/2.png" /></span>
    </div>
</div>
```

默认状态

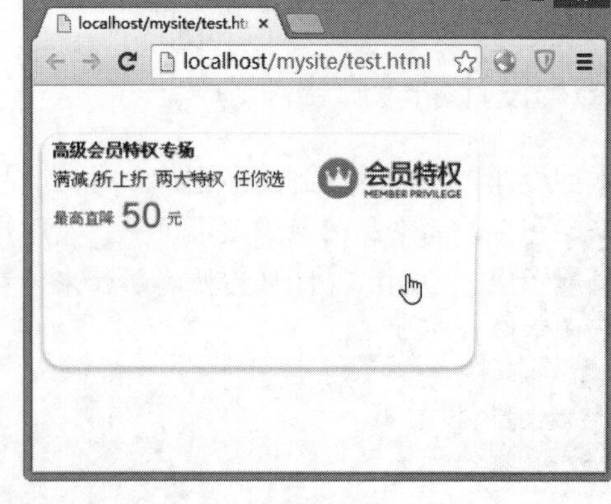

翻转状态

图 14.29　设计 3D 翻转广告牌

14.5.6　设计跑步动画

本例设计一个跑步动画效果，主要使用 CSS3 帧动画控制一张序列人物跑步的背景图像，在页面固定“镜头”中快速切换实现动画效果，如图 14.30 所示。

图 14.30　设计跑步的小人

【操作步骤】

（1）设计舞台场景结构。新建 HTML 文档，保存为 index1.html。输入下面代码。

```
<div class="charector-wrap " id="js_wrap">
    <div class="charector"></div>
</div>
```

（2）设计舞台基本样式。其中导入的小人图片是一个序列跑步人物，如图 14.31 所示。

```
.charector-wrap {
    position: relative;
    width: 180px;
    height: 300px;
    left: 50%;
    margin-left: -90px;
}
.charector{
    position: absolute;
    width: 180px;
    height:300px;
    background: url(img/charector.png) 0 0 no-repeat;
}
```

图 14.31　小人序列集合

本例主要设计任务就是让序列小人仅显示一个，然后通过 CSS3 动画，让它们快速闪现在指定限定框中。

（3）设计动画关键帧。

```
@keyframes person-normal{/*跑步动画名称 */
    0% {background-position: 0 0;}
    14.3% {background-position: -180px 0;}
    28.6% {background-position: -360px 0;}
    42.9% {background-position: -540px 0;}
    57.2% {background-position: -720px 0;}
    71.5% {background-position: -900px 0;}
    85.8% {background-position: -1080px 0;}
    100% {background-position: 0 0;}
}
```

（4）设置动画属性。

```
.charector{
    animation-iteration-count: infinite;            /* 动画无限播放 */
    animation-timing-function:step-start;           /* 马上跳到动画每一结束帧的状态 */
}
```

（5）启动动画，并设置动画频率。

```
/* 启动动画，并控制跑步动作频率*/
.charector{
    animation-name: person-normal;
    animation-duration: 800ms;
}
```

14.6　在线课堂：实践练习

本节为线上实践环节，旨在帮助读者练习 CSS3 动画一般设计方法，培养初学者灵活应用交互式动态样式的基本能力，感兴趣的读者请扫码练习。

扫码，看电子版

第 15 章　JavaScript 基础

随着 Web 的发展，网页设计人员希望页面能够与用户进行交互，于是就催生了 JavaScript 语言。Netscape 公司发明了 JavaScript，自其诞生以来，JavaScript 经历了巨大的演化，现在已经成为主流 Web 开发语言。本章将帮助用户了解 JavaScript 是什么，可以做什么，以及 JavaScript 语言的一些基础知识。

【学习重点】

- 了解 JavaScript 基础知识。
- 熟悉常量和变量。
- 能够使用表达式和运算符。
- 正确使用语句。
- 能够掌握数据类型和转换的基本方法。
- 正确使用函数、对象、数组等核心知识和技法。
- 能够编写简单的脚本，解决网页中常见特效和互动效果。

15.1　JavaScript 入门

JavaScript 是一种轻量级、解释型的 Web 开发语言，该语言系统不是很庞杂，简单易学。由于所有现代浏览器都已嵌入了 JavaScript 引擎，JavaScript 源代码可以在浏览器中直接被解释执行，用户不用担心支持问题。

扫一扫，看视频

15.1.1　在网页中插入 JavaScript 代码

使用<script>标签，可以把 JavaScript 源代码直接放到网页文档中。

【示例 1】　启动 Dreamweaver，新建 HTML 文档并保存为 test.html。然后在<head>标签内插入<script>标签，在<script>标签中输入代码“<h1>Hello,World</h1>”。完整页面代码如下。

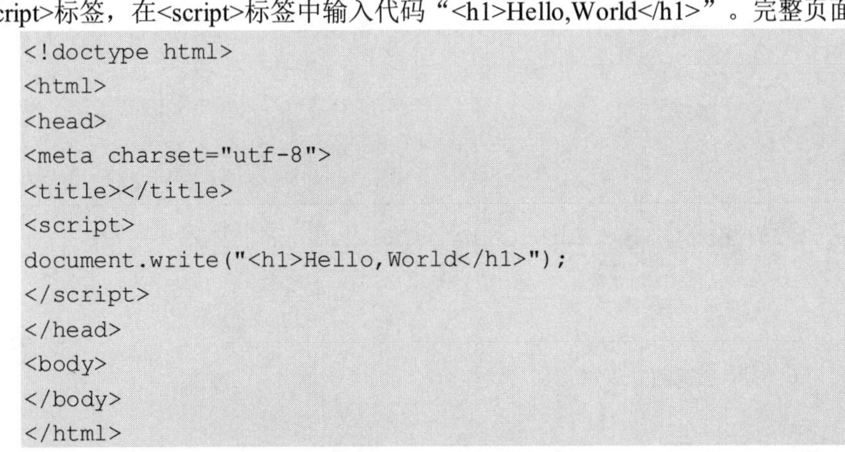

```
<!doctype html>
<html>
<head>
<meta charset="utf-8">
<title></title>
<script>
document.write("<h1>Hello,World</h1>");
</script>
</head>
<body>
</body>
</html>
```

<script>和</script>标签配合使用，作为脚本语言的标识符来分隔其他源代码，避免与 HTML 标签和 CSS 样式代码混淆。在解析网页源代码时，浏览器检索到<script>标签时，会自动调用 JavaScript 引擎对

其中包含的字符信息进行解释处理。

document 是 JavaScript 在浏览器中定义的一个对象，它表示 HTML 文档内容。write()是 document 对象的一个方法，它表示在网页文档中输出显示指定的参数内容。

上面示例在浏览器中预览，则显示效果如图 15.1 所示。

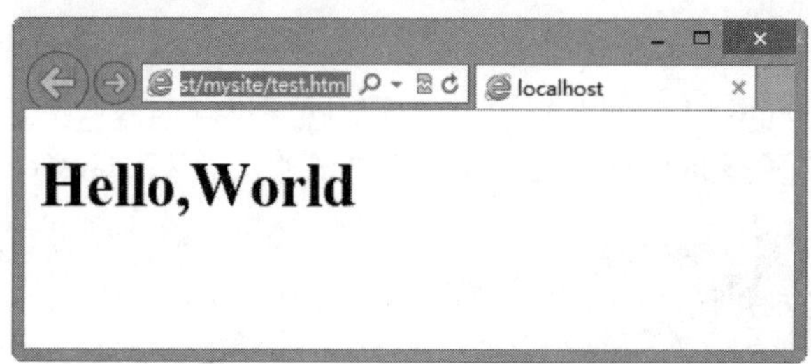

图 15.1　运行 JavaScript 的页面

提示：

<script>标签包含了两个属性，简单说明如下。

- type：设置标签包含脚本属于什么文本类型，如 text/javascript 属性值表示 JavaScript 代码类型的文本，默认值为 text/javascript，所以可以不用设置。
- language：设置标签包含脚本属于什么语言类型，javascript 属性值表示 JavaScript 语言类型。该属性主要适应早期浏览器的解析，因为它们会忽略掉 type 属性声明。

在实际开发中，可以省略这两个属性设置，因为浏览器默认<script>标签包含的字符信息是 JavaScript 脚本。

拓展：

一般来说，JavaScript 代码可以被嵌入到网页中任何位置，如<head>标签的顶部、<head>和</head>标签之间、<body>标签内部，甚至可以被放在<html>或</html>标签的外部，浏览器都能够正确解析。

但是，根据 W3C 标准，<script>和<link>（下面将讲解）标签作为 HTML 文档的一个节点而存在。因此，它们也应该包含在<html>和</html>根节点内，以便构成合理的结构，方便 DOM 控制。

从另一个角度分析，无处不在的 JavaScript 脚本会给管理带来麻烦，甚至会酿成各种错误。

【示例 2】　在以下示例中，本希望利用 JavaScript 脚本来定义页面中显示的字体大小为 50 像素。

```
<!doctype html>
<html>
<head>
<meta charset="utf-8">
<title></title>
<script>
document.getElementById("box").style.fontSize ="50px";
</script>
</head>
<body>
<p id="box">JavaScript 脚本岂能随意放置？！</p>
</body>
</html>
```

但是，在浏览器中预览，则发现页面文本并没有变化，原因就是脚本位置不对，没有起到作用，如图 15.2 所示（test1.html）。

分析原因：引擎是按着从上到下的顺序来解析网页源代码的。在解析 JavaScript 脚本时，由于<p id="box">标签还没有被解析，因此脚本引擎就无法找到 id 为 box 的元素而失去作用，所以页面中的文本依然显示默认字体大小。

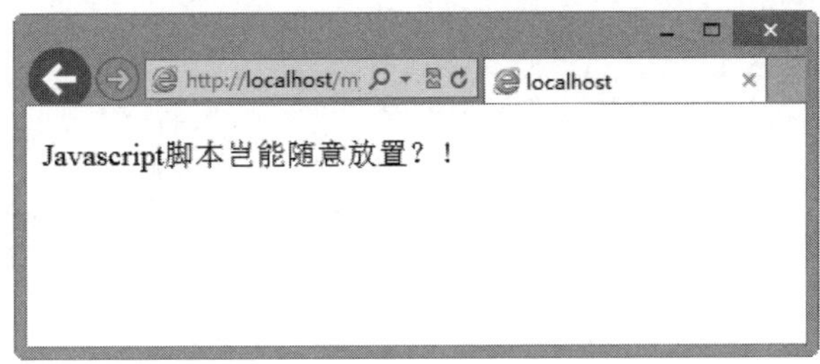

图 15.2　无效的 JavaScript 脚本

考虑到 HTML 文档的 DOM 结构模型规范性，建议用户把 JavaScript 脚本写在<head>和</head>标签之间，或者写在<body>和</body>标签之间，如图 15.3 所示。

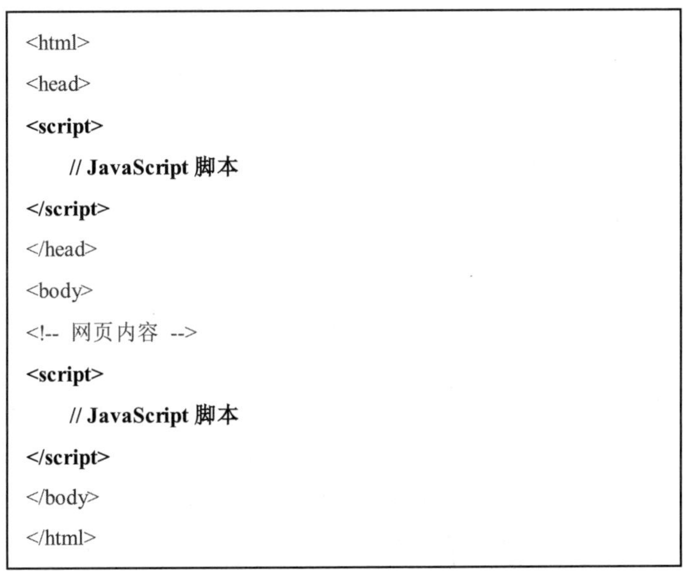

```
<html>
<head>
<script>
    // JavaScript 脚本
</script>
</head>
<body>
<!-- 网页内容 -->
<script>
    // JavaScript 脚本
</script>
</body>
</html>
```

图 15.3　JavaScript 脚本在网页中的恰当位置

拓展：

每个网页可以包含多个<script>标签，每个<script>标签包含的代码被称为 JavaScript 脚本块。那么如何把 JavaScript 代码进行分块呢？一般建议把相同或相近功能的代码放在一个脚本块中，而不同的功能代码分别放在不同脚本块中会更适宜管理。适当时可以把通用脚本模块放在单独的 JavaScript 文件中，或者把它们封装为一个独立的对象以方便进行调用。

【示例 3】　在下面这个示例中，把不同功能代码段放在不同脚本块中，并恰当置于文档的不同位置。

```
<!doctype html>
<html>
<head>
<meta charset="utf-8">
<title></title>
```

```
<script>
//公用函数
function hello(user) {
    return "<h1>Hello," + user + "</h1>";          //输出参数值
}
</script>
</head>
<script>
var user = "World";                                //全局变量象初始化
</script>
<body>
<script>
document.write(hello(user));                       //程序执行代码
</script>
</body>
</html>
```

上述所有 JavaScript 代码，也可以都写在一起，然后包含在一个<script>标签中。但是，对于页面内的 JavaScript 脚本来说，各种公共函数和变量应放在<head>和</head>标签之间，而将页面加载期间执行的代码、DOM 对象初始化以及与 DOM 相关的全局引用赋值操作放在<body>和</body>标签之间，如果没有特殊要求，不妨放在</body>标签前面。

扫一扫，看视频

15.1.2 使用 JavaScript 文件

与 CSS 文件一样，JavaScript 代码也可以存放在独立的文件中，以增强 JavaScript 脚本的可重复调用。JavaScript 文件是一个文本类型的文件，在任何文本编辑器中都可以被打开和编辑，JavaScript 文件的扩展名为 js。

提示：

重用性一直是应用开发中的一个重要话题。所谓重用性就是相同的代码能够被反复利用，这对于大型项目开发显得非常重要，因为项目中很多页面或区域的功能都是相同的，如果在不同文件或区域内反复编写相同的代码块，这会浪费大量资源和时间，后期维护的工作量也会很大。

引入 JavaScript 文件时，可以使用<script>标签实现，通过该标签的 src 属性指定 JavaScript 文件的 URL（统一资源定位符）即可。

【示例】 新建一个文本文件，另存为 test.js，在该文件中输入以下代码段。

```
// 公共函数：计算字符串的实际长度
function strlen(str){
    var len;                                       //声明临时变量，存储字符串的实际长度
    var i;                                         //声明循环变量
    len = 0;                                       //初始化临时变量 len 为 0
    for (i = 0; i < str.length; i ++ ){            //循环检测字符串中每个字符
        if (str.charCodeAt(i) > 255) len += 2;     //如果当前字符为双字节字符，则递增 2 次
        else len ++ ;                              //如果当前字符为单字节字符，则递增 1 次
    }
    return len;                                    //返回字符串的实际长度值
}
```

上面JavaScript代码段是一个公共函数，函数名称为strlen，该函数包含一个参数str，用来接收一个字符串或者一个变量，然后返回该参数字符串的实际长度（以字节为单位）。有关该函数内代码的算法设计不再细讲。

新建 HTML 文档，保存为 test.html，使用<script>标签在当前页面中引入 test.js 脚本文件，代码如下。

```
<!doctype html>
<html>
<head>
<meta charset="utf-8">
<title></title>
<script type="text/javascript" src="test.js"></script>
</head>
<body>
</body>
</html>
```

在<script>标签的下面再添加一个<script>标签，然后在该标签中输入下面代码，调用 strlen()函数来计算机指定字符串的实际长度。

```
<!doctype html>
<html>
<head>
<meta charset="utf-8">
<title></title>
<script type="text/javascript" src="test.js"></script>
<script>
var str = "JavaScript 编程语言";
document.write("<h2>" + str + "</h2>");                          //输出变量的值
document.write("<p>实际长度=" + strlen(str) + "字节</p>");        //调用函数
</script>
</head>
<body>
</body>
</html>
```

保存页面，在浏览器中预览 test.html，则显示效果如图 15.4 所示。

图 15.4 调用外部 JavaScript 文件

使用外部 JavaScript 文件，能够增强 JavaScript 模块化开发的程度，提高代码重用率。在网页开发中，用户应该养成代码重用的良好习惯，在编写 JavaScript 代码时，多使用外部 JavaScript 文件，这样能够提高项目开发的速度和效益。

扫一扫，看视频

15.1.3 JavaScript 语法基础

1. 语言编码

JavaScript 语言建立在 Unicode 字符集基础之上，因此在脚本中，用户可以使用双字节的字符命名常量、变量或函数等。

```
var 我 = "张三"                                    //声明双字节的变量名称
document.write("<h1>" + 我  + "</h1>" );
```

但是，考虑到 JavaScript 脚本嵌入在网页中，如果网页编码与脚本字符编码不同，将会存在风险，所以建议用户不要使用中文命名。但在注释中可以考虑使用中文字符。

2. 大小写敏感

与 HTML 标签和 CSS 样式码不同，JavaScript 对于大小写是非常敏感的。为了避免出错，用户应养成使用小写字符命名变量的习惯；对于保留字可根据系统的默认大小写来输入；而对于特定变量，可以使用大写字符，或者以大写字符开头，如类、构造函数等。

```
var Class = function(){};                         //声明类型，习惯首字母大写
var myclass = new Class();                        //声明变量，习惯小写
```

对于复合型变量名称，可以遵循一般编程的驼峰式命名法，即混合使用大小写字母来构成变量的名称，名称的第 1 个单词全部小写，后面的单词首字母大写。

例如，getElementById，该函数名中第 1 个单词（get）小写，第 2~4 个单词首字母大小（Element、By、Id）。

3. 代码格式化

JavaScript 一般会忽略分隔符，如空格符、制表符和换行符。在保证不引起歧义的情况下，用户可以利用分隔符对脚本进行排版。但不能在连在一起的变量名、关键字中间插入分隔符，因为 JavaScript 引擎是根据分隔符来区分词的。如果需要在字符串、表达式中间插入分隔字符，可以转义分隔字符。

例如，使用“\t”表示制表符，使用“\n”表示换行符，使用“\s”表示空白符（包括空格、制表符、换页符或换行符）。

4. 代码注释

JavaScript 支持两种注释形式：

- 单行注释，以双斜杠来表示，例如：

```
//这是注释，请不要解析我
```

- 多行注释，以“/*”和“*/”分隔符进行标识，例如：

```
/*
多行注释
请不要解析我们
*/
```

5. 标签

在 JavaScript 脚本中可以加上标签，方便 JavaScript 程序进行快速定位。标签一般由一个合法的字符名称加上一个冒号组成，标签可以放在任意行的起始位置。这样就可以为该行设置一个标记，然后在结

构体中使用 break、continue 等跳转语句跳出循环结构。

【示例 1】 在以下示例中，使用循环语句输出 1～5 之间的整数，但会跳过输出数字 2，预览效果如图 15.5 所示（test2.html）。

```
loop:for (var j = 1; j < 6; j++){                 //定义循环，并添加标签名称
   if (j == 2) continue loop;                     //当变量 j 的值为 2 时，跳出循环重新开始
   document.write("<br>" + j );                   //输出变量值
}
```

图 15.5　标签在循环语句中应用

【示例 2】 上面示例体现不出标签（label）的特殊作用，其实完全可以把 loop 去掉，效果相同。但是，在以下示例中，使用 continue loop 直接跳到外层循环才是其意义所在。

```
loop:for (var j = 1; j < 6; j++){                 //定义外循环，并添加标签名称
   document.write("<br>" + j + " : ");
   for (var i = 1; i < 6; i++){                   //定义内循环
       if (i == 3) continue loop;                 //当临时递增变量 i 的值为 3 时，跳出外循
                                                    环，重新开始
          document.write( i );
      }
}
```

在浏览器中预览，可以看到变量 i 只能够输出 1 和 2，因为当其值为 3 时，就跳出循环，无法显示，效果如图 15.6 所示（test3.html）。

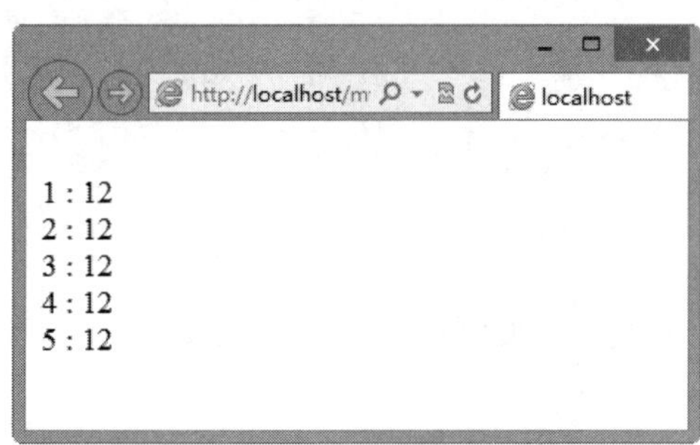

图 15.6　标签在嵌套循环语句中应用

6. 关键字和保留字

关键字是指 JavaScript 默认定义具有特殊含义的词汇，如指令名、语句名、函数名、方法名、对象名、属性名。JavaScript 语言的关键字比较多，如表 15.1 所示，详细说明可以参考本书附赠的参考手册，在后面章节中也会详细介绍。

表 15.1 JavaScript 关键字

break	case	catch	continue	default
delete	do	else	finally	for
function	if	in	instanceof	new
return	switch	this	throw	try
typeof	var	void	while	with

保留字就是现在还没有使用，但是预留以后作为关键字使用，如表 15.2 所示。

表 15.2 JavaScript 保留字

abstract	boolean	byte	char	class
const	debugger	double	enum	export
extends	final	float	goto	implements
import	int	interface	long	native
package	private	protected	public	short
static	super	synchronized	throws	transient
volatile				

扫一扫，看视频

15.2 变　量

JavaScript 使用 var 关键字声明变量。声明变量的 5 种常规用法如下。

```
var a;                                  //声明单个变量。var 关键字与变量名之间以空格分隔
var b, c;                               //声明多个变量。变量之间以逗号分隔
var d = 1;                              //声明并初始化变量。等号左侧是变量名，等号右侧是值
var e = 2, f = 3;                       //声明并初始化多个变量。以逗号分隔多个变量
var e = f = 3;                          //声明并初始化多个变量，且定义变量的值相同
```

JavaScript 也支持不使用 var 命令，直接使用未声明的变量。但建议用户养成“先声明后使用”的良好习惯。

声明变量之后，在没有初始化之前，则它的初始值为 undefined（未定义的值）。

变量命名规则如下。

- 首字符必须是大写或小写的字母、下划线（_）或美元符（$），后续的字符可以是字母、数字、下划线或美元符。
- 变量名称不能是 JavaScript 关键字或保留字。
- 变量名称长度任意，但要区分大小写。

除了上面硬约束之外，用户还应遵循下面软约束，这将会使用户受益终生。

- 变量声明应集中、置顶，如文档的前面、代码段的前面，或者函数内的上面。
- 使用局部变量。不要把所有变量都放置在段首，如果仅在函数内使用，建议在函数内声明。
- 变量名称应该易于理解。

- 避免混乱。声明变量之前，应该规划好，避免类似 usrname 与 usrName 混用现象。

拓展：

> 根据可见性，变量可以分为全局变量和局部变量（或称私有变量）。全局变量在整个页面中可见，并在页面任何位置被允许访问。局部变量只能在指定函数内可见，函数外面是不可见的，也不允许访问。

在函数内部使用 var 关键字声明的变量就是私有变量，该变量的作用域仅限于当前函数体内，但是如果不使用 var 关键字定义的变量都是全局变量，不管是在函数内或者函数外，在整个页面脚本中都是可见的。

【示例】 在以下示例中，当使用 var 关键字在函数内外分别声明并初始化变量 a 时，在不同作用域内显示为不同的值。相反如果不使用 var 关键字声明变量时，会发现域外和域内变量 b 显示相同的值，因为 b = "b(域内) = 域内变量
";将覆盖掉 var b = "b(域外) = 全局变量
";的值，在浏览器中预览，则显示如图 15.7 所示。

```
var a = "a(域外) = 全局变量<br />";                //声明全局变量 a
var b = "b(域外) = 全局变量<br />";                //声明全局变量 b
function f() {
    var a = "a(域内) = 域内变量<br />";            //声明局部变量 a
        b = "b(域内) = 域内变量<br />";            //重写全局变量 a 的值
    document.write(a);                            //输出变量 a 的值
    document.write(b);                            //输出变量 b 的值
}
f();                                              //调用函数
document.write(a);                                //输出变量 a 的值
document.write(b);                                //输出变量 b 的值
```

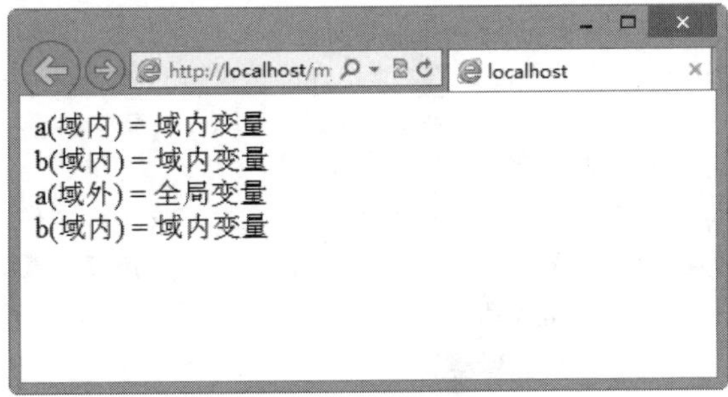

图 15.7 变量作用域

15.3 表达式和运算符

扫一扫，看视频

表达式是指可以运算，且必须返回一个值的式子。表达式一般由值、变量、运算符、子表达式构成。

最简单的表达式可以是一个简单的值或变量。代码如下。

```
1                                   //数字表达式
"a"                                 //字符串表达式
true                                //布尔值表达式
a                                   //变量表达式
```

值表达式的返回值为它本身，而变量表达式的返回值为变量存储或引用的值。

把这些简单的表达式合并为一个复杂的表达式，那么连接这些表达式的符号就是运算符。运算符就是根据特定算法定义的执行运算的命令。

【示例】 在以下示例代码中，变量 a、b、c 就是最简单的变量表达式，而 1 和 2 是最简单的值表达式。而“=”和“+”是连接这些简单表达式的运算符。最后形成 3 个稍复杂的表达式：“a = 1”、“b = 2”和“c = a + b”。

```
var a = 1, b = 2;
var c = a + b;
```

运算符一般使用符号来表示，如“+”“-”“/”“=”“|”等，也有些运算符使用关键字来表示，如 delete、void 等。

此时作用于运算符的子表达式被称为操作数。根据结合操作数的个数，JavaScript 运算符可以分为如下 3 种类型。

- 一元运算符：一个运算符能够结合一个操作数，把一个操作数运算后转换为另一个操作数。如“++”“--”等。
- 二元运算符：一个运算符能够结合两个操作数，形成一个复杂的表达式。大部分运算符都属于二元运算符。
- 三元运算符：一个运算符能够结合 3 个操作数，把 3 个操作数合并为一个表达式，最后返回一个值。JavaScript 仅定义了一个三元运算符（?:），它相当于条件语句。

提示：

使用运算符应注意以下两个问题。

- 了解并掌握每一种运算符的用途和用法。特别是一些特殊的运算符，需要识记和不断积累应用技巧。
- 熟悉每个运算符的运算顺序、运算方向和运算类型。

JavaScript 运算符说明如表 15.3 所示。该表各列参数说明如下。

- 分类：根据运算符的使用类型进行分类，以方便快速查找。
- 操作数类型：使用运算符定义表达式时，要注意传递给运算符的数据类型和返回的数据类型。各种运算符用来计算的操作数（子表达式）应符合指定的数据类型。部分运算符能够在计算之前自动对操作数执行强制数据类型转换，这种转换主要针对字符串和数值之间。
- 运算顺序：当不同运算符混合在一起时，将根据运算符优先级来确定运算顺序。在表 15.3 中优先级数字越大，该行对应的运算符的优先级就越大。当优先级相同时，则遵循运算符的运算方向来进行计算。
- 运算方向：说明当优先级相等时，运算符执行操作的顺序。其中“左”选项表示运算顺序从左到右，而“右”选项表示运算顺序从右到左。

表 15.3 JavaScript 运算符说明

分类	运算符	操作数类型	运算顺序	运算方向	说明
算术运算符	+	数值	12	左	（加法）将两个数相加
	++	数值	14	右	（自增）将表示数值的变量加 1（可以返回新值或旧值）
	-	数值	12	左	（减法）将两个数相减
	--	数值	14	右	（自减）将表示数值的变量减 1（可以返回新值或旧值）
	-	数字	14	右	一元求负运算
	+	数字	14	右	一元求正运算

续表

分　类	运　算　符	操作数类型	运算顺序	运算方向	说　明
算术运算符	*	数值	13	左	（乘法）将两个数相乘
	/	数值	13	左	（除法）将两个数相除
	%	数值	13	左	（求余）求两个数相除的余数
字符串运算符	+	字符串	12		（字符串加法）连接两个字符串
	+=	字符串	2	右	连接两个字符串，并将结果赋给第一个字符串
逻辑运算符	&&	布尔值	5	右	（逻辑与）如果两个操作数都是真，则返回真，否则返回假
	||	布尔值	4	左	（逻辑或）如果两个操作数都是假，则返回假，否则返回真
	!	布尔值	14	右	（逻辑非）如果其单一操作数为真，则返回假，否则返回真
位运算符	&	整数	8	左	（按位与）如果两个操作数对应位都是 1，则在该位返回 1
	^	整数	7	左	（按位异或）如果两个操作数对应位只有一个 1，则在该位返回 1
	|	整数	6	左	（按位或）如果两个操作数对应位都是 0，则在该位返回 0
	~	整数	14	右	（求反）按位求反
	<<	整数	11	左	（左移）将第一操作数的二进制形式的每一位向左移位，所移位的数目由第二操作数指定。右面的空位补 0
	>>	整数	11	左	（算术右移）将第一操作数的二进制形式的每一位向右移位，所移位的数目由第二操作数指定。忽略被移出的位
	>>>	整数	11	左	（逻辑右移）将第一操作数的二进制形式的每一位向右移位，所移位的数目由第二操作数指定。忽略被移出的位，左面的空位补 0
赋值运算符	=	标识符，任意	2	右	将第二操作数的值赋给第一操作数
	+=	标识符，任意	2	右	将两个数相加，并将和赋给第一个数
	-=	标识符，任意	2	右	将两个数相减，并将差赋给第一个数

续表

分　类	运算符	操作数类型	运算顺序	运算方向	说　明
赋值运算符	*=	标识符，任意	2	右	将两个数相乘，并将积赋给第一个数
	/=	标识符，任意	2	右	将两个数相除，并将商赋给第一个数
	%=	标识符，任意	2	右	计算两个数相除的余数，并将余数赋给第一个数
	&=	标识符，任意	2	右	执行按位与，并将结果赋给第一个操作数
	^=	标识符，任意	2	右	执行按位异或，并将结果赋给第一个操作数
	|=	标识符，任意	2	右	执行按位或，并将结果赋给第一个操作数
赋值运算符	<<=	标识符，任意	2	右	执行左移，并将结果赋给第一个操作数
	>>=	标识符，任意	2	右	执行算术右移，并将结果赋给第一个操作数
	>>>=	标识符，任意	2	右	执行逻辑右移，并将结果赋给第一个操作数
较运算符	==	任意	9	左	如果操作数相等，则返回真
	===	任意	9	左	如果操作数完全相同，则返回真
	!=	任意	9	左	如果操作数不相等，则返回真
	!==	任意	9	左	如果操作数不完全相同，则返回真
	>	数值或字符串	10	左	如果左操作数大于右操作数，则返回真
	>=	数值或字符串	10	左	如果左操作数大于等于右操作数，则返回真
	<	数值或字符串	10	左	如果左操作数小于右操作数，则返回真
	<=	数值或字符串	10	左	如果左操作数小于等于右操作数，则返回真
特殊运算符	?:	布尔值，任意，任意	3	右	执行一个简单的“if...else”语句
	,（逗号）	任意	1	左	计算两个表达式，返回第二个表达式的值
	delete	属性标识	14	右	允许删除一个对象的属性或数组中指定的元素
	new	类型，参数	15	右	允许创建一个用户自定义对象类型或内建对象类型的实例

续表

分 类	运 算 符	操作数类型	运 算 顺 序	运 算 方 向	说 明
特殊运算符	typeof	任意	14	右	返回一个字符串，表明未计算的操作数的数据类型
	instanceof	对象，类型	10	左	检查对象的类型
	in	字符串，对象	10	左	检查一个属性是否存在
特殊运算符	void	任意	14	右	该运算符指定了要计算一个表达式但不返回值
	.（点）	对象，标识符	15	左	属性存取
	[]	数组，整数	15	左	数组下标
	()	函数，参数	15	左	函数调用

运算符比较多，用法灵活，完全掌握需要读者认真学习并不断实践、积累经验，下面通过几个实例讲解几个常用的、特殊运算符的用法。

1. 条件运算符

条件运算符（?:）是 JvaScript 唯一的一个三元运算符。其语法格式如下。

```
condition ? expr1 : expr2
```

condition 是一个逻辑表达式，当其为 true 时，则执行 expr1 表达式，否则则执行 expr2 表达式。条件运算符可以拆分为条件结构。

```
if(condition)
   expr1;
else
   expr2;
```

【示例 1】 借助三元运算符初始化变量值为“no value”，而不是默认的 undefined。在以下代码中，设计当变量未声明或未初始化，则为其赋值为"no value"，如果被初始化，则使用被赋的值（test.html）。

```
name = name ? name : "no value";                    //通过三元运算符初始化变量的值
alert(name);
```

2. 逗号运算符

逗号运算符（，）能够依次计算两个操作数并返回第 2 个操作数的值。

【示例 2】 在以下示例中，先定义一个数组 a[]，然后在一个 for 循环体内利用逗号运算符同时计算两个变量值的变化。这时可以看到输出数组都是位于二维数组的对角线上，如图 15.8 所示（test1.html）。

```
var a = [];                                         //声明并初始化变量 a 的值
for(var i = 0, j = 10; i <= 10; i ++ , j -- ){      //在循环体中使用逗号运算符实现额外
                                                      计算任务
   a[i, j] = i + j ;
   document.writeln("a[" + i + "," + j + "]= " + a[i, j]);
}
```

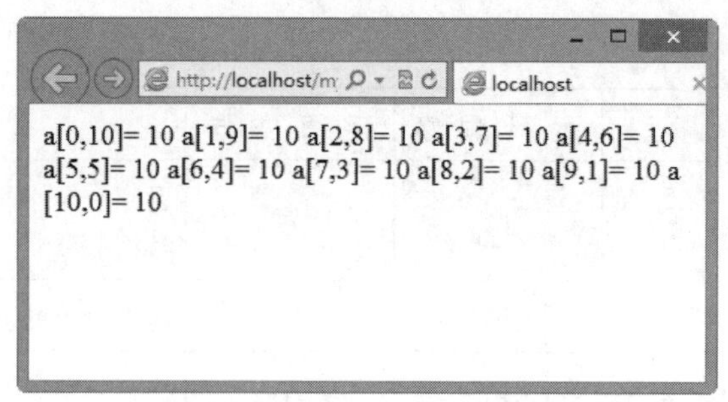

图 15.8　逗号运算符的计算效果

3. void 运算符

void 运算符指定要计算一个表达式，但是不返回值。其语法格式如下：

```
javascript:void (expression)
javascript:void expression
```

expression 是一个要计算的 JavaScript 标准的表达式。表达式外侧的圆括号是可选的。例如：

```
<a href="javascript:void(document.forms[0].submit())">提交表单</a>
```

上面这个代码创建了一个超链接，当用户单击时不会发生任何事。当用户单击链接时，void(0)计算为 0，但在 JavaScript 上没有任何效果。

扫码，看电子版

15.4　语　　句

语句就是 JavaScript 指令，通过这些指令可以执行特定任务，或者设计程序的逻辑结构。

从功能上看，JavaScript 语句可以分为声明语句、表达式语句、选择语句、循环语句、控制语句等，详细说明请扫右侧的二维码了解。

扫一扫，看视频

15.4.1　表达式语句和语句块

如果在表达式的尾部附加一个分号就会形成一个表达式语句。JavaScript 默认独立一行的表达式也是表达式语句，解析时自动补加分号。表达式语句是最简单、最基本的语句。这种语句一般按着从上到下的顺序依次执行。

【示例】　语句块就是由大括号包含的一个或多个语句。在下面代码段中，第 1 行是一个表达式语句，第 2 行到第 5 行是一个语句块，该语句块中包含两个简单的表达式语句。

```
var a,b,c;                                          //表达式语句
{                                                   //语句块
        a=b=c=1
        a = b+ c;
}
```

扫一扫，看视频

15.4.2　条件语句

程序的基本逻辑结构包括 3 种：顺序、选择和循环。大部分控制语句都属于顺序结构，而条件语句则属于选择结构。它主要包括 if 语句和 switch 语句两种。

1. if 语句

if 语句的基本语法如下：

```
if (condition)
  statements
```

其中 condition 是一个表达式，statements 是一个句子或段落。当 condition 表达式的结果不是 false 且不能够转换为 false，那么就执行 statements 从句的内容，否则就不执行。

【示例 1】 下面条件语句的从句是一个句子。该条件语句先判断指定变量是否被初始化，如果没有则新建对象。

```
if(typeof(o) == "undefined")                    //如果变量。未定义，则重新定义
    o = new Object();
```

【示例 2】 下面条件语句的从句是一个段落。该条件语句先判断变量 a 是否大于变量 b，如果大于则交换值。

```
if(a > b)                                       //如果 a 大于 b，则执行下面语句块
{
    a = a - b;
    b = a + b;
    a = b - a;
}
```

在 if 语句的基本形式上还可以扩展如下语法形式。它表示如果 condition 表达式条件为 true，则执行 statements1 从句，否则执行 statements2 从句。

```
if (condition)
  statements1
else
  statements2
```

【示例 3】 在上面示例基础上可以按如下方式扩展它的表现行为。如果 a 大于 b，则替换它们的值，否则输出提示信息，如图 15.9 所示（test2.html）。

```
var a = 2, b = 4;
if(a > b)                                       //如果 a 大于 b，则执行下面语句块
{
    a = a - b;
    b = a + b;
    a = b - a;
}
else                                            //如果 a 不大于 b，则输出提示信息
    document.write("b 大于 a，无法交换");
```

图 15.9　条件语句的应用

提示：

在条件语句中，当从句为一个单个句子时，上述结构形式很容易造成程序的逻辑错误。例如，在下面这个条件语句中，根据 else 从句最近匹配原则，则后面的 else 从句将与嵌套的内层 if 条件语句结合在一起，JavaScript 解释器不会根据脚本的缩排方式进行正确判断。

```
if(a > 0)
    if(b > 0)
        c = a + b;
else
    c = - a + b;
```

因此为了保证嵌套结构的条件语句能够正确执行，则应该把单句转换为段落形式。例如，把上面示例进行如下修改（test3.html）：

```
if(a > 0){
    if(b > 0)
        c = a + b;
}
else{
    c = - a + b;
}
```

if 语句也可以相互嵌套（test4.html）。

```
if(a > 0){
    a = 0;
}
else{
    if(b > 0){
        a = b;
    }
    else{
        if(c > 0){
            a = c;
        }
        else{
            a = - 1;
        }
    }
}
```

对于上面多重嵌套的条件结构，可以进行合并，以使代码更显紧凑和易读（test5.html）。

```
if(a > 0){
    a = 0;
}
else if(b > 0){
    a = b;
}
else if(c > 0){
    a = c;
}
else{
    a = - 1;
}
```

2. switch 语句

对于多条件的嵌套结构，更简洁的方法是使用 switch 语句。其语法格式如下。

```
switch (expression){
  case label1 :
    statement1;
    break;
  case label2 :
    statement2;
    break;
  ...
  default : statementn;
}
```

switch 语句首先计算 switch 关键字后面的表达式，然后按出现的先后顺序计算 case 后面的表达式，直到找到与 switch 表达式的值等同（===）的值为止。case 表达式通过等同运算来进行判断，因此表达式匹配的时候不进行类型转换。

如果没有一个 case 标签与 switch 后面的表达式匹配，则 switch 语句开始执行标签为 default 的语句体。如果没有 default 标签，switch 语句就跳出整个结构体。在默认情况下，default 标签通常放在末尾，当然也可以放在 switch 主体的任意位置。

【示例 4】　下面示例使用 prompt()方法获取用户输入的值，然后根据输入的值判断是几年级。演示效果如图 15.10 所示（test6.html）。

```
var age = prompt('您好，请输入你的年级',"") ;
switch(age){
   case "1":
      alert("你上一年级！");
      break;
   case "2":
      alert("你上二年级！");
      break;
   case "3":
      alert("你上三年级！");
      break;
   default:
      alert("不知道你上几年级");
}
```

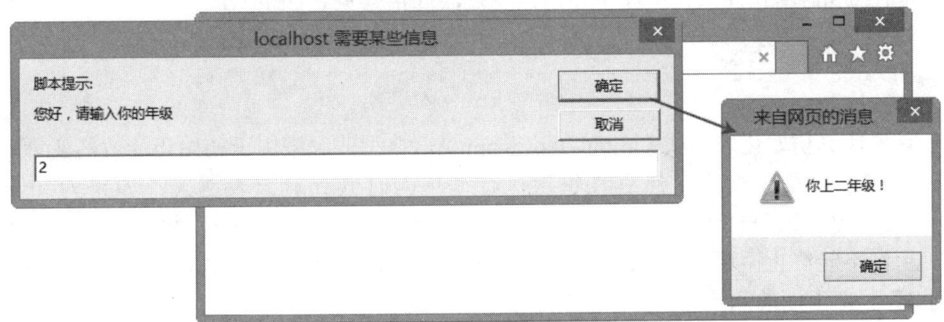

图 15.10　switch 语句的应用

15.4.3　循环语句

循环语句就是能够重复执行相同操作的语句。作为 JavaScript 的基本结构，循环语句在应用开发中

经常使用。与 if 语句一样，循环语句也有两种基本语法形式：while 语句和 for 语句。

1. while 语句

while 语句的基本语法形式如下：

```
while (condition) {
   statements
}
```

while 语句在每次循环开始之前都要计算 condition 表达式。如果为 true，则执行循环体内的语句；如果为 false，就跳出循环体，转而执行 while 语句后面的语句。

【示例 1】 在下面这个循环语句中，当变量 a 大于等于 10 之前，while 语句将循环 10 次输出显示变量 a 的值，在结构体内不断递增变量 a 的值。

```
var a = 0;
while (a < 10 ){
    document.write(a);
    a ++ ;
}
```

while 语句还有一种特殊的变体，其语法形式如下。

```
do
   statement
while (condition);
```

在这种语句体中，首先执行 statement 语句块一次，在每次循环完成之后计算 condition 条件，并且会在每次条件计算为 true 的时候重新执行 statement 语句块。如果 condition 条件计算为 false，将会跳转到 do/while 后面的语句。

【示例 2】 针对示例 1，可以改写为下面形式。

```
var a = 0;
do{
    document.write(a);
    a ++ ;
}while (a < 10 );
```

2. for 语句

for 语句要比 while 语句简洁，因此更受用户喜欢。其语法形式如下。

```
for ([initial-expression;] [condition;] [increment-expression]) {
   statements
}
```

for 语句首先计算初始化表达式（initial-expression），典型情况下用于初始化计数器变量，该表达式可选用 var 关键字声明新变量。然后在每次执行循环的时候计算该表达式，如果为 true，就执行 statements 中的语句，该条件测试是可选的，如果缺省则条件永远为 true。此时除非在循环体内使用 break 语句，否则不能终止循环。increment-expression 表达式通常用于更新或自增计数器变量。

【示例 3】 把上面的示例用 for 语句来设计，则代码如下。

```
for(var i = 0; i < 10; i ++ ){
    document.write(i);
}
```

在 for 循环语句中也可以引入多个计数器，并在每次循环中同时改变它们的值。

```
for(var a = 1, b = 1, c = 1; a + b + c < 100; a ++ , b += 2 , c *= 2 ){
```

```
    document.write( "a=" + a + ",b=" + b + ",c=" + c + "<br/>");
}
```

在上面的示例中，引入了 3 个计数器，并分别在每一次循环中改变它们的值，循环的条件根据 3 个计数器的总和小于 100，执行效果如图 15.11 所示（test.html）。

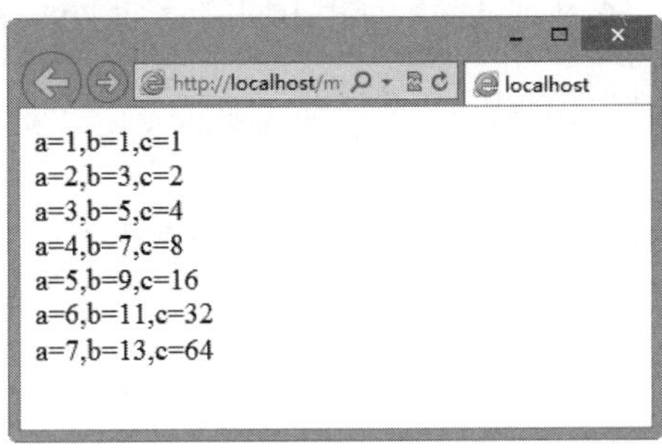

图 15.11　多计数器的循环语句运行效果

拓展：

与 while 语句一样，for 语句也有一种特殊的形式。

```
for (variable in object) {
  statements
}
```

在这个特殊形式的 for 语句中，将遍历对象 object 的所有属性（也可以是数据的所有元素），在遍历过程中把每个属性或元素都临时赋予给变量 variable，并同时执行 statements 语句。

【示例 4】　利用下面代码可以读取 JavaScript 客户端 document 对象的所有属性，如图 15.12 所示（test1.html）。

```
for(var i in document){
    document.write("document."+i+"<br/>");
}
```

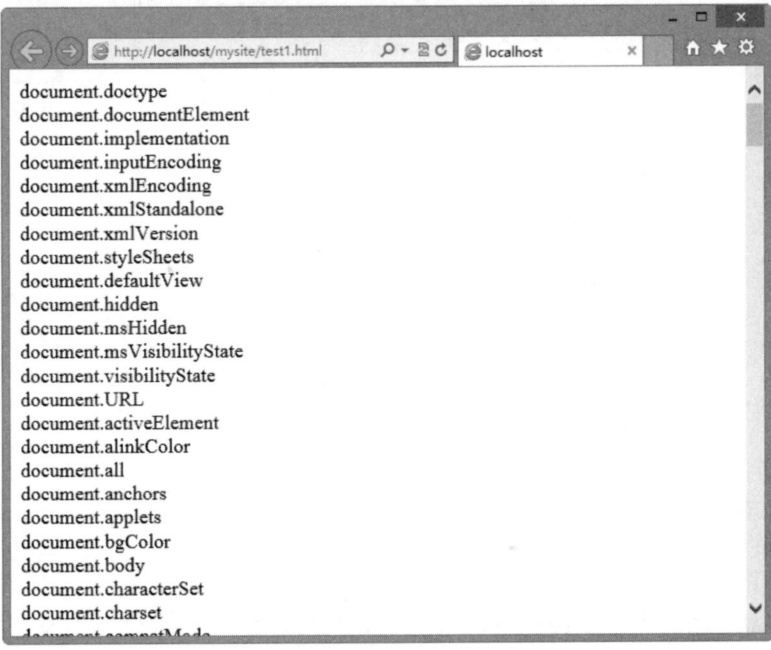

图 15.12　遍历 document 对象的所有属性

使用 for 语句也可以穷举数组中所有元素，或者一个自定义对象的全部属性。

扫一扫，看视频

15.4.4 跳转语句

跳转语句能够从所在的分支、循环或从函数调用返回的语句跳出。JavaScript 的跳转语句包括 3 种：break 语句、continue 语句、return 语句。

break 语句用来退出循环或者 switch 语句。其语法格式如下。

```
break;
```

【示例 1】 在下面这个示例中设置 while 语句的循环表达式永远为 true（while 能够转换数值 1 为 true）。然后在 while 循环结构体设置一个 if 语句，判断当变量 i 大于 50 时，则跳出 while 循环体（test.html）。

```
var i = 0;
while(1){
    if(i > 50) break;
    i ++ ;
    document.write(i);
}
```

【示例 2】 跳转语句也可以与标记结合使用，以实现跳转到指定的行，而不是仅仅跳出循环体。在下面嵌套 for 循环体内，在外层 for 语句中定义一个标记 x，然后在内层 for 语句中，使用 if 语句设置当 a 大于 5 时跳出外层 for 语句，运行效果如图 15.13 所示（test1.html）。

```
x : for( a = 1 ; a < 10 ; a ++ ){                          //添加标签
    document.write("<br />" + a + "<br />");
    for(var b = 1; b < 10; b ++ ){
        if(a > 5) break x;                                 //如果 a 大于 5，则跳出标签
        document.write(b);
    }
}
```

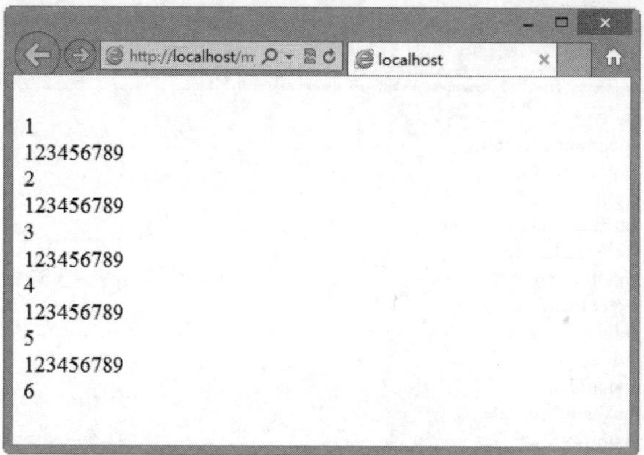

图 15.13 跳转语句与标记配合使用

continue 语句的用法与 break 语句相似，唯一的区别是 continue 语句不会退出循环，而是开始新的迭代（即重新执行循环语句）。不管带标记还是不带标记，continue 语句只能够用在循环语句的循环体中。

return 语句用来指定函数的返回值，它只能够用在函数或者闭包中。其语法形式如下：

```
return [expression]
```

当执行 return 语句时，先计算 expression 表达式，然后返回表达式的值，并将控制逻辑从函数体内返回。

15.4.5 异常处理语句

异常表示一种非正常的信息，它提示程序发生了意外或错误，然后 JavaScript 通过一定的机制把异常信号给暴露出来，这个操作被称为抛出（throw），抛出操作将告诉系统当前程序出现了问题。JavaScript 使用异常处理语句捕获（catch）这个异常，并进行处理。

在 JavaScript 中使用 try、catch、finally 来作异常处理的语句。其语法形式如下：

```
try                                                  //执行语句
{
        CreateException();
}
catch(ex)                                            //捕获异常
{
        alert(ex.number+"\n"+ex.description);
}
finally                                              //最后必须执行的语句
{
        alert("end");
}
```

【示例】 在下面示例中，首先在 try 从句中定义一个 Error 对象实例，初始化错误信息为“异常”，然后使用 throw 指令抛出这个异常。这时在 catch 捕获这个异常，并把它传递给参数 e，显示出该异常的名称和具体错误信息。最后在 finally 从句中执行后期操作行为。演示效果如图 15.14 所示。

```
try{                                                 //尝试执行下面代码
    alert("执行程序");
    var err = new Error("异常");
    throw err;
}
catch(e){                                            //捕获异常信息，并进行显示
    alert("错误名称:" + e.name + "\n 错误信息:" + e.message);
}
finally{                                             //最后必须执行的语句
    alert("finally");
}
```

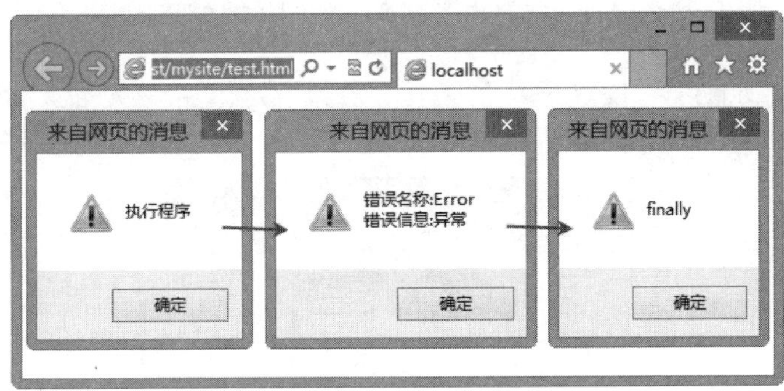

图 15.14 异常处理演示效果

15.4.6 var 语句和 function 语句

var 语句声明一个或多个变量，也可以在声明变量时进行初始化。默认状态下，被声明的变量初始

值为 underfined。有关 var 语句的详细说明请参考 15.2 节内容。

function 语句用来定义函数，其基本形式如下：

```
function [name]([param] [, param] [..., param]) {
  statements
}
```

其中 name 表示函数的名称，而 param 表示要传送给函数的参数名称，一个函数最多可以有 255 个参数。所有传递给函数的参数都是值传送的。

将把值传递给函数，但是如果函数更改了参数的值，那么这个更改将不会影响全局或调用该函数的函数。如果希望函数有返回值，则必须使用 return 语句设置要返回的值。

有关 function 语句的详细说明请参考 15.6 节内容。

15.5 数据类型

JavaScript 是一种弱类型语言，在定义变量时不需要指定类型，一个变量可以存储任何类型的值。不过这并不等于 JavaScript 不区分数据类型，只不过在运算时，JavaScript 能自动转换数据类型。但是在特定条件下，还需要用户了解 JavaScript 的数据类型，以及掌握显式转换数据类型的基本方法。

在 JavaScript 中，数据存在两种截然不同的存储方式。其中一种是直接存储数据，称为值类型数据；另一种是存储数据的空间地址来间接保存数据，称为引用型数据。不同类型的数据，它们的行为方式存在很大的不同。

扫一扫，看视频

15.5.1 数值

JavaScript 包含 3 种基本数据类型：数值、字符串和布尔型。

JavaScript 数值是不区分整型和浮点数，所有数值都为浮点型数值来表示。

除了基本的算术运算外，JavaScript 还提供了大量的算术函数，以支持复杂的算术运算，这些函数都被包含在 Math 内置对象中，成为 JavaScript 的核心。

使用 toString()方法可以把数值转换为字符串。

【示例 1】 在下面示例中，使用 toString()方法把数值 100 转换为字符串，然后使用 typeof()方法验证转换后的数据类型，则提示为 string（字符串类型），如图 15.15 所示。

```
var a= 100;
var c = a.toString();                                    //转换为字符串
alert(typeof(c));                                        //返回 string
```

图 15.15 把数值转换为字符串

便捷方法：使用数值与空字符串相加，即可把数值转换为字符串。

【示例 2】 针对上面示例，可以按如下方式进行转换。

```
var a= 100;
var c = a + "";                          //转换为字符串
alert(typeof(c));                        //返回 string
```

提示：

JavaScript 提供几个特殊的数值，这些值在数学计算中比较有用，说明如表 15.4 所示。

表 15.4 JavaScript 定义的特殊数值

值	说　明	值	说　明
Infinity	无穷大	NaN	非数值
Number.MAX_VALUE	可表示的最大数值	Number.MIN_VALUE	可表示的最小数值
Number.NaN	非数值	Number.POSITIVE_INFINITY	正无穷大
Number.NEGATIVE_INFINITY	负无穷大		

15.5.2 字符串

扫一扫，看视频

字符串由 Unicode 字符、数字、标点符号等组成的字符序列，字符串处必须使用单引号或双引号包括起来。单引号中可以包含双引号，双引号中也可以包含单引号。所有字符应该在同一行内书写。

【示例 1】 以下代码都是合法的字符串赋值方式。

```
var str= "字符串序列";                    //简单的字符串
var str= "'JavaScript'不是'Java'";       //包含单引号的字符串
var str= '<meta charset="utf-8">';       //HTML 字符串
```

使用 parseInt()和 parseFloat()方法可以把字符串转换为数值。

【示例 2】 在以下代码中使用 parseInt()方法把字符串"123.30"转换为整数，使用 parseFloat()把"123.30"转换为浮点数。

```
var str= "123.30";
var a= parseInt(str);                    //返回数值 123
var b= parseFloat(str);                  //返回数值 123.3
```

便捷方法：让字符串与 1 相乘，即可把字符串快速转换为数值。

【示例 3】 针对上面示例，可以使用如下方式把数字字符串转换为数值，然后使用 typeof 运算符检测转换后的值的类型。

```
var str= "123.30";
var a= str * 1;                          //与 1 相乘
alert(typeof a);                         //返回 number
```

15.5.3 布尔型

扫一扫，看视频

布尔型数据仅包括 2 个值：true 和 false，它们分别表示逻辑的真和假。布尔值多用在逻辑运算、比较运算中，或者作为条件语句或运算符的条件而使用。

要把任何值转换为布尔型数据，在值的前面增加两个叹号即可。

【示例 1】 以下代码使用!!方式把数值 100 转换为布尔值。

```
var a= 100;
var c = !!a;                                //把变量 a 转换为布尔值
alert(c);                                   //返回值为 true
alert(typeof c);                            //返回 boolean
```

任何非 0 数字转换为布尔值后为 true，而 0 转换为布尔值为 false。

任何非空字符串转换为布尔值后为 true，而空字符串转换为布尔值为 false。

如果把布尔值转换为字符串，则 true 为"true"，false 为"false"。

【示例 2】 使用便捷方式把布尔值转换为字符串。

```
var b = false;
a = a + "";                                 //值为"true"
b = b + "";                                 //值为"false"
```

如果把布尔值转换为数值，则 true 为 1，false 为"0。

【示例 3】 使用便捷方式把布尔值转换为数值。

```
var a= true;
var b = false;
a = a * 1;                                  //值为 1
b = b * 1;                                  //值为 0
```

拓展：

JavaScript 语法系统拥有一大组假值，具体如下。这些值的布尔值都是 false。

```
0                                           //Number
NaN                                         //Number
''                                          //String
false                                       //Boolean
null                                        //Object
undefined                                   //Undefined
```

扫一扫，看视频

15.5.4 null 和 undefined

在 JavaScript 中有两个特殊类型的值：null 和 undefined。它们的行为非常相似，含义和用法也差不多，它们同时存在，并一直沿用到现在，是早期 JavaScript 语言不成熟的产物。

null 是 Null 类型的值，Null 类型的值只有一个值（null），它表示空值。

如果当一个变量的值为 null，则表明它的值不是有效的对象、数组、数值、字符串和布尔型等。如果使用 typeof 运算符检测 null 值的类型，则返回 object，说明它是一种特殊的对象。

undefined 表示未定义的值，当变量未初始化值时，会默认其值为 undefined。它区别任何对象、数组、数值、字符串和布尔型。使用 typeof 运算符检测 undefined 的类型，返回值为 undefined。

扫一扫，看视频

15.5.5 引用型数据

除了上面介绍的 3 种基本数据类型和两种特殊数据类型外，JavaScript 还提供了 3 种复杂的数据类型。这些类型数据一般引用特定位置的值，故称为引用型数据。引用型数据包括：数组、对象和函数等。有关这些复杂数据结构，将在下面各节中进行详细讲解。

15.6 函 数

JavaScript 是函数式编程语言，在 JavaScript 脚本中可以随处看到函数，函数构成了 JavaScript 源代码的主体。一般来说，要精通 JavaScript 语言，用户应先精通函数的应用。

15.6.1 定义函数

扫一扫，看视频

定义函数的方法有两种。

- 使用 function 语句声明函数。
- 通过 Function 对象来构造函数。

使用 function 来定义函数有两种方式。

```
//方式 1：命名函数
function f(){
    //函数体
}
//方式 2：匿名函数
var f = function(){
    //函数体
}
```

命名函数的方法也被称为声明式函数，而匿名函数的方法也被称为引用式函数或者函数表达式，即把函数看做一个复杂的表达式，并把表达式赋予给变量。

使用 Function 对象构造函数的语法如下。

```
var function_name = new Function(arg1, arg2, ..., argN, function_body)
```

在上面语法形式中，每个 arg 都是一个函数参数，最后一个参数是函数主体（要执行的代码）。Function()的所有参数必须是字符串。

【示例 1】 在以下示例中，通过 Function 构造函数定义了一个自定义函数，该函数包含两个参数，在函数主体部分使用 document.write()方法把两个参数包裹在<h1>标签中输出，显示效果如图 15.16 所示。

```
var say = new Function("name", "say", "document.write('<h1>' + name + ' : ' + say
+ '</h1>');");
say("张三", "Hi!");                         //调用函数
```

图 15.16 构造函数并执行调用

【示例 2】 在实际开发中，使用 function 定义函数要比 Function 构造函数方便，且执行效果更高。

Function 仅用于特定的动态环境中，一般不建议使用。针对上面示例，可以把它转换为 function 定义函数的方式，则代码如下：

```
var say = function(name, say){                              //定义函数
      document.write('<h1>' + name + ' : ' + say + '</h1>');
}
say("张三", "Hi!");                                          //调用函数
```

扫一扫，看视频

15.6.2 调用函数

调用函数使用小括号运算符来实现。在括号运算符内部可以包含多个参数列表，参数之间通过逗号进行分隔。

【示例】 在以下示例中使用小括号调用函数 f，并把返回值传递给 document.write ()方法。

```
function f(){
   return "Hello,World! ";                                   //设置函数返回值
}
document.write(f());                                         //调用函数，并输出返回值
```

提示：

一个函数可以包含多个 return 语句，但是在调用函数时只有第一个 return 语句被执行，且该 return 语句后面的表达式的值作为函数的返回值被返回，return 语句后面的代码将被忽略掉。

函数的返回值没有类型限制，它可以返回任意类型的值。

注意，函数调用的方法还有 new 运算符、call 或 apply 动态调用等方法，由于这些用法比较复杂，本节就不再展开。

扫一扫，看视频

15.6.3 函数参数

参数可以分为两种：形参和实参。

- 形参就是在定义函数时，传递给函数的参数，被称为形参，即形式上参数。
- 实参就是当函数被调用时，传给函数的参数，这些参数被称为实参。

【示例 1】 在以下示例函数中，参数 a 和 b 就是形参，而调用函数中的 23 和 34 就是实参。

```
function add(a,b) {                                          //形参 a 和 b
   return a+b;
}
alert(add(23,34));                                           //实参 23 和 34
```

函数的形参没有限制，可以包括零个或多个。函数形参的数量可以通过函数的 length 属性获取。

【示例 2】 针对上面函数可以使用以下语句读取函数的形参个数。

```
function add(a,b) {
   return a+b;
}
alert(add.length);                                           //返回 2，形参的个数
```

一般情况下，函数的形参和实参个数是相等的，但是 JavaScript 没有规定两者必须相等。如果形参数大于实参数，则多出的形参值为 undefined；相反如果实参数大于形参数，则多出的实参就无法被形参变量访问，从而被忽略掉。

【示例 3】 在以下示例中，如果在调用函数时，传递 3 个实参值，则函数将忽略第 3 个实参的值，

最后提示的结果为 5。

```
function add(a,b) {
    return a+b;
}
alert(add(2,3,4));                       //传递 3 个实参，第 3 个参数将被忽略，提示值为 5
```

【示例 4】　在以下示例中，在调用函数时，仅输入 1 个实参。这时，函数就把第 2 个形参的值默认为 undefined，然后使用 undefined 与 2 相加。由于任何值与 undefined 进行运算的结果都将返回 NaN（无效的数值），则显示如图 15.17 所示（test3.html）。

```
function add(a,b) {
    return a+b;
}
alert(add(2));                           //返回 undefined 与 2 相加的值，即为 NaN
```

图 15.17　形参与实参不一致时的运行结果

📖 拓展：

JavaScript 定义了 arguments 对象，利用该对象可以快速操纵函数的实参。使用 arguments.length 可以获取函数实参的个数，使用数组下标（arguments[n]）可以获取实际传递给函数的每个参数值。

【示例 5】　为了预防用户随意传递参数，可以在函数体检测函数的形参和实参是否一致，如果不一致可以抛出异常，如果一致则执行正常的运算（test4.html）。

```
function add(a, b) {
    if(add.length != arguments.length)          //检测形参和实参是否一致
        throw new Error("实参与形参不一致，请重新调用函数！");
    else
        return a + b;
}
try{                                            //尝试调用函数
    alert(add(2));
}
catch(e){                                       //捕获异常信息
    alert(e.message);
}
```

在函数 add()中增加了一个条件检测，来判断函数的形参和实参的数量是否相同。如果不相同，则抛出一个错误信息对象；如果相同，则返回参数的和。然后调用函数，并利用异常处理语句（try/catch）来捕获错误信息，并在提示对话框中显示出来，如图 15.18 所示。

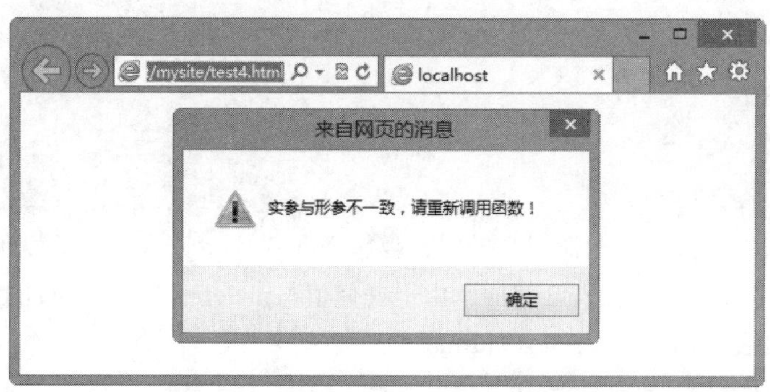

图 15.18　形参和实参不一致的异常处理

扫一扫，看视频

15.6.4　函数应用

在实际开发中函数常被当作表达式来进行处理。用户可以把函数视为一个值赋给变量，或者作为一个参数传递给另一个函数，这是函数式编程的一个重要特征。

1. 匿名函数

匿名函数就是没有名称的函数，它相当于一个复杂的表达式。当只需要一次性使用函数时，使用匿名函数会更加有效率。

【示例 1】　在以下示例中匿名函数被调用之后，被赋予给变量 z，然后提示 z 变量的返回值。

```
var z = function(x, y) {
   return (x + y) / 2;
}(23, 35);                                          //返回 29
```

2. 函数作为值

函数实际也是一种结构复杂的数据，因此可以把它作为值赋予给其他变量。

【示例 2】　在以下示例中，把函数当作一个值赋予给变量 a，然后利用小括号来调用这个函数变量。

```
var a = function(x,y) {
      return (x+y)/2;
}
alert( a(12,33) );                                  //返回 22.5
```

3. 函数作为参数

函数作为值可以进行传递，因此可以把函数作为参数传递给另一个函数，也可以作为返回值。通过这种方式增强函数的应用能力。

【示例 3】　在下面这个示例中把第 1 个匿名函数赋予给变量 a，该函数中参数 f 是一个函数类型，它又把第 2 个和第 3 个参数当作自己的参数来进行计算。再定义第 2 个匿名函数，返回两个参数的和。最后，把第 2 个匿名函数作为参数传递给第 1 个匿名函数，即可计算并返回参数 x 和 y 的和。

```
var a = function (f, x, y) {
   return f(x, y);
};
var b = function(x, y) {
   return x + y;
};
alert( a(b, 3, 4) );                                //返回 7
```

4. 函数作为表达式

函数既然可以当作值来使用，因此也可以参与到表达式运算中。

【示例 4】 在以下示例中，定义了一个简单的函数，然后调用该函数。

```
var a = function(x) {
    alert(x);
}
a(50);                                                    //提示为 50
```

针对上面写法，可以直接使用表达式来编写。

```
 (function(x) {
    alert(x);
})(50);                                                   //提示为 50
```

其中第 1 个小括号运算符包含的是一个匿名函数，第 2 个小括号调用第 1 个小括号包含的函数，并传递参数和返回值。

15.6.5 闭包函数

扫一扫，看视频

闭包是一个拥有许多变量和绑定了这些变量的环境的表达式（通常是一个函数），因而这些变量也是该表达式的一部分。闭包函数就是外部函数被调用后，它的变量不会消失，仍然被内部函数所使用，而且所有的内部函数都拥有对外部函数的访问权限。

【示例】 在下面示例中，定义一个函数 a，该函数包含一个私有函数 b。内部函数 b 把自身参数 m 递加给外层函数的私有变量 n 上，然后返回 n 的值。外层函数 a 的返回值为内部函数 b，从而形成了一种内层引用外层的闭包关系，于是外层函数就是一个典型的闭包函数。

```
function a() {                                            //外层函数，闭包函数
        var n = 0;                                        //私有变量
    function b(m){                                        //内部函数，私有函数
        n = n + m;                                        //递加上级私有变量的值
            return n;                                     //返回改变后的值
    }
    return b;                                             //返回私有函数
}
var b = a();                                              //调用外层函数，返回内部函数
document.write(b(3));                                     //输出 3
document.write("<br>");
document.write(b(3));                                     //输出 6
document.write("<br>");
document.write(b(3));                                     //输出 9
document.write("<br>");
document.write(b(3));                                     //输出 12
```

这样当在全局作用域中反复调用内部函数时，将会不断把参数值递加给外层函数的私有变量 n 身上，形成闭包对外部函数的私有变量长时保护作用。如果没有闭包函数的作用，当调用外部函数 a 之后，其定义的私有变量就不再存在，也就无法实现值的递增效果。在浏览器中预览，则显示效果如图 15.19 所示。

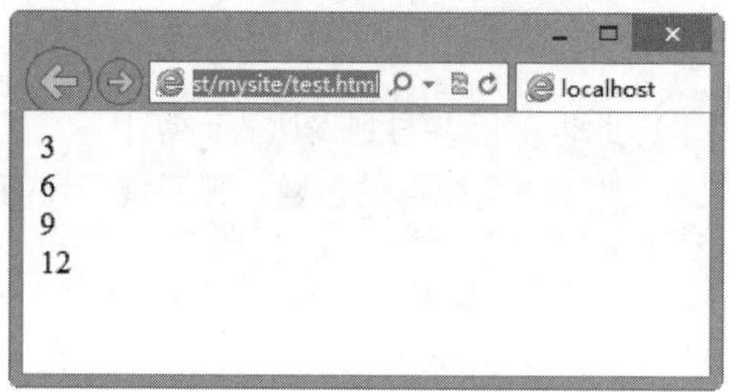

图 15.19　闭包函数的应用

15.7　对　　象

对象（Object）是面向对象编程的核心概念，它是已经命名的数据集合，也是一种比较更复杂的数据结构。

扫一扫，看视频

15.7.1　创建对象

在 JavaScript 中，对象是由 new 运算符生成，生成对象的函数被称为类（或称构造函数、对象类型）。生成的对象被称为类的实例，简称为对象。

【示例 1】　在以下示例中，分别调动系统内置类型函数，实例化几个特殊对象。

```
var o = new Object();                          //构造原型对象
var date = new Date();                         //构造日期对象
var ptn = new RegExp("ab+c","i");              //构造正则表达式对象
```

也可以通过大括号定义对象直接量。其基本用法如下：

```
{
    name : value,
    name1 : value1,
    ......
}
```

对象直接量是由一个列表构成，这个列表的元素是用冒号分隔的属性/值对，元素之间用逗号隔开，整个列表包含在大括号之中。

【示例 2】　在以下示例中，使用对象直接量定义坐标点对象。

```
var point = {                                  //定义对象
    x:2.3,                                     //属性值
    y:-1.2                                     //属性值
};
```

扫一扫，看视频

15.7.2　访问对象

可以通过点号运算符（.）来访问对象的属性。

【示例 1】　在以下示例中，使用点运算符访问对象 point 的 x 轴坐标值。

```
var point = {
    x:2.3,
    y:-1.2
};
var x = point.x;                               //访问对象的属性值
```

对象的属性值可以是简单的值，也可以是复杂的值，如函数、对象。

当属性值为函数时，该属性就被称为对象的方法，使用小括号可以访问该方法。

【示例 2】　在以下示例中使用点运算符访问对象 point 的 f 属性，然后使用小括号调用对象的方法 f()。

```
var point = {
    f : function(){                                         //对象方法
            return this.y;                                  //返回当前对象属性 y 的值
        },
    y : -1.2                                                //对象属性
};
var y = point.f();                                          //调用对象的方法
```

在上面代码中，使用关键字 this 来代表当前对象，这里的 this 总是指向调用当前方法的对象 point。

当属性值为对象时，就可以设计嵌套对象，可以连续使用点号运算符访问内部对象。

【示例 3】　在以下示例中，设计一个嵌套对象，然后连续使用点运算符访问内部对象的属性 a 的值。

```
var point = {                                               //外部对象
    x : {                                                   //嵌套对象
            a : 1,                                          //内部对象的属性
            b : 2
        },
    y : -1.2                                                //外部对象的属性
};
var a = point.x.a;                                          //访问嵌套对象的属性值
```

拓展：

也可以通过集合运算符（[]）来访问对象的属性，此时可以使用字符串下标来表示属性。例如，针对上面示例，可以使用下面方法访问嵌套对象的属性 a 的值。

```
var point = {
    x : {
            a : 1,
            b : 2
        },
    y : -1.2
};
var a = point["x"]["a"];                                    //访问嵌套对象的属性值
```

下标字符串是对象的属性名，属性名必须加上引号，表示为下标字符串。

15.8　数　　组

对象是无序的数据集合，而数组（Array）是一组有序数据集合。它们之间可以相互转换，但是数组拥有大量方法，适合完成一些复杂的运算。

15.8.1　定义数组

定义数组通过构造函数 Array()和运算符 new 来实现。具体实现方法如下。

（1）定义空数组

```
var a = new Array();
```

通过这种方式定义的数组是一个没有任何元素的空数组。

（2）定义带有参数的数组

```
var a = new Array(1,2,3,"4","5");
```

数组中每个参数都表示数组的一个元素值，数组的元素没有类型限制。可以通过数组下标来定位每个元素。通过数组的 length 属性确定数组的长度。

（3）定义指定长度的数组

```
var a = new Array(6);
```

采用这种方式定义的数组拥有指定的元素个数，但是没有为元素初始化赋值，这时它们的初始值都是 undefined。

定义数组时，可以省略new运算符，直接使用Array()函数来实现。例如，下面两行代码的功能是相同的。

```
var a = new Array(6);
var a = Array(6);
```

（4）定义数组直接量

```
var a = [1,2,3,"4","5"];
```

使用中括号运算符定义的数组被称为数组直接量，使用数组直接量定义数组要比使用 Array()函数定义数组速度要快，操作更方便。

扫一扫，看视频

15.8.2 存取元素

使用[]运算符可以存取数组元素的值。在方括号左边是数组的引用，方括号内是非负整数值的表达式。例如，通过下面方式可以读取数组中第 3 个元素的值，即显示为“3”。

```
var a = [1,2,3,"4","5"];
alert(a[2]);
```

通过以下方式可以修改元素的值：

```
var a = [1,2,3,"4","5"];
a[2]=2;
alert(a[2]);                                  //提示为 2
```

【示例 1】 使用数组的 length 属性和数组下标，可以遍历数组元素，从而实现动态控制数组元素。在以下示例中通过 for 语句遍历数组元素，把数组元素串连为字符串，输出显示出来，如图 15.20 所示。

```
var str = "";                                 //声明临时变量
var a = [1, 2, 3, 4, 5];                      //定义数组
for(var i = 0 ; i < a.length; i ++ ){         //遍历数组，把数组元素串连成一个字符串
   str += a[i] + "-";
}
document.write(a + "<br />");                 //读取数组的值
document.write(str);                          //显示串连的字符串
```

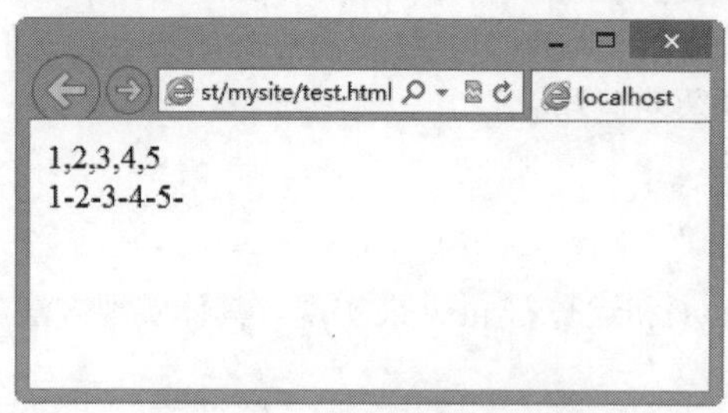

图 15.20 遍历数组元素

📖 拓展：

数组的大小不是固定的，可以动态增加或删除数组元素。

1. 通过改变数组的 length 属性来实现

```
var a = [1, 2, 3, 4, 5];
a.length = 4;
document.write(a);
```

在上面示例中，可以看到当改变数组的长度时，会自动在数组的末尾增加或删除元素，以实现改变数组的大小。

使用 delete 运算符可以删除数组元素的值，但是不会改变 length 属性的值。

2. 使用 push()和 pop()方法来操作数组

使用 push()方法可以在数组的末尾插入一个或多个元素，使用 pop()方法可以依次把它们从数组中删除。

【示例 2】 以下示例分别使用 push()方法增加数组的元素，然后使用 pop()方法删除部分元素。

```
var a = [];                                    //定义一个空数组
a.push(1,2,3);                                 //得到数组 a[1,2,3]
a.push(4,5);                                   //得到数组 a[1,2,3,4,5]
a.pop();                                       //得到数组 a[1,2,3,4]
```

使用时，push()可以带多个任意类型的参数，它们按顺序被插入到数组的末尾，并返回操作后数组的长度。而 pop()方法不带参数，并返回数组中最后一个元素的值。

3. 使用 unshift()和 shift()方法

unshift()和 shift()方法与 push()和 pop()方法操作类似，但是作用于数组的头部。

【示例 3】 以下示例分别使用 unshift()方法增加数组的元素，然后使用 shift()方法删除部分元素。

```
var a = [];                                    //定义一个空数组
a.unshift(1,2,3);                              //得到数组 a[1,2,3]
a.unshift(4,5);                                //得到数组 a[4,5,1,2,3]
a.shift();                                     //得到数组 a[5,1,2,3]
```

4. 使用 splice()方法

该方法是一个通用删除和插入元素的方法，它可以在数组指定的位置开始删除或插入元素。

splice()方法包含 3 个参数：第 1 个参数指定插入的起始位置，第 2 个参数指定要删除元素的个数，第 3 个参数开始表示插入的具体元素。

【示例 4】 在以下示例中，splice()方法从第 2 个元素后开始截取 2 个元素，然后把这个截取的新子数组（[3,4]）赋予给变量 b，而原来的数组 a 的值为[1,2,5,6]。

```
var a = [1,2,3,4,5,6];
var b = a.splice(2,2);
document.write(a + "<br />");                  //输出[1,2,5,6]
document.write(b);                             //输出[3,4]
```

【示例 5】 在以下示例，使用 splice()方法从第 2 个元素后开始截取 2 个元素，然后把这个截取的新子数组（[3,4]）赋予给变量 b，而原来的数组 a 的值为[1,2, 7,8,9,5,6]。也就是说 splice()方法内的第 3 个参数开始被作为新元素插入到指定起始位置后面，并把后面的元素向后推移。

```
var a = [1,2,3,4,5,6];
var b = a.splice(2,2,7,8,9);
document.write(a + "<br />");                  //输出[1,2, 7,8,9,5,6]
document.write(b);                             //输出[3,4]
```

扫一扫，看视频

15.8.3 数组应用

利用数组对象包含的众多方法，可以对数组进行更加复杂的操作。用户可以参阅本书附赠的JavaScript参考手册详细了解数组（Array）对象的每一种方法。

1. 数组与字符串互转

在开发中经常需要把字符串劈开为一组数组，或者把数组合并为字符串。

【示例1】 使用Array对象的join()方法可以把数组转换为多种形式的字符串。join()方法包含一个参数，用来定义合并元素的连字符。如果join()方法不提供参数，则默认以逗号连接每个元素。

在下面示例中，join()方法使用参数提供的连字符把数组a中的元素连接在一起，生成一个字符串，如图15.21所示。

```
var a = [1,2,3,4,5];
a = a.join("-");
document.write("a 类型 = " + typeof(a)+"<br />");
document.write("a 的值 = " + a);
```

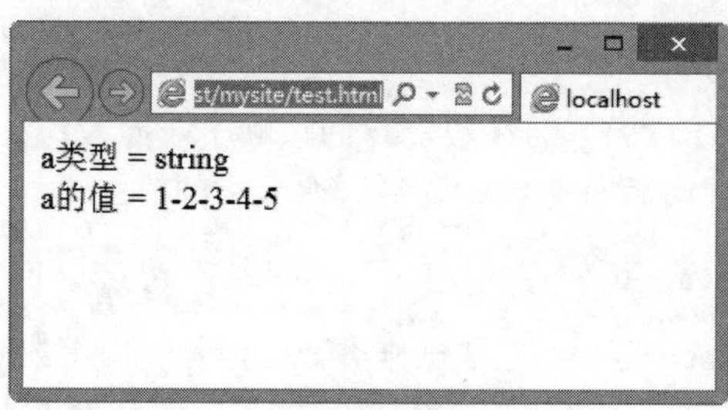

图15.21 把数组转换为字符串

使用 split()方法可以把字符串劈开为一个数组，该方法包含两个参数：第1个参数指定劈开的分隔符，第2个参数指定返回数组的长度。

【示例2】 针对上面示例，使用split()方法把转换后的字符串重新劈开为数组，如图15.22所示。

```
var a = [1,2,3,4,5];
a = a.join("-");
var s = a.split("-");
document.write("s 类型 = " + typeof(s)+"<br />");
document.write("s 的值 = " + s);
```

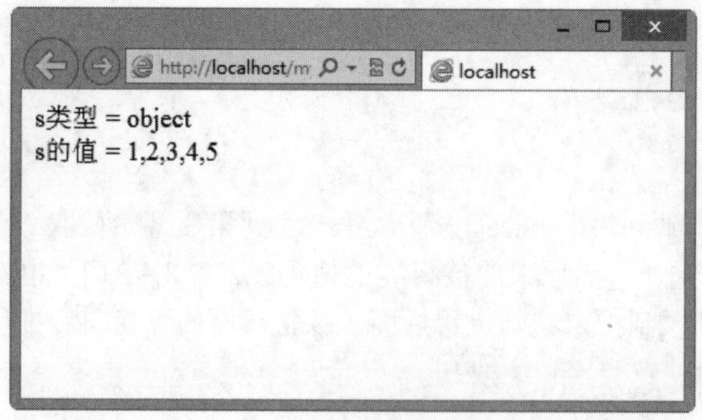

图15.22 把字符串转换为数组

2. 数组排顺

使用 reverse()方法可以颠倒数组元素的顺序。该方法是在原数组基础上进行操作的，不会新建数组。

【示例 3】 在下面这个示例中使用 reverse()方法把数组[1,2,3,4,5]元素的顺序调整为[5,4,3,2,1]。

```
var a = [1,2,3,4,5];
var a = a.reverse();
document.write(a);                          //输出[5,4,3,2,1]
```

sort()方法能够对于数组中的元素进行排序，排序的方法通过其参数来决定。这个参数是一个比较两个元素值的闭包。如果省略参数，则 sort()方法将按默认的规则对数组进行排序。

【示例4】 在下面这个示例中定义排序函数为function(x,y){return x-y;}，然后把该函数传递给sort()方法，则数组[3,2,5,1,4]将会按从大到小的顺序排序，返回[5,4,3,2,1]，如图 15.23 所示。

```
var a = [3,2,5,1,4];
var f = function(x,y){
        return y-x;
};
var b = a.sort(f);
document.write(b);                          //输出[5,4,3,2,1]
```

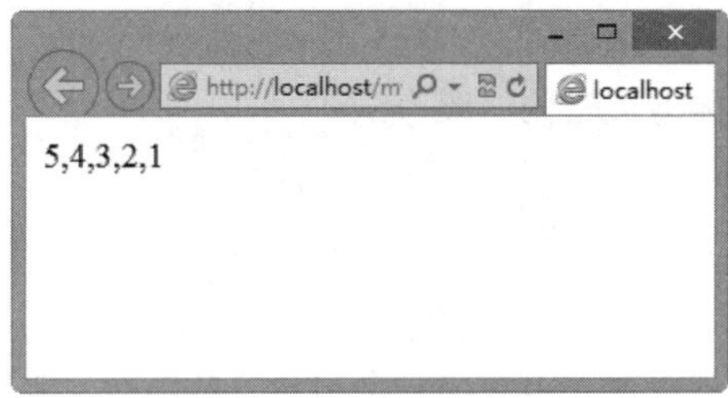

图 15.23 数组排序

如果不设置参数，或者设置 var b = a.sort(function(x,y){return x-y;});，则 b 为[1,2,3,4,5]。

3. 连接数组

concat()方法能够把该方法中的参数追加到指定数组中，形成一个新的连接数组。

```
var a = [1,2,3,4,5];
var b = a.concat(4,5);
document.write(b);                          //输出[1,2,3,4,5,4,5]
```

如果 concat()方法中的参数包含数组，则把数组元素展开添加到数组中。

```
var a = [1,2,3,4,5];
var b = a.concat([4,5],[1,[2,3]]);
document.write(b);                          //输出[1,2,3,4,5,4,5,1,2,3]
```

4. 截取子数组

slice()方法将返回数组中指定的片段，所谓片段就是数组中的一个子数组。该方法包含两个参数，它们指定要返回子数组在原数组中的起止点。其中第 1 个参数指定的元素是被截取的范围之内，而第 2 个参数指定的元素不被截取。

【示例 5】 在下面示例中将返回数组 a 中第 3 个元素到第 6 个元素前面的 3 个元素组成的子数组。

```
var a = [1,2,3,4,5,6,7,8,9];
var b = a.slice(2,5);
document.write(b);                          //输出[3,4,5]
```

15.9 实 战 案 例

JavaScript 知识点比较多，使用技巧细腻，需要努力学习，细心积累，本节通过多个案例帮助用户掌握若干重点基础知识。

扫一扫，看视频

15.9.1 检测数据类型

typeof 运算符能够检测数据类型，其返回一个用于识别操作数类型的字符串。对于任何变量来说，typeof 运算符总是以字符串的形式返回以下 6 种类型之一：

- "number"
- "string"
- "boolean"
- "object"
- "function"
- "undefined"

不幸的是，在使用 typeof 检测 null 值时，返回的是“object”，而不是“null”。更好检测 null 的方式其实很简单。下面定义一个检测值类型的一般方法：

```
function type(o){
    return (o === null) ? "null" : (typeof o);
}
```

这样就可以避开因为 null 值影响基本数据的类型检测。另外，typeof 不能够检测复杂的数据类型，以及各种特殊用途的对象，如正则表达式对象、日期对象、数学对象等。

对于对象或数组，可以使用 constructor 属性，该属性值引用的是原来构造该对象的函数。如果结合 typeof 运算符和 constructor 属性，基本能够完成数据类型的检测。如表 15.5 所示列举了不同类型数据的检测结果。

表 15.5 不同类型数据的检测结果

值（value）	typeof value（表达式返回值）	value.constructor（构造函数的属性值）
var value = 1	"number"	Number
var value = "a"	"string"	String
var value = true	"boolean"	Boolean
var value = {}	"object"	Object
var value = new Object()	"object"	Object
var value = []	"object"	Array
var value = new Array()	"object"	Array
var value = function(){}	"function"	Function
function className(){};	"object"	className

使用constructor属性可以判断绝大部分数据的类型。但是，对于undefined和null特殊值，就不能使用 constructor 属性，如果使用 constructor 则会抛出异常。此时可以先把值转换为布尔值，如果为 true，则说明不是 undefined 和 null 值，然后再调用 constructor 属性，例如：

```
var value = undefined;
alert(typeof value);                              //"undefined"
alert(value && value.constructor);                //undefined
var value = null;
alert(typeof value);                              //"object"
alert(value && value.constructor);                //null
```

对于数值直接量，也不能使用 constructor 属性，需要加上一个小括号，这是因为小括号运算符能够把数值转换为对象，例如：

```
alert((10).constructor);
```

使用toString()方法检测对象类型是最安全、最准确的。调用toString()方法把对象转换为字符串，然后通过检测字符串中是否包含数组所特有的标志字符可以确定对象的类型。toString()方法返回的字符串格式如下。

```
[object class]
```

其中，object 表示对象的通用类型，class 表示对象的内部类型，内部类型的名称与该对象的构造函数名对应。例如，Array 对象的 class 为“Array”，Function 对象的 class 为“Function”，Date 对象的 class 为“Date”，内部 Math 对象的 class 为“Math”，所有 Error 对象（包括各种 Error 子类的实例）的 class 为“Error”。

客户端 JavaScript 的对象和由 JavaScript 实现定义的其他所有对象都具有预定义的特定 class 值，如“Window”“Document”和“Form”等。用户自定义对象的 class 值为“Object”。

class 值提供的信息与对象的 constructor 属性值相似，但是 class 值是以字符串的形式提供这些信息的，而不是以构造函数的形式提供这些信息的，所以在特定的环境中是非常有用的。如果使用 typeof 运算符来检测，则所有对象的 class 值都为“Object”或“Function”，所以此时的 class 值不能够提供有效信息。

但是，要获取对象的 class 值的唯一方法是必须调用 Object 定义的默认 toString()方法，因为不同对象都会预定义自己的 toString()方法，所以不能直接调用对象的 toString()方法。例如，以下对象的toString()方法返回的就是当前 UTC 时间字符串，而不是字符串“[object Date]”。

```
var d = new Date();
alert(d.toString());                              //当前 UTC 时间字符串
```

要调用 Object 对象定义的默认 toString()方法，可以先调用 Object.prototype.toString 对象的默认toString()函数，再调用该函数的 apply()方法在想要检测的对象上执行。结合上面的对象 d，具体实现代码如下。

```
var d = new Date();
var m = Object.prototype.toString;
alert(m.apply(d));                                //" [object Date] "
```

通过上面的逐步分解，下面提供一个比较完整的数据类型安全检测方法。

```
// 安全检测 JavaScript 基本数据类型和内置对象
// 参数：o 表示检测的值
// 返回值：返回字符串"undefined"、"number"、"boolean"、"string"、"function"、"regexp"、
"array"、"date"、"error"、"object"或"null"
function typeOf(o){
    var _toString = Object.prototype.toString;
    // 获取对象的 toString()方法引用
```

```
    // 列举基本数据类型和内置对象类型，可以进一步补充该数组的检测数据类型范围
    var _type ={
        "undefined" : "undefined",
        "number" : "number",
        "boolean" : "boolean",
        "string" : "string",
        "[object Function]" : "function",
        "[object RegExp]" : "regexp",
        "[object Array]" : "array",
        "[object Date]" : "date",
        "[object Error]" : "error"
    }
    return _type[typeof o] || _type[_toString.call(o)] || (o ? "object" : "null");
}
```

应用示例（test.html）：

```
var a = Math.abs;
alert(typeOf(a));                                    //"function"
```

提示：

上述方法适用于 JavaScript 基本数据类型和内置对象，而对于自定义对象是无效的。这是因为自定义对象被转换为字符串后，返回的值是没有规律的，并且不同浏览器返回值也是不同的。因此，要检测非内置对象，只能够使用 constructor 属性和 instaceof 运算符来实现。

扫一扫，看视频

15.9.2 数值计算与类型转换

JavaScript 在执行数值运算时，常会出现浮点数溢出问题。例如，0.1+0.2 不等于 0.3。

```
num = 0.1+0.2;                                       //0.30000000000000004
```

这是 JavaScript 中最常报告的 Bug，并且这是遵循二进制浮点数算术标准(IEEE 754)而导致的结果。这个标准适合很多应用，但它违背了数字基本常识。幸运的是，浮点数中的整数运算是精确的，所以小数表现出来的问题可以通过指定精度来避免。例如，针对上面的相加可以这样进行处理：

```
a = (1+2)/10;                                        //0.3
```

这种处理经常在货币计算中用到，在计算货币时当然期望得到精确的结果。例如，元可以通过乘以 100 而全部转成分，然后就可以准确地将每项相加，求和后的结果可以除以 100 转换回元。

JavaScript 能够自动转换变量的数据类型，这种转换是一种隐性行为。在自动转换数据类型时，JavaScript 一般遵循：如果某个类型的值被用于需要其他类型的值的环境中，JavaScript 就自动将这个值转换成所需要的类型，具体说明如表 15.6 所示。

表 15.6 数据类型自动转换

值（value）	字符串操作环境	数字运算环境	逻辑运算环境	对象操作环境
undefined	"undefined"	NaN	false	Error
null	"null"	0	false	Error
非空字符串	不转换	字符串对应的数字值或 NaN	true	String
空字符串	不转换	0	false	String

续表

值（value）	字符串操作环境	数字运算环境	逻辑运算环境	对象操作环境
0	"0"	不转换	false	Number
NaN	"NaN"	不转换	false	Number
Infinity	"Infinity"	不转换	true	Number
Number.POSITIVE_INFINITY	"Infinity"	不转换	true	Number
Number.NEGATIVE_INFINITY	"-Infinity"	不转换	true	Number
Number.MAX_VALUE	"1.7976931348623157e + 308"	不转换	true	Number
Number.MIN_VALUE	"5e-324"	不转换	true	Number
其他所有数字	"数字的字符串值"	不转换	true	Number
true	"true"	1	不转换	Boolean
false	"false"	0	不转换	Boolean
对象	toString()	valueOf()或 toString()或 NaN	true	不转换

如果把非空对象用在逻辑运算环境中，则对象被转换为 true。此时的对象包括所有类型的对象，即使是值为 false 的包装对象也转换为 true。

如果把对象用在数值运算环境中，则对象会被自动转换为数字，如果转换失败，则返回值 NaN。

当数组被用在数值运算环境中时，数组将根据包含的元素来决定转换的值。如果数组为空数组，则被转换为数值 0。如果数组仅包含一个数字元素，则被转换为该数字的数值。如果数组包含多个元素，或者仅包含一个非数字元素，则返回 NaN。

当对象用于字符串环境中时，JavaScript 能够调用 toString()方法把对象转换为字符串再进行相关计算。当对象与数值进行加号运算时，则会尝试将对象转换为数值，然后参与求和运算。如果不能够将对象转换为有效数值，则执行字符串连接操作。

15.9.3 字符串替换

扫一扫，看视频

使用字符串的 replace()方法可以实现字符串替换操作。该方法包含两个参数：第 1 个参数表示执行匹配的正则表达式，也可以传递字符串，第 2 个参数表示准备代替匹配的子字符串。

例如，把字符串 html 替换为 htm，则实现代码如下所示。

```
var s = "index.html";
var b = s.replace("html", "htm" );
```

第 1 个参数为查询的字符串，replace()会把字符串转换为正则表达式对象，以字符串直接量的文本模式进行匹配。第 2 个参数可以是替换的文本，或者是生成替换文本的函数，把函数返回值作为替换文本来替换匹配文本。

replace()方法同时执行查找和替换两个操作。该方法将在字符串中查找与正则表达式相匹配的子字符串，然后调用第 2 个参数值或替换函数替换这些子字符串。如果正则表达式具有全局性质，那么将替换所有的匹配子字符串，否则，只替换第 1 个匹配子字符串。

在 replace()方法中约定了一个特殊的字符“$”，如果这个美元符号附加了一个序号，就表示引用正则表达式中匹配的子表达式存储的字符串。例如：

```
var s = "javascript";
var b = s.replace( /(java)(script)/, "$2-$1");
alert( b );                                         //"script-java"
```

在上面的代码中，正则表达式/(java)(script)/中包含两对小括号，按顺序排列，其中第 1 对小括号表示第 1 个子表达式，第 2 对小括号表示第 2 个子表达式，在 replace()方法的参数中可以分别使用字符串"$1"和"$2"来表示对它们匹配文本的引用，当然它们不是标识符，仅是一个标记，所以不可以作为变量参与计算。除了上面约定之外，美元符号与其他特殊字符组合还可以包含更多的语义，详细说明如下。

- $1、$2、...、$99：与正则表达式中的第 1~第 99 个子表达式相匹配的文本。
- $&（美元符号+连字符）：与正则表达式相匹配的子字符串。
- $`（美元符号+切换技能键）：位于匹配子字符串左侧的文本。
- $'（美元符号+单引号）：位于匹配子字符串右侧的文本。
- $$：表示$符号。

```
var s = "javascript";
var b = s.replace( /.*/, "$&$&");                   //" javascriptjavascript "
```

由于字符串“$&”在 replace()方法中被约定为正则表达式所匹配的文本，因此利用它可以重复引用匹配的文本，从而实现字符串重复显示效果。其中正则表达式“/.*/”表示完全匹配字符串。

```
var s = "javascript";
var b = s.replace( /script/, "$& != $`");           //"javascript != java"
```

其中字符“$&”代表匹配子字符串“script”，字符“$`”代表匹配文本左侧文本“java”。

```
var s = "javascript";
var b = s.replace( /java/, "$&$' is ");             //"javascript is script"
```

其中字符“$&”代表匹配子字符串“java”，字符“$'”代表匹配文本右侧文本“script”。然后用"$&$' is "所代表的字符串"javascript is "替换原字符串中的"java"子字符串，即组成一个新的字符串"javascript is script"。

在 ECMAScript 3 中明确规定，replace()方法的第 2 个参数建议使用函数，而不是字符串（当然不是禁止使用），JavaScipt 1.2 实现了对这个特性的支持。这样当 replace()方法执行匹配时，每次都会调用该函数，函数的返回值将作为替换文本执行匹配操作，同时函数可以接收以$为前缀的特殊字符组合，用来对匹配文本的相关信息进行引用。

```
var s = 'script language = "javascript" type= " text / javascript"';
var f = function($1){
    return $1.substring( 0, 1 ).toUpperCase() + $1.substring( 1 );
}
var a = s.replace( /(\b\w+\b)/g, f );
alert( a );                              //Script Language = "Javascript"
Type = " Text /Javascript"
```

函数 f()的参数$1 表示正则表达式/(\b\w+\b)/每次匹配的文本。然后在函数体内对这个匹配文本进行处理，截取其首字母并转换为大写形式，之后返回新处理的字符串。replace()方法能够在原文本中使用这个返回的新字符串替换每次匹配的子字符串。

对于上面的示例，可以使用小括号来获取更多匹配文本的信息。例如，直接利用小括号传递单词的首字母，然后进行大小写转换处理。

```
var s = 'script language = "javascript" type= " text / javascript"';
var f = function($1,$2,$3){
```

```
    return $2.toUpperCase()+$3 ;
}
var a = s.replace( /\b(\w)(\w*)\b/g, f );        //Script Language = "Javascript"
Type = " Text /Javascript"
```

在函数 f()中，第 1 个参数表示每次匹配的文本，第 2 个参数表示第 1 个小括号的子表达式所匹配的文本，即单词的首字母，第 2 个参数表示第 2 个小括号的子表达式所匹配的文本。

实际上，replace()方法的第 2 个参数的函数的参数是很含蓄的，即使不传递任何形参，replace()方法依然会向它传递多个实参，这些实参都包含一定的意思，具体说明如下。

- 第 1 个参数表示与匹配模式相匹配的文本，如上面示例中每次匹配的单词字符串。
- 其后的参数是与匹配模式中子表达式相匹配的字符串，参数个数不限，根据子表达式数而定。
- 后面的参数是一个整数，表示匹配文本在字符串中的下标位置。
- 最后一个参数表示字符串自身。

例如，将上面示例中替换文本函数改为如下形式。

```
var f = function(){
    return arguments[1].toUpperCase()+arguments[2] ;
}
```

如果不为函数传递形参，直接调用函数的 arguments 属性，同样能够读取到正则表达式中相关匹配文本的信息。

- arguments[0]表示每次匹配的单词。
- arguments[1]表示第一个子表达式匹配的文本，即单词的首个字母。
- arguments[2]表示第二个子表达式匹配的文本，即单词的余下字母。
- arguments[3]表示匹配文本的下标位置，如第一个匹配单词“script”的下标位置就是 0，依此类推。
- arguments[4]表示要执行匹配的字符串，这里表示“script language = "javascript" type= " text / javascript"”。

```
var s = 'script language = "javascript" type= " text / javascript"';
var f = function(){
    for( var i = 0; i < arguments.length; i ++ ){
        alert( "第" + ( i + 1 ) + "个参数的值：" + arguments[i] );
    }
}
var a = s.replace( /\b(\w)(\w*)\b/g, f );
```

在函数体中，使用 for 循环结构遍历 argumnets 属性，每次匹配单词时，都会弹出 5 次提示信息，分别显示上面所列的匹配文本信息。其中，arguments[1]、arguments[2]会根据每次匹配文本不同，分别显示当前匹配文本中子表达式匹配的信息，arguments[3]显示当前匹配单词的下标位置。而 arguments[0]总是显示每次匹配的单词，arguments[4]总是显示被操作的字符串。

【示例】 以下代码能够自动提取字符串中的分数，进行汇总后算出平均分，然后利用 replace()方法提取每个分值，与平均分进行比较以决定替换文本的具体信息，演示效果如图 15.24 所示。

```
var s = "张三 56 分，李四 74 分，王五 92 分，赵六 84 分";
var a = s.match( /\d+/g ), sum = 0;
for( var i= 0 ; i<a.length ; i++){
    sum += parseFloat(a[i]);
};
var avg = sum / a.length;
function f(){
    var n = parseFloat(arguments[1]);
```

```
    return n + "分" + " ( " + (( n > avg ) ? ( "超出平均分" + ( n - avg ) ) : ( "低于平均分" + ( avg - n ) )) + "分 ) ";
}
var s1 = s.replace( /(\d+)分/g, f );
document.write( s1 );                    //输出“张三 56 分(低于平均分 20.5 分)，李四 74 分(低于平均分 2. 5分)，王五 92 分( 超出平均分 15 .5分 )， 赵六 84 分 ( 超出平均分 7. 5分)”
```

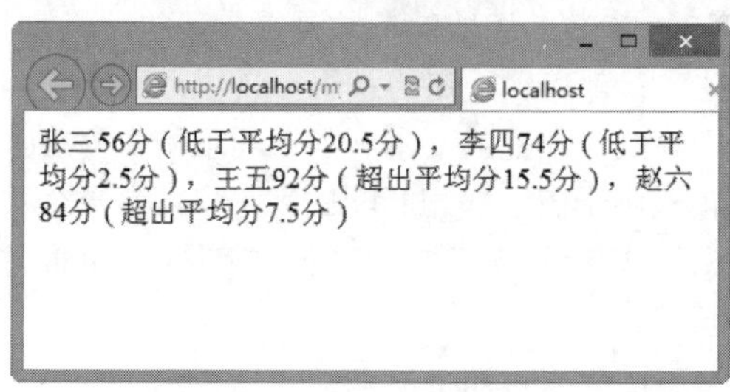

图 15.24　复杂的字符串替换

在上面的示例中，遍历数组时不能够使用 for in 语句，因为这个数组中还存储着其他相关的匹配文本信息。应该使用 for 语句来实现。由于截取的数字都是字符串类型，应把它们都转换为数值类型，否则会被误解，例如把数字连接在一起，或者按字母顺序进行比较等。

扫一扫，看视频

15.9.4　增强数组排序

sort 方法不仅仅按字母顺序进行排序，还可以根据其他顺序执行操作。这时就必须为方法提供一个比较函数的参数，该函数要比较两个值，然后返回一个用于说明这两个值的相对顺序的数字。比较函数应该具有两个参数 a 和 b，其返回值如下。

- 如果根据自定义评判标准，a 小于 b，在排序后的数组中 a 应该出现在 b 之前，就返回一个小于 0 的值。
- 如果 a 等于 b，就返回 0。
- 如果 a 大于 b，就返回一个大于 0 的值。

【示例 1】　在以下示例中，将根据比较函数来比较数组中每个元素的大小，并按从小到大的顺序执行排序。

```
function f( a, b ){
   return ( a - b )
}
var a = [3, 1, 2, 4, 5, 7, 6, 8, 0, 9];              // 定义数组
a.sort(f);
alert( a );                                         //[0,1,2 ,3,4, 5,6,7 ,8,9]
```

如果按从大到小的顺序执行排序，则让返回值取反即可，代码如下。

```
function f( a, b ){
   return  -( a - b )
}
var a = [3, 1, 2, 4, 5, 7, 6, 8, 0, 9];
a.sort(f);
alert( a );                                         //[9,8,7 ,6,5, 4,3,2 ,1,0]
```

1. 根据奇偶性质排列数组

sort 方法用法比较灵活，但更灵活的是对比较函数的设计。

【示例 2】 要根据奇偶数顺序排列数组，只需要判断比较函数中两个参数是否为奇偶数，并决定排列顺序，代码如下。

```
function f( a, b ){
    var a = a % 2;
    var b = b % 2;
    if( a == 0 ) return 1;
    if( b == 0 ) return -1;
}
var a = [3, 1, 2, 4, 5, 7, 6, 8, 0, 9];
a.sort( f );
alert( a );                                        //[3,1,5,7,9,2,4,6,8,0]
```

sort 方法在调用比较函数时，将每个元素值传递给比较函数，如果元素值为偶数，则保留其位置不动；如果元素值为奇数，则调换参数 a 和 b 的显示顺序，从而实现对数组中所有元素执行奇偶排序。如果希望偶数排在前面，奇数排在后面，则只需要取返回值。比较函数如下。

```
function f( a, b ){
    var a = a % 2;
    var b = b % 2;
    if( a  == 0 ) return -1;
    if( b  == 0 ) return 1;
}
```

2. 不区分大小写排序字符串

【示例 3】 在正常情况下，对字符串进行排序是区分大小写的，这是因为每个大写字母和小写字母在字符编码表中的顺序是不同的，大写字母排在小写字母前面。

```
var a = ["aB", "Ab", "Ba", "bA"];
a.sort();
alert( a );                                        //["Ab","Ba","aB","bA"]
```

也就是说，大写字母总是排在左侧，而小写字母总是排在右侧。如果让小写字母总是排在前面，则可以按如下设计。

```
function f( a, b ){
    return ( a < b );
}
var a = ["aB", "Ab", "Ba", "bA"];
a.sort( f );
alert( a );                                        //["aB","Ab","Ba","bA"]
```

在比较字母大小时，JavaScript 根据字符编码大小来决定字母的大小，当比较函数的返回值为 true 时，则返回 1；当比较函数的返回值为 false 时，则返回-1。如果不希望区分字母大小，也就是说，大写字母和小写字母按相同顺序排列，则可以按如下设计。

```
function f( a, b ){
    var a = a.toLowerCase;
    var b = b.toLowerCase;
    if( a < b ){
        return  1;
    }
    else{
        return -1;
    }
}
```

```
var a = ["aB", "Ab", "Ba", "bA"];           // 定义数组
a.sort( f );
alert( a );                                  //[ "bA","Ba","Ab", "aB" ]
```

如果要调整排序顺序，则对返回值取反即可。

3. 把浮点数和整数分开排列

【示例 4】 经常会遇到把浮点数和整数分开排列的情况。当然，借助 sort 方法实现起来并不是很难，设计如下。

```
function f( a, b ){
    if( a > Math.floor( a ) ) return  1;
    if( b > Math.floor( b ) ) return  - 1;
}
var a = [3.55555, 1.23456, 3, 2.11111, 5, 7, 3];
a.sort( f );
alert( a );                             //[3,5,7,3, 3.55555,1.23456,2.11111]
```

如果要调整排序顺序，则对返回值取反即可。

sort 方法的功能是非常强大的，如果比较的元素是对象而不是值类型（如数字和字符串等）这样简单的数据时，排序就变得更加有趣了，读者可以自己动手试一试。

15.10 在线课堂：实线练习

本节为线上阅读和实践环节，旨在帮助读者夯实基础知识。JavaScript 是一门复杂、灵活的语言，存在很多语法知识和大量灵活用法，限于篇幅本章不能够展开，感兴趣的读者请扫码阅读。

扫码，看电子版

第 16 章　操作 BOM

BOM（Browser Object Model，浏览器对象模型）主要用于管理浏览器窗口，提供了独立的、可以与浏览器窗口进行互动的功能，这些功能与任何网页内容无关。BOM 由多个对象组成，其中代表浏览器窗口的 window 对象是 BOM 的顶层对象，其他对象都是该对象的子对象。

BOM 缺乏标准，至今还没有组织对其进行标准化。由于 BOM 广泛应用于 Web 开发之中，各主流浏览器均支持BOM，已经成为事实上的标准。W3C为了把浏览器中 JavaScript最基本的部分标准化，已经将 BOM 的主要方面纳入了 HTML5 的规范中。

【学习重点】

- 使用 window 对象和框架集。
- 使用 navigator、location、screen 对象。
- 使用 JavaScript 检测用户代理信息。
- 使用 JavaScript 定位和导航。

16.1　使用 window 对象

window 对象是 BOM 的核心，代表浏览器窗口的一个实例。在浏览器中，window 对象既是 JavaScript 访问浏览器窗口的接口，又是 JavaScript 的全局对象（Global）。因此在全局作用域中声明的所有变量和函数也是 window 对象的属性和方法。

16.1.1　访问浏览器窗口

扫一扫，看视频

通过 window 对象可以访问浏览器窗口，同时与浏览器相关的其他客户端对象都是 window 的子对象，通过 window 属性进行引用。客户端各个对象之间存在一种结构关系，这种关系构成浏览器对象模型，window 对象代表根节点，如图 16.1 所示。

浏览器对象简单说明如下：

- window：客户端 JavaScript 中的顶层对象。每当<body>或<frameset>标签出现时，window 对象就会被自动创建。
- navigator：包含客户端有关浏览器的信息。
- screen：包含客户端显示屏的信息。
- history：包含浏览器窗口访问过的 URL 信息。
- location：包含当前网页文档的 URL 信息。
- document：包含整个 HTML 文档，可被用来访问文档内容，及其所有页面元素。

16.1.2　全局作用域

扫一扫，看视频

客户端 JavaScript 代码都在全局上下文环境中运行，window 对象提供了全局作用域。由于 window 对象是全局对象，因此所有的全局变量都被视为该对象的属性。

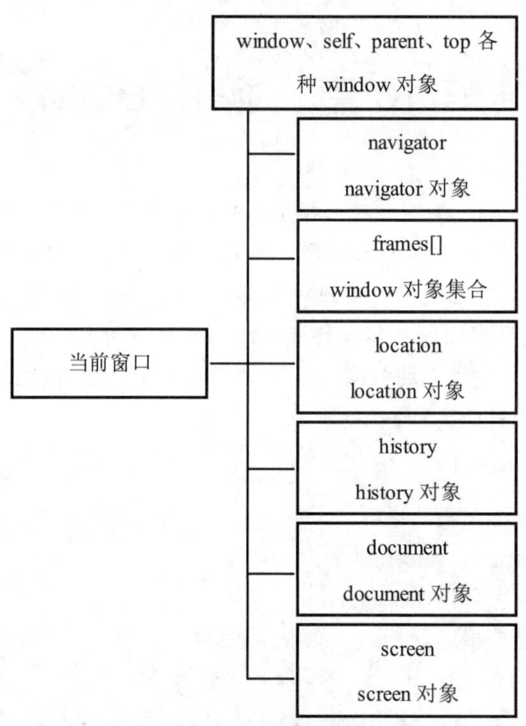

图 16.1　浏览器对象模型

【示例 1】　在脚本中自定义一个变量或函数时，可以通过 window 对象访问它们。

```
var a = "window.a";                    // 全局变量
function f(){                          // 全局函数
   alert(a);
}
alert(window.a);                       // 引用 window 对象的属性 a，返回字符串"window.a"
window.f();                            // 调用 windwo 对象的方法 f()，返回字符串"window.a"
```

【示例 2】　定义全局变量与在 window 对象上直接定义属性还是有一点不同：全局变量不能通过 delete 运算符删除，而直接在 window 对象上定义的属性可以被删除。

```
var a = "a";
window.b = "window.b";
c = "c";
alert(delete window.a);                // 返回 false，删除失败
alert(delete window.b);                // 返回 true，删除成功
alert(delete window.c);                // 返回 true，删除成功
alert(window.a);                       // 返回"a"
alert(window.b);                       // 返回 undefined
alert(window.c);                       // 返回 undefined
```

使用 var 语句声明全局变量，window 会为这个属性定义一个名为“configurable”的特性，这个特性的值被设置为 false，这样该属性就不可以通过 delete 运算符删除。

提示：

直接访问未声明的变量，JavaScript 会抛出异常，但是通过 window 对象进行访问，可以判断未声明的变量是否存在。

```
alert(window.a);                       // 返回 undefined
alert(a);                              // 抛出异常
```

16.1.3 使用系统测试方法

扫一扫，看视频

window 对象定义了 3 个人机交互的接口方法，方便开发人员对 JavaScript 脚本进行测试。

- alert()：简单的提示对话框，由浏览器向用户弹出提示性信息。该方法包含一个可选的提示信息参数。如果没有指定参数，则弹出一个空的对话框。
- confirm()：简单的提示对话框，由浏览器向用户弹出提示性信息，不过该方法弹出的对话框中包含两个按钮，分别表示“确定”和“取消”，如果单击“确定”按钮，则该方法将返回 true；而单击“取消”按钮，则返回 false。confirm()方法也包含一个可选的提示信息参数，如果没有指定参数，则弹出一个空的对话框。
- prompt()：弹出提示对话框，可以接收用户输入的信息，并把用户输入的信息返回。prompt()方法也包含一个可选的提示信息参数，如果没有指定参数，则弹出一个没有提示信息的输入文本对话框。

【示例 1】 以下示例演示了如何综合调用这 3 个方法来设计一个人机交互的对话：

```
var user = prompt("请输入你的用户名：");
if( ! ! user){                          // 把输入的信息转换为布尔值
    var ok = confirm("你输入的用户名为：\n" + user + "\n 请确认。");
                                        // 输入信息确认
    if(ok){
        alert("欢迎你：\n" + user );
    }
    else{                               // 重新输入信息
        user = prompt("请重新输入你的用户名：");
        alert("欢迎你：\n" + user );
    }
}else {                                 // 提示输入信息
    user = prompt("请输入你的用户名：");
}
```

这 3 个方法仅接收纯文本信息，忽略 HTML 字符串，用户只能使用空格、换行符和各种符号来格式化提示对话框中的显示文本。不过不同浏览器对于这 3 个对话框的显示效果略有不同。

用户可以重置这些方法。设计思路：通过 HTML 方式在客户端输出一段 HTML 片段，然后使用 CSS 修饰对话框的显示样式，借助 JavaScript 来设计对话框的行为和交互效果。

【示例 2】 下面是一个简单的 alert()方法，通过 HTML+CSS 方式，把提示信息以 HTML 层的形式显示在页面中央。

```
<style type="text/css">
/*设计提示对话框在窗口中央显示*/
#alert_box { position: absolute; left: 50%; top: 50%; width: 400px; height: 200px;
display:none; }
/*设计提示对话框外框样式，并固定宽度和高度*/
#alert_box dl { position: absolute; left: -200px; top: -100px; width: 400px; height:
200px; border: solid 1px #999; border-radius: 8px; overflow: hidden; }
/*设计提示对话框标题栏样式*/
#alert_box dt { background-color: #ccc; height: 30px; text-align: center; line-
height: 30px; font-weight: bold; font-size: 15px; }
/*设计提示对话框内容框基本样式*/
#alert_box dd { padding: 6px; margin: 0; font-size: 12px; }
</style>
```

```
<script>
window.alert =  function(title, info){ //重写window对象的alert()方法
    var box = document.getElementById("alert_box");
    var html = '<dl><dt>' + title + '</dt><dd>' + info + '</dd><\/dl>';
    if( box ){//如果窗口中已经存在提示对话框，则直接显示内容
        box.innerHTML = html;
        box.style.display = "block";
    }
    else {//如果窗口中不存在提示对话框，则创建提示对话框，并显示内容
        var div = document.createElement("div");
        div.id = "alert_box";
        div.style.display = "block";
        document.body.appendChild(div);
        div.innerHTML = html;
    }
}
alert("重写alert()方法", "这仅是一个设计思路，还可以进一步设计");
</script>
```

这里仅提供简单的提示框 HTML 结构，以及基本的提示框显示样式，效果如图 16.2 所示。

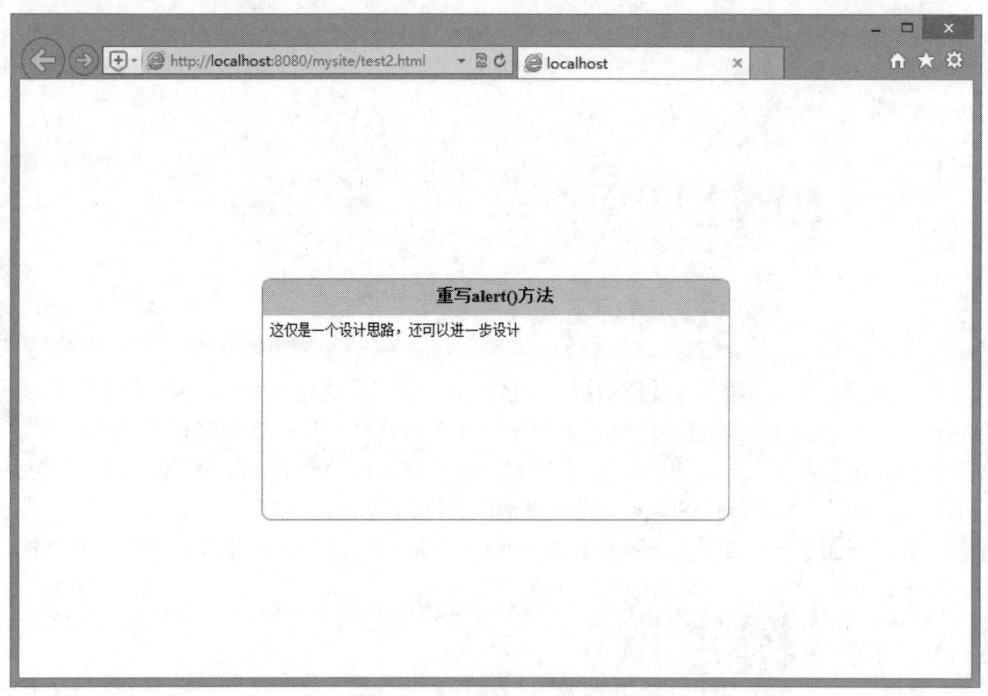

图 16.2　自定义 alert()方法

注意：

这 3 个方法调用系统对话框向用户显示消息。系统对话框与在浏览器中显示的网页没有关系，也不包含 HTML，它们的外观由操作系统或浏览器设置决定的，而不是由 CSS 决定的。

通过这几个方法打开的对话框都是同步和模态的，因此显示这些对话框的时候，JavaScript 代码会停止执行，只有当关掉这些对话框之后，JavaScript 代码才会恢复执行。但是，在某些浏览器中，尤其是 UNIX 平台下，alert()方法并不产生暂停现象。

一般来说，用户是没有办法阻止这种暂停行为，因此可以把它们作为测试工具使用，不建议在发布

的结果页面中调用它们。

16.1.4 打开和关闭窗口

使用 window 对象的 open()方法，可以打开一个新窗口。用法如下。

```
window.open(URL,name,features,replace)
```

参数说明如下。

- URL：可选字符串，声明在新窗口中显示文档的 URL。如果省略，或者为空，则新窗口就不会显示任何文档。
- name：可选字符串，声明新窗口的名称。这个名称可以用作标记<a>和<form>的属性 target 的值。如果该参数指定了一个已经存在的窗口，那么 open()方法就不再创建一个新窗口，而只是返回对指定窗口的引用，在这种情况下，features 参数将被忽略。
- features：可选字符串，声明了新窗口要显示的标准浏览器的特征，具体说明如表 16.1 所示。如果省略该参数，新窗口将具有所有标准特征。
- replace：可选的布尔值。规定了装载到窗口的 URL 是在窗口的浏览历史中创建一个新条目，还是替换浏览历史中的当前条目。

该方法返回值为新创建的 window 对象，使用这个 window 对象可以引用新创建的窗口。

表 16.1 新窗口显示特征

特　征	说　明
channelmode=yes|no|1|0	是否使用剧院模式显示窗口。默认为 no
directories=yes|no|1|0	是否添加目录按钮。默认为 yes
fullscreen=yes|no|1|0	是否使用全屏模式显示浏览器。默认是 no。处于全屏模式的窗口必须同时处于剧院模式
height=pixels	窗口文档显示区的高度。以像素计
left=pixels	窗口的 x 坐标。以像素计
location=yes|no|1|0	是否显示地址字段。默认是 yes
menubar=yes|no|1|0	是否显示菜单栏。默认是 yes
resizable=yes|no|1|0	窗口是否可调节尺寸。默认是 yes
scrollbars=yes|no|1|0	是否显示滚动条。默认是 yes
status=yes|no|1|0	是否添加状态栏。默认是 yes
titlebar=yes|no|1|0	是否显示标题栏。默认是 yes
toolbar=yes|no|1|0	是否显示浏览器的工具栏。默认是 yes
top=pixels	窗口的 y 坐标
width=pixels	窗口的文档显示区的宽度。以像素计

新创建的 window 对象拥有一个 opener 属性，它保存着打开它的原始窗口对象。opener 只在弹出窗

口的最外层 window 对象（top）中定义，而且指向调用 window.open()方法的窗口或框架。

【示例 1】 以下示例演示了打开的窗口与原窗口之间的关系。

```
myWindow=window.open();                //打开新的空白窗口
myWindow.document.write("<h1>这是新打开的窗口</h1>");        //在新窗口中输出提示信息
myWindow.focus();                      //让原窗口获取焦点
myWindow.opener.document.write("<h1>这是原来窗口</h1>");     //在原窗口中输出提示信息
alert( myWindow.opener == window); //检测 window.opener 属性值
```

虽然弹出窗口中有一个指针（opener）指向打开它的原始窗口，但原始窗口中并没有这样的指针指向弹出窗口。窗口并不跟踪已打开的弹出窗门，因此必要时只能手动实现跟踪。

有些浏览器（如 Chrome）会在独立的进程中运行每个标签页。当一个标签页打开另一个标签页时，如果两个 window 对象之间需要通信，那么新标签页就不能运行在独立的进程中。在 Chrome 中将新创建的标签页的 opener 属性设置为 null，即表示在单独的进程中运行新标签页，代码如下。

```
myWindow=window.open();
myWindow.opener == null;
```

将 opener 属性设置为 null，这样新创建的标签页就无法与打开它的标签页通信，标签页之间的联系一旦切断，将无法再恢复。

使用 window 对象的 close()方法可以关闭一个窗口。例如，关闭一个新创建的 w 窗口，可以使用以下方法关闭它。

```
w.close ;
```

如果在打开窗口内部关闭自身窗口，则应该使用以下方法。

```
window.close ;
```

使用 window.closed 属性可以检测当前窗口是否关闭，如果关闭则返回 true，否则返回 false。

【示例 2】 以下示例演示了如何自动弹出一个窗口，然后 30 秒之后自动关闭该窗口，同时允许用户单击页面超链接，更换弹出窗口内显示的网页 URL。

```
var url = "http://news.baidu.com/";
var features = "height=500, width=800, top=100, left=100,toolbar=no, menubar=no,
scrollbars=no, resizable=no, location=no, status=no";
document.write('<a href="http://www.baidu.com/" target="newW" >切换到百度首页</a>');
var me = window.open (url, "newW", features);
setTimeout(function(){
    if(me.closed){
        alert("创建的窗口已经关闭。")
    }else{
        me.close();
    }
},5000);
```

【示例 3】 很多浏览器会禁止 JavaScript 弹出窗口，如果在浏览器禁止的情况下，使用 open()打开新窗口，将会抛出一个异常，说明打开窗口失败。为了避免此类问题，同时为了了解浏览器是否支持禁用弹窗行为，可以使用下面代码进行探测。

```
var error = false;
try {
    var w = window.open("https://www.baidu.com/", "_blank");
    if (w == null){
        error = true;
    }
} catch (ex){
    error = true;
```

```
}
if (error){ alert("浏览器禁止弹出窗口。");}
```

扫一扫，看视频

16.1.5　使用框架集

在 HTML 文档中，如果页面包含框架，则每个框架都拥有自己的 window 对象，并且保存在 frames 集合中。在 frames 集合中，可以通过数值索引（从 0 开始）从左至右、从上到下访问每个 window 对象，或者使用框架名称访问每个 window 对象。每个 window 对象都有一个 name 属性，其中包含框架的名称。

【示例 1】　下面是一个框架集文档，共包含了 4 个框架，设置第 1 个框架装载文档名为 left.htm，第 2 个框架装载文档名为 middle.htm，第 3 个框架装载文档名为 right.htm，第 4 个框架装载文档名为 bottom.htm。

```
<!DOCTYPE html PUBLIC "-// W3C// DTD XHTML1.0 Frameset// EN"
"http:// www.w3.org/TR/xhtml1/DTD/xhtml1-frameset.dtd">
<html xmlns="http:// www.w3.org/1999/xhtml">
<head>
<title>框架集</title>
<meta http-equiv="Content-Type" content="text/html; charset=utf-8" />
</head>
<frameset rows="50%,50%" cols="*" frameborder="yes" border=
"1" framespacing="0">
    <frameset rows="*" cols="33%,*,33%" framespacing=
"0" frameborder="yes" border="1">
        <frame src="left.htm" name="left" id="left" />
        <frame src="middle.htm" name="middle" id="middle" />
        <frame src="right.htm" name="right" id="right" />
    </frameset>
    <frame src="bottom.htm" name="bottom" id="bottom" />
</frameset>
<noframes><body></body></noframes>
</html>
```

以上代码创建了一个框架集，其中前 3 个框架居上，后 1 个框架居下，如图 16.3 所示。

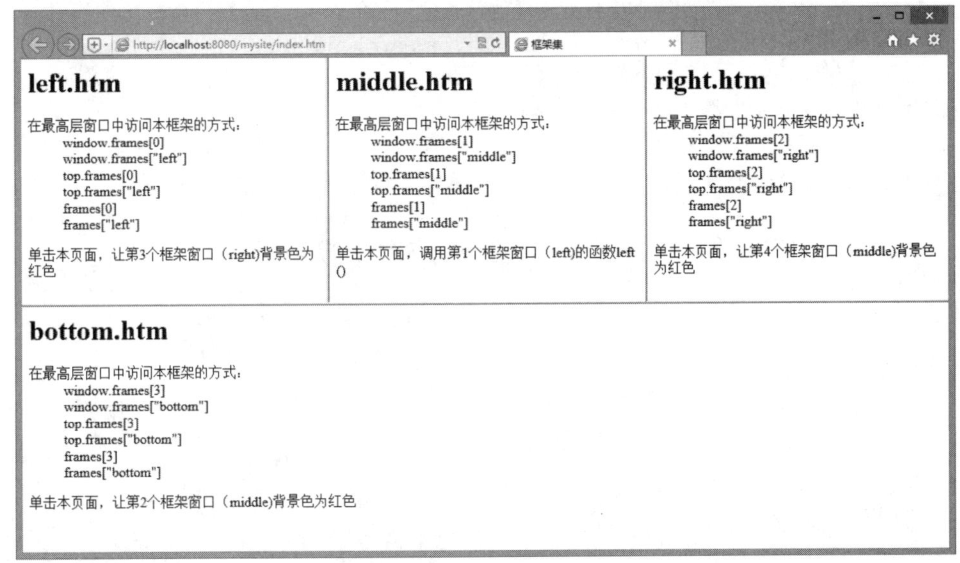

图 16.3　框架之间的关系

在每一个框架中，window 对象始终指向的都是那个框架实例，而非最高层的框架；top 对象始终指向最高层的框架，也就是浏览器窗口；parent 对象始终指向当前框架的上层框架。

在某些情况下，parent 可能等于 top。例如，在没有框架的情况下，parent 等于 top。

使用 top 或 parent 可以在一个框架中正确访问另一个框架。例如，可以通过 top.window.frames[0]、top.window.frames["left"]、parent.frames[0]、parent.frames["left"]引用上方左侧第 1 个框架。在上图文字中，详细显示了各个框架代码如何在最高层窗口中访问指定框架的不同方式。

框架之间可以通过 window 相关属性进行引用，详细说明如表 16.2 所示。

表 16.2　window 对象属性

属　性	说　明
top	如果当前窗口是框架，它就是对包含这个框架的顶级窗口的 window 对象的引用。注意，对于嵌套在其他框架中的框架，top 未必等于 parent
parent	如果当前的窗口是框架，它就是对窗口中包含这个框架的父级框架引用
window	自引用，是对当前 window 对象的引用，与 self 属性同义
self	自引用，是对当前 window 对象的引用，与 window 属性同义
frames[]	window 对象集合，代表窗口中的各个框架（如果存在）
name	窗口的名称。可被 HTML 标签<a>的 target 属性使用
opener	对打开当前窗口的 window 对象的引用

上面表格中所有对象都是 window 对象的属性，可以通过 window.parent、window.top 等形式来访问。同时，这也意味着可以将不同层次的 window 对象连接起来，如 window.parent.parent.frames[0]。

【示例 2】　针对上面示例，下面的代码可以访问当前窗口中第 3 个框架（right.htm）。

```
window.onload = function(){
    document.body.onclick = f;
}
var f = function(){//改变第 3 个框架文档的背景色为红色
    parent.frames[2].document.body.style.backgroundColor = "red";
}
```

【示例 3】　在 left.htm 文档中定义一个函数。

```
function left(){
    alert("left.htm");
}
```

然后，就可以在同窗口中的第 2 个框架的 middle.htm 文档中调用该函数。

```
window.onload = function(){
    document.body.onclick = f;
}
var f = function(){
    parent.frames[0].left();                    //调用第 1 个框架中的函数 left()
}
```

扫一扫，看视频

16.1.6　控制窗口位置

使用 window 对象的 screenLeft 和 screenTop 属性可以读取或设置窗口的位置，即相对于屏幕左边和上边的位置。IE、Safari、Opera 和 Chrome 都支持这两个属性。Firefox 支持使用 window 对象的 screenX 和 screenY 属性进行相同的操作，Safari 和 Chrome 也同时支持这两个属性。

【示例 1】　使用下面代码可以跨浏览器取得窗口左边和上边的位置。

```
var leftPos = (typeof window.screenLeft == "number") ? window.screenLeft : window.screenX;
var topPos = (typeof window.screenTop == "number") ? window.screenTop : window.screenY;
```

上面示例代码先确定 screenLeft 和 screenTop 属性是否存在，如果是在 IE、Safari、Opera 和 Chrome 浏览器中，则读取这两个属性的值。如果在 Firefox 中，则读取 screenX 和 screenY 的值。

注意，不同浏览器读取的位置值存在偏差，用户无法在跨浏览器的条件下取得窗口左边和上边的精确坐标值。

使用 window 对象的 moveTo()和 moveBy()方法可以将窗口精确地移动到一个新位置。这两个方法都接收两个参数，其中 moveTo()接收的是新位置的 x 和 y 坐标值，而 moveBy()接收的是在水平和垂直方向上移动的像素数。

【示例 2】　在以下示例中分别使用 moveTo()和 moveBy()方法移动窗口到屏幕不同位置。

```
window.moveTo(0,0);                    //将窗口移动到屏幕左上角
window.moveBy(0, 100);                 //将窗口向下移动 100 像素
window.moveTo(200, 300);               //将窗口移动到(200,300)新位置
window.moveBy(-50, 0);                 //将窗口向左移动 50 像素
```

注意，这两个方法可能会被浏览器禁用，在 Opera 和 IE 7+中默认就是禁用的。另外，这两个方法都不适用于框架，仅适用于最外层的 window 对象。

16.1.7　控制窗口大小

扫一扫，看视频

使用 window 对象的 innerWidth、innerHeight、outerWidth 和 outerHeight 这 4 个属性可以确定窗口大小。IE9+、Firefox、Safari、Opera 和 Chrome 都支持这 4 个属性。

在 IE9+、Safari 和 Firefox 中，outerWidth 和 outerHeight 返回浏览器窗口本身的尺寸；在 Opera 中，outerWidth 和 outerHeight 返回视图容器的大小。innerWidth 和 innerHeight 表示页面视图的大小，去掉边框的宽度。在 Chrome 中，outerWidth、outerHeight 与 innerWidth、innerHeight 返回相同的值，即视图大小。

IE8 及更早版本没有提供取得当前浏览器窗口尺寸的属性，主要通过 DOM 提供页面可见区域的相关信息。

在 IE、Firefox、Safari、Opera 和 Chrome 中，document.documentElement.clientWidth 和 document.documentElement.clientHeight 保存了页面视图的信息。在 IE6 中，这些属性必须在标准模式下才有效，如果是怪异模式，就必须通过 document.body.clientWidth 和 document.body.clientHeight 取得相同信息。而对于怪异模式下的 Chrome，则无论通过 document.documentElement，还是 document.body 中的 clientWidth 和 clientHeight 属性，都可以取得视图的大小。

【示例 1】　用户无法确定浏览器窗口本身的大小，但是通过下面代码可以取得页面视图的大小。

```
var pageWidth = window.innerWidth,
    pageHeight = window.innerHeight;
f (typeof pageWidth != "number"){
    if (document.compatMode == "CSS1Compat"){
        pageWidth = document.documentElement.clientWidth;
```

```
        pageHeight = document.documentElement.clientHeight;
    } else {
        pageWidth = document.body.clientWidth;
        pageHeight = document.body.clientHeight;
    }
}
```

在上面代码中，先将 window.innerWidth 和 window.innerHeight 的值分别赋给了 pageWidth 和 pageHeight。

然后，检查 pageWidth 中保存的是不是一个数值；如果不是，则通过检查 document.compatMode 属性确定页面是否处于标准模式。如果是，则分别使用 document.documentElement.clientWidth 和 document.documentElement.clientHeight 的值。否则，就使用 document.body.clientWidth 和 document.body.clientHeight 的值。

对于移动设备，window.innerWidth 和 window.innerHeight 保存着可见视图，也就是屏幕上可见页面区域的大小。移动 IE 浏览器不支持这些属性，但通过 document.documentElement.clientWidth 和 document.documentElement.clientHeight 提供相同的信息。随着页面的缩放，这些值也会相应变化。

在其他移动浏览器中，document.documentElement 是布局视图，即渲染后页面的实际大小，与可见视图不同，可见视图只是整个页面中的一小部分。移动 IE 浏览器把布局视图的信息保存在 document.body.clientWidth 和 document.body.clientHeight 中。这些值不会随着页面缩放变化。

由于与桌面浏览器间存在这些差异，最好是先检测一下用户是否在使用移动设备，然后再决定使用哪个属性。

另外，window 对象定义了 resizeBy()和 resizeTo()方法，它们可以按照相对数量和绝对数量调整窗口的大小。这两个方法都包含两个参数，分别表示 x 轴坐标值和 y 轴坐标值。名称中包含 To 字符串的方法都是绝对的，也就是 x 和 y 参数坐标给出窗口新的绝对位置、大小或滚动偏移；名称中包含 By 字符串的方法都是相对的，也就是它们在窗口的当前位置、大小或滚动偏移上增加所指定的参数 x 和 y 的值。

方法 scrollBy()会将窗口中显示的文档向左、向右或者向上、向下滚动指定数量的像素。

方法 scrollTo()会将文档滚动到一个绝对位置。它将移动文档以便在窗口文档区的左上角显示指定的文档坐标。

【示例 2】 以下示例能够将当前浏览器窗口的大小重新设置为 200 像素宽、200 像素高，然后生成一个任意数字来随机定位窗口在屏幕中的显示位置。

```
window.onload = function(){
    timer = window.setInterval("jump()", 1000);
}
function jump(){
    window.resizeTo(200, 200)
    x = Math.ceil(Math.random() * 1024)
    y = Math.ceil(Math.random() * 760)
    window.moveTo(x, y)
}
```

提示：

window 对象还定义了 focus()和 blur()方法，用来控制窗口的显示焦点。调用 focus()方法会请求系统将键盘焦点赋予窗口，调用 blur()则会放弃键盘焦点。此外，方法 focus()还会把窗口移到堆栈顺序的顶部，使窗口可见。在使用 window.open()方法打开新窗口时，浏览器会自动在顶部创建窗口。但是如果它的第 2 个参数指定的窗口名已经存在，则 open()方法不会自动使该窗口可见。

16.1.8　使用定时器

扫一扫，看视频

window 对象包含 4 个定时器专用方法，说明如表 16.3 所示，使用它们可以实现代码定时运行，避免连续执行，这样可以设计动画。

表 16.3　window 对象定时器方法列表

方　法	说　明
settInterval()	按照指定的周期（以毫秒计）来调用函数或计算表达式
setTimeout()	在指定的毫秒数后调用函数或计算表达式
clearInterval()	取消由 setInterval()方法生成的定时器对象
clearTimeout()	取消由 setTimeout()方法生成的定时器对象

1. setTimeout()方法

setTimeout()方法能够在指定的时间段后执行特定代码。用法如下。

```
var o = setTimeout( code, delay )
```

参数 code 表示要延迟执行的代码字符串，该字符串语句可以在 window 环境中执行，如果包含多个语句，应该使用分号进行分隔。delay 表示延迟的时间，以毫秒为单位。该方法返回的值是一个 Timer ID，这个 ID 编号指向延迟执行的代码控制句柄。如果把这个句柄传递给 clearTimeout()方法，则会取消代码的延迟执行。

【示例 1】　以下示例演示了当鼠标移过段落文本时，会延迟半秒钟弹出一个提示对话框，显示当前元素的名称。

```
<p>段落文本</p>
<script>
var p = document.getElementsByTagName("p")[0];
p.onmouseover = function(i){
    setTimeout(function(){
        alert(p.tagName)
    }, 500);
}
</script>
```

setTimeout()方法的第 1 个参数虽然是字符串，但是我们也可以把 JavaScript 代码封装在一个函数体内，然后把函数引用作为参数传递给 setTimeout()方法，等待延迟调用，这样就避免了传递字符串的疏漏和麻烦。

【示例 2】　以下示例演示了如何为集合中每个元素都绑定一个事件延迟处理函数。

```
var o = document.getElementsByTagName("body")[0].childNodes;
                                                // 获取 body 元素下所有子元素
for(var i = 0; i < o.length; i ++ ){            // 遍历元素集合
    o[i].onmouseover = function(i){             // 注册鼠标经过事件处理函数
        return function(){                      // 返回闭包函数
            f(o[i]);                            // 调用函数 f，并传递当前对象引用
        }
```

```
    }(i);                                   // 调用函数并传递循环序号，实现在闭包中存储对象序号值
}
function f(o){                              // 延迟处理函数
    // 定义延迟半秒钟后执行代码
    var out = setTimeout( function(){
        alert(o.tagName);                   // 显示当前元素的名称
    }, 500);
}
```

这样当鼠标移过每个 body 元素下子元素时，都会延迟半秒钟后弹出一个提示对话框，提示该元素的名称。

【示例 3】 可以利用 clearTimeout()方法在特定条件下清除延迟处理代码。例如，当鼠标移过某个元素，并停留半秒钟之后，才会弹出提示信息，一旦鼠标移出当前元素，就立即清除前面定义的延迟处理函数，避免相互干扰。

```
var o = document.getElementsByTagName("body")[0].childNodes;
for(var i = 0; i < o.length; i ++ ){
    o[i].onmouseover = function(i){// 为每个元素注册鼠标移过时事件延迟处理函数
        return function(){
            f(o[i])
        }
    } (i);
    o[i].onmouseout = function(i) {// 为每个元素注册鼠标移出时清除延迟处理函数
        return function(){
            clearTimeout(o[i].out); // 调用 clearTimeout()方法，清除已注册的延迟处理函数
        }
    } (i);
}
function f(o){
    // 为了防止混淆多个注册的延迟处理函数，分别把不同元素的延迟处理函数的引用
存储在该元素对象的 out 属性中
    o.out = setTimeout(function(){
        alert(o.tagName);
    } , 500);
}
```

setTimeout()方法只能够被执行一次，如果希望反复执行该方法中包含的代码，则应该在 setTimeout()方法中包含对自身的调用，这样就可以把自己注册为可以反复被执行的方法。

【示例 4】 以下示例会在页面内的文本框中按秒针速度显示递加的数字，当循环执行 10 次后，会调用 clearTimeout()方法清除对代码的执行，并弹出提示信息。

```
<input type="text" />
<script>
var t = document.getElementsByTagName("input")[0];
var i = 1;
function f(){
    var out = setTimeout(                   // 定义延迟执行的方法
    function(){                             // 延迟执行函数
        t.value = i ++ ;                    // 递加数字
```

```
        f();                                  // 调用包含 setTimeout()方法的函数
    }, 1000);                                 // 设置每秒执行一次调用
    if(i > 10){                               // 如果超过 10 次，则清除执行，并弹出提示信息
        clearTimeout(out);
        alert("10 秒钟已到");
    }
}
f();                                          // 调用函数
</script>
```

2. setInterval()方法

使用 setTimeout()方法模拟循环执行指定代码，不如直接调用 setInterval()方法来实现。setInterval()方法能够周期性执行指定的代码，如果不加以处理，那么该方法将会被持续执行，直到浏览器窗口关闭，或者跳转到其他页面为止。用法如下：

```
var o = setInterval( code, interval )
```

该方法的用法与 setTimeout()方法基本相同，其中参数 code 表示要周期执行的代码字符串，而 interval 参数表示周期执行的时间间隔，以毫秒为单位。该方法返回的值是一个 Timer ID，这个 ID 编号指向对当前周期函数的执行引用，利用该值对计时器进行访问，如果把这个值传递给 clearTimeout()方法，则会强制取消周期性执行的代码。

此外，setInterval()方法的第 1 个参数如果是一个函数，则 setInterval()方法还可以跟随任意多个参数，这些参数将作为此函数的参数使用。格式如下所示。

```
var o = setInterval( function, interval[,arg1,arg2,.....argn])
```

【示例 5】 针对上面示例，可以编写如下代码。

```
<input type="text" />
<script>
var t = document.getElementsByTagName("input")[0];
var i = 1;
var out = setInterval(f, 1000);               // 定义周期性执行的函数
function f(){
    t.value = i ++ ;
    if(i > 10){                               // 如果重复执行 10 次
        clearTimeout(out);                    // 则清除周期性调用函数
        alert("10 秒钟已到");
    }
}
</script>
```

提示：

setTimeout()和 setInterval()方法在用法上有几分相似，不过两者的作用区别也很明显，setTimeout()方法主要用来延迟代码执行，而 setInterval()方法主要实现周期性执行代码。

在动画设计中，setTimeout()方法适合在不确定的时间内持续执行某个动作，而 setInterval()方法适合在有限的时间内执行可以确定起点和终点的动画。

如果同时做周期性动作，setTimeout()方法不会每隔几秒钟就执行一次函数，如果函数执行需要 1 秒钟，而延迟时间为 1 秒钟，则整个函数应该是每 2 秒钟才执行一次。而 setInterval()方法却没有被自己所

调用的函数所束缚，它只是简单地每隔一定时间就重复执行一次那个函数。

16.2 使用 navigator 对象

navigator 对象包含了浏览器的基本信息，如名称、版本和系统等。通过 window.navigator 可以引用该对象，并利用它的属性来读取客户端基本信息，navigator 对象属性说明如表 16.4 所示。

表 16.4 navigator 对象属性

属　　性	描　　述
appCodeName	返回浏览器的代码名
appMinorVersion	返回浏览器的次级版本
appName	返回浏览器的名称
appVersion	返回浏览器的平台和版本信息
browserLanguage	返回当前浏览器的语言
cookieEnabled	返回指明浏览器中是否启用 cookie 的布尔值
cpuClass	返回浏览器系统的 CPU 等级
onLine	返回指明系统是否处于脱机模式的布尔值
platform	返回运行浏览器的操作系统平台
systemLanguage	返回 OS 使用的默认语言
userAgent	返回由客户机发送服务器的 user-agent 头部的值
userLanguage	返回 OS 的自然语言设置

扫一扫，看视频

16.2.1 浏览器检测方法

浏览器检测的方法有多种，常用方法包括两种：特征检测法和字符串检测法。这两种方法都存在各自的优点与缺点，用户可以根据需要酌情选择。

【示例 1】 特征检测法就是根据浏览器是否支持特定功能来决定操作的方式。这是一种非精确判断法，但却是最安全的检测方法。因为准确检测浏览器的类型和型号是一件很困难的事情，而且很容易存在误差。如果不关心浏览器的身份，仅仅在意浏览器的执行能力，那么使用特征检测法就完全可以满足需要。

```
if(document.getElementsByName){              // 如果存在，则使用该方法获取 a 元素
   var a = document.getElementsByName("a");
}
else if(document.getElementsByTagName){      // 如果存在，则使用该方法获取 a 元素
   var a = document.getElementsByTagName("a");
}
```

当使用一个对象、方法或属性时，先判断它是否存在。如果存在，则说明浏览器支持该对象、方法

或属性，这样就可以放心的使用，而不用关注当前客户具体使用的浏览器类型和版本等具体信息。当一个方法不存在时，它会返回 undefined，这时 JavaScript 会自动把它转换为布尔值 false。

【示例 2】 使用用户代理字符串检测浏览器类型。客户端浏览器每次发送 HTTP 请求时，都会附带有一个 user-agent 字符串，对于 Web 开发人员来说，可以通过脚本识别客户使用的浏览器类型。

客户端 JavaScript 在 navigator 对象中定义了 userAgent 属性，利用该属性可以捕获客户端 user-agent 字符串信息。

```
var s = window.navigator.userAgent;
alert(s);
//返回字符串"Mozilla /4.0 (compatible;MSIE 7.0;Windows NT 5.1;DigExt ; NET CLR 2.
0.50727 ) "
```

也可以简写为如下形式。

```
var s = navigator.userAgent;
```

user-agent 字符串包含了 Web 浏览器的大量信息，如浏览器的名称和版本。对于不同浏览器来说，该字符串所包含的信息也不尽相同，如表 16.5 所示。

表 16.5 不同浏览器的 user-agent 字符串比较

浏览器类型	user-agent 字符串
IE 6.0（Windows XP）	Mozilla /4.0 (compatible;MSIE 6.0;Windows NT 5.1)
IE 7.0（Windows XP）	Mozilla /4.0 (compatible;MSIE 7.0;Windows NT 5.1;DigExt ; NET CLR 2. 0.50727)
IE 8.0（Windows Vista）	Mozilla /4.0 (compatible;MSIE 8.0;Windows NT 6.0;Trident/4.0)
IE 8.0（Windows 7）	Mozilla /4.0 (compatible;MSIE 8.0;Windows NT 6.1;Trident/4.0)
Firefox 3.0（Windows XP）	Mozilla/5.0 (Windows; U; Windows NT 5.1; zh-CN; rv; 1.9.0.5) Gecko/2008120122 Firefox/3.1.5
Opera 9.0（Windows XP）	Opera / 9.00 (Windows NT 5.1 ; U; zh-cn)

16.2.2 检测浏览器类型和版本号

扫一扫，看视频

检测浏览器类型和版本比较容易，用户只需要根据不同浏览器类型匹配特殊信息即可。

【示例 1】 以下方法能够检测当前主流浏览器类型，包括 IE、Opera、Safari、Chrome 和 Firefox 浏览器。

```
var ua = navigator.userAgent.toLowerCase();        // 获取用户端信息
var info ={
    ie : /msie/.test(ua) && !/opera/.test(ua),     // 匹配 IE 浏览器
    op : /opera/.test(ua),                         // 匹配 Opera 浏览器
    sa : /version.*safari/.test(ua),               // 匹配 Safari 浏览器
    ch : /chrome/.test(ua),                        // 匹配 Chrome 浏览器
    ff : /gecko/.test(ua) && !/webkit/.test(ua)    // 匹配 Firefox 浏览器
};
```

然后，在脚本中调用该对象的属性，如果相应属性值为 true，说明为对应类型浏览器，否则就返回 false。

```
(info.ie) && alert("IE 浏览器");
```

```
(info.op) && alert("Opera 浏览器");
(info.sa) && alert("Safari 浏览器");
(info.ff) && alert("Firefox 浏览器");
(info.ch) && alert("Chrome 浏览器");
```

【示例 2】 通过解析 navigator 对象的 userAgent 属性，可以获得浏览器的完整版本号。针对 IE 浏览器来说，它是在 " MSIE " 字符串后面带一个空格，然后跟随版本号及分号。因此，可以设计如下函数获取 IE 的版本号。

```
// 获取 IE 浏览器的版本号
// 返回数值，显示 IE 的主版本号
function getIEVer(){
    var ua = navigator.userAgent;                          // 获取用户端信息
    var b = ua.indexOf("MSIE ");                           // 检测特殊字符串"MSIE "的位置
    if(b < 0){
        return 0;
    }
    return parseFloat(ua.substring(b + 5, ua.indexOf(";", b)));
                                                           // 截取版本号字符串，并转换为数值
}
```

直接调用该函数即可获取当前 IE 浏览器的版本号。

```
alert(getIEVer());                                         // 返回数值 7
```

IE 浏览器版本众多，一般可以使用大于某个数字的形式进行范围匹配，因为浏览器是向后兼容的，使用是否等于某个版本显然不能适应新版本的需要。

【示例 3】 利用同样的方法可以检测其他类型浏览器的版本号，下面函数是检测 Firefox 浏览器的版本号。

```
function getFFVer(){
    var ua = navigator.userAgent;
    var b = ua.indexOf("Firefox/");
    if(b < 0){
        return 0;
    }
    return  parseFloat(ua.substring(b + 8,ua.lastIndexOf("\.")));
}
alert(getFFVer());
```

对于 Opera 等浏览器，可以使用 navigator.userAgent 属性来获取版本号，只不过其用户端信息与 IE 有所不同，如 Opera/9.02 (Windows NT 5.1; U; en)，根据这些形式，可以很容易获得其版本号。

如果浏览器的某些对象或属性不能向后兼容，这种检测方法也容易产生问题。所以更稳妥的方法是采用特征检测法，而不要使用字符串检测法。

16.2.3 检测客户操作系统

扫一扫，看视频

在 navigator.userAgent 返回值中，一般都会包含操作系统的基本信息，不过这些信息比较散乱，没有统一的规则。一般情况下用户可以检测一些更为通用的信息。例如，仅考虑是否为Windows 系统，或者为 Macintosh 系统，而不是分辨操作系统的版本号。

【示例】 如果仅检测通用信息，那么所有 Windows 版本的操作系统都会包含"Win"字符串，而所有的 Macintosh 版本操作系统都包含有"Mac"字符串，所有的 UNIX 版本操作系统都包含有"X11"，而在

Linux 操作系统下则同时包含"X11"和"Linux"。所以，用户可以通过快速检测用户端信息中是否包含上述字符串来进行准确判断：

```
var isWin = (navigator.userAgent.indexOf("Win") != - 1);
                                        // 如果是 Windows 系统，则返回 true
var isMac = (navigator.userAgent.indexOf("Mac") != - 1);
                                        // 如果是 Macintosh 系统，则返回 true
var isUnix = (navigator.userAgent.indexOf("X11") != - 1);
                                        // 如果是 UNIX 系统，则返回 true
var isLinux = (navigator.userAgent.indexOf("Linux") != - 1);
                                        // 如果是 Linux 系统，则返回 true
```

16.2.4　检测插件

扫一扫，看视频

用户经常需要检测浏览器中是否安装了特定的插件。

对于非 IE 浏览器，可以使用 navigator 对象的 plugins 属性实现。plugins 是一个数组，该数组中的每一项都包含下列属性。

- name：插件的名字。
- description：插件的描述。
- filename：插件的文件名。
- length：插件所处理的 MIME 类型数量。

【示例 1】 一般来说，name 属性包含检测插件必需的所有信息，在检测插件时，使用下面的代码循环迭代每个插件，并将插件的 name 与给定的名字进行比较。

```
function hasPlugin(name){                       //检测非 IE 浏览器插件
    name = name.toLowerCase();
    for (var i=0; i < navigator.mimeTypes.length; i++){
        if (navigator.mimeTypes[i].name.toLowerCase().indexOf(name) > -1){
            return true;
        }
    }
    return false;
}
alert(hasPlugin("Flash"));
alert(hasPlugin("QuickTime"));
alert(hasPlugin("Java"));
```

在 Firefox、Safari、Opera 和 Chrome 中可以使用上述方法来检测插件。

hasPlugin()函数包含一个参数：要检测的插件名。检测的第一步是将传入的名称转换为小写形式，以便比较。然后，迭代 plugins 数组，通过 indexOf ( )方法检测每个 name 属性，以确定传入的名称是否出现在字符串的某个地方。比较的字符串都使用小写形式，避免因大小写不一致导致的错误。而传入的参数应该尽可能具体，以避免混淆，如 Flash 和 QuickTime。

【示例 2】 在 IE 中检测插件可以使用 ActiveXObject，尝试创建一个特定插件的实例。IE 是以 COM 对象的方式实现插件的，而 COM 对象使用唯一标识符来标识。因此，要想检查特定的插件，就必须知道其 COM 标识符。例如，Flash 的标识符是 ShockwaveFlash.ShockwaveFlash。知道唯一标识符之后，就可以编写以下函数来检测 IE 中是否安装相应插件。

```
function hasIEPlugin(name){                    //检测 IE 浏览器插件
    try {
        new ActiveXObject(name);
        return true;
    } catch (ex){
        return false;
    }
}
alert(hasIEPlugin("ShockwaveFlash.ShockwaveFlash"));
alert(hasIEPlugin("QuickTime.QuickTime"));
```

要兼容不同浏览器，把上面两个检测函数同时应用即可。

扫一扫，看视频

16.3 使用 location 对象

location 对象存储当前页面与位置（URL）相关的信息，表示当前显示文档的 Web 地址。使用 window 对象的 location 属性可以访问。

location 对象定义了 8 个属性，其中 7 个属性分别指向当前 URL 的各部分信息，另一个属性（href）包含了完整的 URL 信息，详细说明如表 16.6 所示。为了便于更直观地理解，表 16.6 中各个属性将以下面 URL 示例信息为参考进行说明。

```
http:// www.mysite.cn:80/news/index.asp?id=123&name= location#top
```

表 16.6 location 对象属性

属　性	说　明
href	声明了当前显示文档的完整 URL，与其他 location 属性只声明部分 URL 不同，把该属性设置为新的 URL 会使浏览器读取并显示新 URL 的内容
protocol	声明了 URL 的协议部分，包括后缀的冒号。例如："http:"
host	声明了当前 URL 中的主机名和端口部分。例如："www.mysite.cn:80"
hostname	声明了当前 URL 中的主机名。例如："www.mysite.cn"
port	声明了当前 URL 的端口部分。例如："80"
pathname	声明了当前 URL 的路径部分。例如："news/index.asp"
search	声明了当前 URL 的查询部分，包括前导问号。例如："?id=123&name=location"
hash	声明了当前 URL 中锚部分，包括前导符（#）。例如："#top"，指定在文档中锚记的名称

使用 location 对象，结合字符串方法可以抽取 URL 中查询字符串的参数值。

【示例】 以下示例定义一个获取 URL 查询字符串参数值的通用函数，该函数能够抽取每个参数和参数值，并以名/值对的形式存储在对象中返回。

```
var queryString = function(){                  // 获取 URL 查询字符串参数值的通用函数
    var q = location.search.substring(1);      // 获取查询字符串,即"id=123&name= location"
                                                  部分
    var a = q.split("&");                      // 以&符号为界把查询字符串劈开为数组
```

```
    var o = {};                                 // 定义一个临时对象
    for( var i = 0; i <a.length; i++){          // 遍历数组
        var n = a[i].indexOf("=");              // 获取每个参数中的等号小标位置
        if(n == -1) continue;                   // 如果没有发现则跳到下一次循环继续操作
        var v1 = a[i].substring(0, n);          // 截取等号前的参数名称
        var v2 = a[i].substring(n+1);           // 截取等号后的参数值
        o[v1] = unescape(v2);                   // 以名/值对的形式存储在对象中
    }
    return o;                                   // 返回对象
}
```

然后，在页面中调用该函数，即可获取 URL 中的查询字符串信息，并以对象形式读取它们的值。

```
var f1 = queryString();                         // 调用查询字符串函数
for(var i in f1){                               // 遍历返回对象，获取每个参数及其值
    alert(i + "=" + f1[i]);
}
```

如果当前页面的 URL 中没有查询字符串信息，用户可以在浏览器的地址栏中补加完整的查询字符串，如“?id=123&name= location”，再次刷新页面，即可显示查询的查询字符串信息。

提示：

location 对象的属性都是可读可写的，如果改变了文档的 location.href 属性值，则浏览器就会载入新的页面。如果改变了 location.hash 属性值，则页面会跳转到新的锚点（<a name="anchor">或<element id="anchor">），但此时页面是不会重载的。

```
location.hash = "#top";
```

如果把一个含有 URL 的字符串赋给 location 对象或它的 href 属性，浏览器就会把新的 URL 所指的文档装载进来，并显示出来。

```
location = "http:// www.mysite.cn/navi/";       // 页面会自动跳转到对应的网页
location.href = "http:// www.mysite.cn/";       // 页面会自动跳转到对应的网页
```

除了设置 location 对象的 href 属性外，还可以修改部分 URL 信息，用户只需要给 location 对象的其他属性赋值即可。这时会创建一个新的 URL，浏览器会将它装载并显示出来。

如果需要 URL 其他信息，只能通过字符串处理方法截取。例如，如果要获取网页的名称，可以使用以下方式。

```
var p = location.pathname;
var n = p.substring(p.lastIndexOf("/")+1);
```

如果要获取文件扩展名，也可以编写以下代码。

```
Var c = p.substring(p.lastIndexOf(".")+1);
```

拓展：

location 对象还定义了两个方法：reload()和 replace()。

- reload()：可以重新装载当前文档。
- replace()：可以装载一个新文档而无须为它创建一个新的历史记录。也就是说，在浏览器的历史列表中，新文档将替换当前文档。这样在浏览器中就不能够通过【返回】按钮返回当前文档。

对那些使用了框架并且显示多个临时页的网站来说，replace()方法比较有用。这样临时页面都不被存储在历史列表中。

注意：

window.location 与 document.location 不同，前者引用 location 对象，后者只是一个只读字符串，与 document.URL 同义。但是，当存在服器重定向时，document.location 包含的是已经装载的 URL，而 location.href 包含的则是原始请求的文档的 URL。

扫一扫，看视频

16.4　使用 history 对象

history 对象存储浏览器窗口的浏览历史，通过 window 对象的 history 属性可以访问该对象。实际上，history 对象存储最近访问的、有限条目的 URL 信息。为了保护客户端浏览信息的安全和隐私，history 对象禁止 JavaScript 脚本直接操作这些访问信息。

History 对象允许使用 length 属性读取列表中 URL 的个数，并可以调用 back()、forward()和 go()方法访问数组中的 URL。

（1）back()：返回到前一个 URL。

（2）forward()：访问下一个 URL。

（3）go()：该方法比较灵活，它能够根据参数决定可访问的 URL。

- 如果参数为正整数，浏览器就会在历史列表中向前移动；如果参数值为负整数，浏览器就会在历史列表中向后移动。例如，history.go(-1)等价于 history.back()，而 history.go(1)等价于 history.forward()，history.go(0)等价于刷新页面。
- 如果参数为一个字符串，则 history 对象能够从浏览历史中检索包含该字符串的 URL，并访问第一个检索到的 URL。

history.back()和 history.forward()与浏览器软件中的“后退”和“向前”按钮功能相一致。每个窗口都有独立的历史记录，并通过独立的 history 属性引用。当打开新建窗口时，由于历史记录为空，所以对应的方法都是无效的。

访问框架（frame）的历史记录一般可以通过下面的方法实现。

```
frames[n].history.back();
frames[n].history.forward();
frames[n].history.go(m);
```

frames 中参数 n 表示框架的下标位置。

扫一扫，看视频

16.5　使用 screen 对象

screen 对象存储客户端屏幕信息，如表 16.7 所示。这些信息可以用来探测客户端硬件的基本配置。利用 screen 对象可以优化程序的设计，满足不同用户的显示要求。

表 16.7　screen 对象属性

属　性	描　述
availHeight	返回显示屏幕的高度（除 Windows 任务栏之外）
availWidth	返回显示屏幕的宽度（除 Windows 任务栏之外）

续表

属　性	描　述
bufferDepth	设置或返回调色板的比特深度
colorDepth	返回目标设备或缓冲器上的调色板的比特深度
deviceXDPI	返回显示屏幕的每英寸水平点数
deviceYDPI	返回显示屏幕的每英寸垂直点数
fontSmoothingEnabled	返回用户是否在显示控制面板中启用了字体平滑
height	返回显示屏幕的高度
logicalXDPI	返回显示屏幕每英寸的水平方向的常规点数
logicalYDPI	返回显示屏幕每英寸的垂直方向的常规点数
pixelDepth	返回显示屏幕的颜色分辨率（比特每像素）
updateInterval	设置或返回屏幕的刷新率
width	返回显示器屏幕的宽度

用户可以根据显示器屏幕大小选择使用图像的大小，或者根据显示器的颜色深度选择使用 16 色图像或 8 色图像，或者打开新窗口时设置居中显示。

【示例】　以下示例演示了如何让弹出的窗口居中显示。

```
function center(url){                                    // 窗口居中处理函数
    var w = screen.availWidth / 2;                       // 获取客户端屏幕宽度的一半
    var h = screen.availHeight/2;                        // 获取客户端屏幕高度的一半
    var t = (screen.availHeight - h)/2;                  // 计算居中显示时顶部坐标
    var l = (screen.availWidth - w)/2;                   // 计算居中显示时左侧坐标
    var p = "top=" + t + ",left=" + l + ",width=" + w + ",height=" +h;
    // 设计坐标参数字符串
    var win = window.open(url,"url",p);                  // 打开指定的窗口，并传递参数
    win.focus();                                         // 获取窗口焦点
}
center("https://www.baidu.com/");                        // 调用该函数
```

虽然使用 screen 对象的 width 和 height 属性可以实现，但是不同浏览器在解析时会存在一定的差异。

16.6　使用 document 对象

在浏览器窗口中，每个 window 对象都会包含一个 document 属性，该属性引用窗口中显示 HTML 文档的 document 对象。document 对象与它所包含的各种节点（如表单、图像和链接）构成了文档对象模型，如图 16.4 所示。

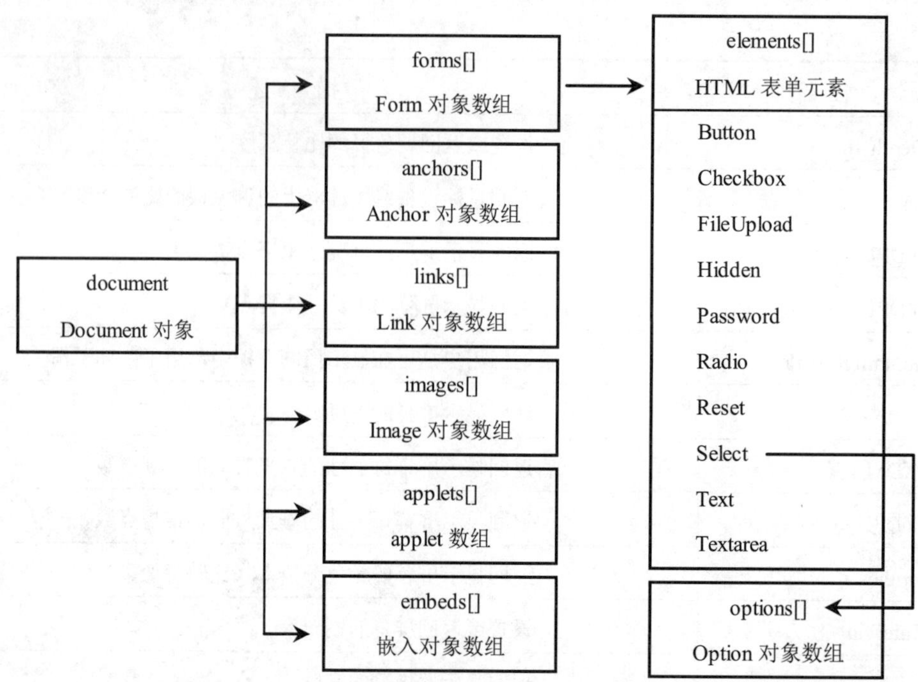

图 16.4　文档对象模型

扫一扫，看视频

16.6.1　访问文档对象

浏览器在加载文档时，会自动构建文档对象模型，把文档中同类元素对象映射到一个集合中，然后以 document 对象属性的形式允许用户访问。

注意：

本节所谓的文档对象模型与下一章介绍的 DOM 文档对象模型是两个不同概念，本节文档对象模型是早期的、非标准的、但被浏览器广泛支持的文档结构访问方式。而下一章介绍的 DOM 是 W3C 组织制订的，标准化的文档结构模型，也获得了浏览器的广泛支持。两者共同存在于浏览器中，并存在部分功能重合的现象。

这些集合都是 HTMLCollection 对象，为访问文档常用对象提供了快捷方式，简单说明如下。

- document.anchors：返回文档中所有 Anchor 对象，即所有带 name 特性的<a>标签。
- document.applets：返回文档中所有 Applet 对象，即所有<applet>标签，不再推荐使用。
- document.forms：返回文档中所有 Form 对象，与 document.getElementsByTagName("form")得到的结果相同。
- document.images：返回文档中所有 Image 对象，与 document.getElementsByTagName("img")得到的结果相同。
- document.links：返回文档中所有 Area 和 Link 对象，即所有带 href 特性的<a>标签。

如果与 Form 对象、Image 对象或 Applet 对象对应的 HTML 标签中设置了 name 属性，那么还可以使用 name 属性值引用这些对象。浏览器在解析文档时，会自动把这些元素的 name 属性值定义为 document 对象的属性名，用来引用相应的对象。该方法仅适用上述 3 种元素对象，其他元素对象需要使用数组元素来访问。

【示例 1】　以下示例使用 name 访问文档元素。

```
<img name="img" src = "bg.gif" />
```

```
<form name="form" method="post" action="http://www.mysite.cn/navi/">
</form>
<script>
alert(document.img.src);                          // 返回图像的地址
alert(document.form.action);                      // 返回表单提交的路径
</script>
```

【示例 2】 使用文档对象集合可以快速索引，此时不需要 name 属性。

```
<img src = "bg.gif" />
<form method="post" action="http://www.mysite.cn/navi/">
</form>
<script>
alert(document.images[0].src);                    // 返回图像的地址
alert(document.forms[0].action);                  // 返回表单提交的路径
</script>
```

【示例 3】 如果元素对象定义有 name 属性，也可以使用文本下标来引用对应的元素对象。

```
<img name="img" src = "bg.gif" />
<form name="form" method="post" action="http://www.mysite.cn/navi/">
</form>
<script>
alert(document.images["img"].src);                // 返回图像的地址
alert(document.forms["form"].action);             // 返回表单提交的路径
</script>
```

16.6.2 动态生成文档内容

扫一扫，看视频

使用 document 对象的 write()和 writeln()方法可以动态生成文档内容。包括以下两种方式。

- 在浏览器解析时动态输出信息。
- 在调用事件处理函数时使用 write()或 writeln()方法生成文档内容。

write()方法可以支持多个参数，当为它传递多个参数时，这些参数将被依次写入文档。

【示例 1】 使用 write()方法生成文档内容。

```
document.write('Hello',',','World');
```

实际上，上面代码与下面的用法是相同的：

```
document.write('Hello,World');
```

writeln()方法与 write()方法完全相同，只不过在输出参数之后附加一个换行符。由于 HTML 忽略换行符，所以很少使用该方法，不过在非 HTML 文档输出时使用会比较方便。

【示例 2】 以下示例演示了 write()和 writeln()方法的混合使用。

```
function f(){
   document.write('<p>调用事件处理函数时动态生成的内容</p>');
}
document.writeln('<p onclick="f()">文档解析时动态生成的内容</p>');
```

在页面初始化后，文档中显示文本为“文档解析时动态生成的内容”，而一旦单击该文本后，则 write()方法动态输出文本为“调用事件处理函数时动态生成的内容”，并覆盖原来文档中显示的内容。

注意：

只能在当前文档正在解析时使用 write()方法在文档中输出 HTML 代码，即在<script>标签中调用 write()方法，因为这些脚本的执行是文档解析的一部分。如果从事件处理函数中调用 write()方法，那么 write()方法动态输出的结果将会覆盖当前文档，包括它的事件处理函数，而不是将文本添加到其中。所以，在使用时一定要小心，不可以在事件处理函数中包含 write()或 writeln()方法。

【示例 3】 使用 open()方法可以为某个框架创建文档，也可以使用 write()方法为其添加内容。在下面框架集文档中。左侧框架的文档为 left1.htm，而右侧框架还没有文档内容。

```
<!DOCTYPE html PUBLIC "-// W3C// DTD XHTML1.0 Frameset// EN"
"http:// www.w3.org/TR/xhtml1/DTD/xhtml1-frameset.dtd">
<html xmlns="http:// www.w3.org/1999/xhtml">
<head>
</head>
<frameset cols="*,*">
   <frame src="left1.htm" name="leftFrame" id="leftFrame" />
   <frame src="" name="mainFrame" id="mainFrame" />
</frameset>
<noframes><body></body></noframes>
</html>
```

然后，在左侧框架文档中定义如下脚本。

```
window.onload = function(){
   document.body.onclick = f;
}
function f(){
   parent.frames[1].document.open();
   parent.frames[1].document.write('<h2>动态生成右侧框架的标题</h2>')
   parent.frames[1].document.close();
}
```

首先调用 document 对象的 open()方法创建一个文档，然后调用 write()方法在文档中写入内容，最后调用 document 对象的方法 close()结束创建过程。这样在框架页的左侧框架文档中单击时，浏览器会自动在右侧框架中新创建一个文档，并生成一个二级标题信息。

注意，使用 open()后，一定要注意调用 close()方法关闭文档，只有在关闭文档时，浏览器才输出显示缓存信息。

16.7 实战案例

本节将结合框架和浏览器检测技术介绍几个实战案例。

扫一扫，看视频

16.7.1 使用远程脚本

远程脚本（Remote Scripting）就是远程函数调用，通过远程函数调用实现异步通信。所谓异步通信，就是在不刷新页面的情况下，允许客户端与服务器端进行非连续的通信。这样用户不需要等待，网页浏览与信息交互互不干扰，信息传输不用再传输完整页面。

远程脚本的设计思路：创建一个隐藏框架，使用它载入服务器端指定的文件，此时被载入的服务器端文件所包含的远程脚本（JavaScript 代码）就被激活，被激活的脚本把服务器端需要传递的信息通过框架页加载响应给客户端，从而实现客户端与服务器异步通信的目的。

提示：

所谓隐藏框架，就是设置框架高度为 0，以达到隐藏显示的目的。隐藏框架常用来加载一些外部链接和导入一些扩展服务，其中使用最多的就是使用隐藏框架导入广告页。

以下示例演示如何使用框架集实现异步通信的目的。为了方便读者能直观了解远程交互的过程，本例暂时显示隐藏框架。

【操作步骤】

（1）新建一个简单的框架集（index.htm），其中第 1 个框架默认加载页面为客户交互页面，第 2 个框架加载的页面是一个空白页。

```
<html>
<head>
<title></title>
</head>
<frameset rows="50%,50%">
   <frame src="main.htm" name="main" />
   <frame src="blank.htm" name="server" />
</frameset>
</html>
```

（2）设计空白页（blank.htm）页面代码如下。

```
<html>
<head>
<title>空白页</title>
</head>
<body>
<h1>空白页</h1>
</body>
</html>
```

（3）在客户交互页面（main.htm）中定义一个简单的交互按钮，当单击该按钮时将为底部框架加载服务器端的请求页面（server.htm）。

```
<html>
<head>
<title>与客户交互页面</title>
<script>
function request(){                          // 请求函数，加载服务器端页面
   parent.frames[1].location.href = "server.htm";
}
window.onload = function(){                  // 页面加载完毕，为按钮绑定事件处理函数
   var b = document.getElementsByTagName("input")[0];
   b.onclick = request;
}
</script>
</head>
<body>
<h1>与客户交互页面</h1>
<input name="submit" type="button" id="submit" value="向服务器发出请求" />
</body>
</html>
```

（4）在服务器响应页面（server.htm）中利用 JavaScript 脚本动态改变客户交互页面的显示信息。

```
<html>
<head>
<title>服务器端响应页面</title>
<script>
window.onload = function(){
   // 当该页面被激活并加载完毕后，动态改变客户交互页面的显示信息
```

```
    parent.frames[0].document.write("<h1>Hi，大家好，我是从服务器端过来的信息使者</h1>");
}
</script>
</head>
<body>
<h1>服务器端响应页面</h1>
</body>
</html>
```

（5）最后在浏览器中预览 index.htm，就可以看到如图 16.5 所示的演示效果。

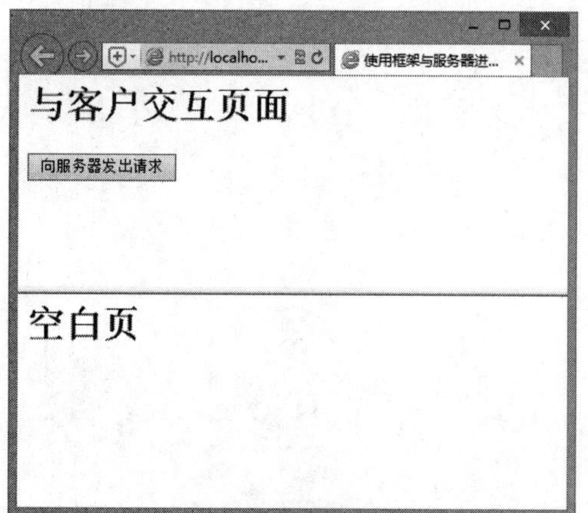

响应前

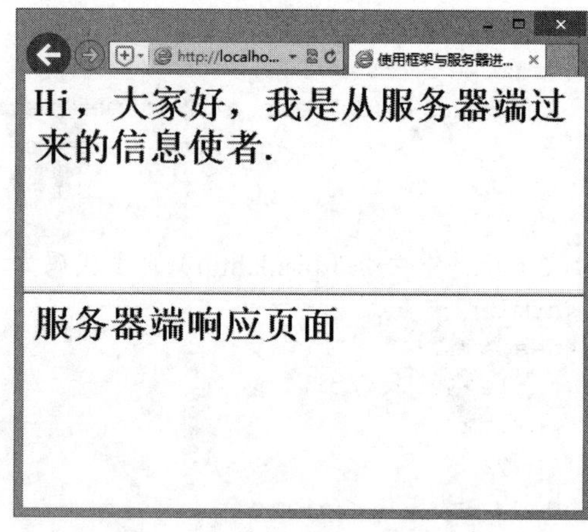

响应后

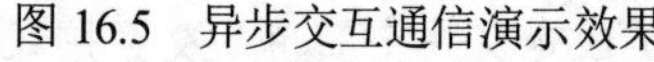

图 16.5　异步交互通信演示效果

扫一扫，看视频

16.7.2　设计远程交互

隐藏框架只是异步交互的载体，它仅负责信息的传输，而交互的核心是应该有一种信息处理机制，这种处理机制就是回调函数。

提示：

所谓回调函数，就是客户端页面中的一个普通函数，但是该函数是在服务器端被调用，并负责处理服务器端响应的信息。

在异步交互过程中，经常需要信息的双向交互，而不仅仅是接受服务器端的信息。下面示例演示如何把客户端的信息传递给服务器端，同时让服务器准确接收客户端信息。本例初步展现了异步交互中请求和响应的完整过程，其中回调函数的处理又是整个案例的焦点。

【操作步骤】

（1）模仿上一节示例构建一个框架集（index.htm）。代码如下。

```
<html>
<head>
<title></title>
</head>
<frameset rows="*,0">
    <frame src="main.htm" name="main" />
    <frame src="blank.htm" name="server" />
</frameset>
<noframes>你的浏览器不支持框架集，请升级浏览器版本！</noframes>
</html>
```

本文档框架集由上下两个框架组成，第 2 个框架高度为 0，但是不要设置为 0 像素高，因为在一些老版本的浏览器中会依然显示。这两个框架的分工如下。

- 框架 1（main），负责与用户进行信息交互。
- 框架 2（server），负责与服务器进行信息交互。

考虑到老版本浏览器可能不支持框架集，再使用<noframes>标签进行兼容，使用户体验更友好。

（2）在默认状态下，框架集中第 2 个框架加载一个空白页面（blank.htm），第 1 个框架中加载与客户进行交互的页面（main.htm）。

第 1 个框架中主要包含两个函数：一个是响应用户操作的回调函数，另一个是向服务器发送请求的事件处理函数：

```
<html>
<head>
<title>与客户交互页面</title>
<script>
function request(){                                     // 向服务器发送请求的异步请求函数
    var user = document.getElementById("user"); // 获取输入的用户名
    var pass = document.getElementById("pass"); // 获取输入密码
    var s = "user=" + user.value + "&pass=" + pass.value;  // 构造查询字符串
    parent.frames[1].location.href = "server.htm?" + s;    // 为框架集中第二个框架加
载服务器端请求文件，并附加查询字符串，传送客户端信息，以实现异步信息的双向交互。
}
function callback(b, n){                                // 异步交互的回调函数
    if(b){                                              // 如果参数 b 为真，说明输入信息正确
        var e = document.getElementsByTagName("body")[0];  // 获取第一个框架中 body
元素的引用指针，以实现向且其中插入信息
        e.innerHTML = "<h1>" + n + "</h1><p>您好，欢迎登录站点</p>";
                                                        // 在交互页面中插入新的交互信息
    }
    else{                                               // 如果参数 b 为假，说明输入信息不正确
        alert("你输入的用户名或密码有误，请重新输入");// 提示重新输入信息
        var user = parent.frames[0].document.getElementById("user");
                                                        // 获取第一个框架中的用户名文本框
        var pass = parent.frames[0].document.getElementById("pass");
                                                        // 获取第一个框架中的密码文本框
        user.value = "";                                // 清空用户名文本框中的值
        pass.value = "";                                // 清空密码文本框中的值
    }
}
window.onload = function(){                             // 页面初始化处理函数
    var b = document.getElementById("submit");  // 获取【提交】按钮
    b.onclick = request;                                // 绑定鼠标单击事件处理函数
}
</script>
</head>
<body>
<h1>用户登录</h1>
```

```
用户名 <input name="" id="user" type="text"><br /><br />
密  码 <input name="" id="pass"  type="password"><br /><br />
<input name="submit" type="button" id="submit" value="提交" />
</body>
</html>
```

由于回调函数是在服务器端文件中被调用的，所以对象作用域的范围就发生了变化，此时应该指明它的框架集和框架名或序号，否则在页面操作中会找不到指定的元素。

（3）在服务器端的文件中设计响应处理函数，该函数将分解 HTTP 传递过来的 URL 信息，获取查询字符串，并根据查询字符串中用户名和密码，判断当前输入的信息是否正确，并决定具体响应的信息。

```
<html>
<head>
<title>服务器端响应和处理页面</title>
<script>
window.onload = function(){// 服务器响应处理函数，当该页面被请求加载时触发
    var query = location.search.substring(1);// 获取HTTP请求的URL中所包含的查询字符串
    var a = query.split("&");                   // 劈开查询字符串为数组
    var o ={};                                   // 临时对象直接量
    for(var i = 0; i < a.length; i ++ ){        // 遍历查询字符串数组
        var pos = a[i].indexOf("=");            // 找到等号的下标位置
        if(pos == - 1) continue;                // 如果没有等号，则忽略
        var name = a[i].substring(0, pos);      // 获取等号前面的字符串
        var value = a[i].substring(pos + 1);    // 获取等号后面的字符串
        o[name] = unescape(value);              // 把名/值对传递给对象
    }
    var n, b;
    // 如果用户名存在，且等于"admin"，则记录该信息，否则设置为null
    ((o["user"]) && o["user"] == "admin") ? (n = o["user"]) : (n = null );
    // 如果密码存在，且等于"1234556"，则设置变量b为true，否则为false
    ((o["pass"]) && o["pass"] == "123456") ? (b = true ) : (b = false ) ;
    // 调用客户端框架集中第1个框架中的回调函数，并把处理的信息传递给它。
    parent.frames[0].callback(b, n);
}
</script>
</head>
<body>
<h1>服务器端响应和处理页面</h1>
</body>
</html>
```

在实际开发中，服务器端文件一般为动态服务器类型的文件，并借助服务器端脚本来获取用户的信息，然后决定响应的内容，如查询数据库，返回查询内容等。本示例以简化的形式演示异步通信的过程，因此没有采用服务器技术。

（4）预览框架集，在客户交互页面中输入用户的登录信息，当向服务器提交请求之后，服务器首先接收从客户端传递过来的信息，并进行处理，然后调用客户端的回调函数把处理后的信息响应回去。示例演示效果如图 16.6 所示。

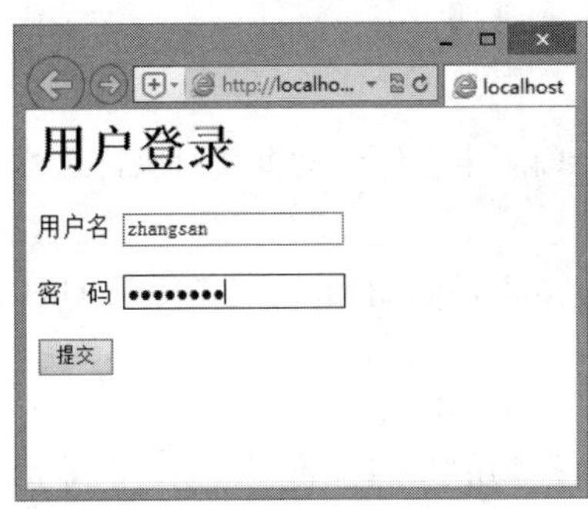

登录

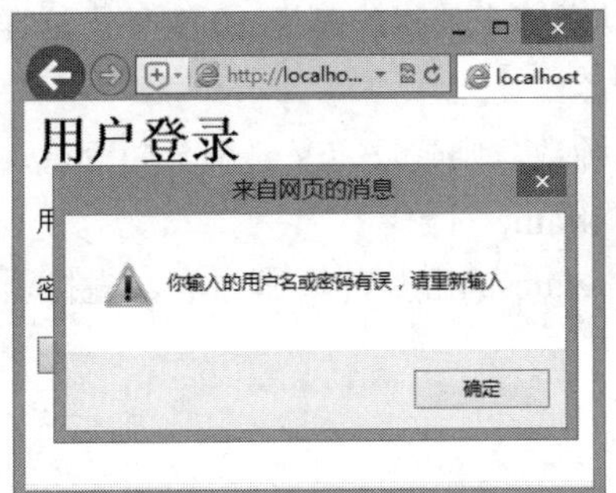

错误提示

正确提示

图 16.6　异步交互和回调处理效果图

扫一扫，看视频

16.7.3　使用浮动框架

使用框架集设计远程脚本存在如下缺陷：

- 框架集文档需要多个网页文件配合使用，结构不符合标准，也不利于代码优化。
- 框架集缺乏灵活性，如果完全使用脚本控制异步请求与交互，不是很方便。

浮动框架（iframe 元素）与 frameset（框架集）功能相同，但是<iframe>是一个普通标签，可以插入到页面任意位置，不需要框架集管理，也便于 CSS 样式和 JavaScript 脚本控制。

【操作步骤】

（1）在客户端交互页面（main.html）中新建函数 hideIframe()，使用该函数动态创建浮动框架，借助这个浮动框架实现与服务器进行异步通信。有关 DOM 节点操作方法请参考第 17 章介绍。

```
// 创建浮动框架
// 参数：url 表示要请求的服务器端文件路径
// 返回值：无
function hideIframe(url){
    var hideFrame = null;                                  // 定义浮动框架变量
    hideFrame = document.createElement("iframe");          // 创建 iframe 元素
    hideFrame.name = "hideFrame";                          // 设置名称属性
    hideFrame.id = "hideFrame";                            // 设置 ID 属性
    hideFrame.style.height = "0px";                        // 设置高度为 0
    hideFrame.style.width = "0px";                         // 设置宽度为 0
    hideFrame.style.position = "absolute";                 // 设置绝对定位，避免浮动框架占据
                                                              页面空间
    hideFrame.style.visibility = "hidden";                 // 设置隐藏显示
    document.body.appendChild(hideFrame);                  // 把浮动框架元素插入到body元素中
    setTimeout(function(){                                 // 设置延缓请求时间
        frames["hideFrame"].location.href = url;
    }, 10)
}
```

当使用 DOM 创建 iframe 元素时，应设置同名的 name 和 id 属性，因为不同类型浏览器引用框架时会分别使用 name 或 id 属性值。当创建好 iframe 元素之后，大部分浏览器（如 Mozilla 和 Opera）会需要一点时间（约为几毫秒）来识别新框架并将其添加到帧集合中，因此当加载地址准备向服务器进行请求

时，应该使用 setTimeout()函数使发送请求的操作延迟 10 毫秒。这样当执行请求时，浏览器能够识别这些新的框架，避免发生错误。

如果页面中需要多处调用请求函数，则建议定义一个全局变量，专门用来存储浮动框架对象，这样就可以避免每次请求时都创建新的 iframe 对象。

（2）修改客户端交互页面中 request()函数的请求内容，直接调用 hideIframe()函数，并传递 URL 参数信息。

```
function request(){                                      // 异步请求函数
    var user = document.getElementById("user");          // 获取用户名文本框，注意引用路径的不同
    var pass = document.getElementById("pass");          // 获取密码域，注意引用路径的不同
    var s = "iframe_server.html?user=" + user.value + "&pass=" + pass.value;
    hideIframe(s);                                       // 调用函数创建浮动框架，指定请求的服务器文件和传递的信息
}
```

由于浮动框架与框架集是属于不同级别的作用域，浮动框架是被包含在当前窗口中的，所以应该使用 parent，而不是 parent.frames[0]来调用回调函数，或者在回调函数中读取文档中的元素（客户端交互页面的详细代码请参阅 iframe_main.html 文件）：

```
function callback(b, n){
    if(b && n){                                          // 如果返回信息合法，则在页面中显示新的信息
        var e = document.getElementsByTagName("body")[0];
        e.innerHTML = "<h1>" + n + "</h1><p>您好，欢迎登录站点</p>";
    }
    else{                                                // 否则，提示错误信息，并显示表单要求重新输入
        alert("你输入的用户名或密码有误，请重新输入");
        var user = parent.document.getElementById("user");// 获取文档中的用户名文本框
        var pass = parent.document.getElementById("pass");// 获取文档中的密码域
        user.value = "";                                 // 清空文本框
        pass.value = "";                                 // 清空密码域
    }
}
```

（3）在服务器端响应页面中也应该修改引用客户端回调函数的路径（服务器端响应页面详细代码请参阅 server.html 文件）。代码如下:

```
window.onload = function(){
    //......
    parent.callback(b, n);                               // 注意，引用路径的变化
}
```

这样通过 iframe 浮动框架只需要两个文件：客户端交互页面（main.html）和服务器端响应页面（server.html），就可以完成异步信息交互的任务。

（4）预览效果，本例效果与 16.7.2 节示例相同，如图 16.6 所示，用户可以参阅本书示例源代码了解更具体的代码和运行效果。

16.8 在线课堂：实践练习

本节为线上实践环节，旨在通过大量小巧、简单而实用的示例，帮助读者练习客户端开发的一般方法，培养初学者灵活使用 JavaScript 设计交互式网页的基本能力，感兴趣的读者请扫码练习。

扫码，看电子版

第 17 章　操作 DOM

DOM（Document Object Model，文档对象模型）是 W3C 制定的一套技术规范，用来描述 JavaScript 脚本怎样与 HTML 或 XML 文档进行交互的 Web 标准。DOM 规定了一系列标准接口，允许开发人员通过标准方式访问文档结构、操作网页内容、控制样式和行为等。本章将介绍 DOM 规范，以及规范化文档操作的基本方法和技巧。

【学习重点】

- 了解 DOM。
- 使用 JavaScript 操作节点。
- 使用 JavaScript 操作元素节点。
- 使用 JavaScript 操作文本和属性节点。
- 使用 JavaScript 操作文档节点。

17.1　DOM 基础

1998 年 W3C 对 DOM 进行标准化，并先后推出了 3 个不同的版本，下面重点说明一下。注意，每个版本都是在上一个版本基础上进行完善和扩展。但是在某些情况下，不同版本之间可能会存在不兼容的规定。

1. DOM 1 级

1998 年 10 月，W3C 推出 DOM 1.0 版本规范，作为推荐标准正式发布，主要包括两个子规范。

- DOM Core（核心部分）：把 XML 文档设计为树形节点结构，并为这种结构的运行机制制订了一套规范化标准。同时定义了创建、编辑、操纵这些文档结构的基本属性和方法。
- DOM HTML：针对 HTML 文档、标签集合，以及与个别 HTML 标签相关的元素定义了对象、属性和方法。

2. DOM 2 级

2000 年 11 月，W3C 正式发布了更新后的 DOM 核心部分，并在这次发布中添加了一些新规范，于是人们就把这次发布的 DOM 称为 2 级规范。

2003 年 1 月，W3C 又正式发布了对 DOM HTML 子规范的修订，添加了针对 HTML4.01 和 XHTML1.0 版本文档中很多对象、属性和方法。W3C 把新修订的 DOM 规范统一称为 DOM 2.0 推荐版本，该版本主要包括 6 个推荐子规范。

- DOM2 Core：继承自 DOM Core 子规范，系统规定了 DOM 文档结构模型，添加了更多的特性，如针对命名空间的方法等。
- DOM2 HTML：继承自 DOM HTML，系统规定了针对 HTML 的 DOM 文档结构模型，并添加了一些属性。

- DOM2 Events：规定了与鼠标相关的事件（包括目标、捕获、冒泡和取消）的控制机制，但不包含与键盘相关事件的处理部分。
- DOM2 Style（或 DOM2 CSS）：提供了访问和操纵所有与 CSS 相关的样式及规则的能力。
- DOM2 Traversal 和 DOM2 Range：DOM2 Traversal 规范允许开发人员通过迭代方式访问 DOM，DOM2 Range 规范允许对指定范围的内容进行操作。
- DOM2 Views：提供了访问和更新文档表现（视图）的能力。

这 6 个部分之间关系如图 17.1 所示，从中可以看到它们之间存在很大的关联性。DOM 2 级规范已经成为目前各大浏览器支持的主流标准，但是早期 IE（如 IE 6、IE 7）对于该规范的支持还不尽人意，特别是 DOM2 Traversal 和 DOM2 Range。

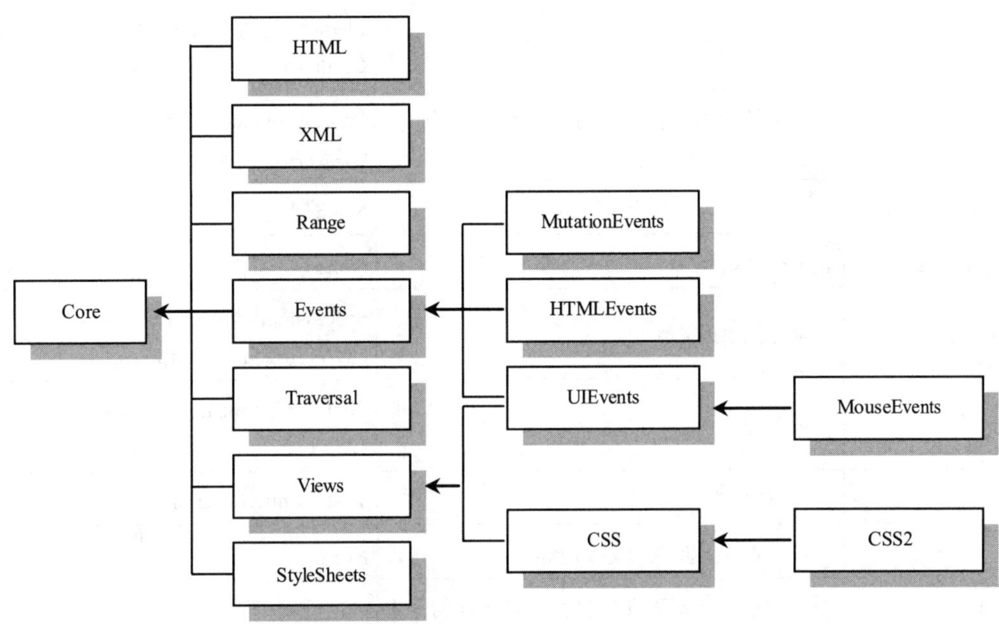

图 17.1　DOM2 级各个子规范之间的关系

3. DOM 3 级

2004 年 4 月，W3C 发布了 DOM 3.0 版本。DOM 3 级版本主要包括以下 3 个推荐子规范。

- DOM3 Core：继承于 DOM2 Core，并添加了更多的新方法和属性，同时修改了已有的一些方法。
- DOM3 Load and Save：提供将 XML 文档的内容加载到 DOM 文档中，以及将 DOM 文档序列化为 XML 文档的能力。
- DOM3 Validation：提供了确保动态生成的文档的有效性的能力，即如何符合文档类型声明。

17.2 使用节点

DOM 1 级定义了 Node 接口，该接口为 DOM 的所有节点类型定义了原始类型。JavaScript 实现了这个接口，定义所有节点类型必须继承 Node 类型。作为 Node 的子类或孙类，都拥有 Node 的基本属性和方法。

扫一扫，看视频

17.2.1 节点类型

DOM 规定：整个文档是一个文档节点，每个标签是一个元素节点，元素包含的文本是文本节点，元素的属性是一个属性节点，注释属于注释节点，如此等等。

每个节点都有一个 nodeType 属性，用于表明节点的类型，简单说明如表 17.1 所示，该表列出了不同的节点类型，以及它们可拥有的子节点类型。

表 17.1 DOM 节点类型说明

节点类型	说　明	可包含的子节点类型
Document	表示整个文档，DOM 树的根节点	Element (最多 1 个)、ProcessingInstruction、Comment、DocumentType
DocumentFragment	表示文档片段，轻量级的 Document 对象，仅包含部分文档	ProcessingInstruction 、Comment 、Text 、CDATASection、EntityReference
DocumentType	为文档定义的实体提供接口	None
ProcessingInstruction	表示处理指令	None
EntityReference	表示实体引用元素	ProcessingInstruction 、Comment 、Text 、CDATASection、EntityReference
Element	表示元素	Text 、Comment 、ProcessingInstruction 、CDATASection、EntityReference
Attr	表示属性	Text、EntityReference
Text	表示元素或属性中的文本内容	None
CDATASection	表示文档中的 CDATA 区段，其包含的文本不会被解析器解析	None
Comment	表示注释	None
Entity	表示实体	ProcessingInstruction 、Comment 、Text 、CDATASection、EntityReference
Notation	表示在 DTD 中声明的符号	None

使用 nodeType 属性返回值可以判断一个节点的类型，具体说明如表 17.2 所示。

表 17.2 nodeType 属性返回值说明

节 点 类 型	nodeType 返回值	常 量 名
Element	1	ELEMENT_NODE
Attr	2	ATTRIBUTE_NODE
Text	3	TEXT_NODE
CDATASection	4	CDATA_SECTION_NODE

续表

节点类型	nodeType 返回值	常量名
EntityReference	5	ENTITY_REFERENCE_NODE
Entity	6	ENTITY_NODE
ProcessingInstruction	7	PROCESSING_INSTRUCTION_NODE
Comment	8	COMMENT_NODE
Document	9	DOCUMENT_NODE
DocumentType	10	DOCUMENT_TYPE_NODE
DocumentFragment	11	DOCUMENT_FRAGMENT_NODE
Notation	12	NOTATION_NODE

【示例】 以下示例演示例如何借助节点的 nodeType 属性检索当前文档中包含元素的个数，演示效果如图 17.2 所示。

```
<!doctype html>
<html>
<head>
<meta charset="utf-8">
</head>
<body>
<h1>DOM</h1>
<p>DOM 是<cite>Document Object Model</cite>首字母简写，中文翻译为<b>文档对象模型</b>，
是<i>W3C</i>组织推荐的处理可扩展标识语言的标准编程接口。</p>
<ul>
    <li>D 表示文档，HTML 文档结构。</li>
    <li>O 表示对象，文档结构的 JavaScript 脚本化映射。</li>
    <li>M 表示模型，脚本与结构交互的方法和行为。</li>
</ul>
<script>
function count(n){                                          //定义文档元素统计函数
    var num = 0;                                            // 初始化变量
    if(n.nodeType == 1)                                     // 检查是否为元素节点
    num ++ ;                                                // 如果是，则计数器加 1
    var son = n.childNodes;                                 // 获取所有子节点
    for(var i = 0; i < son.length; i ++ ){                  // 循环统一每个子元素
        num += count (son[i]);                              // 递归操作
    }
    return num;                                             // 返回统计值
}
console.log("当前文档包含 " + count(document) + " 个元素");  // 计算元素的总个数
</script>
</body>
</html>
```

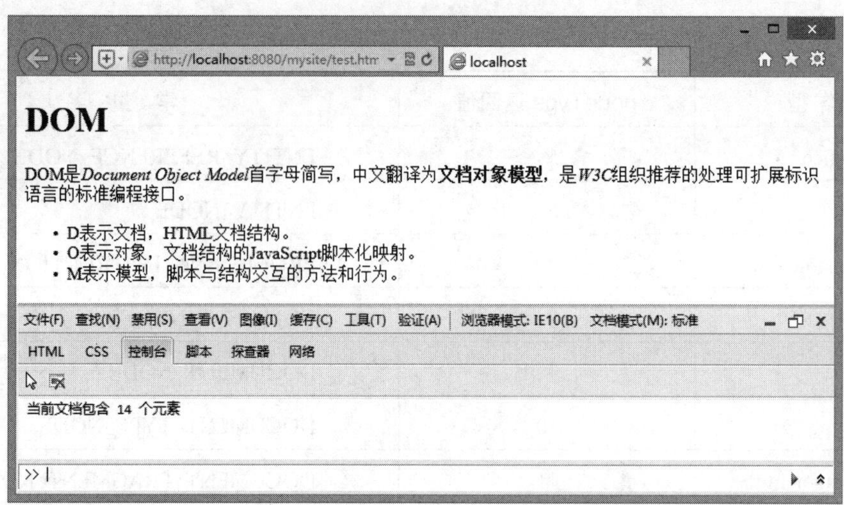

图 17.2　使用 nodeType 属性检索文档中元素个数

在上面 JavaScript 脚本中，定义一个计数函数，然后通过递归方式逐层检索 document 下所包含的全部节点，在计数函数中再通过 nodeType 属性是否为 1 过滤掉非元素节点，从而统计出文档中包含的全部元素个数。

扫一扫，看视频

17.2.2　节点名称和值

使用节点的 nodeName 和 nodeValue 属性可以读取节点的名称和值。这两个属性的值完全取决于节点的类型，具体说明如表 17.3 所示。

表 17.3　节点的 nodeName 和 nodeValue 属性说明

节 点 类 型	nodeName 返回值	nodeValue 返回值
Document	#document	null
DocumentFragment	#document-fragment	null
DocumentType	doctype 名称	null
EntityReference	实体引用名称	null
Element	元素的名称（或标签名称）	null
Attr	属性的名称	属性的值
ProcessingInstruction	target	节点的内容
Comment	#comment	注释的文本
Text	#text	节点的内容
CDATASection	#cdata-section	节点的内容
Entity	实体名称	null
Notation	符号名称	null

【示例】 在读取这两个属性值之前，最好是先检测一下节点的类型。

```
var node = document.getElementsByTagName("body")[0];
if (node.nodeType==1)
    var value = node.nodeName;
console.log(value);
```

在上面示例中，首先检查节点类型，看它是不是一个元素。如果是，则读取 nodeName 的值。对于元素节点，nodeName 中保存的始终都是元素的标签名，而 nodeValue 的值则始终为 null。

nodeName 属性在处理标签时比较实用，而 nodeValue 属性在处理文本信息时比较实用。

17.2.3 节点关系

扫一扫，看视频

DOM 把文档视为一种树结构，这种树结构被称为节点树。JavaScript 脚本可通过这棵树访问所有节点，可以修改或删除它们的内容，也可以创建新的节点。

节点之间的关系包括：上下级别的父子关系，相邻级别的兄弟关系。简单描述如下。

- 在节点树中，最顶端节点为根节点。
- 除了根节点之外，每个节点都有一个父节点。
- 节点可以包含任何数量的子节点。
- 叶子是没有子节点的节点。
- 同级节点是拥有相同父节点的节点。

【示例】 通过下面这个 HTML 文档结构分析其节点关系。

```
<!doctype html>
<html>
<head>
<title>标准 DOM 示例</title>
<meta charset="utf-8">
    </head>
    <body>
        <h1>标准 DOM</h1>
        <p>这是一份简单的<strong>文档对象模型</strong></p>
        <ul>
            <li>D 表示文档，DOM 的结构基础</li>
            <li>O 表示对象，DOM 的对象基础</li>
            <li>M 表示模型，DOM 的方法基础</li>
        </ul>
    </body>
</html>
```

在上面 HTML 结构中，首先是 DOCTYPE 文档类型声明，然后是 html 元素，网页里所有元素都包含在这个元素里。从文档结构看，html 元素既没有父辈，也没有兄弟。如果用树来表示的话，这个 html 元素就是树根，代表整个文档。由 html 元素派生出 head 和 body 两个子元素，它们属于同一级别，且互不包含，可以称之为兄弟关系。head 和 body 元素拥有共同的父元素 html，同时它们又是其他元素的父元素，但包含的子元素不同。head 元素包含 title 元素，title 元素又包含文本节点“标准 DOM 示例”。body 元素包含 3 个子元素：h1、p 和 ul，它们是兄弟关系。如果继续访问，ul 元素也是一个父元素，它包含 3 个 li 子元素。

17.2.4 访问节点

扫一扫，看视频

通过节点之间的树形关系，我们可以定位文档中每个节点。DOM 为 Node 类型定义如下属性，以方便 JavaScript 对文档树中每个节点进行遍历。

- ownerDocument：返回当前节点的根元素（document 对象）。
- parentNode：返回当前节点的父节点。所有的节点都仅有一个父节点。
- childNodes：返回当前节点的所有子节点的节点列表。
- firstChild：返回当前节点的首个子节点。
- lastChild：返回当前节点的最后一个子节点。
- nextSibling：返回当前节点之后相邻的同级节点。
- previousSibling：返回当前节点之前相邻的同级节点。

1. childNodes

每个节点都有一个 childNodes 属性，该属性保存着一个 nodeList 对象，它表示所有子节点的列表。

提示：

nodeList 是一种类数组对象，用于保存一组有序的节点，用户可以通过下标位置来访问这些节点。虽然 childNodes 可以通过方括号语法来访问 nodeList 的值，而且 childNodes 对象包含一个 length 属性，它表示列表包含子节点的个数（长度），但 childNodes 并不是数组，不能够直接调动数组的方法。

注意：

nodeList 对象实际上是基于 DOM 结构动态执行查询的结果，DOM 结构的变化能够自动反映在 nodeList 对象中。因此，我们不能够以静态的方式处理 nodeList 对象。

【示例 1】 以下示例展示了如何访问保存在 nodeList 中的节点：通过方括号，也可以使用 item()方法（test1.html）。

```
<ul>
    <li>D 表示文档，HTML 文档结构。</li>
    <li>O 表示对象，文档结构的 JavaScript 脚本化映射。</li>
    <li>M 表示模型，脚本与结构交互的方法和行为。</li>
</ul>
<script>
var tag = document.getElementsByTagName("ul")[0];  // 获取列表元素
var a = tag.childNodes;                            // 获取列表元素包含的所有节点
console.log(a[0].nodeType);                        //第 1 个节点类型，返回值为 3，显示
                                                     为文本节点
console.log(a.item(1).innerHTML);                  // 显示第 2 个节点包含的文本
console.log(a.length);                             // 包含子节点个数，nodeList 长度
</script>
```

上面代码显示，无论使用方括号语法，还是使用 item()方法，都可以正常访问 nodeList 集合包含的元素，但使用方括号语法更方便。注意，length 属性返回值是动态的，是访问 nodeList 的那一刻包含的节点数量，如果列表项目发生变化，length 属性值也会随之变化。

【示例 2】 使用 Array.prototype.slice()方法可以把 nodeList 转换为数组，这样能够调用数组的相关方法。以示例 1 为基础，下面示例把 nodeList 转换为数组，然后调用数组的 reverse()方法，颠倒数组中元素的顺序，这样我们看到第 1 个列表项包含文本为“M 表示模型，脚本与结构交互的方法和行为。”，如图 17.3 所示（test2.html）。

```
var tag = document.getElementsByTagName("ul")[0];      // 获取列表元素
var a =  Array.prototype.slice.call(tag.childNodes,0); //把 nodeList 转换为数组
a.reverse();                                           //颠倒数组中元素的顺序
console.log(a[0].nodeType);                            //第 1 个节点类型，返回值为 3，
                                                         显示为文本节点
```

```
console.log(a[1].innerHTML);                    // 显示第 2 个节点包含的文本
console.log(a.length);                          // 包含子节点个数，nodeList 长度
```

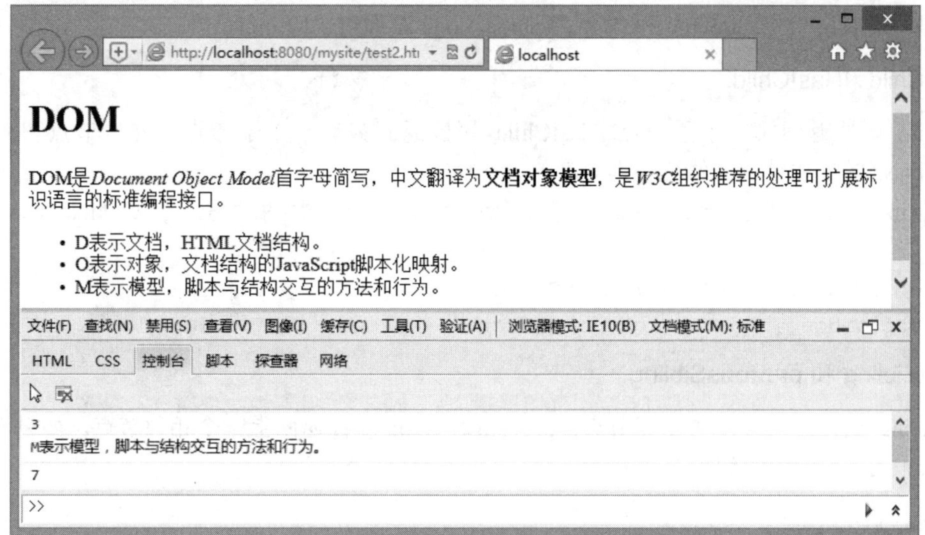

图 17.3　把 nodeList 转换为数组

【示例 3】　上面示例在 IE8 及之前版本中无效。由于 IE8 及更早版本将 nodeList 实现为一个 COM 对象，要想将 nodeList 转换为数组，必须手动枚举所有成员。下列代码在所有浏览器中都可以运行（test3.html）。

```
//工具函数，把 nodeList 转换为数组。
//参数 nodes 表示 nodeList，返回值为数组或者 null
function convertToArray(nodes){
    var array = null;
    try {
        array = Array.prototype.slice.call(nodes, 0);           //非 IE 或者 IE9+
    } catch (ex) {
        array = new Array();
        for (var i=0, len=nodes.length; i < len; i++){
            array.push(nodes[i]);
        }
    }
    return array;
}
```

convertToArray()函数首先尝试转换数组的最简单方式。如果导致了错误，说明是在 IE8 及更早版本，中执行，则通过 try-catch 语句块来捕获错误，然后手动创建数组。

提示：

文本节点和属性节点都不包含任何子节点，所以它们的 childNodes 属性永远返回一个空 nodeList。如果判断一个节点是否包含有子节点，可以使用 haschildNodes()方法进行快速判断，或者使用 childNodes.length 值是否为 0。

2. parentNode

每个节点都有一个 parentNode 属性，该属性指向文档树中的父节点。包含在 childNodes 列表中的所

有节点都具有相同的父节点，因此它们的 parentNode 属性都指向同一个节点。

parentNode 属性返回节点永远是一个元素类型节点，因为只有元素节点才可能包含子节点。不过 document 节点没有父节点，document 节点的 parentNode 属性将返回 null。

3. firstChild 和 lastChild

firstChild 属性返回第一个子节点，lastChild 属性返回最后一个子节点。文本节点和属性节点的 firstChild 和 lastChild 属性返回值总是为 null。

注意，firstChild 等价于 childNodes 的第 1 个元素，lastChild 属性值等价于 childNodes 的最后一个元素。

```
node.childNodes[0] = node.firstChild
node.childNodes[node.childNodes.length-1] = node.lastChild
```

4. nextSibling 和 previousSibling

nextSibling 属性返回下一个相邻节点，previousSibling 属性返回上一个相邻节点。如果没有同属一个父节点的相邻节点，则它们将返回 null。

5. ownerDocument

在 DOM 文档树中，可以使用 ownerDocument 属性访问根节点。

```
node.ownerDocument
```

通过每个节点的 ownerDocument 属性，我们可以不必通过层层回溯的方式到达顶端，而是可以直接访问文档节点。另外，用户也可以使用下面方式访问根节点。

```
document.documentElement
```

【示例 4】 以根节点为起点，利用节点的树形关系，我们可以遍历文档中所有节点。例如，针对下面文档结构进行操作。

```
<!doctype html>
<html>
<head>
<meta charset="utf-8">
</head>
<body><span class="red">body</span>元素</body></html>
```

可以使用下面的方法获取对 body 元素的引用。

```
var b = document.documentElement.lastChild;
```

或者使用以下方法。

```
b = document.documentElement.firstChild.nextSibling.nextSibling;
```

然后再通过下面的方法获取 span 元素中包含的文本。

```
var text = document.documentElement.lastChild.firstChild.firstChild.nodeValue;
```

在上述反映节点关系的所有属性都是只读的，其中 childNodes 属性与其他属性相比更方便一些，因为只须使用简单的关系指针，就可以通过它访问文档树中的任何节点。

另外，hasChildNodes()是一个非常有用的方法，当节点包含一或多个子节点时，该方法返回 true，否则返回 false。这比查询 childNodes 列表的 length 属性更简单、有效。

扫一扫，看视频

17.2.5 操作节点

Node 类型为所有节点定义了很多原型方法，以方便对节点进行操作，其中获得所有浏览器一致支持的方法如表 17.4 所示。

表 17.4　Node 类型原型方法说明

方　法	说　明
appendChild()	向节点的子节点列表的结尾添加新的子节点
cloneNode()	复制节点
hasChildNodes()	判断当前节点是否拥有子节点
insertBefore()	在指定的子节点前插入新的子节点
normalize()	合并相邻的 Text 节点并删除空的 Text 节点
removeChild()	删除（并返回）当前节点的指定子节点
replaceChild()	用新节点替换一个子节点

其中 appendChild()、insertBefore()、removeChild()、replaceChild()方法用于对子节点进行添加、删除和复制操作。要使用这几个方法必须先取得父节点，可以使用 parentNode 属性。另外，并不是所有类型的节点都有子节点，如果在不支持子节点的节点上调用了这些方法将会导致错误发生。由于这些方法多用于操作元素，因此我们将在下面章节中再详细说明。

cloneNode()方法用于克隆节点，用法如下。

```
nodeObject.cloneNode(include_all)
```

参数 include_all 为布尔值，如果为 true，那么将会克隆原节点，以及所有子节点；为 false 时，仅复制节点本身。复制后返回的节点副本属于文档所有，但并没有为它指定父节点，需要通过 appendChild()、insertBefore()或 replaceChild()方法将它添加到文档中。

注意：

cloneNode()方法不会复制添加到 DOM 节点中的 JavaScript 属性，如事件处理程序等。这个方法只复制 HTML 特性或子节点，其他一切都不会复制。IE 在此存在一个 bug，即它会复制事件处理程序，所以建议在复制之前最好先移除事件处理程序。

【示例】　以下示例演示了 cloneNode()方法的克隆过程，其中为列表框绑定一个 click 事件处理程序，通过深度克隆之后，新的列表框没有添加 JavaScript 事件，仅克隆了 HTML 类样式和 style 属性，如图 17.4 所示。

```
<h1>DOM</h1>
<p>DOM 是<cite>Document Object Model</cite>首字母简写，中文翻译为<b>文档对象模型</b>，
是<i>W3C</i>组织推荐的处理可扩展标识语言的标准编程接口。</p>
<ul>
    <li class="red">D 表示文档，HTML 文档结构。</li>
    <li title="列表项目 2">O 表示对象，文档结构的 JavaScript 脚本化映射。</li>
    <li style="color:red;">M 表示模型，脚本与结构交互的方法和行为。</li>
</ul>
<script>
var ul = document.getElementsByTagName("ul")[0];          // 获取列表元素
ul.onclick = function(){                                  // 绑定事件处理程序
    this.style.border= "solid blue 1px";
}
```

```
var ul1 = ul.cloneNode(true);                        // 深度克隆
document.body.appendChild(ul1);                      // 添加到文档树中 body 元素下
</script>
```

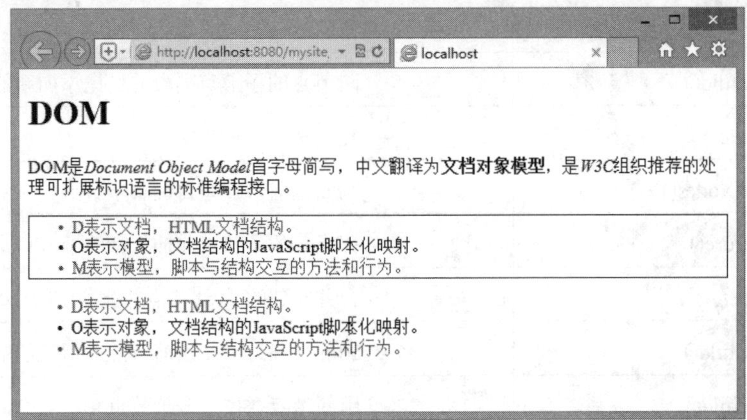

图 17.4　深度克隆

normalize()是一个非常实用的方法，其主要作用就是处理文档树中的文本节点，具体说明和示例可参考 17.5.2 节内容。

17.3　使用文档节点

在 DOM 中，Document 类型表示文档节点，HTMLDocument 是 Document 的子类，document 对象是 HTMLDocument 的实例，它表示 HTML 文档。同时，document 对象又是 window 对象的属性，因此可以在全局作用域中直接访问 document 对象。Document 节点具有如下特征：

- nodeType 值为 9。
- nodeName 值为"#document"。
- nodeValue 值为 null。
- parentNode 值为 null。
- ownerDocument 值为 null。
- 其子节点可能是：DocumentType（最多一个）、Element（最多一个）、ProcessingInstruction 或 Comment。

扫一扫，看视频

17.3.1　访问文档子节点

访问文档子节点的方法有以下两种。

- 使用 documentElement 属性，该属性始终指向 HTML 页面中的 html 元素。
- 使用 childNodes 列表访问文档元素。

例如，下面代码都可以找到 html 元素，不过使用 documentElement 属性更快捷。

```
var html = document.documentElement;
var html = document.childNodes[0];
var html = document.firstChild;
```

document 对象有一个 body 属性，使用它可以访问 body 元素。代码如下。

```
var body = document.body;
```

所有浏览器都支持 document.documentElement 和 document.body 用法。

<!DOCTYPE>标签是一个与文档主体不同的实体，可以通过 doctype 属性访问它。代码如下。

```
var doctype = document.doctype;
```

由于浏览器对 document.doctype 的支持不一致，因此开发人员很少使用。

在 html 元素之外的注释也算是文档的子节点，但是不同的浏览器在处理它们时存在很大差异，在实际应用中也没有什么用处，用户可以忽略。

从技术上讲，我们不需要为 document 对象调用 appendChild()、removeChild()和 replaceChild()方法，来为文档添加、删除或替换子节点，因为文档类型是只读的，而且文档只能有一个固定的元素子节点。

17.3.2 访问文档信息

HTMLDocument 的实例对象 document 包含很多属性，用来访问文档信息，简单说明如下。

- title：设置或返回<title>标签包含的文本信息。
- lastModified：返回文档最后被修改的日期和时间。
- URL：返回当前文档的完整 URL，即地址栏中显示的地址信息。
- domain：返回当前文档的域名。
- referrer：返回链接到当前页面的那个页面的 URL。在没有来源页面的情况下，referrer 属性中可能会包含空字符串。

实际上，上面这些信息都存在于请求的 HTTP 头部，不过通过这些属性更方便用户在 JavaScrip 中访问它们。

17.3.3 访问文档元素

扫一扫，看视频

document 对象包含多个访问文档内元素的方法，简单说明如下：

- getElementById()：返回指定 id 属性值的元素。注意，id 值要区分大小写，如果找到多个 id 相同的元素，则返回第一个元素，如果没有找到指定 id 值的元素，则返回 null。
- getElementsByTagName()：返回所有指定标签名称的元素节点。
- getElementsByName()：返回所有指定名称（name 属性值）的元素节点。该方法多用于表单结构中，用于获取单选按钮组或复选框组。

提示：

getElementsByTagName()方法返回的是一个 HTMLCollection 对象，与 nodeList 对象类似，可以使用方括号语法或者 item()方法访问 HTMLCollection 对象中的元素，并通过 length 属性取得这个对象中元素的数量。

【示例】 HTMLCollection 对象还包含一个 namedItem()方法，该方法可以通过元素的 name 特性取得集合中的项目。以下示例可以通过 namedItem("news");方法找到 HTMLCollection 对象中 name 为 news 的图片。

```
<img src="1.gif" />
<img src="2.gif" name="news" />
<script>
var images = document.getElementsByTagName("img");
var news = images.namedItem("news");
</script>
```

还可以使用下面用法获取页面中所有元素，其中参数“*”表示所有元素。

```
var allElements = document.getElementsByTagName("*");
```

IE 6 及其以下版本浏览器对其不支持，不过对于 IE 来说，可以使用 document.all 来获取文档中所有元素节点。

扫一扫，看视频

17.3.4 访问文档集合

除了属性和方法，document 对象还定义了一些特殊的集合，这些集合都是 HTMLCollection 对象，为访问文档常用对象提供了快捷方式，简单说明如下。

- document.anchors：返回文档中所有 Anchor 对象，即所有带 name 特性的<a>标签。
- document.applets：返回文档中所有 Applet 对象，即所有<applet>标签，不再推荐使用。
- document.forms：返回文档中所有 Form 对象，与 document.getElementsByTagName("form")得到的结果相同。
- document.images：返回文档中所有 Image 对象，与 document.getElementsByTagName("img")得到的结果相同。
- document.links：返回文档中所有 Area 和 Link 对象，即所有带 href 特性的<a>标签。

扫一扫，看视频

17.3.5 使用 HTML5 Document

HTML5 扩展了 HTMLDocument，增加很多新的功能。本节重点介绍被各浏览器广泛支持的功能。

1. readyState

document 的 readyState 属性包含两个可能的值：

- loading：正在加载文档。
- complete：已经加载完文档。

功能类似 onload 事件处理程序，表明文档已经加载完毕，例如：

```
if (document.readyState == "complete"){
    //执行操作
}
```

浏览器支持状态：IE4+、Firefox 3.6+、Safari、Chrome 和 Opera 9+，可以放心使用。

2. compatMode

document.compatMode 返回文档的渲染模式：标准模式（"CSS1Compat"）和怪异模式（"BackCompat"）。例如：

```
if (document.compatMode == "CSS1Compat"){
    alert("标准模式");
} else {
    alert("怪异模式");
}
```

浏览器支持状态：IE6+、Firefox、Safari 3.1+、Opera 和 Chrome，可以放心使用。

3. head

document.body 引用文档的 body 元素，HTML5 新增 document.head 属性引用文档的 head 元素。例如，使用以下代码兼容不同浏览器。

```
var head = document.head || document.getElementsByTagName("head")[0];
```

浏览器支持状态：Safari 5+和 Chrome，需要按上面代码方式进行兼容。

4. charset

document.charset 表示文档中实际使用的字符集，也可以用来指定新字符集。默认值为"UTF-16",

可以通过<meta>元素、HTTP 头部或直接设置 charset 属性修改默认值。

浏览器支持状态：IE、Firefox、Safari、Opera 和 Chrome，可以放心使用。

5. defaultCharset

document.defaultCharset 表示根据默认浏览器及操作系统的设置，当前文档默认的字符集应该是什么。如果文档没有使用默认的字符集，那么 charset 和 defaultCharset 属性的值可能会不一样。

浏览器支持状态：IE、Safari 和 Chrome。

17.4　使用元素节点

Element 类型是最常用的节点类型，它具有以下特征：

- nodeType 值为 1。
- nodeName 值为元素的标签名称，也可以使用 tagName 属性。在 HTML 中，返回标签名始终为大写，在脚本中比较需要全部小写化：if(element.tagName.toLowerCase() == "div"){ }。
- nodeValue 值为 null。
- parentNode 是 Document 或 Element 类型节点。
- 其子节点可能是 Element、Text、Comment、ProcessingInstruction、CDATASection 或者 EntityReference。

所有 HTML 元素都是 HTMLElement 类型或者其子类型的实例，HTMLElement 又是 Element 的子类，在继承 Element 类型时添加了一些属性，添加的这些属性分别对应于每个 HTML 元素下列标准特性。

- id：元素在文档中的唯一标识符。
- title：有关元素的附加说明信息，一般通过工具提示条显示出来。
- lang：元素内容的语言编码，很少使用。
- dir：语言方向，值为"ltr"(从左至右)、"rtl" (从右至左)，很少使用。
- className：与元素的 class 特性对应，即为元素指定的 CSS 类样式。

上述这些属性都可以用来取得或修改相应的特性值。

17.4.1　访问元素

扫一扫，看视频

1. getElementById()方法

使用 getElementById()方法可以准确获取文档中指定元素。用法如下：

```
document.getElementById(ID)
```

参数 ID 表示文档中对应元素的 id 属性值。如果文档中不存在指定元素，则返回值为 null。该方法只适用于 document 对象。

【示例 1】　下面脚本能够获取对<div id="box">对象的控制权。

```
<div id="box">盒子</div>
<script>
var box = document.getElementById("box");                    // 获取 id 属性值为 box 的元素
</script>
```

【示例 2】　在以下示例中，使用 getElementById()方法获取<div id="box">对象的引用，然后使用

nodeName、nodeType、parentNode 和 childNodes 属性查看该对象的节点类型、节点名称、父节点和第 1 个子节点的名称。

```
<div id="box">盒子</div>
<script>
var box = document.getElementById("box");                    // 获取指定盒子的引用
var info = "nodeName: " + box.nodeName;                      // 获取该节点的名称
info += "\rnodeType: " + box.nodeType;                       // 获取该节点的类型
info += "\rparentNode: " + box.parentNode.nodeName;          // 获取该节点的父节点名称
info += "\rchildNodes: " + box.childNodes[0].nodeName;       // 获取该节点的子节点名称
alert(info);                                                 // 显示提示信息
</script>
```

2. getElementByTagName()方法

使用 getElementByTagName()方法可以获取指定标签名称的所有元素。用法如下。

```
document.getElementsByTagName(tagName)
```

参数 tagName 表示指定名称的标签，该方法返回值为一个节点集合，使用 length 属性可以获取集合中包含元素的个数，利用下标可以访问其中某个元素对象。

【示例 3】 在节点集合中包含的都是元素对象，可以使用 nodeName、nodeType、parentNode 和 childNodes 属性查看该对象的节点类型、节点名称、父节点和第 1 个子节点的名称。

```
var p = document.getElementsByTagName("p");       // 获取 p 元素的所有引用
alert(p[4].nodeName);                              // 显示第 5 个 p 元素对象的节点
                                                   名称
```

【示例 4】 以下代码使用 for 循环获取每个 p 元素，并设置 p 元素的 class 属性为“red”。

```
var p = document.getElementsByTagName("p");       // 获取 p 元素的所有引用
for(var i=0;i<p.length;i++){                      // 遍历 p 数据集合
   p[i].setAttribute("class","red");              // 为每个 p 元素定义 red 类样式
}
```

扫一扫，看视频

17.4.2 遍历元素

使用 parentNode、nextSibling、previousSibling、firstChild 和 lastChild 属性可以遍历文档树中每个节点。但是，在实际开发中常需要遍历元素节点，而不是文本等其他类型节点，为此本节将在上面 5 个指针的基础上，扩展仅能够指向元素类型的指针函数。

【示例 1】 获取指定元素的第 1 个子元素，参数为指定父元素，返回值为第 1 个子元素或者 null。

```
function first(e){
   var e = e.firstChild;               // 获取元素的第 1 个子节点
   while (e && e.nodeType != 1){       // 如果存在该子节点，且类型不等于元素，则搜索下一个节
点，直到节点类型为元素
      e = e.nextSibling;
   }
   return e;
}
```

【示例 2】 获取指定元素的最后一个子元素，参数为指定父元素，返回值为最后一个子元素或者 null。

```
function last(e){
   var e = e.lastChild;                // 获取元素的最后一个子节点
   while (e && e.nodeType != 1) {      // 如果存在该子节点，且类型不等于元素，则搜索上一个节
点，直到节点类型为元素
```

```
        e = e.previousSibling;
    }
    return e;
}
```

【示例 3】 parentNode 能够获取指定节点的父元素，不过本例扩展该属性，设计一次可以访问多级父元素。

```
// 扩展 parentNode 指针的功能，实现一次能够操纵多个父元素
// 参数：e 表示当前节点，n 表示要操纵的父元素级数
// 返回值：返回指定层级的父元素
function parent(e, n){
    var n = n || 1;
    // 如果没有指定第 2 个参数值，则表示获取上一级父元素
    for(var i = 0; i < n; i ++ ) {                 // 逐层遍历父元素
        if(e.nodeType == 9) break;                 // 如果到了根节点，则返回根元素
        if(e != null) e = e.parentNode;            // 获取上一级父元素
    }
    return e;
}
```

例如，如此调用该指针函数 e = parent(e, 3);，相当于 e = e.parentNode.parentNode. parentNode;。

【示例 4】 获取指定元素的上一个相邻元素，参数为指定元素，返回值为上一个相邻元素或者 null。

```
function pre(e){
    var e = e.previousSibling;
    while (e && e.nodeType != 1){
        e = e.previousSibling;
    }
    return e;
}
```

【示例 5】 获取指定元素的下一个相邻元素，参数为指定元素，返回值为下一个相邻元素或者 null。

```
function next(e){
    var e = e.nextSibling;
    while (e && e.nodeType != 1){
        e = e.nextSibling;
    }
    return e;
}
```

【示例 6】 设计一个简单的 HTML 文档结构。

```
<p class="red">p</p>
<div>元素
    <span class="red">span</span>
    <i>i</i>
    <strong>strong</strong>
</div>
<b>b</b>
```

在脚本中获取 div 元素，然后分别套用上面的扩展函数来获取相应的元素。

```
var e = document.getElementsByTagName("div")[0];   // 获取 div 元素
e = next(e);                                       // 利用扩展函数获取相应指针元素
alert(e.nodeName);                                 // 显示指针元素的标签名
```

【示例 7】 我们经常需要从一个 DOM 节点开始，遍历区块内所有元素，或者递归迭代所有的子节点。这时可以使用 childNodes 或 nextSibling。

```
function testNextSibling() {
    var el = document.getElementById('mydiv'), ch = el.firstChild, name = '';
    do {
        name = ch.nodeName;
    } while (ch = ch.nextSibling);
    return name;
};
function testChildNodes() {
    var el = document.getElementById('mydiv'), ch = el.childNodes, len = ch.length,
name = '';
    for(var count = 0; count < len; count++) {
        name = ch[count].nodeName;
    }
    return name;
};
```

比较上面两个功能相同的函数，它们都采用非递归方式遍历一个元素的子节点。childNodes 是一个集合对象，要小心处理，在循环中缓存 length 属性，避免在每次迭代中更新 length 的值。在不同浏览器上，这两种函数的运行时间基本相等，但是在 IE 中，nextSibling 表现得比 childNodes 更快。

拓展：

在 HTML5 中，Element Traversal API 为 DOM 元素新添加了以下 5 个属性。

- childElementCount：返回子元素的个数，不包括文本节点和注释。
- firscElementChild：指向第一个子元素。
- lastElementChild：指向最后一个子元素。
- previousElementSibling：指向前一个相邻兄弟元素。
- nextElementSibling：指向后一个相邻兄弟元素。

浏览器支持状态：IE 9+、Firefox 3.5+、Safari 4+、Chrome 和 Opera 10+。

如果不考虑兼容早期 IE 浏览器，用户可以放心使用。另外，children 是 IE 的私有属性，用法与 childNodes 很相似，但是它返回指定元素的所有子元素。如下所示。

```
var childCount = element.children.length;
var firstChild = element.children[0];
```

浏览器支持状态：IE5+、Firefox 3.5+、Safari 2+、Opera 8+和 Chrome。

IE8 及更早版本的 children 属性中也会包含注释节点，但 IE9 之后的版本则只返回元素节点。虽然该属性没有被规范，但是可以放心使用。

17.4.3 创建元素

扫一扫，看视频

createElement()方法能够根据参数指定的标签名称创建一个新的元素，并返回新建元素的引用。用法如下。

```
var element = document.createElement("tagName");
```

其中 element 表示新建元素的引用，createElement()是 document 对象的一个方法，该方法只有一个参数，用来指定创建元素的标签名称。

【示例 1】 下面代码在当前文档中创建了一个段落标记 p，并把该段落的引用存储到变量 p 中。由于该变量表示一个元素节点，所以它的 nodeType 属性值等于 1，而 nodeName 属性值等于 p。

```
var p = document.createElement("p");              // 创建段落元素
var info = "nodeName: " + p.nodeName;             // 获取元素名称
info += ", nodeType: " + p.nodeType;              // 获取元素类型，如果为 1 则表示元素节点
alert(info);
```

使用 createElement()方法创建的新元素不会被自动添加到文档里，因为新元素还没有 nodeParent 属性，仅在 JavaScript 上下文中有效。如果要把这个元素添加到文档里，还需要使用 appendChild()、insertBefore()或 replaceChild()方法实现。

【示例 2】　以下代码演示如何把新创建的 p 元素增加到 body 元素下。

```
var p = document.createElement("p");              // 创建段落元素
document.body.appendChild(p);                     // 增加段落元素到 body 元素下
```

📖 拓展：

createElement()方法能够根据指定的名称创建元素，如果当前使用的是 XML 文档，则应该确保新创建的元素必须使用正确的 XML 命名空间来关联它们。

【示例 3】 以下代码封装一个创建 DOM 元素的通用方法。该方法先测试当前 HTML DOM 文档是否支持使用命名空间来创建新的元素，如果需要，则使用正确的 XHTML 命名空间来创建新的元素。

```
function create(e){
   return document.createElementNS ?
      document.createElementNS("http:           // www.w3.org/1999/xhtml",e) :
      document.createElement( e);
}
```

然后在脚本中调用该方法创建元素。

```
var p = create("p");                              // 创建段落元素
document.body.appendChild(p);                     // 增加段落元素到 body 元素下
```

17.4.4　复制节点

扫一扫，看视频

cloneNode()方法可以创建一个节点的副本，其用法可以参考 17.2.5 节介绍。

【示例 1】　在以下示例中，首先创建一个节点 p，然后复制该节点为 p1，再利用 nodeName 和 nodeType 属性获取复制节点的基本信息，该节点的信息与原来创建的节点基本信息相同。

```
var p = document.createElement("p");              // 创建节点
var p1 = p.cloneNode(false);                      // 复制节点
var info = "nodeName: " + p1.nodeName;            // 获取复制节点的名称
info += ", nodeType: " + p1.nodeType;             // 获取复制节点的类型
alert(info);                                      // 显示复制节点的名称和类型相同
```

【示例 2】　以示例 1 为基础，再创建一个文本节点之后，然后尝试把复制的文本节点增加到段落元素之中，再把段落元素增加到标题元素中，最后把标题元素增加到 body 元素中。如果此时调用复制文本节点的 nodeName 和 nodeType 属性，则返回的 nodeType 属性值为 3，而 nodeName 属性值为#text。

```
var p = document.createElement("p");              // 创建一个 p 元素
var h1 = document.createElement("h1");            // 创建一个 h1 元素
var txt = document.createTextNode("Hello World");// 创建一个文本节点
var hello = txt.cloneNode(false);                 // 复制创建的文本节点
p.appendChild(txt);                               // 把复制的文本节点增加到段落节点中
h1.appendChild(p);                                // 把段落节点增加到标题节点中
document.body.appendChild(h1);                    // 把标题节点增加到 body 节点中
```

【示例 3】 下面示例演示了如何复制一个节点及所有包含的子节点。当复制其中创建的标题 1 节点之后，该节点所包含的子节点及文本节点都将复制过来，然后把它增加到 body 元素的尾部。

```
var p = document.createElement("p");                  // 创建一个 p 元素
var h1 = document.createElement("h1");                // 创建一个 h1 元素
var txt = document.createTextNode("Hello World");     // 创建一个文本节点，文本内容为“Hello
                                                         World”
p.appendChild(txt);                                   // 把文本节点增加到段落中
h1.appendChild(p);                                    // 把段落元素增加到标题元素中
document.body.appendChild(h1);                        // 把标题元素增加到 body 元素中
var new_h1 = h1.cloneNode(true);                      // 复制标题元素及其所有子节点
document.body.appendChild(new_h1);                    // 把复制的新标题元素增加到文档中
```

注意：

由于复制的节点会包含原节点的所有特性，如果原节点中包含 id 属性，就会出现 id 属性值重叠情况。一般情况下，在同一个文档中，不同元素的 id 属性值应该不同。为了避免潜在冲突，应修改其中某个节点的 id 属性值。

扫一扫，看视频

17.4.5 插入节点

在文档中插入节点主要包括两种方法。

1. appendChild()方法

appendChild()方法可向当前节点的子节点列表的末尾添加新的子节点。用法如下。

```
appendChild(newchild)
```

参数 newchild 表示新添加的节点对象，并返回新增的节点。

【示例 1】 下面示例展示了如何把段落文本增加到文档中的指定的 div 元素中，使它成为当前节点的最后一个子节点。

```
<div id="box"></div>
<script>
var p = document.createElement("p");                  // 创建段落节点
var txt = document.createTextNode("盒模型");           // 创建文本节点，文本内容为“盒模型”
p.appendChild(txt);                                   // 把文本节点增加到段落节点中
document.getElementById("box").appendChild(p);        // 获取 id 为 box 的元素，把段落节点增加
                                                         进来
</script>
```

如果文档树中已经存在参数节点，则将从文档树中删除，然后重新插入新的位置。如果添加的节点是 DocumentFragment 节点，则不会直接插入，而是把它的子节点按序插入当前节点的末尾。

提示：

将元素添加到文档树中，浏览器就会立即呈现该元素。此后，对这个元素所作的任何修改都会实时反映在浏览器中。

【示例 2】 在以下示例中，新建两个盒子和一个按钮，使用 CSS 设计两个盒子显示为不同的效果。然后为按钮绑定事件处理程序，设计当单击按钮时执行插入操作。

```
<style type="text/css">
div { margin:1em; }                                   /* 为 div 元素定义外边界 */
#red { border:solid 1px red; }                        /* 为红盒子定义边框样式 */
```

```
#blue { border:solid 1px blue; }                    /* 为蓝盒子定义边框样式 */
</style>
<div id="red">
   <h1>红盒子</h1>
</div>
<div id="blue">蓝盒子</div>
<button id="ok">移动</button>
<script>
var ok = document.getElementById("ok");             // 获取按钮元素的引用
ok.onclick = function(){                            // 为按钮注册一个鼠标单击事件处理函数
var red = document.getElementById("red");           // 获取红色盒子的引用
var blue = document.getElementById("blue");         // 获取蓝色盒子的引用
blue.appendChild(red);                              // 最后移动红色盒子到蓝色盒子中
}
</script>
```

上面代码使用 appendChild()方法把红盒子移动到蓝色盒子中间。在移动指定节点时，会同时移动指定节点包含的所有子节点，演示效果如图 17.5 所示。

移动前

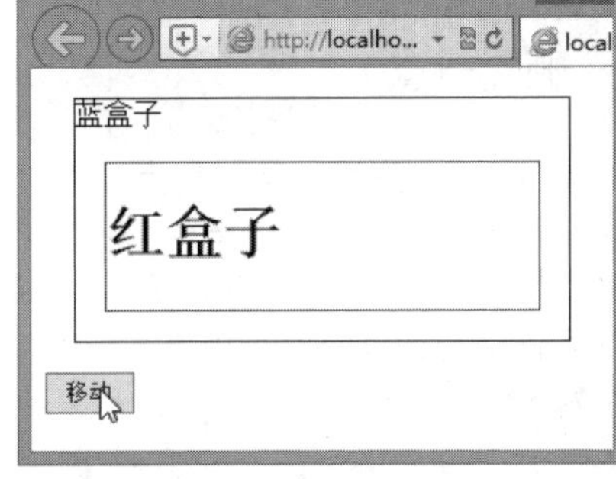

移动后

图 17.5　使用 appendChild()方法移动元素

2. insertBefore()方法

使用 insertBefore()方法可在已有的子节点前插入一个新的子节点。用法如下。

```
insertBefore(newchild,refchild)
```

其中参数 newchild 表示插入新的节点，refchild 表示在此节点前插入新节点。返回新的子节点。

【示例 3】 针对示例 2，如果把蓝盒子移动到红盒子所包含的标题元素的前面，使用 appendChild()方法是无法实现的，此时不妨使用 insertBefore()方法来实现。

```
var ok = document.getElementById("ok");                 // 获取按钮元素的引用
ok.onclick = function(){                                // 为按钮注册一个鼠标单击事件
                                                           处理函数
    var red = document.getElementById("red");           // 获取红色盒子的引用
    var blue = document.getElementById("blue");         // 获取蓝色盒子的引用
    var h1 = document.getElementsByTagName("h1")[0];    // 获取标题元素的引用
    red.insertBefore(blue, h1);                         // 把蓝色盒子移动到红色盒子
                                                           内，且位于标题前面
}
```

当单击【移动】按钮之后，则蓝色盒子被移动到红色盒子内部，且位于标题元素前面，效果如图 17.6 所示。

移动前

移动后

图 17.6　使用 insertBefore()方法移动元素

提示：

insertBefore ()方法与 appendChild()方法一样，可以把指定元素及其所包含的所有子节点都一起插入到指定位置中。同时会先删除移动的元素，然后再重新插入到新的位置。

扫一扫，看视频

17.4.6　删除节点

removeChild()方法可以从子节点列表中删除某个节点。用法如下。

```
nodeObject.removeChild(node)
```

其中参数 node 为要删除的节点。如果删除成功，则返回被删除的节点；如果失败，则返回 null。

当使用 removeChild()方法删除节点时，该节点所包含的所有子节点将同时被删除。

【示例 1】　在下面的示例中，单击按钮时将删除红盒子中的一级标题。

```
<div id="red">
   <h1>红盒子</h1>
</div>
<div id="blue">蓝盒子</div>
<button id="ok">移动</button>
<script>
var ok = document.getElementById("ok");                 // 获取按钮元素的引用
ok.onclick = function(){                                // 为按钮注册一个鼠标单击事件
                                                           处理函数
    var red = document.getElementById("red");           // 获取红色盒子的引用
    var h1 = document.getElementsByTagName("h1")[0];    // 获取标题元素的引用
    red.removeChild(h1);                                // 移出红盒子包含的标题元素
}
</script>
```

【示例 2】　如果想删除蓝色盒子，但是又无法确定它的父元素，此时可以使用 parentNode 属性来快速获取父元素的引用，并借助这个引用来实现删除操作。

```
var ok = document.getElementById("ok");                 // 获取按钮元素的引用
ok.onclick = function(){                                // 为按钮注册一个鼠标单击事件
                                                           处理函数
    var blue = document.getElementById("blue");         // 获取蓝色盒子的引用
        var parent = blue.parentNode;                   // 获取蓝色盒子父元素的引用
```

```
    parent.removeChild(blue);                            // 移出蓝色盒子
}
```

如果希望把删除节点插入到文档其他位置，可以使用 removeChild()方法，也可以使用 appendChild()和 insertBefore()方法实现。

【示例 3】 在 DOM 文档操作中，删除节点与创建和插入节点一样都是最频繁的，为此可以封装删除节点操作函数。

```
// 封装删除节点函数
// 参数：e 表示预删除的节点
// 返回值：返回被删除的节点，如果不存在指定的节点，则返回 undefined 值
function remove(e){
   if(e){
      var _e = e.parentNode.removeChild(e);
      return _e;
   }
   return undefined;
}
```

【示例 4】 如果要删除指定节点下的所有子节点，则封装的方法如下。

```
// 封装删除所有子节点的方法
// 参数：e 表示预删除所有子节点的父节点
function empty(e){
   while(e.firstChild){
      e.removeChild(e.firstChild);
   }
}
```

17.4.7 替换节点

扫一扫，看视频

replaceChild()方法可以将某个子节点替换为另一个。用法如下。

```
nodeObject.replaceChild(new_node,old_node)
```

其中参数 new_node 为指定新的节点，old_node 为被替换的节点。如果替换成功，则返回被替换的节点；如果替换失败，则返回 null。

【示例 1】 以 17.4.6 节示例为基础，重写脚本，新建一个二级标题元素，并替换掉红色盒子中的一级标题元素。

```
var ok = document.getElementById("ok");                // 获取按钮元素的引用
ok.onclick = function(){                               // 为按钮注册一个鼠标单击事件
                                                          处理函数
    var red = document.getElementById("red");          // 获取红色盒子的引用
    var h1 = document.getElementsByTagName("h1")[0];   // 获取一级标题的引用
    var h2 = document.createElement("h2");             // 创建二级标题元素，并引用
    red.replaceChild(h2,h1);                           // 把一级标题替换为二级标题
}
```

演示发现，当使用新创建的二级标题来替换一级标题之后，则原来的一级标题所包含的标题文本已经不存在了。这说明替换节点的操作不是替换元素名称，而是替换其包含的所有子节点，以及其包含的所有内容。

同样的道理，如果替换节点还包含子节点，则子节点将一同被插入到被替换的节点中。可以借助 replaceChild()方法在文档中使用现有的节点替换另一个存在的节点。

【示例 2】 在下面示例中使用蓝盒子替换掉红盒子中包含的一级标题元素。此时可以看到，蓝盒

子原来显示的位置已经被删除显示，同时被替换元素 h1 也被删除。

```
var ok = document.getElementById("ok");                // 获取按钮元素的引用
ok.onclick = function(){                               // 为按钮注册一个鼠标单击事件
                                                          处理函数
    var red = document.getElementById("red");          // 获取红盒子的引用
    var blue = document.getElementById("blue");        // 获取蓝盒子的引用
    var h1 = document.getElementsByTagName("h1")[0];   // 获取一级标题的引用
    red.replaceChild(blue,h1);                         // 把红盒子中包含的一级标题替
                                                          换为蓝盒子
}
```

【示例 3】 replaceChild()方法能够返回被替换掉的节点引用，因此还可以把被替换掉的元素给找回来，并增加到文档中的指定节点中。针对上面示例，使用一个变量 del_h1 存储被替换掉的一级标题，然后再把它插入到红色盒子前面。

```
var ok = document.getElementById("ok");                // 获取按钮元素的引用
ok.onclick = function(){                               // 为按钮注册一个鼠标单击事件
                                                          处理函数
    var red = document.getElementById("red");          // 获取红盒子的引用
    var blue = document.getElementById("blue");        // 获取蓝盒子的引用
    var h1 = document.getElementsByTagName("h1")[0];   // 获取一级标题的引用
    var del_h1 = red.replaceChild(blue,h1);            // 把红盒子中包含的一级标题替
                                                          换为蓝盒子
    red.parentNode.insertBefore(del_h1,red);           // 把替换掉的一级标题插入到红
                                                          盒子前面
}
```

扫一扫，看视频

17.4.8 获取焦点元素

HTML5 新增 DOM 焦点管理功能，使用 document.activeElement 属性可以引用 DOM 中当前获得了焦点的元素。元素获取焦点的方式包括：页面加载、用户输入（如按 Tab 键）和在脚本中调用 focus()方法。

【示例 1】 以下示例设计当文本框获取焦点时，使用 document.activeElement.设置焦点元素的背景色高亮显示。

```
<input type="text" >
<input type="text" >
<input type="text" >
<script>
var inputs = document.getElementsByTagName("input");
for(var i=0; i<inputs.length;i++){
    inputs[i].onfocus =function(e){
        document.activeElement.style.backgroundColor = "yellow";
    }
    inputs[i].onblur =function(e){
        this.style.backgroundColor = "#fff";
    }
}
</script>
```

在默认情况下，文档刚刚加载完成时，document.activeElement 引用的是 document.body 元素。文档加载期间，document.activeElement 的值为 null。

【示例 2】　使用 HTML5 新增的 document.hasFocus()方法可以判断当前文档是否获得了焦点。

```
<input type="text" id="text" />
<script>
document.getElementById("text").focus();
if(document.hasFocus()){
    document.activeElement.style.backgroundColor = "yellow";
}
</script>
```

通过检测文档是否获得了焦点，可以知道用户是不是正在与页面交互。

17.4.9　检测包含节点

扫一扫，看视频

contains()是 IE 的私有方法，用来检测某个节点是不是另一个节点的后代。该方法接收一个参数，指定要检测的后代节点。如果被检测的节点是后代节点，则返回 true，否则返回 false。

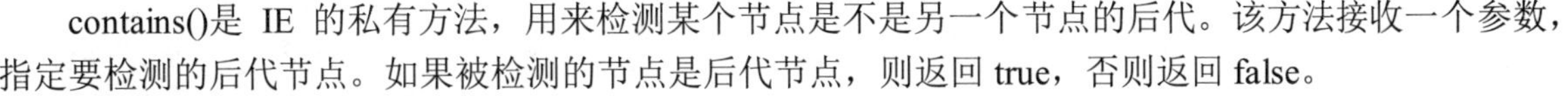

浏览器支持状态：IE、Firefox 9+、Safari、Opera 和 Chrome。

【示例 1】　以下示例测试<div id="box">标签是否包含<span>标签，最后返回 true。

```
<div id="box"><span></span></div>
<script>
var box = document.getElementById("box");
var span = document.getElementsByTagName("span")[0];
alert(box.contains(span));
</script>
```

DOM Level 3 定义了 compareDocumentPosition()方法，该方法也能够确定节点间的关系。用法与 contains()方法相同，但是返回值不同。

浏览器支持状态：IE9+、Firefox、Safari、Opera 9.5+和 Chrome。

【示例 2】　以上面示例为例，以下示例使用 compareDocumentPosition()方法测试<div id="box">标签是否包含<span>标签，最后返回值为 20。

```
<div id="box"><span></span></div>
<script>
var box = document.getElementById("box");
var span = document.getElementsByTagName("span")[0];
alert(box.compareDocumentPosition(span));
</script>
```

提示：

compareDocumentPosition()方法返回一个整数，用来描述两个节点在文档中的位置关系。以示例 2 结构为例简单说明如下：

- 1：没有关系，两个节点不属于同一个文档。
- 2：第 1 节点（<div id="box">）位于第 2 个节点（<span>）后。
- 4：第 1 节点（<div id="box">）定位在第 2 节点（<span>）前。
- 8：第 1 节点（<div id="box">）位于第 2 节点（<span>）内。
- 16：第 2 节点（<span>）位于第 1 节点（<div id="box">）内。
- 32：没有关系，或是两个节点是同一元素的两个属性。

返回值可以是值的组合。例如，返回值为 20，表示<span>在<div id="box">内部（16），并且<div id="box">在<span>之前（4）。

【示例 3】　下面扩展 IE 的 contains()方法，让它能够兼容不同的浏览器，以便更安全的使用。这个自定义工具函数组合使用了 3 种方式来确定一个节点是不是另一个节点的后代。函数的第 1 个参数是参考节点，第 2 个参数是要检查的节点。

```
function contains(refNode, otherNode){
    if  (typeof  refNode.contains  ==  "function"  &&  (!client.engine.webkit  ||
client.engine.webkit >= 522)){
        return refNode.contains(otherNode);
    } else if (typeof refNode.compareDocumentPosition == "function"){
        return !!(refNode.compareDocumentPosition(otherNode) & 16);
    } else {
        var node = otherNode.parentNode;
        do {
            if (node === refNode){
                return true;
            } else {
                node = node.parentNode;
            }
        } while (node !== null);
        return false;
    }
}
```

在函数体内，首先检测 refNode 中是否存在 contains()方法，还检查了当前浏览器所用的 WebKit 版本号。如果方法存在而且不是 WebKit（!client.engine.webkit），则继续执行代码。否则，如果浏览器是 WebKit 且至少是 Safari 3（WebKit 版本号为 522 或更高），那么也可以继续执行代码。在 WebKit 版本号小于 522 的 Safari 浏览器中，contains()方法不能正常使用。

接下来检查是否存在 compareDocumentPosition()方法，而函数的最后一步则是自 otherNode 开始向上遍历 DOM 结构，以递归方式取得 parentNode，并检查其是否与 refNode 相等。在文档树的顶端，parentNode 的值等于 null，于是循环结束，这是针对旧版本 Safari 设计的一个后备策略。

17.5 使用文本节点

文本节点由 Text 类型表示，包含纯文本内容，或转义后的 HTML 字符，但不能包含 HTML 代码。Text 节点具有以下特征：

- nodeType 值为 3。
- nodeName 值为"#text"。
- nodeValue 值为节点所包含的文本。
- parentNdode 是一个 Element 类型节点。
- 不包含子节点。

扫一扫，看视频

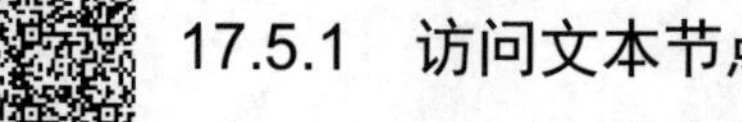

17.5.1 访问文本节点

使用文本节点的 nodeValue 属性或 data 属性可以访问 Text 节点中包含的文本，这两个属性中包含的值相同。修改 nodeValue 值也会通过 data 反映出来，反之亦然。每个文本节点还包含 length 属性，使用它可以返回包含文本的长度，利用该属性可以遍历文本节点中每个字符。

【示例 1】 在以下示例中，获取 div 元素中的文本，比较直接的方式是用元素的 innerText 属性读取。

```
<div id="div1">div 元素</div>
```

```
<script>
var div = document.getElementById("div1");
var text = div.innerText;
alert(text);
</script>
```

但是 innerText 属性不是标准用法，需要考虑浏览器兼容性，标准用法如下。

```
var text = div.firstChild.nodeValue;
```

【示例 2】　下面设计一个读取元素包含文本的通用方法。

```
// 获取指定元素包含的文本
// 参数：e 表示指定元素
// 返回值：返回包含的所有文本，包括子元素中包含的文本
function text(e){
    var s = "";
    var e = e.childNodes || e;                          // 判断元素是否包含子节点
    for( var i = 0; i < e.length; i++){                 // 遍历所有子节点
        s += e[i].nodeType != 1 ? e[i].nodeValue : text(e[i].childNodes);
          // 通过递归遍历所有元素的子节点
    }
    return s;
}
```

在上面函数中，通过递归函数检索指定元素的所有子节点，然后判断每个子节点的类型，如果不是元素，则读取该节点的值，否则再递归遍历该元素包含的所有子节点。

【示例 3】　以下示例演示了如何使用上面定义的通用方法读取 div 元素包含的所有文本信息。

```
<div id="div1">
    <span class="red">div</span>
    元素
</div>
<script>
var div = document.getElementById("div1");
var s = text(div);                                      // 调用读取元素的文本通用方法
alert(s);                                               // 返回字符串"div 元素"
</script>
```

这个方法不仅可以在 HTML DOM 中使用，也可以在 XML DOM 文档中工作，并兼容不同浏览器。

17.5.2　创建文本节点

扫一扫，看视频

使用 document 对象的 createTextNode()方法可创建文本节点。用法如下。

```
document.createTextNode(data)
```

参数 data 表示字符串。

【示例 1】　以下示例创建一个新 div 元素，并为它设置 class 值为 red，然后再创建一个文本节点，并将其添加到 div 元素中，最后将 div 元素添加到了文档 body 元素中，这样就可以在浏览器中看到新创建的元素和文本节点。

```
var element = document.createElement("div");
element.className = "red";
var textNode = document.createTextNode("Hello world!");
element.appendChild(textNode);
document.body.appendChild(element);
```

【示例 2】　由于解析器的实现或 DOM 操作等原因，可能会出现文本节点不包含文本，或者接连

出现两个文本节点的情况。为了避免这种情况，一般应该在父元素上调用 normalize()方法，如果找到了空文本节点，则删除它；如果找到相邻的文本节点，则将它们合并为一个文本节点。

```
var element = document.createElement("div");
var textNode = document.createTextNode("Hello");              //创建文本节点
element.appendChild(textNode);                                 //追加文本节点
var anotherTextNode = document.createTextNode(" world!");     //创建文本节点
element.appendChild(anotherTextNode);                          //追加文本节点
document.body.appendChild(element);
alert(element.childNodes.length);                              //返回 2
element.normalize();
alert(element.childNodes.length);                              //返回 1
alert(element.firstChild.nodeValue);                           //返回"Hello World!"
```

扫一扫，看视频

17.5.3 操作文本节点

使用下列方法可以操作文本节点中的文本。

- appendData(string)：将字符串 string 追加到文本节点的尾部。
- deleteData(start,length)：从 start 下标位置开始删除 length 个字符。
- insertData(start,string)：在 start 下标位置插入字符串 string。
- replaceData(start,length,string)：使用字符串 string 替换从 start 下标位置开始 length 个字符。
- splitText(offset)：在 offset 下标位置把一个 Text 节点分割成两个节点。
- substringData(start,length)：从 start 下标位置开始提取 length 个字符。

注意：

在默认情况下，每个可以包含内容的元素最多只能有一个文本节点，而且必须确实有内容存在。在开始标签与结束标签之间只要存在空隙，就会创建文本节点。

```
<!-- 下面 div 不包含文本节点 -->
<div></div>
<!--下面 div 包含文本节点，值为空格-->
<div> </div>
<!--下面 div 包含文本节点，值为换行符-->
<div>
</div>
<!--下面 div 包含文本节点，值为" Hello World!" -->
<div>Hello World!</div>
```

扫一扫，看视频

17.5.4 读取 HTML 字符串

元素的 innerHTML 属性可以返回调用元素包含的所有子节点对应的 HTML 标记字符串。最初它是 IE 的私有属性，HTML5 规范了 innerHTML 的使用，并得到所有浏览器的支持。

【示例】 以下示例使用 innerHTML 属性读取 div 元素包含的 HTML 字符串。

```
<div id="div1">
   <style type="text/css">p { color:red;}</style>
   <p><span>div</span>元素</p>
</div>
<script>
var div = document.getElementById("div1");
var s = div.innerHTML;
```

```
alert(s);
</script>
```

针对上面示例，Mozilla 浏览器返回的字符串为"<p><span>div</span>元素</p>"，而 IE 浏览器返回的字符串为" <STYLE type =text /css >p { color :red ;}</STYLE > <P>< SPAN> div</ SPAN>元素< /P>"。

提示：

使用时应注意两个问题：

- 早期 Mozilla 浏览器的 innerHTML 属性返回值不包含 style 元素。
- 早期 IE 浏览器会全部使用大写形式返回元素的字符名称。

17.5.5 插入 HTML 字符串

扫一扫，看视频

1. innerHTML 属性

innerHTML 属性可以根据传入的 HTML 字符串，创建新的 DOM 片段，然后用这个 DOM 片段完全替换调用元素原有的所有子节点。设置 innerHTML 属性值之后，可以像访问文档中的其他节点一样访问新创建的节点。

【示例 1】 以下示例将创建一个 1000 行的表格。先构造一个 HTML 字符串，然后更新 DOM 的 innerHTML 属性。

```
<script>
function tableInnerHTML() {
    var i, h = ['<table border="1" width="100%">'];
    h.push('<thead>');
    h.push('<tr><th>id<\/th><th>yes?<\/th><th>name<\/th><th>url<\/th><th>action
<\/th><\/tr>');
    h.push('<\/thead>');
    h.push('<tbody>');
    for( i = 1; i <= 1000; i++) {
        h.push('<tr><td>');
        h.push(i);
        h.push('<\/td><td>');
        h.push('And the answer is... ' + (i % 2 ? 'yes' : 'no'));
        h.push('<\/td><td>');
        h.push('my name is #' + i);
        h.push('<\/td><td>');
        h.push('<a href="http://example.org/' + i + '.html">http://example.org/' +
i + '.html<\/a>');
        h.push('<\/td><td>');
        h.push('<ul>');
        h.push(' <li><a href="edit.php?id=' + i + '">edit<\/a><\/li>');
        h.push(' <li><a href="delete.php?id="' + i + '-id001">delete<\/a><\/li>');
        h.push('<\/ul>');
        h.push('<\/td>');
        h.push('<\/tr>');
    }
    h.push('<\/tbody>');
    h.push('<\/table>');
    document.getElementById('here').innerHTML = h.join('');
};
```

```
</script>
<div id="here"></div>
<script>
tableInnerHTML();
</script>
```

如果通过 DOM 的 document.createElement()和 document.createTextNode()方法创建同样的表格，代码会非常冗长。在一个性能苛刻的操作中更新一大块 HTML 页面，innerHTML 在大多数浏览器中执行得更快。

注意：

使用 innerHTML 属性也有一些限制。例如，在大多数浏览器中，通过 innerHTML 插入<script>标记后，并不会执行其中的脚本。

2. insertAdjacentHTML()方法

插入 HTML 标记另一种新增方式是 insertAdjacentHTML()方法。这个方法最早也是在 IE 中出现，后来被 HTML5 规范。

浏览器支持状态：IE、Firefox 8+、Safari、Chrome 和 Opera。

insertAdjacentHTML()方法包含两个参数：第 1 个参数设置插入位置，第 2 个参数传入要插入的 HTML 字符串。第 1 个参数必须是下列值之一。注意，这些值都必须是小写形式。

- "beforebegin"：在当前元素之前插入一个紧邻的同辈元素。
- "afterbegin"：在当前元素之下插入一个新的子元素，或在第一个子元素之前再插入新的子元素。
- "beforeend"：在当前元素之下插入一个新的子元素，或在最后一个子元素之后再插入新的子元素。
- "afterend"：在当前元素之后插入一个紧邻的同辈元素。

【示例 2】 以下示例使用 insertAdjacentHTML()方法分别在 4 个<div>标签中插入 HTML 字符串，由于第 1 个参数值不同，则插入效果也不同，如图 17.7 所示。

```
<div id="box1"><h2>insertAdjacentHTML(&quot;beforebegin&quot;, &quot;&lt;p&gt;be-
forebegin &lt;/p &gt; &quot;)</h2>
</div>
<div id="box2"><h2>insertAdjacentHTML(&quot;afterbegin&quot;, &quot;&lt;p&gt;af-
terbegin&lt;/p &gt;&quot;)</h2>
</div>
<div id="box3"><h2>insertAdjacentHTML(&quot;beforeend&quot;, &quot;&lt;p&gt;be- for-
eend&lt; /p &gt;&quot;)</h2>
</div>
<div id="box4"><h2>insertAdjacentHTML(&quot;afterend&quot;, &quot;&lt;p&gt;af- ter-
end&lt;/p&gt; quot;)</h2>
</div>
<script>
document.getElementById("box1").insertAdjacentHTML("beforebegin", "<p>beforebegin
</p>");
document.getElementById("box2").insertAdjacentHTML("afterbegin", "<p>afterbegin
</p>");
document.getElementById("box3").insertAdjacentHTML("beforeend", "<p>beforeend</p>");
document.getElementById("box4").insertAdjacentHTML("afterend", "<p>afterend</p>");
</script>
```

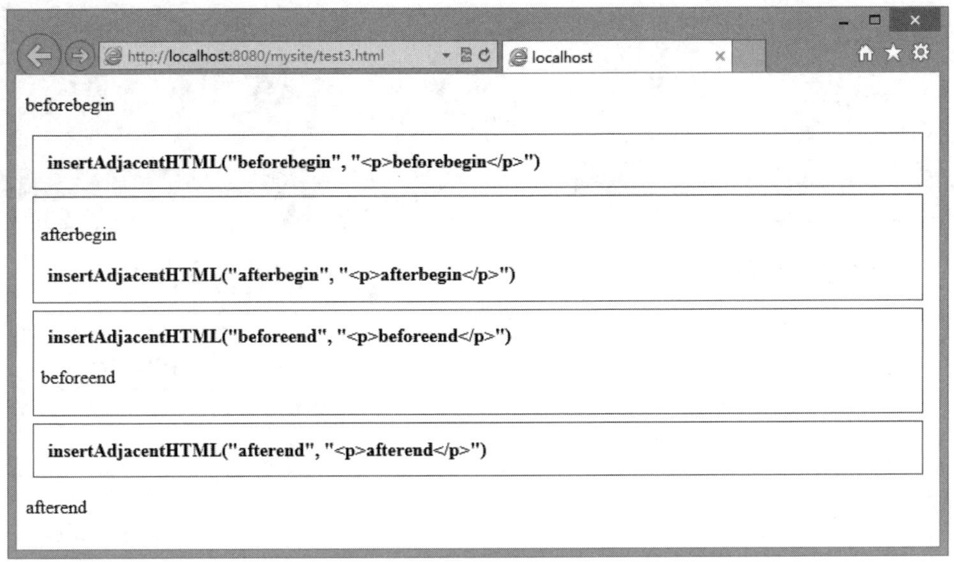

图 17.7 使用 insertAdjacentHTML()方法插入 HTML 字符串

17.5.6 替换 HTML 字符串

outerHTML 也是 IE 的私有属性，后来被 HTML5 规范，与 innerHTML 的功能类似。在读模式下，outerHTML 返回调用它的元素及所有子节点的 HTML 标签；在写模式下，outerHTML 会根据指定的 HTML 字符串创建新的 DOM 子树，然后用这个 DOM 子树完全替换调用元素。

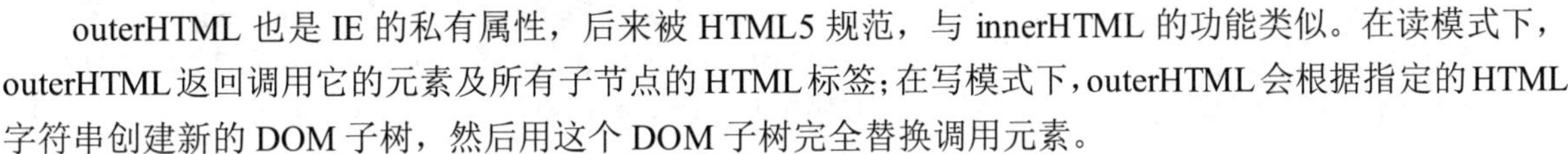

浏览器支持状态：IE4+、Firefox 8+、Safari 4+、Chrome 和 Opera 8+。Firefox 7 及之前版本不支持 outerHTML 属性。

【示例】 以下示例演示了 outerHTML 与 innerHTML 属性的不同效果。分别为列表结构中不同列表项定义一个鼠标单击事件，在事件处理函数中分别使用 outerHTML 和 innerHTML 属性改变原列表项的 HTML 标记，会发现 outerHTML 是使用<h2>替换<li>，而 innerHTML 是把<h2>插入到<li>中，演示效果如图 17.8 所示。

```
<style type="text/css">
li { border:solid 1px red; margin:12px;}
h2 {border-bottom:double 3px blue;}
</style>
<h1>单击回答问题</h1>
<ul>
   <li>你叫什么？</li>
   <li>你喜欢 JS 吗？ </li>
</ul>
<script>
var ul = document.getElementsByTagName("ul")[0];    // 获取列表结构
var lis = ul.getElementsByTagName("li");            // 获取列表结构的所有列表项
lis[0].onclick = function(){                        // 为第 1 个列表项绑定事件处理函数
    this.innerHTML = "<h2>我是一名初学者</h2>";       // 替换 HTML 文本
}
lis[1].onclick = function(){                        // 为第 2 个列表项绑定事件处理函数
```

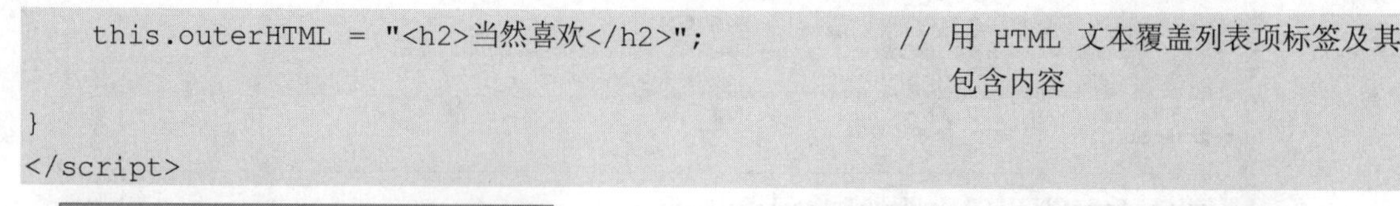

```
    this.outerHTML = "<h2>当然喜欢</h2>";                    // 用 HTML 文本覆盖列表项标签及其
                                                                包含内容
}
</script>
```

单击前

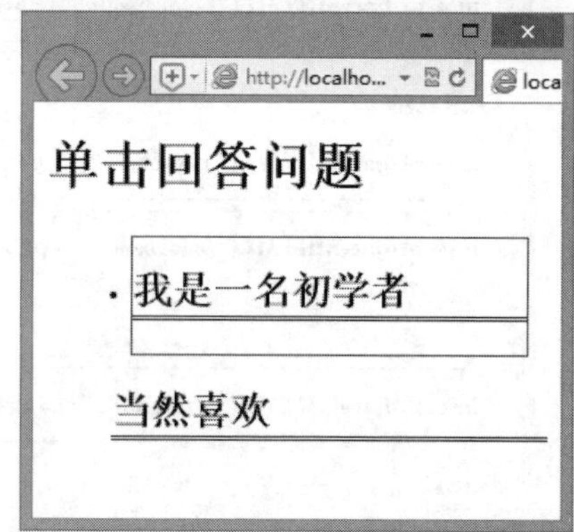

单击后

图 17.8　比较 outerHTML 和 innerHTML 属性的不同效果

注意：

使用本节和上一节介绍的方法替换子节点时，如果删除带有事件处理程序或引用了其他 JavaScript 对象子树时，就有可能导致内存占用问题。因此，在使用 innerHTML、outerHTML 属性和 insertAdjacentHTML()方法时，最好先手工删除要被替换的元素的所有事件处理程序和 JavaScript 对象属性。

扫一扫，看视频

17.5.7　插入文本

innerText 和 outerText 也是 IE 的私有属性，但是没有被 HTML5 纳入规范。由于比较实用，下面简单介绍一下，以及浏览器兼容方法。

1. innerText 属性

innerText 在指定元素中插入文本内容，如果文本中包含 HTML 字符串，将被编码显示。也可以使用该属性读取指定元素包含的全部嵌套的文本信息。

浏览器支持状态：IE4+、Safari 3+、Chrome 和 Opera 8+。

Firefox 虽然不支持 innerText，但支持功能类似的 textContent 属性。textContent 是 DOM Level 3 规定的一个属性，支持 textContent 属性的浏览器还有 IE9+、Safari 3+、Opera 10+和 Chrome。

【示例 1】　为了兼容不同浏览器，下面自定义两个工具函数来代替 innerText 属性的使用。

```
function getInnerText(element){
    return (typeof element.textContent == "string") ?
        element.textContent : element.innerText;
}
function setInnerText(element, text){
    if (typeof element.textContent == "string"){
        element.textContent = text;
    } else {
        element.innerText = text;
    }
}
```

这两个函数接收一个元素作为参数，然后检查这个元素是不是有 textContent 属性。如果有，那么 typeof element.textContent 应该是"string"；如果没有，那么就会改为使用 innerText。

2. outerText 属性

outerText 与 innerText 功能类似，但是它能够覆盖原有的元素。

【示例 2】 以下示例使用 outerText、innerText、outerHTML 和 innerHTML 这 4 种属性为列表结构中不同列表项插入文本，演示效果如图 17.9 所示。

```
<h1>单击回答问题</h1>
<ul>
    <li>你好</li>
    <li>你叫什么？</li>
    <li>你干什么？ </li>
    <li>你喜欢 JS 吗？ </li>
</ul>
<script>
var ul = document.getElementsByTagName("ul")[0];       // 获取列表结构
var lis = ul.getElementsByTagName("li");                // 获取列表结构的所有列表项
lis[0].onclick = function(){                            // 为第 1 个列表项绑定事件处理函数
    this.innerText = "谢谢";                            // 替换文本
}
lis[1].onclick = function(){                            // 为第 2 个列表项绑定事件处理函数
    this.innerHTML = "<h2>我是一名初学者</h2>";         // 替换 HTML 文本
}
lis[2].onclick = function(){                            // 为第 3 个列表项绑定事件处理函数
    this.outerText = "我是学生";                        // 覆盖列表项标签及其包含内容
}
lis[3].onclick = function(){                            // 为第 4 个列表项绑定事件处理函数
    this.outerHTML = "<h2>当然喜欢</h2>";               // 用 HTML 文本覆盖列表项标签及其
                                                        包含内容
}
</script>
```

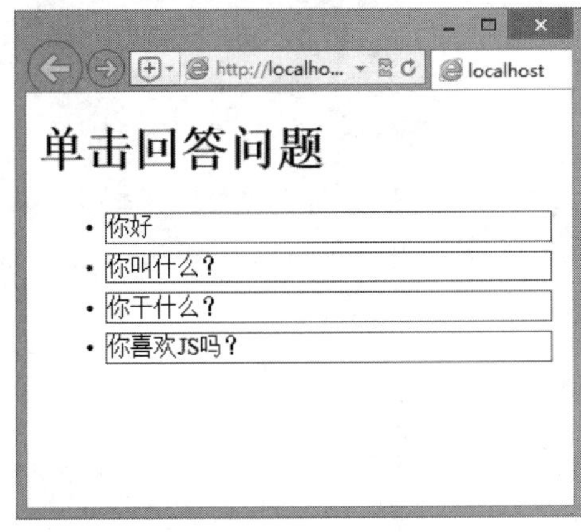

单击前

单击后

图 17.9　比较不同文本插入属性的效果

扫一扫，看视频

17.6 使用文档片段节点

DocumentFragment 类型节点在文档树中没有对应的标记。DOM 允许用户使用 JavaScript 操作文档片段中的节点，但不会把文档片段添加到文档树中显示出来，避免浏览器渲染和占用资源。

DocumentFragmert 节点具有下列特征：

- nodeType 值为 11。
- nodeName 值为"#document-fragment"。
- nodeValue 值为 null。
- parentNode 值为 null。
- 子节点可以是 Element、ProcessingInstruction、Comment、Text、CDATASection 或 Entity-Reference。

文档片段的作用：将文档片段作为节点“仓库”来使用，保存将来可能会添加到文档中的节点。

创建文档片段的方法如下。

```
var fragment = document.createDocumentFragment();
```

注意：

如果将文档树中的节点添加到文档片段中，就会从文档树中移除该节点，在浏览器中也不会再看到该节点。添加到文档片段中的新节点同样也不属于文档树。

使用 appendChild()或 insertBefore()方法可以将文档片段添加到文档树中。在将文档片段作为参数传递给这两个方法时，实际上只会将文档片段的所有节点添加到相应位置上，文档片段本身永远不会成为文档树的一部分，我们可以把文档片段视为一个节点的临时容器。

【示例】 每次使用 JavaScript 操作 DOM，都会改变页面呈现，并触发整个页面重新渲染，从而消耗系统资源。为解决这个问题，可以先创建一个文档片段，把所有的新节点附加到文档片段上，最后再把文档片段一次性添加到文档中，减少页面重绘的次数。

```
<input type="button" value="添加项目" onclick="addItems()">
<ul id="myList"></ul>
<script>
function addItems(){
    var fragment = document.createDocumentFragment();
    var ul = document.getElementById("myList");
    var li = null;
    for (var i=0; i < 12; i++){
        li = document.createElement("li");
        li.appendChild(document.createTextNode("项目" + (i+1)));
        fragment.appendChild(li);
    }
    ul.appendChild(fragment);
}
</script>
```

上面示例准备为这 ul 元素添加 12 个列表项。如果逐个添加列表项，将会导致浏览器反复渲染页面。为避免这个问题，可以使用一个文档片段来保存创建的列表项，然后再一次性将它们添加到文档中，这样能够提升系统的执行效率。

17.7　使用属性节点

属性节点由 Attr 类型表示，在文档树中被称为元素的特性，习惯称之为标签的属性。属性节点具有下列特征：

- nodeType 值为 11。
- nodeName 值是特性的名称。
- nodeValue 值是特性的值。
- parentNode 值为 null。
- 在 HTML 中不包含子节点。
- 在 XML 中子节点可以是 Text、EntityReference。

尽管属性也是节点，但却不被认为是 DOM 文档树的一部分，DOM 没有提供关系指针，很少直接引用属性节点。开发人员常用 getAttribute()、setAttribute()和 removeAttribute()等方法来操作属性。

17.7.1　访问属性节点

扫一扫，看视频

Attr 是 Element 的属性，作为一种节点类型，它继承了 Node 类型的属性和方法。不过 Attr 没有父节点，同时属性也不被认为是元素的子节点，对于很多 Node 的属性来说都将返回 null。

Attr 对象包含 3 个专用属性，简单说明如下。

- name：返回属性的名称，与 nodeName 的值相同。
- value：设置或返回属性的值，与 nodeValue 的值相同。
- specified：如果属性值是在代码中设置的，则返回 true，如果为默认值，则返回 false。

创建属性节点的方法如下。

```
document.createAttribute(name)
```

参数 name 表示新创建的属性的名称。

【示例 1】　以下示例创建一个属性节点，名称为 align，值为 center，然后为标签<div id="box">设置属性 align，最后分别使用 3 种方法读取属性 align 的值。

```
<div id="box">document.createAttribute(name)</div>
<script>
var element = document.getElementById("box");
var attr = document.createAttribute("align");
attr.value = "center";
element.setAttributeNode(attr);
alert(element.attributes["align"].value);              //"center"
alert(element.getAttributeNode("align").value);        //"center"
alert(element.getAttribute("align"));                  //"center"
</script>
```

为了将新创建的属性添加到元素中，必须使用元素的 setAttributeNode()方法。添加属性之后，可以通过下列任何方式访问该属性：attributes 属性、getAttributeNode()方法、getAttribute()方法。

其中，attributes 属性、getAttributeNode()方法都会返回对应属性的 Attr 节点，而 getAttribute()方法直接返回属性的值。不建议使用 attributes[]数组方式来读取某个位置上的属性节点，因为不同浏览器对其支持存在差异。

提示：

属性节点一般位于元素的头部标签中。元素的属性列表会随着元素信息预先加载，并被存储在关联数组中。例如，可以编写以下 HTML 结构。

```
<div id="div1" class="style1" lang="en" title="div"></div>
```

当 DOM 加载后，表示 HTML div 元素的变量 divElement 会自动生成一个关联集合，它以名值对形式检索这些属性。

```
divElement.attributes = {
    id : "div1",
    class : "style1",
    lang : "en",
    title : "div"
}
```

在传统 DOM 中，常用点语法通过元素直接访问 HTML 属性，如 img.src、a.href 等，这种方式虽然不标准，但是获得了所有浏览器支持。

【示例 2】 img 元素拥有 src 属性，所有图像对象都拥有一个 src 脚本属性，它与 HTML 的 src 特性关联在一起。下面两种用法都可以很好地工作在不同浏览器中。

```
<img id="img1" src="" />
<script>
var img = document.getElementById("img1");
img.setAttribute("src","http:// www.w3.org/");          // HTML 属性
img.src = "http:// www.w3.org/";                        // JavaScript 属性
</script>
```

类似的还有 onclick、style 和 href 等。为了保证 JavaScript 脚本在不同浏览器中都能很好地工作，建议采用标准用法，这样会更为稳妥，而且很多 HTML 属性并没有被 JavaScript 映射，所以也就是无法直接通过脚本属性进行读写。

扫一扫，看视频

17.7.2 读取属性值

使用元素的 getAttribute()方法可以快速读取指定元素的属性值，传递的参数是一个以字符串形式表示的元素属性名称，返回的是一个字符串类型的值，如果给定属性不存在，则返回的值为 null。

【示例 1】 以下示例访问红色盒子和蓝色盒子，然后读取这些元素所包含的 id 属性值。

```
<div id="red">红盒子</div>
<div id="blue">蓝盒子</div>
<script>
var red = document.getElementById("red");                // 获取红色盒子
alert(red.getAttribute("id"));                           // 显示红色盒子的 id 属性值
var blue = document.getElementById("blue");              // 获取蓝色盒子
alert(blue.getAttribute("id"));                          // 显示蓝色盒子的 id 属性值
</script>
```

【示例 2】 除了使用元素的方法读取属性值外，HTML DOM 还支持使用点方法快捷读取属性值。

```
var red = document.getElementById("red");
alert(red.id);
var blue = document.getElementById("blue");
alert(blue.id);
```

使用点方法比较简便，也获得所有浏览器的支持。

注意：

对于 class 属性，则必须使用 className 属性名，因为 class 是 JavaScript 语言的保留字；对于 for 属性，则必须使用 htmlFor 属性名，这与 CSS 脚本中 float 和 text 属性被改名为 cssFloat 和 cssText 是一个道理。

【示例 3】　使用 className 读写样式类。

```
<label id="label1" class="class1" for="textfield">文本框：
   <input type="text" name="textfield" id="textfield" />
</label>
<script>
var label = document.getElementById("label1");
alert(label.className);
alert(label.htmlFor);
</script>
```

【示例 4】　对于复合类样式，需要使用 split()方法劈开返回的字符串，然后遍历读取类样式。

```
<div id="red" class="red blue">红盒子</div>
<script>
// 所有类名生成的数组
var classNameArray = document.getElementById("red").className.split(" ");
for(var i in classNameArray ){                              // 遍历数组
   alert(classNameArray[i]);                                // 当前 class 名
}
</script>
```

17.7.3　设置属性值

扫一扫，看视频

使用元素的 setAttribute()方法可以设置元素的属性值，用法如下。

```
setAttribute(name,value)
```

参数 name 和 value 参数分别表示属性名称和属性值。属性名和属性值必须以字符串的形式进行传递。如果元素中存在指定的属性，它的值将被刷新；如果不存在，则 setAttribute()方法将为元素创建该属性并赋值。

【示例 1】　以下示例分别为页面中 div 元素设置 title 属性。

```
<div id="red">红盒子</div>
<div id="blue">蓝盒子</div>
<script>
var red = document.getElementById("red");              // 获取红盒子的引用
var blue = document.getElementById("blue");            // 获取蓝盒子的引用
red.setAttribute("title", "这是红盒子");               // 为红盒子对象设置 title 属性和值
blue.setAttribute("title", "这是蓝盒子");              // 为蓝盒子对象设置 title 属性和值
</script>
```

【示例 2】　以下示例定义了一个文本节点和元素节点，并为一级标题元素设置 title 属性，最后把它们添加到文档结构中。

```
var hello = document.createTextNode("Hello World! ");  // 创建一个文本节点
var h1 = document.createElement("h1");                 // 创建一个一级标题
h1.setAttribute("title", "你好，欢迎光临！");          // 为一级标题定义 title 属性
h1.appendChild(hello);                                 // 把文本节点增加到一级标题中
document.body.appendChild(h1);                         // 把一级标题增加到文档
```

【示例 3】　也可以通过快捷方法设置 HTML DOM 文档中元素的属性值。

```
<label id="label1">文本框：
```

```
    <input type="text" name="textfield" id="textfield" />
</label>
<script>
var label = document.getElementById("label1");
label.className="class1";
label.htmlFor="textfield";
</script>
```

DOM 支持使用 getAttribute()和 setAttribute()方法读写自定义属性，不过 IE 6.0 及其以下版本浏览器对其支持不是很完善。

【示例 4】 直接使用 className 添加类样式，会覆盖掉元素原来的类样式。这时可以采用叠加的方式添加类。

```
<div id="red">红盒子</div>
<script>
var red = document.getElementById("red");
red.className = "red";
red.className +=  " blue";
</script>
```

【示例 5】 使用叠加的方式添加类也存在问题，这样容易添加大量重复的类。为此，可以定义一个检测函数，判断元素是否包含指定的类，然后再决定是否添加类。

```
<script>
function hasClass(element,className){                    //类名检测函数
    var reg =new RegExp('(\\s|^)'+ className + '(\\s|$)');
    return  reg.test(element.className);                 //使用正则检测是否有相同的样式
}
function addClass(element,className){                    //添加类名函数
    if(!hasClass(element, className))
        element.className +=' ' + className;
}
</script>
<div id="red">红盒子</div>
<script>
var red = document.getElementById("red");
addClass(red,'red');
addClass(red,'blue');
</script>
```

扫一扫，看视频

17.7.4 删除属性

使用元素的 removeAttribute()方法可以删除指定的属性。用法如下。

```
removeAttribute(name)
```

参数 name 表示元素的属性名。

【示例 1】 以下示例演示了如何动态设置表格的边框。

```
<script>
window.onload = function() {                              // 绑定页面加载完毕时的
                                                             事件处理函数
```

```
    var table = document.getElementsByTagName("table")[0]; // 获取表格外框的引用
    var del = document.getElementById("del");               // 获取删除按钮的引用
    var reset = document.getElementById("reset");           // 获取恢复按钮的引用
    del.onclick = function(){                                // 为删除按钮绑定事件处理
                                                               函数
        table.removeAttribute("border");                     // 移除边框属性
    }
    reset.onclick = function(){                              // 为恢复按钮绑定事件处理
                                                               函数
        table.setAttribute("border", "2");                   // 设置表格的边框属性
    }
}
</script>
<table width="100%" border="2">
    <tr>
        <td>数据表格</td>
    </tr>
</table>
<button id="del">删除</button><button id="reset">恢复</button>
```

在上面示例中，设计了两个按钮，并分别绑定不同的事件处理函数。单击“删除”按钮即可调用表格的 removeAttribute()方法清除表格边框，单击“恢复”按钮即可调用表格的 setAttribute()方法重新设置表格边框的粗细。

【示例 2】 以下示例演示了如何自定义删除类函数，并调用该函数删除指定类名。

```
<script>
function hasClass(element,className){      // 类名检测函数
    var reg =new RegExp('(\\s|^)'+ className + '(\\s|$)');
    return  reg.test(element.className);    // 使用正则检测是否有相同的样式
}
function deleteClass(element,className){
     if(hasClass(element,className)){
        element.className.replace(reg,' '); // 利用正则捕获到要删除的样式的名称，然后把
                                               它替换成一个空白字符串，就相当于删除了
    }
}
</script>
<div id="red" class="red  blue  bold">红盒子</div>
<script>
var red = document.getElementById("red");
deleteClass(red,'blue');
</script>
```

在上面代码使用正则表达式检测 className 属性值字符串中是否包含指定的类名，如果存在，则使用空字符替换掉匹配到的子字符串，从而实现删除类名的目的。

17.7.5　使用类选择器

扫一扫，看视频

HTML5 为 document 对象和 HTML 元素新增了 getElementsByClassName()方法，使用该方法可以选择指定类名的元素。getElementsByClassName()方法可以接收一个字符串参数，包含一个或多个类名，类

名通过空格分隔，不分先后顺序，方法返回带有指定类的所有元素的 NodeList。

浏览器支持状态：IE 9+、Firefox 3.0+、Safari 3+、Chrome 和 Opera 9.5+。如果不考虑兼容早期 IE 浏览器或者怪异模式，用户可以放心使用。

【示例 1】 以下示例使用 document.getElementsByClassName("red")方法选择文档中所有包含 red 类的元素。

```
<div class="red">红盒子</div>
<div class="blue red">蓝盒子</div>
<div class="green red">绿盒子</div>
<script>
var divs = document.getElementsByClassName("red");
for(var i=0; i<divs.length;i++){
    console.log(divs[i].innerHTML);
}
</script>
```

【示例 2】 以下示例使用 document.getElementById("box")方法先获取<div id="box">，然后在它下面使用 getElementsByClassName("blue red")选择同时包含 red 和 blue 类的元素。

```
<div id="box">
    <div class="blue red green">blue red green</div>
</div>
<div class="blue red  black">blue red  black</div>
<script>
var divs = document.getElementById("box").getElementsByClassName("blue red");
for(var i=0; i<divs.length;i++){
    console.log(divs[i].innerHTML);
}
</script>
```

在 document 对象上调用 getElementsByClassName()会返回与类名匹配的所有元素，在元素上调用该方法就只会返回后代元素中匹配的元素。

扫一扫，看视频

17.7.6 自定义属性

HTML5 允许用户为元素自定义属性，但要求添加 data-前缀，目的是为元素提供与渲染无关的附加信息，或者提供语义信息。示例如下。

```
<div id="box" data-myid="12345" data-myname="zhangsan"  data-mypass="zhang123">
自定义数据属性</div>
```

添加自定义属性之后，可以通过元素的 dataset 属性访问自定义属性。dataset 属性的值是一个 DOMStringMap 实例，也就是一个名值对的映射。在这个映射中，每个 data-name 形式的属性都会有一个对应的属性，只不过属性名没有 data-前缀。

浏览器支持状态：Firefox 6+和 Chrome。

【示例】 以下代码演示了如何自定义属性，以及如何读取这些附加信息。

```
var div = document.getElementById("box");
//访问自定义属性值
var id = div.dataset.myid;
var name = div.dataset.myname;
var pass = div.dataset.mypass;
//重置自定义属性值
div.dataset.myid = "54321";
div.dataset.myname = "lisi";
```

```
div.dataset.mypass = "lisi543";
//检测自定义属性
if (div.dataset.myname){
    alert(div.dataset.myname);
}
```

虽然上述用法未获得所有浏览器支持，但是我们仍然可以使用这种方式为元素添加自定义属性，然后使用 getAttribute()方法读取元素附加的信息。

17.8 实战案例

本节将通过多个实例介绍如何灵活应用 DOM，以便优化代码，提升运行效率。

17.8.1 设计动态脚本

扫一扫，看视频

动态脚本指的是在页面加载时不存在，但将来的某一时刻通过修改 DOM 动态添加的脚本。与操作 HTML 元素一样，创建动态脚本也有两种方式：插入外部文件和直接插入 JavaScript 代码。

【示例 1】　动态加载的外部 JavaScript 文件能够立即运行。

```
<script type='text/javascript" src="test.js'></script>
```

使用动态脚本编写如下代码。

```
var script = document.createElement("script");
script.type = "text/javascript";
script.src = "test.js";
document.body.appendChild(script);
```

当上面代码被执行时，在最后一行代码把<script>元素添加到页面中之前，是不会下载外部文件的。整个过程可以使用下面的函数来封装。

```
function loadScript(url){
    var script = document.createElement("script");
    script.type = "text/javascript";
    script.src = url;
    document.body.appendChild(script);
}
```

然后，就可以通过调用这个函数来动态加载外部的 JavaScript 文件。

```
loadScript("test.js");
```

【示例 2】　另一种指定 JavaScript 代码的方式是行内方式，如下面的例子所示。

```
function say(){
    alert("hi");
}
```

对于上面代码可以转换为动态方式，代码如下。

```
var script = document.createElement("script");
script.type = "text/javascript";
script.appendChild(document.createTextNode("function say(){alert('hi');}"));
document.body.appendChild(script);
```

在 Firefox、Safari、Chrome 和 Opera 中，这些 DOM 代码可以正常运行。但在 IE 中，则会导致错误。IE 将<script>视为一个特殊的元素，不允许 DOM 访问其子节点。不过，可以使用<script>元素的 text 属性来指定 JavaScript 代码。

```
var script = document.createElement("script");
```

```
script.type = "text/javascript";
script.text = "function say(){alert('hi');}";
document.body.appendChild(script);
```

【示例 3】 从兼容角度考虑，使用函数对上面代码进行封装，然后在页面中定义一个调用函数，通过按钮动态加载要执行的脚本。页面完整代码如下。

```
<!doctype html>
<html>
<head>
<meta charset="utf-8">
</head>
<body>
<input type="button" value="Add Script" onclick="addScript()">
<script>
function loadScriptString(code){
    var script = document.createElement("script");
    script.type = "text/javascript";
    try {
        script.appendChild(document.createTextNode(code));
    } catch (ex){
        script.text = code;
    }
    document.body.appendChild(script);
}
function addScript(){
    loadScriptString("function sayHi(){alert('hi');}");
    sayHi();
}
</script>
</body>
</html>
```

Firefox、Opera、Chorme 和 Safari 都会在<script>包含代码接收完成之后发出一个 load 事件，这样可以监听<script>标签的 load 事件，以获取脚本准备好的通知。

```
var script = document.createElement ("script")
script.type = "text/javascript";
//兼容 Firefox、Opera、Chrome、Safari 3+
script.onload = function(){
   alert("Script loaded!");
};
script.src = "file1.js";
document.getElementsByTagName("head")[0].appendChild(script);
```

IE 不支持标签的 load 事件，却支持另一种实现方式，它会发出一个 readystatechange 事件。<script>元素有一个 readyState 属性，它的值随着下载外部文件的过程而改变。readyState 有 5 种取值：

- uninitialized，默认状态。
- loading，下载开始。
- loaded，下载完成。
- interactive，下载完成但尚不可用。
- complete，所有数据已经准备好。

在<script>元素的生命周期中，readyState 的这些取值不一定全部出现，也并没有指出哪些取值总会被用到。不过在实践中 loaded 和 complete 状态值很重要。在 IE 中这两个 readyState 值所表示的最终状态并不一致，有时<script>元素会得到 loader，却从不出现 complete，而在另外一些情况下出现 complete 而用不到 loaded。最安全的办法就是在 readystatechange 事件中检查这两种状态，并且当其中一种状态出现时，删除 readystatechange 事件句柄，保证事件不会被处理两次。

```
var script = document.createElement ("script")
script.type = "text/javascript";
script.onreadystatechange = function(){  //兼容 IE
    if (script.readyState == "loaded" || script.readyState == "complete"){
        script.onreadystatechange = null;
        alert("Script loaded.");
    }
};
script.src = "file1.js";
document.getElementsByTagName("head")[0].appendChild(script);
```

【示例 4】 下面的函数封装了标准实现和 IE 实现所需的功能。

```
function loadScript(url, callback) {
    var script = document.createElement("script")
    script.type = "text/javascript";
    if(script.readyState) {//兼容 IE
        script.onreadystatechange = function() {
            if(script.readyState == "loaded" || script.readyState == "complete") {
                script.onreadystatechange = null;
                callback();
            }
        };
    } else {//兼容其他浏览器
        script.onload = function() {
            callback();
        };
    }
    script.src = url;
    document.getElementsByTagName("head")[0].appendChild(script);
}
```

上面的封装函数接收两个参数：JavaScript 文件的 URL 和当 JavaScript 接收完成时触发的回调函数。属性检查用于决定监视哪种事件。最后设置 src 属性，并将<script>元素添加至页面。此 loadScript() 函数的使用方法如下。

```
loadScript("file1.js", function(){
    alert("文件加载完成!");
});
```

可以在页面中动态加载很多 JavaScript 文件，只是要注意，浏览器不保证文件加载的顺序。在所有主流浏览器之中，只有 Firefox 和 Opera 保证脚本按照指定的顺序执行，其他浏览器将按照服务器返回次序下载并运行不同的代码文件。可以将下载操作串联在一起以保证它们的次序。

```
loadScript("file1.js", function() {
    loadScript("file2.js", function() {
        loadScript("file3.js", function() {
            alert("所有文件都已经加载!");
        });
    });
});
```

此代码待 file1.js 可用之后才开始加载 file2.js，待 file2.js 可用之后才开始加载 file3.js。虽然此方法可行，但是如果要下载和执行的文件很多，还是有些麻烦。如果多个文件的次序十分重要，那么更好的办法是将这些文件按照正确的次序连接成一个文件。独立文件可以一次性下载所有代码，由于这是异步执行，因此使用一个大文件并没有什么损失。

扫一扫，看视频

17.8.2 使用 script 加载远程数据

script 元素能够动态加载外部或远程 JavaScript 脚本文件。JavaScript 脚本文件不仅仅可以被执行，还可以附加数据。在服务器端使用 JavaScript 文件附加数据之后，当在客户端使用 script 元素加载这些远程脚本时，附加在 JavaScript 文件中的信息也一同被加载到客户端，从而实现数据异步加载的目的。

下面介绍如何使用 script 元素设计异步交互接口，动态生成 script 元素。通过 script 元素实施异步交互功能的封装，这样就避免了每次实施异步交互时都需要手动修改文档结构的麻烦。

【操作步骤】

（1）定义一个异步请求的封装函数。

```
// 创建<script>标签
// 参数：URL 表示要请求的服务器端文件路径
// 返回值：无
function request(url){
    if( ! document.script){                       // 如果在 Document 对象中不存在 scrip 属性
        document.script = document.createElement("script");
         // 创建 script 元素
        document.script.setAttribute("type", "text/javascript");
         // 设置脚本类型属性
        document.script.setAttribute("src", url);
         // 设置导入的外部 JavaScript 文件的路径
        document.body.appendChild(document.script);
         // 把创建的 script 元素添加到页面中
    }
    else{// 如果已经存在 script 元素
        document.script.setAttribute("src", url);
         // 则直接改写其他路径属性即可
    }
}
```

（2）完善客户端提交页面的结构和脚本代码。上面这个请求函数是整个 script 异步交互的核心。下面就可以来设计客户端提交页面（test.html）。

```
<html>
<head>
<title>异步信息交互</title>
<script>
function callback(info){                          // 客户端回调函数
    alert(info);
}
function request(url){                            // script 异步请求函数
    // 代码同上
}
window.onload = function(){                       // 页面初始化处理函数
    var b = document.getElementsByTagName("input")[0];
    b.onclick = function(){                       // 为页面按钮绑定异步请求函数
```

```
        request("server.js");
    }
}
</script>
</head>
<body>
<h1>客户端信息提交页面</h1>
<input name="submit" type="button" id="submit" value="向服务器发出请求" />
</body>
</html>
```

（3）在服务器端的响应文件（server.js）中输入下面的代码。

```
//服务器端响应页面
callback("这里是服务器端数据信息");
```

（4）当预览客户端提交页面时，就不会立即发生异步交互的动作，而是当单击按钮时才会触发异步请求和响应行为，这正是异步交互所要的设计效果。

17.8.3　使用 script 实现异步交互

扫一扫，看视频

使用 script 元素作为异步通信的工具时，实现信息交换的最简单的方法就是使用参数作为从客户端向服务器端传递信息，这种在 URL 中附加参数的方式是最快捷的方法了，然后服务器端接收这些参数，并把响应信息以 JavaScript 脚本形式传回客户端。

【示例 1】　在客户端提交页面（main.html）中以下面的形式向服务器发出请求。

```
<html>
<head>
<title>异步信息交互</title>
<script src="code_server.js?id=8"></script>
<body>
<h1>客户端信息提交页面</h1>
</body>
</html>
```

在 JavaScript 外部文件的 URL 中附加了一个参数 id=8，这个参数是客户端传递给服务器端，希望服务器能够接收该参数，并能够根据该参数响应相应的信息，传回这些响应信息。

使用 location 对象的 search 属性能够捕获 HTTP 的 URL 查询字符串信息，在服务器端的 server_code.js 文件中输入下面代码。

```
var  queryString = location.search.substring(1);
alert(queryString);
```

但是当运行客户端提交页面时，提示信息为空，说明服务器端并没有接收到这个参数，如果使用下面的代码接收 HTTP 中完整的 URL 字符串信息，则返回客户端交互页码的 URL 字符串，而不是链接的 JavaScript 文件 URL（如“http://localhost/mysite/main.html”字符串）。

```
var  queryString = location.href;
alert(queryString);
```

因此使用 location 对象是不能接收客户端提交页面中包含的外部 JavaScript 连接文件的 URL 字符串信息的。

【示例 2】　在服务器端 JavaScript 文件中使用脚本来读取客户端提交页面中<script>标签的 src 属性值，以下示例是在 17.8.2 节示例基础上修改服务器端的 JavaScript 文件代码（server.js）。

```
// 遍历客户端提交页面的所有<script>标签，找到 src 属性包含"script 异步通信之参
```

```
数传递_server.js"的标签，并匹配出来该 URL 的参数，从中筛选出附带回调函数名称的
参数，然后利用这个回调函数执行服务器端传递的信息
var js = "server.js";
// 匹配的 JavaScript 文件名称
var r = new RegExp(js + "(\\?(.*))?$");                    // 定义匹配参数的正则表达式
var script = document.getElementsByTagName("script");
// 获取客户端提交页面中包含的所有 script 元素
for (var i = 0; i < script.length; i ++ ){                 // 遍历所有 script 元素
  var s = script[i];
  if(s.src && s.src.match(r)){                             // 判断是否存在参数
    var oo = s.src.match(r)[2];
    if (oo && (t = oo.match(/([^&=]+)=([^=&]+)/g))) {// 匹配出所有参数
      for (var l = 0; l < t.length; l ++ ) {               // 遍历所有参数
        r = t[l];
        var c = r.match(/([^&=]+)=([^=&]+)/);              // 匹配每个参数
        if (c && (c[2]=="callback")){
         // 如果参数名称为 callback，则说明该参数值是传递过来的客户端交互页
面中定义的回调函数名称字符串
          var f = eval(c[2]);                              // 激活回调函数名称字符串
          f("Hi，大家好，我是从服务器端过来的信息使者.");
          // 调用该回调函数，向客户端响应信息
        }
      }
    }
  }
}
```

上面的 JavaScript 文件是服务器端请求的脚本文件，然后运行客户端提交页面（main_js.html），当单击其中的“请求”按钮之后，则弹出正确提示信息。

【示例 3】 下面尝试把 script 元素的 src 属性设置为请求服务器端脚本文件，而不是 JavaScript 文件。例如，以 ASP 服务器技术为例，可以这样进行请求（main_asp.html）。

```
window.onload = function(){
   var b = document.getElementsByTagName("input")[0];
   b.onclick = function(){
      var url = "server.asp?callback=callback";
    // 请求 ASP 文件
      request(url);
   }
}
```

这样，就可以利用服务器技术来接收请求传递的参数了，代码如下（server.asp）。

```
<%@LANGUAGE="VBSCRIPT" CODEPAGE="65001"%>
<%
callback = Request.QueryString("callback")
    // 使用 ASP 服务器技术获取查询字符串
Response.Write("callback('Hi，大家好，我是从服务器端过来的信息使者。')")
    // 然后向客户端响应一段 JavaScript 脚本字符串
%>
```

📖 拓展：

在异步交互中，用户应注意字符编码一致性，具体说明如下。

- 服务器端脚本的编码（默认为 65001，即国际通用编码），如在 ASP 脚本文件的第一行命令中 CODEPAGE 属性指定 ASP 脚本代码的编码。下面设置 ASP 脚本文件为国际通用编码。

```
<%@LANGUAGE="VBSCRIPT" CODEPAGE="65001"%>
```

- 请求的服务器脚本文件所在页面的编码，也就是 HTML 文档的字符编码。

```
<meta http-equiv="Content-Type" content="text/html; charset=utf-8">
```

- 当服务器向客户端响应信息时，在 HTTP 传输中所使用的字符编码，默认为 UTF-8，即国际通用编码。如果服务器端脚本编码为中文简体，则应该在服务器端响应信息的头部定义信息的编码为 gb2312。如在 ASP 脚本文件可以这样设置。

```
<%@LANGUAGE="VBSCRIPT" CODEPAGE="936"%>
<%
callback = Request.QueryString("callback")
Response.AddHeader "Content-Type","text/html;charset=gb2312"
Response.Write("callback('Hi，大家好，我是从服务器端过来的信息使者。')")
%>
```

- 在客户端提交页面中应该设置页面编码，与服务器端请求页面的编码类似。

```
<meta http-equiv="Content-Type" content="text/html; charset=utf-8">
```

要确保在异步交互过程中不发生乱码现象，用户应该保证上面 4 个方面的字符编码是一致的，即可以统一使用国际通用编码，或者统一使用中文简体编码（936 或 GB2312）。默认为国际通用编码（即 65001 或 UTF-8）。

用户还需要注意的是，虽然<script>标签 src 属性请求的是 ASP 文件，但是 ASP 响应的字符串是符合 JavaScript 语法规则的字符串，这些字符串被加载到客户端的<script>标签内部时，就会被转换为可以执行的 JavaScript 脚本代码。

【示例 4】 以下示例把客户端和服务器端对应文件代码全部整理出来，并遵循编码一致性原则，避免异步交互中出现乱码。

客户端提交页面的完整代码（main_asp(gb2312).html）如下。

```
<html>
<head>
<title>异步信息交互</title>
<script>
function callback(info){                                    // 回调函数
   alert(info);
}
function request(url){                                      // 请求函数
   if( ! document.script){
      document.script = document.createElement("script");
      document.script.setAttribute("type", "text/javascript");
      document.script.setAttribute("src", url);
      document.body.appendChild(document.script);
   }else{
      document.script.setAttribute("src", url);
   }
}
window.onload = function(){                                 // 页面初始化处理
```

```
    var b = document.getElementsByTagName("input")[0];
    b.onclick = function(){
    // 为按钮注册鼠标单击事件处理函数，并传递请求的服务器端脚本 URL 和参数
        var url = "server.asp?callback=callback"
        request(url);
    }
}
</script>
<meta http-equiv="Content-Type" content="text/html;
charset=utf-8"></head>
<body>
<h1>客户端信息提交页面</h1>
<input name="submit" type="button" id="submit" value="向服务器发出请求" />
</body>
</html>
```

服务器端响应页面的完整代码（serve(gb2312).asp）如下。

```
<%@LANGUAGE="VBSCRIPT" CODEPAGE="65001"%>
<%
callback = Request.QueryString("callback") '接收参数
Response.Write("callback('Hi，大家好，我是从服务器端过来的
信息使者.')") '输出响应信息
%>
```

在测试上面代码时，用户应确保在服务器环境下运行，否则会达不到预期结果。

扫一扫，看视频

17.8.4 使用 JSONP

JSONP 是 JSON with Padding 的简称，它能够通过在客户端文档中生成脚本标记（<script>标签）来调用跨域脚本（服务器端脚本文件）时使用的约定，这是一个非官方的协议。

JSONP 允许在服务器端动态生成 JavaScript 字符串返回给客户端，通过 JavaScript 回调函数的形式实现跨域调用。现在很多 JavaScript 技术框架都使用 JSONP 实现跨域异步通信，如 dojo、JQuery、Youtube GData API、Google Social Graph API 、Digg API 等。

【示例 1】 以下示例演示了如何使用 script 实现异步 JSON 通信。

（1）在服务器端的 JavaScript 文件中输入下面代码（server.js）。

```
callback({// 调用回调函数，并把包含响应信息的对象直接量传递给它
    "title" : "JSONP Test",
    "link" : "http:// www.mysite.cn/",
    "modified" : "2016-12-1",
    "items" : [{
        "title" : "百度",
        "link" : "http:// www.baidu.com/",
        "description" : "百度侧重于中国网民的搜索习惯，搜索结果更加大众化。"
    },
    {
        "title" : "谷歌",
        "link" : "http:// www.google.cn/",
        "description" : "谷歌搜索结果更客观，尤其在搜索技术性文章的时候，结果更加精准。"
```

```
    }]
})
```

callback 是回调函数的名称，然后使用小括号运算符调用该函数，并传递一个 JavaScript 对象。在这个参数对象直接量中包含 4 个属性：title、link、modified、items。这些属性都可以包含服务器端响应信息。其中前 3 个属性包含的值都是字符串，而第 4 个属性 items 包含一个数组，数组中包含两个对象直接量。这两个对象直接量又包含 3 个属性：title、link 和 description。

通过这种方式可以在一个 JavaScript 对象中包含更多的信息，这样在客户端的<script>标签中就可以利用 src 属性把服务器端的这些 JavaScript 脚本作为响应信息引入到客户端的<script>标签中。

（2）在回调函数中通过对对象和数组的逐层遍历和分解，有序显示所有响应信息，回调函数的详细代码如下（main.html）。

```
function callback(info){                                   // 回调函数
    var temp = "";
    for(var i in info){                                    // 遍历参数对象
        if(typeof info[i] != "object"){                    // 如果属性值不是对象，则直接显示
            temp += i + " = \"" + info[i] + "\"<br />";
        }
        else if( (typeof info[i] == "object") && (info[i].constructor == Array)){
                                                           // 如果属性值为数组
            temp += "<br />" + i + " = " + "<br /><br />";
            var a = info[i];                               // 获取数组引用
            for(var j = 0; j < a.length; j ++ ){           // 遍历数组
                var o = a[j];
                for(var e in o){                           // 遍历每个数组元素对象
                    temp += "    " + e + " = \"" + o[e] + "\"<br />";
                }
                temp += "<br />";
            }
        }
    }
    var div = document.getElementById("test");             // 获取页面中的 div 元素
    div.innerHTML = temp;                                  // 把服务器端响应信息输出到 div 元
                                                           素中显示
}
```

（3）完成用户提交信息的操作。客户端提交页面（main.html）的完整代码如下。

```
<html>
<head>
<title>异步信息交互</title>
<script>
function callback(info){}                  // 回调函数，请参考上面的代码
function request(url){}                    // 请求函数，请参考上一节 request(1)函数代码
window.onload = function(){                // 页面初始化
    var b = document.getElementsByTagName("input")[0];
    b.onclick = function(){
        var url = "script 异步通信之响应数据类型_server.js"
        request(url);
    }
}
</script>
<body>
```

```
<h1>客户端信息提交页面</h1>
<input name="submit" type="button" id="submit" value="向服务器发出请求" />
<div id="test"></div>
</body>
</html>
```

回调函数和请求函数的名称并不是固定的，用户可以自定义这些函数的名称。

（4）保存页面，在浏览器中预览，则演示效果如图 17.10 所示。

提交前

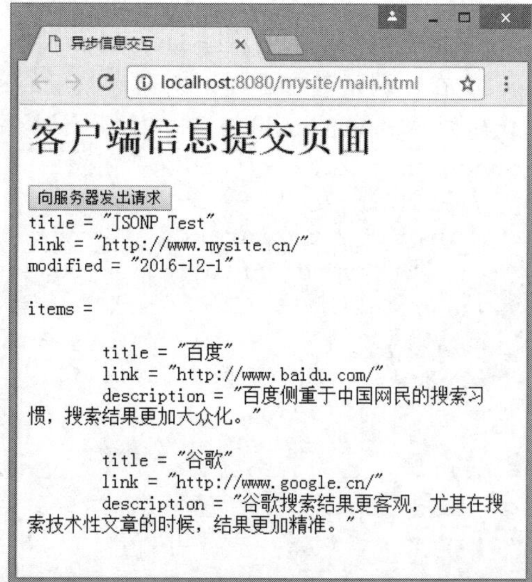

提交后

图 17.10 响应和回调前后效果

【示例 2】 下面结合一个示例说明如何使用 JSONP 约定来实现跨域异步信息交互。

（1）在客户端调用提供 JSONP 支持的 URL 服务，获取 JSONP 格式数据。

所谓 JSONP 支持的 URL 服务，就是在请求的 URL 中必须附加在客户端可以回调的函数，并按约定正确设置回调函数参数，默认参数名为 jsonp 或 callback。

注意，根据开发约定，只要服务器能够识别即可。本例定义 URL 服务的代码如下。

```
http:// localhost/mysite/server.asp?jsonp=callback&d=1
```

其中参数 jsonp 的值为约定的回调函数名。JSONP 格式的数据就是把 JSON 数据作为参数传递给回调函数并传回。例如，如果响应的 JSON 数据设计如下。

```
{
    "title" : "JSONP Test",
    "link" : "http:// www.mysite.cn/",
    "modified" : "2016-12-1",
    "items" : {
        "id" : 1,
        "title" : "百度",
        "link" : "http:// www.baidu.com/",
        "description" : "百度侧重于中国网民的搜索习惯，搜索结果更加大众化。"
    }
}
```

那么真正返回到客户端的脚本标记则如下。

```
callback({
```

```
   "title" : "JSONP Test",
   "link" : "http:// www.mysite.cn/",
   "modified" : "2016-12-1",
   "items" : {
      "id" : 1,
      "title" : "百度",
      "link" : "http:// www.baidu.com/",
      "description" : "百度侧重于中国网民的搜索习惯，搜索结果更加大众化。"
   }
})
```

（2）当客户端向服务器端发出请求后，服务器应该完成两件事情：一是接收并处理参数信息，如获取回调函数名；二是要根据参数信息生成符合客户端需要的脚本字符串，并把这些字符串响应给客户端。例如，服务器端的处理脚本文件如下（server.asp）。

```
<%@LANGUAGE="VBSCRIPT" CODEPAGE="65001"%>
<%
callback = Request.QueryString("jsonp")     //接收回调函数名的参数值
id = Request.QueryString("id")              //接收响应信息的编号
Response.AddHeader "Content-Type","text/html;charset=utf-8" '设置响应信息的字符编码为uft-8
Response.Write(callback & "(")              //输出回调函数名，开始生成Script Tags字符串
%>
{
   "title" : "JSONP Test",
   "link" : "http:// www.mysite.cn/",
   "modified" : "2016-12-1",
   "items" :
<%
if id = "1" then                            //如果id参数值为1，则输出下面的对象信息
%>
   {
      "title" : "百度",
      "link" : "http:// www.baidu.com/",
      "description" : "百度侧重于中国网民的搜索习惯，搜索结果更加大众化。"
   }
<%
elseif id = "2" then                        //如果id参数值为2，则输出下面的对象信息
%>
   {
      "title" : "谷歌",
      "link" : "http:// www.google.cn/",
      "description" : "谷歌搜索结果更客观，尤其在搜索技术性文章的时候，结果更加精准。"
   }
<%
else                                        //否则，则输出空信息
   Response.Write(" ")
end if                                      //结束条件语句
Response.Write("))")                        //封闭回调函数，输出Script Tags字符串
%>
```

包含在“<%”和“%>”分隔符之间的代码是 ASP 处理脚本。在该分隔符之后的是输出到客户端的

普通字符串。在 ASP 脚本中，使用 Response.Write()方法输出回调函数名和运算符号。其中还用到条件语句，判断从客户端传递过来的参数值，并根据参数值决定响应的具体信息。

（3）在客户端设计回调函数。回调函数应该根据具体的应用项目，以及返回的 JSONP 数据进行处理。例如，针对上面返回的 JSONP 数据，把其中的数据列表显示出来，代码如下。

```
function callback(info){
    var temp = "";
    for(var i in info){
        if(typeof info[i] != "object"){
            temp += i + " = \"" + info[i] + "\"<br />";
        }
        else if( (typeof info[i] == "object")){
            temp += "<br />" + i + " = " + " {<br />";
            var o = info[i];
            for(var j in o ){
                temp += "    " + j + " = \"" + o[j] + "\"<br />";
            }
            temp += "}";
        }
    }
    var div  = document.getElementById("test");
    div.innerHTML = temp;
}
```

（4）设计客户端提交页面与信息展示。用户可以在页面中插入一个<div>标签，然后把输出的信息插入到该标签内。同时为页面设计一个交互按钮，单击该按钮将触发请求函数，并向服务器端发去请求。服务器响应完毕，JavaScript 字符串传回到客户端之后，将调用回调函数，对响应的数据进行处理和显示。

```
<div id="test"></div>
```

注意：

由于 JSON 完全遵循 JavaScript 语法规则，所以 JavaScript 字符串会潜在地包含恶意代码。JavaScript 支持多种方法动态地生成代码，其中最常用的就是 eval()函数，该函数允许用户将任意字符串转换 JavaScript 代码执行。

恶意攻击者可以通过发送畸形的 JSON 对象实现攻击目的，这样 eval()函数就会执行这些恶意代码。为了安全，用户可以采取一些方法来保护 JSON 数据的安全使用。例如，使用正则表达式过滤掉 JSON 数据中不安全的 JavaScript 字符串。

```
var my_JSON_object = ! (/[^,:{}\[\]0-9.\-+Eaeflnr-u \n\r\t]/.test(
                    text.replace(/"(\\.|[^"\\])*"/g, ''))) &&
                    eval('(' + text + ')');
```

这个正则表达式能够检查 JSON 字符串，如果没有发现字符串中包含的恶意代码，则再使用 eval()函数把它转换为 JavaScript 对象。

扫一扫，看视频

17.8.5 使用 CSS 选择器

Selectors API 是由 W3C 发起制定的一个标准，致力于让浏览器原生支持 CSS 查询。DOM API 模块核心是两个方法：querySelector() 和 querySelectorAll()，这两个方法能够根据 CSS 选择器规范，便捷定位文档中指定元素。

浏览器支持状态：IE8+、Firefox、Chrome、Safari、Opera。

Document、DocumentFragment、Element 都实现了 NodeSelector 接口。即这 3 种类型的节点都拥有 querySelector() 和 querySelectorAll() 方法。

querySelector() 和 querySelectorAll() 方法的参数必须是符合 CSS 选择器规范的字符串，不同的是 querySelector()方法返回的是一个元素对象，querySelectorAll() 方法返回的一个元素集合。

【示例 1】 新建网页文档，输入以下 HTML 结构代码。

```
<div class="content">
    <ul>
        <li>首页</li>
        <li class="red">财经</li>
        <li class="blue">娱乐</li>
        <li class="red">时尚</li>
        <li class="blue">互联网</li>
    </ul>
</div>
```

如果要获得第 1 个 li 元素，可以使用如下方法：

```
document.querySelector(".content ul li");
```

如果要获得所有 li 元素，可以使用如下方法：

```
document.querySelectorAll(".content ul li");
```

如果要获得所有 class 为 red 的 li 元素，可以使用如下方法：

```
document.querySelectorAll("li.red");
```

提示：

DOM API 模块也包含 getElementsByClassName()方法，使用该方法可以获取指定类名的元素。例如：

```
document.getElementsByClassName("red");
```

注意，getElementsByClassName()方法只能够接收字符串，且为类名，而不需要加点号前缀，如果没有匹配到任何元素则返回空数组。

CSS 选择器是一个便捷的确定元素的方法，这是因为大家已经对 CSS 很熟悉了。当需要联合查询时，使用 querySelectorAll()更加便利。

【示例 2】 在文档中一些 li 元素的 class 名称是 red，另一些 class 名称是 blue，可以用 querySelectorAll() 方法一次性获得这两类节点。

```
var lis = document.querySelectorAll("li.red, li.blue");
```

如果不使用 querySelectorAll()方法，那么要获得同样列表，需要更多工作。一个办法是选择所有的 li 元素，然后通过迭代操作过滤出那些不需要的列表项目。

```
var result = [], lis1 = document.getElementsByTagName('li'), classname = '';
for(var i = 0, len = lis1.length; i < len; i++) {
    classname = lis1[i].className;
    if(classname === 'red' || classname === 'blue') {
        result.push(lis1[i]);
    }
}
```

比较上面两种不同的用法，使用选择器 querySelectorAll()方法比使用 getElementsByTagName()的性能要快很多。因此，如果浏览器支持 document.querySelectorAll()，那么最好使用它。

在 Selectors API 2 版本规范中，为 Element 类型新增了一个方法 matchesSelector()。这个方法接收一个参数，即 CSS 选择符，如果调用元素与该选择符匹配，返回 true；否则，返回 false。目前浏览器对其支持不是很好。

17.9 在线课堂：实践练习

本节为线上实践环节，旨在通过大量小巧、简单而实用的示例，帮助读者练习文档对象模型开发的一般方法，培养初学者灵活使用 JavaScript 设计动态网页效果的基本能力，感兴趣的读者请扫码练习。

扫码，看电子版

第 18 章　事 件 处 理

JavaScript 与用户之间的交互是通过事件驱动来实现的，事件驱动是面向对象程序设计的重要概念，其核心就是“以消息为基础，以事件来驱动（message based，event driven）”。当网页对象发生特定事件时，浏览器会自动生成一个事件对象（Event），事件对象通常会沿着 DOM 节点进行传播，直到被脚本捕获。如果为事件绑定响应程序（事件处理函数），浏览器就会调用该事件处理函数，执行其中的代码，完成预定的任务。

【学习重点】

- 熟悉事件模型。
- 能够正确注册、销毁事件。
- 掌握鼠标和键盘事件开发。
- 掌握页面和 UI 事件开发。
- 能够自定义事件。

18.1　事 件 基 础

事件最早是在 IE 3.0 和 Netscape 2.0 浏览器中出现。互联网初期网速是非常慢的，为了解决用户漫长的等待，开发人员把服务器端处理的任务部分前移到客户端，让客户端 JavaScript 脚本代替解决。

DOM 2 规范开始尝试标准化 DOM 事件，直到 2004 年发布 DOM 3.0 时，W3C 才完善事件模型。IE9、Fircfox、Opera、Safari 和 Chrome 主流浏览器都已经实现了 DOM 2 事件模块的核心部分。IE8 及其早期版本使用专有的事件模块。

18.1.1　事件模型

在浏览器发展历史中，出现 4 种事件处理模型。

- 基本事件模型：也称为 DOM 0 事件模型，是浏览器初期出现的一种比较简单的事件交互方式，主要通过事件属性，为指定标签绑定事件处理函数。由于这种交互方式应用比较广泛，获得了所有浏览器的支持，目前依然比较流行。但是这种模型对于 HTML 文档标签依赖严重，不利于 JavaScript 独立开发。
- DOM 事件模型：由 W3C 制定，是目前标准的事件处理模型。所有符合标准的浏览器都支持该模型，IE 怪异模式不支持。DOM 事件模型包括 DOM 2 事件模块和 DOM 3 事件模块，DOM 3 事件模块为 DOM 2 事件模块的升级版，略有完善，主要是新增了一些事情类型，以适应移动设备的开发需要，但大部分规范和用法保持一致。
- IE 事件模型： IE 4.0 及其以上版本浏览器支持，与 DOM 事件模型相似，但用法不同。
- Netscape 事件模型：由 Netscape 4 浏览器实现，在 Netscape 6 中停止支持。

扫一扫，看视频

18.1.2　事件流

事件流就是多个节点对象对同一种事件进行响应的先后顺序，主要包括 3 种类型。

1. 冒泡型

事件从最特定的目标向最不特定的目标（document 对象）触发，也就是事件从下向上进行响应，这个传递过程被形象地称为冒泡。

2. 捕获型

事件从最不特定的目标（document 对象）开始触发，然后到最特定的目标，也就是事件从上向下进行响应。

3. 混合型

W3C 的 DOM 事件模型支持捕获型和冒泡型两种事件流，但是捕获型事件流先发生，然后才发生冒泡型事件流。两种事件流会触及 DOM 中的所有层级对象，从 document 对象开始，最后返回 document 对象结束。

根据事件流类型，可以把事件传播的整个过程分为 3 个阶段。

- 捕获阶段：事件从 document 对象沿着文档树向下传播到目标节点，如果目标节点的任何一个上级节点注册了相同事件，那么事件在传播的过程中就会首先在最接近顶部的上级节点执行，依次向下传播。
- 目标阶段：注册在目标节点上的事件被执行。
- 冒泡阶段：事件从目标节点向上触发，如果上级节点注册了相同的事件，将会逐级响应，依次向上传播。

扫一扫，看视频

18.1.3 绑定事件

在基本事件模型中，JavaScript 支持两种绑定方式。

1. 静态绑定

把 JavaScript 脚本作为属性值，直接赋予给事件属性。

【示例 1】 在下面示例中，把 JavaScript 脚本以字符串的形式传递给 onclick 属性，为<button>标签绑定 click 事件。当单击按钮时，就会触发 click 事件，执行这行 Javascript 脚本。

```
<button onclick="alert('你单击了一次！');">按钮</button>
```

2. 动态绑定

使用 DOM 对象的事件属性进行赋值。

【示例 2】 在下面示例中，使用 document.getElementById()方法获取 button 元素，然后把一个匿名函数作为值传递给 button 元素的 onclick 属性，实现事件绑定操作。

```
<button id="btn">按钮</button>
<script>
var button = document.getElementById("btn");
button.onclick = function(){
    alert("你单击了一次！");
}
</script>
```

这种方法可以在脚本中直接为页面元素附加事件，不用破坏 HTML 结构，比上一种方式灵活。

扫一扫，看视频

18.1.4 事件处理函数

事件处理函数是一类特殊的函数，主要任务是实现事件处理，为异步调用，由事件触发进行响应。

事件处理函数一般没有明确的返回值。不过在特定事件中，用户可以利用事件处理函数的返回值影响程序的执行，如单击超链接时，禁止默认的跳转行为。

【示例 1】 在以下示例中，为 form 元素的 onsubmit 事件属性定义字符串脚本，设计当文本框中输入值为空时，定义事件处理函数返回值为 false。由于该返回值为 false，将强制表单禁止提交数据。

```
<form id="form1" name="form1" method="post" action="http://www.mysite.cn/" onsubmit=
"if(this.elements[0].value.length==0) return false;">
    姓名：<input id="user" name="user" type="text" />
    <input type="submit" name="btn" id="btn" value="提交" />
</form>
```

在上面代码中，this 表示当前 form 元素，elements[0]表示姓名文本框，如果该文本框的 value.length 属性值长度为 0，表示当前文本框为空，则返回 false，禁止提交表单。

事件处理函数不需要参数。在 DOM 事件模型中，事件处理函数默认包含 event 参数对象， event 对象包含事件信息，在函数内进行传播。

【示例 2】 在以下示例中，为按钮对象绑定一个单击事件。在这事件处理函数中，参数 e 为形参，响应事件之后，浏览器会把 event 对象传递给形参变量 e，再把 event 对象作为一个实参进行传递，读取 event 对象包含的事件信息，在事件处理函数中输出当前源对象节点名称，显示效果如图 18.1 所示。

```
<button id="btn">按    钮</button>
<script>
var button = document.getElementById("btn");
button.onclick = function(e){
    var e = e || window.event;                              //兼容 DOM 事件模型和 IE
                                                              模型的 event 获取方式
    document.write(e.srcElement ? e.srcElement : e.target); //兼容事件对象的属性
}
</script>
```

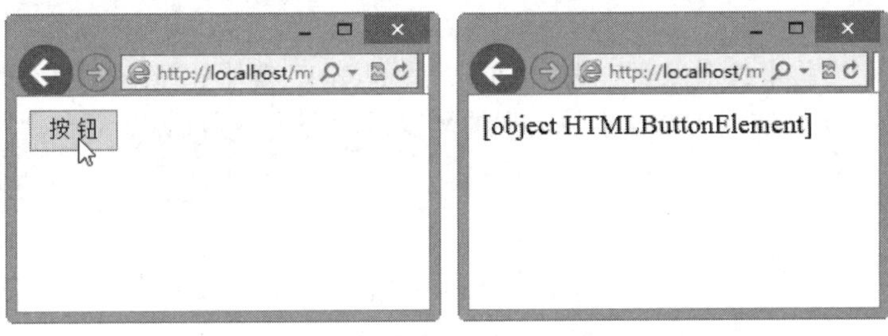

图 18.1 捕获当前事件源

提示：

在上面脚本中，为了能够兼容 IE 事件模型和 DOM 事件模型，分别使用一个逻辑运算符和一个条件运算符来匹配不同的模型。

IE 事件模型和 DOM 事件模型对于 event 对象的处理方式不同：IE 把 event 对象定义为 window 对象的一个属性，而 DOM 事件模型把 event 定义为事件处理函数的默认参数。

在处理 event 参数时，应该判断 event 在当前解析环境中的状态，如果当前浏览器支持，则使用 event（DOM 事件模型）；如果不支持，则说明当前环境是 IE 浏览器，通过 window.event 获取 event 对象。

event.srcElement 表示当前事件的源，即响应事件的当前对象，这是 IE 模型用法。但是 DOM 事件模型不支持该属性，需要使用 event 对象的 target 属性，它是一个符合标准的源属性。为了能够兼容不同浏览器，这里使用了一个条件运算符，先判断 event.srcElement 属性是否存在，否则使用 event.target 属性来获取当前事件对象的源。

在事件处理函数中，this 表示当前事件对象，与 event 对象的 srcElement 属性（IE 模型）或者 target（DOM 事件模型）属性所代表的意思相同。

【示例 3】 在以下示例中，定义当单击按钮时改变当前按钮的背景色为红色），其中 this 关键字就表示 button 按钮对象。

```
<button id="btn" onclick="this.style.background='red';">按　钮</button>
```

也可以使用下面一行代码来表示。

```
<button id="btn" onclick="(event.srcElement?event.srcElement:event.target).style.
background='red';">按　钮</button>
```

在一些特殊环境中，this 并非都表示当前事件对象。

【示例 4】 在以下示例中，分别使用 this 和事件源来指定当前对象，但是会发现 this 并没有指向当前的事件对象按钮，而是指向 window 对象，所以这个时候继续使用 this 引用当前对象就错了。

```
<script>
function btn1(){                          //事件处理函数，函数中的 this 表示调用该函数的当前对象
    this.style.background = "red";
}
function btn2(event){                     //事件处理函数
    event = event || window.event;    //获取事件对象 event
    var src = event.srcElement ? event.srcElement : event.target;
                                          //获取当前事件源
    src.style.background = "red";     //改变当前事件源的背景色
}
</script>
</head>
<button id="btn1" onclick="btn1();">按 钮 1</button>
<button id="btn2" onclick="btn2(event);">按 钮 2</button>
```

为了能够准确获取当前事件对象，在第 2 个按钮的 click 事件处理函数中，直接把 event 传递给 btn2()。如果不传递该参数，支持 DOM 事件模型的浏览器就会找不到 event 对象。

扫一扫，看视频

18.1.5 注册事件

在 DOM 事件模型中，通过调用对象的 addEventListener()方法注册事件，用法如下。

```
element.addEventListener(String type, Function listener, boolean useCapture);
```

参数说明如下。

- type：注册事件的类型名。事件类型与事件属性不同，事件类型名没有 on 前缀。例如，对于事件属性 onclick 来说，所对应的事件类型为 click。
- listener：监听函数，即事件处理函数。在指定类型的事件发生时将调用该函数。在调用这个函数时，默认传递给它的唯一参数是 event 对象。
- useCapture：是一个布尔值。如果为 true，则指定的事件处理函数将在事件传播的捕获阶段触发；如果为 false，则事件处理函数将在冒泡阶段触发。

【示例 1】 在以下示例中，使用 addEventListener()方法为所有按钮注册 click 事件。首先，调用 document 的 getElementsByTagName()方法捕获所有按钮对象；然后，使用 for in 语句遍历按钮集（btn），并使用 addEventListener()方法分别为每一个按钮注册一个事件函数，该函数获取当前对象所显示的文本。

```
<button id="btn1" onclick="btn1();">按 钮 1</button>
<button id="btn2" onclick="btn2(event);">按 钮 2</button>
```

```
<script>
var btn = document.getElementsByTagName("button"); //捕获所有按钮
for(var i in btn){                                 //遍历按钮集合
    btn[i].addEventListener("click", function(){
    alert(this.innerHTML);
    }, true);                                      //为每个按钮对象注册一个事件处理函
                                                     数，定义在捕获阶段进行响应
}
</script>
```

在浏览器中预览，单击不同的按钮，则浏览器会自动弹出对话框，显示按钮的名称，如图 18.2 所示。

图 18.2　响应注册事件

提示：

早期 IE 浏览器不支持 addEventListener()方法。从 IE8 开始才完全支持 DOM 事件模型。

使用 addEventListener()方法能够为多个对象注册相同的事件处理函数，也可以为同一个对象注册多个事件处理函数。为同一个对象注册多个事件处理函数对于模块化开发非常有用。

【示例 2】　在以下示例中，为段落文本注册两个事件：mouseover 和 mouseout。当鼠标移到段落文本上面时会显示为蓝色背景，而当鼠标移出段落文本时会自动显示为红色背景。这样就不需要破坏文档结构为段落文本增加多个事件属性。

```
<p id="p1">为对象注册多个事件</p>
<script>
var p1 = document.getElementById("p1");          // 捕获段落元素的句柄
p1.addEventListener("mouseover", function(){
    this.style.background = 'blue';
} , true);                                       // 为段落元素注册第 1 个事件处理函数
p1.addEventListener("mouseout", function(){
    this.style.background = 'red';
}, true);                                        // 为段落元素注册第 2 个事件处理函数
</script>
```

IE 事件模型使用 attachEvent()方法注册事件，用法如下。

```
element.attachEvent(etype,eventName)
```

参数说明如下。

- etype：设置事件类型，如 onclick、onkeyup、onmousemove 等。
- eventName：设置事件名称，也就是事件处理函数。

【示例 3】　在以下示例中，为段落标签<p>注册两个事件：mouseover 和 mouseout，设计当鼠标经过时，段落文本背景色显示为蓝色，当鼠标移开之后，背景色显示为红色。

```
<p id="p1">IE 事件注册</p>
<script>
var p1 = document.getElementById("p1");                //捕获段落元素
p1.attachEvent("onmouseover", function(){
    p1.style.background = 'blue';
});                                                     //注册 mouseover 事件
p1.attachEvent("onmouseout", function(){
    p1.style.background = 'red';
});                                                     //注册 mouseout 事件
</script>
```

提示：

使用 attachEvent()注册事件时，其事件处理函数的调用对象不再是当前事件对象本身，而是 window 对象，因此事件函数中的 this 就指向 window，而不是当前对象，如果要获取当前对象，应该使用 event 的 srcElement 属性。

注意，IE 事件模型中的 attachEvent()方法第一个参数为事件类型名称，但需要加上 on 前缀，而使用 addEventListener()方法时，不需要这个 on 前缀，如 click。

扫一扫，看视频

18.1.6　销毁事件

在 DOM 事件模型中，使用 removeEventListener()方法可以从指定对象中删除已经注册的事件处理函数。用法如下。

```
element.removeEventListener(String type, Function listener, boolean useCapture);
```

参数说明参阅 addEventListener()方法参数说明。

【示例 1】 在以下示例中，分别为按钮 a 和按钮 b 注册 click 事件，其中按钮 a 的事件函数为 ok()，按钮 b 的事件函数为 delete_event()。在浏览器中预览，当单击“点我”按扭将弹出一个对话框，在不删除之前这个事件是一直存在的。当单击“删除事件”之后，“点我”按钮将失去了任何效果，演示效果如图 18.3 所示。

```
<input id="a" type="button" value="点我" />
<input id="b" type="button" value="删除事件" />
<script>
var a = document.getElementById("a");                   //获取按钮 a
var b = document.getElementById("b");                   //获取按钮 b
function ok(){                                          //按钮 a 的事件处理函数
    alert("您好，欢迎光临！");
}
function delete_event(){                                //按钮 b 的事件处理函数
    a.removeEventListener("click",ok,false);            //移除按钮 a 的 click 事件
}
a.addEventListener("click",ok,false);                   //默认为按钮 a 注册事件
b.addEventListener("click",delete_event,false);         //默认为按钮 b 注册事件
</script>
```

提示：

removeEventListener()方法只能够删除 addEventListener()方法注册的事件。如果直接使用 onclick 等直接写在元素上的事件，将无法使用 removeEventListener()方法删除。

当临时注册一个事件时，可以在处理完毕之后迅速删除它，这样能够节省系统资源。

图 18.3　注销事件

IE 事件模型使用 detachEvent()方法注销事件，用法如下。

```
element.detachEvent(etype,eventName)
```

参数说明参阅 attachEvent()方法参数说明。

由于 IE 怪异模式不支持 DOM 事件模型，为了保证页面的兼容性，开发时需要兼容两种事件模型以实现在不同浏览器中具有相同的交互行为。

【示例 2】 以下示例设计段落标签<p>仅响应一次鼠标经过行为。当第 2 次鼠标经过段落文本时，所注册的事件不再有效。

```
<p id="p1">IE 事件注册</p>
<script>
var p1 = document.getElementById("p1"); //捕获段落元素
var f1 = function(){                     //定义事件处理函数 1
    p1.style.background = 'blue';
};
var f2 = function(){                     //定义事件处理函数 2
    p1.style.background = 'red';
    p1.detachEvent("onmouseover", f1);   //当触发 mouseout 事件后，注销 mouseover 事件
    p1.detachEvent("onmouseout", f2);    //当触发 mouseout 事件后，注销 mouseout 事件
};
p1.attachEvent("onmouseover", f1);       /注册 mouseover 事件
p1.attachEvent("onmouseout", f2);        //注册 mouseout 事件
</script>
```

【示例 3】 为了能够兼容 IE 事件模型和 DOM 事件模型，以下示例使用 if 语句判断当前浏览器支持的事件处理模型，然后分别使用 DOM 注册方法和 IE 注册方法为段落文本注册 mouseover 和 mouseout 两个事件。当触发 mouseout 事件之后，再把 mouseover 和 mouseout 事件注销掉。

```
<p id="p1">注册兼容性事件</p>
<script>
var p1 = document.getElementById("p1");              // 捕获段落元素
var f1 = function(){                                  //定义事件处理函数 1
    p1.style.background = 'blue';
};
var f2 = function(){                                  //定义事件处理函数 2
    p1.style.background = 'red';
    if(p1.detachEvent){                               //兼容 IE 事件模型
        p1.detachEvent("onmouseover", f1);            //注销事件 mouseover
        p1.detachEvent("onmouseout", f2);             //注销事件 mouseout
```

```
    }
    else{                                                   //兼容 DOM 事件模型
        p1.removeEventListener("mouseover", f1);          //注销事件 mouseover
        p1.removeEventListener("mouseout", f2);           //注销事件 mouseout
    }
};
if(p1.attachEvent){                                         //兼容 IE 事件模型
    p1.attachEvent("onmouseover", f1);                      //注册事件 mouseover
    p1.attachEvent("onmouseout", f2);                       //注册事件 mouseout
}
else{                    //兼容 DOM 事件模型
    p1.addEventListener("mouseover", f1);                   //注册事件 mouseover
    p1.addEventListener("mouseout", f2);                    //注册事件 mouseout
}
</script>
```

扫一扫，看视频

18.1.7 使用 event 对象

event 对象由事件自动创建，代表事件的状态，如事件发生的源节点，键盘按键的响应状态，鼠标指针的移动位置，鼠标按键的响应状态等信息。event 对象的属性提供了有关事件的细节，其方法可以控制事件的传播。

2 级 DOM Events 规范定义了一个标准的事件模型，它被除 了 IE 怪异模式以外的所有现代浏览器所实现，而 IE 定义了专用的、不兼容的模型。简单比较两种事件模型如下。

- 在 DOM 事件模型中，event 对象被传递给事件处理函数，但是在 IE 事件模型中，它被存储在 window 对象的 event 属性中。
- 在 DOM 事件模型中，Event 类型的各种子接口定义了额外的属性，它们提供了与特定事件类型相关的细节；在 IE 事件模型中，只有一种类型的 event 对象，它用于所有类型的事件。

下面列出了 2 级 DOM 事件标准定义的 event 对象属性，如表 18.1 所示。注意，这些属性都是只读属性。

表 18.1　DOM 事件模型中 event 对象属性

属　　性	说　　明
bubbles	返回布尔值，指示事件是否是冒泡事件类型。如果事件是冒泡类型，则返回 true，否则返回 fasle
cancelable	返回布尔值，指示事件是否可以取消的默认动作。如果使用 preventDefault()方法可以取消与事件关联的默认动作，则返回值为 true，否则为 fasle
currentTarget	返回触发事件的当前节点，即当前处理该事件的元素、文档或窗口。在捕获和冒泡阶段，该属性是非常有用的，因为在这两个阶段，它不同于 target 属性
eventPhase	返回事件传播的当前阶段，包括捕获阶段（1）、目标事件阶段（2）和冒泡阶段（3）
target	返回事件的目标节点（触发该事件的节点），如生成事件的元素、文档或窗口
timeStamp	返回事件生成的日期和时间
type	返回当前 event 对象表示的事件的名称。如"submit"、"load"或"click"

下面列出了 2 级 DOM 事件标准定义的 event 对象方法，如表 18.2 所示，IE 事件模型不支持这些方法。

表 18.2　DOM 事件模型中 event 对象方法

方　法	说　明
initEvent()	初始化新创建的 event 对象的属性
preventDefault()	通知浏览器不要执行与事件关联的默认动作
stopPropagation()	终止事件在传播过程的捕获、目标处理或冒泡阶段进一步传播。调用该方法后，该节点上处理该事件的处理函数将被调用，但事件不再被分派到其他节点

提示：

上表是 Event 类型提供的基本属性，各个事件子模块也都定义了专用属性和方法。例如，UIEvent 提供了 view（发生事件的 window 对象）和 detail（事件的详细信息）属性。而 MouseEvent 除了拥有 Event 和 UIEvent 属性和方法外，也定义了更多实用属性，详细说明可参考下面章节内容。

IE 7 及其早期版本，以及 IE 怪异模式不支持标准的 DOM 事件模型，并且 IE 的 event 对象定义了一组完全不同的属性，如表 18.3 所示。

表 18.3　IE 事件模型中 event 对象属性

属　性	描　述
cancelBubble	如果想在事件处理函数中阻止事件传播到上级包含对象，必须把该属性设为 true
fromElement	对于 mouseover 和 mouseout 事件，fromElement 引用移出鼠标的元素
keyCode	对于 keypress 事件，该属性声明了被敲击的键生成的 Unicode 字符码。对于 keydown 和 keyup 事件，它指定了被敲击的键的虚拟键盘码。虚拟键盘码可能和使用的键盘的布局相关
offsetX、offsetY	发生事件的地点在事件源元素的坐标系统中的 x 坐标和 y 坐标
returnValue	如果设置了该属性，它的值比事件处理函数的返回值优先级高。把这个属性设置为 fasle，可以取消发生事件的源元素的默认动作
srcElement	对于生成事件的 window 对象、document 对象或 element 对象的引用
toElement	对于 mouseover 和 mouseout 事件，该属性引用移入鼠标的元素
x、y	事件发生的位置的 x 坐标和 y 坐标，它们相对于用 CSS 定位的最内层包含元素

IE 事件模型并没有为不同的事件定义继承类型，因此所有和任何事件的类型相关的属性都在上面列表中。

提示：

为了兼容 IE 和 DOM 两种事件模型，可以使用以下表达式进行兼容。

```
var event = event || window.event;                    // 兼容不同模型的 event 对象
```

上面代码右侧是一个选择运算表达式，如果事件处理函数存在 event 实参，则使用 event 形参来传递事件信息，如果不存在 event 参数，则调用 window 对象的 event 属性来获取事件信息。把上面表达式放在事件处理函数中即可进行兼容。

在以事件驱动为核心的设计模型中，一次只能够处理一个事件，由于从来不会并发两个事件，因此使用全局变量来存储事件信息是一种比较安全的方法。

【示例】 以下示例演示了如何禁止超链接默认的跳转行为。

```
<a href="https://www.baidu.com/" id="a1">禁止超链接跳转</a><script>
document.getElementById('a1').onclick = function(e) {
    e = e || window.event;                              //兼容事件对象
    var target = e.target || e.srcElement;              //兼容事件目标元素
    if(target.nodeName !== 'A') {                       //仅针对超链接起作用
        return;
    }
    if( typeof e.preventDefault === 'function') {       //兼容 DOM 模型
        e.preventDefault();                             //禁止默认行为
        e.stopPropagation();                            //禁止事件传播
    } else {                                            //兼容 IE 模型
        e.returnValue = false;                          //禁止默认行为
        e.cancelBubble = true;                          //禁止冒泡
    }
};
</script>
```

扫一扫，看视频

18.1.8 事件委托

事件委托（delegate），也称为事件托管或事件代理，简单描述就是把目标节点的事件绑定到祖先节点上。这种简单而优雅的事件注册方式基于：事件传播过程中，逐层冒泡总能被祖先节点元素捕获。

这样做的好处：优化代码，提升运行性能，真正把 HTML 和 JavaScript 分离，也能防止在动态添加或删除节点过程中，注册的事件丢失现象。

【示例 1】 以下示例使用一般方法为列表结构中每个列表项目绑定 click 事件，单击列表项目，将弹出提示对话框，提示当前节点包含的文本信息，如图 18.4 所示。但是，当我们为列表框动态添加列表项目之后，新添加的列表项目没有绑定 click 事件，这与我们的愿望相反。

```
<button id="btn">添加列表项目</button>
<ul id="list">
    <li>列表项目 1</li>
    <li>列表项目 2</li>
    <li>列表项目 3</li>
</ul>
<script>
var ul=document.getElementById("list");
var lis=ul.getElementsByTagName("li");
for(var i=0;i<lis.length;i++){
    lis[i].addEventListener('click',function(e){
        var e = e || window.event;
        var target = e.target || e.srcElement;
        alert(e.target.innerHTML);
    },false);
}
var i = 4;
var btn=document.getElementById("btn");
```

```
btn.addEventListener("click",function(){
    var li = document.createElement("li");
    li.innerHTML = "列表项目" + i++;
    ul.appendChild(li);
});
</script>
```

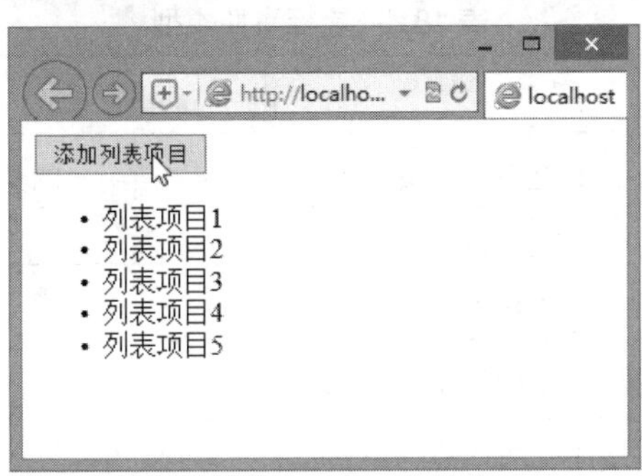

图 18.4　动态添加的列表项目事件无效

【示例 2】　以下示例借助事件委托技巧，利用事件传播机制，在列表框 ul 元素上绑定 click 事件，当事件传播到父节点 ul 上时，捕获 click 事件，然后在事件处理函数中检测当前事件响应节点类型，如果是 li 元素，则进一步执行下面代码，否则跳出事件处理函数，结束响应。

```
<button id="btn">添加列表项目</button>
<ul id="list">
    <li>列表项目 1</li>
    <li>列表项目 2</li>
    <li>列表项目 3</li>
</ul>
<script>
var ul=document.getElementById("list");
ul.addEventListener('click',function(e){
    var e = e || window.event;
    var target = e.target || e.srcElement;
    if(e.target&&e.target.nodeName.toUpperCase()=="LI"){     /*判断目标事件是否为li*/
        alert(e.target.innerHTML);
    }
},false);
var i = 4;
var btn=document.getElementById("btn");
btn.addEventListener("click",function(){
    var li = document.createElement("li");
    li.innerHTML = "列表项目" + i++;
    ul.appendChild(li);
});
</script>
```

当页面存在大量元素，并且每个元素注册了一个或多个事件时，可能会影响性能。访问和修改更多的 DOM 节点，程序就会更慢，特别是事件连接过程都发生在 load（或 DOMContentReady）事件中时，对任何一个富交互网页来说，这都是一个繁忙的时间段。另外，浏览器需要保存每个事件句柄的记录，也会占用更多内存。

18.2 使用鼠标事件

鼠标事件是 Web 开发中最常用的事件类型，鼠标事件类型详细说明如表 18.4 所示。

表 18.4 鼠标事件类型

事件类型	说明
click	单击鼠标左键时发生，如果右键也按下则不会发生。当用户的焦点在按钮上，并按了回车键时，同样会触发这个事件
dblclick	双击鼠标左键时发生，如果右键也按下则不会发生
mousedown	单击任意一个鼠标按钮时发生
mouseout	鼠标指针位于某个元素上，且将要移出元素的边界时发生
mouseover	鼠标指针移出某个元素，到另一个元素上时发生
mouseup	松开任意一个鼠标按钮时发生
mousemove	鼠标在某个元素上时持续发生

【示例】 在以下示例中，定义在段落文本范围内侦测鼠标的各种动作，并在文本框中实时显示各种事件的类型，以提示当前的用户行为。

```
<p>鼠标事件</p>
<input type="text" id ="text" />
<script>
var p1 = document.getElementsByTagName("p")[0];   // 获取段落文本的引用指针
var t = document.getElementById("text");          // 获取文本框的引用指针
function f(){                                      // 事件侦测函数
    var event = event || window.event;             // 标准化事件对象
    t.value = (event.type);                        // 获取当前事件类型
}
p1.onmouseover = f;                                // 注册鼠标经过时事件处理函数
p1.onmouseout = f;                                 // 注册鼠标移开时事件处理函数
p1.onmousedown = f;                                // 注册鼠标按下时事件处理函数
p1.onmouseup = f;                                  // 注册鼠标松开时事件处理函数
p1.onmousemove = f;                                // 注册鼠标移动时事件处理函数
p1.onclick = f;                                    // 注册鼠标单击时事件处理函数
p1.ondblclick = f;                                 // 注册鼠标双击时事件处理函数
</script>
```

扫一扫，看视频

18.2.1 鼠标点击

鼠标点击事件包括 4 个：click（单击）、dblclick（双击）、mousedown（按下）和 mouseup（松开）。其中 click 事件类型比较常用，而 mousedown 和 mouseup 事件类型多用在鼠标拖放、拉伸操作中。当这些事件处理函数的返回值为 false 时，则会禁止绑定对象的默认行为。

【示例】 在以下示例中，当定义超链接指向自身时（多在设计过程中 href 属性值暂时使用“#”

或“？”表示），可以取消超链接被单击时默认行为，即刷新页面。

```
<a name="tag" id="tag" href="#">a</a>
<script>
var a = document.getElementsByTagName("a");           // 获取页面中所有超链接元素
for(var i = 0; i < a.length; i ++ ){                   // 遍历所有 a 元素
    if((new RegExp(window.location.href)).test(a[i].href)){
        // 如果当前超链接 href 属性中包含本页面的 URL 信息
        a[i].onclick = function(){                     // 则为超链接注册鼠标单击事件
            return false;                              // 将禁止超链接的默认行为
        }
    }
}
</script>
```

当单击示例中的超链接时，页面不会发生跳转变化（即禁止页面发生刷新效果）。

18.2.2　鼠标移动

扫一扫，看视频

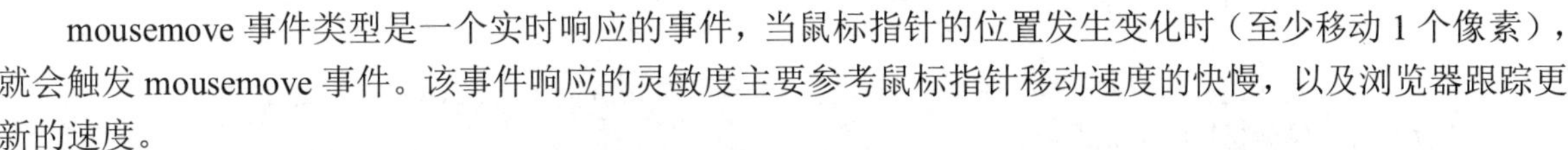

mousemove 事件类型是一个实时响应的事件，当鼠标指针的位置发生变化时（至少移动 1 个像素），就会触发 mousemove 事件。该事件响应的灵敏度主要参考鼠标指针移动速度的快慢，以及浏览器跟踪更新的速度。

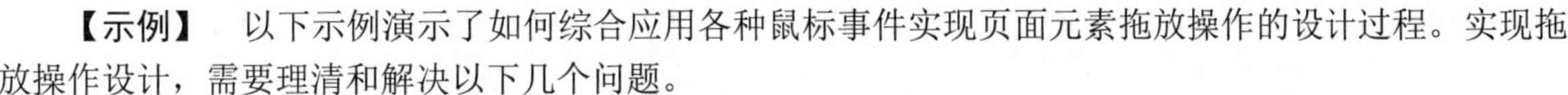

【示例】　以下示例演示了如何综合应用各种鼠标事件实现页面元素拖放操作的设计过程。实现拖放操作设计，需要理清和解决以下几个问题。

- 定义拖放元素为绝对定位，以及设计事件的响应过程。这个比较容易实现。
- 清楚几个坐标概念：按下鼠标时的指针坐标，移动中当前鼠标的指针坐标，松开鼠标时的指针坐标，拖放元素的原始坐标，拖动中的元素坐标。
- 算法设计：按下鼠标时，获取被拖放元素和鼠标指针的位置，在移动中实时计算鼠标偏移的距离，并利用该偏移距离加上被拖放元素的原坐标位置，获得拖放元素的实时坐标。

如图 18.5 所示，其中变量 ox 和 oy 分别记录按下鼠标时被拖放元素的纵横坐标值，它们可以通过事件对象的 offsetLeft 和 offsetTop 属性获取。变量 mx 和 my 分别表示按下鼠标时，鼠标指针的坐标位置。而 event.mx 和 event.my 是事件对象的自定义属性，用它们来存储当鼠标移动时鼠标指针的实时位置。

当获取了上面 3 对坐标值之后，就可以动态计算拖动中元素的实时坐标位置，即 x 轴值为 ox + event.mx – mx，y 轴为 oy + event.my – my。当释放鼠标按钮时，则可以释放事件类型，并记下松开鼠标指针时拖动元素的坐标值，以及鼠标指针的位置，留待下一次拖放操作时调用。

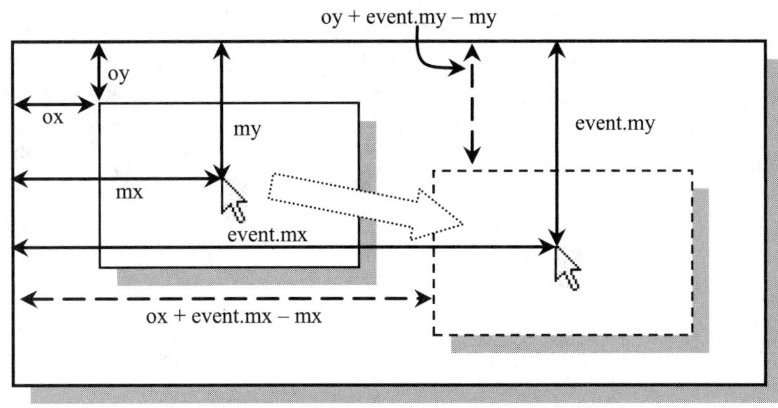

图 18.5　拖放操作设计示意图

整个拖放操作的示例代码如下。

```
<div id="box" ></div>
<script>
// 初始化拖放对象
var box = document.getElementById("box");      // 获取页面中被拖放元素的引用指针
box.style.position = "absolute";                // 绝对定位
box.style.width = "160px";                      // 定义宽度
box.style.height = "120px";                     // 定义高度
box.style.backgroundColor = "red";              // 定义背景色
// 初始化变量，标准化事件对象
var mx, my, ox, oy;                             // 定义备用变量
function e(event){                              // 定义事件对象标准化函数
  if( ! event){                                 // 兼容 IE 事件模型
    event = window.event;
    event.target = event.srcElement;
    event.layerX = event.offsetX;
    event.layerY = event.offsetY;
  }
  event.mx = event.pageX || event.clientX + document.body.scrollLeft;
   // 计算鼠标指针的 x 轴距离
  event.my = event.pageY || event.clientY + document.body.scrollTop;
   // 计算鼠标指针的 y 轴距离
  return event;                                 // 返回标准化的事件对象
}
// 定义鼠标事件处理函数
document.onmousedown = function(event){         // 按下鼠标时，初始化处理
  event = e(event);                             // 获取标准事件对象
  o = event.target;                             // 获取当前拖放的元素
  ox = parseInt(o.offsetLeft);                  // 拖放元素的 x 轴坐标
  oy = parseInt(o.offsetTop);                   // 拖放元素的 y 轴坐标
  mx = event.mx;                                // 按下鼠标指针的 x 轴坐标
  my = event.my;                                // 按下鼠标指针的 y 轴坐标
  document.onmousemove = move;                  // 注册鼠标移动事件处理函数
  document.onmouseup = stop;                    // 注册松开鼠标事件处理函数
}
function move(event){                                       // 鼠标移动处理函数
  event = e(event);
  o.style.left = ox + event.mx - mx  + "px";               // 定义拖动元素的 x 轴距离
  o.style.top = oy + event.my - my + "px";                 // 定义拖动元素的 y 轴距离
}
function stop(event){                                       // 松开鼠标处理函数
  event = e(event);
  ox = parseInt(o.offsetLeft);                              // 记录拖放元素的 x 轴坐标
  oy = parseInt(o.offsetTop);                               // 记录拖放元素的 y 轴坐标
  mx = event.mx ;                                           // 记录鼠标指针的 x 轴坐标
  my = event.my ;                                           // 记录鼠标指针的 y 轴坐标
  o = document.onmousemove = document.onmouseup = null;     // 释放所有操作对象
}
</script>
```

18.2.3 鼠标经过

扫一扫，看视频

鼠标经过包括移过和移出两种事件类型。当移动鼠标指针到某个元素上时，将触发 mouseover 事件；而当把鼠标指针移出某个元素时，将触发 mouseout 事件。如果从父元素中移到子元素中时，也会触发父元素的 mouseover 事件类型。

【示例】 在以下实例中分别为 3 个嵌套的 div 元素定义了 mouseover 和 mouseout 事件处理函数，这样当从外层的父元素中移动内部的子元素中，将会触发父元素的 mouseover 事件类型，但是不会触发 mouseout 事件类型。

```
<div>
    <div>
        <div>盒子</div>
    </div>
</div>
<script>
var div = document.getElementsByTagName("div");      // 获取 3 个嵌套的 div 元素
for(var i=0;i<div.length;i++){                        // 遍历嵌套的 div 元素
    div[i].onmouseover = function(e){                 // 注册移过事件处理函数
        this.style.border = "solid blue";
    }
    div[i].onmouseout = function(){                   // 注册移出事件处理函数
        this.style.border = "solid red";
    }
}
</script>
```

18.2.4 鼠标来源

扫一扫，看视频

当一个事件发生后，可以使用事件对象的 target 属性获取发生事件的节点元素。如果在 IE 事件模型中实现相同的目标，可以使用 srcElement 属性。

【示例 1】 在以下实例中当鼠标移过页面中的 div 元素时，会弹出提示对话框，提示当前元素的节点名称。

```
<div>div 元素</div>
<script>
var div = document.getElementsByTagName("div")[0];
div.onmouseover = function(e){                // 注册 mouseover 事件处理函数
    var e = e || window.event;                // 标准化事件对象，兼容 DOM 和 IE
                                              事件模型
    var o = e.target || e.srcElement;         // 标准化事件属性,获取当前事件的节点
    alert(o.tagName);                         // 返回字符串“DIV”
}
</script>
```

另外，在 DOM 事件模型中，还定义了 currentTarget 属性，当事件在传播过程中（如捕获和冒泡阶段）时，该属性值与 target 属性值不同。因此，一般在事件处理函数中，应该使用该属性而不是 this 关键词获取当前对象。

除了使用上面提到的通用事件属性外，如果想获取鼠标指针来移动哪个元素，在 DOM 事件模型中，可以使用 relatedTarget 属性获取当前事件对象的相关节点元素；而在 IE 事件模型中，可以使用

fromElement 获取 mouseover 事件中鼠标移到过的元素，使用 toElement 属性获取在 mouseout 事件中鼠标移到的文档元素。

【示例 2】 在以下示例中，当鼠标移到 div 元素上时，会弹出“BODY”字符提示信息，说明鼠标指针是从 body 元素过来的；而移开鼠标指针时，又弹出“BODY”字符提示信息，说明离开 div 元素将要移到的元素。

```
<div>div 元素</div>
<script>
var div = document.getElementsByTagName("div")[0];
div.onmouseover = function(e){
    var e = e || window.event;
    var o = e.relatedTarget || e.fromElement; // 标准化事件属性，获取与当前事件相关的节点
    alert(o.tagName);
}
div.onmouseout = function(e){
    var e = e || window.event;
    var o = e.relatedTarget || e.toElement; // 标准化事件属性，获取与当前事件相关的节点
    alert(o.tagName);
}
</script>
```

扫一扫，看视频

18.2.5 鼠标定位

当事件发生时，获取鼠标的位置是很重要的事情。由于浏览器的不兼容性，不同浏览器分别在各自事件对象中定义了不同的属性，说明如表 18.5 所示。这些属性都以像素值定义了鼠标指针的坐标，但是它们参照的坐标系不同，导致准确计算鼠标的位置比较麻烦。

表 18.5 属性其兼容属性

属性	说明	兼容性
clientX	以浏览器窗口左上顶角为原点，定位 x 轴坐标	所有浏览器，不兼容 Safari
clientY	以浏览器窗口左上顶角为原点，定位 y 轴坐标	所有浏览器，不兼容 Safari
offsetX	以当前事件的目标对象左上顶角为原点，定位 x 轴坐标	所有浏览器，不兼容 Mozilla
offsetY	以当前事件的目标对象左上顶角为原点，定位 y 轴坐标	所有浏览器，不兼容 Mozilla
pageX	以 document 对象（即文档窗口）左上顶角为原点，定位 x 轴坐标	所有浏览器，不兼容 IE
pageY	以 document 对象（即文档窗口）左上顶角为原点，定位 y 轴坐标	所有浏览器，不兼容 IE
screenX	计算机屏幕左上顶角为原点，定位 x 轴坐标	所有浏览器
screenY	计算机屏幕左上顶角为原点，定位 y 轴坐标	所有浏览器
layerX	最近的绝对定位的父元素（如果没有，则为 document 对象）左上顶角为原点，定位 x 轴坐标	Mozilla 和 Safari
layerY	最近的绝对定位的父元素（如果没有，则为 document 对象）左上顶角为原点，定位 y 轴坐标	Mozilla 和 Safari

【示例 1】 下面介绍如何配合使用多种鼠标坐标属性，以实现兼容不同浏览器的鼠标定位设计方案。

首先，来看看 screenX 和 screenY 属性。这两个属性获得了所有浏览器的支持，应该说是最优选用属性，但是它们的坐标系是计算机屏幕，也就是说，以计算机屏幕左上角为定位原点。这对于以浏览器窗口为活动空间的网页来说，没有任何价值。因为不同的屏幕分辨率，不同的浏览器窗口大小和位置都使在网页中定位鼠标成为一件很困难的事情。

其次，如果以 document 对象为坐标系，则可以考虑选用 pageX 和 pageY 属性，实现在浏览器窗口中进行定位。这对于设计鼠标跟随是一个好主意，因为跟随元素一般都以绝对定位的方式在浏览器窗口中移动，在 mousemove 事件处理函数中把 pageX 和 pageY 属性值传递给绝对定位元素的 top 和 left 样式属性即可。

IE 事件模型不支持上面属性，为此还需寻求兼容 IE 的方法。再看看 clientX 和 clientY 属性是以 window 对象为坐标系，且 IE 事件模型支持它们，可以选用它们。不过考虑 Window 等对象可能出现的滚动条偏移量，所以还应加上相对于 window 对象的页面滚动的偏移量。

设计代码如下。

```
var posX = 0, posY = 0;                        // 定义坐标变量初始值
var event = event || window.event;             // 标准化事件对象
if(event.pageX || event.pageY){                // 如果浏览器支持该属性，则采用它们
    posX = event.pageX;
    posY = event.pageY;
}
else if(event.clientX || event.clientY){       // 否则，如果浏览器支持该属性，则采用它们
    posX = event.clientX + document.documentElement.scrollLeft +
    document.body.scrollLeft;
    posY = event.clientY + document.documentElement.scrollTop +
    document.body.scrollTop;
}
```

在上面代码中，先检测 pageX 和 pageY 属性是否存在，如果存在则获取它们的值；如果不存在，则检测并获取 clientX 和 clientY 属性值，然后加上 document.documentElement 和 document.body 对象的 scrollLeft 和 scrollTop 属性值，这样就可以在不同浏览器中获得相同的坐标值。

【示例 2】 封装鼠标定位代码。设计思路：能够根据传递的具体对象，以及相对鼠标指针的偏移值，即命令该对象能够跟随鼠标移动。

先应定义一个封装函数，设计函数传入参数为对象引用指针、相对鼠标指针的偏移距离，以及事件对象。然后封装函数能够根据事件对象获取鼠标的坐标值，并设置该对象为绝对定位，绝对定位的值为鼠标指针当前的坐标值。

封装代码如下：

```
var pos = function(o, x, y,event){             // 鼠标定位赋值函数
    var posX = 0, posY = 0;                    // 临时变量值
    var e = event || window.event;             // 标准化事件对象
    if(e.pageX || e.pageY){                    // 获取鼠标指针的当前坐标值
        posX = e.pageX;
        posY = e.pageY;
    }
    else if(e.clientX || e.clientY){
        posX = e.clientX + document.documentElement.scrollLeft +
        document.body.scrollLeft;
```

```
        posY = e.clientY + document.documentElement.scrollTop +
        document.body.scrollTop;
    }
    o.style.position = "absolute";              // 定义当前对象为绝对定位
    o.style.top = (posY + y) + "px";            // 用鼠标指针的 y 轴坐标和传入偏移值设置
                                                   对象 y 轴坐标
    o.style.left = (posX + x) + "px";           // 用鼠标指针的 x 轴坐标和传入偏移值设置
                                                   对象 x 轴坐标
}
```

下面测试封装代码，为 document 对象注册鼠标移动事件处理函数，并传入鼠标定位封装函数，传入的对象为<div>元素，设置其位置向鼠标指针右下方偏移（10,20）的距离。考虑到 DOM 事件模型通过参数形式传递事件对象，所以不要忘记在调用函数中还要传递事件对象。

```
<div id="div1">鼠标跟随</div>
<script>
var div1 = document.getElementById("div1");
document.onmousemove = function(event){
    pos(div1, 10, 20,event);
}
</script>
```

【示例 3】 获取鼠标指针在元素内的坐标，即以元素自身为坐标参照物来获取鼠标指针的位置。

使用 offsetX 和 offsetY 属性可以实现这样的目标，但是 Mozilla 浏览器不支持。不过可以选用 layerX 和 layerY 属性来兼容 Mozilla 浏览器。

设计代码如下。

```
var event = event || window.event;
if(event.offsetX || event.offsetY ){              // 适用非 Mozilla 浏览器
    x = event.offsetX;
    y = event.offsetY;
}
else if(event.layerX || event.layerY ){           // 兼容 Mozilla 浏览器
    x = event.layerX;
    y = event.layerY;
}
```

但是，layerX 和 layerY 属性是以绝对定位的父元素为参照物的，而不是元素自身。如果没有绝对定位的父元素，则会以 document 对象为参照物。为此，可以通过脚本动态添加或者手动添加的方式，设计在元素的外层包围一个绝对定位的父元素，这样可以解决浏览器兼容问题。考虑到元素之间的距离所造成的误差，可以适当减去 1 个或几个像素的偏移量。

完整设计代码如下。

```
<input type="text" id ="text" />
<span style="position:absolute;">
    <div id="div1" style="width:200px;height:160px;border:solid 1px red;">鼠标跟随
</div>
</span>
<script>
var  t = document.getElementById("text");
var div1 = document.getElementById("div1");
div1.onmousemove = function(event){
```

```
    var event = event || window.event;            // 标准化事件对象
    if(event.offsetX || event.offsetY ){
        t.value = event.offsetX + " " + event.offsetY;
    }
    else if(event.layerX || event.layerY ){
        t.value = (event.layerX - 1) + " " + (event.layerY -1) ;
    }
}
```

这种做法能够解决在元素内部定位鼠标指针的问题。但是由于在元素外面包裹了一个绝对定位的元素，会破坏整个页面的结构布局。在确保这种人为方式不会导致结构布局混乱的前提下，可以考虑选用这种方法。

18.2.6 鼠标按键

扫一扫，看视频

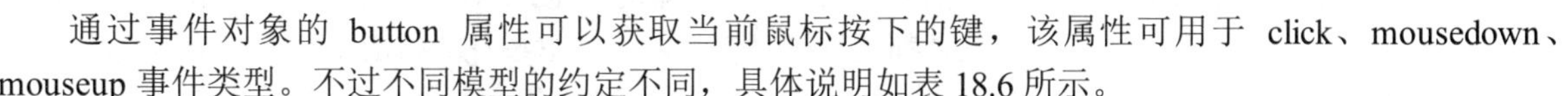

通过事件对象的 button 属性可以获取当前鼠标按下的键，该属性可用于 click、mousedown、mouseup 事件类型。不过不同模型的约定不同，具体说明如表 18.6 所示。

表 18.6 鼠标事件对象的 button 属性

单　击	IE 事件模型	DOM 事件模型
左键	1	0
右键	2	2
中键	4	1

IE 事件模型支持位掩码技术，它能够侦测到同时按下的多个键。例如，当同时按下左右键，则 button 属性值为 1+2=3；同时按下中键和右键，则 button 属性值为 2+4=6；同时按下左键和中键，则 button 属性值为 1+4=5，同时按下 3 个键，则 button 属性值为 1+2+4=7。

但是 DOM 模型不支持这种掩码技术，如果同时按下多个键，就不能够准确侦测。例如，按下右键（2）与按下左键和右键（0+2=2）的值是相同的。因此，对于 DOM 模型来说，这种 button 属性约定值存在很大的缺陷。不过，在实际开发中很少需要同时检测多个鼠标按钮问题，也许仅仅需要探测鼠标左键或右键点击行为。

【示例】 以下代码能够监测右击操作，并阻止发生默认行为。

```
document.onclick = function(e){
    var e = e || window.event;                    // 标准化事件对象
    if(e.button == 2){
    e.preventDefault();                           // 禁止事件默认行为
        return false;
    }
}
```

拓展：

当鼠标点击事件发生时，会触发很多事件：mousedown、mouseup、click、dblclick。这些事件响应的顺序如下：

mousedown→mouseup→click→mousedown→mouseup→click→dblclick

当鼠标在对象间移动时，首先触发的事件是 mouseout，即在鼠标移出某个对象时发生。接着，在这两个对象上都会触发 mousemove 事件。最后，在鼠标进入的对象上触发 mouseover 事件。

18.3 使用键盘事件

当用户操作键盘时会触发键盘事件，键盘事件主要包括下面 3 种类型：

- keydown：在键盘上按下某个键时触发。如果按住某个键，会不断触发该事件，但是 Opera 浏览器不支持这种连续操作。该事件处理函数返回 false 时，会取消默认的动作（如输入的键盘字符，在 IE 和 Safari 浏览器下还会禁止 keypress 事件响应）。
- keypress：按下某个键盘键并释放时触发。如果按住某个键，会不断触发该事件。该事件处理函数返回 false 时，会取消默认的动作（如输入的键盘字符）。
- keyup：释放某个键盘键时触发。该事件仅在松开键盘时触发一次，不是一个持续的响应状态。

当获知用户正按下的键码时，可以使用 keydown、keypress 和 keyup 事件获取这些信息。其中 keydown 和 keypress 事件基本上是同义事件，它们的表现也完全一致，不过一些浏览器不允许使用 keypress 事件获取按键信息。虽然所有元素都支持键盘事件，但键盘事件多被应用在表单输入中。

【示例】 在以下示例中，可以实时捕获键盘操作的各种细节，即键盘响应事件类型及对应的键值。

```
<textarea id="key"></textarea>
<script>
var key = document.getElementById("key");
key.onkeydown = f;                                  // 注册 keydown 事件处理函数
key.onkeyup = f;                                    // 注册 keyup 事件处理函数
key.onkeypress = f;                                 // 注册 keypress 事件处理函数
function f(e){
    var e = e || window.event;                      // 标准化事件对象
    var s = e.type + "  " + e.keyCode;              // 获取键盘事件类型和按下的键码
    key.value = s;
}
</script>
```

扫一扫，看视频

18.3.1 键盘事件属性

键盘事件定义了很多属性，如表 18.7 所示。利用这些属性可以精确控制键盘操作。键盘事件属性一般只在键盘相关事件发生时才会存在于事件对象中，但是 ctrlKey 和 shiftKey 属性除外，因为它们可以在鼠标事件中存在。例如，当按下【ctrl】或【shift】键时单击鼠标操作。

表 18.7 键盘事件定义的属性

属　性	说　明
keyCode	该属性包含键盘中对应键位的键值
charCode	该属性包含键盘中对应键位的 Unicode 编码，仅 DOM 支持
target	发生事件的节点（包含元素），仅 DOM 支持
srcElement	发生事件的元素，仅 IE 支持
shiftKey	是否按下【Shift】键，如果按下返回 true，否则为 false

续表

属　性	说　明
ctrlKey	是否按下【Ctrl】键，如果按下返回 true，否则为 false
altKey	是否按下【Alt】键，如果按下返回 true，否则为 false
metaKey	是否按下【Meta】键，如果按下返回 true，否则为 false，仅 DOM 支持

【示例 1】　ctrlKey 和 shiftKey 属性可存在于键盘和鼠标事件中，表示键盘上的【Ctrl】和【Shift】键是否被按住。以下示例能够监测【Ctrl】和【Shift】键是否被同时按下。如果同时按下，且鼠标单击某个页面元素，则会把该元素从页面中删除。

```
document.onclick = function(e){
    var e = e || window.event;                    // 标准化事件对象
    var t = e.target || e.srcElement;             // 获取发生事件的元素，兼容 IE 和 DOM
    if(e.ctrlKey && e.shiftKey)                   // 如果同时按下【Ctrl】和【Shift】键
        t.parentNode.removeChild(t);              // 移除当前元素
}
```

keyCode 和 charCode 属性使用比较复杂，但是它们在实际开发中又比较常用，故比较这两个属性在不同事件类型和不同浏览器中的表现是非常必要的，如表 18.8 所示。读者可以根据需要有针对性地选用事件响应类型和引用属性值。

表 18.8　keyCode 和 charCode 属性值

属　性	IE 事件模型	DOM 事件模型
keyCode（keypress）	返回所有字符键的正确值，区分大写状态（65-90）和小写状态（97~122）	功能键返回正确值，而【Shift】、【Ctrl】、【Alt】、【PrintScreen】、【ScrollLock】无返回值，其他所有键值都返回 0
keyCode（keydown）	返回所有键值（除【PrintScreen】键），字母键都以大写状态显示键值（65~90）	返回所有键值（除【PrintScreen】键），字母键都以大写状态显示键值（65-90）
keyCode（keyup）	返回所有键值（除【PrintScreen】键），字母键都以大写状态显示键值（65~90）	返回所有键值（除【PrintScreen】键），字母键都以大写状态显示键值（65-90）
charCode（keypress）	不支持该属性	返回字符键，区分大写状态（65-90）和小写状态（97-122），【Shift】、【Ctrl】、【Alt】、【PrintScreen】、【ScrollLock】键无返回值，其他所有键值为 0
charCode（keydown）	不支持该属性	所有键值为 0
charCode（keyup）	不支持该属性	所有键值为 0

某些键的可用性不是很确定，如【PageUp】和【Home】键等。不过常用功能键和字符键都是比较稳定的，如表 18.9 所示。

表 18.9 键位和码值对照表

键 位	码 值	键 位	码 值
0~9（数字键）	48~57	A~Z（字母键）	65~90
Backspace（退格键）	8	Tab（制表键）	9
Enter（回车键）	13	Space（空格键）	32
Left arrow（左箭头键）	37	Top arrow（上箭头键）	38
Right arrow（右箭头键）	39	Down arrow（下箭头键）	40

【示例 2】 以下示例演示了如何使用方向键控制页面元素的移动效果。

```
<div id="box"></div>
<script>
var box = document.getElementById("box");      // 获取页面元素的引用指针
box.style.position = "absolute";               // 色块绝对定位
box.style.width = "20px";                      // 色块宽度
box.style.height = "20px";                     // 色块高度
box.style.backgroundColor = "red";             // 色块背景
document.onkeydown = keyDown;                  // 在 document 对象中注册 keyDown 事件
                                                  处理函数
function keyDown(event){                       // 方向键控制元素移动函数
    var event = event || window.event;         // 标准化事件对象
    switch(event.keyCode){                     // 获取当前按下键盘键的编码
    case 37 :                                  // 按下左箭头键，向左移动 5 个像素
        box.style.left = box.offsetLeft - 5  + "px";
        break;
    case 39 :                                  // 按下右箭头键，向右移动 5 个像素
        box.style.left = box.offsetLeft + 5 + "px";
        break;
    case 38 :                                  // 按下上箭头键，向上移动 5 个像素
        box.style.top = box.offsetTop  - 5 + "px";
        break;
    case 40 :                                  // 按下下箭头键，向下移动 5 个像素
        box.style.top = box.offsetTop  + 5 + "px";
        break;
    }
    return false
}
</script>
```

在上面示例中，首先获取页面元素，然后通过 CSS 脚本控制元素绝对定位、大小和背景色。然后在 document 对象上注册鼠标按下事件类型处理函数，在事件回调函数 keyDown()中侦测当前按下的方向键，并决定定位元素在窗口中的位置。其中元素的 offsetLeft 和 offsetTop 属性可以存取它在页面中的位置。

扫一扫，看视频

18.3.2 键盘响应顺序

当按下键盘键时，会连续触发多个事件，它们将按顺序发生。

对于字符键来说，键盘事件的响应顺序如下。

（1）keydown。

（2）keypress。

（3）keyup。

对于非字符键（如功能键或特殊键）来说，键盘事件的响应顺序如下。

（1）keydown。

（2）keyup。

如果按下字符键不放，则 keydown 和 keypress 事件将逐个持续发生，直至松开按键。

如果按下非字符键不放，则只有 keydown 事件持续发生，直至松开按键。

【示例】　下面设计一个简单示例，以获取键盘事件响应顺序，如图 18.6 所示。

```
<textarea id="text" cols="26" rows="16"></textarea>
<script>
var n = 1;                                          // 定义编号变量
var text = document.getElementById("text");        // 获取文本区域的引用指针
text.onkeydown = f;                                 // 注册 keydown 事件处理函数
text.onkeyup = f;                                   // 注册 keyup 事件处理函数
text.onkeypress = f;                                // 注册 keypress 事件处理函数
function f(e){                                      // 事件调用函数
    var e = e || window.event;                      // 标准化事件对象
    text.value += (n++) + "=" + e.type +"  (keyCode=" + e.keyCode + ")\n";
                                                    // 捕获事件响应信息
}
</script>
```

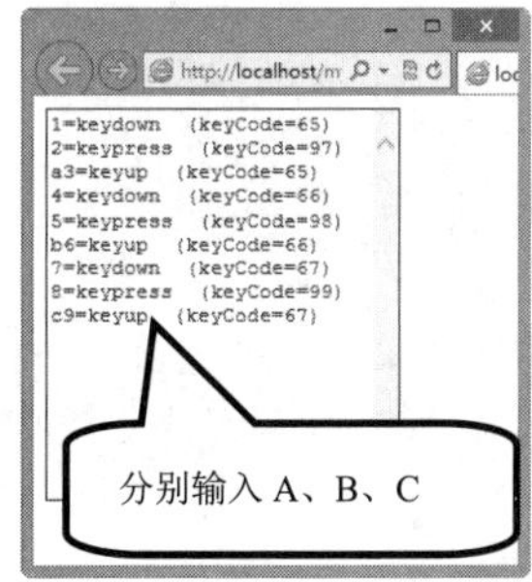

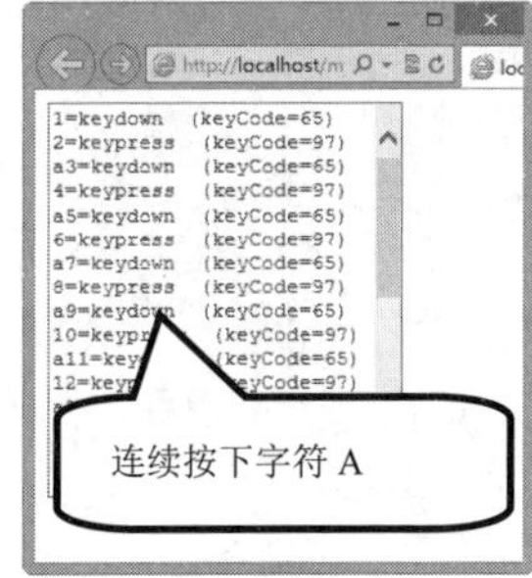

图 18.6　键盘事件响应顺序比较效果

18.4　使用页面事件

所有页面事件都明确地处理整个页面的函数和状态。主要包括页面的加载和卸载，即用户访问页面和离开关闭页面的事件类型。

18.4.1　页面初始化

load 事件类型在页面完全加载完毕的时候触发。该事件包含所有的图形图像、外部文件（如 CSS、JS 文件等)的加载，也就是说，在页面所有内容全部加载之前，任何 DOM 操作都不会发生。为 window 对象绑定 load 事件类型的方法有两种。

（1）直接为 window 对象注册页面初始化事件处理函数。

```
window.onload = f;
function f(){
    alert("页面加载完毕");
}
```

（2）在页面<body>标签中定义 onload 事件处理属性。

```
<body onload="f()">
<script>
function f(){
    alert("页面加载完毕");
}
</script>
```

【示例 1】 如果同时使用上面两种方法定义页面初始化事件类型，它们并没有发生冲突，也不会出现两次触发事件。

```
<body onload="f()">
<script>
window.onload = f;
function f(){
    alert("页面加载完毕");
}
</script>
</body>
```

原来 JavaScript 解释器在编译时，如果发现同时使用两种方法定义 load 事件类型，会使用 window 对象注册的事件处理函数覆盖掉 body 元素定义的页面初始化事件属性。

【示例 2】 在以下示例中，函数 f2()被调用，而函数 f1()就被覆盖掉。

```
<body onload="f1()">
<script>
window.onload = f2;
function f1(){
    alert('<body onload="f1()">');
}
function f2(){
    alert('window.onload = f2;');
}
</script>
</body>
```

拓展：

在实际开发中，load 事件类型经常需要调用附带参数的函数，但是 load 事件类型不能够直接调用函数，要解决这个问题，可以有两种解决方法。

（1）在 body 元素中通过事件属性的形式调用函数。

```
<body onload="f('Hi')">
<script>
function f(a){
    alert(a);
}
</script>
</body>
```

（2）通过函数嵌套或闭包函数来实现。

```
window.onload = function(){                              // 事件处理函数
```

```
    f("Hi");                                         // 调用函数
}
function f(a){                                       // 被处理函数
    alert(a);
}
```

也可以采用闭包函数形式，这样在注册事件时，虽然调用的是函数，但是其返回值依然是一个函数，不会引发语法错误。

```
window.onload = f("Hi");
function f(a){
    return function(){
        alert(a);
    }
}
```

通过这种方法，可以实现在 load 事件类型上绑定更多的响应回调函数。

```
window.onload = function(){
    f1();                                            // 绑定响应函数 1
    f2();                                            // 绑定响应函数 2
}
function f1(){
    alert("f1()")
}
function f2(){
    alert("f2()")
}
```

但是，如果分别绑定 load 事件处理函数，则会发生相互覆盖，最终只能够有一个绑定响应函数被调用。

```
window.onload = f1;
function f1(){
    alert("f1()")
}
window.onload = f2;
function f2(){
    alert("f2()")
}
```

也可以通过事件注册的方式来实现。

```
if(window.addEventListener){                         // 兼容 DOM 标准
    window.addEventListener("load",f1,false);        // 为 load 添加事件处理函数
    window.addEventListener("load",f2,false);        // 为 load 添加事件处理函数
}
else{                                                // 兼容 IE 事件模型
    window.attachEvent("onload",f1);
    window.attachEvent("onload",f2);
}
```

18.4.2 结构初始化

扫一扫，看视频

在传统事件模型中，load 是页面中最早被触发的事件。不过当使用 load 事件来初始化页面时可能会存在一个问题，就是当页面中包含很大的文件时，load 事件需要等到所有图像全部载入完成之后才会被触发。也许用户希望某些脚本能够在页面结构加载完毕之后就能够被执行。这怎么办呢？

这时可以考虑使用 DOMContentLoaded 事件类型。作为 DOM 标准事件，它是在 DOM 文档结构加

载完毕的时候触发的，因此要比 load 事件类型先被触发。目前，Mozilla 和 Opera 新版本已经支持了该事件，而 IE 和 Safari 浏览器还不支持。

【示例 1】 如果在标准 DOM 中，可以进行如下设计。

```
<html>
<head>
<script>
window.onload = f1;                          // 注册 load 事件类型
if(document.addEventListener){               // 兼容 DOM 标准
   document.addEventListener("DOMContentLoaded", f, false);
                                             //注册 DOMContentLoaded 事件类型
}
function f(){
   alert("我提前执行了");
}
function f1(){
   alert("页面初始化完毕");
}
</script>
</head>
<body>
<img src="Winter.jpg">
</body>
</html>
```

这样，在图片加载之前，会弹出“我提前执行了”的提示信息，而当图片加载完毕之后才会弹出“页面初始化完毕”提示信息。这说明在页面 HTML 结构加载完毕之后触发 DOMContentLoaded 事件类型，也就是说，在文档标签加载完毕时触发该事件，并调用函数 f()，然后当文档所有内容加载完毕（包括图片下载完毕），才触发 load 事件类型，并调用函数 f1()。

【示例 2】 由于 IE 事件模型不支持 DOMContentLoaded 事件类型，为了实现兼容处理，需要运用一点小技巧，即在文档中写入一个新的 script 元素，但是该元素会延迟到文件最后加载。然后，使用 Script 对象的 onreadystatechange 方法进行类似的 readyState 检查后及时调用载入事件。

```
if(window.ActiveXObject){                     // 兼容 IE 事件模型
   document.write("<script id=ie_onload defer src=javascript:void(0)>
<\/script>");                                 // 写入脚本标签
   document.getElementById("ie_onload").onreadystatechange=function(){
   // 判断脚本标签的状态
      if(this.readyState == "complete"){   // 如果状态为完成，则说明文档结构加载已完毕
         this.onreadystatechange = null;  // 清空当前方法
         f();                              // 调用预先执行的回调函数
      }
   }
}
```

在写入的<script>标签中包含了 defer 属性，defer 表示“延期”的意思，使用 defer 属性可以让脚本在整个页面装载完成之后再解析，而非边加载边解析。这对于只包含事件触发的脚本来说，可以提高整个页面的加载速度。与 src 属性联合使用，它还可以使这些脚本在后台被下载，前台的内容则正常显示给用户。目前只有 IE 事件模型支持该属性。当定义了 defer 属性后，<script>标签中就不应包含 document.write 命令，因为 document.write 将产生直接输出效果，而且不包括任何立即执行脚本要使用的全局变量或者函数。

<script>标签在文档结构加载完毕之后才加载，于是只要判断它的状态就可以确定当前文档结构是否已经加载完毕，并触发相应的事件。

【示例 3】 针对 Safari 浏览器，可以使用 setInterval()函数周期性地检查 document 对象的 readyState 属性，随时监控文档是否加载完毕，如果完成则调用回调函数。

```
if (/WebKit/i.test(navigator.userAgent)){                          // 兼容 Safari 浏览器
    var _timer = setInterval(function(){                           // 定义时间监测器
        if (/loaded|complete/.test(document.readyState)) {         // 如果当前状态显示完成
            clearInterval(_timer);                                  // 清除时间监测器
            f();                                                    // 调用预先执行的回调函数
        }
    }, 10);
}
```

把上面 3 段条件结构合并在一起即可实现兼容不同浏览器的 DOMContentLoaded 事件处理函数。

18.4.3 页面卸载

扫一扫，看视频

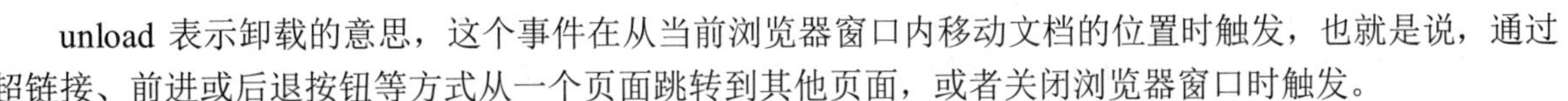

unload 表示卸载的意思，这个事件在从当前浏览器窗口内移动文档的位置时触发，也就是说，通过超链接、前进或后退按钮等方式从一个页面跳转到其他页面，或者关闭浏览器窗口时触发。

【示例】 下面函数的提示信息将在卸载页面时发生，即在离开页面或关闭窗口前执行。

```
window.onunload = f;
function f(){
    alert("888");
}
```

在 unload 事件类型中无法有效阻止默认行为，因为该事件结束后，页面将不复存在。由于在窗口关闭或离开页面之前只有很短的时间来执行事件处理函数，所以不建议使用该事件类型。使用该事件类型的最佳方式是取消该页面的对象引用。

拓展：

beforeunload 事件类型与 unload 事件类型功能相近，不过它更人性化，如果 beforeunload 事件处理函数返回字符串信息，那么该字符串会显示一个确认对话框中，询问用户是否离开当前页面。例如，运行下面的示例，当刷新或关闭页面时，会弹出如图 18.7 所示的提示信息。

```
window.onbeforeunload = function(e){
    return "你的数据还没有保存呢！";
}
```

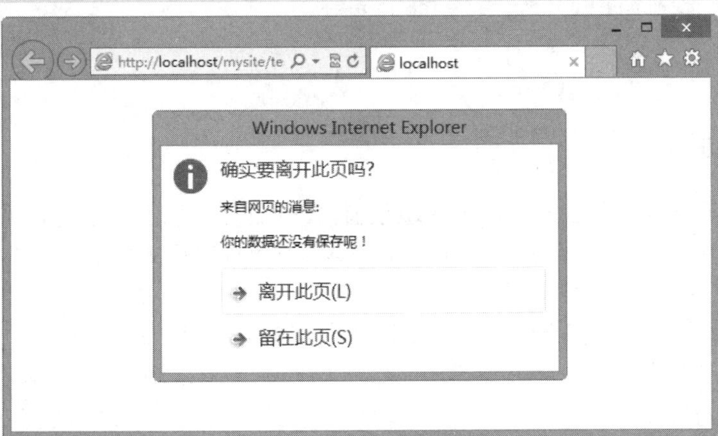

图 18.7 操作提示对话框

beforeunload 事件处理函数返回值可以为任意类型，IE 和 Safari 浏览器的 JavaScript 解释器能够调用 toString()方法把它转换为字符串，并显示在提示对话框中。而对于 Mozilla 浏览器来说，则会视为空字符串显示。如果 beforeunload 事件处理函数没有返回值，则不会弹出任何提示对话框，此时与 unload 事件类型响应效果相同。

扫一扫，看视频

18.4.4 窗口重置

resize 事件类型是在浏览器窗口被重置时触发的，如当用户调整窗口大小，或者最大化、最小化、恢复窗口大小显示时触发 resize 事件。利用该事件可以跟踪窗口大小的变化以便动态调整页面元素的显示大小。

【示例】 下面的示例能够跟踪窗口大小变化，及时调整页面内红色盒子的大小，使其始终保持与窗口固定比例的大小显示。

```
<div id="box"></div>
<script>
var box = document.getElementById("box");              // 获取盒子的引用指针
box.style.position = "absolute";                       // 绝对定位
box.style.backgroundColor = "red";                     // 背景色
box.style.width = w() * 0.8 + "px";                    // 设置盒子宽度为窗口宽度的 0.8 倍
box.style.height = h() * 0.8 + "px";                   // 设置盒子高度为窗口高度的 0.8 倍
window.onresize = function(){                          // 注册 resize 事件处理函数，动态
                                                          调整盒子大小
    box.style.width = w() * 0.8 + "px";
    box.style.height = h() * 0.8 + "px";
}
function w(){                                                      // 获取窗口宽度
    if (window.innerWidth)                                         // 兼容 DOM
        return window.innerWidth;
    else if ((document.body) && (document.body.clientWidth))       // 兼容 IE
        return document.body.clientWidth;
}
function h(){                                                      // 获取窗口高度
    if (window.innerHeight)                                        // 兼容 DOM
        return window.innerHeight;
    else if ((document.body) && (document.body.clientHeight))      // 兼容 IE
        return document.body.clientHeight;
}
</script>
```

扫一扫，看视频

18.4.5 页面滚动

scroll 事件类型用于在浏览器窗口内移动文档的位置时触发，如通过键盘箭头键、翻页键或空格键移动文档位置，或者通过滚动条滚动文档位置。利用该事件可以跟踪文档位置变化，及时调整某些元素的显示位置，确保它始终显示在屏幕可见区域中。

【示例】 在以下示例中，控制红色小盒子始终位于窗口内坐标为（100px,100px）的位置。

```
<div id="box"></div>
<script>
var box = document.getElementById("box");
box.style.position = "absolute";
```

```
box.style.backgroundColor = "red";
box.style.width = "200px";
box.style.height = "160px";
window.onload = f;                              // 页面初始化时固定其位置
window.onscroll = f;                            // 当文档位置发生变化时重新固定其位置
function f(){                                   // 元素位置固定函数
   box.style.left = 100 + parseInt(document.body.scrollLeft) + "px";
   box.style.top = 100 + parseInt(document.body.scrollTop) + "px";
}
</script>
<div style="height:2000px;width:2000px;"></div>
```

还有一种方法，就是利用 setTimeout()函数实现每间隔一定时间校正一次元素的位置，不过这种方法的损耗比较大，不建议选用。

18.4.6　错误处理

扫一扫，看视频

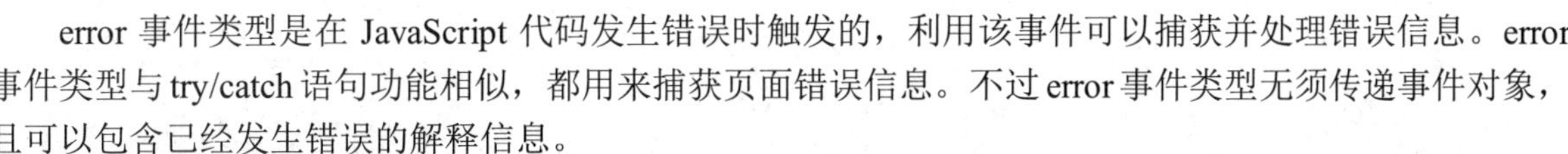

error 事件类型是在 JavaScript 代码发生错误时触发的，利用该事件可以捕获并处理错误信息。error 事件类型与 try/catch 语句功能相似，都用来捕获页面错误信息。不过 error 事件类型无须传递事件对象，且可以包含已经发生错误的解释信息。

【示例】 在以下示例中，当页面发生编译错误时，将会触发 error 事件注册的事件处理函数，并弹出错误信息。

```
window.onerror = function(message){             // 捕获浏览器错误行为
  alert("错误原因: " + arguments[0]+
     "\n 错误 URL: " +  arguments[1] +
     "\n 错误行号: " + arguments[2]
   );
  return true;                                  // 禁止浏览器显示标准出错信息
}
a.innerHTML = "";                               // 制造错误机会
```

在 error 事件处理函数中，默认包含 3 个参数，其中第 1 个参数表示错误信息，第 2 个参数表示出错文件的 URL，第 3 个参数表示文件中错误位置的行号。

error 事件处理函数的返回值可以决定浏览器是否显示一个标准出错信息。如果返回值为 false，则浏览器会弹出错误提示对话框，显示标准的出错信息；如果返回值为 true，则浏览器不会显示标准出错信息。

18.5　使用 UI 事件

UI（User Interface，用户界面）事件负责响应用户与页面元素的交互。

18.5.1　焦点处理

扫一扫，看视频

焦点处理主要包括 focus（获取焦点）和 blur（失去焦点）事件类型。所谓焦点，就是激活表单字段，使其可以响应键盘事件。

1. focus

当单击或使用 Tab 键切换到某个表单元素或超链接对象时，会触发该事件。focus 事件是确定页面内鼠标当前定位的一种方式。在默认情况下，整个文档处于焦点状态，但是单击或者使用 Tab 键可以改变焦点的位置。

2. blur

blur 事件类型表示在元素失去焦点时响应，它与 focus 事件类型是对应的，主要作用于表单元素和超链接对象。

【示例 1】 在下面示例中为所有输入表单元素绑定了 focus 和 blur 事件处理函数，设置当元素获取焦点时呈凸起显示，失去焦点时则显示为默认的凹陷效果。

```
<input type="text" />
<input type="text" />
<script>
var  o = document.getElementsByTagName("input");    // 获取输入表单元素集合
for(var i=0;i<o.length;i++){                         // 遍历所有表单元素
    o[i].onfocus  = function(){                      // 注册 focus 事件处理函数
        this.style.borderStyle = "outset";
    }
    o[i].onblur  = function(){                       // 注册 blur 事件处理函数
        this.style.borderStyle = "inset";
    }
}
</script>
```

每个表单字段都有两个方法：focus()和 blur()。其中 focus()方法用于设置表单字段为焦点，blur()方法用于设置表单字段失去焦点。

【示例 2】 在以下示例中设计在页面加载完毕后，将焦点转移到表单中的第一个文本框字段，让其准备接收用户输入。

```
<form id="myform"  method="post" action="#">
    姓名<input type="text" name="name" /><br>
    密码<input type="password" name="pass" />
</form>
<script>
var form = document.getElementById("myform");
var field = form.elements["name"];
window.onload = function(){
    field.focus();
}
</script>
```

注意，如果是隐藏字段（<input type="hidden">），或者使用 CSS 的 display 和 visibility 隐藏字段显示，设置其获取焦点，将引发异常。

blur()方法的作用是从元素中移走焦点。在调用 blur ()方法时，并不会把焦点转移到某个特定的元素上，仅仅是将焦点移走。早期开发中有用户使用 blur()方法代替 readonly 属性，创建只读字段。

扫一扫，看视频

18.5.2 选择文本

当在文本框或文本区域内选择文本时，将触发 select 事件。通过该事件，可以设计用户选择操作的交互行为。

在 IE9+、Opera、Firefox、Chrome 和 Safari 中，只有用户选择了文本，而且要释放鼠标，才会触发 select 事件；但是在 IE8 及更早版本中，只要用户选择了一个字母，不必释放鼠标，就会触发 select 事件。另外，在调用 select()方法时也会触发 select 事件。

【示例】 在下面的示例中当选择第 1 个文本框中的文本时，则在第 2 个文本框中会动态显示用户所选择的文本。

```
<input type="text" id="a" value="请随意选择字符串" />
<input type="text" id="b" />
<script>
var a = document.getElementsByTagName("input")[0];      // 获取第 1 个文本框的引用指针
var b = document.getElementsByTagName("input")[1];      // 获取第 2 个文本框的引用指针
a.onselect = function(){                                 // 为第 1 个文本框绑定 select
                                                           事件处理函数
   if (document.selection){                              // 兼容 IE
      o = document.selection.createRange();              // 创建一个选择区域
      if(o.text.length > 0)                              // 如果选择区域内存在文本
         b.value = o.text;                               // 则把该区域内的文本赋值给
                                                           第 2 个文本框
   }else{                                                // 兼容 DOM
      p1 = a.selectionStart;                             // 获取文本框中选择的初始位置
      p2 = a.selectionEnd;                               // 获取文本框中选择的结束位置
      b.value = a.value.substring(p1, p2);
      // 截取文本框中被选取的文本字符串，然后赋值给第 2 个文本框
   }
}
</script>
```

18.5.3　字段值变化监测

扫一扫，看视频

change 事件类型是在表单元素的值发生变化时触发，它主要用于 input、select 和 textarea 元素。对于 input 和 textarea 元素来说，当它们失去焦点且 value 值改变时触发；对于 select 元素，在其选项改变时触发，也就是说不失去焦点，也会触发 change 事件。

【示例 1】 在以下示例中，当在第 1 个文本框中输入或修改值时，则第 2 个文本框内会立即显示第 1 个文本框中的当前值。

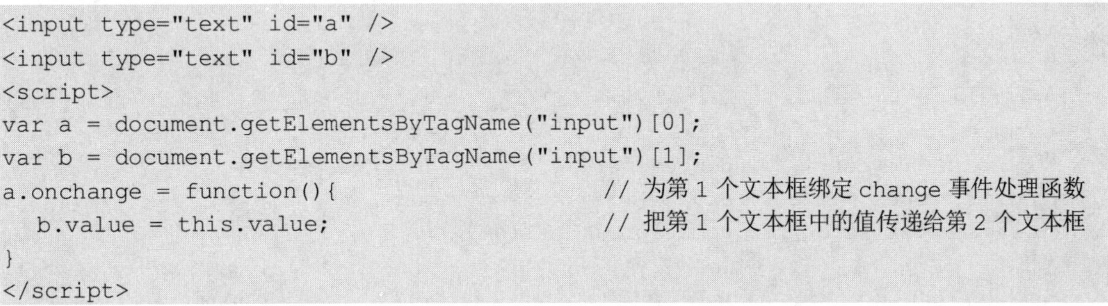

```
<input type="text" id="a" />
<input type="text" id="b" />
<script>
var a = document.getElementsByTagName("input")[0];
var b = document.getElementsByTagName("input")[1];
a.onchange = function(){                     // 为第 1 个文本框绑定 change 事件处理函数
  b.value = this.value;                      // 把第 1 个文本框中的值传递给第 2 个文本框
}
</script>
```

【示例 2】 以下示例演示了当在下拉列表框中选择不同的网站时，会自动打开该网站的首页。

```
<select>
   <option value="http://www.baidu.com/">百度</option>
    <option value="http://www.google.cn/">Google</option>
</select>
<script>
var a = document.getElementsByTagName("select")[0];
```

```
a.onchange = function(){
  window.open(this.value,"");                  // 根据下拉列表框的当前值打开指定的网址
}
</script>
```

【示例 3】 在其他表单元素中也可以应用 change 事件类型。以下示例演示了如何在单选按钮选项组中动态显示变化的值。

```
<input type="radio" name="r" value="1"  checked="checked" /> 1
<input type="radio" name="r" value="2" /> 2
<input type="radio" name="r" value="3" /> 3
<script>
var r = document.getElementsByTagName("input");
for(var i = 0; i < r.length; i ++ ){
    r[i].onchange = function(){
        alert(this.value);
    }
}
</script>
```

对于 input 元素来说，由于 change 事件类型仅在用户已经离开了元素，且失去焦点时触发，所以当执行上面 3 个示例时，会明显感觉延迟响应现象。为了更好地提高用户体验，很多时侯会根据需要定义在按键松开或鼠标单击时执行响应，这样速度会快得很多。

focus、blur 和 change 事件经常配合使用。一般可以使用 focus 和 blur 事件来以某种方式改变用户界面，要么是向用户给出视觉提示，要么是向界面中添加额外的功能，例如，为文本框显示一个下拉选项菜单。而 change 事件则经常用于验证用户在字段中输入的数据。

【示例 4】 以下示例设计一个文本框，只允许用户输入数值。此时，可以利用 focus 事件修改文本框的背景颜色，以便更清楚地表明这个字段获得了焦点。可以利用 blur 事件恢复文本框的背景颜色，利用 change 事件在用户输入了非数字字符时再次修改背景颜色。

```
<form id="myform"  method="post" action="javascript:alert('表单提交啦!')">
    <p><label for="comments">请输入数字:</label> <br />
        <input type="text" id="txtNumbers" name="numbers" /></p>
    <p><input type="submit" value="提交表单" id="submit-btn" /></p>
</form>
<script>
var form = document.getElementById("myform");
var numbers = form.elements["numbers"];
numbers.onfocus = function(event){
    event = event || window.event;
    var target = event.target || event.srcElement;
    target.style.backgroundColor = "yellow";
}
numbers.onblur = function(event){
    event = event || window.event;
    var target = event.target || event.srcElement;
    if (/[^\d]/.test(target.value)){
        target.style.backgroundColor = "red";
    } else {
        target.style.backgroundColor = "";
    }
```

```
}
numbers.onchange = function(event){
    event = event || window.event;
    var target = event.target || event.srcElement;
    if (/[^\d]/.test(target.value)){
        target.style.backgroundColor = "red";
    } else {
        target.style.backgroundColor = "";
    }
}
numbers.focus();
</script>
```

在上面代码中，onfocus 事件处理程序将文本框的背景颜色修改为黄色，以清楚地表示当前字段已经激活。onblur 和 onchange 事件处理程序则会在发现非数值字符时，将文本框背景颜色修改为红色。为了测试用户输入的是不是非数值，这里针对文本框的 value 属性使用了简单的正则表达式。而且，为确保无论文本框的值如何变化，验证规则始终如一，onblur 和 onchange 事件处理程序中使用了相同的正则表达式。

关于 blur 和 change 事件发生顺序，并没有严格的规定，不同浏览器没有统一规定。因此不能假定这两个事件总会以某种顺序依次触发。

18.5.4　提交表单

扫一扫，看视频

使用<input>或<button>标签都可以定义提交按钮，只要将 type 属性值设置为"submit"即可，而图像按钮则是通过将<input>的 type 属性值设置为"image"。当单击提交按钮或图像按钮时，就会提交表单。

submit 事件类型仅在表单内单击提交按钮，或者在文本框中输入文本时按回车键触发。

【示例 1】　在以下示例中，当在表单内的文本框中输入文本之后，单击【提交】按钮后，会触发 submit 事件，该函数将禁止表单提交数据到服务器，而是弹出提示对话框显示输入的文本信息。

```
<form id="form1" name="form1" method="post" action="">
    <input type="text" name="t" id="t" />
    <input name="" type="submit" />
</form>
<script>
var t = document.getElementsByTagName("input")[0];      // 获取文本框的引用指针
var f = document.getElementsByTagName("form")[0];       // 获取表单的引用指针
f.onsubmit = function(e){                               // 在表单元素上注册 submit 事
                                                           件处理函数
    alert(t.value);
    return false;                                       // 禁止提交数据到服务器
}
</script>
```

【示例 2】　在以下示例中，当表单内没有包含提交按钮时，在文本框中输入文本之后，只要按回车键也一样能够触发 submit 事件。

```
<form id="form1" name="form1" method="post" action="">
    <input type="text" name="t" id="t" />
</form>
```

```
<script>
var t = document.getElementsByTagName("input")[0];
var f = document.getElementsByTagName("form")[0];
f.onsubmit = function(e){
   alert(t.value);
}
</script>
```

注意，在<textarea>文本区中回车只会换行，不会提交表单。

以这种方式提交表单时，浏览器会在将请求发送给服务器之前触发 submit 事件，用户可以有机会验证表单数据，并决定是否允许表单提交。

【示例 3】 阻止事件的默认行为可以取消表单提交。以下示例先验证文本框中是否输入字符，如果为空，则调用 prevetnDefault()方法阻止表单提交。

```
<form id="form1" name="form1" method="post" action="">
   <input type="text" name="t" id="t" />
</form>
<script>
var t = document.getElementsByTagName("input")[0];
var f = document.getElementsByTagName("form")[0];
f.onsubmit = function(e){
   if(t.value.length < 1){
      var  event = e || window.event;
      if (event.preventDefault){
         event.preventDefault();
      } else {
         event.returnValue = false;
      }
   }
}
</script>
```

【示例 4】 如果要禁止回车键提交响应，可以监测键盘响应，当按下回车键时设置其返回值为 false，从而取消键盘的默认动作，禁止响应回车键和提交行为。

```
var t = document.getElementsByTagName("input")[0];      // 获取文本框引用指针
t.onkeypress = function(e){                             // 为文本框绑定键盘 keypress
                                                           事件处理函数
   var e = e || window.event;                           // 标准化事件对象
   return e.keyCode != 13;                              // 当按下回车键时，设置返回值
                                                           为 false，禁止默认键盘行为
}
```

【示例 5】 调用 submit()方法也可以提交表单，这样就不需表单包含提交按钮，任何时候都可以正常提交表单。

```
var t = document.getElementsByTagName("input")[0];
var f = document.getElementsByTagName("form")[0];
t.onchange = function(){
    f.submit();                                         // 提交表单
}-
```

注意，在调用 submit()方法时，不会触发 submit 事件，因此在调用此方法之前先要验证表单数据。

提示：

在实际应用中，会出现用户重复提交表单现象。例如，在第一次提交表单后，如果长时间没有反应，用户可能会反复单击提交按钮，这样容易带来严重后果，服务器反复处理请求组，或者错误保存用户多次提交的订单。解决方法：在第一次提交表单后禁用提交按钮，或者在 onsubmit 事件处理函数中取消表单提交操作。

扫一扫，看视频

18.5.5 重置表单

为<input>或<button>标签设置 type="reset"属性可以定义重置按钮。

```
<input type="reset" value="重置按钮">
<button type="reset">重置按钮</button>
```

当单击重置按钮时，表单将被重置，所有表单字段恢复为初始值。这时会触发 reset 事件。

【示例 1】 以下示例设计当单击【重置】按钮时，弹出提示框，显示文本框中的输入值，同时恢复文本框的默认值，如果没有默认值，则显示为空。

```
<form id="form1" name="form1" method="post" action="">
   <input type="text" name="t" id="t" />
   <input name="" type="reset" />
</form>
<script>
var t = document.getElementsByTagName("input")[0];      // 获取文本框的引用指针
var f = document.getElementsByTagName("form")[0];       // 获取表单的引用指针
f.onreset = function(e){                                // 在表单元素上注册 reset 事件
                                                           处理函数
   alert(t.value);
}
</script>
```

【示例 2】 也可以利用这个机会，在必要时取消重置操作。以下示例检测文本框中的值，如果输入 10 个字符以上，就不允许重置了，避免丢失输入文本。

```
var t = document.getElementsByTagName("input")[0];
var f = document.getElementsByTagName("form")[0];
f.onreset = function(e){
   if(t.value.length > 10){
      var  event = e || window.event;
      if (event.preventDefault){
         event.preventDefault();
      } else {
         event.returnValue = false;
      }
   }
}
```

提示，用户也可以使用 form.reset()方法重置表单，这样就不需要包含重置按钮。

扫一扫，看视频

18.5.6 剪贴板数据

HTML5 规范了剪贴板数据操作，主要包括 6 个剪贴板事件。

- beforecopy：在发生复制操作前触发。
- copy：在发生复制操作时触发。

- beforecut：在发生剪切操作前触发。
- cut：在发生剪切操作时触发。
- beforepaste：在发生粘贴操作前触发。
- paste：在发生粘贴操作时触发。

浏览器支持状态：IE、Safari 2+、Chrome 和 Firefox 3+。Opera 不支持 JavaScript 访问剪贴板数据。

提示：

在 Safari、Chrome 和 Firefox 中，beforecopy、beforecut 和 beforepaste 事件只会在显示针对文本框的上下文菜单的情况下触发。IE 则会在触发 copy、cut 和 paste 事件之前先行触发这些事件。

至于 copy、cut 和 paste 事件，只要是在上下文菜单中选择了相应选项，或者使用了相应的键盘组合键，所有浏览器都会触发它们。在实际的事件发生之前，通过 beforecopy、beforecut 和 beforepaste 事件可以在向剪贴板发送数据，或者从剪贴板取得数据之前修改数据。

使用 clipboardData 对象可以访问剪贴板中的数据。在 IE 中，可以在任何情况状态下使用 window.clipboardData 访问剪贴板；在 Firefox 4+、Safari 和 Chrome 中，通过事件对象的 clipboardData 属性访问剪贴板，且只有在处理剪贴板事件期间，clipboardData 对象才有效。

clipboardData 对象定义了 2 个方法：

- getData()：从剪贴板中读取数据。包含 1 个参数，设置取得的数据的格式。IE 提供两种数据格式："text"和"URL"；Firefox、Safari 和 Chrome 中定义参数为 MIME 类型，可以用"text"代表"text/plain"。
- setData()：设置剪贴板数据。包含 2 个参数，其中第 1 个参数设置数据类型，第 2 个参数是要放在剪贴板中的文本。对于第 1 个参数，IE 支持"text"和"URL"，而 Safari 和 Chrome 仍然只支持 MIME 类型，但不再识别"text"类型。在成功将文本放到剪贴板中后，都会返回 true；否则，返回 false。

【示例 1】 可以使用下面两个函数兼容 IE 和非 IE 的剪贴板数据操作。

```
var getClipboardText = function(event){
    var clipboardData =  (event.clipboardData || window.clipboardData);
    return clipboardData.getData("text");
}
var  setClipboardText = function(event, value){
    if (event.clipboardData){
        event.clipboardData.setData("text/plain", value);
    } else if (window.clipboardData){
        window.clipboardData.setData("text", value);
    }
}
```

在上面代码中，getClipboardText()方法比较简单，它只要访问 clipboardData 对象，然后以 text 类型调用 getData()方法；setClipboardText()方法相对复杂，它在取得 clipboardData 对象之后，需要根据不同的浏览器实现为 setData()传入不同的类型。

【示例 2】 以下示例利用剪贴板事件，当用户向文本框粘贴文本时，先检测剪贴板中的数据，是否都为数字，如果不是数字，取消默认的行为，则禁止粘贴操作，这样可以确保文本框只能接受数字字符。

```
<form id="myform"  method="post" action="#">
    <input type="text" size="25" maxlength="50" value="123456">
</form>
```

```
<script>
var form = document.getElementById("myform");
var field1 = form.elements[0];
var getClipboardText = function(event){
    var clipboardData =  (event.clipboardData || window.clipboardData);
    return clipboardData.getData("text");
}
var  setClipboardText = function(event, value){
    if (event.clipboardData){
        event.clipboardData.setData("text/plain", value);
    } else if (window.clipboardData){
        window.clipboardData.setData("text", value);
    }
}
var  addHandler = function(element, type, handler){
    if (element.addEventListener){
        element.addEventListener(type, handler, false);
    } else if (element.attachEvent){
        element.attachEvent("on" + type, handler);
    } else {
        element["on" + type] = handler;
    }
}
addHandler(field1, "paste", function(event){
    event = event || window.event;
    var text =  getClipboardText(event);
    if (!/^\d*$/.test(text)){
        if (event.preventDefault){
            event.preventDefault();
        } else {
            event.returnValue = false;
        }
    }
})
</script>
```

18.6 实战案例

本节将以具体的代码演示 JavaScript 事件拓展和应用技巧。

18.6.1 设计弹出对话框

扫一扫，看视频

无论从事 Web 开发，还是从事 GUI 开发，事件都是经常用到的。随着 Web 技术的发展，使用 JavaScript 自定义事件愈发频繁，为创建的对象绑定事件机制，通过事件对外通信，可以极大提高开发效率。

从本节开始，我们将针对同一个项目，为了实现更加完善的功能，逐步介绍如何设计自定义事件。

【示例】 事件并不是可有可无的，在某些需求下是必需的。以下示例通过简单的需求说明事件的重要性，在Web开发中对话框是很常见的组件，每个对话框都有一个关闭按钮，关闭按钮对应关闭对话框的方法。示例初步设计的完整代码如下，演示效果如图 18.8 所示。

```
<style type="text/css" >
/*对话框外框样式*/
.dialog { width: 300px; height: 200px; margin:auto; box-shadow: 2px 2px 4px #ccc;
background-color: #f1f1f1; border: solid 1px #aaa; border-radius: 4px; overflow:
hidden; display: none; }
/*对话框的标题栏样式*/
.dialog .title { font-size: 16px; font-weight: bold; color: #fff; padding: 6px;
background-color: #404040; }
/*关闭按钮样式*/
.dialog .close { width: 20px; height: 20px; margin: 3px; float: right; cursor: pointer;
color: #fff; }
</style>
<input type="button" value="打开对话框" onclick="openDialog();"/>
<div id="dlgTest" class="dialog"><span class="close">&times;</span>
    <div class="title">对话框标题栏</div>
    <div class="content">对话框内容框</div>
</div>
<script type="text/javascript">
//定义对话框类型对象
function Dialog(id){
    this.id=id;                               //存储对话框包含框的 ID
    var that=this;                                //存储 Dialog 的实例对象
    document.getElementById(id).children[0].onclick=function(){
        that.close();                         //调用 Dialog 的原型方法关闭对话框
    }
}
//定义 Dialog 原型方法
//显示 Dialog 对话框
Dialog.prototype.show=function(){
    var dlg=document.getElementById(this.id);        //根据 id 获取对话框的 DOM 引用
    dlg.style.display='block';                       //显示对话框
    dlg=null;                                 //清空引用，避免生成闭包
}
//关闭 Dialog 对话框
Dialog.prototype.close=function(){
    var dlg=document.getElementById(this.id);        //根据 id 获取对话框的 DOM 引用
    dlg.style.display='none';                        //隐藏对话框
    dlg=null;                                 //清空引用，避免生成闭包
}
//定义打开对话框的方法
function openDialog(){
    var dlg=new Dialog('dlgTest');                   //实例化 Dialog
    dlg.show();                               //调用原型方法，显示对话框
}
</script>
```

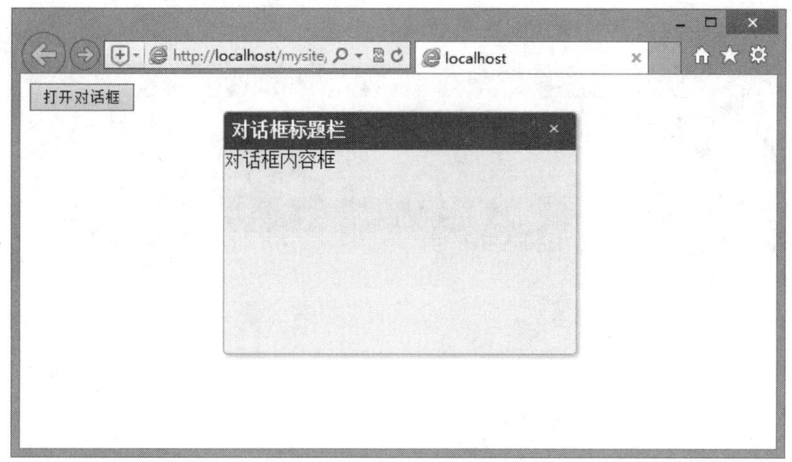

图 18.8　打开对话框

在上面示例中，当单击页面中的“打开对话框”按钮，就可以弹出对话框，单击对话框右上角的关闭按钮，可以隐藏对话框。

18.6.2　设计遮罩层

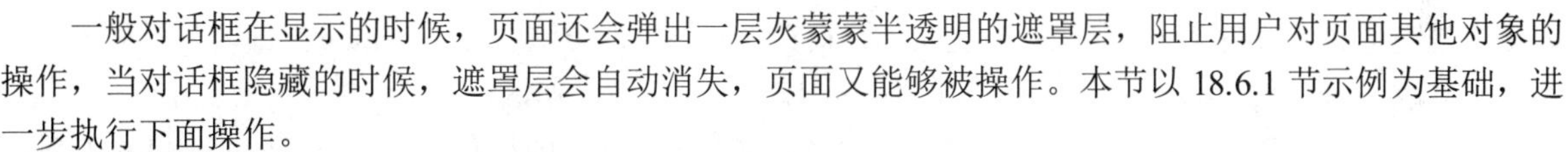

一般对话框在显示的时候，页面还会弹出一层灰蒙蒙半透明的遮罩层，阻止用户对页面其他对象的操作，当对话框隐藏的时候，遮罩层会自动消失，页面又能够被操作。本节以 18.6.1 节示例为基础，进一步执行下面操作。

【操作步骤】

（1）复制 18.6.1 节示例文件 test1.html，在<body>顶部添加一个遮罩层。

```
<div id="pageCover" class="pageCover"></div>
```

（2）为其添加样式。

```
.pageCover { width: 100%; height: 100%; position: absolute; z-index: 10;
background-color: #666; opacity: 0.5; display: none; }
```

（3）设计打开对话框时，显示遮罩层，需要修改 openDialog 方法代码。

```
function openDialog(){
    //新增的代码
    //显示遮罩层
    document.getElementById('pageCover').style.display='block';
    var dlg=new Dialog('dlgTest');
    dlg.show();
}
```

（4）重新设计对话框的样式，避免被遮罩层覆盖，同时清理 body 的默认边距。

```
/*清除页边距，避免其对遮罩层的影响*/
body{ margin:0; padding:0;}
/*设计对话框固定定位显示，让其显示在覆盖层上面，并总是显示在窗口中央位置*/
.dialog { width: 300px; height: 200px;
    position:fixed;                                                /*固定定位*/
    left:50%;top:50%;margin-top:-100px; margin-left:-150px;        /*窗口中央显示*/
    z-index: 30;                                                   /*在覆盖层上面显示*/
    box-shadow: 2px 2px 4px #ccc; background-color: #f1f1f1; border: solid 1px #aaa;
border-radius: 4px; overflow: hidden; display: none; }
```

（5）保存文档，在浏览器中预览，则显示效果如图 18.9 所示。

图 18.9　重新设计对话框

在上面示例中，当打开对话框后，半透明的遮罩层在对话框弹出后，遮盖住页面上的按钮，对话框在遮罩层之上。但是，当关闭对话框的时候，遮罩层仍然存在页面中，没有代码能够将其隐藏。

如果按照打开时怎么显示遮罩层，关闭时就怎么隐藏。但是，这个试验没有成功，因为显示遮罩层的代码是在页面上按钮事件处理函数中定义的，而关闭对话框的方法存在于 Dialog 内部，与页面无关，是不是修改 Dialog 的 close 方法就可以？也不行，仔细分析有两个原因：

首先，在定义 Dialog 时并不知道遮罩层的存在，这两个组件之间没有耦合关系，如果把隐藏遮罩层的逻辑写在 Dialog 的 close 方法内，那么 Dialog 将依赖于遮罩层的。也就是说，如果页面上没有遮罩层，Dialog 就会出错。

其次，在定义 Dialog 时，也不知道特定页面遮罩层的 ID（<div id="pageCover">），没有办法知道隐藏哪个<div>标签。

是不是在构造 Dialog 时，把遮罩层的 ID 传入就可以了呢？这样两个组件不再有依赖关系，也能够通过 ID 找到遮罩层所在的<div>标签了，但是如果用户需要部分页面弹出遮罩层，部分页面不需要遮罩层，又将怎么办？即便能够实现，但是这种写法比较笨拙，代码不够简洁、灵活。

扫一扫，看视频

18.6.3　自定义事件

通过 18.6.2 节示例分析说明，如果简单针对某个具体页面，所有问题都可以迎刃而解，但是如果设计适应能力强，可满足不同用户需求的对话框组件，使用自定义事件是最好的方法。

复制 18.6.2 节示例 test1.html，修改 Dialog 对象和 openDialog 方法。

```
//重写对话框类型对象
function Dialog(id){
    this.id=id;
    //新增代码
    //定义一个句柄性质的本地属性，默认值为空
    this.close_handler=null;
    var that=this;
    document.getElementById(id).children[0].onclick=function(){
        that.close();
         //新增代码
```

```
        //如果句柄的值为函数，则调用该函数，实现自定义事件函数异步触发
        if(typeof that.close_handler=='function'){
            that.close_handler();
        }
    }
}
//重写打开对话框方法
function openDialog(){
    document.getElementById('pageCover').style.display='block';
    var dlg=new Dialog('dlgTest');
    dlg.show();
    //新增代码
    //注册事件，为句柄（本地属性）传递一个事件处理函数
    dlg.close_handler=function(){
        //隐藏遮罩层
        //把对遮罩层的具体操作放在本地实例中实现，避免干扰 Dialog 类型
        //这时也就形成了自定义事件的雏形
        document.getElementById('pageCover').style.display='none';
    }
}
```

在 Dialog 对象内部添加一个句柄（属性），当关闭按钮的 click 事件处理程序在调用 close 方法后，判断该句柄是否为函数，如果是函数，就调用执行该句柄函数。

在 openDialog 方法中，创建 Dialog 对象后为句柄赋值，传递一个隐藏遮罩层的方法，这样在关闭 Dialog 的时候，就隐藏了遮罩层，同时没有造成两个组件之间的耦合。

上面这个交互过程就是一个简单的自定义事件，即先绑定事件处理程序，然后在原生事件处理函数中调用，以实现触发事件的过程。DOM 对象的事件，如 button 的 click 事件，也是类似原理。

18.6.4　设计事件触发模型

扫一扫，看视频

设计高级自定义事件。上面示例简单演示了如何自定义事件，远不及 DOM 预定义事件抽象和复杂，这种简单的事件处理有很多弊端：

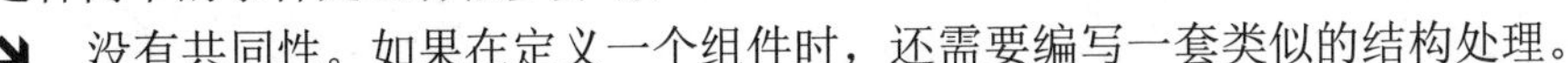

- 没有共同性。如果在定义一个组件时，还需要编写一套类似的结构处理。
- 事件绑定有排斥性。只能绑定了一个 close 事件处理程序，绑定新的会覆盖之前绑定。
- 封装不够完善。如果用户不知道有个 close_handler 的句柄，就没有办法绑定该事件，只能去查源代码。

针对第 1 个弊端，我们可以使用继承来解决；对于第 2 个弊端，则可以提供一个容器（二维数组）来统一管理所有事件；针对第 3 个弊端，需要和第 1 个弊端结合，在自定义的事件管理对象中添加统一接口，用于添加、删除、触发事件。

```
/*
* 使用观察者模式实现事件监听
* 自定义事件类型
*/
function EventTarget(){
    //初始化本地事件句柄为空
    this.handlers={};
}
//扩展自定义事件类型的原型
EventTarget.prototype={
```

```
    constructor:EventTarget, //修复 EventTarget 构造器为自身
    //注册事件
    //参数 type 表示事件类型
    //参数 handler 表示事件处理函数
    addHandler:function(type,handler){
        //检测本地事件句柄中是否存在指定类型事件
        if(typeof this.handlers[type]=='undefined'){
            //如果没有注册指定类型事件，则初始化为空数组
            this.handlers[type]=new Array();
        }
        //把当前事件处理函数推入到当前事件类型句柄队列的尾部
        this.handlers[type].push(handler);
    },
    //注销事件
    //参数 type 表示事件类型
    //参数 handler 表示事件处理函数
    removeHandler:function(type,handler){
        //检测本地事件句柄中指定类型事件是否为数组
        if(this.handlers[type] instanceof Array){
            //获取指定事件类型
            var handlers=this.handlers[type];
            //枚举事件类型队列
            for(var i=0,len=handlers.length;i<len;i++){
                //检测事件类型中是否存在指定事件处理函数
                if(handler[i]==handler){
                    //如果存在指定的事件处理函数，则删除该处理函数，然后跳出循环
                    handlers.splice(i,1);
                    break;
                }
            }
        }
    },
    //触发事件
    //参数 event 表示事件类型
    trigger:function(event){
        //检测事件触发对象，如果不存在，则指向当前调用对象
        if(!event.target){
            event.target=this;
        }
        //检测事件类型句柄是否为数组
        if(this.handlers[event.type] instanceof Array){      //获取事件类型句柄
            var handlers=this.handlers[event.type];           //枚举当前事件类型
           for(var i=0,len=handlers.length;i<len;i++){
            //逐一调用队列中每个事件处理函数，并把参数 event 传递给它
                handlers[i](event);
            }
        }
    }
}
```

addHandler 方法用于添加事件处理程序，removeHandler 方法用于移除事件处理程序，所有的事件处理程序在属性 handlers 中统一存储管理。调用 trigger 方法触发一个事件，该方法接收一个至少包含

type 属性的对象作为参数，触发的时候会查找 handlers 属性中对应 type 的事件处理程序。

下面就可以编写如下代码，来测试自定义事件的添加和触发过程。

```
//自定义事件处理函数
function onClose(event){
    alert('message:'+event.message);
}
//实例化自定义事件类型
var target=new EventTarget();
//自定义一个 close 事件，并绑定事件处理函数为 onClose
target.addHandler('close',onClose);
//创建事件对象，传递事件类型，以及额外信息
var event={
    type:'close',
    message:'Page Cover closed!'
};
//触发 close 事件
target.trigger(event);
```

18.6.5　应用事件模型

扫一扫，看视频

通过上一示例，简单分解了高级自定义事件的设计过程，以下示例将利用继承机制解决第 1 个弊端。以下是寄生式组合继承的核心代码，这种继承方式是目前公认的 JavaScript 最佳继承方式。

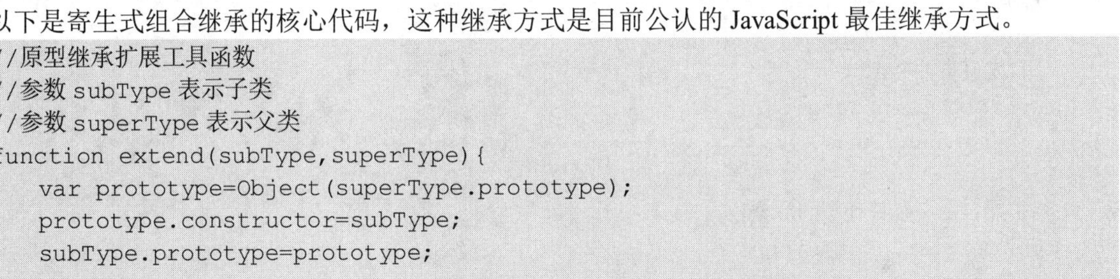

```
//原型继承扩展工具函数
//参数 subType 表示子类
//参数 superType 表示父类
function extend(subType,superType){
    var prototype=Object(superType.prototype);
    prototype.constructor=subType;
    subType.prototype=prototype;
}
```

最后，显示本节完善后的自定义事件的完整代码，演示效果如图 18.10 所示。

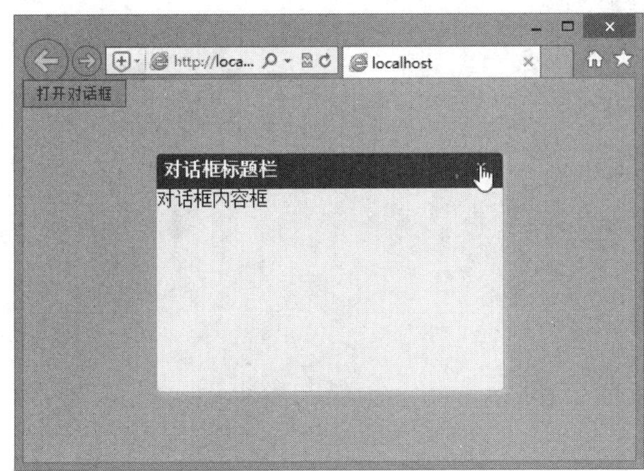

打开

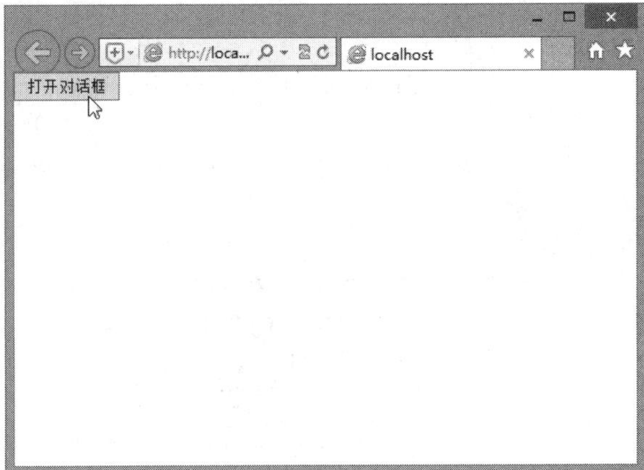

关闭

图 18.10　优化后对话框组件应用效果

```
<style type="text/css" >
/*清除页边距*/
```

```
body{ margin:0; padding:0;}
/*对话框外框样式*/
.dialog { width: 300px; height: 200px; position:fixed; left:50%;top:50%; margin-top:-100px; margin-left:-150px; z-index: 30;box-shadow: 2px 2px 4px #ccc; background-color: #f1f1f1; border: solid 1px #aaa; border-radius: 4px; overflow: hidden; display: none; }
/*对话框的标题栏样式*/
.dialog .title { font-size: 16px; font-weight: bold; color: #fff; padding: 6px; background-color: #404040; }
/*关闭按钮样式*/
.dialog .close { width: 20px; height: 20px; margin: 3px; float: right; cursor: pointer; color: #fff; }
/*遮罩层样式*/
.pageCover { width: 100%; height: 100%; position: absolute; z-index: 10; background-color: #666; opacity: 0.5; display: none; }
</style>
<div id="pageCover" class="pageCover"></div>
<input type="button" value="打开对话框" onclick="openDialog();"/>
<div id="dlgTest" class="dialog"><span class="close">&times;</span>
    <div class="title">对话框标题栏</div>
    <div class="content">对话框内容框</div>
</div>
<script type="text/javascript">
//自定义事件类型
function EventTarget(){
    this.handlers={};
}
//扩展自定义事件类型的原型
EventTarget.prototype={
    constructor:EventTarget,
    //注册事件
    addHandler:function(type,handler){
        if(typeof this.handlers[type]=='undefined'){
            this.handlers[type]=new Array();
        }
        this.handlers[type].push(handler);
    },
    //注销事件
    removeHandler:function(type,handler){
        if(this.handlers[type] instanceof Array){
            var handlers=this.handlers[type];
            for(var i=0,len=handlers.length;i<len;i++){
                if(handler[i]==handler){
                    handlers.splice(i,1);
                    break;
                }
            }
        }
```

```
    },
    //触发事件
    trigger:function(event){
        if(!event.target){
            event.target=this;
        }
        if(this.handlers[event.type] instanceof Array){
            var handlers=this.handlers[event.type];
            for(var i=0,len=handlers.length;i<len;i++){
                handlers[i](event);
            }
        }
    }
}
//原型继承扩展工具函数
function extend(subType,superType){
    var prototype=Object(superType.prototype);
    prototype.constructor=subType;
    subType.prototype=prototype;
}
//定义对话框类型
function Dialog(id){
    //动态调用 EventTarget 类型函数，继承它的本地成员
    EventTarget.call(this)
    this.id=id;                                        //获取对话框 DOM 的 id
    var that=this;                                     //保存本地实例
    document.getElementById(id).children[0].onclick=function(){
        that.close();
    }
}
//继承 EventTarget 类型原型属性
extend(Dialog,EventTarget);
//显示 Dialog 对话框
Dialog.prototype.show=function(){
    var dlg=document.getElementById(this.id);
    dlg.style.display='block';
    dlg=null;
}
//关闭 Dialog 对话框
Dialog.prototype.close=function(){
    var dlg=document.getElementById(this.id);
    dlg.style.display='none';
    dlg=null;
    //在本地实例上触发 close 事件
    this.trigger({type:'close'});
}
//定义打开对话框的方法
```

```
function openDialog(){
    document.getElementById('pageCover').style.display='block';
    var dlg=new Dialog('dlgTest');
    //为当前实例注册 close 事件，并传递要处理的事件函数
    dlg.addHandler('close',function(){
        document.getElementById('pageCover').style.display='none';
    });
    //打开对话框
    dlg.show();
}
</script>
```

用户也可以在打开 Dialog 时，把显示遮罩层也写成类似关闭事件的方式（test5.html）。当代码中存在多个部分，在特定时刻相互交互的情况下，自定义事件就非常有用。

如果每个对象都有其他对象的引用，那么整个代码高度耦合，对象改动会影响其他对象，维护起来就困难重重，自定义事件使对象能够解耦，功能隔绝，这样对象之间就可以实现高度聚合。

18.7 在线课堂：实践练习

本节为线上实践环节，旨在通过多个简单而实用的示例，帮助读者练习 JavaScript 事件的应用，培养初学者灵活使用 JavaScript 事件设计各种交互式页面特效的基本能力，感兴趣的读者请扫码练习。

扫码，看电子版

第 19 章　使用 Ajax

Ajax（Asynchronous JavaScript and XML，异步 JavaScript 和 XML）就是利用 JavaScript 脚本和 XML 或 JSON 数据实现客户端与服务器端之间异步通信的一种技术。本章将详细讲解如何使用 JavaScript 实现异步通信的基本方法。

【学习重点】

- 了解 Ajax 技术。
- 掌握异步交互的请求、响应、接收和监测过程。
- 使用 Ajax 设计异步交互的页面。

19.1　Ajax 基础

XMLHttpRequest 是 JavaScript 一个外挂组件，用来实现客户端与服务器端异步通信，所有 Ajax 应用都要借助该组件才能够实现。目前各大主流浏览器都支持 XMLHttpRequest 组件。

扫一扫，看视频

19.1.1　定义 XMLHttpRequest 对象

使用 XMLHttpRequest 对象实现异步通信一般需要下面几个步骤。

（1）定义 XMLHttpRequest 实例对象。

（2）调用 XMLHttpRequest 对象的 open()方法打开服务器端 URL 地址。

（3）注册 onreadystatechange 事件处理函数，准备接收响应数据，并进行处理。

（4）调用 XMLHttpRequest 对象的 send()方法发送请求。

IE 在 5.0 版本开始就以 ActiveX 组件形式定义了 XMLHttpRequest 对象，在 7.0 版本中标准化 XMLHttpRequest 对象，允许通过 window 对象进行访问。现代标准浏览器都支持 XMLHttpRequest 对象，虽然早期 IE 浏览器以 ActiveX 组件形式支持，但是，所有浏览器的 XMLHttpRequest 对象都提供了相同的属性和方法。

【示例】 以下函数采用一种更高效的工厂模式把定义 XMLHttpRequest 对象功能进行封装，这样只要调用 createXMLHTTPObject()方法就可以返回一个 XMLHttpRequest 对象。

```
// 定义 XMLHttpRequest 对象
// 参数：无
// 返回值：XMLHttpRequest 对象实例
function createXMLHTTPObject(){
    var XMLHttpFactories = [// 兼容不同浏览器和版本的创建函数数组
        function () {return new XMLHttpRequest()},
        function () {return new ActiveXObject("Msxml2.XMLHTTP")},
        function () {return new ActiveXObject("Msxml3.XMLHTTP")},
        function () {return new ActiveXObject("Microsoft.XMLHTTP")}
    ];
    var xmlhttp = false;
    for (var i = 0; i < XMLHttpFactories.length; i ++ ){
    //尝试调用匿名函数，如果成功则返回 XMLHttpRequest 对象，否则继续调用下一个
```

```
        try{
            xmlhttp = XMLHttpFactories[i]();
        }catch (e){
            continue;                               // 如果发生异常，则继续下一个函数调用
        }
        break;                                      // 如果成功，则中止循环
    }
    return xmlhttp;                                 // 返回对象实例
}
```

上面函数首先创建一个数组，数组元素为各种创建 XMLHttpRequest 对象的匿名函数。第 1 个元素是创建一个本地对象，而其他元素将针对 IE 浏览器的不同版本尝试创建 ActiveX 对象。然后设置变量 xmlhttp 为 false，表示不支持 Ajax。接着遍历工厂内所有函数并尝试执行它们，为了避免发生异常，把所有调用函数放在 try 子句中执行，如果发生错误，则在 catch 子句中捕获异常，并执行 continue 命令，返回继续执行，而不是抛出异常。如果创建成功，则中止循环，返回创建的 XMLHttpRequest 对象实例。

扫一扫，看视频

19.1.2 建立 XMLHttpRequest 连接

创建 XMLHttpRequest 对象之后，就可以使用该对象的 open()方法建立一个 HTTP 请求。open()方法用法如下所示。

```
oXMLHttpRequest.open(bstrMethod, bstrUrl, varAsync, bstrUser, bstrPassword);
```

该方法包含 5 个参数，其中前 2 个参数是必须的。简单说明如下。

- bstrMethod：HTTP 方法字符串，如 POST、GET 等，大小写不敏感。
- bstrUrl：请求的 URL 地址字符串，可以为绝对地址或相对地址。
- varAsync：布尔值，可选参数，指定请求是否为异步方式，默认为 true。如果为真，当状态改变时会调用 onreadystatechange 属性指定的回调函数。
- bstrUser：可选参数，如果服务器需要验证，该参数指定用户名，如果未指定，当服务器需要验证时，会弹出验证窗口。
- bstrPassword：可选参数，验证信息中的密码部分，如果用户名为空，则此值将被忽略。

建立连接之后，就可以使用 send()方法发送请求到服务器端，并接收服务器的响应。send()方法用法如下所示。

oXMLHttpRequest.send(varBody);

参数 varBody 表示将通过该请求发送的数据，如果不传递信息，可以设置参数为 null。

该方法的同步或异步方式取决于 open 方法中的 bAsync 参数，如果 bAsync == False，此方法将会等待请求完成或者超时时才会返回，如果 bAsync == True，此方法将立即返回。

使用 XMLHttpRequest 对象的 responseBody、responseStream、responseText 或 responseXML 属性可以接收响应数据。

【示例】 以下示例简单演示了如何实现异步通信方法，代码省略了定义 XMLHttpRequest 对象的函数。

```
xmlHttp.open("GET","server.asp", false);
xmlHttp.send(null);
alert(xmlHttp.responseText);
```

在服务器端文件（server.asp）中输入下面的字符串。

```
Hello World
```

在浏览器中预览客户端交互页面，就会弹出一个提示对话框，显示“Hello World”的提示信息。该字符串是借助 XMLHttpRequest 对象建立的连接通道，从服务器端响应的字符串。

扫一扫，看视频

19.1.3 发送 GET 请求

发送 GET 请求时，只需将包含查询字符串的 URL 传入 open()方法，设置第一个参数值为“GET”即可。服务器能够在 URL 尾部的查询字符串中接收用户传递过来的信息。

使用 GET 请求比较简单，也比较方便，它适合传递一些简单的信息，不易传输大容量或加密数据。

【示例】 以下示例在页面（main.html）中定义一个请求连接，并以 GET 方式传递一个参数信息 callback=functionName。

```
<script>
// 省略定义 XMLHttpRequest 对象函数
function request(url){                              // 请求函数
    xmlHttp.open("GET",url, false);       // 以 GET 方式打开请求连接
    xmlHttp.send(null);                             // 发送请求
    alert(xmlHttp.responseText);          // 获取响应的文本字符串信息
}
window.onload = function(){                    // 页面初始化
    var b = document.getElementsByTagName("input")[0];
    b.onclick = function(){
        var url = "server.asp?callback=functionName"
         // 设置向服务器端发送请求的文件，以及传递的参数信息
        request(url);                                   // 调用请求函数
    }
}
</script>
<h1>Ajax 异步数据传输</h1>
<input name="submit"type="button" id="submit"value="向服务器发出请求" />
```

在服务器端文件（server.asp）中输入下面的代码，获取查询字符串中 callback 的参数值，并把该值响应给客户端。

```
<%@LANGUAGE="VBSCRIPT" CODEPAGE="65001"%>
<%
callback = Request.QueryString("callback")
Response.Write(callback)
%>
```

在浏览器中预览页面，当单击提交按钮时，会弹出一个提示对话框，显示传递的参数值。

提示：

查询字符串通过问号（?）前缀附加在 URL 的末尾，发送数据是以连字符（&）连接的一个或多个名/值对。每个名称和值都必须在编码后才能用在 URL 中，用户使用 JavaScript 的 encodeURIComponent()函数对其进行编码，服务器端在接收这些数据时也必须使用 decodeURIComponent()函数进行解码。URL 最大长度为 2048 字符（2KB）。

扫一扫，看视频

19.1.4 发送 POST 请求

POST 请求支持发送任意格式、任意长度的数据，一般多用于表单提交。与 GET 发送的数据格式相似，POST 发送的数据也必须进行编码，并用连字符（&）进行分隔，格式如下。

```
send("name1=value1&name2=value2…");
```

这些参数在发送 POST 请求时，不会被附加到 URL 的末尾，而是作为 send()方法的参数进行传递。

【示例 1】 以 19.1.4 节示例为例，使用 POST 方法向服务器传递数据，在页面中定义如下请求函数。

```
function request(url){
    xmlHttp.open("POST",url, false);
    mlHttp.setRequestHeader('Content-type','application/x-www-form-urlencoded');
    // 设置发送数据类型
    xmlHttp.send("callback=functionName");
    alert(xmlHttp.responseText);
}
```

在 open()方法中，设置第一个参数为 POST，然后使用 setRequestHeader()方法设置请求消息的内容类型为“application/x-www-form-urlencoded”，它表示传递是的表单值，一般使用 POST 发送请求时都必须设置该选项，否则服务器会无法识别传递过来的数据。

提示：

setRequestHeader()方法的用法如下。

```
xmlhttp.setRequestHeader("Header-name", "value");
```

一般设置头部信息中 User-Agent 首部为 XMLHTTP，以便于服务端器能够辨别出 XMLHttpRequest 异步请求和其他客户端普通请求。

```
xmlhttp.setRequestHeader("User-Agent", "XMLHTTP");
```

这样就可以在服务器端编写脚本分别为现代浏览器和不支持 JavaScript 的浏览器呈现不同的文档，以提高可访问性的手段。

如果使用 POST 方法传递数据，还必须设置另一个头部信息。

```
xmlhttp.setRequestHeader("Content-type ", " application/
x-www-form-urlencoded ");
```

然后，在 send()方法中附加要传递的值，该值是一个或多个“名/值”对，多个“名/值”对之间使用“&”分隔符进行分隔。在“名/值”对中，“名”可以为表单域的名称（与表单域相对应），“值”可以是固定的值，也可以是一个变量。

设置第 3 个参数值为 false，关闭异步通信。

最后，在服务器端设计接收 POST 方式传递的数据，并进行响应。

```
<%@LANGUAGE="VBSCRIPT" CODEPAGE="65001"%>
<%
callback = Request.Form("callback")
Response.Write(callback)
%>
```

用于发送 POST 请求的数据类型（Content Type）通常是 application/x-www-form- urlencoded，这意味着我们还可以 text/xml 或 application/xml 类型给服务器直接发送 XML 数据，甚至以 application/json 类型发送 JavaScript 对象。

【示例 2】 以下示例将向服务器端发送 XML 类型的数据，而不是简单的串行化名/值对数据。

```
function request(url){
    xmlHttp.open("POST",url, false);
    xmlHttp.setRequestHeader('Content-type','text/xml');    // 设置发送数据类型
    xmlHttp.send("<bookstore><book  id='1'> 书 名  1</book><book  id='2'> 书 名
2</book></bookstore>");
}
```

提示：

由于使用 GET 方式传递的信息量是非常有限的，而使用 POST 方式所传递的信息是无限的，且不受字符编码的限制，还可以传递二进制信息。对于传输文件，以及大容量信息时多采用 POST 方式。另外，当发送安全信息或 XML 格式数据时，也应该考虑选用这种方法来实现。

19.1.5 转换串行化字符串

GET 和 POST 方法都是以名值对字符串的形式发送数据。

1. 传输名/值对信息

与 JavaScript 对象结构类似，多在 GET 参数中使用。例如，下面是一个包含 3 对名/值的 JavaScript 对象数据。

```
{
    user:"ccs8",
    padd: "123456",
    email: "css8@mysite.cn"
}
```

将上面原生 JavaScript 对象数据转换为串行格式如下。

```
user:"ccs8"&padd:"123456"&email:"css8@mysite.cn"
```

2. 传输有序数据列表

与 JavaScript 数组结构类似，多在一系列文本框中提交表单信息时使用，它与上一种方式不同，所提交的数据按顺序排列，不可以随意组合。例如，下面是一组有序表单域信息，它包含多个值。

```
[
    { name:"text", value:"css8" },
    { name:"text", value:"123456" },
    { name:"text", value:"css8@mysite.cn" }
]
```

将上面有序表单数据转换为串行格式显示如下。

```
text:"ccs8"& text:"123456"& text:"css8@mysite.cn"
```

【示例】 以下示例定义一个函数负责把数据转换为串行格式提交，详细代码如下。

```
// 把数组或对象类型数据转换为串行字符串
// 参数：data 表示数组或对象类型数据
// 返回值：串行字符串
function toString(data){
    var a = [];
    if( data.constructor == Array){ // 如果是数组，则遍历读取元素对象的属性值，并存入数组
        for(var i = 0 ; i < data.length ; i++){
            a.push(data[i].name + "=" + encodeURIComponent(data[i].value));
        }
    }                               // 如果是对象，则遍历对象，读取每个属性值，存入数组
    else{
        for(var i in data){
            a.push(i + "=" + encodeURIComponent(data[i]));
        }
    }
    return a.join("&");             // 把数组转换为串行字符串，并返回
}
```

扫一扫，看视频

19.1.6 跟踪状态

XMLHttpRequest 对象通过 readyState 属性实时跟踪断异步交互状态。一旦当该属性发生变化时，就触发 readystatechange 事件，调用该事件绑定的回调函数。

readyState 属性包括 5 个值，详细说明如表 19.1 所示。

表 19.1 readyState 属性值

返回值	说明
0	未初始化。表示对象已经建立，但是尚未初始化，尚未调用 open()方法
1	初始化。表示对象已经建立，尚未调用 send()方法
2	发送数据。表示 send()方法已经调用，但是当前的状态及 HTTP 头未知
3	数据传送中。已经接收部分数据，因为响应及 HTTP 头不全，这时通过 responseBody 和 responseText 获取部分数据会出现错误
4	完成。数据接收完毕，此时可以通过 responseBody 和 responseText 获取完整的响应数据

如果 readyState 属性值为 4，则说明响应完毕，那么就可以安全读取返回的数据。另外，还需要监测 HTTP 状态码，只有当 HTTP 状态码为 200 时，才表示 HTTP 响应顺利完成。

在 XMLHttpRequest 对象中可以借助 status 属性获取当前的 HTTP 状态码。如果 readyState 属性值为 4，且 status（状态码）属性值为 200，那么说明 HTTP 请求和响应过程顺利完成。

【示例】 定义一个函数 handleStateChange()，用来监测 HTTP 状态，当整个通信顺利完成，则读取 xmlhttp 的响应文本信息。

```
function handleStateChange(){
    if(xmlHttp.readyState == 4){
        if (xmlHttp.status == 200 || xmlHttp.status == 0){
            alert(xmlhttp.responseText);
        }
    }
}
```

然后，修改 request()函数，为 onreadystatechange 事件注册回调函数。

```
function request(url){
    xmlHttp.open("GET", url, false);
    xmlHttp.onreadystatechange = handleStateChange;
    xmlHttp.send(null);
}
```

上面代码把读取响应数据的脚本放在函数 handleStateChange()中，然后通过 onreadystatechange 事件来调用。

扫一扫，看视频

19.1.7 中止请求

使用 abort()方法可以中止正在进行的异步请求。在使用 abort()方法前，应先清除 onreadystatechange 事件处理函数，因为 IE 和 Mozilla 在请求中止后也会激活这个事件处理函数，如果给 onreadystatechange

属性设置为 null，则 IE 会发生异常，所以可以为它设置一个空函数，代码如下。

```
xmlhttp.onreadystatechange = function(){};
xmlhttp.abort();
```

19.1.8 获取 XML 数据

扫一扫，看视频

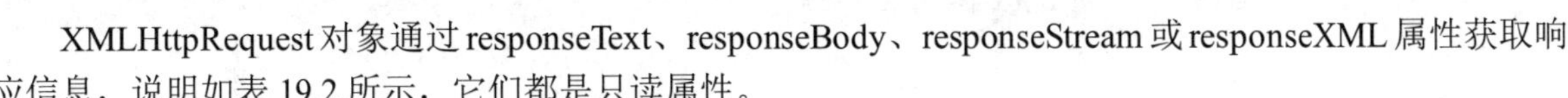

XMLHttpRequest 对象通过 responseText、responseBody、responseStream 或 responseXML 属性获取响应信息，说明如表 19.2 所示，它们都是只读属性。

表 19.2 XMLHttpRequest 对象响应信息属性

响应信息	说　明
responseBody	将响应信息正文以 Unsigned Byte 数组形式返回
responseStream	以 ADO Stream 对象的形式返回响应信息
responseText	将响应信息作为字符串返回
responseXML	将响应信息格式化为 XML 文档格式返回

在实际应用中，一般将格式设置为 XML、HTML、JSON 或其他纯文本格式。具体使用哪种响应格式，可以参考下面几条原则。

- 如果向页面中添加大块数据时，选择 HTML 格式会比较方便。
- 如果需要协作开发，且项目庞杂，选择 XML 格式会更通用。
- 如果要检索复杂的数据，且结构复杂，那么选择 JSON 格式轻便。

XML 是使用最广泛的数据格式。因为 XML 文档可以被很多编程语言支持，而且开发人员可以使用比较熟悉的 DOM 模型来解析数据，其缺点在于服务器的响应和解析 XML 数据的脚本可能变得相当冗长，查找数据时不得不遍历每个节点。

【示例 1】 在服务器端创建一个简单的 XML 文档（XML_server.xml）。

```
<?xml version="1.0" encoding="gb2312"?>
<the>XML 数据</the >
```

然后在客户端进行如下请求（XML_main.html）。

```
var x = createXMLHTTPObject();                          // 创建 XMLHttpRequest 对象
var url = "XML_server.xml";
x.open("GET", url, true);
x.onreadystatechange = function (){
    if ( x.readyState == 4 && x.status == 200 ){
        var  info = x.responseXML;
        alert(info.getElementsByTagName("the")[0].firstChild.data);
                                                        //返回元信息字符串"XML 数据"
    }
}
x.send(null);
```

上面的代码使用 XML DOM 提供的 getElementsByTagName()方法获取 the 节点，然后再定位第一个 the 节点的子节点内容。此时如果继续使用 responseText 属性来读取数据，则会返回 XML 源代码字符串，如下所示。

```
<?xml version="1.0" encoding="gb2312"?>
<the>XML 数据</the >
```

【示例 2】 也可以使用服务器端脚本生成 XML 文档结构。例如，以 ASP 脚本生成上面的服务器端响应信息。

```
<?xml version="1.0" encoding="gb2312"?>
<%
Response.ContentType = "text/xml"        //定义 XML 文档文本类型，否则 IE 浏览器将不识别
Response.Write("<the>XML 数据</the >")
%>
```

提示：

对于 XML 文档数据来说，第 1 行必须是<?xml version="1.0" encoding="gb2312"?>，该行命令表示输出的数据为 XML 格式文档，同时标识了 XML 文档的版本和字符编码。为了能够兼容 IE 和 FF 等浏览器，能让不同浏览器都可以识别 XML 文档，还应该为响应信息定义 XML 文本类型。最后根据 XML 语法规范编写文档的信息结构。然后，使用上面的示例代码请求该服务器端脚本文件，同样能够显示元信息字符串"XML 数据"。

扫一扫，看视频

19.1.9 获取 HTML 文本

设计响应信息为 HTML 字符串是一种常用方法，这样在客户端就可以直接使用 innerHTML 属性把获取的字符串插入到网页中。

【示例】 在服务器端设计响应信息为 HTML 结构代码（HTML_server.html）。

```
<table>
    <tr><td>RegExp.exec()</td><td>通用的匹配模式</td></tr>
    <tr><td>RegExp.test()</td><td>检测一个字符串是否匹配某个模式</td>
</tr>
</table>
```

然后在客户端可以这样来接收响应信息（HTML_main.html）。

```
div id="grid"></div>
<script>
function createXMLHTTPObject(){
    // 省略
}
var x = createXMLHTTPObject();           // 创建 XMLHttpRequest 对象
var url = "HTML_server.html";
x.open("GET", url, true);
x.onreadystatechange = function (){
    if ( x.readyState == 4 && x.status == 200 ){
        var  o = document.getElementById("grid");
        o.innerHTML = x.responseText;    // 把响应数据直接插入到页面中进行显示
    }
}
x.send(null);
</script>
```

在某些情况下，HTML 字符串可能为客户端解析响应信息节省了一些 JavaScript 脚本，但是也带来了一些问题。

- 响应信息中包含大量无用的字符，响应数据会变得很臃肿。因为 HTML 标记不含有信息，完全可以把它们放置在客户端由 JavaScript 脚本负责生成。

- 响应信息中包含的 HTML 结构无法有效利用，对于 JavaScript 脚本来说，它们仅仅是一堆字符串。同时结构和信息混合在一起，也不符合标准设计原则。

19.1.10 获取 JavaScript 脚本

扫一扫，看视频

可以设计响应信息为 JavaScript 代码，这里的代码与 JSON 数据不同，它是可执行的命令或脚本。

【示例】 在服务器端请求文件中包含下面一个函数（Code_server.js）。

```
function(){
    var d = new Date()
    return d.toString();
}
```

然后在客户端执行下面的请求。

```
var x = createXMLHTTPObject();                     // 创建 XMLHttpRequest 对象
var url = "code_server.js";
x.open("GET", url, true);
x.onreadystatechange = function (){
    if ( x.readyState == 4 && x.status == 200 ) {
        var info = x.responseText;
        var  o = eval("("+info+")" + "()");   // 调用 eval()方法把 JavaScript 字符串转换
                                               为本地脚本
        alert(o);                              // 返回客户端当前日期
    }
}
x.send(null);
```

在转换时应在字符串前后附加两个小括号：一个是包含函数结构体的，一个是表示调用函数的。一般很少使用 JavaScript 代码作为响应信息的格式，因为它不能够传递更丰富的信息，同时 JavaScript 脚本极易引发安全隐患。

19.1.11 获取 JSON 数据

扫一扫，看视频

通过 XMLHttpRequest 对象的 responseText 属性获取返回的 JSON 数据字符串，然后可以使用 eval() 方法将其解析为本地 JavaScript 对象，从该对象中再读取任何想要的信息。

【示例】 下面的实例将返回的 JSON 对象字符串转换为本地对象，然后读取其中包含的属性值（JSON_main.html）：

```
var x = createXMLHTTPObject();                     // 创建 XMLHttpRequest 对象
var url = "JSON_server.js";                        // 请求的服务器端文件
x.open("GET", url, true);
x.onreadystatechange = function (){
    if ( x.readyState == 4 && x.status == 200 ){
        var info = x.responseText;                 // 获取响应信息
        var  o = eval("(" + info + ")");           // 调用eval()方法把JSON字符串转换为本地对象
        alert(info);                               // 显示响应的字符串，返回整个 JSON 对象字符串
        alert(o.name);                             // 读取对象属性值，返回字符串"css8"
    }
}
x.send(null);
```

在转换对象时，应该为 JSON 对象字符串外面包含小括号运算符，表示调用对象的意思。如果是数组，则可以按以下方式读取（JSON_main1.html）。

```
x.onreadystatechange = function (){
    if ( x.readyState == 4 && x.status == 200 ){
        var info = x.responseText;
        var  o = eval(info);
        alert(info);                    // 显示响应的字符串，返回整个 JSON 对象字符串
        alert(o[0].name);               // 读取第 1 个数组元素值的属性值，返回字符串"css8"
    }
}
```

提示：

eval()方法在解析 JSON 字符串时存在安全隐患。如果 JSON 字符串中包含恶意代码，在调用回调函数时可能会被执行。

解决方法：使用一种能够识别有效 JSON 语法的解析程序，当解析程序一旦匹配到 JSON 字符串中包含不规范的对象，会直接中断或者不执行其中的恶意代码。用户可以访问 http://www.json.org/json2.js 免费下载 JavaScript 版本的解析程序。不过如果确信所响应的 JSON 字符串是安全的，没有被人恶意攻击，那么可以使用 eval()方法解析 JSON 字符串。

扫一扫，看视频

19.1.12 获取纯文本

对于简短的信息，有必要使用纯文本格式进行响应。但是纯文本信息在响应时很容易丢失，且没有办法检测信息的完整性。因为缺少元数据，元数据都以数据包的形式进行发送，不容易丢失。

【示例】 服务器端响应信息为字符串"true"，则可以在客户端按以下方式设计。

```
var x = createXMLHTTPObject();
var url = "Text_server.txt";
x.open("GET", url, true);
x.onreadystatechange = function (){
    if ( x.readyState == 4 && x.status == 200 ) {
        var  info = x.responseText;
        if(info == "true") alert("文本信息传输完整");        // 检测信息是否完整
        else  alert("文本信息可能存在丢失");
    }
}
x.send(null);
```

扫一扫，看视频

19.1.13 获取头部信息

每个 HTTP 请求和响应的头部都包含一组消息，对于开发人员来说，获取这些信息具有重要的参考价值。XMLHttpRequest 对象提供了两个方法用于设置或获取头部信息。

- getAllResponseHeaders()：获取响应的所有 HTTP 头信息。
- getResponseHeader()：从响应信息中获取指定的 HTTP 头信息。

【示例 1】 下面示例将获取 HTTP 响应的所有头部信息。

```
var x = createXMLHTTPObject();
var url = "server.txt";
x.open("GET", url, true);
```

```
x.onreadystatechange = function (){
    if ( x.readyState == 4 && x.status == 200 ) {
        alert(x.getAllResponseHeaders());                   // 获取头部信息
    }
}
x.send(null);
```

【示例 2】 下面是一个返回的头部信息示例，具体到不同的环境和浏览器，返回的信息会略有不同。

```
X-Powered-By: ASP.NET
Content-Type: text/plain
ETag: "0b76f78d2b8c91:8e7"
Content-Length: 2
Last-Modified: Thu, 09 Apr 2017 05:17:26 GMT
```

如果要获取指定的某个头部消息，可以使用 getResponseHeader()方法，参数为获取头部的名称。例如，获取 Content-Type 头部的值，则可以这样设计。

```
alert(x.getResponseHeader("Content-Type"));
```

除了可以获取这些头部信息外，还可以使用 setRequestHeader()方法在发送请求中设置各种头部信息。

```
xmlHttp.setRequestHeader("name","css8");
xmlHttp.setRequestHeader("level","2");
```

这样，服务器端就可以接收这些自定义头部信息，并根据这些信息提供特殊的服务或功能了。

19.2 实战案例

Ajax 为用户提供更多的浏览体验和交互情趣，让静态页面变得更加丰富起来。本节将结合几个典型案例从不同侧面介绍 Ajax 的应用。

19.2.1 动态查询记录集

扫一扫，看视频

本例设计允许用户根据需要，动态确定页面可显示的记录数，然后以异步请求的方式从服务器端数据库中按需查询，实时响应，示例效果如图 19.1 所示。

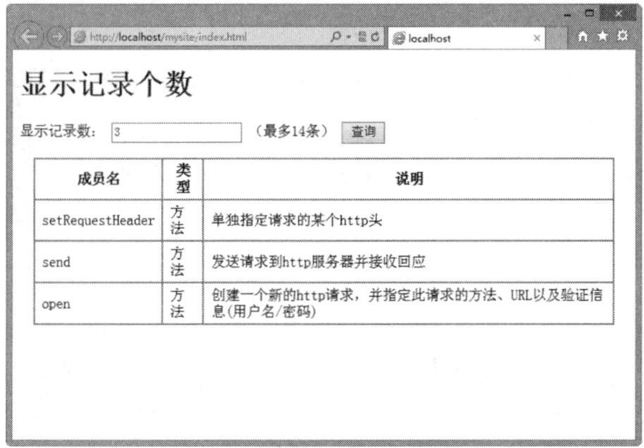

查询 3 条记录

显示记录个数

显示记录数： 5 （最多14条） 查询

成员名	类型	说明
setRequestHeader	方法	单独指定请求的某个http头
send	方法	发送请求到http服务器并接收回应
open	方法	创建一个新的http请求，并指定此请求的方法、URL以及验证信息(用户名/密码)
getResponseHeader	方法	从响应信息中获取指定的http头
getAllResponseHeaders	方法	获取响应的所有http头

查询 5 条记录

扫码，看电子版

图 19.1 动态查询记录集

如上图所示，当用户在页面内的文本框中输入要显示的记录数，然后单击【查询】按钮，Ajax 就会把该参数传递给服务器，服务器根据这个参数查询数据库，获得一个记录集，然后把这个记录集转换为 XML 格式的数据响应给客户端，浏览器再以表格的形式显示在页面中，

提示，所谓记录集就是从数据库中查询的一个临时数据表，类似表格结构的多行记录。

【操作步骤】

（1）构建数据结构，数据库是前后台信息交互的基础。本示例以 Access 数据库为载体进行讲解。所建立的数据库名为 data.mdb，库中定义了一个数据表（xmlhttp），如图 19.2 所示。

xmlhttp 表中包含 4 个字段：id（自动编号数据类型，序列号，由数据库自动生成）、who（字符串数据类型，表示成员名称）、class（字符串数据类型，表示成员类型，如属性或方法）和 what（字符串数据类型，表示对成员说明）。

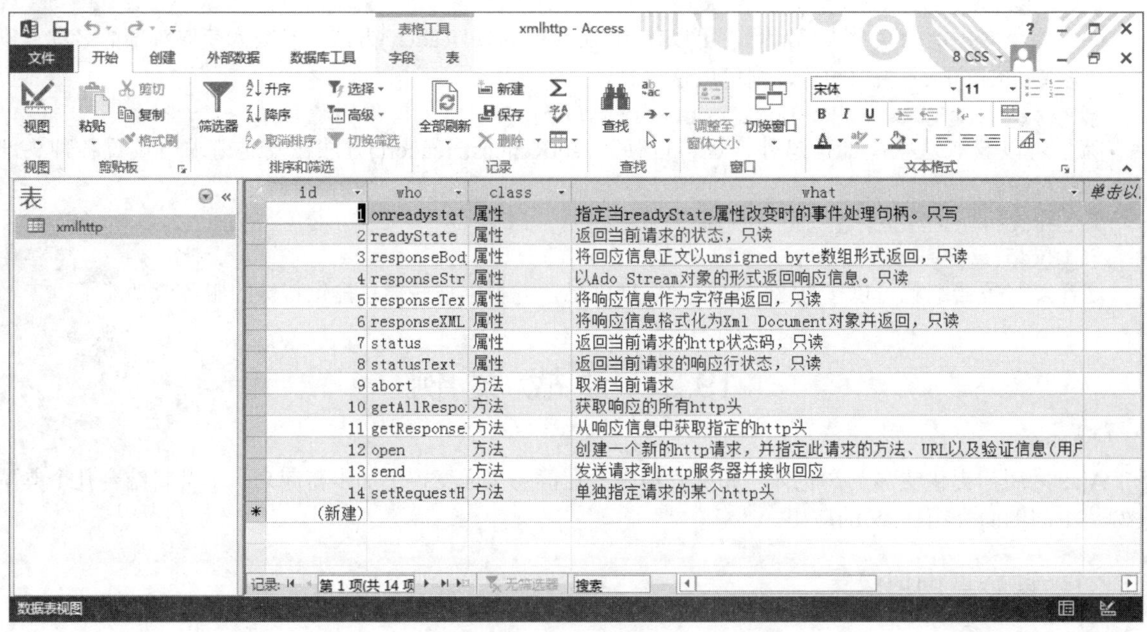

id	who	class	what
1	onreadystat	属性	指定当readyState属性改变时的事件处理句柄。只写
2	readyState	属性	返回当前请求的状态，只读
3	responseBod	属性	将回应信息正文以unsigned byte数组形式返回，只读
4	responseStr	属性	以Ado Stream对象的形式返回响应信息。只读
5	responseTex	属性	将响应信息作为字符串返回，只读
6	responseXML	属性	将响应信息格式化为Xml Document对象并返回，只读
7	status	属性	返回当前请求的http状态码，只读
8	statusText	属性	返回当前请求的响应行状态，只读
9	abort	方法	取消当前请求
10	getAllRespo	方法	获取响应的所有http头
11	getResponse	方法	从响应信息中获取指定的http头
12	open	方法	创建一个新的http请求，并指定此请求的方法、URL以及验证信息(用户
13	send	方法	发送请求到http服务器并接收回应
14	setRequestH	方法	单独指定请求的某个http头
(新建)			

图 19.2　演示数据库

（2）编写后台脚本，处理 Ajax 异步请求，并进行响应。启动 Dreamweaver，新建文档，保存为 test.asp。

在服务器端脚本中，首先获取客户端传递过来的参数值（指定查询的记录数）；然后，使用 ADO 定义一个记录集，连接到后台数据库，并查询指定记录数的记录集。

最后，利用 while 循环体遍历记录集，逐条读取记录，把记录转换为 XML 格式数据。根据 XML 格式编写一个 XML 文档，编辑好后响应给客户端浏览器。

test.asp 文件的完整脚本如下。

```
<?xml version="1.0" encoding="gb2312"?>
<%
Response.ContentType = "text/xml"    '定义 XML 文档文本类型
set conn = Server.CreateObject("adodb.connection")
data = Server.mappath("data.mdb")                    '获取数据库的物理路径
conn.Open "driver={microsoft access driver (*.mdb)};"&"dbq="&data
                                                     '用数据库连接对象打开数据库
```

```
coun=CInt(Request("coun"))                    '获取客户端传递过来的参数，并转为数
                                               值，以便进行运算
%>
<%                                             '定义并打开记录集
set rs = Server.CreateObject("adodb.recordset")   '定义记录集对象
sql ="select * from xmlhttp order by id desc"     '定义 SQL 查询字符串
rs.open sql,conn,1,1            '打开记录集，第 1 个参数表示查询字符串，第 2 个参数表示数据
库连接对象，第 3 个参数表示指针类型，第 4 个参数表示锁定类型
%>
<!-- 以下脚本用来输出 XML 文档结构和数据信息 -->
<data count="<%=coun%>" ><!-- 输出根节点，定义属性，<%=coun%>表示 ASP 脚本输出意思 -->
<%
n=0
while (not rs.eof) and (n<coun)                '遍历记录集，并确保循环次数等于指定
                                                查询记录数
%>
   <item id="<%=rs("id")%>">                      <!-- 输出子节点 -->
       <who><%=trim(rs("who")) %></who>           <!-- 输出孙子节点 -->
           <class><%=trim(rs("class")) %></class> <!-- 输出孙子节点 -->
           <what><%=trim(rs("what")) %></what>    <!-- 输出孙子节点 -->
   </item>
<%
       n = n + 1                                  '递增循环次数
       rs.movenext                                '向下移动记录集指针，以读取下一条
                                                   记录
wend
%>
</data>                                           <!-- 输出根节点的结束节点 -->
```

在上面 ASP 脚本中，<%=和%>表示一种快速输出方法，它能够很自由地在文档中输出脚本变量信息。另外<%=trim(rs("who")) %>表示输出记录集中指定字段的值，trim()函数表示清除左右两侧的空格。

（3）设计前台页面。新建文档，保存为 index.html，在页面中设计表单：文本框和按钮，以及一个用来显示响应信息的信息框：<div id="info">。

```
<h1>显示记录个数</h1>显示记录数：<input name="coun" type="text" id="coun">（最多 14 条）
<input type="button" onclick="check();" value="查询">
<div id="info"></div>
```

（4）在 index.html 文档头部，插入<style>标签，定义一个内部样式表，使用 CSS 定义输出表格的显示样式。

```
<style type="text/css">
table {/*表格结构的样式 */
   margin:1em;                               /* 增加外边界距离 */
   border-collapse:collapse;                 /* 合并单元格的边框 */
   border:solid 1px #FF33FF;                 /* 定义边框样式 */
}
```

```
td, th {/*单元格和标题单元格的样式 */
    border:solid 1px #FF33FF;                              /* 定义单元格边框样式 */
    padding:4px 8px;                                       /* 增加单元格的内部补白空隙 */
}
</style>
```

（5）定义函数 check()，并绑定在按钮的 click 事件上。该函数将连接和发送请求到服务器，同时绑定回调函数。

```
function check(){
    var coun = document.getElementById( "coun" ).value;
    request( "test.asp?coun=" + coun, callback );         //发出异步请求
}
```

（6）定义回调函数。在回调函数 callback()中，先获取 XML 格式的响应数据，然后遍历 XML 结构的数据片段，把各个节点包含的文本转换为 HTML 字符串，最后以表格结构的形式显示出来。

```
function callback( xhr )
    var xml = xhr.responseXML;                             //获取 responseXML 响应数据
    var count = "";
    var html = "";
    var items = xml.getElementsByTagName( "item" );       //获取 item 元素节点集合
    html += "<table><tr><th>成员名</th><th>类型</th><th>说明</th></tr>"
                                                           //输出表格结构
      for( var i=0 ; i< items.length; i++ ){               //遍历 item 节点集合
        html += "<tr>"
        var child = items[i].childNodes
          for( var n=0 ; n< child.length; n++ ){           //遍历 item 子节点集合
             if( child[n].nodeType == 1 ){                 //判断 item 子节点类型，如果是
                                                             元素则读取包含信息
                 html += "<td>"
                 html += child[n].firstChild.data;         //获取每个孙子节点包含的文本
                                                             节点信息
                 html += "</td>"
             }
        }
        html += "</tr>";
    }
    html += "</table>";
    var info = document.getElementById( "info" );
    info.innerHTML = html;                                 //显示 XML 数据
}
```

扫一扫，看视频

19.2.2 记录集分页显示

本例以 19.2.1 节示例 data.mdb 数据库为基础，设计每页显示记录数为 2 条，页面初始化后默认显示前两条记录，标题中显示“第 1 页”提示信息，导航按钮仅显示“下一页”按钮。当单击“下一页”按钮，则标题提示为第 2 页，此时“上一页”按钮显示出来。当翻阅到最后一页时，则“下一页”按钮被

隐藏，同时数据显示记录集中最后两条记录。整个示例的演示效果如图 19.3 所示。

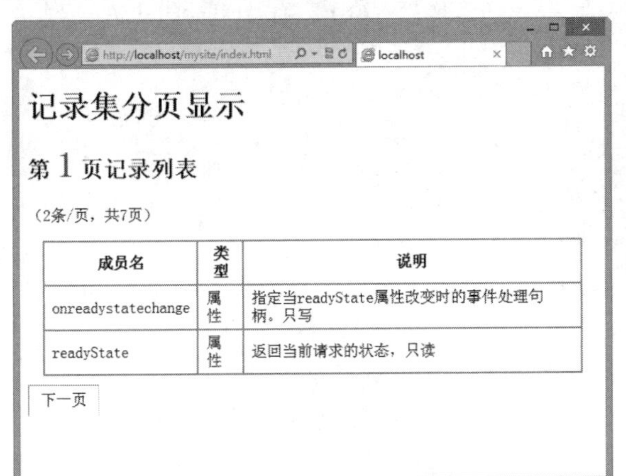

显示第 1 页记录

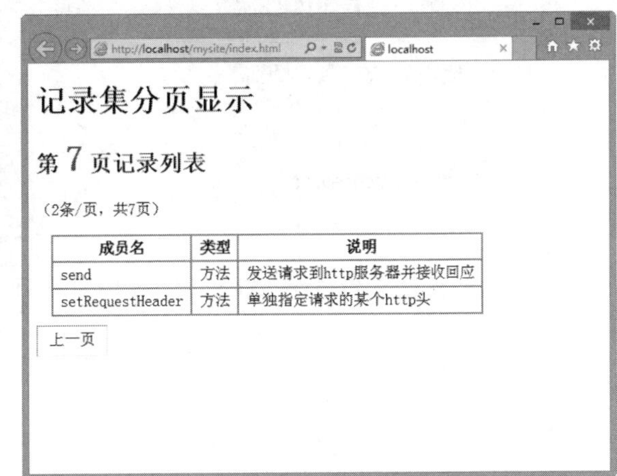

显示最后一页记录

扫码，看电子版

图 19.3　记录集分页显示

提示，记录集分页就是把从数据库中查询的数据分多页进行显示，这样能够避免记录集单页过长显示。记录集分页的设计思路：利用 SQL 字符串查询出需要的数据，然后根据记录集对象的分页属性确定每次从服务器端发送给客户端的记录数和逻辑页记录集在整个查询的记录集中的位置。使用 Ajax 技术后，只需要确定记录集当前指针位置，然后发送这个指针位置值即可，以简化开发难度。

【操作步骤】

（1）本示例的数据库采用 19.2.1 节示例中的 data.mdb 数据库中的数据，所以有关数据结构的构建就不再讲解。

（2）设计后台脚本。后台脚本也继承了 19.2.1 节示例的脚本，大部分代码不动。主要修改设置查询记录集的方法。

修改方法：设置客户端传递给服务器端的参数为查询记录集的起始指针位置。根据每页显示 2 条记录的查询条件，先把记录集的当前指针移到参数值指定的位置，然后从这个位置开始查询两条记录返回。

实现代码如下。

```
<%
coun=CInt(Request("coun"))              '获取客户端传递过来的记录集指针位置
if coun<1 then coun = 1                 '如果当记录集指针为小于 1，则设置为 1，避免指针溢出
if coun>14 then coun =14                '如果当记录集指针为大于 14，则设置为 14，避免指针溢出
%>
<%
set rs = Server.CreateObject("adodb.recordset")    '定义记录集对象
sql ="select * from xmlhttp"            '定义 SQL 查询字符串
rs.CursorType=3                         '设置指针类型为 3，这样可以来回移动指针
rs.CursorLocation = 3                   '设置记录集锁定类型为 3
rs.open sql,conn,2,1                    '打开记录集
rs.AbsolutePosition = coun              '把记录集的指针移到参数指定的位置
%>
```

（3）以记录集当前指针位置开始遍历记录集的下半部分数据，并输出当前指针位置开始的前两条记录，并把它们的数据传输到客户端。

```
<%
```

```
n=0
while (not rs.eof) and (n<2)                    '循环读取记录集中当前指针开始的 2 条记录
%>
   ……（输出显示代码省略）
<%
        n = n + 1
        rs.movenext
wend
%>
```

（4）设计前台文档结构和 JavaScript 脚本。新建文档，保存为 index.html，在页面内设计如下标签结构。

```
<body onload="check();">
<h1>Ajax 记录集分页显示</h1>
<h2>第<span class="red" id="cur">1</span>页记录列表</h2>
<p>（2 条/页，共 7 页）</p>
<div id="info"></div>
<span class="btn" id="up" onclick="check(1)">上一页</span> <span class="btn"
id="down" onclick="check(2)">下一页</span>
</body>
```

在 body 中绑定异步处理函数，实现页面初始化显示第 1 页记录。然后在标题标签中嵌套一个 span 用来动态输出显示当前页数，在后面定义两个按钮（span 元素），绑定异步处理函数，分别设置传递值为 1 和 2。以告诉脚本当前按钮是往前或往后翻页操作。

（5）根据翻页按钮的操作来计算翻页后的记录集指针位置。由于已经知道每页显示记录数，以及总记录集数，所以设计的代码就比较直观了。具体实现代码如下。

```
function check(n){                              //异步处理函数，参数值为操作按钮的标识编号
    var coun = 1;                               //默认显示第 1 条记录
    var cur = parseInt(document.getElementById( "cur" ).innerHTML);
                                                //获取标题中的 span 元素
    document.getElementById( "up" ).style.display = "none";
                                                //默认隐藏“上一步”按钮避免错误
    if(n==1) {                                  //如果参数值为 1，表示当前单击按钮为“上一步”
        coun = (cur-1)*2-1;                     //计算将要显示记录集指针位置
        document.getElementById( "cur" ).innerHTML =cur-1;       //计算上一页是第几页
        document.getElementById( "down" ).style.display = "inline";
                                                //显示“下一页”按钮
        //如果当前页数为 2 或小于 2，说明单击之后将翻到第一页，所以隐藏“上一页”按钮
        if(cur<=2){
            document.getElementById( "up" ).style.display = "none";
        }else {                                 //否则显示“上一页”按钮
            document.getElementById( "up" ).style.display = "inline";
        }
    }
    if(n==2){                                   //如果参数值为 2，表示当前单击按钮为“下一步”
        coun = (cur+1)*2-1;                     //计算将要显示记录集指针位置
        document.getElementById( "cur" ).innerHTML =cur+1;       //计算下一页是第几页
        document.getElementById( "up" ).style.display = "inline";
                                                //显示“上一页”按钮
        //如果当前页数为 6 或大于 6，则说明单击之后将翻到最后一页，隐藏“下一页”按钮
        if(cur>=6) {
            document.getElementById( "down" ).style.display = "none";
```

```
        }else {//否则显示“下一页”按钮
            document.getElementById( "down" ).style.display = "inline";
        }
    }
    request( "test.asp?coun=" + coun, callback );          //发送请求
}
```

（6）定义回调函数。该函数与 19.2.1 节示例回调函数基本相同，不需要传递参数，说明可以参考 19.2.1 节内容。

扫一扫，看视频

19.2.3 设计 Tab 面板

Tab 面板是常见网页交互组件，其显示的信息多是静态的。本例设计当鼠标移到不同的 Tab 选项卡时，将触发事件处理函数，向服务器发出异步请求，并把服务器响应的信息呈现在该 Tab 面板中，演示效果如图 19.4 所示。

扫码，看电子版

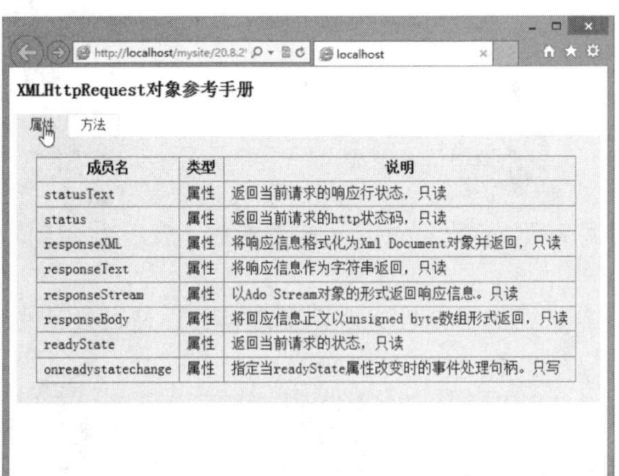

成员名	类型	说明
statusText	属性	返回当前请求的响应行状态，只读
status	属性	返回当前请求的http状态码，只读
responseXML	属性	将响应信息格式化为Xml Document对象并返回，只读
responseText	属性	将响应信息作为字符串返回，只读
responseStream	属性	以Ado Stream对象的形式返回响应信息。只读
responseBody	属性	将回应信息正文以unsigned byte数组形式返回，只读
readyState	属性	返回当前请求的状态，只读
onreadystatechange	属性	指定当readyState属性改变时的事件处理句柄。只写

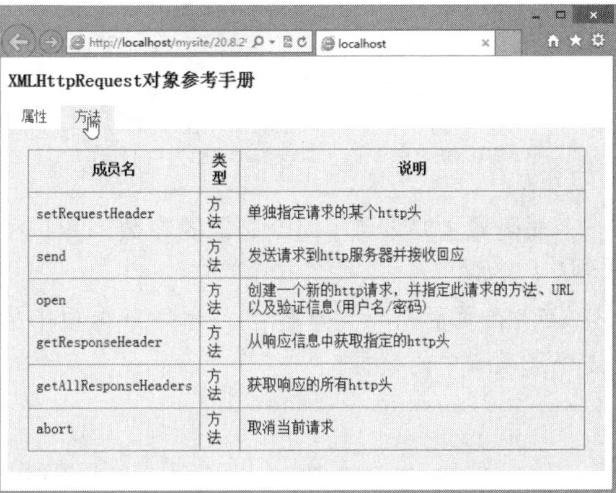
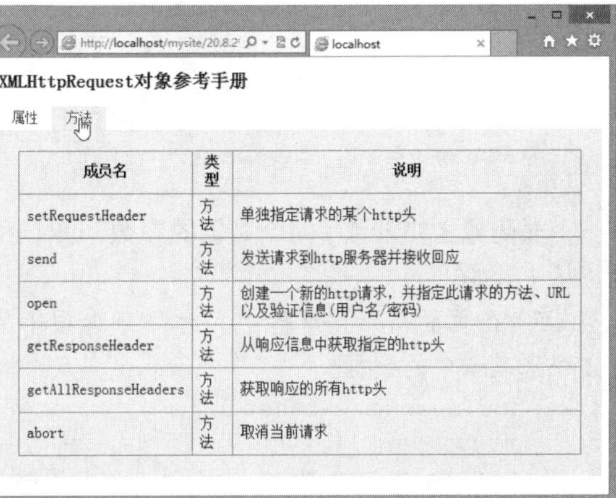

成员名	类型	说明
setRequestHeader	方法	单独指定请求的某个http头
send	方法	发送请求到http服务器并接收回应
open	方法	创建一个新的http请求，并指定此请求的方法、URL以及验证信息(用户名/密码)
getResponseHeader	方法	从响应信息中获取指定的http头
getAllResponseHeaders	方法	获取响应的所有http头
abort	方法	取消当前请求

图 19.4 动态响应的 Tab 面板演示效果

【操作步骤】

（1）新建网页文档，保存为 index.html。

（2）设计 Tab 面板结构，页面基本结构如下。

```
<div class="tab_wrap">
    <ul class="tab" id="tab">
        <li id="tab_1" class="hover">属性</li>
        <li id="tab_2" class="normal">方法</li>
    </ul>
    <div class="content" id="content">
        <div id="content_1" class="show">暂无属性</div>
        <div id="content_2" class="none">暂无方法</div>
    </div>
</div>
```

（3）异步请求过程也要先设计好接口问题（即请求的 URL），发送参数的传递方式，以及回调函数的设计。在设计回调函数时，应该与服务器端响应信息类型和结构相协调一致。设计思路如下。

- 异步请求接口
  - 参数：以 GET 方法发送请求，参数名为 n，参数值包含选项卡的序号，如 1、2。
  - 回调函数：把响应的 XML 数据转换为 HTML，并插入到 Tab 面板容器中。

- 服务器端响应接口
  - 参数：获取查询字符串，参数名为 n，根据参数值在数据库中查询不同类型的词条。
  - 响应信息：以 XML 格式响应信息，XML 文档结构如下。

```
<?xml version="1.0" encoding="gb2312"?>
<data count=int >
    <item>
        <who>词条名</who>
        <class>分类</class>
        <what>词条说明</what>
    </item>
</data>
```

（4）在 index.html 页面头部插入一个<script type="text/javascript">标签，在其中先定义一个函数，该函数是为每个选项卡绑定的事件处理函数，当鼠标移过 Tab 选项卡将被触发。

```
function mouseover(n){
    var url = "server.asp?n=" + n;              // 设计请求的 URL 信息
    var callback = function(xmlhttp){           // 设计回调函数
        updatePage(n, xmlhttp);                 // 在回调函数中调用 Tab 信息更新函数
    };
    request(url, callback, null);               // 调用请求函数
}
```

上面函数主要设置了两个必需的参数：URL 和回调函数。函数 mouseover()的参数 n 表示选项卡的序号，从 1 开始。

（5）在页面初始化事件中，为每个选项卡的 li 元素注册该函数为事件处理函数，同时默认显示第 1 个选项卡中的数据。

```
window.onload = function(){                     // 页面初始化事件处理函数
    mouseover(1);                               // 默认显示第 1 个选项卡中的数据
    var li = document.getElementById("tab").getElementsByTagName("li");
                                                // 获取选项卡的 li 元素
    for(var i = 0; i < li.length; i ++ ){       // 为每个选项卡注册 mouseover()函数
        li[i].onmouseover = function(){
            mouseover(i + 1);
        }
    }
}
```

（6）设计服务器响应信息为 XML 格式，在客户端可以这样设计回调函数所包含的 Tab 信息更新函数。这个函数有两点需要用户注意。

- 要注意 XMLHttpRequest 对象参数传递，否则在多层函数嵌套中可能会出现找不到对象的现象。
- 借助 XMLHttpRequest 对象的 readyState 属性，动态显示数据的交互过程，使页面设计更友好。

```
// Tab 面板信息更新函数
// 参数：n 表示选项卡的序号，xmlHttp 表示 XMLHttpRequest 对象实例
// 返回值：无
function updatePage(n, xmlHttp){                // 根据参数传递的序号，决定要插入信息的容器
    if(n == 1){
        var info = document.getElementById( "content_1" );
    }else{
        var info = document.getElementById( "content_2" );
    }
    // 根据异步交互的状态，动态显示数据更新的进度
    if( xmlHttp.readyState == 1 ){
```

```
        info.innerHTML = "<img src='loading.gif' />，连接中……";
    }
    else if( xmlHttp.readyState == 2 || xmlHttp.readystate == 3 ) {
        info.innerHTML = "<img src='loading.gif' />，读数据……";
    }
    else if( xmlHttp.readyState == 4 ) {
        if( xmlHttp.status == 200 ) {
            xml = xmlHttp.responseXML;              // 获取服务器端响应的 XML 数据
            info.innerHTML = showXml ( xml );     // 把 XML 转换为 HTML，插入到 Tab 容器
        }
        else alert( xmlHttp.status );
    }
}
```

（7）在 updatePage()函数中包含一个 showXml ()函数，该函数专门负责把服务器端响应的 XML 数据转换为 HTML 格式信息。

```
// 把 XML 数据转换为 HTML 格式信息
// 参数：xml 表示 XML 文档
// 返回值：返回 HTML 字符串
function toHTML( xml ){
    var count = "", html = "";
    var items = xml.getElementsByTagName( "item" );
    html += "<table><tr><th>成员名</th><th>类型</th><th>说明</th></tr>"
    // 遍历 XML 文档结构，读取其中信息并把它们装入到 HTML 表格中
    for( var i = 0 ; i < items.length; i ++ ){
        html += "<tr>"
        var child = items[i].childNodes
        for( var n = 0 ; n < child.length; n ++ ){
            if( child[n].nodeType == 1 ){
                html += "<td>"
                html += child[n].firstChild.data;
                html += "</td>"
            }
        }
        html += "</tr>";
    }
    html += "</table>"
    return html;
}
```

（8）设计服务器端如何动态生成 XML 数据。根据客户端请求的参数查询 Access 数据库中的数据，则整个请求文件的代码如下。

```
<?xml version="1.0" encoding="gb2312"?>
<%
Response.ContentType = "text/xml"
// 连接到数据库
set conn = Server.CreateObject("adodb.connection")
data = Server.mappath("data.mdb")
conn.Open "driver={microsoft access driver (*.mdb)};"&"dbq="&data
n=CInt(Request("n"))                    // 获取客户端传递过来的参数，并转换为数值类型
if  n = 1 then
    str = "属性"
```

```
else
   str = "方法"
end if
//根据参数查询数据库
set rs = Server.CreateObject("adodb.recordset")
sql ="select * from xmlhttp where class = '"&str&"' order by id desc"
rs.open sql,conn,1,1
%>
<data count="<%=n%>" >
<%
n=0
while (not rs.eof)                                          // 循环生成 XML 数据结构
%>
   <item>
       <who><%=trim(rs("who")) %></who>
       <class><%=trim(rs("class")) %></class>
       <what><%=trim(rs("what")) %></what>
   </item>
<%
   n = n + 1
   rs.movenext                                              // 阅读下一条记录
wend
%>
</data>
```

在生成 XML 文档时，应该注意以下几个问题。

- XML 文档结构有着严格的要求，第 1 行必须是 XML 文档的命令行。XML 文档中根节点只有一个，且结构嵌套必须对称。
- XML 字符编码应该与客户端页面编码相一致，同时应注意与服务器端脚本的编码也保持一致。
- 在生成 XML 文档时，应该定义文档类型（如 text/xml）。

扫一扫，看视频

19.2.4 使用灯标

出于浏览器安全考虑，使用 XMLHttpRequest 和框架只能够在同域内进行异步通信，也称为同源策略，因此用户不能使用 Ajax 或框架实现跨域通信。

不过，JSONP 是一种可以绕过同源策略的方法。如果用户不关心响应数据，只需要服务器的简单审核，那么还可以考虑使用灯标来实现异步通信。示例演示效果如图 19.5 所示。

扫码，看电子版

登录成功

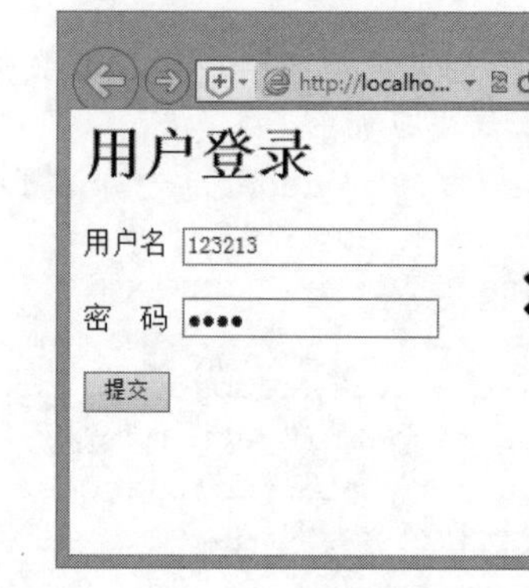

登录失败

图 19.5　使用灯标实现异步交互

设计思路：

灯标与动态脚本 script 用法非常类似，使用 JavaScript 创建 image 对象，将 src 设置为服务器上一个脚本文件的 URL，这里并没有把 image 对象插入到 DOM 中。

服务器得到此数据并保存下来，不必向客户端返回什么，因此不需要显示图像，这是将信息发回服务器的最有效方法，开销很小，而且任何服务器端错误都不会影响客户端。

简单的图像灯标不能发送 POST 数据，所以应将查询字符串的长度限制在一个相当小的字符数量上。当然也可以用非常有限的方法接收响应数据，可以监听 image 对象的 load 事件，判断服务器端是否成功接收了数据。还可以检查服务器返回图片的宽度和高度，并用这些信息判断服务器的响应状态，例如，宽度大于指定值表示成功，或者高度小于某个值表示加载失败等。

【操作步骤】

（1）新建网页文档，保存为 index.html。

（2）设计登录框结构，页面代码如下。

```
<div id="login">
    <h1>用户登录</h1>
    用户名 <input name="" id="user" type="text"><br /><br />
    密  码 <input name="" id="pass"  type="password"><br /><br />
    <input name="submit" type="button" id="submit" value="提交" />
    <span id="title"></span>
</div>
```

（3）设计使用 image 实现异步通信的请求函数。

```
var imgRequest = function( url ){ //img 异步通信函数
    if(typeof url != "string" ) return;
    var image = new Image();
    image.src = url;
    image.onload = function() {
        var  title = document.getElementById("title");
        title.innerHTML = "";
        title.appendChild(image);
        if(this.width > 35) {
            alert("登录成功");
        } else {
            alert("你输入的用户名或密码有误，请重新输入");
        }
    };
    image.onerror = function() {
        alert("加载失败");
    };
}
```

在 imgRequest()函数体内，创建一个 image 对象，设置它的 src 为服务器请求地址，然后在 load 加载事件处理函数中检测图片加载状态，如果加载成功，再检测加载图片的宽度是否大于 35 像素，如果大于 35 像素，说明审核通过，否则为审核没有通过。

（4）定义登录处理函数 login()，在函数体内获取文本框的值，然后连接为字符串，附加在 URl 尾部，调用 imgRequest()函数，发送给服务器。最后，在页面初始化 load 事件处理函数中，为按钮的 click 事件绑定 login 函数。

```
window.onload = function(){
    var b = document.getElementById("submit");
```

```
    b.onclick = login;
}
var login = function(){
    var user = document.getElementById("user");
    var pass = document.getElementById("pass");
    var s = "server.asp?user=" + user.value + "&pass=" + pass.value;
    imgRequest(s);
}
```

（5）设计服务器端脚本，让服务器根据接收的用户登录信息，验证用户信息是否合法，然后根据条件响应不同的图片。

```
<%
'接收客户端发送来的登录信息
user= Request("user")
pass= Request("pass")
'创建响应数据流
Set S=server.CreateObject("Adodb.Stream")
S.Mode=3
S.Type=1
S.Open
if user = "admin"  and pass = "123456" then
    S.LoadFromFile(server.mappath("2.png"))
else
    S.LoadFromFile(server.mappath("1.png"))
end if
'设置响应数据流类型为png格式图像
Response.ContentType  =  "image/png"
Response.BinaryWrite(S.Read)
Response.Flush
s.close
set s=nothing
%>
```

如果不需要为此响应返回数据，还可以发送一个 204 No Content 响应代码，表示无消息正文，从而阻止客户端继续等待永远不会到来的消息体。

灯标是向服务器回送数据最快和最有效的方法。服务器根本不需要发回任何响应正文，所以不必担心客户端下载数据。使用灯标的唯一缺点是接收到的响应类型是受限的。如果需要向客户端返回大量数据，那么建议使用 Ajax 或者 JSONP。

提示：

如表 19.3 所示简单比较了使用 XMLHttpRequest 对象和 script 元素实现异步通信的功能支持情况。

表 19.3　XMLHttpRequest 对象与 script 元素实现异步通信比较

功　能	XMLHttpRequest 对象	script 元素
兼容性	兼容	兼容
异步通信	支持	支持
同步通信	支持	不支持
跨域访问	不支持	支持

续表

功　能	XMLHttpRequest 对象	script 元素
HTTP 请求方法	都支持	仅支持 GET 方法
访问 HTTP 状态码	支持	不支持
自定义头部消息	支持	不支持
支持 XML	支持	不支持
支持 JSON	支持	支持
支持 HTML	支持	不支持
支持纯文本	支持	不支持

19.3 在线课堂：实践练习

本节为线上实践环节，旨在通过多个简单而实用的示例，帮助读者练习 JavaScript 异步通信的应用，培养初学者灵活使用 JavaScript 通信技术实现客户端与服务器无刷新响应的基本能力，感兴趣的读者请扫码练习。

扫码，看电子版

第 20 章　综 合 实 战

通过前面章节的学习，我们已经对 HTML5、CSS3 和 JavaScript 的相关技术有了一定的认识和了解。本章将对前面所学的知识进行汇总，通过两个综合案例来提高读者对 HTML5、CSS3 和 JavaScript 的综合实战能力，以及在实际应用中的灵活处理能力。

20.1　设计网页小游戏

由于 HTML5 提供很多功能强大的新元素，通过应用这些元素，配合 JavaScript 处理脚本，可以开发出各种复杂的 Web 小游戏。本节将讲解如何应用 HTML5 开发一个小游戏的整个流程。

20.1.1　游戏概述

本游戏在网页中设计一块正方形区域，游戏主体内容包括玩家控制的小人儿，以及由系统控制的怪物。玩家可以通过键盘方向键控制游戏人物向上、右上、右、右下、下、左下、左、左上方向移动。怪物在区域内随机移动，并且怪物数量随着时间的变化不断增多。玩家控制游戏人物躲避怪物，当游戏人物碰到怪物时，游戏人物死亡，游戏结束。

20.1.2　游戏设计

本游戏主要涉及到的技术包括。

- canvas 元素：主要用于构建并显示游戏内容。
- CSS3 样式：主要用于设置游戏内容样式。
- JavaScript：主要用于各种游戏参数、事件的控制。

实现流程如下：

- 定义视觉效果，包括游戏场景大小、背景样式以及游戏人物、怪物样式。
- 定义怪物 AI，本游戏不需要为怪物添加复杂 AI，只需定义其移动轨迹，以及新增怪物事件即可。
- 定义游戏人物控制事件。
- 定义游戏结束事件。

20.1.3　游戏实现

根据上面的分析，下面就开始进行游戏代码的详细开发，实现代码请扫码阅读。

扫码，看电子版

20.2 设计创业网站

本节案例将以一个创业网站为例，介绍 HTML5、CSS3 和 JavaScript 整合到网站开发方面的具体应用。由于本例侧重点在于页面设计，所以网站采用的都是静态页面，没有加入数据库的相关操作。在实际应用中，页面中绝大多数信息都应该是从数据库中读取并显示的。

20.2.1 设计分析

随着年轻人创业浪潮的兴起，使用网站来宣传和展示创业想法和研发信息已经成为创业人的重要手段。设计良好的创业网站，对于提高产品知名度、使客户更好地了解公司，加强团队与客户沟通等多个方面都起着至关重要的作用。在设计创业网站的时候，需要考虑两个内容。

- 网站风格

网站风格受多方面因素的影响，不同行业、不同客户群体决定了网站的设计风格。本例为一个创业风格的网站，因此在设计过程中要遵循以下 3 点。

  - 网站应简洁、重点突出，使浏览者能够直接看到核心信息，并感受到创业者的精神风尚。
  - 页面布局要有内涵、大气，图片处理要精致细腻，与区块搭配合理恰当。
  - 善于使用单色块对区域和重点内容进行划分。主色调一般都选用青春、激越的颜色，如蓝色、青黄色等。通过合理应用单色块来突出显示重点信息。

- 网站内容

创业网站最主要的作用是向外界展示创业团队的精神，所以网站内容不需要太多，一般应该包含核心团队、核心产品、创业前瞻等内容。

20.2.2 网站实现

网站实现的过程、展示和源代码请扫码阅读。

扫码，看电子版